彩图版1　中麻黄 **Ephedra intermedia** Schrenk ex C. A. Mey.

1. 植株；2、3. 茎与叶；4. 雄球花；5. 雌球花；6. 成熟雌球花；7. 种子（吴秀珍绘）。

彩图版**2**　秦岭红杉 **Larix potaninii** Batalin var. **chinensis** L. K. Fu & Nan Li

1. 植株；2. 枝叶与球果；3. 当年生枝条；4. 雄球花；5. 苞鳞；6. 种鳞与种子；7. 成熟球果（吴秀珍绘）。

彩图版**3**　秦岭冷杉 **Abies chensiensis** Tiegh.

1. 植株；2. 枝叶与球果；3. 叶正面观；4、5. 叶背面观；6. 种鳞与苞鳞；7. 种鳞与种子；8. 种子（吴秀珍绘）。

彩图版4　马蹄香 **Saruma henryi** Oliv.

1. 花果期植株；2. 花正面观；3. 花纵切侧面观；4. 开裂蒴果；5. 种子（吴秀珍绘）。

彩图版5　青皮玉兰 **Yulania viridula** D. L. Fu, T. B. Chao & G. H. Tian

1. 花枝；2. 雄蕊群与雌蕊群；3. 幼枝；4. 叶；5. 聚合蓇葖果（吴秀珍绘）。

彩图版8　假百合 **Notholirion bulbuliferum** (Lingelsh. ex H. Limpr.) Stearn

1. 植株下部；2. 花序；3. 果序（吴秀珍绘）。

彩图版**9**　太白杓兰 ***Cypripedium taibaiense*** G. H. Zhu & S. C. Chen

1. 花期植株；2. 花正面观；3. 花侧面观；4. 果实（李小东绘）。

彩图版**10**　太白山鸟巢兰 ***Neottia taibaishanensis*** P. H. Yang & K. Y. Lang
1. 花期植株；2. 花正面观；3. 花侧面观；4. 果序（吴秀珍绘）。

彩图版**11**　太白山虾脊兰 ***Calanthe taibaishanensis*** M. Guo, J. W. Zhai & L. J. Chen

1. 花期植株；2. 花侧面观；3. 花正面观；4. 果实（李小东绘）。

彩图版**12**　秦岭开口箭 **Rohdea fargesii** (Baill.) Y. F. Deng var. **tsinlingensis** (N. Tanaka) Y. F. Deng

1. 花期植株；2. 花正面观；3. 成熟果序（吴秀珍绘）。

# 陕西植物志

总主编

岳　明

## 第四卷

本卷主编

吴振海　刘培亮　卢　元　李忠虎

科 学 出 版 社

北　京

## 内 容 简 介

《陕西植物志 • 第四卷》收录陕西省分布的裸子植物苏铁科至红豆杉科、被子植物莼菜科至天门冬科，共计 38 科 187 属 538 种，其中野生植物有 34 科 151 属 448 种，另有 4 科 36 属 90 种在陕西仅见栽培。植物目与科的范围，裸子植物部分参考克里斯滕许斯系统，被子植物部分参考被子植物系统发育研究组（APG）系统。书中包含植物的中文名、中文别名、学名、异名、学名及主要异名的文献引证、科属种的形态描述、地理分布、重要经济植物的用途、检索表、中文名索引、拉丁名索引等内容，并配有 12 幅彩图版、277 幅墨线图和 804 幅彩色照片。

本书可供高等院校、科研院所的植物分类学、系统与进化植物学、生态学、植物区系地理学、植物资源学、药学、农学、林学、园艺学、生物多样性保护与利用等学科专业的教学科研人员和学生，以及从事环境保护、自然保护区事业的工作人员及自然爱好者、科普工作者参考使用。

**图书在版编目（CIP）数据**

陕西植物志. 第四卷/岳明总主编；吴振海等本卷主编. —北京：科学出版社，2022.7
ISBN 978-7-03-072403-8

Ⅰ.①陕… Ⅱ.①岳… ②吴… Ⅲ. ①植物志–陕西 Ⅳ. ①Q948.524.1

中国版本图书馆 CIP 数据核字（2022）第 090140 号

责任编辑：王 静 白 雪 / 责任校对：郑金红
责任印制：肖 兴 / 封面设计：刘新新

科学出版社 出版
北京东黄城根北街 16 号
邮政编码: 100717
http://www.sciencep.com

中国科学院印刷厂 印刷

科学出版社发行 各地新华书店经销

*

2022 年 7 月第 一 版 开本：787 × 1092 1/16
2022 年 7 月第一次印刷 印张：31 3/4 插页：62
字数：925 000

**定价：468.00 元**

(如有印装质量问题，我社负责调换)

# Flora of Shaanxi

**Editor in Chief**
YUE Ming

## Volume 4

**Editors of Volume 4**
WU Zhen-Hai, LIU Pei-Liang, LU Yuan, LI Zhong-Hu

**Science Press**
Beijing

# 《陕西植物志》编辑委员会



# 《陕西植物志·第四卷》作者名单

主　编　吴振海　刘培亮　卢　元　李忠虎

作　者（按姓氏汉语拼音排序）

陈丽丽　程虎印　郭　明　郭晓思　黎　斌　李　琰

李忠虎　刘培亮　卢　元　孙明洲　田　涛　王玛丽

王　薇　王亚玲　吴振海　徐文斌　寻路路　杨平厚

杨毅哲　岳　明　张雨曲　赵　亮　赵　鹏

# Editorial Committee for *Flora of Shaanxi*

## Editor in Chief

YUE Ming

## Committee Members (Arranged in alphabetical order)

CHANG Zhao-Yang, DU Cheng, GUO Xiao-Si, LI Bin, LI Zhong-Hu, LIU Pei-Liang, LU Yuan, TIAN Xian-Hua, WANG Ma-Li, WANG Wei, WU Zhen-Hai, XUN Lu-Lu, YUE Ming, ZHAO Peng

# List of Authors for Volume 4

## Editors

WU Zhen-Hai, LIU Pei-Liang, LU Yuan, LI Zhong-Hu

## Authors (Arranged in alphabetical order)

CHEN Li-Li, CHENG Hu-Yin, GUO Ming, GUO Xiao-Si, LI Bin, LI Yan, LI Zhong-Hu, LIU Pei-Liang, LU Yuan, SUN Ming-Zhou, TIAN Tao, WANG Ma-Li, WANG Wei, WANG Ya-Ling, WU Zhen-Hai, XU Wen-Bin, XUN Lu-Lu, YANG Ping-Hou, YANG Yi-Zhe, YUE Ming, ZHANG Yu-Qu, ZHAO Liang, ZHAO Peng

# 《陕西植物志》序一

陕西是中华民族的发祥地之一，是西周至唐的十三个王朝先后建都之地，历时 1100 多年。秦汉时的丝绸之路以陕西为起点。陕西在当今“一带一路”经济发展中也具有重要意义。

秦岭为长江流域和黄河流域的主要分水岭，以南为长江水系，以北为黄河水系，又是温带和亚热带以及地理上南方和北方的分界线。自北向南分属温带半干旱气候、暖温带半干旱-半湿润季风气候、亚热带湿润季风气候，南北差异显著。因此，陕西地区既具有丰富的温带植物多样性，又具有丰富的亚热带植物多样性。海拔为 3771 米的秦岭主峰太白山是青藏高原以东著名的高峰，具有典型的第四纪冰川地貌。

系统与演化植物学（systematic & evolutionary botany），简称植物系统学（plant systematics）或植物分类学（plant taxonomy），其任务在于通过植物表型与基因型相结合的综合性状识别植物种的多样性及其演化系统性。根据其演化系统性将多样性的植物梳理成种、属、科、目、纲、门、界的有序等级分类系统。植物志是系统与演化植物学的重要研究成果，是植物种系资源的重要信息存取系统，连同为研发者提供种系参考的植物标本馆以及保护珍稀濒危植物的植物园一起构成三大植物资源信息存取系统，成为自然界植物多样性与当今“一带一路”的生物经济时代植物资源研究开发之间的重要桥梁。

世界著名未来学家阿尔文·托夫勒（Alvin Toffler）在 1980 年出版的《第三次浪潮》中预言，社会经济的发展将由农业经济和工业经济进入信息经济和生物经济时代。

《陕西植物志》分为十三卷陆续出版，包括孢子植物的苔类、藓类、角苔类、石松类和蕨类以及种子植物的裸子植物和被子植物。《陕西植物志》必将在陕西以及当今“一带一路”的生物经济时代发挥重要的植物资源信息存取作用。

魏江春

中国科学院院士

中国科学院中国孢子植物志编辑委员会主编

2022 年 5 月 20 日

# 《陕西植物志》序二

中国是世界上生物多样性最为丰富的国家之一。中国科学院生物多样性委员会在2022年5月22日国际生物多样性日之际，组织发布了《中国生物物种名录》2022版，最新的统计数据表明中国有高等植物（包含苔类、藓类、角苔类、石松类、蕨类和种子植物）38 493种。要保护如此众多的植物种类，首先要准确识别这些物种。植物分类学研究人员长期不断地开展野外调查、标本采集、分类鉴定工作，以“植物志”的形式系统地记录一个地区的植物种类，为识别物种提供了重要的基础性工具。只有准确识别植物种类，弄清它们的进化关系，才能科学利用植物资源。我所从事的小麦远缘杂交育种工作，用到的最主要的材料之一即野生的偃麦草，它为小麦提供了高产、抗病、优质基因，因此了解认识野生植物对维护粮食安全也有重要意义。

陕西省北部的黄土高原是我国水土流失较严重、生态环境较脆弱的区域；陕西省南部的秦岭山脉是暖温带向亚热带过渡的区域，植被覆盖度高，植物种类繁多。为了认识这两个区域的植物种类，中国科学院原西北植物研究所的植物分类学研究人员，持之以恒地采集、分类，从20世纪70年代开始，陆续编著了《秦岭植物志》《黄土高原植物志》，初步摸清了陕西省的植物种类与分布。

随着野外调查的逐步完善、分类研究的细化与深入，尤其是分子系统学的快速发展，新的植物分类学发现与观点也应融入进植物志中。最近，我了解到在陕西省科学院的主要支持下，陕西省西安植物园、西北农林科技大学、西北大学等多家单位的植物分类学工作者，开始了全新的《陕西植物志》的编研工作，并首先完成了第四卷的编研。随着《陕西植物志》的出版，中国全部34个省、自治区、直辖市、特别行政区都有了各自的行政区划植物志。《陕西植物志》的编研出版，可以看作是《秦岭植物志》与《黄土高原植物志》的延续、修订与更新，是分类学研究工作的阶段性总结，为认识植物种类、保护与利用植物多样性做出了新的贡献。

祝贺《陕西植物志》的出版，并期盼未来的编研工作进展顺利！

李振声

李振声

中国科学院院士

中国科学院遗传与发育生物学研究所研究员

2022年5月30日

# 《陕西植物志》序三

陕西省位于中国陆地中间（中华人民共和国大地原点所在地：陕西省泾阳县永乐镇北流村，地理位置：北纬 34°32′27.00″，东经 108°55′25.00″），南北长约 878 千米，东西长约 517 千米，行政区划面积约 205 624 平方千米。陕西省自然地理大体分为南部的秦岭山脉、中部的关中平原和北部的黄土高原。其中南部的秦岭山脉是公认的中国地理南北分界线（长江流域和黄河流域分水岭），中部的关中平原具有长期而又传统的农耕历史，北部的黄土高原更是世界上奇特的自然地理单元。这样的自然条件可谓独一无二。正是这样复杂的条件，孕育了不同的植被类型以及丰富的植物资源。陕西的植物种类千差万别，极富多样性。

历史上陕西不仅是植物学界的考察重点，而且在研究上也走在业内的前列。20 世纪 30 年代就成立了著名的研究机构（西北植物调查所）和高等院校（西北农林专科学校），并持续不断地进行采集与研究，特别是经历几代人的艰苦努力，先后完成相关的重要志书，如《秦岭植物志》（三卷七册，1974—1985，缺少苔类）和《黄土高原植物志》（1989—2000，只出版了第 1、2、5 卷，第 3、4、6 卷未出版），更有《陕西维管植物名录》（2016）和《陕甘宁盆地植物志》（1957）等，外加各类经济植物志等工作，如《陕西树木志》（1990）等。

《陕西植物志》是首次对陕西省范围内的维管植物的全面总结。全书预计 13 卷，包括全部高等植物（即苔藓、蕨类和种子植物）。首先出版的是第四卷，记载裸子植物的苏铁科至红豆杉科、被子植物的莼菜科至天门冬科，总计 38 科 187 属 538 种，其中包括野生植物 34 科 151 属 448 种，栽培植物 4 科 36 属 90 种。

众所周知，植物志的编研主要依据标本，特别是历史上积累的标本。早在 20 世纪 30 年代成立的机构与单位为今天奠定了坚实的基础，而后 50 年代至今的不断考察与研究，尤其是数字化的今天，不仅有大量的彩色图片，而且有相关的数据库与网络资源，使得如今志书编写更加完善。

在保护生物学日益重要的今天，及时而又准确地总结其植物本底，对于资源的利用以及保护无疑具有重要的意义。正如众所周知的那样，陕西省是全国省、直辖市、自治区、特别行政区一级最后一个出版地方植物志的省份，但后来者居上，他们不但采用了最新的植物分类学系统，而且图文并茂，不仅有彩色图片还有线描图。尤其应该指出的是，陕西“60 后”和“70 后”战斗在第一线的同仁们，在本书的编研中起到了承前启后的作用，而承担编研的主力队伍则是年轻的“80 后”们！在竞争日益激烈的今天，还有这样一大批人坚守在这样的领域并拼搏着，实现了几代人的夙愿，实在是让人肃然起敬！

祝贺中国最后一个省市区植物志——《陕西植物志》出版！并期待着后续工作顺利！

马金双博士
北京市植物园首席科学家
2022 年 5 月 12 日于北京

# 《陕西植物志》前言

陕西省位于中国内陆西北地区东部，南北直线距离约 878.0 千米，东西直线距离约 517.3 千米，行政区划面积 205 624.3 平方千米，与山西省、河南省、湖北省、重庆市、四川省、甘肃省、宁夏回族自治区、内蒙古自治区接壤。陕西省由北向南分为三个差异明显的自然地理区域：陕北黄土高原千沟万壑，塬、梁、峁遍布，降雨稀少，主要分布风沙草原、灌木草原植被，南部子午岭、黄龙山和劳山等石质丘陵山地亦有落叶阔叶林；关中平原地势平坦，土壤肥沃，水热条件良好，是本省重要的农业生产区，也是城市集中、人口稠密的地区，自然植被罕见但栽培植物种类丰富；陕南秦巴山区重峦叠嶂，森林植被茂密，野生植物种类繁多，自北向南由落叶林逐渐向常绿林过渡，而高海拔地区又分布着亚高山灌丛草甸植被。秦岭山脉的主体位于陕西省南部，它是中国南北方地理分界线，是黄河与长江水系的分水岭，主峰太白山海拔 3771.2 米，是中国大陆青藏高原以东最高峰，分布有丰富的第四纪冰川遗迹。

陕西省复杂而多样的生态地理环境孕育了丰富的植物种类，很早就引起了植物学家的重视。从 19 世纪晚期开始，欧洲多国传教士、探险家到中国调查动植物种类，采集的标本经欧洲分类学家研究，发表了大量新种，其中意大利传教士朱塞佩·吉拉尔迪（Giuseppe Giraldi）（1848—1901）在陕西活动十余年，所获颇丰。1933—1936 年，德国林学家戈特里布·芬次尔（Gottlieb Fenzel）（1896—1936）受西北农林专科学校筹委会及陕西省林务局聘请，参与陕西及西北地区森林调查规划及林业教育事业。1936 年，北平研究院刘慎谔（1897—1975）在陕西武功与西北农林专科学校合办西北植物调查所，对陕西秦岭及毗邻区域的调查研究尤为详细，夏纬瑛（1896—1987）、孔宪武（1897—1984）、王作宾（1902—1989）、郝景盛（1903—1955）、白荫元（1905—1967）、钟补求（1906—1980）、崔友文（1907—1980）、王振华（1908—1976）、傅坤俊（1912—2010）等采集了大量植物标本。1938—1944 年，乐天宇（1901—1984）等在六盘山以东、黄河以西、长城以南、渭河平原以北地区采集植物标本，增进了对陕北地区植物的认识。

新中国成立后，陕西省的植物分类学研究进入快速而全面的发展阶段。原西北植物调查所的人员、标本、资料由中国科学院接收，历经中科院植物分类研究所西北工作站（1950）、中科院植物研究所西北工作站（1953）、中科院西北农业生物研究所（1955）、中科院西北生物土壤研究所（1958）、中科院西北水土保持生物土壤研究所（1964）、中科院西北植物研究所（1965）、西北植物研究所（1982）、陕西省·中科院西北植物研究所（1991）、西北农林科技大学（1999）阶段，尽管机构名称和隶属关系多次变更，但植物标本的采集与分类学研究一直是最重要的工作内容之一。一代代植物学工作者薪火相传、砥砺前行，王作宾、崔友文、刘继孟（1909—1993）、傅坤俊、郭本兆（1920—1993）、张振万（1924—1997）、柯平（1925—2018）、仲世奇（1930—2008）、何善宝（1930—2020）、何业祺（1933— ）、徐养鹏（1933— ）、于兆英（1934—1993）、傅竞秋（1934—2014）、唐昌林（1934— ）、徐光远（1934—1995）、张遂申（1935—2002）、魏志平（1935—2014）、杨金祥（1936— ）、鲁德全（1936—2001）、顾月萍（1936— ）、徐朗然（1936—2020）、张志英（1937—2011）、李培元、吴金陵（1937— ）、毋绪燕（1939— ）、梁一民（1939—2015）、侯喜祥（1948— ）、陈彦生（1952—2013）、王宏杰、郭友好（1952— ）、崔建丽（1952— ）、胡志新（1953— ）、张明理（1959—2017）、傅青（1959— ）、张跃进（1960— ）、袁永明（1961— ）、郭晓思（1962— ）、姜在民（1963— ）、吴振海（1964— ）、常朝阳（1965— ）、肖亮（1977— ）、赵亮（1982— ）、杜诚（1984— ）、王辉（1986— ）、朱仁斌（1988— ）等科研教学人员，或长于野外调查，或专于分类学研究，或精于教书育人，取得了丰硕的研究成果，初步摸清了陕西省的植物种类与分布情况，并培养了大量植物学人才。此外，西北林学院（1999 年合并入西北农林科技大学林学院）牛春山（1904—1999）、曲式曾（1926—2006）、何全华（1928—1972）、马多士（1933—2017）、王明昌（1934— ）、张文辉（1955— ）、杨平厚（1957— ）、王开运（1960— ）、康永祥（1963— ）、张鑫（1984— ）等长期专注于秦岭及西北地区树木学教学与研究，培养了大量林学人才，为森林保护与资源开发打下坚实基础；陕西省林业科学院（1999 年合并入西北农林科技大学）赵一庆（1939— ）、卜颖生（1958— ）、土小宁（1964— ）等长期从事陕西木本植物调查及造林树种研究；陕西省西安植物园秦官属（1929—2004）、张满祥（1934— ）、孙永华（1934— ）、刑吉庆（1936— ）、张继祖（1937—2002）、崔铁成（1956— ）、李思锋（1960— ）、王亚玲（1971— ）、黎斌（1973— ）、卢元（1985— ）、寻路路（1988— ）等在秦巴山区野生植物调查及引种驯化栽培方面建树颇丰；西北大学谢寅堂（1925—2012）、张淑贤（1930— ）、狄维忠（1934—2015）、李静丽（1937— ）、王亚洲（1958— ）、王玛丽（1963— ）、岳明（1967— ）、赵鹏（1980— ）、李忠虎（1981— ）、刘培亮（1987— ），陕西师范大学李启敏（1927—2013）、高淑贞（1930—2010）、黄可（1934—2010）、田先华（1952— ）、肖娅萍（1956— ）、任毅（1959—2019）、张小卉（1972— ）、康菊清（1980— ）、张建强（1987— ），延安大学白重炎（1963— ），陕西理工大学王勇（1974— ）、周天华（1976— ），陕西中医药大学程虎印（1963— ）、王薇（1972— ）、张雨曲（1982— ），也在植物分类学、植物生态学、系统与进化植物学、保护生物学、药用植物学等方面长期耕耘，成果丰硕。

自 20 世纪 70 年代开始，陕西省内外的植物分类学工作者陆续编著了《秦岭植物志》《黄土高原植物志》《陕西树木志》等志书，它们是鉴定本区域植物的重要参考工具书，在科技进步和经济建设中发挥了重要作用，至今仍是陕西省植物调查、鉴定、科研和教学实习中最重要的参考工具书。然而，于 1974—1985 年陆续出版的三卷七册《秦岭植物志》已有约 40 年的历史，随着植物资源调查研究的不断深入，人们发现了很多《秦岭植物志》遗漏的种类，2013 年出版的《秦岭植物志增补》种子植物部分增加达 413 种之多，且随后每年仍有不少论文专著报道有关陕西省植物的新记录与新种，相关文献浩如烟海，检索使用极为不便。1989—2000 年出版的《黄土高原植物志》的收录范围覆盖了陕西省北部，但仅第一、二、五卷出版，余第三、四、六卷未能出版，给鉴定陕北植物带来困难。1990 年出版的《陕西树木志》只收录了乔木、灌木及木质藤本植物。2016 年出版的《陕西维管植物名录》集成了当时已知的标本与文献，是目前关于陕西省植物种类与分布最为完整的著作，但没有文献引证、检索表、描述与插图，使用不便。近些年来，一些图鉴类的著作陆续出版，如《陕西野生兰科植物图鉴》《秦巴山区野生观赏植物图谱》《中国黄土高原常见植物图鉴》《秦岭野生植物图鉴》《秦岭太白山常见植物彩色图鉴》《秦岭火地塘植物图鉴》《中国秦岭经济植物图鉴》《陕西子午岭植物图鉴》《秦岭常见药用植物图鉴》等，均能生动直观地展现陕西省的植物种类，但由于拍摄图片的困难和出版篇幅的限制，都只收录了区域内的部分物种，完整性不足。缺乏完善的、更新的省级植物志给认识陕西省的植物带来困难。目前，陕西省是全国唯一没有省级植物志的省级行政区（重庆市纳入《四川植物志》的编写范围）。

由于自然界生物种类的复杂性，人们对物种分类这一基础的问题的认识是渐进式发展的，这也是植物志需要经历多次再版修订的原因。近三十年来，生物学各领域快速发展，人们在物种分化、进化生态、细胞分类、微观形态、个体发育、谱系地理、系统发育等方面取得了长足进步，为我们利用综合分类学的方法编写植物志提供了良好的条件。

编写植物志最重要的基础条件之一是植物标本。陕西省高校和科研院所的植物标本馆藏是相当丰富的：西北农林科技大学生命科学学院植物标本馆（WUK）是西北地区最大的植物标本馆，原西北林学院树木标本室（NWFC）、原陕西省林业科学研究所森林植物标本室（YL）、陕西省西安植物园植物标本室（XBGH）、西北大学生命科学学院植物标本馆（WNU）、陕西师范大学生命科学学院植物标本室（SANU）均有丰富的陕西省植物标本收藏。“中国数字植物标本馆”（www.cvh.ac.cn）和“国家标本平台”（www.nsii.org.cn）近年来迅速数字化了国内主要标本馆的大量标本数据，可通过网络便捷访问查询。确定植物学名应用范围的模式标本和原始发表文献对名称的准确应用至关重要。但我国许多植物最初是由欧美学者研究发表的，模式标本和原始文献多保存在国外，查阅不便，这使得早年编写的植物志中存在不少学名应用上的错误，在一些类群中引起了混乱。近些年来，随着数字网络技术的发展，国内外许多研究机构扫描并网络共享了大量植物标本和文献，如生物多样性遗产图书馆（www.biodiversitylibrary.org）、密苏里植物园植物学文献数字图书馆（botanicus.org），现在获取这些资料变得简单高效。这为在编著植物志时订正以往植物志中的错误、澄清分类学混乱提供了极为有利的条件。

在建设生态文明的进程中，陕北黄土高原的水土保持与荒漠化治理、关中平原城市群人与自然的和谐共生、陕南秦巴山区绿水青山中的生物多样性保护，均离不开对绚丽多姿的植物世界的准确而全面的认识。鉴于此，我们决定集中省内外研究力量，编著一部种类齐全、图文并茂的《陕西植物志》。这将是对陕西省植物资源的一次全面系统的梳理，并以编研植物志为契机，推进植物分类学、生态学、系统与进化植物学等领域科学研究的进步。《陕西植物志》的问世将改变陕西没有省级植物志的现状，能极大改善本省植物鉴定困难的状况，并能促进化学、药学等相关学科的发展及农林畜生产、医药卫生、风景园林等领域对植物资源的开发利用。与此同时，在编著《陕西植物志》的过程中锻炼和培养一批青年植物分类学家，有利于改善当今分类学人才稀缺的状况；使用新系统编排的植物志可以为在生物学教育事业中推广普及最新研究成果提供范例。

诚然，自然界是复杂多样的，我们对植物世界的认识局限于现有的观察理解水平，随着未来研究的深入，当前的结论可能会被推翻。我们努力使本志能够反映当前学界对植物世界的认识程度，抛砖引玉，期盼后来人能取得更大的进步。本志中的错误和不当之处，敬请广大读者批评指正。

《陕西植物志》编辑委员会

2022 年 1 月

# 《陕西植物志》编写说明

《陕西植物志》计划分为十三卷陆续出版：第一卷为总论，第二至十三卷为各类群内容，包括苔类、藓类、角苔类、石松类、蕨类、裸子植物和被子植物，即“高等植物”，亦称“有胚植物”或“陆生植物”。

本志收录范围为陕西省分布的野生植物、归化植物、入侵植物及主要的栽培植物。栽培植物包括种植范围较大、较常见或重要的粮食作物、蔬菜水果、造林树种、牧草、药用植物、绿化观赏植物等。非陕西野生植物收录的标准是其能够露天过冬并能完成生活史。仅有少数机构或个人栽培，且尚无大范围栽培价值的植物，暂不收录。

本志各目和科的范围界限与排布，苔类、藓类、角苔类参考恩格勒系统第十三版（Frey，2009），石松和蕨类参考蕨类植物系统发育研究组系统（PPG，2016），裸子植物参考克里斯滕许斯系统（Christenhusz et al.，2011），被子植物参考被子植物系统发育研究组系统（APG，2016）。本志原则上以上述“系统”为准，但鉴于系统本身亦在完善当中，也将吸纳最新研究成果，在不违反类群单系性的前提下，微调某些类群的范围界限或排布顺序，使系统排布既能体现类群间的演化关系，又能方便实际应用。科的范围及形态特征，还参考了“多识植物百科”网站（duocet.botanicalgarden.cn:8888/index.php）及“被子植物系统发育网站”（www.mobot.org/MOBOT/research/APweb）等。由于植物目以上分类系统，如门、纲、亚纲、超目等的划分，尚存在较大争议，且目以上等级的划分对实际鉴定和应用植物影响不大，本志仅以苔类、藓类、角苔类、石松类、蕨类、裸子植物和被子植物划分。

本志各类群的中文名原则上与 *Flora of China*、*Moss Flora of China*、《中国植物志》和《中国苔藓志》保持一致，当它们采用的中文名不一致时，本志采纳其中一个，而另一个作为中文俗名列出；对于上述著作中出现的错别字、异体字本志予以订正；对于上述著作未收录的类群，本志采纳文献中最早使用的中文名或新拟中文名。《秦岭植物志》《黄土高原植物志》《陕西树木志》等有关陕西省植物的著作中使用的其他中文名，作为中文俗名列出，并注明文献。在陕西省地方使用广泛的其他中文名，作为中文俗名列出，并指明使用区域。几个物种归并后，没有优先权的拉丁名对应的中文名，也作为中文俗名列出。

本志各类群的学名、异名的拼写，命名人的缩写，参考了国际植物名称索引（www.ipni.org）及密苏里植物园植物学数据库（tropicos.org）等。本志收录的异名仅限于其代表的类群分布于陕西的，以及在有关陕西植物的论著中使用过的。

本志引证拉丁学名、异名的发表文献，以及使用了拉丁学名、异名的其他有关陕西省的著作，如《秦岭植物志》《黄土高原植物志》《陕西树木志》等，不引证与陕西省无关的著作。论著中有错误鉴定的，以文献引证的方式指出（auct. non）。外文文献的缩写参考了 www.ipni.org，中文文献的名称用中文书写。

本志采用“平行式”检索表。有时为了方便编制和使用，一个类群可能出现在 1 个以上检索项中。

科、属所包含的物种数量，仅统计种数，不再单独统计种下等级数量；有种下等级的物种，无论有几个种下等级，均仅记为 1 种。

《国家重点保护野生植物名录》（国家林业和草原局 农业农村部公告 2021 年第 15 号）收录的物种，标注为“国家一级重点保护野生植物”和“国家二级重点保护野生植物”。

《陕西省地方重点保护植物名录（第一批修订）》（陕政发〔2009〕71 号）收录的物种，标注为“陕西省地方重点保护植物”。

《中国高等植物受威胁物种名录》（覃海宁等，2017）及《中国裸子植物红色名录评估（2021 版）》（杨永，2021）依据世界自然保护联盟（IUCN）物种红色名录等级和标准收录并评估的受威胁物种标注为“极危（CR）”“濒危（EN）”“易危（VU）”。

《濒危动植物种国际贸易公约》（CITES）附录Ⅰ（若再进行国际贸易会导致灭绝的动植物，明确规定禁止其国际性的交易）、附录Ⅱ（目前无灭绝危机，管制其国际贸易的物种）、附录Ⅲ（各国视其国内需要，区域性管制国际贸易的物种）收录的植物，分别标注为“CITES 附录Ⅰ收录物种”“CITES 附录Ⅱ收录物种”“CITES 附录Ⅲ收录物种”。

《中国外来入侵植物名录》（马金双和李慧茹，2018）收录的“恶性入侵种”“严重入侵种”“局部入侵种”“一般入侵种”，标注为“外来入侵植物”。

本志采用三种插图形式：彩图版为手绘植物科学画，主要选取陕西特有植物、保护植物、新种、陕西植物区系代表性物种等；墨线图主要引用《秦岭植物志》《中国植物志》等著作中已发表的图，也新绘制少量墨线图；植物照片为在陕西省范围内拍摄的野生或栽培植物，展现物种整体形态和主要识别特征。

本志中物种的地理分布描述基于标本记录、野外观察及可靠的文献记录。种及种下单位的地理分布原则上精确到区县级或具体的山峰、水域；一些分布广泛的种类，或缺乏精确到区县级分布记录的种类，使用较大的自然地理区域描述。本志描述物种在陕西省内地理分布所使用的地名简称及其对应的行政区划如下。

西安市：西安（包括新城区、碑林区、莲湖区、灞桥区、未央区、雁塔区），阎良（阎良区），临潼（临潼区，原为临潼县），长安（长安区，原为长安县），高陵（高陵区，原为高陵县），鄠邑（鄠邑区，原为户县，旧称鄠县），蓝田（蓝田县），周至（周至县，旧称盩厔县）。

铜川市：铜川（包括王益区、印台区），耀州（耀州区，原为耀县），宜君（宜君县）。

宝鸡市：宝鸡（包括渭滨区、金台区、陈仓区），凤翔（凤翔区，原为凤翔县），岐山（岐山县），扶风（扶风县），眉县（旧称郿县），陇县，千阳（千阳县，旧称汧阳县），麟游（麟游县），凤县，太白（太白县）。

咸阳市：咸阳（包括秦都区、渭城区），杨陵（杨陵区，杨凌农业高新技术产业示范区），三原（三原县），泾阳（泾阳县），乾县，礼泉（礼泉县，旧称醴泉县），永寿（永寿县），彬州（彬州市，原为彬县，旧称邠县），长武（长武县），旬邑（旬邑县，旧称栒邑县），淳化（淳化县），武功（武功县），兴平（兴平市，原为兴平县）。

渭南市：渭南（临渭区），华州（华州区，原为华县），潼关（潼关县），大荔（大荔县），合阳（合阳县，旧称郃阳县），澄城（澄城县），蒲城（蒲城县），白水（白水县），富平（富平县），韩城（韩城市），华阴（华阴市，原为华阴县）。

延安市：延安（宝塔区），安塞（安塞区，原为安塞县），延长（延长县），延川（延川县），子长（子长市，原为子长县），志丹（志丹县），吴起（吴起县，旧称吴旗县），甘泉（甘泉县），富县（旧称鄜县），洛川（洛川县），宜川（宜川县），黄龙（黄龙县），黄陵（黄陵县）。

榆林市：榆林（榆阳区），横山（横山区，原为横山县），府谷（府谷县），靖边（靖边县），定边（定边县），绥德（绥德县），米脂（米脂县），佳县（旧称葭县），吴堡（吴堡县），清涧（清涧县），子洲（子洲县），神木（神木市，原为神木县）。

汉中市：汉中（汉台区），南郑（南郑区，原为南郑县），城固（城固县），洋县，西乡（西乡县），勉县（旧称沔县），宁强（宁强县，旧称宁羌县），略阳（略阳县），镇巴（镇巴县），留坝（留坝县），佛坪（佛坪县）。

安康市：安康（汉滨区），汉阴（汉阴县），石泉（石泉县），宁陕（宁陕县），紫阳（紫阳县），岚皋（岚皋县），平利（平利县），镇坪（镇坪县），旬阳（旬阳市，原为旬阳县，旧称洵阳县），白河（白河县）。

商洛市：商洛（商州区，原为商县），洛南（洛南县，旧称雒南县），丹凤（丹凤县），商南（商南县），山阳（山阳县），镇安（镇安县），柞水（柞水县）。

本志描述物种在陕西省内地理分布所使用的主要自然地理区域、山脉、山峰如下。

陕北：陕西省北部，即北山（关中地区北部一系列山的统称）以北至省界的区域，亦称陕北高原，位于黄土高原腹地；关中：位于陕西省中部，亦称关中平原，是渭河及其两侧支流共同塑造的冲积洪积平原，北抵北山，南达秦岭北麓，西部狭窄，东部宽阔；陕南：陕西省南部，由秦岭南坡、大巴山及山间的汉中盆地、安康盆地、商丹盆地等组成；秦巴山区：泛指秦岭和大巴山的山区。

秦岭山脉：东西走向，是黄河流域与长江流域的分水岭，广义的秦岭自西向东经过甘肃、陕西、河南，位于洮河-渭河以南，白龙江-汉江以北，西部与青藏高原相连，东部没入华北平原，秦岭的主体部分位于陕西省南部，亦称为狭义秦岭；大巴山脉：简称巴山，东西走向，广义的大巴山自西向东经过四川、陕西、重庆、湖北，位于汉江以南，长江以北，嘉陵江以东，自西向东由米仓山、狭义大巴山、神农架等组成。

太白山：为秦岭主峰，位于陕西省西南部眉县、太白县、周至县交界处，最高峰拔仙台海拔 3771.2 米；西太白山：亦称鳌山，位于太白县，与太白山以秦岭主梁跑马梁相连，最高峰海拔 3475 米；光头山：位于鄠邑太平峪，最高峰海拔 3015 米；化龙山：位于镇坪县和平利县，属于广义大巴山的中段（狭义大巴山），是大巴山的第二高峰，海拔 2917 米；玉皇山：位于太白县靖口乡西北，最高峰海拔 2819 米；牛背梁：位于长安区、柞水县和宁陕县的交汇区域，最高峰海拔 2802 米；辛家山：位于凤县，最高峰海拔 2738 米；终南山：位于长安区，最高峰海拔 2604 米；米仓山：为广义大巴山的西段，位于陕西省和四川省交界处，在陕西境内主要位于宁强、南郑、西乡、镇巴，西起嘉陵江，东至任河与狭义大巴山为界，是嘉陵江与汉江的分水岭，在陕西境内的最高峰是位于镇巴县的箭杆山，海拔 2533 米；庙王山：位于凤县黄牛铺镇，秦岭主梁以南，最高峰海拔 2360 米；关山：位于陇县西南的关山林区，为陕甘宁三省（区）交界处，最高峰海拔 2205 米；华山：又称西岳，为五岳之一，位于华阴市南部，最高峰海拔 2154.9 米；天竺山：又称天柱山，位于山阳县，最高峰海拔 2074 米；鸡峰山：又称鸡山，位于宝鸡市陈仓区，最高峰海拔 2014 米；黄龙山：位于黄龙县和宜川县南部，最高峰海拔 1788 米；南五台：位于西安市长安区南部，由 5 个小山峰组成，最高峰海拔 1688 米。

本志中引证的植物标本存放地及其缩写为：西北农林科技大学生命科学学院植物标本馆（WUK）、陕西省西安植物园植物标本室（XBGH）、西北大学生命科学学院植物标本馆（WNU）。

《陕西植物志》编辑委员会

2022 年 1 月

# 致谢

《陕西植物志》得以问世，与一代代植物学工作者的大量前期工作积累密不可分。自20世纪30年代开始，前辈们开展了全面的野外调查采集和系统的分类学研究，即使在最困难的年代也没有停止对植物界的探索，留下了无价的标本和文献，这都是我们编写《陕西植物志》最为宝贵的材料。我们向长期从事陕西省植物学研究的前辈们致以崇高的敬意！

感谢陕西省科学院对启动《陕西植物志》的编著这一巨大浩繁工作的理解与关注，时任领导对编著工作给予了亲切关怀与鼎力支持。本志是在陕西省科学院科技计划重点专项“《陕西植物志》的编研（2019K-08）”项目经费支持下得以问世的。此外，本志的编著工作还得到了国家标本平台（NSII）2020年专题“省级数字标本馆（PVH）功能完善与在线社区建设”及陕西省科学技术协会提升公民科学素质计划项目“《陕西植物志》第四卷编研”的经费支持。

在《陕西植物志》前期酝酿规划阶段，中国科学院植物研究所马克平研究员、北京大学方精云院士、中国科学院植物研究所孔宏智研究员及陕西师范大学任毅教授非常关心陕西省植物分类学工作的发展动态，多次呼吁启动《陕西植物志》的编著工作，坚定了我们编著《陕西植物志》的信心；北京市植物园首席科学家马金双博士在整体规划、编写规范等方面给予了我们很多宝贵建议，还多次提供交流平台让我们向国内同行介绍《陕西植物志》的工作进展；四川大学何兴金教授、深圳市兰科植物保护研究中心严岳鸿研究员、陕西省西安植物园张满祥研究员及陕西省林业局的领导在百忙之中拨冗出席了《陕西植物志》编写方案论证会，给出了宝贵的编写建议；科学出版社生物分社对本志的编辑、出版工作提供了极大的帮助。我们向所有帮助本志问世的同仁和领导表示诚挚的感谢！

《陕西植物志》编辑委员会

2022年1月

# 目录

# 裸子植物 Gymnosperms

李忠虎　刘培亮（西北大学）

### 裸子植物分科检索表

1. 灌木、亚灌木或草本状；叶退化为膜质……………………………三　**麻黄科 Ephedraceae** Dumort.
1. 乔木或灌木；叶为针形、鳞形、刺形、条形或扇形单叶，或羽状复叶……………………………2
2. 茎常不分枝，有时二叉分枝；叶羽状深裂或全裂，集生于粗大的树干或分枝的顶端……………………………………………………………………一　**苏铁科 Cycadaceae** Pers.
2. 茎或树干通常分枝；叶不羽状分裂……………………………3
3. 叶扇形，有多数二叉状叶脉；落叶乔木……………………………二　**银杏科 Ginkgoaceae** Engl.
3. 叶不呈扇形，也不具二叉状叶脉；常绿或落叶乔木或灌木……………………………4
4. 雌雄同株，稀异株；雌球花发育成球果；种子无肉质套被或假种皮，常具翅……………………………5
4. 雌雄异株，稀同株；雌球花不发育成球果，发育成核果状或坚果状种子；种子全部或部分包于肉质套被或假种皮中，无翅……………………………6
5. 球果的种鳞与苞鳞离生，每个种鳞具 2 枚种子；种子顶端具翅，或无翅；花粉通常具气囊……………………………四　**松科 Pinaceae** Spreng. ex F. Rudolphi
5. 球果的种鳞与苞鳞半合生或完全合生，每个种鳞具 1-20 枚种子；种子两侧具翅，或无翅；花粉无气囊……………………………六　**柏科 Cupressaceae** Gray
6. 每个小孢子叶具 2 个小孢子囊；花粉通常具气囊……………………………五　**罗汉松科 Podocarpaceae** Endl.
6. 每个小孢子叶具 3-9 个小孢子囊；花粉无气囊……………………………七　**红豆杉科 Taxaceae** Gray

## 苏铁目 **Cycadales** Pers. ex Bercht. & J. Presl

## 一　苏铁科 **Cycadaceae** Pers.

常绿木本。树干圆柱状，直立，不分枝，稀二叉分枝或呈块茎状。叶螺旋状排列，二型，具鳞状叶与营养叶；鳞状叶短小，密被褐色绒毛，先端坚硬或柔软；营养叶大，簇生于树干顶端，叶柄常具刺，叶片革质，具中脉，一回或二至三回羽裂，末回羽片一次或多次二叉状深裂。雌雄异株；雄球花单生于树干顶端，直立，中轴上密生螺旋状排列的小孢子叶；小孢子叶常楔形，扁平，顶端增厚成盾状，背面具 3-5 个聚生的小孢子囊（花药）；大孢子叶生于树干顶部鳞状叶与营养叶之间，扁平，上部羽状分裂或几不分裂，边缘着生 2-10 枚胚珠。种子核果状；种皮 3 层，外种皮肉质，中种皮木质，常具 2 棱，稀 3 棱，内种皮膜质；胚乳丰富；子叶 2 枚。

本科共 1 属约 60 种，分布于非洲东部（包括马达加斯加岛）、亚洲东部和南部、澳大利亚北部、太平洋岛屿。中国有 1 属 16 种，主要分布于华南、西南地区；陕西栽培 1 属 1 种。

## 1. 苏铁属 Cycas L.

Sp. Pl. 2: 1188. 1753; 秦岭植物志 1(1): 2. 1976; 中国植物志 7: 4. 1978; Flora of China 4: 1. 1999; 黄土高原植物志 1: 2. 2000.

属的特征与地理分布同科。

### （1）苏铁（图 1，照片 1、2、3）

**Cycas revoluta** Thunb., Verh. Holl. Maatsch. Weetensch. Haarlem 20(2): 424, 426-427. 1782; 秦岭植物志 1(1): 2. 1976; 中国植物志 7: 7. 1978; Flora of China 4: 4. 1999; 黄土高原植物志 1: 2. 2000.

树干高约 2 米，稀可达 8 米。羽状叶丛生于茎的顶部，呈倒卵状狭披针形；羽片多数，线状披针形，常对生，硬革质，先端尖锐，边缘向内卷；上表面暗绿色，中央具有凹槽，内有稍隆起的中脉；下表面浅绿色，中脉隆起。雌雄异株；雄球花圆柱形或长卵圆形；小孢子叶长方状楔形，长约 5 厘米，有急尖头，被黄褐色绒毛；大孢子叶宽卵形，扁平，密生褐黄色绒毛，上部羽状分裂，下部具狭长的柄，柄两侧具 2-6 枚胚珠。种子卵圆形，微扁，熟时橘红色；珠被分化为 3 层种皮，外层肉质较厚，中层为石细胞构成的硬壳，内层为薄纸质。花期 6-7 月，种子 10 月成熟。

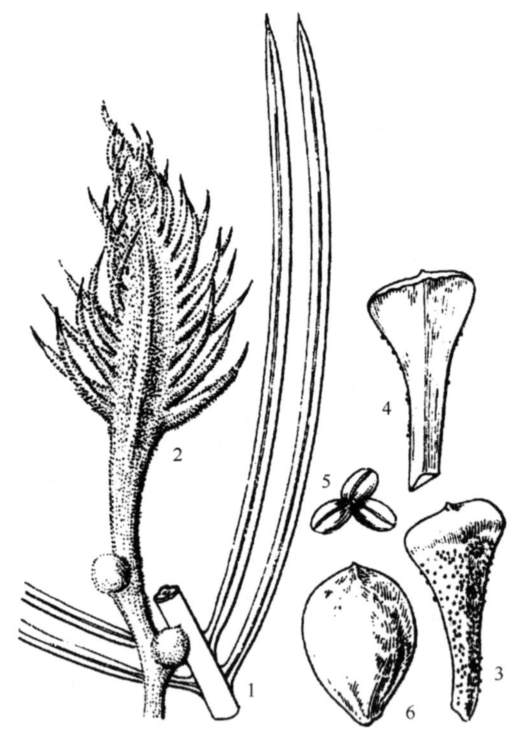

图 1. **苏铁 Cycas revoluta**
1. 部分羽状叶；2. 大孢子叶；3. 小孢子叶背面；4. 小孢子叶腹面；5. 聚生的花粉囊；6. 种子（引自《黄土高原植物志》，钱存源绘）。

陕西的公园、庭园多有栽培，秦岭以北需室内越冬；分布于福建、台湾、广东，中国各地多有栽培。日本、菲律宾、印度尼西亚也有分布。

苏铁树形优美，是重要的观赏和庭园绿化树种；茎内富含淀粉，可供食用；种子含油和淀粉，有毒。

国家一级重点保护野生植物；极危（CR）；CITES 附录Ⅱ收录物种。

# 银杏目 Ginkgoales Gorozh.

# 二 银杏科 Ginkgoaceae Engl.

落叶乔木。树干粗壮端直，具分枝；枝有长枝与短枝之分。叶扇形，叶脉叉状并列，具长柄，在长枝上螺旋状排列，在短枝上簇生状。雌雄异株；球花生于短枝顶端的叶腋或苞腋，呈簇生状；雄球花4-6个，具梗，柔荑花序状；小孢子叶（雄蕊）多数，螺旋状着生，每小孢子叶具2个小孢子囊（花药）；雌球花6-7个，具长梗，顶端常分2叉，稀不分叉或分成3-5叉，叉顶各生1个珠座，每珠座生1枚直立胚珠。种子核果状，具长梗，下垂，具肉质外种皮，骨质中种皮，膜质内种皮；胚乳丰富；子叶常2枚，发芽时不出土。

本科仅1属1种，原产于中国，东亚、欧洲、北美洲多有引种栽培。中国有1属1种；陕西栽培1属1种。

## 1. 银杏属 Ginkgo L.

Mant. Pl. 2: 313. 1771; 秦岭植物志 1(1): 3. 1976; 中国植物志 7: 18. 1978; 陕西树木志: 1. 1990; Flora of China 4: 8. 1999; 黄土高原植物志 1: 3. 2000.

属的特征与地理分布同科。

### （1）银杏 白果（图2，照片4、5、6）

**Ginkgo biloba** L., Mant. Pl. 2: 313. 1771; 秦岭植物志 1(1): 3. 1976; 中国植物志 7: 18. 1978; 陕西树木志: 1. 1990; Flora of China 4: 8. 1999; 黄土高原植物志 1: 3. 2000.

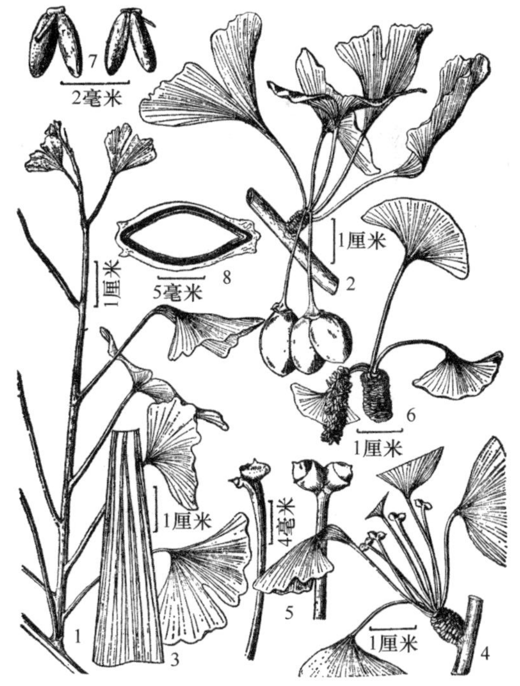

图2. 银杏 **Ginkgo biloba**
1. 长枝；2. 具种子的短枝；3. 叶的一部分；4. 具雌球花的短枝；5. 幼嫩种子；6. 具雄球花的短枝；7. 花药；8. 种子横切面（引自《秦岭植物志》）。

落叶乔木。树干高大粗壮；幼时树皮浅纵裂，老时褐色，深纵裂；一年生小枝淡黄褐色，二年生枝变为黑灰色；冬芽黄褐色，常卵形，先端尖锐。叶扇形，具长梗，淡绿色，无毛，具二叉状分枝的叶脉，丛生于短枝或散生于长枝上，在短枝上常具波状缺刻，在长枝上常2裂，基部楔形。雌雄异株；雄球花柔荑状，簇生；雌球花6-7个簇生，具长柄，顶端2叉，稀3-5分叉或不分叉，叉端生1个盘状珠座，胚珠附生其上，通常只1枚能育。种子椭圆形至近球形，具长柄，下垂；种皮3层，外种皮肉质，成熟时呈黄色，被白粉，味辛辣，腐后有臭气；中种皮白色骨质，平滑，具2-3条纵棱；内种皮红褐色，纸质；胚具2枚子叶，稀3枚；胚乳丰富，有后成熟现象；种子萌发时子叶不出土。花期3-4月，种子9-10月成熟。

关中、陕南常见栽培，并有古树；中国各地多有栽培，浙江、湖北、湖南、广东、广西、贵州、重庆有野生。东亚、欧洲、北美洲多有引种栽培。

银杏是中生代的一种孑遗植物，树形优美，为优良绿化树种；木材质地优良，可作建筑、家具、雕刻等用材；种子富含淀粉，可供食用及药用；叶可药用，亦可制杀虫剂和肥料。

国家一级重点保护野生植物；濒危（EN）。

## 麻黄目 **Ephedrales** Dumort.

## 三　麻黄科 **Ephedraceae** Dumort.

灌木、亚灌木或草本状。茎直立或匍匐，二歧分枝，具节和节间。叶退化成膜质，在节上交互对生或轮生，2-3片合生成鞘状，先端裂成三角形，具2条平行脉。雌雄异株，稀同株；球花卵圆形或椭圆形，生枝顶或叶腋；雄球花单生或数个丛生，或3-5个呈复穗状，具多对苞片；苞片厚膜质或膜质，每片生1枚雄花；雄花具膜质假花被，雄蕊2-8枚，花丝连合成1-2束，花药1-3室，花粉椭圆形；雌球花具交互对生或轮生的苞片，仅顶端1-3片苞片生有雌花；雌花具顶端开口的囊状革质假花被，包于胚珠外；胚珠具一层膜质珠被，珠被上部延长成珠被管，珠被管直或弯曲，自假花被管口伸出；雌球花的苞片随胚珠生长发育而增厚成肉质，红色或橘红色，稀干燥膜质，淡褐色；假花被发育成革质假种皮。种子1-3枚，具1层外盖被和1层珠被；胚乳丰富；子叶2枚，发芽时出土。

本科有1属约40种，分布于亚洲、美洲、欧洲东南部及非洲东部和北部等干旱、荒漠地区。中国有1属14种，主要分布于华北、西北、西南地区；陕西产1属3种。

### 1. 麻黄属 **Ephedra** L.

Sp. Pl. 2: 1040. 1753; 秦岭植物志 1(1): 33. 1976; 中国植物志 7: 469. 1978; 陕西树木志: 44. 1990; Flora of China 4: 97. 1999; 黄土高原植物志 1: 29. 2000.

属的特征与地理分布同科。

#### 分种检索表

1. 叶3裂和2裂并存；球花的苞片2片对生或3片轮生；雌花的胚珠具长而曲折的珠被管；多分枝灌木 ················ （1）**中麻黄 E. intermedia** Schrenk ex C. A. Mey.
1. 叶2裂，稀3裂；球花的苞片2片对生；雌花的胚珠具较短的珠被管，直或稍弯曲；灌木或草本状小灌木 ················ 2

2. 草本状小灌木，无明显的直立木质茎；小枝较粗，直径约 2 毫米；小枝节间长 2.5-5.5 厘米；种子常 2 枚 ……………………………………………………………… （2）**草黄麻 E. sinica** Stapf
2. 灌木，具明显的木质茎；小枝较细，直径约 1 毫米；小枝节间长 1-3.5 厘米；种子常 1 枚 ……………………………………………………………… （3）**木贼麻黄 E. equisetina** Bunge

## （1）**中麻黄** 麻黄（彩图版 1）

**Ephedra intermedia** Schrenk ex C. A. Mey., Mém. Acad. Imp. Sci. Saint-Pétersbourg, Sér. 6, Sci. Math., Seconde Pt. Sci. Nat. Sci. Nat. 5: 278 [Vers. Monogr. Gatt. Ephedra 88]. 1846; 秦岭植物志 1(1): 34. 1976; 中国植物志 7: 474. 1978; 陕西树木志: 45. 1990; Flora of China 4: 98. 1999; 黄土高原植物志 1: 30. 2000.

灌木。高 0.2-1 米，直立或匍匐斜向上，基部分枝多。小枝灰绿色，节间长 3-6 厘米，直径约 2 毫米，具细小纵槽纹。叶下部约 2/3 合生成鞘状，上部约 1/3 分裂，3 裂和 2 裂并存，裂片三角形。雄球花常多个密生于节上，呈团状；苞片 5-7 对交互对生，或呈 5-7 轮（每轮 3 枚）；雄花具 5-8 枚雄蕊，花丝均合生，花药不具梗；雌球花常 2 个对生于节上，由 3-5 轮生或交互对生的苞片构成，常仅基部合生，边缘具明显膜质窄边，先端 1 轮苞片生有 2-3 朵雌花；珠被管长约 3 毫米，弯曲成螺旋状；成熟时，苞片膨大成肉质红色，常为卵圆形或长卵圆形。种子常 3 枚，稀 2 枚，卵圆形或长卵圆形，包于肉质苞片内，不外露，长 6-10 毫米，直径约 3 毫米。花期 5-6 月，种子 7-8 月成熟。

产神木、榆林、靖边等地，生于海拔 1200-1300 米的干旱荒漠、沙滩及干旱的山坡或草地上；分布于华北、西北及辽宁、山东。俄罗斯、伊朗、阿富汗也产。

本种含生物碱，可供药用；肉质多汁的苞片可食；根和茎枝在产地常作燃料。

陕西省地方重点保护植物。

## （2）**草麻黄** 麻黄（图 3，照片 7、8）

**Ephedra sinica** Stapf, Bull. Misc. Inform. Kew. 1927: 133. 1927; 秦岭植物志 1(1): 34. 1976; 中国植物志 7: 477. 1978; Flora of China 4: 99. 1999; 黄土高原植物志 1: 30. 2000.

草本状灌木。根状茎木质，黄褐色。小枝直立或微曲，由基部成簇生出，丛生，分枝少，表面具细小纵条纹，节间长 2.5-5.5 厘米，直径约 2 毫米。叶膜质，基部 1/3-2/3 合生成鞘状，上部 2 裂，裂片锐三角形。雄球花复穗状，常具总梗；苞片常 4 对；每朵雄花有 7-8 枚雄蕊，花丝合生，有时先端稍分离；雌球花单生，

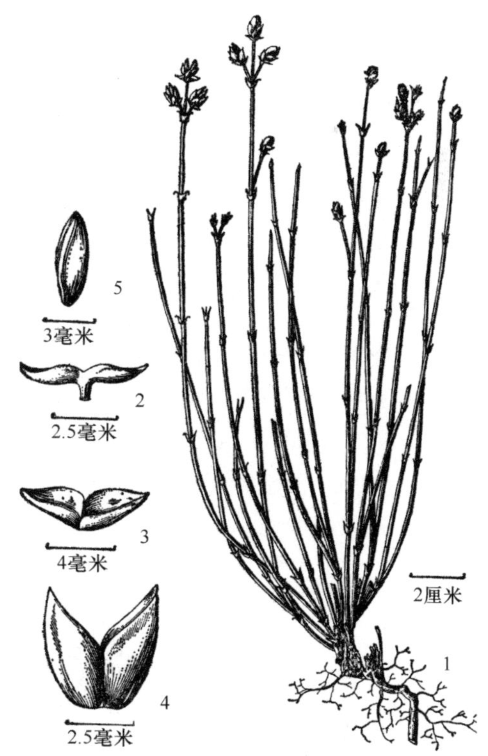


图 3. **草麻黄 Ephedra sinica**
1. 植株；2、3. 不育苞片；4. 能育苞片；5. 种子（引自《秦岭植物志》）。

在幼枝上顶生，在老枝上腋生，在成熟过程中基部有梗抽出，使雌球花呈侧枝顶生状，卵圆形或矩圆状卵圆形；苞片 4 对，绿色，下部 3 对 1/4-1/3 合生，最上 1 对 1/2 或以上合生；雌花 2 朵，各有 1 枚胚珠；珠被管直立或先端微弯，长 1 毫米左右，管口隙裂窄长，占全长的 1/4-1/2，裂口边缘不整齐，常被少数绒毛。种子成熟时，苞片肉质，红色，矩圆状卵圆形或近圆球形；种子常 2 枚，褐色，长卵形或三角状卵圆形，表面有细纹，具明显种脐，种脐半圆形，常被苞片包裹。花期 5-6 月，种子 8-9 月成熟。

产府谷、神木、榆林、米脂、佳县、绥德、横山、吴起、志丹、延川、长武、合阳及渭河沿岸河滩沙地；分布于华北及吉林、辽宁。蒙古国也有分布。

本种木质茎少，生物碱含量丰富，易加工提炼，是重要的药用植物。

陕西省地方重点保护植物。

（3）**木贼麻黄**（照片 9、10）

**Ephedra equisetina** Bunge, Mém. Acad. Imp. Sci. Saint-Pétersbourg, Sér. 6, Sci. Math. 7: 501. 1851; 中国植物志 7: 478. 1978; 陕西树木志: 44. 1990; Flora of China 4: 100. 1999; 黄土高原植物志 1: 31. 2000.

直立小灌木。茎木质，高度可达 1 米，直立或部分匍匐状。小枝细，对生或轮生，直径约 1 毫米，节间短，通常长 1-3.5 厘米，具细小纵槽纹，多被白粉，呈蓝绿色或灰绿色。叶膜质，鞘状，大部合生，上部约 1/4 处 2 裂，裂片短三角形，先端钝，长 1.5-2 毫米，褐色。雄球花卵圆形或窄卵圆形，长 3-4 毫米，宽 2-3 毫米，单生或 3-4 个集生于节上，无梗或开花时具短梗；苞片 3-4 对，基部约 1/3 合生；假花被近圆形；雄花具 6-8 枚雄蕊，花丝均合生，花药 2 室，稀 3 室；雌球花窄卵圆形或窄菱形，常 2 个对生于节上；苞片 3 对，最上 1 对苞片约 2/3 合生；雌花 1-2 朵，珠被管直或稍弯曲，长约 2 毫米；成熟时苞片肉质，红色，长卵圆形或卵圆形，长 8-10 毫米，直径 4-5 毫米。种子常 1 枚，窄长卵圆形，长约 7 毫米，直径 2.5-3 毫米，顶端窄缩成颈柱状，基部渐窄圆，具明显的点状种脐与种阜。花期 6-7 月，种子 8-9 月成熟。

产韩城、绥德、神木等地，生于海拔 1200 米左右的黄土梁峁、山丘顶部、干旱的山脊、山顶、岩壁上；分布于内蒙古、河北、山西、甘肃、宁夏等地。蒙古国、俄罗斯、阿富汗、哈萨克斯坦、吉尔吉斯斯坦、塔吉克斯坦、土库曼斯坦也有分布。

本种生物碱的含量较其他种类高，是提制麻黄碱的重要原料，为重要的药用植物。

陕西省地方重点保护植物。

## 松目 **Pinales** Gorozh.

## 四　松科 **Pinaceae** Spreng. ex F. Rudolphi

常绿或落叶乔木，稀灌木；树冠通常尖塔形。大枝常轮生；小枝仅有长枝，或兼有长枝和短枝。叶条形或针形，条形叶在长枝上散生，在短枝上簇生；针叶通常 2-5 针成一束，稀更少或更多成束生长。球花单性，通常雌雄同株；雄球花腋生或单生枝顶，或多数聚集生于短枝顶端；小孢子叶（雄蕊）多数，螺旋状着生，每小孢子叶有2个小孢子囊（花药）；小孢子（花粉）有气囊或无气囊，风媒传粉；雌球花长卵形或圆柱形；珠鳞多数，螺旋状着生，每珠鳞腹面基部有2枚倒生胚珠；苞鳞与珠鳞分离或仅基部合生，花后珠鳞发育成种鳞。球果直立或下垂，当年或翌年稀第三年成熟；苞鳞与种鳞离生或仅基部合生，较长而露出，或不露出，或短小而位于种鳞的基部；种鳞背腹面扁平，木质或革质，宿存或熟后脱落；每种鳞上含2枚种子。种子上端通常具膜质翅，稀无翅；胚乳丰富；子叶2-18枚。

本科有11属约235种，主要分布于北半球。中国有10属108种；陕西产9属30种，其中2属16种仅见栽培。

松科树种在中国东北、华北、西北、西南及华南地区高山地带组成广大森林，亦为森林更新、造林的重要树种；有些种类可供采脂、提炼松节油等多种化工原料；有些种类的种子可食或供药用；有些种类可作园林绿化树种。

## 分属检索表

1. 叶针形，2、3或5针一束……1. 松属 **Pinus** L.
1 叶条形，稀针形，螺旋状着生或簇生，非束生……2
2. 枝分长短枝；叶于长枝上螺旋着生，于短枝上簇生……3
2. 枝仅具长枝；叶于长枝上螺旋着生……5
3. 叶针形，坚硬；常绿树种……2. 雪松属 **Cedrus** Trew.
3. 叶条形，扁平、柔软；落叶树种……4
4. 小孢子叶球单生短枝顶；种鳞革质，宿存……3. 落叶松属 **Larix** Mill.
4. 小孢子叶球簇生短枝顶；种鳞木质，成熟后脱落……4. 金钱松属 **Pseudolarix** Gordon
5. 球果直立……6
5. 球果下垂……7
6. 球果腋生，成熟后种鳞自中轴脱落；叶上面中脉凹下……5. 冷杉属 **Abies** Mill.
6. 球果生于枝顶，成熟后种鳞宿存；叶上面中脉隆起……6. 油杉属 **Keteleeria** Carrière
7. 小枝有显著隆起的叶枕；叶通常无柄，四棱状条形，四面具气孔线，若叶扁平，则仅上面具气孔带……7. 云杉属 **Picea** A. Dietr.
7. 小枝有微隆起的叶枕或无；叶有短柄，扁平，仅下面具气孔带……8
8. 球果较大，苞鳞伸出种鳞外露，先端3裂……8. 黄杉属 **Pseudotsuga** Carrière
8. 球果较小，苞鳞不外露或微露，先端不裂或2裂……9. 铁杉属 **Tsuga** (Endl.) Carrière

## 1. 松属 **Pinus** L.

Sp. Pl. 2: 1000. 1753; 秦岭植物志 1(1): 14. 1976; 中国植物志 7: 204.1978; 陕西树木志: 16. 1990; Flora of China 4: 12. 1999; 黄土高原植物志 1: 15. 2000.

常绿乔木，稀灌木。大枝轮生，平展或斜生，小枝有长枝和短枝；冬芽具多数芽鳞片，鳞片覆瓦状排列。叶二型；鳞叶螺旋状着生，幼时为扁平线形，后逐渐退化成膜质苞片状；针叶常2、3或5针一束，生于短枝上，基部由8-12枚芽鳞组成的叶鞘包围；针叶横切面三角形或半圆形，具1-2个维管束；针叶内树脂道边生（靠近表皮下的下皮层）或中生（生于叶肉中央或近中央），稀内生（靠近维管束外的内皮层）。球花单性，雌雄同株；雄球花多数聚生于当年新生枝条下部，雄蕊多数，螺旋状着生，花药 2 室，花粉粒有气囊；雌球花单生或聚生于当年新生枝条顶部，初始紫红色；珠鳞多数，螺旋状着生，每珠鳞腹面基部有 2 枚倒生胚珠。球果的种鳞木质，排列紧密，上端露出部分为鳞盾；鳞盾先端或中央有呈瘤状凸起的鳞脐；雌球果翌年成熟，熟时种鳞张开。种子通常有长翅，稀无翅；子叶 3-18 枚。

本属约 110 种，分布于亚洲、欧洲、非洲北部和北美洲。中国有 39 种，分布几遍全国；陕西产 13 种，其中 9 种仅见栽培。

本属植物为世界上木材和松脂生产的主要树种；木材材质较硬或较软，可供建筑、电杆、枕木、矿柱、桥梁、舟车、板料、农具、器具及家具等用，也可作木纤维工业原料；种子可榨油及食用；花粉可药用；多数种类为森林更新、造林、绿化及庭园树木，其中如红松、华山松、云南松、马尾松、油松、樟子松等为中国森林中的主要树种。

## 分种及种下等级检索表

1. 叶鞘早落；针叶基部的鳞叶不下延；针叶内具 1 个维管束；针叶 3 或 5 针一束……2
1. 叶鞘宿存；针叶基部的鳞叶下延；针叶内具 2 个维管束；针叶 2 针一束，有时 3 针一束，罕为 4-5 针一束……5
2. 针叶 3 针 1 束；鳞盾中部具鳞脐……（1）白皮松 **P. bungeana** Zucc. ex Endl.
2. 针叶 5 针 1 束；鳞盾顶部具鳞脐……3
3. 针叶长 6 厘米以下；幼枝有毛……（2）日本五针松 **P. parviflora** Siebold & Zucc.
3. 针叶长 8 厘米以上；幼枝无毛……4
4. 针叶较粗而硬直，直径 1-1.5 毫米；球果圆锥状长卵形；种子卵圆形，无翅或具极短的木质翅……（3）华山松 **P. armandii** Franch.
4. 针叶细柔下垂，直径 1 毫米以下；球果圆柱形；种子椭圆状倒卵形，具长翅……（4）乔松 **P. wallichiana** A. B. Jacks.
5. 针叶较细软，直径约 1 毫米或不足 1 毫米……6
5. 针叶较硬直，直径 1-2 毫米……7
6. 针叶长 12-20 厘米；针叶 2 针一束，间或 3 针一束；球果种鳞的鳞脐微凹，通常无刺……（5）马尾松 **P. massoniana** Lamb.
6. 针叶长 5-12 厘米；针叶通常 2 针一束；球果种鳞的鳞脐平或微凸起，通常有短刺……（6）赤松 **P. densiflora** Siebold & Zucc.
7. 针叶 2 或 3 针一束，罕 4-5 针一束，长 12-36 厘米……8
7. 针叶通常 2 针一束，长 4-16 厘米……9
8. 枝条每年生长 1 轮，一年生小球果生于近枝顶；针叶直径 1.2-1.5 毫米；针叶内树脂道中生……（7）西黄松 **P. ponderosa** P. Lawson & C. Lawson
8. 枝条每年生长 3-4 轮，一年生小球果生于枝侧面；针叶直径约 2 毫米；针叶内树脂道内生……（8）湿地松 **P. elliottii** Engelm.
9. 至少树干中上部的树皮橙黄色至黄褐色；针叶明显扭曲……（9）樟子松 **P. sylvestris** L. var. **mongolica** Litv.
9. 树皮通常灰黑色或灰褐色；针叶不扭曲或微扭曲……10
10. 针叶内树脂道边生；球果成熟后宿存多年；野生或栽培植物……11

10. 针叶内树脂道中生；球果成熟后脱落或宿存多年；仅见栽培……12
11. 球果卵球形，长 4-9 厘米；鳞盾明显隆起，横脊明显，鳞脊上刺明显凸起；针叶较坚硬，长 10-15 厘米，直径约 1.5 毫米；一年生枝无白粉或仅在极幼时被白粉……（10a）**油松 P. tabuliformis** Carrière var. **tabuliformis**
11. 球果卵状圆球形，长 2.5-5 厘米；鳞盾隆起或较平坦，横脊稍明显，鳞脊上刺较短；针叶稍柔软，长 7-12 厘米，直径约 1 毫米；一年生枝通常被白粉……（10b）**巴山松 P. tabuliformis** Carrière var. **henryi** (Mast.) C. T. Kuan
12. 冬芽圆柱状椭圆形或圆柱形，银白色；球果成熟后脱落……（11）**黑松 P. thunbergii** Parl.
12. 冬芽卵圆形或长圆状卵圆形，褐色或银白色；球果成熟后脱落或宿存数年……13
13. 冬芽褐色；针叶绿色，长 5-13 厘米；球果长 3-5 厘米，成熟后宿存数年……（12）**黄山松 P. taiwanensis** Hayata
13. 冬芽褐色或银白色；针叶灰绿色，长 9-16 厘米；球果长 5-8 厘米，成熟后脱落……（13）**欧洲黑松 P. nigra** J. F. Arnold

## （1）**白皮松**（图 4，照片 11、12、13）

**Pinus bungeana** Zucc. ex Endl., Syn. Conif. 166. 1847; 秦岭植物志 1(1): 15. 1976; 中国植物志 7: 234. 1978; 陕西树木志: 21. 1990; Flora of China 4: 22. 1999; 黄土高原植物志 1: 16. 2000.

乔木。高达 30 米，胸径可达 3 米；有明显的主干，或从树干近基部分成数干；大枝向上斜展，形成宽塔形至伞形树冠；幼树树皮光滑，灰绿色，老树树皮灰白色或淡灰褐色，常裂成不规则的鳞状块片脱落，内皮粉白色，常白褐相间呈斑鳞状。一年生枝淡灰绿色，光滑无毛；冬芽卵形，红褐色，无树脂。针叶 3 针一束，粗硬，长 5-10 厘米，直径 1.5-2 毫米，两面均有灰白色气孔带；横切面三角形或宽纺锤形，树脂道 6-7 个，边生。雄球花卵圆形或椭圆形，多数聚生于新枝基部。球果通常单生，初直立，后下垂，成熟前淡绿色，熟时淡黄褐色，卵圆形或圆锥状卵圆形；种鳞矩圆状宽楔形；鳞盾近菱形，有横脊；鳞脐三角形，顶端有刺。花期 4-5 月，果期翌年 10-11 月。

产宜川、陇县、蓝田、长安、华山、鄠邑、留坝、西乡、岚皋、旬阳等地，生于海拔 2000 米以下的陡峭山坡或平川，关中及陕南城乡亦常栽培供绿化及观赏；分布于山西、河南、甘肃、湖北、四川等地，辽宁、河北、山东、江苏等地有栽培。

木材坚硬，作建筑及家具用材；种子可食；树皮斑纹美观，为优良绿化树种。

濒危（EN）。

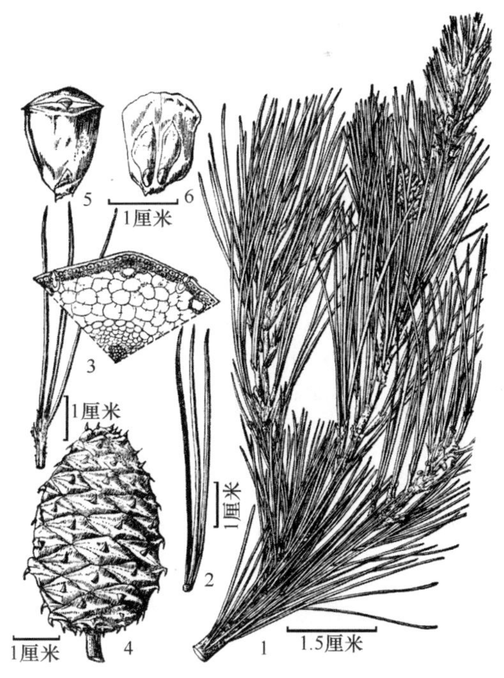


图 4. **白皮松 Pinus bungeana**

1. 枝叶；2. 一束叶；3. 具鞘叶和叶横切面；4. 球果；5. 种鳞；6. 种鳞和种子（引自《秦岭植物志》）。

### （2）日本五针松（照片 14、15）

**Pinus parviflora** Siebold & Zucc., Fl. Jap. 2: 27. 1842; 中国植物志 7: 228. 1978; Flora of China 4: 25. 1999.

乔木。在原产地高可达 25 米；树皮灰色，平滑或片状脱落。一年生枝密生黄色柔毛；冬芽卵圆形。针叶 5 针一束，长 3.5-5.5 厘米，直径 1 毫米以下，背面无气孔线，腹面每侧有 3-6 条灰白色气孔线；叶横切面背面有 2 个边生树脂道，腹面 1 个中生树脂道或缺；叶鞘早落。球果卵圆形，长 4-7.5 厘米，直径 3.5-4.5 厘米，成熟时种鳞张开；中部种鳞倒卵状斜方形，长 2-3 厘米，宽 1.8-2 厘米；鳞盾近斜方形；鳞脐凹下。种子不规则倒卵圆形，长 8-10 毫米；翅宽 6-8 毫米，连种子长约 2 厘米。

西安、杨陵、宝鸡等地有栽培；长江流域和山东等地区常见栽培。原产于日本。

本种常栽培于庭园、公园，供绿化及观赏，经修剪株型低矮紧凑，常供制作盆景。

### （3）华山松（图 5，照片 16、17）

**Pinus armandii** Franch., Nouv. Arch. Mus. Hist. Nat., sér. 2, 7: 95. 1884; 秦岭植物志 1(1): 15. 1976; 中国植物志 7: 217. 1978; 陕西树木志: 22. 1990; Flora of China 4: 23. 1999; 黄土高原植物志 1: 15. 2000.

乔木。高达 35 米，胸径可达 1 米；树皮幼时灰绿色，平滑，老时灰色，呈龟甲状固着于树干上，或剥落。一年生枝绿色或灰绿色，干后褐色或灰褐色，无毛，微被白粉；冬芽圆柱形，褐色，微具树脂；芽鳞排列疏松。针叶较粗硬，常 5 针一束，稀 6-7 针一束，长 8-15 厘米，直径 1-1.5 毫米，横切面为三角形，边缘具细锯齿，背面无气孔线，仅腹面两侧各具 4-8 条气孔线；树脂道常 3 个，中生，或背面 2 个边生而腹面 1 个中生，稀 4-7 个树脂道，兼有中生与边生。雄球花长卵形，黄色，基部围有近 10 枚卵状匙形的鳞片，多数聚生于当年生枝基部呈穗状。球果圆锥状长卵形，幼时绿色，熟时黄褐色；中部种鳞菱形，鳞盾无毛，不具纵脊，先端钝或微尖，不反曲或微反曲；鳞脐小，顶生。种子卵圆形，微扁，茶褐色，有光泽，无翅或上部具棱脊，稀具极短的木质翅。花期 4-5 月，果期翌年 10 月。

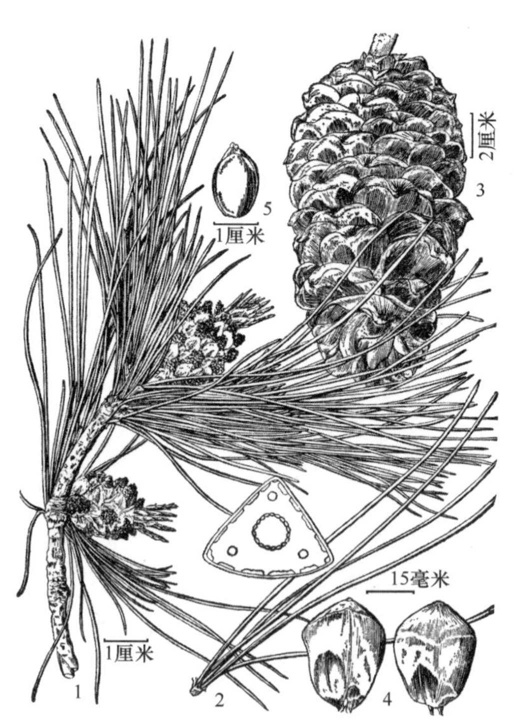

图 5. 华山松 **Pinus armandii**

1. 具雄球花的枝叶；2. 一束叶和叶横切面；3. 球果；4. 种鳞；5. 种子（引自《秦岭植物志》）。

秦巴山区广布，生于海拔 1100-2500 米的山地；分布于西南及山西南部、河南西部、湖北西部、甘肃南部。

木材材质轻软，纹理直，结构微粗，可作

建筑及家具用材；树干可割取树脂；树皮可提取栲胶；针叶可提炼芳香油；种子食用，也可榨油供食用或工业用油。

### （4）乔松

**Pinus wallichiana** A. B. Jacks., Bull. Misc. Inform. Kew. 1938: 85. 1938; Flora of China 4: 24. 1999. ——*Pinus griffithii* McClell., Griff. Notul. Pl. Asiat. 4: 17. 1854; 中国植物志 7: 225. 1978.

乔木。树干高大，高可达 70 米，胸径可达 1 米以上；树皮暗灰褐色，裂成小块片剥落；一年生枝绿色，干后呈红褐色，无毛，有光泽，微被白粉；冬芽红褐色，圆柱状倒卵圆形或圆柱状圆锥形，顶端尖，微有树脂；芽鳞红褐色，渐尖，先端稍分离。针叶 5 针一束，细柔下垂，长 10-20 厘米，直径约 1 毫米，先端渐尖，边缘具细齿，背面无气孔线，腹面每侧具 4-7 条白色气孔线；树脂道 3 个，边生，间或腹面 1 个中生。球果圆柱形，下垂，中下部稍宽，上部微窄，两端钝，具树脂，长 15-25 厘米，果梗长 2.5-4 厘米；种鳞张开前直径 3-4 厘米，张开后直径 5-9 厘米；中部种鳞长 3-5 厘米，宽 2-3 厘米，淡褐色；鳞盾菱形，微呈蚌壳状凸起，有光泽，无毛，被白粉，上部宽三角状半圆形，边缘薄，两边平，下部底边宽楔形；鳞脐暗褐色，微隆起，先端钝，显著内曲。种子褐色或黑褐色，椭圆状倒卵形；种翅长 2-3 厘米，宽 8-9 毫米。花期 4-5 月，果期翌年秋。

西安等地有引种栽培；分布于云南西北部及西藏南部。印度、巴基斯坦、阿富汗、尼泊尔、不丹、缅甸也产。

树干高大笔直，木材质地轻软，结构细，纹理直，可作建筑、器具等用材；树干可割取松脂，提取松香和松节油。

### （5）马尾松（图 6，照片 18、19）

**Pinus massoniana** Lamb., Descr. Pinus 1: 17. 1803; 秦岭植物志 1(1): 16.1976; 中国植物志 7: 263. 1978; 陕西树木志: 17. 1990; Flora of China 4: 14. 1999.

常绿乔木。高达 45 米，胸径可达 1.5 米；茎干上部树皮红褐色，下部灰褐色，不规则鳞片状纵裂。一年生枝淡黄褐色，无白粉，稀有白粉，无毛；冬芽卵状圆柱形或圆柱形，褐色，顶端尖；芽鳞边缘丝状，先端尖或具长尖头，微反曲。针叶细柔，长 12-20 厘米，常 2 针一束，稀 3 针一束，边缘具细齿，两面有气孔线；树脂道 4-8 个，边生。雄球花圆柱形，淡红褐色，长 1-1.5 厘米，于新枝下部苞腋聚生成穗状；雌球花单生或 2-4 个聚生于新枝顶端；上部珠鳞的鳞脐具直立短刺，下部珠鳞的鳞脐无刺。球果卵圆形或圆锥状卵圆形，长 4-7 厘米，直径 2.5-4 厘米，具短梗，熟时栗褐色；中部种鳞近矩圆

图 6. 马尾松 **Pinus massoniana**
1. 枝叶和球果；2. 种鳞（引自《秦岭植物志》）。

状倒卵形；鳞盾菱形，微隆起或平，横脊微明显；鳞脐微凹，通常无刺。种子卵圆形，暗褐色；有窄翅，连翅长 2-2.7 厘米。花期 4-5 月，果期翌年 10-12 月。

产丹凤、安康、石泉、宁陕、城固、留坝、勉县、略阳、汉中、南郑、西乡，通常生于海拔 1000 米以下的山坡或河岸；分布于长江流域及其以南各地。越南及非洲南部有引种栽培。

木材坚韧，纹理致密，结构粗，可作建筑、家具及木纤维工业用材；树皮可提取栲胶；树干可割取松脂；种子含油量高，可食用；植株各部均能入药。

易危（VU）。

### （6）赤松（照片 20、21）

**Pinus densiflora** Siebold & Zucc., Fl. Jap. 2: 22. 1842; 中国植物志 7: 239. 1978; Flora of China 4: 16. 1999.

乔木。在原产地高可达 30 米；大树中上部的树皮橘红色或红褐色，不规则鳞片状脱落。一年生枝常淡黄色，微具白粉，无毛；冬芽长圆状卵圆形，红褐色。针叶 2 针一束，长 5-12 厘米，直径约 1 毫米，两面有气孔线；叶横切面树脂道边生。球果卵圆形或卵状圆锥形，长 3-5.5 厘米，直径 2.5-4.5 厘米；种鳞较薄；鳞盾扁菱形，通常扁平，稀具隆起的横脊；鳞脐平或微凸起，通常有短刺。种子倒卵状椭圆形或卵圆形，长 4-7 毫米，连翅长 1.5-2 厘米，翅宽 5-7 毫米。

宝鸡有引种栽培；分布于黑龙江、吉林、辽宁、山东、江苏。日本、朝鲜半岛及俄罗斯也有分布。

### （7）西黄松 美国黄松（照片 22、23）

**Pinus ponderosa** P. Lawson & C. Lawson, Agric. Man. 354-355. 1836; 中国植物志 7: 273. 1978; Flora of China 4: 20. 1999.

乔木。在原产地高可达 70 米，胸径达 2.5 米；树皮黄棕色或红棕色，不规则深裂成长圆形鳞状；树冠宽圆锥形。枝条每年生长 1 轮；小枝橙棕色；冬芽红棕色，卵形，具树脂；芽鳞边缘白色。针叶通常 3 针一束，稀 2-5 针一束，基部具宿存的叶鞘；针叶稍扭曲，长 13-36 厘米，直径 1.2-1.5 毫米；叶横切面树脂道中生。球果卵状圆锥形，长 8-20 厘米，直径 6-11 厘米；种鳞的鳞盾红褐色或黄褐色，横脊隆起；鳞脐有向后弯的刺。种子长 7-10 毫米，翅长 2.5-3 厘米。

榆林、延安、志丹、黄陵、陇县、宝鸡、千阳、麟游、永寿、蒲城、扶风、杨陵、周至、长安等地有引种栽培；辽宁、内蒙古、北京、河南、湖北、江苏、浙江、上海、湖南、江西等地有栽培。原产于北美洲西部。

本种在陕北黄土高原适应性较强，生长良好，适于造林，是水土保持的优良树种；树干高大通直，木材坚硬，材质好；树形美观，亦可作为城市绿化树种。

### （8）湿地松（照片 24、25）

**Pinus elliottii** Engelm., Trans. Acad. Sci. St. Louis 4: 186. 1880; 中国植物志 7: 274. 1978; Flora of China 4: 20. 1999.

常绿乔木。树干高大，在原产地高达 30 米，胸径近 1 米；树皮灰褐色或暗红褐色，鳞片状纵裂，易脱落。枝条每年生长3-4轮；一年生枝粗壮，橙褐色，后变为褐色或灰褐色；冬芽红褐色，圆柱形，上部渐窄，无树脂，鳞淡灰色。鳞叶上部披针形，淡褐色，边缘有睫毛，干枯后宿存数年不落；针叶粗硬，2针一束与3针一束并存，长18-25厘米，稀达30厘米，直径约2毫米，刚硬，深绿色，边缘有细齿，有气孔线；树脂道2-9个，稀可达11个，内生；叶鞘长约1.2厘米。球果卵圆形或卵状圆柱形，有梗，熟后至翌年夏季脱落；种鳞的鳞盾近斜方形，肥厚，有锐横脊；鳞脐瘤状，具短尖刺。种子卵圆形，黑色，有灰色斑点，微具3棱；种翅长0.8-3.3厘米，易脱落。

西安、周至等地有引种栽培；南方各省多有引种栽培。原产于美国东南部。

本种适应性强，较耐水湿，是良好的园林绿化树种。

### （9）**樟子松**（变种）　獐子松（照片26、27）

**Pinus sylvestris** L. var. **mongolica** Litv., Sched. Herb. Fl. Ross. 5: 160. 1905; 中国植物志 7: 245. 1978; Flora of China 4: 14. 1999; 黄土高原植物志 1: 16. 2000.

常绿乔木。高达25米，胸径达0.8米；树皮较厚，下部树皮黑褐色，裂成不规则的鳞状块片脱落，上部树皮及枝皮黄色至褐黄色，裂成薄片脱落。一年生枝淡黄褐色，无毛，二至三年生枝长灰褐色；冬芽褐色或黄褐色，长卵圆形，具树脂。针叶较硬，2针一束，常明显扭曲，长4-9厘米，稀达12厘米，直径1.5-2毫米，先端尖锐，边缘具细齿，背面和腹面均具气孔线；树脂道6-11个，边生。雄球花卵圆形，聚生在当年生枝的下部；雌球花球形或卵圆形，具短梗，紫褐色。球果卵圆形或长卵圆形，熟时淡褐灰色，熟后脱落；中部种鳞的鳞盾常呈斜方形，具明显纵脊、横脊，肥厚凸起，常反曲；鳞脐呈瘤状凸起，具易脱落的短刺。种子小，黑褐色或黄色，长卵圆形或倒卵圆形，连翅长1.1-1.5厘米。花期5-6月，果期翌年9-10月。

榆林、延安、西安、杨陵、宝鸡等地有引种栽培；产黑龙江和内蒙古大兴安岭地区。蒙古国、俄罗斯也有分布。

木材质地良好，纹理直，可作建筑、家具等用材；树干可割树脂、提取松香及松节油；树皮可提取栲胶；适应性强，亦可作造林树种。

易危（VU）。

### （10）**油松**

**Pinus tabuliformis** Carrière, Traité Gén. Conif., ed. 2. 1: 510. 1867; 秦岭植物志 1(1): 17. 1976; 中国植物志 7: 251. 1978; 陕西树木志: 20. 1990; Flora of China 4: 17. 1999; 黄土高原植物志 1: 17. 2000.

常绿乔木。高达25米，胸径可达1米以上；树皮灰褐色，不规则鳞片状开裂。小枝粗壮，褐黄色，无毛，被白粉或无白粉；冬芽长圆形，顶端尖，微具树脂，芽鳞红褐色，边缘具丝状缺裂。针叶粗硬，2针一束，稀3针一束，长7-15厘米，直径1-1.5毫米，边缘具细齿，两面均具气孔线；树脂道5-10个，边生，多数生于背面，腹面有1-2个，稀角部有1-2个中生树脂道。雄球花圆筒形，淡黄褐色，于当年生枝基部聚生成穗状；雌球花圆球形或卵形，紫色，单生或数个生于新枝顶端。球果卵球形或卵圆状球形，具短梗，向下弯垂，成熟开裂后近球形，淡黄色或淡褐黄色，宿存树上数年不脱落；中部种鳞近矩圆状倒卵形；鳞盾扁菱形，肥厚隆起，具明显横脊；鳞脐隆起或凹陷，具刺。种子卵圆形或长卵圆形，淡褐色有斑纹；种翅披针形，连种子长 1.5-1.8 厘米。花期 4-5 月，果期翌年 9-10 月。

广布于陕北黄土高原、关中及秦巴山区，野生或人工栽培，生于海拔 700-2200 米的山坡；分布于东北、华北、西北、华东、华中及四川。

木材纹理直，结构致密，材质较硬，可作建筑、电杆、器具、家具及木纤维工业等用材；树干可割取树脂，提取松节油；树皮可提取栲胶；种子含油量高，供食用或工业用；松节、松叶和花粉可入药；适应性很强，是陕北黄土高原区、秦巴山区造林的重要树种，也是园林绿化的常用树种。

“柴松”的拉丁名 *P. tabuliformis* Carrière f. *shekanensis* Yao & Hsü 发表时无拉丁文特征集要，也没有指明模式（乐天宇和徐纬英，1957），因此是裸名，不能使用。柴松，又称少脂油松，分布于富县，主要特征是茎和叶中的树脂道数量较少，树脂也较少；叶色较翠绿；树皮灰白色，纵裂较浅；枝与主干夹角大，近平展；天然整枝较好，残留枝基少；树干通直；球果较小；木质较松软，色白；但这些形态特征并非绝对稳定，存在具有中间性状的个体（朱志诚，1987）。遗传学分析表明，相较于马尾松、巴山松和黑皮油松，柴松与油松的亲缘关系最近，应与油松是同种（Liu et al., 2015）。但考虑到油松的种下等级有巴山松[**P. tabuliformis** Carrière var. **henryi** (Mast.) C. T. Kuan]、黑皮油松[**P. tabuliformis** Carrière var. **mukdensis** (Uyeki ex Nakai) Uyeki]、扫帚油松(**P. tabuliformis** Carrière var. **umbraculifera** Liou & Z. Wang）等变种，柴松是否可定为油松的一个种下等级，以及定为何种等级，有待进一步研究，本志暂不做分类学处理。

（10a）**油松**（原变种）（图 7，照片 28、29）

**Pinus tabuliformis** Carrière var. **tabuliformis**

一年生枝无白粉或仅在极幼时被白粉；针叶较坚硬，长 10-15 厘米，直径约 1.5 毫米；球果卵球形，长 4-9 厘米；鳞盾明显隆起，横脊明显，鳞脐上刺明显凸起。

产延安、富县、黄陵、黄龙、宜君、耀州、陇县及秦巴山区，生于海

图 7. 油松 **Pinus tabuliformis** var. **tabuliformis**

1. 枝叶和球果；2. 种鳞背面；3. 种鳞腹面；4. 种子（引自《秦岭植物志》）。

拔 800-2200 米的山坡；分布于甘肃、河北、河南、吉林南部、辽宁、内蒙古、宁夏、青海、山东、山西、陕西、四川。

（10b）**巴山松**（变种）（照片 30）

**Pinus tabuliformis** Carrière var. **henryi** (Mast.) C. T. Kuan, Fl. Sichuan. 2: 113. 1983; Flora of China 4: 18. 1999. ——*Pinus henryi* Mast., J. Linn. Soc., Bot. 26: 550. 1902; 中国植物志 7: 249. 1978; 陕西树木志: 19. 1990; 秦岭植物志增补: 1. 2013.

一年生枝通常被白粉；针叶稍柔软，长 7-12 厘米，直径约 1 毫米；球果卵状圆球形，长 2.5-5 厘米；鳞盾稍隆起或平坦，横脊稍明显，鳞脐上刺较短。

产旬阳、镇坪、平利、南郑、镇巴、西乡、宁强，生于海拔 700-1100 米的山地；分布于湖北西部、重庆、四川。

树干通直，木材质地优良，可作建筑、家具等用材。

易危（VU）。

巴山松曾被归并为油松，或作为独立的种存在。巴山松与油松的区别特征如检索表所示。油松与巴山松的分布区在陕西南部及四川有一定的重叠。

（11）**黑松** 日本黑松（《中国树木分类学》）（照片 31、32）

**Pinus thunbergii** Parl., Prodr. [A. P. de Candolle] 16(2): 388. 1868; 中国植物志 7: 270. 1978; Flora of China 4: 21, 1999.

常绿乔木。高达 30 米，胸径可达 2 米；幼树树皮暗灰色，老树树皮厚，灰黑色，裂成块片脱落。一年生枝淡褐黄色，无毛；冬芽银白色，圆柱状椭圆形，顶端尖；芽鳞披针形，边缘白色丝状。针叶粗硬，2 针一束，长 6-12 厘米，直径 1.5-2 毫米，边缘有细齿，两面均有气孔线；树脂道 6-11 个，中生。雄球花淡红褐色，圆柱形，聚生于新枝基部；雌球花卵圆形，淡紫色或淡红褐色，单生或 2-3 个聚生于新枝近顶端，具梗。球果圆锥状卵圆形或卵圆形，长 4-6 厘米，直径 3-4 厘米，熟时栗褐色，具短梗；中部种鳞卵状椭圆形；鳞盾隆起，微肥厚，横脊明显；鳞脐微凹，具刺。种子倒卵状椭圆形；种翅灰褐色，具深色条纹，连种子长 1.5-1.8 厘米。花期 4-5 月，种子翌年 10 月成熟。

西安、宝鸡等地有引种栽培；辽宁、北京、山东、浙江、江苏、湖北、江西、云南等地有引种栽培。原产于日本及朝鲜半岛。

木材富含树脂，较坚韧，结构较细，纹理直，耐久用，可作建筑、矿柱、器具、板料及薪炭等用材；亦可提取树脂；多作庭园观赏树种；可作山东、江苏及浙江沿海地区的造林树种。

（12）**黄山松** 台湾松（《经济植物手册》）

**Pinus taiwanensis** Hayata, J. Coll. Sci. Imp. Univ. Tokyo 30(1): 307. 1911; 中国植物志 7: 266. 1978; Flora of China 4: 17. 1999.

常绿乔木。树干高大，高达 30 米，胸径可达 0.8 米；树皮深灰褐色，裂成不规则鳞状厚块片。一年生枝淡黄褐色或暗红褐色，无毛，不被白粉；冬芽深褐色，卵圆形或长卵圆形，顶端尖，微有树脂；芽鳞先端尖，边缘薄有细缺裂。针叶微粗硬，2 针一束，长 5-13 厘米，边缘具细齿，两面均有气孔线；树脂道 3-7 个，稀 9 个，中生。雄球花圆柱形，淡红褐色，于一年生枝基部聚生成短穗状。球果卵圆形，长 3-5 厘米，直径 3-4 厘米，近无梗，熟时褐色或暗褐色，常宿存树上多年不落；中部种鳞近矩圆形；鳞盾扁菱形，微肥厚隆起，近扁菱形，横脊明显；鳞脐具短刺。种子倒卵状椭圆形，具不规则的红褐色斑纹，连翅长 1.4-1.8 厘米。花期 4-5 月，果期翌年 10 月。

西安有引种栽培；分布于河南、湖北、湖南、江西、安徽、江苏、浙江、广西、贵州、云南、福建、台湾等地。

木质坚实耐用，可作建筑、器具、板材及木纤维工业原料等用材；树干可割树脂，提取松节油。

（13）**欧洲黑松** 奥地利黑松（照片 33、34）

**Pinus nigra** J. F. Arnold, Reise Mariazell Steyerm. 8. 1785; 中国植物志 7: 270. 1978; Flora of China 4: 21. 1999. ——*P. nigra* J. F. Arnold var. *austriaca* (Höss) Badoux, Beaux Arbres Vaud 52. 1910.

乔木。在原产地高可达 50 米；树皮灰黑色或深棕色。小枝浅棕色或橙棕色，无毛；冬芽卵圆形或长圆状卵圆形，褐色或银白色。针叶 2 针一束，通常灰绿色，长 9-16 厘米，直径约 1.2 毫米，直而刚硬；树脂道 3-6 个，中生。球果近无柄，成熟时黄褐色，脱落，有光泽，卵圆形，长 5-8 厘米，直径 2-4 厘米；种鳞的鳞盾先端圆，横脊强隆起；鳞脐红褐色，有短刺。种子长 4-8 毫米；翅长 1.1-1.3 毫米。

横山、延安、黄陵、黄龙、宜君、永寿、宝鸡、陇县、扶风、杨陵、周至、眉县、长安、洛南等地有引种栽培；北京、湖北、江苏、江西、辽宁、山东、浙江等地也有引种栽培。原产于欧洲。

## 2. 雪松属 **Cedrus** Trew.

Cedr. Lib. Hist. 1: 6. 1757; 秦岭植物志 1(1): 14. 1976; 中国植物志 7: 200. 1978; Flora of China 4: 52. 1999; 黄土高原植物志 1: 13. 2000.

常绿乔木。树皮暗灰色，幼时平滑或浅裂，老时鳞片状开裂。枝有长枝和短枝，基部有宿存芽鳞，叶脱落后有隆起的叶枕；冬芽小，卵圆形。叶针状，质硬，常具 3 棱，或背脊具显著 4 棱，叶在长枝上螺旋状排列，辐射伸展，在短枝上簇生。雌雄同株；球花单生于短枝顶端，直立；雄球花具多数螺旋状着生的雄蕊；花丝极短；花药 2 枚，药室纵裂；花粉无气囊；雌球花卵形，淡紫色，具多数螺旋状着生的珠鳞；珠鳞背面托 1 枚短小苞鳞，腹面基部具 2 枚胚珠。球果翌年（稀三年）成熟，直立；种鳞木质，宽大，排列紧密，腹面有 2 枚种子，背面密生短绒毛；苞鳞短小，熟时与种鳞一同从宿存的中轴上脱落。种子不规则三角形，具宽大膜质的种翅；子叶通常 6-10 枚。

本属有 4 种，产非洲西北部、亚洲西南部及喜马拉雅山脉西部。中国有 2 种，其中引种栽培 1 种；陕西栽培 1 种。

（1）**雪松**（照片 35、36）

**Cedrus deodara** (Roxb.) G. Don, Hort. Brit. [Loudon] 1: 388. 1830; 秦岭植物志 1(1): 14. 1976; 中国植物志 7: 200. 1978; Flora of China 4: 52. 1999; 黄土高原植物志 1: 13. 2000.

常绿乔木。树干高大，高可达 50 米，胸径可达 3 米；树皮深灰色，不规则鳞片状开裂。大枝平展，微下垂；枝基部宿存芽鳞向外反曲；小枝细长，常下垂；一年生长枝淡灰黄色，密生短绒毛，微被白毛；二至三年生枝呈灰色或灰褐色。长枝的叶辐射状伸展，短枝的叶簇生状，针形，质硬，长 2.5-5 厘米，宽 1-1.5 毫米，淡绿色或深绿色，上部较宽，先端尖锐，下部渐窄，常呈三棱形，稀背脊明显，腹面两侧各有 2-3 条气孔线，背面 4-6 条，气孔线白色。雄球花长卵圆形或椭圆状卵圆形；雌球花卵圆形。球果成熟前淡绿色，微有白粉，熟时红褐色，卵圆形或宽椭圆形，长 7-12 厘米，直径 5-9 厘米，顶端较钝，具短柄；种鳞倒三角形，上部宽圆，边缘向内卷曲，中部楔状，下部耳形，基部爪状，鳞背密生锈色短绒毛；苞鳞较短。种子淡黄色，近三角状；种翅宽大，较种子长，连同种子长 2.2-3.7 厘米。花期 10-11 月，果期翌年 10 月。

关中及陕南多有栽培；中国各地有栽培。阿富汗至印度有分布，原产于喜马拉雅山脉西部。

木材纹理通直、材质坚实、致密均匀、具香气，可作建筑、桥梁、造船、家具及器具等用材；终年常绿，树形美观，为普遍栽培的庭园树种。

易危（VU）。

## 3. 落叶松属 **Larix** Mill.

Gard. Dict. Abr., ed. 4, 1: [744]. 1754; 秦岭植物志 1(1): 12. 1976; 中国植物志 7: 168. 1978; 陕西树木志: 14. 1990; Flora of China 4: 33. 1999; 黄土高原植物志 1: 10. 2000.

落叶乔木。树皮较厚，鳞片状脱落。枝有长枝和短枝二型；冬芽小，近球形；芽鳞排列紧密，先端钝。叶倒披针状窄条形，扁平，柔软，在长枝上螺旋状排列，在短枝上簇生状，上面平或中脉隆起，有气孔线或无，下面中脉隆起，两侧各有数条气孔线；叶内有 2 个边生树脂道，稀中生。雌雄同株；球花单生于短枝顶端；雄球花球形至长圆形，具多数雄蕊；雄蕊螺旋状着生，花药 2 枚，药室纵裂；花粉无气囊；雌球花直立，近圆形或长圆形；珠鳞少数或多数，每珠鳞腹面基部着生 2 枚倒生胚珠；苞鳞显著，淡紫红色或紫绿色，受精后珠鳞迅速长大而苞鳞不长大或略增大。球果近圆形至长圆形，直立，具短梗，熟时种鳞张开；种鳞革质，宿存；苞鳞短小，不露出或微露出。种子三角状倒卵形，上部有膜质长翅；子叶通常 6-8 枚，发芽时出土。

本属约 14 种，分布于北半球的亚洲、欧洲及北美洲的温带高山至寒带地区。中国有 11 种；陕西产 4 种，其中 3 种仅见栽培。

木材质地坚韧，结构致密，纹理直，抗腐性强，可供建筑、家具、桥梁、舟车及木纤维工业原料等用；树干可割取树脂；树皮可提取栲胶；树形优美，适应性强，亦是优良的庭园绿化树种。

## 分种及种下等级检索表

1. 苞鳞长于种鳞，显著外露……… （1）**秦岭红杉 L. potaninii** Batalin var. **chinensis** L. K. Fu & Nan Li
1. 苞鳞短于种鳞，不露出或仅尖端露出……………………………………………………………………2
2. 球果种鳞的上部边缘显著向外反曲；一年生长枝有白粉 ……………………………………………………………………………………………………（2）**日本落叶松 L. kaempferi** (Lamb.) Carrière
2. 球果种鳞的上部边缘不向外反曲或微反曲；一年生长枝无白粉…………………………………3
3. 球果中部的种鳞长宽近相等，四方状宽卵形或矩圆形，上部边缘微反卷；一年生长枝淡红褐色或淡褐色；种子淡黄白色，具不规则紫色斑纹 ………………………（3）**黄花落叶松 L. olgensis** A. Henry
3. 球果中部的种鳞长大于宽，五角状卵形，上部边缘不反卷；一年生长枝淡褐色或淡褐黄色；种子灰白色，具不规则褐色斑纹……………………………………………………………………………………………………… （4）**华北落叶松 L. gmelinii** (Rupr.) Kuzen. var. **principis-rupprechtii** (Mayr) Pilg.

### （1）**秦岭红杉**（变种）　太白红杉（《秦岭植物志》）（彩图版 2）

**Larix potaninii** Batalin var. **chinensis** L. K. Fu & Nan Li, Novon 7(3): 262. 1997; Flora of China 4: 35. 1999. ——*Larix chinensis* Beissn., Mitt. Deutsch. Dendrol. Ges. 5: 215. 1896, nom. illeg., non Mill., Gard. Dict., ed. 8. n. 2. 1768; 秦岭植物志 1(1): 13. 1976; 中国植物志 7: 178. 1978; 陕西树木志: 15. 1990.

落叶乔木。树干高大，高可达 20 米；树皮灰色或灰褐色，薄片状剥裂。一年生小枝淡黄褐色，有毛，稀无毛；老枝灰黄色或灰褐色；短枝的叶枕间密生淡黄色短毛。叶倒披针状线形，长 1.5-3 厘米，宽约 1 毫米，先端尖锐，上面中脉凸起，每侧有 1-2 条气孔带，下面每侧有 2-5 条气孔带。球果长卵圆形，长 2.5-5 厘米，直径 1.5-2.8 厘米，初红色，后渐变为紫蓝色或灰褐色，成熟后种鳞张开；种鳞扁方圆形或近圆形，长宽几等长或宽大于长，背面近中部密生平伏的长绒毛；苞鳞紫色，近似长方形，常较种鳞长，先端平截具急尖。种子长约 3 毫米；种翅长 6 毫米。花期 5 月，果期 9-10 月。

产柞水牛背梁、鄠邑光头山、太白山、宝鸡玉皇山、周至、长安、佛坪、太白、洋县，生于海拔 2500-3500 米的山地。陕西特有植物。

木材良好，可作建筑、家具等用材。

### （2）**日本落叶松**（照片 37）

**Larix kaempferi** (Lamb.) Carrière, Fl. Serres Jard. Eur. (Ghent) 11: 97. 1856; 中国植物志 7: 195. 1978; 陕西树木志: 16. 1990; Flora of China 4: 36. 1999; 黄土高原植物志 1: 13. 2000.

落叶乔木。树干粗壮，高达 30 米，胸径可达 1 米；树皮暗褐色，纵裂成鳞片状脱落。幼枝被褐色柔毛，后脱落；一年生长枝淡黄色或淡红褐色，具白粉；二至三年生枝灰褐色或黑褐色；短枝直径 2-5 毫米，具往年叶枕形成的明显环痕，顶端叶枕之间具疏生柔毛；冬芽紫褐色；顶芽近球形；基部芽鳞三角形，先端具长尖头，边缘有睫毛。叶倒披针状线形，长 1.5-3.5 厘米，宽 1-2 毫米，先端微尖或钝，上面稍平，下面中脉凸起，两侧各有 5-8 条气孔线。雄球花淡褐黄色，卵圆形；雌球花紫红色；苞鳞反曲，有白粉，先端 3 裂，中裂急尖。球果卵圆形或圆柱状卵形，熟时黄褐色；种鳞 46-65 枚，上部边缘波浪状，明显向外反曲，背面具褐色疣状凸起和短粗毛；中部种鳞长方形或卵方形，基部较宽，先端平且微凹；苞鳞紫红色，窄矩圆形，基部稍宽，上部微窄，中肋延长成尾状长尖，不露出。种子倒卵圆形；种翅上部三角状，中部较宽，种子连翅长 1.1-1.4 厘米。花期 4-5 月，果期 10 月。

长安、宁陕、太白等地有引种栽培；东北、华北地区引种栽培。原产于日本。

树干通直，质地优良，有较好的耐腐性，可作建筑材料和工业用材；树形优美，适应性强，是优良的庭园绿化树种。

### （3）黄花落叶松（照片 38）

**Larix olgensis** A. Henry, Gard. Chron. ser. 3, 57: 109. 1915; 中国植物志 7: 190. 1978; 陕西树木志: 16. 1990; Flora of China 4: 36. 1999; 黄土高原植物志 1: 12. 2000.

落叶乔木。高达 30 米，胸径达 1 米；树皮灰褐色或灰色，纵向开裂成鳞形，易剥落，剥落后内皮紫红色。一年生长枝直径 1-1.2 毫米，淡红褐色或淡褐色，微有光泽，被毛或无毛；二至三年生枝灰色或暗灰色；短枝直径 2-3 毫米，深灰色，顶端叶枕间密生淡褐色柔毛；冬芽紫褐色，顶芽卵圆形；芽鳞膜质，边缘具睫毛，基部芽鳞三角状卵形，先端具尖头。叶倒披针状线形，长 1.5-2.5 厘米，宽约 1 毫米，先端钝或微尖，上面中脉平，两侧偶有 1-2 条气孔线，下面中脉两侧常各有 2-5 条气孔线。球果长卵圆形，成熟前淡红紫色或紫红色，稀绿色，熟时淡褐色，或稍带紫色；种鳞微张开，16-40 枚，背面及上部边缘有细小疣状凸起，被毛，稀无毛；中部种鳞广卵形或近方圆形，长宽近相等，基部稍宽，先端圆或微凹，干后边缘常反曲；苞鳞较短，暗紫褐色，矩圆状卵形或卵状椭圆形，不露出，中部稍收缩，先端圆或微凹。种子近倒卵圆形，淡黄白色或白色，具不规则紫色斑纹；种翅先端钝尖，中下部较宽，连翅长约 9 毫米。花期 5 月，果期 9-10 月。

长安、宁陕、留坝、太白等地有引种栽培；吉林、辽宁有分布。朝鲜半岛、俄罗斯远东地区也产。

木材纹理直，结构粗，硬度中等，可作建筑、家具及木纤维工业原料等用材；树干可提树脂，树皮可提取栲胶；也可栽培作庭园树。

### （4）华北落叶松（变种）（照片 39、40）

**Larix gmelinii** (Rupr.) Kuzen. var. **principis-rupprechtii** (Mayr) Pilg., Nat. Pflanzenfam., ed. 2 [Engler & Prantle], 13: 327. 1926; Flora of China 4: 36. 1999. ——*Larix principis-rupprechtii* Mayr, Fremdländ. Wald-Parkbäume 309. 1906; 中国植物志 7: 185. 1978; 陕西树木志: 16. 1990; 黄土高原植物志 1: 11. 2000.

落叶乔木。高可达 30 米，胸径可达 1 米；树皮暗灰褐色，不规则纵向开裂成小块，易脱落。一年生长枝粗壮，直径 1.4-2.5 毫米；短枝直径 3-4 毫米。叶在长枝上螺旋状散生，在短枝上簇生，呈倒披针状窄条形，长 1.5-3 厘米，宽 0.7-1 毫米，扁平，稀呈四棱形，柔软。球果紫红色，成熟时黄棕色或紫棕色，卵球形或卵状长圆形，长 2-4 厘米，直径 2-3 厘米；种鳞成熟时不张开或球果顶端的微张开，26-45 枚，五角状卵形；球果中部的种鳞长 1-1.5 厘米，宽 0.8-1.2 厘米，外面无毛，有光泽，顶端平截或微缺；苞鳞卵状披针形，长为种鳞的1/3-1/2，先端尾尖，仅球果基部苞鳞的先端露出。种子斜倒卵状椭圆形，灰白色，具不规则褐色斑纹；种翅上部呈三角状，中部宽约4毫米，种子连翅长1-1.2厘米；子叶5-7枚，针形，下面无气孔线。花期4-5月，果期10月。

黄陵、陇县、长安、宁陕、佛坪、平利等地有引种栽培；分布于河北、山西、河南。

生长快，对不良气候的抵抗力较强，并有保土、防风的功能，为黄河流域优良造林树种；木材质地坚韧，结构致密，纹理直，可供建筑、家具、木纤维工业原料等用；树干可割取树脂；树皮可提取栲胶。

易危（VU）。

## 4. 金钱松属 **Pseudolarix** Gordon

Pinetum. 292. 1858; 中国植物志 7: 196. 1978; Flora of China 4: 41. 1999.

落叶乔木。树干高大；树皮灰褐或灰色，不规则鳞片状开裂。枝有长枝与短枝之分，长枝基部有宿存的芽鳞，短枝矩状；冬芽圆锥状卵圆形，芽鳞先端圆。叶条形，柔软，在长枝上螺旋状排列，在短枝上簇生状，辐射平展成圆盘形，叶脱落后有密集的呈环节状的叶枕，上面中脉微隆起，下面中脉明显，每边有5-14条气孔线。雌雄同株；雄球花簇生于短枝顶端，具细梗，有多数螺旋状排列的雄蕊；花丝极短；花药2，药室横裂，药隔三角形；花粉有气囊；雌球花单生短枝顶端，具短梗，有多数螺旋状着生的珠鳞与苞鳞；苞鳞大；珠鳞小；珠鳞腹面基部具2枚倒生胚珠，受精后珠鳞迅速增大。球果卵圆形，直立，具短梗；种鳞木质；苞鳞小，基部与种鳞结合而生，熟时与种鳞一同脱落。种子卵圆形，上部有宽大种翅，种子连同种翅与种鳞近等长；子叶4-6枚，发芽时出土。

本属为中国特有，仅有1种，分布于长江中下游各省温暖地带；陕西栽培1种。

（1）**金钱松**（图8，照片41）

**Pseudolarix amabilis** (J. Nelson) Rehder, J. Arnold Arbor. 1: 53. 1919; 中国植物志 7: 197. 1978; Flora of China 4: 41. 1999.

落叶乔木。树干高大通直，高可达40米，胸径达1.5米；树皮灰褐色，不规则鳞片状开裂。一年生枝淡红褐色或淡红黄色，无毛；二至三年生枝淡黄灰色或淡褐灰色，稀淡紫褐色。叶条形，柔软，长2-5.5厘米，宽1.5-4毫米，幼树及萌生枝的叶长可达7厘米，宽达5毫米，先端尖锐，上面中脉微隆起，下面中脉明显，每边有5-14条气孔线。雄球花黄色，圆柱状，簇生于短枝顶端，具短梗；雌球花椭圆形，紫红色，单生于短枝顶端，具短梗。球果卵圆形或倒卵圆形，熟时淡红褐色，具短梗；种鳞卵状披针形，先端有凹缺；苞鳞小，卵状披针形，边缘具细齿。种子卵圆形，白色；种翅三角状披针形，淡黄色或淡褐黄色，种翅连同种子与种鳞近等长。花期4月，果期10月。

西安、周至有引种栽培；分布于福建、湖南、江西、浙江等地，安徽、湖北、江苏、四川等地有栽培。

木材纹理通直，硬度适中，可作建筑、板材、家具及木纤维工业原料等用材；树皮可提取栲胶；种子含油量高，可榨油；树皮和根皮可药用；树形优美，亦可作庭园绿化树种。

国家二级重点保护野生植物；易危（VU）。

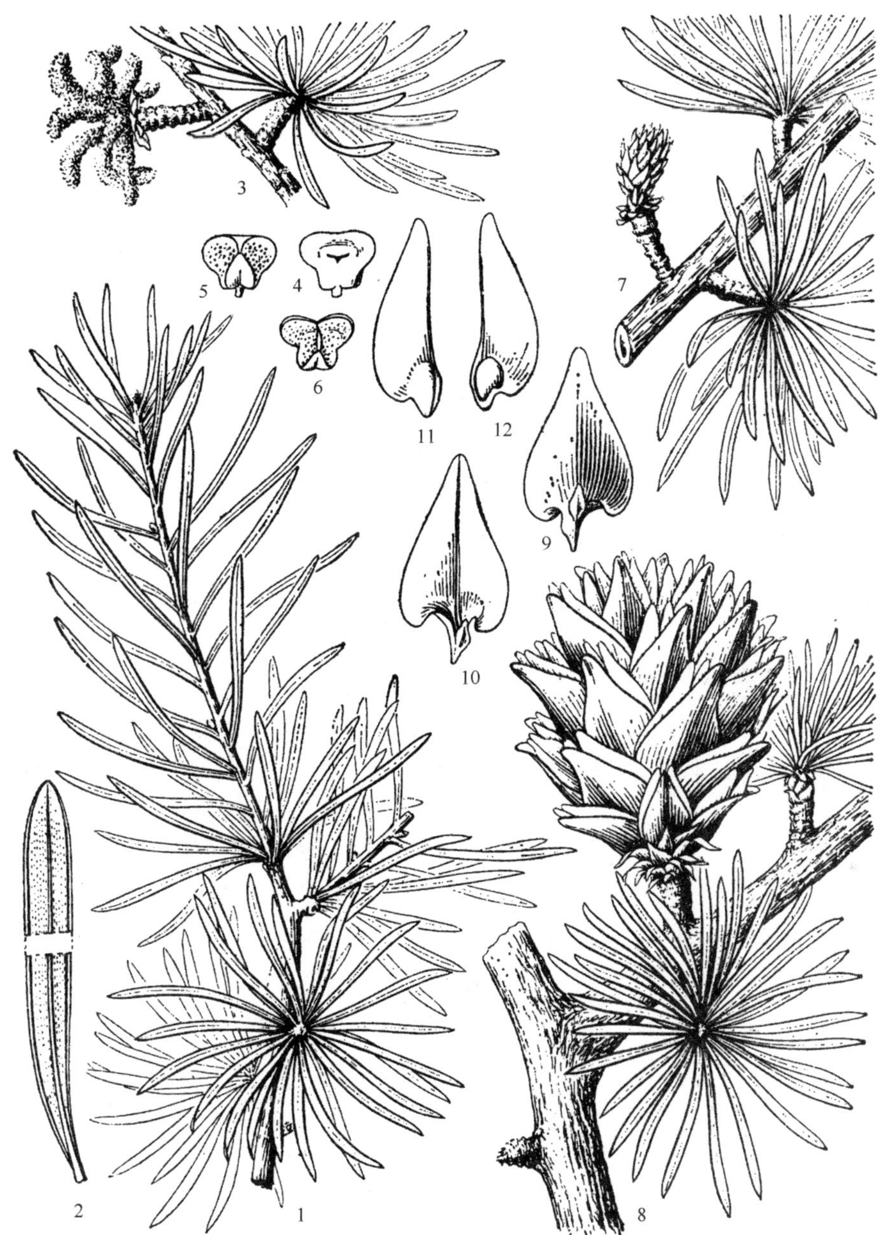


图 8. 金钱松 **Pseudolarix amabilis**

1. 长、短枝和叶；2. 叶下面；3. 雄球花和短枝；4、5、6. 雄蕊；7. 雌球花和短枝；8. 球果和短枝；9. 种鳞背面和苞鳞；10. 种鳞腹面；11、12. 种子（引自《中国植物志》，张荣厚、吴彰桦绘）。

## 5. 冷杉属 **Abies** Mill.

Gard. Dict. Abr., ed. 4. 1: [11]. 1754; 秦岭植物志 1(1): 5. 1976; 中国植物志 7: 55. 1978; 陕西树木志: 4. 1990; Flora of China 4: 44. 1999; 黄土高原植物志 1: 5. 2000.

常绿乔木。大枝轮生，平展或斜伸；小枝对生，稀轮生，基部有宿存芽鳞；叶脱落后留有圆形或近圆形叶痕；叶枕不明显。冬芽卵圆形或圆锥形，常具树脂。叶螺旋状着生，辐射伸展或基部扭转排成2列，条形或披针状条形，扁平，先端尖或钝，或有凹缺或2裂，微具短柄，柄端微膨大，上面中脉凹下，稀微隆起，下面中脉隆起，两侧各有1条气孔带；树脂道2个，稀4个，中生或边生。雌雄同株；球花单生于叶腋；雄球花下垂，长圆形或柱状长圆形，有梗；雄蕊多数，螺旋状着生；花药2枚，黄色或深红色，药室横裂；花粉具气囊；雌球花直立，卵圆形至长圆形，有梗；珠鳞多数，螺旋状排列；苞鳞较珠鳞长或短，每珠鳞腹面含2枚胚珠。球果直立，长卵圆形至圆柱形；种鳞木质，排列紧密；苞鳞露出或不露出；球果成熟时，种鳞与种子一同从中轴上脱落。种子上部具宽大的膜质长翅，种翅稍较种鳞短；子叶3-12枚，发芽时出土。

本属约50种，分布于亚洲、欧洲及北美洲。中国有22种；陕西产2种。

## 分种检索表

1. 球果的苞鳞长约为种鳞的一半，不外露；一年生枝淡黄灰色、淡黄色、淡褐黄色或灰色；球果未成熟时绿色，成熟时褐色；种翅倒三角形……（1）**秦岭冷杉 A. chensiensis** Tiegh.
1. 球果的苞鳞长于种鳞，尖头外露；一年生枝红褐色或微带紫色；球果未成熟时紫色，成熟时紫黑色；种翅楔形……（2）**巴山冷杉 A. fargesii** Franch.

### （1）**秦岭冷杉**（彩图版3）

**Abies chensiensis** Tiegh., Bull. Soc. Bot. France 38: 413. 1892; 秦岭植物志 1(1): 6. 1976; 中国植物志 7: 68. 1978; 陕西树木志: 5. 1990; Flora of China 4: 46. 1999.

常绿乔木。茎干粗壮，高可达50米。一年生枝黄灰色，无毛或凹槽中有稀疏细毛；二至三年生枝灰色；冬芽呈黄褐色，卵圆形，端部稍尖，含树脂。叶条形，不等长，水平状开展，在枝上排成2列或近两列状，长1.5-4.8厘米，宽3-4毫米，边缘外卷，表面亮绿色，背面具2条白色的气孔带，果枝上的叶先端尖或钝，树脂道中生或近中生，营养枝及幼树的叶先端2裂或微凹，树脂道边生。球果圆柱形或卵状圆柱形，近无柄，长7-11厘米，直径3-4厘米，幼时绿色，成熟时褐色；种鳞肾形，长约1.5厘米，宽约2.5厘米，鳞背露出部分具绒毛；苞鳞黄褐色，长是种鳞的约3/4，近圆形，顶端微缺，具细尖，边缘具啮蚀状的细齿，中下部近等宽，基部渐窄。种子倒三角状椭圆形，长约8毫米，比种翅长；种子连同种翅长约1.3厘米；种翅宽大，倒三角形，上部宽约1厘米。花期5-6月，果期10月。

产长安、华阴、宁陕、留坝、佛坪、洋县、周至、镇安、略阳、石泉、太白、凤县、西乡、平利、岚皋、镇坪，生于海拔1350-2300米的山地溪旁及阴坡、半阴坡；分布于湖北西部、甘肃南部。

木材较轻软，纹理直，可作建筑及家具用材。

国家二级重点保护野生植物；易危（VU）。

### （2）巴山冷杉（图 9，照片 42、43）

**Abies fargesii** Franch., J. Bot. (Morot) 13: 256. 1899; 秦岭植物志 1(1): 7. 1976; 中国植物志 7: 64. 1978; 陕西树木志: 6. 1990; Flora of China 4: 47. 1999; 黄土高原植物志 1: 6. 2000.

常绿乔木。树干高大，高可达 40 米；树皮粗糙，块状开裂，暗灰色或暗灰褐色。小枝红褐色或微带紫色，稍具沟，无毛，稀沟内具疏松绒毛，对生或轮生；冬芽卵圆形或近圆形，具树脂。叶条形，长 1-3 厘米，宽 1.5-4 毫米，常在枝条上排成 2 列，上面的叶斜展或直立，稀向后卷曲，上部比下部宽，顶端钝且有凹缺，稀尖，上面深绿色，无气孔线，下面有 2 条粉白色气孔带；树脂道 2 个，中生。球果卵状长圆形，长 5-8 厘米，直径约 3.5 厘米，未成熟时紫色，成熟时紫黑色；种鳞肾形或扇状肾形，长 0.8-1.2 厘米，宽 1.5-2 厘米，上部宽厚，边缘向内卷曲；苞鳞近三角状倒卵形，上部圆，先端具短急尖，边缘具细齿，稍外伸并反卷。种子倒三角状卵圆形；种翅楔形，较种子短或等长。花期 4-5 月，果期 9-10 月。

图 9. 巴山冷杉 **Abies fargesii**

1. 幼嫩球果和枝叶；2. 种鳞背面和苞鳞；3. 种鳞腹面和种子（引自《秦岭植物志》）。

广布于秦巴山区，多生于海拔 2400 米以上的山地；分布于甘肃东南部、河南西部、湖北西部、重庆、四川。

木材轻软，可作一般建筑、家具及木纤维工业用材。

## 6. 油杉属 **Keteleeria** Carrière

Rev. Hort. 37: 449. 1866; 秦岭植物志 1(1): 4. 1976; 中国植物志 7: 34. 1978; 陕西树木志: 3. 1990; Flora of China 4: 42. 1999.

常绿乔木。树皮粗糙，纵裂。小枝基部有宿存芽鳞，叶脱落后留有近圆形或卵形的叶痕；冬芽无树脂。叶螺旋状着生，条形或披针状条形，扁平，叶柄短，常扭转，基部微膨大，在侧枝上排成 2 列，两面中脉隆起，上面无气孔线或有气孔线，下面有 2 条气孔线，叶内两侧各有 1 个边生的树脂道。雌雄同株；雄球花 4-8 个簇生于侧枝顶端，稀生于叶腋，具短梗；雄蕊多数，螺旋状排列；花丝短；花药 2 枚，药隔窄三角形，药室斜向或横向开裂；花粉有气囊；雌球花单生于侧枝顶端，直立，具多数螺旋状排列的珠鳞与苞鳞，珠鳞较小，生于苞鳞的腹面基部，基上着生 2 枚胚珠，受精后珠鳞发育增大。球果直立，圆柱形，成熟时张开；种鳞木质，宿存；苞鳞短于种鳞，不外露或微露出，先端 3 裂，中裂窄长，两侧裂片较短。种子三角状卵圆形，具宽大的膜质种翅；种翅与种鳞近等长；子叶2-4枚，发芽时不出土。

本属共5种，分布于中国、老挝、越南。中国有5种；陕西产1种。

**（1）铁坚油杉** 铁坚杉（《秦岭植物志》）、篦子松（陕南）（图10，照片44、45）

**Keteleeria davidiana** (Bertrand) Beissn., Handb. Nadelholzk. 424. f. 117. 1891; 秦岭植物志 1(1): 5. 1976; 中国植物志 7: 46. 1978; 陕西树木志: 4. 1990; Flora of China 4: 43. 1999.

常绿乔木。树干高大，高达50米，胸径达2.5米；树皮暗深灰色，深纵裂。一年生枝淡黄灰色或淡灰色，常被毛；二至三年生枝呈灰色或淡褐色，常有裂纹或裂成薄片；冬芽卵圆形，先端微尖。叶条形，排成2列，先端圆钝或微凹，上面无气孔线，稀中上部有极少气孔线，下面中脉两侧各有1条气孔带，微被白粉。球果圆柱形；中部种鳞卵形或近斜方状卵形，上部圆或窄长而反曲，边缘具细齿，先端反曲，鳞背露出部分无毛或疏生短毛；苞鳞先端3裂。种子2枚，连翅几与种鳞等长。花期4月，果期10月。

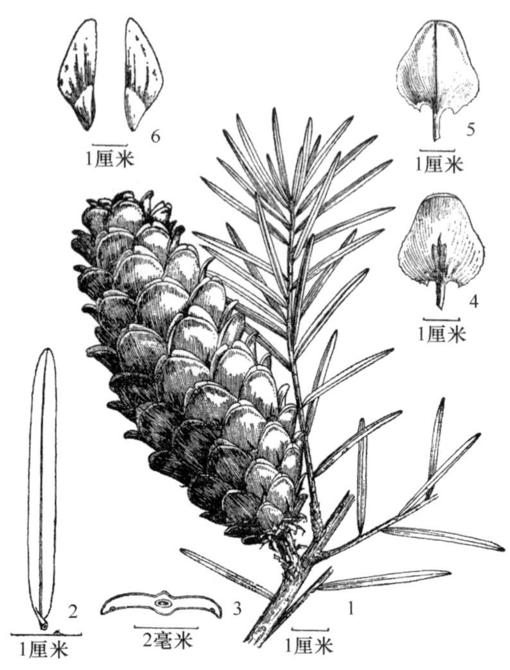


图10. **铁坚油杉 Keteleeria davidiana**

1. 枝叶和球果；2. 叶；3. 叶横切面；4. 种鳞背面和苞鳞；5. 种鳞腹面；6. 种子背面和腹面（引自《秦岭植物志》）。

产商洛、汉中、洋县、镇巴、城固、镇坪、西乡，生于海拔700-1500米的山地；甘肃东南部、湖北、湖南、重庆、四川、贵州有分布。

木材可作房屋建筑、桥梁及一般用具等用材；种子含油量高，供制皂、油墨等。

## 7. 云杉属 **Picea** A. Dietr.

Fl. Berlin 2: 794. 1824; 秦岭植物志 1(1): 9. 1976; 中国植物志 7: 123. 1978; 陕西树木志: 10. 1990; Flora of China 4: 25. 1999; 黄土高原植物志 1: 8. 2000.

常绿乔木。树皮鳞片状开裂。枝条常轮生；小枝上有明显凸出的叶枕，叶枕下延，彼此间有凹槽，顶端凸起成木钉状，叶生于叶枕之上，脱落后枝条粗糙；冬芽卵圆形或圆锥形，有树脂或无，顶端芽鳞向外反曲或紧密排列，基部具宿存的芽鳞。叶条形或锥形，螺旋状排列，辐射伸展，小枝上面的叶向上或向前伸展，下面及两侧的叶向上弯伸或向两侧伸展，无柄，四面均有气孔线，气孔线条数近相等或下面较少，或上下两面中脉隆起，仅上面中脉两侧具气孔线；树脂道2个，边生，常断续，稀无树脂道。雌雄同株；雄球花椭圆形或圆柱形，单生叶腋，稀单生枝顶，黄色或红色，具多枚螺旋状排列的雄蕊；花药2枚，药室纵裂，药隔圆卵形，边缘有细缺齿；花粉粒有气囊；雌球花单生枝顶，红紫色或绿色，由多数螺旋状排列的珠鳞组成；每珠鳞腹面基部有2枚胚珠。球果卵状圆柱形或长圆柱形；种鳞宿存，薄木质或近革质，上部圆则排列紧密，上部三角形则排列疏松；苞鳞短小，不露出。种子倒卵圆形或卵圆形；种翅长，膜质，倒卵形；子叶 4-9(-15)枚，发芽时出土。

本属约 35 种，分布于欧洲、亚洲及北美洲。中国有 18 种；陕西产 5 种，其中 1 种仅见栽培。

## 分种检索表

1. 叶扁平，下面无气孔线，上面有 2 条白粉气孔带……（1）**麦吊云杉 P. brachytyla** (Franch.) E. Pritz.
1. 叶四棱状条形，四周有气孔线，稀下面无气孔线……2
2. 顶芽的鳞片常开展或不开展，小枝基部宿存芽鳞反卷；一年生小枝多少具毛；冬芽近圆锥形……3
2. 顶芽的鳞片排列紧密，小枝基部宿存芽鳞紧贴小枝；一年生小枝通常无毛；冬芽近卵圆形……4
3. 叶先端尖；种翅倒卵状矩圆形……（2）**云杉 P. asperata** Mast.
3. 叶先端钝尖或钝；种翅倒宽披针形……（3）**白杄 P. meyeri** Rehder & E. H. Wilson
4. 叶长 0.8-1.8 厘米，宽约 1 毫米；球果长 5-8 厘米，直径 2.5-4 厘米；种鳞倒卵形，中部的种鳞长 1.4-1.7 厘米，宽 1-1.4 厘米……（4）**青杄 P. wilsonii** Mast.
4. 叶长 1.5-2.5 厘米，宽约 2 毫米；球果长 8-14 厘米，直径 5-6.5 厘米；种鳞宽倒卵状五角形或斜方状卵形，中部的种鳞长约 2.7 厘米，宽 2.7-3 厘米……（5）**大果青杄 P. neoveitchii** Mast.

### （1）**麦吊云杉** 麦吊杉（《秦岭植物志》）（图 11，照片 46）

**Picea brachytyla** (Franch.) E. Pritz., Bot. Jahrb. Syst. 29(2): 216. 1900; 秦岭植物志 1(1): 11. 1976; 中国植物志 7: 162. 1978; 陕西树木志: 13. 1990; Flora of China 4: 31. 1999.

常绿乔木。高达 30 米，胸径达 1 米；树皮淡灰褐色，裂成不规则的鳞状厚块片，不易脱落。一年生枝淡黄色或淡褐黄色，有毛或无毛；二至三年生枝褐黄色或褐色，渐变成灰色；冬芽常球形或卵状圆锥形，稀顶芽圆锥形，侧芽卵圆形；芽鳞排列紧密，褐色，先端钝，基部宿存芽鳞紧贴小枝，不向外开展。叶条形，扁平，直或微弯，长 1-2.2 厘米，宽 1-1.5 毫米，先端钝尖或尖，上面有 2 条白粉带，各有 5-7 条气孔线，下面无气孔线，绿色。球果矩圆形或圆柱形，熟前绿色，熟时褐色或微带紫色，长 6-12 厘米，直径 2.5-3.8 厘米；中部种鳞倒卵形或斜方状倒卵形，上部圆则排列紧密，上部三角形则排列较疏松。种子连翅长约 1.2 厘米。花期 4-5 月，果期 9-10 月。

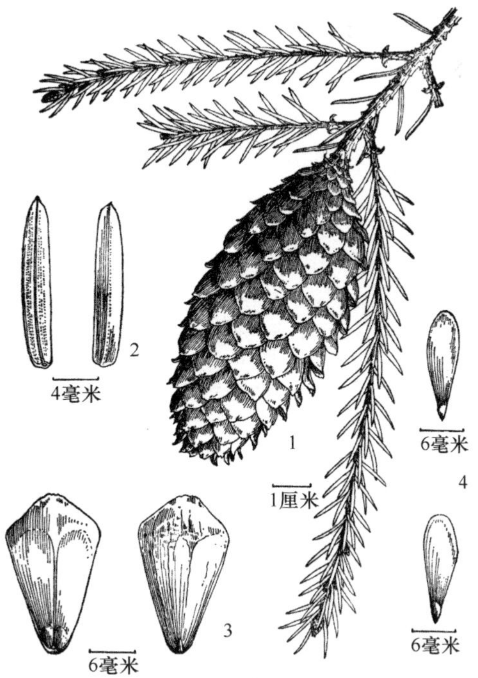


图 11. **麦吊云杉 Picea brachytyla**
1. 枝叶和球果；2. 叶；3. 种鳞背面和腹面；4. 种子（引自《秦岭植物志》）。

产平利、岚皋等地，生于海拔 1000-2600 米的山地；甘肃南部、湖北西部、重庆、四川北部也有分布。

木材坚韧，纹理细密，可作建筑、家具、

器具及木纤维工业原料等用材。

陕西省地方重点保护植物。

（2）**云杉**（图 12，照片 47、48）

**Picea asperata** Mast., J. Linn. Soc. Bot. 37: 419. 1906; 秦岭植物志 1(1): 9. 1976; 中国植物志 7: 129. 1978; 陕西树木志: 11. 1990; Flora of China 4: 27. 1999.

常绿乔木，树干高大，可达 45 米，胸径达 1 米；树皮淡灰褐色或淡褐灰色，开裂成稍厚的不规则鳞片，易脱落。小枝常被短柔毛，稀近无毛；一年生枝淡褐黄色、褐黄色或淡红褐色，叶枕具明显或不明显的白粉；二至三年生枝褐色或灰褐色；冬芽圆锥形，有树脂，基部膨大；上部芽鳞微反卷或不反卷，基部宿存芽鳞反卷。叶四棱状条形，长 1-2 厘米，宽 1-1.5 毫米，小枝上面的叶直展或微曲，下面及两侧的叶向上弯曲，先端尖，四周具气孔线，上面每边 4-8 条，下面每边 4-6 条。球果圆柱状长圆形，长 5-16 厘米，直径 2.5-3.5 厘米，上端渐窄，熟前绿色，熟时淡褐色或褐色；中部种鳞倒卵形，先端圆或宽截形，排列紧密，稀钝三角形，排列疏松，全缘，稀基部至中下部种鳞的先端 2 裂或微凹；苞鳞三角状匙形。种子倒卵圆形，连翅长约 1.5 厘米；种翅淡褐色，倒卵状矩圆形。花期 4-5 月，果期 9-10 月。

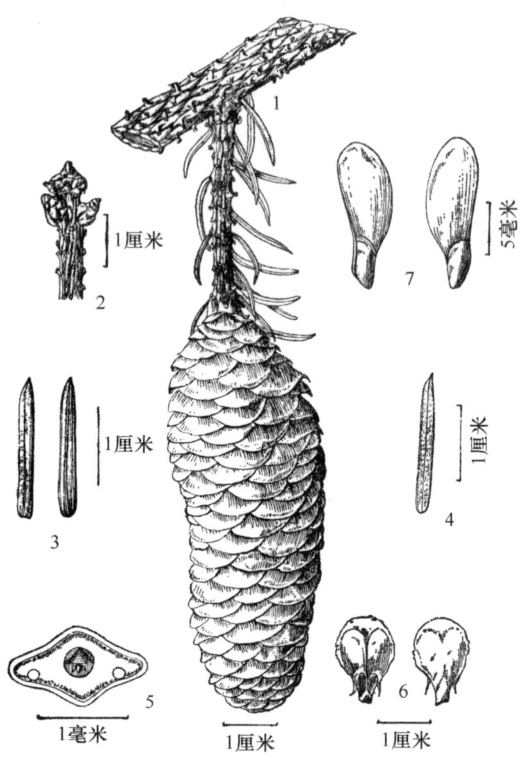


图 12. 云杉 **Picea asperata**
1. 枝叶和球果；2. 芽；3. 叶背面；4. 叶腹面；5. 叶横切面；6. 种鳞；7. 种子（引自《秦岭植物志》）。

产凤县辛家山、留坝、南郑、化龙山，生于海拔 1200-2500 米的山地，秦巴山区、关中地区亦有栽培；甘肃东南部及四川北部也有分布。

木材轻软，纹理直，结构细，有弹性，可作建筑、飞机、枕木、家具及木纤维工业原料等用材；树皮可提取栲胶；树干可割取松脂；根、木材、枝及叶均可提取芳香油，生长快，适应性强，可作造林树种。

（3）**白杄** 白扦（《中国植物志》）（照片 49、50）

**Picea meyeri** Rehder & E. H. Wilson, in Sargent, Pl. Wilson. 2: 28. 1914; 中国植物志 7: 136. 1978; Flora of China 4: 28. 1999; 黄土高原植物志 1: 9. 2000.

常绿乔木。树干高大，高可达 30 米，胸径 0.6 米左右；树皮灰褐色，裂成不规则薄块片，易脱落。一年生枝黄褐色，密被或疏被短毛，稀无毛；二至三年生枝淡黄褐色或褐色；冬芽圆锥形，间或侧芽呈卵状圆锥形，褐色，微有树脂，无毛；基部芽鳞有背脊，上部芽鳞先端常稍向外反曲，基部宿存芽鳞反曲。叶四棱状条形，长 1.3-3 厘米，宽约

2毫米，先端钝尖或钝，小枝上面的叶伸展，下面和两侧的叶向上弯伸，四周具气孔线，上面6-7条，下面4-5条。球果矩圆状圆柱形，长6-9厘米，直径2.5-3.5厘米，熟前绿色，熟时黄褐色；中部种鳞倒卵形，上部圆或钝三角形，下部宽楔形或微圆，背面露出部分有纵纹。种子倒卵圆形；种翅淡褐色，倒披针形，连种子长约1.3厘米。花期4月，果期9-10月。

西安、太白、宁陕等地有栽培；山西、河北、内蒙古等地有分布。

木材轻软，纹理直，结构细，可作建筑、电杆、桥梁、家具及木纤维工业原料用材；树形优美，可作庭园绿化树种。

（4）**青杄**　青扦（《中国植物志》）（图13，照片51、52）

**Picea wilsonii** Mast., Gard. Chron. ser. 3, 33: 133. 1903; 秦岭植物志 1(1): 11. 1976; 中国植物志 7: 138. 1978; 陕西树木志: 12. 1990; Flora of China 4: 29. 1999; 黄土高原植物志 1: 10. 2000.

常绿乔木。树干高大，高达50米，胸径达1.3米；树皮灰色或暗灰色，不规则鳞片状开裂，易脱落。一年生枝淡黄绿色或淡黄灰色，无毛，稀被毛；二至三年生枝灰色或淡褐灰色；冬芽卵圆形，稀圆锥状卵圆形，无树脂；芽鳞排列紧密，淡黄褐色或褐色，先端钝，背部无脊，无毛，基部宿存芽鳞紧贴小枝，不反曲。叶四棱状条形，长0.8-1.8厘米，宽1.2-1.7毫米，直或微弯，先端尖，在小枝上部向前伸展，下面的叶向两侧伸展，四面各有气孔线4-6条，微被白粉。球果卵状圆柱形或圆柱状长卵圆形，长5-8厘米，直径2.5-4厘米，顶端圆钝，熟时黄褐色或淡褐色；中部种鳞倒卵形，先端圆或急尖，或呈钝三角形，基部宽楔形，鳞背露出部分无明显的槽纹；苞鳞匙状矩圆形，先端钝圆。种子倒卵圆形；种翅倒宽披针形，淡褐色，先端圆，连种子长1.2-1.5厘米。花期4月，果期10月。

产秦巴山区，生于海拔1600-2150米的山地，西安、杨陵、宝鸡等地有栽培；河北、内蒙古、山西、甘肃、青海、湖北西部、重庆、四川北部也有分布。

木材纹理直，结构稍粗，可作建筑、土木工程、家具及木纤维工业原料等用材；叶可提取挥发油；树皮可提取栲胶。

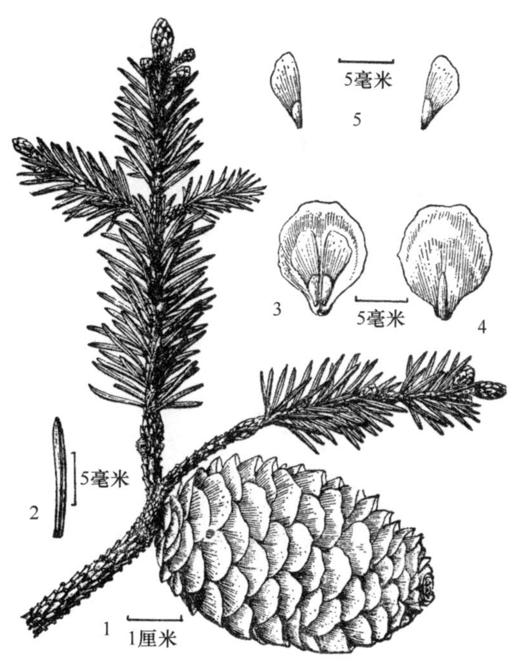


图13. 青杄 **Picea wilsonii**

1. 枝叶和球果；2. 叶；3. 种鳞腹面和种子；4. 种鳞背面和苞鳞；5. 种子（引自《秦岭植物志》）。

（5）**大果青杆** 大果青扦（《中国植物志》）（图 14，照片 53）

**Picea neoveitchii** Mast., Gard. Chron. ser. 3, 33: 116. 1903; 秦岭植物志 1(1): 10. 1976; 中国植物志 7: 141. 1978; 陕西树木志: 12. 1990; Flora of China 4: 28. 1999.

常绿乔木。高可达 15 米，胸径 50 厘米；树皮灰色，开裂成鳞状块片，易脱落；一年生枝淡黄色或微带褐色，无毛；二年生以上枝灰色或淡黄灰色；冬芽卵圆形或圆锥状卵圆形，微有树脂；芽鳞淡紫褐色，排列紧密，基部宿存芽鳞不反曲。叶四棱状条形，长 1.5-2.5 厘米，宽约 2 毫米，两侧扁平，先端尖锐，小枝上面的叶向上伸展，下面和两侧的叶向上弯伸，四周具气孔线，上面每边 5-7 条，下面每边 4 条。球果矩圆状圆柱形或卵状圆柱形，长 8-14 厘米，直径 5-6.5 厘米，常两端窄缩，或近基部微宽，熟前绿色，熟后呈褐色；种鳞宽大，倒卵状五角形或斜方状卵形，先端宽圆或呈钝三角形，边缘薄，有细齿或近全缘，中部种鳞长约 2.7 厘米，宽 2.7-3 厘米；苞鳞短小。种子倒卵圆形；种翅宽大，倒卵状，上部宽圆，连种子长约 1.6 厘米。花期 5 月，果期 9-10 月。

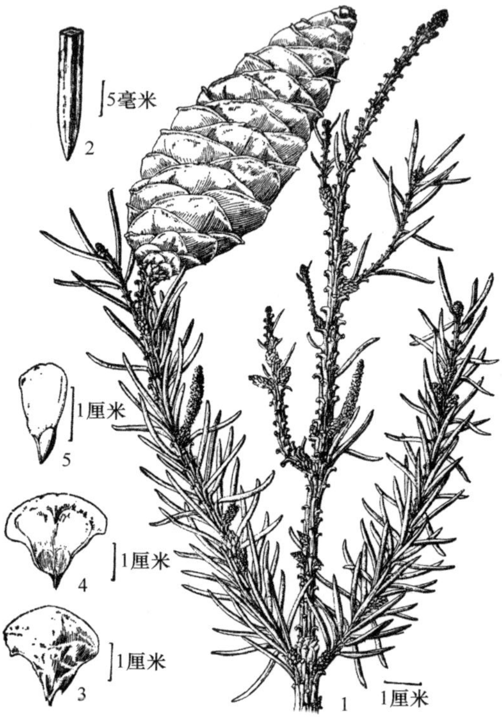

图 14. **大果青杆 Picea neoveitchii**
1. 枝叶和球果；2. 叶一部分；3. 种鳞背面；4. 种鳞和种子；5. 种子（引自《秦岭植物志》）。

产鄠邑、周至、太白、凤县、留坝、佛坪、平利、镇坪，生于海拔 1200-2150 米的山地；湖北西部及甘肃白龙江流域也有分布。

木材轻软，纹理直，结构稍粗，可作建筑、电杆、土木工程、器具、家具及木纤维工业原料等用材。

国家二级重点保护野生植物。

## 8. 黄杉属 **Pseudotsuga** Carrière

Traité Gén. Conif., ed. 2., 256. 1867; 中国植物志 7: 95. 1978; 陕西树木志: 7. 1990; Flora of China 4: 37. 1999.

常绿乔木。树皮粗糙，不规则纵裂。大枝轮生；小枝具微隆起的叶枕，基部无宿存的芽鳞或有少数向外反卷的宿存芽鳞，叶脱落后有近圆形的叶痕；冬芽卵圆形或纺锤形，无树脂。叶条形，螺旋状着生，基部窄而扭转排成 2 列，具短柄，上面中脉凹下，无气孔线，下面中脉隆起，两侧各有 1 条气孔带，叶内有 1 个维管束和 2 个边生树脂道。雌雄同株；雄球花圆柱形，单生叶腋，具多数螺旋状排列的雄蕊；雄蕊各有 2 枚花药，花丝短，药隔三角形，药室横裂；花粉无气囊；雌球花卵圆形，单生于侧枝顶端，下垂，有多数螺旋状着生的苞鳞与珠鳞；苞鳞显著，直伸或向后反曲，先端 3 裂；珠鳞小，具 2 枚侧生胚珠。球果卵圆形或圆锥状卵形，熟时褐色或黄褐色；种鳞木质，质硬，蚌壳状，宿存。种子具翅；种翅先端圆或钝尖，种子连翅较种鳞短；子叶 6-8(-12)枚，发芽时出土。

本属约 6 种，分布于亚洲东部及北美洲西部。中国有 5 种；陕西产 2 种，其中 1 种仅见栽培。

## 分种检索表

1. 叶先端钝圆，有凹缺，叶片下面有白色气孔带 ……………………………………（1）**黄杉 P. sinensis** Dode
1. 叶先端钝或微尖，无凹缺，叶片下面有灰绿色气孔带 ………（2）**花旗松 P. menziesii** (Mirb.) Franco

### （1）黄杉（照片 54、55）

**Pseudotsuga sinensis** Dode, Bull. Soc. Dendrol. France 23-24: 58. 1912; 中国植物志 7: 97. 1978; 陕西树木志: 8. 1990; Flora of China 4: 38. 1999.

常绿乔木。高达 50 米，胸径达 1 米；幼树树皮淡灰色，老树树皮灰色或深灰色，不规则厚块片状开裂。一年生枝淡黄色或淡黄灰色，干时褐色；二年生枝灰色，主枝无毛，侧枝被灰褐色短毛。叶排成 2 列，条形，扁平，长 1.3-3 厘米，宽约 2 毫米，先端钝圆，有凹缺，上面绿色或淡绿色，下面有 2 条白色气孔带。球果卵圆形或椭圆状卵圆形，长 4.5-8 厘米，直径 3.5-4.5 厘米，熟时褐色；中部种鳞近扇形或扇状斜方形，上部宽圆，基部宽楔形，两侧有凹缺，鳞背露出部分密生褐色短毛或近无毛；苞鳞露出部分向后反曲，中裂片窄三角形，侧裂片三角状，微圆，较短，边缘具细齿。种子三角状卵圆形，微扁，上面密生褐色短毛，下面具不规则的褐色斑纹；种翅稍长于种子或近等长，先端圆，种子连翅稍短于种鳞。花期 4 月，果期 10-11 月。

产镇坪，生于海拔 1200-1500 米的山坡及山脊；分布于湖北、湖南、四川、贵州、云南。

木材纹理直，结构致密，可作建筑、家具及人造纤维原料等用材；适应性强，生长较快，亦可作造林树种。

国家二级重点保护野生植物。

### （2）花旗松（照片 56、57）

**Pseudotsuga menziesii** (Mirb.) Franco, Bol. Soc. Brot., Ser. 2. 24: 74. 1950; 中国植物志 7: 105. 1978; Flora of China 4: 39. 1999.

常绿乔木。树干高大，在原产地高达 100 米，胸径达 12 米；幼树树皮平滑，老树树皮厚，鳞片状深裂。一年生枝淡黄色，干时红褐色，微被毛。叶条形，长 1.5-3 厘米，宽 1-2 毫米，先端钝或微尖，无凹缺，上面深绿色，下面淡绿色，有 2 条灰绿色气孔带。

球果椭圆状卵圆形，长约 8 厘米，直径 3.5-4 厘米，熟时褐色；种鳞斜方形或近菱形，长宽相等或长大于宽；苞鳞直伸或反曲，长于种鳞，显著露出，中裂窄长渐尖，侧裂片宽短，边缘具细齿。花期 4-5 月，果期翌年 10 月。

延安、杨陵、宝鸡等地有栽培；北京、江西庐山等地也有栽培。原产于北美洲西部。

木材纹理通直，坚实耐用，可作建筑、器具、板材等用材。

## 9. 铁杉属 **Tsuga** (Endl.) Carrière

Traité Gen. Conif. 185. 1855; 秦岭植物志 1(1): 8. 1976; 中国植物志 7: 117. 1978; 陕西树木志: 9. 1990; Flora of China 4: 39. 1999; 黄土高原植物志 1: 6. 2000.

常绿乔木。树皮粗糙，纵裂。大枝不规则着生，小枝有隆起的叶枕，基部具宿存芽鳞；冬芽卵圆形或圆球形，芽鳞覆瓦状排列，无树脂。叶条形，扁平，螺旋状着生，辐射伸展或基部扭转排成 2 列，有短柄，上面中脉凹下，稀平而不凹，无气孔线或有气孔线，下面中脉隆起，每边有 1 条气孔带，叶内维管束鞘的下方有 1 个树脂道。雌雄同株；雄球花椭圆形或卵圆形，单生于叶腋，具短梗，具多数螺旋状排列的雄蕊；雄蕊花丝短，花药 2 枚，药室横裂，药隔三角状或先端钝；花粉有气囊或气囊退化；雌球花单生于侧枝顶端，具多数螺旋状着生的珠鳞及苞鳞；珠鳞较苞鳞为大或较小，珠鳞的腹面基部具 2 枚胚珠。球果长卵圆形或圆柱形，下垂，稀直立，近无梗；种鳞薄木质，宿存；苞鳞短小，不露出，稀较长而露出。种子上部有膜质翅；种翅连同种子较种鳞为短；子叶 3-6 枚，发芽时出土。

本属约 10 种，分布于亚洲东部及北美洲。中国有 4 种；陕西产 1 种。

### （1）铁杉（图 15，照片 58、59）

**Tsuga chinensis** (Franch.) E. Pritz., Bot. Jahrb. Syst. 29: 217. 1900; 秦岭植物志 1(1): 8. 1976; 中国植物志 7: 117. 1978; 陕西树木志: 9. 1990; Flora of China 4: 40. 1999; 黄土高原植物志 1: 8. 2000.

常绿乔木。高达 50 米，胸径达 1.6 米；树皮暗深灰色，纵裂为块状，易脱落。冬芽卵圆形或圆球形，先端钝；芽鳞背部平圆或基部芽鳞具背脊；一年生枝细，淡黄褐色或淡灰黄色，沟间被短毛；二至三年生枝灰黄色、淡褐灰色或灰色。叶条形，排成 2 列，长 1.2-2.7 厘米，宽 2-3 毫米，先端钝圆，有凹缺，上面光绿色，中脉凹下，下面淡绿色，中脉隆起无凹槽，气孔带灰绿色，边缘全缘（幼树的叶中上部边缘

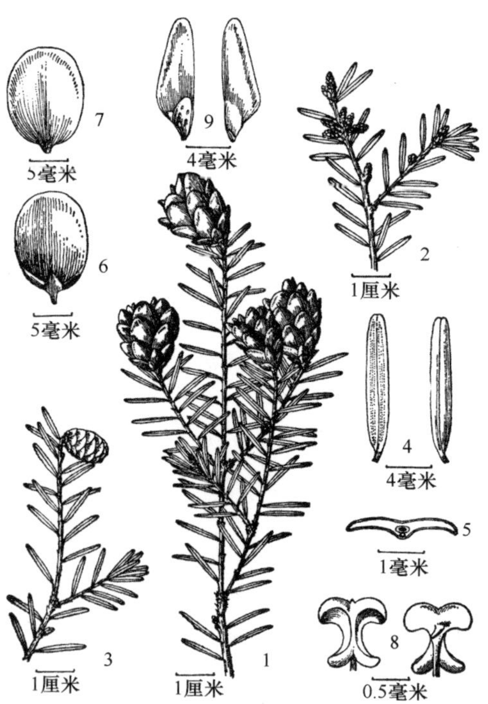


图 15. 铁杉 **Tsuga chinensis**

1. 枝叶和球果；2. 枝叶和雄球花；3. 枝叶和雌球花；4. 叶；5. 叶横切面；6. 种鳞背面；7. 种鳞腹面；8. 花药；9. 种子（引自《秦岭植物志》）。

常有细锯齿），下面幼时被白粉，后则脱落。球果卵圆形或长卵圆形，长 1.5-2.5 厘米，直径 1.2-1.6 厘米，具短梗；中部种鳞近五角状圆形或近圆形，边缘微向内曲，鳞背露出部分和边缘无毛；苞鳞小，不露出，倒三角状楔形或斜方形，上部边缘有细齿，先端 2 裂。种子 2 枚，连同种翅长 7-9 毫米。花期 4 月，果期 10 月。

秦巴山区广布，多生于海拔 1200-2500 米的山地；分布于甘肃南部、河南西部、湖北西部、重庆、四川、贵州西北部。

木材纹理直，结构致密，材质优良，可作建筑、家具、器具及木纤维工业原料等用材；种子含油量高，可制工业用油；树干可割取树脂；树皮可提取栲胶。

# 南洋杉目① **Araucariales** Gorozh.

## 五　罗汉松科 **Podocarpaceae** Endl.

常绿乔木或灌木。叶条形、披针形、椭圆形、钻形、鳞形，或退化成叶状枝，螺旋状散生、近对生或交叉对生，全缘，两面或下面有气孔带或气孔线。雌雄异株，稀同株；雄球花穗状，单生或簇生叶腋，或生枝顶，具多数螺旋状排列的小孢子叶（雄蕊）；每小孢子叶具 2 枚小孢子囊（花药），药室斜向或横向开裂；小孢子（花粉）有气囊，稀无气囊；雌球花单生叶腋或苞腋，或生枝顶，稀穗状，具 1 至多数螺旋状着生的苞片；胚珠倒生或半倒生，被辐射对称的囊状或杯状的套被所包围，稀无套被，有梗或无梗。种子核果状或坚果状，全部或部分为肉质或较薄而干的假种皮所包；有时苞片与轴愈合发育成肉质种托，有梗或无梗；胚乳丰富；子叶 2 枚。

本科有 18 属约 180 种，分布于热带、亚热带及南温带地区，在南半球分布最多，延伸至非洲山地、中美洲和日本。中国有 4 属 12 种；陕西栽培 1 属 1 种。

### 1. 罗汉松属 **Podocarpus** L'Hér. ex Pers.

Syn. Pl. 2: 580. 1807; 秦岭植物志 1(1): 27. 1976; 中国植物志 7: 399. 1978; Flora of China 4: 81. 1999.

常绿乔木或灌木。叶条形、披针形、椭圆形或鳞形，螺旋状排列或近对生，基部常不扭转或扭转排成 2 列。雌雄异株；雄球花穗状，单生或簇生于叶腋，或排成分枝状，具梗；雄蕊多数螺旋状排列；花药 2 枚；花粉具 2 个气囊；雌球花常单生叶腋或苞腋，稀顶生，有梗或无梗，基部有数枚苞片；苞腋有 1-2 枚胚珠；花后套被增厚成肉质假种皮；苞片发育成肥厚或微肥厚的肉质种托，或苞片不增厚成肉质种托。种子核果状，有梗或无梗，成熟时常绿色，为肉质假种皮所包，生于肉质或非肉质的种托上。

本属约 100 种，主要分布于热带和亚热带地区，南半球温带也有。中国有 7 种；陕西栽培 1 种。

---

① 南洋杉目的南洋杉科（**Araucariaceae** Hemkerl & W. Hochst）的异叶南洋杉[**Araucaria heterophylla** (Salisb.) Franco]在陕西偶见栽培，供观赏，因不能耐受冬季低温，仅能在室内或温室中越冬，故本志不予收录。

## 种下等级检索表

1. 乔木；叶长 7-12 厘米，宽 5-10 毫米，先端急尖…………………………………………（1a）罗汉松 **P. macrophyllus** (Thunb.) Sweet var. **macrophyllus**
1. 小乔木或灌木状；叶长 2.5-7 厘米，宽 5-7 毫米，先端钝或短渐尖……………………………（1b）短叶罗汉松 **P. macrophyllus** (Thunb.) Sweet var. **maki** Siebold & Zucc.

### （1）罗汉松

**Podocarpus macrophyllus** (Thunb.) Sweet, Hort. Suburb. Londin. 211. 1818; 中国植物志 7: 412. 1978; Flora of China 4: 83. 1999.

乔木或灌木。树皮灰色或淡灰棕色，薄片状脱落。枝一般平展或直立平展，较为紧密；小枝无毛或具短柔毛。叶螺旋状排列，无柄；叶片线状披针形、倒披针形或长圆状倒披针形，稍弯曲，长 2.5-12 厘米，宽 5-10 毫米；叶上面深绿色并有光泽，叶下面灰绿色、淡绿色或微具白色。雄球花腋生，通常 3-5 个簇生在非常短的花序梗上，基部具数个三角形苞片；雌球花单生叶腋，具梗，基部具少量苞片。种子卵圆形，先端圆形，成熟时肉质假种皮略带紫黑色；种托肉质柱状，红色或带紫红色。花期 4-5 月，种子 8-9 月成熟。

陕西有栽培；分布于广东、福建、贵州、四川、江西、江苏、湖南、湖北、广西、台湾、云南、浙江。日本也有分布。

### （1a）罗汉松（原变种）（照片 60）

**Podocarpus macrophyllus** (Thunb.) Sweet var. **macrophyllus**

乔木；枝开展或斜展，无毛；叶长 7-12 厘米，宽 5-10 毫米，先端急尖。

西安、汉中等地有栽培；分布于长江以南各地。日本也有分布。

木材质地优良，结构致密，可作家具、器具等用材；为优良的绿化树种。

国家二级重点保护野生植物；易危（VU）。

### （1b）短叶罗汉松（变种）　小叶罗汉松（《秦岭植物志》）（照片 61、62）

**Podocarpus macrophyllus** (Thunb.) Sweet var. **maki** Siebold & Zucc., Abh. Math.-Phys. Cl. Königl. Bayer. Akad. Wiss. 4(3): 232. 1846; 秦岭植物志 1(1): 28. 1976; 中国植物志 7: 414. 1978; Flora of China 4: 84. 1999.

小乔木或灌木状；枝向上斜展，无毛；叶长 2.5-7 厘米，宽 5-7 毫米，先端钝或短渐尖。

西安、杨陵、宝鸡及陕南等地有栽培；江苏、浙江、福建、江西、湖南、湖北、四川、云南、贵州、广西、广东等地有栽培或野生。日本和缅甸也有分布。

本种树形优美耐修剪，可作庭园树及盆栽。

国家二级重点保护野生植物。

# 柏目 **Cupressales** Link

## 六 柏科 **Cupressaceae** Gray

乔木，稀灌木，常绿或落叶。有树脂。叶螺旋状排列。球花单性，雌雄同株，稀异株，顶生或腋生；雄球花的雄蕊、雌球花的具胚珠的种鳞复合体螺旋状着生或交互对生，偶 3 枚轮生；雄球花的小孢子叶（雄蕊）具 2-6 个小孢子囊（花药）；花粉粒无气囊；雌球花有 3-16 枚交叉对生或 3-4 枚轮生的珠鳞；珠鳞具 1 至多枚直立胚珠，稀胚珠单生于两珠鳞之间；苞鳞与珠鳞合生。球果圆球形、卵圆形或圆柱形；种鳞扁平或盾形，木质或近革质，熟时张开，或呈浆果状，熟时不裂或仅顶端微开裂，能育种鳞有 1 至多枚种子。种子周围具窄翅或无翅，或上端有一长一短的翅；子叶 2 枚，稀多枚。

本科有 30 属约 130 种，全世界广泛分布。中国有 17 属 49 种；陕西产 9 属 21 种，其中 5 属 12 种仅见栽培。

分子系统发育分析表明，以往如《中国植物志》等著作中界定的杉科（Taxodiaceae Saporta）不是单系类群，金松属（**Sciadopitys** Siebold & Zucc.）与杉科其他类群关系较远，应独立为金松科（**Sciadopityaceae** Luerss.），杉科其余 9 属构成一个并系类群，将狭义的柏科包含在内才构成一个单系类群，即广义的柏科，本志采纳这种观点。

### 分属检索表

1. 叶螺旋状着生，披针形、条形或钻形；种鳞螺旋状着生……2
1. 叶交叉对生或轮生，条形、鳞形或刺形；种鳞交叉对生或轮生……4
2. 叶披针形，边缘有微小的细缺齿……1. **杉木属 Cunninghamia** R. Br.
2. 叶条形或钻形，边缘无齿……3
3. 常绿；叶钻形，先端刺状；叶不在小枝上排成羽状；种鳞上部有 3-7 个裂齿……2. **柳杉属 Cryptomeria** D. Don
3. 落叶或半常绿；叶条形或钻形，先端不为刺状；叶在小枝上排成羽状或否；种鳞上部无裂齿……3. **落羽杉属 Taxodium** Rich.
4. 落叶乔木；叶条形，在小枝上排成羽状……4. **水杉属 Metasequoia** Hu & W. C. Cheng
4. 常绿乔木或灌木；叶鳞形或刺形，不在小枝上排成羽状……5
5. 球果肉质，浆果状，种鳞完全愈合，成熟时不张开或仅顶部微张开；种子无翅……5. **刺柏属 Juniperus** L.
5. 球果木质或革质，种鳞不完全愈合，成熟时张开；种子具翅或无翅……6
6. 种鳞盾形；球果当年或翌年成熟……7
6. 种鳞扁平或鳞背隆起，不为盾形；球果当年成熟……8
7. 能育种鳞各具 2-5 枚种子；球果当年成熟……6. **扁柏属 Chamaecyparis** Spach
7. 能育种鳞各具 5 至多枚种子；球果翌年成熟……7. **柏木属 Cupressus** L.
8. 生鳞叶的小枝直展或斜展；种鳞 4 对，鳞背有一尖头；种子无翅……8. **侧柏属 Platycladus** Spach
8. 生鳞叶的小枝平展或近平展；种鳞 4-6 对，鳞背无尖头；种子两侧有窄翅……9. **崖柏属 Thuja** L.

## 1. 杉木属 Cunninghamia R. Br.

Comm. Bot. Conif. Cycad. 80, 149. 1826; 秦岭植物志 1(1): 18. 1974; 中国植物志 7: 285. 1978; 陕西树木志: 25. 1990; Flora of China 4: 54. 1999.

常绿乔木。大枝轮生或不规则轮生。叶披针形或条状披针形，螺旋状着生，边缘有细锯齿，两面均有气孔线，上面的气孔线较下面为少。雌雄同株；雄球花多数簇生枝顶；雄蕊多数，螺旋状着生；花药3枚，下垂纵裂，药隔伸展为鳞片状，边缘有细缺齿；雌球花单生或2-3个集生枝顶，球形或长圆球形；苞鳞大，边缘有不规则细锯齿，先端长尖；珠鳞小，先端3裂，腹面基部着生3枚胚珠。球果近球形或卵圆形；苞鳞革质，扁平，宽卵形或三角状卵形，先端有硬尖头，边缘有不规则的细锯齿，基部心脏形，背面中肋两侧具明显稀疏的气孔线，熟后不脱落；种鳞很小，能育种鳞的腹面着生3枚种子。种子扁平，两侧边缘有窄翅；子叶2枚，发芽时出土。

本属有1种，分布于中国、老挝、越南。中国长江流域及其以南及台湾山区广泛分布；陕西产1种。

### （1）**杉木**（图16，照片63、64）

**Cunninghamia lanceolata** (Lamb.) Hook, Bot. Mag. 54: t. 2743. 1827; 秦岭植物志 1(1): 18. 1976; 中国植物志 7: 285. 1978; 陕西树木志: 25. 1990; Flora of China 4: 55. 1999.

常绿乔木。高达30米，胸径可达2.5-3米；树冠尖塔形或圆锥形；树皮灰褐色，裂成长条片脱落，内皮淡红色。叶披针形或条状披针形，革质，坚硬，边缘有细缺齿，除先端及基部外，两侧有窄气孔带，微具白粉或白粉不明显，背面淡绿色，沿中脉两侧各有1条白粉气孔带；老树的叶通常较窄短、较厚，上面无气孔线。雄球花圆锥状，有短梗，通常40余个簇生枝顶；雌球花单生或2-3(-4)个集生，绿色；苞鳞横椭圆形。球果卵圆形；苞鳞熟时革质，棕黄色，三角状卵形，背面的中肋两侧有2条稀疏气孔带；种鳞腹面着生3枚种子。种子扁平，遮盖着种鳞，长卵形或矩圆形，暗褐色，有光泽，两侧边缘有窄翅；子叶2枚，发芽时出土。花期4月，果期10月下旬。

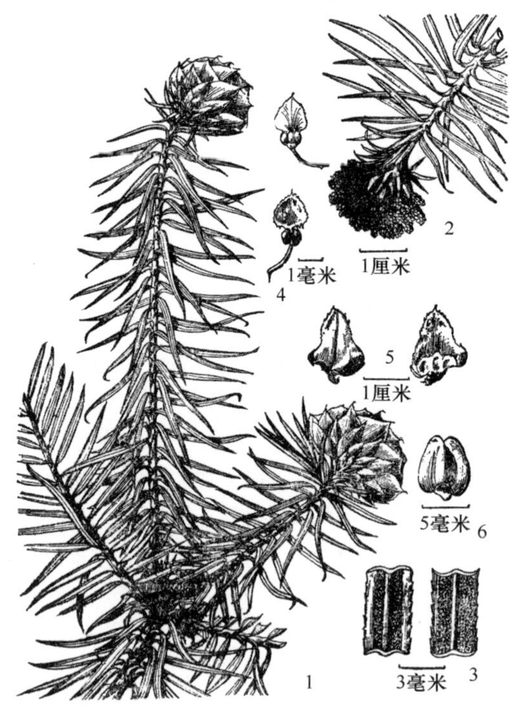


图16. 杉木 **Cunninghamia lanceolata**
1. 枝叶和球果；2. 枝叶和雄球花；3. 叶一部分；4. 雄蕊；5. 种鳞；6. 种子（引自《秦岭植物志》）。

产秦岭南坡及巴山，生于海拔700-1300米的山坡或农田边，野生或栽培，关中地区也偶见栽培。广布于秦岭、淮河以南各地。

为重要的速生用材树种。

## 2. 柳杉属 **Cryptomeria** D. Don

Ann. Nat. Hist. 1(3): 233. 1838; 中国植物志 7: 293. 1978; 陕西树木志: 26. 1990; Flora of China 4: 56. 1999.

常绿乔木。大枝近轮生，平展或斜上伸展，树冠尖塔形或卵圆形；树皮红褐色，裂成长条片脱落。叶螺旋状排列，略排成 5 列，基部下延。雌雄同株；雄球花长圆形，单生于小枝上部叶腋，通常密集排成短穗状，矩圆形，基部有一短小的苞叶，无梗；雄蕊螺旋状排列；花药 3-6 枚，药室纵裂，药隔三角状；雌球花近球形，无梗，单生枝顶，稀数个集生；珠鳞螺旋状排列，每一珠鳞有 2-5 枚胚珠；苞鳞与珠鳞合生，仅先端分离。球果近球形；种鳞不脱落，木质，盾形，种鳞上部有 3-7 个裂齿；球果顶端的种鳞形小，无种子。种子不规则扁椭圆形或扁三角状椭圆形，边缘具窄翅；子叶 2-3 枚，发芽时出土。

本属有 1 种，分布于中国和日本。中国有 1 种；陕西栽培 1 种。

### 种下等级检索表

1. 叶中部以下直，上部稍内弯；种鳞 20-30 枚；苞鳞的尖头和种鳞先端的裂齿较长，裂齿长 6-7 毫米；每能育种鳞有 2-5 枚种子 ·············（1a）**日本柳杉 C. japonica** (Thunb. ex L. f.) D. Don var. **japonica**
1. 叶整体弓形内弯；种鳞约 20 枚；苞鳞的尖头和种鳞先端的裂齿较短，裂齿长 2-4 毫米；每能育种鳞有 2 枚种子 ································（1b）**柳杉 C. japonica** (Thunb. ex L. f.) D. Don var. **sinensis** Miq.

### （1）日本柳杉

**Cryptomeria japonica** (Thunb. ex L. f.) D. Don, Trans. Linn. Soc. London Bot. 18: 167. 1839; 中国植物志 7: 295. 1978; Flora of China 4: 56. 1999.

乔木。高达 40 米，胸径可达 2 米；树冠尖塔形；树皮红褐色，纤维状，裂成条片状脱落。小枝下垂；当年生枝条一般绿色。叶钻形，先端锐尖或尖，长 0.4-2 厘米，基部背腹宽约 2 毫米，四面有气孔线。雄球花一般呈长椭圆形或圆柱形；花药 4-5 枚，药隔三角状；雌球花圆球形。球果近球形，稀微扁；种鳞 20-30 枚，上部通常 4-5(-7)深裂，裂齿窄三角形，鳞背有 1 个三角状分离的苞鳞尖头，先端通常向外反曲；能育种鳞一般含 2-5 枚种子。种子棕褐色，多呈椭圆形或不规则多角形，边缘有窄翅。花期 4 月，果期 10 月。

西安、杨陵、汉中等地有栽培；华东、华中、华南、西南地区有野生或栽培。日本也有分布。

### （1a）日本柳杉（原变种）（照片 65、66）

**Cryptomeria japonica** (Thunb. ex L. f.) D. Don var. **japonica**

叶中部以下直，上部稍内弯；种鳞 20-30 枚；苞鳞的尖头和种鳞先端的裂齿较长，裂齿长 6-7 毫米；每能育种鳞有 2-5 枚种子。

西安、杨陵等地有栽培；华东、华中、华南、西南地区有栽培。原产于日本。

（1b）**柳杉**（变种）（照片 67、68）

**Cryptomeria japonica** (Thunb. ex L. f.) D. Don var. **sinensis** Miq., Fl. Jap. 2: 52. 1870; Flora of China 4: 57. 1999. ——*Cryptomeria fortunei* Hooibr. ex Billain, Allg. Gartenzeitung 21: 234. 1853; 中国植物志 7: 294. 1978; 陕西树木志: 26. 1990.

叶整体弓形内弯；种鳞约 20 枚；苞鳞的尖头和种鳞先端的裂齿较短，裂齿长 2-4 毫米；每能育种鳞有 2 枚种子。

西安、杨陵、汉中等地有栽培；原产于江西、浙江、福建、四川、云南，现华东、华中、华南、西南地区多有栽培，用于庭园绿化。

## 3. 落羽杉属 **Taxodium** Rich.

Ann. Mus. Natl. Hist. Nat. 16: 298. 1810; 中国植物志 7: 303. 1978; 陕西树木志: 27. 1990; Flora of China 4: 58. 1999.

落叶或半常绿乔木。主枝宿存，侧生小枝冬季脱落；冬芽形小，球形。叶螺旋状排列，基部下延生长，异型叶，分为钻形叶和条形叶。雌雄同株；雄球花卵圆形，生于小枝顶端，排成总状或圆锥花序状；雄蕊螺旋状排列，6-8 枚；雄蕊具 4-9 枚花药，药隔显著，药室纵裂，花丝短；雌球花单生于去年生小枝的顶端，由多数螺旋状排列的珠鳞所组成；珠鳞的腹面基部生有 2 枚胚珠；苞鳞与珠鳞几乎全部合生。球果球形或卵圆形；种鳞盾形，木质，顶部呈不规则的四边形；苞鳞与种鳞合生，仅先端分离；能育种鳞各有 2 枚种子。种子呈不规则三角形，棱脊锐利；子叶 4-9 枚，发芽时出土。

本属共 2 种，分布于美国、墨西哥、危地马拉。中国引种栽培 2 种；陕西栽培 2 种。

作庭园树及造林树用。

### 分种及种下等级检索表

1. 叶为钻形，不排成 2 列；大枝向上伸展……………………………………………………（1b）**池杉 T. distichum** (L.) Rich. var. **imbricatum** (Nutt.) Croom
1. 叶为条形，扁平，排成 2 列，呈羽状；大枝水平开展……………………………2
2. 落叶；叶长 1-1.5 厘米；侧生小枝排成 2 列……（1a）**落羽杉 T. distichum** (L.) Rich. var. **distichum**
2. 半常绿或常绿；叶长约 1 厘米；侧生小枝螺旋状散生，不排成 2 列……………………………………（2）**墨西哥落羽杉 T. mucronatum** Ten.

（1）**落羽杉**

**Taxodium distichum** (L.) Rich., Ann. Mus. Natl. Hist. Nat. 16: 298. 1810; 中国植物志 7: 303. 1978; 陕西树木志: 27. 1990; Flora of China 4: 59. 1999.

落叶乔木。在原产地高达 50 米，胸径可达 2 米；树干基部通常膨大，具有呼吸根；树皮棕色，裂成长条片脱落；大枝水平开展或向上伸展，树冠圆锥形或宽圆锥状。新生枝绿色，冬季则变为棕色；侧生小枝排成 2 列。叶条形或钻形。雄球花卵圆形，在小枝顶端排成总状或圆锥花序状。球果球形或卵圆形，有短梗，向下斜垂，熟时淡褐黄色，有白粉；种鳞木质，盾形，顶部具纵槽。种子褐色，不规则三角形，有锐棱。果期 10 月。

陕南有栽培；华东、华中、华南、西南地区栽培。原产于美国。

用于庭园绿化。

（1a）**落羽杉**（原变种）（照片 69）

**Taxodium distichum** (L.) Rich. var. **distichum**

叶为条形，扁平，排成 2 列，呈羽状；大枝水平开展。

陕南有栽培；华东、华中、华南、西南地区栽培。原产于美国。

（1b）**池杉**（变种）（照片 70、71）

**Taxodium distichum** (L.) Rich. var. **imbricatum** (Nutt.) Croom, Cat. Pl. New Bem, ed. 2. no. 3048. 1837; Flora of China 4: 60. 1999. ——*Taxodium ascendens* Brongn., Ann. Sci. Nat. (Paris) 30: 182. 1833; 中国植物志 7: 305. 1978; 陕西树木志: 27. 1990.

叶为钻形，不排成 2 列；大枝向上伸展。

陕南有栽培；华东、华中、华南、西南地区栽培。原产于美国。

（2）**墨西哥落羽杉**

**Taxodium mucronatum** Ten., Ann. Sci. Nat., Bot., sér. 3. 19: 355. 1853; 中国植物志 7: 304. 1978; Flora of China 4: 59. 1999.

半常绿或常绿乔木。在原产地高达 50 米，胸径可达 4 米；树干尖削度大，基部膨大；树皮裂成长条片脱落；大枝水平开展，树冠宽圆锥形。小枝微下垂；生叶的侧生小枝螺旋状散生。叶条形，扁平，排列紧密，排成 2 列，羽状，通常在一个平面上，长约 1 厘米，宽约 1 毫米，向上逐渐变短。雄球花卵圆形，近无梗，排成圆锥花序状。球果卵圆形。

西安及陕南有栽培；华东、华中、华南、西南地区栽培。原产于美国、墨西哥、危地马拉。

用于庭园绿化。

## 4. 水杉属 **Metasequoia** Hu & W. C. Cheng

Bull. Fan Mem. Inst. Biol., n. s. 1: 154. 1948; 秦岭植物志 1(1): 19. 1976; 中国植物志 7: 310. 1978; 陕西树木志: 27. 1990; Flora of China 4: 60. 1999; 黄土高原植物志 1: 18. 2000.

落叶乔木。大枝不规则轮生，小枝对生或近对生。叶羽状条形，交叉对生，基部扭转排成 2 列，每边各有 4-18 条气孔线，冬季与侧生小枝一同脱落。雌雄同株；球花基部有交叉对生的苞片；雄球花排成总状或圆锥花序状；雄球花具约 20 枚雄蕊；雄蕊具 3 枚花药，花丝短，药隔显著，药室纵裂；花粉无气囊；雌球花单生枝顶或近枝顶，具短梗，梗上有交叉对生的条形叶；珠鳞 11-14 对，交叉对生，每珠鳞有 5-9 枚胚珠。球果下垂，近球形，微具4棱，稀呈矩圆状球形，有长梗；种鳞盾形木质，交叉对生，能育种鳞有5-9枚种子。种子扁平，周围有窄翅，先端有凹缺；子叶2枚，发芽时出土。

本属有1种，分布于中国；东亚、欧洲、北美洲广泛栽培。陕西栽培1种。

本属在中生代白垩纪及新生代约有10种，曾广布于北美洲、日本、俄罗斯西伯利亚地区、欧洲及中国东北地区。第四纪冰期之后大多已绝灭，现仅有1孑遗种。

（1）**水杉**（图17，照片72、73、74）

**Metasequoia glyptostroboides** Hu & W. C. Cheng, Fan Mem. Inst. Biol., n. s. 1: 154. 1948; 秦岭植物志 1(1): 19. 1976; 中国植物志 7: 310. 1978; 陕西树木志: 27. 1990; Flora of China 4: 60. 1999; 黄土高原植物志 1: 18. 2000.

落叶乔木。高达35米，胸径达2.5米；树皮灰色、灰褐色或暗灰色，裂成薄片或长条状脱落，内皮淡紫褐色；树冠尖塔形或广圆形。侧生小枝羽状，冬季凋落；主枝上的冬芽卵圆形或椭圆形，顶端钝。叶条形，沿中脉有2条较边带稍宽的淡黄色气孔带，每带有4-8条气孔线，在侧生小枝上排成2列，冬季与枝一同脱落。球果下垂，近四棱状球形或矩圆状球形，梗长2-4厘米，其上有交互对生的条形叶；种鳞木质，盾形，通常11-12对，交叉对生；能育种鳞有5-9枚种子。种子扁平，倒卵形，间或圆形或矩圆形，周围有翅；子叶2枚，条形，两面中脉微隆起，上面有气孔线，下面无气孔线。花期2月下旬，果期11月。

图17. **水杉 Metasequoia glyptostroboides**
1. 枝叶和球果；2. 球果；3. 雄球花枝；4. 雄球花；5、6. 雄蕊背面和腹面；7. 种子（引自《秦岭植物志》）。

关中、陕南广为栽培；原产于湖北利川，现华东、华中、华南、西南地区普遍栽培。欧洲和北美洲亦多有栽培。

生长快，树姿优美，是优良的造林及绿化树种。

国家一级重点保护野生植物；濒危（EN）。

## 5. 刺柏属[①] **Juniperus** L.

Sp. Pl. 2: 1038. 1753; 秦岭植物志 1(1): 26. 1976; 中国植物志 7: 376. 1978; 陕西树木志: 36. 1990; Flora of China 4: 69. 1999; 黄土高原植物志 1: 23. 2000. ——*Sabina* Mill., Gard. Dict. Arb., ed. 4. 1754; 秦岭植物志 1(1): 23. 1976; 中国植物志 7: 347. 1978; 陕西树木志: 32. 1990; 黄土高原植物志 1: 20. 2000.

常绿乔木或灌木。树皮薄，长条状脱落。小枝不排列在一个平面内，圆柱形，或横

① 包括圆柏属（《中国植物志》《陕西树木志》《黄土高原植物志》），又称桧属（《秦岭植物志》）。

切面为三棱形、四棱形或六棱形。叶交互对生或3叶轮生，下延或不下延；叶刺形或鳞形，或兼具刺形叶和鳞形叶；表面平或凹下，具1-2条气孔带，背面不具腺体。雌雄同株或异株；雄球花黄色，卵球形或长球形，单生于叶腋；雄蕊6-16枚，每枚雄蕊具2-8枚花药。球果顶生或腋生，浆果状，球形或卵球形，不开裂，或成熟时顶端稍开裂；种鳞愈合，肉质；每个能育种鳞具1-3枚种子；每个球果具1-10枚种子。种子无翅；子叶2-6枚。

本属约60种，分布于北半球。中国有23种；陕西产9种，其中3种仅见栽培。

本志采纳广义的刺柏属，即将圆柏属（*Sabina* Mill.）与狭义的刺柏属合并。

### 分种及种下等级检索表

1. 叶二型，具鳞形叶和刺形叶，刺形叶基部无关节 ……………………………………2
1. 叶单型，全为刺形叶，刺形叶基部有或无关节 ……………………………………4
2. 球果倒三角状或叉状球形；鳞形叶背面的腺体位于中部；通常为匍匐灌木 … （1）**叉子圆柏 J. sabina** L.
2. 球果卵圆形或近球形；鳞形叶背面的腺体位于中部或中下部；通常为直立乔木或灌木 …………3
3. 鳞形叶先端钝，背面的腺体位于中部；生鳞形叶的小枝圆柱形或微呈四棱形；刺形叶3枚交互轮生，等长；球果具1-4枚种子 …………………… （2）**圆柏 J. chinensis** L.
3. 鳞形叶先端急尖或渐尖，背面的腺体位于中下部；生鳞形叶的小枝常呈四棱形；刺形叶交叉对生，不等长；球果具1-2枚种子 …………………… （3）**北美圆柏 J. virginiana** L.
4. 刺形叶基部无关节，下延生长；冬芽不显著；球花单生枝顶；雌球花具3-8枚轮生或交叉对生的珠鳞，胚珠生于珠鳞腹面的基部 ……………………………………5
4. 刺形叶基部有关节，不下延生长；冬芽显著；球花单生叶腋；雌球花具3枚轮生的珠鳞，胚珠生于珠鳞之间 ……………………………………7
5. 球果具2-3枚种子；匍匐灌木；仅见栽培 ………（4）**铺地柏 J. procumbens** (Endl.) Siebold ex Miq.
5. 球果具1枚种子；匍匐灌木或直立灌木、乔木；野生植物 ……………………………………6
6. 叶背面具明显的棱脊，沿脊无纵槽；叶排列紧密，直伸，下延部分不露出，长2.5-4毫米；通常为匍匐灌木 ……………（5）**香柏 J. pingii** W. C. Cheng ex Ferre var. **wilsonii** (Rehder) Silba
6. 叶背面拱圆或具钝脊，沿脊有细纵槽；叶排列较疏松，斜伸或近平展，下延部分露出，长3-7毫米；通常为直立乔木或灌木 ……………………………………
……………（6）**长叶高山柏 J. squamata** Buch.-Ham. ex D. Don var. **fargesii** Rehder & E. H. Wilson
7. 叶上面具2条白色气孔带，被绿色中脉隔开 ……………（7）**刺柏 J. formosana** Hayata
7. 叶上面具1条白色气孔带，无绿色中脉 ……………………………………8
8. 叶质地厚而坚硬，上面凹成深槽，凹槽中的白色气孔带比绿色边带窄；叶横切面"V"形 ……………
…………………………………………（8）**杜松 J. rigida** Siebold & Zucc.
8. 叶质较薄而较软，叶上面微凹但不凹成深槽，白色气孔带比绿色边带宽；叶横切面扁平 ……………
…………………………………………（9）**欧洲刺柏 J. communis** L.

### （1）叉子圆柏 臭柏、沙地柏、爬柏、榆林圆柏、绵羊臭柏（照片75、76）

**Juniperus sabina** L., Sp. Pl. 2: 1039. 1753; Flora of China 4: 74. 1999. ——*J. sabina* L. var. *yulinensis* (T. C. Chang & C. G. Chen) Y. F. Yu & L. K. Fu, Novon 7: 444. 1998; Flora of China 4: 75. 1999. ——*Sabina vulgaris* Antoine, Cupress. Gatt. 58. t. 80. 82. 1857; 中国植物志 7: 359. 1978; 陕西树木志: 34. 1990; 黄土高原植物志 1: 21. 2000. ——*S. vulgaris* Antoine var. *yulinensis* T. C. Chang & C. G. Chen, 植物分类学报 19(2): 263. 1981.

匍匐灌木，稀灌木或小乔木。高通常不及1米；大枝斜展，枝皮灰褐色，裂成薄片脱落。一年生枝圆柱形，直径约1毫米。叶有两种，即刺形叶和鳞形叶；刺形叶常交互对生或3叶交叉轮生，向上斜展，长3-7毫米，先端锐尖，上面凹，背面具椭圆形或条形腺体；鳞形叶交互对生，菱状卵形，长1-2.5毫米，先端微钝或急尖，背面中部有明显的椭圆形或卵形腺体。雌雄异株，稀同株；雄球花椭圆形，长2-3毫米；雄蕊5-7对，各具2-4枚花药。球果生于小枝顶端；着生球果的小枝顶端通常弯曲，有时直立。球果幼时蓝绿色，成熟时褐色或黑色，多少具白粉，通常为倒三角状球形，长5-8毫米，直径5-9毫米；每球果具1-5枚种子，常为2-3枚。种子通常卵圆形，微扁，长4-5毫米，顶端钝或微尖，具纵脊与树脂槽。

产府谷、神木、榆林、横山、靖边，生于海拔1100-1500米的石砾山坡或沙丘；分布于内蒙古、新疆、青海、甘肃、宁夏。哈萨克斯坦、俄罗斯、蒙古国及亚洲西南部和欧洲南部也产。

耐旱性强，可作水土保持及固沙造林树种。

陕西省地方重点保护植物。

（2）**圆柏** 桧柏、垂枝圆柏（《秦岭植物志》）（图18，照片77、78）

**Juniperus chinensis** L., Mant. Pl. 1: 127. 1767; Flora of China 4: 74. 1999. ——*Sabina chinensis* (L.) Antoine, Cupress. Gatt. 54, t. 75. 1857; 秦岭植物志 1(1): 25. 1976; 中国植物志 7: 362. 1978; 陕西树木志: 32. 1990; 黄土高原植物志 1: 21. 2000. ——*S. chinensis* (L.) Antoine f. *pendula* (Franch.) W. C. Cheng & W. T. Wang, 中国树木学 1: 254. 1961; 秦岭植物志 1(1): 25. 1976; 中国植物志 7: 364. 1978; 陕西树木志: 33. 1990.

通常为乔木，一些栽培品种为低矮铺地状灌木。高可达20米，胸径可达3.5米；树皮深灰色，纵裂成片状脱落；枝条通常斜上伸展或平展，有时下垂；树冠通常尖塔形，一些栽培品种树冠圆柱状。叶有两种，即刺形叶和鳞形叶，通常幼树上生刺形叶，老树上则几乎全为鳞形叶，壮龄树上常同时具刺形叶和鳞形叶，一些栽培品种的植株上也主要为刺形叶；刺形叶3枚轮生，披针形，先端渐尖，基部下延，有2条白色气孔带，背面绿色，有光泽；鳞形叶3叶轮生，排列紧密，近披针形，先端钝或微尖，背面绿色，近中部具椭圆形的腺体。雄球花黄色，椭圆形；雄蕊10-14枚。球果近圆形，两年成熟，熟时暗褐色，被白粉，具1-4枚种子。种子三角状卵形，黄褐色，顶端钝，有棱脊及少数树脂槽；子叶2枚，出土，条形，先端锐尖，

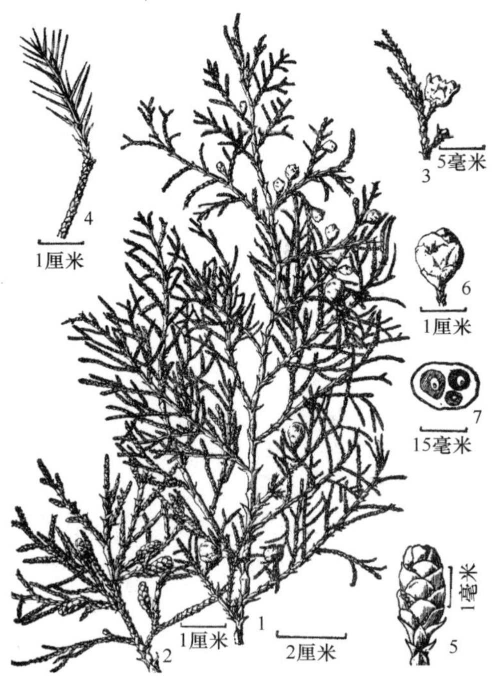


图18. **圆柏 Juniperus chinensis**

1. 枝叶和雌球花；2. 枝叶和雄球花；3. 鳞形叶枝和顶生雌球花；4. 刺形叶枝；5. 雄球花；6. 球果；7. 球果横切面（引自《秦岭植物志》）。

下面有 2 条白色气孔带。花期 4 月，果期 10 月。

产陕北及秦巴山区，生于海拔 500-1500 米的山坡或丛林，也常见栽培；广布于中国各地。朝鲜半岛及日本也产。

树形美观，可作绿化树种，栽培品种很多；木材作建筑及家具用材。

### （3）北美圆柏

**Juniperus virginiana** L., Sp. Pl. 2: 1039. 1753; Flora of China 4: 73. 1999. ——*Sabina virginiana* (L.) Antoine, Cupress. Gatt. 61. t. 83, 84. 1857; 中国植物志 7: 361. 1978.

乔木。在原产地高达 30 米；树皮红褐色，裂成片状脱落；枝条直立或向外伸展，形成柱状圆锥形或圆锥形树冠。叶二型；鳞形叶菱状卵形，先端锐尖，长约 1.5 毫米，背面具卵形或椭圆形腺体；刺形叶交互对生，斜展，长 5-6 毫米，先端具角质尖头，被白粉。雌雄异株；雄球花通常有 12 枚雄蕊。球果近圆球形或卵圆形，长 5-6 毫米，蓝绿色，被白粉。种子 1-2 枚，卵圆形，长约 3 毫米，熟时褐色，具树脂槽。

西安有栽培；华东地区有栽培。原产于北美洲东部。

可作造林树种和园林树种。

### （4）铺地柏（照片 79、80）

**Juniperus procumbens** (Endl.) Siebold ex Miq., Fl. Jap. 2: 59. 1870; Flora of China 4: 71. 1999. ——*Sabina procumbens* (Endl.) Iwata & Kusaka, Conif. Jap. Illustr. 199. t. 79. 1954; 中国植物志 7: 357. 1978.

匍匐灌木。高达 75 厘米；枝条沿地面扩展，褐色，密生小枝，枝梢及小枝向上斜展。叶刺形，3 叶交叉轮生，条状披针形，先端锐尖，长 6-8 毫米，上面凹，有 2 条白粉气孔带，气孔带常在上部汇合，绿色中脉仅下部明显，不达叶的先端，背面凸起，蓝绿色，沿中脉有细纵槽。球果球形，被白粉，熟时黑色，直径 8-9 毫米，内含种子 2-3 枚。种子长约 4 毫米，有棱脊。

西安有栽培；安徽、福建、江苏、江西、辽宁、山东、云南、浙江等地有栽培。原产于日本。

耐寒、耐旱性强，是制作盆景的良好材料。

### （5）香柏（变种）（图 19，照片 81、82）

**Juniperus pingii** W. C. Cheng ex Ferre var. **wilsonii** (Rehder) Silba, Phytologia Mem. 7: 36. 1984; Flora of China 4: 72. 1999. ——*J. squamata* Buch.-Ham. ex D. Don f. *wilsonii* Rehder, J. Arnold Arbor. 1(3): 191. 1920. ——*Sabina squamata* (Buch.-Ham. ex D. Don) Antoine var. *wilsonii* (Rehder) W. C. Cheng & L. K. Fu, 中国高等植物图鉴 1: 320. 1972; 秦岭植物志 1(1): 24. 1976. ——*S. pingii* (W. C. Cheng ex Ferre) W. C. Cheng & W. T. Wang var. *wilsonii* (Rehder) W. C. Cheng & L. K. Fu, 中国植物志 7: 356. 1978. ——*S. wilsonii* (Rehder) W. C. Cheng & L. K. Fu, 林业科学 17(4): 455. 1981; 陕西树木志: 33. 1990.

匍匐状灌木。枝皮红褐色，不规则薄片状剥裂。分枝密集；枝直伸、斜展或近水平状展开，枝梢常微下垂；小枝具 6 棱。叶刺形，弯曲，排列紧密，下延部分不露出，3 叶轮生，交叉生长，长 2.5-4 毫米，宽 1-1.2 毫米，先端渐狭或急尖，上面微凹，无绿色中脉，白色气孔带比绿色边缘宽，背面具明显棱脊。雄球花具多数雄蕊。球果卵形，黑褐色或黑色，微具光泽，基部具苞片，直径5-7毫米，内含1枚种子。

产太白山、玉皇山、鄠邑光头山及佛坪、洋县、西乡，生于海拔2500-3000米的山坡；分布于甘肃、湖北、青海、四川、云南、西藏。

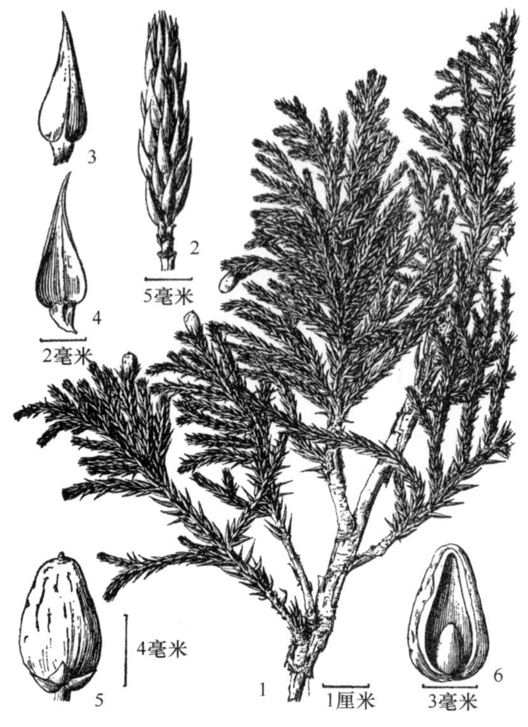


图19. 香柏 **Juniperus pingii** var. **wilsonii**
1. 枝叶和球果；2. 小枝；3. 叶的背面；4. 叶的腹面；5. 球果；6. 球果的纵剖面（引自《秦岭植物志》）。

**（6）长叶高山柏**（变种）山柏（《秦岭植物志》）（照片83、84）

**Juniperus squamata** Buch.-Ham. ex D. Don var. **fargesii** Rehder & E. H. Wilson, in Sargent, Pl. Wilson. 2: 59. 1914; Flora of China 4: 73. 1999. ——*S. squamata* (Buch.-Ham. ex D. Don) Antoine var. *fargesii* (Rehder & E. H. Wilson) S. H. Cheng & L. K. Fu, 中国高等植物图鉴 1: 320. 1972, nom. illeg.; 秦岭植物志 1(1): 24. 1976. ——*S. squamata* (Buch.-Ham. ex D. Don) Antoine var. *fargesii* (Rehder & E. H. Wilson) L. K. Fu & Y. F. Yu, 中国高等植物 3: 86. 2000.

灌木或乔木。高可达10米，胸径可达1米；树皮褐灰色；枝条斜展或平展；树皮裂成不规则薄片脱落；小枝直或弯曲，下垂。叶刺形，3叶交叉轮生，披针形，基部下延生长，通常斜伸或平展，下延部分露出，长5-10毫米，宽1-1.3毫米，微曲，先端锐尖，上面稍凹，具白粉带，中脉不明显，叶背面具钝纵脊，沿脊有细槽。雄球花卵圆形，长3-4毫米；雄蕊8-14枚。球果近球形，熟时黑色或褐色，具光泽，内有1枚种子。种子卵圆形或锥状球形，长4-8毫米，直径3-7毫米，有树脂槽，上部通常具纵脊。

产太白山及宁陕、佛坪、洋县、化龙山，生于海拔1200-3200米的山地；分布于西南及甘肃南部、湖北西部、安徽、福建、台湾。阿富汗、巴基斯坦、尼泊尔、不丹、印度、缅甸也有分布。

**（7）刺柏** 刺松（《秦岭植物志》）（图20，照片85、86）

**Juniperus formosana** Hayata, J. Coll. Sci. Imp. Univ. Tokyo 25(19): 209. 1908; 秦岭植物志 1(1): 26. 1976; 中国植物志 7: 377. 1978; 陕西树木志: 36. 1990; Flora of China 4: 70. 1999; 黄土高原植物志 1: 24. 2000.

乔木。高达12米；树皮褐色，纵裂成长条薄片脱落；大枝直伸或斜展，树冠塔形。小枝下垂，三棱形。叶条状披针形或条状刺形，3叶轮生，长1.2-2厘米，稀长达3.2厘米，宽1.2-2毫米，先端渐尖，具锐尖头，上面稍凹，中脉微隆起，绿色，两侧各有1条气孔带，气孔带白色，很少紫色或淡绿色，气孔带较绿色边带稍宽，在叶的先端汇合为 1 条；叶背面绿色，微具光泽，具纵脊；叶横切面新月形。雄球花椭圆形，长 4-6 毫米；药隔先端渐尖，背具纵脊。球果近球形或卵圆形，长 6-10 毫米，直径 6-9 毫米，熟时淡红褐色，被白粉。种子半圆形，具 3-4 棱脊，先端尖，近基部有 3-4 个树脂槽。

产秦巴山区，生于海拔 500-2800 米的山地；分布于江苏、浙江、安徽、福建、台湾、江西、湖南、湖北、贵州、四川、云南、西藏、甘肃、青海等地。

木材作建筑及家具用材；树形美观，可作绿化树种，也可作水土保持的造林树种。

图 20. 刺柏 **Juniperus formosana**

1. 枝叶和球果；2. 枝叶和雄球花；3. 茎，示叶着生处的关节；4. 茎，示叶着生的位置；5. 雌球花，示胚珠着生于两珠鳞之间；6. 雌球花横切面；7、8. 雄蕊的背面和腹面（引自《秦岭植物志》）。

（8）**杜松**（图 21，照片 87、88）

**Juniperus rigida** Siebold & Zucc., Abh. Math.-Phys. Cl. Königl. Bayer. Akad. Wiss. 4(3): 233. 1846; 中国植物志 7: 379. 1978; 陕西树木志: 36. 1990; Flora of China 4: 71. 1999; 黄土高原植物志 1: 24. 2000; 秦岭植物志增补: 2. 2013.

灌木或小乔木。高可达 10 米；枝条直展，树冠塔形或圆柱形；大枝直立，小枝下垂。叶 3 叶轮生，条状刺形，质坚硬，长 1.2-1.7 厘米，宽约 1 毫米，上部渐窄，先端尖，上面凹成深槽，槽内具 1 条窄白粉带，背面有明显的纵脊。雄球花椭圆状或近球状，长 2-3 毫米；药隔三角状宽卵形，先端尖，背面有纵脊。球果圆球形，直径 6-8 毫米，熟时淡褐黑色或蓝黑色，常被白粉。种子卵圆形，长约 6 毫米，顶端尖，具 4 条不显著的棱。

产榆林、神木、宜君、府谷、韩城、富县、华山、洛南、商洛，生于海拔 1400-2200 米的山坡；分布于东北、华北及宁夏、甘肃。朝鲜半岛、日本也有分布。

木材坚硬，可作工艺品、雕刻品、家具及农具等用材；果实入药。

陕西省地方重点保护植物。

图 21. 杜松 **Juniperus rigida**

1. 枝叶和球果；2. 叶；3. 叶横切面；4. 种子（引自《秦岭植物志增补》）。

### （9）欧洲刺柏

**Juniperus communis** L., Sp. Pl. 2: 1040. 1753; 秦岭植物志 1(1): 27. 1976; 中国植物志 7: 381. 1978.

乔木或灌木。高可达 12 米；树皮灰褐色；小枝直展或斜展。叶 3 叶轮生，全为刺形，直，条状披针形，先端锐尖，长 8-16 毫米，宽 1-1.2 毫米，上面稍凹，具 1 条较绿色边带为宽的白粉带，白粉带的基部常被绿色中脉分为 2 条，背面具钝脊，常沿中脊具细纵槽。球果球形或宽卵圆形，成熟时蓝黑色，直径 5-6 毫米。种子卵圆形，具 3 棱，先端尖。

西安、汉中等地有栽培，供绿化及观赏；河北、山东、江苏、浙江等地也有栽培。原产于欧洲、中亚、北非及北美洲。

木材作建筑及家具用材，可栽培作庭园树。

## 6. 扁柏属 **Chamaecyparis** Spach

Hist. Nat. Vég. Phan. 11: 329. 1841; 中国植物志 7: 342. 1978; Flora of China 4: 67. 1999.

常绿乔木。叶鳞形，通常二型，一些栽培变种为单型，交互对生；小枝上方中央的叶菱状卵形或卵形，先端钝或微尖；小枝下面的叶有或无白粉；小枝侧面的叶对折成船形。生鳞叶的小枝扁平，排成一平面，但一些栽培变种例外。雌雄同株；球花单生于短枝顶端；雄球花深红色、暗褐色或黄色，矩圆形或卵圆形；雄蕊 3-4 对，交互对生，每枚雄蕊具 3-5 枚花药；雌球花圆球形，有 3-6 对交互对生的珠鳞；胚珠 1-5 枚，着生于珠鳞内侧，直立。球果圆球形，稀矩圆形，当年成熟；种鳞 3-6 对，木质盾形，顶部中央有小尖头，能育种鳞有 1-5 枚种子，以 3 枚较为常见。种子两侧具狭翅；子叶 2 枚。

本属共 6 种，东亚、北美洲有分布。中国有 5 种；陕西栽培 3 种。

#### 分种检索表

1. 小枝下面的鳞叶无白粉；鳞叶先端锐尖；鳞叶背面有腺点；球果直径 4-9 毫米……………………（1）**美国尖叶扁柏 C. thyoides** (L.) Britton, Sterns & Poggenb.
1. 小枝下面的鳞叶有白粉；鳞叶先端锐尖或钝；鳞叶背面有或无腺点；球果直径 6-12 毫米……………2
2. 鳞叶先端锐尖；鳞叶背面有腺点；球果直径约 6 毫米……………………（2）**日本花柏 C. pisifera** (Siebold & Zucc.) Endl.
2. 鳞叶先端钝或近急尖；鳞叶背面通常无腺点；球果直径 10-12 毫米……………………（3）**日本扁柏 C. obtusa** (Siebold & Zucc.) Endl.

### （1）美国尖叶扁柏

**Chamaecyparis thyoides** (L.) Britton, Sterns & Poggenb., Prelim. Cat. 71. 1888; 中国植物志 7: 338. 1978; Flora of China 4: 68. 1999.

乔木。高 20-28 米，胸径 0.8-1.5 米；树皮暗红褐色，窄长纵裂，常扭曲。小枝红褐色；生鳞叶的小枝排成平面，扁平。鳞叶排列紧密，先端锐尖到渐尖，背部隆起有纵脊，有明显的腺点，小枝下面的鳞叶淡绿色，无白粉。雄球花暗褐色。球果圆球形，直径4-9毫米，有白粉，熟时红褐色；种鳞3对，顶部有尖头，能育种鳞具1-2枚种子。种翅比种子窄。

西安等地有栽培；江苏、江西、四川、浙江等地有引种栽培。原产于美国东部。

栽培供观赏。

### （2）日本花柏（照片89、90）

**Chamaecyparis pisifera** (Siebold & Zucc.) Endl., Syn. Conif. 64. 1847; 中国植物志 7: 339. 1978; Flora of China 4: 68. 1999.

乔木。高达50米；树皮红褐色；树冠尖塔形。鳞叶先端锐尖，侧面的叶较中间的叶稍长；小枝上面中央的叶深绿色，下面的叶有明显的白粉；鳞叶背面有腺点。生鳞叶的小枝条扁平，排成一平面。球果暗褐色，球状，直径约6毫米；种鳞5-6对，顶部中央稍凹，有凸起的小尖头，能育种鳞各有1-2枚种子。种子狭倒卵球形到横向椭圆形，有棱脊，两侧有宽翅。

西安等地有栽培；广西、贵州、江苏、江西、山东、四川、云南、浙江、上海等地有引种栽培。原产于日本。

观赏植物，栽培品种很多，形态各异。

### （3）日本扁柏

**Chamaecyparis obtusa** (Siebold & Zucc.) Endl., Syn. Conif. 63. 1847; 中国植物志 7: 342. 1978; Flora of China 4: 68. 1999.

乔木。高可达40米；树皮光滑，红褐色，裂成薄片脱落；树冠尖塔形。生鳞叶的小枝条扁平，排成一平面。鳞叶肥厚，先端钝；小枝上面中央的叶露出部分近方形，长1-1.5毫米，绿色，背部具纵脊，通常无腺点；侧生叶1-3毫米，先端弯曲；小枝下面的叶微被白粉。雄球花椭圆形，长约3毫米；雄蕊6对，花药黄色。球果圆球形，直径8-10毫米，熟时红褐色；种鳞4对，顶部五角形，平或中央稍凹，有小尖头。种子有光泽，红棕色，倒卵球形或近圆形，扁平，直径3-3.5毫米，两侧有窄翅。花期4月，果期10-11月。

西安等地有栽培；广东、广西、河南、江苏、江西、山东、云南、浙江等地也有栽培。原产于日本。

常用于山区造林、观赏栽培、提供木材。

## 7. 柏木属 **Cupressus** L.

Sp. Pl. 2: 1002. 1753; 秦岭植物志 1(1): 22. 1976; 中国植物志 7: 328. 1978; 陕西树木志: 30. 1990; Flora of China 4: 65. 1999.

常绿乔木，稀灌木。小枝斜上伸展，稀下垂；生鳞叶的小枝圆柱形或四棱形，不排成一平面，稀扁平而排成一平面。叶鳞形，交互对生，排成4行，单型或二型，叶背有明显或不明显的腺点，边缘具极细的齿毛，仅幼苗或萌生枝上的叶为刺形。雌雄同株；

球花单生枝顶；雄球花具多数雄蕊；每枚雄蕊具2-6枚花药，药隔显著，鳞片状；雌球花近球形，具4-8对盾形珠鳞；部分珠鳞的基部着生5至多枚直立胚珠；胚珠排成1或数行。球果顶生，单生，球形或近球形；种鳞4-8对，熟时张开，木质，盾形，顶端中部常具凸起的短尖头，能育种鳞具5至多枚种子。种子稍扁平，有棱角，两侧具窄翅；子叶2-5枚。

本属约17种，分布于非洲北部、亚洲、欧洲南部及北美洲西南部。中国有9种；陕西产1种。

本属各种的木材纹理细密，结构均匀，有香气，耐腐性较强，可作建筑、桥梁、造船、家具等用材；枝叶可提取芳香油或作线香；亦可栽培作园林绿化及观赏树种。

（1）**柏木**（图22，照片91、92）

**Cupressus funebris** Endl., Syn. Conif. 58. 1847; 秦岭植物志 1(1): 23. 1976; 中国植物志 7: 335. 1978; 陕西树木志: 30. 1990; Flora of China 4: 67. 1999.

乔木。高达35米，胸径可达2米；树皮淡褐灰色。小枝排成一平面，下垂，两面同型，绿色，宽约1毫米；较老的小枝圆柱形，暗褐紫色，略有光泽。鳞叶二型，先端锐尖；中央的叶的背部有条状腺点；两侧的叶对折，背部有棱脊。雄球花卵圆形或椭圆形；雄蕊通常6对，药隔顶端常具短尖头，中央具纵脊，淡绿色，边缘带褐色；雌球花长3-6毫米，近球形。球果成熟时暗褐色，球状；种鳞4对，顶端为不规则五角形或方形，中央有尖头或无，能育种鳞有5-6枚种子。种子浅棕色，有光泽，倒卵状菱形或近圆形，扁平，边缘具窄翅；子叶2枚，条形，先端钝圆；初生叶扁平刺形，起初对生，后4叶轮生。花期3-5月，果期翌年5-6月。

产秦岭南坡及巴山，生于海拔1000米左右的山地；分布于长江流域及其以南地区。

木材坚韧，抗腐性强，供建筑及家具用。

图22. 柏木 **Cupressus funebris**
1. 枝叶和球果；2. 枝部分，示两侧面叶为船形；3. 幼苗的枝；4. 幼苗枝部分；5. 雄球花；6、7、8、9. 雄蕊，示腹面、背面和药室数目；10. 雌球花；11. 雌球花的鳞片，示胚珠；12. 球果鳞片；13、14. 种子背面和腹面（引自《秦岭植物志》）。

干香柏（**Cupressus duclouxiana**

Hickel）曾被记录分布于略阳（王民柱和唐臻，1997）、米仓山（任毅等，2008）及化龙山（任毅等，2013），生于海拔 2000-2400 米的山坡、山沟或悬崖；《秦岭植物志》记载其分布于甘肃文县、武都、舟曲等地。而《中国植物志》和 *Flora of China* 等指出干香柏分布于云南中部和西北部、四川西南部，岷江柏木（**C. chengiana** S. Y. Hu）分布于四川西部、北部及甘肃南部。岷江柏木的标本曾经被归为干香柏，自 Hu（1964）发表岷江柏木后，其独立种的地位得到了《中国植物志》及 *Flora of China* 等的广泛接受，也被分子系统学分析证实（Li et al.，2020）。从地理分布规律看，陕西分布的更有可能是岷江柏木，但作者未见标本，暂记于此，有待进一步研究。

## 8. 侧柏属 **Platycladus** Spach

Hist. Nat. Vég. Phan. 11: 333. 1841; 秦岭植物志 1(1). 20. 1976; 中国植物志 7: 321. 1978; 陕西树木志: 29. 1990; Flora of China 4: 64. 1999; 黄土高原植物志 1: 19. 2000.

常绿乔木。小枝排成一平面，扁平，两面同型。叶鳞形，二型，交叉对生，排成 4 列，基部下延生长，背面有腺点。雌雄同株；球花单生于小枝顶端；雄球花有 6 对交叉对生的雄蕊，花药 2-4 枚；雌球花有 4 对交叉对生的珠鳞，仅中间 2 对珠鳞各生 1-2 枚直立胚珠，最下一对珠鳞短小，有时退化而不显著。球果当年成熟，熟时开裂；种鳞 4 对，木质，厚，近扁平，背部顶端的下方有一弯曲的钩状尖头。种子无翅，稀有极窄的翅；子叶 2 枚。

本属仅 1 种，分布于中国、朝鲜半岛、俄罗斯远东地区。中国有 1 种；陕西产 1 种。

### （1）**侧柏**（图 23，照片 93、94）

**Platycladus orientalis** (L.) Franco, Portugaliae Acta Biol., Sér. B, Sist. 33. 1949; 秦岭植物志 1(1). 21. 1976; 中国植物志 7: 322. 1978; 陕西树木志: 29. 1990; Flora of China 4: 64. 1999; 黄土高原植物志 1: 19. 2000.

乔木。高可达 20 米，胸径可达 1 米；树皮薄，红棕色到浅灰棕色，纵裂成条片；枝条向上伸展或斜展，幼树树冠卵状尖塔形，老树树冠则为广圆形。生鳞叶的小枝细，向上直展或斜展，扁平，排成一平面。叶长 1-3 毫米，先端微钝；小枝中央的叶的露出部分呈斜方形或倒卵状菱形，背面中间有条状腺槽；两侧的叶船形，先端微内曲，背部有钝脊，

图 23. 侧柏 **Platycladus orientalis**

1. 枝叶和球果；2. 一段小枝；3. 雄球花；4. 雄蕊；5、6. 雌球花；7. 球果；8. 球果纵切面；9. 种子（引自《秦岭植物志》）。

尖头的下方有腺点。雄球花黄色，卵圆形，长约 2 毫米；雌球花近球形，直径约 2 毫米，蓝绿色，被白粉。球果近卵圆形，长 1.5-2.5 厘米，成熟前近肉质，蓝绿色，被白粉，成熟后木质，开裂，红褐色；中间 2 对种鳞倒卵形或椭圆形，鳞背顶端的下方有一向外弯曲的尖头，上部 1 对种鳞窄长，近柱状，顶端有向上的尖头，下部 1 对种鳞极小，稀退化而不显著。种子卵圆形或近椭圆形，顶端微尖，灰褐色或紫褐色，长 6-8 毫米，稍有棱脊，无翅或有极窄的翅。花期 3-4 月，球果成熟期 10 月。

分布几遍全省，生于海拔 600-1500 米的山坡、田边，渭北、陕北有小片纯林；分布于甘肃、河北、河南、山西、安徽、福建、广东、广西、贵州、湖北、湖南、江苏、江西、吉林、辽宁、内蒙古、山东、四川、西藏、云南、浙江。朝鲜半岛和俄罗斯远东地区也产。

本种为陕北地区重要造林树种，耐干旱，适应性强，亦为常见的绿化观赏树种，栽培品种很多；木材坚韧，供建筑及家具用。

## 9. 崖柏属 **Thuja** L.

Sp. Pl. 2: 1002. 1753; 中国植物志 7: 317. 1978; Flora of China 4: 63. 1999.

常绿乔木或灌木。小枝排成平面，扁平。鳞叶二型，交叉对生，排成 4 列，两侧的叶船形，中央的叶倒卵状斜方形，基部不下延生长。雌雄同株；球花生于小枝顶端；雄球花具多数雄蕊；每枚雄蕊具 4 枚花药；雌球花具 3-5 对交叉对生的珠鳞，仅下面 2-3 对珠鳞的腹面基部具 1-2 枚直生胚珠。球果矩圆形或长卵圆形，顶生，单生；种鳞薄，革质，扁平，近顶端有凸起的尖头，仅下面 2-3 对种鳞各具 1-2 枚种子。种子扁平，两侧有翅。

本属约 5 种，分布于亚洲东部、北美洲东部和西北部。中国有 5 种；陕西栽培 2 种。

### 分种检索表

1. 中央鳞叶尖头下方无腺点……………………………………（1）**崖柏 T. sutchuenensis** Franch.
1. 中央鳞叶尖头下方有一明显的透明腺点……………………………（2）**北美香柏 T. occidentalis** L.

### （1）**崖柏**（照片 95、96）

**Thuja sutchuenensis** Franch., J. Bot. (Morot) 13: 262. 1899; 中国植物志 7: 318. 1978; Flora of China 4: 63. 1999.

灌木或乔木。高可达 20 米；树皮幼时橙棕色，后变成灰棕色，薄，不久剥落；枝平展，密集排列；生鳞叶的小枝扁。叶鳞形；生于小枝中央的叶斜方状倒卵形，有隆起的纵脊，有的纵脊有条形凹槽，长 1.5-3 毫米，宽 1.2-1.5 毫米，下方无腺点，先端钝；侧面的叶船形或宽披针形，较中央的叶稍短，宽 0.8-1 毫米，先端钝，尖头内弯，两面均为绿色，无白粉。雄球花近椭圆形，长约 2.5 毫米；雄蕊 6-8 对，交叉对生，药隔宽卵形，先端钝。球果椭球形，长 5-7 毫米，直径 3-4 毫米；能育种鳞 4 枚。种子卵状长圆形，长约 3.5 毫米；翅宽约 0.5 毫米，先端急尖。

西安植物园有栽培；原产于重庆城口。

国家一级重点保护野生植物；濒危（EN）。

（2）**北美香柏**（照片 97、98）

**Thuja occidentalis** L., Sp. Pl. 2: 1002. 1753; 中国植物志 7: 320. 1978; Flora of China 4: 64. 1999.

乔木。高达 15 米，直径达 0.9 米；树皮红褐色或橘红色，稀呈灰褐色，纤维状。枝开展，树冠塔形；当年生小枝扁，2-3 年后逐渐变成圆柱形。叶鳞形，先端尖；小枝上面的叶绿色或深绿色，下面的叶灰绿色或淡黄绿色；中央的叶斜方形或楔状菱形，长 1.5-3 毫米，宽 1.2-2 毫米，在其尖头的下方有透明隆起的圆形腺点，主枝上鳞叶的腺点较侧枝的为大；两侧的叶船形，叶缘瓦覆于中央叶的边缘，常较中央的叶稍短或等长，尖头内弯。球果幼时直立，绿色，熟时淡红褐色，向下弯垂，长椭圆形，长 8-13 毫米，直径 6-10 毫米；种鳞通常 5 对，稀 4 对，薄木质，靠近顶端有凸起的尖头，下部 2-3 对种鳞能育，卵状椭圆形或宽椭圆形，各有 1-2 枚种子，上部 2 对不育，常呈条形，最上一对的中下部常合生。种子扁，红棕色，两侧具翅。

西安、杨陵、宝鸡等地有栽培；安徽、贵州、河北、河南、湖北、江苏、江西、山东、四川、浙江皆有栽培。原产于加拿大东部和美国东北部。

栽培供观赏或种植作木材。

# 七　红豆杉科[①] **Taxaceae** Gray

常绿灌木或乔木。单叶，条形或披针形，螺旋状排列或交叉对生，叶基部常扭转成 2 列；叶背面沿中脉两侧各有 1 条气孔带；叶内有或无树脂道。球花单性，雌雄异株，稀同株；雄球花单生叶腋，或数个组成头状生于叶腋，或在小枝顶端排成穗状；雄球花具 6-14 枚小孢子叶（雄蕊）；每枚小孢子叶具 2-9 个小孢子囊（花药），围绕小孢子叶辐射排列或仅分布于远轴面；花粉无气囊；雌球花具多数苞片，顶部数枚或仅 1 枚能育；每能育苞片具 2 或 1 枚直立胚珠；胚珠生于囊状、盘状或漏斗状的珠托上；珠托发育成肉质的假种皮，部分或完全包裹种子。种子核果状或坚果状；子叶 2 枚。

本科有 6 属 38 种，主要分布于北半球。中国有 5 属 26 种；陕西产 4 属 7 种，其中 2 种仅见栽培。

《中国植物志》和 *Flora of China* 等著作中将三尖杉科（Cephalotaxaceae Neger）与红豆杉科分立。分子系统发育分析表明，此二科是姊妹群，且各自均是单系类群，因此它们分立为两科或合为一科均不违反单系性原则。本志采纳将二者合并的观点。

本科植物很多种类具有重要的经济价值，榧树、红豆杉及云南红豆杉等树种能生产优良的木材；榧树种子供食用；红豆杉属植物可提取紫杉醇，供药用；穗花杉、白豆杉、东北红豆杉、红豆杉及南方红豆杉等为庭园绿化观赏树种。

① 包括三尖杉科（《秦岭植物志》《中国植物志》《陕西树木志》《黄土高原植物志》和 *Flora of China*）。

### 分属检索表

1. 雌球花顶部数枚苞片能育，每能育苞片腋内具 2 枚胚珠；肉质假种皮完全包裹种子，使种子呈核果状；每个雌球花通常发育出数枚稀仅 1 枚种子 ………1. 三尖杉属 **Cephalotaxus** Siebold & Zucc. ex Endl.
1. 雌球花顶部 1 枚苞片能育，能育苞片腋内具 1 枚胚珠；肉质假种皮部分或完全包裹种子，使种子呈坚果状或核果状；每个雌球花仅发育出 1 枚种子 ……………………………………………………………2
2. 叶上面中脉不明显或微明显；雄球花单生叶腋；雌球花无梗，2 个成对生于叶腋；肉质假种皮完全包裹种子 ……………………………………………………………………………… 2. **榧树属** **Torreya** Arn.
2. 叶上面有明显的中脉；雄球花单生叶腋，或多个组成穗状花序；雌球花无梗或具梗，单生于叶腋；肉质假种皮不完全包裹种子，种子上部或仅顶端尖头露出假种皮………………………………………3
3. 雄球花多个组成穗状花序；雌球花具梗；种子仅顶端尖头露出假种皮……………………………………………………………………………………………… 3. **穗花杉属** **Amentotaxus** Pilg.
3. 雄球花单生叶腋；雌球花无梗；种子上部露出假种皮 ………………………………4. **红豆杉属** **Taxus** L.

## 1. 三尖杉属 **Cephalotaxus** Siebold & Zucc. ex Endl.

Gen. Pl., Suppl. 2: 27. 1842; 秦岭植物志 1(1): 28. 1976; 中国植物志 7: 423. 1978; 陕西树木志: 40. 1990; Flora of China 4: 84. 1999; 黄土高原植物志 1: 25. 2000.

常绿乔木或灌木。小枝不规则互生，基部有宿存芽鳞。叶交叉对生，条形或披针形，在侧枝基部扭转排列，表面中脉明显，背面有 2 条气孔带。球花单性，雌雄异株，少同株；雄球花单生叶腋，有梗或无梗，基部有螺旋状排列的卵形或三角状卵形的苞片；雄蕊 4-16 枚，各具 2-4 枚背腹面排列的花药，花丝短，药隔三角形，药室纵裂；花粉无气囊；雌球花具长梗，生于小枝基部苞片的腋部；花梗上部的花轴上具数对交叉对生的苞片，每一苞片的腋部有 2 枚直立胚珠，胚珠生于珠托之上。种子卵圆形、椭圆形或圆球形，核果状，全部包于由珠托发育成的肉质假种皮中，基部有宿存的苞片；外种皮质硬；内种皮薄，有胚乳；子叶 2 枚，发芽时出土。

本属约 10 种，分布于东亚南部及中南半岛南部。中国有 10 种；陕西产 2 种。

本属植物具有一定的经济价值，木材结构细密，材质优良，供细木工等用；枝、叶、根、种子可提供多种植物碱，供药用；树皮可提取栲胶；种子可榨油供工业用；也为园林观赏树种。

### 分种检索表

1. 叶长 5-10 厘米，常略弯成镰刀状，上部渐狭，先端有渐尖的长尖头，基部楔形…………………………………………………………………………………………………………（1）三尖杉 **C. fortunei** Hook.
1. 叶长 2-5 厘米，通常直，上下近等宽或上部稍狭，先端微急尖或有短尖头，基部近圆形…………………………………………………………………………（2）粗榧 **C. sinensis** (Rehder & E. H. Wilson) H. L. Li

### （1）三尖杉（图 24，照片 99、100）

**Cephalotaxus fortunei** Hook., Bot. Mag. 76: t. 4499. 1850; 秦岭植物志 1(1): 28. 1976; 中国植物志 7: 426. 1978; 陕西树木志: 40. 1990; Flora of China 4: 87. 1999; 黄土高原植物志 1: 25. 2000.

乔木或灌木。高可达 20 米，胸径可达 40 厘米；树皮红褐色或褐色，裂成片状脱落；

枝条较细长，稍下垂；树冠广圆形。叶排成2列，披针状线形，通常微弯，长4-13厘米，多为5-10厘米，宽3.5-4.5毫米，上部渐窄，先端有渐尖的长尖头，基部楔形或宽楔形，上面深绿色，中脉隆起，下面气孔带白色，较绿色边带宽3-5倍，绿色中脉带明显或微明显；叶肉中有星状石细胞。雄球花8-10个聚成头状，直径约1厘米；总花梗粗，通常长6-8毫米，基部及总花梗上部有18-24枚苞片；雄球花有6-16枚雄蕊，每枚雄蕊具花药3枚，花丝短；雌球花的胚珠3-8枚发育成种子，总梗长1.5-2厘米。种子椭圆状卵形或近圆形，长约2.5厘米；假种皮成熟时紫或红紫色，顶端有小尖头；子叶2枚。花期4-5月，种子6-10月成熟。

产秦岭南坡及巴山，生于海拔650-1000米的山坡或河岸；分布于安徽南部、福建、甘肃南部、广东、广西、贵州、河南南部、湖北西部、湖南、江西、四川、云南、浙江。缅甸北部有分布。

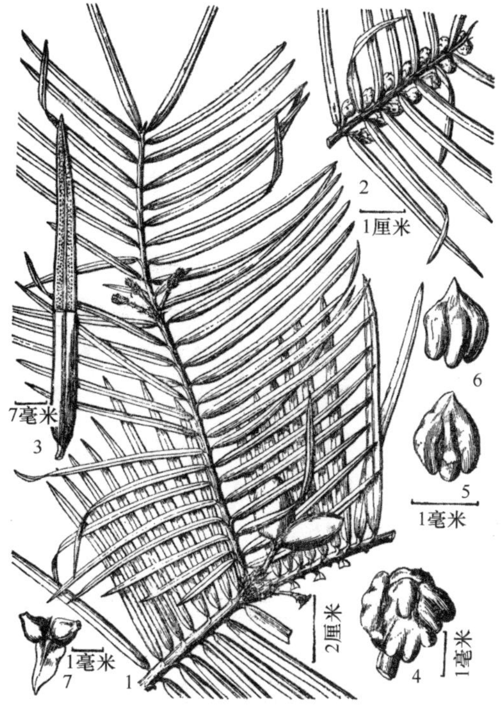


图24. 三尖杉 **Cephalotaxus fortunei**

1. 枝叶和球果；2. 枝叶和雄球花；3. 叶；4. 雄球花；5、6. 雄蕊；7. 雌球花（引自《秦岭植物志》）。

（2）**粗榧** 中国粗榧（《秦岭植物志》）（图25，照片101、102）

**Cephalotaxus sinensis** (Rehder & E. H. Wilson) H. L. Li, Lloydia 16: 162. 1953; 秦岭植物志 1(1): 29. 1979; 中国植物志 7: 428. 1978; 陕西树木志: 38. 1990; Flora of China 4: 86. 1999; 黄土高原植物志 1: 27. 2000.

灌木或小乔木。高达15米；树皮灰色或灰褐色，裂成薄片状脱落。叶条形，排成2列，基部近圆形，上部通常与中下部等宽或微窄，先端通常渐尖或微凸尖，稀凸尖，表面深绿色，中脉明显，背面具2条白色气孔带。雄球花6-7个集成头状，基部及总梗上有多数苞片；雄球花卵圆形，基部具1枚苞片，雄蕊4-11枚，花丝短，花药2-4枚。种子卵圆形或近球形，常着生于轴上。花期3-4月，种子8-10月成熟。

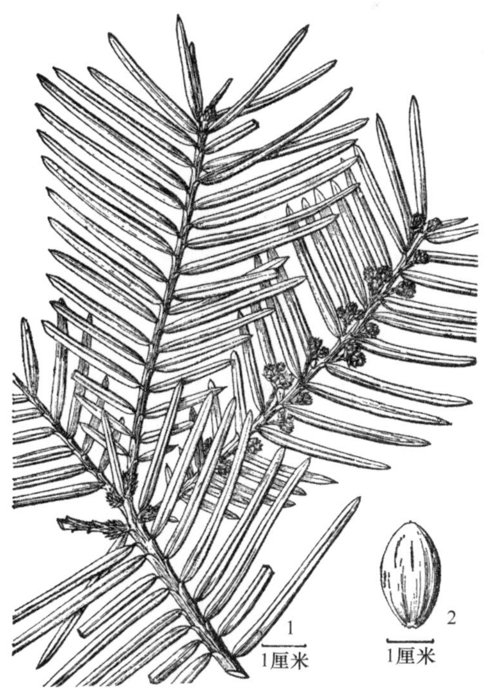


图25. **粗榧** **Cephalotaxus sinensis**

1. 枝叶和雄球花；2. 种子（引自《秦岭植物志》）。

产秦巴山区，生于海拔 900-2100 米的山地、河岸；广布于华东、华南、华中、西南及甘肃南部。

## 2. 榧树属 **Torreya** Arn.

Ann. Nat. Hist. 1(2): 130. 1838; 秦岭植物志 1(1): 32. 1976; 中国植物志 7: 457. 1978; 陕西树木志: 42. 1990; Flora of China 4: 94. 1999.

常绿乔木或灌木。大枝轮生，小枝对生；新枝长出后芽鳞即脱落。叶基部扭转，排成 2 列；叶片线状披针形，先端锐尖，表面绿色，无明显中脉，有光泽，背面有 2 条气孔带。雄球花椭圆或卵圆形，由 4-8 轮雄蕊组成，花药 3-4 枚；雌球花成对生于叶腋，基部各具 2 对交互对生的苞片及共同的 1 对苞片，通常只 1 枚雌花发育；雌花有 1 枚直立胚珠。种子核果状，全部包于肉质的假种皮中，两年成熟；有胚乳；子叶 2 枚。

本属共 6 种，分布于东亚及北美洲。中国有 4 种；陕西产 1 种。

本属各种的木材结构紧密，纹理细致，坚实耐用，耐水湿，抗腐性强；可作土木建筑及家具等用材；榧树（**Torreya grandis** Fortune ex Lindl.）的种子“香榧”为著名的干果，亦可榨油供食用。

### （1）**巴山榧树**（图 26，照片 103、104）

**Torreya fargesii** Franch., J. Bot. (Morot) 13: 264. 1899; 秦岭植物志 1(1): 33. 1976; 中国植物志 7: 462. 1978; 陕西树木志: 43. 1990; Flora of China 4: 95. 1999.

小乔木或灌木。高达 12 米；树皮深灰色，不规则纵裂；小枝淡黄色。叶条形，通常直，长 1.3-3 厘米，宽 2-3 毫米，先端渐尖，具刺状尖头，表面亮绿色，无明显隆起的中脉，通常具 2 条沟槽，背面淡绿色，中脉不隆起，具 2 条褐色较窄的气孔带。雄球花卵圆形，基部的苞片背部具纵脊，常具 4 枚花药，花丝短，药隔三角状，边缘具不规则的锯齿；雌球花无柄。种子卵圆形或圆球形，微被白粉，直径约 1.5 厘米，先端具凸尖，基部具宿存的苞片；种皮不规则嵌入胚乳。花期 4-5 月，种子 9-10 月成熟。

产略阳、西乡、勉县、宁强、镇坪、平利、岚皋、镇巴、南郑、镇安、山阳，生于海拔 960-1800 米的山地灌丛、林下、河边；分布于湖北西部、重庆、四川、甘肃东南部。

木材坚硬，结构细致，可作家具、农具等用材；种子可榨油。

国家二级重点保护野生植物；易危（VU）。

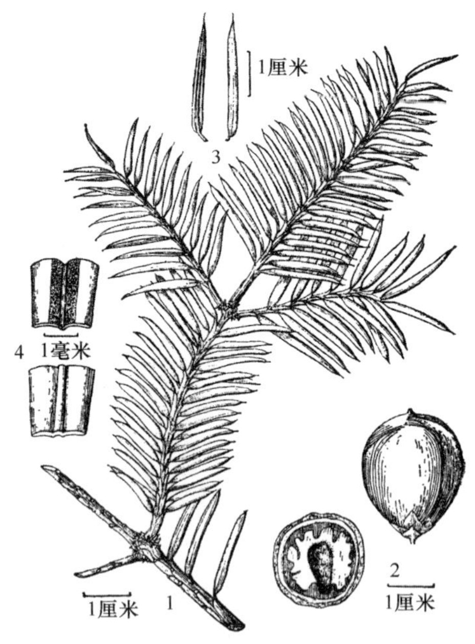


图 26. **巴山榧树 Torreya fargesii**
1. 枝叶；2. 种子外形和横切面；3. 叶背面和腹面；4. 叶部分（引自《秦岭植物志》）。

## 3. 穗花杉属 **Amentotaxus** Pilg.

Bot. Jahrb. Syst. 54(1): 41. 1916; 秦岭植物志 1(1): 31. 1976; 中国植物志 7: 450. 1978; Flora of China 4: 92. 1999.

常绿乔木或灌木状。小枝对生。叶线状披针形，交互对生，直或微弯，基部扭转为 2 列，表面中脉明显，背面有 2 条气孔带。雄球花生于近枝顶的苞腋，集成穗状花序，稍下垂；雄蕊多数，花药 2-8 枚；雌球花单生于新枝上的苞片腋部；胚珠单生，基部有 6-10 对苞片。种子核果状，下垂，当年成熟，包于鲜红色肉质的假种皮内，仅顶端尖头露出。

本属 5 或 6 种，分布于中国和越南。中国有 3 种；陕西产 1 种。

本属植物的经济价值在于树形极为美观，可作庭园树种；木材结构细而均匀，耐腐性强，易加工，可作器具、雕刻、模型及小型工艺品等用材。

### （1）**穗花杉**（图 27）

**Amentotaxus argotaenia** (Hance) Pilg., Bot. Jahrb. Syst. 54(1): 41. 1916; 秦岭植物志 1(1): 32. 1976; 中国植物志 7: 455. 1978; Flora of China 4: 93. 1999; 西北植物学报 39(9): 1699. 2019.

灌木或小乔木。高达 7 米；树皮灰褐色或红褐色，裂成片状脱落。小枝对生，斜展。叶基部扭转为 2 列，交互对生，条状披针形，直或微弯，长 3-11 厘米，宽 6-11 毫米，先端尖，基部渐窄，楔形或宽楔形，边缘向下微曲，背面具白色气孔带。雄球花多数排成穗状，长 5-6.5 厘米；花药 2-5 枚；雌球花生于叶腋；胚珠单生，基部具 6-10 对交互对生的苞片。种子椭圆形或卵圆形，熟时假种皮鲜红色，长 2-2.5 厘米，直径约 1.3 厘米，种子顶端尖头露出假种皮。花期 4 月，种子 10 月成熟。

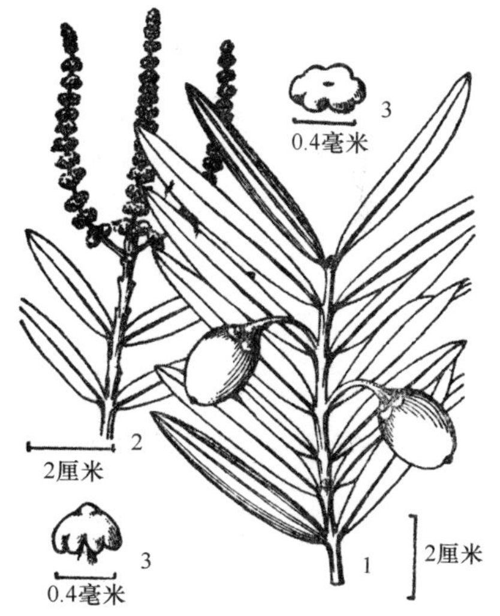


图 27. **穗花杉 Amentotaxus argotaenia**
1. 枝叶和种子；2. 枝叶和穗状排列的雄球花；3. 雄蕊（引自《秦岭植物志》）。

产宁强，生于海拔 820 米的湿润山谷；分布于甘肃、湖北、湖南、四川、西藏、贵州、江苏、浙江、福建、台湾、江西、广东、广西等地。越南北部有分布。

根、树皮、种子有药用价值；也可作庭园树种。国家二级重点保护野生植物。

## 4. 红豆杉属 **Taxus** L.

Sp. Pl. 2: 1040. 1753; 秦岭植物志 1(1): 30. 1976; 中国植物志 7: 438. 1978; 陕西树木志: 40. 1990; Flora of China 4: 89. 1999; 黄土高原植物志 1: 27. 2000.

常绿乔木或灌木。小枝不规则互生。叶线形，螺旋状排列，基部扭转成 2 列，表面有明显的中脉，背面中脉两侧各有 1 条气孔带。雄球花单生于叶腋；雄蕊 6-14 枚；花药 4-9 枚；雌花具 1 枚顶生胚珠，胚珠生于盘状假种皮上，基部为苞片包围。种子坚果状，当年成熟，生于杯状肉质的假种皮中，稀生于近膜质盘状的种托之上；种脐明显；种皮硬革质，外被以肉质杯状的红色假种皮；子叶 2 枚，发芽时出土。

本属有 12 种，分布于北半球温带和亚热带。中国有 7 种；陕西产 3 种，其中 2 种仅见栽培。

本属木材的边材窄，与心材区别明显，无树脂道及树脂细胞，纹理均匀，结构细致，硬度大，防腐力强，韧性强，为优良的建材材料；可作庭园树种；种子可榨油；树皮或枝叶可提取紫杉醇，供药用。

## 分种及种下等级检索表

1. 叶在小枝上排成较为规则的 2 列；叶条形或披针状条形，多少呈镰形弯曲，上部比下部狭窄，先端渐尖或微急尖，基部两侧歪斜；小枝基部芽鳞通常脱落或仅存少量……………………2
1. 叶在小枝上排成不规则的 2 列，或近螺旋状排列；叶条形，直或微呈镰形弯曲，上下宽度近相等，先端急尖，基部两侧对称或微歪斜；小枝基部宿存有较多芽鳞……………………3
2. 叶通常长 1-3 厘米，宽 2-4 毫米，条形，微呈镰状或较直，上部微渐窄，先端具微急尖或急尖头；叶下面中脉带与两侧的气孔带的色泽近相同，中脉带上密生均匀而微小圆形角质乳头状凸起点；种子多呈卵圆形，稀倒卵圆形……………（1a）**红豆杉 T. wallichiana** Zucc. var. **chinensis** (Pilg.) Florin
2. 叶通常长 2-4.5 厘米，宽 3-5 毫米，披针状条形或条形，常呈镰形弯曲，上部渐窄或微窄，先端通常渐尖；叶下面中脉带与两侧的气孔带的色泽不同，中脉带上无角质乳头状凸起点，或与气孔带相邻的中脉带两边有 1 至数行或片状分布的角质乳头状凸起点；种子多呈倒卵圆形，稀柱状矩圆形…………………（1b）**南方红豆杉 T. wallichiana** Zucc. var. **mairei** (Lemée & H. Lév.) L. K. Fu & Nan Li
3. 枝向斜上方伸展，树冠近球形；叶枕顶端比中下部稍宽……………………………………………………（2）**矮紫杉 T. cuspidata** Siebold & Zucc. var. **nana** Rehder
3. 枝向上方伸展，树冠塔形；叶枕顶端与中下部等宽……………（3）**曼地亚红豆杉 T. × media** Rehder

### （1a）**红豆杉**（变种）（图 28，照片 105、106、107）

**Taxus wallichiana** Zucc. var. **chinensis** (Pilg.) Florin, Acta Hort. Berg. 14(8) : 355. 1948; Flora of China 4: 91. 1999. ——*T. chinensis* (Pilg.) Rehder, J. Arn. Arb. 1: 51. 1919; 秦岭植物志 1(1): 31. 1976; 中国植物志 7: 442. 1978; 陕西树木志: 41. 1990; 黄土高原植物志 1: 28. 2000.

常绿乔木或灌木。高达 30 米；树皮开裂，条片状脱落，红褐色或灰色；大枝开展，树冠卵形。小枝黄绿色，向水平伸展；小枝基部芽鳞通常脱落或仅存少量；冬芽圆柱形，黄褐色，有光泽。叶排成 2 列，条形，微呈镰状或较直，通常长 1-3 厘米，宽 2-4 毫米，先端具微急尖或急尖头，表面深绿色，有光泽，中脉微凸起，背面黄绿色，有 2 条气孔带，叶下面中脉带与两侧的气孔带的色泽近相同，中脉带上密生均匀而微小圆形角质乳头状凸起点。雄球花倒卵形，淡黄色；雄蕊 8-14 枚；花药 5-8 枚。种子卵圆形，稀倒卵圆形，上部渐窄，先端微凸尖，长 5-7 毫米，直径 3.5-5 毫米，微扁，上部通常具棱脊；种脐椭圆形；假种皮筒状，成熟时红色。

产凤县、眉县、太白、周至、略阳、留坝、佛坪、洋县、宁陕、镇安、柞水、山阳、宁强、西乡、城固、紫阳、岚皋、镇坪、平利、陇县，生于海拔 800-2100 米的山地杂木林中，常生于河边、河边山坡或崖石上；分布于甘肃南部、湖北西部、湖南、安徽、广西、重庆、四川、贵州、云南。

国家一级重点保护野生植物；易危（VU）；CITES 附录II收录物种。

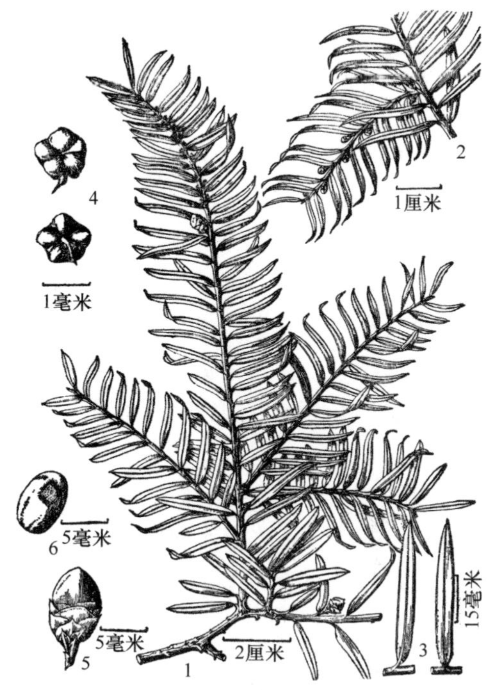


图 28. **红豆杉 Taxus wallichiana** var. **chinensis**
1. 枝叶和雌球花；2. 枝叶和雄球花；3. 叶；4. 雄蕊；5. 种子；6. 种子，示种脐（引自《秦岭植物志》）。

（1b）**南方红豆杉**（变种）（照片 108、109、110）

**Taxus wallichiana** Zucc. var. **mairei** (Lemée & H. Lév.) L. K. Fu & Nan Li, Novon 7(3): 263. 1997; Flora of China 4: 91. 1999. ——*T. chinensis* (Pilg.) Rehder var. *mairei* (Lemée & H. Lév.) W. C. Cheng & L. K. Fu, 秦岭植物志 1(1): 31. 1976; 中国植物志 7: 443. 1978; 陕西树木志: 42. 1990; 黄土高原植物志 1: 28. 2000.

与红豆杉的主要区别是叶通常长 2-4.5 厘米，宽 3-5 毫米，披针状条形或条形，常呈镰形弯曲，上部渐窄或微窄，先端通常渐尖；叶下面中脉带与两侧的气孔带的色泽不同，中脉带上无角质乳头状凸起点，或与气孔带相邻的中脉带两边有 1 至数行或片状分布的角质乳头状凸起点。种子多呈倒卵圆形，稀柱状矩圆形。

产岚皋、平利、镇坪、镇安、鄠邑、宁陕、凤县、山阳、佛坪、石泉、西乡，生于海拔 1200-1900 米的山地杂木林中；分布于东南、华南、华中、西南及甘肃南部、台湾。

国家一级重点保护野生植物；易危（VU）；CITES 附录II收录物种。

（2）**矮紫杉**（变种）　矮东北红豆杉（照片 111、112）

**Taxus cuspidata** Siebold & Zucc. var. **nana** Rehder, Cycl. Amer. Hort. [L. H. Bailey] 4: 1773. 1902.

灌木。高达 3 米；大枝向斜上方伸展，树冠近球形。老枝红褐色；小枝绿色，基部具宿存的芽鳞。叶密集，在小枝上螺旋状排列；叶枕顶端比中下部稍宽，与叶柄连接处稍膨大；叶条形，直，长 1.6-2.6 厘米，宽 2.2-3 毫米，上部比下部稍窄，先端急尖，具小尖头，基部宽楔形，两侧近对称，叶上面深绿色，中脉凸起，叶下面气孔带淡绿色，叶边缘带绿色，气孔带比边缘带宽。种子卵球形，上部具不明显的 3-4 钝脊，先端具小尖头；假种皮成熟时红色。

西安、宝鸡等地有引种栽培；辽宁、北京、山东、上海、浙江、湖南等地有引种栽培。原产于日本和俄罗斯萨哈林岛（库页岛）。

栽培供园林绿化用。

CITES 附录II收录物种。

**（3）曼地亚红豆杉** 间型红豆杉（照片 113、114）

**Taxus × media** Rehder, J. Arnold Arbor. 4: 107. 1923.

灌木。高达 3 米；大枝向上伸展，树冠塔形。老枝红褐色；小枝绿色，基部具宿存的芽鳞。叶密集，在小枝上排成不规则的 2 列，或螺旋状排列；叶枕顶端与中下部等宽，与叶柄连接处稍膨大或不膨大；叶条形，直，长 1.7-3.2 厘米，宽 2.2-3 毫米，上部比下部稍窄，先端急尖，具小尖头，基部宽楔形，两侧近对称，叶上面深绿色，中脉凸起，叶下面气孔带淡绿色，叶边缘带绿色，气孔带比边缘带宽。种子卵球形，上部具不明显的 3-4 钝脊，先端具小尖头；假种皮成熟时红色。

西安、杨陵、宝鸡及陕南有引种栽培；华北、华东、华中等地区有栽培。原产于美国。

曼地亚红豆杉为东北红豆杉（**T. cuspidata** Siebold & Zucc.）与欧洲红豆杉（**T. baccata** L.）杂交选育而成的杂交种，其茎叶中紫杉醇含量较高，供提取药用；株型紧凑，可栽培作绿篱或培育盆景。

# 被子植物 Angiosperms

## 睡莲目 **Nymphaeales** Salisb. ex Bercht. & J. Presl

### 分科检索表[①]

1. 叶光滑无刺，全缘而叶柄盾状着生，或叶多次分裂，裂片细线形，叶柄在叶片基部着生；心皮离生，每室 1-5 枚胚珠…………………………………………………………………八　**莼菜科 Cabombaceae** A. Richard
1. 叶若光滑无刺，则叶片一边具缺刻，叶柄着生于缺刻处；叶背及叶柄若具刺，则叶柄盾状着生；心皮部分合生至完全合生，每室胚珠多数……………………………………九　**睡莲科 Nymphaeaceae** Salisb.

## 八　莼菜科 **Cabombaceae** A. Richard

### 卢　元（陕西省西安植物园）

多年生草本，具根状茎，水生植物。叶具沉水叶及浮水叶，其中莼菜属仅有浮水叶，单叶互生，全缘，水盾草属沉水叶对生，扇形，多次分裂，裂片细线形，浮水叶互生，椭圆状线形，全缘；无托叶。花单生，具花梗，直径 1 厘米左右，两性，辐射对称；花被离生，紫红色、白色或黄色；雄蕊花丝分离，花药基部着生；子房上位；心皮离生，1-18 枚，每心皮具 1-5 枚胚珠；边缘胎座。果实瘦果状或蓇葖果状，被宿存的花被包围。

本科有 2 属 6 种，产世界热带和温带地区。中国有 2 属 2 种；陕西产 2 属 2 种，其中 1 属 1 种仅见栽培。

莼菜科种类较少，均为水生植物，莼菜常栽培作蔬菜食用，水盾草属的种类常栽培为水生观赏花卉。

莼菜科在部分分类系统中曾作为一个亚科置于睡莲科下，在后续的研究中确认其应独立成科，本志采纳莼菜科独立的观点。

### 分属检索表

1. 叶均为浮水叶，互生，椭圆形，全缘；花被片较狭长，常紫红色；雄蕊超过 10 枚；心皮多于 5 枚…………………………………………………………………………………………1. **莼菜属 Brasenia** Schreb.
1. 沉水叶对生，多次分裂，裂片细线形，浮水叶互生，全缘，椭圆状线形；花被片较宽短，常白色，带黄色；雄蕊 3-6 枚；心皮 1-4 枚…………………………………………………………2. **水盾草属 Cabomba** Aubl.

---

① 卢元（陕西省西安植物园）编写。

## 1. 莼菜属[1] Brasenia Schreb.

Gen. Pl. 1: 372. 1789; 中国植物志 27: 5. 1979; Flora of China 6: 119. 2001; 陕西维管植物名录: 79. 2016.

根状茎匍匐，纤细，多分枝；茎幼嫩时外被黏液状的胶质鞘。叶互生，均为浮水叶；叶柄盾状着生；叶片椭圆形；叶脉辐射状，直达边缘。花梗长 6-10 厘米；花被片暗紫色，先端稍钝；萼片线状长圆形至狭卵形；花瓣比花萼稍长，稍窄；雄蕊与花被片对生；雌蕊心皮 6-18 枚，离生，每心皮具 1-2 枚胚珠。果实纺锤形。种子 1-2 枚，卵圆形。

本属仅 1 种，分布于亚洲东部、大洋洲、非洲北部和北美洲。中国有 1 种；陕西产 1 种。

### （1）莼菜（图 29）

**Brasenia schreberi** J. F. Gmel., Syst. Nat. 1: 853. 1791; 中国植物志 27: 5. 1979; Flora of China 6: 120. 2001; 陕西维管植物名录: 79. 2016.

多年生水生草本。茎长可达 2 米。叶具长柄，长 25-40 厘米；叶长 5-10 厘米，宽 4-6 厘米。花直径 1-2 厘米；花梗长 6-10 厘米；花被片长 10-15 毫米，宽 2-7 毫米；雄蕊 12-36 枚，长约为花被片的一半，线形。果实长 6-10 毫米。种子长 3-4 毫米，宽 2-3 毫米。花果期不详。

据《陕西维管植物名录》记载，本种关中及陕南有分布，生于水塘或沼泽中，但作者未见标本，西安植物园水域内曾有栽培；中国南方各省份有分布。非洲、大洋洲、美洲、亚洲东部及俄罗斯远东地区也产。

本种富含胶质，常有栽培作蔬菜食用，其形态优美，亦有作观赏之用。

国家二级重点保护野生植物；极危（CR）。

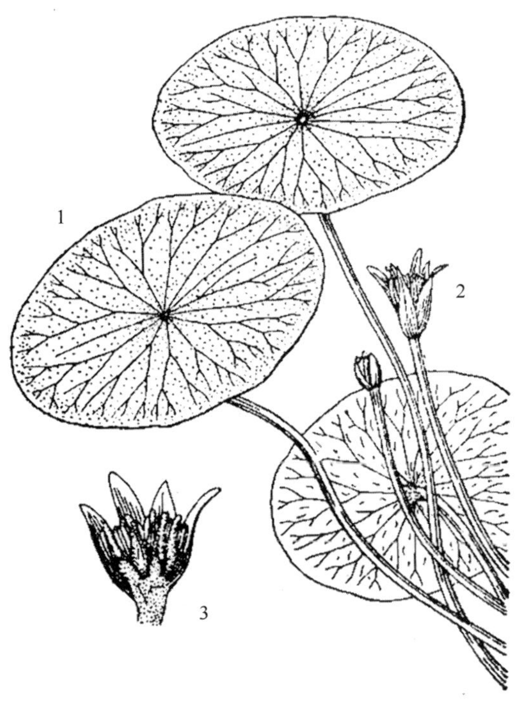

图 29. **莼菜 Brasenia schreberi**
1. 叶；2. 花；3. 花纵剖
（引自《中国植物志》，冀朝祯绘）。

## 2. 水盾草属 Cabomba Aubl.

Hist. Pl. Guiane. 321. 1775; Flora of China 6: 119. 2001.

植株幼嫩部位常具锈色短毛，表面具黏性。叶有浮水叶和沉水叶，叶柄长短不一；沉水叶对生，自茎基部至顶部均有生长，叶片轮廓扇形，多次分裂，裂片细线形；浮水叶互生，线形、椭圆形、戟形或盾形。花被片明显，均呈花瓣状，内轮的基部耳状；

① 又称莼属（《中国植物志》）。

雄蕊 3-6 枚，与内轮花被片对生；雌蕊 1-4 枚，每心皮具 1-5 枚胚珠。果实长梨形。种子卵圆形至近球形，具瘤状凸起。

本属共 5 种，均产于美洲。中国栽培 1 种；陕西栽培 1 种。

（1）**水盾草** 竹节水松（*Flora of China*）（照片 115、116）

**Cabomba caroliniana** A. Gray, Ann. Lyceum Nat. Hist. New York. 4: 47. 1837; Flora of China 6: 119. 2001.

多年生水生草本。茎长可达 1-2 米。沉水叶叶柄长 0.3-1.5 厘米，叶片掌状多裂，末回裂片线形；浮水叶叶柄长 1.5-2.5 厘米，盾状着生。花直径 0.6-1.5 厘米，花被片 6 片，排成 2 轮，白色，基部带黄绿色，均为花瓣状，内轮者基部具爪，两侧具黄色的耳状结构；雄蕊 6 枚，偶尔更少，长约 4 毫米；雌蕊 3 枚，偶为 2 枚，长约 4 毫米，具短柔毛。果实长 4-7 毫米。种子近球形。花期 8-9 月，花后结果。

西安等地人工水域偶见栽培，野外水域尚未见逸生；华东地区有栽培。原产于美洲。

本种形态优美，供观赏。

外来入侵植物。

# 九 睡莲科 Nymphaeaceae Salisb.

卢 元（陕西省西安植物园）

水生植物，多年生草本，很少一年生草本。茎为根状茎，直立或者匍匐，分枝或者不分枝。单叶互生，漂浮、挺水或者沉水，有长叶柄，但是在春季的沉水叶上为短叶柄；叶基部有凹缺，在凹缺处着生或者盾形着生。花单生，具长花梗，两性，辐射对称，大部分露出水面；萼片 4-7 枚，通常绿色，偶尔与花瓣同色；花瓣多数，离生，色彩艳丽，通常转变成雄蕊；雄蕊多数，花药向内，纵向开裂；心皮 5 枚至多数，部分或者完全合生，围绕一有时凸出的花轴，子房多室；胎座片状；胚珠多数；花柱无或变为背面凸出心皮的附属物，柱头通常圆盘状。果为浆果状，具种子多数，不规则开裂。种子有或无假种皮；常具肉质的子叶。

本科有 6 属约 70 种，广布于温带和热带地区。中国有 3 属 8 种；陕西产 3 属 4 种，其中 1 属 1 种仅见栽培。

本科植物很多种类具有重要的经济价值，如芡实的种子供食用，同时也是重要的淀粉来源；睡莲属在陕西的各大公园栽培作观赏之用；西安、宝鸡等地引进的王莲[**Victoria amazonica** (Poepp.) Klotzsch]，克鲁兹王莲（**Victoria cruziana** Orb.）及二者的杂交后代（照片 117），因其叶片巨大，承载力超常而成为著名的观赏花卉，但因不能耐受冬季低温，需温室内越冬，本志不收录。

在一些传统分类系统中，睡莲科还包括了莼菜科和莲科（**Nelumbonaceae** A. Rich.）的类群，本志中采用 APG（2016）系统的观点，将莲科置于山龙眼目（**Proteales** Juss. ex Bercht. & J. Presl）之中。

### 分属检索表

1. 萼片 5-7 枚，黄色或橘黄色，花瓣状；心皮生在花托上……………………………3. **萍蓬草属 Nuphar** Sm.
1. 萼片 4 枚，绿色，不为花瓣状；心皮多少生在花托内…………………………………………………………2
2. 子房下位；花瓣 3-5 轮；花丝条形；种子无假种皮；植株具刺；叶片基部多无弯缺………………………………………………………………………………………1. **芡属 Euryale** Salisb. ex K. D. Koenig & Sims
2. 子房半下位；花瓣多轮；花丝花瓣状；植株光滑；叶片基部有弯缺…………2. **睡莲属 Nymphaea** L.

## 1. 芡属 **Euryale** Salisb. ex K. D. Koenig & Sims

Ann. Bot. 2: 73. 1805; 秦岭植物志 1(2): 220. 1974; 中国植物志 27: 6. 1979; Flora of China 6: 118. 2001.

水生草本。根状茎粗短。叶有沉水叶和浮水叶 2 种；叶片宽椭圆形到圆形。萼片 4 枚，绿色，宿存；花瓣比萼片小，3-5 轮，颜色艳丽；花丝条形，花药矩圆形，药隔先端截状；心皮 7-16 枚，完全合生；子房下位，柱头盘凹入，每室有少数胚珠。浆果球形，不整齐开裂，顶端有直立宿存萼片。种子多数，平滑，具假种皮。

本属仅 1 种，分布于亚洲东部。中国各地均产或有种植；陕西亦有野生和栽培。

### （1）**芡实** 芡（《秦岭植物志》）、鸡头米（通称）（照片 118、119）

**Euryale ferox** Salisb. ex K. D. Koenig & Sims, Ann. Bot. 2: 74. 1805; 秦岭植物志 1(2): 220. 1974; 中国植物志 27: 6. 1979; Flora of China 6: 118. 2001.

一年生草本。沉水叶箭形或椭圆肾形，长 4-10 厘米，无刺；叶脉和叶柄具皮刺的浮水叶革质，椭圆形至圆形，直径可达 1.2 米，盾状，有或无弯缺，全缘，下面带紫色，有短柔毛；叶柄粗壮，长可达 25 厘米。花梗具皮刺；花长约 5 厘米；萼片披针形，长 1-1.5 厘米，内面紫色，外面密生稍弯硬刺；花瓣矩圆披针形或披针形，长 1.5-2 厘米，紫红色，向内渐变成雄蕊；无花柱，柱头红色，形成凹入的柱头盘。浆果球形，直径 3-5 厘米，污紫红色，外面密生硬刺。种子球形，直径 10 余毫米，黑色。花期 7-8 月，果期 8-9 月。

仅见于南郑，生于海拔 600 米左右的水塘中，关中和陕南的水塘中常见栽培；除新疆、青海和西藏外均有野生或栽培。东亚、南亚及俄罗斯远东地区也有分布。

本种常栽培用于观赏及收获粉质种子；关中和陕南亦栽培有少量“南芡实”，为芡实的栽培品种，其花梗和萼片上无刺，便于采收，主要供收获种子食用。

## 2. 睡莲属 **Nymphaea** L.

Sp. Pl. 1: 510. 1753; 中国植物志 27: 8. 1979; 黄土高原植物志 1: 345. 2000; Flora of China 6: 116. 2001.

多年生草本。根状茎直立，上升或者匍匐。叶多数，浮于水面；叶片基部心形至箭头形，边缘全缘或具齿。花浮于水面或者挺水；萼片 4 枚，绿色，不呈花瓣状；花瓣 8 枚至多数，颜色艳丽，通常逐渐变化成雄蕊；雄蕊短于萼片和花瓣；花丝线形至卵形或倒卵形；花药药隔具附属物或无附属物；花柱无或者变为背面凸出心皮的附属物；柱头无梗。

果不规则开裂。种子球状，卵球形或椭圆形，平滑或有纵脊，其上被短柔毛，具假种皮。

本属有60余种，广布于热带和温带地区。中国有5种；陕西产2种。

本属为常见的观赏花卉，不同种类之间常发生天然杂交，且人工培育的品种繁多，因此常有花色各异的个体出现，是重要的水生花卉。陕西除文献记录的睡莲和白睡莲外，尚栽培有众多的原生种及品种，如印度红水莲（**Nymphaea rubra** Roxb. ex Salisb.）（照片120）、'诱惑'睡莲（**Nymphaea** 'Attraction'）（照片121）、'阿肯赛'睡莲（**Nymphaea** 'Arc-en-ciel'）（照片122）、'日出'睡莲（**Nymphaea** 'Sunrise'）（照片123）、'万维莎'睡莲（**Nymphaea** 'Wanvisa'）（照片124）和'桑给巴尔之星'睡莲（**Nymphaea** 'Star of Zanzibar'）（照片125）等。

## 分种检索表

1. 盛开时花直径3-6厘米；成熟叶片直径小于10厘米；心皮附属物卵圆形……………………（1）**睡莲 N. tetragona** Georgi
1. 盛开时花直径大于6厘米；成熟叶片直径大于10厘米；心皮附属物三角锥形……………………（2）**白睡莲 N. alba** L.

### （1）**睡莲**（照片126）

**Nymphaea tetragona** Georgi, Bemerk. Reise Russ. Reiche 1: 220. 1775; 中国植物志 27: 9. 1979; 黄土高原植物志 1: 345. 2000; Flora of China 6: 117. 2001; 陕西维管植物名录: 71. 2016.

多年生水生草本。根状茎短粗。叶纸质，心状卵形或卵状椭圆形，长5-12厘米，宽3.5-9厘米，基部具深弯缺，约占叶片全长的1/3，裂片急尖，稍开展或几重合，全缘，上面光亮，下面带红色或紫色，两面皆无毛，具小点；叶柄长达60厘米。花直径3-5厘米；花梗细长；花萼基部四棱形，萼片革质，宽披针形或窄卵形，长2-3.5厘米，宿存；花瓣白色，宽披针形、长圆形或倒卵形，长2-2.5厘米，内轮不变成雄蕊；雄蕊比花瓣短，花药条形，长3-5毫米；柱头具5-8条辐射线。浆果球形，直径2-2.5厘米，为宿存萼片包裹。种子椭圆形，长2-3毫米，黑色。花期6-8月，果期8-10月。

据*Flora of China*记载陕西有分布，但本志作者未见标本，关中及陕南栽培个体较为常见；中国广泛分布。东亚、中亚、南亚、东南亚、澳大利亚、北美洲和欧洲也有分布。

### （2）**白睡莲**（照片127）

**Nymphaea alba** L., Sp. Pl. 1: 510. 1753; 中国植物志 27: 8. 1979; Flora of China 6: 116. 2001; 陕西维管植物名录: 71. 2016.

多年生水生草本。根状茎匍匐。叶纸质，近圆形，直径10-25厘米，基部具深弯缺，裂片尖锐，近平行或开展，全缘或波状，两面无毛，有小点；叶柄长达50厘米。花直径10-20厘米，芳香；花梗约和叶柄等长；花托圆柱形；萼片披针形，长3-5厘米，脱落或花期后腐烂；花瓣20-25枚，白色，卵状矩圆形，长3-5.5厘米，外轮比萼片稍长；花药先端不延长；花粉粒皱缩，具乳突；柱头具14-20条辐射线，扁平。浆果扁平至半球形，长2.5-3厘米；种子椭圆形，长2-3厘米。花期6-8月，果期8-10月。

据 *Flora of China* 记载陕西有分布，但本志作者未见标本，西安等地有栽培；河北、山东、浙江等地有分布。印度、高加索山脉和欧洲也有分布。

## 3. 萍蓬草属 **Nuphar** Sm.

Fl. Graec. Prodr. 1: 361. 1809; 中国植物志 27: 12. 1979; Flora of China 6: 115. 2001.

多年生水生草本。根状茎匍匐。叶二型，浮水叶叶片革质，叶柄较长，沉水叶叶片较薄，纸质，叶柄短；叶片卵圆形至椭圆形，全缘，基部心形。花挺立水面之上，多少直立；萼片 5-7 枚，黄色或橘黄色，长圆形到倒卵形，宿存；花瓣多数，黄色；雄蕊与萼片近等长；花丝扁平；花药黄色；心皮完全合生；花柱无，柱头辐射状，形成柱头盘。浆果卵球形，不规则开裂。种子平滑，不具假种皮。

本属约 10 种，广布于北温带。中国有 2 种；陕西栽培 1 种。

（1）**中华萍蓬草**（亚种）（照片 128、129）

**Nuphar pumila** (Timm) DC. subsp. **sinensis** (Hand.-Mazz.) D. Padgett, Sida 18: 825. 1999; Flora of China 6: 116. 2001. ——*Nuphar sinensis* Hand.-Mazz., Kaiserl. Akad. Wiss. Wien, Math.-Naturwiss. Kl., Anz. 63: 8. 1926; 中国植物志 27: 14. 1979.

根状茎直径 1-3 厘米。叶柄长约 40 厘米；叶片卵形，长 9-15 厘米，宽 7-12 厘米，背面的边缘密短柔毛。花直径 2-4.5(-6)厘米；萼片黄色，长圆形或倒卵形，长约 2.5 厘米；花瓣宽条形，长约 7 毫米；花药长 3.5-6 毫米；柱头盘直径 5-6 毫米，具 8-13 条辐射线。果实直径 1.5-2 厘米。种子卵球形，长约 3 毫米。花果期 5-9 月。

西安等地的池塘中有栽培，能正常越冬并繁殖；华东、华南及西南地区有分布，见于池塘等水域之中。

本种花期较长，且花色艳丽，适宜作为观赏植物而推广栽培。

易危（VU）。

# 木兰藤目 **Austrobaileyales** Takht. ex Reveal

### 分科检索表[①]

1. 木质藤本；花单性；每心皮胚珠超过 2 枚；聚合浆果，肉质，小浆果散生于伸长的花托上或聚生于不伸长的花托上……………………………………………… 十　五味子科 **Schisandraceae** Blume
1. 乔木或灌木；花两性；每心皮具 1 枚胚珠；聚合蓇葖果，星状，单轮排列……………………………………………………………………………… 十一　八角科 **Illiciaceae** Bercht. & J. Presl

# 十　五味子科 **Schisandraceae** Blume

卢　元（陕西省西安植物园）

木质藤本。单叶互生，常有透明腺点；叶柄细长，无托叶。花单性，雌雄异株，通

① 卢元（陕西省西安植物园）编写。

常单生于叶腋，有时数朵聚生于叶腋或短枝上；花被片 6-24 片，排成 2 至多轮，外轮和内轮的较小，中轮的最大，质地上有变化，但不呈萼片状；雄花具 5 枚至多数雄蕊；雄蕊分离或部分至全部合生成肉质的雄蕊群，花丝短或无，花药小，2 室，纵裂；雌花具 12-300 枚雌蕊，离生，数轮至多轮排成球形或椭圆形的雌蕊群；每枚心皮有倒生的胚珠 2-5 枚，很少达 11 枚；心皮开花时聚生于短的肉质花托上，果期时聚生于不伸长的花托上组成球状聚合果，或散生于伸长的花托上组成穗状聚合果。种子 1-5 枚，稀较多；胚乳丰富，油质，胚小。

本科有 2 属约 26 种，分布于亚洲东南部和北美洲东南部。中国有 2 属约 17 种；陕西产 2 属 8 种。

五味子科过去常置于木兰科（**Magnoliaceae** Juss.）中，也有观点认为应独立成科的。APG（2016）系统依据分子系统学成果，将五味子科与八角科合并，组建了广义的五味子科。然而，八角科的形态特征与五味子科差异极为明显，且二者各自均是单系类群，因此本志将此二科分开。

### 分属检索表

1. 雌蕊群的花托圆柱形或圆锥形，发育时明显伸长；聚合果长穗状……………………1. 五味子属 **Schisandra** Michx.
1. 雌蕊群的花托倒卵形或椭圆体形，发育时不伸长；聚合果球状或椭球状……………………2. 南五味子属 **Kadsura** Juss.

## 1. 五味子属 **Schisandra** Michx.

Fl. Bor. Amer. 2: 218. 1803; 秦岭植物志 1(2): 341. 1974; 陕西树木志: 288. 1990; 中国植物志 30(1): 243. 1996; 植物分类学报 38(6): 547. 2000; Flora of China 7: 41. 2008.

木质藤本。小枝具纵条纹状或有时呈狭翅状；有长枝和由长枝上的腋芽长出的短枝。芽单独腋生或 2 枚并生或多枚集生于叶腋或短枝顶端；芽鳞 6-8 枚，外芽鳞三角状半圆形，常宿存，内芽鳞通常早落，有时宿存。叶纸质，边缘膜质，下延至叶柄成狭翅，叶肉具透明点。花单性，雌雄异株，少有同株，单生于叶腋或苞片腋，少有排成聚伞花序的；花被片 5-12 片，最多可达 20 片，通常中轮的最大；雄花具雄蕊 5-60 枚，有花丝或贴生于花托上而无花丝；药隔狭窄或稍宽，两药室平行或稍分开；雄蕊群长圆柱形、短圆柱形、卵圆形、球形或肉质球形、扁球形；很少花丝与药隔均宽阔，放射状排成扁平五角星形的雄蕊群；雌花具雌蕊 12-120 枚，离生，螺旋状紧密排列于花托上，受粉后花托逐渐伸长而变稀疏。成熟心皮为小浆果，排列于下垂肉质果托上，形成长穗状的聚合果。种子 2-3 枚，有时仅 1 枚能育，肾形或扁球形，种皮淡褐色，质脆，光滑或具纹饰。

本属有 10 种。中国有 9 种；陕西产 6 种。

五味子属植物果实味道独特，可作为水果开发利用，部分种类果实亦是著名的传统药材，因此近年来栽培种植规模逐渐扩大。

## 分种检索表

1. 常绿植物；叶革质；花单生，2-3 朵聚集或者更多的花组成花序……………………………………………………（1）**合蕊五味子 S. propinqua** (Wall.) Baill.
1. 落叶植物；叶纸质或薄革质；花单生…………………………………………………………2
2. 幼枝常具翅………………………………………………（2）**翼梗五味子 S. henryi** C. B. Clarke
2. 幼枝光滑，不具翅状凸起………………………………………………………………3
3. 叶披针形至狭椭圆形，宽不超过 2.5 厘米……………………………………………………（3）**狭叶五味子 S. lancifolia** (Rehder & E. H. Wilson) A. C. Sm.
3. 叶椭圆形、卵形、圆形或倒卵形，宽通常大于 2.5 厘米……………………………………4
4. 幼嫩时，叶背脉上被毛……………………………………（4）**五味子 S. chinensis** (Turcz.) Baill.
4. 叶背光滑无毛……………………………………………………………………………5
5. 花药外向；叶背二级脉凸起明显，压制标本后有明显的粗糙感………………………………………（5）**大花五味子 S. grandiflora** (Wall.) Hook. f. & Thoms.
5. 花药内向；叶背二级脉较平整，压制标本后较平滑……（6）**东亚五味子 S. elongata** (Blume) Baill.

### （1）合蕊五味子 小血藤（《秦岭植物志》）、铁箍散、中型铁箍散（《陕西树木志》）（图 30，照片 130、131）

**Schisandra propinqua** (Wall.) Baill., Hist. Pl. 1: 148. 1868; 中国植物志 30(1): 264. 1996;植物分类学报 38(6): 547. 2000; Flora of China 7: 47. 2008. ——*Kadsura propinqua* Wall., Tent. Fl. Nepal. 2: t. 15. 1824. ——*Schisandra propinqua* (Wall.) Baill. subsp. *sinensis* (Oliver) R. M. K. Saunders, Edinburgh J. Bot. 54: 280. 1997; Flora of China 7: 47. 2008. ——*S. propinqua* (Wall.) Baill. var. *sinensis* Oliver, Hooker's Icon. Pl. 18: t. 1715. 1887; 秦岭植物志 1(2): 342. 1974; 陕西树木志: 288. 1990; 中国植物志 30(1): 265. 1996. ——*S. propinqua* (Wall.) Baill. subsp. *intermedia* (A. C. Sm.) R. M. K. Saunders, Edinburgh J. Bot. 54: 278. 1997; Flora of China 7: 47. 2008; 陕西维管植物名录: 101. 2016. ——*S. propinqua* (Wall.) Baill. var. *intermedia* A. C. Sm., Sargentia 7: 152. 1947; 陕西树木志: 289. 1990.

图 30. **合蕊五味子 Schisandra propinqua**
1. 果枝；2. 根（引自《陕西中草药》）。

常绿木质藤本。幼枝灰褐色或褐色，有银白色角质层，芽鳞早落。叶片狭披针形、披针形、长卵圆形，长 7-17 厘米，宽 2-5 厘米，薄革质至坚纸质，基部圆形至阔楔形，边缘有稀疏的小齿，有的叶全缘，其宽不超过 3 厘米，干时叶脉在叶上下两面均多少凸出。雌雄异株，花单生或 2-3 朵聚集，有时 3-8 朵组成总状花序。花被片橙黄色至粉红色，中间一轮的花被片最大，雌花中最外侧的 3 片花被片常绿色，呈花萼状；雄蕊群近球形，雄蕊 4-16 枚，嵌入花托的凹陷内，花丝几无，花药内向着生；雌蕊群卵球形，具心皮 15-45 枚，柱头鸡冠状。果托长可达 15 厘米，果期不增粗；小浆果红色。种子浅褐色，近球形。花期 6-7 月，果期 8-9 月。

产秦岭南坡及大巴山，生于海拔 500-1800 米的山坡灌丛及林缘；华中、西南及甘肃、江西有分布。印度、泰国、缅甸、老挝、印度尼西亚等也有分布。

有分子系统学的研究表明，本种可能与南五味子属（**Kadsura** Juss.）的类群亲缘关系更近，并且排除本种的南五味子属可能为一并系类群，因此将本种置于南五味子属中可能更为合适，但尚未有依据分子系统学结果的五味子属和南五味子属的全面修订，所以本志暂时将本种置于五味子属中，待深入研究后再做处理。

### （2）翼梗五味子

**Schisandra henryi** C. B. Clarke, Gard. Chron., ser. 3, 38: 162. 1905; 中国植物志 30(1): 264. 1996; 植物分类学报 38(6): 538. 2000; Flora of China 7: 47. 2008.

落叶木质藤本。幼枝绿色，常具宽 1-5 毫米的翅状棱，芽鳞紫红色，宿存至幼果期。叶片椭圆形、卵形、宽卵形或近圆形，长 5-15 厘米，宽 2-8 厘米，薄纸质，叶背常灰白色被白粉，边缘上部有齿或近全缘，先端短渐尖或短急尖。雌雄异株，花单生于叶腋。花被片 6-10 片，橙黄色至黄色，最内轮常红色；雄蕊群倒卵球形，雄蕊 12-40 枚，雄蕊花丝长 1-2 毫米，向上逐渐缩短，至花托顶部的雄蕊无花丝，贴生于花托，花药内侧向着生，药隔略伸出花药顶端；雌蕊群长圆状卵球形，具心皮 15-70 枚，柱头鸡冠状。花梗在果期伸长，果梗长可达 10 厘米，果托长可达 15 厘米，果期增粗；小浆果红色。种子浅褐色，扁椭球形。花期 6-7 月，果期 8-9 月。

仅见于山阳，生于海拔 1000 米左右的山坡灌丛中；华东、华南、西南、华中等地区有分布。泰国和越南也有分布。

### （3）狭叶五味子

**Schisandra lancifolia** (Rehder & E. H. Wilson) A. C. Sm., Sargentia. 7: 133. 1947; 陕西树木志: 287. 1990; 中国植物志 30(1): 262. 1996; Flora of China 7: 45. 2008. ——*Schisandra sphenanthera* Rehder & E. H. Wilson var. *lancifolia* Rehder & E. H. Wilson, in Sargent, Pl. Wilson. 1: 415. 1913.

落叶木质藤本。小枝褐色，芽鳞早落。叶片狭椭圆形、披针形或卵形，长 3-12 厘米，宽 1-5 厘米，纸质，叶缘有齿，先端渐尖。雌雄异株，花单生于叶腋。花被片 6-8 片，白色、橙黄色、黄色、粉红色或红色；雄蕊群倒卵球形，雄蕊 8-18 枚，雄蕊花丝长 0.3-0.5 毫米，向上逐渐缩短，至花托顶部的雄蕊无花丝，贴生于花托，花药内侧向着生；雌蕊群近卵球形，具心皮 15-25 枚，柱头鸡冠状。花梗在果期伸长，果梗长 3-6 厘米，果托长 3-7 厘米，果期增粗；小浆果红色。种子浅褐色，肾形。花期 5-7 月，果期 8-10 月。

见于洋县、宁陕、岚皋等地，生于海拔 700-1900 米的山地灌丛；分布于四川、云南等地。

（4）**五味子** 北五味子（俗名）

**Schisandra chinensis** (Turcz.) Baill., Hist. Pl. 1: 148. 1868; 中国植物志 30(1): 252. 1996; Flora of China 7: 46. 2008; 陕西子午岭植物图鉴: 24. 2019.

落叶木质藤本。幼枝红褐色，老枝灰褐色，常起皱纹，片状剥落；芽鳞具缘毛。叶薄纸质，宽椭圆形、卵形、倒卵形、宽倒卵形或近圆形，长 5-13 厘米，宽 3-7 厘米，先端急尖，基部楔形，上部边缘具胼胝质的疏浅锯齿，近基部全缘；幼嫩时，叶背面脉上具柔毛，老时渐次脱落；叶柄两侧由于叶基下延成极狭的翅。花单生；花梗中部以下具狭卵形的苞片，花被片白色、淡黄色或粉红色，最外轮的较狭小而常带绿色，6-9 枚；雄蕊群近倒卵圆形，雄蕊 5 枚，少数 6 枚，互相靠贴，直立排列于柱状花托顶端，花药长约 1.5 毫米，无花丝或外 3 枚雄蕊具极短花丝，药隔凹入或稍凸出钝尖头；雌蕊群近卵圆形，心皮 17-40 枚，柱头鸡冠状，下端下延成 1-3 毫米的附属体。聚合果长 3-8 厘米，聚合果柄长 2-6 厘米；小浆果红色，近球形或倒卵圆形，果皮具不明显腺点；种子 1-2 枚，淡褐色，肾形，种皮光滑。花期 5-7 月，果期 7-10 月。

据《陕西子午岭植物图鉴》记载，富县有分布，生于山林灌丛中，在柞水等地作为中药材大面积栽培；东北及河北、山西、内蒙古有分布。日本北部、朝鲜半岛和俄罗斯远东地区有分布。

本种是药材五味子的基源植物，在本省有较大规模的栽培。

（5）**大花五味子** 红花五味子、金山五味子（《中国植物志》）（照片 132、133、134）

**Schisandra grandiflora** (Wall.) Hook. f. & Thoms., Fl. Brit. India. 1: 44. 1872; 中国植物志 30(1): 246. 1996; 植物分类学报 38(6): 538. 2000; Flora of China 7: 42. 2008. ——*Kadsura grandiflora* Wall., Tent. Fl. Napal. 10. 1824. ——*Schisandra glaucescens* Diels, Bot. Jahrb. Syst. 29: 323. 1900; 中国植物志 30(1): 258. 1996; 西北植物学报 24(4): 681. 2004; Flora of China 7: 44. 2008. ——*S. rubriflora* Rehder & E. H. Wilson, in Sargent, Pl. Wilson. 1: 412. 1913; 中国植物志 30(1): 246. 1996; Flora of China 7: 43. 2008; Journal of Plant Genetic Resources 15(2): 240. 2014.

落叶木质藤本。幼枝圆柱形，带紫色，老枝灰色；芽鳞早落。叶片狭椭圆形、椭圆形、倒披针形或倒卵形，长 4.5-13 厘米，宽 3-7.5 厘米，纸质，背面常灰绿色，基部楔形，边缘具疏锯齿，先端渐尖。花单生，花被片倒卵圆形、卵圆形或椭圆形，深红色、红色、浅红色、粉红色或白色；雄蕊群卵球形，雄蕊 20-70 枚，螺旋状排列，药室外向或外侧着生；雌蕊群卵球形或椭球形，具心皮 20 枚或更多。果梗长 5-9 厘米，果托在果期增粗可至 6 毫米；小浆果红色。种子褐色或红褐色，扁肾形。花期 4-5 月，果期 7-10 月。

产佛坪、洋县、山阳、眉县、宁陕、石泉、凤县、岚皋、平利、镇坪，生于海拔 1800-2500 米的山坡灌丛或杂木林中；西南及湖北、甘肃南部也有分布。不丹、尼泊尔、印度北部、泰国和缅甸也有分布。

本种分布范围较广，变异幅度较大，以往以花色白色与红色的不同区分本种和红花五味子（*S. rubriflora* Rehder & E. H. Wilson），但据作者在野外观察，发现花色的变化可在同一个居群内发生，花色作为分种的依据并不可靠，而其他性状在二者间互有交叉，因此作者采纳前人将这两者归并的观点。

（6）**东亚五味子** 西五味子（《秦岭植物志》）、华中五味子（《中国植物志》）（图 31，照片 135、136、137）

**Schisandra elongata** (Blume) Baill., Hist. Pl. 1: 148. 1868; 植物分类学报 38(6): 532. 2000. ——*Sphaerostema elongatum* Blume, Bijdr. Fl. Ned. Ind. 1: 23. 1825. ——*Schisandra sphenanthera* Rehder & E. H. Wilson, in Sargent, Pl. Wilson. 1: 414. 1913; 秦岭植物志 1(2): 341. 1974; 陕西树木志: 286. 1990; 中国植物志 30(1): 258. 1996; Flora of China 7: 43. 2008.

落叶木质藤本。小枝红褐色；芽鳞早落。叶柄常红色；叶片卵状披针形、卵形、椭圆形、近圆形、倒卵形或倒卵状披针形，长 4-18 厘米，宽 2-10 厘米，纸质，基部楔形至阔楔形，边缘具疏齿，先端有短尖。花单生，腋生；花托圆柱形或球形；花被片 6-9 片，橙黄色，向内红色逐渐加深；雄蕊群近球形，雄蕊 8-30 枚，花丝短，花药内向着生；雌蕊群卵球形，雌蕊 15-80 枚，柱头鸡冠状，较狭窄。果梗长可达 13 厘米；果托长可达 20 厘米，在果期增粗。小浆果红色，椭球形。种子褐色，肾形或扁球形。花期 4-6 月，果期 8-10 月。

图 31. **东亚五味子 Schisandra elongata**
1. 花枝；2. 雄蕊；3. 果实（引自《秦岭植物志》）。

秦巴山区及陇县等地有分布，很常见，生于海拔 600-1900 米的山地灌丛或疏林中；分布于华中、西南、华东及甘肃、山西等地。东亚、南亚和东南亚也有分布。

本种的干燥果实作为药材南五味子而被广泛采收；成熟的果实风味独特，可作野果。

本种分布范围极广，变异幅度很大，有研究认为应将多个物种都归并入本种，陕西所产的华中五味子（*S. sphenanthera* Rehder & E. H. Wilson）即在此列，本志采纳这个观点。

## 2. 南五味子属 **Kadsura** Juss.

Ann. Mus. Natl. Hist. Nat. 16: 340. 1810; 中国植物志 30(1): 232. 1996; Flora of China 7: 39. 2008.

木质藤本。叶互生，全缘或有锯齿，有油腺点。花单性同株或异株，单生或 2-4 朵聚生于叶腋，花各部螺旋状排列；花被片 7 片至多数；雄蕊 13 枚至多数，分离或连合成球状的蕊柱，药隔圆形或棒状；雌蕊离生，心皮 20 枚至多数，每心皮具 2-5 枚胚珠。果皮肉质，每枚小浆果具种子 2-7 枚，少数可超过 10 枚；浆果聚集于短棒状的花托上，形成圆头状或椭圆状的聚合果。种脐凹入，种皮光滑。

本属有 16 种。中国有 8 种；陕西产 2 种。

本属植物果皮肥厚多浆，味甜，可作为水果栽培，亦可作藤蔓观赏植物，西安植物园曾有栽培热带水果黑老虎[**Kadsura coccinea** (Lem.) A. C. Sm.]，供观赏。

## 分种检索表

1. 小枝绿色；叶边缘具疏齿；雄蕊群近球形；雄花花托不凸出雄蕊群外；果实直径不超过 4 厘米，干后显出种子 ……………… （1）**南五味子 K. longipedunculata** Finet & Gagnep.
1. 小枝褐色至暗绿色；叶边缘全缘或上半部边缘或全部有疏离的小锯齿；雄蕊群椭圆体形；雄花花托凸出或不凸出雄蕊群外；果实直径 3-10 厘米，干后不显出种子 ……………… （2）**异形南五味子 K. heteroclita** (Roxb.) Craib

### （1）南五味子（图 32）

**Kadsura longipedunculata** Finet & Gagnep., Bull. Soc. Bot. France. 52(Mém. 4): 53. 1906; 陕西树木志: 285. 1990; 中国植物志 30(1): 240. 1996; Flora of China 7: 41. 2008; 秦岭植物志增补: 123. 2013.

常绿木质藤本。小枝圆筒形，带绿色，具皮孔，一年生枝紫褐色；芽鳞宿存，具疏缘毛。叶革质，长圆形或长圆状披针形，先端渐尖，基部楔形，边缘具疏齿，长 5-10 厘米，宽 2-4 厘米，光滑，侧脉在两面微凸起。花单生叶腋，雌雄异株，花被片黄色至黄绿色，有时略带橙色，8-17 枚，最外轮花被片较小，向内增大；雄花花托椭圆体形，顶端伸长圆柱状，不凸出雄蕊群外；雄蕊群近球形，直径 8-9 毫米，具雄蕊 30-70 枚，雄蕊长 1-2 毫米；药隔与花丝连成扁四方形，药隔顶端横长圆形，花丝极短；雌蕊群近球形，心皮 40-60 枚，子房宽卵形。浆果多数，聚成头状，呈球形，直径 1.5-4 厘米，熟后红色，果实干后显出种子。每枚小浆果含种子 2-3 枚，少数可达 5 枚。花期 6-7 月，果期 8-9 月。

产宁强、商南、洋县、平利、镇坪、宁陕、旬阳等地，生于海拔 1000 米左右的山坡灌丛中；分布于西南、华南、华中及福建、安徽、浙江、江苏等地。

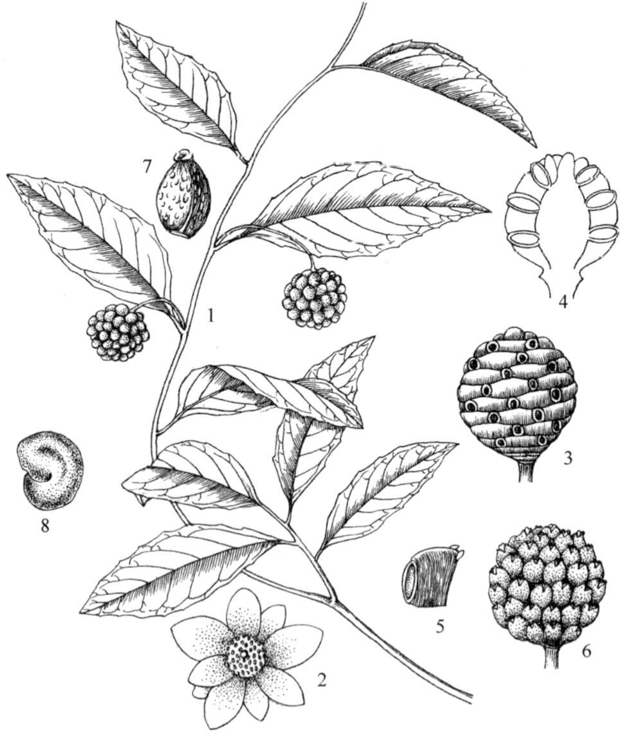


图 32. 南五味子 **Kadsura longipedunculata**
1. 果枝；2. 花；3. 雄蕊群；4. 雄蕊群纵剖；5. 雄蕊；6. 雌蕊群；7. 雌蕊；8. 种子（引自《秦岭植物志增补》）。

叶和果实可提取芳香油，茎皮纤维丰富，果实味甜可食。

陕西省地方重点保护植物。

作者未见陕西产本种标本，描述及分布根据前人文献总结。

（2）**异形南五味子** 多子南五味子、凤庆南五味子（照片 138、139、140）

**Kadsura heteroclita** (Roxb.) Craib, Fl. Siam. Enum. 1: 28. 1925; 中国植物志 30(1): 238. 1996; Flora of China 7: 40. 2008; 生物资源 43(1): 74. 2021. ——*Uvaria heteroclita* Roxb., Fl. Ind., ed. 1832, 2: 455. 1832. ——*Kadsura polysperma* Yang, Contr. Boil. Lab. Sci. Soc. China 12: 104. f. 5. 1939; 中国植物志 30(1): 240. 1996. ——*Kadsura interior* A. C. Smith, Sargentia 7: 178. f. 35. 1947; 中国植物志 30(1): 238. 1996.

常绿木质藤本。小枝褐色，有明显的纵条纹，具椭圆形皮孔，老茎木栓层厚，块状纵裂。叶近革质，卵状椭圆形至阔椭圆形，先端渐尖或急尖，基部阔楔形或近圆钝，全缘或上半部边缘或全部有疏离的小锯齿，长 6-15 厘米，宽 3-7 厘米，网脉明显。花单生叶腋，雌雄异株；花被片 11-15 片，白色或浅黄色，有时带橙色，外轮和内轮的较小，中轮的 1 枚最大，椭圆形或倒卵形，长 8-16 毫米，宽 5-12 毫米；雄花花托椭圆体形，顶端伸长圆柱状，凸出或不凸出于雄蕊群外；雄蕊群椭圆体形，长 6-7 毫米，直径约 5 毫米，具雄蕊 50-65 枚；雄蕊长 0.8-1.8 毫米；花丝与药隔连成扁四方形，药隔顶端横长圆形，花丝极短；雌蕊群近球形，心皮 30-55 枚，子房长圆状倒卵圆形。聚合果近球形，直径 3-10 厘米，少数可超过 10 厘米，成熟时艳红色，果实干后不显出种子。每枚小浆果含种子 3-7 枚，少数可超过 10 枚。花期 5-7 月，果期 8-10 月。

产南郑、宁强、太白、洋县、略阳等地，生于海拔 900-1300 米的山坡林下或灌丛中；分布于华南、西南及湖北等地。中南半岛、印度、孟加拉国、斯里兰卡等地也有分布。

# 十一　八角科 Illiciaceae Bercht. & J. Presl

卢　元（陕西省西安植物园）

常绿乔木或灌木。光滑或幼枝偶有不明显毛被。叶芽芽鳞覆瓦状排列，通常早落。单叶有柄，无托叶，互生，在小枝近顶端常呈簇生状，有时假轮生或者近对生；叶革质或纸质，全缘或轻微反卷，中脉在叶背凸起或平滑，二级脉羽状。花两性，单生于叶腋，或腋上生，有时近顶生，偶见 2-5 朵簇生。萼片和花瓣常无明显区别，花被片 7-33 片，最多可达 55 片，分离，红色或黄色，有时白色，常数轮覆瓦状排列，多数具腺体，外面的花被片较小，有时为小苞片状，内面的较大，舌状而膜质，或为卵形至近圆形而稍肉质；雄蕊多数，螺旋状排列；花丝舌状或近圆柱状，花药 2 室，内侧着生，纵裂；心皮通常 7-15 枚，最多可达 21 枚，分离，单轮排列，侧向压扁；花柱短，钻形；子房 1 室，有倒生胚珠 1 枚，着生于腹侧或近基部。聚合蓇葖果星状，单轮排列，沿腹缝线开裂。种子椭球状或卵状，侧向压扁，浅棕色或稻秆色，有光泽，易碎，含油。

本科仅 1 属约 40 种，主要分布于亚洲东部和东南部，少数种类见于北美洲东南部和美洲的热带地区。中国有 1 属 27 种；陕西产 1 属 4 种，其中 1 种仅见栽培。

八角科在不同的分类系统中处理不同，有的并入木兰科（**Magnoliaceae** Juss.），有的与五味子属（**Schisandra** Michx.）和南五味子属（**Kadsura** Juss.）共同组成广义的五味子科（**Schisandraceae** Blume），也有的承认八角科的独立地位，并认为其与五味子科近缘。在分子系统学研究结果中，八角属（**Illicium** L.）是一个单系分支，和五味子属与南五味子属构成的单系分支为姊妹群，因此 APG（2016）系统将八角属置入五味子科，组成了广义的五味子科。但是八角属在形态上与五味子属和南五味子属差异明显，本志在不违反单系性原则的情况下，承认八角科的独立地位。

## 1. 八角属 Illicium L.

Syst. Nat. ed. 10. 1050. 1759; 秦岭植物志 1(2): 339. 1974; 陕西树木志: 290. 1990; 中国植物志 30(1): 199. 1996; Flora of China 7: 32. 2008.

属的特征与地理分布同科。

八角属植物经济价值较大，如八角（**Illicium verum** Hook. f.）的果实为重要的香料，可作调味品，也是传统药材，果和叶可提取芳香油，称为八角茴香油。大部分种类可作为观赏绿化树种，亦可提供优良的木材。本属植物除八角外，大多数果实均有毒，过去有许多误食中毒的报道。

### 分种检索表

1. 心皮多数稳定为 8 枚，果实与心皮同数，偶见 7-11 枚；蓇葖果幼嫩时先端尖锐；成熟时逐渐变钝或钝尖……………………………………………………（1）**八角 I. verum** Hook. f.
1. 心皮 7-14 枚，变化较多，果实与心皮同数；蓇葖果先端具向后弯曲的钩状尖头或为细尖的钻形…2
2. 花梗较短，不超过 1 厘米；花淡黄色、奶白色，偶有粉红色；花被片 18-23 片，内花被片膜质；雄蕊一般多于 15 枚……………………………………（2）**野八角 I. simonsii** Maxim.
2. 花梗一般长于 1.5 厘米；花粉红色、大红色或深红色；花被片 10-15 片，内花被片肉质；雄蕊一般不超过 15 枚，少数可达 20 枚……………………………………………………3
3. 雄蕊 11-20 枚；心皮 7-9 枚；蓇葖果先端明显钻形，细尖……………（3）**红茴香 I. henryi** Diels
3. 雄蕊 6-11 枚；心皮 10-14 枚；蓇葖果先端具向后弯曲的钩状尖头…………………………………………………………………………（4）**红毒茴 I. lanceolatum** A. C. Smith

### （1）八角 八角茴香、大料（俗名）（照片 141）

**Illicium verum** Hook. f., Bot. Mag. 114: t. 7005. 1888; 中国植物志 30(1): 228. 1996; Flora of China 7: 38. 2008.

乔木。高 10-15 米；树皮深灰色；枝密集。叶互生，在顶端近轮生或松散簇生，革质，倒卵状椭圆形、椭圆形或倒披针形，长 5-15 厘米，宽 2-5 厘米，先端骤尖或短渐尖，基部渐狭或楔形；在阳光下可见密布透明油点；叶柄长 8-20 毫米。花粉红色至深红色，花梗长 15-40 毫米；花被片 7-12 片，多数 10-11 枚，常具不明显的半透明腺点；雄蕊 11-20 枚，以 13-14 枚居多，药隔截形，药室稍凸起，长约 1 毫米；心皮通常 8 枚，有时7或9枚，很少11枚，子房长1.2-2毫米，花柱钻形，长度比子房长。果梗长20-56毫米；蓇葖果直径3.5-4厘米，饱满平直，蓇葖多为8，呈八角形，长14-20毫米，宽7-12毫米，厚3-6毫米，幼嫩时先端锐尖，成熟时逐渐变钝或钝尖。种子椭球形，棕色。花期4-6月，果期9-10月。

安康大巴山区的浅山较温暖区域有栽培；野生起源地难以确认，福建、江西、广东、广西、云南有栽培。越南也有栽培。

本种具有重要的经济价值，果实可入药，亦可作为调味品，果和叶可提取芳香油，是八角属中为数不多的无毒种类。本种的蓇葖果多为8枚，呈八角形，成熟果实先端钝或钝尖，可以与同属的其他种类相区别，且本种在陕西仅知有少量栽培，切勿将同属的野生种类的果实作八角使用，避免中毒。

### （2）野八角

**Illicium simonsii** Maxim., Bull. Acad. Imp. Sci. Saint-Pétersbourg 32: 480. 1888; 中国植物志 30(1): 209. 1996; Flora of China 7: 35. 2008; 陕西维管植物名录: 100. 2016.

乔木。高9米左右；幼枝带褐绿色，稍具棱，老枝变灰色。叶互生或近对生，有时3-5片近簇生，革质，披针形至椭圆形或长圆状椭圆形，通常长5-10厘米，宽1.5-3.5厘米，先端急尖或短渐尖，基部渐狭或楔形，下延至叶柄成窄翅；叶柄长7-20毫米，上面下凹成沟状。花有香气，淡黄色、奶白色，偶见粉红色；花梗短，盛开时长2-8毫米；花被片18-23片，最外面椭圆状长圆形，长5-11毫米，宽4-7毫米，向内逐渐变长，变狭，最内的几片狭舌形，膜质；雄蕊16-28枚，花丝舌状，花药长圆形，长1.4-2.4毫米；心皮8-13枚，子房扁卵状，长1.2-2毫米，花柱钻形，长度比子房长。果梗长5-16毫米；蓇葖8-13枚，长11-20毫米，宽6-9毫米，厚2.5-4毫米，先端具长3-7毫米钻形尖头。种子灰棕色至稻秆色。花期3-5月，果期6-10月。

仅见于南郑，生于海拔1550米的山地林中；分布于四川、贵州、云南。印度、缅甸也有分布。

本种果实和叶可提取芳香油，但有毒，不能食用。

### （3）红茴香　八角回香（大巴山）（图33，照片142，143）

**Illicium henryi** Diels, Bot. Jahrb. Syst. 29: 323. 1900; 秦岭植物志 1(2): 340. 1974; 陕西树木志: 290. 1990; 中国植物志 30(1): 226. 1996; Flora of China 7: 37. 2008. ——*Illicium henryi* Diels var. *multistamineum* A. C. Sm., Sargentia 7: 64. 1947.

灌木或乔木。高3米，有时可达5米；树皮灰褐色至灰白色。叶互生或2-5片簇生，革质，长椭圆形、披针形或倒卵状椭圆形，长5-13厘米，宽1.4-3厘米，先端长渐尖，基部楔形；叶柄长7-20毫米，上部有不明显的狭翅。花粉红色至深红色、暗红色，单生或2-3朵簇生；花梗细长，长15-60毫米；花被片10-15片，较厚，多少肉质，长圆状椭圆形或宽椭圆形，长7-10毫米，宽4-8.5毫米，向内花被片逐渐变小；雄蕊11-20枚，花丝长1.2-2.3毫米，药室明显凸起；心皮通常7-9枚，偶见11枚，长3-5毫米，花柱钻形，长2-3毫米。果梗长15-65毫米。蓇葖7-9枚，长12-20毫米，宽5-8毫米，厚

3-4 毫米，先端明显钻形，细尖，尖头长 3-5 毫米。种子椭球形。花期 4-6 月，果期 8-10 月。

产秦巴山区，生于海拔 550-1920 米的山地灌丛中；分布于秦岭以南的温暖地区。

本种可作为观赏植物，果和叶亦可提取芳香油，但是有毒，不可食用，《陕西树木志》认为本种在部分地区替代八角作调料之用应为错误记载。

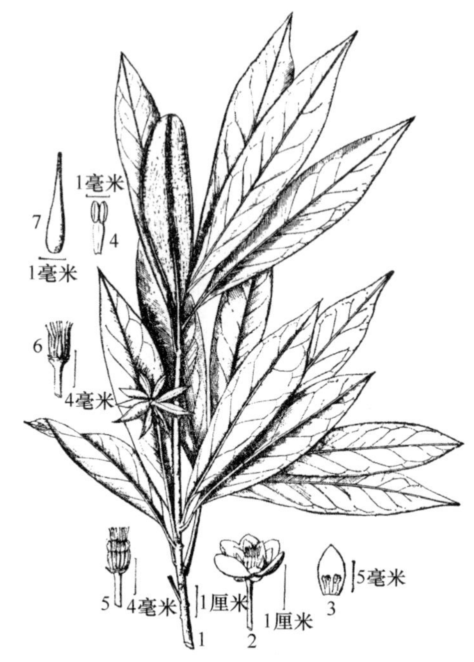

图 33. 红茴香 **Illicium henryi**
1. 果枝；2. 花；3. 内轮花被片和雄蕊；4. 雄蕊；5. 雄蕊群和雌蕊群；6. 雌蕊群；7. 雌蕊（引自《秦岭植物志》）。

### （4）红毒茴（照片 144）

**Illicium lanceolatum** A. C. Smith, Sargentia. 7: 43. 1947; 中国植物志 30(1): 213. 1996; Flora of China 7: 37. 2008; 陕西维管植物名录: 100. 2016.

灌木或小乔木。高 3-10 米；枝条纤细，树皮浅灰色至灰褐色。叶互生或稀疏地簇生于小枝近顶端或排成假轮生状，革质，披针形、倒披针形或倒卵状椭圆形，长 5-15 厘米，宽 1.5-4.5 厘米，先端尾尖或渐尖，基部窄楔形；叶柄纤细，长 7-18 毫米。花腋生或近顶生，单生或 2-3 朵簇生，红色、深红色；花梗纤细，长 15-55 毫米；花被片 10-15 片，较厚，多少肉质，长圆状椭圆形或宽椭圆形，长 8-12.5 毫米，宽 6-8 毫米，向内逐渐变小；雄蕊 6-11 枚，花丝长 1.5-2.5 毫米，花药分离，药隔不明显截形或微缺，药室凸起；心皮 10-14 枚，长 3.9-5.3 毫米，花柱钻形，纤细，长 2-3.3 毫米，骤然变狭。果梗长 15-60 毫米；蓇葖 10-14 枚，长 14-21 毫米，宽 5-9 毫米，厚 3-5 毫米，顶端有长 3-7 毫米向后弯曲的钩状尖头。花期 4-6 月，果期 8-10 月。

产平利、镇坪，生于海拔较低的山谷灌丛中；分布于江苏、安徽、浙江、福建、江西、湖北、湖南、贵州。

本种经济价值与红茴香相近，果实亦有毒，不可食用。

## 胡椒目 **Piperales** Bercht. & J. Presl

### 分科检索表①

1. 花大，直径通常接近或大于 1 厘米，具 1 轮花瓣状的花被，少数种类具 2 轮花被；花单生，或排成疏松的各式花序……………………………………十四　马兜铃科 **Aristolochiaceae** Juss.
1. 花小，直径通常远小于 1 厘米，无花被；花通常排成密集的穗状或总状花序……………………2
2. 子房上位，花序基部具明显的总苞，若无总苞则子房下位……………………………………十二　三白草科 **Saururaceae** Rich. ex T. Lestib.
2. 子房上位，花序基部无总苞……………………………………十三　胡椒科 **Piperaceae** Giseke

① 卢元（陕西省西安植物园）编写。

# 十二　三白草科 Saururaceae Rich. ex T. Lestib.

岳　明（陕西省西安植物园、西北大学）

多年生草本。茎直立或匍匐状，具明显的节，常具根状茎。单叶互生，全缘；托叶与叶柄合生，或贴生于叶柄基部形成托叶鞘。花小，两性，聚集成稠密的穗状花序或总状花序，具总苞或缺，苞片显著，无花被；雄蕊 3、6 或 8 枚，稀更少，离生、与子房基部合生或着生于子房上端，花药 2 室，纵裂，花粉粒单沟或三歧沟，表面纹饰为穴状或皱穴状；雌蕊由(2-)3-4 心皮组成，心皮离生或合生，如为离生心皮，则每心皮有胚珠 2-4 枚，如为合生心皮，则子房 1 室而具侧膜胎座，在每一胎座上有胚珠 6-13 枚，花柱离生。果为分果爿或顶端开裂的蒴果；种子 1 枚或多数，有少量的内胚乳和丰富的外胚乳，胚小。

本科有 4 属约 7 种，分布于亚洲东部和南部、北美洲。中国有 3 属 4 种；陕西产 2 属 2 种。

### 分属检索表

1. 植株不具腥臭气味；花聚集成总状花序，花序基部无总苞片；雄蕊 6 或 8 枚……………………………………1. 三白草属 **Saururus** L.
1. 植株具腥臭气味；花聚集成稠密的穗状花序，花序基部有 4 片白色花瓣状的总苞片；雄蕊 3 枚……………………………………2. 蕺菜属 **Houttuynia** Thunb.

## 1. 三白草属 Saururus L.

Sp. Pl. 1: 341. 1753; 秦岭植物志 1(2): 10. 1974; 中国植物志 20(1): 6. 1982; Flora of China 4: 108. 1999; 黄土高原植物志 1: 41. 2000.

多年生草本。具根状茎。叶全缘，具柄；托叶着生于叶柄边缘。花小，聚集成与叶对生或顶生的总状花序，其基部无总苞片；每花有 1 枚较小的苞片，贴生于花梗基部；雄蕊通常 6 枚，有时 8 枚，稀有退化为 3 枚，花丝等长于花药；雌蕊由 3-4 枚心皮组成，分离或基部合生，子房上位，每心皮有 2-4 枚胚珠。蒴果，成熟时分裂为 3-4 个分果爿。

本属约 3 种，分布于亚洲东部和北美洲。中国仅 1 种，产黄河流域及其以南地区；陕西产 1 种。

### （1）三白草（图 34，照片 145，照片 146）

**Saururus chinensis** (Lour.) Baill., Adansonia 10: 71. 1871; 秦岭植物志 1(2): 10. 1974; 中国植物志 20(1): 6. 1982; Flora of China 4: 108. 1999; 黄土高原植物志 1: 41. 2000. ——*Spathium chinense* Lour., Fl. Cochinch. 217.1790.

多年生湿生草本。高可达 1 米余；茎粗壮，中空，明显具纵条纹，下部伏地，常带白色，上部直立，绿色。叶纸质，宽卵形至卵状披针形，长 6-20 厘米，宽 5-10 厘米，顶端急尖或渐尖，基部心形或斜心形，全缘，两面均无毛，密被腺点，基出脉 5 条，稀 7 条，弧形；茎上部的叶较小，茎顶端的 2-3 片叶在开花时常呈白色；叶柄长 1-3 厘米，无毛，基部鞘状，稍抱茎。花序白色，长 12-20 厘米；花序梗长 1-4.5 厘米，无毛，花序轴和花梗密被短柔毛；苞片匙形，顶端圆，无毛或疏具缘毛，贴生于花梗上；雄蕊 6 枚，花药长圆形，纵裂，花丝稍长于花药，基部与子房连合；雌蕊 4 枚，花柱短，向外反曲，柱头面向内，子房无毛。蒴果近球形，直径约 3 毫米，表面多疣状凸起，先端开裂。种子球形，细小。花期 6-7 月，果期 8-9 月。

产秦巴山区，生于海拔1200米以下的路旁、渠岸、山谷沟边阴湿草丛中；长江流域及其以南地区和河北、山东、河南等地也有分布。日本、越南、菲律宾等也有。

全株及根状茎可入药。

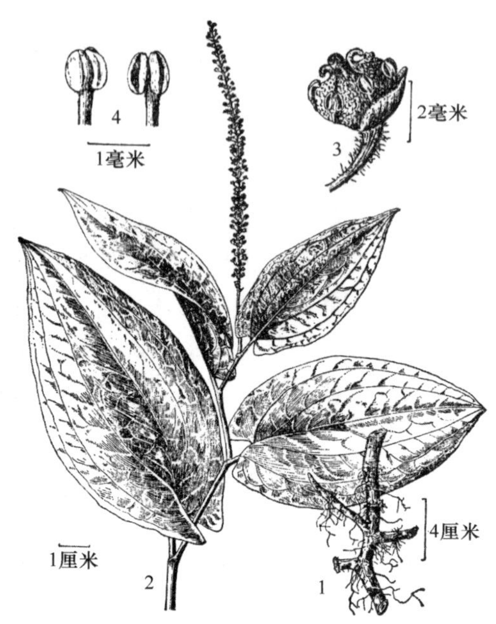


图 34. 三白草 **Saururus chinensis**
1. 根状茎；2. 花枝；3. 花；4. 雌蕊
（引自《秦岭植物志》）。

## 2. 蕺菜属 **Houttuynia** Thunb.

Fl. Jap. 234. 1784; 秦岭植物志 1(2): 11. 1974; 中国植物志 20(1): 8. 1982; Flora of China 4: 109. 1999; 黄土高原植物志 1: 42. 2000.

多年生草本。有根状茎；茎直立或匍匐。单叶互生，全缘，具柄；托叶贴生于叶柄上，膜质，鞘状。花小，两性，无花被，聚集成顶生或与叶对生的穗状花序，花序基部有 4 片白色花瓣状的总苞片；雄蕊 3 枚，花丝较长，下部与子房合生，花药长圆形，纵裂；雌蕊由 3 枚部分合生的心皮组成，子房上位，1 室，侧膜胎座 3 个，每个侧膜胎座有 6-8 枚胚珠，花柱 3 枚，外卷，柱头侧生花柱内面。蒴果，于宿存花柱间开裂。种子近球形。

本属仅 1 种，分布于亚洲东部和东南部。中国在长江流域及其以南地区常见；陕西也产。

### （1）**蕺菜** 鱼腥草、折耳根（通称）（图 35，照片 147、148）

**Houttuynia cordata** Thunb., Fl. Jap. 234. 1784; 秦岭植物志 1(2): 11-12. 1974; 中国植物志 20(1): 8. 1982; Flora of China 4: 109. 1999; 黄土高原植物志 1: 42. 2000.

多年生草本。高 30-60 厘米；全株有腥臭气味；根状茎细长，圆柱形，白色；茎下部伏地，节上轮生须根，上部直立，明显具纵棱，幼时常带紫红色，无毛或节上被毛。叶薄纸质，卵形或宽卵形，长 4-10 厘米，宽 2.5-7 厘米，顶端短渐尖，无毛；托叶膜质，长 1-2.5 厘米，顶端钝，下部与叶柄合生成长 8-20 毫米的膜质鞘，且常具缘毛，基部扩大，稍抱茎。花序穗状，紧密，圆柱形，长 1-2.5 厘米，粗 5-6 毫米，果期延长至 3-6 厘米；总花梗长 1-3 厘米，无毛；总苞片白色，花瓣状，长圆形或倒卵形，长 8-15 毫米，宽 5-7 毫米，顶端钝圆；雄蕊长于子房，花丝长为花药的 3 倍，花药底着，纵裂；雌蕊有 3 枚心皮，子房上位，花柱 3 枚，外卷。蒴果壶形，长 2-3 毫米，顶端有宿存的花柱。种子细小，近球形，表面具方形纹饰。花期 5-7 月，果期 7-9 月。

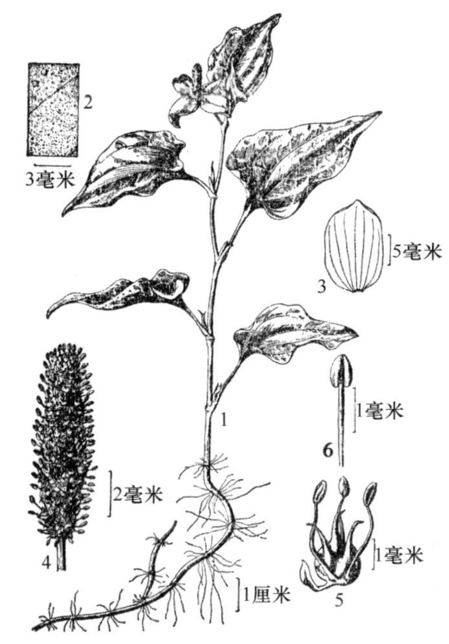

图 35. 蕺菜 **Houttuynia cordata**

1. 植株；2. 叶片背面局部；3. 总苞片；4. 除去总苞的花序；5. 花；6. 雄蕊（引自《秦岭植物志》）。

产秦巴山区，较为普遍，生于海拔 400-1880 米的山地林下、阴湿草地、水田埂上或溪沟旁；广布于长江流域及其以南地区。广布于亚洲东部和东南部。

全株入药。嫩根状茎及叶可食，常作蔬菜或调味品。

# 十三　胡椒科 **Piperaceae** Giseke

岳　明（陕西省西安植物园、西北大学）

草本、灌木或攀援藤本，稀乔木。全株常具香气；维管束多少散生而类似于单子叶植物。单叶，互生、对生或轮生，全缘，两侧常不等，叶脉掌状或羽状，托叶与叶柄合生或否，或无托叶。花小，两性、单性且雌雄异株或间有杂性，密集排成穗状花序或由穗状花序再排成伞形花序，罕为总状花序；花序与叶对生或腋生，少有顶生；苞片小，常盾状或杯状，稀勺状；花被无；雄蕊 1-10 枚，花丝离生，花药 2 室，纵裂，花粉粒单沟或无萌发孔；雌蕊由 2-5 枚心皮组成，连合，子房上位，1 室，仅具 1 枚直生胚珠，柱头 1-5 枚，花柱极短或无。浆果小，具肉质、薄或干燥的果皮。种子具少量的内胚乳和丰富的外胚乳。

本科有 5（或 8-15）属 3600 余种，分布于世界热带和亚热带温暖地区。中国有 3 属 68 种；陕西产 2 属 3 种。

### 分属检索表

1. 亚灌木、草质或木质藤本；叶互生，具托叶；柱头 3-5 枚，稀 2 枚；花单性，雌雄异株，稀两性或杂性 ························ 1. 胡椒属 **Piper** L.

1. 肉质草本；叶对生或轮生，稀互生，无托叶；柱头1枚；花两性……………………………………………………………………2. **草胡椒属 Peperomia** Ruiz & Pav.

## 1. 胡椒属 **Piper** L.

Sp. Pl. 1: 28. 1753; 中国植物志 20(1): 14. 1982; Flora of China 4: 110. 1999.

灌木或攀援藤本，稀草本或小乔木。茎、枝有膨大的节，揉之有香气；维管束外层联合成环，内层散生。叶互生，全缘；托叶多少贴生于叶柄上，早落。花细小，单性，雌雄异株，稀两性或杂性，聚集成与叶对生或稀顶生的穗状花序，花序通常宽于总花梗的3倍以上；苞片离生，盾状或杯状，稀与花序轴或与花合生；花被无；雄蕊2-6枚，通常着生于花序轴上，稀着生于子房基部，花药2室，2-4裂；子房离生或有时嵌生于花序轴中而与其合生，1室，仅1枚胚珠能育，柱头3-5枚，稀2枚。果实为浆果状，倒卵形、卵形或球形，稀长圆形，成熟时红色、黄色或黑色，无柄或具短柄。

本属约2000种，主产于世界热带地区。中国约60种，主产于台湾及东南、华南、西南地区；陕西产2种。

### 分种检索表

1. 叶表面无毛，背面沿脉具粗毛；叶柄长1-3.5厘米；雄花序于花期几等长于叶片……………………………………………………（1）**石南藤 P. wallichii** (Miq.) Hand.-Mazz.
1. 叶两面无毛；叶柄长不及1厘米；雄花序于花期通常长为叶片之半……………………………………………………（2）**竹叶胡椒 P. bambusifolium** Y. Q. Tseng

### （1）**石南藤**（照片149、150）

**Piper wallichii** (Miq.) Hand.-Mazz., Symb. Sin. 7: 155. 1929; 中国植物志 20(1): 50. 1982; Flora of China 4: 126. 1999. ——*Chavica wallichii* Miq., Syst. Pip. 254. 1843.

攀援藤本。茎枝常匍匐，被疏毛或脱落变无毛，干时呈淡黄色，有纵棱，节处有不定根。叶硬纸质，无明显腺点，干时变淡黄色，椭圆形、狭卵形至卵形，长7-14厘米，宽(2-)4-6.5厘米，顶端长渐尖，基部楔形、钝圆或微心形，表面无毛，背面沿脉具粗毛，基出脉5-7条，在叶两面凸起，网脉明显；叶柄长1-3.5厘米，无毛或被疏毛，基部具长8-10毫米的叶鞘。花单性，雌雄异株；花聚集成与叶对生的穗状花序；雄花序在花期几等长于叶片，长3-4厘米，粗约3.5毫米，总花梗与叶柄近等长或略长，无毛或被疏毛，花序轴被毛；苞片圆形，盾状，直径约1毫米；雄蕊2枚，稀3枚，花药肾形，2裂，短于花丝；雌花序短于叶片，总花梗长2-4厘米；苞片具柄，于果期长可达2毫米，密被白色长毛；子房离生，柱头3-4枚，稀5枚，披针形。浆果球形，直径3-4毫米，无毛，具疣状凸起。花期5-6月。

产城固、西乡等地，生于海拔920-1260米的岩石上或树上；分布于甘肃、广东、广西、贵州、湖北、湖南、四川、云南等地。尼泊尔、印度、孟加拉国、印度尼西亚等也有分布。

茎可入药。

**(2) 竹叶胡椒**（照片 151、152）

**Piper bambusifolium** Y. Q. Tseng, 植物分类学报 17(1): 38. f. 14. 1979; 中国植物志 20(1): 61. 1982; Flora of China 4: 128. 1999.

攀援藤本。除花序轴和苞片柄外，全株无毛；茎枝常匍匐，节处有不定根；花枝纤细，斜升，干时无显著纵棱。叶纸质，有细腺点，披针形至狭披针形，长 4-8 厘米，宽 1.2-2.5 厘米，罕宽达 3 厘米，顶端长渐尖，基部稍狭或钝，两侧相等，两面无毛，基出脉 5，稀 4；叶柄长 0.4-0.6 厘米，仅基部具鞘。花单性，雌雄异株，聚集成与叶对生的穗状花序；雄花序于花期通常长为叶片之半，长 2-4 厘米，粗约 1.5 毫米，黄绿色，总花梗与叶柄等长或略长，花序轴被毛；苞片圆形，边缘不整齐，近无柄或具短柄，直径约 0.8 毫米，盾状；雄蕊 3 枚，花药肾形，略短于花丝；雌花序较短，幼期苞片呈覆瓦状排列时长仅 3 毫米，花期长可达 1.5 厘米；总花梗略长于叶柄；花序轴和苞片与雄花序的相同；子房离生，柱头 3-4 枚，短，卵状渐尖。浆果球形，成熟时红色，光滑，直径 2-2.5 毫米。花期 4-7 月。

产宁强、西乡、平利、镇坪等地，生于海拔 550-1100 米的山谷林下、山坡石壁或树上；分布于江西、湖北、重庆、贵州等地。

陕西省地方重点保护植物。

## 2. 草胡椒属 **Peperomia** Ruiz & Pav.

Fl. Per. et Chil. Prodr. 8. 1794; 秦岭植物志 1(2): 12. 1974; 中国植物志 20(1): 70. 1982; Flora of China 4: 129. 1999.

一年生或多年生草本。茎通常矮小，带肉质，分枝或不分枝，常附生于树上或石上；维管束全部分离，散生。叶互生、对生或轮生，常肉质，全缘，无托叶。穗状花序顶生或与叶对生，单一、双生或簇生，稀腋生；总花梗直径几相等于花序；花极小，两性，常与苞片同着生于花序轴的凹陷处，无花被；苞片圆形、近圆形或长圆形，盾状或否；雄蕊 2 枚，花药圆形或长圆形，花丝很短；子房 1 室，具 1 枚胚珠，柱头球形，顶端钝、短尖、喙状或画笔状，侧生或顶生，不裂或稀 2 裂。浆果小，不开裂。

本属约 1000 种，广布于世界热带和亚热带地区。中国有 7 种，产于东南、华南、西南地区；陕西产 1 种。

本属尚有卵叶豆瓣绿（**P. obtusifolia** A. Dietr.）、西瓜皮椒草（**P. sandersii** C. DC.）等种，在陕西作为室内观赏植物栽培。

**(1) 豆瓣绿**（图 36，照片 153、154）

**Peperomia tetraphylla** (Forst. f.) Hook. & Arn., Bot. Beech. Voy. 97. 1832; 中国植物志 20(1): 73. 1982; Flora of China 4: 129. 1999. ——*Piper tetraphyllum* Forst. f., Prodr. 5. 1786. ——*Peperomia reflexa* (L. f.) A. Dietr., Sp. Pl., ed. 6. 1: 180. 1831; 秦岭植物志 1(2): 12-13. 1974. ——*Piper reflexum* L. f., Suppl. Pl. 91. 1782.

肉质、丛生草本。茎直立或匍匐，多分枝，长 8-25 厘米，下部节上生根，节间有粗纵棱；须根发达。叶密集，大小近相等，4或3片轮生，肉质，宽椭圆形或圆形，长9-12毫米，宽5-9毫米，有透明腺点，干时变淡黄色，常具皱纹，两端钝或圆，边缘略反卷，两面无毛，稀背面疏具短毛，无柄或具短柄。穗状花序直立，单生或顶生，稀腋生，长1.5-3.5厘米，粗1-1.5毫米；总花梗被疏毛或近无毛，花序轴密被毛，淡绿色；苞片1枚，近圆形，有短柄，盾状；花药近椭圆形，淡黄色，花丝短；子房卵形，着生于花序轴的凹陷处，柱头顶生，头状，被乳突状毛。浆果近卵球形，长约1毫米，成熟时褐色，柱头宿存，顶端尖。花期2-4月及9-12月。

产宁强、南郑、略阳、西乡、镇坪等地，生于潮湿的石上或枯树上，西安植物园有栽培；分布于华南、西南及福建、台湾、甘肃等地。广布于美洲、大洋洲、非洲及亚洲的热带、亚热带地区。

全草药用。

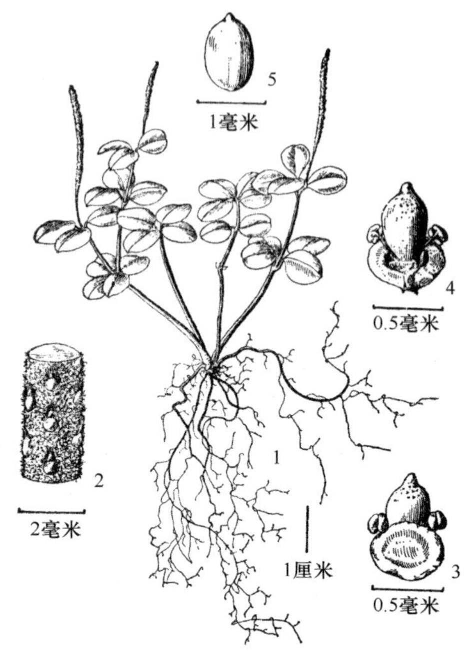


图36. 豆瓣绿 **Peperomia tetraphylla**

1. 植株；2. 花序部分；3. 花背面观；4. 花腹面观；5. 种子（引自《秦岭植物志》）。

# 十四　马兜铃科 **Aristolochiaceae** Juss.

岳　明（陕西省西安植物园、西北大学）

草质或木质藤本、灌木或多年生草本，稀乔木。植株具油细胞。单叶互生，具柄，叶片全缘或3-5裂，基部常心形，无托叶。花两性，具梗，单生、簇生或排成总状、聚伞状或伞房花序，顶生、腋生或生于老茎上，花色通常艳丽，具腐肉臭味；花被辐射对称或两侧对称，花瓣状，1轮，稀2轮，花被管钟状、瓶状、管状、球状或其他形状；檐部圆盘状、壶状或圆柱状，具整齐或不整齐3裂，或为向一侧延伸成1-2舌片，裂片镊合状排列；雄蕊6枚至多数，1或2轮；花丝短，离生或与花柱、药隔合生成合蕊柱；花药2室，平行，外向纵裂；子房下位，稀半下位，4-6室，稀心皮离生或仅基部合生；花柱短而粗厚，离生或合生而顶端3-6裂；胚珠多数，倒生，常1-2行叠置，中轴胎座或侧膜胎座内侵。蒴果，有时蓇葖状或长角果状，稀浆果状。种子多数，常藏于内果皮中，通常长圆状倒卵形、倒圆锥形、椭圆形、钝三棱形，扁平或背面凸而腹面凹入，种皮脆骨质或稍坚硬，平滑、具皱纹或疣状凸起，种脊海绵状增厚或翅状；胚乳丰富，胚小。

本科约8属450-600种，主要分布于热带和亚热带地区，以南美洲较多，温带地区较少。中国有4属86种；陕西产3属12种。

## 分属检索表

1. 花被 2 轮；心皮仅基部合生；蒴果蓇葖状……………………………………1. **马蹄香属 Saruma** Oliv.
1. 花被 1 轮；心皮全部合生；蒴果干燥或肉质……………………………………………………………2
2. 草本植物，有根状茎；单花，顶生；花被辐射对称，裂片整齐；雄蕊通常 12 枚，排成 2 轮；蒴果肉质或海绵状……………………………………………………………………2. **细辛属 Asarum** L.
2. 木质藤本或缠绕草本，茎通常缠绕或攀援；花腋生、单生、簇生或排成各式花序；花被左右对称，花被管常弯曲，裂片常偏斜或单侧；雄蕊通常 6 枚，排成 1 轮；蒴果干燥……………………………………………………………………………………………3. **马兜铃属 Aristolochia** L.

## 1. 马蹄香属 **Saruma** Oliv.

Hook. Icon. Pl. 19: Pl. 1895. 1889; 秦岭植物志 1(2): 129. 1974; 中国植物志 24: 160. 1988; Flora of China 5: 246. 2003.

多年生直立草本。根状茎具芳香气味。单叶互生，心形。花单生，具花梗；花被 2 轮；花萼基部与子房合生，萼片 3，卵圆形；花瓣 3，肾心形，稍大于花萼；雄蕊通常 12 枚，排成 2 轮，花丝长于花药，先端膨大内曲，花药内向纵裂；子房半下位，心皮 6 枚，下部合生，上部离生。蒴果蓇葖状，花萼宿存。种子背侧面圆凸，具横皱纹。

本属仅 1 种，产于中国的江西、湖北、河南、陕西、甘肃、四川、贵州等地。陕西也有。

### (1) **马蹄香** 冷水丹、马头细辛（彩图版 4）

**Saruma henryi** Oliv., Hook. Icon. Pl. 19: pl. 1895. 1889; 秦岭植物志 1(2): 129. 1974; 中国植物志 24: 160. 1988; Flora of China 5: 246. 2003.

多年生直立草本。根状茎粗壮，直径约 5 毫米，有多数细长的须根。茎高 50-100 厘米，有灰棕色短柔毛，具纵沟。叶心形，长 6-15 厘米，宽 7-15 厘米，顶端渐尖，基部心形，两面和边缘均被柔毛；叶柄长 3-12 厘米，被毛。花单生于茎顶端；花梗长 2-5 厘米，被毛；萼片心形，长约 10 毫米，宽约 7 毫米；花瓣黄色，肾心形，长约 10 毫米，宽约 8 毫米，基部耳状心形，有爪；雄蕊近等长于花柱，花丝长约 2 毫米，花药长圆形，药隔不伸出；心皮下部合生，上部离生，花柱不明显，柱头细小，胚珠多数，着生于心皮腹缝线上。蒴果蓇葖状，长约 9 毫米，成熟时沿腹缝线开裂。种子三角状倒锥形，长约 3 毫米，背面有细密横纹。花期 4-5 月，果期 6-8 月。

产长安、周至、眉县、太白、山阳、佛坪、留坝、洋县、镇坪等地，生于海拔 1000-1600 米的山地林下阴湿处，西安植物园有引种栽培；分布于甘肃、江西、湖北、重庆、四川、贵州等地。

根及根状茎入药。

国家二级重点保护野生植物；陕西省地方重点保护植物；濒危（EN）。

## 2. 细辛属 Asarum L.

Sp. Pl. 422. 1753; 秦岭植物志 1(2): 130. 1974; 中国植物志 24: 161. 1988; Flora of China 5: 246. 2003.

多年生草本。根状茎细长，横生或斜升，节处生根；根常稍肉质，有香气，味辛辣。茎无或短。单叶，互生或对生；叶片通常心形，全缘；叶柄基部常具薄膜质芽苞叶。花单生于叶腋，辐射对称；花梗伸出地面或有时偃伏于腐殖土中；花被整齐，1 轮，紫绿色或淡绿色，基部与子房合生，子房以上分离或形成明显的花被管，花被裂片 3 片，直立、平展或外折；雄蕊通常 12 枚，2 轮，稀 6 枚，花药通常外向纵裂；子房下位或半下位，稀近上位，通常 6 室，中轴胎座，胚珠多数；花柱分离，顶端不裂或 2 裂，或合生成柱状，顶端 6 裂，柱头顶生或侧生。蒴果浆果状，近球形；果皮革质，有时腐烂后不规则开裂。种子多数，椭圆形或椭圆状卵形，背面凸，腹面平坦，有肉质附属物。

本属约 90 种，主产于亚洲东部和南部，少数种类分布于亚洲北部、欧洲和北美洲。中国有 39 种，长江流域及其以南地区种类较多；陕西产 6 种。

本属的一些种类常作药用或食用香料，但常含马兜铃酸等有毒物质，应谨慎使用。

### 分种检索表

1. 花被在子房以上分离，无明显的花被管，或仅基部合生成极短的管；花被背面具柔毛；雄蕊通常具较长的花丝；花柱合生成柱状，顶端分离成辐射状……2
1. 花被在子房以上合生成花被管；花被背面无毛，稀具柔毛；雄蕊的花丝短或近无；花柱 6 枚，离生或仅基部合生，顶端通常 2 裂……4
2. 花被裂片在子房以上合生成极短的花被管……（2）**铜钱细辛 A. dcbile** Franch.
2. 花被裂片在子房以上完全分离，或有时靠合，但不合生……3
3. 叶成对生于营养枝上；花梗长约 1.5 厘米；雄蕊和花柱稍外露……（1）**双叶细辛 A. caulescens** Maxim.
3. 叶单生于营养枝上；花梗长 3-5 厘米；雄蕊和花柱内藏……（3）**单叶细辛 A. himalaicum** Hook. f. & Thoms. ex Klotzsch
4. 叶成对生于营养枝上；花被管喉部无膜环；花丝长于花药；花柱较短……（4）**细辛 A. sieboldii** Miq.
4. 叶单生于营养枝上；花被管喉部具膜环；花丝极短；花柱较长……5
5. 叶片宽心形至肾形心形，表面深绿色，常在中脉两侧具白色斑块；花被裂片表面光滑……（5）**杜衡 A. forbesii** Maxim.
5. 叶片三角状长圆形至三角状卵形，表面深绿色，有时沿脉具淡绿色条纹；花被裂片表面基部有乳突……（6）**巴山细辛 A. bashanense** Z. L. Yang

### （1）双叶细辛 对叶细辛（《秦岭植物志》）（照片 155、156）

**Asarum caulescens** Maxim., Bull. Acad. Imp. Sci. Saint-Pétersbourg 17: 162. 1872; 秦岭植物志 1(2): 130. 1974; 中国植物志 24: 170. 1988; Flora of China 5: 250. 2003.

多年生草本。根纤维状，多数。根状茎横走，节间长 3-5 厘米；地上茎匍匐，上部斜升，分枝先端有 1-2 对叶。叶片近心形，长 4-9 厘米，宽 5-10 厘米，先端常具长 1-2 厘米的尖头，基部深心形，两侧裂片长 1.5-2.5 厘米，宽 2.5-4 厘米，顶端圆形，常向内弯接近叶柄，两面及边缘散生柔毛，背面较密，边缘全缘；叶柄长6-12厘米，近无毛；芽苞叶近圆形，长宽各1-1.5厘米，边缘具睫毛。花单生，紫色；花梗长1-2厘米，被柔毛；花被裂片三角状卵形，长8-10毫米，宽6-8毫米，上部深紫色，具7-8条脉纹，开花时上部向下反折；雄蕊12枚，和花柱上部常伸出花被外，花丝比花药长约2倍，药隔伸出锥尖；子房半下位，略呈球状，长约5毫米，有6条纵棱，花柱合生，顶端6裂，裂片倒心形，柱头侧生。蒴果近球形，成熟时暗棕色，直径约1厘米。种子多数，种皮褐色。花期5-6月，果期6-7月。

产宁陕、洋县，生于海拔1200-1700米的山坡林下阴湿处；分布于甘肃、湖北、四川、贵州等地。日本也有。

全草药用。

### （2）铜钱细辛

**Asarum debile** Franch., Journ. de Bot. 12: 305. 1898; 秦岭植物志 1(2): 131. 1974; 中国植物志 24: 171. 1988; Flora of China 5: 250. 2003.

多年生草本。植株通常矮小，高10-15厘米。根纤维状，多数。根状茎横走，粗1-2毫米，表皮紫色。叶2片，对生于枝顶；叶片心形，长2.5-4厘米，宽3-6厘米，先端急尖或钝，基部深心形，两侧裂片长7-20毫米，宽10-25毫米，顶端圆形，叶缘在中部常内弯，表面深绿色，散生柔毛，脉上较密，背面浅绿色，光滑或脉上有毛；叶柄长5-12厘米；芽苞叶卵形，长约10毫米，宽约7毫米，边缘具睫毛。花紫色；花梗长1-1.5厘米，光滑；花被在子房以上合生成长约4毫米的短管，直径约8毫米，裂片宽卵形，长约10毫米，宽8毫米，外被长柔毛，内面光滑，先端渐窄，有时延长成短尾头，长约1毫米；雄蕊12枚，稀较少，与花柱近等长，花丝比花药长约1.5倍，药隔通常不伸出，稀略伸出；子房下位，近球状，具6棱，初有柔毛，后逐渐脱落，花柱合生，顶端放射状6裂，柱头顶生。蒴果近球形。花期5-6月，果期6-7月。

产秦岭南坡及巴山，生于海拔1500-2000米的山地林下阴湿处；分布于甘肃、安徽、湖北、重庆、四川等地。

全草可供药用。

### （3）单叶细辛　毛细辛（《秦岭植物志》）、苕叶细辛（图37，照片157、158）

**Asarum himalaicum** Hook. f. & Thoms. ex Klotzsch, Monatsber. Königl. Akad. Wiss. Berlin. 1: 585. 1859, as "*himalaycum*"; 秦岭植物志 1(2): 130-131. 1974; 中国植物志 24: 173. 1988; 黄土高原植物志 1: 169. 2000; Flora of China 5: 250. 2003.

多年生草本。根状茎横走，细长，直径1-2毫米，节间长2-3厘米，有多条纤维根。单叶互生，疏离；叶片心形或圆心形，长4-8厘米，宽6.5-11厘米，先端渐尖或短渐尖，基部心形，深凹成耳状，两侧裂片长2-4厘米，宽2.5-5厘米，顶端圆形，两面散生柔毛，叶背和叶缘的毛较长；叶柄长10-20厘米，有毛；芽苞叶卵圆形，长5-10毫米，宽约5毫米。花钟状，深紫红色或带有紫红色斑点；花梗细长，长3-7厘米，有毛，后渐脱落；花被在子房以上有短管，裂片长圆卵形，长和宽均约7毫米，上部外折，外折部分三角形，内面深紫色；雄蕊 12 枚，与花柱等长或稍长，花丝比花药长约 2 倍，药隔伸出，短锥形；子房半下位，具 6 棱，花柱合生，顶端辐射状 6 裂，柱头顶生。果近球状，直径约 1.2 厘米。花期 4-6 月，果期 6-7 月。

产秦巴山区及陇县，生于海拔 1800-2400 米的山地林下阴湿处；分布于甘肃、湖北、重庆、四川、贵州、西藏等地。印度、尼泊尔、不丹也产。

根和根状茎入药。

易危（VU）。

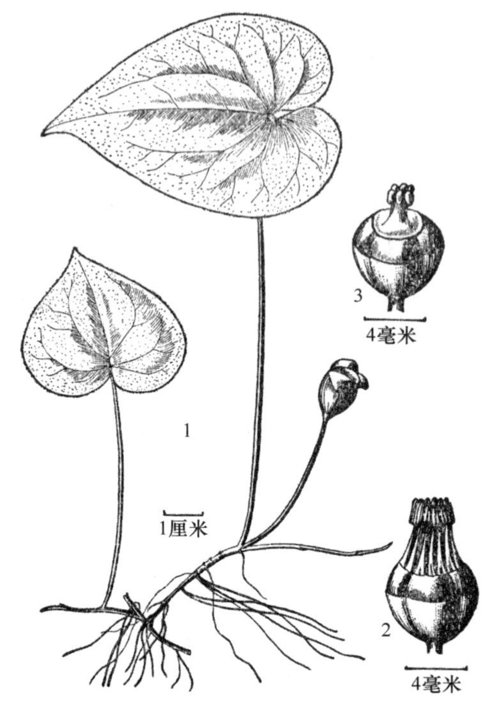


图 37. 单叶细辛 **Asarum himalaicum**

1. 开花植株；2. 去掉花被的花，示雄蕊；3. 去掉花被和雄蕊的子房，示柱头（引自《秦岭植物志》）。

（4）**细辛**　华细辛（陕西）、白细辛（秦岭）（图 38，照片 159、160）

**Asarum sieboldii** Miq., Ann. Mus. Bot. Lugd.-Bat. 2: 134. 1865; 秦岭植物志 1(2): 131-132. 1974; 中国植物志 24: 176. 1988; Flora of China 5: 251. 2003.

多年生草本。根状茎横走，直径 2-3 毫米，节间长 1-2 厘米，横断面乳白色，有香气，节处具多条须根。叶通常 2 枚，对生；叶片心形或卵状心形，长 4-11 厘米，宽 5-13 厘米，先端渐尖或急尖，基部深心形，两侧裂片长 1.5-4 厘米，宽 2-5.5 厘米，顶端圆形，两面疏被柔毛；叶柄长 8-18 厘米，无毛；芽苞叶圆肾形，长与宽各约 13 毫米，具紫色斑纹，边缘疏被柔毛。花钟状，暗紫色；花梗长 2-4 厘米；花被管钟状，直径 1-1.5 厘米，内壁有疏离纵向皱褶，花被裂片三角状卵形，长约 7 毫米，宽约 10 毫米，直立或近平展；雄蕊着生子房中部，花丝长 1-1.5 毫米，花药与花丝近等长，药隔突出，短锥形；子房半下位或近上位，花柱 6 枚，较短，顶端 2 裂，柱头侧生。果近球状，直径约 1.5 厘米，成熟时棕黄色。花期 4-5 月，果期 5-6 月。

产秦巴山区，生于海拔 1000-2000 米的山地林下；分布于东北及甘肃、江苏、浙江、湖北、四川等地。朝鲜半岛也产。

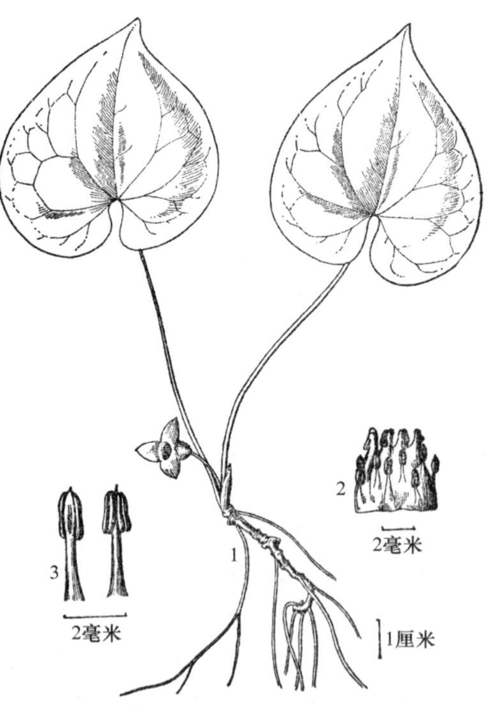


图 38. 细辛 **Asarum sieboldii**

1. 植株；2. 雄蕊和柱头；3. 雄蕊，示背面和腹面（引自《秦岭植物志》）。

全草入药，亦含有芳香油，主要成分为甲基丁香酚。

易危（VU）。

### （5）杜衡

**Asarum forbesii** Maxim., Bull. Acad. Imp. Sci. Saint-Pétersbourg 31: 92. 1887; 中国植物志 24: 182. 1988; Flora of China 5: 252. 2003.

多年生草本。根状茎短，节间长 0.5-1 厘米，下端有多数须根；根丛生，稍肉质，直径 1-2 毫米。单叶，通常 1-2 枚，互生于茎端；叶片宽心形至肾状心形，长和宽均为 3-8 厘米，先端钝或圆，基部心形，两侧裂片长 1-3 厘米，宽 1.5-3.5 厘米，表面深绿色，中脉两侧有白色斑块，边缘和脉上具细柔毛，背面浅绿色；叶柄长 3-15 厘米；芽苞叶肾状心形或倒卵形，长和宽均约 1 厘米，边缘具睫毛。花暗紫色；花梗长 1-2 厘米；花被管钟状，长 1-1.5 厘米，直径 8-10 毫米，喉部不缢缩，喉孔直径 4-6 毫米，膜环极窄，宽不足 1 毫米，内面暗紫色，具格状网眼，花被裂片直立，卵形，长 5-7 毫米，宽和长近相等，基部平滑且无乳突皱褶；雄蕊 12 枚，药隔稍伸出；子房半下位，花柱 6 枚，离生，顶端 2 裂，柱头卵状，侧生。蒴果肉质。种子多数，黑褐色。花期 4-5 月，果期 5-6 月。

产略阳、留坝、南郑等地，生于海拔 1500-2000 米的山坡林下；分布于安徽、河南、湖北、江苏、江西、四川、浙江等地。

全草入药，有小毒；根状茎含有芳香油。

《陕西中草药》中有 1 个细辛属的裸名——长花细辛（黄细辛）(*Asarum longiflorum* C. Y. Cheng & C. S. Yang)，其可能依据的标本保存于陕西省西安植物园植物标本室（XBGH），采集号为“陕西中草药标本 1353”，采自平利县，俗名“黄细辛”。该份标本曾被鉴定为杜衡。经解剖发现，该份标本的花被管长约 2.5 厘米，宽 1.5 厘米，花被裂片中部具密集乳突，花被管口具 1-1.5 毫米宽的膜环，不同于杜衡，也与陕西已知的其他细辛属植物不同。由于缺乏更多材料，尚无法确定其具体种类，暂记载于此，待采集到更多材料后，再做研究。

### （6）巴山细辛　马蹄细辛（图 39）

**Asarum bashanense** Z. L. Yang, 西北植物学报 5: 50. 1985; Flora of China 5: 252. 2003.

多年生草本。根肉质丛生，淡黄色，直径 2-3 毫米，长 6-20 厘米。根状茎近直立或平卧，直径约 2-5 毫米，节间长 8-15 毫米。单叶互生，通常 2-3 枚；叶片多为卵状心形，稀三角状卵形，长 6-17 厘米，宽 5-16 厘米，先端渐尖或短渐尖，基部深心形，两侧裂片圆形下垂或向外展开，表面深绿色，有时沿脉具淡绿色条纹，有短毛，背面绿色，有时微带紫色，无毛；叶柄长 8-25 厘米，近无毛或疏被细柔毛；芽苞叶常 2-3 枚，膜质，卵形或卵状披针形，长约 1.5 厘米，宽约 1 厘米，边缘疏被柔毛。花暗紫色至浅紫红色；花梗长 1-5 厘米；花被管短筒状，长约 0.9 厘米，直径 1-1.5 厘米，有时上部稍向外扩大，但绝不呈明显的突环，喉部稍收缩，膜环宽约 1 毫米，喉口直径约 1 厘米，向下具网眼；花被裂片宽卵形，长 1.5-2 厘米，宽 2-2.5 厘米，两侧常反折下垂，有时平展，基部具圆弧状乳突；雄蕊 12 枚，长 2-4 毫米，花丝近无，药隔伸出，短舌状，长约 1 毫米；子房半下位，花柱 6 枚，离生，顶端短微缺或 2 裂，柱头近顶生。果近球状，直径约 1.5 厘米，棕黄色。花期 4-5 月。

见于南郑（小坝乡）、宁强、勉县等地，生于海拔 900 米左右的山坡林下；分布于四川。

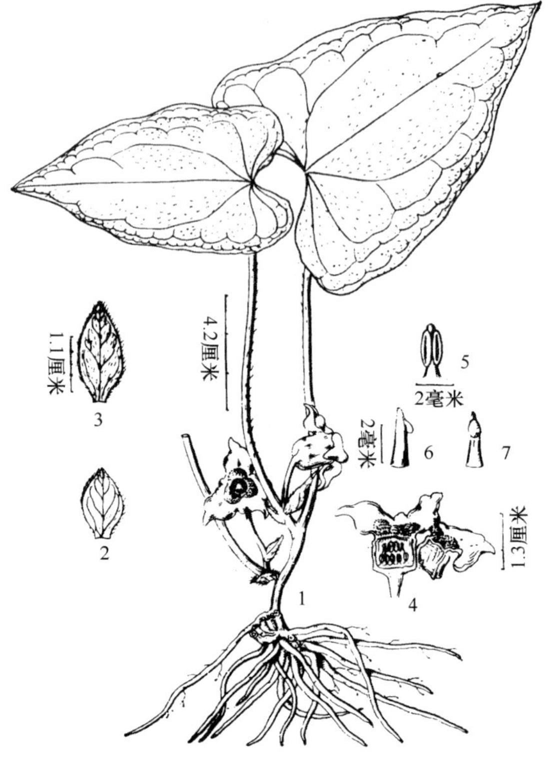


图 39. 巴山细辛 **Asarum bashanense**

1. 植株；2、3. 芽苞叶；4. 花纵剖；5. 雄蕊；6. 花柱侧面观；7. 花柱背面观（引自《西北植物学报》，宋良科绘）。

## 3. 马兜铃属 **Aristolochia** L.

Sp. Pl. 960, 1753; 秦岭植物志 1(2): 126. 1974; 中国植物志 24: 199. 1988; Flora of China 5: 258. 2003.

藤本，稀亚灌木或小乔木，常具块状根。叶互生，全缘或 3-5 裂，基部常心形，叶脉羽状或掌状 3-7 出，无托叶，具柄。花左右对称，单生、腋生或成束排为短的总状花序生于老茎上；苞片着生于总花梗和花梗基部或近中部；花被 1 轮，花被管基部常膨大，形状各异，中部管状，劲直或弯曲，檐部展开或形成各种形状，常边缘 3 裂，稀 2-6 裂，或一侧分裂成 1 或 2 个舌片，形状和大小变异极大，颜色艳丽而常有腐肉味；雄蕊 6 枚，稀 4 或 10 枚或更多，围绕合蕊柱排成 1 轮，常成对或逐个与合蕊柱裂片对生，花丝缺，花药外向，纵裂；子房下位，6 室，稀 4 或 5 室或子房室不完整；侧膜胎座稍凸起或常于子房中央靠合或连接；合蕊柱肉质，顶端 3-6 裂，稀多裂，裂片短而粗厚，稀线形；胚珠多数，排成 2 行或在侧膜胎座两边单行叠置。蒴果，室间开裂或沿侧膜处开裂。种子多数，扁平或背面凸起，腹面凹入，常藏于内果皮中，很少埋藏于海绵状纤维质体内，种脊有时增厚，或呈翅状，种皮薄壳质或坚硬；胚乳肉质，丰富，胚小。

本属约 400 种，分布于亚洲、非洲和美洲的热带和温带地区，其中以南美洲热带地区的种类最丰富。中国有 45 种，广布于南北各地，以西南和华南地区较多；陕西产 5 种。

本属多种植物可入药，但近年研究表明本属几乎所有种类均含有毒的马兜铃酸等物质，使用时应谨慎。

### 分种检索表

1. 木质藤本；花被管檐部常 3 裂；蒴果圆柱形或椭球形，明显具棱，由上向下开裂 ········ 2
1. 缠绕草本；花被管檐部一侧极短，另一侧延伸成较长的舌片；蒴果卵球形或球形，不具棱，由基部向上开裂 ········ 4

2. 叶多型，稀单型，长明显大于宽，边缘深裂或浅裂，稀全缘……………………………（1）异叶马兜铃 **A. kaempferi** Willd.
2. 叶单型，长宽近相等，边缘全缘……………………………3
3. 花较大，开放时檐部直径 4-6 厘米……………………………（2）关木通 **A. manshuriensis** Kom.
3. 花较小，开放时檐部直径 2-3.5 厘米……………………………（3）寻骨风 **A. mollissima** Hance
4. 叶基深心形；花数朵簇生于叶腋；花被管檐部舌片顶端长渐尖，并延伸成为线形且弯扭、长 2-3 厘米的尾尖……………………………（4）北马兜铃 **A. contorta** Bunge
4. 叶基戟形；花单生于叶腋；花被管檐部舌片顶端渐尖或短尖……………………………（5）马兜铃 **A. debilis** Siebold & Zucc.

### （1）异叶马兜铃 汉中防己、青木香（《秦岭植物志》）（图 40，照片 161、162）

**Aristolochia kaempferi** Willd., Sp Pl. 4(1): 152. 1805; Flora of China 5: 261. 2003. ——*A. heterophylla* Hemsl., Journ. Linn. Soc. Bot. 26: 361. 1891; 秦岭植物志 1(2): 128. 1974. ——*A. kaempferi* Willd. f. *heterophylla* (Hemsl.) S. M. Hwang, 植物分类学报 19(2): 239 1981; 中国植物志 24: 207. 1988; 陕西树木志: 209. 1990.

半木质藤本，长可达 6 米。根粗壮，圆柱形，直径可达 4 厘米，外皮黄褐色，揉之有芳香，味苦。茎多分枝，幼时密被棕褐色柔毛，后渐脱落，老枝近无毛，表面暗褐色，具纵纹，基部木质。单叶互生；叶片纸质，叶形多变，通常卵形、卵状心形、卵状披针形或戟状耳形，长 5-18 厘米，下部宽 4-8 厘米，中部宽 2-5 厘米，中上部两侧常内凹或 3 浅裂，顶端短尖或渐尖，基部心形，两侧耳状圆裂片常较宽大，两面被柔毛；叶柄长 1.5-5 厘米，密被柔毛。花单生，稀 2 朵聚生于叶腋；花梗长 2-7 厘米，有棕色柔毛，中下部具 1 枚小苞片，偶具 2 枚；小苞片卵形或披针形，长 5-10 毫米，有棕色柔毛，无柄或具短柄；花被外面黄绿色，有淡棕色长柔毛；花被管长 3-5 厘米，近中部急剧弯曲成“U”形，基部囊状，直径约 1 厘米，弯曲后缩小变窄，直径约 5 毫米，内面具紫色斑纹，檐部盘状，近圆形，直径 2-3 厘米，边缘 3 浅裂，裂片平展，宽卵形，近等大或下方一片稍大，顶端短尖，表面暗紫色，喉部黄色，内面具紫色条纹；雄蕊 6 枚，花药长圆形，成对贴生于合蕊柱近基部，并与其裂片对生；子房圆柱形，长 6-12 毫米，具 6 棱，密被长绒毛；合蕊柱近椭球形，顶端 3 裂；裂片顶端圆形，有时再 2 裂，边缘向下延伸，有时稍翻卷，具疣状凸起。蒴果下垂，纺锤形或椭球形，长 3-7 厘米，直径 2-3 厘米，成熟时暗褐色，由上向下沿室间开裂；果梗长 5-6 厘米。种子三角状倒卵形，长约 5 毫米，宽约 4 毫米，背面平凸状，腹面凹入，中间具种脊，脐部有白色绢毛。花期 5-6 月，果期 7-8 月。

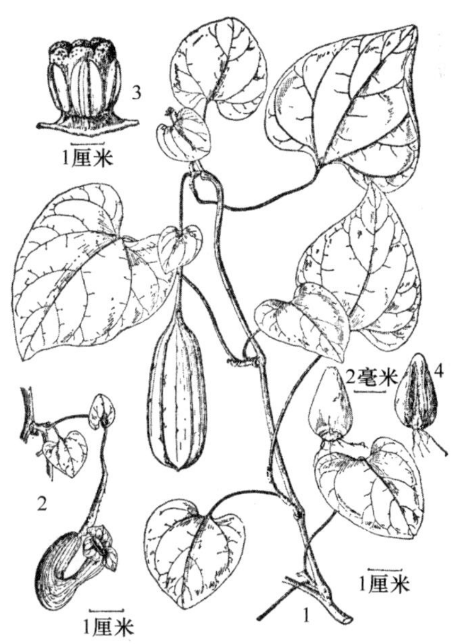


图 40. 异叶马兜铃
**Aristolochia kaempferi**
1. 果枝；2. 花枝；3. 合蕊柱和贴生雄蕊；4. 种子（引自《秦岭植物志》）。

产秦岭南坡、巴山等地，生于海拔 1000-1800 米的山坡灌丛或林缘；分布于甘肃、安徽、台湾、湖北、重庆、四川等地。日本也产。

根、茎及种子可入药。

（2）**关木通** 木通马兜铃（《中国植物志》）（图 41，照片 163）

**Aristolochia manshuriensis** Kom., Act. Hort. Peterop. 22: 112. 1903; 秦岭植物志 1(2): 127. 1974; 中国植物志 24: 210. 1988; 陕西树木志: 208. 1990; 黄土高原植物志 1: 171. 2000; Flora of China 5: 262. 2003.

木质藤本，长 7-13 米。幼枝深紫色，密被白色长柔毛，后脱落无毛；茎灰白色，基部直径 2-8 厘米，表面散生淡褐色长圆形皮孔，具纵皱纹或老茎具增厚又长条状纵裂的木栓层。叶革质，心形或卵状心形，长 7-14 厘米，宽 8-15 厘米，顶端钝圆或稍尖，基部心形至深心形，弯缺深 1-4.5 厘米，全缘，表面初被毛，后渐脱落，背面初密被白色长柔毛，后渐稀疏，基出脉 5-7 条；叶柄长 5-10 厘米，无毛。花单生，稀 2 朵聚生于叶腋；花梗长 1-3 厘米，常向下弯垂，中部具小苞片；小苞片卵状心形或心形，长约 1 厘米，近无柄；花被管中部呈“U”形弯曲，下部管状，长 5-7 厘米，直径 1.5-2.5 厘米，外面粉红色，具绿色纵脉纹，檐部圆盘状，直径 4-6 厘米，内面暗紫色而有稀疏乳头状凸起，外面绿色，有紫色条纹，边缘 3 浅裂，裂片平展，宽三角形，喉部圆形并具领状环；花药长圆形，黄色，成对贴生于合蕊柱基部，并与其裂片对生；子房圆柱形，长 1-2 厘米，具 6 棱，被白色长柔毛；合蕊柱顶端 3 裂；裂片顶端尖，边缘向下延伸并向上翻卷，皱波状。蒴果长圆柱形，暗褐色，有 6 棱，长 9-11 厘米，直径 3-4 厘米，成熟时由上向下开裂成 6 瓣。种子三角状心形，长宽均 6-7 毫米，干燥时灰褐色，背面平凸状，具小疣点。花期 6-7 月，果期 8-9 月。

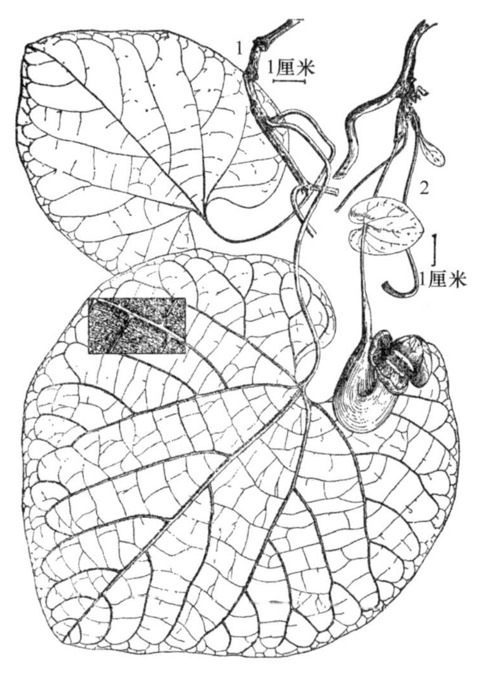

图 41. 关木通 **Aristolochia manshuriensis**
1. 枝叶；2. 花枝（引自《秦岭植物志》）。

产陇县、秦岭北坡及镇安、紫阳、佛坪等地，通常生于海拔 2000 米以下的山地林中；分布于东北、华北及甘肃、四川等地。

茎可入药，称为木通。

（3）**寻骨风**（照片 164）

**Aristolochia mollissima** Hance, Act. Hort. Peterop. 22: 112. 1903; 秦岭植物志 1(2): 129. 1974; 中国植物志 24: 212. 1988; Flora of China 5: 262. 2003.

木质藤本。根细长，圆柱形。幼嫩枝密被白色长绵毛；老枝暗褐色，近无毛，干后常有纵槽纹。叶纸质，卵状心形，长 4-8 厘米，3-6 厘米，顶端钝圆，基部心形，基部两侧裂片较宽，弯缺深 1-2 厘米，边缘全缘，表面被糙伏毛，背面密被灰色或白色长绵毛，基出脉 5-7 条；叶柄长 2-4 厘米，密被白色长绵毛。花单生于叶腋；花梗长 1.5-3 厘米，直立或近顶端向下弯，中部或中部以下有小苞片；小苞片卵形或狭卵形，长 5-15 毫米，宽 3-10 毫米，无柄，顶端短尖，两面被毛；花被管中部弯曲，下部长 1-1.5 厘米，直径 3-6 毫米，弯曲处至檐部较下部短而狭，外面密被白色长绵毛，内面无毛；檐部盘状，圆形，直径 2-2.5 厘米，内面无毛或稍被微柔毛，淡黄色且具紫色网纹，外面密生白色长绵毛，边缘 3 浅裂，裂片平展，宽三角形，顶端短尖或钝；喉部近圆形，直径 2-3 毫米，稍呈领状凸起，紫色；花药长圆形，成对贴生于合蕊柱近基部，并与其裂片对生；子房圆柱形，长约 7 毫米，密被白色长绵毛；合蕊柱顶端 3 裂；裂片顶端钝圆，边缘向下延伸，并具乳头状凸起。蒴果椭圆状倒卵形，长 3-5 厘米，直径 1.5-2 厘米，具 6 条呈波状或扭曲的棱或翅，暗褐色，密被细绵毛或有时脱落无毛，成熟时自上向下 6 瓣开裂。种子卵状三角形，长约 4 毫米，宽约 3 毫米，背面平凸状，具皱纹和隆起的边缘，腹面凹入，中间具膜质种脊。花期 5-6 月，果期 8-10 月。

产勉县、丹凤等地，生于海拔 600-1500 米的山坡草丛中；分布于山西、山东、江苏、安徽、浙江、江西、河南、湖北、湖南、贵州等地。

全株药用。

（4）**北马兜铃** 臭瓜瓜（图 42，照片 165、166）

**Aristolochia contorta** Bunge, Enum. Pl. China Bor. 58. 1833; 秦岭植物志 1(2): 126. 1974; 中国植物志 24: 233. 1988; 黄土高原植物志 1: 172. 2000; Flora of China 5: 267. 2003.

多年生缠绕草本。茎长达 2 米以上，绿色，无毛，干后有纵槽纹。叶纸质，卵状心形或三角状心形，长 3-13 厘米，宽 3-10 厘米，顶端短尖或钝，基部心形，两侧裂片圆形，下垂或扩展，长约 1.5 厘米，边缘全缘，两面均无毛，基出脉 5-7 条；叶柄长 1.5-7 厘米。总状花序有花 3-10 朵，或有时仅 1 朵，腋生；花序梗和花序轴极短；花梗长 1-2 厘米，无毛，基部有小苞片；小苞片卵形，长约 1.5 厘米，宽约 1 厘米，具长柄；花被长 2-3 厘米，基部膨大成球形，直径达 6 毫米，向上收狭成一长管，管长约 1.4 厘米，绿色，外面无毛，内面具腺状毛，管口扩大成漏斗状；檐部一侧极短，另一侧渐扩大成舌片，舌片卵状披针形，黄绿色，常具紫色纵脉和网纹，顶端具长 1-3 厘米、线形而弯扭的尾尖；雄蕊 6 枚，花药长圆形，贴生于合蕊柱近基部，并单个与其裂片对生；子房圆柱形，长 6-8 毫米，6 棱；合蕊柱顶端 6 裂，裂片渐尖，向下延伸成波状圆环。蒴果宽倒卵形或椭圆状倒卵形，长 3-6.5 厘米，

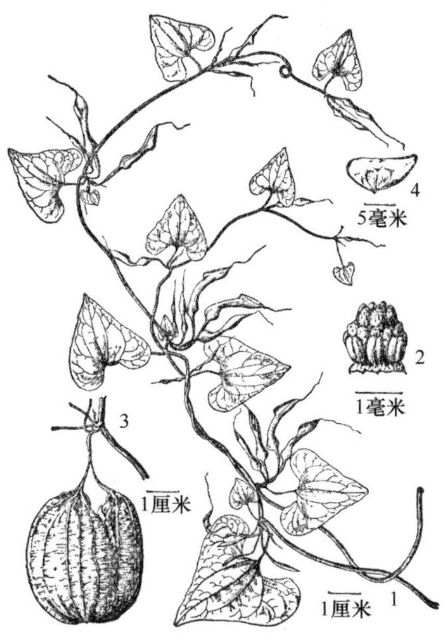

图 42. **北马兜铃 Aristolochia contorta**
1. 花枝；2. 合蕊柱和雄蕊；3. 果实；4. 种子（引自《秦岭植物志》）。

直径2.5-4厘米，顶端圆形而微凹，6棱，平滑无毛，成熟时黄绿色，由基部向上6瓣开裂；果梗下垂，长2.5厘米，随果开裂。种子三角状心形，灰褐色，长宽均为3-5毫米，扁平，具小疣点，具宽2-4毫米、浅褐色的膜质翅。花期6-7月，果期8-10月。

产秦巴山区及富县、延安、宜川、黄龙、宜君、旬邑、长武、乾县、陇县、麟游、岐山等地，生于海拔500-1500米的山地灌丛、溪旁或路边；分布于东北、华北及河南、甘肃等地。日本、朝鲜半岛、俄罗斯西伯利亚地区也产。

茎叶称天仙藤，果称马兜铃，根称青木香，均可入药。

（5）**马兜铃**（照片167、168）

**Aristolochia debilis** Siebold & Zucc., Abh. Bayer. Akad. Wiss. Math. Phys. 4(3): 197. 1864; 秦岭植物志1(2): 127. 1974; 中国植物志24: 233. 1988; Flora of China 5: 267. 2003.

多年生缠绕草本。根圆柱形，直径3-15毫米，外皮黄褐色；茎柔弱，光滑，幼时暗紫色或绿色，后变灰白色，有腐肉味。叶纸质，卵状三角形、长圆状卵形或戟形，长3-6厘米，宽1.5-5厘米，顶端钝圆或短渐尖，基部心形，两侧裂片圆形，下垂或稍扩展，长1-1.5厘米，边缘全缘或微波状，两面无毛，基出脉5-7条；叶柄长0.5-1.5厘米。花单生于叶腋；花梗长1-1.5厘米，开花后近顶端常稍弯，基部具小苞片；小苞片三角形，长2-3毫米，易脱落；花被长3-5.5厘米，基部膨大成球形，与子房连接处具关节，直径3-6毫米，向上收狭成一长管，管长2-2.5厘米，直径2-3毫米，管口扩大成漏斗状，黄绿色，口部有紫斑，外面无毛，内面有腺状毛；檐部一侧极短，另一侧渐延伸成舌片，舌片卵状披针形，向上渐狭，长2-3厘米，顶端钝；雄蕊6枚，花药卵形，贴生于合蕊柱近基部，并单个与其裂片对生；子房圆柱形，长约10毫米，具6棱；合蕊柱顶端6裂，稍具乳头状凸起，裂片顶端钝，向下延伸形成波状圆环。蒴果近球形，顶端圆形而微凹，长约6厘米，直径约4厘米，具6棱，成熟时黄绿色，由基部向上沿室间6瓣开裂；果梗长2.5-5厘米，常撕裂成6条。种子扁平，钝三角形，长宽均约4毫米，边缘具白色膜质宽翅。花期7-8月，果期9-10月。

产略阳、镇巴、西乡、洋县、镇坪、柞水等地，生于海拔500-1800米的山地灌丛中、林下；分布于长江流域及其以南地区和山东、河南等地。日本也产。

茎叶称天仙藤，果称马兜铃，根称青木香，均可入药。

# 木兰目 **Magnoliales** Juss. ex Bercht. & J. Presl

## 十五　木兰科 **Magnoliaceae** Juss.

王亚玲（陕西省西安植物园）

乔木或灌木，落叶或常绿。植物体内含芳香油。小枝有环状托叶痕。单叶互生，有时集生枝顶，呈假轮生状；具叶柄；全缘，稀分裂，羽状脉；托叶早落，与叶柄贴生或离生，如贴生，则叶柄具托叶痕。花大，顶生或腋生，单生，稀2-3朵簇生；花两性，稀杂性（雄花和两性花异株）或雌雄异株；具1或数片佛焰苞状苞片包被花被片；花被片6-12(-48)片，排成2至多轮，每轮3-4(-6)片，常肉质，或外轮近革质或膜质；雄蕊及雌蕊均多数，离生，螺旋状排列于伸长的花托上；花药线形，2室，内向或侧向纵裂，花丝粗短，药隔常在先端伸出成长或短的尖头；雌蕊群无柄或具柄，心皮离生或合生；子房上位，1室，每室有2-14枚胚珠，两列着生于腹缝线上。聚合果由数个至数十个（稀百余个）相互分离或合生的蓇葖或翅状小坚果组成；成熟蓇葖果木质、骨质或革质，稀厚木质或肉质，常沿背缝线开裂、腹缝线开裂、背腹同时开裂、周裂或不规则开裂，如为翅果状小坚果则不开裂。蓇葖内具种子1-12枚，悬垂于一白色丝状而有弹性的假珠柄上；外种皮红色革质，中种皮肉质，富含油脂，内种皮硬骨质；如为具翅小坚果，则外种皮和内果皮愈合；胚细小，倒生；胚乳丰富，富含油脂。

本科有17属约300种，主要分布于亚洲东部和东南部、北美洲东南部、中美洲及南美洲北部。中国有13属112或108种，主要分布于东南至西南地区。陕西产8属18种，其中5属13种仅见栽培。

本科分类系统有2属和17属的分类争议，本志采用相对方便交流的17属系统。

木兰科是被子植物中较原始的类群，有重要的系统研究价值；兼具药用、香料和材用等经济用途；多数种类花大、美丽、芳香，树姿雄伟，是重要的园林树种。

## 分属检索表

1. 叶4-10裂，先端近截形或宽阔的凹缺；药室外向开裂；聚合果纺锤状；成熟心皮翅果状不开裂；种皮与果皮愈合……1. **鹅掌楸属 Liriodendron** L.
1. 叶全缘，稀先端2裂；药室内向或侧向开裂；聚合果球形、卵球形、长圆体形或圆柱形；成熟心皮为蓇葖，沿背缝线或腹缝线开裂或周裂，很少连合成厚木质或肉质，不规则开裂；种皮与果皮分离……2
2. 花顶生或腋生；花药侧向开裂……3
2. 花顶生；花药内向开裂……4
3. 落叶乔木或灌木；花顶生于枝端，偶腋生……7. **玉兰属 Yulania** Spach
3. 常绿乔木或灌木；花着生于叶腋，稀顶生……8. **含笑属 Michelia** L.
4. 花两性或杂性；小枝节间密而呈竹节状；雌蕊群具短柄……2. **拟单性木兰属 Parakmeria** Hu & W. C. Cheng
4. 花两性；小枝节间不呈竹节状；雌蕊群无柄……5
5. 每心皮有3-12枚胚珠；叶革质；常绿或落叶乔木……3. **木莲属 Manglietia** Blume
5. 每心皮具2枚胚珠；叶纸质或厚革质；常绿或落叶乔木或灌木……6
6. 落叶乔木……4. **厚朴属 Houpoëa** N. H. Xia & C. Y. Wu
6. 常绿乔木或灌木……7
7. 托叶与叶柄离生，叶柄无明显托叶痕……5. **木兰属 Magnolia** L.
7. 托叶与叶柄贴生，叶柄留有明显托叶痕……6. **长喙木兰属 Lirianthe** Spach

## 1. 鹅掌楸属 **Liriodendron** L.

Sp. Pl. 1: 535. 1753; 陕西树木志: 283. 1990; 中国植物志 30(1): 194. 1996; Flora of China 7: 90. 2008.

落叶大乔木。树皮灰白色，纵裂成小块状脱落；小枝具分隔髓心。冬芽卵形，为2片贴合的托叶包被。幼叶在芽中对折，向下弯垂。叶互生，螺旋状排列，具长柄；托叶与叶柄离生；叶片先端截形或微凹，近基部具1对或2对侧裂片。花两性，无香气，单生枝顶，先叶后花；花被片通常9片，3片1轮；雄蕊多数，药室外向开裂；雌蕊群无柄，心皮多数，分离，螺旋状排列，最下部的不育；每心皮具2枚胚珠，自子房顶端下垂。聚合果纺锤形；成熟心皮木质，顶端延伸成翅状，成熟时自花托脱落，花托宿存。种皮与内果皮愈合；种子1-2枚，种皮薄而干燥，胚藏于胚乳中。

本属野生仅2种，分布于亚洲东部和北美洲东部。中国有2种；陕西产2种，其中1种仅见栽培。

## 分种检索表

1. 叶近基部每边通常只有1片侧裂片；花被片长3-4厘米，内2轮花被片绿色，具黄色纵条纹；雄蕊长约2厘米；雌蕊群超出花被片……………………………………（1）**鹅掌楸 L. chinense** (Hemsl.) Sarg.
1. 叶近基部每边有2或3片侧裂片；花被片长4-6厘米，内2轮花被片的中下部具橙色斑，中上部淡绿色；雄蕊长约3厘米；雌蕊群不超出花被片…………………………（2）**北美鹅掌楸 L. tulipifera** L.

### （1）**鹅掌楸** 马褂木（照片169、170）

**Liriodendron chinense** (Hemsl.) Sarg., Trees & Shrubs 1: 103. 1903; 陕西树木志: 283. 1990; 中国植物志 30(1): 196. 1996; Flora of China 7: 91. 2008.

落叶大乔木。高达40米，胸径可达1米以上；树皮灰白色；小枝灰色或灰褐色。叶柄长5-12(16)厘米；叶纸质，马褂形，长4-12(-19)厘米，宽3-9.5(-23)厘米，基部圆或浅心形，两侧近基部各有1片裂片，裂片顶端钝或急尖，叶先端平截或微凹，正面绿色，反面灰绿色，侧脉每边6-7条。花单生枝顶，杯状；花梗长1.5-2厘米；花被片9片，外轮3片薄革质，花开时向下斜展，淡绿色，内2轮6片薄肉质，花开时直立，绿色、黄绿色，具黄色纵条纹，倒卵形，长3-4厘米；花丝长0.5-0.6厘米，花药长1.0-1.7厘米；花期雌蕊群超出花被片，黄绿色。聚合果长7-9厘米；具翅小坚果长0.6-0.7厘米，先端圆钝至小短尖，具1-2枚种子。花期4-5月，果期9-10月。

产西乡、汉中、镇巴、岚皋、镇坪，生于海拔650-1160米的山地疏林中；关中和陕南偶见栽培，供观赏；安徽、浙江、江西、湖北、湖南、福建、广西、贵州、云南、四川有分布。越南北部也有分布。栽培广泛。

木材细密，为优良的用材树种；树干挺直，树冠宽广雄伟，叶形如马褂，花杯状黄绿色，秋叶金黄，为珍贵的园林绿化观赏树种之一。

国家二级重点保护野生植物。

### （2）**北美鹅掌楸**（照片171）

**Liriodendron tulipifera** L., Sp. Pl. 1: 535. 1753; 中国植物志 30(1): 198. 1996.

落叶大乔木。树皮深纵裂，小枝褐色或紫褐色。叶长7-12厘米，近基部每边有2或3片侧裂片，先端2浅裂，幼叶背被白色细毛，后脱落无毛，叶柄长5-10厘米。花被片通常9片，外轮3片淡绿色，花期向下斜展或下垂，内2轮6片，花期直立，卵形，长4-6厘米，中下部具橙色斑，中上部淡绿色；花药长1.5-2.5厘米，花丝长1-1.5厘米；

雌蕊群黄绿色，花期不超出花被片之上。聚合果长约 7 厘米；具翅的小坚果长约 5 毫米，顶端急尖。花期 5 月，果期 9-10 月。

关中及陕南地区庭园中偶见栽培；中东部及广州、昆明等地有栽培。原产于北美洲东南部。

材质优良，淡黄褐色，纹理密致美观，易加工，在原产地为重要用材树种之一；亦栽培供绿化及观赏。

**杂交鹅掌楸**[①] 杂交马褂木（照片 172）

**Liriodendron chinense** (Hemsl.) Sarg. × **L. tulipifera** L.

落叶大乔木。树皮棕色或棕褐色，具纵裂纹。叶两侧近基部每边具 2、1 或 3 片裂片。花被片通常 9 片，外轮薄革质，淡绿色，内 2 轮肉质，黄色、黄绿色、橙黄色。花被片长度、雄蕊长度、聚合果的形状与大小，介于鹅掌楸与北美鹅掌楸之间。花期 4-5 月，果期 10 月。

关中及陕南地区的行道、庭园常见树种，供绿化及观赏；北京、山东、云南及长江流域也有栽培。

本杂交种为南京林业大学著名林业育种专家叶培忠教授与他的助手于 1963 年以鹅掌楸为母本，与北美鹅掌楸杂交后选育而成。杂交鹅掌楸的杂种优势明显，生长速度快，对干旱和霜冻的抗性较好，是良好的庭园和园林绿化树种；木材细致均匀，色浅，易干燥加工，纤维较长，是优良的用材及造纸制浆树种。

## 2. 拟单性木兰属 **Parakmeria** Hu & W. C. Cheng

植物分类学报 1: 1. 1951; 中国植物志 30(1): 143. 1996; Flora of China 7: 69. 2008.

常绿大乔木，全株无毛。小枝节间呈竹节状；顶芽芽鳞裂为 2 瓣。幼叶在芽内不对折而包被幼芽；叶柄无托叶痕；叶全缘。花单生枝顶，两性或杂性（雄花与两性花异株）；具 1 片佛焰苞状苞片包被花被片；花被片 9-12 片，外轮 3 片近革质，具纵脉纹，内 2-3 轮肉质，近同形，向内渐小；雄花：雄蕊 10-75 枚，着生于圆锥状花托上，花丝短，花药线形，内向开裂，花梗与花托一起脱落；两性花：花被片与雄花同形，雄蕊 10-35 枚；心皮 10-20 枚，具明显的雌蕊群柄，心皮发育时全部相互愈合，每心皮具 2 枚胚珠。成熟聚合果椭球体或倒卵球形，因部分心皮不育常形状不一，雌蕊群柄形成的果柄不伸长；蓇葖木质，沿背缝线及顶端开裂。种子 1-2 枚，悬垂于丝状而有弹性的假珠柄上，外种皮红色或黄色，内种皮硬骨质，具顶孔。

本属约 5 种，分布于中国和缅甸北部。中国有 5 种，分布于西南至东南部；陕西栽培 1 种。

**（1）乐东拟单性木兰**（照片 173、174）

**Parakmeria lotungensis** (Chun & C. H. Tsoong) Y. W. Law, 植物分类学报 34(1): 91. 1996; 中国植物志 30(1): 147. 1996; Flora of China 7: 70. 2008.

常绿乔木。高达 30 米，胸径可达 30 厘米；全株无毛。树皮深灰或灰褐色；一至三

① 人工杂交种。

年生枝黄绿色至绿色，节间密，呈竹节状，老枝灰色，具明显皮孔。叶革质，狭椭圆形、狭倒卵状椭圆形或长圆形，长6-12.5厘米，宽2-4.5厘米，先端急尖或渐尖，基部楔形或狭楔形；上面深绿色，有光泽，下面灰绿色，略被白粉，中脉在两面凸起；叶柄长1-2厘米；无明显托叶痕。花清香，杂性；花梗具1片佛焰苞状苞片；雄花：花被片9-14片，外轮3-4片，薄革质，淡黄绿色，倒卵状长圆形，内2-3轮肉质，淡黄或白色，倒卵状匙形，内轮稍狭小；雄蕊30-70枚，紫红色，花丝长，花药内向开裂，花托顶端长锐尖，有时可见雌蕊群柄；两性花：花被片与雄花相同，雄蕊10-35枚，雌蕊群卵球形，淡绿色，具短柄。成熟聚合蓇葖果椭圆状卵球形、卵状长圆形或倒卵球形，木质，淡绿色或红色，表面具白色皮孔，长3-6厘米，蓇葖愈合略凸起，沿背缝线开裂。种子椭圆形或卵圆形，外种皮红色，内种皮黑色。花期5月，果期9月。

西安、汉中、安康有栽培；原产于江西南部、福建、湖南、广东北部、海南、广西、贵州东南部、浙江南部。

树干通直，叶色亮绿，嫩叶深红色，花清香远溢，果实红艳夺目，耐阴性较强，耐寒性较好，对有毒气体有较强的抗性，是优良的绿化树种，适于公园、庭园等孤植、丛植，也可作行道树，长江以南地区可作造林树种；心材明显，供建筑、家具等用。

易危（VU）。

## 3. 木莲属 **Manglietia** Blume

Verh. Batav. Genootsch. Kunst. 9: 149. 1823; 中国植物志 30(1): 85. 1996; Flora of China 7: 52. 2008.

常绿乔木，稀落叶。托叶包着幼芽，下部贴生于叶柄，在叶柄上留有或长或短的托叶痕。叶柄基部膨大；叶革质，全缘，幼叶在芽中对折；花单生枝顶，两性，花被片常9-13片，通常3片1轮，大小近相等，外轮3片，薄革质，常绿色或带红色；花丝短，花药线形，内向开裂；雌蕊群无柄；心皮多数，螺旋状排列，离生，腹面全部与花托愈合，背面常具1条或在近基部具数条纵沟纹，每心皮具胚珠4枚或更多。成熟聚合果紧密，球形、卵球形、圆柱形或长圆状卵球形，蓇葖近木质，或厚木质，宿存于果托上，沿背缝线开裂，或同时沿腹缝线开裂，先端常具喙或无。

本属约40种，分布于亚洲热带和亚热带地区，以亚热带种类最多。中国有29或27种，主要分布于长江流域及其以南地区；陕西栽培1种。

### （1）**红花木莲** 红色木莲（照片175）

**Manglietia insignis** (Wall.) Blume, Fl. Javae 19-20(Magnoliaceae): 23. 1829; 中国植物志 30(1): 98. 1996; Flora of China 7: 56. 2008.

常绿乔木。树高可达30米，胸径可达40厘米。树皮深灰色、灰色或暗褐色，平滑；一至三年生小枝绿色，老枝深灰或土褐色，具明显皮孔和托叶环状纹；嫩枝和芽初被稀疏锈色或黄褐色柔毛，后脱落。叶革质，倒卵状椭圆形、倒披针形、长圆形或长圆状椭圆形，长8-26厘米，宽2-10厘米，先端短尾状、尾状渐尖或渐尖，基部楔形，上面深绿色，无毛，下面淡绿色，中脉在下面凸起，近无毛、疏被红褐色柔毛或散生平伏微毛；叶柄长 1-3.6 厘米，托叶痕为叶柄长的 1/4-1/3。花大，清香；花梗粗壮；花被片 9-12 片，外轮 3 片薄革质，倒卵状长圆形，淡绿色，中上部带红色，有时腹面紫红色，中内轮 6-9 片厚肉质，倒卵状匙形，中轮桃红色至紫红色，基部乳白色，内轮白色带淡红色或淡紫红色；雄蕊多数，花丝粉红色；雌蕊群长卵球形，淡绿色。成熟聚合蓇葖果卵状长圆形，淡紫红色，长 4-8 厘米；蓇葖愈合紧密，顶端具短喙，沿背缝线开裂。花期 5-6 月，果期 9 月。

汉中有栽培；零星分布于广西、贵州、四川西南部、云南、湖南西南部、西藏东南部、福建、江西。尼泊尔、越南、印度东北部、缅甸北部、泰国也有分布。

树形优美，枝叶繁茂，花艳丽芳香，果大而鲜红，适应性较强，病虫害少，为珍贵的庭园观赏及绿化树种；材质优良，可作家具用材；花可提取香料。

易危（VU）。

## 4. 厚朴属 **Houpoëa** N. H. Xia & C. Y. Wu

Flora of China 7: 64. 2008.

落叶乔木或灌木。树皮常灰色，光滑。小枝具环状托叶痕，托叶膜质，贴生于叶柄，在叶柄上留有托叶痕。叶螺旋状排列，常簇生和假轮生，在芽中折叠，幼时直立；叶片纸质，全缘或先端 2 浅裂。花单生枝顶，两性，大，芳香，具苞片 1 片；花被片 9-12 片，排成 3 或 4 轮，常白色、粉色、红色，内外几同形。雄蕊早落，花丝扁平，先端伸出形成小尖头，花药内向开裂；雌蕊群无柄，心皮多数；每心皮常具胚珠 2(-4)枚；花柱向外弯曲，上表面具乳突。成熟聚合果常圆柱状，紫红色，蓇葖革质或半木质，宿存于果托上，沿着背缝线开裂，具长喙。

本属共 9 种，主要分布于北美洲东部和东亚温带地区。中国有 3 种；陕西产 1 种。

### （1）**厚朴** 凹叶厚朴（图 43，照片 176、177）

**Houpoëa officinalis** (Rehder & E. H. Wilson) N. H. Xia & C. Y. Wu, Flora of China 7: 65. 2008. ——*Magnolia officinalis* Rehder & E. H. Wilson, in Sargent, Pl. Wilson. 1(3): 391. 1913; 秦岭植物志 1(2): 337. 1974; 陕西树木志: 279. 1990; 中国植物志 30(1): 119. 1996. ——*Magnolia officinalis* var. *biloba* Rehder & E. H. Wilson, in Sargent, Pl. Wilson. 1(3): 392. 1913. ——*Magnolia officinalis* subsp. *biloba* (Rehder & E. H. Wilson) Y. W. Law, 植物分类学报 34(1): 91. 1996; 中国植物志 30(1): 121. 1996.

落叶乔木。树高达 30 米。树皮厚，灰棕色至灰色，不开裂，揉之有香气；一至三年生小枝粗壮，绿色或淡黄色，略被白粉，有绢毛，老枝淡黄色，疏生皮孔；顶芽绿色，略被白粉，初时先端微被白色竖起绢毛，后脱落无毛。叶厚纸质，7-9 片聚生于枝顶，倒卵形或倒卵状长圆形，长 15-49 厘米，宽 7-24 厘米，先端急尖、圆钝、平截或凹缺成 2 片钝圆的浅裂片，基部楔形，稀宽楔形，边缘微波状起伏，上面绿色，无毛，下面灰绿色，密被白粉，幼时密被灰色糙毛，老时稀疏；叶脉在下面明显凸起，幼时密被灰色糙毛，后脱落，侧脉每边 17-23 条；叶柄粗壮，长 2.5-5 厘米，幼时密被灰色糙毛，后无毛，基部明显膨大；托叶痕为叶柄长的 1/2-2/3。花大，芳香；花蕾狭卵球形，花梗粗短，略具白粉；花被片 9-11(-18)片，外轮 3 片薄革质，淡绿色带淡红、浅粉或粉红色，倒卵状长圆形，顶端凹缺，花开时下垂，内2-3轮厚肉质，乳白色稍带淡红、红色，倒卵状匙形，最内轮较小；雄蕊多数，花丝紫红色至红色，药隔淡黄色；雌蕊群椭圆形或长卵形，绿色。成熟聚合蓇葖果长圆形或长卵圆形，红褐色，长9-15厘米，基部宽圆；蓇葖愈合紧密，沿背缝线开裂。外种皮薄肉质、红色，内种皮黑色。花期4月下旬至5月下旬，果期9月。

产于秦巴山区，常为栽培，野生的少见，生于海拔300-1500米的山地林间，关中地区偶有栽培；分布于甘肃、河南、安徽、湖北、湖南、四川、贵州、江西、福建。

叶大荫浓，花大美丽，可作庭园观赏树种；树皮、根皮、花、种子及芽皆可入药，以树皮为主，为传统中药；种子可榨油、制肥皂；木材供建筑、家具、雕刻、乐器等用。

国家二级重点保护野生植物。

图43. **厚朴 Houpoëa officinalis**
1. 花枝；2. 树皮（引自《陕西中草药》）。

## 5. 木兰属 Magnolia L.

Sp. Pl. 1: 535. 1753; 中国植物志 30(1): 108. 1996, p. p.; Flora of China 7: 61. 2008; 黄土高原植物志 1: 2. 2000, p. p.

常绿乔木或灌木。树皮常灰色，光滑或粗糙，有时具深沟或条状剥落；小枝具环状托叶痕，髓心连续或分隔；芽为盔帽状托叶包围，花蕾顶生。托叶膜质，分离或贴生于叶柄，在叶柄上留有或无托叶痕；单叶，螺旋状互生，幼叶在芽中直立，对折，叶革质，全缘。花单生枝顶，两性，雌蕊先熟。花丝扁平，药隔多延伸成短尖或长尖，药室内向开裂；无雌蕊群柄；每心皮具胚珠2枚。成熟聚合蓇葖果短圆柱形或近球形，蓇葖近革质，宿存于果托上，沿背缝线开裂。种子1-2枚，外种皮橙红色或鲜红色，薄肉质，内种皮坚硬，种脐有丝状假珠柄与胎座相连。

本属约20种，分布于中美洲、北美洲东南部。中国栽培1种；陕西栽培1种。

### （1）**荷花木兰** 荷花玉兰、广玉兰、洋玉兰（照片178、179）

**Magnolia grandiflora** L., Syst. Nat. ed. 10, 2: 1082. 1759; 中国植物志 30(1): 125. 1996; 黄土高原植物志 1: 503. 2000; Flora of China 7: 62. 2008.

常绿乔木。在原产地可高达30米。树皮淡褐色或灰色，薄鳞片状或条状开裂剥落；小枝粗壮，具横隔的髓心；小枝、芽、叶片下面、叶柄均密被褐色或灰褐色短绒毛，但幼树叶片下面无毛。叶柄长1.5-4 厘米，无明显托叶痕，具深沟；叶片厚革质，椭圆形、长圆状椭圆形或倒卵状椭圆形，长 10-20 厘米，宽 4-7(-10)厘米，基部楔形，先端钝或短钝尖，叶片上面深绿色，有光泽，初被红褐色短绒毛， 后无毛，叶下面，密被锈褐色、红褐色短绒毛；侧脉每边 8-10 条。花白色，芳香，直径 15-20 厘米；花被片 9-12 片，厚肉质，倒卵状匙形，长 6-10 厘米，宽 5-7 厘米；雄蕊长约 2 厘米，花丝扁平，乳白色，花药内向开裂；雌蕊群椭球体形，密被浅黄色绒毛，柱头向外卷曲。成熟聚合蓇葖果紧密，红褐色，圆柱状长圆形或卵球形，长 7-10 厘米，直径 4-5 厘米；蓇葖沿背缝线开裂，先端具喙。种子扁长圆球形，长约 14 毫米，外种皮红色，薄革质，内种皮薄骨质，浅黄色。花期 5-6 月，果期 9-10 月。

关中、陕南栽培广泛；黄河流域及其以南地区广泛栽培。原产于北美洲东南部。

庭园绿化观赏树种；木材黄白色，材质坚重，可供装饰材用；叶、幼枝和花可提取芳香油；花制浸膏；叶入药；种子榨油。

## 6. 长喙木兰属 **Lirianthe** Spach

Hist. Nat. Vég. Phan. 7: 485. 1839; Flora of China 7: 62. 2008.

常绿乔木或灌木。树皮常灰色，平滑或有时粗糙。托叶膜质，贴生于叶柄上。叶螺旋状互生，幼叶在芽中直立，对折；叶柄具托叶痕；叶片革质，全缘。花单生枝顶，两性，常芳香；具佛焰状苞片 1 至数枚；花被片 9-12 片，3 轮，常白色，偶黄色、粉色或红色，近相等；雄蕊早落或与花被片同落，花丝扁平，花药内向开裂，药隔延伸成短尖头；雌蕊群无柄；心皮分离，每心皮具 2(-4)枚胚珠。成熟聚合蓇葖果紧密，常椭圆体形；蓇葖革质或近木质，先端具喙，宿存于果托上，沿背缝线开裂。

本属约 12 种，分布于亚洲东南部热带及亚热带地区。中国有 8 种；陕西栽培 1 种。

### （1）**山玉兰** 土厚朴、野厚朴、野玉兰、优昙花（照片 180、181）

**Lirianthe delavayi** (Franch.) N. H. Xia & C. Y. Wu, Flora of China 7: 63. 2008. ——*Magnolia delavayi* Franch., Pl. Delavay. 1: 33. 1889; 中国植物志 30(1): 112. 1996.

常绿灌木或小乔木。树高 5-6 米，基径可达 20 厘米。树皮灰色至灰黑色；一至三年生小枝绿色，被淡黄色或白色平伏柔毛，老枝粗壮，具白色皮孔，残留有毛；芽被淡黄褐色平伏柔毛。叶厚革质，椭圆形或椭圆状卵形，长 8-25(-36)厘米，宽 4-12(-22)厘米，先端急尖或钝圆，稀微缺，基部宽圆形，有时微心形，边缘波状起伏，上面深绿色，初被稀疏灰黄色毛，后渐脱落无毛，下面初被白粉和长绒毛，后仅脉上残留有毛；中脉在上面平坦或凹下，残留有毛；叶柄长 5-9(-12)厘米，密被灰黄色长绒毛；托叶痕几达叶柄顶端。花芳香；花蕾椭球形，花梗直立，粗壮，被白粉；花被片 9-10 片，外轮 3 片绿色、淡绿色，薄革质，倒卵状长圆形或长圆形，内 2 轮 6-7 片厚肉质，乳白色，或淡粉色、粉红色至玫瑰红色，基部乳白色，倒卵状匙形，最内轮较狭小；雄蕊多数，花丝米黄色或紫红色，花药内向开裂；雌蕊群卵球形或长卵球形，被淡黄色细柔毛。成熟聚合蓇葖果长卵球形，绿色、黄绿色，长 10-13 厘米；蓇葖狭椭圆形或菱形，先端具长尖喙，沿背缝线开裂；每蓇葖具种子 1-2 枚，外种皮薄肉质，红色，内种皮骨质，黑色。花期 5 月，果期 9 月。

西安、汉中、安康有栽培；分布于云南、四川、贵州、西藏。

本种树冠婆娑，初夏时节乳白而芳香的大花盛开，衬以亮绿大叶，极其美丽，为珍贵的庭园观赏树种，也可作盆栽观赏，亦见于古刹寺庙入口处或大院里，不仅给游人带来凉爽与清香，同时也给寺庙增添了几分神秘的色彩；树皮可入药。

## 7. 玉兰属 **Yulania** Spach

Hist. Nat. Vég. Phan. 7: 462. 1839; Flora of China 7: 71. 2008.

落叶乔木或灌木。托叶贴生于叶柄上，在叶柄上留有托叶痕。叶螺旋状排列，互生，幼叶在芽中直立，对折；叶片纸质，全缘，偶先端凹陷。花单生于枝顶，偶生于叶腋，稀簇生于枝顶；花先叶开放或与新叶同时开放，花大而美丽，两性，常芳香；花被片 9-14(-45)片，3-4 轮，白色、粉色、红色、紫红色、黄色、绿色；外轮花被片花瓣状或萼片状；雄蕊多数，花丝扁平，花药侧向或内侧向开裂，药隔延伸成长或短的尖头；雌蕊群无柄；心皮分离，每心皮具胚珠 2 枚。成熟聚合蓇葖果圆柱形、长圆柱形，常因部分心皮不育而偏斜弯曲，蓇葖近木质，多沿背缝线开裂，偶沿腹缝线开裂，或沿背缝线、腹缝线同时开裂。

本属约 11 种，分布于亚洲东南部、亚热带和温带地区及北美洲东部。中国有 7 种；陕西产 6 种，其中 3 种仅见栽培。

### 分种及种下等级检索表

1. 花叶同放 ························ （1）**紫玉兰 Y. liliiflora** (Desr.) D. L. Fu
1. 先花后叶 ························ 2
2. 内外轮花被片几同形 ························ 3
2. 外轮花被片萼片状 ························ 5
3. 一年生小枝疏被毛或无毛，黄褐色 ························ （2）**玉兰 Y. denudata** (Desr.) D. L. Fu
3. 一年生小枝光滑无毛，绿色或向阳处具紫褐色晕 ························ 4
4. 花被片 20-35(-48)片 ························ （3）**青皮玉兰 Y. viridula** D. L. Fu, T. B. Chao & G. H. Tian
4. 花被片(10-)12(-14)片 ························ （4）**武当玉兰 Y. sprengeri** (Pamp.) D. L. Fu
5. 花被片 12-21 片，灌木或小乔木 ························ （5）**星花玉兰 Y. stellata** (Siebold & Zucc.) Sima & S. G. Lu
5. 花被片(8-)9(-10)片，乔木 ························ 6
6. 花钟状，花被片白色，外基部具紫红色晕或紫红中脉 ························
························ （6a）**望春玉兰 Y. biondii** (Pamp.) D. L. Fu var. **biondii**
6. 花杯状，花被片紫红色，外面上缘白色 ························
··· （6b）**紫望春玉兰 Y. biondii** (Pamp.) D. L. Fu var. **purpurascens** (Ya L. Wang & S. Z. Zhang) Ya L. Wang

### （1）**紫玉兰** 木兰、辛夷、木笔、牛心花（图 44，照片 182）

**Yulania liliiflora** (Desr.) D. L. Fu, 武汉植物学研究 19(3): 198. 2001; Flora of China 7: 75. 2008. ——*Magnolia liliiflora* Desr., in Lam., Encycl. 3(2): 675. 1792; 秦岭植物志 1(2): 338. 1974; 陕西树木志: 282. 1990; 中国植物志 30(1): 140. 1996; 黄土高原植物志 1: 504. 2000.

落叶灌木。高达 3 米；树皮灰褐色至灰色，平滑；一至二年生小枝紫红色，无毛，老枝紫褐色或灰褐色；顶芽被白色绢毛或黄白色长柔毛。叶片纸质，倒卵状椭圆形或倒卵形，长 5-16 厘米，宽 2.5-7.5 厘米，先端急尖或渐尖，稀短尾状，基部楔形，沿叶柄下延至托叶痕，边缘略波状，上面深绿色，下面淡绿色，幼时两面疏生白色短柔毛，后无毛或仅下面沿脉残留柔毛；叶柄长 0.6-2 厘米，初被短柔毛，后无毛；托叶痕约为叶柄长的 1/2。花大，清香，与叶同时开放；花蕾狭卵球形，密被淡褐色至黄褐色绢毛；花梗粗壮，被绢毛；花被片 9 片，外轮 3 片膜质，紫红色或紫绿色，披针形，内 2 轮 6 片肉质，紫红色至紫色，内面略带白色或淡紫红色，椭圆状倒卵形或倒卵状长圆形，内轮较小；雄蕊紫红色，花药侧向开裂；雌蕊群紫色或紫绿色，无毛。成熟聚合蓇葖果短圆柱形，因部分蓇葖不发育而略扭曲，长 4-7 厘米，直径约 2.5 厘米；蓇葖淡绿色、绿色或绿褐色，沿背缝线开裂；每蓇葖具种子 1-2 枚。外种皮红色，厚肉质，内种皮黑色。花期 4 月，果期 9-10 月。

图 44. 紫玉兰 **Yulania liliiflora**
1. 花枝；2. 果枝；3. 雄蕊；4. 雌蕊群
（引自《陕西中草药》）。

关中、陕南有广泛栽培；分布于湖北、四川、云南、福建、江西、贵州。1962 年后未有野外标本采集，也再未见过野生植株，疑本种在野外已灭绝。

本种为已栽培两千多年的传统观赏花木，世界范围广泛栽培。花大色艳，高贵典雅，为著名的庭园观赏树种，也可作盆栽；适应性强。

易危（VU）。

栽培品种‘红元宝’紫玉兰（**Yulania liliiflora** ‘Hong Yuanbao’）（照片 183）：矮化小灌木，可多次开花，花期 4 月至 10 月底。

**（2）玉兰** 白玉兰、望春花、姜朴、玉堂春、迎春花、应春花（照片 184、185）

**Yulania denudata** (Desr.) D. L. Fu, 武汉植物学研究 19(3): 198. 2001; Flora of China 7: 74. 2008. ——*Magnolia denudata* Desr., in Lam., Encycl. Meth. Bot. 3: 675. 1791; 秦岭植物志 1(2): 338. 1974; 陕西树木志: 281. 1990; 中国植物志 30(1): 131. 1996; 黄土高原植物志 1: 503. 2000.

落叶乔木。高达 25 米，胸径可达 1 米。树皮深灰色，粗糙开裂；枝开展，形成宽阔的树冠，一至二年生小枝稍粗壮，黄褐色、褐色、灰褐色，粗糙或光滑；冬芽及花梗密被淡灰黄色绢毛。叶柄长 1-2.5 厘米，被柔毛；托叶痕为叶柄长 1/4-1/3；叶纸质，倒卵形、宽倒卵形或倒卵状椭圆形，长 10-15(18)厘米，宽 6-10(12)厘米，先端近圆、平截或稍凹，具短凸尖，基部阔楔形、近圆形，叶片下面淡绿色，沿脉被白色短柔毛，叶片上面绿色，幼时密被短毛，后仅中脉及侧脉具毛，或无毛；侧脉每边 8-10 条。花蕾卵球形，花先叶开放，直立，芳香，直径 10-16 厘米；花梗粗壮，密被淡黄色长柔毛；

花被片(8-)9(-12)片，白色，外面基部常具粉红色、紫红色晕，内外轮近同形，长圆状倒卵形，长6-8(-10)厘米，宽2.5-4.5(-6.5)厘米，内轮花被片渐狭；雄蕊长7-12毫米，花药长6-7毫米，侧向开裂，药隔宽约5毫米；雌蕊群黄绿色或淡黄色，长2-2.5厘米。成熟聚合蓇葖果圆柱形，常因部分心皮不育而扭曲，长12-15厘米，直径3.5-5厘米；蓇葖厚木质，红褐色，具白色皮孔。种子心形，侧扁，外种皮红色，厚肉质，内种皮黑褐色，骨质。花期3月中旬，果期8-9月。

产秦巴山区，野生或栽培，关中及其以南地区常见栽培，供观赏；分布于安徽、浙江、江西、湖北、湖南、广东、河南。

本种为已栽培两千多年的传统观赏花木，世界范围广泛栽培。优良的用材树种；花蕾入药为“辛夷”；花含芳香油，可提取配制香精或浸膏；花被片食用或熏茶；种子榨油供工业用；著名的庭园观赏树种。

栽培品种‘玉灯’玉兰（**Yulania denudata** ‘Yudeng’）（照片186），1982年陕西省西安植物园杨廷栋先生发现的玉兰芽变品种。花莲状，花被片纯白色，12-32枚。叶圆形、倒卵状圆形。

二乔玉兰，1820-1840年法国Soulange-Bodin将玉兰与紫玉兰杂交而成。经反复杂交，花色从红色、粉色到白色一共有44个品种。国内常见的栽培品种有‘红运’二乔玉兰（**Yulania** ‘Hongyun’），花红色，春秋两季有花；‘长春’二乔玉兰（**Yulania** ‘Changchun’）（照片187），花粉色，春秋两季有花。

### （3）**青皮玉兰**（彩图版5）

**Yulania viridula** D. L. Fu, T. B. Chao & G. H. Tian, 植物研究 24(3): 263. 2004; Flora of China 7: 77. 2008.

落叶乔木。树高5-7米。树皮深灰色或灰色，平滑；一至二年生小枝绿色，具白粉，疏生白色皮孔，老枝灰色；顶芽密被褐色展开长柔毛。叶厚纸质，倒卵状圆形、近圆形、倒卵形，长10.5-15厘米，宽6.5-14厘米，先端钝圆具短尖、微凹或倒心形，基部近圆形或宽楔形，上面深绿色，沿中脉疏被白色短柔毛，下面灰绿色，沿中脉和侧脉被白色长柔毛；叶柄长2-5厘米，疏被白色短柔毛，托叶痕为叶柄长的1/5-1/2。花先叶开放；花蕾卵球形，密被褐色开展长柔毛；花被片20-35(-48)片，近相似，背面粉红色，腹面淡粉色，倒卵状匙形、狭椭圆形或宽倒披针形，向内花被片渐狭小，稍反卷；雄蕊多数，花丝红色，药隔桃红色；雌蕊群圆柱形，淡绿色。成熟聚合蓇葖果圆柱形，多少扭曲，红褐色，具白色皮孔，长12-15厘米；蓇葖沿背缝线开裂。花期3月上中旬，果期8月。

产汉中，生于大巴山脉海拔700米左右的杂木林中，但作者在文献记录产地未见到野生植株，西安、宝鸡等地有栽培；河南也有栽培。陕西特有植物。

本种树形优美，叶大浓绿，花大芳香美丽，宜孤植作园林风景树。

濒危（EN）。

### (4) **武当玉兰** 武当木兰、湖北木兰、多花木兰、多花玉兰、迎春树、朱砂玉兰、姜朴（照片 188、189）

**Yulania sprengeri** (Pamp.) D. L. Fu, 武汉植物学研究 19(3): 198. 2001; Flora of China 7: 73. 2008. ——*Magnolia sprengeri* Pamp., Nuovo Giorn. Bot. Ital. n. ser. 22: 295. 1915; 陕西树木志: 281. 1990; 中国植物志 30(1): 128. 1996; 黄土高原植物志 1: 503. 2000. ——*Magnolia diva* Stapf ex Dandy, in Millais, Magnolias 51: 120. 1927; 秦岭植物志 1(2): 338. 1974. ——*Magnolia multiflora* M. Chang Wang & C. L. Min, 西北植物学报 12(1): 85. 1992; 中国植物志 30(1): 131. 1996. ——*Yulania multiflora* (M. Chang Wang & C. L. Min) D. L. Fu, 武汉植物学研究 19(3): 198. 2001; Flora of China 7: 76. 2008.

落叶乔木。树高可达 21 米，胸径可达 60 厘米。树皮灰色，老干树皮条形开裂剥落；一至三年生小枝绿色，光滑无毛，老枝黄褐色、褐色或灰色；顶芽被黄褐色长柔毛。叶纸质，倒卵状椭圆形或倒卵形，长 9-15 厘米，宽 5-10 厘米，先端圆形，具短凸尖，基部楔形或宽楔形，上面绿色，无毛，有光泽，下面淡绿色或灰绿色，沿中脉及侧脉疏被或密被白色细毛，多少宿存；叶柄长 1.5-2 厘米；托叶痕为叶柄长的 1/5-1/3。花先叶开放，芳香；花蕾卵球形，密被褐色或黄褐色开展长柔毛，花梗粗短，被短毛，稀每花蕾包 2-3 朵花形成聚伞花序；花被片(10-)12(-14)片，内外轮近相似，肉质，倒卵状匙形或匙形，白色，外面基部或中脉具紫红色、桃红色晕或脉纹；雄蕊多数，花丝紫红色，药隔桃红色或粉红色；雌蕊群绿色或黄绿色，柱头黄绿色或紫红色。成熟聚合蓇葖果长圆柱形，长 6-18 厘米，常因部分心皮不发育而扭曲；蓇葖红色，具白色皮孔，沿背缝线开裂；每蓇葖具种子 1-2 枚。种子扁圆形，外种皮肉质、红色，内种皮深棕色带白色。花期 3 月上中旬，果期 8 月。

产于陇县、鄠邑、周至、眉县、宝鸡、商南、镇安、宁陕、佛坪、洋县、凤县、汉中、略阳、留坝、南郑、勉县、西乡、镇巴、紫阳、旬阳、平利、镇坪，生于海拔 900-1600 米的山地疏林中；分布于甘肃、河南、湖北、湖南、四川、重庆、安徽、贵州、江西、云南。

本种叶大翠绿，花大美丽，颜色丰富，芳香浓郁，为优良的庭园观赏树种，古庙中多有栽培，勉县武侯祠中古树“旱莲”即为本种。

多花木兰（*Magnolia multiflora* ≡ *Yulania multiflora*）因其每花蕾包 2-3 朵花形成聚伞花序而得以建立；Kang 和 Ejder（2011）及任毅等（2017）指出，这种多花的特点可能是一畸形变异，但其他形态特征没有超出武当玉兰的变异范围，除模式标本外，在产地及周边再未发现过具多花的植株，因此应予以归并。

### (5) **星花玉兰** 星花木兰、日本毛木兰（照片 190）

**Yulania stellata** (Siebold & Zucc.) Sima & S. G. Lu, Proc. Second Internat. Symp. Fam. Magnoliac. 68. 2012. ——*Buergeria stellata* Siebold & Zucc., Abh. Math.-Phys. Cl. Königl. Bayer. Akad. Wiss. 4(2): 186. 1845. ——*Magnolia stellata* (Siebold & Zucc.) Maxim., Bull. Acad. Imp. Sci. Saint-Pétersbourg Sér. 3, 17(4): 419. 1872. ——*Yulania stellata* (Maxim.) N. H. Xia, Flora of China 7: 75. 2008, nom. inval. ——*Magnolia tomentosa* auct. non Thunb.: 中国植物志 30(1): 139. 1996.

落叶灌木或小乔木。树高 2.5 米。树皮灰白或深灰色，略粗糙；一至二年生小枝褐色，老枝淡褐或灰色，无毛，疏生皮孔；嫩枝和芽密被白色平伏柔毛。叶纸质，长圆状倒卵形、长椭圆形或倒卵状椭圆形，长 3-8.5 厘米，宽 1.5-3.5 厘米，先端骤尖、钝圆或有时微凹，基部楔形或狭楔形，偶边缘微波状起伏，上面绿色，无毛，叶脉在叶面下陷，下面淡绿色，无毛或沿叶脉疏生短柔毛；叶柄长 0.3-1.5 厘米，疏被短毛，上面具浅沟；托叶痕为叶柄长的 1/3-2/3。花先叶开放，芳香；花蕾卵球形，苞片和花梗密被黄褐或淡黄色长柔毛；花被片 18-27 片，外轮萼片状，披针形，早落，内数轮狭长圆状倒卵形，近等长，薄肉质，花初开时淡粉红色，后渐变为白色，外面基部或中肋略紫红色；雄蕊多数，花丝紫红色或淡黄色，药隔淡黄色或外面具淡紫红中肋；雌蕊群淡绿色。成熟聚合蓇葖果短圆柱形，黄绿色或粉绿色；蓇葖木质，略凸起，皮孔白色，沿背缝线开裂；每蓇葖具种子 1-2 枚。外种皮肉质、红色，内种皮黑色。花期 3 月上中旬，果期 8 月下旬。

关中、陕南有栽培；中国栽培广泛。原产于日本。

本种株型紧凑，枝叶浓密，花形秀丽，开花繁茂，为美丽的庭园观赏树种，也可作盆栽观赏。

### （6）**望春玉兰**　望春花、迎春树

**Yulania biondii** (Pamp.) D. L. Fu, 武汉植物学研究 19(3): 198. 2001; Flora of China 7: 74. 2008. ——*Magnolia biondii* Pamp., Nuovo Giorn. Bot. Ital. n. ser. 17: 275. 1910; 秦岭植物志 1(2): 339. 1974; 陕西树木志: 278. 1990; 中国植物志 30(1): 136. 1996; 黄土高原植物志 1: 504. 2000.

落叶乔木。树高 4.2-7 米，胸径 10-35 厘米。树皮淡灰色至灰色；一至二年生小枝绿色，疏被浅黄色长毛或无毛，老枝淡褐色带紫色，具纵裂纹和明显皮孔；顶芽密被淡黄色长柔毛。叶纸质，狭椭圆形、椭圆形或倒卵形，长 8-15 厘米，宽 3-8 厘米，先端长渐尖、渐尖或尾状渐尖，基部宽楔形或楔形，有时边缘微波状起伏，上面绿色，略皱缩，无毛，下面淡绿色，密被银白色柔毛，或仅沿叶脉或脉腋疏被毛；叶脉在上面凹下；叶柄长 0.6-2 厘米，初疏被淡黄色长绒毛，后无毛；托叶密被淡黄色长柔毛，托叶痕为叶柄长的 1/4-1/2。花先叶开放，芳香，钟状或杯状；花蕾狭卵球形，密被浅褐色开展长柔毛，花梗密被淡黄色柔毛；花被片 9 片，外轮 3 片萼片状，膜质，淡黄绿色，基部紫红色，条形或钻形，中内轮 6 片肉质，近匙形，内轮较小，白色，基部具浅红或紫红色晕，中肋具紫红色脉纹或无，或花被片外面紫红色，上缘白色；雄蕊多数，花丝紫红色，药隔外为淡紫红色；雌蕊群淡绿色，细长圆柱形。成熟聚合蓇葖果长圆柱形，常因部分心皮不育而扭曲；果柄被淡黄色绒毛；蓇葖木质，近球状凸起，紫红色，表面具明显凸起的白色皮孔，沿背缝线开裂；每蓇葖具种子 1-2 枚。外种皮厚肉质、红色，内种皮黑色。花期 2-3 月上旬，果期 8 月中下旬。

产秦巴山区，生于海拔 600-1350 米的山地疏林中；分布于甘肃、河南、湖北、湖南、四川、安徽、浙江。

### （6a）**望春玉兰**（原变种）（照片 191、192）

**Yulania biondii** (Pamp.) D. L. Fu var. **biondii**

花钟状，花被片白色或粉红色、红色，外基部具紫红色晕或紫红中脉。叶纸质，椭

圆形或倒卵状椭圆形；下面淡绿色，叶背疏被白色柔毛，后几无毛。

产安康，生于海拔 600-1350 米的山地疏林中；分布于甘肃、河南、湖北、湖南、四川、安徽、浙江。

## （6b）**紫望春玉兰**（变种）　望春花（图 45，照片 193）

**Yulania biondii** (Pamp.) D. L. Fu var. **purpurascens** (Ya L. Wang & S. Z. Zhang) Ya L. Wang, **comb. nov.**
Basionym: *Magnolia biondii* Pamp. var. *purpurascens* Ya L. Wang & S. Z. Zhang, Blumea 58(1): 33. 2013.

花杯状，花被片紫红色，外面上缘白色。叶纸质，狭椭圆形、狭长倒卵形，下面淡绿色，密被白色柔毛。

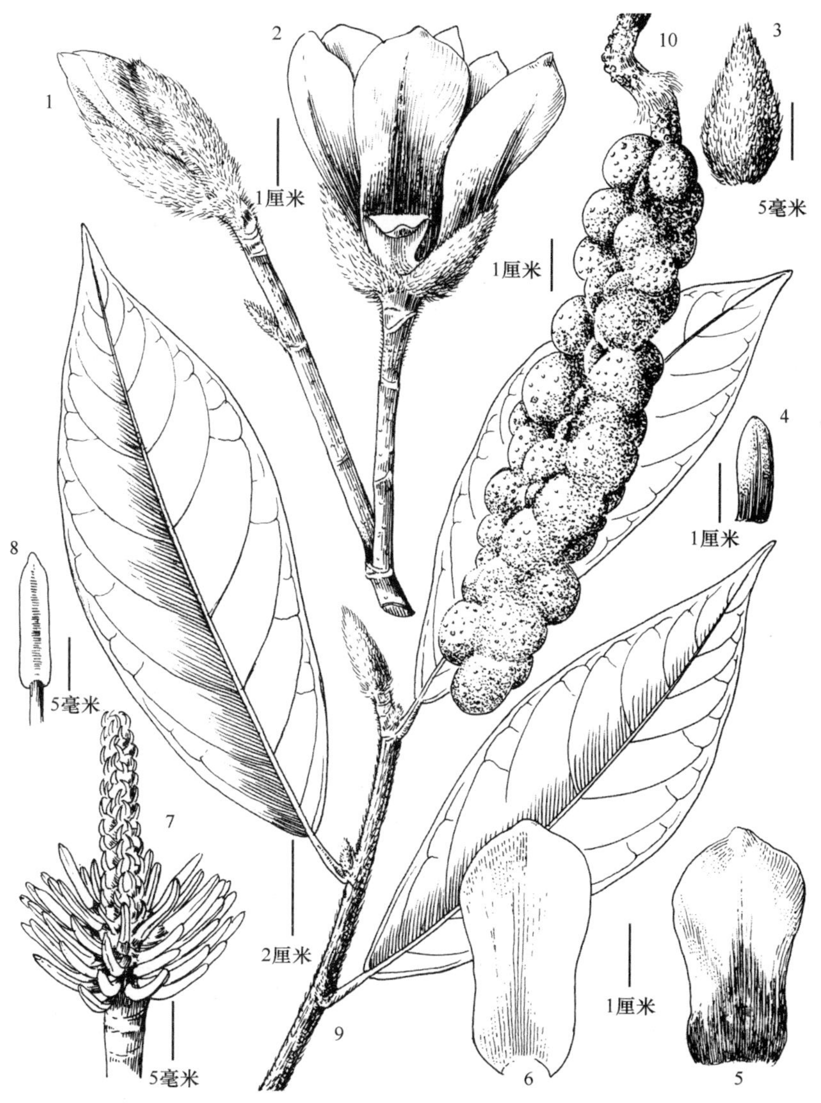


图 45. **紫望春玉兰** **Yulania biondii** var. **purpurascens**

1. 花蕾；2. 花；3. 苞片；4. 外轮花被片；5. 中轮花被片背面；6. 中轮花被片腹面；7. 雌蕊群和雄蕊群；8. 雄蕊；9. 枝叶；10. 果实（崔丁汉绘）。

产宁陕、佛坪、凤县、眉县、汉中、宁强、安康等地，生于海拔 520-1320 米的山林间；甘肃也有分布。

本变种株型整齐，枝叶浓密，花朵鲜艳、芳香，是优良的早春观花乔木树种；花蕾为中药“辛夷”的正品；花可提取浸膏作香精或制成花茶。

## 8. 含笑属 **Michelia** L.

Sp. Pl. 1: 536. 1753; 中国植物志 30(1): 151. 1996; Flora of China 7: 77. 2008.

常绿乔木或灌木。托叶膜质，盔帽状，2 瓣裂，与叶柄贴生或离生。叶螺旋状排列，互生，幼叶在芽内直立或对折；叶革质，全缘。花两性，芳香，单生叶腋，稀 2-3 朵簇生，偶单生枝顶，佛焰苞状苞片 2-4 枚；花梗上具环状苞片脱落痕；花被片 6-21 片，3-6 片 1 轮，近相似，稀外轮较小；雄蕊多数，花药侧向或近侧向开裂，药隔伸出成长或短尖，稀不伸出；雌蕊群具柄；心皮多数或少数，分离，腹面基部着生于花托上，常有部分不发育，心皮背面无纵纹沟，每心皮具胚珠 2 至数枚。成熟聚合蓇葖果长圆柱形，常因部分心皮不发育而呈疏散的穗状；蓇葖革质或木质，宿存于花托上，无柄或具短柄，背缝开裂或腹背缝 2 瓣裂。种子 2 至数枚，外种皮红色或橘红色。

本属约 70 种，分布于亚洲热带、亚热带地区。中国有 39 或 37 种，主要分布于西南部至东部和南部，为常绿阔叶林的重要组成树种；陕西栽培 5 种。

含笑属不少种和品种为优秀的观赏乔灌木，如栽培品种‘长安玉盏’含笑（**Michelia** ‘Changan Yuzhan’）（照片 194），叶较薄，小，花黄色，芳香，花期 3 月下旬至 4 月上旬，可耐受–16℃的低温。

### 分种及种下等级检索表

1. 托叶与叶柄贴生，具明显托叶痕……………………………………2
1. 托叶与叶柄离生，无明显托叶痕……………………………………3
2. 花被片 6-12(-17)片，雌蕊群超出雄蕊群……………………………………
……………………（1）云南含笑 **M. yunnanensis** Franch. ex Finet & Gagnep.
2. 花被片 6 片，雌蕊群不超出雄蕊群……………………（2）含笑花 **M. figo** (Lour.) Spreng.
3. 花被片 6 片，黄色或淡黄色……………………………………4
3. 花被片 9-12 片，白色或基部粉红色……………………………………5
4. 叶革质，狭椭圆形或倒披针形………（3）黄心含笑 **M. martini** (H. Lév.) Finet & Gagnep. ex H. Lév.
4. 叶薄革质，倒卵形或长圆状倒卵形……………………（4）乐昌含笑 **M. chapensis** Dandy
5. 芽、叶背灰绿色无毛，或被白粉……………………（5a）深山含笑 **M. maudiae** Dunn var. **maudiae**
5. 芽、叶背多少被褐色平伏柔毛……………………………………
……………………（5b）阔瓣含笑 **M. maudiae** Dunn var. **platypetala** (Hand.-Mazz.) Ya L. Wang

### （1）**云南含笑** 皮袋香（照片 195、196）

**Michelia yunnanensis** Franch. ex Finet & Gagnep., Bull. Soc. Bot. France 52 [Mém. 4(1)]: 43. 1906; 中国植物志 30(1): 163. 1996; Flora of China 7: 86. 2008.

常绿灌木。植株高 2-4 米。多分枝，枝柔软；芽、幼枝、叶柄、幼叶和花梗均密被棕红色绢毛。叶柄长4-5毫米；托叶与叶柄贴生，托叶痕为叶柄长的2/3以上；叶革质，长圆形或倒卵状披针形，长4-10厘米，宽1.5-3.5厘米，基部楔形，先端圆钝或急尖，下面疏被红棕色绢毛，上面有光泽，疏被毛至近无毛。花白色，芳香；花梗长5-7毫米；花被片6-8(-10)片，3轮，倒卵状长椭圆形或椭圆形，薄肉质，外轮长3-3.5厘米，宽1-1.5厘米，内轮渐小；雄蕊长0.8-1厘米，花药长5-7毫米；花丝长约3毫米，白色；雌蕊群卵球形至长椭圆体形，长约1厘米，雌蕊群柄长约1.2厘米，均密被红棕色绢毛；心皮8-20枚，每心皮具5-6枚胚珠。成熟聚合果穗状，常具5-9个发育的蓇葖；蓇葖扁卵球形，革质，有疣状凸起；每蓇葖具种子1-4枚。种子近球形，外种皮厚肉质、红色，内种皮黑色。花期3月，果期9月。

西安、汉中、安康有栽培，供观赏；分布于贵州、云南、四川、西藏，南方各大城市广泛栽培。

花芳香，花多而密，花期长，为优良的观赏植物。

（2）**含笑花** 含笑、香蕉花（照片197、198）

**Michelia figo** (Lour.) Spreng., Syst. Veg., ed. 16, 2: 643. 1825; 中国植物志30(1): 165. 1996; Flora of China 7: 87. 2008.

常绿灌木。高2-5米；树皮灰色；芽、幼枝、叶柄、花梗和苞片均密被黄褐色短毛。叶柄长4-7毫米；托叶痕长达叶柄的4/5或几至顶部；叶革质，椭圆形、长椭圆形或倒卵状椭圆形，长4-8厘米，宽2.5-3.5厘米，下面沿中脉疏被棕色绒毛，上面光亮，无毛，基部楔形或宽楔形，先端急尖，侧脉每边8-10条。花乳白色或淡黄色，基部具紫红色晕，具浓郁香气；花梗长5-7毫米；花被片6枚，排成2轮，倒卵状椭圆形，外轮长2-2.5厘米，宽0.8-1厘米，内轮较小；雄蕊长1-1.3厘米；雌蕊群长圆球形，长1-1.2厘米，心皮无毛；雌蕊群柄长3-4毫米，密被黄色绒毛。成熟聚合蓇葖果穗状，长2-3.5厘米；蓇葖近球形或卵形，先端有短喙。3-4月相对集中开花，后可陆续开花至10月，果期7-11月。

汉中、安康有栽培，供观赏；在长江以南地区广为栽培，但未见野生植株。

花期长，花味香甜，为优良的园林观赏植物；花瓣可拌入茶叶制成花茶。

（3）**黄心含笑** 黄心夜合、马氏含笑（照片199）

**Michelia martini** (H. Lév.) Finet & Gagnep. ex H. Lév., Fl. Kouy-Tchéou, 270. 1914-1915; 中国植物志30(1): 168. 1996; Flora of China 7: 88. 2008.

常绿乔木。树高6-18米，胸径8-42厘米。树皮灰褐色，平滑；一至三年生小枝绿色，老枝褐色；芽密被灰黄色至黄褐色开展柔毛。叶厚革质或革质，坚硬，狭椭圆形、狭倒卵状椭圆形或倒披针形，长10-21厘米，宽3-6.5厘米，先端渐尖或短渐尖，基部楔形或宽楔形，上面深绿色，下面淡绿色，两面有光泽；中脉在上面凹下；叶柄长1-2厘米，无明显托叶痕。花芳香；花梗粗短，密被黄褐色开展绒毛；花被片6-8片，肉质，淡黄色，外轮倒卵状长圆形，长4-5厘米，宽1.5-3厘米，内轮倒披针形；雄蕊多数，螺旋状排列于伸长的花托基部，棕黄色；雌蕊群圆柱形，心皮多数，离生，螺旋状排列于伸长的花托中上部，长3-4厘米。成熟聚合蓇葖果穗状，长12-30厘米；蓇葖长圆球形或近球形，淡绿色，具皮孔，先端具弯曲短喙，沿腹背缝线 2 瓣裂。种子肾形或扁卵形，外种皮厚肉质、红色，内种皮黑色。花期 3 月下旬至 4 月上旬，果期 9 月。

西安、汉中有栽培，供观赏；分布于河南、湖北、湖南、四川、贵州、云南、广西。

叶色亮绿，株型通直紧凑，花色亮黄，为优良的常绿耐寒观赏树种。

易危（VU）。

（4）**乐昌含笑** 景烈含笑

**Michelia chapensis** Dandy, J. Bot. 67: 223. 1929; 中国植物志 30(1): 170. 1996; Flora of China 7: 88. 2008.

常绿乔木。高达 30 米，胸径达 100 厘米；芽、小枝、叶柄和叶片两面均无毛，或仅嫩枝节上疏被柔毛。叶柄长 1.5-2.5 厘米，无明显托叶痕；叶薄革质，倒卵状长椭圆形或长椭圆形，长 11-17 厘米，宽 3.5-7 厘米，基部楔形或宽楔形，先端骤狭渐尖或短渐尖，侧脉每边 11-13 条，叶脉在叶面下陷。花淡黄色，气味会令人不悦；花梗长 0.5-1 厘米，疏被灰色或褐色平伏微柔毛，具 2-5 个苞片脱落痕；花被片 6 片，排成 2 轮，倒卵状椭圆形，外轮长 2.5-3 厘米，宽 1.2-1.5 厘米，内轮较狭小；雄蕊长 1.7-2.5 厘米，花药长 1.1-1.5 厘米；雌蕊群圆柱形，长约 1.5 厘米，雌蕊群柄长约 7 毫米，均密被银白色绢状毛；心皮卵球形，长约 2 毫米，每心皮具胚珠 6 枚，花柱长约 1.5 毫米。成熟聚合蓇葖果穗状，长 8-10 厘米；蓇葖长圆体形或卵球形，长 1.2-1.7 厘米，宽 0.8-1.2 厘米，基部宽，先端具短而弯的尖头。外种皮红色，厚肉质，内种皮黑色。花期 3 月，果期 9 月。

西安、汉中、安康有栽培，供观赏；分布于江西、湖南、广东、广西、云南、贵州。越南北部也有分布。

树冠整齐、枝叶繁茂、生长迅速、适应性强，广泛用于园林绿化和造林。

（5）**深山含笑** 光叶白兰花、莫夫人含笑、莫氏含笑

**Michelia maudiae** Dunn, J. Linn. Soc., Bot. 38: 353. 1908; 中国植物志 30(1): 179. 1996; Flora of China 7: 83. 2008.

常绿乔木。植株高 15-20 米，胸径 20-25 厘米。树皮灰色，光滑；全株无毛，芽、幼枝、苞片和叶片下面具白粉，或在芽、幼枝、叶柄和花梗上多少被红褐色绢毛。托叶与叶柄分离；叶柄长 1-3 厘米，无明显托叶痕；叶革质，卵状椭圆形、长圆形或长椭圆形，长 7-18 厘米，宽 3.5-8.5 厘米，基部宽楔形或圆形，先端骤尖、钝头，下面灰绿色，上面深绿色，有光泽，侧脉每边 11-13 条，直或稍弯，近叶缘处开叉网结，网结致密。花腋生，偶顶生；芳香；花梗长 2-3 厘米；花被片白色，偶基部淡紫红色，9-11 片，3 轮，外轮倒卵形，长 4.5-6 厘米，宽 2.5-3.2 厘米，肉质，内轮渐狭小，匙形，先端急尖；雄蕊长 1.5-2.2 厘米，花丝浅紫红色，长约 4 毫米，扁平；雌蕊群圆柱形，长 1.5-1.8 厘米，雌蕊群柄长 5-8 厘米，无毛；心皮绿色，狭卵球形，长 5-6 毫米，背面无纵棱。成熟聚合蓇葖果红褐色，长 7-15 厘米；蓇葖卵球形、椭圆体形或倒卵形，长 1-2.5 厘米，先端钝或具小短尖。种子 1-3 枚，斜卵球形，稍扁，长约 1 厘米，宽约 5 毫米，外种皮红色，

内种皮黑色。花期 3 月，果期 8-9 月。

西安、汉中、安康等地有栽培，供观赏；分布于安徽、浙江、江西、福建、湖北、湖南、广东、香港、澳门、广西、贵州。

（5a）**深山含笑**（原变种）（照片 200、201）

**Michelia maudiae** Dunn var. **maudiae**

全株无毛，芽、幼枝、叶片下面和苞片具白粉。花期 3 月，果期 9 月。

西安、汉中、安康等地有栽培，供观赏；分布于安徽、浙江、江西、福建、湖南、广东、香港、澳门、广西、贵州。

树姿优美，适应性强；花大醒目，多而密，芳香怡人，为广泛栽培的园林观赏和造林树种。

栽培品种‘丹玉’深山含笑（**Michelia maudiae** ‘Danyu’）（照片 202）：花桃红色、粉红色，雌蕊群红绿色，芳香怡人，花期 3-5 月，7-8 月零星开花。

（5b）**阔瓣含笑**（变种）阔瓣白兰花、云山白兰花、广东香子（照片 203）

**Michelia maudiae** Dunn var. **platypetala** (Hand.-Mazz.) Ya L. Wang, **comb. nov.** Basionym: *Michelia platypetala* Hand.-Mazz., Anz. Akad. Wiss. Wien Math.-Naturwiss. Kl. 58: 89. 1921; 中国植物志 30(1): 177. 1996. ——*Magnolia maudiae* (Dunn) Figlar var. *platypetala* (Hand.-Mazz.) Sima, 云南林业科技 95(2): 33. 2001. ——*Michelia cavaleriei* Finet & Gagnep. var. *platypetala* (Hand.-Mazz.) N. H. Xia, Fl. China 7: 85. 2008.

芽、幼枝、叶片下面、叶柄和花梗多少被红褐色绢毛。花期 3 月，果期 8-9 月。

汉中、西安有栽培，供观赏；分布于福建、湖北、湖南、广东、广西、贵州等地。

树冠广阔、抗寒性强，花大而密，芳香，为广泛栽培的庭园绿化树种。

栽培品种‘新含笑’阔瓣含笑（**Michelia maudiae** var. **platypetala** ‘Xin Hanxiao’）（照片 204）：花白色，极芳香，花期 3-5 月，7-8 月可二次开花。

# 樟目 **Laurales** Juss. ex Bercht. & J. Presl

## 分科检索表[1]

1. 叶羽状脉，内部不具芳香物质；花单生；雄蕊 2 轮，外轮能育，内轮败育，花药外向，2 室，纵裂；多心皮离生，每心皮 2 枚胚珠，其中 1 枚可能不发育；聚合瘦果生于坛状果托内……………………十六　**蜡梅科 Calycanthaceae** Lindl.
1. 叶羽状脉，三出脉或离基三出脉，内部多少具芳香物质；花通常组成各式花序；雄蕊通常 4 轮，少数种类更多轮，常最内一轮败育，其他轮亦可能有败育现象，由外向内第一、二轮雄蕊花药通常内向，第三轮雄蕊花药通常外向，4 室或因败育而为 2 室，瓣裂；心皮合生，1 室，每室 1 枚胚珠；浆果或核果……………………十七　**樟科 Lauraceae** Juss.

① 卢元（陕西省西安植物园）编写。

# 十六　蜡梅科 Calycanthaceae Lindl.

郭晓思（西北农林科技大学）

落叶或常绿灌木。茎皮灰褐色；小枝四方形至近圆柱形，有油细胞。鳞芽或芽被叶柄的基部所包围。单叶对生，全缘，羽状叶脉，有叶柄，无托叶。花两性，辐射对称，单生于侧枝的顶端或腋生，通常芳香，黄色、黄白色、红褐色或粉红色，先叶开放；花梗短；花被片多数，单被，螺旋状着生于杯状的花托外围，花被片形状各式，最外轮的似苞片，内轮的呈花瓣状；雄蕊 2 轮，内轮的败育，外轮能育雄蕊 5-30 枚，螺旋状着生于杯状的花托顶端，花丝短，离生，药室外向，2 室，纵裂，药隔伸长成短尖；雌蕊具多数离生心皮，着生于中空的杯状花托内面；子房上位，1 室，胚珠 2 枚，或 1 枚不发育，倒生；花柱丝状，柱头不分裂。果实为聚合瘦果，着生于坛状的果托之中；瘦果内有种子 1 枚。种子无胚乳；胚大；子叶叶状，席卷。

本科有 2 属 9 种，分布于亚洲东部和美洲北部。中国有 2 属 7 种；陕西产 2 属 4 种，其中 1 属 2 种仅见栽培。

### 分属检索表

1. 芽无鳞片；花顶生，具长花柄；花红褐色或粉红白色；叶膜质…………1. **夏蜡梅属 Calycanthus** L.
1. 芽有鳞片；花腋生，近无柄或具极短的柄；花黄色或黄白色；叶纸质……………………………………………………………………………2. **蜡梅属 Chimonanthus** Lindl.

## 1. 夏蜡梅属 Calycanthus L.

Syst. Nat., ed. 10. 2: 1053, 1066, 1371. 1759; 中国植物志 30(2): 1. 1979; Flora of China 7: 94. 2008.

落叶灌木。小枝条四方形至近圆柱形。芽不具鳞片，被叶柄基部所包围。无托叶。单叶对生，膜质，通常叶面粗糙；羽状脉；有叶柄。花顶生，褐红色或粉红白色，通常有香气，直径 1-8 厘米；花被片 15-30 片，肉质或近肉质，形状各式，覆瓦状排列，基部螺旋状着生于杯状的花托外围；雄蕊 10-19 枚，长圆形至线状长圆形，花丝短，被短柔毛，药室外向，2 室，花药背面通常被短柔毛，退化雄蕊 11-25 枚，被短柔毛；雌蕊 10-35 枚，离生，每心皮有胚珠 2 枚，倒生。果托梨状、椭圆状或钟状，被短柔毛或无毛；瘦果长圆状椭圆形，内有 1 枚种子。

本属有 3 种，产中国和北美洲。中国有 1 种；陕西栽培 1 种。

**（1）夏蜡梅**（照片 205、206）

**Calycanthus chinensis** (W. C. Cheng & S. Y. Chang) W. C. Cheng & S. Y. Chang ex P. T. Li, 中国植物志 30(2): 3. 1979. ——*Sinocalycanthus chinensis* W. C. Cheng & S. Y. Chang, 植物分类学报 9(2): 137. 1964.

高 1-3 米。树皮灰褐色；小枝对生；芽藏于叶柄基部内。叶宽卵状椭圆形、卵圆形或倒卵形，长 10-25 厘米，宽 8-16 厘米，基部两侧不对称，叶缘全缘或有不规则的细齿，叶面略粗糙，无毛，叶背幼时沿脉上被褐色硬毛；叶柄长 1-2 厘米。花无香气，直径 4.5-7 厘米；花梗长 2-2.5 厘米，有时达 4.5 厘米，着生苞片 5-7 片；花被片螺旋状着生于杯状或坛状的花托上，外面花被片 12-14 片，倒卵形或倒卵状匙形，长 1.5-3.5 厘米，宽 1-2.5 厘米，白色，边缘淡紫红色，有脉纹，内面花被片 9-12 片，向上直立，顶端内弯，椭圆形，长 1.1-1.7 厘米，宽 9-13 毫米，中部以上淡黄色，中部以下白色，内面基部有淡紫红色斑纹；雄蕊 18-19 枚，长约 8 毫米，花药密被短柔毛，药隔短尖；退化雄蕊 11-12 枚；雌蕊 11-12 枚，着生于杯状或坛状的花托之内，花柱丝状伸长。果托钟状或近顶口紧缩，长 3-4.5 厘米，直径 1.5-3 厘米，顶端有 14-16 个披针状钻形的附生物；瘦果长圆形，长约 1.5 厘米，直径约 7 毫米。花期 5 月，果期 10 月。

西安等地有栽培，生长良好，为园林绿化树种；分布于浙江。

国家二级重点保护野生植物；濒危（EN）。

## 2. 蜡梅属 **Chimonanthus** Lindl.

Bot. Reg. 5: t. 404. 1819; 秦岭植物志 1(2): 343. 1974; 中国植物志 30(2): 5. 1979; 陕西树木志: 291. 1990; 黄土高原植物志 1: 507. 2000; Flora of China 7: 92. 2008.

落叶或常绿灌木。小枝四方形或近圆柱形。叶对生，落叶或常绿，纸质或近革质，叶面粗糙；叶脉羽状；有叶柄；鳞芽裸露。花腋生，芳香，直径 0.6-4 厘米；花被片多数，黄色或黄白色，有紫红色条纹，膜质；雄蕊 5-6 枚，着生于杯状的花托上，花丝线形，基部宽而连生，通常被微毛，花药 2 室，外向，退化雄蕊少数至多数，长圆形，被微毛；心皮 5-15 枚，离生，每心皮有胚珠 2 枚，或 1 枚败育。果托坛状，被短柔毛；瘦果长圆形，内有种子 1 枚。

本属有 6 种，特产于中国，东亚及欧洲、北美洲等常引种栽培；陕西产 3 种，其中 1 种仅见栽培。

### 分种检索表

1. 叶线状披针形或长圆状披针形，叶背具短柔毛……………………（3）**柳叶蜡梅 C. salicifolius** S. Y. Hu
1. 叶椭圆状卵圆形至卵状披针形，叶背无毛或仅叶背脉上具短柔毛……………………2
2. 常绿灌木；花小，直径约 1 厘米……………………（1）**山蜡梅 C. nitens** Oliv.
2. 落叶灌木；花大，直径 2-4 厘米……………………（2）**蜡梅 C. praecox** (L.) Link

### （1）**山蜡梅**（图 46，照片 207、208）

**Chimonanthus nitens** Oliv., Hooker's Icon. Pl. 16: t. 1600. 1887; 中国植物志 30(2): 9. 1979; 陕西树木志: 292. 1990; Flora of China 7: 93. 2008; 秦岭植物志增补: 124. 2013.

常绿灌木。高约 3 米；小枝四方形，老枝近圆柱形。叶纸质至近革质，椭圆形至卵状披针形，少数为长圆状披针形，长 2-13 厘米，宽 1.5-5.5 厘米，顶端渐尖，基部钝至急尖，叶面略粗糙，有光泽，基部有不明显的腺毛，叶背无毛，或有时叶脉和叶柄上被短柔毛；叶脉在叶背凸起，网脉不明显。花小，直径 7-10 毫米，黄色或黄白色；花被片圆形、卵形、倒卵形、卵状披针形或长圆形，长 3-15 毫米，宽 2.5-10 毫米，外面具短柔毛；雄蕊长约 2 毫米，花丝短，被短柔毛，花药卵形，向内弯，比花丝长，退化雄蕊长约 1.5 毫米；心皮长约 2 毫米，基部及花柱基部被疏硬毛。果托坛状，长 2-5 厘米，直径 1-2.5 厘米，口部收缩，成熟时灰褐色，被短绒毛，内藏数枚瘦果。花期 10 月至翌年 1 月，果期 4-7 月。

产柞水、山阳及巴山，生于海拔 1000 米以下的山地疏林中，西安等地有栽培，供观赏；分布于安徽、浙江、江苏、江西、福建、湖北、湖南、广西、云南、贵州等地。

花黄色美丽，叶常绿，是良好的园林绿化植物。根可药用，种子含油脂。

陕西省地方重点保护植物。

图 46. **山蜡梅** **Chimonanthus nitens**
1. 果枝；2. 花纵剖；3、4、5. 花被片内面观；6. 花托纵剖；7. 雄蕊背面观；8. 雄蕊侧面观；9. 雄蕊腹面观；10. 退化雄蕊；11. 子房纵剖（引自《秦岭植物志增补》）。

### （2）**蜡梅**（图 47，照片 209、210）

**Chimonanthus praecox** (L.) Link, Enum. Hort. Berol. Alt. 2: 66. 1822; 秦岭植物志 1(2): 343. 1974; 中国植物志 30(2): 7. 1979; 陕西树木志: 291. 1990; 黄土高原植物志 1: 508. 2000; Flora of China 7: 93. 2008. ——*Calycanthus praecox* L., Sp. Pl. ed. 2, 1: 718. 1762.

落叶灌木。高达 4 米；幼枝四方形，老枝近圆柱形，灰褐色，具椭圆形皮孔；鳞芽通常着生于第二年生的枝条叶腋内，芽鳞片近圆形，黄褐色，多数，覆瓦状排列，外面被短柔毛。叶纸质至近革质，椭圆状卵圆形至卵状披针形，长 6-15 厘米，宽 2-7 厘米，顶端渐尖，有时具尾尖，基部楔形，表面深绿，叶背脉上具柔毛，缘具刚毛；叶柄长约 4 毫米。花着生于第二年生枝条叶腋内，先花后叶，芳香，直径 2-4 厘米；花被片长圆形或披针形，长 5-20 毫米，宽 4-12 毫米，无毛，黄色，基部有时红色，内部花被片比

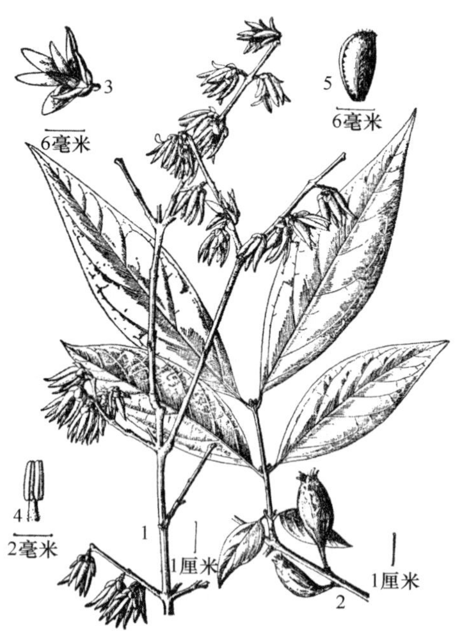


图 47. **蜡梅** **Chimonanthus praecox**
1. 花枝；2. 果枝；3. 花；4. 雄蕊；5. 瘦果（引自《秦岭植物志》）。

外部花被片短，基部有爪；能育雄蕊 5-8 枚，长约 4 毫米，花丝比花药长或等长，花药向内弯，无毛，退化雄蕊长约 3 毫米；心皮多数，离生，基部被疏硬毛，着生杯状花托内，花柱长达子房 3 倍。果托近木质化，坛状或倒卵状椭圆形，长 2-5 厘米，直径 1-2 厘米，口部收缩，并具有钻状披针形的被毛附生物。花期 11 月至翌年 3 月，果期 4-11 月。

产秦岭南坡和巴山各地，生于海拔 550-1100 米的山地灌丛中，关中及陕南常见栽培，供观赏；分布于山东、江苏、安徽、浙江、福建、江西、湖南、湖北、河南、四川、贵州、云南等地。日本、朝鲜半岛及欧洲、北美洲有引种栽培。

本种是良好的园林绿化植物，花芳香美丽。根、叶、花可药用，花可提取蜡梅浸膏。

陕西省地方重点保护植物。

### （3）柳叶蜡梅

**Chimonanthus salicifolius** S. Y. Hu, J. Arnold Arbor. 35: 197. 1954; 中国植物志 30(2): 10. 1979; Flora of China 7: 93. 2008.

灌木。幼枝四方形，老枝近圆柱形，被微毛。叶近革质，线状披针形或长圆状披针形，长 2.5-13 厘米，宽 1-2.5 厘米，两端钝至渐尖，叶面粗糙，无毛，叶背浅绿色，被短柔毛，叶缘及脉上被短硬毛；叶柄长 3-6 毫米。花单朵腋生，小，有短梗；花被片、雄蕊和心皮与山蜡梅特征相似。花期 8-10 月，果期 5 月。

西安等地有栽培；分布于安徽、江西、浙江等地。

# 十七　樟科 **Lauraceae** Juss.

徐文斌（中国科学院武汉植物园）

乔木或灌木，罕为寄生草本，多为常绿。植株各部位常芳香。单叶，互生、对生、近对生或轮生，具柄，全缘，极少有分裂，羽状脉，三出脉或离基三出脉，无托叶。花序腋生或近顶生，圆锥花序、假伞状花序（其下常具交互对生或不规则苞片）、总状或穗状，花通常两性，有时单性，雌雄同株或异株，辐射对称，通常 3 基数，有时 2 基数，小，黄色、绿色或白色。花被 2 轮排列，裂片 6 或 4 片，脱落或宿存；花被筒常杯状宿存于果实的基部，亦有花被筒完全包藏果实或花被筒与子房贴生而形成下位子房的；雄蕊通常排成 4 轮，每轮 3 枚（少数 2 或 4 枚），贴生于花被筒，最内轮通常为退化雄蕊，花丝通常离生，由外向内第三轮花丝通常具有 2 个无柄而明显的基生腺体，花药基着，2 或 4 室，通常外面 2 轮内向，第三轮外向，由下向上瓣裂；雌蕊 1 枚，子房通常上位，1 室；胚珠单生，倒生，下垂；花柱 1 枚；柱头 1 枚，偶有 2 或 3 裂。核果或浆果，基部有时被宿存的花被包围，有时陷于果托中。种子无胚乳。

全世界约 45 属 2000-2500 种，热带和亚热带地区广泛分布，但主要在热带东南亚和热带美洲。中国有 25 属 445 种；陕西产 9 属 42 种，其中 1 属 3 种仅见栽培。

### 分属检索表

1. 花两性，很少单性，组成圆锥花序或簇生，很少在假伞形花序中；苞片小，不形成总苞……………2
1. 花单性，很少两性，在假伞形花序或总状花序中，很少单生；苞片大，形成一总苞……………………4
2. 花被筒在果期发育形成果托……………………………………………………1. **樟属 Cinnamomum** Schaeff.
2. 花被筒在果期不发育成果托………………………………………………………………………………………3
3. 宿存花被裂片柔软，长，反折，不紧贴果实基部……………………2. **润楠属 Machilus** Rumph. ex Nees
3. 宿存的花被裂片坚硬，短，直立，紧贴果实基部…………………………………………3. **楠属 Phoebe** Nees
4. 花 2 基数；花被片 4 片………………………………………………………………………………………………5
4. 花 3 基数；花被片 6 片………………………………………………………………………………………………6
5. 雄花具 12 枚雄蕊，排成 3 轮，全部雄蕊或第二、三轮具腺体，花药 2 室；雌花具 4 枚退化雄蕊…………………………………………………………………………………………………………4. **月桂属 Laurus** L.
5. 雄花具 6 枚雄蕊，排成 3 轮，仅第三轮雄蕊具腺体，花药 4 室；雌花具 6 枚退化雄蕊…………………………………………………………………………5. **新木姜子属 Neolitsea** (Benth. & Hook. f.) Merr.
6. 总苞苞片覆瓦状排列，早落或迟落………………………………………………………………………………7
6. 总苞苞片交互对生，宿存或迟落…………………………………………………………………………………8
7. 落叶性；叶互生，全缘或者 2 或 3 浅裂；总状花序……………………………6. **檫木属 Sassafras** J. Presl
7. 常绿性；叶通常轮生，很少对生或互生，全缘；伞形花序…………7. **黄肉楠属 Actinodaphne** Nees
8. 花药 4 室……………………………………………………………………………………8. **木姜子属 Litsea** Lam.
8. 花药 2 室…………………………………………………………………………………9. **山胡椒属 Lindera** Thunb.

## 1. 樟属 **Cinnamomum** Schaeff.

Bot. Exped. 74. 1760; 秦岭植物志 1(2): 349. 1974; 中国植物志 31: 213. 1982; 陕西树木志: 306. 1990; Flora of China 7: 183. 2008.

常绿乔木或灌木。叶互生、近对生或对生，有时聚生于枝梢，离基三出脉或三出脉，亦有羽状脉。花小或中等大，两性，稀杂性，组成腋生或近顶生、顶生的圆锥花序，由(1-)3 至多花的聚伞花序所组成；花被筒短，杯状或钟状，花被裂片 6 片，近等大，花后完全脱落，或上部脱落而下部留存在花筒的边缘上，极稀宿存；能育雄蕊 9 枚，稀较少或较多，排成 3 轮，第一、二轮无腺体，第三轮近基部有 2 个具柄或无柄的腺体，花药 4 室，稀第三轮的为 2 室，第一、二轮的内向，第三轮的外向；退化雄蕊 3 枚，位于最内轮，心形或箭头形，具短柄；花柱与子房等长，纤细，柱头头状或盘状，有时 3 圆裂。果肉质，其下有果托；果托杯状、钟状或圆锥状，截平或边缘波状，或有不规则小齿，有时有由花被裂片基部形成的平头裂片 6 片。

本属约 250 种，分布于热带及亚热带亚洲、澳大利亚至太平洋岛屿。中国有 49 种；陕西产 6 种，其中 2 种仅见栽培。

### 分种检索表

1. 果时花被片宿存，或上部脱落下部留存在花被筒的边缘上；芽裸露或芽鳞不明显；叶对生或近对生，三出脉或离基三出脉…………………………………………………………（1）川桂 **C. wilsonii** Gamble
1. 果时花被片完全脱落；芽鳞明显，覆瓦状；叶互生，羽状脉或离基三出脉…………………………………2

2. 叶老时下面明显被毛……3
2. 叶老时两面无毛或近无毛……4
3. 圆锥花序密被毛……（2）**银木** **C. septentrionale** Hand.-Mazz.
3. 圆锥花序无毛或近无毛……（3）**猴樟** **C. bodinieri** Levl.
4. 叶卵状椭圆形，下面干时常带白色，离基三出脉，侧脉及支脉脉腋下面有明显的腺窝……（4）**樟** **C. camphora** (L.) J. Presl
4. 叶形多变，但下面干时不带白色，羽状脉，仅侧脉脉腋下面有明显的腺窝或无腺窝……5
5. 圆锥花序多花而密集，纤细，长 9-20 厘米；叶多卵圆形，先端骤然短渐尖至长渐尖，常呈镰形……（5）**油樟** **C. longepaniculatum** (Gamble) N. Chao ex H. W. Li
5. 圆锥花序较少花，短小；叶多为椭圆状卵形或长椭圆状卵形……（6）**黄樟** **C. parthenoxylon** (Jack) Meisner

### （1）**川桂**　三条筋树（《秦岭植物志》）（照片 211、212）

**Cinnamomum wilsonii** Gamble, Sargent Pl. Wilson. 2: 66. 1914; 中国植物志 31: 213. 1982; 陕西树木志: 310. 1990; Flora of China 7: 183. 2008. ——*C. tamala* auct. non (Buch.-Ham.) T. Nees & Nees: 秦岭植物志 1(2): 350. 1974.

常绿乔木。高达 25 米，胸径可达 35 厘米。树皮灰黑色，光滑不裂。幼枝绿色，稍扁而具棱，几无毛，顶芽多少被有黄褐色短柔毛。叶近对生，少数互生，多为长椭圆形，长 8-18 厘米，宽 2.8-5 厘米，先端渐尖至长渐尖，基部楔形至近圆形，稍下延，革质，上面绿色，有光泽，无毛，下面灰白色，幼时密被白色短丝毛，后变无毛而密被白粉，离基三出脉或三出脉，两面凸起，横脉向叶尖弧曲，多数而纤细，两面稍明显；叶柄长 10-15 毫米，腹面略具槽，无毛。常在一年生枝基部形成多数 3-5 朵花的聚伞花序，花序总梗长 1.5-6 厘米，与序轴均无毛或疏被短柔毛；花白色或淡黄色，长约 6.5 毫米；花梗长 6-20 毫米，被微柔毛。花被内外两面被丝状微柔毛，花被筒倒锥形，长约 1.5 毫米，花被裂片卵圆形，先端锐尖，近等大，长 4-5 毫米，宽约 1 毫米；能育雄蕊 9 枚，花丝被柔毛，第一、二轮雄蕊长 3 毫米，花丝稍长于花药，花药卵圆状长圆形，先端钝，4 室，内向，第三轮雄蕊长约 3.5 毫米，花丝长约为花药的 1.5 倍，中部有一对肾形无柄的腺体，花药长圆形，4 室，外向；退化雄蕊 3 枚，位于最内轮，卵圆状心形，先端锐尖，长 2.8 毫米，具柄；子房卵球形，长近 1 毫米，花柱增粗，长 3 毫米，柱头宽大，头状。果长椭圆形，长约 1.5 厘米，紫黑色；果梗先端明显膨大；果托顶端截平，边缘具极短裂片。花期 4-5 月，果期 6 月以后。

产秦岭南坡及巴山，周至田峪河偶见，生于海拔 400-1450 米的山地灌丛或疏林中；分布于湖北、湖南、江西、广东、广西、四川及甘肃南部。

树形通直，枝繁叶茂，适合作行道树或绿化树种；枝叶和果均含芳香油，油可作食品或皂用香精的调和原料；川桂树皮是传统药材，亦可作肉桂代用品。

### （2）**银木**（照片 213、214）

**Cinnamomum septentrionale** Hand.-Mazz., Oesterr. Bot. Z. 85: 213. 1936; 中国植物志 31: 172. 1982; 陕西树木志: 309. 1990; Flora of China 7: 172. 2008.

常绿乔木。高达 25 米，胸径可达 1.5 米。树皮黄褐色，纵裂。小枝绿色，具棱，初被白色绢毛，旋即脱落无毛，顶芽被白色或黄色绢毛。叶互生，椭圆形或倒卵状椭圆形，长 10-15 厘米，宽 5-7 厘米，先端短渐尖，基部楔形至阔楔形，近革质，上面无毛，下面多少被白色绢毛及密被白粉，脉上毛被尤其明显，羽状脉，侧脉每边约 4 条，弧曲上升，在叶缘之内消失，中脉在叶上面平，下面凸起，侧脉的脉腋在上面微凸起，在下面呈浅窝穴状，横脉两面稍明显；叶柄长 2-3 厘米，初时被白色绢毛，后变无毛。圆锥花序腋生，长达 15 厘米，多花密集，具分枝，分枝细弱，叉开，末端为 3-7 花的聚伞花序，总轴细长，长达 6 厘米，与序轴被绢毛；花开放时长约 2.5 毫米；花梗长 1-2 毫米，被绢毛。花被筒倒锥形，外面密被白色绢毛，长约 1 毫米，花被裂片 6 片，近等大，宽卵圆形，长约 1.5 毫米，宽约 1.2 毫米，先端锐尖，外面疏被内面密被白色绢毛，具腺点；能育雄蕊 9 枚，花丝被柔毛，第一、二轮雄蕊长 1.2 毫米，花药宽卵圆形，药室内向，花丝与花药近等长，无腺体，第三轮雄蕊长约 1.5 毫米，花药卵圆状长圆形，药室外向，花丝基部有一对肾形腺体；退化雄蕊 3 枚，位于最内轮，长三角状钻形，具短柄，被柔毛；子房卵珠形，长 0.5 毫米，花柱伸长，长 1.1 厘米，柱头盘状，明显。果球形，直径不及 1 厘米，无毛，果托长 5 毫米，先端增大成盘状，宽达 4 毫米。花期 5-6 月，果期 7-9 月。

产洋县、城固、勉县、略阳、宁强、南郑、西乡、紫阳、岚皋、平利、镇坪，生于海拔 540-1450 米的山地；分布于甘肃南部、湖北西部及四川。

树姿雄伟，四季常青，宜作为行道树和庭荫树；根含樟脑量较高可蒸馏樟脑；根材美丽，称银木，用作美术品；木材黄褐色，纹理直结构细，可制樟木箱及作建筑用材；叶可作纸浆黏合剂。

### （3）猴樟

**Cinnamomum bodinieri** Levl., Fedde, Repert. Sp. Nov. 10: 369. 1912; 中国植物志 31: 174. 1982; Flora of China 7: 172. 2008; 陕西维管植物名录: 104. 2016.

乔木。高达 16 米，胸径 30-80 厘米；树皮灰褐色。枝条圆柱形，紫褐色，无毛，嫩时多少具棱角。芽小，卵圆形，芽鳞疏被绢毛。叶互生，卵圆形或椭圆状卵圆形，长 8-17 厘米，宽 3-10 厘米，先端短渐尖，基部锐尖、宽楔形至圆形，坚纸质，上面光亮，幼时被极细的微柔毛老时变无毛，下面苍白，极密被绢状微柔毛，中脉在上面平坦下面凸起，侧脉每边 4-6 条，最基部的一对近对生，其余的均为互生，斜升，两面近明显，侧脉脉腋在下面有明显的腺窝，上面相应处明显隆起成泡状，横脉及细脉网状，两面不明显，叶柄长 2-3 厘米，腹凹背凸，略被微柔毛。圆锥花序在幼枝上腋生或侧生，同时亦有近侧生，有时基部具苞叶，长(5-)10-15 厘米，多分枝，分枝二歧状，具棱角，总梗圆柱形，长 4-6 厘米，与各级序轴均无毛；花绿白色，长约 2.5 毫米，花梗丝状，长 2-4 毫米，被绢状微柔毛；花被筒倒锥形，外面近无毛，花被裂片 6 片，卵圆形，长约 1.2 毫米，外面近无毛，内面被白色绢毛，反折，很快脱落。能育雄蕊 9 枚，第一、二轮雄蕊长约 1 毫米，花药近圆形，花丝无腺体，第三轮雄蕊稍长，花丝近基部有一对肾形大腺体；退化雄蕊 3 枚，位于最内轮，心形，近无柄，长约 0.5 毫米；子房卵珠形，长约 1.2 毫米，无毛，花柱长 1 毫米，柱头头状。果球形，直径 7-8 毫米，绿色，无毛；

果托浅杯状，顶端宽 6 毫米。花期 5-6 月，果期 7-8 月。

产平利、镇坪，生于海拔 800 米左右的山地；分布于湖北、湖南、重庆、四川、贵州、云南。

树体高大通直，供绿化用；枝叶含芳香油，果仁含脂肪。

（4）**樟**（照片 215、216）

**Cinnamomum camphora** (L.) J. Presl, Berchtold & J. Presl Prir. Rostlin. 2(2): 36. 1825; 中国植物志 31: 182. 1982; Flora of China 7: 175. 2008; 陕西维管植物名录: 104. 2016. ——*Laurus camphora* L., Sp. Pl. 1: 369. 1753.

常绿大乔木。高达 30 米。树皮黄褐色，纵裂。枝条圆柱形，绿色，无毛。顶芽广卵形或圆球形，鳞片外面略被绢状毛。叶互生，卵状椭圆形，长 6-12 厘米，宽 2.5-5.5 厘米，先端急尖，基部宽楔形至近圆形，边缘全缘，软骨质，有时呈微波状，上面绿色或黄绿色，有光泽，下面黄绿色或灰绿色，晦暗，两面无毛或下面幼时略被微柔毛，具离基三出脉，中脉两面明显，上部每边有侧脉 3-5 条，基生侧脉向叶缘一侧有少数支脉，侧脉及支脉脉腋上面明显隆起，下面有明显腺窝，窝内常被柔毛；叶柄纤细，长 2-3 厘米，腹凹背凸，无毛。圆锥花序腋生，长 3.5-7 厘米，具梗，总梗长 2.5-4.5 厘米，与各级序轴均无毛或被灰白色至黄褐色微柔毛，被毛时往往在节上尤为明显；花绿白或带黄色，长约 3 毫米；花梗长 1-2 毫米，无毛；花被外面无毛或被微柔毛，内面密被短柔毛，花被筒倒锥形，长约 1 毫米，花被裂片椭圆形，长约 2 毫米；能育雄蕊 9 枚，长约 2 毫米，花丝被短柔毛；退化雄蕊 3 枚，位于最内轮，箭头形，长约 1 毫米，被短柔毛；子房球形，长约 1 毫米，无毛，花柱长约 1 毫米。果卵球形或近球形，直径 6-8 毫米，紫黑色；果托杯状，长约 5 毫米，顶端截平，宽达 4 毫米，基部宽约 1 毫米，具纵向沟纹。花期 4-5 月，果期 8-11 月。

陕南有栽培，常作行道树；分布于长江流域及其以南地区和台湾。越南、日本、朝鲜半岛也产，亦常有栽培。

树体高大，浓荫遍地，适于绿化；木材及根、枝、叶可提取樟脑和樟油供医药及香料工业用；果核含脂肪，供工业用；根、果、枝和叶入药；木材为造船、橱箱和建筑等用材。

（5）**油樟** 香樟（陕南）

**Cinnamomum longepaniculatum** (Gamble) N. Chao ex H. W. Li, 植物分类学报 13(4): 48. 1975; 中国植物志 31: 184. 1982; 陕西树木志: 310. 1990; Flora of China 7: 175. 2008. ——*Cinnamomum inunctum* Meisn. var. *albosericeum* Gamble, in Sarg., Pl. Wils. 2: 69 1941; 秦岭植物志 1(2): 349. 1974.

常绿乔木。高达 20 米。树皮灰色，光滑。枝条圆柱形，绿色，无毛，幼枝纤细，多少压扁而具棱，常被密集红色斑点。芽大，卵珠形，长达 8 毫米。叶互生，卵形、椭圆形或倒卵形，长 6-13 厘米，宽 3.5-6.5 厘米，新叶常更大，先端骤尖至骤长渐尖，基部楔形至近圆形，边缘内卷，薄革质，上面深绿色，有光泽，下面灰绿色，晦暗，两面无毛，羽状脉，侧脉每边 4-5 条，中脉与侧脉两面凸起，侧脉向叶缘处消失，脉腋在上面有时隆起成泡状，下面有小腺窝，横脉鲜时两面不明显，网结极为细密，两面在放大镜下呈小浅窝穴；叶柄长 2-3.5 厘米，腹凹背凸，腹面常稍带水红色，无毛。圆锥花序腋生，纤细，长 9-20 厘米，具分枝，分枝细弱，叉开，长达 5 厘米，末端二歧状，每歧为 3-7 花的聚伞花序，序轴无毛，总梗细长，长 3-10 厘米；花淡黄色，有香气，长 2.5 毫米，开展时直径达 4 毫米；花梗纤细，长 2-3 毫米，无毛；花被筒倒锥形，长约 1 毫米，花被裂片 6 片，卵圆形，长约 1.5 毫米，近等大，先端锐尖，外面无毛，内面密被白色丝状柔毛，具腺点；能育雄蕊 9 枚，花丝被白柔毛，第一、二轮雄蕊长约 1.5 毫米，花丝无腺体，花药卵圆状长圆形，4 室，内向，第三轮雄蕊长约 1.8 毫米，花药长圆形，稍短于花丝，4 室，外向，花丝基部有一对具短柄的圆状肾形腺体；退化雄蕊 3 枚，位于最内轮，长约 1 毫米，被白柔毛；子房卵珠形，长约 1 毫米，无毛，花柱纤细，长约 1.5 毫米，柱头不明显。果球形，熟时黑色，直径约 8 毫米；果托狭漏斗状，长达 1 厘米，宽达 4 毫米。花期 5-6 月，果期 7-9 月。

产镇坪、平利、勉县、略阳，生于海拔 600-1500 米的山地；分布于四川。

树干及枝叶均含芳香油，果核也可榨油；也可作绿化和观赏树种。

国家二级重点保护野生植物。

### （6）黄樟

**Cinnamomum parthenoxylon** (Jack) Meisner, A. Candolle Prodr. 15(1): 26. 1864; 中国植物志 31: 186. 1982; Flora of China 7: 175. 2008. ——*Laurus parthenoxylon* Jack, Malayan Misc. 1: 28. 1820.

常绿乔木。树干通直，高 10-20 米，胸径达 40 厘米以上；树皮暗灰褐色，上部为灰黄色，深纵裂，小片剥落，厚 3-5 毫米，内皮带红色，具有樟脑气味。枝条粗壮，圆柱形，绿褐色，小枝具棱角，灰绿色，无毛。芽卵形，鳞片近圆形，被绢状毛。叶互生，通常为椭圆状卵形或长椭圆状卵形，长 6-12 厘米，宽 3-6 厘米，在花枝上的稍小，先端通常急尖或短渐尖，基部楔形或阔楔形，革质，上面深绿色，下面色稍浅，两面无毛或仅下面腺窝具毛簇，羽状脉，侧脉每边 4-5 条，与中脉两面明显，侧脉脉腋上面不明显凸起下面无明显的腺窝，细脉和小脉网状；叶柄长 1.5-3 厘米，腹凹背凸，无毛。圆锥花序于枝条上部腋生或近顶生，长 4.5-8 厘米，总梗长 3-5.5 厘米，与各级序轴及花梗无毛；花小，长约 3 毫米，绿带黄色；花梗纤细，长达 4 毫米；花被外面无毛，内面被短柔毛，花被筒倒锥形，长约 1 毫米，花被裂片宽长椭圆形，长约 2 毫米，宽约 1.2 毫米，具点，先端钝形；能育雄蕊 9 枚，花丝被短柔毛，第一、二轮雄蕊长约 1.5 毫米，花药卵圆形，与扁平的花丝近相等，第三轮雄蕊长约 1.7 毫米，花药长圆形，长约 0.7 毫米，花丝扁平，近基部有一对具短柄的近心形腺体；退化雄蕊 3 枚，位于最内轮，三角状心形，连柄长不及 1 毫米，柄被短柔毛；子房卵珠形，长约 1 毫米，无毛，花柱弯曲，长约 1 毫米，柱头盘状，不明显 3 浅裂。果球形，直径 6-8 毫米，黑色；果托狭长倒锥形，长约 1 厘米或稍短，基部宽约 1 毫米，红色，有纵长的条纹。花期 3-5 月，果期 4-10 月。

汉中有栽培，作行道树或供公园、庭园绿化；分布于福建、广东、广西、贵州、海南、湖南、江西、四川、云南。不丹、柬埔寨、印度、印度尼西亚、老挝、马来西亚、缅甸、尼泊尔、巴基斯坦、泰国、越南也有分布。

叶可供饲养天蚕；枝叶、根、树皮、木材可蒸樟油和提制樟脑；果核核仁含油率达60%，油可供制肥皂用；木材纹理通直，结构均匀细致，适于作建造用材。

## 2. 润楠属① **Machilus** Rumph. ex Nees

in Wallich, Pl. Asiat. Rar. 2: 61, 70. 1831; 秦岭植物志 1(2): 350. 1974; 中国植物志 31: 7. 1982; 陕西树木志: 303. 1990; Flora of China 7: 201. 2008.

常绿乔木或灌木。顶芽常具覆瓦状排列的鳞片；叶互生，全缘，羽状脉。花两性，为顶生或近顶生的聚伞状圆锥花序，后者于开花后由于新枝伸长而明显生于枝条下部。花被筒短小，花被裂片 6 片，排成 2 轮，等大或近等大，或外轮的较小，通常花后不脱落；能育雄蕊 9 枚，排成 3 轮，第一、二轮无腺体而花药内向，但少数种类有变异而具腺体，第三轮有 2 个通常具柄的腺体而花药外向，或下方 2 室外向，上方 2 室内向或侧向，花药 4 室，室成对叠生；退化雄蕊 3 枚，位于最内轮，箭头形，具短柄；子房无柄，花柱伸长，柱头小，盘状或头状。果为浆果状核果，球形或椭圆形，基部为宿存、开展或反折的花被裂片所围绕；果梗不增粗或略增粗。

本属约 100 种，分布于东南亚或南亚。中国有 82 种；陕西产 1 种。

（1）**宜昌润楠** 大叶楠（《秦岭植物志》）、小楠木、竹叶楠（陕南）（图 48，照片 217、218）

**Machilus ichangensis** Rehder & E. H. Wilson, Sargent Pl. Wilson. 2: 621. 1916; 秦岭植物志 1(2): 350. 1974; 中国植物志 31: 45. 1982; 陕西树木志: 303. 1990; Flora of China 7: 215. 2008. ——*Persea ichangensis* (Rehder & E. H. Wilson) Kostermans., Reinwardtia 6: 192. 1962.

常绿乔木。高达 15 米。树皮灰褐色，不裂，密生扁平皮孔。小枝绿色，有棱，无毛。顶芽近球形，芽鳞边缘密被褐色柔毛。叶常着生小枝顶端，倒卵状披针形至长圆状披针形，长 10-18(-24) 厘米，宽 2-6 厘米，先端渐尖，尖头常呈镰形，基部楔形，近革质，上面无毛，有光泽，下面粉绿色，具白粉，无毛或有贴伏小绢毛，中脉上面平坦或稍凹下，下面明显凸起，侧脉纤细，每边 9-17 条，上面稍凸起，下面较上面明显，横行脉鲜时两面几不可见；叶柄纤细，长 0.8-2 厘米，无毛。圆锥花序生自当年生枝基部脱落苞片的腋内，长 5-9 厘米，有灰黄色贴伏小绢毛或变无毛，总梗纤细，长 2.2-5 厘米，带紫红色，约在中部分枝，下部分枝有花 2-3 朵，较上部的有花 1 朵；

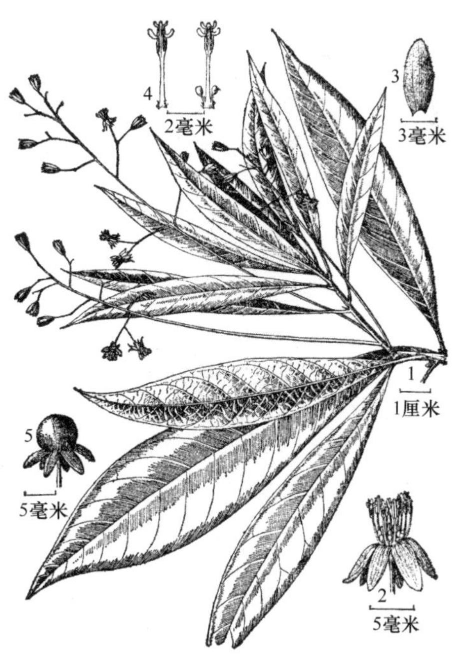


图 48. **宜昌润楠 Machilus ichangensis**
1. 花枝；2. 雄花；3. 外轮花被片；4. 外轮和内轮雄蕊；5. 果实（引自《秦岭植物志》）。

① 又称桢楠属（《秦岭植物志》）。

花梗长 5-7(-9)毫米，有贴伏小绢毛；花白色，花被裂片长 5-6 毫米，外面和内面上端有贴伏小绢毛，先端钝圆，外轮的稍狭；雄蕊较花被稍短，近等长，花丝长约 2 .5 毫米，无毛；花药长圆形，长约 1.5 毫米，第三轮雄蕊腺体近球形，有柄；退化雄蕊三角形，稍尖，基部平截，连柄长约 1.8 毫米；子房近球形，无毛；花柱长约 3 毫米，柱头小，头状。果序长 6-9 厘米；果近球形，直径约 1 厘米，绿色转墨绿色至黑色，有小尖头；果梗不增大。花期 4 月，果期 8 月。

产佛坪、洋县、商南、城固、勉县、南郑、西乡、镇巴、紫阳、岚皋、平利、镇坪、旬阳，生于海拔 560-1800 米的山地杂木林中；分布于甘肃、湖北、重庆、四川。

树干通直，枝叶繁茂，且四季常青，可作园林绿化树种；木质优良，为贵重家具用材。

## 3. 楠属[①] **Phoebe** Nee

Syst. Laur. 98. 1836; 秦岭植物志 1(2): 351. 1974; 中国植物志 31: 89. 1982; 陕西树木志: 304. 1990; Flora of China 7: 189. 2008; 秦岭植物志增补: 133. 2013.

常绿乔木或灌木。叶互生，通常聚生枝梢，羽状脉。花小，两性，聚伞状圆锥花序或近总状花序；花被筒短，花被裂片 6 片，相等或近相等，直立，宿存，花后变革质或木质；能育雄蕊 9 枚，排成 3 轮，第一、二轮的无腺体，花药内向，第三轮的基部或近基部有 2 个具柄或无柄腺体，花药外向，花药 4 室，室成对叠生；退化雄蕊 3 枚，位于最内轮，三角形或箭头形，具柄；子房无柄，多为卵珠形或球形，花柱顶生，柱头盘状或头状。果为浆果状核果，基部为宿存且扩大的花被片所包围；宿存花被片大都紧贴，少有松散或先端外倾；果梗不或明显增粗。

本属多达 100 种，分布于亚洲热带及亚热带。中国有 35 种；陕西产 6 种。

本属植物很多种类为高大乔木，木材坚实，结构细致，防虫防腐性好，不易变形和开裂，为建筑、家具、船板等优良木材。

### 分种检索表

1. 花被裂片外面有绒毛或有柔毛、绢毛……2
1. 花被裂片外面无毛……3
2. 侧脉极纤细，在下面明显或略明显，横脉及小脉在下面近于消失或完全消失；叶下面被紧贴灰白色柔毛；叶椭圆形或椭圆状披针形，长 5-8(10)厘米，宽 1.5-3 厘米；圆锥花序长 4-8 厘米；果椭圆形，长 1-1.4 厘米，直径 6-9 毫米……（1）**细叶楠 P. hui** W. C. Cheng ex Yen C. Yang
2. 侧脉较粗，与横脉及小脉在下面明显或十分明显，小脉绝不近于消失；叶下面毛不紧贴……（2）**白楠 P. neurantha** (Hemsl.) Gamble
3. 果球形或近球形……4
3. 果卵形……5
4. 花大，长 5-6 毫米；花序长 8-17 厘米，花序梗粗，直径达 2.5-3 毫米；叶长 11-20 厘米，宽 3-5.5 厘米；叶柄粗，长达 4 厘米……（3）**山楠 P. chinensis** Chun
4. 花较小，长 2.5-3.5 毫米；叶柄较细，长不超过 2.5 厘米……（4）**竹叶楠 P. faberi** (Hemsl.) Chun

① 又称楠木属（《秦岭植物志》）。

5. 嫩叶下面密被紧贴白色绢状毛；叶倒阔披针形或倒卵状披针形，长 7.5-18(23)厘米，宽 3-4.5(6.5)厘米，下面苍白色，侧脉通常每边 10-14 条，粗壮；花序长 8-14 厘米；花被片明显具缘毛……………………………………………………………………………………（5）**湘楠 P. hunanensis** Hand.-Mazz.
5. 嫩叶下面无毛或疏被短柔毛，绝不为紧贴白色绢状毛；花被片无缘毛或缘毛不明显……………………………………………………………………………………（6）**光枝楠 P. neuranthoides** S. Lee & F. N. Wei

## （1）细叶楠

**Phoebe hui** W. C. Cheng ex Yen C. Yang, J. W. China Border Res. Soc., ser. B. 15: 74. 1945; 中国植物志 31: 111. 1982; Flora of China 7: 197. 2008.

乔木。高达 25 米，胸径可达 60 厘米；树皮暗灰色，平滑。新、老枝均纤细，新枝有棱，初时密被灰白色或灰褐色柔毛，后毛渐脱落。叶革质，椭圆形、椭圆状倒披针形或椭圆状披针形，长 5-8(-10)厘米，宽 1.5-3 厘米，先端渐尖或尾状渐尖，尖头镰状，基部狭楔形，上面无毛或沿中脉有小柔毛或嫩时全有毛，下面密被贴伏小柔毛，中脉细，上面下陷，侧脉极纤细，每边 10-12 条，上面不明显，下面明显，横脉及小脉在下面隐约可见或完全消失，叶柄长 6-16 毫米，细，被柔毛。圆锥花序生新枝上部，长 4-8 厘米，纤弱，在顶端分枝，被柔毛；花小，长 2.5-3 毫米，花梗约与花等长；花被裂片卵形，两面密被灰白色长柔毛；能育雄蕊各轮花丝被毛，第三轮花丝基部腺体无柄或近无柄；子房卵形，花柱无毛，柱头盘状。果椭圆形，长 1.1-1.4 厘米，直径 6-9 毫米；果梗不增粗；宿存花被片紧贴。花期 4-5 月，果期 8-9 月。

产西乡，生于海拔 500 米左右的山坡；分布于重庆、四川、云南。

树干通直，木材纹理细密，可作造船、建筑、家具等用材。

国家二级重点保护野生植物。

## （2）白楠（图 49，照片 219、220）

**Phoebe neurantha** (Hemsl.) Gamble, Sarg. Pl. Wils. 2: 72. 1914; 秦岭植物志 1(2): 352. 1974; 中国植物志 31: 116. 1982; 陕西树木志: 307. 1990; Flora of China 7: 198. 2008. ——*Machilus neurantha* Hemsl., J. Linn. Soc., Bot. 26: 376. 1891.

灌木至乔木。通常高 3-14 米；树皮灰黑色。小枝初时疏被短柔毛或密被长柔毛，后变近无毛。叶革质，狭披针形、披针形或倒披针形，长 8-16 厘米，宽 1.5-5 厘米，先端尾状渐尖或渐尖，基部渐狭下延，极少为楔形，上面无毛或嫩时有毛，下面绿色或有时苍白色，初时疏或密被灰白色柔毛，后渐变为仅被散生短柔毛或近无毛，中脉上面下陷，侧脉通常每边 8-12 条，下面明显凸起，横脉及小脉略明显；叶柄长 7-15 毫米，

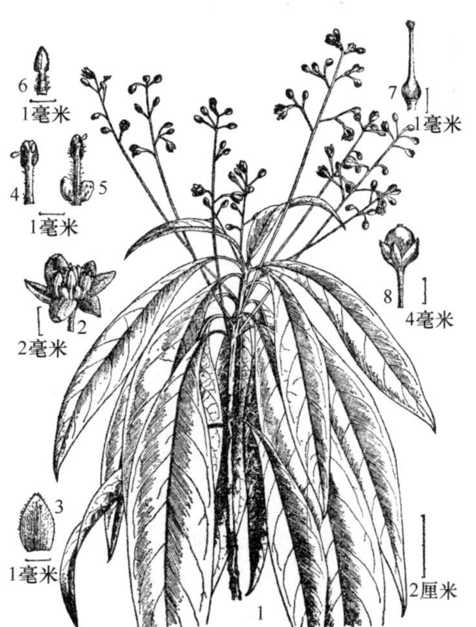

图 49. 白楠 **Phoebe neurantha**
1. 花枝；2. 花；3. 花被片；4. 外轮雄蕊；5. 内轮雄蕊；6. 不育雄蕊；7. 雌蕊；8. 果实（引自《秦岭植物志》）。

被柔毛或近无毛。圆锥花序长4-10(-12)厘米，在近顶部分枝，被柔毛，结果时近无毛或无毛；花长4-5毫米，花梗被毛，长3-5毫米；花被片卵状长圆形，外轮较短而狭，内轮较长而宽，先端钝，两面被毛，内面毛被特别密；各轮花丝被长柔毛，腺体无柄，着生在第三轮花丝基部，退化雄蕊具柄，被长柔毛；子房球形，花柱伸长，柱头盘状。果卵形，长约1厘米，直径约7毫米；果梗不增粗或略增粗；宿存花被片革质，松散，有时先端外倾，具明显纵脉。花期5月，果期8-10月。

产佛坪、洋县、商南、城固、略阳、西乡、安康、平利、岚皋、镇坪，生于海拔500-1750米的山地林中；分布于西南及甘肃、江西、湖北、湖南、广西。

木材供建筑、家具用。

### （3）**山楠**（图50）

**Phoebe chinensis** Chun, Chinese Econ. Trees 158. 1921; 秦岭植物志 1(2): 351. 1974; 中国植物志 31: 98. 1982; 陕西树木志: 304. 1990; Flora of China 7: 193. 2008. ——*Machilus montana* L. Li, J. Li & H. W. Li, Pl. Diversity Resources, 33(2): 158. 2011.

乔木。高15-20米，胸径可达70厘米。顶芽卵珠形或近球形，直径5-8毫米，除边缘外，近无毛，干时黑色。小枝圆柱状，无毛，干后变黑褐色。叶革质或厚革质，倒阔披针形、阔披针形或长圆状披针形，长11-20厘米，宽3-5.5厘米，先端短尖或急渐尖，少为钝尖，基部楔形，两面无毛或下面有微柔毛，中脉粗壮，上面下陷，下面十分凸起，侧脉两面均不明显或有时下面略明显，横脉及小脉在两面模糊或完全消失；叶柄粗，长2-4厘米，无毛，干时变黑色。花序数个，粗壮，生于枝端或新枝基部，长8-17厘米，无毛，在中部以上分枝，总梗长5-9厘米；花黄绿色，长5-6毫米，花梗长约3毫米，花被片卵状长圆形，外面无毛或有细微柔毛，内面及边缘有毛；花丝无毛或仅基部有毛，第三轮雄蕊花丝基部腺体有长柄，子房卵珠形，花柱纤细，柱头略扩大。果球形或近球形，直径约1厘米；果梗长约6毫米，红褐色；宿存花被片紧贴或松散，下半部略变硬，上半部通常不变硬，也不脱落。花期4-5月，果期6-7月。

产洋县、南郑、西乡、旬阳、平利、镇坪，生于海拔1000-1400米的山坡疏林中；分布于甘肃、湖北、四川、贵州、云南、西藏。

木材结构细密，可作建筑、家具用材。

李朗等（2011）根据分子系统学研究结果，建议把山楠转移至润楠属，由于转移后的名称为晚出同名，因此另起新名称 *Machilus montana* L. Li, J. Li & H. W. Li，作者考虑到山楠果期花被片直立坚硬，且紧抱果实的特征，与楠属特征更为接近，故暂将山楠仍置于楠属，并期待后续研究。

图50. 山楠 **Phoebe chinensis**
1. 花枝；2. 花；3. 外轮雄蕊；4. 内轮雄蕊
（引自《秦岭植物志》）。

### （4）竹叶楠（照片 221、222）

**Phoebe faberi** (Hemsl.) Chun, Contr. Biol. Lab. Sci. Soc. China. 1(5): 31. 1925; 中国植物志 31: 99. 1982; 陕西树木志: 306. 1990; Flora of China 7: 193. 2008; 秦岭植物志增补: 126. 2013. ——*Machilus faberi* Hemsl., J. Linn. Soc., Bot. 26: 375. 1891.

常绿乔木。高达 15 米。树皮灰褐色，密生皮孔；小枝绿色，初被灰色贴伏柔毛，后脱落至无毛；顶芽细小，被黄褐色柔毛。叶厚革质或革质，长圆状披针形，长 7-13(-15)厘米，宽 1.8-2.5(-4.5)厘米，先端钝头或短渐尖，基部狭楔形，上面光滑无毛，下面苍白色或苍绿色，幼叶下面密被灰白色贴伏柔毛，中脉上面下陷，下面凸起，侧脉每边 12-15 条，上面稍下陷，下面凸起，横脉及小脉两面均不明显，叶缘内卷，叶柄长 1-2.5 厘米，初被灰白色贴伏柔毛，后脱落无毛。花序多个，生于新枝下部叶腋，长 5-12 厘米，无毛，中部以上分枝，每伞形花序有花 3-5 朵；花黄绿色，长 2.5-3 毫米，花梗长 4-5 毫米；花被片卵圆形，外面无毛，内面及边缘有毛；花丝无毛或仅基部有毛，第三轮雄蕊花丝基部腺体有短柄或近无柄；子房卵形，无毛，花柱纤细，柱头不明显。果球形，直径 7-9 毫米；果梗长约 8 毫米，微增粗，初时绿色，后变鲜红色；宿存花被片卵形，革质，紧贴。花期 4-5 月，果期 6-7 月。

产岚皋、镇坪、佛坪、洋县，生于海拔 1100-1500 米的山地疏林中；分布于湖北、四川、贵州、云南。

木材供建筑、家具等用；树形优美，枝叶浓密，是园林上良好的庭园绿化树种，亦可作行道树。

李朗等（2011）根据分子系统学研究结果，建议把竹叶楠置于润楠属，并重新启用竹叶楠原先作为润楠属物种发表的名称竹叶润楠（*Machilus faberi* Hemsl.），作者考虑到竹叶楠果期花被片坚硬，且紧抱果实的特征，更接近楠属的特征，暂先将其仍置于楠属，并期待后续研究。

### （5）湘楠　湖南楠（《秦岭植物志》）（照片 223、224）

**Phoebe hunanensis** Hand.-Mazz., Anz. Akad. Wiss. Wien, Math.-Naturwiss. Kl. 58: 146. 1921; 秦岭植物志 1(2): 352. 1974; 中国植物志 31: 100. 1982; 陕西树木志: 306. 1990; Flora of China 7: 194. 2008.

小乔木。高达 8 米；树皮灰色，密被皮孔；小枝绿色，有棱，无毛。叶近革质，长椭圆状倒卵形，或为倒卵状披针形，长(7.5-)10-18(-26)厘米，宽 3-5.5(-7.5)厘米，先端短渐尖，基部楔形，上面无毛，有光泽，下面有紧贴白色短柔毛，苍白色，中脉粗壮，在上面平坦，下面极明显凸起，侧脉每边 6-14 条，在下面十分凸起，横脉及小脉下面明显；叶柄长 7-15(-24)毫米，无毛。花序生当年生枝上部，很细弱，长 8-14 厘米，近总状或在上部分枝，无毛；花长 4-5 毫米，花梗约与花等长；花被片有缘毛，外轮稍短，外面无毛，内面有毛，内轮外面无毛或上半部有微柔毛，内面密或疏被柔毛；能育雄蕊各轮花丝无毛或仅基部有毛，第三轮雄蕊花丝基部的腺体无柄；子房扁球形，无毛，柱头帽状或略扩大。果卵形，长 1-1.2 厘米，直径约 7 毫米；果梗略增粗；宿存花被片卵形，纵脉明显，松散，常可见到缘毛。花期 5-6 月，果期 8-9 月。

产宁陕、平利、镇坪、南郑、西乡，生于海拔 650-1050 米的山地疏林中；分布于甘肃、江苏、安徽、江西、湖北、湖南、贵州。

枝叶常绿，适应力强，适合作绿化树种，也可作庭园绿化树种。

### （6）光枝楠

**Phoebe neuranthoides** S. Lee & F. N. Wei, 植物分类学报 17(2): 58. 1979; 中国植物志 31: 102. 1982; Flora of China 7: 194. 2008.

大灌木至小乔木。高达 11 米。顶芽卵球形，有黄褐色贴伏柔毛。小枝有棱，干时黑褐色，或褐色，无毛。叶薄革质，倒披针形或披针形，长 10-14(-17)厘米，宽 2-3(-4)厘米，先端渐尖或长渐尖，基部渐狭，有时下延，上面完全无毛，下面近无毛或被贴伏小柔毛，通常为苍白色，中脉在上面下陷，至少下半部下陷，侧脉纤细，上面不明显，下面明显，每边 10-13(-17)条，斜展，在叶缘网结，横脉及小脉极细，在下面稍明显或完全不可见；叶柄细，长 1-1.7 厘米，无毛。花序纤细，生于新枝中部，近总状或在上部分枝，长 6-10(-13)厘米，总梗长 3-5 厘米，与各级序轴无毛；花少数，长 3-3.5 毫米，花梗长 7-9 毫米，无毛；花被片卵形，外轮较小，长约 3 毫米，内轮较大，长约 3.5 毫米，宽约 2 毫米，外面完全无毛或内轮仅尖端有细微柔毛，内面密被长柔毛，无缘毛或缘毛不明显；能育雄蕊长约 2.5 毫米，花药长方形，花丝与花药近等长，第一、二轮花丝近无毛，第三轮有疏柔毛，基部的腺体近心形，具极短柄，退化雄蕊箭头形，柄疏被柔毛；子房卵形，无毛，柱头明显扩大。果卵形，长约 1 厘米，直径 5-6 毫米；果梗长约 9 毫米，微增粗；宿存花被片卵形，长 3.5-4.5 毫米，革质，松散。花期 4-5 月，果期 9-10 月。

产洋县、宁陕、平利，生于海拔 1000 米左右的山地林中；分布于湖北、湖南、重庆、四川、贵州。

木材供建筑、家具等用。

## 4. 月桂属 **Laurus** L.

Sp. Pl. 1: 369. 1753; 中国植物志 31: 437. 1982; Flora of China 7: 105. 2008.

常绿小乔木。叶互生，羽状脉。花雌雄异株或两性，组成具梗的伞形花序，伞形花序呈球形，具 4 枚总苞片，腋生，通常成对，偶有 3 个簇生或排成短总状；花被筒短，花被裂片 4 片，近等大；雄花有雄蕊 8-14 枚，通常 12 枚，排成 3 轮，第一轮无腺体，第二、三轮有一对无柄肾形腺体，花药 2 室，室内向；子房不育；雌花有退化雄蕊 4 枚，与花被裂片互生，花丝顶端有一对无柄的腺体，其间延伸有 1 个舌状体；子房 1 室，花柱短，柱头稍增大，钝三棱形，胚珠 1 枚。果卵珠形，宿存花被筒不增大或稍增大，完整或撕裂。

本属有 2 种，产大西洋的加那利群岛、马德拉群岛及地中海沿岸地区。中国栽培 1 种；陕西亦有栽培。

### （1）月桂（照片 225）

**Laurus nobilis** L., Sp. Pl. 1: 369. 1753; 中国植物志 31: 437. 1982; Flora of China 7: 105. 2008.

常绿灌木或小乔木。高达 10 米；树皮灰黑色，密生皮孔；小枝绿色，有棱角，被微柔毛或近无毛。叶互生，长圆形或长圆状披针形，长 5.5-12 厘米，宽 2-3.2 厘米，先端急尖或渐尖，基部楔形，边缘细波状，硬革质，上面暗绿色，下面淡绿色，两面无毛，羽状脉，中脉及侧脉两面凸起，侧脉每边 10-12 条，末端近叶缘处弧形连接，细脉网结，鲜时两面平坦而不甚明显，干后呈蜂窝状；叶柄长 0.7-1 厘米，鲜时常呈暗红色，略被微柔毛或近无毛，腹面具槽。花为雌雄异株。伞形花序腋生，1-3 个排成簇状或短总状，开花前由 4 枚交互对生的总苞片所包裹，呈球形；总苞片近圆形，外面无毛，内面被绢毛，总梗长达 7 毫米，略被微柔毛或近无毛；雄花：每一伞形花序有花 5 朵；花小，黄绿色，花梗长约 2 毫米，被疏柔毛，花被筒短，外面密被疏柔毛，花被裂片 4 片，宽倒卵圆形或近圆形，两面被贴生柔毛；能育雄蕊通常 12 枚，排成 3 轮，第一轮花丝无腺体，第二、三轮花丝中部有一对无柄的肾形腺体，花药椭圆形，2 室，室内向；子房不育；雌花：通常有退化雄蕊 4 枚，与花被片互生，花丝顶端有成对无柄的腺体，其间延伸有一披针形舌状体；子房 1 室，花柱短，柱头稍增大，钝三棱形。果卵珠形，熟时暗紫色。花期 3-5 月，果期 6-9 月。

西安等地有栽培；江苏、上海、浙江、福建、台湾、四川等地有栽培，作香料植物。原产于地中海地区。

叶和果含芳香油，可用于食品及皂用香精；叶片可作调味香料或罐头调味剂；种子油供工业用。

## 5. 新木姜子属 **Neolitsea** (Benth. & Hook.f.) Merr.

Philipp. J. Sci. 1(Suppl. 1): 56. 1906; 秦岭植物志 1(2): 355. 1974; 中国植物志 31: 336. 1982; 陕西树木志: 312. 1990; Flora of China 7: 105. 2008. ——*Litsea* sect. *Neolitsea* Benth. & Hook. f., Gen. Pl. 3: 161. 1880.

常绿乔木或灌木。叶互生，极少近对生或近轮生，常聚集于枝梢，通常具离基三出脉，少数种具羽状脉或近离基三出脉。花单性，雌雄异株，为单生或簇生、无梗或具梗的伞形花序；苞片对生，大，迟落；花被裂片 4 片，2 轮；雄花具雄蕊 6 枚，3 轮，第一、二轮无腺体，第三轮的基部有 2 个具柄腺体；退化雄蕊有或无；所有雄蕊内向，花药 4 室；雌花具退化雄蕊 6 枚，棍棒状，腺体同雄花；子房上位，花柱明显，柱头盾状。果为浆果状核果，位于稍为扩大、盘状或内陷的果托上，果梗常稍增粗。

本属约 85 种，分布于印度、马来西亚至日本。中国有 45 种；陕西产 2 种。

### 分种检索表

1. 幼枝无毛……………………………………………………（1）巫山新木姜子 **N. wushanica** (Chun) Merr.
1. 幼枝有贴伏灰褐色短柔毛…………………………………（2）簇叶新木姜子 **N. confertifolia** (Hemsl.) Merr.

### （1）巫山新木姜子

**Neolitsea wushanica** (Chun) Merr., Sunyatsenia. 3: 250. 1937; 中国植物志 31: 341. 1982; 陕西树木志: 313. 1990; Flora of China 7: 108. 2008. ——*Litsea wushanica* Chun, J. Arnold Arbor. 9: 153. 1928.

小乔木。高 4-10 米；树皮灰绿色，平滑；小枝纤细，无毛；顶芽卵圆形，鳞片排列松散，外面被锈色短柔毛。叶互生或聚生于枝顶，椭圆形或长圆状披针形，长 5-9 厘米，宽 1.7-3.5 厘米，先端急尖或近渐尖，偶有长渐尖，基部多少有点渐尖，薄革质，上面深苍绿色，下面粉绿，具白粉，两面均无毛，羽状脉或有时近离基三出脉，侧脉每边 8-12 条，纤细，中脉、侧脉在叶两面均凸起；叶柄细长，长 1-1.5 厘米，无毛。伞形花序腋生或侧生，无总梗；苞片 4 片，近无毛；每一花序有雄花 5 朵；花梗有黄褐色丝状柔毛；花被裂片 4 片，卵形，外面中肋有长柔毛，内面仅基部有毛；能育雄蕊 6 枚，花丝长约 3 毫米，无毛，第三轮基部腺体小；退化雌蕊细小，长约 1 毫米，无毛。果球形，直径 6-7 毫米，成熟时紫黑色；果托浅盘状；果梗长 5-10 毫米，顶端略增粗。花期 10 月，果期翌年 6-7 月。

产岚皋、镇坪、西乡、南郑，生于海拔 480-1400 米的山地灌丛或杂木林中；分布于湖北、福建、广东、重庆、四川、贵州、云南。

陕西省地方重点保护植物。

### （2）簇叶新木姜子（图 51，照片 226、227、228）

**Neolitsea confertifolia** (Hemsl.) Merr., Lingnan Sci. J. 15: 419. 1936; 秦岭植物志 1(2): 355. 1974; 中国植物志 31: 347. 1982; 陕西树木志: 314. 1990; Flora of China 7: 110. 2008. ——*Litsea confertifolia* Hemsl., J. Linn. Soc., Bot. 26: 379. 1891.

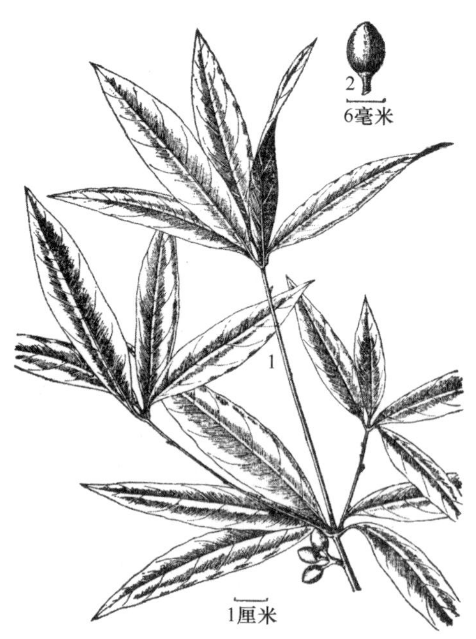

图 51. 簇叶新木姜子
**Neolitsea confertifolia**
1. 果枝；2. 果实（引自《秦岭植物志》）。

小乔木。高 3-7 米；树皮灰色，光滑；小枝常 4-6 条轮生，初时绿色后变浅黄色，疏生细小圆形皮孔，嫩时有灰褐色短柔毛，老时脱落无毛；顶芽常数个聚生，圆锥形，鳞片边缘被锈色绢毛。叶多数密集枝顶呈轮生状，长圆形、披针形至狭披针形，长 5-12 厘米，宽 1.5-3.5 厘米，先端渐尖或短渐尖，基部楔形，革质，边缘常呈波状，上面深绿色，有光泽，无毛，下面绿苍白色，幼时密被白色绢毛，后渐脱落，羽状脉，侧脉每边 5-8 条，或更多，中脉、侧脉两面皆凸起；叶柄长 5-7 毫米，幼时被灰褐色短柔毛，旋即脱落无毛。伞形花序常 3-5 个簇生于叶腋或节间，几无总梗；苞片 4 片，外面被丝状柔毛；每一花序有花 4 朵；花梗长约 2 毫米，被丝状长柔毛；花被裂片黄色，宽卵形，外面中肋有丝状柔毛，内面无毛；雄花：能育雄蕊 6 枚，花丝基部有髯毛，第三轮基部的腺体大，具柄；退化雌蕊柱头膨大，头状；雌花：子房卵形，无毛，花柱长，柱头膨大，2 裂。果卵形或椭圆形，长 8-12 毫米，直径 5-6 毫米，成熟时灰蓝黑色；果托扁平盘状，直径约 2 毫米；果梗长 4-8 毫米，顶端略增粗，无毛或初时有柔毛。花期 4-5 月，果期 9-10 月。

产山阳、商南、西乡、镇巴、洋县、岚皋、平利、镇坪、宁强、南郑，生于海拔 700-2000 米的山地灌丛或杂木林中；分布于河南、湖北、湖南、江西、广东、广西、重庆、四川、贵州。

木材可供家具用；种子可榨油，供制肥皂及机器润滑等用。

陕西省地方重点保护植物。

## 6. 檫木属 **Sassafras** J. Presl

Berchtold & J. Presl, Prir. Rostlin. 2(2): 30. 1825; 中国植物志 31: 237. 1982; 陕西树木志: 311. 1990; Flora of China 7: 159. 2008.

落叶乔木。顶芽大，具鳞片，鳞片近圆形，密被绢毛。叶互生，聚集于枝梢，坚纸质，具羽状脉或离基三出脉，异型，不裂或 2-3 浅裂，具柄。花单性，雌雄异株，或貌似两性但功能上为单性，具梗，组成少花、疏松、下垂、顶生的总状花序，此花序基部有迟落、互生的总苞片；苞片线形至丝状；花被筒短，花被裂片 6 片，排成 2 轮，近相等，在基部以上脱落；雄花：能育雄蕊 9 枚，排成 3 轮，近相等，第一、二轮无腺体，第三轮基部有 1 对具柄的腺体，花药或全部为 4 室，室成对叠生，上 2 室较小，或第一轮花药有时为 3 室而上方室不育，但有时为 2 室而各室能育，第二、三轮花药均为 2 室，药室均内向或第三轮花药下 2 室侧向，退化雄蕊 3 枚或无，若存在时位于最内轮，与第三轮雄蕊互生，三角状钻形，具柄，退化雄蕊有或无；雌花：退化雄蕊或为 6 枚而排成 2 轮，或为 12 枚而排成 4 轮，后种情况类似于雄花的能育雄蕊及退化雄蕊；子房卵珠形，花柱纤细，柱头盘状增大。果为核果，卵球形，深蓝色，位于肉质、淡红色浅杯状的果托上；果梗伸长，上端渐增粗，无毛。

本属有 3 种，东亚和北美洲间断分布。中国有 2 种；陕西产 1 种。

（1）**檫木** 檫树（《陕西树木志》）（图 52，照片 229）

**Sassafras tzumu** (Hemsl.) Hemsl., Bull. Misc. Inform. Kew. 1907(2): 55. 1907; 中国植物志 31: 238. 1982; 陕西树木志: 312. 1990; Flora of China 7: 160. 2008. ——*Lindera tzumu* Hemsl., J. Linn. Soc., Bot. 26: 392. 1891.

落叶乔木。高可达 30 米；树皮幼时黄绿色，老时变灰褐色，呈水纹状纵裂。枝条粗壮，近圆柱形，多少具棱角，无毛，初时带红色，干后变黑色。顶芽大，椭圆形，长达 1.3 厘米，芽鳞近圆形，外面密被黄色绢毛。叶互生，坚纸质，聚集于枝顶，卵形或倒卵形，长 9-18 厘米，宽 6-10 厘米，先端渐尖，基部楔形，全缘或 2-3 浅裂，裂片先端略钝，上面绿色，下面灰绿色，两面无毛或下面尤其是沿脉网疏被短硬毛，叶柄纤细，长 1-7 厘米，常带红色，无毛或略被短硬毛。雌雄异株；花序顶生，先叶开放，长 4-5 厘米，

图 52. **檫木 Sassafras tzumu**

1. 花枝；2. 果枝；3. 花外观；4. 花纵剖；5. 第一、二轮雄蕊；6. 第三轮雄蕊；7. 退化雄蕊（引自《中国植物志》，曾孝濂绘）。

多花，总梗长不及 1 厘米，与序轴密被棕褐色柔毛，基部承有迟落互生的总苞片；苞片线形至丝状，长 1-8 毫米；花黄色，长约 4 毫米；花梗纤细，长 4.5-6 毫米，密被棕褐色柔毛；雄花的花被筒极短，花被裂片 6 片，披针形，长约 3.5 毫米，先端稍钝，外面疏被柔毛，内面近无毛；能育雄蕊9枚，排成3轮，长约3毫米，花丝扁平，被柔毛，第三轮雄蕊花丝近基部有一对具短柄的腺体，花药4室，上方2室较小，退化雄蕊3枚，长约1.5毫米，三角状钻形，具柄，退化雌蕊明显。雌花具退化雄蕊12枚，排成4轮，体态上类似雄花的能育雄蕊及退化雄蕊；子房卵圆形，长约1毫米，无毛，柱头盘状。果实近球形，直径达8毫米，成熟时蓝黑色而带有白蜡粉，着生于浅杯状的果托上，果梗长1.5-2厘米，上端渐增粗，无毛，与果托呈红色。花期3-4月，果期5-9月。

产岚皋、镇坪、平利、镇巴、南郑、西乡，生于海拔 750-1500 米的山地疏林中；分布于西南及江苏、安徽、浙江、福建、湖北、湖南、广东、广西。

木材可用于造船、水车及上等家具；根和树皮入药；果、叶和根尚含芳香油。

陕西省地方重点保护植物。

## 7. 黄肉楠属 **Actinodaphne** Nees

in Wallich, Pl. Asiat. Rar. 2: 61, 68. 1831; 中国植物志 31: 242. 1982; 陕西树木志: 315. 1990; Flora of China 7: 161. 2008; 秦岭植物志增补: 133. 2013.

常绿乔木或灌木。叶通常簇生或近轮生，少数为互生或近对生，羽状脉，稀离基三出脉。花单性，雌雄异株；伞形花序单生或簇生，或组成圆锥状或总状花序；苞片覆瓦状排列，早落；花被筒短，花被裂片6片，排成2轮，近相等，脱落，稀宿存；雄花具能育雄蕊通常9枚，排成3轮，第一、二轮无腺体，第三轮的基部有2个具柄或无柄的腺体，花药4室，均内向瓣裂；退化雌蕊细小或无；雌花的退化雄蕊与雄花的同数，棍棒状，第一、二轮无腺体，第三轮基部有2个腺体；子房上位，卵球形或近球形，花柱丝状，柱头盾状，略具圆裂片。果为浆果状核果，着生于或浅或深的杯状或盘状果托（花被筒）内。

本属约100种，分布于亚洲热带和亚热带。中国有17种；陕西产1种。

### （1）红果黄肉楠（图 53）

**Actinodaphne cupularis** (Hemsl.) Gamble, Sargent Pl. Wilson. 2: 75. 1914; 中国植物志 31: 254. 1982; 陕西树木志: 315. 1990; Flora of China 7: 164. 2008; 秦岭植物志增补: 134. 2013. ——*Litsea cupularis* Hemsl., J. Linn. Soc. Bot. 26: 380. 1891. ——*Actinodaphne obscurinervia* auct. non Yen C. Yang & P. H. Huang: 秦岭植物志增补: 128. 2013.

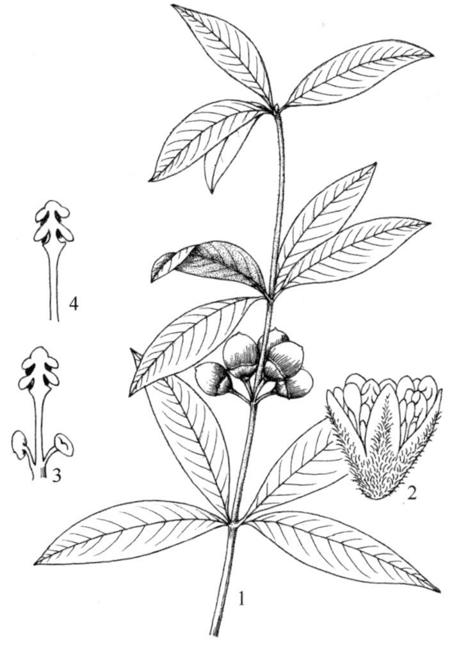


图 53. **红果黄肉楠**
**Actinodaphne cupularis**
1. 果枝；2. 雄花；3. 第三轮雄蕊；4. 第一、二轮雄蕊（引自《秦岭植物志增补》）。

小乔木。高达10米；树皮被扁圆形皮孔；幼枝灰绿色，后变灰褐色，初密被灰色微柔毛，后变无毛；顶芽被褐色短柔毛。叶通常4-6片簇生枝顶呈轮生状，长圆形至长圆状披针形，长 5.5-13.5 厘米，宽 1.5-3.5 厘米，先端渐尖或急尖，基部楔形，薄革质，上面绿色，有光泽，无毛，下面粉绿色，被白粉，初时密被灰白色贴伏柔毛，后毛被渐脱落，羽状脉，侧脉每边 8-13 对，在叶面纤细而不明显，中脉在上面平坦或稍凹陷，下面明显凸起；叶柄长 3-8 毫米，被灰色短柔毛。花序伞形，单生或数个簇生于枝侧，无总梗；苞片 5-6 片，外被锈色丝状短柔毛；雄花序有雄花 6-7 朵，花梗及花被筒密被黄褐色长柔毛；花被裂片 6 片，卵形，长约 2 毫米，宽约 1.5 毫米，外面中肋有柔毛，内面无毛；能育雄蕊 9 枚，3 轮，花丝长约 4 毫米，无毛，第三轮基部两侧的 2 个腺体有柄；退化雌蕊细小，无毛；雌花序有雌花 5 朵；子房椭圆形，无毛，花柱长 1.5 毫米，外露，柱头 2 裂。果卵形或卵圆形，成熟时红色，无毛，长 12-14 毫米，直径约 10 毫米，先端有短尖；果托深 4-5 毫米，边缘全缘或有齿。花期 10-11 月，果期翌年 8-9 月。

产旬阳、平利、镇坪、西乡、佛坪，生于海拔 700-1520 米的山坡灌丛中；分布于湖北、湖南、广西、四川、贵州、云南。

树形挺直，枝叶优美，可栽培作观赏树种；种子榨油可供制皂及机器润滑等用；根、叶可药用等。

陕西省地方重点保护植物。

《秦岭植物志增补》上记载陕西省分布有隐脉黄肉楠（**A. obscurinervia** Yen C. Yang & P. H. Huang）分布，作者查阅过凭证标本，实则红果黄肉楠的错误鉴定。

## 8. 木姜子属 **Litsea** Lam.

Encycl. 3: 574. 1792; 秦岭植物志 1(2): 353. 1974; 中国植物志 31: 261. 1982; 陕西树木志: 315. 1990; 黄土高原植物志 1: 509. 2000; Flora of China 7: 118. 2008; 秦岭植物志增补: 135. 2013.

落叶或常绿乔木或灌木。叶互生，稀对生或轮生，羽状脉。花单性，雌雄异株；花序伞形或为伞形花序式的聚伞花序或圆锥花序，单生或簇生于叶腋；总苞片 4-6 片，交互对生，开花时尚宿存，迟落；花被筒长或短，花被裂片通常 6 片，每轮 3 片，相等或不相等，早落，很少缺或为 8 片；雄花具能育雄蕊 9 或 12 枚，很少较多，每轮 3 枚，第一、二轮通常无腺体，第三轮和最内轮若存在时两侧各有 1 个腺体，花药 4 室，内向瓣裂，退化雌蕊有或无；雌花的退化雄蕊与雄花中的雄蕊数目相同；子房上位，花柱显著，柱头盾状。果为浆果状核果，着生于多少增大的浅盘状或深杯状果托（花被筒）上，也有些种类花被筒结果时不增大，故无盘状或杯状果托。

本属约 200 种，分布于亚洲热带和亚热带，少数种分布于澳大利亚及美国。中国约 74 种；陕西产 11 种。

### 分种及种下等级检索表

1. 常绿，叶革质或薄革质……………………………………………………………2
1. 落叶；叶纸质或膜质；花被裂片 6 片；花被筒在果时不增大，无杯状果托………………4
2. 花被筒在果时明显增大，形成盘状或杯状果托，多少包住果实……………………
……………………………………（3）黄丹木姜子 **L. elongata** (Nees) Hook. f.

2. 花被筒在果时不增大或稍增大，果托扁平或呈浅小碟状，完全不包住果实……………………………3
3. 叶片倒卵状披针形，椭圆形或卵状椭圆形，长 6-9 厘米，先端突尖，尖头钝，基部楔形；侧脉 9-12 对；幼叶下面全被灰黄色柔毛；叶柄全有毛 …………………………………………………………………………………（2）**毛豹皮樟 L. coreana** H. Lév. var. **lanuginosa** (Migo) Yen C. Yang & P. H. Huang
3. 叶片狭披针形、披针形至椭圆状披针形，长 10-13 厘米，先端渐尖，基部近圆或楔形；侧脉每边 10-19 对；幼叶下面沿中脉两侧有灰白色长柔毛；叶柄仅上面散生柔毛 ……………………………………………………………………………………（1）**湖北木姜子 L. hupehana** Hemsl.
4. 小枝无毛 ……………………………………………………………………………………………5
4. 小枝有毛 ……………………………………………………………………………………………8
5. 叶片下面无毛 ………………………………………………………………………………………6
5. 叶片下面有毛，或至少在脉腋上有毛 ……………………………………………………………7
6. 小枝绿色；叶片披针形、长圆形或倒卵状长圆形；每一伞形花序有花 4-6 朵；花丝中下部有毛 ……………………………………………………………………………………（4）**山鸡椒 L. cubeba** (Lour.) Pers.
6. 小枝带红色，干后红褐色；叶片椭圆形或披针状椭圆形；每一伞形花序有花 10-12 朵；花丝无毛 ……………………………………………………………………………………（5）**红叶木姜子 L. rubescens** Lec.
7. 幼叶下面有灰白色绒毛，老叶渐稀疏或沿叶脉有毛，叶倒卵形或倒卵状椭圆形，通常较大，长 7-11 厘米，宽 3-5 厘米 ……………………（6）**秦岭木姜子 L. tsinlingensis** Yen C. Yang & P. H. Huang
7. 幼叶下面仅在脉腋或中脉两侧有毛，老叶仍残留有毛，叶通常较小 …………………………………………………………………………………（7）**宜昌木姜子 L. ichangensis** Gamble
8. 小枝、叶下面具柔毛或绒毛，嫩枝的毛不甚脱落，二年生枝仍有较多的毛；顶芽鳞片外面被短柔毛 ……………………………………………………………………………………………9
8. 小枝、叶下面具绢毛，嫩枝的毛脱落较快，二年生枝（开花、结果的枝）多已秃净；顶芽鳞片外面通常无毛或仅于上部有少数毛 …………………………………………………………………10
9. 叶下面密被灰黄色短绒毛；每一花序有花 8-16 朵 ……………………………………………………（8）**四川木姜子 L. moupinensis** Lec. var. **szechuanica** (C. K. Allen) Yen C. Yang & P. H. Huang
9. 叶片下面被白色柔毛或绢状短柔毛；每一伞形花序有花 4-6 朵 …（9）**毛叶木姜子 L. mollis** Hemsl.
10. 嫩枝、叶下面被灰色短绢状毛；叶片披针形或倒卵状披针形 ……（10）**木姜子 L. pungens** Hemsl.
10. 嫩枝、叶下面被黄色或棕色长绢毛；叶片倒卵状长圆形或倒卵形，先端急尖或钝 ……………………………………………………………………………（11）**钝叶木姜子 L. veitchiana** Gamble

### （1）湖北木姜子

**Litsea hupehana** Hemsl., J. Linn. Soc. 26: 382. 1891; 中国植物志 31: 261. 1982; 陕西树木志: 296. 1990; Flora of China 7: 130. 2008.

常绿乔木或小乔木。高达 10 米，胸径达 20 厘米；树皮灰色，呈小鳞片状剥落，脱落后呈鹿皮斑痕。幼枝红褐色，被灰色短柔毛，后毛脱落变无毛，老枝黑褐色，无毛。顶芽卵圆形，鳞片外面被丝状短柔毛。叶互生，狭披针形、披针形至椭圆状披针形，长 10-13 厘米，宽 2-3.5 厘米，先端渐尖或尖锐，基部近圆或楔形，薄革质，上面绿色，有光泽，中脉近基部有柔毛，下面淡绿色，具白粉，沿中脉两侧有灰白色长柔毛，羽状脉，侧脉每边 10-19 条，斜展，先端弧状弯曲，纤细，在叶两面略凸起，中脉在上面微突，在下面凸起；叶柄长 1-1.8 厘米，上面散生柔毛，下面无毛。伞形花序单生或 2 个簇生于叶腋，总梗长约 2 毫米，被丝状短柔毛；每一花序有雄花 4-5 朵；花梗长 3-4 毫米，被灰色丝状柔毛；花被裂片 6 片，卵形，长约 2 毫米，先端渐尖，外面被丝状短柔毛；能育雄蕊9枚，长约4毫米，花丝被灰色长柔毛，腺体盾状，无柄。果近球形，直径7-8毫米；果托扁平，宿存有花被裂片6片，直立，整齐；果梗长3-4毫米，颇粗壮。花期8-9月，果期翌年5-6月。

产镇坪，生于海拔1000米左右的山谷丛林中；分布于湖北西部、重庆、四川。

### （2）**毛豹皮樟**（变种）（照片230、231）

**Litsea coreana** H. Lév. var. **lanuginosa** (Migo) Yen C. Yang & P. H. Huang, 植物分类学报 16(4): 50. 1978; 中国植物志 31: 296.1982; Flora of China 7: 130. 2008. ——*Iozoste hirtipes* Migo var. *lanuginosa* Migo, Bull. Shanghai Sci. Inst. 14: 300. 1944.

常绿乔木。高达15米；树皮灰色，呈斑块状剥落，内皮灰白色；幼枝黄褐色，密被灰黄色柔毛；顶芽倒卵形，具灰黄色柔毛。叶互生，倒卵状椭圆形，长4.5-9.5厘米，宽1.4-3(-4)厘米，先端渐尖，基部楔形，革质，上面深绿色，下面粉绿色，初两面均密被灰黄色柔毛，后上面渐脱落，下面多少宿存，羽状脉，侧脉每边7-10条，在两面微凸起，中脉在两面凸起，网脉不明显；叶柄纤细，长1-2.2厘米，初被柔毛，后渐脱落。伞形花序腋生，无总梗或有极短的总梗；苞片4片，交互对生，近圆形，外面被黄褐色丝状短柔毛，内面无毛；每一花序有花3-4朵；花梗粗短，密被长柔毛；花被裂片6片，卵形或椭圆形，外面被柔毛；雄蕊9枚，花丝有长柔毛，腺体箭形，有柄，无退化雌蕊；雌花中子房近球形，花柱有稀疏柔毛，柱头2裂；退化雄蕊丝状，有长柔毛。果椭圆形，直径7-8毫米；果托扁平，宿存有6裂的花被裂片；果梗粗壮，扁平。

产平利，生于海拔1200米左右的山坡林缘；分布于浙江、安徽、河南、江苏、福建、江西、湖南、湖北、四川、广东、广西、贵州、云南。

### （3）**黄丹木姜子**

**Litsea elongata** (Nees) Hook. f., Fl. Brit. India. 5: 165. 1886; 中国植物志 31: 329. 1982; Flora of China 7: 140. 2008. ——*Daphnidium elongatum* Nees, in Wallich, Pl. Asiat. Rar. 2: 63. 1831.

常绿乔木。高达12米；树皮灰白色；小枝灰绿色或黄褐色，被黄褐色开展长柔毛，或有时被棕褐色贴伏丝状柔毛；顶芽卵圆形，被黄褐色丝状短柔毛。叶互生，变异极大，通常长圆状披针形、倒披针形或长圆形，长6-22(-25)厘米，宽2-6厘米，先端钝或短渐尖，基部楔形或近圆形，革质，上面幼时被柔毛，后脱落无毛，下面被黄褐色短柔毛或贴伏棕褐色丝状柔毛，羽状脉，侧脉每边10-20条，下面数对密集而横展，中脉及侧脉在叶上面平或稍下陷，在下面凸起，横脉在下面明显凸起，网脉稍凸起；叶柄长1-2.5厘米，密被黄褐色或棕褐色柔毛。伞形花序单生，少簇生；总梗通常较粗短，长2-5毫米，密被褐色绒毛；每一花序有花4-5朵；花梗被丝状长柔毛；花被裂片6片，卵形，外面中肋有丝状长柔毛，雄花中能育雄蕊9-12枚，花丝有长柔毛；腺体圆形，无柄，退化雌蕊细小，无毛；雌花序较雄花序略小，子房卵圆形，无毛，花柱粗壮，柱头盘状；退化雄蕊细小，基部有柔毛。果长圆形，长11-13毫米，直径7-8毫米，成熟时黑紫色；果托杯状，深约2毫米，直径约5毫米；果梗长2-3毫米。花期5-11月，果期翌年 2-6 月。

产南郑、平利，生于海拔 1000-1300 米的山坡及山谷湿润处；分布于华中、华东、华南、西南地区。印度、尼泊尔也有分布。

木材可供建筑及家具等用；种子可榨油，供工业用；果熟时红、黑、绿色相间，适合作观果植物。

### （4）山鸡椒（照片 232）

**Litsea cubeba** (Lour.) Pers., Syn. Pl. 2: 4. 1807; 中国植物志 31: 271. 1982; Flora of China 7: 122. 2008. ——*Laurus cubeba* Lour., Fl. Cochinch. 1: 252. 1790.

落叶灌木或小乔木。高达 10 米；树皮灰褐色，密被皮孔；小枝纤细，绿色，无毛；顶芽被灰白色微柔毛。叶互生，长圆形或披针形，长 4-11 厘米，宽 1.1-2.4(-3.2)厘米，先端渐尖，基部狭楔形或楔形，有时下延，膜质至纸质，上面深绿色，下面粉绿色，通常密被白粉，两面均无毛，羽状脉，侧脉每边 6-10 条，纤细，中脉、侧脉在两面均凸起；叶柄长 6-20 毫米，纤细，常呈淡红色，无毛。伞形花序单生或簇生，总梗细长，长 6-10 毫米；苞片边缘有睫毛；每一花序有花 4-6 朵，先叶开放或与叶同时开放，花被裂片 6 片，宽卵形；能育雄蕊 9 枚，花丝中下部有毛，第三轮基部的腺体具短柄；退化雌蕊无毛；雌花中退化雄蕊中下部具柔毛；子房卵形，花柱短，柱头头状。果近球形，直径约 5 毫米，无毛，幼时绿色，成熟时黑色，果梗长 2-4 毫米，先端稍增粗。花期 2-3 月，果期 7-8 月。

产南郑、宁强，生于海拔 1800 米以下向阳丘陵的灌丛或疏林中；分布于安徽、福建、广东、广西、贵州、海南、湖北、湖南、江苏、江西、四川、台湾、西藏、云南、浙江。南亚及东南亚地区也有分布。

木材可供建筑使用；花、叶和果皮可提制柠檬醛；果实蒸馏可提取精油；核仁油供工业用；根、茎、叶和果实均可入药；植株春季先花后叶，可栽培作观赏植物。

### （5）红叶木姜子（图 54）

**Litsea rubescens** Lec., Nouv. Arch. Mus. Hist. Nat. Paris, 5e Ser. 5: 86. 1913; 中国植物志 31: 274. 1982; 陕西树木志: 316. 1990; Flora of China 7: 123. 2008.

落叶灌木或小乔木。高 4-10 米；树皮绿色；小枝无毛，嫩时红色。顶芽圆锥形，鳞片无毛或仅上部有稀疏短柔毛。叶互生，椭圆形或披针状椭圆形，长 4-6 厘米，宽 1.7-3.5 厘米，两端渐狭或先端圆钝，膜质，上面绿色，下面淡绿色，两面均无毛，羽状脉，侧脉每边 5-7 条，直展，在近叶缘处弧

图 54. 红叶木姜子 **Litsea rubescens**
1. 果枝；2. 花序
（引自《中国植物志》，宗维城仿）。

曲，中脉、侧脉于叶两面凸起；叶柄长 12-16 毫米，无毛；嫩枝、叶脉、叶柄常为红色。伞形花序腋生；总梗长 5-10 毫米，无毛；每一花序有雄花 10-12 朵，先叶开放或与叶同时开放，花梗长 3-4 毫米，密被灰黄色柔毛；花被裂片 6 片，黄色，宽椭圆形，长约 2 毫米，先端钝圆，外面中肋有微毛或近无毛，内面无毛；能育雄蕊 9 枚，花丝短，无毛，第三轮基部腺体小，黄色，退化雌蕊细小，柱头 2 裂。果球形，直径约 8 毫米；果梗长 8 毫米，先端稍增粗，有稀疏柔毛。花期 3-4 月，果期 9-10 月。

产西乡、岚皋、镇坪，生于海拔 750 米左右的山地灌丛中；分布于湖北、湖南、重庆、四川、贵州、云南、西藏。

（6）**秦岭木姜子** 黑叫驴（南郑）、四川木姜子（《秦岭植物志》）（图 55，照片 233、234、235）

**Litsea tsinlingensis** Yen C. Yang & P. H. Huang, 植物分类学报 16(4): 47. f. 7. 1978; 中国植物志 31: 276. 1982; 陕西树木志: 317. 1990; Flora of China 7: 124. 2008. ——*Litsea szechuanica* C. K. Allen, Journ. Arn. Arb. 22: 18. 1941, p. p. quoad specim. Fenzel 507; 秦岭植物志 1(2): 354. 1974.

落叶灌木或小乔木；高可达 6 米；有香味；幼枝红褐色，老枝灰绿色，均无毛；顶芽卵圆形，鳞片外面无毛或仅上部有柔毛。叶互生，倒卵形或倒卵状椭圆形，长 7-11 厘米，宽 3-5 厘米，先端短渐尖或钝圆，基部渐狭，质薄，幼时两面被白色绒毛，老时叶上面除中脉外，其余无毛，下面毛被渐稀疏或仅沿叶脉有毛，上面绿色，下面淡绿色，羽状脉，中脉在上面下陷，下面凸起，侧脉每边 6-8 条，纤细，在上面微平或微陷，下面凸起，老时网脉明显；叶柄长约 1 厘米，幼时被白色绒毛，老后脱落渐稀疏或近无毛。伞形花序常生于枝梢，单生，苞片 4 片，无毛；每一花序有花 10-11 朵，花黄色，先叶开放或与叶同时开放，花序总梗长 3-4 毫米，被灰色柔毛；花梗长 8-12 毫米，被灰黄色柔毛；花被裂片 6 片，宽椭圆形，长约 3 毫米，宽约 2 毫米，先端圆钝，外面有稀疏柔毛，内面仅基部有柔毛，有 3 条脉，具腺点；能育雄蕊 9 枚，花丝短，无毛，第三轮基部腺体圆形，黄色；退化雌蕊无；雌花中退化雄蕊无毛；子房卵圆形，花柱粗短，无毛，柱头头状。果球形，成熟时黑色，直径 5-6 毫米；果梗细长，长 1.5-2 厘米，初时被灰黄色柔毛。花期 4-5 月，果期 7-8 月。

产秦巴山区，生于海拔 960-1800 米的山地灌丛或疏林中；分布于山西南部、河南、甘肃东南部。

叶和果均可提取芳香油，为食用香精及化妆品原料；种子供制肥皂及提取月桂酸等。

图 55. 秦岭木姜子 **Litsea tsinlingensis**
1. 果枝；2. 雄花；3. 花被片；4. 外轮雄蕊；5. 内轮雄蕊；6. 雌蕊（引自《秦岭植物志》）。

## （7）宜昌木姜子

**Litsea ichangensis** Gamble, in Sarg., Pl. Wils. 2: 77. 1914; 中国植物志 31: 276. 1982; Flora of China 7: 124. 2008; 陕西维管植物名录: 105. 2016.

落叶灌木或小乔木。高达 8 米；树皮黄绿色；幼枝黄绿色，较纤细，无毛，老枝红褐或黑褐色。顶芽单生或 3 个集生，卵圆形，鳞片无毛。叶互生，倒卵形或近圆形，长 2-5 厘米，宽 2-3 厘米，先端急尖或圆钝，基部楔形，纸质，上面深绿色，无毛，下面粉绿色，幼时脉腋处有簇毛，老时变无毛，有时脉腋具腺窝穴，羽状脉，侧脉每边 4-6 条，纤细，通常离基部第一对侧脉与第二对侧脉之间的距离较大，中脉、侧脉在叶两面微凸起；叶柄长 5-15 毫米，纤细，无毛。伞形花序单生或 2 个簇生；总梗稍粗，长约 5 毫米，无毛；每一花序常有花 9 朵，花梗长约 5 毫米，被丝状柔毛；花被裂片 6 片，黄色，倒卵形或近圆形，先端圆钝，外面有 4 条脉，无毛或近无毛；能育雄蕊 9 枚，花丝无毛，第三轮基部腺体小，黄色，近无柄；退化雌蕊细小，无毛；雌花中退化雄蕊无毛；子房卵圆形，花柱短，柱头头状。果近球形，直径约 5 毫米，成熟时黑色；果梗长 1-1.5 厘米，无毛，先端稍增粗。花期 4-5 月，果期 7-8 月。

产城固、南郑、岚皋，生于海拔 1000 米左右的山地杂木林中；分布于湖北、湖南、重庆、四川。

## （8）四川木姜子（变种）

**Litsea moupinensis** Lec. var. **szechuanica** (C. K. Allen) Yen C. Yang & P. H. Huang, 植物分类学报 16(4): 47. 1978; 中国植物志 31: 278. 1982; 陕西树木志: 318. 1990; Flora of China 7: 125. 2008. ——*Litsea szechuanica* C. K. Allen, J. Arnold Arbor. 22: 18. 1941, p. p. quoad specim. C. S. Fan & Class 139, F. T. Wang 22737, T. T. Yü 418.

落叶乔木。高 15-20 米；树皮褐色；幼枝黄褐色，密被黄褐色绒毛；顶芽圆锥形，密被黄褐色绒毛。叶互生，椭圆形或倒卵形，间或有近圆形的小叶，长 4-15 厘米，宽 2-7 厘米，先端短渐尖、圆钝或突尖，基部楔形，上面深绿色，下面灰绿色，密被灰黄色绒毛，羽状脉，侧脉每边 5-7 条，直展至近叶缘处略弯曲，叶脉在叶上面微突，下面凸起，叶下面连接侧脉的小脉明显凸起，叶柄长 3-13 毫米，密被黄色绒毛。伞形花序单生去年枝顶，先叶开放；花序总梗长 2-3 毫米，被绒毛；每一花序有花 8-10 朵，花梗长 5-8 毫米，密被黄色绒毛；花被裂片 6 片，黄色，近圆形，外面中肋有柔毛；能育雄蕊 9 枚，花丝无毛，第三轮基部腺体黄色，有柄；退化雌蕊细小，无毛。果球形，直径 3-4 毫米，成熟时黑色；果梗长 5-10 毫米，有短柔毛。花期 3-4 月，果期 7-8 月。

产眉县、佛坪、洋县、西乡、南郑、镇巴、安康、平利、岚皋、镇坪，生于海拔 550-1500 米的山地灌丛或疏林中；分布于重庆、四川。

民间用其果实代替“荜澄茄”，作药用。

### （9）毛叶木姜子（图 56，照片 236、237）

**Litsea mollis** Hemsl., J. Linn. Soc., Bot. 26: 383. 1891; 中国植物志 31: 282. 1982; Flora of China 7: 125. 2008; 秦岭植物志增补: 129. 2013.

落叶灌木或小乔木。高达 4 米；树皮绿色，光滑，有黑斑，撕破有松节油气味；顶芽圆锥形，鳞片外面有柔毛；小枝灰褐色，有柔毛。叶互生或聚生枝顶，长圆形或椭圆形，长 4-12 厘米，宽 2-4.8 厘米，先端突尖，基部楔形，纸质，上面暗绿色，无毛，下面带绿苍白色，密被白色柔毛，羽状脉，侧脉每边 6-9 条，纤细，中脉在叶两面凸起，侧脉在上面微突，在下面凸起，叶柄长 1-1.5 厘米，被白色柔毛。雄花伞形花序腋生，常 2-3 个簇生于短枝上，短枝长 1-2 毫米，花序梗长约 6 毫米，有白色短柔毛，每一花序有花 4-6 朵，先叶开放或与叶同时开放；花被裂片 6 片，黄色，宽倒卵形，能育雄蕊 9 枚，花丝有柔毛，第三轮基部腺体盾状心形，黄色；退化雌蕊无；雌花未见。果球形，直径约 5 毫米，成熟时蓝黑色；果梗长 5-6 毫米，有稀疏短柔毛。花期 3-4 月，果期 9-10 月。

图 56. 毛叶木姜子 **Litsea mollis**
1. 果枝；2. 雄花纵剖；3. 果实（引自《秦岭植物志增补》）。

产佛坪、洋县，生于海拔 1100-1200 米的山地杂木林中；分布于湖北、湖南、广东、广西、四川、贵州、云南、西藏。泰国也产。

果可提取芳香油；种子含脂肪油约 25%，属不干性油，为制皂的上等原料；根和果实还可入药。

### （10）木姜子 黄花子（南郑、宁强）、辣姜子（南郑）（照片 238、239、240）

**Litsea pungens** Hemsl., J. Linn. Soc., Bot. 26: 384. 1891; 秦岭植物志 1(2): 353. 1974; 中国植物志 31: 282. 1982; 陕西树木志: 319. 1990; 黄土高原植物志 1: 509. 2000; Flora of China 7: 125. 2008.

落叶乔木。树高达 10 米；树皮绿色，密被纵向开裂皮孔；幼枝绿色，密被短柔毛，后脱落至无毛；顶芽圆锥形，鳞片无毛。叶互生，形状、大小变异大，常倒卵状披针形或倒卵形，长 4-15 厘米，宽 2-5.5(-8)厘米，先端短尖，基部楔形至宽楔形，膜质，上面深绿色，有光泽，下面灰绿色，晦暗，幼叶下面具绢状柔毛，后脱落渐变无毛或沿中脉有稀疏毛，羽状脉，侧脉每边 5-7 条，叶脉在两面均凸起；叶柄长 1-2 厘米，初时有柔毛，后脱落渐变无毛。伞形花序腋生；总花梗长 5-8 毫米，无毛；每一花序有雄花 8-12 朵，先叶开放；花梗长 5-6 毫米，被丝状柔毛；花被裂片 6 片，黄色，倒卵形，长约 2.5 毫米，外面有稀疏柔毛；能育雄蕊 9 枚，花丝仅基部有柔毛，第三轮基部有黄色腺体，圆形；退化雌蕊细小，无毛。果球形，直径 7-10 毫米，成熟时蓝黑色；果梗长 1-2.5 厘米，先端略增粗。花期 3-5 月，果期 7-9 月。

产宜君、关山、秦巴山区，较常见，生于海拔 700-2150 米的山地灌丛或杂木林中；分布于西南及山西南部、甘肃、河南、湖北、湖南、浙江、广东、广西。

果含芳香油，可作食用香精和化妆香精；种子含脂肪油，供制皂和工业用。

### （11）钝叶木姜子（图 57）

**Litsea veitchiana** Gamble, Sarg. Pl. Wils. 2: 76. 1914; 中国植物志 31: 284. 1982; Flora of China 7: 126. 2008; 秦岭植物志增补: 130. 2013.

落叶灌木或小乔木。高达 4 米；树皮灰褐色或黑褐色；幼枝被黄白色长绢毛，以后毛脱落变无毛；顶芽圆锥形，鳞片无毛或上部被微短柔毛。叶互生，倒卵形或倒卵状长圆形，长 4-12 厘米，宽 2.5-5.5 厘米，先端急尖或钝，基部楔形或宽楔形，纸质，幼时两面密被黄白色或锈黄色长绢毛，老时毛渐脱落，上面无毛或仅中脉有毛，下面有稀疏长绢毛，羽状脉，侧脉每边 6-9 条，中脉、侧脉在上面微突，在下面凸起，连接侧脉之间的小脉微突；叶柄长 1-1.2 厘米，幼时密被黄白色或锈黄色长绢毛，后毛渐脱落变无毛。伞形花序生于去年枝顶，单生，先叶开放或与叶同时开放；花序总梗长 6-7 毫米，有柔毛；每一花序有花 10-13 朵，淡黄色；花梗长 5-7 毫米，密被柔毛，花被裂片 6 片，椭圆形或近圆形，有脉 3 条，具腺点；能育雄蕊 9 枚，花丝基部有柔毛，第三轮基部腺体大；退化子房卵形；雌花中退化雄蕊基部具柔毛；子房卵圆形，花柱短，柱头头状。果球形，直径约 5 毫米，成熟时黑色；果梗长 1.5-2 厘米，有稀疏长毛。花期 4-5 月，果期 8-9 月。

图 57. **钝叶木姜子 Litsea veitchiana**
1. 果枝（引自《秦岭植物志增补》）。

产佛坪、洋县、平利，生于海拔 1000-2260 米的山地丛林中；分布于湖北、重庆、四川、贵州、云南。

## 9. 山胡椒属 **Lindera** Thunb.

Nov. Gen. Pl. 64. 1783; 秦岭植物志 1(2): 344. 1974; 中国植物志 31: 379. 1982; 陕西树木志: 295. 1990; 黄土高原植物志 1: 510. 2000; Flora of China 7: 142. 2008; 秦岭植物志增补: 132. 2013.

落叶或常绿乔木或灌木。叶互生，全缘或 3 裂，羽状脉、三出脉或离基三出脉。花单性，雌雄异株；伞形花序在叶腋单生，或在腋芽两侧及短枝上簇生；总苞片 4 片，交互对生；花被裂片 6 片，有时 7-9 片，近等大，通常花后脱落，少有宿存；雄花具能育雄蕊 9 枚，有时达 12 枚，通常排成 3 轮，最内一轮基部有 2 个具柄腺体，花药 2 室，室内向，退化雄蕊细小，退化雌蕊有或无；雌花具退化雄蕊 9 枚，有时 12-15 枚，扁平状，有 2 个扁平无梗肾形腺体在两侧；子房球形或椭圆形，花柱显著，柱头盾形。果为浆果状核果，球形或椭圆形，幼时绿色，成熟时红色或紫色，着生于盘状或浅杯状的果托（花被筒）上，有种子 1 枚。

本属约 100 种，分布于亚洲及北美洲由温带到热带的地区。中国有 38 种；陕西产 13 种。

## 分种及种下等级检索表

1. 叶具羽状脉……2
1. 叶具三出脉或离基三出脉……6
2. 花序在叶腋簇生状，即叶腋着生的短枝（通常仅长 2-3 毫米）顶芽下着生多数伞形花序，不发育成正常枝条……（1）香叶树 **L. communis** Hemsl.
2. 伞形花序着生于顶芽或腋芽之下（即缩短枝）两侧各一，或为混合芽，花后此短枝发育成正常枝条……3
3. 花、果序明显具总梗；果托扩展成杯状或浅杯状，至少包被果实基部；能育雄蕊腺体呈长柄漏斗形；常绿……（2）黑壳楠 **L. megaphylla** Hemsl.
3. 花、果序无总梗或具短于花、果梗的总梗；果托扩展程度较小；能育雄蕊腺体为具柄及角突的宽肾形；落叶……4
4. 花、果序具短于花、果梗的总梗……（3）红果山胡椒 **L. erythrocarpa** Makino
4. 花、果序不具总梗或具不超过 3 毫米的极短总梗……5
5. 枝条灰白色；叶宽卵形至椭圆形，偶有狭长近披针形；芽鳞无脊……（4）山胡椒 **L. glauca** (Siebold & Zucc.) Blume
5. 枝条黄绿色；叶椭圆状披针形；芽鳞具脊……（5）狭叶山胡椒 **L. angustifolia** W. C. Cheng
6. 果圆球形，叶腋着生花序的短枝通常发育成正常枝条；落叶……7
6. 果椭圆形；花序单生于当年生枝上部叶腋及下部苞片腋内，或为 1 至多个着生于大多不发育成正常枝条的短枝上；常绿……8
7. 叶全缘，三出脉或离基三出脉；花序着生于叶芽基部两侧各一……（6）绿叶甘橿 **L. neesiana** (Wall. ex Nees) Kurz
7. 叶 3 裂，偶 5 裂；花序在混合芽中；花、果序无总梗……（7）三桠乌药 **L. obtusiloba** Blume
8. 花序单生于当年生枝上部叶腋及下部苞片腋内；雄花雄蕊第三轮有时不育成条片状；总梗纤细而长，可达 2.5 厘米，为花梗长的 10-20 倍；叶宽卵形，近革质……（8）天全钓樟 **L. tienchuanensis** W. P. Fang & H. S. Kung
8. 花序为 1 至多个着生于大多不发育成正常枝条的短枝上；雄花雄蕊第三轮能育；无总梗或具总梗，具总梗时总梗均较粗短，长一般不超过 1 厘米……9
9. 幼枝、叶下面毛被密厚，第二年枝、叶仍有较厚毛被，至少在枝丫处及叶下脉上被毛……10
9. 幼枝、叶下面被或疏或密柔毛，不久脱落成无毛或几无毛……11
10. 芽、幼枝及叶下面被灰褐色绒毛；二年生枝条灰褐色，被残存柔毛，较光滑；老叶下面至少脉上被绒毛；叶卵形或椭圆形……（9）绒毛钓樟 **L. floribunda** (C. K. Allen) H. P. Tsui
10. 幼枝及叶下面密被淡黄色或金黄色柔毛，老叶毛脱落成稀疏黑毛或残存黑色毛片或全部脱落成无毛；叶宽椭圆形至圆形，先端尾状渐尖……（10）乌药 **L. aggregata** (Sims) Kosterm.
11. 叶脉在叶上面较下面更为凸出，至少两面相等，叶狭卵形至披针形；花丝、子房及花柱被毛或无毛……（11）香叶子 **L. fragrans** Oliv.

11. 叶脉在叶下面较上面更为凸出；花丝、子房或花柱或多或少被毛……………………………………12
12. 子房、花柱密被柔毛，至幼果时仍或疏或密被毛…………（12）**卵叶钓樟 L. limprichtii** H. Winkler
12. 子房无毛，仅花柱被或疏或密柔毛，幼果无毛……………………………………………………………
……………（13）**川钓樟 L. pulcherrima** (Nees) Benth. ex Hook. f. var. **hemsleyana** (Diels) H. P. Tsui

## （1）**香叶树**（图 58，照片 241、242）

**Lindera communis** Hemsl., J. Linn. Soc., Bot. 26: 387. 1891; 秦岭植物志 1(2): 353. 1974; 中国植物志 31: 408. 1982; 陕西树木志: 296. 1990; Flora of China 7: 151. 2008.

常绿灌木或小乔木。高达 5 米，胸径达 25 厘米；树皮灰褐色，不裂，密被圆形纵裂皮孔；幼枝绿色，多少被黄白色短柔毛；顶芽卵形，长约 5 毫米。叶互生，形状、大小及毛被变异大，通常长椭圆形、卵形或披针形，长(3-)4-9(-12.5)厘米，宽(1-)1.5-3(-4.5)厘米，先端渐尖、急尖、骤尖或有时近尾尖，基部宽楔形或近圆形；薄革质至厚革质；上面绿色，无毛，有光泽，下面灰绿或浅黄色，初时多少被黄褐色柔毛，后渐脱落成疏柔毛或无毛；羽状脉，侧脉每边 5-7 条，弧曲，与中脉在上面平坦，下面凸起；叶柄长 5-8 毫米，被黄褐色微柔毛或近无毛。伞形花序具 5-8 朵花，单生或 2 个同生于叶腋，总梗极短；总苞片 4 片，早落；雄花黄色，直径达 4 毫米，花梗长 2-2.5 毫米，略被金黄色微柔毛；花被片 6 片，卵形，近等大，长约 3 毫米，宽约 1.5 毫米，先端圆形，外面略被金黄色微柔毛或近无毛；雄蕊 9 枚，长 2.5-3 毫米，花丝略被微柔毛或无毛，与花药等长，第三轮基部有 2 个具角突宽肾形腺体，退化雌蕊的子房卵形，长约 1 毫米，无毛，花柱、柱头不分，呈一短凸尖；雌花黄色或黄白色，花梗长 2-2.5 毫米；花被片 6 片，卵形，长约 2 毫米，外面被微柔毛；退化雄蕊 9 枚，条形，长约 1.5 毫米，第三轮有 2 个腺体；子房椭圆形，长约 1.5 毫米，无毛，花柱长约 2 毫米，柱头盾形，具乳突。果卵形，长约 1 厘米，宽 7-8 毫米，也有时略小而近球形，无毛，成熟时红色；果梗长 4-7 毫米，被黄褐色微柔毛。花期 3-4 月，果期 9-10 月。

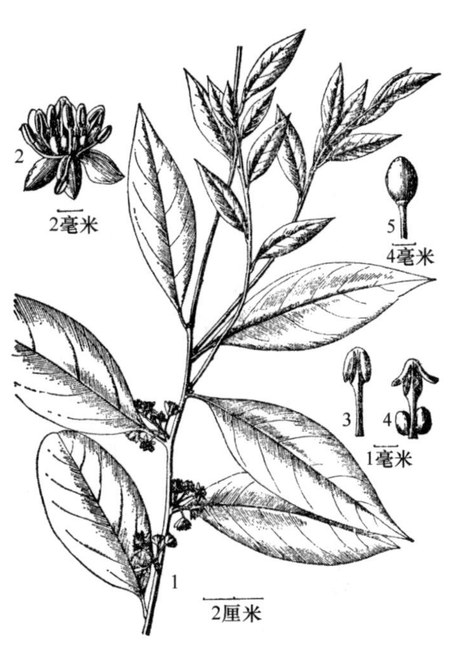

图 58. **香叶树 Lindera communis**
1. 花枝；2. 花；3. 外轮雄蕊；4. 内轮雄蕊；5. 果实（引自《秦岭植物志》）。

产秦岭南坡及巴山，生于海拔 600-1800 米的山地灌丛或疏林中；分布于西南及甘肃、浙江、福建、台湾、江西、湖北、湖南、广东、广西。印度、老挝、泰国、缅甸、越南也产。

树形优美，可作景观绿化树种；种仁含油可供工业使用；也可供食用，作可可豆脂代用品；油粕可作肥料；果皮可提取芳香油供香料；枝叶入药。

**（2）黑壳楠** 楠木（南郑）（图 59，照片 243、244）

**Lindera megaphylla** Hemsl., J. Linn. Soc., Bot. 26: 389. 1891; 秦岭植物志 1(2): 346. 1974; 中国植物志 31: 384. 1982; 陕西树木志: 295. 1990; Flora of China 7: 144. 2008.

图 59. **黑壳楠 Lindera megaphylla**
1. 雄花枝；2. 花；3. 外轮雄蕊；4. 内轮雄蕊；5. 果实（引自《秦岭植物志》）。

常绿乔木。高达 15 米，胸径可达 35 厘米以上；树皮灰黑色，不裂，粗糙，薄片状剥落；幼枝绿色，圆柱形，无毛，散布椭圆形纵裂皮孔；冬芽长达 1.5 厘米，芽鳞外面被黄褐色微柔毛。叶互生，长椭圆形或倒卵状披针形，长 10-23 厘米，先端急尖或渐尖，基部楔形，革质，上面深绿色，有光泽，下面苍白色，上面无毛，下面幼时被灰白色柔毛，老时无毛；羽状脉，侧脉每边 15-21 条；叶柄长 1.5-3 厘米，幼时被柔毛，随后脱落无毛。伞形花序多花，雄的多达 16 朵，雌的 12 朵，通常着生于叶腋长 3.5 毫米具顶芽的短枝上，两侧各 1，具总梗；雄花序总梗长 1-1.5 厘米，雌花序总梗长 6 毫米，两者均密被黄褐色或有时近锈色微柔毛，内面无毛；雄花黄绿色，具梗，花梗长约 6 毫米，密被黄褐色柔毛，花被片 6 片，椭圆形，外轮长 4.5 毫米，宽 2.8 毫米，外面仅下部或背部略被黄褐色小柔毛，内轮略短，花丝被疏柔毛，第三轮的基部有 2 个长达 2 毫米具柄的三角漏斗形腺体，退化雌蕊长约 2.5 毫米，无毛；子房卵形，花柱纤细，柱头不明显；雌花黄绿色，花梗长 1.5-3 毫米，密被黄褐色柔毛，花被片 6 片，线状匙形，长约 2.5 毫米，宽约 1 毫米，外面仅下部或略沿脊部被黄褐色柔毛，内面无毛，退化雄蕊 9 枚，线形或棍棒形，基部具髯毛，第三轮的中部有 2 个具柄三角漏斗形腺体；子房卵形，长约 1.5 毫米，无毛，花柱极纤细，长约 4.5 毫米，柱头盾形，具乳突。果椭圆形至卵形，长约 1.8 厘米，宽约 1.3 厘米，成熟时紫黑色，无毛，果梗长约 1.5 厘米，向上渐粗壮，粗糙，散布有明显栓皮质皮孔；宿存果托杯状，长约 8 毫米，直径达 1.5 厘米，全缘，略呈微波状。花期 2-4 月，果期 9-12 月。

产秦岭南坡及巴山，生于海拔 620-1650 米的山地杂木林中；分布于华南、西南及甘肃、安徽、福建、江西、湖北、湖南。

树形自然，枝叶茂密，是优良的观叶植物；种仁油为制皂原料；果皮、叶含芳香油；木材黄褐色，纹理直，结构细，可作家具及建筑用材。

**（3）红果山胡椒**（图 60）

**Lindera erythrocarpa** Makino, Bot. Mag. (Tokyo) 11: 219. 1897; 中国植物志 31: 388. 1982; Flora of China 7: 145. 2008.

落叶灌木或小乔木。高达 5 米；树皮灰褐色，幼枝通常灰白或灰黄色，多皮孔，其木栓质凸起致皮甚粗糙；冬芽角锥形，长约1厘米。叶互生，通常为倒披针形，偶有倒卵形，先端渐尖，基部狭楔形，常下延，长(5-)9-12(-15)厘米，宽(1.5-)4-5(-6)厘米，纸质，上面绿色，有稀疏贴伏柔毛或无毛，下面带绿苍白色，被贴伏柔毛，在脉上较密，羽状脉，侧脉每边4-5条；叶柄长0.5-1厘米。伞形花序着生于腋芽两侧各一，总梗长约0.5厘米；总苞片4片，具缘毛，内有花15-17朵；雄花花被片6片，黄绿色，近相等，椭圆形，先端圆，长约2毫米，宽约1.5毫米，外面被疏柔毛，内面无毛，雄蕊9枚，各轮近等长，长约1.8毫米，花丝无毛，第三轮的近基部着生2个具短柄宽肾形腺体，退化雄蕊呈凸字形；花梗被疏柔毛，长约3.5毫米；雌花较小，花被片6片，内、外轮近相等，椭圆形，先端圆，长约1.2毫米，宽约0.6毫米，内、外轮外面被较密柔毛，内面被贴伏疏柔毛，退化雄蕊9枚，条形，近等长，长约0.8毫米，第三轮的中下部外侧着生2个椭圆形无柄腺体，雌蕊长约1毫米，子房狭椭圆形，花柱粗，与子房近等长，柱头盘状；花梗长约1毫米。果球形，直径7-8毫米，熟时红色；果梗长1.5-1.8厘米，向先端渐增粗至果托，但果托并不明显扩大，直径3-4毫米。花期4月，果期9-10月。

图60. **红果山胡椒 Lindera erythrocarpa**

1. 果枝；2、3. 花被片；4、5、6. 雄蕊（引自《中国植物志》，吴彰桦绘）。

产太白山，生于海拔1200米左右的山地疏林中；分布于华东、华中及广东、广西、四川。果实和冬叶红色，异常美丽，可栽培作观赏树种。

（4）**山胡椒** 雷公电、雷公树（南郑、城固）、牛筋条（镇巴、西乡、石泉、紫阳、白河、平利、岚皋、安康）、铁箍散（旬阳）、香楂子（宁强）（照片245、246、247）

**Lindera glauca** (Siebold & Zucc.) Blume, Mus. Bot. 1: 325. 1851; 秦岭植物志 1(2): 348. 1974; 中国植物志 31: 393. 1982; 陕西树木志: 297. 1990; 黄土高原植物志 1: 511. 2000; Flora of China 7: 146. 2008. ——*Benzoin glaucum* Siebold & Zucc., Abh. Math.-Phys. Cl. Konigl. Bayer. Akad. Wiss. 4(3): 205. 1846.

落叶灌木或小乔木。高达8米；树皮灰白色，平滑；幼枝黄色，无棱角，多少被灰色柔毛；冬芽圆锥形，被棕色柔毛。叶互生，宽椭圆形、椭圆形、倒卵形到狭倒卵形，长 4-9 厘米，宽 2-4.2(-6)厘米，叶纸质，上面深绿色，初被短柔毛，后渐脱落至无毛而具光泽，下面淡绿色，被白色柔毛，羽状脉，侧脉每侧(4-)5-6 条，网脉背面稍明显；叶柄长 0.3-0.8 厘米，被灰色柔毛；叶枯后不落，翌年新叶发出前落下，新叶通常与花同放。伞形花序腋生，总梗短或不明显，长一般不超过 3 毫米，生于混合芽中的总苞片绿色膜质，每总苞有 3-8 朵花。雄花花被片黄色，椭圆形，长约 2.2 毫米，内、外轮几相等，外面在背脊部被柔毛；雄蕊 9 枚，近等长，花丝无毛，第三轮的基部着生 2 个具角突宽肾形腺体，柄基部与花丝基部合生，有时第二轮雄蕊花丝也着生 1 个较小腺体；退化雌蕊细小，椭圆形，长约 1 毫米，上有一小突尖；花梗长约 1.2 厘米，密被白色柔毛；雌花花被片黄色，椭圆或倒卵形，内、外轮几相等，长约 2 毫米，外面在背脊部被稀疏柔毛或仅基部有少数柔毛；退化雄蕊长约 1 毫米，条形，第三轮的基部着生 2 个长约 0.5 毫米具柄不规则肾形腺体，腺体柄与退化雄蕊中部以下合生；子房椭圆形，长约 1.5 毫米，花柱长约 0.3 毫米，柱头盘状；花梗长 3-6 毫米，黑褐色。果圆球形，成熟时红色或黑色，果梗长 1-1.5 厘米。花期 3-4 月，果期 7-8 月。

产秦巴山区，较常见，生于海拔 550-1800 米的山地灌丛、林中或河岸；分布于山西、山东、江苏、安徽、浙江、江西、福建、河南、广东、广西、重庆、四川。缅甸、越南、日本、朝鲜半岛也产。

冬叶由黄变红，枯而不落，可作观赏树种；木材可作家具；叶、果皮可提取芳香油；种仁油含月桂酸，油可作肥皂和润滑油；根、枝、叶、果药用。

**（5）狭叶山胡椒**（图 61，照片 248、249）

**Lindera angustifolia** W. C. Cheng，Contr. Biol. Lab. Sci. Soc. China, Bot. Ser. 18: 294. 1933; 中国植物志 31: 395. 1982; 陕西树木志: 298. 1990; Flora of China 7: 147. 2008; 秦岭植物志增补: 126. 2013.

落叶灌木或小乔木。高达 6 米；树皮灰褐色，密生圆形凸起皮孔；幼枝黄绿色，无毛；冬芽卵形，紫褐色，外面芽鳞无毛，内面芽鳞背面被绢质柔毛。叶互生，椭圆状披针形，长 6-14 厘米，宽 1.5-3.5 厘米，先端渐尖，基部楔形，近革质，上面绿色无毛，下面苍白色，沿脉上被疏柔毛，羽状脉，侧脉每边 8-10 条。伞形花序 2-3 个生于冬芽基部；雄花序有花 3-4 朵，花梗长 3-5 毫米，花被片 6 片，能育雄蕊 9 枚；雌花序有花 2-7 朵；花梗长 3-6 毫米；花被片 6 片；退

图 61. **狭叶山胡椒 Lindera angustifolia**
1. 果枝；2. 芽；3. 雌花；4. 雄花；5. 雄蕊（引自《秦岭植物志增补》）。

化雄蕊9枚；子房卵形，无毛，花柱长约1毫米，柱头头状。果球形，直径约8毫米，成熟时黑色，果托直径约2毫米；果梗长0.5-1.5厘米。花期3-4月，果期9-10月。

产城固、宁强、南郑、西乡、平利，生于海拔450-1850米的山地灌丛或疏林中；分布于山东、江苏、安徽、浙江、江西、福建、河南、湖北、广东、广西。朝鲜半岛也产。

叶可提取芳香油，种子油可制肥皂及润滑油。

### （6）**绿叶甘橿** 卵叶木姜子（《秦岭植物志》）（图62，照片250）

**Lindera neesiana** (Wall. ex Nees) Kurz, Prelim. Rep. Forest Pegu. App. A, ciii; App. B, 74. 1875; 陕西树木志: 299. 1990; Flora of China 7: 152. 2008. ——*Benzoin neesianum* Wall. ex Nees, in Wallich, Pl. Asiat. Rar. 2: 63. 1831. ——*Litsea fruticosa* (Hemsl.) Gamble, Sargent. Pl. Wils. 2:77. 1914; 秦岭植物志 1(2): 353. 1974. ——*Lindera fruticosa* Hemsl., J. Linn. Soc., Bot. 26: 388. 1891; 中国植物志 31: 412. 1982.

落叶灌木或小乔木。高达6米；树皮绿或绿褐色；幼枝青绿色，干后棕黄色或棕褐色，光滑；冬芽卵形，具约1毫米长的短柄，基部着生2个花序。叶互生，卵形至宽卵形，长5-14厘米，宽2.5-8厘米，先端渐尖，基部圆形，有时宽楔形，纸质，上面深绿色，无毛，下面绿苍白色，初时密被柔毛，后毛被渐脱落，三出脉或离基三出脉，第一对侧脉如果为三出脉时较直，为离基三出脉时弧曲；叶柄长10-12毫米。伞形花序具总梗，总梗通常长约4毫米，无毛；总苞片4片，具缘毛，内面基部被柔毛，内有花7-9朵；未开放时雄花花被片绿色，宽椭圆形或近圆形，先端圆，无毛，外轮长约1毫米，花丝无毛，第三轮基部着生2个具柄阔三角状肾形腺体，有时第一、二轮花丝也有1个腺体；雌蕊凸字形，长不及1毫米；雌花花被片黄色，宽倒卵形，先端圆，无毛，外轮长约1.5毫米，内轮长约1.2毫米；退化雄蕊条形，第一、二轮长约0.8毫米，第三轮基部具2个不规则长柄腺体，腺体三角形或长圆形，大小不等；子房椭圆形，无毛；花梗长2毫米，被微柔毛。果近球形，直径6-8毫米；果梗长4-7毫米。花期4月，果期9月。

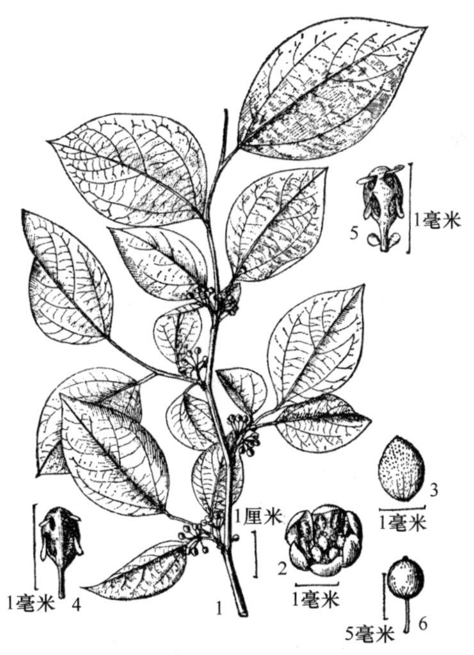


图62. **绿叶甘橿 Lindera neesiana**
1. 花枝；2. 花；3. 花被片；4. 外轮雄蕊；5. 内轮雄蕊；6. 果实（引自《秦岭植物志》）。

产宁陕、佛坪、安康、平利、岚皋、镇坪、洋县、南郑、镇巴、略阳、西乡，生于海拔1000-1600米的山地灌丛或疏林中；分布于华中、西南及甘肃、安徽、浙江、江西。印度、尼泊尔、不丹、缅甸也产。

**（7）三桠乌药** 甘姜树（渭南）、红叶干姜（《秦岭植物志》）、三钻风（秦岭）、山辣子（紫阳）（图 63，照片 251、252）

**Lindera obtusiloba** Blume, Mus. Bot. 1: 325. 1851; 秦岭植物志 1(2): 348. 1974; 中国植物志 31: 413. 1982; 陕西树木志: 299. 1990; 黄土高原植物志 1: 511. 2000; Flora of China 7: 152. 2008. ——*Lindera cercidifolia* Hemsl., Linn. Soc. Bot. 26: 387. 1891; 秦岭植物志 1(2): 349. 1974. ——*Benzoin cercidifolium* (Hemsl.) Rehd., Journ. Arn. Arb. 1: 144. 1919.

落叶乔木或灌木。高 3-10 米；树皮黑棕色；小枝黄绿色，当年枝条较平滑，有纵纹，老枝渐多木栓质皮孔、褐斑及纵裂；芽卵形，先端渐尖；外鳞片 3 片、革质，黄褐色，无毛，椭圆形，先端尖，长 0.6-0.9 厘米，宽 0.6-0.7 厘米；内鳞片 3 片，有淡棕黄色厚绢毛；有时为混合芽，内有叶芽及花芽。叶互生，近圆形至扁圆形，长 5.5-10 厘米，宽 4.8-10.8 厘米，先端急尖，全缘或 3 裂，常明显 3 裂，基部近圆形或心形，有时宽楔形，上面深绿，下面绿苍白色，有时带红色，被棕黄色柔毛或近无毛；三出脉，偶有五出脉，网脉明显；叶柄长 1.5-2.8 厘米，被黄白色柔毛。花序在腋生混合芽，混合芽椭圆形，先端亦急尖；外面的 2 片芽鳞革质，棕黄色，有皱纹，无毛，内面鳞片近革质，被贴伏微柔毛；花芽内有无总梗的花序 5-6 个，混合芽内有花芽 1-2 个；总苞片 4 片，长椭圆形，膜质，外面被长柔毛，内面无毛，内有花 5 朵；雄花花被片 6 片，长椭圆形，外被长柔毛，内面无毛；能育雄蕊 9 枚，花丝无毛，第三轮的基部着生 2 个具长柄宽肾形具角突的腺体，第二轮的基部有时也有 1 个腺体；退化雌蕊长椭圆形，无毛，花柱、柱头不分，呈一小凸尖；雌花花被片 6 片，长椭圆形，长约 2.5 毫米，宽约 1 毫米，内轮略短，外面背脊部被长柔毛，内面无毛，退化雄蕊条片形，第一、二轮长约 1.7 毫米，第三轮长约 1.5 毫米，基部有 2 个具长柄腺体，其柄基部与退化雄蕊基部合生；子房椭圆形，长约 2.2 毫米，直径约 1 毫米，无毛，花柱短，长不及 1 毫米，花未开放时沿子房向下弯曲。果广椭圆形，长约 0.8 厘米，直径 0.5-0.6 厘米，成熟时红色，后变紫黑色，干时黑褐色。花期 3-4 月，果期 8-9 月。

图 63. 三桠乌药 **Lindera obtusiloba**
1. 果枝（引自《陕西中草药》）。

产宜君、关山、秦巴山区，较常见，生于海拔 800-2500 米的山地灌丛或杂木林中；分布于辽宁、甘肃、山东、江苏、安徽、浙江、江西、福建、河南、湖北、湖南、四川、云南、西藏。印度、尼泊尔、不丹、日本、朝鲜半岛也产。

种子含油率达 60%，可用于医药及轻工业原料；木材致密，可作细木工用材。

## （8）天全钓樟（图 64）

**Lindera tienchuanensis** W. P. Fang & H. S. Kung, 植物分类学报 16(4): 66, Pl. 5, f. 4. 1978; 中国植物志 31: 416. 1982; Flora of China 7: 153. 2008.

常绿灌木或小乔木。高 2-4 米；树皮及枝条褐色；枝条具细纵条纹，当年生枝条被锈色短绒毛，后渐脱落成无毛；芽狭卵形，长约 2 毫米，芽鳞被锈色短绒毛。叶互生，近革质，宽卵形至狭卵形，有时椭圆形，长 4-6(-9)厘米，宽 1.5-3(-4)厘米，先端骤尖、渐尖至尾状渐尖，基部通常圆形，少有宽楔形，上面绿色，下面带绿苍白色，幼时尤其脉上密被棕色柔毛，不久脱落成无毛或近无毛；三出脉，上面通常略下凹，下面甚凸出且网脉明显；叶柄长 0.6-1 厘米，初被锈色短绒毛，后渐脱落成近无毛。伞形花序在当年枝上部叶腋、下部苞片腋单生，总梗细，长 1-2.5 厘米，被锈色短绒毛，后渐脱落稀疏；每花序通常有花 5 朵；花被片 6 片，黄色或绿色，偶有红色，宽卵形，先端钝，外轮长约 2.5 毫米，宽约 2 毫米，内轮长约 2 毫米，宽约 1.5 毫米，外面脊部被较密白色柔毛，内面无毛；花梗长 2-3 毫米，密被棕色柔毛；雄花有雄蕊 9 枚，第一、二轮发育，花药椭圆形，长约 0.8 毫米，花丝第一轮与花药等长，第二轮长约为花药之半，被极稀疏白色柔毛，第三轮雄蕊有时退化，条形或先端略呈卵形，长约 1.2 毫米，被极稀疏白色柔毛，基部以上有 2 个具角突宽肾形腺体；退化雌蕊子房卵形，长约 0.7 毫米，被稀疏白色柔毛，柱头花柱不分，呈一长凸尖；雌花有不育雄蕊 9 枚，条形，长约 1.2 毫米，被极稀疏白色柔毛，第三轮基部以上有 2 个具柄肾形腺体；子房卵形，长约 1 毫米，花柱粗，稍短于子房，连同子房被稀疏白色柔毛，柱头 2 裂。幼果椭圆形。

图 64. 天全钓樟 **Lindera tienchuanensis**
1. 花枝；2. 花被片；3. 退化雄蕊；
4. 雌蕊（引自《中国植物志》，吴彰桦绘）。

产镇坪（浪河），生于海拔 1000 米左右的林中；分布于陕西、四川、西藏。

## （9）绒毛钓樟

**Lindera floribunda** (C. K. Allen) H. P. Tsui, 植物分类学报 16(4): 68. 1978; 中国植物志 31: 433. 1982; 陕西树木志: 302. 1990; Flora of China 7: 157. 2008. ——*Lindera gambleana* C. K. Allen var. *floribunda* C. K. Allen, J. Arnold Arbor. 22: 28. 1941.

常绿乔木。高 4-10 米；幼枝密被灰褐色绒毛；树皮灰白色或灰褐色，有纵裂及皮孔；芽卵形，芽鳞密被灰白色毛。叶互生，倒卵形或椭圆形，长(6.5-)7-10(-11)厘米，宽 4.5-6.5 厘米，先端渐尖，坚纸质，上面绿色，无光泽，下面灰蓝白色，三出脉，第一对侧脉弧曲上伸至叶缘先端，第二对侧脉自叶中上部展出，网脉明显，下面较上面突出，且密被黄褐色绒毛；叶柄长约 1 厘米。伞形花序 3-7 个腋生于极短枝上；总苞片 4 片，外面被有银白色柔毛，内有花 5 朵；雄花花被片 6 片，椭圆形，近等长，长约 4 毫米，宽约 2 毫米，外面密被柔毛，内面无毛；雄蕊 9 枚，花丝被毛，第一、二轮长约 4 毫米，第三轮长约 3 毫米，基部以上有一对肾形腺体；退化子房圆卵形，连同花柱密被柔毛，柱头盘状；雌花小，花被片近等长，长约 1 毫米，宽不及半毫米；退化雄蕊 9 枚，等长，条片形，长约 1 毫米，被疏柔毛，第一、二轮的花药部分稍扩大，第三轮中部以上有一对圆肾形腺体，子房椭圆形，连同花柱密被银白色绢毛，柱头盘状 2 裂。果椭圆形，长约 0.8 厘米，直径约 0.4 厘米，幼果时被绒毛；果梗短，长约 0.8 厘米；果托盘状膨大。花期 3-4 月，果期 4-8 月。

产洋县、西乡、岚皋、镇坪，生于海拔 700-1000 米的山坡；分布于甘肃、湖北、湖南、广东、四川、贵州。

## （10）乌药　叫叫叶（南郑）、米米叶（略阳）、三百棒（平利）（图 65）

**Lindera aggregata** (Sims) Kosterm., Reinwardtia 9: 98. 1974; 中国植物志 31: 434. 1982; Flora of China 7: 158. 2008. ——*Laurus aggregata* Sims, Bot. Mag. 51: t. 2497. 1824. ——*Lindera strychnifolia* (Siebold & Zucc.) Fern.-Vill., Blanco, Fl. Filip. ed. 3 Noviss. Append. 182. 1880; 秦岭植物志 1(2): 345. 1974. ——*Daphnidium strychnifolium* Siebold & Zucc., Abh. Math.-Phys. Cl. Königl. Bayer. Akad. Wiss. 4(3): 207(1846).

图 65. 乌药 **Lindera aggregata**
1. 果枝；2. 总苞；3. 花；4. 外轮雄蕊；5. 内轮雄蕊（引自《秦岭植物志》）。

常绿灌木。高达 5 米；树皮灰褐色，密生扁圆形皮孔；幼枝绿色，密被金黄色柔毛，后渐脱落至无毛；顶芽长椭圆形，密被棕色绢毛。叶互生，卵形、椭圆形至近圆形，通常长 2.7-5 厘米，宽 1.5-4 厘米，先端通常长渐尖或尾尖，基部圆形，革质，上面绿色，有光泽，下面苍白色，幼时密被棕褐色柔毛，后渐脱落，三出脉，第一对侧脉在近叶尖处消失，横脉在老叶下面明显，余皆不明显；叶柄长 0.5-1 厘米，有褐色柔毛，后毛被渐脱落。伞形花序腋生，无总梗，常 6-8 个花序集生于长 1-2 毫米的短枝上，每花序有 1 片苞片，一般有花 7 朵；花被片 6 片，近等长，外面被白色柔毛，内面无毛，黄色或黄绿色，偶有外乳白内紫红色；花梗长约 0.4 毫米，被柔毛；雄花花被片长约 4 毫米，宽约 2 毫米；雄蕊长 3-4 毫米，花丝被疏柔毛，第三轮的有 2 个宽肾形具柄腺体，着生花丝基部，有时第二轮的也有 1-2 个腺体；退化雌蕊坛状；雌花花被片长约 2.5 毫米，宽约 2 毫米，退化雄蕊长条片状，被疏柔毛，长约 1.5 毫米，第三轮基部着生 2 个具柄腺体；子房椭圆形，长约 1.5 毫米，被褐色短柔毛，柱头头状。果卵形或有时近圆形，长 0.6-1 厘米，直径 4-7 毫米，先变黑色最后呈红色。花期 3-4 月，果期 5-11 月。

产山阳、洋县、城固、勉县、略阳、宁强、南郑、西乡、岚皋、平利、镇坪，生于海拔 500-1950 米的山地灌丛或疏林中；分布于甘肃、安徽、浙江、江西、福建、台湾、湖北、湖南、广东、广西、四川、云南。

根药用；果实、根、叶均可提取芳香油制香皂。

（11）**香叶子**（图 66，照片 253、254）

**Lindera fragrans** Oliv., Hooker's Icon. Pl. 18: t. 1788. 1888; 秦岭植物志 1(2): 346. 1974; 中国植物志 31: 425. 1982; 陕西树木志: 300. 1990; Flora of China 7: 155. 2008.

常绿灌木。高可达 5 米；树皮黄褐色，有扁平皮孔；幼枝青绿色，后变棕黄色，纤细，初被白色柔毛，后渐脱落至无毛。叶互生，叶形变异大，披针形至长狭卵形，先端渐尖，基部楔形或宽楔形；上面绿色，无毛；下面苍白色，被白粉，幼叶被白色微柔毛，成熟后脱落至无毛，三出脉，第一对侧脉紧沿叶缘上伸，纤细而不甚明显，横脉及细脉两面均不明显；叶柄长 5-8 毫米，初被柔毛，后渐脱落。伞形花序腋生；总苞片 4 片，内有花 2-4 朵；雄花黄色，有香味；花被片 6 片，近等长，外面密被黄褐色短柔毛；雄蕊 9 枚，花丝无毛，第三轮的基部有 2 个宽肾形几无柄的腺体；退化子房长椭圆形，柱头盘状。雌花未见。果长卵形，长约 1 厘米，宽约 0.7 厘米，幼时青绿，成熟时紫黑色，果梗长 0.5-0.7 厘米，有疏柔毛，果托膨大。

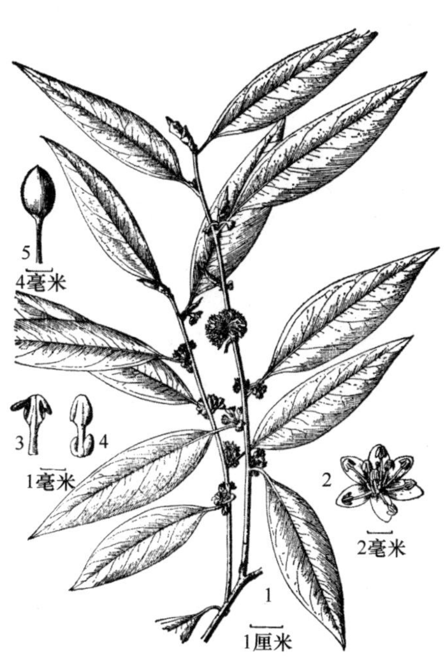

图 66. 香叶子 **Lindera fragrans**
1. 花枝；2. 花；3. 外轮雄蕊；4. 内轮雄蕊；5. 果实（引自《秦岭植物志》）。

产平利、镇坪、岚皋、西乡、镇巴、南郑、宁强，生于海拔 450-1800 米的山地灌丛或疏林中；分布于甘肃南部、湖北、广西、四川、贵州。

树皮、枝叶可入药；亦可作园林观赏植物。

### （12）卵叶钓樟

**Lindera limprichtii** H. Winkler, Repert. Spec. Nov. Regni Veg. Beih. 12: 382. 1922; 中国植物志 31: 427. 1982; Flora of China 7: 155. 2008.

常绿乔木。高可达 10 米；小枝条褐色，初被白色柔毛，后毛被很快脱落，皮外有一层白色胶状物，枝条因而呈淡黄棕色；皮孔稀疏。叶互生，通常宽椭圆形或宽卵形，有时为椭圆形或卵形，长 6-11 厘米，宽 2.5-6(-7.5)厘米；先端急尖，有时渐尖至尾尖，基部通常圆形，近革质，上面深绿色，初密被贴伏柔毛，后毛被脱落至无毛，下面淡灰白色，初密被贴伏柔毛，后毛被脱落成无毛或残留稀疏柔毛；叶柄长 0.5-1.5 厘米，初密被柔毛，后毛被脱落至无毛。伞形花序 6-8 个着生于叶腋短枝上，每花序约有花 6 朵；雄花花梗长 3-4 毫米，被白色柔毛；花被片外轮长约 3.2 毫米，宽约 1.5 毫米；内轮长约 2.2 毫米，宽约 1.3 毫米；雄蕊约与外轮花被片等长，花丝被白色柔毛，第三轮的基部以上有 2 个椭圆形具柄腺体；退化雌蕊长约 3 毫米，子房卵形，长约 1 毫米，连同花柱密被白色柔毛；雌花花梗长 3-4 毫米，被白色柔毛，花被片 6 片，长椭圆形，先端圆，外轮长约 2.7 毫米，宽约 1 毫米，内轮略短；退化雄蕊条形，相当于花药部位略宽，长约 2.3 毫米，被疏柔毛，第三轮基部以上有 2 个椭圆形具柄腺体。果椭圆形，长约 0.9 厘米，直径约 0.6 厘米；果梗通常长约 1 厘米，有时可长达 1.5 厘米，先端膨大，直径约 3 毫米，初被柔毛，后毛被脱落。花期 4-5 月，果期 8-9 月。

产城固、洋县、略阳，生于海拔 800-2500 米的山谷灌丛中；分布于四川、甘肃。

### （13）川钓樟（变种）长叶乌药（《秦岭植物志》）（照片 255、256）

**Lindera pulcherrima** (Nees) Benth. ex Hook. f. var. **hemsleyana** (Diels) H. P. Tsui, 植物分类学报 16(4): 67. 1978; 中国植物志 31: 428. 1982; 陕西树木志: 301. 1990; Flora of China 7: 156. 2008. ——*Lindera strychnifolia* (Siebold & Zucc.) Fern.-Vill. var. *hemsleyana* Diels, Bot. Jahrb. Syst. 29(3-4): 352. 1900; 秦岭植物志 1(2): 345. 1974.

常绿小乔木。高达 10 米；树皮褐色，疏被皮孔；小枝纤细，绿色，初被白色柔毛，旋即脱落至无毛；芽倒卵形，被白色贴伏柔毛。叶互生，卵形、卵状椭圆形至卵状长圆形，长 6.5-13 厘米，宽 2-4.5 厘米，先端通常尾尖，长约 2 厘米，基部圆或宽楔形，上面绿色，极具光泽，下面蓝灰色，晦暗，初时两面被白色疏柔毛，后脱落至无毛或近无毛；近三出脉，中脉及侧脉两面均凸起；叶柄长 0.8-1.2 厘米，纤细，常淡红色，初被白色柔毛，后脱落无毛。伞形花序无总梗或具极短总梗，3-5 个生于叶腋长 1-3 毫米的短枝先端，短枝偶有发育成正常枝；雄花（总苞中）花梗被白色柔毛，花被片 6 片，近等长，椭圆形，外面背脊部被白色疏柔毛，内面无毛；能育雄蕊 9 枚，花丝被白色柔毛，第三轮花丝基部以上着生 2 个具柄肾形腺体；退化雌蕊子房及花柱密被白色柔毛；雌花未见。果椭圆形，无毛，近成熟果长约 8 毫米，直径约 6 毫米。

产安康、平利、岚皋、镇坪、佛坪、城固、洋县、略阳、南郑、西乡、镇巴，生于海拔 600-2000 米的山地灌丛或杂木林中；分布于西南及湖北、湖南、广西。

可作园林观赏灌木。

# 金粟兰目 **Chloranthales** Mart.

## 十八　金粟兰科 **Chloranthaceae** R. Br. ex Sims

郭晓思（西北农林科技大学）

多年生草本，灌木或小乔木，常具香气。单叶对生，具羽状叶脉，边缘有锯齿；叶柄基部常合生；托叶小。花小，两性或单性，排成穗状花序、头状花序或圆锥花序，无花被或在雌花中有浅杯状 3 齿裂的花被（萼管）；两性花具雄蕊 1-3 枚，着生于子房的一侧，花丝不明显，有 3 枚雄蕊时，药隔下部互相结合或仅基部结合或分离，花药 2 或 1 室，纵裂；雌蕊 1 枚，由 1 心皮所组成，子房下位，1 室，含 1 枚下垂的直生胚珠，花柱短或无花柱；单性花其雄花多数，雄蕊 1 枚；雌花少数，有与子房贴生的 3 齿萼状花被。核果卵形或球形，外果皮多少肉质，内果皮硬。种子含丰富的胚乳和微小的胚。

本科有 5 属约 70 种，主要分布于热带和亚热带。中国有 3 属 14 种；陕西产 1 属 3 种，其中 1 种仅见栽培。

本科植物主要供药用和提取芳香油；金粟兰的鲜花极香，用于熏茶。

### 1. 金粟兰属 **Chloranthus** Sw.

Phil. Trans. 77: 359. 1787; 秦岭植物志 1(2): 13. 1974; 中国植物志 20(1): 80. 1982; Flora of China 4: 133. 1999; 黄土高原植物志 1: 43. 2000.

多年生草本或半灌木。叶对生或呈轮生状，边缘有锯齿；叶柄基部稍连接；托叶微小。花序穗状或分枝排成圆锥花序状，顶生或腋生。花两性，无花被；雄蕊通常 3 枚，稀 1 枚，着生于子房的上部一侧，药隔下半部互相结合，基部结合或分离，卵形、披针形，有时延长成线形，花药 1-2 室；雄蕊如为 3 枚时，则中央的花药 2 室或偶无花药，两侧的花药 1 室，如为雄蕊 1 枚时，则花药 2 室；子房 1 室，有下垂、直生的胚珠 1 枚，通常无花柱或花柱短，柱头粗壮。核果球形、倒卵形或梨形。

本属约 16 种，分布于亚洲温带和热带。中国约 12 种，产西南至东北；陕西产 3 种，其中 1 种仅见栽培。

本属多数种类的根、根状茎或全株可供药用；有些种类的根状茎可提取芳香油；有些种类为庭园观赏植物。

#### 分种检索表

1. 半灌木；茎分枝；叶常多对，不集生茎顶；药隔合生成一卵状体，上部 3 或 5 裂……………………………………………………………（1）**金粟兰 C. spicatus** (Thunb.) Makino
1. 多年生草本；茎通常不分枝；叶通常 4 片，集生茎顶或上部；药隔不合生成卵状体……………………2
2. 花药具显著突出的线形药隔，药隔长为药室的 5 倍以上；叶两面均无毛；穗状花序单一顶生………………………………………………………………（2）**银线草 C. japonicus** Siebold

2. 花药具较短的药隔，药隔长为药室的约 3 倍或药隔仅稍长于药室；叶背面脉上有鳞屑状毛或无毛；穗状花序单一顶生、分叉，或多条顶生并腋生 ……………………… （3）**宽叶金粟兰 C. henryi** Hemsl.

## （1）**金粟兰** 珠兰（通称）

**Chloranthus spicatus** (Thunb.) Makino, Bot. Mag. Tokyo 16: 180. 1902; 中国植物志 20(1): 83. 1982; Flora of China 4: 134. 1999; 黄土高原植物志 1: 43. 2000. ——*Nigrina spicata* Thunb., Nov. Gen. Pl. 3: 59. 1783.

半灌木。直立或稍平卧，高 30-60 厘米；茎圆柱形，无毛。叶对生，厚纸质，椭圆形或倒卵状椭圆形，长 5-11 厘米，宽 2.5-5.5 厘米，顶端急尖或钝，基部楔形，边缘具圆齿状锯齿，齿端有 1 个腺体，表面暗绿色，有光泽，背面淡黄绿色，侧脉 6-8 对，两面稍凸起；叶柄长 1-2 厘米，基部多少合生；托叶微小。穗状花序排成圆锥花序状，通常顶生，少有腋生；苞片三角形；花小，黄绿色，芳香；雄蕊 3 枚，药隔合生成一卵状体，上部不整齐 3 裂，中央裂片较大，有时末端又 3 浅裂，有 1 个 2 室的花药，两侧裂片较小，各有 1 个 1 室的花药；子房倒卵形。核果球形，淡绿色。花期 4-7 月，果期 8-9 月。

西安、汉中等地有栽培；分布于福建、广东、四川、贵州、云南。

现各地多为栽培，作观赏用；花和根状茎可提取芳香油；鲜花极香，常用于熏茶；全株入药。

## （2）**银线草** 四块瓦、四叶七、白毛七、四大天王（陕南）（图 67，照片 257、258）

**Chloranthus japonicus** Siebold, Nova Acta Phys.-Med. Acad. Caes. Leop.-Carol. Nat. Cur. 14(2): 681. 1829; 秦岭植物志 1(2): 13. 1974; 中国植物志 20(1): 85. 1982; Flora of China 4: 135. 1999; 黄土高原植物志 1: 44. 2000.

多年生草本。高 20-50 厘米，全株无毛；根状茎多节，横走，粗壮，生多数细长须根，有香气。茎直立，单生或数个丛生，不分枝，下部节上对生 2 片鳞状叶。叶对生，通常 4 片生于茎顶呈假轮生状，纸质，宽椭圆形或倒卵形，长 7-14 厘米，宽 3-8 厘米，顶端急尖或短渐尖，基部宽楔形，中下部全缘，上部有齿牙状锐锯齿，表面暗绿色，背面淡绿色，两面无毛；侧脉 6-8 对，网脉明显；叶柄长 10-16 毫米；鳞状叶膜质，三角形或宽卵形，长 4-5 毫米。穗状花序单一，顶生，连总花梗长 2.5-5 厘米；苞片三角形或近半圆形；花白色；雄蕊 3 枚，药隔基部连合，线形，着生于子房上部外侧，中央药隔无花药，两侧药隔各有 1 个 1 室的花药；药隔延伸成线形，长约 5 毫米，水平伸展或向上弯，药室在药隔的基部；子房卵

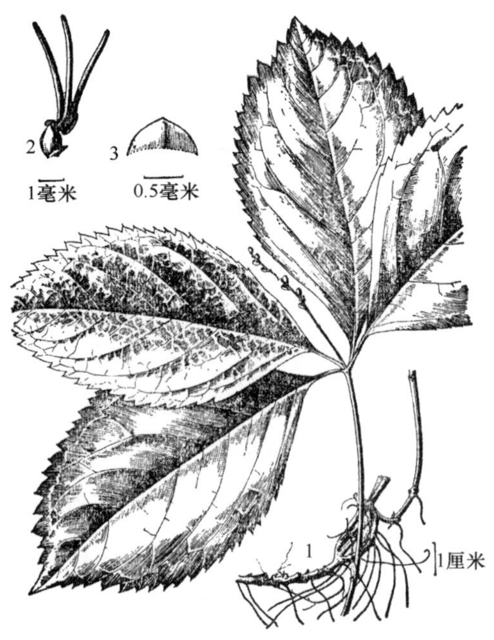

图 67. **银线草 Chloranthus japonicus**
1. 植株；2. 花；3. 苞片（引自《秦岭植物志》）。

形，无花柱，柱头截平。核果近球形或倒卵形，长约 3 毫米，绿色。花期 4-5 月，果期 5-7 月。

产秦巴山区，生于海拔 1100-2300 米的山坡林下阴湿处或溪边草丛；分布于吉林、辽宁、河北、山西、山东、甘肃。朝鲜半岛、日本也有分布。

全株供药用；根状茎还可提取芳香油。

**（3）宽叶金粟兰** 湖北金粟兰（《秦岭植物志》）、多穗金粟兰（《秦岭植物志》）、四块瓦（陕南）、四大天王、白毛七（柞水）、四叶七（镇巴）（图 68，照片 259、260）

**Chloranthus henryi** Hemsl., J. Linn. Soc. Bot. 26: 367. 1891; 中国植物志 20(1): 92. 1982; Flora of China 4: 137. 1999; 植物分类学报 38(4): 358. 2000. ——*C. hupehensis* Pamp., Nuovo Giorn. Bot. Ital. n. ser. 22: 272. 1915; 秦岭植物志 1(2): 15. 1974. ——*C. multistachys* C. Pei, Sinensia 6: 681. 1935; 秦岭植物志 1(2): 14. 1974; 中国植物志 20(1): 91. 1982; Flora of China 4: 137. 1999; 黄土高原植物志 1: 44. 2000. ——*C. henryi* Hemsl. var. *hupehensis* (Pamp.) K. F. Wu, 植物分类学报 18(2) : 223. 1980; 中国植物志 20(1): 93. 1982; Flora of China 4: 137. 1999.

多年生草本。高 16-60 厘米；根状茎粗壮，黑褐色，具多数细长须根；茎直立，单生或数个丛生，下部节上生一对鳞状叶。叶对生，通常 4 片生于茎上部，纸质，宽椭圆形、卵状椭圆形或倒卵形，长 8-20 厘米，宽 5-11 厘米，顶端渐尖，基部楔形，边缘具锯齿，齿端有 1 个腺体，背面中脉、侧脉有鳞屑状毛，或光滑无毛；叶脉羽状，6-8 对；叶柄长 0.5-1.2 厘米。托叶小，钻形。穗状花序单一顶生、分叉，或多条顶生并腋生，连总花梗长 3-16 厘米，顶生的常较长而粗壮，腋生的常较短而纤细；苞片通常宽卵状三角形或近半圆形；花白色；雄蕊通常 3 枚，基部几分离，仅内侧稍相连，中央雄蕊的药隔长可达花药长的 3 倍，有 1 个 2 室的花药，两侧雄蕊的药隔稍短，各有 1 个 1 室的花药，药室着生于药隔的基部，腋生的花序上有时雄蕊仅 1-2 枚，药隔也较短，仅比药室稍长；子房卵形，无花柱，柱头近头状。核果球形，长约 3 毫米，具短柄。花期 4-6 月，果期 7-8 月。

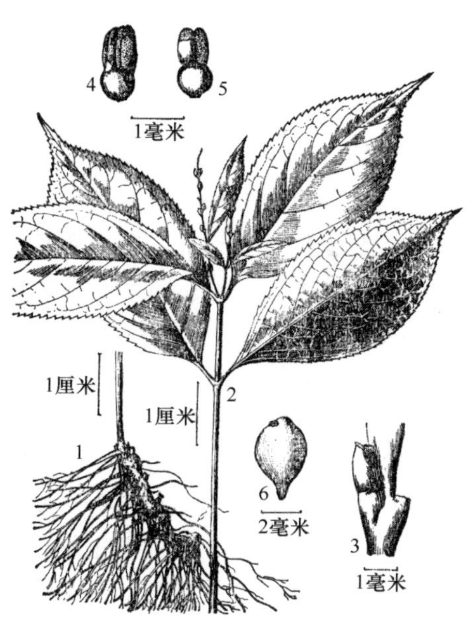


图 68. **宽叶金粟兰 Chloranthus henryi**
1. 根状茎；2. 植株上部；3. 花序一段；4. 子房和雄蕊腹面观；5. 子房和雄蕊背面观；6. 果实（引自《秦岭植物志》）。

产秦岭南坡和巴山，生于海拔 950-2100 米的山坡林下阴湿处或沟谷溪边草丛；分布于安徽、浙江、江苏、福建、江西、湖南、湖北、河南、甘肃、广东、广西、贵州、四川。

根、根状茎或全草供药用，有毒。

湖北金粟兰（*C. hupehensis* Pamp.）、多穗金粟兰（*C. multistachys* C. Pei）与宽叶金粟兰的叶片形态、花序大小与数量、雄蕊数量、药隔长度等特征在居群中个体间、个体的不同发育阶段，甚至个体上不同位置的花序上存在极强的变异，它们的地理分布也完全重叠，因此本志赞同将湖北金粟兰和多穗金粟兰归并入宽叶金粟兰。

# 菖蒲目 **Acorales** Mart.

## 十九　菖蒲科 **Acoraceae** Martinov

黎　斌（陕西省西安植物园）

多年生常绿草本，全株具芳香气味。根状茎肉质，横生，有分枝。叶 2 列，基生，套折生长，剑形，无柄，有叶鞘。花序生于当年生叶腋，花序柄常为三棱形，贴生于佛焰苞鞘上，形成具有 2 个维管束系统的叶状花序梗；佛焰苞在肉穗花序着生点之上与花序柄相分离，叶状，剑形，直立，宿存；肉穗花序单生于花序柄侧边，圆锥形、指状圆柱形或细长鼠尾状；花密集，两性，自下而上开放；花被片 6 片，离生，2 轮，每轮 3 片，长大于宽，拱形，先端近截平，宿存；雄蕊 6 枚，2 轮，离生，花丝长线形，等长于花被片，先端渐狭为药隔，花药短，内曲；药室长圆状椭圆形，近对生，超出药隔，室缝纵长，全裂，药室内壁前方的瓣片向前卷，后方的边缘反折；花粉粒单沟型，表面具穴状纹饰；子房倒圆锥状长圆形，与花被片等长，先端近截平，2-3 室，每室具多数胚珠；胚珠直立，珠柄短，海绵质，着生于子房室的顶部，略呈纺锤形，邻近珠孔的外珠被多少流苏状，珠孔内陷；花柱极短；柱头小，无柄。浆果长圆形，红色，藏于宿存花被之下，2-3 室，有的室不育，先端渐狭为近圆锥状的尖头。种子长圆形，从室顶下垂，直，有短的珠柄；珠被 2 层：外种皮肉质，远长于内种皮，到达珠孔附近，流苏状，内种皮薄，具小尖头；胚乳肉质；胚圆柱形，等长于胚乳。

本科仅 1 属 2-4 种，分布于亚洲温带、亚热带及热带地区，欧洲和北美洲有引种。中国有 1 属 2 种，南北均产；陕西产 1 属 2 种。

传统的形态分类将菖蒲属（**Acorus** L.）作为天南星科（**Araceae** Juss.）的 1 个族。分子系统学和形态学综合证据表明菖蒲属与天南星科亲缘关系较远，支持将菖蒲属独立为菖蒲科，是所有的其他单子叶植物的姊妹群。本志采用了此种处理。

### 1. 菖蒲属 **Acorus** L.

Sp. Pl. 1: 324. 1753; 秦岭植物志 1(1): 277. 1976; 中国植物志 13(2): 4. 1979; Flora of China 23: 1. 2010.

属的特征与地理分布同科。

本属有 2-4 种。中国有 2 种；陕西产 2 种。

#### 分种检索表

1. 叶长而宽，长(60-)70-100(-150)厘米，宽(0.7-)1-2(-2.5)厘米，具中肋；根状茎较粗，直径常在 1 厘米以上；肉穗花序较粗短，长 4.5-6.5(-8)厘米，直径 0.6-1.2(-1.5)厘米；种子无长刚毛，种皮稍具小孔穴……………………………………（1）**菖蒲 A. calamus** L.

1. 叶短而狭，长(15-)20-45(-55)厘米，宽(0.3-)0.5-1(-1.4)厘米，不具中肋；根状茎较细，直径在 0.8 厘米以下；肉穗花序较细长，长(3-)4-10(-14)厘米，直径(0.3-)0.4-0.6(-0.7)厘米；种子具长刚毛，种皮平滑……………………………………………………………（2）**金钱蒲 A. gramineus** Sol. ex Aiton

## （1）菖蒲　白菖蒲（《秦岭植物志》）、臭马蔺（眉县）（图 69，照片 261、262）

**Acorus calamus** L., Sp. Pl. 969. 1753; 秦岭植物志 1(1): 277. 1976; 中国植物志 13(2): 5. 1979; Flora of China 23: 2. 2010.

多年生草本。肉质根多数，长 5-6 厘米，具毛发状须根；根状茎横走，稍扁，分枝，长 4-10(-20)厘米，粗(0.8-)1-1.5(-3)厘米，外皮黄褐色，芳香。叶基生；基部两侧膜质叶鞘宽 4-5 毫米，向上渐狭，至叶长 1/3 处渐行消失并脱落；叶片剑状线形，长(60-)70-100(-150)厘米，中部宽(0.7-)1-2(-2.5)厘米，基部宽、对折，中部以上渐狭，草质，绿色，有光泽；中肋在两面均明显隆起，侧脉 3-5 对，平行，纤弱，大多伸延至叶尖。花序柄三棱形，长(15-)40-50 厘米；叶状佛焰苞剑状线形，长 30-40 厘米；肉穗花序斜向上或近直立，狭锥状圆柱形，长 4.5-6.5(-8)厘米，直径 0.6-1.2(-1.5)厘米；花黄绿色，花被片拱形，长约 2.5 毫米，宽约 1 毫米；花丝长约 2.5 毫米，宽约 1 毫米；子房长圆柱形，长约 3 毫米。浆果长圆形，红色，含 1-4 枚种子。种子长圆状椭圆形至卵球形，无长刚毛，种皮浅棕色，近平滑且稍具小孔穴。花期 6-7 月。

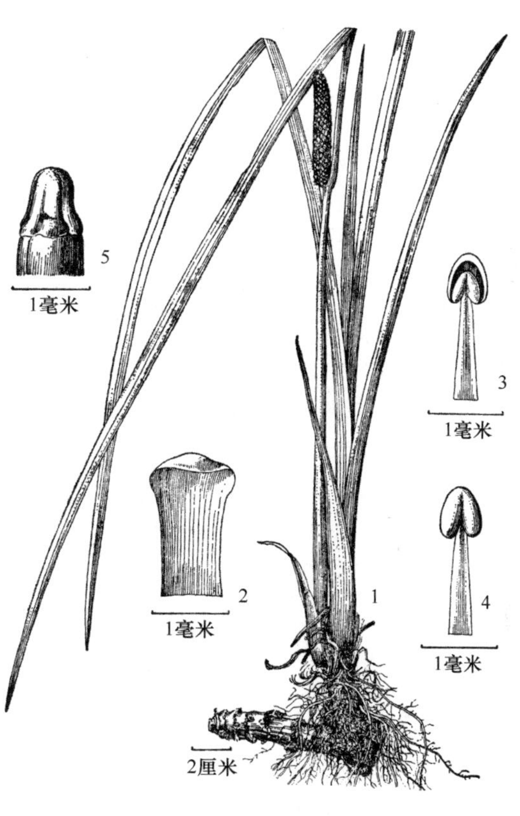


图 69. **菖蒲 Acorus calamus**
1. 植株；2. 花被片；3. 雄蕊正面观；4. 雄蕊背面观；5. 雌蕊（引自《秦岭植物志》）。

本省各地均产，生于海拔 2000 米以下的沼泽、溪流或水田边；分布于全国各地。广布于温带及亚热带地区。

植物体含有挥发油，可制香料；根状茎入药；全株还为植物性农药；亦可栽植供观赏。

## （2）金钱蒲　石菖蒲（《秦岭植物志》）（图 70，照片 263、264）

**Acorus gramineus** Sol. ex Aiton, Hort. Kew. ed. 1: 474. 1789; 秦岭植物志 1(1): 277. 1976; 中国植物志 13(2): 8. 1979; Flora of China 23: 2. 2010. ——*A. tatarinowii* Schott, Osterr. Bot. Z. 9: 101. 1859; 中国植物志 13(2): 7. 1979.

多年生草本。高 20-45 厘米；根肉质，多数，长可达 15 厘米；须根密集；根状茎较细长，长 5-10 厘米，粗 0.4-0.6(-0.8)厘米，横走或斜伸，芳香，外皮淡黄色，节间长

1-5 毫米；根状茎上部多分枝，呈丛生状。叶基对折，两侧膜质叶鞘棕色，下部宽 2-3 毫米，上延至叶片中部以下，渐狭，脱落。叶基生；叶片质地较厚，剑状细线形，绿色，长(15-)20-45(-55)厘米，宽(0.3-)0.5-1(-1.4)厘米，先端长渐尖，无中肋，平行脉多数。花序柄三棱形，稍扁平，长(4-)9-20(-24)厘米；叶状佛焰苞绿色，长(8-)10-24(-25)厘米，宽 2-4(-5)毫米；肉穗花序直或稍弯曲，黄绿色，圆柱形或近圆柱形，长(3-)4-10(-14)厘米，粗(0.3-)0.4-0.6(-0.7)毫米，果熟时粗达 1 厘米，密生多花；花淡黄色或黄绿色，有时发白，直径 1.8-2 毫米；花被片多少长圆形，长 1.5-2 毫米，宽 0.7-1 毫米，拱形，膜质，先端圆形或锐尖；花丝长圆形，扁平，长约 1.5 毫米，花药黄色，粗 0.4-0.5 毫米；雌蕊倒圆锥状圆筒状，长(2-)2.5-3 毫米，宽(1.2-)1.8-2 毫米，先端圆锥形且呈海绵状，柱头不明显。果序成熟时淡黄色至黄绿色，直径 1-1.5 厘米，密生浆果；浆果倒卵状球形，长 3-3.5 毫米，宽 2.2-2.5 毫米。种子椭圆形，具长刚毛，刚毛长 3-4 毫米，长于种子本身；种皮浅棕色，平滑。花期 5-6 月，果期 6-7 月。

图 70. 金钱蒲 **Acorus gramineus**
1. 植株；2. 花（引自《秦岭植物志》）。

产宜君、商南、山阳、宁陕、紫阳、岚皋、平利、镇坪、西乡、佛坪、洋县、南郑、略阳等地，生于海拔 470-1500 米的山地河滩石隙或溪畔；分布于西北、华东、华中、华南、西南等地区。印度、中南半岛、菲律宾、日本、朝鲜半岛、俄罗斯远东地区也产。

用途及功效与菖蒲同。

# 泽泻目 **Alismatales** R. Br. ex Bercht. & J. Presl

## 分科检索表①

1. 肉穗花序，外被佛焰苞……………………二十　天南星科 **Araceae** Juss.
1. 花单生或形成各式花序，但不为肉穗花序，亦不具佛焰苞……………………2
2. 陆生植物；叶线形，2 列，基部互相套折……………………二一　岩菖蒲科 **Tofieldiaceae** Takhtajan
2. 水生或沼生植物；叶形态多样，但不呈 2 列……………………3
3. 叶条形，均挺出水面……………………4
3. 叶不为条形，除挺水叶外，还可有浮水叶和沉水叶……………………5
4. 叶为三棱状条形，常扭曲；聚伞花序顶生；雄蕊常 9 枚，花丝明显……………………二三　花蔺科 **Butomaceae** Mirb.
4. 叶不为三棱状条形；总状花序；雄蕊 3、4 或 6 枚，几无花丝……二五　水麦冬科 **Juncaginaceae** Rich.

① 卢元（陕西省西安植物园）编写。

5. 花被片4片，不甚明显，仅1轮，无花瓣和花萼的区分，或花被片缺失……………………………………二六　**眼子菜科 Potamogetonaceae** Bercht. & J. Presl
5. 花被片明显，2轮，有花瓣和花萼的区分，若花被片仅1轮，则为3片……………………6
6. 心皮3枚至多数，分离，每心皮常具1枚胚珠……………………二二　**泽泻科 Alismataceae** Vent.
6. 心皮2-15枚，合生，子房1室，胚珠多数……………………二四　**水鳖科 Hydrocharitaceae** Juss.

# 二十　天南星科[①] Araceae Juss.

王　薇（陕西中医药大学）　寻路路（陕西省西安植物园）

陆生或水生草本，稀攀援灌木或附生藤本。有或无根状茎、块茎。叶基生或茎生，全缘或羽状、掌状裂。肉穗花序常顶生，通常花序轴上着生很多小花，外被佛焰苞；花两性至单性，辐射对称；花被片排成2轮，每轮2-3枚，稀退化；雄蕊与花被片同数，稀更多；心皮常2-3枚，合生，柱头1枚，点状或头状，子房上位，1或多室，胚珠1至多枚。浆果，稀聚花果。

本科有140属3500多种，世界广布，尤其是热带和亚热带地区。中国有30属190种；陕西产10属23种，其中3属3种仅见栽培。

本科很多种类可供药用，其中天南星、半夏、虎掌等都是历史悠久的常用中药；芋属、蘑芋属的块茎常供蔬食，或用作工业上的糊料。

分子系统发育分析表明，传统分类系统如《中国植物志》界定的天南星科是多系类群，菖蒲属（**Acorus** L.）与其他天南星科的类群亲缘关系较远，应独立出来成为菖蒲科（**Acoraceae** Martinov）；排除了菖蒲属的天南星科仍为一并系类群，需要将单系的浮萍科（Lemnaceae Gray）并入天南星科，才能使天南星科为单系，本志采纳了这种调整方式。

## 分属检索表

1. 陆生植物……………………2
1. 水生漂浮或沉水植物……………………7
2. 雄花的雄蕊完全联合成一体……………………1. **芋属 Colocasia** Schott
2. 雄花的雄蕊分离，或仅花丝联合……………………3
3. 肉穗花序雌雄异株……………………4
3. 肉穗花序雌雄同株……………………5
4. 叶分裂，通常盾状或鸟足状分裂……………………2. **天南星属 Arisaema** Mart.
4. 叶单一，通常羽状分裂……………………3. **蘑芋属 Amorphophallus** Blume ex Decne.
5. 雌花序与佛焰苞合生……………………4. **半夏属 Pinellia** Ten.
5. 雌花序与佛焰苞离生……………………6
6. 雌雄花序之间的不育区覆盖假雄蕊……………………5. **斑龙芋属 Sauromatum** Schott
6. 雌雄花序之间的不育区裸露……………………6. **犁头尖属 Typhonium** Schott
7. 大型水生植物……………………7. **大薸属 Pistia** L.
7. 小型水生植物……………………8

① 包括浮萍科（《秦岭植物志》《中国植物志》和 *Flora of China*）。

8. 叶状体无根，无叶脉，基部具1囊……8. **无根萍属 Wolffia** Horkel ex Schleid.
8. 叶状体具根，具叶脉，基部具2囊……9
9. 叶状体具1条根；叶脉1-7条……9. **浮萍属 Lemna** L.
9. 叶状体具7-21条根；叶脉7-16条……10. **紫萍属 Spirodela** Schleid.

## 1. 芋属 **Colocasia** Schott

Melet. Bot. 1: 18. 1832; 秦岭植物志 1(1): 278. 1976; 中国植物志 13(2): 67. 1979; Flora of China 23: 73. 2010.

多年生草本。块茎肉质。叶柄延长，下部鞘状；叶数枚，叶片盾状着生，卵状心形。花序柄常多数；佛焰苞管部短，卵圆形，檐部长圆形；肉穗花序短于佛焰苞；雌花序短，中性花序短而细，雄花序长圆柱形，不育附属器直立；花单性，无花被；能育雄花为合生雄蕊；不育雄花合生假雄蕊，扁平；雌花具心皮3-4枚，子房卵圆形，柱头扁头状。浆果绿色。种子多数。

本属约20种，分布于亚洲热带及亚热带地区。中国有6种，产于长江以南各地；陕西栽培1种。

### （1）**芋**（照片265）

**Colocasia esculenta** (L.) Schott, Melet. Bot. 1: 18. 1832; N. E. Br., Journ. L. Soc. Bot. 36: 183. 1903; 秦岭植物志 1(1): 278. 1976; 中国植物志 13(2): 68. 1979. ——*Arum esculentum* L., Sp. Pl. 2: 965. 1753.

多年生草本。块茎通常卵形，常生多数小球茎。叶2枚或更多，叶片卵形，盾状着生，长20-50厘米，先端短尖或短渐尖，后裂片合生长达1/2-1/3，叶柄长20-90厘米。肉穗花序具佛焰苞，花序柄短于叶柄；佛焰苞长约20厘米，管部长卵形，长约4厘米，檐部披针形或椭圆形，长约17厘米，开展，边缘内卷，淡黄色至绿白色；肉穗花序较佛焰苞短，长约10厘米；雄花序圆柱形，长4-4.5厘米，顶端骤狭；雌花序长圆锥状，长3-3.5厘米；中性花序长3-3.3厘米，细圆柱状；附属器钻形，长约1厘米。花期8-9月。

关中、陕南有栽培；我国南方广泛栽培或有逸生。世界热带和亚热带地区广为栽培。

块茎可食用，也可入药。

## 2. 天南星属 **Arisaema** Mart.

Flora 14: 459. 1831; 秦岭植物志 1(1): 280. 1976; 中国植物志 13(2): 116. 1979; Flora of China 23: 43. 2010.

多年生草本。通常具块茎，稀圆柱状根状茎。叶柄具鞘具斑纹，叶片3裂、鸟足状或辐射状分裂，裂片少数或多数，全缘或具啮齿状。肉穗花序单性或两性，具佛焰苞，花序柄具斑纹；佛焰苞管部席卷，圆筒形或喉部开阔，喉部有时具宽耳；檐部拱形，常长渐尖；花单性；雄花序大都花疏，雄花有雄蕊2-5枚；雌花序花密，子房1室，胚珠1-9枚；附属器仅达佛焰苞喉部。浆果，红色，倒卵圆形。种子少数；胚乳丰富。

本属约180种，分布于亚洲热带、亚热带和非洲温带、热带，少数至中美洲和北美洲。中国有78种；陕西产10种。

## 分种检索表

1. 叶片掌状 3 裂……2
1. 叶片鸟足状或辐射状分裂……4
2. 叶中裂片明显具柄，侧裂片无柄……（6）花南星 **A. lobatum** Engl.
2. 叶中裂片无柄或仅具短柄……3
3. 叶柄、花序柄及叶背有弯刺，药室马蹄形或新月形开裂……（1）刺柄南星 **A. asperatum** N. E. Br.
3. 叶柄、花序柄及叶背光滑，药室顶孔开裂……（4）螃蟹七 **A. fargesii** Buchet
4. 叶片辐射状分裂，裂片 7-20 片或更多……（3）一把伞南星 **A. erubescens** (Wall.) Schott
4. 叶片鸟足状分裂……5
5. 附属器上部延长，无柄……（5）天南星 **A. heterophyllum** Blume
5. 附属器短缩……6
6. 附属器基部非截形，常骤狭成细柄……（9）隐序南星 **A. wardii** C. Marquand & Airy Shaw
6. 附属器基部截形……7
7. 具圆柱形根状茎……（2）雪里见 **A. decipiens** Schott
7. 具球形块茎……8
8. 附属器无柄，基部具中性花……（7）云台南星 **A. silvestrii** Pamp.
8. 附属器明显具柄，基部截形，无中性花……9
9. 叶 1 片；浆果红色……（10）东北南星 **A. amurense** Maxim.
9. 叶 2 片；浆果黄色……（8）灯台莲 **A. bockii** Engl.

**（1）刺柄南星** 刺梗天南星、象天南星（《秦岭植物志》）（图 71，照片 266、267）

**Arisaema asperatum** N. E. Br., J. Linn. Soc. Bot. 36: 176. 1903; 秦岭植物志 1(1): 282，图 251. 1976; 中国植物志 13(2): 144. 1979; Flora of China 23: 54. 2010. ——*Arisaema elephas* auct. non Buchet: 秦岭植物志 1(1) : 281, 图 250. 1976. ——*Arisaema cochleatum* Stapf ex H. Li., Kew Bull. 55(2): 417. 2000.

多年生草本。块茎扁球形。鳞叶宽线状披针形；叶 1 片；叶片 3 全裂，裂片无柄，中裂片宽倒卵形，长 16-23 厘米，宽 18-27 厘米，先端微凹，基部楔形，侧裂片菱状椭圆形，长 17-28 厘米，宽 15-22 厘米，中肋背部具白色弯刺；具长柄，外面密被乳突状弯刺，基部 5 厘米鞘筒状。肉穗花序具佛焰苞，花序柄长 25-60 厘米，具疣；佛焰苞暗紫黑色，管部圆柱形，喉部无耳，檐部倒披针形或卵状披针形；肉穗花序单性，雄花序圆柱形，雄花具短柄，花药黄色，药室扁圆球形，顶部开裂；雌花序

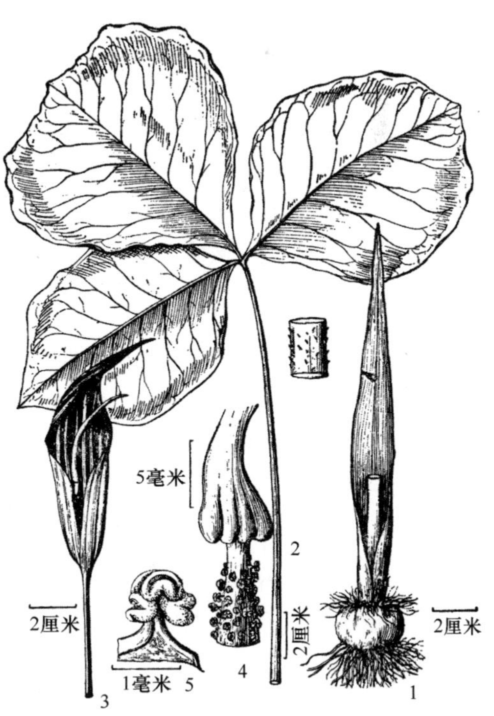

图 71. 刺柄南星 **Arisaema asperatum**
1. 块茎和鳞叶；2. 叶和叶柄；3. 佛焰苞和花序；4. 雄花序和附属器下部；5. 花药（引自《秦岭植物志》）。

圆锥状，子房圆柱状，柱头盘状；附属器圆柱形，长6.5-9厘米，基底截形，具长3-5毫米的柄，伸出喉外，近直立。花期5-6月。

产渭南、鄠邑、太白山、陇县、宁陕、佛坪、略阳、留坝、镇巴，生于海拔1500-2900米的山地林下；甘肃、河南、湖北、湖南、重庆、四川等地也有分布。

本种和象南星（**Arisaema elephas** Buchet）接近，以往的资料中常将本种鉴定为后者。但本种的老株叶柄及叶裂片中肋的背面具弯刺，附属器较短，圆柱形，长6.5-9厘米，近直立；而象南星叶柄及叶裂片中肋不具弯刺或仅具少量疣状凸起，附属器长可达20厘米，弯曲下垂，易于区别。

（2）**雪里见** 奇异南星（《中国植物志》）

**Arisaema decipiens** Schott, Osterr. Bot. Wochenbl. 7: 373. 1857; Flora of China 23: 62. 2010; 陕西维管植物名录: 400. 2016. ——*Arisaema rhizomatum* C. E. C. Fisch., Bull. Misc. Inform. Kew 1936(4): 283. 1936; 中国植物志 13(2): 168. 1979.

多年生草本。根状茎圆柱形。鳞叶线状披针形；叶2片，鸟足状5-7分裂，裂片椭圆状披针形，先端尾尖，下面常粉绿色，中裂片长20-29厘米，具2.5-5厘米的柄，侧裂片具短柄或无柄；叶柄长20-90厘米。肉穗花序具佛焰苞，花序梗杂色，佛焰苞管部圆柱形，绿色，长5-6厘米，直径1.5-2厘米，喉部不外卷，檐部近边缘带有紫色，中部紫色，尾尖长4-12厘米；肉穗花序单性；雄花序具疏花，长约2.5厘米，雄花具雄蕊3枚；雌花序圆锥形，长约3.5厘米；雌花密生，无花柱，柱头盘状，子房倒卵形；附属器伸出喉外，光滑，具短柄，长5-7厘米。浆果，倒卵形，具种子3枚。花期9月，果期11月。

产镇坪，生于海拔1300-1500米的山地林下；分布于湖南、广西、重庆、四川、贵州、云南等地。印度、缅甸、越南也产。

（3）**一把伞南星** 天星一把伞（秦岭）、天南星、宽叶天南星、短柄南星（《秦岭植物志》）（图72，照片268、269）

**Arisaema erubescens** (Wall.) Schott, in H. W. Schott & S. L. Endlicher, Melet. Bot.: 17. 1832; 中国植物志 13(2): 188. 1979; Flora of China 23: 67. 2010. ——*A. consanguineum* Schott, Bonplandia. 7: 27. 1859; 秦岭植物志 1(1): 283. 1976. ——*Arisaema consanguineum* f. *latisectum* Engl., Pflanzenr., IV, 23 F: 176. 1920; 秦岭植物志 1(1): 284. 1976. ——*A. brevipes* Engl., Bot. Jahrb. Syst. 36(5, Beibl. 82): 11. 1905; 秦岭植物志 1(1): 284, 253. 1976. ——*Arum erubescens* Wall., Pl. As. Rar. 2: 30, t. 135. 1831.

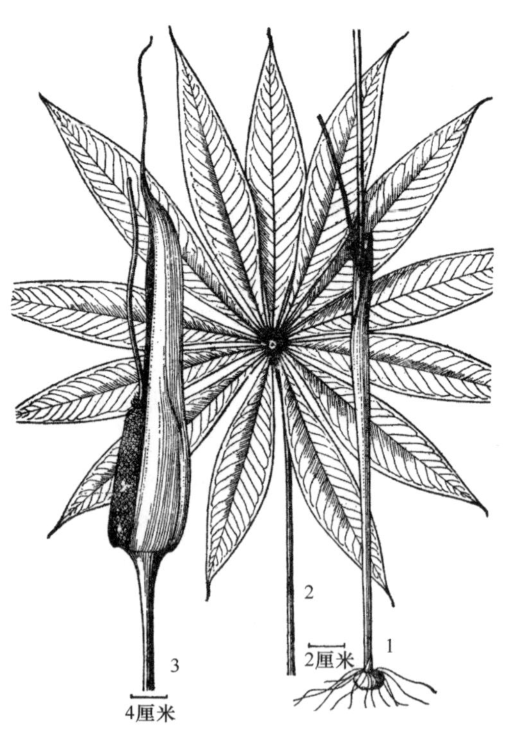

图72. **一把伞南星 Arisaema erubescens**
1. 块茎和植株下部；2. 叶；3. 雌花序和佛焰苞（引自《秦岭植物志》）。

多年生草本。块茎扁球形。鳞叶3片，

绿白色或粉红色，具条纹或斑点；叶 1 片，稀 2 片，辐射状分裂，小叶无柄，多数，长 10-28 厘米，宽 2-20 毫米，先端长渐尖，基部楔形；叶柄长。肉穗花序具佛焰苞，佛焰苞绿色或紫色，管部圆筒形，长 4-8 厘米，喉部边缘截形或稍外卷；檐部三角状卵形至长圆状卵形，长 4-7 厘米，宽 2.2-6 厘米，先端渐狭，具尾尖或无；肉穗花序单性，雄花序密生多花，长 2-2.5 厘米；雄花具短柄，雄蕊 2-4 枚，药室近球形，顶孔开裂；雌花序圆锥形，长约 2 厘米；雌花柱头无柄，子房卵圆形；附属器圆柱形或狭圆锥形，长 2-4.5 厘米，先端钝，光滑，雄花序的附属器光滑或具少量中性花；雌花序上的具多数中性花。浆果，红色。种子球形，淡褐色。花期 5-7 月，果期 9 月。

产黄龙、耀州及秦巴山区，生于海拔 1100-2100 米的山地林下；华中、华南及河北、山西、甘肃、山东、安徽、浙江、福建、台湾、江西、重庆、四川、贵州、云南等地也有分布。印度、尼泊尔、不丹、缅甸、老挝、泰国、越南也产。

块茎入药。

### （4）**螃蟹七**　紫盔天南星（《秦岭植物志》）（照片 270、271）

**Arisaema fargesii** Buchet, Notul. Syst. (Paris) 1: 371. 1911; 中国植物志 13(2): 136. 1979; Flora of China 23: 58. 2010. ——*Arisaema purpureogaleatum* auct. non Engl.: 秦岭植物志 1(1): 281. 1976.

多年生草本。块茎扁球形，具小球茎。鳞叶 3 片，棕色；单叶，叶 3 深裂至全裂，裂片全缘，无柄，中裂片菱形、卵状长圆形或卵形，长 12-32 厘米；侧裂片斜椭圆形或半卵形，长 9-23 厘米；叶柄长 20-40 厘米；肉穗花序具佛焰苞，花序柄长 18-26 厘米；佛焰苞紫色，具条纹，管部近圆柱形，喉部边缘反卷，檐部下弯或近直立，长渐尖，具尾尖；肉穗花序单性；雄花序圆柱形，长 2.5-3 厘米，雄花具花药 2-4 枚，药室卵圆形；雌花序花密生，长约 2 厘米，花密，花柱粗短，柱头画笔状，有毛，子房倒卵球形，具棱；附属器粗壮，长圆锥状，长 4.5-9 厘米。花期 5-6 月。

陕西省新记录种，产宁强县毛坝河镇八庙河村（黎斌 LB19642，XBGH），生于海拔 1000 米左右的林缘陡坡或滴水石壁上；重庆、甘肃、湖北、湖南、四川、西藏、云南等地也有分布。

块茎入药。

### （5）**天南星**　多裂天南星（《秦岭植物志》）（图 73，照片 272、273）

**Arisaema heterophyllum** Blume, Rumphia 1: 110. 1836; 中国植物志 13(2): 157. 1979; Flora of China 23: 60. 2010. ——*Arisaema multisectum* Engl., Pflanzenr. (Engler) Arac.-Aroid & Pistioid. 186. 1920; 秦岭植物志 1(1): 284, 图 254. 1976.

多年生草本。块茎扁球形。鳞叶线状披针形；叶 1 片，鸟足状分裂，裂片 13-21 片，中裂片披针形，长 10-15 厘米，宽 2-3 厘米，侧裂片变短小；叶柄长。肉穗花序具佛焰苞，花序柄短；佛焰苞红褐色，圆柱形或漏斗状，管部长约 6 厘米，檐部卵形，长约 4 厘米，稍下弯，具条纹；肉穗花序两性或雄花序单性；两性花序的雌花序长 1-2.2 厘米，雌花球形，柱头小，胚珠 3-4 枚，雄花序长 1.5-3.2 厘米，雄花疏，多不育或退化；单性雄花序长 3-5 厘米，雄花具花药 2-4 枚，顶孔横裂；附属器基部长 10-20 厘米，在佛焰苞喉部外之字形上升。浆果，黄红色、红色。种子黄色，具红色斑点。花期 4-5 月，果期 7-9 月。

产宜君、宁陕、石泉、洋县、佛坪、西乡、化龙山，生于海拔 1000-1500 米的山地林下；中国除西藏外广布。日本、朝鲜半岛也产。

块茎入药。

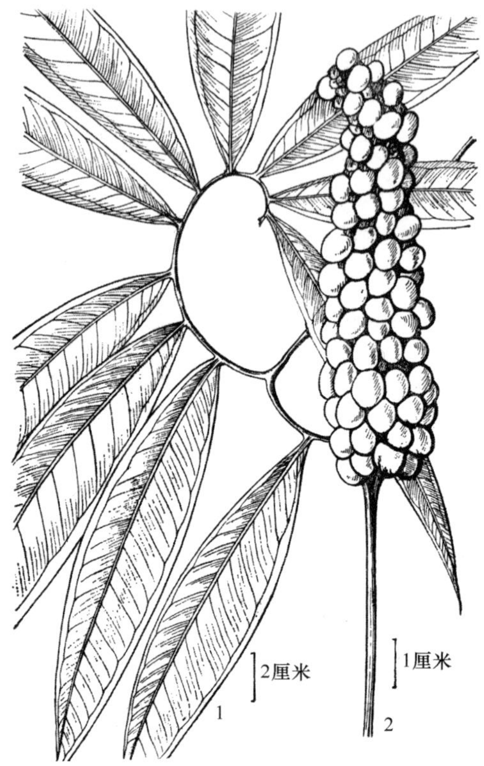


图 73. 天南星 **Arisaema heterophyllum**
1. 叶；2. 果序（引自《秦岭植物志》）。

（6）**花南星** 偏叶天南星（《秦岭植物志》）（图 74，照片 274、275）

**Arisaema lobatum** Engl., Bot. Jahrb. Syst. 1(5): 487. 1881; 中国植物志 13(2): 152. 1979; Flora of China 23: 63. 2010. ——*Arisaema lobatum* Engl. var. *rosthornianum* Engl., Bot. Jahrb. Syst. 29: 235. 1900; 秦岭植物志 1(1): 281, 图 249. 1976.

多年生草本。块茎近球形。鳞叶线状披针形；叶 1 或 2 片，3 全裂，中裂片具柄，长圆形或椭圆形，长 8-22 厘米；侧裂片无柄，长圆形，极不对称，长 5-23 厘米；叶柄长 17-35 厘米，黄绿色，有紫色斑块。肉穗花序具佛焰苞，花序柄常较短；佛焰苞淡紫色，管部漏斗状，长 4-7 厘米，喉部略外卷或否，檐部披针形，狭渐尖，有时具长 2-3 厘米的尾尖，绿色或深紫色，下弯或直立；肉穗花序单性；雄花序具疏花，长 1.5-2.5 厘米，雄花具花药 2-3 枚，药室卵圆形，顶孔纵裂；雌花序近球形或圆柱形，长 1-2 厘米，柱头无柄，子房倒卵圆形；附属器具细柄，基部截形，先端钝圆，长 4-5 厘米，直立。浆果，有种子 3 枚。花期 4-7 月，果期 8-9 月。

产关山、太白山、山阳、柞水、佛坪、洋县、西乡、宁陕、平利、岚皋、镇坪、镇巴，生于海拔 1100-2000 米的山地林下；河北、山西、甘肃、江苏、安徽、浙江、河南、湖北、湖南、广西、重庆、四川、贵州、云南等地也有分布。

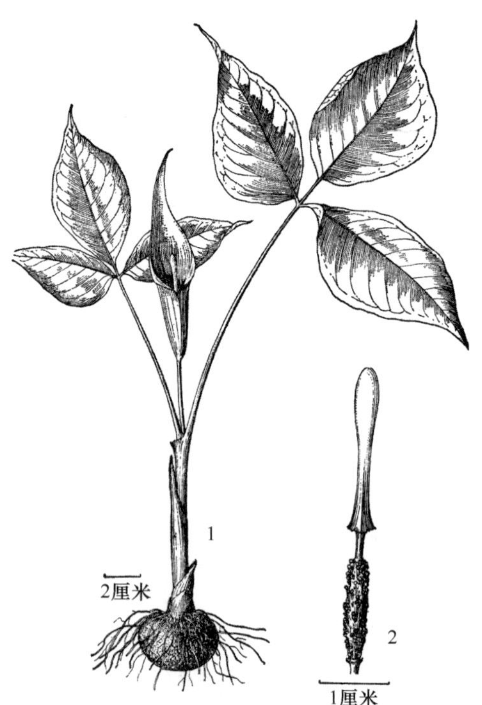


图 74. 花南星 **Arisaema lobatum**
1. 植株；2. 花序（引自《秦岭植物志》）。

### （7）**云台南星** 细齿天南星（《秦岭植物志》）（图 75，照片 276、277）

**Arisaema silvestrii** Pamp., Nuovo Giorn. Bot. Ital. n.s. 22. 262. 1915; 中国植物志 13(2): 193. 1979; Flora of China 23: 50. 2010. ——*Arisaema dubois-reymondiae* Engl., Pflanzenr., IV, 23F: 173. 1920; 中国植物志 13(2): 171. 1979. ——*Arisaema serratum* auct. non Schott: 秦岭植物志 1(1): 286, 图 256. 1976.

多年生草本。块茎近球形。鳞叶下部管状；叶 2 片，鸟足状 7-9 裂，裂片倒披针形或长圆状披针形，长 6-10 厘米，中裂片具短柄，侧裂片无柄；叶柄长 20-30 厘米。肉穗花序具佛焰苞，花序柄较叶柄短；佛焰苞淡白绿色或檐部紫红色，内侧具 3-5 条白色纵条纹，管部长 5-7 厘米，檐部长 5-7 厘米，宽 3-3.5 厘米；肉穗花序长约 2 厘米；附属器棒状，长约 7 厘米，先端钝圆，基部散生钻形中性花；雄花具雄蕊 2-4 枚，药室圆球形。花期 4-5 月。

产华山、太白山、鄠邑、眉县、宝鸡、佛坪、洋县、西乡、化龙山，生于海拔 800-1700 米的山地灌丛或林缘；黑龙江、吉林、河南等地也有分布。日本、朝鲜半岛也产。

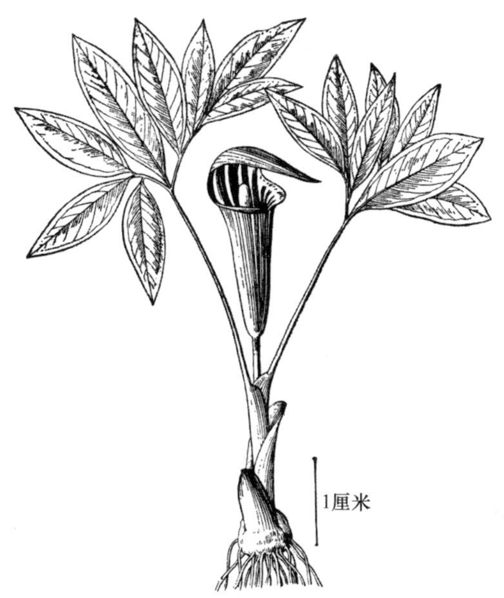


图 75. 云台南星 **Arisaema silvestrii**
植株（引自《秦岭植物志》）。

### （8）**灯台莲** 粗齿天南星（《秦岭植物志》）（图 76，照片 278、279）

**Arisaema bockii** Engl., Bot. Jahrb. Syst. 29(2): 235. 1900; Flora of China 23: 64. 2010. —— *A. sikokianum* Franch. & Sav., Enum. Pl. Jap. 2: 507. 1878; 中国植物志 13(2): 174. 1979. ——*A. sikokianum* Franch. & Sav. var. *serratum* (Makino) Hand.-Mazz., Symb. Sin. 7(5): 1367. 1936; 中国植物志 13(2): 174. 1979. ——*A. sikokianum* Franch. & Sav. var. *magnidens* (N. E. Br.) Hand.-Mazz., Symb. Sin.7(5): 1367. 1936; 秦岭植物志 1(1): 286, 图 255. 1976.

图 76. 灯台莲 **Arisaema bockii**
1. 块茎；2. 植株上部（引自《秦岭植物志》）。

多年生草本。块茎扁球形。鳞叶膜质；叶 2 片，鸟足状 5-7 裂，裂片卵形、卵状长圆形或长圆形，全缘或具锯齿，中裂片具明显叶柄，侧裂片具短柄或无，外侧裂片无柄；叶柄长 20-30 厘米，绿色或淡绿色。肉穗花序具佛焰苞，花序梗与叶柄等长或稍短；佛焰苞淡绿或暗紫色，具绿色条纹，管部长 4-6 厘米，喉部无耳或下弯，檐部稍下弯；肉穗花序单性；雄花序花稀疏，圆柱形，花药 2-3 枚；雌花序花密生，近圆锥形，柱头小，子房卵圆形；附属器直立，上部呈棒状或近球形。浆果，黄色，长圆锥状。种子卵圆形。花期 5 月，果期 8-9 月。

产华山、蓝田、太白、洋县、西乡、化龙山，生于海拔 900-1700 米的山坡林下；安徽、福建、广东、广西、贵州、河南、湖北、湖南、江苏、江西、浙江等地也有分布。

### （9）隐序南星

**Arisaema wardii** C. Marquand & Airy Shaw, J. Linn. Soc., Bot. 48. 228. 1929; 中国植物志 13(2): 181. 1979; Flora of China 23: 65. 2010.

多年生草本。块茎球形。鳞叶线形；叶掌状或辐射状分裂，裂片 3-6 片，椭圆形，无柄，长 7-11 厘米，宽 2.5-5 厘米，先端尾尖，全缘；柄长 20-35 厘米。肉穗花序具佛焰苞，花序柄长 27-45 厘米；佛焰苞绿色，长 12-13 厘米，管部圆柱形，喉部边缘斜截形，檐部卵形或卵状披针形，先端尾尖；肉穗花序单性；雄花序具密花，圆柱形，长约 2.5 厘米，雄花具花药 2-3 枚，药室长圆形；雌花序圆柱形，长约 2.2 厘米，花柱粗，柱头小，盘状，子房卵形；附属器圆柱形，长 2.6-3.2 厘米，柄长约 3 毫米。浆果，卵形。种子卵形，淡褐色或褐色。花期 6-7 月，果期 7-8 月。

据《中国植物志》记载太白山有分布，本志作者未见标本；分布于青海、西藏、云南等地。

### （10）东北南星

**Arisaema amurense** Maxim., Prim. Fl. Amur. 264. 1859; 中国植物志 13(2): 173.1979; Flora of China 23: 64. 2010. ——*Arisaema amurense* Maxim. var. *serratum* Nakai, Bot. Mag. (Tokyo) 43: 530. 1929; 中国植物志 13(2): 174. 1979.

多年生草本。块茎扁球形。鳞叶线状披针形；叶 1 片，鸟足状 5 裂，裂片倒卵形、卵状椭圆形或宽倒卵形，中裂片长 7-11 厘米，具长 0.2-2 厘米的柄，侧裂片与中裂片近等大；叶柄长 17-30 厘米。肉穗花序具佛焰苞，花序柄较叶柄短，长 9-15 厘米；佛焰苞白绿色，长 8-11 厘米，管部长约 5 厘米，喉部边缘斜截，顶端短渐尖，檐部卵状披针形，渐尖，长 4-6 厘米，绿色或紫色带白色条纹；肉穗花序单性；雄花序具疏花，长约 2 厘米，雄花具花药 2-3 枚，药室近圆球形；雌花序长约 1 厘米，柱头大，盘状，具短柄，子房倒卵形；附属器棒状，具短柄，长 2.5-3.5 厘米，向上略细，先端钝圆，粗约 2 毫米。浆果，红色。种子卵球形，红色，光滑。花期 5 月，果期 9 月。

据《中国植物志》记载陕西有分布，本志作者未见标本；分布于北京、河北、内蒙古、宁夏、山西、黑龙江、吉林、辽宁、山东、河南等地。朝鲜半岛、日本、俄罗斯也有分布。

## 3. 蘑芋属① **Amorphophallus** Blume ex Decne.

Nouv. Ann. Mus. Hist. Nat. 3: 366. 1834; 秦岭植物志 1(1): 288. 1976; 中国植物志 13(2): 84. 1979; Flora of China 23: 10. 2010.

多年生草本，块茎扁球形，稀萝卜状或长圆柱形。叶 1 片，叶片常 3 全裂，裂片羽状分裂或再次分裂，叶柄光滑或具疣，具斑块。肉穗花序通常具长柄，稀短柄，具佛焰苞；佛焰苞宽卵形或长圆形，檐部多少展开；肉穗花序，较佛焰苞短或长，下部雌花序，上部雄花序，顶端为附属器，附属器增粗或延长；花单性；雄花具雄蕊 1-6 枚；雌花柱头头状，2-4 裂，心皮 1-4 枚，子房近球形。浆果橙色到红色，稀蓝色，具 1 枚或少数几枚种子。种子无胚乳，种皮光滑。

本属约 200 种，主要分布于非洲、亚洲、澳大利亚、太平洋岛屿的热带、亚热带地区。中国有 16 种；陕西栽培 1 种。

（1）**花蘑芋** 魔芋（《秦岭植物志》）、磨芋（《中国植物志》）（图 77，照片 280、281）

**Amorphophallus konjac** K. Koch, Wochenschr. Gärtnerei Pflanzenk. 1(4): 262. 1858; 秦岭植物志 1(1): 288. 1976; Flora of China 23: 10. 2010. ——*A. mairei* H. Lév., Rep. Sp. Nov. Regni Veg. 13: 259. 1914; 中国植物志 13(2): 96. 1979. ——*A. rivierei* Durieu ex Riviere, Rev. Hort. [Paris] 42: 573. 1871; 中国植物志 13(2): 96. 1979.

多年生草本。块茎扁球形，生多数肉质根及纤维状须根。叶 1 片，3 裂，1 次二歧分裂，裂片具长柄， 2 次二回羽状或二回二歧分裂，小裂片大小不等，向上变大，长圆状椭圆形，基部宽楔形，外侧下延成翅状；侧脉纤细，平行，近边缘联合；叶柄黄绿色，有绿褐色或白色斑块；叶柄长 45-150 厘米；基部具 2-3 片披针形膜质鳞叶。肉穗花序具佛焰苞，花序柄长 50-70 厘米；佛焰苞漏斗形，基部卷，管部苍绿色带暗绿色斑块，边缘紫红色；檐部心状圆形；肉穗花序较佛焰苞长，雌花序紫色，圆柱形；雄花序邻接雌花序；顶部附属器伸长，中空，深紫色；柱头 3 裂，子房苍绿色或紫红色，2 室。浆果，球形或扁球形，成熟时黄绿色。花期 4-6 月，果期 8-9 月。

图 77. **花蘑芋 Amorphophallus konjac**
1. 植株；2. 花序；3. 雌蕊（引自《陕西中草药》）。

① 又称魔芋属（《秦岭植物志》）、磨芋属（《中国植物志》）。

陕南各地常见栽培，也有逸生，是重要的经济植物，关中地区偶见栽培；南方地区习见栽培。日本有栽培。

块茎含淀粉，可供食用。

## 4. 半夏属 **Pinellia** Ten.

Atti Reale Accad. Sci. Sez. Soc. Reale Borbon. 4: 69. 1839; 秦岭植物志 1(1): 286. 1976; 中国植物志 13(2): 200. 1979; Flora of China 23: 39. 2010.

多年生草本。具块茎。叶柄或叶片基部常有珠芽。叶片 3 深裂或鸟足状分裂，裂片全缘。花序柄单生，与叶柄等长；佛焰苞宿存，管部席卷，檐部长圆形、舟形；肉穗花序下部雌花序与佛焰苞合生达隔膜，单侧着花，内藏于佛焰苞管部；雄花序位于隔膜之上；花单性，无花被；雄花有雄蕊 2 枚；子房卵圆形，1 室。浆果长圆状卵形。

本属有 9 种，分布于亚洲东部，其中 2 种在澳大利亚、欧洲及北美洲已归化。中国有 9 种，南北均产；陕西产 3 种。

### 分种检索表

1. 叶片全缘……………………………………（3）**滴水珠 P. cordata** N. E. Br.
1. 叶片 3 裂或鸟足状分裂……………………………………2
2. 叶片鸟足状分裂……………………………………（1）**虎掌 P. pedatisecta** Schott
2. 叶片 3 全裂……………………………………（2）**半夏 P. ternata** (Thunb.) Breit.

（1）**虎掌** 鸟足叶半夏（《秦岭植物志》）（图 78，照片 282）

**Pinellia pedatisecta** Schott, Oesterr. Bot. Wochenbl. 7: 341. 1857; 秦岭植物志 1(1): 287. 1976; 中国植物志 13(2): 204. 1979; Flora of China 23: 42. 2010.

多年生草本。块茎近球形，常生小球茎。叶 1-3 片或更多，鸟足状 6-11 分裂，裂片披针形，基部楔形，先端渐尖，中裂片长 15-18 厘米，侧裂片变小；叶柄长 20-70 厘米，下部具鞘；肉穗花序具佛焰苞，花序柄长 20-50 厘米；佛焰苞淡绿色，管部长圆形，檐部长披针形，锐尖；肉穗花序雄花序长 5-6 毫米；雌花序长 1.5-2.5 厘米；附属器细线形，长 10-15 厘米，直立或略呈“S”形弯曲。浆果，卵圆形，绿色至黄白色，具 1 枚种子。花期 5-6 月，果期 7-9 月。

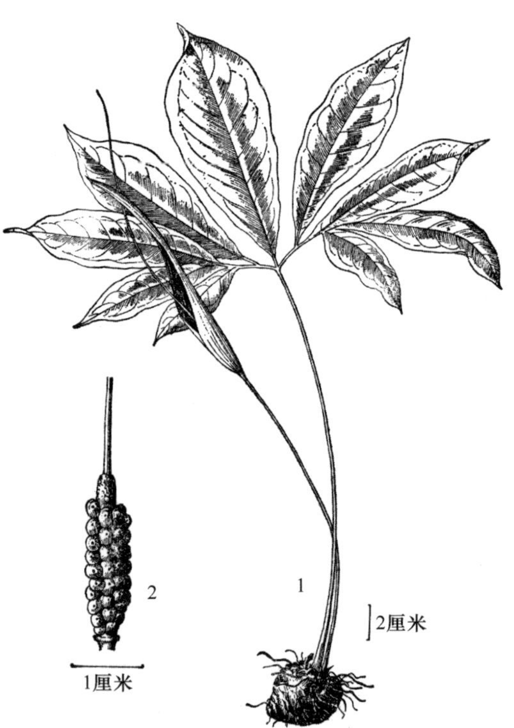

图 78. **虎掌 Pinellia pedatisecta**
1. 植株；2. 果序（引自《秦岭植物志》）。

产长安、华山、太白山、宝鸡、商南、化龙山、镇巴、佛坪、洋县、城固、勉县、略阳、宁强，生于海拔 400-1100 米的山地林下、溪畔或农田阴湿处；分布于河北、山西、山东、安徽、浙江、福建、河南、湖北、湖南、广西、四川、贵州、云南。

块茎入药。

**(2)半夏** 三步跳（陕南）（图 79，照片 283、284）

**Pinellia ternata** (Thunb.) Breit., Bot. Zeitung. 37: 687. 1879; 秦岭植物志 1(1): 287. 1976; 中国植物志 13(2): 203. 1979; Flora of China 23: 42. 2010. ——*Arum ternatum* Thumb., Fl. Jap. 233. 1784.

多年生草本。块茎圆球形。叶 2-5 片；一年生者单叶，老株叶常 3 全裂，裂片长圆状椭圆形或披针形，全缘或具不明显的浅波状圆齿，中裂片长 3-10 厘米，侧裂片稍短，侧脉 7-10 条；叶柄长 10-20 厘米，下部有珠芽，基部具鞘；幼苗单叶卵状心形至戟形，全缘。肉穗花序具佛焰苞，花序柄长 25-35 厘米；佛焰苞绿色或绿白色，管部狭圆柱形；檐部绿色，长圆形；肉穗花序雄花序长 5-7 毫米，不育区长约 3 毫米；雌花序密生多花，长约 2 厘米；附属器直立或呈“S”形弯曲，绿色至青紫色，长 6-10 厘米。浆果，卵圆形，柱头和花柱宿存。花期 5-7 月，果期 7-9 月。

图 79. 半夏 **Pinellia ternata**
1. 植株；2. 具单叶的幼苗；3. 佛焰苞和花序；4. 种子（引自《秦岭植物志》）。

产富县、延安、宜川、甘泉、黄陵、宜君、耀州、合阳、韩城及秦巴山区，生于海拔 370-1650 米的山地林下或农田；分布几遍全国。日本、朝鲜半岛也产，在欧洲、北美洲已归化。

块茎入药。

**(3)滴水珠**

**Pinellia cordata** N. E. Br., J. Linn. Soc., Bot. 36: 173. 1903; 中国植物志 13(2): 201. 1979; 汉中植物名录: 363. 1997; Flora of China 23: 40. 2010.

多年生草本。块茎球形、卵球形至长圆形。叶1片；老株叶片心形、心状三角形、心状长圆形或心状戟形，先端长渐尖或呈尾状，基部心形，长6-25厘米，后裂片圆形或锐尖；叶柄常紫色或带紫斑，长12-25厘米，几无鞘，下部及上部各具1枚珠芽；幼株叶片心状长圆形。肉穗花序具佛焰苞，花序柄长3.7-18厘米；佛焰苞绿色、青紫色或淡黄带紫色，长3-7厘米，檐部长1.8-4.5厘米，钝或锐尖，直立或稍下弯；肉穗花序雄花序长5-7毫米；雌花序1-1.2厘米；附属器青绿色，略呈之字形上升，长6.5-20厘米。花期3-6月，果期8-9月。

据资料记载宁强有分布，标本未见；分布于安徽、浙江、江西、福建、湖北、湖南、广东、广西、贵州等地。

块茎可供入药。

## 5. 斑龙芋属 **Sauromatum** Schott

Schott & Endl., Melet. Bot. 1: 17. 1832; Flora of China 23: 36. 2010.

多年生草本。块茎近球形。叶片鸟足状全裂或深裂，叶柄圆柱形。花序柄短；佛焰苞管部长圆形，檐部长披针形，内面深紫色；肉穗花序比佛焰苞短，下部雌花序，上部雄花序，雌雄花序之间存在中性花序；附属器远长于肉穗花序；花单性，无花被；雄花雄蕊少数，花药无柄；雌花子房1室，柱头盘状；中性花柄棒状。浆果，倒圆锥状，紫红色，先端色较深。种子球形。

本属有8种，分布于非洲、东南亚至大洋洲。中国有7种；陕西产1种。

### （1）**独角莲** 麻芋（陕南）（图80，照片285、286）

**Sauromatum giganteum** (Engl.) Cusimano & Hett., Taxon. 59(2): 445. 2010; Flora of China 23: 38. 2010. ——*Typhonium giganteum* Engl., Bot. Jahrb. Syst. 4(1): 66. 1883; 秦岭植物志 1(1): 279. 1976; 中国植物志 13(2): 102. 1979.

多年生草本。块茎倒卵形、卵球形或卵状椭圆形。叶卵形或箭形，长15-45厘米，宽9-25厘米，先端渐尖，基部箭形，中肋背面隆起；叶柄长20-60厘米，有的具紫色斑点。肉穗花序具佛焰苞，花序柄长约15厘米；佛焰苞紫色，管部圆筒形或长圆状卵形，檐部卵形，先端渐尖至弯曲；肉穗花序几无梗，长达14厘米；雄花序长约2厘米，雄花药室卵圆形，顶孔开裂；雌花序圆柱形，长约3厘米，雌花柱头无柄，子房圆柱形，胚珠2枚；中性花序长约3厘米；附属器长可达6厘米，圆柱形，基部无柄。花期6-8月，果期7-9月。

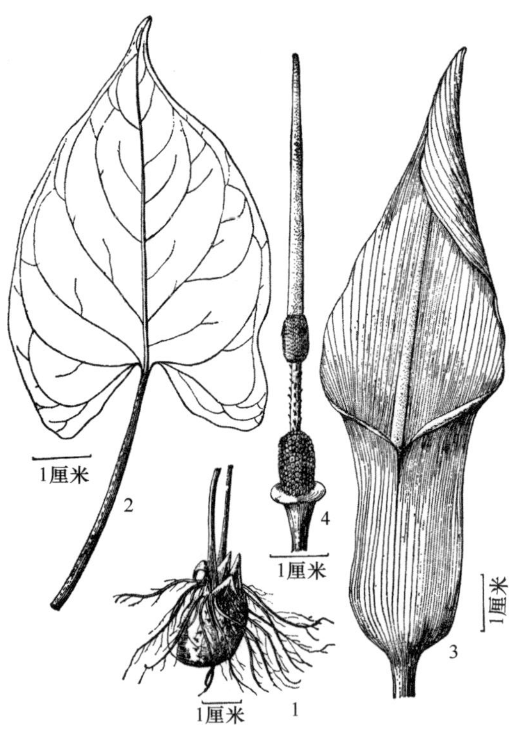

图80. **独角莲 Sauromatum giganteum**
1. 球茎；2. 叶；3. 佛焰苞；4. 肉穗花序（引自《秦岭植物志》）。

产长安、周至、太白、宝鸡、商南、山阳、宁陕、岚皋、镇坪、西乡、佛坪、洋县、勉县、略阳、凤县，生于海拔1500米以下的山地阴湿处；分布于吉林、辽宁、河北、山西、甘肃、山东、安徽、河南、四川、西藏等地。

块茎炮制加工后作为中药“白附子”药用。

## 6. 犁头尖属[①] **Typhonium** Schott

Wiener Z. Kunst. 1829(3): 732. 1829; 中国植物志 13(2): 101. 1979; Flora of China 23: 34. 2010.

多年生草本。块茎小。叶多数，箭状戟形，3裂或鸟足状分裂，全缘。肉穗花序具佛焰苞，花序柄短；佛焰苞管部席卷，喉部收缩，檐部卵状披针形，紫红色；花单性，无花被；肉穗花序两性，雌花序短，与雄花序之间有一段较长的间隔；附属器具短柄；雄花具雄蕊1-3枚；雌花子房卵圆形，1室，无花柱；中性花下部与雌花相邻。浆果，卵圆形，具种子1-2枚。

本属约50种，分布于印度至马来西亚。中国有9种；陕西产1种。

### （1）**犁头尖**（图 81）

**Typhonium blumei** Nicolson & Sivad., Blumea 27(2): 494. 1981; Flora of China 23: 35. 2010; 陕西化龙山国家级自然保护区植物资源及保护: 14. 2013. ——*Typhonium divaricatum* (L.) Decne., Descr. h. Timor in Ann. Nat. Hist. 3: 367. 1834; 中国植物志 13(2): 207. 1979.

多年生草本。块茎近球形或纺锤形。叶心状戟形到心状箭形，长5-10厘米，顶裂片卵形，基部裂片卵形至三角形；叶柄长20-24厘米。肉穗花序具佛焰苞，花序柄长9-11厘米；佛焰苞管部绿色，卵形，长1.6-3厘米；檐部绿紫色，卵状长披针形，盛花时展开，中部以上呈带状下垂，先端旋曲；肉穗花序无柄，雄花序长4-9毫米，雄花近无柄，雄蕊2枚，药室长圆状倒卵形；雌花序圆锥形，长1.5-3毫米，雌花柱头无柄，盘状，子房卵形；中性花序长1.7-4厘米，下部7-8毫米具花，中性花线形；附属器深紫色，长10-13厘米，具细柄，下部1/3具疣皱，上部平滑。花期5-7月。

图 81. **犁头尖** **Typhonium blumei**
1. 植株；2. 花序
（引自《中国高等植物图鉴》）。

产化龙山（平利县让河），生于海拔1000米处；分布于福建、广东、广西、贵州、海南、湖北、湖南、江西、四川、台湾、云南、浙江。柬埔寨、印度、印度尼西亚、日本、缅甸、泰国、越南也有分布，引入非洲、尼泊尔、菲律宾、太平洋岛屿等地及南美洲和北美洲的热带地区。

## 7. 大薸属 **Pistia** L.

Sp. Pl. 2: 96. 1753; 中国植物志 13(2): 83. 1979; 汉中植物名录: 363. 1997; Flora of China 23: 79. 2010.

水生漂浮草本。叶螺旋状排列，淡绿色，两面密被细毛；叶鞘托叶状，几从叶的基部与叶分离，极薄，干膜质；叶片倒卵状楔形至倒卵状长圆形，略呈海绵状，先端圆形、

① 又称犁头茸属（《秦岭植物志》）。

截形或微凹；中脉无，主脉近平行，背面强烈隆起。花序具极短的柄；佛焰苞小，叶状，白色，内面光滑，外面被毛，管部卵圆形，檐部卵形，近兜状；肉穗花序背面与佛焰苞合生，花单性同序；下部雌花序具单花，上部雄花序有花2-8朵，无附属器；花无花被；雄蕊2枚；子房卵圆形。浆果卵圆形。种子无柄，圆柱形，基部略窄，顶端近平截，中央内凹，外种皮厚，向珠孔增厚，形成珠孔的外盖，内种皮薄，向上扩大形成填充珠孔的内盖。

本属有 1 种，广布于热带和亚热带地区。中国有 1 种；陕西栽培 1 种。

**（1）大薸**（图 82，照片 287、288）

**Pistia stratiotes** L., Sp. Pl. 2: 963. 1753; 中国植物志 13(2): 83. 1979; 汉中植物名录: 363. 1997; Flora of China 23: 79. 2010.

水生漂浮草本。须根密集。茎节间短缩，芽由叶基背旁侧萌发。叶莲座状，初为圆形或倒卵形，略具柄，后为倒卵状楔形、倒卵状长圆形或近线状长圆形，长1.3-10厘米，宽1.5-6厘米，密被细毛，叶脉近平行，下面隆起；叶鞘干膜质，托叶状。花序柄极短；佛焰苞极小，叶状，外面被毛，管部卵圆形，边缘合生至中部，檐部近兜状；肉穗花序较佛焰苞短，背面与佛焰苞合生；花单性，上部雄花序有花2-8朵，无附属器，雄花序以下有绿色盘状物，盘下具不育花，雄花有雄蕊2枚，雄蕊极短，花药2室，对生，纵裂；下部雌花序具单花，子房卵圆形，1室，胚珠多数。浆果小，卵圆形。花期5-11月。

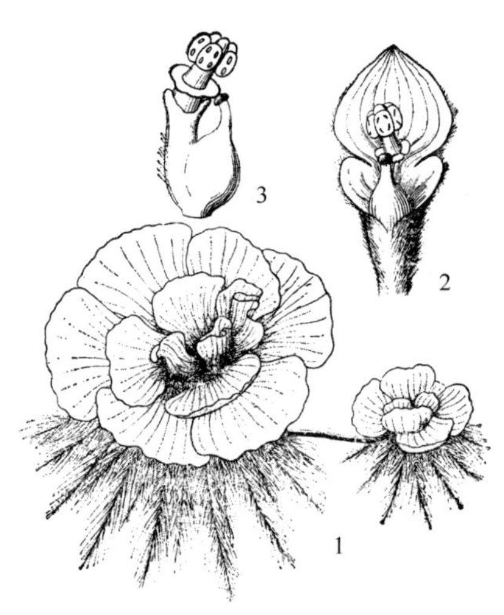


图 82. **大薸 Pistia stratiotes**
1. 植株；2. 佛焰苞和花序；3. 花序
（引自《中国高等植物图鉴》）。

产汉中，生于海拔460-900米的池塘中；分布于福建、台湾、广东、广西、云南等地，湖南、湖北、江苏、浙江、安徽、山东、四川等地有栽培。全球热带及亚热带地区广布。

外来入侵植物。

## 8. 无根萍属[①] **Wolffia** Horkel ex Schleid.

Beitr. Bot. [Schleiden] 1: 233. 1844; 中国植物志 13(2): 211. 1979; Flora of China 23: 83. 2010.

漂浮或悬浮细小草本。无根。叶状体单一或2个相连，表面绿色，背面绿色到透明，绝不红色，球形、卵圆形或船形，对称，具1个侧囊，侧囊内孕育新的叶状体，背面凸起，无叶脉，新的叶状体与母体连接处具非常短的柄。花生长于叶状体上面的囊内，无佛焰苞；花序分别含1朵雄花和1朵雌花；雄蕊1枚，花药2室；花柱短，子房具1枚胚珠。果实光滑，圆球形。

① 又称芜萍属（《中国植物志》）。

本属有 11 种，世界广布。中国有 1 种；陕西产 1 种。

（1）**无根萍** 芜萍（《中国植物志》）（图 83）

**Wolffia globosa** (Roxb.) Hartog & Plas, Blumea 18: 367. 1970; Flora of China 23: 83. 2010. ——*Lemna globosa* Roxb., Fl. Ind. ed. 1832, 3: 565. 1832. ——*Wolffia arrhiza* auct. non (L.) Horkel ex Wimm.: 中国植物志 13(2): 211. 1979; 汉中植物名录: 364. 1997.

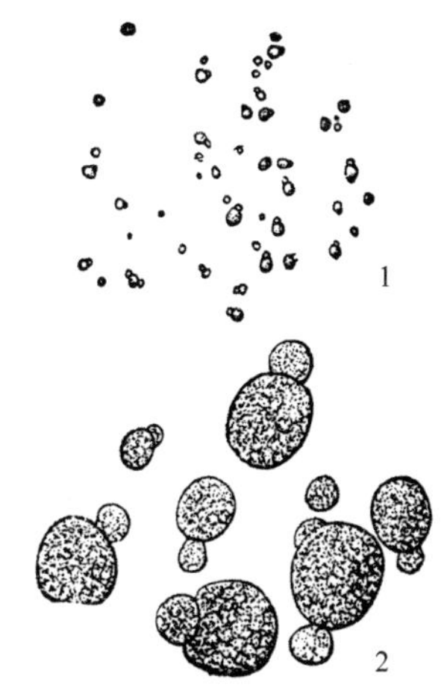


图 83. **无根萍 Wolffia globosa**
1. 居群；2. 植株
（引自《中国高等植物图鉴》）。

水生漂浮或悬浮草本。植物体细小，无根，有时具鳞根，绿白色，球形，长0.2-0.8毫米。叶状体卵形，表面绿色，背面绿色透明状，长0.4-0.8毫米，先端圆形或稍尖，无叶脉，无乳头状凸起。花期6-9月，非常罕见。

产汉中，生于海拔500-1500米的池塘、沼泽等静水中；分布于福建、广东、海南、河南、湖北、江苏、吉林、四川、台湾、云南、浙江等地。南亚、东南亚有分布，美洲有引种栽培。

## 9. 浮萍属 Lemna L.

Sp. Pl. 2: 970. 1753; 秦岭植物志 1(1): 289. 1976; 中国植物志 13(2): 209. 1979; Flora of China 23: 81. 2010.

水生漂浮或悬浮草本。1 至多个叶状体相连接，根 1 条，无维管束。叶状体两面绿色，有时下表面红色；对称或不对称，扁平或有时下表面凸起；具 1-5 条叶脉；基部两侧囊内生营养芽和花芽，营养芽萌发后，新的叶状体常脱离母体。佛焰苞膜质；花单性同株；花序具 2 朵雄花，花丝细；雌花 1 朵，子房 1 室，胚珠 1-6 枚，直立或弯生。果实卵形。种子 1-5 枚，具纵肋。

本属约 13 种，广布于南北半球温带地区。中国有 5 种；陕西产 3 种。

### 分种检索表

1. 悬浮植物；叶状体具长柄，上部边缘具齿 ································ （1）**品藻 L. trisulca** L.
1. 漂浮植物；叶状体无柄，全缘 ···································································· 2
2. 根鞘无翅，根长 0.5-15 厘米；叶状体背面通常淡红色、红色 ····· （2）**日本浮萍 L. japonica** Landolt
2. 根鞘具翅，根长不超过 3 厘米；叶状体不带红色 ··········· （3）**稀脉浮萍 L. aequinoctialis** Welwitsch

（1）**品藻**（图 84）

**Lemna trisulca** L., Sp. Pl. 2: 970. 1753; 秦岭植物志 1(1): 289. 1976; 中国植物志 13(2): 152. 1979; Flora of China 23: 82. 2010.

水生悬浮草本。叶状体常 3-50 个聚成堆团或层片；叶状体椭圆形、长圆形、披针形或倒披针形，膜质或纸质，两面暗绿色或带紫色，多少透明，扁平，上表面无乳突，全缘或上部具整齐的细齿，先端钝圆，向基部渐狭；具 3 条叶脉；背面常生 1 条根，根长 0.5-2.5 厘米，根端尖，常连根脱落，根鞘无翅；母体基部两侧的囊中萌发幼叶状体，后与母体构成品字形，幼体与母体之间具长 5-10 毫米的细柄。开花和结果的叶状体漂浮在水面，1-5 个聚集；果实卵形。种子具 12-18 条脉纹。花期 5-9 月，少见。

产关中、陕南，生于静水池沼或浅水中；分布于华北及黑龙江、新疆、江苏、安徽、浙江、台湾、湖北、四川、云南。除南美洲外全球广布。

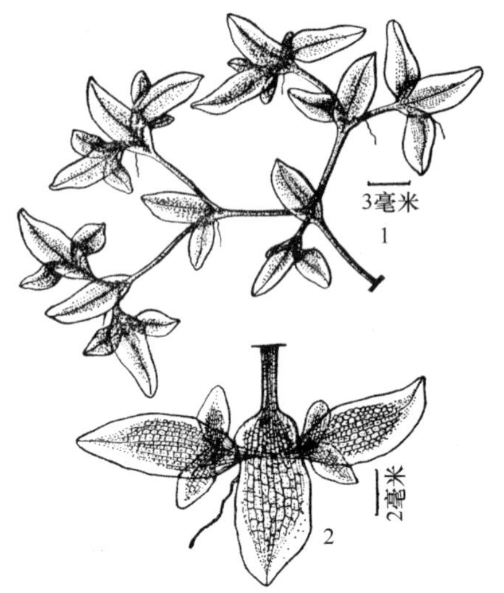


图 84. 品藻 **Lemna trisulca**
1. 聚集的叶状体；2. 叶状体和幼叶状体
（引自《秦岭植物志》）。

### （2）日本浮萍

**Lemna japonica** Landolt, Veröff. Geobot. Inst. E.T.H. Stiftung Rübel Zürich. 70: 23. 1980; Flora of China 23: 82. 2010; 陕西维管植物名录: 401. 2016.

水生漂浮植物。叶状体 1-8 个聚集在一起，背面具 1 条白色丝状根，长 0.5-15 厘米，根冠钝圆形，根鞘无翅。叶状体倒卵形至椭圆形，全缘，基部圆形，长 2-6 毫米，宽 1.5-2 毫米；表面绿色，稍凸起或沿中线隆起，叶脉 3 条，不明显；背面有时微红或红色，扁平或微凸，一侧具囊。弯生胚珠 1 枚。花期 7-10 月，非常罕见。

产关中、陕南，生于湖泊、池塘或静水中；分布于黑龙江、内蒙古、河北、山西、山东、江苏、浙江、河南、湖北、四川、云南。日本、朝鲜半岛也产。

本种可能是由浮萍（**L. minor** L.）和鳞根萍（**L. turionifera** Landolt）杂交而来。

### （3）稀脉浮萍（图 85，照片 289）

**Lemna aequinoctialis** Welwitsch, Apont. 578. 1859; Flora of China 23: 82. 2010. ——*Lemna perpusilla* Torr., Fl. New York. i. 245. 1843; 中国植物志 13(2): 210. 1979. ——*Lemna minor* auct. non L.: 秦岭植物志 1(1): 290. 图 260. 1976.

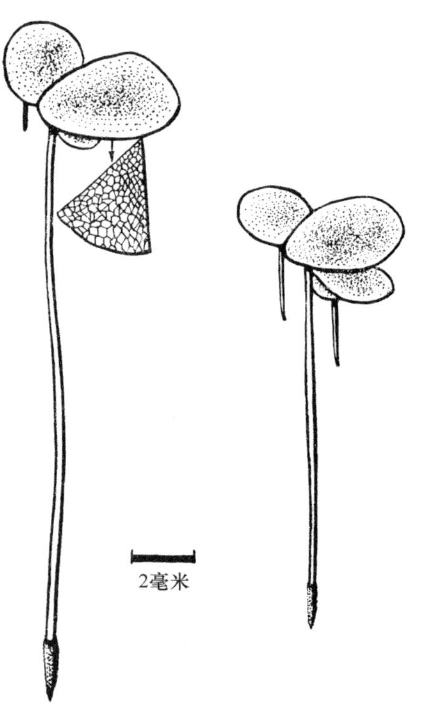


图 85. 稀脉浮萍 **Lemna aequinoctialis**
叶状体和根（引自《秦岭植物志》）。

水生漂浮植物。叶状体 1-8 个聚集到一起，背面生 1 条根，长 0.5-3 厘米，根冠锐尖，根鞘具 2 个细翅。叶状体近扁平，斜倒卵形或倒卵状长圆形，全缘；具 3 条叶脉，几达先端；两面绿色，不带红色；长 3-5 毫米，宽 2-4 毫米，先端钝圆，基部钝；上表面和节上具乳突；子房具 1 枚胚珠，直立。果实不具翅。种子具 8-24 条明显的纵向棱。花期全年。

本省各地均产，生于水田、池塘、湖泊或浅水中；分布于华东及辽宁、河北、山西、青海、河南、湖北、广东、贵州、云南。世界广布。

## 10. 紫萍属 **Spirodela** Schleid.

Linnaea. 13: 391. 1839; 秦岭植物志 1(1): 290. 1976; 中国植物志 13(2): 207. 1979; Flora of China 23: 80. 2010.

水生漂浮草本，叶状体 1-10 个聚集，背面的根多条，束生，具薄的根冠和 1 个维管束。叶状体盘状，上表面亮绿色，下表面通常红色，通常不对称；上表面扁平，稀下表面微凸；通常具 7-16 条叶脉，有时在表面可见；在干燥叶中可见呈棕色点的色素细胞；新的叶状体与母体间具白色柄。花序藏于叶状体的侧囊内；佛焰苞袋状，通常含 2 朵雄花和 1 朵雌花；子房 1 室，胚珠通常 2 枚，倒生。果实球形，边缘具翅。种子具纵肋。

本属有 2 种，分布于温带和热带地区。中国有 1 种；陕西产 1 种。

（1）**紫萍**（图 86，照片 290、291）

**Spirodela polyrhiza** (L.) Schleid., Linnaea 13: 392. 1839; 秦岭植物志 1(1): 291. 1976; 中国植物志 13(2): 207. 1979; Flora of China 23: 80. 2010. ——*Lemna polyrhiza* L., Sp. Pl.: 970. 1753.

水生漂浮草本。叶状体多个聚集，背面生根 5-11 条，白绿色，长 3-5 厘米，根冠脱落。叶状体倒卵形至圆形，扁平，长 3-8 毫米，宽 4-6 毫米，背面紫红色，具掌状叶脉 5-11 条，先端钝圆，有时上表面沿脉具不明显乳突；一侧囊内形成新芽，圆形，萌发后幼小叶状体渐从囊内浮出，叶状体与母体间由一细弱的柄相连。佛焰苞袋状，肉穗花序具 2-3 朵雄花和 1 朵雌花，子房 1 室。果实圆形，上部具翅。种子具 12-20 条纵肋。花期 6-9 月，非常罕见。

产宜君及关中、陕南地区，生于池沼或小溪内；分布几遍全国。广布于世界各地。

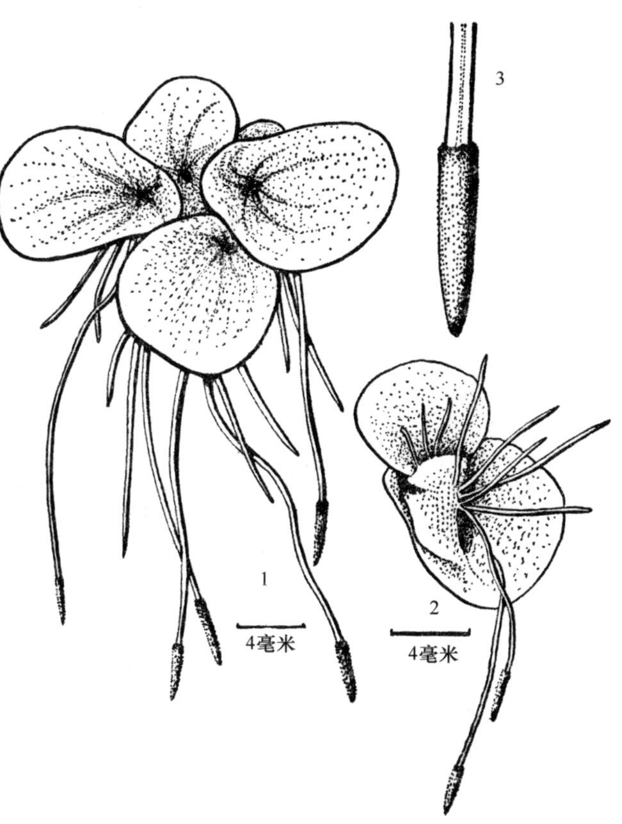


图 86. **紫萍 Spirodela polyrhiza**

1. 叶状体；2. 叶状体腹面；3. 根（引自《秦岭植物志》）。

# 二一　岩菖蒲科 **Tofieldiaceae** Takhtajan

卢　元（陕西省西安植物园）

多年生草本。根状茎匍匐。叶通常基生或近基生，线形，2 列，基部互相套折，两侧压扁，无柄。穗状花序或总状花序顶生，少为圆锥花序；花小，两性，具花梗或无花梗。花被片 6 片，2 轮，宿存；雄蕊 6 枚，较少 9 枚，花药基着或背着，多半内向开裂；心皮 3 枚，子房 3 浅裂而具离生的花柱，或卵形而具单一的花柱，柱头头状。蒴果蓇葖状，室间或室背开裂。种子椭圆形至梭形。

本科有 5 属 31 种，北温带广布，少数延伸至南美洲北部。中国有 1 属 3 种；陕西产 1 属 1 种。

本科系统位置变化较大，分别有学者将其置于广义百合科（**Liliaceae** Juss.）、藜芦科（**Melanthiaceae** Batsch ex Borkh.）、沼金花科（**Nartheciaceae** Fr. ex Bjurzon）或独立成科。分子系统学支持独立成科，本志采纳这一观点。

## 1. 岩菖蒲属 **Tofieldia** Huds.

Fl. Angl. ed. 2: 151. 1778; 中国植物志 14: 9. 1980; Flora of China 24: 76. 2000; 防护林科技 2021(2): 68. 2021.

多年生草本。根状茎短而上升。叶基生或近基生，2 列，基部等宽，剑形，两侧压扁。花序直立，纤细，多花总状花序生于上部。花两性，花梗基部具 1 片苞片，花被基部具分离的或联合成杯状的小苞片。花被裂片 6 片，离生或基部合生，宿存；雄蕊 6 枚，通常离生，有时基部稍合生或着生于花被片的基部；花药卵形，近背着，内向至侧扁，纵裂。子房上位，心皮 3 枚，通常卵形，上部 3 裂；胚珠多数；花柱 3 枚，具内向的柱头。蒴果，3 室。种子小，通常线形到长圆形。

本属约 20 种，主要分布于北半球。中国有 3 种；陕西产 1 种。

### （1）**岩菖蒲**（照片 292、293）

**Tofieldia thibetica** Franch., Nouv. Arch. Mus. Paris ser. 2, 10: 95. 1888; 中国植物志 14: 10. 1980; Flora of China 24: 76. 2000; 防护林科技 2021(2): 68. 2021.

多年生草本。叶基生，长 3-7 厘米，宽 1.5-3.5 厘米，质地较硬，边缘粗糙，先端渐尖，脉不明显。花莛高约 10 厘米。总状花序长约 4 厘米，花多数；花向上或近向上开放；花梗长 0.5-0.7 厘米；小苞片杯状，顶部 3 浅裂；花被片白色，长方状狭倒披针形；雄蕊从花被突出。子房长圆状卵球形，长约 2.5 毫米，顶部 3 浅裂；花柱纤细，长约 1 毫米，明显长于花药。 蒴果近直立，倒卵球状椭圆形，长 2.5-3 毫米，顶部 3 浅裂，具宿存花柱，柱头几乎不加厚。种子线形至纺锤形，长约 1 毫米，宽约 0.5 毫米，在一边具白色纵向条带。花期 6-7 月，果期 8-9 月。

产南郑（龙头山），生于海拔 2300 米左右的悬崖石壁上；四川、贵州、云南等地有分布。

# 二二 泽泻科 Alismataceae Vent.

黎 斌 卢 元（陕西省西安植物园）

多年生草本，稀一年生草本，常生于沼泽或水体中。植株具乳汁或无，有根状茎。单叶基生，直立，挺水、浮水或沉水；叶片形态多样，全缘；叶脉平行或掌状弧形；叶柄长短随水位深浅有明显变化，基部具鞘，边缘膜质或否。花序总状、圆锥状、圆锥状伞形花序或复伞形花序，稀花单生或数朵簇生；花两性、单性或杂性，辐射对称，常具苞片，具梗；花被片6片，排成2轮，覆瓦状，外轮花被片宿存，内轮花被片易枯萎、凋落；雄蕊6枚或多数，轮生，花丝分离且细长，花药2室，外向，纵裂，花粉粒散孔型，表面纹饰穿孔状、刺状或颗粒状；心皮3至多枚，轮生或螺旋状排列，分离，花柱宿存，胚珠通常1枚，着生于子房基部。瘦果、小核果或蓇葖果，簇生。种子通常褐色、深紫色或紫色，弯曲；胚马蹄形，无胚乳。

本科有16属约100种，世界广布，北半球温带和热带地区尤盛。中国有6属18种；陕西产3属6种，其中1属1种仅见栽培。

形态学和分子系统发育证据支持将黄花蔺科（Limnocharitaceae Takht. ex Cronquist）归入泽泻科，作者采纳这种观点。

### 分属检索表

1. 花单生或数朵簇生；花较大，直径通常大于5厘米；浮水叶叶柄具分隔……………………1. **水金英属 Hydrocleys** Rich.
1. 花形成具有分枝的复杂花序；花较小，直径通常小于5厘米；浮水叶叶柄不具分隔……………………2
2. 花序不为大型圆锥花序，仅下部具1-2(-3)轮分枝，不再次分枝；花单性，少两性，雌雄同株或异株；雄蕊常多数；心皮多数，螺旋状排列……………………2. **慈姑属 Sagittaria** L.
2. 花序为大型圆锥花序或圆锥状复伞形花序，分枝可达上部，有再次分枝；花常两性；雄蕊常6枚；心皮10-20枚，轮生于花托上……………………3. **泽泻属 Alisma** L.

## 1. 水金英属 Hydrocleys Rich.

Mém. Mus. Hist. Nat. 1: 368. 1815; Flora of North America 22: 5. 2000.

水生草本。常具圆柱状匍匐茎。沉水叶叶柄状；浮水叶和挺水叶具长柄。叶片圆形到长圆状披针形，基部心形至圆形，先端具短尖或钝。花单生或数朵簇生，总苞片离生，椭圆形到披针形，短于花梗。萼片宿存，直立，绿色，披针形，革质，不具中脉，先端盔状；花瓣直立到展开，黄色至白色，常长于萼片；雄蕊多数，外面的通常不育；雌蕊离生或基部合生，心皮柱状，向上变细成花柱，先端具小乳突。果实多少柱状，成熟时开裂。种子多数，疏生或密被短腺毛。

本属有6种，原产于中南美洲，在北美洲、大洋洲和亚洲东部有归化或引种。中国引种栽培1种；陕西栽培1种。

### （1）**水金英** 水罂粟（俗名）（照片 294、295）

**Hydrocleys nymphoides** (Willd.) Buchenau, Index Crit. Butom. Alism. Juncag. 9. 1868; Flora of North America 22: 6. 2000. ——*Stratiotes nymphoides* Willd. Sp. Pl., ed. 4. 4(2): 821. 1806.

多年生水生草本。高可达 50 厘米；具匍匐茎，每节长可达 45 厘米，节上常生有不定根。叶基生，或在匍匐茎的节上成簇生长；沉水叶叶柄状；浮水叶和挺水叶同形，叶柄质地脆，长可达 40 厘米，具横格，基部鞘状；叶片宽卵形至近圆形，基部浅心形，先端钝到圆形，长 2-12 厘米，宽 1-10 厘米，具 5-9 条纵向的弧状脉，各条脉间具多数横脉。花单生或 2-6 朵簇生，从植株基部伸出或者自匍匐茎节上长出；花梗长可达 30 厘米，具多枚披针形苞片，长 2-5 厘米，宽 0.5-1 厘米，先端钝。花直径 5-8 厘米；花梗长可达 30 厘米；萼片 3 枚，绿色，狭卵形至椭圆形，长 15-25 毫米，宽 7-13 毫米；花瓣 3 枚，开展，黄色到白色，基部黄色，圆形或长圆状倒卵形，长 2.5 厘米左右，宽 4 厘米左右；雄蕊多数，外侧数轮不育，花药黄色，花丝背腹扁平，红紫色到深栗色，退化雄蕊扁平，锥状，与花丝颜色相同；雌蕊具心皮 5-8 枚，离生或基部合生，长 10 毫米左右，柱头紫红色。果实长 10-15 毫米，直径 3 毫米左右，先端具 3-5 毫米长的喙，成熟时纵向开裂。种子马蹄形，具稀疏的腺毛。花期 5-10 月，花后随即结果。

西安等地的公园、庭园等的水体中有栽培；北京以南各省市有栽培。原产于中南美洲，在北美洲、大洋洲及亚洲东部有归化或栽培。

本种花色金黄，观赏性极佳，常用于公园、绿地等水体绿化，多成片栽植于浅水处。

## 2. 慈姑属 **Sagittaria** L.

Sp. Pl. 1: 342. 1753; 秦岭植物志 1(1): 49. 1976; 中国植物志 8: 128. 1992; Flora of China 23: 84. 2010.

多年生草本或一年生草本。具根状茎，有时具块状或球状的地下茎。叶基生，沉水、浮水或挺水；叶片条形、披针形、深心形、箭形，箭形叶有顶裂片与侧裂片之分；叶柄较长，基部扩大成鞘。花序总状或圆锥状，分枝轮生，每轮有(1-)3 花，2 至多轮，基部具 3 片苞片，分离或基部合生；花单性同株或杂性同株；雄花生于上部，花梗细长；雌花位于下部，花梗短粗，或无；雌雄花被片相似，花被片通常 6 片，外轮 3 片绿色，反折或包裹，内轮花被片花瓣状，白色，稀粉红色，或基部具紫色斑点，开花后脱落，稀枯萎宿存；雄蕊 6 至多枚，花丝不等长，长于或短于花药，花药黄色，稀紫色；心皮离生，多数，螺旋状排列于隆起的球状或椭圆状的花托上，花柱顶生，胚珠 1 枚。聚合瘦果，扁平，通常具薄翅。种子马蹄形，褐色。

本属有 30 种，广布于热带和温带地区。中国有 7 种；陕西产 3 种。

### 分种及种下等级检索表

1. 植株矮小，细弱；叶无叶片与叶柄之分，叶条形；花序总状，无分枝……………………………………………………………………………………………（3）**矮慈姑 S. pygmaea** Miq.
1. 植株高大，粗壮；叶有叶片与叶柄之分，叶深心形或箭形；花序总状或圆锥状……………………2

2. 叶柄细长，柔软，不直立；叶片浮水，无侧裂片与顶裂片之分；花序总状……………………………………………………………（1）冠果草 **S. guayanensis** Kunth subsp. **lappula** (D. Don) Bogin

2. 叶柄粗壮，直立；叶片挺出水面，通常顶裂片短于侧裂片；花序圆锥状……………………3

3. 花序基部具 1 或 2 轮罕为 3 轮分枝；块茎长 2-3 厘米；通常为野生植物……………………………………………………………（2a）野慈姑 **S. trifolia** L. subsp. **trifolia**

3. 花序基部具 3 轮分枝；块茎长 5-10 厘米；通常为栽培植物……………………………………………………………（2b）华夏慈姑 **S. trifolia** L. subsp. **leucopetala** (Miq.) Q. F. Wang

## （1）冠果草（亚种）

**Sagittaria guayanensis** Kunth subsp. **lappula** (D. Don) Bogin, Mem. N. Y. Bot. Gard. 2: 192. 1955; 中国植物志 8: 129. 1992; Flora of China 23: 85. 2010.

多年生水生浮叶草本。叶基生，沉水或浮于水面；沉水叶线形至披针形，或叶柄状，长 5-11 厘米，宽 3-5 毫米；浮水叶宽卵形、椭圆形或近圆形，基部深裂，呈深心形，叶长 1.5-10.5 厘米，宽 1-9 厘米，先端钝圆，末端稍尖；叶脉 4-8 条向前伸展，3-6 条向后延伸；叶柄长 15-50 厘米，或更长，基部具鞘，鞘有较宽的干膜质边缘。花莛直立，挺出水面，高 5-60 厘米，有时短于叶柄。花序总状，长 2-20 厘米，具花 2-6 轮，每轮有 2-3 朵花；苞片 3 片，膜质或草质，宽椭圆形，长 0.8-2 厘米，先端圆形，基部多少合生；花两性或单性；花序下部 1-3 轮为两性花，花梗短粗，长 1-1.5 厘米，花后多少下弯，心皮多数，分离，两侧压扁，花柱自腹侧伸出，斜升；花序上部为雄花，花梗细弱，长 2-5 厘米；两性花与雄花的花被片大小近相等，或内轮稍大于外轮，外轮花被片宽卵形，长 5-9 毫米，宽 3-8 毫米，宿存，花后包围果实下部，内轮花被片白色，基部淡黄色，稀在基部具紫色斑点，倒卵形，早落；雄蕊 6 枚至多数，花丝长短不一，2-3(-4)毫米；花药长 1-2(-3)毫米，宽 1-1.5 毫米，椭圆形，黄色。瘦果多数，两侧压扁，果皮厚纸质，倒卵形或椭圆形，长 2-3 毫米，宽 1.5-2.5 毫米，基部具短柄，背腹部具鸡冠状齿裂；果喙自腹侧斜出；花托在果期凸起，圆柱状，高 3-4 毫米，宽 1.5-2.5 毫米。种子褐色，长 1-1.5 毫米。花果期 6-8 月。

产汉中、南郑等地，生于海拔 460-800 米的池塘、稻田中；分布于安徽、福建、广东、广西、贵州、海南、湖北、湖南、江西、台湾、云南、浙江等地。阿富汗、柬埔寨、印度、印度尼西亚、马来西亚、尼泊尔、巴基斯坦、泰国、越南及非洲热带地区也有分布。

濒危（EN）。

## （2）野慈姑

**Sagittaria trifolia** L., Sp. Pl. 993. 1753; 中国植物志 8: 131. 1992; Flora of China 23: 85. 2010.

多年生水生或沼生草本。根状茎横走，末端通常膨大成块茎。叶片成熟时挺水，箭形，长短、宽窄变异很大，先端渐尖或圆形，侧裂片比中裂片长。总状花序或圆锥花序，具花 3 至多轮，每轮具 2-3 朵花，花序基部具 1-3 轮分枝；苞片离生或基部合生。花单性；雌花位于花序下部的 1-8 轮，具短花梗；雄花的花梗长 0.5-1.5 厘米；花萼反折，卵形，长 3-5 毫米，宽 2.5-3.5 毫米；花瓣倒卵形，长约为花萼长的 2 倍；雄蕊多数，花药黄色。瘦果歪倒卵球形，长 4.5-5.5 毫米，宽 4-5 毫米，具翅，顶端具喙。花果期 6-9 月。

陕西各地均有分布，野生或栽培，常生于池沼、溪畔或浅水中；分布于华南及辽宁、河北、甘肃、山东、江苏、安徽、浙江、福建、台湾、河南、湖北、四川、贵州、云南等地。印度、尼泊尔、日本、朝鲜半岛及东南亚、中亚、欧洲也产。

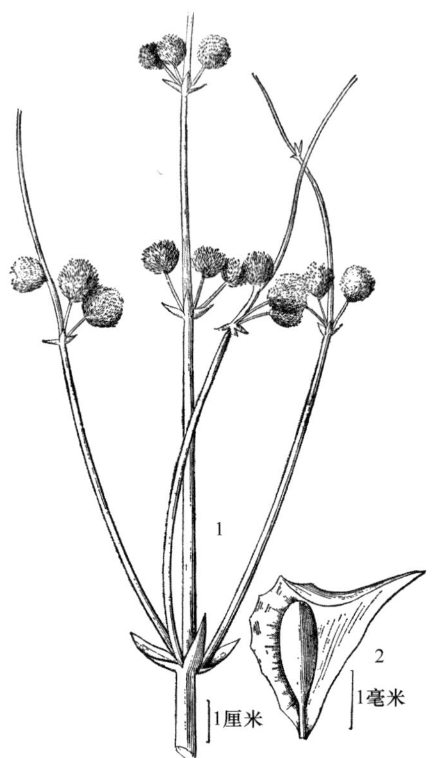


图 87. **野慈姑**

**Sagittaria trifolia** subsp. **trifolia**

1. 植株的一部分；2. 果实（引自《秦岭植物志》）。

（2a）**野慈姑**（原亚种） 弯喙慈姑（《秦岭植物志》）（图 87，照片 296）

**Sagittaria trifolia** L. subsp. **trifolia** ——*S. latifolia* auct. non Willd.: 秦岭植物志 1(1): 49. 1976.

花序基部具 1 或 2 轮罕为 3 轮分枝；块茎长 2-3 厘米；通常为野生植物。

产榆林、宜君、蓝田、周至、太白、陇县、凤县、留坝、宁强、洋县、西乡、镇巴、城固、南郑、安康、平利、镇坪等地，生于池沼、溪畔或浅水中；分布于华南及辽宁、河北、甘肃、山东、江苏、安徽、浙江、福建、台湾、河南、湖北、四川、贵州、云南等地。印度、尼泊尔、日本、朝鲜半岛及东南亚、中亚、欧洲也产。

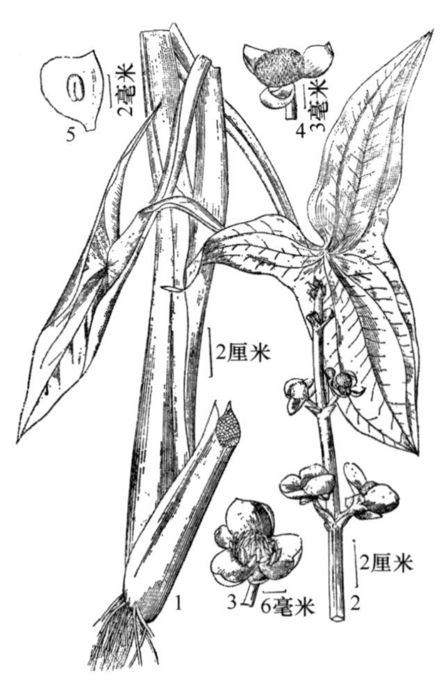


图 88. **华夏慈姑**

**Sagittaria trifolia** subsp. **leucopetala**

1. 植株；2. 花序；3. 雄花；4. 雌蕊；5. 果实（引自《秦岭植物志》）。

（2b）**华夏慈姑**（亚种） 慈姑（《中国植物志》）（图 88，照片 297、298）

**Sagittaria trifolia** L. subsp. **leucopetala** (Miq.) Q. F. Wang, Flora of China 23: 85. 2010. ——*S. sagittifolia* L. var. *leucopetala* Miq., Ill. Fl. Archip. Ind. 2: 49. 1870. ——*S. trifolia* L. var. *sinensis* (Sims) Makino, Ill. Fl. Nippon 886. Pl. 2657. 1940; 秦岭植物志 1(1): 50. 1976; 中国植物志 8: 133. 1992.

花序基部具 3 轮分枝；块茎长 5-10 厘米；通常为栽培植物。

产黄河湿地、渭河沿岸、佛坪、汉中、西乡等地，生于湿地、稻田、沼泽，常栽培供食用；长江以南地区广泛栽培。日本、朝鲜半岛也有栽培。

球茎可食用或酿酒。地上部分可作猪饲料。球茎、叶、花与全草均可入药。

（3）**矮慈姑**（图 89）

**Sagittaria pygmaea** Miq., Ann. Mus. Lugd. Bot. 2: 138. 1865; 秦岭植物志 1(1): 49. 1976; 中国植物志 8: 135. 1992; Flora of China 23: 86. 2010.

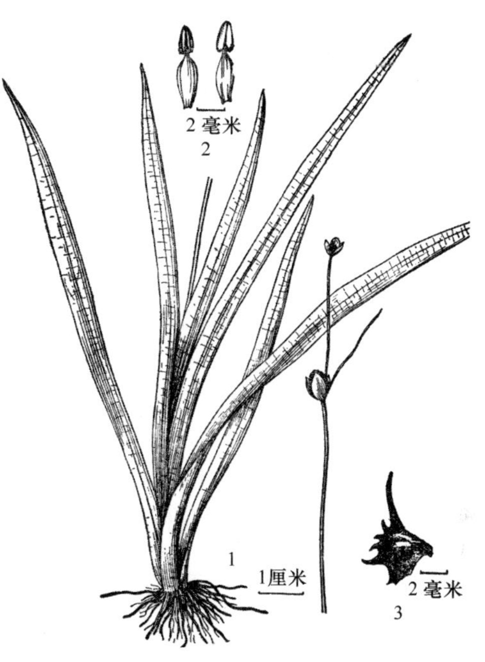


图 89. **矮慈姑 Sagittaria pygmaea**
1. 植株；2. 雄蕊；3. 果实（引自《秦岭植物志》）。

沼生或沉水草本，多为一年生，稀多年生。有时具短根状茎。匍匐茎短细，根状，末端的芽几乎不膨大，通常当年萌发形成新株。叶基生，无柄；叶条形，长 4-12 厘米，宽 3-10 毫米，先端渐尖或稍钝，基部鞘状，通常具横脉。花莛高 5-35 厘米，直立，通常挺水；花序总状，长 2-10 厘米，具花 2-3 轮；苞片长 2-3 毫米，宽约 2 毫米，椭圆形，膜质；花单性，外轮花被片绿色，倒卵形，长 5-7 毫米，宽 3-5 毫米，具条纹，宿存，内轮花被片白色，长 1-1.5 厘米，宽 1-1.6 厘米，圆形或扁圆形；雌花 1 朵，单生，或与 2 朵雄花组成 1 轮，心皮多数，两侧压扁，密集排成球状，花柱从腹侧伸出，向上；雄花 2-5 朵，具梗，雄蕊多数，花丝长短、宽窄随花期不同而异，通常长 1-2 毫米，宽 0.5-1 毫米，花药长椭圆形，长 1-1.5 毫米。瘦果两侧压扁，具翅，近倒卵形，长 3-5 毫米，宽 2.5-3.5 毫米，背翅具鸡冠状齿裂；果喙自腹侧伸出，长 1-1.5 毫米。花果期 6-8 月。

产眉县、佛坪、洋县、汉中、宁强、南郑、西乡、化龙山等地，生于河边浅水中或水田中；分布于长江流域及其以南地区和山东、河南、台湾等地。泰国、越南、日本、朝鲜半岛也产。

## 3. 泽泻属 **Alisma** L.

Sp. Pl. 1: 342. 1753; 秦岭植物志 1(1): 48. 1976; 中国植物志 8: 140. 1992; Flora of China 23: 87. 2010.

多年生水生或沼生草本。具块茎或无，稀具根状茎。花期前有时具乳汁。叶基生，具长柄，沉水或挺水；叶片披针形、椭圆形、卵形或箭尾形，全缘，叶脉近平行，具横脉；挺水叶具白色小鳞片。花莛直立，高 7-120 厘米。花序分枝轮生，通常(1-)2 至多轮，每个分枝再作 1-3 次分枝，组成大型圆锥状复伞形花序，稀呈伞形花序；分枝基部具苞片及小苞片；花常两性，辐射对称；花被片 6 片，排成 2 轮，外轮花被片萼片状，边缘膜质，具 5-7 条脉，绿色，宿存，内轮花被片花瓣状，白色或淡红色，比外轮大 1-2 倍，花后脱落；雄蕊常 6 枚，着生于内轮花被片基部两侧，花药 2 室，纵裂，花丝丝状；心皮多数，分离，两侧压扁，轮生于花托上，花柱直立、弯曲或卷曲，顶生或侧生，胚珠 1 枚；花托外凸、平凸或凹凸。瘦果两侧压扁，腹侧具窄翅或无，背部具 1-2 条浅沟，或具深沟，两侧果皮草质、纸质或薄膜质。种子直立，深褐色、黑紫色或紫红色，有光泽，马蹄形。

本属有 11 种，主要分布于北半球温带和亚热带地区。中国有 6 种，陕西产 2 种。

## 分种检索表

1. 花柱长 0.7-1.5 毫米；内轮花被片边缘有粗齿；瘦果排列整齐，花托在果期平凸，不呈凹形…………………………………………………………………………（1）**泽泻 A. plantago-aquatica** L.
1. 花柱长约 0.5 毫米；内轮花被片边缘波状；瘦果排列不整齐，花托在果期呈凹形…………………………………………………………………………（2）**东方泽泻 A. orientale** (Sam.) Juz.

### （1）泽泻

**Alisma plantago-aquatica** L., Sp. Pl. 1: 342. 1753; 中国植物志 8: 141. 1992; Flora of China 23: 87. 2010.

多年生水生或沼生草本。块茎通常直径 1-3.5 厘米。叶多数；沉水叶条形或披针形；挺水叶宽披针形、椭圆形至卵形，长 2-11 厘米，宽 1.3-7 厘米，先端渐尖，稀急尖，基部宽楔形或浅心形，叶脉通常 5 条；叶柄长 1.5-30 厘米，基部渐宽，边缘膜质。花莛高 75-100 厘米；花序长 15-50 厘米，具 3-8 轮分枝，每轮分枝 3-9 枚；花两性，花梗长 1-3.5 厘米；外轮花被片宽卵形，长 2.5-3.5 毫米，宽 2-3 毫米，通常具 7 条脉，边缘膜质，内轮花被片近圆形，明显大于外轮，边缘具不规则粗齿，白色、粉红色或浅紫色；心皮 17-23 枚，排列整齐，花柱直立，长 0.7-1.5 毫米，长于心皮，柱头短，为花柱的 1/9-1/5；花丝长 1.5-1.7 毫米，基部宽约 0.5 毫米，花药长约 1 毫米，椭圆形，黄色或淡绿色；花托平凸，高约 0.3 毫米，近圆形。瘦果椭圆形或近长圆形，长约 2.5 毫米，宽约 1.5 毫米，背部具 1-2 条不明显的浅沟，下部平，果喙自腹侧伸出，喙基部凸起，膜质。种子紫褐色，具凸起。花期 6-8 月，果期 7-9 月。

产榆林、靖边、太白山、洋县、勉县、宁强等地，生于海拔 1000-1400 米的池沼、溪流浅水中；分布于东北及内蒙古、新疆、云南等地。中亚、东亚、非洲、欧洲、北美洲及大洋洲也产。

块茎入药；花期较长，可作水生观赏花卉。

### （2）东方泽泻（图 90，照片 299、300）

**Alisma orientale** (Sam.) Juz., Fl. URSS 1: 281. 1934; 中国植物志 8: 141. 1992; Flora of China 23: 88. 2010. ——*A. plantago-aquatica* L. var. *orientale* G. Sam., Act. Hort. Goth. 2: 84. 1926; 秦岭植物志 1(1): 48. 1976.

多年生水生或沼生草本。块茎短球形，直径 1-2 厘米。叶多数，基生；挺水叶宽披针形、椭圆形或卵形，长 3.5-11.5 厘米，宽 1.5-6 厘米，先端渐尖，基部楔形、近圆形或浅心形，叶脉 5-7 条；叶柄长 3-35 厘米，较粗壮，基部渐宽且鞘状，边缘膜质。花莛高 35-90 厘米。花序长 20-70 厘米，具 3-9 轮分枝，每个分枝再分枝，组成圆锥状复伞形花序；花两性，直径约 6 毫米；花梗不等长，(0.5-)1-2.5 厘米；外轮花被片卵形，长 2-2.5 毫米，宽约 1.5 毫米，边缘窄膜质，具 5-7 条脉，绿色或稍带紫色，宿存，内轮花被片近圆形，大于外轮，白色或淡红色，稀黄绿色，边缘波状；花丝长1-1.2毫米，基部宽，向上渐窄，花药黄绿色或黄色，长0.5-0.6毫米，宽0.3-0.4毫米；心皮排列不整齐，花柱短，长约0.5毫米，直立；花托在果期中部呈凹形，高约0.4毫米。瘦果扁平，倒卵形，长1.5-2毫米，宽1-1.2毫米，背部具1-2条浅沟，腹部自果喙处凸起成膜质翅，两侧果皮纸质，半透明或否，果喙长约0.5毫米，自腹侧中上部伸出。种子紫红色，长约1.1毫米，宽约0.8毫米。花期7-9月，果期8-9月。

产黄河湿地及榆林、延安、宜君、西安、太白、汉中、城固、南郑等地，生于海拔350-1100米的池沼、河岸或水田中；分布几遍全国。印度、尼泊尔、克什米尔地区、缅甸、越南、日本、朝鲜半岛、蒙古国、俄罗斯也产。

块茎入药；亦可作水生观赏植物。

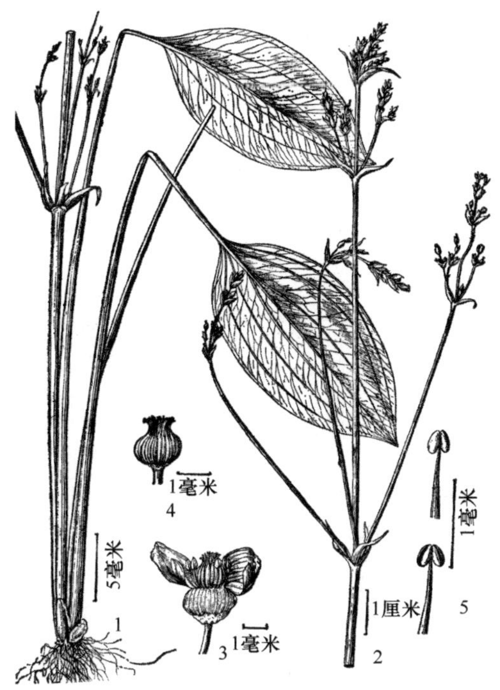


图90. **东方泽泻 Alisma orientale**
1. 植株下部；2. 花序；3. 花；4. 雌蕊；5. 雄蕊（引自《秦岭植物志》）。

# 二三 花蔺科 Butomaceae Mirb.

## 黎 斌（陕西省西安植物园）

多年生沼生或水生草本。植株常有乳汁。根状茎粗壮，匍匐。叶基生；叶片挺出水面，三棱状条形，常扭曲，具平行脉及横脉，基部鞘状，无柄。花莛长，圆柱状；聚伞状伞形花序顶生；苞片3片，分离；花两性，多数；花被片6片，整齐，分离，2轮排列，外轮3片萼片状，绿色，近革质，宿存，内轮3片花瓣状，较大，膜质，大多很快枯萎、脱落；雄蕊常9枚，离生，花丝分离，扁平，基部较宽，花药2室，基着，纵裂，花药具单沟，表面纹饰网状；雌蕊常6枚，分离或基部合生，子房上位，1室，胚珠多数。果为蓇葖果。种子多数，细小；胚直立或弯曲，无内胚乳。

本科有1属1或2种，分布于非洲、欧洲、亚洲或北美洲。中国有1属1种；陕西产1属1种。

### 1. 花蔺属 Butomus L.

Sp. Pl. 1: 372. 1753; 秦岭植物志 1(1): 51. 1976; 中国植物志 8: 146. 1992; Flora of China 23: 90. 2010.

属的特征与地理分布同科。

（1）**花蔺** 花蔺草（《秦岭植物志》）（图 91，照片 301、302）

**Butomus umbellatus** L., Sp. Pl. 1: 372. 1753; 秦岭植物志 1(1): 51. 1976; 中国植物志 8: 147. 1992; Flora of China 23: 90. 2010.

多年生水生草本，通常成丛生长。根状茎横走或斜向生长，粗壮，节上具多数须根。叶基生且挺水，直立或斜上；叶片线形，长 40-100 厘米，宽 3-10 毫米，无柄，先端渐尖，基部扩大成鞘状，鞘缘膜质。花莛圆柱形，长约 70 厘米，具纵条纹；伞形花序；苞片 3 片，卵状披针形，先端渐尖；花柄长 4-10 厘米；花两性；花被片 6 片，外轮较小，萼片状，绿色而稍带红色，内轮较大，花瓣状，淡红色；雄蕊 9 枚，花丝扁平，基部较宽；雌蕊柱头纵折状向外弯曲，心皮 6 枚，排成 1 轮，子房具多数胚珠。蓇葖果，成熟时沿腹缝线开裂，顶端具长喙。种子多数，细小，有沟槽。花果期 7-9 月。

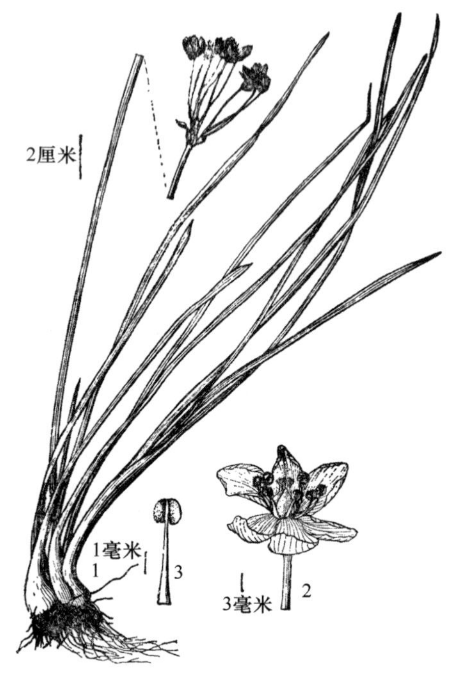


图 91. **花蔺 Butomus umbellatus**
1. 植株；2. 花；3. 雄蕊（引自《秦岭植物志》）。

产榆林、宜君、渭河沿岸等地，生于池塘、河岸、溪畔等浅水中；分布于黑龙江、内蒙古、河北、山西、新疆、山东、江苏、安徽、河南、湖北等地。巴基斯坦、印度、克什米尔地区、蒙古国、俄罗斯西伯利亚地区及中亚、西亚、欧洲也产，北美洲有引种栽培。

叶干后可用于编织或作造纸原料；茎肥厚洁白，可食用；亦可栽植以供观赏。

## 二四　水鳖科 Hydrocharitaceae Juss.

### 黎　斌（陕西省西安植物园）

一年生草本或多年生草本。植株生于淡水或咸水中，常具通气组织，沉水或漂浮水面上。根扎于泥里或漂浮于水中。常具根状茎。单叶，基生或茎生；基生叶多密集，茎生叶对生、互生或轮生；叶形状和大小多变；叶柄有或无，基部常具鞘；托叶无。聚伞花序，有时单生，腋生包藏于 2 个合生或对生的苞片内；花单性或两性，雌雄同株或异株，常具退化雌蕊或雄蕊；花被片离生，3 数，有花萼与花瓣之分，或无花瓣；雄蕊 1 至多枚，1 至多轮，内轮常退化，花药底部着生，1-4 室，纵裂，花药无萌发孔，表面纹饰光滑、皱波状、刺状或网状；子房下位，1 室，心皮 2-15 枚，合生，侧膜胎座；花柱 2-5 枚，常 2 裂；胚珠多数或少数。果实肉质或浆果状，有时为瘦果，果皮常腐烂开裂。种子多数，形状多样，小；种皮光滑或有毛，有时具细刺瘤状凸起；胚直立，胚芽极不明显，稀发达，无胚乳。

本科有 18 属约 120 种，广布于世界各大洲的热带至亚热带地区。中国有 11 属 34 种；陕西产 6 属 9 种。

传统上，茨藻属（**Najas** L.）曾独立成茨藻科（Najadaceae Juss.）。种皮形态的研究结果表明，茨藻属应并入水鳖科，并得到了分子系统发育证据的支持，本志采取此种处理。

### 分属检索表

1. 一年生沉水草本；叶无柄；花被为二唇形；果实为椭圆形或长圆形的瘦果………1. **茨藻属 Najas** L.
1. 多年生草本或一年生草本，浮水或沉水；叶具柄或缺；花被片离生，1-2 轮，每轮 3 片，有花萼与花瓣之分；果实肉质，浆果或不规则至星状开裂的蒴果……………………………………2
2. 茎伸长；茎生叶通常 3-8 片轮生，在茎基部稀对生……………………………6. **黑藻属 Hydrilla** Rich.
2. 茎短缩，稀伸长；叶基生或茎生，茎生叶不为轮生……………………………………3
3. 叶线形，带状，无柄；果实狭圆柱状……………………………………4
3. 叶披针形至卵圆形，常具柄；果实近球形或长圆形……………………………………5
4. 雄蕊 3-9 枚；子房先端渐狭成长喙；雌花花梗较短…………………4. **水筛属 Blyxa** Noronha ex Thouars
4. 雄蕊 1-3 枚；子房无喙；雌花花梗很长……………………………5. **苦草属 Vallisneria** L.
5. 无根状茎；叶沉水；佛焰苞常具翅……………………………2. **海菜花属 Ottelia** Pers.
5. 有根状茎；叶浮水；佛焰苞无翅……………………………3. **水鳖属 Hydrocharis** L.

## 1. 茨藻属 **Najas** L.

Sp. Pl. 2: 1015. 1753; 中国植物志 8: 108. 1992; Flora of China 23: 91. 2010; 秦岭植物志增补: 7. 2013.

一年生沉水草本。下部茎节生须根，扎根于水底基质。茎细长，柔软，分枝多，光滑或具刺；维管组织高度退化，所有器官中均无导管。叶近对生或假轮生，无柄；叶片细线形、线形至线状披针形，无气孔，具 1 条中脉，叶缘具锯齿或全缘，叶基扩展成鞘，鞘内常具 1 对细小的鳞片，无叶舌，常具叶耳。花单性，雌雄同株或异株，单生或簇生于叶腋，或自分枝基部长出，无柄；雄花具 1 片长颈瓶状佛焰苞，花被膜质，呈短颈瓶状，先端 2 裂，雄蕊 1 枚，花药 1 或 4 室，纵裂或不规则开裂；花粉粒圆球形或椭圆形，三胞，具远极单槽，外壁 2 层；雌花裸露，无花被和佛焰苞，少数种具 1 片多少与子房粘连的佛焰苞，雌蕊 1 枚，花柱短，柱头 2-4 枚，子房 1 室，具 1 枚倒生、底着、直立的胚珠。果为瘦果，具 1 层膜质果皮，常被膜质的叶鞘包围。种子长圆形或卵形，种皮的表皮细胞形状各异；胚直立而具 1 枚斜出的顶生子叶和侧生胚芽。

本属约 40 种，世界广布。中国有 11 种；陕西产 3 种。

### 分种检索表

1. 花单性，雌雄异株；茎及叶背具刺；外种皮细胞排列不规则………………（1）**大茨藻 N. marina** L.
1. 花单性，雌雄同株；茎和叶背无刺；外种皮细胞排成纵列……………………………………2
2. 花药 1 室；花被囊状；外种皮细胞于两端的连接处有脊状凸起……………（2）**小茨藻 N. minor** L.
2. 花药 4 室；花被 2 裂；外种皮细胞壁上有明显凸起…………（3）**东方茨藻 N. chinensis** N. Z. Wang

**（1）大茨藻**（图 92）

**Najas marina** L., Sp. Pl. 2: 1015. 1753; 中国植物志 8: 109. 1992; Flora of China 23: 91. 2010; 秦岭植物志增补: 7. 2013.

一年生沉水草本。植株多汁，较粗壮，呈黄绿色至墨绿色，有时节部褐红色，质脆，极易从节部折断；株高 30-100 厘米，或更长，茎通常直径 1-4.5 毫米，节间长 1-10 厘米，或更长，通常越近基部则越长，基部节上生有不定根；分枝多，呈二叉状，常具稀疏锐尖的粗刺，刺长 1-2 毫米，先端具黄褐色刺细胞；表皮与皮层分界明显。叶近对生或 3 叶假轮生，于枝端较密集，无柄；叶片线状披针形，稍向上弯曲，长 1.5-3 厘米，宽约 2 毫米或更宽，先端具 1 个黄褐色刺细胞，边缘每侧具 4-10 枚粗锯齿，齿长 1-2 毫米，背面沿中脉疏生长约 2 毫米的刺状齿；叶鞘宽圆形，长约 3 毫米，抱茎，全缘或上部具稀疏的细锯齿，齿端具 1 个黄褐色刺细胞。花黄绿色，单生于叶腋；雄花长约 5 毫米，直径约 2 毫米，具 1 片瓶状佛焰苞和 1 片 2 裂的花被片；雄蕊 1 枚，花药 4 室；花粉粒椭圆形；雌花无花被，裸露；雌蕊 1 枚，椭圆形；花柱圆柱形，长约 1 毫米，柱头 2-3 裂；子房 1 室。瘦果黄褐色，椭圆形或倒卵状椭圆形，长 4-6 毫米，直径 3-4 毫米，不偏斜，柱头宿存。种皮质硬，易碎。花果期 9-11 月。

图 92. **大茨藻 Najas marina**
1. 植株；2. 叶；3. 雄花；4. 雌蕊；5. 种子
（引自《秦岭植物志增补》）。

产黄河湿地及汉中、南郑、西乡等地，生于海拔 500 米左右的水塘、湖泊、沼泽和缓流河水中，水深 0.5-2 米，常群聚成丛；分布于东北、华北、华东、华中、华南及新疆、云南等地。印度、马来西亚、日本、朝鲜半岛、俄罗斯西伯利亚地区及中亚、非洲、欧洲、北美洲也产。

全草可作绿肥和饲料。

**（2）小茨藻**（图 93，照片 303）

**Najas minor** L., Auct. Syn. Meth. Stirp. Horti Regii Taur. 3. 1773; 中国植物志 8: 111. 1992; Flora of China 23: 92. 2010; 秦岭植物志增补: 8. 2013.

一年生沉水草本。植株纤细，易折断，高 5-25 厘米，呈黄绿色或深绿色，下部匍匐，上部直立，基部节处有不定根。茎圆柱形，直径通常 0.5-1 毫米，节间长可达 10 厘米；分枝多，呈二叉状。叶近对生或 3 片叶假轮生，于枝端较密集，无柄；叶片线形，长 1-3 厘米，宽 0.5-1 毫米，上部狭而向背面稍弯至强烈弯曲，先端渐尖，边缘每侧有 6-12

枚锯齿，齿端具 1 个褐色刺细胞；叶鞘长约 2 毫米，上部呈倒心形，叶耳截圆形至圆形，上部及外侧具细齿，齿端均有 1 个褐色刺细胞。花小，单生于叶腋，罕有 2 朵花同生；雄花长 0.5-1.5 毫米，浅黄绿色，具 1 片瓶状佛焰苞和 1 片囊状的花被片；雄蕊 1 枚，花药 1 室；雌花无佛焰苞和花被，雌蕊 1 枚，花柱细长，柱头 2 裂。瘦果黄褐色，狭长椭圆形，上部渐狭而稍弯曲，长 2-3 毫米，直径约 0.5 毫米。种皮坚硬，易碎。花果期 6-10 月。

产周至、华州、汉中、宁强、城固、南郑、勉县、洋县等地，生于海拔 400-550 米的池塘、水田中；分布于东北、华北、华东、华中、西南及新疆等地。广布于亚洲、欧洲、非洲、美洲。

全草可作绿肥和饲料。

图 93. 小茨藻 **Najas minor**
1. 植株；2. 叶；3. 雄花；4. 雌蕊
（引自《秦岭植物志增补》）。

### （3）东方茨藻

**Najas chinensis** N. Z. Wang, 武汉植物学研究 3: 32. 1985; Flora of China 23: 93. 2010. ——*N. orientalis* Triest & Uotila, Ann. Bot. Fennici 23: 169. 1986; 中国植物志 8: 120. 1992.

一年生沉水草本。植株纤细，易折断，高 10-15 厘米，呈黄绿色至深绿色，基部节上生有不定根，下部匍匐，上部直立。茎圆柱形，光滑无齿，直径 0.5-1 毫米，节间长 0.5-3 厘米；分枝多，呈二叉状。叶近对生或 3 片叶假轮生，于枝端较密集，无柄；叶片线形至狭披针形，长 1-3 厘米，宽 0.2-1 毫米，伸展或稍向下弯曲，先端有 1-2 枚具黄褐色刺细胞的细齿，边缘每侧有 6-20 枚细锯齿，齿端具 1 个黄褐色刺细胞；叶脉 1 条；叶表皮细胞长方形；叶鞘圆形，抱茎，深绿色至褐色，长约 2 毫米，边缘每侧具数枚细锯齿，齿端均有 1 个黄褐色刺细胞。花单性，单生，稀 2 朵同生于叶腋；雄花椭圆形，浅黄绿色，长约 1 毫米，直径约 0.5 毫米，通常生于植株上半部，具 1 片篦状佛焰苞；花被 1 片，2 裂；雄蕊 1 枚，花药 4 室；花粉粒椭圆形；雌花无佛焰苞和花被，椭圆形；雌蕊 1 枚，长约 2.5 毫米；花柱长约 1 毫米，柱头 2 裂。瘦果灰白色至黑褐色，长椭圆形，长 2-2.5 毫米，直径约 0.5 毫米。种子略呈肾形，表面常有金属色光泽，网隙肉眼可见；外种皮细胞四方形，约 20 列，排列整齐，胞壁上有明显凸起。花果期 5-8 月。

产紫阳、南郑等地，生于水田或沟渠中；分布于吉林、辽宁、浙江、福建、台湾、湖北、广东、海南、广西、云南等地。日本及欧洲也产。

## 2. 海菜花属① **Ottelia** Pers.

Sp. Pl. 2: 1036. 1753; 中国植物志 8: 152. 1992; Flora of China 23: 95. 2010; 秦岭植物志增补: 9. 2013.

一年生或多年生草本。具较短的根状茎。叶基生，具柄，基部具鞘；叶片带形、披针形、宽卵形、近圆形或心形，先端钝、急尖或渐尖，基部楔形、截形或心形；叶脉 3-11 条，平行或弧形，由细小平行横脉所连接，中脉明显凸起。花两性，或单性且雌雄异株。佛焰苞椭圆形或卵形，具 6 条或更多的脊状凸起，有 2-6 条翅，有时脊、翅均缺，此外还常见成行的刺或瘤，内含 1 至多朵花，具花梗。两性花或雌花均具短梗或无，雄花具较长花梗；萼片 3 片，线形、长圆形或卵形，绿色，边缘膜质；宿存花瓣 3 片，圆形、长圆形、宽倒卵形或倒心形，比萼片大 2-3 倍，常为白色、黄色或紫色；雄蕊 3-15 枚，花丝线形，扁平，花药长圆形，药隔明显，药室侧裂；花粉圆球形，表面具刺状纹饰；雄花中除能育雄蕊外，常保留 3 枚退化雄蕊，2 裂或不裂，中央亦常有退化花柱集成的球状体；子房下位，长圆形，心皮 3、6 或 9 枚，侧膜胎座 1 室或隔成不完全的多室，具多数胚珠；花柱 3、6 或 9 枚，2 深裂；雌花中亦常有 3 枚退化雄蕊。果实长圆柱形、纺锤形或圆锥形；果皮厚，具纵棱或翅，有肉凸或肉刺，含胶质。种子多数，长圆形或纺锤形；种皮厚，有毛或无毛。

本属有 4 种，分布于北温带至亚洲热带。中国有 4 种；陕西产 1 种。

### （1）**龙舌草** 水车前、水白菜（图 94）

**Ottelia alismoides** (L.) Pers., Syn. Pl. 1: 400. 1805; 中国植物志 8: 153. 1992; Flora of China 23: 95. 2010; 秦岭植物志增补: 9. 2013.

沉水草本。具须根。茎短缩。叶基生，叶片形态多样，常为广卵形、卵状椭圆形、近圆形或心形，长约 20 厘米，宽约 18 厘米，或更大，也有狭长形、披针形乃至线形，长 8-25 厘米，宽 1.5-4 厘米，全缘或有细齿；叶柄长 5-40 厘米。花常为两性，偶见单性；佛焰苞椭圆形至卵形，长 2.5-4 厘米，宽 1.5-2.5 厘米，顶端 2-3 浅裂，有 3-6 条纵翅，翅有时呈折叠的波状，有时极窄，在翅不发达的脊上有时出现瘤状凸起；总花梗长 40-50 厘米；花单生，无梗；花瓣白色、淡紫色或浅蓝色；雄蕊 3-9(-12) 枚，花丝具腺毛，花药条形，黄色，药隔

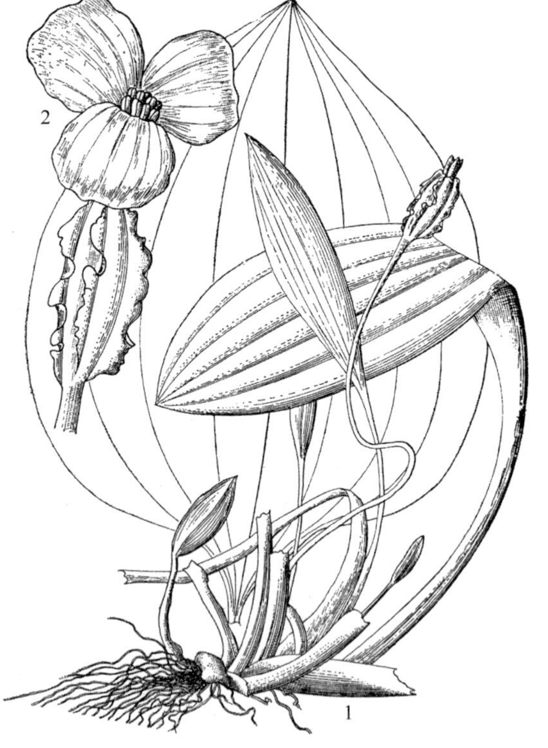


图 94. **龙舌草 Ottelia alismoides**
1. 植株；2. 佛焰苞和花（引自《中国植物志》）。

① 又称水车前属（《中国植物志》）。

扁平；子房下位，近圆形，心皮 3-9(-10)枚，侧膜胎座；花柱 6-10 枚，2 深裂。果长 2-5 厘米，宽 0.8-1.8 厘米。种子多数，纺锤形，细小，长 1-2 毫米，种皮上有纵条纹，被有白毛。花期 4-10 月。

产汉中，生于湖泊、沟渠、水塘、水田及积水洼地中；分布于东北、华东、华中、华南、西南及河北等地。广布于非洲东北部及亚洲东部、东南部至澳大利亚热带地区。

全株可作蔬菜、饵料、饲料、绿肥及药用等。

国家二级重点保护野生植物；易危（VU）。

## 3. 水鳖属 **Hydrocharis** L.

Sp. Pl. 2: 1036. 1753; 秦岭植物志 1(1): 52. 1976; 中国植物志 8: 164. 1992; Flora of China 23: 97. 2010.

浮水草本。匍匐茎横走，节处生须根，先端有芽。叶漂浮或沉水，稀挺水；叶片卵形、圆形或肾形，先端圆钝或急尖，基部心形，全缘，有时在背面中部具有宽卵形的贮气组织；叶脉弧形；具叶柄和托叶。花单性，雌雄同株；佛焰苞 1 片，或 2 瓣裂。雄花序具梗，具 1-6 朵雄花；雄花具萼片 3 片，花瓣 3 片，白色，雄蕊 6-12 枚，其中 3-6 枚退化，花药 2 室，纵裂；雌佛焰苞内具 1 朵花；雌花具萼片 3 片，花瓣 3 片，白色，较大，子房卵圆形或长椭圆形，下位，肉质，不完全 6 室，花柱 6 枚，柱头扁平，2 裂。浆果或浆果状蒴果，椭圆形或卵圆形，具 6 肋，顶端不规则开裂。种子多数，椭圆形。

本属有 3 种，分布于亚洲、欧洲、非洲、北美洲及澳大利亚等。中国仅 1 种；陕西也产。

### （1）水鳖（图 95，照片 304、305）

**Hydrocharis dubia** (Blume) Backer, Handb. Fl. Java. 1: 64. 1925; 中国植物志 8: 164. 1992; Flora of China 23: 97. 2010. ——*Pontederia dubia* Blume, Enum. Pl. Javae 1: 33. 1827. ——*Hydrocharis asiatica* Miq., Fl. Ind. Bat. 3: 239. 1856; 秦岭植物志 1(1): 52. 1976.

多年生浮水草本。须根长可达 30 厘米。匍匐茎发达，节间长 3-15 厘米，直径约 4 毫米，顶端生芽，并可产生越冬芽。叶簇生，多漂浮，有时伸出水面；叶片心形或圆形，长 2.5-6 厘米，宽 2.5-8 厘米，先端圆钝，基部心形，全缘，表面绿色，背面略带紫色，具蜂窝状贮气组织；叶脉 5-7 条，中脉明显；叶柄长 5-22 厘米。花单性同株，开花于水面上；雄花序腋生；花序梗长 0.5-3.5 厘米；佛焰苞 2 片，膜质，透明，具红紫色条纹，苞内有雄花 5-6 朵，每次仅 1 朵开放；花梗长 5-6.5 厘米；萼片 3 片，离生，长椭圆形，

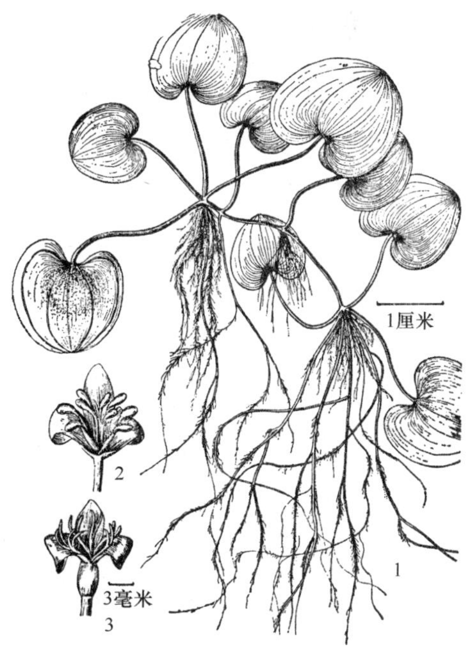


图 95. 水鳖 **Hydrocharis dubia**
1. 植株；2. 雄花；3. 雌花（引自《秦岭植物志》）。

长约6毫米，宽约3毫米，常具红色斑点，顶端急尖；花瓣3片，白色，宽倒卵形或圆形，长约1.3厘米，宽约1.7厘米，先端微凹，基部渐狭，表面有乳头状凸起；雄蕊12枚，排成4轮，长3-3.5毫米，花药长约1.5毫米或更小，最内轮3枚退化，基部有毛；雌佛焰苞小，苞内有雌花1朵；花梗长4-8.5厘米；花大，直径约3厘米；萼片3片，先端圆，长约11毫米，宽约4毫米，常具红色斑点；花瓣3片，白色，基部黄色，宽倒卵形至圆形，大于雄花的花瓣，长约1.5厘米，宽约1.8厘米，表面具乳头状凸起；退化雄蕊6枚；腺体3个，黄色，肾形；花柱6枚，2深裂，长约4毫米，密被腺毛；子房下位，不完全6室。果实浆果状，球形至倒卵形，长0.8-1厘米，直径约7毫米，具数条沟纹。种子多数，椭圆形，顶端渐尖；种皮上有许多毛状凸起。花果期8-10月。

产渭河沿岸及陕南汉中、商洛等地，生于池沼、沟渠或水田内；分布于东北和河北、山东、河南、台湾及长江流域及其以南地区。孟加拉国、印度、日本、朝鲜半岛、中南半岛及澳大利亚北部也产。

全草可作饲料，亦可入药。

## 4. 水筛属 **Blyxa** Noronha ex Thouars

Mem. Inst. Paris 12(2): 19. 1811; 中国植物志 8: 171. 1992; Flora of China 23: 98. 2010; 秦岭植物志增补: 10. 2013.

沉水草本。茎直立、斜卧或匍匐，多单一，少有分枝。叶基生或茎生；茎生叶螺旋状排列，披针形或线形，先端渐尖，基部具鞘，边缘具细齿；中脉明显，侧脉纤细，平行于中脉。佛焰苞管状，具梗或无，有纵棱，先端2裂；花单性或两性；1朵或数朵雄花包被于佛焰苞中，具3片萼片和3片花瓣；萼片线形或披针形，宿存；花瓣白色，较萼片长，柔软；雄蕊3-9枚，1-3轮，花丝纤细，花药4室，内向或侧向开裂；花粉粒球形，无萌发孔，具刺或小刺状纹饰；雌花或两性花单生于佛焰苞内，萼片、花瓣均与雄花的相似；花柱3枚，子房下位，先端伸长成喙，胚珠多数。果实长圆柱形；种子多数，长圆状纺锤形，平滑或有棘突，两端有尾状附属物或无。

本属有11种，分布于世界热带和亚热带地区。中国有5种；陕西产2种。

### 分种检索表

1. 叶茎生；花单性；种子表面光滑，两端无明显的尾状附属物……………………（1）水筛 **B. japonica** (Miq.) Maxim. ex Asch. & Gürke
1. 叶基生；花两性；种子表面具明显的疣状凸起，两端具明显的尾状附属物……………………（2）有尾水筛 **B. echinosperma** (C. B. Clarke) Hook. f.

### （1）**水筛**（图96）

**Blyxa japonica** (Miq.) Maxim. ex Asch. & Gürke, Engler & Prantl, Pflanzenfam. 2(1): 253. 1889; 中国植物志 8: 171. 1992; Flora of China 23: 98. 2010; 秦岭植物志增补: 10. 2013. ——*Hydrilla japonica* Miq., Ann. Mus. Bot. Lugd. Bat. 2: 271. 1866.

多年生沉水草本。有根状茎与直立茎之分。直立茎圆柱形，高10-20厘米，具细纵纹，多分枝。叶呈螺旋状排列，无柄，披针形，长3-6厘米，宽1-3毫米，先端渐尖，基部半抱茎，边缘有细锯齿；叶脉3条，中脉明显。佛焰苞腋生，无梗，长管状，长1-3厘米，宽1-3毫米，绿色，具细纵棱，先端2裂。花两性；萼片线状披针形，长2-4毫米，宽0.5-1毫米，具紫色中肋；花瓣白色，线形，长6-10毫米，宽0.5-1毫米；雄蕊3枚，与萼片对生，花丝纤细，光滑，长1-3毫米，花药黄色；花柱长3-4毫米，子房圆锥形，先端伸长成喙。果实圆柱形，长1-2.5厘米，具多数种子。种子长椭圆形，长1-2毫米，直径约0.5毫米，表面光滑。花果期5-10月。

仅见于汉中，生于水田、池塘和水沟中；分布于华东、华中、华南及辽宁、四川等地。南亚及马来西亚、朝鲜半岛、日本、意大利、葡萄牙等也有分布。

全草可作鱼类的饲料。

图96. 水筛 **Blyxa japonica**

1. 植株，并示叶缘的细锯齿；2. 两性花；3. 果实；4. 种子（引自《秦岭植物志增补》）。

### （2）有尾水筛（图97）

**Blyxa echinosperma** (C. B. Clarke) Hook. f., Fl. Brit. Ind. 5: 661. 1888; 中国植物志 8: 174. 1992; Flora of China 23: 99. 2010. ——*Hydrotrophus echinospermus* C. B. Clarke, J. Linn. Soc., Bot. 14: 8. pl. 1. 1873.

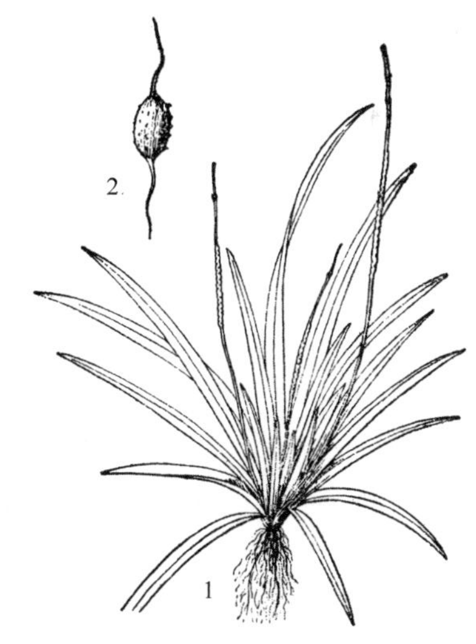


图97. 有尾水筛 **Blyxa echinosperma**

1. 植株；2. 种子（引自《中国高等植物图鉴》）。

多年生沉水草本。须根多数。茎极短缩。叶基生，无柄，绿色，有时基部带紫红色，条形，长10-20(-40)厘米，宽4-7毫米，先端渐尖，边缘有细锯齿；叶脉7-9条，中脉明显。佛焰苞梗扁平，纤细，长2-12厘米；苞鞘长管状，扁平，绿色，先端2裂，长2-5厘米，宽约0.2厘米；花两性；萼片3片，线形，绿色，长约6毫米，宽约1毫米；花瓣3片，白色，长条形，长10-14毫米，宽0.5-0.8毫米；雄蕊3枚，长4-6毫米；花柱3枚，扁平，长6-15毫米；子房下位，长3-6厘米，绿色或上部淡紫色，先端伸长成喙。果长圆柱形，长4-7厘米。种子30-50枚，黄色，纺锤形，长1-1.5毫米，直径约0.8毫米，表面具明显的疣状凸起，两端有长2-12毫米的尾状附属物。花果期6-10月。

产陕南，生于溪流或水田中；分布于河北、江苏、安徽、浙江、福建、台湾、江西、湖南、广东、广西、四川、贵州等地。印度、尼泊尔、日本、朝鲜半岛及东南亚、澳大利亚也产。

全草可作鱼类的饲料。

## 5. 苦草属 **Vallisneria** L.

Sp. Pl. 2: 1015. 1753; 中国植物志 8: 176. 1992; Flora of China 23: 99. 2010.

沉水草本。植株无直立茎，仅具匍匐茎。叶基生，无柄；叶片膜质，线形或带形，先端钝，基部稍呈鞘状，边缘有细锯齿或全缘，基出平行脉 3-9 条，脉间有横脉连接。雄佛焰苞卵形或宽披针形，扁平，具短梗，内含极多具短柄的雄花，成熟后先端开裂；雄花小，浮出水面开放；萼片 3 片，卵形或长卵形，大小不等；花瓣 3 片，极小；雄蕊 1-3 枚；雌佛焰苞管状，内含雌花 1 朵，先端 2 裂，裂片圆钝或三角形，花梗长，可将花托出水面，受精后螺旋状收缩；萼片 3 片，质地较厚；花瓣 3 片，极小，膜质；子房下位，圆柱形或长三角柱形，含多数胚珠；花柱 3 枚，2 裂。果实圆柱形或三棱状长柱形，光滑或有翅。种子多数，长圆形或纺锤形，光滑或有翅。

本属有 8 种，分布于世界热带和亚热带地区。中国有 3 种；陕西仅 1 种。

### （1）苦草（图 98）

**Vallisneria natans** (Lour.) H. Hara, J. Jap. Bot. 49: 136. 1974; 中国植物志 8: 177. 1992; Flora of China 23: 99. 2010. ——*Physkium natans* Lour., Fl. Cochinch. 663. 1790.

沉水草本。植株具匍匐茎，直径约 2 毫米，白色，先端有浅黄色的芽。叶基生，无柄；叶片线形或带形，长 20-200 厘米，宽 0.5-2 厘米，绿色或略带紫红色，常具棕色条纹和斑点，先端圆钝或急尖，边缘全缘或具不明显的细锯齿，平行脉 5-9 条。花单性，雌雄异株。雄佛焰苞卵状圆锥形，长 1.5-2 厘米，宽 0.5-1 厘米，内含雄花 200 朵以上；成熟的雄花浮在水面开放；萼片 3 片，2 片较大，长 0.4-0.6 毫米，宽约 0.3 毫米，呈舟形浮于水上，中间 1 片较小，长约 0.3 毫米，宽约 0.2 毫米，中肋部龙骨状；雄蕊 1 枚，花丝先端不裂或部分 2 裂，基部具毛状凸起和 1-2 枚膜状体；花粉粒白色，长圆形，无萌发孔，表面具有不规则的颗粒状凸起。雌佛焰苞筒状，先端 2 裂，绿色或暗紫红色，长 1.5-2 厘米；梗纤细，绿色或淡红色，长

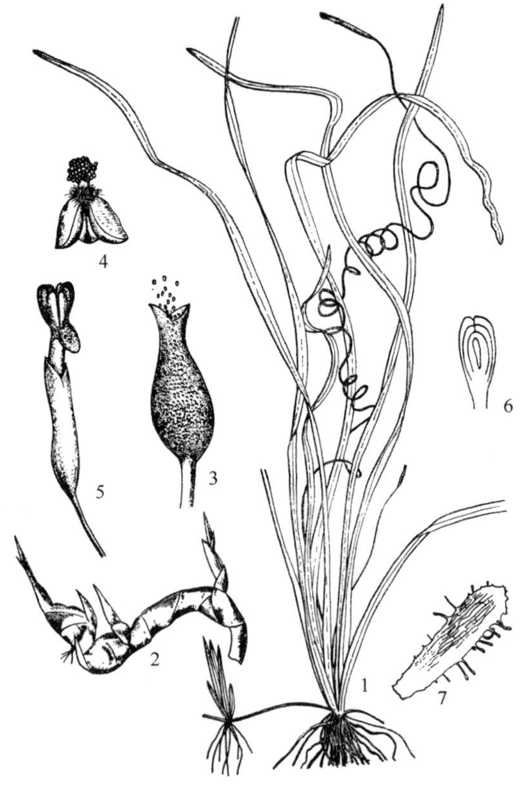


图 98. 苦草 **Vallisneria natans**

1. 植株；2. 块茎；3. 雄花和佛焰苞；4. 雄花；5. 雌花和佛焰苞；6. 胚珠；7. 种子（引自《中国植物志》）。

30-50 厘米，受精后螺旋状卷曲；雌花单生于佛焰苞内，萼片 3 片，紫绿色，长 2-4 毫米，宽约 3 毫米，先端钝；花瓣 3 片，极小，白色，与萼片互生；花柱 3 枚，先端 2 裂；退化雄蕊 3 枚；子房下位，圆柱形，光滑；胚珠多数，直立。果实圆柱形，长 5-30 厘米，直径约 5 毫米。种子倒长卵形，有腺毛状凸起。花果期 8-9 月。

据《中国植物志》和 *Flora of China* 记载陕西有分布，本志作者未见到标本，在陕南、关中的公园湿地中偶见栽培；分布于吉林、辽宁、河北、河南、山东、台湾和长江流域及其以南地区。印度、尼泊尔、越南、马来西亚、日本、朝鲜半岛、俄罗斯远东地区及西亚、大洋洲也产。

全草可作鱼类或鸭的饲料，亦可入药。

## 6. 黑藻属 **Hydrilla** Rich.

Mem. Cl. Sci. Math. Inst. Natl. France 12(2): 9, 61. 1814; 秦岭植物志 1(1): 53. 1976; 中国植物志 8: 183. 1992; Flora of China 23: 100. 2010.

沉水草本。茎纤细，圆柱形，多分枝。叶 3-8 片轮生，近基部偶有对生；叶片线形、披针形或长椭圆形，无柄。花单性，腋生，雌雄异株或同株。雄佛焰苞膜质，近球形，先端平截，具数个短凸刺，苞梗缺，内含 1 朵雄花；雄花有短梗；萼片 3 片，白色或绿色，卵形或倒卵形；花瓣 3 片，与萼片互生，白色或淡紫色，匙形，通常较萼片狭而长；雄蕊 3 枚，与花瓣互生，无退化雄蕊。雌佛焰苞管状，先端 2 裂，内含 1 朵雌花；雌花无梗；萼片、花瓣均与雄花花被相似，但较狭，开放时花伸出水面；花柱 3 枚，稀 2 枚，圆柱形，表面有流苏状乳突；子房下位，1 室，圆柱形或狭圆锥形；侧膜胎座，胚珠少数，倒生。果实圆柱形或线形，平滑或具凸起。种子 1-6 枚，长圆形。

本属仅 1 种，广布于世界热带和亚热带地区。中国有 1 种；陕西也产。

### 种下等级检索表

1\. 果实表面具 2-9 个刺状凸起；种子 2-6 枚 ……（1a）**黑藻 H. verticillata** (L. f.) Royle var. **verticillata**
1\. 果实表面光滑，无刺状凸起；种子 1-3 枚 ……………………………………………………………
……………………………………………（1b）**罗氏轮叶黑藻 H. verticillata** (L. f.) Royle var. **roxburghii** Casp.

### （1）黑藻

**Hydrilla verticillata** (L. f.) Royle, Ill. Rot. Him. 1: 376. 1839; 秦岭植物志 1(1): 53. 1976; 中国植物志 8: 183. 1992; Flora of China 23: 100. 2010. ——*Serpicula verticillata* L. f., Suppl. 416. 1781.

多年生沉水草本。茎圆柱状，长且纤细，质地较脆，表面具纵向细棱纹，分枝少，节间长 1-3 厘米。休眠芽长卵圆形，可繁殖成新的植株。苞叶多数，螺旋状紧密排列，白色或淡黄绿色，狭披针形至披针形。叶 3-8 片轮生，线形或长条形，长 7-17 毫米，宽 1-4 毫米，常具紫红色或黑色小斑点，先端锐尖，边缘有细锯齿，明显具 1 条脉，无柄，具腋生小鳞片。花单性，雌雄同株或异株。雄佛焰苞近球形，绿色，表面具明显的纵棱纹，顶端具刺凸；雄花成熟后自佛焰苞内放出，漂浮于水面开花；萼片 3 片，白色，稍反卷，长约 2 毫米，宽约 0.7 毫米；花瓣 3 片，反折、开展，白色或粉红色，长约 2 毫米，宽约 0.5 毫米；雄蕊 3 枚，花丝纤细，花药线形，2-4 室。雌佛焰苞管状，绿色；苞内雌花 1 朵。果实圆柱形，具种子 1-6 枚。花果期 6-9 月。

产黄河湿地、渭河沿岸及陕南、化龙山等地，生于池沼、沟渠或水田内；分布于华东、华中、华南、西南及黑龙江、辽宁、河北等地。马来西亚、菲律宾、印度尼西亚、日本及大洋洲、欧洲也产。

（1a）**黑藻**（原变种）（图 99）

**Hydrilla verticillata** (L. f.) Royle var. **verticillata**

果实表面具 2-9 个刺状凸起；种子 2-6 枚。

产黄河湿地、渭河沿岸及陕南、化龙山等地，生于池沼、沟渠或水田内；分布于华东、华中、华南、西南及黑龙江、辽宁、河北等地。马来西亚、菲律宾、印度尼西亚、日本及大洋洲、欧洲也产。

全草可作鱼、鸭、猪等的饲料，亦可作绿肥。

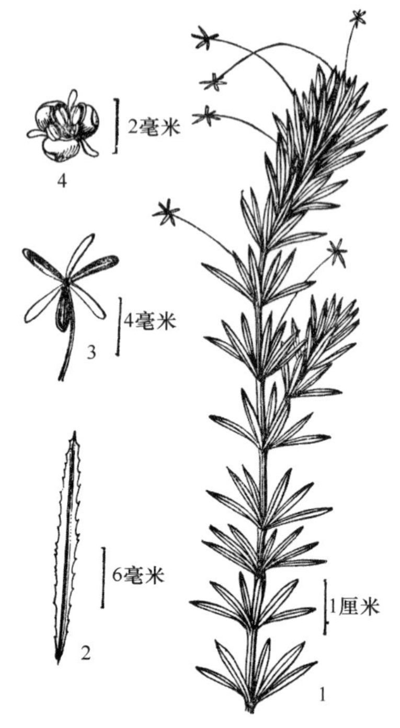


图 99. 黑藻

**Hydrilla verticillata** var. **verticillata**

1. 具雌花的植株；2. 叶片；3. 雌花；4. 雄花（引自《秦岭植物志》）。

（1b）**罗氏轮叶黑藻**（变种）

**Hydrilla verticillata** (L. f.) Royle var. **roxburghii** Casp., Engler & Prantl, Pflanzenfam. 2(1): 253. 1889; 中国植物志 8: 171. 1992; Flora of China 23: 101. 2010.

果实表面光滑，无刺状凸起；种子 1-3 枚。

产地、分布同原变种。

## 二五　水麦冬科 Juncaginaceae Rich.

黎　斌（陕西省西安植物园）

多年生草本或一年生草本，水生或沼生。根状茎匍匐，每年于节处抽出 1 个叶条，有时为块茎，稀球茎。叶基生，无柄，条形或锥状条形，基部具鞘，鞘缘膜质。总状花序；风媒花，两性或单性，雌雄同株或异株；花被片 2-6(-8)片，常 6 片，离生，排成 2 轮；雄蕊 6、3 或 4 枚，分离，常着生于花被片基部，几无花丝，花药 2 室，外向，纵裂，花粉粒无萌发孔，表面纹饰网状；雌蕊先熟，子房上位，心皮 6、3 或 4 枚，分离或部分合生，每心皮具 1 枚胚珠。果实椭圆形、卵形或长圆柱形，有时基部具 2 个链钩状的距，成熟后开裂或否。种子基生，直立，无胚乳，胚直立。

本科有 3 属 25-35 种，世界广布，主产于寒温带沿海地区。中国有 1 属 2 种；陕西产 1 属 2 种。

《秦岭植物志》将水麦冬属（**Triglochin** L.）置于冰沼草科（又称芝菜科，

**Scheuchzeriaceae** F. Rudolphi)，而《中国植物志》将其置于眼子菜科（**Potamogetonaceae** Bercht. & J. Presl）。本志依 APG（2016）将其置于水麦冬科。

## 1. 水麦冬属 **Triglochin** L.

Sp. Pl. 1: 338. 1753; 秦岭植物志 1(1): 47. 1976; 中国植物志 8: 37. 1992; Flora of China 23: 105. 2010.

多年生草本或一年生草本，生于湿地或盐碱滩地中。植株具根状茎，节处密生须根。叶基生，排成 2 列，条形或锥状条形，基部具鞘，鞘缘膜质。花序顶生，总状或穗状；花两性，花被片 6 片，排成 2 轮；雄蕊 6 枚或部分退化，与花被片对生，花药无柄，外向，2 室；心皮 6 枚，有时 3 枚不发育，分离、部分合生或合生，每室含 1 枚基生的直立胚珠，无花柱。蓇果椭圆形、卵形或长圆柱形，成熟后开裂成 3 或 6 瓣；种子无胚乳，胚直立。

本属有 15 种，世界广布，以澳大利亚和南美洲的温带地区为多。中国有 2 种；陕西产 2 种。

### 分种检索表

1. 植株弱小；总状花序的花排列较疏散，花梗长约 2 毫米；能育心皮 3 枚；蓇果棒状条形，成熟后由下方开裂成 3 瓣……（1）**水麦冬 T. palustris** L.
1. 植株稍粗壮；总状花序的花排列较紧密，花梗长约 1 毫米；能育心皮 6 枚；蓇果椭圆形，成熟后开裂成 6 瓣……（2）**海韭菜 T. maritima** L.

### （1）水麦冬（图 100，照片 306、307）

**Triglochin palustris** L., Sp. Pl. 1: 338. 1753; 秦岭植物志 1(1): 47. 1976; 中国植物志 8: 40. 1992; Flora of China 23: 105. 2010.

多年生草本。植株弱小；根状茎短，有多数须根。叶基生，条形，长达 20 厘米，宽 1.5-2 毫米，先端钝，基部具鞘，两侧鞘缘膜质，残存叶鞘纤维状。花葶细长，直立，圆柱形，高 20-60 厘米，无毛；花序总状，长 10-30 厘米，花排列较疏散，无苞片；花梗长 2-4 毫米；花被片 6 片，绿紫色，椭圆形或卵形，长 2-3 毫米，边缘膜质；雄蕊 6 枚，花丝近无，花药卵形，长约 1.5 毫米，2 室；雌蕊由 3 枚合生心皮组成，柱头毛笔状。蓇果棒状条形，长 6-8 毫米，直径约 1.5 毫米，成熟时自下至上开裂成 3 瓣，仅顶部联合。花期 6-9 月，果期 7-9 月。

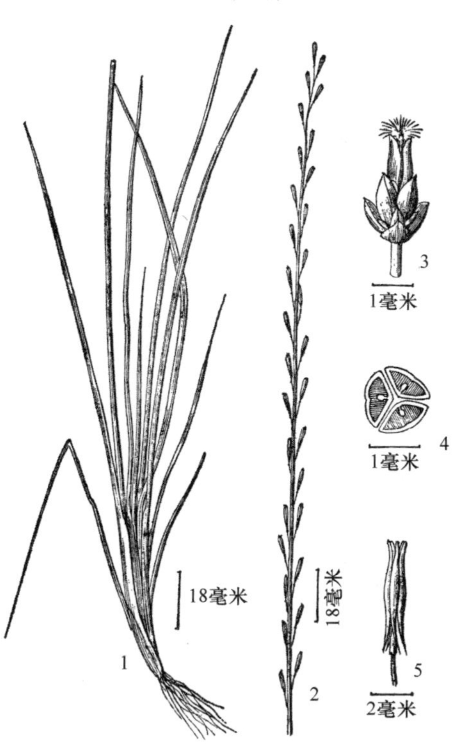

图 100. 水麦冬 **Triglochin palustris**
1. 植株下部；2. 花序；3. 花；4. 子房横切面；5. 果实（引自《秦岭植物志》）。

产榆林、神木、绥德、横山、靖边、定边、子洲、延川、延安、宜君及渭河沿岸等地，生于海拔 1300 米以下的沼泽、河岸湿地或溪旁；分布于西北及黑龙江、内蒙古、河北、山东、重庆、西藏等地。亚洲、欧洲、北美洲的温带地区也有分布。

全草可作家畜的饲料，亦可入药。

**（2）海韭菜**（图 101，照片 308）

**Triglochin maritima** L., Sp. Pl. 1: 339. 1753; 中国植物志 8: 40. 1992; Flora of China 23: 105. 2010.

多年生草本。植株稍粗壮；根状茎短，有多数须根，常有棕色叶鞘残留物。叶基生，条形，长 7-30 厘米，宽 1-2 毫米，基部具鞘，鞘缘膜质，顶端与叶舌相连，叶舌长 5-7 毫米。花莛直立，较粗壮，高 10-60 厘米，圆柱形，光滑，中上部着生多数排列较紧密的花；总状花序顶生，无苞片；花梗长约 1 毫米，开花后长达 2-4 毫米；花两性，长约 4 毫米；花被片 6 片，绿色，2 轮排列，外轮呈宽卵形，内轮卵形；雄蕊 6 枚，分离，无花丝；雌蕊淡绿色，由 6 枚合生心皮组成，柱头毛笔状。蒴果直立，卵形，长 3-5 毫米，直径约 2 毫米，具 6 棱，成熟后开裂成 6 瓣。花果期 6-9 月。

图 101. **海韭菜 Triglochin maritima**
1. 植株；2. 花；3. 果实（引自《中国植物志》）。

产陕北及渭河沿岸，生于沼泽、河岸湿地或溪旁；分布于华北、西北及山东、四川、云南、西藏等地。广布于北半球的温带及寒带。

果实入药。

## 二六　眼子菜科 **Potamogetonaceae** Bercht. & J. Presl

黎　斌（陕西省西安植物园）

多年生草本或一年生草本，通常生于淡水或咸水中。茎纤细，有分枝，具节；茎下部呈匍匐状或形成根状茎，节处生根。叶沉水、浮水或挺水，有时兼具浮水和沉水两种叶，互生或对生，稀轮生，具柄或鞘，或柄鞘皆缺；浮水叶的叶片常较宽，卵形、披针形、椭圆形或长圆形，沉水叶的叶片常较窄，常呈线形，全缘或有细锯齿；托叶有或无，膜质或草质，鞘状抱茎，开放型，稀呈封闭的套管状。花序顶生或腋生，常为穗状花序或聚伞花序，稀单生，开花时挺出水面、漂浮水面，或没于水中，开花后常沉没水中；传粉途径包括风媒、水表传粉、水媒或闭花受精；花小，单性或两性，辐射对称或两侧对称，具花被或缺；雄蕊 1-6 枚，通常无花丝，花药 1 或 2 室，纵裂，花粉粒无萌发孔，表面纹饰网状；雌蕊有 1-4 枚心皮或更多，离生或近离生，花柱短或无，柱头盘状、头状、毛刷状或丝状；子房 1 室，常含 1 枚胚珠，稀多枚，弯生或直生。果实多为小核果状，具柄或无，果皮革质或骨质。种子近肾形，无胚乳。

本科有 4 属 102 种，分布于世界各地，温带地区尤盛。中国有 3 属 25 种，南北各地均产；陕西产 3 属 16 种。

一直以来，基于形态特征来界定眼子菜科存在着较多的争议。一些以前置于本科的属被独立出来，或组成新科，或转移至其他科中，如川蔓藻属（**Ruppia** L.）置于川蔓藻科（**Ruppiaceae** Horan.）、大叶藻属（**Zostera** L.）和虾海藻属（**Phyllospadix** Hook.）置于大叶藻科（**Zosteraceae** Dumort.）、角果藻属（**Zannichellia** L.）置于角果藻科（Zannichelliaceae Chevall.）等。分子系统发育证据显示了角果藻属与眼子菜科的眼子菜属（**Potamogeton** L.）、篦齿眼子菜属（**Stuckenia** Börner）、河蜈蚣属（**Groenlandia** J. Gay）这 3 属有较近的亲缘关系，故本志采用了将角果藻属置于眼子菜科中的处理。

### 分属检索表

1. 花单性；雄花单生，花被缺，雄蕊 1 或 2 枚，花丝纤细；雌花聚生成聚伞花序，花被杯状，心皮 1-9 枚 ……………………………………………………1. **角果藻属 Zannichellia** L.
1. 花两性，聚生成穗状花序；花被片 4 片，分离；雄蕊 4 枚，无花丝；心皮（1-）4 枚，稀 5 枚……2
2. 叶全部沉水；托叶与叶基部贴生，贴生部分常长于托叶长的 2/3，并形成显著的叶鞘；叶片不透明，有槽；花序梗柔弱，不将花序托出水面……………………………2. **篦齿眼子菜属 Stuckenia** Börner
2. 叶有沉水和浮水之分，或全部沉水；沉水叶的托叶与叶基部常分离，若贴生则贴生部分短于托叶长的 1/2；沉水叶的叶片透明，不具槽；花序梗粗壮，花序沉水或被托出水面……………………………………………………………………3. **眼子菜属 Potamogeton** L.

## 1. 角果藻属 **Zannichellia** L.

Sp. Pl. 969. 1753; 秦岭植物志 1(1): 46. 1976; 中国植物志 8: 102. 1992; Flora of China 23: 116. 2010.

多年生沉水草本，生于淡水或咸水中。根状茎纤细，常在底泥中横走，多分枝，节处疏生须根。茎下部匍匐，细弱而纤长。叶互生或近对生，无柄；叶片线形，全缘，先端渐尖，基部具鞘状托叶。花单生，或排成腋生的聚伞花序；花小，单性，雌雄同株；1 朵雄花和 1 朵雌花同生于 1 个无色苞状鞘内；苞片无。雄花单生，具梗，着生于雌花基部，无花被，雄蕊 1 或 2 枚，花丝细长；雌花生于一透明的杯状苞内，无柄，心皮(2-)4(-8)枚，离生，每心皮具 1 枚胚珠，花柱细长，柱头斜盾形。瘦果或坚果状，肾形，略压扁，无柄或具短柄，先端具喙，稍向背面弯曲，背面具龙骨，龙骨常具翅。种子无胚乳。

本属仅 1 种，广布于世界各地。中国有 1 种；陕西产 1 种。

**（1）角果藻**（图 102，照片 309、310）

**Zannichellia palustris** L., Sp. Pl. 969. 1753; 秦岭植物志 1(1): 46. 1976; 中国植物志 8: 104. 1992; Flora of China 23: 116. 2010.

多年生沉水草本。根状茎横走，节处疏生须根；茎细弱而纤长，易折断，长 3-20 厘米，下部常匍匐于底泥中，上部多分枝，常交织成团。叶互生至近对生；叶片线形，扁平，长 2-10 厘米，宽 0.3-0.8 毫米，全缘，先端渐尖，基部有离生或贴生的膜质鞘状托叶，无脉。花单性，腋生，几无梗；雄花仅具1枚雄蕊，花丝细长，花药2室，纵裂，药隔延生至顶端；雌花花被杯状，半透明，心皮3或4枚，离生，子房椭圆形，花柱粗短，后伸长，宿存，柱头卵圆形或宽卵形，边缘有不明显的钝齿。果实长圆形、新月形或肾状，长2-3毫米，通常2-4枚簇生于叶腋，稀有总果柄，每枚均有与果等长或不短于果长一半的小果柄，先端具喙，通常长于或等于果长，略向背后弯曲，背部脊上具膜质的钝齿。种子直生，具卷曲的子叶。花果期6-9月。

陕西各地均产，生于池沼、溪流的浅水中；分布于黑龙江、辽宁、内蒙古、河北、宁夏、青海、新疆、山东、江苏、安徽、浙江、台湾、湖北、西藏等地。世界各地广布。

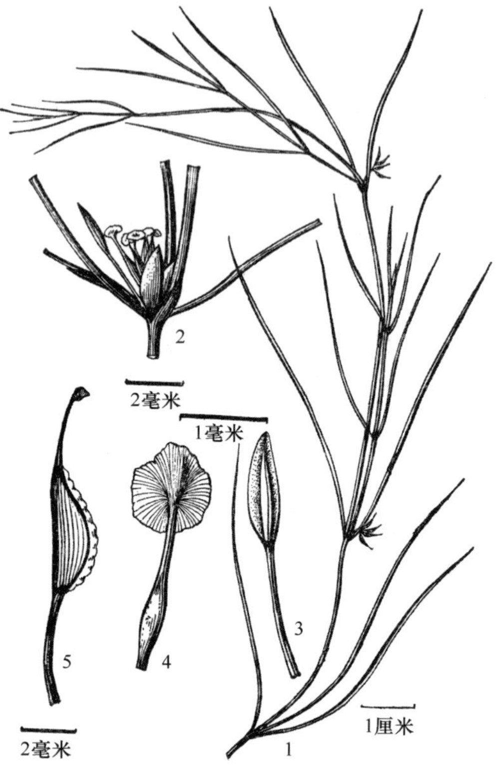

图102. **角果藻 Zannichellia palustris**
1. 植株；2. 茎的一段，示花的着生处；3. 雄蕊；4. 雌蕊；5. 果实（引自《秦岭植物志》）。

## 2. 篦齿眼子菜属 **Stuckenia** Börner

Bot.-Syst. Not. 258. 1912; Flora of China 23: 114. 2010.

多年生沉水草本，生于淡水或咸水中。根状茎细长；茎细长，圆柱形，有时具小块茎状的卵形休眠芽体或缺。叶全部沉水，互生，无柄；叶片线形，不透明，具槽，全缘，先端钝圆至急尖，具1-5条脉；托叶与叶片基部贴生，贴生部分常长于托叶长的2/3或更多，形成显著的叶鞘，顶端有时具舌片。穗状花序呈头状或圆柱状，沉水；花序梗柔弱，不将花序托出水面；花粉粒无萌发孔，表面纹饰网状，网脊具微刺；心皮4枚，离生。果实核果状，背面轮廓为圆形，具短喙或无，外果皮成熟时肿胀。种子无胚乳，胚弯曲，但不呈圆环状。

本属有7种，广布于世界各地。中国有4种；陕西产2种。

传统上，篦齿眼子菜属植物被置于眼子菜属中，归为鞘叶亚属（**Potamogeton** L. subgen. **Coleogeton** Rchb.）。形态学和分子系统学的研究结果表明，应将眼子菜属鞘叶亚属提升为篦齿眼子菜属，本志采用了此种处理。

### 分种检索表

1. 叶鞘合生成套管状抱茎，至少在幼时为合生的管状，横剖面呈闭合的椭圆形；叶片常为丝状，宽0.3-0.5毫米，先端钝，次级脉极不明显……………………（1）**丝叶眼子菜 S. filiformis** (Pers.) Börner
1. 叶鞘旋卷，边缘叠压，横剖面呈螺旋状；叶片常为细线状，宽0.5-1.2毫米，先端渐尖或急尖，具近垂直的次级叶脉……………………（2）**篦齿眼子菜 S. pectinata** (L.) Börner

### （1）丝叶眼子菜

**Stuckenia filiformis** (Pers.) Börner, Fl. Deut. Volk. 713. 1912; Flora of China 23: 114. 2010. ——*Potamogeton filiformis* Pers., Syn. Pl. 1: 152. 1805; 中国植物志 8: 76. 1992.

多年生沉水草本。根状茎细长，白色，直径约 1 毫米，具分枝，常于春末至秋季在根状茎及其分枝顶端形成卵球形的休眠芽体。茎圆柱形，纤细，直径约 0.5 毫米，近基部多分枝；节间常短缩，长 0.5-2 厘米，或伸长。叶片线形，长 3-7 厘米，宽 0.3-0.5 毫米，先端钝，基部与托叶贴生成鞘；鞘长 0.8-1.5 厘米，绿色，合生成套管状抱茎（或至少在幼时为合生的管状），顶端具 1 个无色透明膜质舌片，舌片长 0.5-1.5 厘米；叶脉 3 条，平行，顶端连接，中脉显著，边缘脉细弱而不明显，次级脉极不明显。穗状花序顶生，具花 2-4 轮，间断排列；花序梗细，长 10-20 厘米，与茎近等粗；花被片 4 片，近圆形，直径 0.8-1 毫米；雌蕊 4 枚，离生，通常仅 1-2 枚发育为成熟果实。果实倒卵形，长 2-3 毫米，宽 1.5-2 毫米，喙极短，呈疣状，背脊通常钝圆。花果期 7-10 月。

仅见于绥德，生于山沟水边；分布于内蒙古、甘肃、青海、新疆、四川、云南、西藏等地。巴基斯坦、不丹、尼泊尔、蒙古国、俄罗斯西伯利亚地区及中亚、西亚、欧洲、北美洲、南美洲也有分布。

### （2）篦齿眼子菜 龙须眼子菜（《秦岭植物志》）（图 103，照片 311）

**Stuckenia pectinata** (L.) Börner, Fl. Deut. Volk. 713. 1912; Flora of China 23: 115. 2010. ——*Potamogeton pectinatus* L., Sp. Pl. 1: 127. 1753; 秦岭植物志 1(1): 43. 1976; 中国植物志 8: 79. 1992. ——*P. pectinatus* L. var. *diffusus* Hagstrom, Kungl. Svenska Vetenskapsakad. Handl. 55(5): 46. 1916; 中国植物志 8: 81. 1992; 秦岭植物志增补: 6. 2013.

多年生沉水草本。根状茎发达，白色，直径 1-2 毫米，具分枝，常于春末至秋季在根状茎及其分枝顶端形成卵球形的休眠芽体；休眠芽体呈小块茎状，长 0.7-1 厘米。茎长可达 2.5 米，近圆柱形，纤细，直径 0.5-3 毫米，下部分枝稀疏，上部分枝稍密集，节间长 1.5-3.5 厘米。叶片细线形，长 3-10 厘米，宽 0.5-1.2 毫米，先端渐尖或急尖，基部与托叶贴生成鞘；鞘长 1-4 厘米，绿色，边缘叠压而抱茎，顶端具 1 个无色膜质小舌片，小舌片 2-10 毫米；叶脉 3 条，平行，顶端连接，中脉显著，具近垂直的次级叶脉，边缘脉细弱而不明显。穗状花序顶生，长 1-4 厘米，具花 4-6 轮，间断排列；花序梗细长，与茎近等粗；花被片 4 片，圆形或宽卵形，直径约 1 毫米；雌蕊 4 枚，通常仅 1-2 枚可发育为成熟果实。果实倒卵形，长 3-5 毫米，宽 2-3 毫米，先端具长约 0.3 毫米的喙，

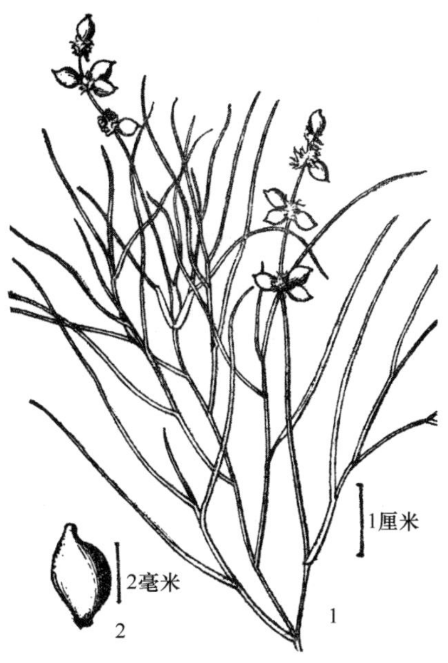


图 103. **篦齿眼子菜**
**Stuckenia pectinata**
1. 植株一部分；2. 果实（引自《秦岭植物志》）。

背部钝圆或具脊。花期 5-6 月，果期 7-8 月。

产榆林、靖边、宜君、汉中、黄河湿地及渭河沿岸，生于海拔 420-1400 米的河滩湿地或浅水中；全国大部分地区有分布。广布于世界各地。

## 3. 眼子菜属 **Potamogeton** L.

Sp. Pl. 126. 1753; 秦岭植物志 1(1): 41. 1976; 中国植物志 8: 40. 1992; Flora of China 23: 108. 2010.

多年生或一年生草本，生于淡水或咸水中。常具横走的根状茎，节处生须根，稀根状茎极短或无根状茎；茎细弱，有分枝，具节。叶互生，有时在花序下面近对生，单型或二型，漂浮水面或沉没水中，具柄或无柄；浮水叶的叶片常较宽，卵形、披针形、椭圆形、长圆形；沉水叶的叶片常较狭窄，条形或线形，透明，不具槽；叶脉因叶型和叶形的不同而为 3 至多数，相互平行，并于叶片顶端相汇合；托叶多膜质，无色或淡绿色，着生于叶腋，常与叶基部常分离，若贴生则贴生部分短于托叶长的 1/2。穗状花序顶生或腋生，花期伸出水面或否，具花 2 至多轮，每轮 3 朵花，或 2 朵花交互对生；花序梗粗壮，圆柱形或稍扁，与茎等粗或向上逐渐膨大成棒状；花两性，无柄或近无柄，风媒或水面传粉；花被片 4 片，排成 1 轮，圆形，淡绿色至绿色，或有时外面稍带红褐色，通常基部具爪，先端钝圆或微凹；雄蕊 4 枚，与花被片对生，无花丝；花药长圆形，药室背面纵裂；花粉粒球形或长圆球形，无萌发孔，表面纹饰网状；雌蕊 1-4 枚，离生，稀于基部合生，无柄，子房 1 室，花柱缩短，柱头膨大，头状或盾形，胚珠 1 枚，腹面侧生。果实核果状，具直生或斜伸的短喙；外果皮近革质，或松软而略呈海绵质；内果皮骨质，背部具萌发时开裂的盖状物，盖状物中肋常凸起而形成钝或锐的龙骨脊，有时因龙骨脊上具附器而呈钝齿牙或鸡冠状，盖状物与内果皮侧壁相接处常形成显著或不显著的侧棱。种子近肾形；胚弯生，钩状或螺旋状，无胚乳。

本属约 75 种，世界广布。中国有 20 种，南北各地均产；陕西产 13 种。

### 分种检索表

1. 成熟植株上的叶为二型，沉水叶和浮水叶同时存在 ……………… 2
1. 成熟植株上的叶为单型，仅存在沉水叶 ……………… 7
2. 浮水叶小，长在 2.5 厘米以下，宽在 1.2 厘米以下；沉水叶半透明，非叶状，丝状到线形，宽不及 2 毫米，无柄 ……………… （10）**南方眼子菜 P. octandrus** Poir.
2. 浮水叶较大，长在 3 厘米以上，宽在 1.5 厘米以上；沉水叶不透明，披针形、长圆形至椭圆形，宽 2-3 毫米，具柄或无柄 ……………… 3
3. 沉水叶的叶片条形，叶柄状；浮水叶的叶片与叶柄连接处明显反折…（11）**浮叶眼子菜 P. natans** L.
3. 沉水叶的叶片多种形状，不呈叶柄状；浮水叶的叶片与叶柄连接处不呈反折状 ……………… 4
4. 沉水叶无柄 ……………… （9）**禾叶眼子菜 P. gramineus** L.
4. 沉水叶有柄 ……………… 5
5. 沉水叶有 9-13 条脉；叶片先端具短尖头 ……………… （7）**竹叶眼子菜 P. wrightii** Morong
5. 沉水叶具(7-)11-21 条脉；叶片先端急尖至圆钝，不具短尖头 ……………… 6
6. 心皮常为 2 枚，稀 1 或 3 枚；沉水叶的叶柄宽 0.5-2.3 毫米 ……………… （12）**眼子菜 P. distinctus** A. Benn.
6. 心皮 4 枚；沉水叶的叶柄宽 0.2-1.5 毫米 ……………… （13）**小节眼子菜 P. nodosus** Poir.
7. 叶条状长圆形、披针形、椭圆形或卵状长圆形到卵圆形，通常宽在 5 毫米以上 ……………… 8

7. 叶线形，宽在 5 毫米以下……12
8. 有明显特化的休眠芽；叶缘有锯齿；果喙等于或长于心皮……（5）**菹草 P. crispus** L.
8. 不存在特化的休眠芽；叶缘全缘或具微细的疏锯齿；果喙短于心皮……9
9. 叶无柄，基部圆形至心形，呈耳状抱茎……（6）**穿叶眼子菜 P. perfoliatus** L.
9. 叶无柄至具短柄，或具长柄，基部楔形，不呈耳状抱茎……10
10. 叶条形至长椭圆形，具长柄……（7）**竹叶眼子菜 P. wrightii** Morong
10. 叶披针形至椭圆状披针形，无柄、近无柄或具短柄……11
11. 叶长椭圆形至卵状椭圆形，宽 1-3.5 厘米，先端锐尖或具芒状尖头，无柄、近无柄或具短柄；果实长约 3 毫米，背脊稍锐……（8）**光叶眼子菜 P. lucens** L.
11. 叶披针形，宽 0.5-0.8 厘米，先端渐尖，无柄；果实长约 2.5 毫米，背脊钝……（9）**禾叶眼子菜 P. gramineus** L.
12. 叶的基部与托叶鞘合生；叶缘具细微的疏锯齿……（1）**微齿眼子菜 P. maackianus** A. Benn.
12. 叶的基部与托叶鞘离生；叶缘全缘……13
13. 叶中部较宽，两端渐狭，先端渐尖，稍弯曲，呈镰刀形，具(3-)5-7 条脉，并伴有 2-18 条通气组织形成的、明显的细条纹……（2）**尖叶眼子菜 P. oxyphyllus** Miq.
13. 叶两侧近平行，长至少为叶长的 3/4，先端圆钝、锐尖或短尖，稀渐尖，不呈镰刀形，具 3-5 条脉，有时具 8-32 条通气组织形成的、不明显的细条纹……14
14. 叶通常宽 2.1-3.5 毫米，先端圆钝至圆形，或具小突尖；托叶宽 1.1-3.5 毫米；花序梗长为果穗长的 0.4-1.2 倍……（3）**钝叶眼子菜 P. obtusifolius** Mert. & W. D. J. Koch
14. 叶通常宽 0.5-2.5 毫米，先端锐尖至渐尖，有时具明显的短尖头；托叶通常宽 0.3-1.3 毫米；花序梗长为果穗长的 1.2-11 倍……15
15. 托叶边缘合生，呈套管状抱茎，或至少在幼时合生为套管状；叶基部的中脉逐渐变厚……（4）**小眼子菜 P. pusillus** L.
15. 托叶边缘分离；叶基部的中脉不加厚……（10）**南方眼子菜 P. octandrus** Poir.

### （1）微齿眼子菜（图 104）

**Potamogeton maackianus** A. Benn., J. Bot. 42: 74. 1904; 中国植物志 8: 52. 1992; Flora of China 23: 110. 2010.

多年生沉水草本。无根状茎；茎细长，直径 0.5-1 毫米，具分枝，近基部常匍匐，于节处生出多数纤长的须根，节间长 2-10 厘米。叶条形，无柄，长 2-6 厘米，宽 2-4 毫米，先端钝圆，基部与托叶贴生成短的叶鞘，叶缘具微细的疏锯齿；叶脉 3-7 条，平行，顶端连接，中脉显著，侧脉较细弱，次级脉不明显；托叶与叶柄结合成鞘，叶鞘长 3-6 毫米，基部抱茎，顶端具 1 片长 3-5 毫米的膜质小舌片。穗状花序顶生，具花 2 或 3 轮；花序梗通常不膨大，与茎近等粗，长 1-4 厘米；花小，花被片 4 片，淡绿色，雌蕊 4 枚，稀更少，离生。果实倒卵形，长约 4 毫米，顶端具长约 0.5 毫米的喙，背部具 3 脊，中脊狭翅状，侧脊稍钝。花果期 6-9 月。

图 104. 微齿眼子菜
**Potamogeton maackianus**
1. 植株；2. 叶片；3. 果实（引自《中国植物志》）。

据 *Flora of China* 记载陕西有分布，本志作者未见到标本；分布于东北及河北、山东、江苏、安徽、浙江、台湾、湖北、四川、云南等地。菲律宾、印度尼西亚、日本、朝鲜半岛、俄罗斯西伯利亚地区也产。

### （2）尖叶眼子菜（图 105）

**Potamogeton oxyphyllus** Miq., Ann. Mus. Bot. Lugd. Batav. 3: 161. 1867; 中国植物志 8: 47. 1992; Flora of China 23: 110. 2010; 秦岭植物志增补: 3. 2013.

多年生沉水草本。无根状茎；茎细长，近圆柱形，直径 0.5-1 毫米，具分枝，基部常匍匐地面，节处疏生须根，长可达 10 厘米，淡黄色，纤长；茎节无腺体，节间长 2-5 厘米。叶线形，无柄，长 3-10 厘米，宽 1.5-3 毫米，常微弯曲，呈镰状，先端锐尖，基部渐狭，全缘；叶脉(3-)5-7 条，平行，于叶端连接，中脉显著，两侧伴有通气组织形成的细条纹，侧脉较细弱，但清晰可见；托叶膜质，与叶离生，长 0.6-1.2 厘米，具多脉，边缘叠压，呈鞘状抱茎，常早萎，纤维状宿存；休眠芽侧生短枝状，具多叶，明显特化。穗状花序顶生，具花 3-4 轮；花序梗自下而上稍膨大，呈棒状；花小，花被片绿色；雌蕊 4 枚。果实倒卵形，长 3-3.5 毫米，果喙长约 0.5 毫米，背部有 3 脊，侧脊较钝，中脊略凸起，狭翅状。花果期 6-9 月。

图 105. 尖叶眼子菜 **Potamogeton oxyphyllus**
1. 植株；2. 花；3. 果实（引自《秦岭植物志增补》）。

产洋县、城固等地，生于河岸或沟渠浅水中；分布于黑龙江、辽宁、江苏、安徽、浙江、台湾、湖北、江西、云南、西藏等地。印度尼西亚、日本、朝鲜半岛、俄罗斯也产。

### （3）钝叶眼子菜（图 106）

**Potamogeton obtusifolius** Mert. & W. D. J. Koch, Roling, Deutschl. Fl. 1: 855. 1823; 中国植物志 8: 47. 1992; Flora of China 23: 111. 2010; 秦岭植物志增补: 3. 2013.

沉水草本。无根状茎；茎近基部常匍匐，节处疏生白色而纤长的须根；茎圆柱形，直径约 0.8 毫米，具分枝，节上有一对较大而明显的腺体，节间长 3-7 厘米。叶线形，无柄，长 3-6 厘米，宽约 2 毫米，先端渐尖或急尖，或具小突尖，全缘；叶脉 3 或 5 条，中脉明显，两侧伴有数条通气组织所形成的细纹，侧脉较细弱，但清晰可见；托叶淡绿色或近无色，膜质，与叶片离生，长 1-1.2 厘米，不合生成套管状，仅边缘叠压而抱茎；休眠芽为侧生短枝状，多叶，不明显特化。穗状花序顶生或假腋生，通常具花 2-3 轮；

花序梗自下而上稍膨大，略扁，其长为果穗长的 0.4-1.2 倍；花小，花被片绿色，雌蕊 4 枚。果实斜倒卵形，长约 3 毫米，果喙近头状，龙骨脊锐。花果期 6-10 月。

产眉县、周至等地，生于清水小河沟中，水体多为微酸性至中性；分布于东北及甘肃、新疆等地。欧洲、北美洲及日本也有分布。

图 106. 钝叶眼子菜 **Potamogeton obtusifolius**
1. 植株；2. 果实；3. 叶尖（引自《秦岭植物志增补》）。

### （4）小眼子菜（图 107）

**Potamogeton pusillus** L., Sp. Pl. 127. 1753; 秦岭植物志 1(1): 42. 1976; 中国植物志 8: 44. 1992; Flora of China 23: 111. 2010.

沉水草本。无根状茎；茎近基部常匍匐地面，节处疏生纤长的白色须根；茎圆柱形，纤细，直径约 0.5 毫米，具分枝，节上无腺体，或偶见小而不明显的腺体，节间长 1.5-6 厘米。叶线形，无柄，长 2-6 厘米，宽约 1 毫米，先端渐尖，全缘；叶脉 1 或 3 条，中脉明显，向叶基部逐渐加厚，两侧伴有通气组织所形成的细纹，侧脉不出现或不明显；托叶为无色透明的膜质，与叶离生，长 0.5-1.2 厘米，合生成套管状而抱茎（或至少在幼时合生为套管状），常早落；休眠芽腋生，呈纤细的纺锤状，长 1-2.5 厘米，下面具 2 或 3 片伸展的小苞叶。穗状花序顶生，具花 2-3 轮，间断排列；花序梗与茎相似或稍粗于茎，其长为果穗长的 1.2-11 倍；花小，花被片 4 片，绿色；雌蕊 4 枚。果实斜倒卵形，长 1.5-2 毫米，顶端具 1 稍向后弯的短喙，龙骨脊钝圆。花果期 5-10 月。

产宜君、太白山、黄河湿地、城固、洋县等地，生于山谷水中、河滩湿地；分布于东北、华北、西北、华中及江苏、安徽、浙江、福建、台湾、海南、四川、云南、西藏等地。巴基斯坦、阿富汗、印度、尼泊尔、日本、朝鲜半岛、蒙古国、俄罗斯西伯利亚地区及中亚、非洲、欧洲、北美洲也产。

全草可做猪饲料，亦可作绿肥。

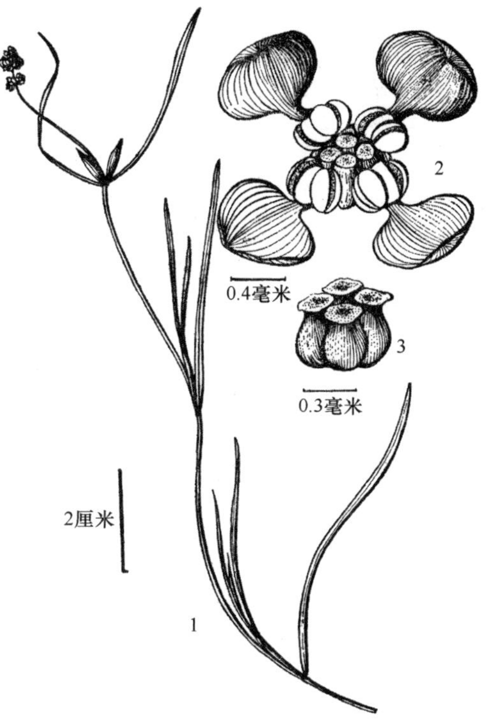


图 107. 小眼子菜 **Potamogeton pusillus**
1. 植株的一部分；2. 花；3. 雌蕊（引自《秦岭植物志》）。

**（5）菹草**（图 108，照片 312、313）

**Potamogeton crispus** L., Sp. Pl. 1: 126. 1753; 秦岭植物志 1(1): 43. 1976; 中国植物志 8: 52. 1992; Flora of China 23: 111. 2010.

多年生沉水草本。具近圆柱形的根状茎；茎稍扁，多分枝，近基部常匍匐地面，节处生有须根。叶条形，无柄，长 3-8 厘米，宽 3-10 毫米，先端钝圆，基部约 1 毫米与托叶合生，但不形成叶鞘，叶缘多少呈浅波状，具细锯齿；叶脉 3-5 条，平行，顶端连接，中脉近基部两侧伴有通气组织形成的细纹，次级叶脉疏而明显可见；托叶薄膜质，长 5-10 毫米，早落；休眠芽腋生，略似松果，长 1-3 厘米，革质叶，左右 2 列密生，基部扩张，肥厚，坚硬，边缘具有细锯齿。穗状花序顶生，具花 2-4 轮，初时每轮 2 朵对生，穗轴伸长后常稍不对称；花序梗棒状，较茎细；花小，花被片 4 片，淡绿色，雌蕊 4 枚，基部合生。果实卵形，长约 3.5 毫米，果喙长可达 2 毫米，向后稍弯曲，背脊约 1/2 以下具齿牙。花果期 4-7 月。

图 108. **菹草 Potamogeton crispus**
1. 植株的一部分；2. 果实
（引自《秦岭植物志》）。

产榆林、宜君、西安、杨陵、周至、太白、商洛、安康、平利、镇巴、洋县、汉中、南郑、勉县、西乡等地，生于池塘、沟渠或水田中；分布于东北、华北、西南及宁夏、青海、新疆、山东、江苏、浙江、福建、台湾、河南、湖北等地。广布于亚洲、欧洲、非洲及大洋洲，美洲及太平洋岛屿有输入。

全草可作猪、鹅、鸭等畜禽的饲料，并可作绿肥。

**（6）穿叶眼子菜** 抱茎眼子菜（《秦岭植物志》）（图 109，照片 314、315、316）

**Potamogeton perfoliatus** L., Sp. Pl. 1: 126. 1753; 秦岭植物志 1(1): 43. 1976; 中国植物志 8: 55. 1992; Flora of China 23: 112. 2010.

图 109. **穿叶眼子菜 Potamogeton perfoliatus**
1. 植株的一部分；2. 果实
（引自《秦岭植物志》）。

多年生沉水草本。具发达的根状茎；根状茎白色，节处生有须根；茎圆柱形，直径 0.5-2.5 毫米，上部多分枝。叶卵形、卵状披针形或卵状圆形，无柄，先端钝圆，基部心形，呈耳状抱茎，边缘波状，常具极细微的齿；基出 3 或 5 条脉，弧形，顶端连接，次级脉细弱；托叶膜质，无色，长 3-7 毫米，早落。穗状花序顶生，具花 4-7 轮，密集或稍密集；花序梗与茎近等粗，长 2-4 厘米；花小，花被片 4 片，淡绿色或绿色；雌蕊 4 枚，离生。果实倒卵形，长 3-5 毫米，顶端具短喙，背部有 3 脊，中脊稍锐，侧脊不明显。花果期 5-10 月。

产榆林、安塞、宜君、韩城、白水、汉中及渭河沿岸等地，生于池沼、沟渠或缓流河水中；分布于东北、华北及甘肃、青海、新疆、山东、河南、湖北、贵州、云南、西藏等地。巴基斯坦、印度、印度尼西亚、日本、朝鲜半岛、俄罗斯西伯利亚地区及中亚、西亚、非洲、欧洲、北美洲也产。

### （7）竹叶眼子菜（图 110）

**Potamogeton wrightii** Morong, Bull. Torrey Bot. Club 13(9): 158. 1886; Flora of China 23: 111. 2010. ——*P. malaianus* Miq., Ill. Fl. Arch. Ind. 46. 1871; 中国植物志 8: 60. 1992; 秦岭植物志增补: 4. 2013.

多年生沉水草本。根状茎发达，白色，节处生有须根；茎圆柱形，直径约 2 毫米，不分枝或具少数分枝，节间长可达 10 余厘米。叶条形或条状披针形，具长柄，柄通常长于 2 厘米；叶长 5-19 厘米，宽 1-2.5 厘米，先端钝圆而具小凸尖，基部钝圆或楔形，边缘浅波状，有细微的锯齿；中脉显著，自基部至中部发出 6 至多条与其平行且在顶端连接的次级叶脉，三级叶脉清晰可见；托叶大而明显，近膜质，无色或淡绿色，与叶片离生，鞘状抱茎，长 2.5-5 厘米。穗状花序顶生，具花多轮，密集或稍密集；花序梗膨大，稍粗于茎，长 4-7 厘米；花小，花被片 4 片，绿色；雌蕊 4 枚，离生。果实倒卵形，长约 3 毫米，两侧稍扁，背部明显有 3 脊，中脊狭翅状，侧脊锐。花果期 6-10 月。

产宜君、关中渭河沿岸及陕南，生于河流、池塘、沟渠中；分布于东北、华北、华中及宁夏、青海、新疆、山东、安徽、浙江、福建、台湾、四川、云南等地。巴基斯坦、印度、哈萨克斯坦、日本、朝鲜半岛、俄罗斯及东南亚、太平洋岛屿也产。

全草可作猪饲料，亦可作绿肥。

1　2　3

图 110. 竹叶眼子菜 **Potamogeton wrightii**
1. 根状茎；2. 开花的茎段；3. 果实
（引自《秦岭植物志增补》）。

### （8）光叶眼子菜（图 111）

**Potamogeton lucens** L., Sp. Pl. 1: 126. 1753; 中国植物志 8: 57. 1992; Flora of China 23: 112. 2010.

多年生沉水草本。具根状茎；茎圆柱形，直径约 2 毫米，上部多分枝，节间较短，下部节间伸长，可达 20 余厘米。叶长椭圆形、卵状椭圆形至披针状椭圆形，无柄或具短柄，有时柄长可达 2 厘米；叶长 2-18 厘米，宽 1-3.5 厘米，先端尖锐，常具 0.5-2 厘米长的芒状尖头，基部楔形，边缘浅波状，疏生细微锯齿；叶脉 5-9 条，中脉粗大而显著，侧脉细弱，与中脉平行，顶端连接，次级叶脉细弱，但清晰可见；托叶大而显著，绿色，通常不为膜质，与叶片离生，长 1-5 厘米，先端钝圆，常宿存。穗状花序顶生，具花多轮，密集；花序梗明显膨大成棒状，较茎粗，长 3-20 厘米；花小，花被片 4 片，绿色；雌蕊 4 枚，离生。果实卵形，长约 3 毫米，背部有 3 脊，中脊稍锐，侧脊不明显。花果期 6-10 月。

仅见于榆林，生于海拔 1360 米左右的湖泊中；分布于东北、华北、西北及山东、江苏、安徽、湖北、云南、西藏等地。阿富汗、巴基斯坦、印度、尼泊尔、俄罗斯西伯利亚地区及中亚、东南亚、欧洲、北非也产。

图 111. 光叶眼子菜 **Potamogeton lucens**
1. 植株；2. 叶片；3. 果实（引自《中国植物志》）。

### （9）禾叶眼子菜

**Potamogeton gramineus** L., Sp. Pl. 1: 126. 1753; 中国植物志 8: 62. 1992; Flora of China 23: 113. 2010.

多年生水生草本。根状茎发达，白色，圆柱形，直径 1.5-2 毫米，多分枝，节处有稍密的须根；茎圆柱形，直径 1-2 毫米，上部多分枝，或有时近不分枝。浮水叶椭圆形、卵形至椭圆状披针形，革质或近革质，叶柄近相等于或稍长于叶片，常因环境不同而发育或不发育；沉水叶长 3-5 厘米，宽 0.3-0.7 厘米，草质，无柄，先端渐尖，基部渐狭或呈楔形，边缘常具细微而不明显的疏锯齿；叶脉多条，平行，顶端连接；托叶草质或近膜质，鞘状抱茎，先端渐尖，常早落。穗状花序顶生，具花多轮，开花时伸出水面，花后沉没水中；花序梗自下而上稍膨大成棒状，较茎略粗；花小，花被片 4 片，绿色；雌蕊 4 枚，离生。果实倒卵形，淡绿色，长约 2.5 毫米，背部中脊钝圆，侧脊不明显。花果期 7-9 月。

仅见于榆林，生于湖泊中；分布于东北及内蒙古、新疆、四川、云南、西藏等地。东亚、中亚、西亚、欧洲、北美洲也产。

### （10）南方眼子菜 钝脊眼子菜（图 112）

**Potamogeton octandrus** Poir., Lam. Encycl. Meth. Bot. Suppl. 4: 534. 1816; Flora of China 23: 113. 2010. ——*P. octandrus* Poir. var. *miduhikimo* (Makino) Hara, J. Jap. Bot. 20: 331. 1944; 中国植物志 8: 73. 1992; 秦岭植物志增补: 5. 2013.

多年生水生草本，通常在开花前全部沉没水中；无根状茎；茎纤细，圆柱形或近圆柱形，直径约 0.5 毫米，近基部常匍匐，节处有纤长须根，具分枝。叶二型，花期前全部为沉水叶；沉水叶线形，互生，无柄，长 2-6 厘米，宽约 1 毫米，先端渐尖，全缘；

叶脉 3 条；浮水叶于近花期或开花时出现，互生，或花序梗下面的叶近对生，具柄，叶片椭圆形、长圆形或长圆状卵形，革质，长 1.5-2.5 厘米，宽 0.7-1.2 厘米，先端钝或尖，基部近圆形，全缘，平行叶脉多条，顶端连接；托叶膜质，与叶离生。穗状花序顶生，具花 4 轮；花序梗稍膨大，略粗于茎，长 1-1.5 厘米；花小，花被片 4 片；绿色，雌蕊 4 枚，离生。果实倒卵形，长约 2.5 毫米，背脊钝，平滑无凸起。花果期 5-10 月。

产宜君、汉中等地，生于静水沟塘或缓流中；分布于黑龙江、辽宁、内蒙古、河北、山东、江苏、浙江、福建、台湾、湖北、湖南、广东、海南、广西、四川、云南等地。孟加拉国、印度、尼泊尔、缅甸、泰国、越南、马来西亚、印度尼西亚、新几内亚岛、日本、朝鲜半岛、俄罗斯及非洲、大洋洲也产。

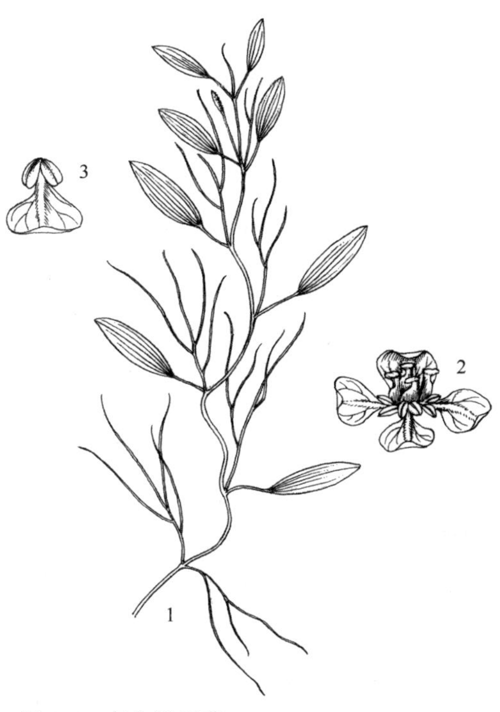


图 112. **南方眼子菜 Potamogeton octandrus**
1. 植株的一部分；2. 花；3. 花被片和雄蕊
（引自《秦岭植物志增补》）。

### （11）浮叶眼子菜（图 113）

**Potamogeton natans** L., Sp. Pl. 1: 126. 1753; 秦岭植物志 1(1): 44. 1976; 中国植物志 8: 64. 1992; Flora of China 23: 113. 2010.

多年生水生草本。根状茎发达，白色，常具红色斑点，多分枝，节处生有须根；茎圆柱形，直径 1.5-2 毫米，通常不分枝，或极少分枝。浮水叶革质，卵形至长圆状卵形，有时为卵状椭圆形，长 4-9 厘米，宽 2.5-5 厘米。先端圆形或具钝尖头，基部心形至圆形，稀渐狭，具长柄；叶脉 23-35 条，于叶端连接，其中 7-10 条显著；沉水叶质厚，叶柄状，呈半圆柱状的线形，先端较钝，长 10-20 厘米，宽 2-3 毫米，具不明显的 3-5 条脉；常早落；托叶近无色，长 4-8 厘米，鞘状抱茎，多脉，常呈纤维状宿存。穗状花序顶生，长 3-5 厘米，具花多轮，开花时伸出水面；花序梗稍有膨大，粗于茎或有时与茎等粗，开花时通常直立，花后弯曲而使穗沉没水中，长 3-8 厘米。花小，花被片 4 片，绿色，肾形至近圆形，直

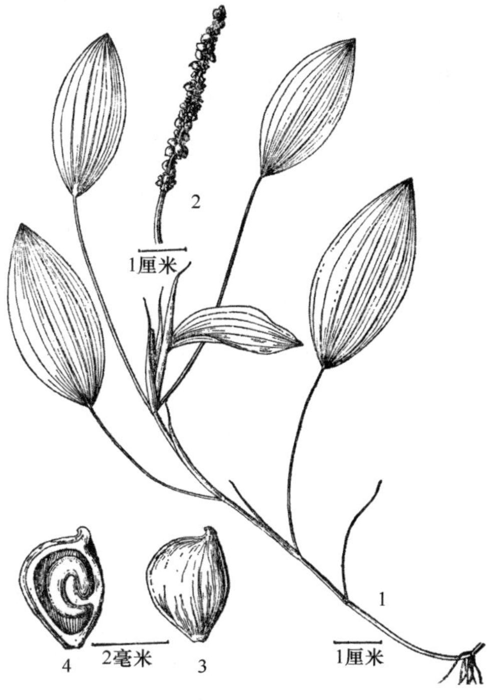


图 113. **浮叶眼子菜 Potamogeton natans**
1. 植株；2. 花序；3. 果实；4. 果实的纵剖面
（引自《秦岭植物志》）。

径约 2 毫米；雌蕊 4 枚，离生。果实倒卵形，外果皮常为灰黄色，长 3.5-4.5 毫米，宽 2.5-3.5 毫米；背部钝圆，或具不明显的中脊。花果期 7-10 月。

产宜君、西乡、汉中、化龙山等地，生于海拔 460-1000 米的稻田、水塘、沼泽湿地中；分布于黑龙江、西藏等地。广布于北半球的温带及寒带地区。

（12）**眼子菜** 泉生眼子菜（《植物研究》）（图 114，照片 317、318、319）

**Potamogeton distinctus** A. Benn., J. Bot. 42: 72. 1904; 中国植物志 8: 68. 1992; Flora of China 23: 114. 2010. ——*P. franchetii* A. Benn., J. Bot. 45: 234. 1907; 秦岭植物志 1(1): 45. 1976. ——*P. fontigenus* Y. H. Guo, X. Z. Sun & H. Q. Wang, 植物研究 5(2): 133. 1985; 中国植物志 8: 70. 1992; 秦岭植物志增补: 6. 2013.

多年生水生草本。根状茎发达，白色，直径 1.5-2 毫米，多分枝，常于顶端形成纺锤状休眠芽体，并在节处生有稍密的须根；茎圆柱形，直径 1.5-2 毫米，通常不分枝。浮水叶革质，披针形至椭圆形，长 2-10 厘米，宽 1-4 厘米，先端尖或钝圆，基部钝圆或有时近楔形，具 5-20 厘米长的柄；叶脉多条，顶端连接；沉水叶披针形至狭披针形，草质，具柄，常早落；托叶膜质，长 2-7 厘米，顶端尖锐，呈鞘状抱茎。穗状花序顶生，具花多轮，开花时伸出水面，花后沉没水中；花序梗稍膨大，粗于茎，花时直立，花后自基部弯曲，长 3-10 厘米；花小，花被片 4 片，绿色；雌蕊 2 枚，稀 1 或 3 枚。果实宽倒卵形，长约 3.5 毫米，背部明显具 3 脊，中脊隆起或翅状，顶端具喙。花果期 5-10 月。

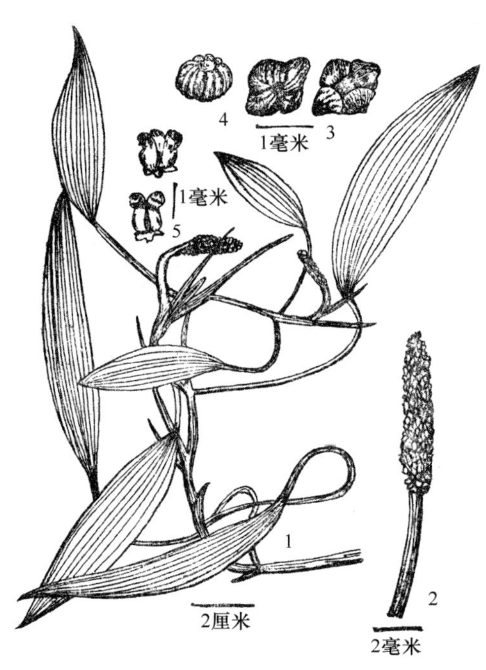


图 114. **眼子菜 Potamogeton distinctus**

1. 植株的一部分；2. 花序；3. 花；4. 雄蕊；5. 雌蕊（引自《秦岭植物志》）。

产榆林、靖边、杨陵、眉县、柞水、宁陕、旬阳、平利、镇坪、洋县、汉中、留坝、宁强、南郑、商洛等地，生于池沼或河流浅水中；分布于东北、华北、华中、西南及甘肃、青海、新疆、山东、江苏、浙江、福建、台湾、江西、广东等地。不丹、尼泊尔、日本、朝鲜半岛、俄罗斯及东南亚、太平洋岛屿也产。

全草可作猪饲料，亦可药用。

（13）**小节眼子菜**

**Potamogeton nodosus** Poir., in Lam., Encycl. Meth. Bot. Suppl. 4: 535. 1816; 中国植物志 8: 67. 1992; Flora of China 23: 114. 2010.

多年生水生草本。根状茎发达，白色，直径 1-2 毫米，多分枝，节处生有稍密的须状根。茎圆柱形，直径 1.5-2 毫米，通常不分枝。浮水叶革质，长椭圆形或卵状椭圆形，长 3-6 厘米，宽 1.5-3 厘米，先端尖或钝，基部楔形或近圆形，具长柄；叶脉多条，顶端连接；沉水叶披针形，先端稍钝，具柄，常早落；托叶膜质，长 2-4 厘米，鞘状抱茎。穗状花序顶生，具花多轮，开花时伸出水面；花序梗稍膨大，略粗于茎，开花时直立，花后自基部弯曲而使穗沉没水中，长 4-6 厘米；花小，花被片 4 片，淡绿色；雌蕊 4 枚，离生。果实倒卵形，淡紫红色，长 3-4 毫米，背部 3 脊，中脊锐。花果期 7-9 月。

产陕北，生于湖泊中；分布于新疆、云南等地。巴基斯坦、斯里兰卡、印度、尼泊尔、俄罗斯西伯利亚地区及中亚、东南亚、非洲、欧洲、北美洲、南美洲、太平洋岛屿也产。

# 薯蓣目 **Dioscoreales** Mart.

### 分科检索表[①]

1. 叶常基生的小型直立草本……………………二七 沼金花科 **Nartheciaceae** Fr. ex Bjurzon
1. 草质或木质缠绕藤本……………………二八 **薯蓣科 Dioscoreaceae** R. Br.

## 二七 沼金花科[②] **Nartheciaceae** Fr. ex Bjurzon

张雨曲 王 薇（陕西中医药大学）

多年生草本。叶常基生，线形至卵形，向基部渐狭成鞘状。总状花序、伞房花序或聚伞花序；花两性，小，苞片和小苞片各1片；花被片6片，基部合生；雄蕊6(-9)枚；心皮3枚，合生，花柱1枚，3 裂，子房上位、半下位至下位。蒴果，室背开裂。种子椭圆形至梭形。

本科有 5 属约 41 种，分布于欧洲、东亚、北美洲、南美洲北部。中国有 1 属 15 种；陕西产 1 属 5 种。

本科传统上归为广义的百合科，APG（2016）系统将其单独成科。

### 1. 粉条儿菜属[③] **Aletris** L.

Sp. Pl. 1. 319. 1753; 秦岭植物志 1(1): 325. 1976; 中国植物志 15: 168.1978; Flora of China 24: 77. 2000.

多年生草本。根状茎短。叶通常基生，带形、条形或条状披针形，中脉通常较粗。花莛较长，不分枝，通常中下部具几片苞片状的叶；总状花序顶生；花小；花梗短或极短，具 2 片苞片；花被约从中部向上 6 裂，裂片镊合状排列，钟形或坛状，下部与子房合生；雄蕊 6 枚，着生于花被裂片的基部或花被筒上，花药基着，卵形或球形；花柱短或长，柱头 3 裂，子房多少半下位，3 室，每室具胚珠多数。蒴果，卵形、倒卵形或圆锥形，无毛或有毛，室背开裂。种子多数，细小，梭形。

本属约 24 种，分布于亚洲东部和北美洲。中国有 15 种，主要分布于西南山地；陕

① 卢元（陕西省西安植物园）编写。
② 又称纳茜菜科（《中国维管植物科属志》）。
③ 又称肺筋草属（《秦岭植物志》）。

西产 5 种。

## 分种检索表

1. 花茎细弱，高 5-12 厘米；总状花序具有 3-12 朵花……2
1. 花茎粗壮，高 30-60 厘米；总状花序具有多花……3
2. 花序无黏性物质，具 3-7 朵花；花被无毛……（1）**高山粉条儿菜 A. alpestris** Diels
2. 花序有黏性物质，具 8-12 朵花；花被具纤毛……（3）**腺毛粉条儿菜 A. glandulifera** Bureau & Franch.
3. 花茎光滑无毛；叶披针形，宽 1-2 厘米；花稍密生……（2）**无毛粉条儿菜 A. glabra** Bureau & Franch.
3. 花茎上部具腺毛；叶细线形，宽 3-4 毫米，花疏生……4
4. 花被裂至全长的 1/3-1/2；蒴果倒卵形至长圆状倒卵形，有棱角……（4）**粉条儿菜 A. spicata** (Thunb.) Franch.
4. 花被裂至全长的 1/2 或更深；蒴果卵形，无棱角……（5）**狭瓣粉条儿菜 A. stenoloba** Franch.

### （1）**高山粉条儿菜** 高山肺筋草（《秦岭植物志》）（图 115，照片 320、321）

**Aletris alpestris** Diels, Bot. Jahrb. 36. Beibl. 82: 20. 1905; 秦岭植物志 1(1): 326. 1976; 中国植物志 15: 171. 1978; Flora of China 24: 81. 2000.

植株细弱，具细长的纤维根。叶近莲座状，条状披针形，长 1.5-8 厘米，宽 2-4 毫米。花莛高 7-20 厘米，疏生柔毛，中下部几片叶苞片状；总状花序长 1-4 厘米，具花 4-10 朵；花梗的上部具披针形苞片和小苞片，绿色，长 1.5-4 毫米，较花短；花梗长 2-4 毫米，被微柔毛；花被近钟形，白色或粉白色，无毛，长 3.5-4.5 毫米，裂至中部，裂片披针形，长 1.5-2 毫米，宽 0.6-1 毫米；雄蕊着生于裂片基部，花丝短，花药球形；子房卵形，缢缩为短的花柱。蒴果卵球形，无毛。花期 6 月，果期 8 月。

产太白山、化龙山，生于海拔 2800-3000 米的山地林下、岩石上或草地上；分布于四川、贵州、云南。

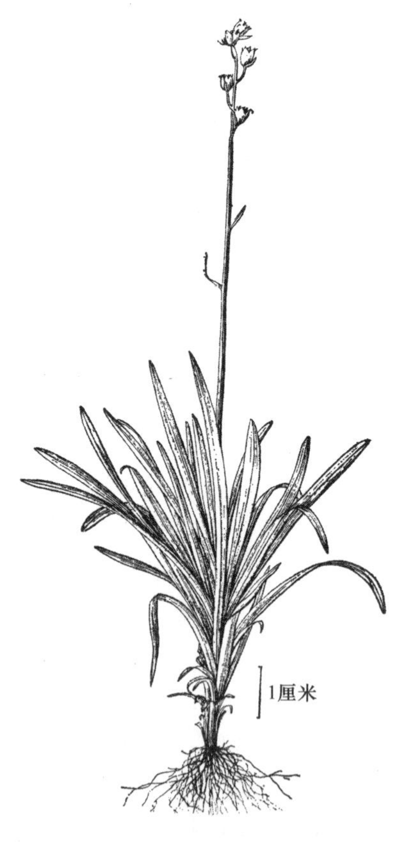


图 115. 高山粉条儿菜
**Aletris alpestris**
植株（引自《秦岭植物志》）。

### （2）**无毛粉条儿菜** 光肺筋草（《秦岭植物志》）（图 116，照片 322、323）

**Aletris glabra** Bureau & Franch., J. Bot. (Morot) 5: 156. 1891; 秦岭植物志 1(1): 325. 1976; 中国植物志 15: 171. 1978; Flora of China 24: 79. 2000.

全株无毛，具细长的纤维根。叶簇生，线形或线状披针形，常对折，长 5-25 厘米，宽 0.5-1.8 厘米。

花莛高 30-60 厘米，中下部有几枚苞片状叶；总状花序，长 7-25 厘米，被黏性物质；花多；苞片 2 片，线状披针形；花梗长 1-3 毫米；花被坛状，长 3-6 毫米，黄绿色，上端约 1/3 处分裂，裂片长椭圆形，具 1 条绿色中脉；雄蕊着生于花被裂片的基部；花丝短，花药卵形或近圆形。蒴果，卵形或卵状球形，长 3-5 毫米。花期 5-8 月，果期 8-10 月。

产太白山、佛坪、洋县、西乡、略阳、勉县、宁强、南郑、平利，生于海拔 1300-3000 米的山地草丛或林下；分布于西南及福建、台湾、江西、湖北、甘肃。不丹、印度也产。

图 116. 无毛粉条儿菜 **Aletris glabra**

1. 植株下部；2. 花序；3. 花；4. 果（引自《秦岭植物志》）。

### （3）**腺毛粉条儿菜** 腺毛肺筋草（《秦岭植物志》）（图 117）

**Aletris glandulifera** Bureau & Franch., J. Bot. (Morot) 5. 156. 1891; 秦岭植物志 1(1): 327. 1976; 中国植物志 15: 180. 1978; Flora of China 24: 82. 2000.

多年生草本。叶簇生，纸质，条形，长 5-18 厘米，宽 2-5 毫米。花莛直立，高 10-30 厘米，具腺毛，中下部有几枚苞片状叶；总状花序长 2-7.5 厘米，具花 8-23 朵；苞片和小苞片狭线状披针形，其中一枚明显较花长；花梗被腺毛，长 0.5-3 毫米；花被白色，长 2.5-3.5 毫米，分裂至中部，裂片长 1.2-1.5 毫米，有腺毛，膜质；雄蕊着生于花被裂片的基部，花丝短，花药近圆形；花柱极短，柱头稍膨大，子房卵形。蒴果，卵球形，无棱，有腺毛。花果期 7-9 月。

产太白山、佛坪光头山，生于海拔 2800-3000 米的山地林缘或草丛；分布于甘肃、四川。

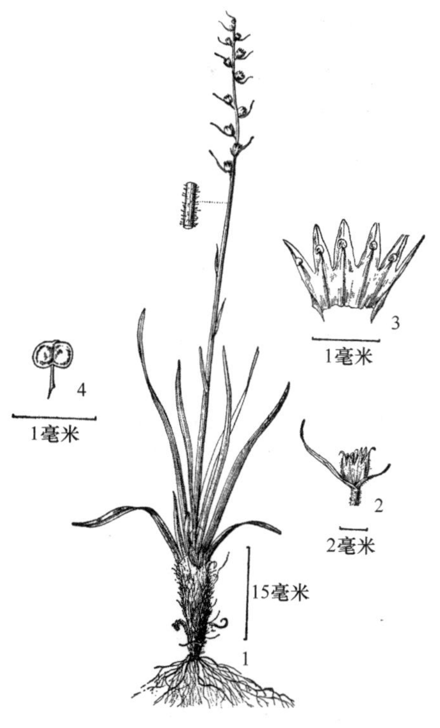


图 117. 腺毛粉条儿菜 **Aletris glandulifera**

1. 植株；2. 花和苞片；3. 花被纵剖；4. 花药（引自《秦岭植物志》）。

### （4）**粉条儿菜** 肺筋草（《秦岭植物志》）（图 118，照片 324、325）

**Aletris spicata** (Thunb.) Franch., Journ. de Bot. 10: 199. 1896; 秦岭植物志 1(2): 326. 1976; 中国植物志 15: 176. 1978; Flora of China 24: 79. 2000. ——*Hypoxis spicata* Thunb., in J. A. Murray, Syst. Veg. ed. 14: 326. 1784.

多年生草本。具多数须根，根毛局部膨大。叶簇生，线形，有时下弯，长 10-25 厘米。花莛高 40-70 厘米，具棱，密被短柔毛，中下部有几枚苞片状叶；总状花序长 6-30 厘米，具多花；苞片狭披针形，短于花；花梗极短，具毛；花被黄绿色，先端带粉红色，长 4-7 毫米，外面有柔毛，花被裂至全长的 1/3-1/2，裂片线状披针形，长 1.5-3 毫米；雄蕊着生于花被裂片的基部，花药椭圆形；花柱长 1.5 毫米，子房卵形。蒴果密生柔毛，倒卵形或长圆状倒卵形，具棱角。花期 4-5 月，果期 6-7 月。

产太白山、商南、山阳、镇安、宁陕、佛坪、洋县、石泉、紫阳、安康、平利、岚皋、镇坪、镇巴、留坝、勉县、城固、南郑、西乡，生于海拔 340-2260 米的山地草丛或林下；分布于河北、山西、甘肃、江苏、安徽、浙江、福建、台湾、江西、河南、湖北、湖南、广东、广西、四川、贵州、云南。菲律宾、日本也产。

根可入药。

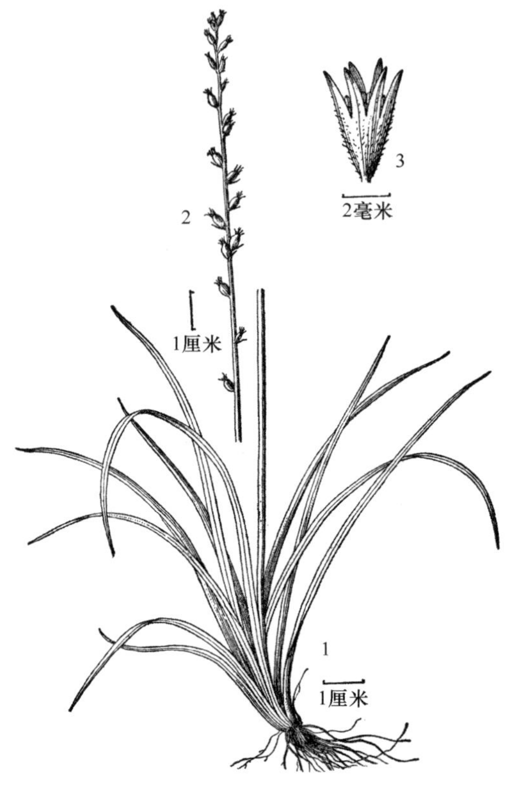


图 118. **粉条儿菜 Aletris spicata**
1. 植株下部；2. 花序；3. 花（引自《秦岭植物志》）。

### （5）狭瓣粉条儿菜

**Aletris stenoloba** Franch., J. Bot. (Morot) 10: 203. 1896; 中国植物志 15: 178. 1978; Flora of China 24: 79. 2000.

多年生草本。具多数须根，少数局部稍膨大。叶簇生，线形，长 8-11 厘米，先端渐尖，无毛。花莛高 30-80 厘米，被毛，中下部有几枚苞片状叶；总状花序长 5-35 厘米，具多花；苞片 2 片，披针形，较花短；花梗极短；花被白色，长 6-7 毫米，被毛，分裂到中部或中部以下，裂片条状披针形，长 3.5-3.8 毫米；雄蕊着生于花被裂片的基部，长约 1 毫米，花药较花丝短，球形；子房卵形，长 2.5-3 毫米。蒴果被毛，卵形，无棱角，长 3-5 毫米。花果期 5-7 月。

据《中国植物志》和 *Flora of China* 记载陕西秦岭以南有分布，本志作者未见到标本；分布于甘肃东南部、湖北、广东、广西、重庆、四川、贵州、云南。

## 二八　薯蓣科 Dioscoreaceae R. Br.

张雨曲　王　薇（陕西中医药大学）

缠绕藤本，或为多年生草本，具根状茎或块茎。叶互生，有时中部以上对生，或全部基生，单叶或掌状复叶；单叶常为心形或卵形、椭圆形；掌状复叶的小叶常为披针形或卵圆形；叶柄扭转。花两性或单性异株，稀同株；花单生、簇生或排成穗状、总状、圆锥花序或具总苞的伞形花序；雄花具花被片 6 片，2 轮排列，基部合生或离生，雄蕊

6 枚，有时 3 枚退化。雌花花被片和雄花相似，子房下位，3 室，花柱 3 枚，分离。蒴果、浆果或翅果。种子有翅或无翅。

本科有 4 属约 870 种，广布于全球的热带和温带地区。中国有 2 属 58 种；陕西产 1 属 6 种。

## 1. 薯蓣属 Dioscorea L.

Sp. Pl. 2: 1032. 1753; 秦岭植物志 1(1): 380. 1976; 中国植物志 16(1): 54. 1985; Flora of China 24: 276. 2000.

缠绕藤本。具根状茎或块茎。单叶或掌状复叶，互生，有时中部以上对生，基出脉 3-9 条，侧脉网状，叶腋有珠芽或无。花单性异株，稀同株，花被片 6 片；雄花具雄蕊 6 枚，有时其中 3 枚退化；雌花具退化雄蕊或无，子房下位。蒴果三棱形，棱翅状，成熟后顶端开裂。种子具翅。

本属有 600 余种，广布于热带及温带地区。中国有 52 种；陕西产 6 种。

本属许多种类具有重要的食用或药用价值，如热带和亚热带地区广为栽培的甜薯 [**Dioscorea esculenta** (Lour.) Burkill]、参薯（**D. alata** L.）、薯莨（**D. cirrhosa** Lour.）和温带地区普遍栽培的薯蓣（**D. polystachya** Turcz.）常供食用和药用，穿龙薯蓣（**D. nipponica** Makino）、盾叶薯蓣（**D. zingiberensis** C. H. Wright）等根状茎中含有薯蓣皂苷元（diosgenin），是制造甾体激素类药物的重要原料。

### 分种及种下等级检索表

1\. 掌状复叶，叶腋具珠芽……（3）**毛芋头薯蓣 D. kamoonensis** Kunth
1\. 单叶，叶腋有或无珠芽……2
2\. 叶不裂或边缘 3 浅裂至 3 深裂……3
2\. 叶 5 浅裂至 5 深裂……5
3\. 叶不裂，主脉和次脉均显著下凹，次脉近平行……（2）**黄独 D. bulbifera** L.
3\. 叶不裂或边缘 3 浅裂至 3 深裂，次脉不明显或微凹，不平行……4
4\. 叶柄稍盾状着生；叶腋无珠芽……（6）**盾叶薯蓣 D. zingiberensis** C. H. Wright
4\. 叶柄非盾状着生；叶腋常有珠芽……（5）**薯蓣 D. polystachya** Turcz.
5\. 叶背脉密被白色短柔毛，其余部位有或无；雄花有柄，长 2-3 毫米……（1）**蜀葵叶薯蓣 D. althaeoides** R. Knuth
5\. 叶背疏被白色粗短硬毛或无；雄花无柄或多少有柄……6
6\. 根状茎具片状剥落的栓皮；雄花无柄……（4a）**穿龙薯蓣 D. nipponica** Makino subsp. **nipponica**
6\. 根状茎无剥落的栓皮；雄花多少有柄……（4b）**柴黄姜 D. nipponica** Makino subsp. **rosthornii** (Prain & Burk.) C. T. Ting

### （1）蜀葵叶薯蓣（照片 326、327）

**Dioscorea althaeoides** R. Knuth, Pflanzenr. (Engler) Dioscoreac. 180. 1924; 中国植物志 16(1): 62. 1985; Flora of China 24: 279. 2000; 陕西维管植物名录: 434. 2016.

缠绕草质藤本。根状茎细长条形；茎幼时具稀疏长硬毛，后近无毛。单叶具柄，互生，叶片宽卵状心形，长 10-13 厘米，宽 10-13 厘米，先端渐尖，边缘浅波状或 4-5 浅裂，背面脉上密被白色短柔毛。花单性异株；雄花序总状或圆锥花序；雄花具梗，长 2-3 毫米，花被碟形，基部连合，先端 6 裂，开花时裂片平展，雄蕊 6 枚，花丝较短；雌花序穗状，单生或 2-3 个簇生于叶腋，具多数花；苞片披针形。蒴果三棱形，长约 2.5 厘米，宽约 1.5 厘米，表面草黄色，有光泽。种子顶端有斧头状的宽翅。花期 6-8 月，果期 7-9 月。

产平利，生于海拔 1450-1750 米的山地疏林下；分布于重庆、四川、贵州、云南。泰国也产。

易危（VU）。

（2）**黄独** 黄药、黄药子、零余薯（陕南）（图 119，照片 328）

**Dioscorea bulbifera** L., Sp. Pl. 2: 1033. 1753; 秦岭植物志 1(1): 384. 1976; 中国植物志 16(1): 62. 1985; Flora of China 24: 287. 2000.

缠绕草质藤本。块茎卵圆形或梨形，直径 4-10 厘米；茎左旋，无毛，叶腋内常有球形或卵圆形珠芽。单叶互生，叶片宽卵状心形或卵状心形，全缘或稍波状，无毛，长 8-15 厘米，宽 2-14 厘米。雄花序穗状，常数条簇生，有时分枝，呈圆锥状；雄花单生，密集，基部具 2 片苞片；花被片披针形，紫色；雄蕊 6 枚；雌花序常 2 至数条簇生；具 6 枚退化雄蕊。蒴果下垂，三棱状长圆形，成熟时草黄色，被紫色小斑点，无毛。种子扁卵形，深褐色，具翅。花期 7-10 月，果期 8-11 月。

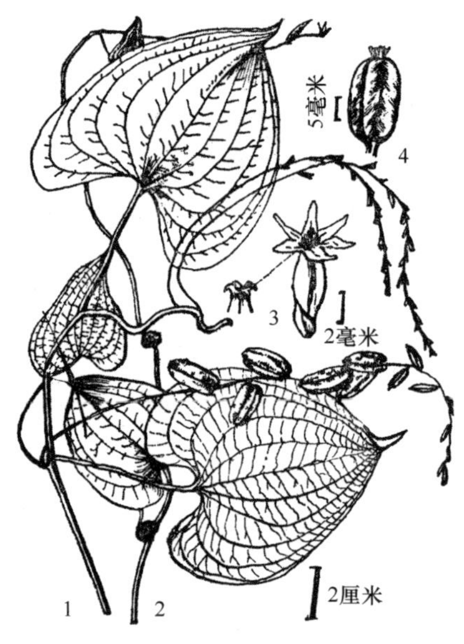

图 119. **黄独 Dioscorea bulbifera**
1. 具花和幼果的植株；2. 具珠芽的枝；3. 雌花；4. 蒴果（引自《秦岭植物志》）。

产眉县、太白、佛坪、洋县、丹凤、南郑、西乡、镇巴，生于海拔 800-1900 米的山地灌丛中；分布于华中、华南、西南及江苏、安徽、浙江、福建、台湾、江西、甘肃东南部。印度、不丹、缅甸、柬埔寨、泰国、越南、日本、朝鲜半岛及非洲、大洋洲也产。

块茎供药用。

（3）**毛芋头薯蓣** 毛芋头（陕南）、复叶薯蓣（《秦岭植物志》）（照片 329、330）

**Dioscorea kamoonensis** Kunth, Enum. Pl. 5: 395. 1850; 秦岭植物志 1(1): 382. 1976; 中国植物志 16(1): 92. 1985; Flora of China 24: 288. 2000.

缠绕草质藤本。块茎近卵圆形；茎左旋，密被短柔毛，后变疏至近无毛，叶腋内有珠芽，被毛。叶互生，掌状复叶具 3-5 小叶，全缘，小叶片椭圆形、披针状长椭圆形、倒卵状长椭圆形或斜卵状椭圆形，长 2-14 厘米，宽 1-5 厘米，顶端渐尖，两面疏生贴伏柔毛，或表面近无毛，叶柄长 2-10 厘米。雄花序为总状花序或圆锥花序，常数个着生，雄花具短梗，小苞片 2 片；雌花序为穗状花序，1-2 个着生于叶腋，子房密生绒毛。蒴果三棱状长圆形，被短柔毛。种子具翅。花期 7-9 月，果期 9-11 月。

产眉县、佛坪、洋县、旬阳、平利、镇坪、岚皋、南郑、西乡、镇巴，生于海拔 650-1100 米的山地灌丛中；分布于华南、西南及浙江、福建、湖北、湖南。印度、不丹、越南也产。

（4）**穿龙薯蓣** 穿山龙（陕北）

**Dioscorea nipponica** Makino, Illustr. Fl. Jap. 1: 2. 45. 1891; 秦岭植物志 1(1): 385.1976; 中国植物志 16(1): 60. 1985; Flora of China 24: 279. 2000.

缠绕草质藤本。根状茎横生，圆柱形，多分枝，栓皮层剥落或不剥落。茎左旋，近无毛，长达 5 米。单叶互生，叶柄长 10-20 厘米；叶片掌状心形，变化较大，茎基部叶长 10-15 厘米，宽 9-13 厘米，边缘作不等大的三角状浅裂、中裂或深裂，顶端叶片小，近全缘，叶表面黄绿色，有光泽，无毛、具稀疏细柔毛或刺毛。花雌雄异株；雄花序为腋生的穗状花序，花序基部常由 2-4 朵集成小伞状，顶端常为单花；苞片披针形，较花被短；花被碟形，6 裂；雄蕊 6 枚，着生于花被裂片的中央；雌花序穗状，单生；雌花具有退化雄蕊；雌蕊柱头 3 裂，裂片再 2 裂。蒴果成熟后枯黄色，三棱形。种子有不等的薄膜状翅。花期 6-8 月，果期 8-10 月。

产延安、甘泉、黄龙、宜君、合阳、陇县及秦巴山区，生于海拔 700-2100 米的山地灌丛或林下；分布于东北、华北及陕西、宁夏、甘肃、青海、山东、安徽、浙江、河南、四川。日本、朝鲜半岛、俄罗斯也产。

块茎供药用，可提取薯蓣皂素。

（4a）**穿龙薯蓣**（原亚种）（图 120，照片 331、332）

**Dioscorea nipponica** Makino subsp. **nipponica**

根状茎具片状剥落的栓皮；叶无毛或有稀疏的白色细柔毛；雄花无柄。

产延安、甘泉、黄龙、韩城、宜君、合阳、陇县及秦巴山区；分布于安徽、甘肃、河北、黑龙江、河南、江西、吉林、辽宁、内蒙古、宁夏、青海、山东、四川、浙江等地。日本、朝鲜半岛和俄罗斯也有分布。

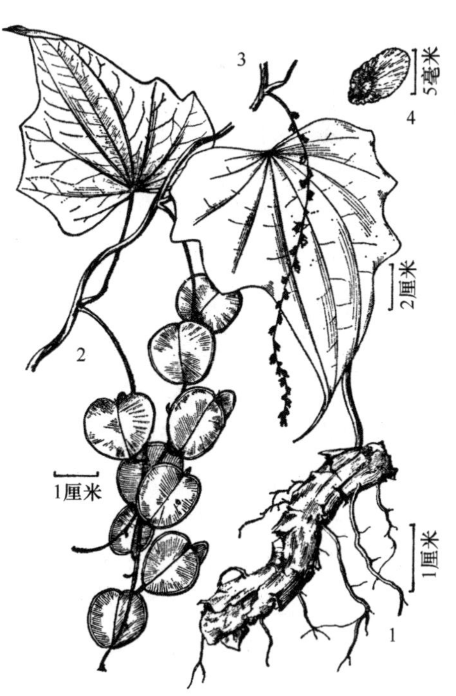


图 120. **穿龙薯蓣**

**Dioscorea nipponica** subsp. **nipponica**

1. 块茎；2. 果枝；3. 雄花序；4. 种子
（引自《秦岭植物志》）。

（4b）**柴黄姜**（亚种）

**Dioscorea nipponica** Makino subsp. **rosthornii** (Prain & Burk.) C. T. Ting, 植物分类学报 17(3): 70. 1979; 中国植物志 16(1): 60. 1985; Flora of China 24: 279. 2000. ——*Dioscorea nipponica* Makino var. *rosthornii* Prain & Burk., Journ. Asiat. Soc. Bengal n. s. 10: 13. 1914.

根状茎无剥落的栓皮；叶有较多白色刺毛；花多少有柄。花期 6-8 月，果期 8-10 月。

产秦巴山区，生于海拔 850-2100 米的山地灌丛或林下；分布于甘肃、湖北、重庆、四川、贵州。

（5）**薯蓣** 淮山、山药、戟叶薯蓣（《秦岭植物志》）（照片 333、334、335）

**Dioscorea polystachya** Turcz., Bull. Soc. Imp. Naturalistes Moscou. 10(7): 158. 1837; Flora of China 24: 292. 2000. ——*Dioscorea opposita* Thunb., Fl. Jap. 151. 1784; 秦岭植物志 1(1): 382. 1976; 中国植物志 16(1): 103. 1985.

草质藤本。块茎长圆柱形，长可达 1 米多；茎右旋，无毛。茎下部的叶互生，中部以上互生或对生，稀轮生；叶片卵状三角形至宽卵形或戟形，长 3-9 厘米，宽 2-7 厘米，先端渐尖，基部深心形、宽心形或近截形，边缘不裂、3 浅裂至 3 深裂；叶腋内常有珠芽。雌雄异株；雄花序穗状，长 2-8 厘米，2-8 个着生于叶腋，有时呈圆锥状排列；花序轴曲折；苞片和花被片有紫褐色斑点；雄花的外轮花被片为宽卵形，内轮较小；雄蕊 6 枚；雌花序穗状，1-3 个着生于叶腋。蒴果，三棱形，外面有白粉。种子具膜质翅。花期 6-9 月，果期 7-11 月。

产秦巴山区，生于海拔 420-1900 米的山地灌丛或草丛中，亦常见栽培；分布于华东、华中、华南及吉林、辽宁、河北、甘肃、重庆、四川、贵州、云南。日本、朝鲜半岛也产。

块茎富含淀粉，可食用；亦供药用。

（6）**盾叶薯蓣** 火滕根（陕南）、黄姜（《秦岭植物志》）（图 121，照片 336、337）

**Dioscorea zingiberensis** C. H. Wright, Journ. Linn. Soc. Bot. 36: 93. 1903; 秦岭植物志 1(1): 382. 1976; 中国植物志 16(1): 64. 1985; Flora of China 24: 280. 2000.

草质藤本。根状茎近圆柱形；茎左旋，无毛。单叶互生；叶片厚纸质，三角状卵形、心形或箭形，通常 3 浅裂至 3 深裂，无毛，表面绿色，常具不规则斑块，叶柄盾状着生，不显著。花单性异株或同株；雄花序穗状，单一或分枝，单生或 2-3 个簇生于叶腋；雄花无梗，常 2-3 朵簇生，基部常有膜质苞片 3-4 片；花被片 6 片，长 1.2-1.5 毫米，宽 0.8-1 毫米，紫红色；雄蕊 6 枚，花丝极短，与花药几等长；雌花序与雄花序类似；雌花具退化雄蕊，花丝状。蒴果三棱形，每棱翅状，表面常有白粉。种子四周围具薄膜状翅。花期 5-8 月，果期 9-10 月。

主要产秦岭南坡及巴山，生于海拔 400-1500 米的山地灌丛中，高陵、鄠邑、宝鸡等地

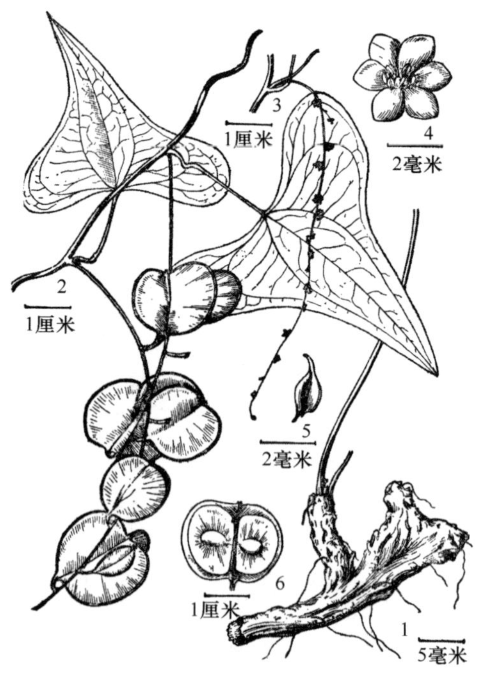

图 121. **盾叶薯蓣 Dioscorea zingiberensis**
1. 块茎；2. 果枝；3. 雄花序；4. 雄花；5. 雄花的不育雌蕊；6. 果实纵剖面，示种子着生位置（引自《秦岭植物志》）。

也有，可能为栽培后逸生；分布于甘肃、河南、湖北、湖南、重庆、四川、云南。

块茎供药用，可提取薯蓣皂素。

# 露兜树目 **Pandanales** R. Br. ex Bercht. & J. Presl

## 二九　百部科 **Stemonaceae** Caruel

寻路路（陕西省西安植物园）

亚灌木，藤本或多年生草本。具块根或横走根状茎；茎直立或攀援。叶互生、对生或轮生，具柄或无柄。总状或聚伞花序，具较少花或单花，腋生或贴生叶柄或叶中脉；花两性，通常花叶同期，稀先花后叶；花被片 4 片，花瓣状，2 轮，离生；雄蕊 4 枚，着生花被片基部；花丝极短，离生或基部合生，花药背着或底着，内曲，纵裂；药隔伸长，花被片状，线状披针形；柱头小，无柄，子房上位或近半下位，1 室，胚珠 2 至多枚。蒴果稍扁，2 瓣裂。种子卵形或长圆形，具附属物，种皮革质。胚坚硬，细长形。

本科共 4 属约 32 种，产亚洲、澳大利亚及北美洲。中国有 2 属 8 种；陕西栽培 1 属 1 种。

### 1. 百部属 **Stemona** Lour.

Fl. Cochinch. 2: 404. 1790; 中国植物志 13(3): 254. 1997; Flora of China 24: 70. 2000.

多年生亚灌木或藤本。块根簇生，肉质，纺锤状；茎直立或攀援。叶互生、对生或轮生。花序腋生，有时着生在叶柄或叶中脉上。花被片 4 片，近等长，披针形；雄蕊 4 枚，直立，着生花被片基部；花药线形，顶部具附属物；柱头小，不裂或 2-3 裂；子房上位；胚珠 2 至多枚。蒴果卵形到椭圆形。种子长圆形或卵形，具附属物，表面具纵纹。

本属约 27 种，产亚洲和澳大利亚。中国有 7 种；陕西栽培 1 种。

（1）**直立百部**（照片 338、339）

**Stemona sessilifolia** (Miq.) Miq., Prol. Fl. Jap.: 386. 1867; 中国植物志 13(3): 256. 1997; Flora of China 24: 70. 2000. ——*Roxburghia sessilifolia* Miq., Ann. Mus. Bot. Lugduno-Batavi 2: 211. 1866.

直立亚灌木。高 30-70 厘米；具块根，纺锤状。叶 2-5 轮生，具短柄或近无柄；叶片倒卵形、卵状椭圆形或卵状披针形，长 3.5-6 厘米，宽 1.5-4 厘米，基部楔形，先端短尖。花序着生茎下部鳞片腋内，具 1 朵花；花梗长 1-1.5 厘米，中上部具关节；苞片鳞片状，约 8 毫米；花被片淡绿色，卵状披针形，长 10-15 毫米，宽 2-4 毫米；雄蕊紫红色，较花被片短或近等长；花丝短，长 2-4 毫米；花药长约 3.5 毫米；附属物长 5-7 毫米。蒴果卵形，具种子数枚。花期 3-5 月，果期 6-7 月。

西安等地有栽培；分布于安徽、福建、河南、湖北、江苏、江西、山东、浙江等地，通常生长在山坡林下。

根通常供药用。

# 百合目 **Liliales** Perleb

### 分科检索表[①]

1. 木质或草质攀援藤本，稀直立小灌木；茎上通常具皮刺，稀无刺；花单性，雌雄异株，罕为两性花……………………………………………………三二 菝葜科 **Smilacaceae** Vent.
1. 一至多年生草本，植株无刺；花通常两性，部分种类为单性……………………………………2
2. 花药通常内向开裂………………………………………………………三三 百合科 **Liliaceae** Juss.
2. 花药通常外向开裂，若内向开裂，则花单生，叶轮生，种子球形，不具翅……………………3
3. 伞形花序，或 1-2 朵花，通常下垂；浆果………………………三一 秋水仙科 **Colchicaceae** DC.
3. 总状花序、穗状花序、圆锥花序或单生花；蒴果，如为浆果则花单生，向上……………………………………………………三十 藜芦科 **Melanthiaceae** Batsch ex Borkh.

## 三十 藜芦科[②] **Melanthiaceae** Batsch ex Borkh.

程虎印 王 薇（陕西中医药大学）
寻路路（陕西省西安植物园）

一至多年生草本。具根状茎或球茎。叶莲座状、互生或轮生。单花或为总状、圆锥花序；花两性或雌雄异株；花被片通常 6 片，稀多数，离生，2 轮，辐射对称；雄蕊与花被片同数；子房通常 3 室，上位或半上位，胚珠 2 至多枚。蒴果，稀浆果。种子具胚乳，胚小。

本科有 16 属约 160 种，产北半球的温带和寒温带。中国有 7 属 49 种；陕西产 4 属 9 种。

本科物种根状茎含生物碱或甾体皂苷，普遍药用。

### 分属检索表

1. 叶轮生；花单一，顶生……………………………………………………………………………2
1. 叶互生或基生莲座状；花多数，形成总状或圆锥花序……………………………………………3
2. 叶 4 片至多数，稀 3 片；花 4 基数或更多，内轮花被片狭条形……………1. 重楼属 **Paris** L.
2. 叶 3 片；花 3 基数，内轮花被片片状…………………………………2. 延龄草属 **Trillium** L.
3. 叶互生，椭圆形至条形；圆锥花序，稀总状花序……………………3. 藜芦属 **Veratrum** L.
3. 叶基生，莲座状，匙形至倒披针形；总状花序………………4. 丫蕊花属 **Ypsilandra** Franch.

### 1. 重楼属 **Paris** L.

Sp. Pl. 1: 367. 1753; 秦岭植物志 1(1): 353. 1976; 中国植物志 15: 86. 1978; Flora of China 24: 88. 2000.

多年生草本。根状茎肉质；茎直立，不分枝。叶多数轮生于茎顶部，排成 1 轮。花单生于叶轮中部；花 3 至 9 基数，花被片离生，排成 2 轮，宿存；外轮花被片披针形至

① 卢元（陕西省西安植物园）编写。
② 又称黑药花科（《中国维管植物科属志》）。

宽卵形，叶状，开展，稀反折；内轮花被片狭条形，稀不存在；雄蕊 1-2 轮，极少 3 轮，与花被片同数；花丝扁平；花药条形，基着药，药隔突出或不明显；子房近球形或圆锥形，4-14 室，顶端具盘状花柱基或无，花柱 4-10 分枝。蒴果或浆果，具几枚至几十枚种子。

本属各类群种子萌发的实生苗、将顶芽或根状茎切成块状进行无性繁殖长出的幼苗，均仅具 1 片心形叶，叶片形态、数目、根状茎直径与长度、花基数、果实直径与成熟种子数目等常随生长年限的增长而有不同程度的变化或增加，因此这些性状在种内有较大差异。

本属植物的根状茎均可供药用，其活性成分为以重楼皂苷、薯预皂苷和偏诺皂苷为主的甾体皂苷，是有名的中药材。由于该类群植物的显著药用功效，野外类群常被过度采挖，本属多种已处于易危、近危或濒危状况。

本属有 26 种，分布于欧洲及亚洲温带和亚热带地区。中国有 22 种；陕西产 5 种。

## 分种及种下等级检索表

1. 根状茎细长，直径 2-5 毫米，近等粗，节间长；子房无棱，顶端通常不具花柱基；花柱的分枝细长；蒴果不开裂……2
1. 根状茎粗厚，直径 8-30 毫米，不等粗，密生环节；子房具棱，顶端具花柱基；花柱的分枝短粗；蒴果开裂，外种皮红色……3
2. 叶通常 6-10 片；外轮花被片宽 13-25 毫米……（4）**北重楼 P. verticillata** M. Bieb.
2. 叶通常 4 片；外轮花被片宽 3-8 毫米……（1）**巴山重楼 P. bashanensis** F. T. Wang & Tang
3. 叶 4-6 片，基部心形或近圆形，具长柄；药隔突出部分圆头状或小尖头状，长约 1 毫米……4
3. 叶通常 7-13 片，基部楔形或圆形，稀心形，具短柄或长柄；药隔突出部分非上述形状……5
4. 叶基部略呈心形，药隔突出部分圆头状……（2a）**球药隔重楼 P. fargesii** Franch. var. **fargesii**
4. 叶基部近圆形，稀心形，药隔突出部分为小尖头状……（2b）**具柄重楼 P. fargesii** Franch. var. **petiolata** (Baker ex C. H. Wright) F. T. Wang & Tang
5. 叶 10-14 片，披针形、倒卵状披针形至披针形，基部楔形；无柄或具短柄；内轮花被片通常较外轮花被片长；子房通常暗紫色……6
5. 叶 5-9 片，矩圆形、矩圆状披针形或椭圆形，基部楔形、宽楔形或圆形；内轮花被片较外轮短或长，或无内轮花被片；子房绿色或紫色……7
6. 叶倒卵状披针形，幼果具疣状凸起……（3c）**宽叶重楼 P. polyphylla** Sm. var. **latifolia** F. T. Wang & C. Yu Chang
6. 叶披针形至条形，幼果光滑……（3d）**狭叶重楼 P. polyphylla** Sm. var. **stenophylla** Franch.
7. 药隔长 1-2 毫米……8
7. 药隔长 6-16 毫米……10
8. 内轮花被片等长或长于外轮；花丝长 8-10 毫米……（3a）**七叶一枝花 P. polyphylla** Sm. var. **polyphylla**
8. 内轮花被片通常较外轮短，稀等长；花丝长 4-5 毫米……9
9. 内轮花被片上部宽约 1.5 毫米；花药长 12-15 毫米……（3b）**华重楼 P. polyphylla** Sm. var. **chinensis** (Franch.) H. Hara
9. 内轮花被片上部宽 2-5 毫米；花药长 7-12 毫米……（3e）**滇重楼 P. polyphylla** Sm. var. **yunnanensis** (Franch.) Hand.-Mazz.
10. 具内轮花被片……（5a）**黑籽重楼 P. thibetica** Franch. var. **thibetica**
10. 无内轮花被片……（5b）**无瓣重楼 P. thibetica** Franch. var. **apetala** Hand.-Mazz.

### （1）巴山重楼

**Paris bashanensis** F. T. Wang & Tang, 中国植物志 15: 88, 250. 1978; Flora of China 24: 95. 2000; 陕西化龙山国家级自然保护区植物资源及保护: 18. 2013.

多年生直立草本。根状茎细长，直径2-4毫米；高25-45厘米。叶通常4片轮生，具短柄或近无柄；叶片长圆状披针形或卵状椭圆形，长4-9厘米，宽2-3.5厘米，基部楔形。花梗长2-7厘米；外轮花被片4片，狭披针形，长1.5-3.5厘米，宽3-5毫米；内轮花被片与外轮同数，近等长，线形；雄蕊8枚，花丝长3-4毫米，花药长1-1.2厘米，药隔突出部分长4-9毫米；子房紫色，球状，柱头4-5裂，分枝细长。浆果状蒴果不开裂，球形，紫色，具多数种子。花期4-7月，果期8-9月。

产化龙山，生于海拔1800米的林下；分布于湖北、四川。

国家二级重点保护野生植物。

### （2）球药隔重楼

**Paris fargesii** Franch., J. Bot. (Morot) 12: 190. 1898; 中国植物志 15: 91. 1978; Flora of China 24: 93. 2000; 陕西维管植物名录: 429. 2016.

多年生直立草本。根状茎粗，直径1.5-2厘米；茎高50-100厘米。叶4-6片，叶片宽卵圆形或卵状长圆形，长9-20厘米，宽4.5-15厘米，先端短尖，基部略呈心形，具柄，长2-4厘米。花梗长20-40厘米；外轮花被片4-5片，绿色，披针形或卵状披针形，先端尾尖，基部变狭成短柄，内轮花被片狭线形，黄绿色或紫黑色，通常长1-2厘米；雄蕊8或10枚，长0.5-1.5厘米，药隔突出部分圆头状，紫褐色，长1-2毫米。蒴果，卵圆球形。花期4-6月，果期7-9月。

产太白山、佛坪、洋县、镇巴、留坝、凤县、柞水、平利、山阳、石泉、旬阳、岚皋、镇坪、南郑、宁强、西乡、镇巴等地，生于海拔900-1600米的山地林下；分布于广东、广西、贵州、湖北、湖南、江西、四川、云南等地。越南也产。

### （2a）球药隔重楼（原变种）

**Paris fargesii** Franch. var. **fargesii**

雄蕊长0.5-0.7 厘米；药隔突出部分椭圆形到近球状，长约1毫米。

产山阳、石泉、旬阳、宁强、岚皋、镇坪、镇巴等地，生于海拔900-1600米的山坡林下；分布于广东、贵州、湖北、湖南、江西、四川、云南等地。越南也有分布。

国家二级重点保护野生植物。

### （2b）具柄重楼（变种）柄叶重楼（《秦岭植物志》）（照片340、341）

**Paris fargesii** Franch. var. **petiolata** (Baker ex C. H. Wright) F. T. Wang & Tang, 中国植物志 15: 91. 1978; Flora of China 24: 93. 2000; 陕西维管植物名录: 429.2016. ——*P. petiolata* Baker ex C. H. Wright, J. Linn. Soc. Bot. 36: 145. 1903; 秦岭植物志 1(1): 353. 1976.

雄蕊长1.2-1.5 厘米，药隔突出部分小尖头状，长1-2毫米。

产太白山、佛坪、洋县、镇巴、留坝、凤县、柞水、平利、镇坪、岚皋、南郑、宁强、西乡，生于海拔 1150-1340 米的山地林下或草丛；分布于江西、广西、四川、贵州。

国家二级重点保护野生植物；濒危（EN）。

**（3）七叶一枝花** 重楼、灯台七、螺丝七（《秦岭植物志》）

**Paris polyphylla** Sm., in Rees, Cycl. 26: Paris no. 2. 1813; 秦岭植物志 1(1): 354. 1976; 中国植物志 15: 92. 1978; Flora of China 24: 90. 2000.

多年生直立草本。根状茎横卧；茎高 10-100 厘米，常带紫红色。叶通常 9-11 片轮生，矩圆形、椭圆形或倒卵状披针形，长 6-15 厘米，宽 0.5-5 厘米，基部圆形或楔形，叶柄长 1-6 厘米。花梗长 5-24 厘米；外轮花被片 4-8 片，狭卵状披针形或长椭圆形，绿色或黄绿色，长 4.5-7 厘米，宽 1-4 厘米，内轮黄绿色，狭线形，长 3-7 厘米；雄蕊 8-12 枚，药隔突出部分短；子房近球形，具 5-6 棱，顶端具一盘状花柱基，花柱粗短。蒴果，球形，墨绿色至紫色，3-6 瓣裂。种子被红色肉质外种皮。花期 4-7 月，果期 8-10 月。

产耀州及秦巴山区，生于海拔 1100-2100 米的山地阴湿林下、坡底、沟边；分布于安徽、福建、甘肃、广东、广西、贵州、河南、湖北、湖南、江苏、江西、山西、四川、台湾、西藏、云南、浙江。印度、不丹、尼泊尔、越南也产。

**（3a）七叶一枝花**（原变种）（图 122，照片 342、343、344）

**Paris polyphylla** Sm. var. **polyphylla**

植株高 30 厘米以上。叶长 6-10 厘米，宽 2.5-5 厘米。内轮花被片狭线形，宽 1-2 毫米，较外轮稍长；花丝长 4-7 毫米，花药长 5-8 毫米；药隔突出部分长 0.5-1 毫米。

产耀州及秦巴山区，常生于海拔 1200-2000 米的林下；分布于甘肃、广东、广西、贵州、湖北、湖南、四川、台湾、西藏、云南等地。不丹、印度、尼泊尔、越南也有分布。

国家二级重点保护野生植物。

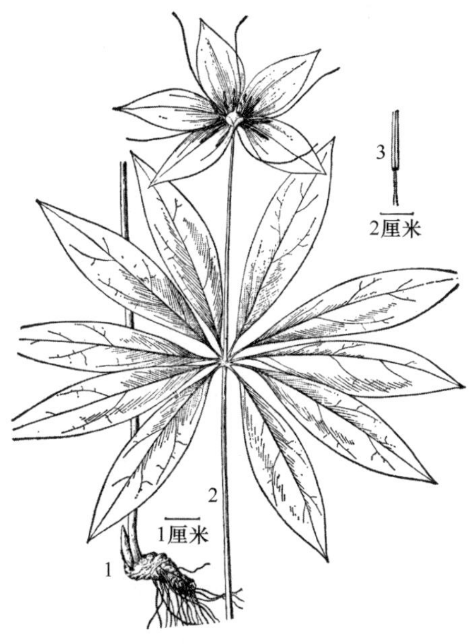


图 122. **七叶一枝花**
**Paris polyphylla** var. **polyphylla**
1. 植株下部和根状茎；2. 植株上部；3. 雄蕊（引自《秦岭植物志》）。

**（3b）华重楼**（变种）

**Paris polyphylla** Sm. var. **chinensis** (Franch.) H. Hara, J. Fac. Sci. Univ. Tokyo, Sect. 3, Bot. 10: 176. 1969; 中国植物志 15: 92. 1978; Flora of China 24: 91. 2000; 陕西维管植物名录: 429. 2016. ——*Paris chinensis* Franch., Nouv. Arch Mus. Paris ser. 2, 10: 97. 1888.

植株高 40-130 厘米。叶 5-10 片轮生。内轮花被片中上部宽 1.5-2.5 毫米，显著短于外轮花被片，药隔短。花药长1.2-1.5厘米，长为花丝的3-4倍。果实有显著纵棱。花期4-6月，果期7-10月。

产太白、镇巴、平利，生于海拔1900米左右的山坡疏林下；分布于江苏、安徽、福建、台湾、江西、湖北、湖南、广东、广西、四川、贵州、云南。缅甸、泰国、老挝、越南也产。

根状茎可供药用。

国家二级重点保护野生植物；易危（VU）。

（3c）**宽叶重楼**（变种）（照片345、346）

**Paris polyphylla** Sm. var. **latifolia** F. T. Wang & C. Yu Chang, 中国植物志 15: 94, 250. 1978; Flora of China 24: 92. 2000.

植株高50-55厘米。叶8-13片轮生，倒卵状披针形或宽披针形。内轮花被片丝状或狭条形，长于或稍长于外轮；药隔短；子房和蒴果表面有疣状凸起。花期4-6月，果期7-10月。

产黄龙、耀州、华阴、宁陕、镇巴、岚皋、镇坪、南郑，生于海拔1200-2250米的山地林下；分布于山西、河南、安徽、湖北、江西。

根状茎供药用。

国家二级重点保护野生植物。

（3d）**狭叶重楼**（变种）（照片347）

**Paris polyphylla** Sm. var. **stenophylla** Franch., Nouv. Arch. Mus. Hist. Nat. sér. 2, 10: 97. 1887; 中国植物志 15: 94. 1978; Flora of China 24: 91. 2000.

植株高35-115厘米。叶披针形、倒披针形或条状披针形，长5.5-19厘米，通常宽1-2厘米，基部楔形。内轮花被片丝状或狭条形，较外轮长；药隔短；子房和果实表面光滑。花期4-5月，果期5-7月。

产黄陵、耀州、陇县及秦巴山区，生于海拔1100-2100米的山地林下；分布于山西、甘肃、江苏、安徽、浙江、福建、台湾、江西、湖北、湖南、广西、四川、云南、西藏。印度、不丹、尼泊尔、缅甸也产。

国家二级重点保护野生植物。

（3e）**滇重楼**（变种）　宽瓣重楼（《中国植物志》）

**Paris polyphylla** Sm. var. **yunnanensis** (Franch.) Hand.-Mazz., Symb. Sin. 7: 1216. 1936; Flora of China 24: 91. 2000; 中国中医药信息杂志 25(3): 1. 2018. ——*Paris yunnanensis* Franch., Mem. Soc. Philom. Cent. (Paris) 24: 290. 1888.

植株高30-100厘米。叶5-9片轮生。内轮花被片线形或丝状，宽3-5毫米，较外轮短，上部常扩大为宽2-5毫米的狭匙形。雄蕊花丝长4-7毫米，药隔突出部分长1-2毫米。

产镇巴，生于海拔1100-1500米的阴湿阔叶林下及林缘；分布于陕西、四川、贵州、云南、西藏。印度、缅甸也有分布。

国家二级重点保护野生植物。

**（4）北重楼** 上大梯、定风筋、灯台七（图 123，照片 348、349、350）

**Paris verticillata** M. Bieb., Fl. Taur.-Caucas. 3: 287. 1819; 秦岭植物志 1(1): 353. 1976; 中国植物志 15: 88. 1978; Flora of China 24: 91. 2000.

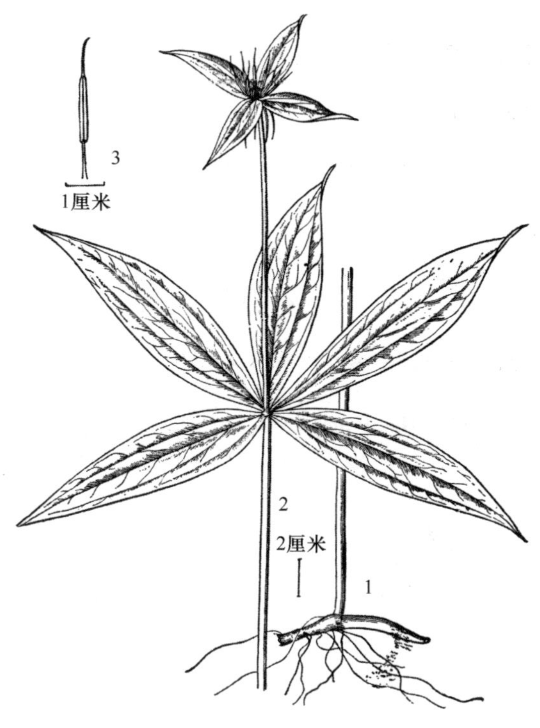

图 123. **北重楼 Paris verticillata**
1. 植株下部和根状茎；2. 植株上部；3. 雄蕊（引自《秦岭植物志》）。

根状茎细长，直径 3-5 毫米，表面淡褐色至白色，光滑。高 25-60 厘米，茎绿白色，略带紫色。叶 6-8 片轮生，具短柄或近无柄；叶片披针形、狭长圆形、倒披针形或倒卵状披针形，长 7-15 厘米，宽 1.5-5 厘米，先端渐尖，基部楔形；三出掌状网脉。花梗长 4.5-12 厘米；外轮花被片 4 片，绿色，长圆状披针形或卵状披针形，长 2-5.5 厘米，宽 1-3 厘米，先端渐尖，基部圆形或宽楔形；内轮花被片黄绿色，狭条形，长 1-3 厘米；雄蕊 8 枚，花药长约 1 厘米，花丝基部稍扁平，长 5-8 毫米；药隔突出部分芒状，长 6-8 毫米；子房近球形，紫褐色至蓝黑色，顶端无盘状花柱基，花柱具 4-5 个细长的分枝。蒴果浆果状，球形，紫黑色，不开裂，直径约 1 厘米。种子无假种皮。花期 5-6 月，果期 7-9 月。

产华山、太白山、长安、陇县、凤县、留坝、宁陕、佛坪、洋县、西乡、平利、镇坪、柞水、镇安、山阳，生于海拔 1200-2850 米的山地林下；分布于东北、华北及甘肃、安徽、浙江、四川。

**（5）黑籽重楼** 短梗重楼（《中国植物志》）、长药隔重楼（《中国高等植物图鉴》）

**Paris thibetica** Franch., Nouv. Arch. Mus. Hist. Nat. ser. 2, 10: 184. 1888; Flora of China 24: 93. 2000. ——*Paris polyphylla* Sm. var. *appendiculata* Hara, Fl. East. Himal. 410. 1966; 中国植物志 15: 94. 1978.

多年生草本。根状茎长达 12 厘米，粗 0.5-2 厘米；植株高 35-90 厘米。叶 7-12 片生，叶片披针形或倒披针形，长 4-15 厘米，宽 1-5 厘米，基部楔形，叶柄短或几无。花梗长 3.5-11 厘米；外轮花被片绿色，4 或 5 片，披针形，长 3.5-8 厘米，内轮花被片淡绿色，狭线形，长 3-5.8 厘米，或缺失；雄蕊 8-10 枚，长 2-5 厘米，药隔凸出长 0.8-2.7 厘米；子房绿色，卵球形，具棱；花柱短，柱头长 3-7 毫米。蒴果卵球形。种子具深红色肉质假种皮。花期 4-7 月，果期 7-8 月。

产华阴、太白、镇巴，生于海拔 1100-1480 米的阴湿阔叶林下；分布于甘肃、湖南、湖北、四川、贵州、云南、西藏等地。印度、不丹也有分布。

**（5a）黑籽重楼**（原变种）

**Paris thibetica** Franch. var. **thibetica**

具内轮花被片，狭线形，较外轮长或等长。

产太白、镇巴，生于1100-1480米的林下阴湿处；分布于甘肃、贵州、四川、西藏、云南等地。不丹也有分布。

国家二级重点保护野生植物。

**（5b）无瓣重楼**（变种）缺瓣重楼

**Paris thibetica** Franch. var. **apetala** Hand.-Mazz., Anz. Akad. Wiss. Wien, Math.-Naturwiss. Kl. 62: 149. 1925; Flora of China 24: 93. 2000; 秦岭植物志增补: 29. 2013.

内轮花被片缺失。

产华阴，生于海拔1100米左右的山坡林下；分布于云南、贵州、四川等地。不丹、缅甸也有分布。

国家二级重点保护野生植物。

## 2. 延龄草属 **Trillium** L.

Sp. Pl. 1: 339. 1753; 秦岭植物志 1(1): 352.1976; 中国植物志 15: 97. 1978; Flora of China 24: 95. 2000.

多年生直立草本。根状茎粗短；茎不分枝，基部被褐色膜质鞘。叶轮生于茎的顶端，3片，菱形至卵形，主脉3-5条，叶柄短或无柄。花单一顶生；花被片6片，排成2轮，外轮3片宿存，绿色，内轮3片白色或紫红色，花后凋落；雄蕊6枚，较花被片短，花丝短，花药基着；雌蕊心皮3枚，子房黑紫色，圆锥形、圆锥状卵形或卵圆形，3室，每室具多枚胚珠，柱头3裂。浆果，球形或卵形。种子小，卵球形。

本属约46种，分布于不丹、中国、印度、日本、韩国、缅甸、尼泊尔、俄罗斯和北美洲。中国有4种；陕西产1种。

**（1）延龄草** 芋儿七、狮儿七、鱼儿七（彩图版6）

**Trillium tschonoskii** Maxim., Bull. Acad. Imp. Sci. Saint-Pétersbourg. 29: 218. 1884; 秦岭植物志 1(1): 352. 1976; 中国植物志 15: 97. 1978; Flora of China 24: 95. 2000.

多年生草本。根状茎粗短；植株高15-50厘米。叶3片轮生，菱状圆形至宽菱形，长6-15厘米，宽5-15厘米，无柄。花梗长1-4厘米；外轮花被片狭卵形至卵状披针形，长1.5-2厘米，宽5-9毫米，绿色，内轮花被片卵状披针形，长1.5-2.5厘米，宽4-6（-10）毫米，白色，稀淡紫色；花药长3-4毫米，顶端有稍突出的药隔；花柱长4-5毫米，子房圆锥状卵形，长7-9毫米。浆果，圆球形，黑紫色。种子多数。花期4-6月，果期7-8月。

产长安、太白、眉县、周至、宁陕、旬阳、凤县、留坝、宁强、佛坪、洋县、镇安、镇坪、岚皋、西乡、平利，生于海拔1600-2700米的山地林下；分布于甘肃、安徽、浙江、福建、台湾、湖北、四川、云南、西藏。印度、不丹、缅甸、日本、朝鲜半岛也产。

根状茎及根入药。

陕西省地方重点保护植物。

## 3. 藜芦属 **Veratrum** L.

Sp. Pl. 2: 1044. 1753; 秦岭植物志 1(1): 355. 1976; 中国植物志 14: 19. 1980; Flora of China 24: 82. 2000.

多年生草本。根状茎粗短，密生多数须根；茎直立，被短柔毛，基部被叶鞘残存网状纤维。叶较宽阔，全缘，基部常抱茎，具明显横向皱褶脉。圆锥花序顶生，具多花，花白色、淡黄绿色或深紫褐色；雄性花和两性花同株；花被片 6 片，离生，内轮较外轮狭长，宿存；雄蕊 6 枚，花丝丝状，花药小，横向开裂；子房 3 室，上端微 3 裂，胚珠多数，花柱 3 枚，宿存。蒴果，略呈三钝棱状。种子扁平，具膜质翅。

本属约 40 种，主要分布于北半球温带地区。中国有 13 种；陕西产 2 种。

本属的根、根状茎和地上部分均可入药。

### 分种及种下等级检索表

1. 叶背面密生短柔毛；花通常较大，花被白色，缘具啮蚀状齿；子房密生柔毛…………………………………………………………………………………………（1）**毛叶藜芦 V. grandiflorum** (Maxim. ex Baker) O. Loes.
1. 叶背无毛；花较小，花被深红色至黑紫色，全缘；子房无毛……………………………………2
2. 圆锥花序，花下的小苞片约等长于花梗……………………………（2a）**藜芦 V. nigrum** L. var. **nigrum**
2. 总状花序，花序基部花的苞片长于花梗………（2b）**总状藜芦 V. nigrum** L. var. **paniculatum** Y. Ren

### (1) 毛叶藜芦

**Veratrum grandiflorum** (Maxim. ex Baker) O. Loes., Verh. Bot. Ver. Brand. 68: 135. 1926; 中国植物志 14: 24. 1980; Flora of China 24: 83. 2000; 陕西维管植物名录: 432. 2016. ——*Veratrum album* L. var. *grandiflorum* Maxim. ex Baker, J. Linn. Soc., Bot. 17: 471. 1879.

多年生草本。植株基部具纤维束；高达 1.5 米。叶无柄，抱茎，叶片宽椭圆形至长圆状披针形，长 10-15 厘米，宽 6-9 厘米，背面密生短柔毛，先端钝圆到渐尖。圆锥花序塔状，长 20-50 厘米，密生多花；花绿白色，花梗短，有时密被短柔毛；花被片 6 片，宽长圆形或椭圆形，长 1.1-1.7 厘米，宽约 6 毫米，边缘具啮蚀状牙齿，先端钝，外轮花被片背面被短柔毛；雄蕊长 6-10 毫米；子房近圆锥状，密生短柔毛。蒴果，长 1.5-2.5 厘米，宽 1-1.5 厘米。花果期 7-8 月。

产平利、镇坪、岚皋，生于海拔 2600-2900 米的山地草丛或林下；分布于浙江、湖北、湖南、重庆、四川、云南。

### (2) 藜芦 搜山虎

**Veratrum nigrum** L., Sp. Pl. 2: 1044. 1753; 秦岭植物志 1(1): 355. 1976; 中国植物志 14: 21. 1980; Flora of China 24: 84. 2000.

多年生草本，基部具网状纤维。植株高达 1 米。叶茎生，叶片宽卵状椭圆形或宽卵状披针形，长 22-25 厘米，宽约 10 厘米，无毛，无柄或具短柄。圆锥花序密生多花，侧生总状花序通常具雄花，顶生总状花序几乎全部着生两性花，稀总状花序不分枝；花序轴密被白色绒毛；小苞片有短柔毛；花黑紫色；花被片 6 片，开展或在两性花中略反折，长圆形，长 5-8 毫米，宽约 3 毫米，先端钝或浑圆，全缘；雄蕊 6 枚，长为花被片的一半；子房无毛。蒴果，长 1.5-2 厘米，宽 1-1.3 厘米。花果期 7-9 月。

产秦巴山区，较常见，生于海拔 1200-3000 米的山地林下或草丛中；分布于甘肃、贵州、河北、黑龙江、河南、湖北、吉林、辽宁、内蒙古、山东、山西、四川等地。哈萨克斯坦、蒙古国、俄罗斯及中欧也产。

根状茎和纤维根可入药。

（2a）**藜芦**（原变种）（图 124，照片 351、352、353）

**Veratrum nigrum** L. var. **nigrum**

圆锥花序具多花。

秦巴山区广泛分布，生于海拔 1200-3000 米的山地林下或草丛中；分布于甘肃、贵州、河北、黑龙江、河南、湖北、吉林、辽宁、内蒙古、陕西、山东、山西、四川等地。哈萨克斯坦、蒙古国、俄罗斯西伯利亚地区及欧洲也有分布。

（2b）**总状藜芦**（变种）

**Veratrum nigrum** L. var. **paniculatum** Y. Ren, 秦岭大熊猫栖息地植物: 114. 1998; 秦岭植物志增补: 31. 2013.

植物体具稀疏的毛被，花序总状而不分枝，花序基部花的苞片长于花梗，上部的与花梗等长。

产佛坪，生于海拔 1800 米左右的山坡林下。陕西特有植物。

图 124. **藜芦 Veratrum nigrum** var. **nigrum**
1. 植株下部；2. 花序；3. 花；4. 果实
（引自《秦岭植物志》）。

## 4. 丫蕊花属 **Ypsilandra** Franch.

Nouv. Arch. Mus. Hist. Nat. sér. 2, 10: 93. 1888; 中国植物志 14: 15. 1980; Flora of China 24: 86. 2000.

多年生草本。根状茎粗短。叶基生，莲座状，叶片较狭，线形至近条形、匙形，基部下延成柄。花莛从叶簇的侧面腋部抽出；总状花序顶生，无苞片；花被片 6 片，宿存，离生；雄蕊 6 枚，花药基着，肾形，开裂后呈丫字形或盾状；子房上位，3 室，具多枚胚珠；花柱 1 枚，柱头头状或 3 裂。蒴果三棱形，顶部 3 裂。种子多数，狭纺锤形，两端有长尾，全长 4-5 毫米。

本属共 5 种，分布于亚洲。中国有 5 种；陕西产 1 种。

（1）丫蕊花（照片 354）

**Ypsilandra thibetica** Franch., Nouv. Arch. Mus. Hist. Nat. sér. 2, 10: 94. 1888; 中国植物志 14: 16. 1980; Flora of China 24: 86. 2000; 西北植物学报 39(12): 2281. 2019.

多年生草本。根状茎长 1-5 厘米。叶倒披针形，先端渐尖，基部下延成柄，连柄长 6-27 厘米，宽 1.5-4.8 厘米。花莛高 7-50 厘米，较叶长；总状花序具花 5-30 朵，花梗长 6-10 毫米；花被片白色、淡红色至紫色，近匙状倒披针形，长 6-10 毫米；雄蕊长 1-1.8 厘米，伸出花被片；子房上部 3 深裂达 1/3-2/5，花柱长 1.6-2 厘米，柱头头状，稍 3 裂。蒴果，长为宿存的花被片的 1/2-2/3。种子狭纺锤形，两端具长尾。花期 3-4 月，果期 5-6 月。

产南郑，生于海拔 820 米左右的石山坡；分布于四川、湖南、广西、台湾。

# 三一 秋水仙科 Colchicaceae DC.

刘培亮（西北大学）

多年生草本，具球茎或短的根状茎，有时具较长的匍匐根状茎。茎直立，有时攀援。单叶互生，全缘；茎基部的叶常呈鞘状；多条主脉从叶片基部掌状发出；通常无叶柄，罕具叶柄。花序为聚伞花序、总状花序、圆锥花序、伞形状花序或单花，有时具苞片。花常两性，罕单性；辐射对称，有时稍呈两侧对称；花被片 6 枚，排成 2 轮，离生或基部合生，基部常具蜜囊；雄蕊 6 枚，排成 2 轮；花丝离生或与花被片合生，有时具蜜腺；花药背着或基着，通常向外开裂；心皮近合生；子房上位，通常 3 室，罕为 2 或 4 室，每室常具多数胚珠，中轴胎座；花柱通常 3 或 1 条而具 3 个柱头。果实为蒴果或浆果。

本科有 15 属约 280 种，分布于除南美洲之外的温带至热带地区。中国有 3 属约 16 种，主要分布于西南、华南、华中、华东等地区；陕西产 1 属 4 种。

## 1. 万寿竹属[①] Disporum Salisb.

Trans. Hort. Soc. London 1: 331. 1812; 秦岭植物志 1(1): 351. 1976; 中国植物志 15: 41. 1978; Flora of China 24: 154. 2000; 西安植物志: 111. 2007.

多年生草本。常具短的根状茎，有时具较长的匍匐根状茎，根肉质；茎直立，单一或在顶端分枝，茎基部具 1 至多枚鞘。叶互生，常具短柄，有时无柄；叶片线形至近圆形，具 3-7 条主脉。伞形花序有花数朵，或仅 1-2 朵花，着生于茎及分枝顶端，或着生于与叶相对的短枝顶端而呈假侧生状，无苞片。花两性，通常下垂，有时水平开展，狭钟形或近筒状；花被片 6 片，离生，基部常具囊或距，白色、绿色、黄色、粉红色、红色或紫色；雄蕊 6 枚，着生于花被片基部；花丝常稍扁平；花药基着，向外开裂；子房 3 室，每室具 2-6 枚胚珠；花柱丝状，先端 3 裂，分裂部分常反折。果为浆果，常球形，

① 又称宝铎草属（《秦岭植物志》）。

成熟时深蓝色至黑色，具 2-6 枚种子。种子球形或卵球形。

本属约 20 种，分布于东亚及东南亚的热带至温带地区。中国约 14 种，主要分布于西南、华南、华中、华东等地区；陕西产 4 种。

## 分种检索表

1. 花紫红色或白色；伞形花序生于茎及分枝的中上部；伞形花序着生在 1 个无叶或具 1 片叶的短枝上，该短枝在茎上与 1 片叶对生……2
1. 花黄色、淡黄色或黄绿色；伞形花序或单花生于茎及分枝顶端；伞形花序或单花的基部具 1 片叶或 2 片近对生的叶……3
2. 花紫红色；叶片卵状披针形或披针形，基出主脉 3-5 条……（1）**万寿竹 D. cantoniense** (Lour.) Merr.
2. 花白色；叶片卵形，基出主脉 5-7 条……（2）**大花万寿竹 D. megalanthum** F. T. Wang & Tang
3. 伞形花序具花 2-8 朵；花长 8-15 毫米；雄蕊及雌蕊等长或稍长于花被片……（3）**长蕊万寿竹 D. longistylum** (H. Lév. & Vaniot) H. Hara
3. 伞形花序具 1-3(-4)朵花；花长 22-25 毫米；雄蕊及雌蕊比花被片短……（4）**少花万寿竹 D. uniflorum** Baker ex S. Moore

**（1）万寿竹** 山竹花（《秦岭植物志》），竹叶参（《陕西中草药》）（图 125，照片 355、356）

**Disporum cantoniense** (Lour.) Merr., Philipp. J. Sci. 15(3): 229. 1919; 秦岭植物志 1(1): 351. 1976; 中国植物志 15: 46. 1978; Flora of China 24: 156. 2000. ——*Fritillaria cantoniensis* Lour., Fl. Cochinch. 1: 206. 1790.

多年生草本。茎直立，高可达 1 米，上部多分枝。叶互生；叶柄长 2-4 毫米；叶片纸质，卵形或披针形，长 5-10 厘米，宽 1.2-2.5 厘米，基部圆形或宽楔形，先端渐尖至尾尖，两面光滑无毛，基出主脉 3-5 条，弧形弯曲。伞形花序生于茎及分枝的中上部；伞形花序着生在 1 个无叶或具 1 片叶的短枝上，该短枝在茎上与 1 片叶对生；伞形花序具花 2-8 朵，罕单生；花梗长 1.5-3 厘米；花下垂，紫红色，长 20-32 毫米，花被片稍开展；花被片倒披针形，先端渐尖，基部有约 2 毫米长的距；雄蕊短于雌蕊，均短于花被片。浆果球形，直径 8-10 毫米，成熟时蓝黑色。花期 4-6 月，果期 8-10 月。

产秦巴山区，较常见，生于海拔 650-2500 米的山地林下或草丛；分布于安徽、福建、台湾、湖北、湖南、广东、广西、重庆、四川、贵州、云南。印度、不丹、尼泊尔、缅甸、老挝、泰国、越南也有分布。

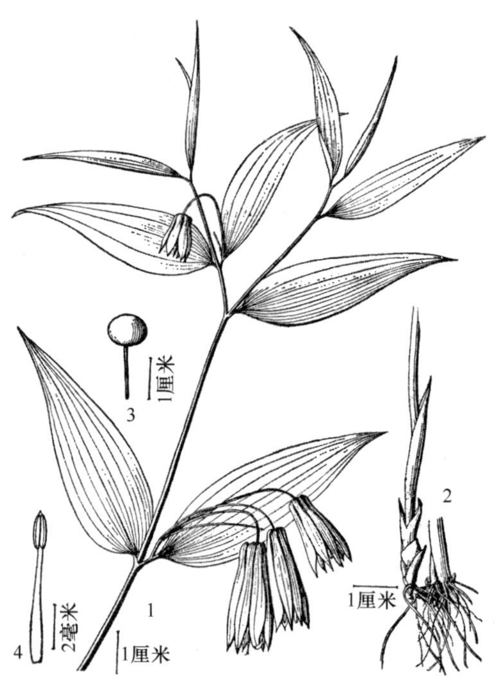


图 125. 万寿竹 **Disporum cantoniense**

1. 植株上部；2. 植株下部和根；3. 果实；4. 雄蕊（引自《秦岭植物志》）。

### （2）大花万寿竹（照片 357、358）

**Disporum megalanthum** F. T. Wang & Tang, 中国植物志 15: 250. 1978; Flora of China 24: 156. 2000.

多年生草本。茎直立，高 30-60 厘米，上部分枝少。叶互生；叶柄长 4-6 毫米；叶片纸质或膜质，卵形，长 5-7.5 厘米，宽 2-3.5 厘米，基部圆形或宽楔形，先端渐尖，两面光滑无毛，基出主脉 5-7 条，弧形弯曲。伞形花序生于茎及分枝的中上部；伞形花序着生在 1 个无叶或具 1 片叶的短枝上，该短枝在茎上与 1 片叶对生；伞形花序具花 2-7 朵，罕单花；花梗长 1-2.5 厘米；花下垂，白色，长 20-30 毫米，花被片开展；花被片倒披针形，先端急尖或钝，基部有约 1 毫米长的距；雄蕊短于或近等长于雌蕊，均短于花被片。浆果球形，直径 8-10 毫米。花期 4-5 月，果期 8-10 月。

产陇县、宝鸡、凤县、蓝田、鄠邑、眉县、柞水、宁陕、佛坪、紫阳、留坝、南郑、西乡、岚皋、化龙山，生于海拔 700-2500 米的山地林下或草丛；分布于甘肃、湖北、重庆、四川、云南。

### （3）长蕊万寿竹（照片 359、360）

**Disporum longistylum** (H. Lév. & Vaniot) H. Hara, J. Jap. Bot. 59(2): 40. 1984; Flora of China 24: 156. 2000. ——*Tovaria longistyla* H. Lév. & Vaniot, Leveille, Liliac. & c. Chine: 33. 1905. ——*Disporum bodinieri* auct. non (H. Lév. & Vaniot) F. T. Wang & Tang: 中国植物志 15: 44. 1978.

多年生草本。茎直立，高 30-90 厘米，上部多分枝。叶互生；叶柄长 3-4 毫米；叶片纸质，卵形、椭圆形或披针形，长 8-11 厘米，宽 1.5-4 厘米，基部圆形或宽楔形，先端渐尖或尾尖，两面光滑无毛，基出主脉 3 条，弧形弯曲。伞形花序生于茎及分枝顶端，花序基部具 1 片叶或 1 片近对生的叶；伞形花序具花 2-8 朵；花梗长 1-1.5 厘米；花下垂，淡黄色或黄绿色，长 8-15 毫米，花被片稍开展；花被片倒披针形，先端急尖或渐尖，基部有 1-2 毫米长的距；雄蕊短于雌蕊，雄蕊及雌蕊等长或稍长于花被片。浆果球形，直径 5-11 毫米，成熟时黑色。花期 4-5 月，果期 9-10 月。

产石泉、汉中、南郑、宁强、镇巴、紫阳、岚皋、西乡、安康，生于海拔 600-1500 米的山地草丛、疏林下或灌丛中；分布于甘肃、湖北、四川、贵州、云南、西藏。

### （4）少花万寿竹 宝铎草（《秦岭植物志》）（照片 361）

**Disporum uniflorum** Baker ex S. Moore, J. Bot. 13: 230. 1875; Flora of China 24: 157. 2000. ——*Disporum sessile* auct. non D. Don: 秦岭植物志 1(1): 351. 1976; 中国植物志 15: 45. 1978; 西安植物志: 111. 2007.

多年生草本。茎直立，高 30-60 厘米，上部分枝少。叶互生；叶柄长 6-9 毫米；叶片纸质，椭圆形或长圆形，长 7-13 厘米，宽 3-6 厘米，基部圆形或宽楔形，先端渐尖，两面光滑无毛，基出主脉 5 条，弧形弯曲。伞形花序或单花生于茎及分枝顶端，花序基部具 1 片叶；伞形花序具花 1-3(-4)朵；花梗长 1.5-2 厘米；花下垂，黄色，长 22-25 毫米，花被片仅先端稍开展；花被片长圆状倒披针形，先端钝，基部有约 1 毫米长的距；雄蕊稍短于雌蕊，均稍短于花被片。浆果球形，直径 5-6 毫米，成熟时黑色。花期

4-5 月，果期 9-10 月。

产眉县、鄠邑、华阴、岚皋、镇巴、宁强，生于海拔 900-1200 米的山坡林下、草地阴湿处；分布于辽宁、河北、甘肃、山东、江苏、安徽、江西、湖北、重庆、四川。朝鲜半岛也有分布。

# 三二　菝葜科 Smilacaceae Vent.

刘培亮（西北大学）

木质或草质攀援藤本，稀直立小灌木，常绿或落叶。常具短粗的根状茎；茎上通常具皮刺，稀无刺。单叶互生，排成 2 列，罕为对生；叶常具柄，叶柄常具托叶状的翅状鞘，鞘的顶端有一对卷须，有时无卷须；叶片全缘，罕具齿，由叶片基部发出 3-7 条主脉，有时叶缘和主脉具小刺。花序腋生，单个伞形花序，或数个伞形花序排成总状或穗状，有时雌花单生；花单性，雌雄异株，罕为两性花；辐射对称；有时有臭味；花被片 6 片，排成 2 轮，离生或合生成筒状，绿色、黄色、白色或乳黄色，稀紫色或黑紫色；雄花通常具雄蕊 6 枚，稀 3-18 枚，花丝常着生于花被片基部，有时花丝基部合生；花药基着，通常向内开裂；雌花具丝状或条形的退化雄蕊，稀无退化雄蕊；心皮合生；子房上位，通常 3 室，每室具 1-2 枚胚珠，中轴胎座；花柱较短，柱头 3 裂。浆果通常球形，成熟时橙色、紫色、黄色、红色或黑色。

本科有 1 属约 300 种，分布于热带至温带地区，南半球种类较多。中国有 1 属约 88 种，长江以南地区种类较多。陕西产 1 属 18 种。

## 1. 菝葜属 **Smilax** L.

Sp. Pl. 2: 1028. 1753; 秦岭植物志 1(1): 314. 1976; 中国植物志 15: 181. 1978; 陕西树木志: 1165. 1990; Flora of China 24: 96. 2000; 西安植物志: 98. 2007; 秦岭植物志增补: 25. 2013. ——*Heterosmilax* Kunth, Enum. Pl. 5: 270. 1850; 中国植物志 15: 238. 1978; Flora of China 24: 115. 2000.

属的特征与地理分布同科。

分子系统发育分析表明肖菝葜属（*Heterosmilax* Kunth）嵌套于菝葜属内部，若承认其独立属的地位，则菝葜属为并系类群，因此建议肖菝葜属与菝葜属合并，本志采纳这种观点。

本属的土茯苓（**Smilax glabra** Roxb.）、菝葜（**S. china** L.）等种的根状茎供药用。

### 分种及种下等级检索表

1. 草质藤本；茎中空，干后凹瘪成沟槽；茎上无刺；叶互生或对生……2
1. 木质藤本或灌木；茎实心，干后不凹瘪；茎上有刺或无刺；叶互生……4
2. 叶背面无乳突状毛，也无短柔毛……（1a）**牛尾菜 S. riparia** A. DC. var. **riparia**
2. 叶背面具乳突状毛或短柔毛……3
3. 叶背面脉上具乳突状毛……
……（1b）**尖叶牛尾菜 S. riparia** A. DC. var. **acuminata** (C. H. Wright) F. T. Wang & T. Tang

3. 叶背面具短柔毛……（1c）**毛牛尾菜 S. riparia** A. DC. var. **pubescens** (C. H. Wright) F. T. Wang & T. Tang
4. 花序梗的中下部具节，节上具一鳞片；腋生的花序梗着生于叶柄与一枚贝壳状的鳞片之间；茎无刺；叶柄不具卷须………………………………………………………………（2）**银叶菝葜 S. cocculoides** Warb.
4. 花序梗上无节，无鳞片；花序梗腋生处无鳞片；茎有刺或无刺；叶柄具或不具卷须………………5
5. 叶柄上无卷须且茎上无刺………………………………………………………………………………6
5. 叶柄上通常有卷须，有时卷须仅为短小的凸起，萌生的长枝上的叶卷须明显，若无卷须，则茎上多少具刺；茎上有刺或无刺………………………………………………………………………………8
6. 常绿灌木，多少攀援；叶背面具短毛；果梗下弯……………（3）**弯梗菝葜 S. aberrans** Gagnep.
6. 落叶灌木，直立或披散；叶背面无毛或具乳突状毛；果梗直立或开展…………………………7
7. 叶柄和叶片背面光滑无毛……………………………………………（4）**鞘柄菝葜 S. stans** Maxim.
7. 叶柄和叶片背面脉上多少具乳突状毛……………………（5）**糙柄菝葜 S. trachypoda** J. B. Norton
8. 茎完全无刺……………………………………………………………………………………………9
8. 茎多少具刺……………………………………………………………………………………………12
9. 叶片宽卵形或卵形；叶纸质；叶柄上的鞘连同叶柄背部具数条纵槽；花序梗长于叶柄……………………………………………………………………………（6）**防己叶菝葜 S. menispermoidea** A. DC.
9. 叶片卵状披针形、披针形、狭披针形、线状披针形、椭圆状披针形，稀卵形；叶纸质或革质；叶柄上的鞘连同叶柄背部具纵槽或无槽；花序梗长于或短于叶柄…………………………………………10
10. 花被片合生成筒状，筒口具 3 枚钝齿；花序梗扁平；花序梗腋生处与叶柄之间常具 1 枚芽；叶片基部发出的最外侧主脉不与叶缘结合………………………………………（7）**肖菝葜 S. bockii** Warb.
10. 花被片通常 6 枚，离生；花序梗圆柱形；花序梗腋生处与叶柄之间具芽或无芽；叶片基部发出的最外侧主脉与叶缘结合………………………………………………………………………………11
11. 花序梗短于或近等长于叶柄；成熟叶椭圆状披针形或卵状披针形；花蕾六棱状球形；外花被片兜状，背面中央具纵槽………………………………………………………（8）**土茯苓 S. glabra** Roxb.
11. 花序梗长于叶柄；成熟叶狭披针形、线状披针形或披针形；花蕾卵球形；外花被片不为兜状，背面中央不具纵槽……………………………………………（9）**西南菝葜 S. biumbellata** T. Koyama
12. 叶柄全长具翅状鞘…………………………………………………（10）**托柄菝葜 S. discotis** Warb.
12. 叶柄中下部具翅状鞘，上部无鞘……………………………………………………………………13
13. 花序梗短于、近等长或稍长于叶柄…………………………………………………………………14
13. 花序梗长为叶柄的 1.5 倍以上 ………………………………………………………………………16
14. 叶宽 0.3-3.5 厘米；成熟叶革质，背面苍白色；叶片从基部（即叶柄先端）脱落；花序托上具鳞片状的苞片……………………………………………………（11）**小叶菝葜 S. microphylla** C. H. Wright
14. 叶宽 1.5-5.5 厘米；成熟叶纸质或膜质，背面绿色；叶片从叶柄中上部脱落；花序托上有或无苞片……………………………………………………………………………………………………………15
15. 花序托上无苞片；叶片的脱落点位于叶柄的鞘先端与叶片基部（即叶柄先端）之间；花序梗通常短于叶柄，稀近等长……………………………………（12）**短梗菝葜 S. scobinicaulis** C. H. Wright
15. 花序托上具鳞片状的苞片；叶片的脱落点位于叶柄的鞘先端；花序梗通常近等长或长于叶柄…………………………………………………………（13）**武当菝葜 S. outanscianensis** Pamp.（部分个体）
16. 叶干后黑色；叶片从基部（即叶柄先端）脱落；花序梗通常压扁；花黑紫色……………………………………………………………………（14）**黑叶菝葜 S. nigrescens** F. T. Wang & Tang ex P. Y. Li
16. 叶干后灰绿色或褐色；叶片从叶柄中上部脱落；花序梗通常圆柱形；花黄绿色…………………17
17. 成熟叶革质，背面苍白色 ……………………………………………………………………………18
17. 成熟叶纸质至膜质，背面绿色或淡绿色……………………………………………………………19
18. 叶片的脱落点位于叶柄的鞘先端与叶片基部（即叶柄先端）之间；果直径 5-8 毫米，具白粉，成熟后紫黑色……………………………………………………（15）**黑果菝葜 S. glaucochina** Warb.

18. 叶片的脱落点位于叶柄的鞘先端；果直径 10-15 毫米，不具白粉，成熟后红色 ……………………………………………………………………（16）**大花菝葜 S. megalantha** C. H. Wright
19. 叶缘具微小的不规则的齿 ……………………（17）**微齿菝葜 S. microdonta** Z. S. Sun & C. X. Fu
19. 叶全缘……………………………………………………………………………………20
20. 叶通常卵形或卵状披针形，先端通常急尖或渐尖；果不具白粉 ……………………………………………………………………（13）**武当菝葜 S. outanscianensis** Pamp. （部分个体）
20. 叶通常宽卵形、近圆形、宽椭圆形，先端通常钝、圆形或平截；果具白粉 ……………………………………………………………………（18）**菝葜 S. china** L.

## （1）**牛尾菜** 草菝葜（《秦岭植物志》）、大伸筋草（《陕西中草药》）

**Smilax riparia** A. DC., in A. DC & C. DC, Monogr. Phan. 1: 55. 1878; 秦岭植物志 1(1): 315. 1976; 中国植物志 15: 190. 1978; Flora of China 24: 100. 2000.

多年生草质藤本。茎中空，干后凹瘪成沟槽，无毛或具柔毛；茎上无刺。叶通常互生，有时对生；叶柄长 1-2 厘米，鞘不明显，通常具卷须，着生于叶柄近基部；叶片于叶柄近先端脱落；叶片卵形、椭圆形或心形，长 7-15 厘米，宽 3-10 厘米，基部宽楔形、圆形或心形，先端渐尖或尾尖，膜质，正面无毛，背面无毛、具乳突状毛或短柔毛。花序具 1 个伞形花序，花序梗稍压扁，长 6-10 厘米；伞形花序具多花；花序托稍膨大；苞片早落；花梗长约 1 厘米；花黄绿色，开放后花被片反曲；雄花花被片长 4-5 毫米，宽 0.6-1 毫米，雄蕊通常 6 枚，长 4-5 毫米；雌花花被片较雄花稍小，具或不具 6 枚退化雄蕊。浆果球形，直径 7-9 毫米，成熟时蓝黑色。花期 6-7 月，果期 9-10 月。

产宜君及秦巴山区，生于海拔 600-2450 米的山地灌丛或林下；分布于安徽、福建、甘肃、广东、广西、贵州、河北、黑龙江、河南、湖北、湖南、江苏、江西、吉林、辽宁、内蒙古、山东、山西、四川、台湾、云南、浙江。朝鲜半岛、日本、菲律宾也产。

### （1a）**牛尾菜**（原变种）

**Smilax riparia** A. DC. var. **riparia**

全株光滑无毛。

产勉县、镇坪、岚皋，生于海拔 600-1400 米的山坡林下及林缘；分布于安徽、福建、甘肃、广东、广西、贵州、河北、黑龙江、河南、湖北、湖南、江苏、江西、吉林、辽宁、内蒙古、山东、山西、四川、台湾、云南、浙江。朝鲜半岛、日本、菲律宾也产。

### （1b）**尖叶牛尾菜**（变种）尖叶菝葜（《陕西树木志》）（图 126，照片 362、363）

**Smilax riparia** A. DC. var. **acuminata** (C. H. Wright) F. T. Wang & T. Tang, 中国植物志 15: 192. 1978; 陕西树木志: 1167. 1990; Flora of China 24: 100. 2000; 秦岭植物志增补: 25. 2013. ——*S. herbacea* L. var. *acuminata* C. H. Wright, J. Linn. Soc., Bot. 36: 98. 1903.

叶背面在脉上具乳突状毛，其他部位无毛。

产宜君及秦巴山区，生于海拔 1000-2450 米的山地灌丛或林下；分布于河南、湖北、四川。

### （1c）毛牛尾菜（变种）

**Smilax riparia** A. DC. var. **pubescens** (C. H. Wright) F. T. Wang & T. Tang, 中国植物志 15: 192. 1978; Flora of China 24: 100. 2000. ——*S. herbacea* L. var. *pubescens* C. H. Wright, J. Linn. Soc., Bot. 36: 98. 1903.

茎及分枝、叶、花序具柔毛。

产柞水，生于海拔 700 米左右的林下；分布于湖北西部。

### （2）银叶菝葜（图 127，照片 364）

**Smilax cocculoides** Warb., in Diels, Bot. Jahrb. Syst. 29(2): 257. 1900; 中国植物志 15: 228. 1978; Flora of China 24: 112. 2000.

灌木，多少攀援。茎上无刺。叶互生；叶柄长 5-10 毫米，鞘不明显，无卷须；叶片于叶柄中部脱落；叶片卵形或卵状披针形，长 5-8.5 厘米，宽 2.5-4 厘米，基部宽楔形，先端渐尖或尾尖，革质，两面无毛，干后带灰白色，有光泽，网脉明显。花序具 1 个罕 2 个伞形花序，花序梗圆柱形，在叶腋着生于叶柄与一枚贝壳状的鳞片（先出叶）之间；花序梗长 1.2-1.5 厘米，下部有 1 节，节上具一褐色鳞片；伞形花序具 3-15 朵花；花序托不延伸，具苞片或脱落；花梗长 3-4 毫米；花黄绿色；雄花外轮花被片长 2.5-3.5 毫米，宽 1-1.5 毫米，雄蕊通常 6 枚，长约 1 毫米。浆果球形，直径约 8 毫米，成熟时蓝黑色。花期 4 月，果期 11 月。

产平利，生于海拔 1200 米左右的山坡上；分布于湖北、湖南、广东、广西、重庆、四川、贵州、云南。

### （3）弯梗菝葜

**Smilax aberrans** Gagnep., Bull. Soc. Bot. France 81: 71. 1934; 中国植物志 15: 208. 1978; Flora of China 24: 107. 2000.

灌木或半灌木，近直立。茎具分枝，无刺。叶互生；叶柄长 0.7-1.5 厘米，先端具乳突状毛，

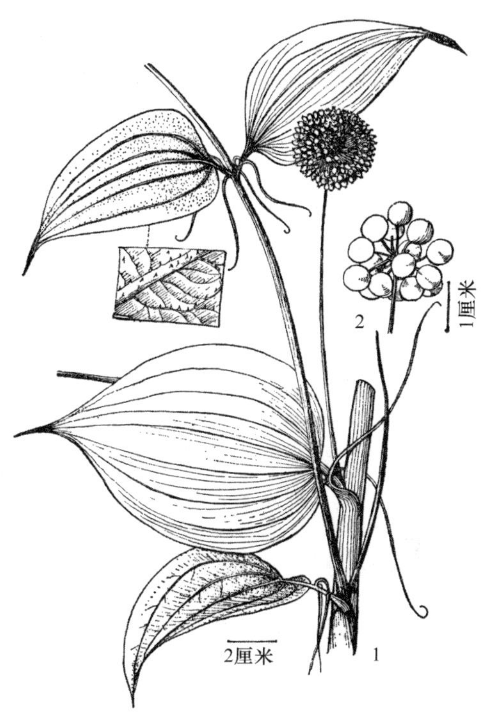


图 126. **尖叶牛尾菜**
**Smilax riparia** var. **acuminata**
1. 植株上部；2. 果序（引自《秦岭植物志》）。

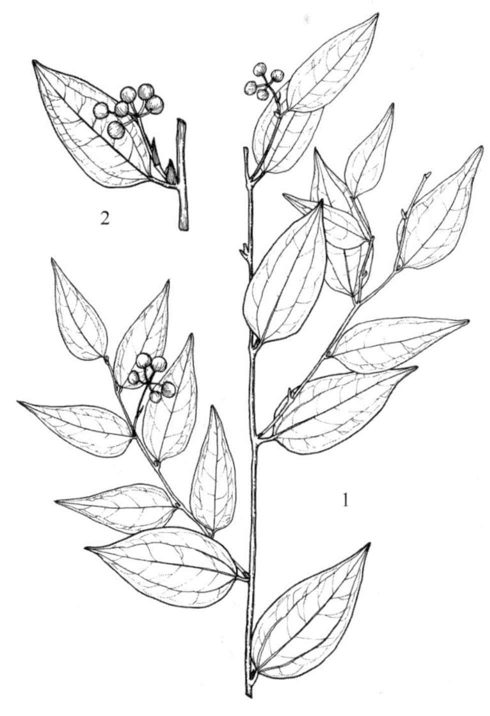


图 127. **银叶菝葜 Smilax cocculoides**
1. 果枝；2. 果序（李一凡绘）。

基部 1/3-1/2 具半圆形的膜质鞘，有时鞘不明显，无卷须；叶片于叶柄近先端脱落；叶片椭圆形或卵状椭圆形，长 7-12 厘米，宽 2.5-6.5 厘米，基部楔形或圆形，先端渐尖，纸质，正面无毛，背面具短毛，在网脉上尤明显。花序具 1 个伞形花序；花序梗圆柱形，长 3-6 厘米；伞形花序具 5-20 朵花；花序托几不膨大，具苞片；花梗长约 1 厘米；花黄绿色或淡紫色；雄花花被片长 2-2.5 毫米，宽约 1 毫米，雄蕊通常 6 枚，极短；雌花花被片长 1.5-2 毫米，宽约 0.8 毫米，通常具 6 枚退化雄蕊。浆果球形，直径 8-11 毫米，果梗下弯。花期 3-4 月，果期 12 月。

作者未见标本，据《陕西化龙山国家级自然保护区植物资源及保护》记载分布于镇坪县老鸦场，生于海拔 1210-1520 米的林下；分布于广东、广西、贵州、四川、云南。越南也有分布。

化龙山地区一些菝葜（**S. china** L.）的标本果梗下弯，但该种茎上多少具刺，部分叶柄具卷须，易与弯梗菝葜区别。

### （4）**鞘柄菝葜**（图 128，照片 365）

**Smilax stans** Maxim., Bull. Acad. Imp. Sci. Saint-Pétersbourg 17: 170. 1872; 秦岭植物志 1(1): 316. 1976; 中国植物志 15: 203. 1978; 陕西树木志: 1173. 1990; Flora of China 24: 104. 2000; 西安植物志: 99. 2007.

落叶灌木，直立。茎多分枝，无刺。叶互生；叶柄长 1-2 厘米，无毛，1/2-2/3 具鞘，鞘从基部向上渐狭，背部具数条纵槽，无卷须；叶片于叶柄近先端脱落；叶片卵形、三角状卵形、心形或圆形，长 2-7 厘米，宽 1.2-7 厘米，基部平截、圆形、宽楔形或浅心形，先端急尖、渐尖或圆形，纸质，两面无毛。花序具 1 个伞形花序；花序梗圆柱形，长 1.5-3 厘米；伞形花序具 1-8 朵花；花序托不膨大，具苞片；花梗长 6-8 毫米；花黄绿色或暗红色；雄花外花被片长 2.5-3 毫米，宽约 1 毫米，内花被片稍狭，通常具 6 枚雄蕊；雌花比雄花略小，通常具 6 枚退化雄蕊。浆果球形，直径 6-10 毫米，成熟时黑色，具白粉。花期 5 月，果期 8-10 月。

图 128. **鞘柄菝葜 Smilax stans**
花枝（引自《秦岭植物志》）。

产黄陵、宜君、耀州、陇县及秦巴山区，很普遍，生于海拔 720-2350 米的山地灌丛或林下；分布于河北、山西、宁夏、甘肃、江苏、安徽、浙江、台湾、江西、河南、湖北、湖南、广东、广西、重庆、四川、贵州、云南。日本也产。

**Smilax vaginata** Decne. [Voy. Inde (Jacquemont) 4(Bot.): 169, t. 169. 1844]的模式标本采自印度东部，与鞘柄菝葜相似，如果二者系同种，根据优先权，鞘柄菝葜的正确学名应为 **S. vaginata**，有待进一步研究。

### （5）糙柄菝葜　毛柄菝葜（《秦岭植物志》）（图 129）

**Smilax trachypoda** J. B. Norton, in Sargent, Pl. Wilson. 3(1): 3. 1916; 秦岭植物志 1(1): 317. 1976; 中国植物志 15: 204. 1978; 陕西树木志: 1174. 1990; Flora of China 24: 104. 2000.

落叶灌木，直立。茎多分枝，无刺。叶互生；叶柄长 1-2 厘米，具乳突状短毛，1/2-2/3 具鞘，鞘从基部向上渐狭，背部具数条纵槽，无卷须；叶片于叶柄近先端脱落；叶片卵形、宽卵形、宽椭圆形或心形，长 4-10 厘米，宽 2-9 厘米，基部圆形或宽楔形，先端渐尖，纸质，正面无毛，背面近基部脉上具乳突状短毛。花序具 1 个伞形花序；花序梗圆柱形，长 3-5 厘米；伞形花序具 2-10 朵花；花序托不膨大，具苞片；花梗长 3-10 毫米；花黄绿色；雄花外花被片长约 3 毫米，宽约 1 毫米，内花被片稍狭，通常具 6 枚雄蕊；雌花比雄花略小，通常具 6 枚退化雄蕊。浆果球形，直径 6-8 毫米，成熟时黑色，具白粉。花期 5 月，果期 8-10 月。

产华阴、鄠邑、周至、眉县、宝鸡、凤县、留坝、太白、旬阳、石泉、宁陕、佛坪、洋县、镇安、山阳、商洛、化龙山，生于海拔 800-2700 米的山地疏林下；分布于宁夏、甘肃、湖北、四川。

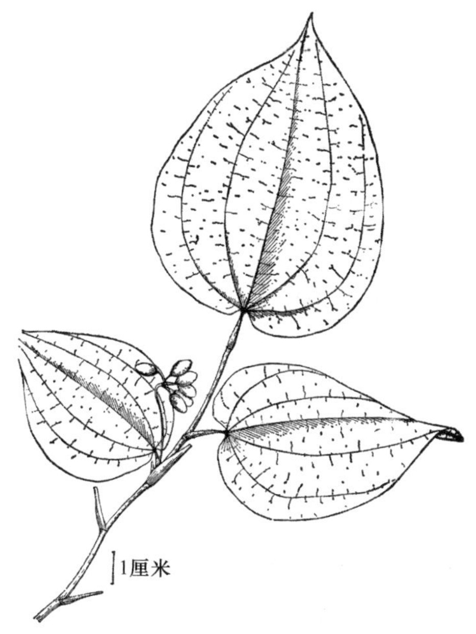


图 129. **糙柄菝葜 Smilax trachypoda**
果枝（引自《秦岭植物志》）。

### （6）防己叶菝葜（图 130，照片 366）

**Smilax menispermoidea** A. DC., in A. DC. & C. DC., Monogr. Phan. 1: 108. 1878; 秦岭植物志 1(1): 318. 1976; 中国植物志 15: 204. 1978; 陕西树木志: 1169. 1990; Flora of China 24: 105. 2000.

木质藤本。茎上无刺。叶互生；叶柄长 8-12 毫米，下部 1/2-2/3 具鞘，鞘顶端通常具卷须，鞘连同叶柄背部具数条纵槽；叶片于叶柄先端脱落；叶片宽卵形或卵形，长 3-11 厘米，宽 2-8 厘米，基部平截，有时圆形或浅心形，先端急尖，稀钝或圆形，纸质，两面无毛。花

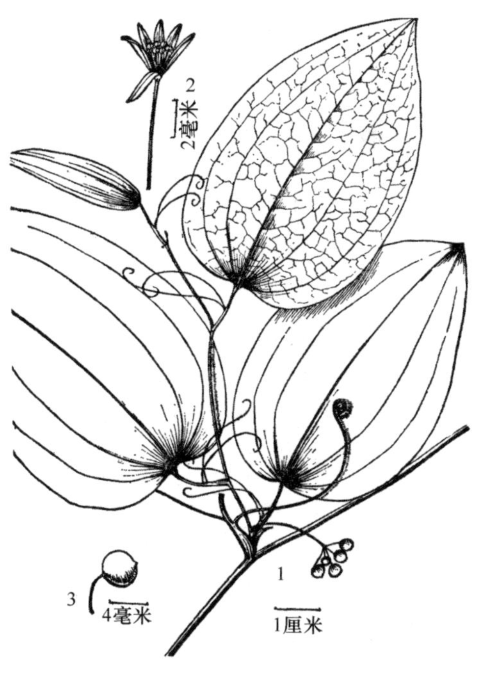


图 130. **防己叶菝葜**
**Smilax menispermoidea**
1. 果枝；2. 雄花；3. 果实
（引自《秦岭植物志》）。

序具 1 个伞形花序；花序梗圆柱形，长 2-3.5 厘米；伞形花序具 3-10 朵花；花序托不膨大，球形，具苞片或脱落；花梗长 3-8 毫米；花红褐色；雄花外花被片长约 2.5 毫米，宽约 1.1 毫米，内花被片稍狭，雄蕊通常 6 枚，长 0.6-1 毫米，花丝合生成短柱；雌花稍小于或近等大于雄花，通常具 6 枚退化雄蕊。浆果球形，直径 5-10 毫米，成熟时紫黑色，具白粉。花期 5-6 月，果期 9-10 月。

产宜君、长安、鄠邑、眉县、太白、凤县、宁陕、佛坪、旬阳、平利、镇坪、南郑、西乡，生于海拔 1350-2700 米的山地疏林下；分布于甘肃、湖北、重庆、四川、贵州、云南、西藏。印度、不丹、缅甸也产。

（7）**肖菝葜**（图 131，照片 367、368）

**Smilax bockii** Warb., Bot. Jahrb. Syst. 29(2): 259. 1900. ——*Heterosmilax japonica* Kunth, Enum. Pl. 5: 270. 1850; 中国植物志 15: 242. 1978; Flora of China 24: 117. 2000. ——*H. indica* A. DC., Monogr. Phan. 1: 43. 1878. ——*Smilax japonica* (Kunth) P. Li & C. X. Fu, Phytotaxa 117(2): 58. 2013, nom. illeg., non *S. japonica* (Kunth) A. Gray, Narr. Exped. China Japan 2: 230. 1856. ——*Smilax goeringii* Kladwong, Chantar. & D. A. Simpson, Thai Forest Bull., Bot. 46(1): 51. 2018.

木质藤本。茎上无刺。叶互生；叶柄长 1-3 厘米，下部 1/4-1/3 具狭鞘，鞘顶端具卷须；叶片于叶柄先端脱落；叶片卵状披针形、卵形或披针形，长 7-19 厘米，宽 2-9 厘米，基部宽楔形、圆形或微心形，先端渐尖或尾尖，纸质或薄革质，两面无毛。花序具 1 个伞形花序；花序梗扁平，长 1.5-2 厘米，腋生处与叶柄之间常具 1 枚芽；伞形花序具多花；花序托稍膨大，略压扁，具苞片；花梗长约 1 厘米；花被片合生成筒状，筒口具 3 枚钝齿；雄花花被筒长圆形或狭倒卵球形，长 3.5-4.5 毫米，宽 2-3 毫米，雄蕊通常 3 枚，花丝下部 1/3-2/5 合生；雌花花被筒卵球形，长 2.5-3 毫米，宽 1.5-2 毫米，通常具 3 枚退化雄蕊。浆果球形，直径 5-10 毫米，成熟时黑色。花期 6-8 月，果期 7-11 月。

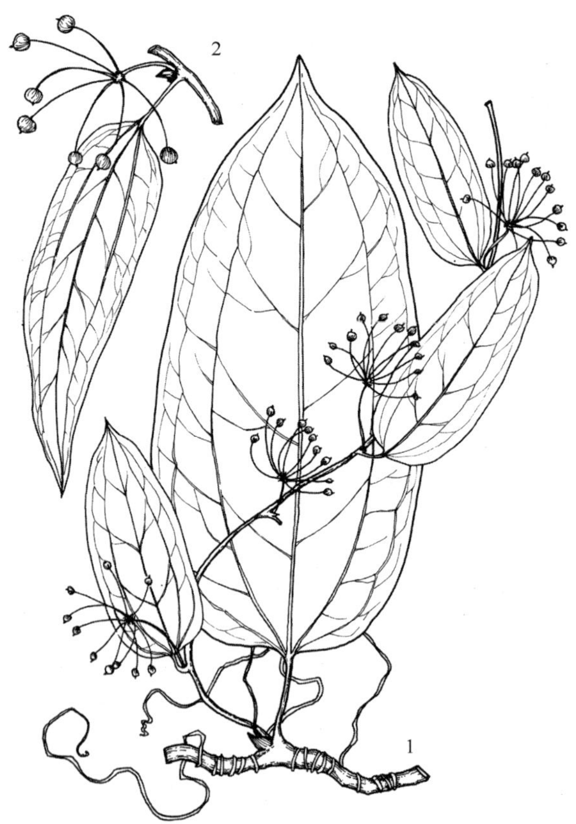

图 131. 肖菝葜 **Smilax bockii**
1. 果枝；2. 果序（李一凡绘）。

产鄠邑、太白、南郑、宁强、镇坪、岚皋，生海拔 1200-1300 米的山谷灌木丛中；分布于安徽、福建、甘肃、广东、湖南、江西、四川、台湾、云南、浙江。不丹、印度、泰国、日本也有分布。

当肖菝葜（*Heterosmilax japonica* Kunth）组合至菝葜属（**Smilax**）时，*S. japonica* (Kunth) P. Li & C. X. Fu 是 **S. japonica** (Kunth) A. Gray 的晚出同名而不合法（后者为合法名称，基于 *Coprosmanthus japonicus* Kunth, Enum. Pl. 5: 268. 1850）。同样，当肖菝葜的异名 *H. indica* A. DC.组合至菝葜属时，也将形成 **S. indica** Burm. f. [Fl. Ind. (N. L. Burman) 213 (err. typ. 313). 1768.]的晚出同名而不合法。因此，肖菝葜在菝葜属的正确学名是 **S. bockii**。显然，基于 *H. japonica* 的模式发表的替代新名称 *S. goeringii* 不具有优先权。**S. bockii** 曾被《中国植物志》误用为西南菝葜（**S. biumbellata** T. Koyama）的学名，*Flora of China* 已改正该错误。

肖菝葜的花被片合生成筒状，是本种最重要的识别特征，但当缺乏花时，易与菝葜属的其他物种混淆。肖菝葜的一般识别特征是全株无刺，无毛，花序梗扁平，其腋生处与叶柄之间常具 1 枚芽。

黎斌等（2006）报道梵净山菝葜[**S. vanchingshanensis** (F. T. Wang & Tang) F. T. Wang & Tang]分布于陕西岚皋。作者检查了凭证标本（陈彦生等 206，WUK），该标本仅具枝、叶、卷须等，缺乏花或果，其叶形接近梵净山菝葜，但该标本的叶片自叶柄先端脱落，叶片干后黄色，基出主脉常 5 条，主脉之间连接的次级脉较明显，这些特征与邻近岚皋的镇坪所产的肖菝葜标本（陈彦生等 2796，WUK）一致，而梵净山菝葜的叶片自叶柄中部脱落，叶片干后褐色，基出主脉常 3 条，主脉之间连接的次级脉不明显。梵净山菝葜的花序梗在叶腋着生于叶柄与一枚贝壳状的鳞片（先出叶）之间，花序梗中下部具节，花序由 1 或 2 个伞形花序组成，易与其他种区别。

### （8）**土茯苓**（图 132）

**Smilax glabra** Roxb., Fl. Ind. ed. 1832. 3: 792. 1832; 秦岭植物志 1(1): 318. 1976; 中国植物志 15: 212. 1978; Flora of China 24: 108. 2000; 西安植物志: 99. 2007.

木质藤本。茎上无刺。叶互生；叶柄长 5-15 毫米，下部 1/3-1/2 具狭鞘，鞘顶端通常具卷须；叶片于叶柄先端脱落；叶片椭圆状披针形或卵状披针形，长 8-11 厘米，宽 2-3.5 厘米，基部圆形或楔形，先端渐尖，革质，两面无毛，叶片基部发出的最外侧主脉与叶缘结合。花序具 1 个伞形花序；花序梗圆柱形，长 1-5 毫米，通常短于叶柄，罕与叶柄近等长；伞形花序具多花；花序托稍膨大，球形，具多数苞片；花梗长 8-11 毫米；花淡绿色；花蕾六棱状球形，直径约 3 毫米；雄花外花被片兜状，宽约 2 毫米，背面中央具纵槽，内花被片近圆形，宽约 1 毫米，边缘具不规则齿，雄蕊通常 6 枚，靠合，与内花被片近等长；雌花与雄花相似，但内花被片边缘无齿，通常具 3 枚退化雄蕊。浆果球形，

图 132. 土茯苓 **Smilax glabra**
果枝（引自《秦岭植物志》）。

直径 6-8 毫米，成熟时黑色，具白粉。花期 7-8 月，果期 10-11 月。

标本见于汉阴，文献记录分布于眉县、佛坪、洋县、西乡、镇坪，生于海拔 1000-1600 米的山坡林下，西安植物园有栽培；分布于华南、西南及江苏、安徽、浙江、福建、台湾、江西、湖北、湖南、甘肃东南部。印度、缅甸、泰国、越南也产。

根状茎入药。

### （9）西南菝葜

**Smilax biumbellata** T. Koyama, Brittonia 26: 133. 1974; Flora of China 24: 108. 2000. ——*S. bockii* auct. non Warb.: 中国植物志 15: 216. 1978.

木质藤本。茎上无刺。叶互生；叶柄长 8-13 毫米，下部约 1/4 具狭鞘，鞘顶端通常具卷须；叶片于叶柄先端脱落；叶片狭披针形或线状披针形，稀披针形，长 11-22 厘米，宽 1.5-4 厘米，基部圆形或微心形，先端渐尖，薄革质，两面无毛，网脉明显，叶片基部发出的最外侧主脉与叶缘结合。花序具 1 个伞形花序；花序梗圆柱形，纤细，长约 2 厘米，长于叶柄；伞形花序具多花；花序托稍膨大，球形，具多数苞片；花梗长 6-7 毫米；花暗紫色；花蕾卵球形，直径 1.5-2 毫米；雄花花被片长圆形，长 2.5-3 毫米，宽约 1 毫米，雄蕊通常 6 枚；雌花比雄花稍小，通常具 3 枚退化雄蕊。浆果球形，直径 6-8 毫米，成熟时蓝黑色。花期 5-7 月，果期 10-11 月。

陕西省新记录种，产佛坪（实习队 923698，WNU）、宁强（西大生物系巴山木本小组 0065，WNU），生于海拔 1200-1500 米的山坡；分布于甘肃、四川、西藏、云南、广西、贵州、湖南。印度、缅甸也产。

### （10）托柄菝葜 心叶菝葜（《陕西树木志》）（图 133，照片 369）

**Smilax discotis** Warb., in Diels, Bot. Jahrb. Syst. 29(2): 256. 1900; 秦岭植物志 1(1): 319. 1976; 中国植物志 15: 200. 1978; 陕西树木志: 1165. 1990; Flora of China 24: 103. 2000.

木质藤本。茎上具稀疏短刺。叶互生；叶柄长 3-4 毫米，全长具卵形或半圆形的翅状鞘，鞘先端具卷须，有时无卷须；叶片于叶柄先端脱落；叶片卵形或卵状长圆形，长 3-8 厘米，宽 2-4 厘米，基部心形或圆形，先端渐尖，薄革质，两面无毛。花序具 1 个伞形花序；花序梗圆柱形，长 2-4 厘米；伞形花序具 8-20 朵花；花序托稍膨大，球形，具苞片；花梗长 7-12 毫米；花黄绿色；雄花外花被片长约 4 毫米，宽约 1.8 毫米，内花被片宽约 1 毫米，通常具 6 枚雄蕊；雌花比雄花稍小，通常具 3 枚退化雄蕊。浆果球形，直径 6-8 毫米，成熟时黑色，具白粉。花期 5-6 月，果期 9-10 月。

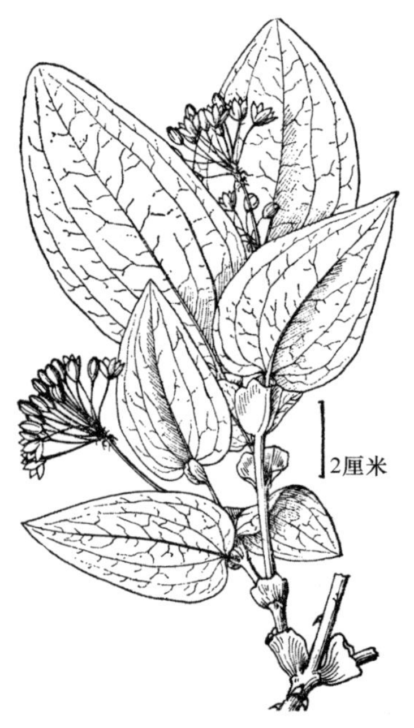


图 133. **托柄菝葜 Smilax discotis**
花枝（引自《秦岭植物志》）。

产秦巴山区，生于海拔 960-2300 米的山地灌丛或林下；分布于甘肃、河南、安徽、浙江、福建、江西、湖北、湖南、四川、贵州、云南。

（11）**小叶菝葜** 地茯苓藤、狭叶地茯苓藤（《陕西树木志》）（图 134，照片 370、371）

**Smilax microphylla** C. H. Wright, Bull. Misc. Inform. Kew 1895: 117. 1895; 秦岭植物志 1(1): 320. 1976; 中国植物志 15: 212. 1978; 陕西树木志: 1169. 1990; Flora of China 24: 107. 2000. ——*S. lanceifolia* Roxb. var. *elongata* auct. non (Warb.) F. T. Wang & Tang: 陕西树木志: 1171. 1990.

木质藤本。茎具稀疏或密集的刺，常具纵棱，老枝有时具密集的疣状凸起，粗糙。叶互生；叶柄长 3-4 毫米，基部 1/3-1/2 具极狭的鞘，鞘先端具卷须或无卷须，卷须通常在萌条及主枝上较明显，末级细枝上常无卷须；叶片于叶柄先端脱落；叶片披针形、卵形或线状披针形，长 3-10 厘米，宽 0.3-3.5 厘米，基部平截或圆形，先端渐尖，边缘略反卷，革质，两面无毛，背面苍白色。雄株开花枝条上有时无叶；花序具 1 个伞形花序；花序梗圆柱形，纤细，长 1-2 毫米，明显短于叶柄；伞形花序具 2-15 朵花；花序托膨大，球形，具苞片；花梗长 3-7 毫米；花黄绿色；雄花花被片长 1.6-2 毫米，宽 0.7-1 毫米，通常具 6 枚雄蕊；雌花比雄花稍小，通常具 3 枚退化雄蕊。浆果球形，直径 3-6 毫米，成熟时黑色，具白粉。花期 6-7 月，果期 10-12 月。

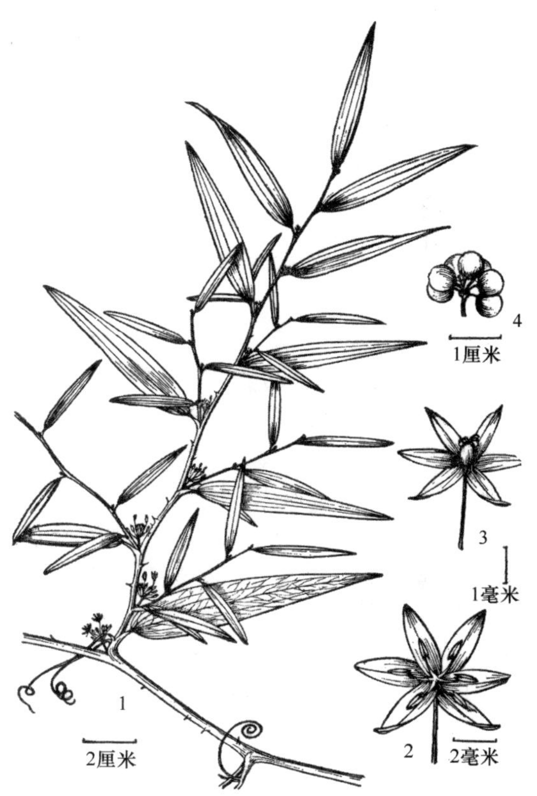


图 134. **小叶菝葜 Smilax microphylla**
1. 雄花枝；2. 雄花；3. 雌花；4. 果序（引自《秦岭植物志》）。

产商南、石泉、旬阳、安康、平利、镇坪、岚皋、紫阳、西乡、佛坪、洋县、南郑、勉县、留坝、镇巴、略阳、宁强，生于海拔 450-1700 米的山地灌丛或疏林下；分布于甘肃、湖北、湖南、重庆、四川、贵州、云南。

（12）**短梗菝葜** 黑刺菝葜、短柄黑刺菝葜（《秦岭植物志》）、金刚刺（《陕西中草药》）（图 135，照片 372、373）

**Smilax scobinicaulis** C. H. Wright, Bull. Misc. Inform. Kew 1895: 117. 1895; 秦岭植物志 1(1): 319. 1976; 中国植物志 15: 193. 1978; 陕西树木志: 1171. 1990; Flora of China 24: 101. 2000. ——*S. scobinicaulis* C. H. Wright var. *brevipes* (Warb.) Hand.-Mazz., Symb. Sin. 7: 1221. 1936; 秦岭植物志 1(1): 320. 1976.

木质藤本。茎上具短刺，植株基部刺较密集，刺先端常黑褐色。叶互生；叶柄长 7-12 毫米，约 1/2 具鞘，鞘先端具卷须，有时无卷须；叶片于鞘先端与叶柄先端之间脱落；叶片卵形或卵状披针形，有时心形，长7-11厘米，宽3.5-5.5厘米，萌条上的叶长15-17厘米，宽9-13厘米，基部平截或心形，先端急尖或渐尖，纸质，两面无毛。花序具1个伞形花序；花序梗圆柱形，通常短于叶柄，有时极短近无花序梗，有时与叶柄近等长；伞形花序具2-8朵花；花序托稍膨大，球形，无苞片；花梗长3-5毫米；花黄绿色；雄花花被片长4-5毫米，宽1-1.8毫米，通常具6枚雄蕊，长2-3毫米；雌花比雄花稍小，通常具3枚退化雄蕊。浆果球形，有时先端尖，直径4-8毫米，成熟时黑色。花期5-6月，果期8-9月。

产富县、黄陵、铜川、耀州、宜君、陇县及秦巴山区，生于海拔630-2000米的山地灌丛或林下；分布于河北、山西、甘肃、河南、湖北、湖南、江西、重庆、四川、贵州、云南。

3　2厘米　1厘米　1　2　1厘米

图135. **短梗菝葜 Smilax scobinicaulis**
1. 根状茎；2. 雄花枝；3. 雄花
（引自《秦岭植物志》）。

**（13）武当菝葜**（照片374、375）

**Smilax outanscianensis** Pamp., Nuovo Giorn. Bot. Ital., n. s. 18: 109. 1911; 中国植物志 15: 198. 1978; Flora of China 24: 103. 2000.

木质藤本。茎上具极稀疏短刺。叶互生；叶柄长5-10毫米，约1/2具鞘，萌条上的叶具卷须，小枝上的叶通常不具卷须；叶片于鞘先端脱落；叶片卵形或卵状披针形，稀椭圆形，长4-11厘米，宽1.5-5厘米，基部圆形或宽楔形，先端急尖或渐尖，稀圆钝，薄纸质或膜质，两面无毛。花序具1个伞形花序；花序梗圆柱形，长5-15毫米，短于至长于叶柄；伞形花序具2-9朵花；花序托稍膨大，球形或椭球型，具苞片；花梗长3-6毫米；花黄绿色；雄花花被片长6-7毫米，宽1.4-2.8毫米，通常具6枚雄蕊；雌花比雄花稍小，具3-6枚退化雄蕊。浆果球形，直径7-10毫米，幼时绿色，后变红，完全成熟时紫黑色，有光泽，不具白粉。花期5-6月，果期9-10月。

陕西省新记录种，产宁陕（邢吉庆2154、2795、3327、3779、3842、5888、6018、6059、6500，WUK）、旬阳（邢吉庆5771，WUK）、略阳（石玉岑151，李国猷411，WUK）、南郑（傅坤俊11082、11294，WUK）、镇巴（傅坤俊11592，省中草药科研组141，WUK）、岚皋（陕西省植被区划小组920，李培元7896、8297、8305，陈彦生等529、1959、2547，WUK）、紫阳（西大生物系巴山木本小组1062，WNU）、安康（西大生物系巴山木本小组605，WNU），生于海拔1200-2100米的山坡灌丛、山沟河边；分布于湖北、江西、四川。

武当菝葜与红果菝葜（**S. polycolea** Warb.）很接近，区别仅在于前者叶背面淡绿色、果成熟时紫黑色，后者叶背面苍白色、果成熟时红色。陕西产的标本叶背面不为苍白色，标本记录显示10月的果实为紫黑色、黑色。作者观察了岚皋县的活植物，叶背面为淡绿色，7月时大多数果实为绿色，少数果转红，极少数果变为紫黑色；宁陕县的活植物在9月时果大多为红色，10月时为紫黑色；因此本种的果实颜色是随季节变化的。

《陕西树木志》记载红果菝葜分布于南郑，但描述其叶背面绿色，可能系武当菝葜的错误鉴定。

（14）**黑叶菝葜**（图 136，照片 376、377）

**Smilax nigrescens** F. T. Wang & Tang ex P. Y. Li，植物分类学报 11(3): 253. 1966; 秦岭植物志 1(1): 321. 1976; 中国植物志 15: 203. 1978; 陕西树木志: 1166. 1990; Flora of China 24: 103. 2000.

木质藤本。茎上具短刺，小枝有时作之字形弯折。幼茎、叶、花在干后变为黑色。叶互生；叶柄长 6-12 毫米，约 4/5 具鞘，通常具卷须；叶片于叶柄先端脱落；叶片卵形或披针形，长 4-7 厘米，宽 1.5-4.5 厘米，基部平截或浅心形，先端渐尖或急尖，纸质或薄革质，两面无毛。花序具 1 个伞形花序；花序梗压扁，腋生或有时着生于叶腋上方数毫米的茎上，长 1-3.5 厘米，长于叶柄；伞形花序具 3-15 朵花；花序托稍膨大，球形，具苞片；花梗长约 5 毫米；花黑紫色；雄花花被片长约 2.5 毫米，宽约 1 毫米，通常具 6 枚雄蕊；雌花与雄花大小相似，通常具 6 枚退化雄蕊。浆果球形，直径 5-10 毫米，成熟时黑色，具白粉。花期 5-6 月，果期 9-10 月。

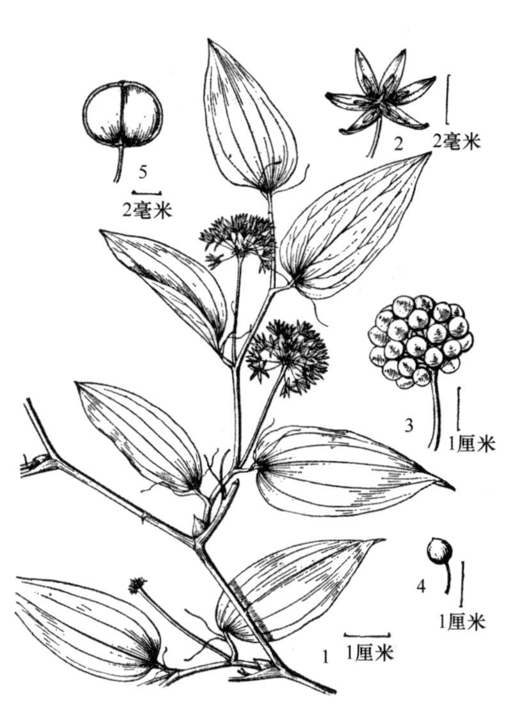


图 136. **黑叶菝葜 Smilax nigrescens**

1. 雄花枝；2. 雄花；3. 果序；4. 果实；5. 果实纵剖（引自《秦岭植物志》）。

产太白山、商南、山阳、柞水、镇安、宁陕、石泉、洋县、旬阳、凤县、勉县、略阳、佛坪、镇巴、化龙山、宁强，生于海拔 500-1500 米的山地灌丛中；分布于甘肃、湖北、湖南、重庆、四川、贵州、云南。

**Smilax castaneiflora** H. Lév.（Bull. Géogr. Bot. 25: 39. 1915）的模式标本采自云南，和黑叶菝葜相似，如果二者系同种，根据优先权，黑叶菝葜的正确学名应为 **S. castaneiflora**，有待进一步研究。

（15）**黑果菝葜** 粉菝葜（《秦岭植物志》）（图 137，照片 378、379）

**Smilax glaucochina** Warb., in Diels, Bot. Jahrb. Syst. 29(2): 255. 1900; 秦岭植物志 1(1): 321. 1976; 中国植物志 15: 200. 1978; 陕西树木志: 1173. 1990; Flora of China 24: 103. 2000.

木质藤本。茎上具短刺。叶互生；叶柄长 6-15 毫米，约 1/2 具鞘，通常具卷须；叶片于鞘先端与叶柄先端之间脱落；叶片椭圆形、宽椭圆形、卵状披针形或卵形，长 3-10 厘米，宽 1.5-5 厘米，萌条上的叶长可达 15 厘米，宽达 11 厘米，基部宽楔形，先端急尖，薄革质，两面无毛，背面通常明显具白粉，两面网脉明显。花序具 1 个伞形花序；花序梗圆柱形，长 2-2.5 厘米，长于叶柄；伞形花序具 5-18 朵花；花序托稍膨大，球形或卵球形，具苞片或脱落；花梗长 1-1.5 厘米；花黄绿色；雄花外花被片长 5-6 毫米，宽 2.5-3 毫米，内花被片宽 1-1.5 毫米，具 6 枚雄蕊；雌花与雄花大小相似，通常具 3 枚退化雄蕊。浆果球形，直径 5-8 毫米，成熟时紫黑色，具白粉。花期 4-6 月，果期 10 月。

产宁陕、旬阳、汉阴、安康、西乡、岚皋、勉县、留坝、南郑、山阳、商南、城固、汉中、略阳、平利，生于海拔 340-1800 米的山地灌丛或疏林下；分布于山西、甘肃、江苏、安徽、浙江、台湾、江西、河南、湖北、湖南、广东、广西、重庆、四川、贵州。

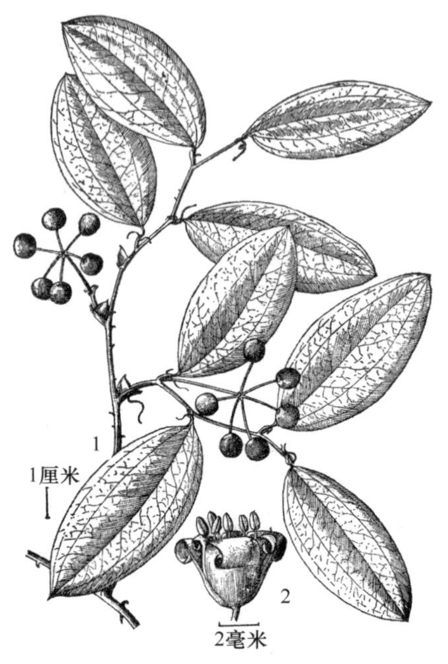

图 137. **黑果菝葜 Smilax glaucochina**
1. 果枝；2. 雄花（引自《秦岭植物志》）。

（16）**大花菝葜**（照片 380、381）

**Smilax megalantha** C. H. Wright, Bull. Misc. Inform. Kew 1895: 118. 1895; 秦岭植物志 1(1): 317. 1976; Flora of China 24: 102. 2000. ——*Smilax ferox* Wall. ex Kunth, pro parte quoad syn.: 中国植物志 15: 196. 1978; 陕西树木志: 1168. 1990.

木质藤本。茎上具短刺。叶互生；叶柄长 6-15 毫米，1/3-1/2 具鞘，具卷须或无卷须，萌条上的叶通常具卷须；叶片于鞘先端脱落；叶片披针形、长椭圆形或长圆形，稀卵形，长 4-12 厘米，宽 1.5-3.5 厘米，萌条上的叶长 19-21 厘米，宽 5-6 厘米，基部宽楔形、楔形或圆形，先端急尖，革质，两面无毛，背面常灰白色。花序具 1 个伞形花序；花序梗圆柱形，长 1.8-2.8 厘米，长于叶柄；伞形花序具 4-13 朵花；花序托伸长，果期长 4-6 毫米，具苞片；花梗长约 1 厘米；花黄色；雄花花被片长 6-8 毫米，宽 2-3 毫米，通常具 6 枚雄蕊；雌花比雄花稍小，通常具 6 枚退化雄蕊。浆果球形，直径 10-15 毫米，成熟时红色，有光泽。花期 4 月，果期 10-11 月。

产南郑、略阳、宁强、岚皋、镇坪、平利，生于海拔 600-1500 米的山坡、山沟灌丛；分布于湖北、四川、贵州、云南。

《中国植物志》和《陕西树木志》将大花菝葜处理为**长托菝葜**（**Smilax ferox** Wall. ex Kunth）的异名，而 *Flora of China* 将二种分开，主要区别是大花菝葜叶柄上鞘占 1/3-1/2，果直径 10-15 毫米，而长托菝葜叶柄上鞘占 2/3-4/5，果直径 8-10 毫米，作者认同 *Flora of China* 的观点。《陕西维管植物名录》记载马甲菝葜（**S. lanceifolia** Roxb.）分布于宁强。作者检查了 WUK 馆藏宁强产的被鉴定为马甲菝葜的标本（李培元 00812），其叶柄 1/3-1/2 具鞘，叶片于鞘先端脱落，符合大花菝葜的特点，而马甲菝葜的叶柄 1/5-1/4 具鞘，叶片于鞘先端与叶柄先端之间脱落，因此作者认为陕西尚无马甲菝葜的分布记录。

### （17）微齿菝葜

**Smilax microdonta** Z. S. Sun & C. X. Fu, Phytotaxa 212(3): 209. 2015, as "*microdontus*".

攀援状灌木。茎上具稀疏短刺。叶互生；叶柄长 7-18 毫米，1/3-1/2 具鞘，具短小的卷须或无卷须；叶片于鞘先端脱落；叶片宽椭圆形或近圆形，长 2.5-4.5 厘米，宽 2-3.5 厘米，基部楔形，先端钝或急尖，边缘具微小的不规则的齿，薄纸质，两面无毛。花序具 1 个伞形花序；花序梗圆柱形，长 1.0-2.2 厘米，长于叶柄；伞形花序通常具 5-8 朵花；花序托果期稍伸长，长约 2 毫米，具苞片；花梗长约 5 毫米；花黄绿色；雄花花被片长 3.5-4 毫米，宽 1-2 毫米，通常具 6 枚雄蕊；雌花与雄花大小相似。浆果球形，直径 5-7 毫米，成熟时红色。

陕西省新记录种，产山阳县西照川镇西河（杨金祥、梁一民 2766，WUK），生于海拔 620 米的山坡灌丛；分布于湖北、山东、江苏。

本种形态近武当菝葜（**S. outanscianensis** Pamp.）和菝葜（**S. china** L.），但本种叶缘具微小的不规则的齿而易于区别。

### （18）菝葜（照片 382）

**Smilax china** L., Sp. Pl. 2: 1029. 1753; 中国植物志 15: 193. 1978; Flora of China 24: 101. 2000.

木质藤本。茎上具稀疏短刺。叶互生；叶柄长 7-10 毫米，约 1/2 具鞘，具卷须或无卷须，有时卷须仅为短小的凸起；叶片于鞘先端脱落；叶片宽卵形、近圆形或宽椭圆形，长 4-9 厘米，宽 3-6.5 厘米，萌条上的叶长达 15 厘米，宽达 11 厘米，基部平截或圆形，罕微心形，先端钝、圆形或平截，常具一短小尾尖或微凹，纸质或薄革质，两面无毛。花序具 1 个伞形花序；花序梗稍压扁，长 1-2.5 厘米，长于叶柄；伞形花序具十数朵花；花序托果期稍伸长，长约 4 毫米，具苞片；花梗长约 5 毫米；花黄绿色；雄花外花被片长 3.5-4.5 毫米，宽 1.5-2 毫米，内花被片稍狭，通常具 6 枚雄蕊；雌花与雄花大小相似，通常具 6 枚退化雄蕊。浆果球形，直径 7-8 毫米，成熟时红色，具白粉。

产平利、镇坪、岚皋、旬阳，生于海拔 1100-2260 米的山坡林下及灌丛中；分布于华东、华中、华南、西南地区。缅甸、泰国、越南、菲律宾也产。

根状茎入药。

# 三三　百合科 Liliaceae Juss.

赵　鹏（西北大学）　卢　元（陕西省西安植物园）

多数为多年生草本，稀木本。通常具根状茎、球茎、块茎或鳞茎；茎直立或攀援，常常变形为地下的储藏器或叶状枝。叶互生或轮生，稀对生，叶脉具弧形平行脉，极少具网状脉。花单生或形成总状、伞形花序；花两性，少为单性异株或杂性，辐射对称，极少稍两侧对称；花被片 6 片，少有 4 片或多数，离生或不同程度合生成筒，一般为花冠状；雄蕊通常与花被片同数，花丝离生或贴生于花被筒上；花药基着或丁字形着生，2 室，纵裂，较少汇合成一室而为横缝开裂；心皮合生或不同程度离生；子房上位，极少半下位，一般3室（很少为2、4、5室），具中轴胎座，少有1室而具侧膜胎座；每室具1至多枚倒生胚珠。果实为蒴果或浆果，较少为坚果。种子具丰富的胚乳，胚小。

本科有15-17属约635种，产世界各地，主要分布于北半球温带地区。中国有13属148种。陕西产10属29种，其中1属4种仅见栽培。

百合科许多种类有重要的经济价值，如贝母等是著名的中药材，百合等是很好的菜蔬食品，百合及郁金香等是常见的观赏花卉。

百合科在分类系统中变化比较大，早期学者定义本科包含280属约4000种，依据分子系统学等方面的证据，对广义百合科做了相应的变动，如岩菖蒲属（**Tofieldia** Huds.）归为岩菖蒲科（**Tofieldiaceae** Takhtajan），粉条儿菜属（**Aletris** L.）等归为沼金花科（**Nartheciaceae** Fr. ex Bjurzon），重楼属（**Paris** L.）、延龄草属（**Trillium** L.）、藜芦属（**Veratrum** L.）、丫蕊花属（**Ypsilandra** Franch.）等归为藜芦科（**Melanthiaceae** Batsch ex Borkh.），万寿竹属（**Disporum** Salisb.）等归为秋水仙科（**Colchicaceae** DC.），菝葜属（**Smilax** L.）归为菝葜科（**Smilacaceae** Vent.），独尾草属（**Eremurus** M. Bieb.）、萱草属（**Hemerocallis** L.）等归为阿福花科（**Asphodelaceae** Juss.），葱属（**Allium** L.）等归为石蒜科（**Amaryllidaceae** J. St.-Hil.），知母属（**Anemarrhena** Bunge）、吊兰属（**Chlorophytum** Ker Gawl.）、玉簪属（**Hosta** Tratt.）、天门冬属（**Asparagus** L.）、山麦冬属（**Liriope** Lour.）、沿阶草属（**Ophiopogon** Ker Gawl.）、黄精属（**Polygonatum** Mill.）、绵枣儿属（**Barnardia** Lindl.）、铃兰属（**Convallaria** L.）、吉祥草属（**Reineckea** Kunth）、万年青属（**Rohdea** Roth，包含开口箭属 *Campylandra* Baker）、舞鹤草属（**Maianthemum** F. H. Wigg.，包含鹿药属 *Smilacina* Desf.）、鹭鸶兰属（**Diuranthera** Hemsl.）等归为天门冬科（**Asparagaceae** Juss.）。

## 分属检索表

1. 植株具根状茎……2
1. 植株具鳞茎……4
2. 叶基生，全缘；总状花序从基生叶丛中央抽出……1. **七筋姑属 Clintonia** Raf.
2. 叶互生于茎上，抱茎；花腋生或排成聚伞花序……3
3. 花通常1-4朵，腋生；内外轮花被片基部无囊；浆果……2. **扭柄花属 Streptopus** Michx.
3. 花常排成顶生和生于上部叶腋的二歧聚伞花序；外轮花被片基部具囊；蒴果，具3棱……3. **油点草属 Tricyrtis** Wall.
4. 叶具网状脉，心形……4. **大百合属 Cardiocrinum** (Endl.) Lindl.
4. 叶具平行脉，不为心形……5
5. 鳞茎有白粉质鳞片；花被片基部具蜜腺窝……5. **贝母属 Fritillaria** L.
5. 鳞茎无白粉质鳞片；花被片基部具其他形态蜜腺，或不具蜜腺……6
6. 植物较高大，一般高40厘米以上；花单生或排成总状花序；花药丁字形着生……7
6. 植物较矮小，一般高10-30厘米；花通常单朵顶生，或2-5朵排成总状花序、伞房花序或伞形花序；花药基部着生……8
7. 须根上具许多珠状小鳞茎，其外部被黑色稍硬的外壳；茎生和基生叶同时存在……6. **假百合属 Notholirion** Wall. ex Boiss.
7. 须根上不具小鳞茎；在花期只具茎生叶……7. **百合属 Lilium** L.
8. 花较小，通常平展或斜出，花被片通常不及2厘米；鳞茎较小，很少宽达5毫米以上……8. **顶冰花属 Gagea** Salisb.

8. 花较大，花被片通常在 2 厘米以上；鳞茎较大，宽 1 厘米以上……………………………………9
9. 花梗上无苞片 ……………………………………………………………9. **郁金香属 Tulipa** L.
9. 花梗上具 2-4 片对生或轮生的苞片………………………………………10. **老鸦瓣属 Amana** Honda

## 1. 七筋姑属[①] **Clintonia** Raf.

Amer. Monthly Mag. & Crit. Rev. 2: 266. 1818; 秦岭植物志 1(1): 327. 1976; 中国植物志 15: 24. 1978; Flora of China 24: 150. 2000.

多年生草本。根状茎短。叶基生，全缘。花莛直立；顶生的总状花序或伞形花序，较少具单花；花序轴和花梗在后期显著伸长；花被片 6 片，离生；雄蕊 6 枚，着生于花被片基部，花丝丝状，花药背着，半外向开裂；花粉粒单沟，网状纹饰；子房 3 室，每室有多数胚珠，花柱明显，柱头 3 浅裂。浆果或蒴果状开裂。种子棕褐色，胚细小。

本属有 5 种，分布于东亚和北美洲，为生物地理间断分布。中国有 1 种；陕西产 1 种。

### （1）**七筋姑** 七筋菇（《秦岭植物志》）（图 138，照片 383、384）

**Clintonia udensis** Trautv. & C. A. Mey., Reise Sibir. 1(Theil 2, Bot. Lief. 3): 92. 1856; 秦岭植物志 1(1): 328. 1976; 中国植物志 15: 26. 1978; Flora of China 24: 151. 2000.

多年生草本。根状茎较硬，粗约 5 毫米，有撕裂成纤维状的残存鞘叶。叶 3-4 片，纸质或厚纸质，椭圆形、倒卵状矩圆形或倒披针形，长 8-25 厘米，宽 3-6 厘米，无毛或幼时边缘有柔毛，先端骤尖，基部鞘状抱茎或后期伸长成柄状。花莛密生白色短柔毛，长 10-20 厘米，果期伸长可达 60 厘米；总状花序有花 3-12 朵，花梗密生柔毛，初期长约 1 厘米，后伸长可达 7 厘米；苞片披针形，长约 1 厘米，密生柔毛，早落；花白色，少有淡蓝色；花被片矩圆形，长 7-12 毫米，宽 3-4 毫米，先端钝圆，外面有微毛，具 5-7 条脉；花药长 1.5-2 毫米，花丝长 3-5(-7)毫米；子房长约 3 毫米，花柱连同 3 浅裂的柱头长 3-5 毫米。果实球形至矩圆形，长 7-12(-14)毫米，宽 7-10 毫米，自顶端至中部沿背缝线作蒴果状开裂，每室有种子 6-12 枚。种子卵形或梭形，长 3-4.2 毫米，宽约 2 毫米。花期 5-6 月，果期 7-10 月。

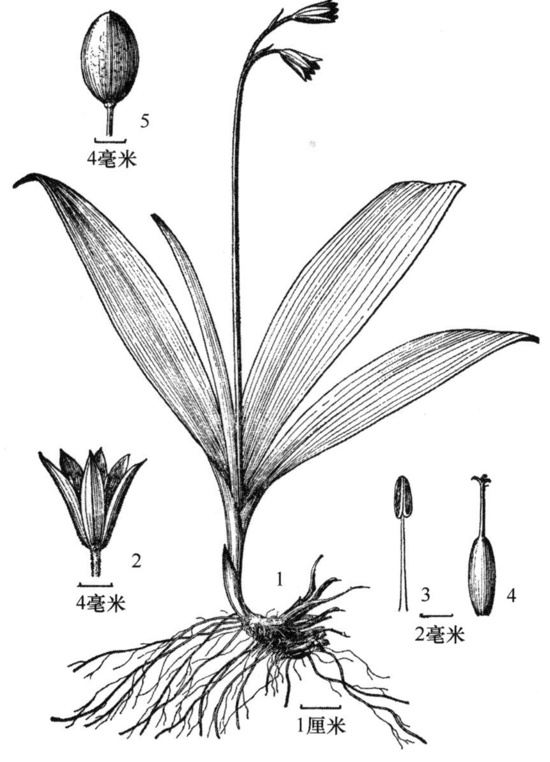

图 138. **七筋姑 Clintonia udensis**
1. 植株；2. 花；3. 雄蕊；4. 雌蕊；
5. 果实（引自《秦岭植物志》）。

① 又称七筋菇属（《秦岭植物志》）。

产太白山、宁陕、佛坪、洋县、西乡、平利、岚皋、镇坪，生于海拔 2000-2800 米的山地林下；分布于东北、华北及甘肃、河南、湖北、四川、云南、西藏。印度、不丹、缅甸、日本、朝鲜半岛、俄罗斯西伯利亚及远东地区也产。

本种有小毒，全草可入药。

## 2. 扭柄花属[①] **Streptopus** Michx.

Fl. Bor. Am. 1: 200, t. 18. 1803; 秦岭植物志 1(1): 328. 1976; 中国植物志 15: 48. 1978; Flora of China 24: 153. 2000.

多年生草本。根状茎横走；茎直立，不分枝或中部以上分枝。叶互生，薄纸质，卵形、披针形或卵状矩圆形，无柄，常抱茎。花常 1-2 朵，腋生，由于总花梗与邻近的茎愈合，常貌似与叶对生或出于叶下，少有 3-4 朵花排成花序生于茎或枝条的顶端；花被片离生；雄蕊 6 枚，花药近基着，内向纵裂，顶端具小尖头，花丝扁，基部变宽；花粉粒单沟，网状纹饰；子房近球形，3 室，柱头存在或几无，圆盾状或 3 裂。浆果球形，熟时红色。种子几颗或更多，具沟槽。

本属有 10 种，分布于北温带地区。中国有 5 种，产东北和西南。陕西产 1 种。

### (1) **扭柄花** 曲梗算盘七（《秦岭植物志》）（图 139，照片 385）

**Streptopus obtusatus** Fassett., Rhodora 37: 102. 1935; 秦岭植物志 1(1): 328. 1976; 中国植物志 15: 50. 1978; Flora of China 24: 154. 2000.

植株高 15-35 厘米；根状茎纤细，粗 1-2 毫米；根多而密，有毛；茎直立，不分枝或中部以上分枝，光滑。叶卵状披针形或矩圆状卵形，长 5-8 厘米，宽 2.5-4 厘米，先端有短尖，基部心形，抱茎，边缘具有睫毛状细齿。花单生于上部叶腋，貌似从叶下生出，淡黄色，内面有时带紫色斑点，下垂；花梗长 2-2.5 厘米，中部以上具有关节，关节处呈膝状弯曲，具 1 枚腺体；花被片近离生，长 8-9 毫米，宽 1-2 毫米，矩圆状披针形或披针形，上部呈镰刀状；雄蕊长不及花被片的一半，花药长箭形，长 3-4 毫米；花丝粗短，稍扁，呈三角形；子房球形；花柱长 4-5 毫米，柱头 3 裂至中部以下。浆果直径 6-8 毫米。种子椭圆形。花期 7 月，果期 8-9 月。

产太白山、柞水、宁陕、佛坪、洋县、凤县，生于海拔 2300-3000 米的山地针叶林下；分布于甘肃、湖北、四川、云南等地。

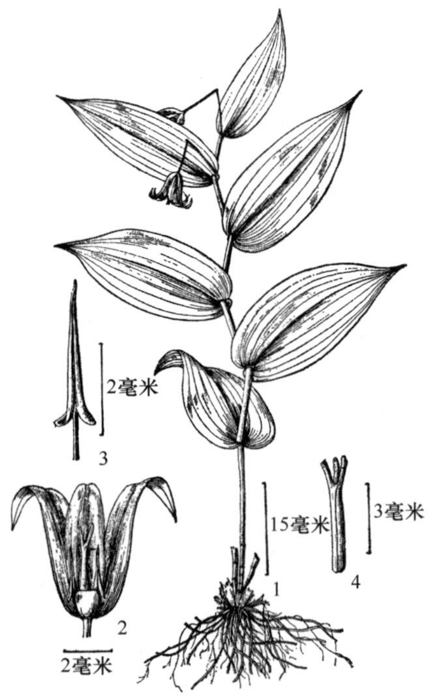

图 139. **扭柄花 Streptopus obtusatus**
1. 植株；2. 花纵剖；3. 雄蕊；4. 花柱与柱头
（引自《秦岭植物志》）。

① 又称算盘七属（《秦岭植物志》）。

## 3. 油点草属 **Tricyrtis** Wall.

Tent. Fl. Nepal. 2: 61, t. 46. 1826; 秦岭植物志 1(1): 335. 1976; 中国植物志 14: 30. 1980; Flora of China 24: 151. 2000.

多年生草本。根状茎短，横走；茎直立，圆柱形，单生。叶互生，卵圆形、卵形或椭圆形，无柄或叶基部抱茎。花单生或簇生，常排成顶生和生于上部叶腋的二歧聚伞花序；花被片 6 片，离生，绿白色、黄绿色或淡紫色，开放前钟状，开放后花被直立、斜展或反折，常早落，外轮 3 枚在基部囊状或具短距；雄蕊 6 枚，花丝扁平；花药距圆形，2 室，外向开裂；柱头 3 裂，向外弯垂，裂片密生腺毛；子房 3 室，胚珠多数。蒴果，具 3 棱，上部室间开裂。种子小而扁，卵形。

本属有 9 种，分布于亚洲东部。中国有 6 种；陕西产 3 种。

### 分种检索表

1. 茎光滑无毛；叶上面无毛……（1）**宽叶油点草 T. latifolia** Maxim.
1. 茎上部多少被毛；叶两面均被毛……2
2. 花完全开放后，花被片自中下部向外反折……（2）**油点草 T. macropoda** Miq.
2. 花被片向上斜展或近水平伸展……（3）**黄花油点草 T. maculata** (D. Don) J. F. Macbr.

### （1）**宽叶油点草**（图 140）

**Tricyrtis latifolia** Maxim., Bull. Acad. Imp. Sci. Saint-Pétersbourg 11: 435. 1867; 秦岭植物志 1(1): 335. 1976; Flora of China 24: 153. 2000.

株高 40-100 厘米；茎通常无毛。叶倒卵形或卵状椭圆形，长 9-15 厘米，宽 4-8 厘米，正面无毛，背面疏生或密被短柔毛，基部深心形，抱茎，先端渐尖到具小尖头。聚伞花序顶生，有时生于茎上部叶腋，数个至多花，花序轴和花梗具小乳突；花梗长 1.5-3 厘米；花被片斜向外展开，浅黄色，具紫红色斑点，倒披针形或狭椭圆形，长 1.6-2 厘米，宽 4-5 毫米，外轮花被片基部囊状；雄蕊长 1.5-2 厘米；子房无毛。蒴果长 3-3.5 厘米。花期 6-7 月，果期 8-9 月。

产太白山及长安、宁陕、石泉、佛坪、洋县、西乡、丹凤、化龙山（石碑河），生于海拔 1200-1400 米的林下或草地上；分布于河北、河南、湖北、重庆、四川。日本也产。

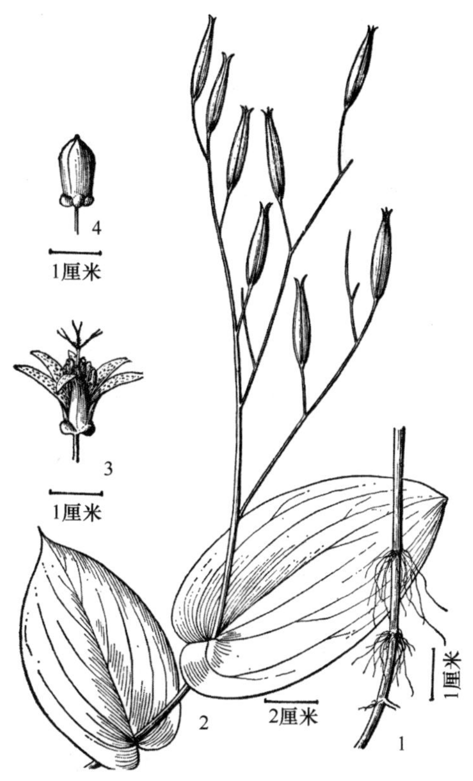

图 140. **宽叶油点草 Tricyrtis latifolia**
1. 根状茎和根；2. 茎上部和果序；3. 花；4. 花蕾（引自《秦岭植物志》）。

**（2）油点草**

**Tricyrtis macropoda** Miq., Vers. Med. Akad. Amsterdam Ser. 2, 2: 86. 1868; 秦岭植物志 1(1): 335. 1976; 中国植物志 14: 32. 1980; Flora of China 24: 151. 2000.

植株高可达 1 米，茎上部疏生或密生短的糙毛。叶卵状椭圆形、矩圆形至矩圆状披针形，长 8-16 厘米，宽 6-10 厘米，先端渐尖或急尖，两面疏生短糙毛，基部心形抱茎或圆形而近无柄，边缘具短糙毛。二歧聚伞花序顶生或生于上部叶腋，花序轴和花梗生有淡褐色短糙毛，花数朵至多数；花梗长 1.4-3 厘米；苞片小；花疏散；花被片绿白色或白色，内面具紫红色斑点，卵状椭圆形至披针形，长 1.5-2 厘米，宽 5-7 毫米，花完全开放后自中下部向下反折；外轮花被片比内轮宽，基部囊状；雄蕊与花被片近等长，花丝中上部向外弯垂，具紫色斑点；子房无毛。蒴果直立，长 2-3 厘米。花期 6-7 月，果期 7-9 月。

产岚皋、镇坪、化龙山，较少见，生于海拔 1200-2800 米的山地林下、草地上；分布于江苏、安徽、浙江、福建、江西、湖北、湖南、广东、广西、四川、贵州。日本也产。

本种叶片油绿且上面散布着油浸状的斑点，花被片有紫红色斑点，可栽培供观赏。

**（3）黄花油点草** 疏毛油点草（《秦岭植物志》）、黄瓜菜（秦岭）（照片 386、387）

**Tricyrtis maculata** (D. Don) J. F. Macbr., Tent. Fl. Napal. 62. 1826; 中国植物志 14: 32. 1980; 广西植物 37(10): 1337. 2017. ——*Compsos maculata* D. Don, Prodr. Fl. Nepal. 51. 1825. ——*T. pilosa* Wallich, Tent. Fl. Nepal. 2: 62. 1826; 秦岭植物志 1(1): 335. 1976; Flora of China 24: 152. 2000.

植株高 50-90 厘米，茎上部具短硬毛。叶卵形、长圆形或长圆状披针形，长 8-14 厘米，宽 6-9 厘米，两面具短硬毛，基部心形或圆形和抱茎，先端渐尖。聚伞花序顶生，或在茎的上部腋生，花数朵至多数；花序轴和花梗具短硬毛。花被片向上斜展或近水平伸展，黄绿色至绿白色，具黑紫色或紫褐色斑点，有时斑点会连成斑块，卵状长圆形或披针形，长 1.2-1.8 厘米，宽 5-6 毫米，外轮花被片稍宽于内轮，基部囊状；雄蕊近等长于花被片；子房无毛。蒴果长 2-3 厘米。花期 7-9 月，果期 8-10 月。

产秦巴山区，很普遍，生于海拔 1100-2200 米的山地灌丛或疏林下；分布于河北、甘肃、河南、湖北、湖南、广西、重庆、四川、贵州、云南等地。印度、不丹、尼泊尔也产。

## 4. 大百合属 **Cardiocrinum** (Endl.) Lindl.

Veg. Kingdom 205. 1846; 中国植物志 14: 157. 1980; Flora of China 24: 134. 2000. ——*Lilium* sect. *Cardiocrinuim* Endl., Gen. Pl. 141. 1836. ——*Lilium* L., pro parte: 秦岭植物志 1(1): 362. 1976.

基生叶的叶柄基部膨大形成鳞茎，但在花序长出后随即凋萎；小鳞茎数个，卵形，具纤维质的鳞茎皮，无鳞片；茎高大，无毛。叶基生和茎生，后者散生，通常卵状心形，向上渐小，叶脉网状，具叶柄。花序总状，有花 3-16 朵；花狭喇叭形，白色，具紫色条纹；花被片6片，离生，多少靠合，条状倒披针形；雄蕊6枚，花丝扁平，花药背着，呈丁字形着生；子房圆柱形，花柱长约为子房的1倍，柱头头状，微3裂。蒴果矩圆形，顶端有一小尖突，基部有粗短果柄，具6钝棱并有多数细横纹。种子多数，扁平，红棕色，周围有窄翅。

本属有3种，分布于中国和日本。中国有2种；陕西产2种。

本属植物花大而美丽，常栽培供观赏；部分种类可供药用。

### 分种及种下等级检索表

1. 总状花序具花3-5朵，每花具1片苞片；花丝长约为花被片的2/3；植株略小，高0.8-1米，直径1-2厘米······························（1）**荞麦叶大百合 C. cathayanum** (E. H. Wilson) Stearn
1. 总状花序具花10-16朵，花不具苞片；花丝长约为花被片的1/2或稍长；植株粗壮，高1-2米，直径2-3厘米······························（2）**云南大百合 C. giganteum** (Wall.) Makino var. **yunnanense** (Leichtlin ex Elwes) Stearn

### （1）荞麦叶大百合

**Cardiocrinum cathayanum** (E. H. Wilson) Stearn, Gard. Chron. ser. 3, 124: 4. 1948; 中国植物志 14: 158. 1980; Flora of China 24: 135. 2000. ——*Lilium cathayanum* E. H. Wilson, Lilies East. Asia, 99. 1925.

小鳞茎高2.5厘米，直径1.2-1.5厘米；茎高50-150厘米，直径1-2厘米。除基生叶外，离茎基部约25厘米处开始有茎生叶，最下面的几枚常聚集在一处，其余散生；叶纸质，具网状脉，卵状心形或卵形，先端急尖，基部近心形，长10-22厘米，宽6-16厘米，上面深绿色，下面淡绿色；叶柄长6-20厘米，基部扩大。总状花序有花3-5朵；花梗短而粗，向上斜伸，每花具1片苞片；苞片矩圆形，长4-5.5厘米，宽1.5-1.8厘米；花狭喇叭形，乳白色或淡绿色，内具紫色条纹；花被片条状倒披针形，长13-15厘米，宽1.5-2厘米，外轮的先端急尖，内轮的先端稍钝；花丝长8-10厘米，长为花被片的2/3，花药长8-9毫米；子房圆柱形，长3-3.5厘米，宽5-7毫米；花柱长6-6.5厘米，柱头膨大，微3裂。蒴果近球形，长4-5厘米，宽3-3.5厘米，红棕色。种子扁平，红棕色，周围有膜质翅。花期7-8月，果期8-9月。

产镇坪，生于海拔1960米左右的山地林下；分布于江苏、安徽、浙江、福建、江西、河南、湖北、湖南等地。

国家二级重点保护野生植物。

### （2）云南大百合（变种）水百合（秦岭）（图141，照片388、389）

**Cardiocrinum giganteum** (Wall.) Makino var. **yunnanense** (Leichtlin ex Elwes) Stearn, Gard. Chron. ser. 3, 124: 4. 1948; 中国植物志 14: 158. 1980; Flora of China 24: 134. 2000; ——*Lilium giganteum* Wall. var. *yunnanense* Leichtlin ex Elwes, Gard. Chron. ser. 3, 60: 49. 1916; 秦岭植物志 1(1): 363. 1976.

小鳞茎卵形，高3.5-4厘米，直径1.2-2厘米，干时淡褐色；茎直立，中空，高1-2米，直径2-3厘米，无毛。叶纸质，网状脉；基生叶卵状心形或近宽矩圆状心形，茎生叶卵状心形，下面的长15-20厘米，宽12-15厘米，叶柄长15-20厘米，向上渐小，靠近花序的几枚为船形。总状花序有花 10-16 朵，无苞片；花狭喇叭形，白色，里面具淡紫红色条纹；花被片条状倒披针形，长 12-15 厘米，宽 1.5-2 厘米；雄蕊长 6.5-7.5 厘米，长约为花被片的 1/2；花丝向下渐扩大，扁平；花药长椭圆形，长约 8 毫米，宽约 2 毫米；子房圆柱形，长 2.5-3 厘米，宽 4-5 毫米；花柱长 5-6 厘米，柱头膨大，微 3 裂。蒴果近球形，长 3.5-4 厘米，宽 3.5-4 厘米，顶端有 1 小尖突，基部有粗短果柄，红褐色，具 6 钝棱和多数细横纹，3 瓣裂。种子呈扁钝三角形，红棕色，长 4-5 毫米，宽 2-3 毫米，周围具淡红棕色半透明的膜质翅。花期 6-7 月，果期 9-10 月。

产华阴、蓝田、长安、鄠邑、太白山、周至、太白、佛坪、洋县、南郑、西乡、宁陕、岚皋、平利、镇坪、山阳，生于海拔 340-2000 米的山地林下阴湿处；分布于甘肃、河南、湖北、湖南、广东、广西、四川、贵州、云南等地。缅甸也产。

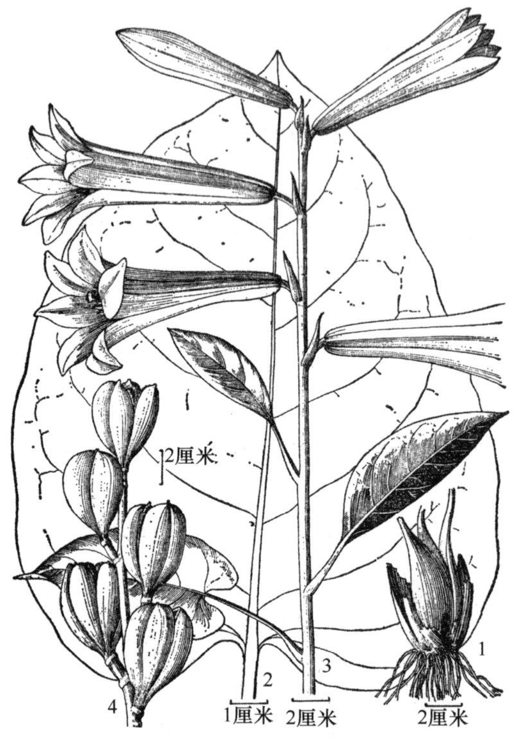


图 141. 云南大百合
**Cardiocrinum giganteum** var. **yunnanense**
1. 鳞茎；2. 叶；3. 花序；4. 果序（引自《秦岭植物志》）。

## 5. 贝母属 **Fritillaria** L.

Sp. Pl. ed. 1, 303. 1753; 秦岭植物志 1(1): 355. 1976; 中国植物志 14: 97. 1980; Flora of China 24: 127. 2000.

多年生草本。鳞茎深埋土中，外有鳞茎皮，通常由 2-3 枚白粉质鳞片组成，鳞片内生有 2-3 对小鳞，较少由多枚鳞片及周围许多米粒状小鳞片组成，前者鳞茎近卵形或球形，后者常多少呈莲座状；茎直立，不分枝，一部分位于地下。基生叶有长柄；茎生叶对生、轮生或散生，先端卷曲或不卷曲，基部半抱茎。花较大或略小，通常钟形，俯垂，在受精后花梗逐渐向上，在果期直立，辐射对称，少有稍两侧对称，单朵顶生或多朵排成总状花序或伞形花序，具叶状苞片；花被片矩圆形、近匙形至近狭卵形，常靠合，内面近基部有一凹陷的蜜腺窝；雄蕊 6 枚，花药近基着或背着，2 室，内向开裂；花柱 3 裂或近不裂；柱头伸出于雄蕊之外；子房 3 室，每室有 2 纵列胚珠，中轴胎座。蒴果具 6 棱，棱上常有翅，室背开裂。种子多数，扁平，边缘有狭翅。

本属有 60 种，主要分布于北半球温带地区，特别是地中海地区、北美洲和亚洲中部。中国有 24 种；陕西产 5 种，其中 3 种仅见栽培。

本属植物具有颇高的观赏价值；部分种类为传统中药，以干燥鳞茎入药，称为“贝母”。

## 分种检索表

1\. 外花被片明显比内花被片宽；叶常散生或以散生为主，至少在茎最下面的2-3片叶如此……………………………………（1）**伊贝母 F. pallidiflora** Schrenk ex Fisch. & C. A. Mey.

1\. 外花被片比内花被片狭或近等宽；叶一般对生或轮生，至少在茎最下面的叶如此（浙贝母 **F. thunbergii** Miq.有时例外）……………………………………2

2\. 叶状苞片先端明显卷曲……………………………………3

2\. 叶状苞片先端伸直或有时稍弯曲，但绝不卷曲成圈……………………………………4

3\. 花淡黄色或有时稍带极浅的紫色，无斑点或斑点极不明显；通常每个植株具2-6朵花……………………………………（2）**浙贝母 F. thunbergii** Miq.

3\. 花紫红色或黄绿色而具紫色斑点或小方格；通常每个植株只具单朵花，较少为2-3朵花……………………………………（3）**川贝母 F. cirrhosa** D. Don

4\. 花被片黄绿色，仅上部边缘有紫色细点；内花被片近匙形，基部蜜腺窝在背面不凸出或稍凸出，先端两侧边缘有紫褐色斑带；花丝疏生乳突状腺毛……………………（4）**太白贝母 F. taipaiensis** P. Y. Li

4\. 花被片红紫色，具有黄绿色方格状图案；内花被片钟状，基部蜜腺窝在背面明显凸出，先端有紫色小方格或仅有少数纵条纹和斑点；花丝无毛……………………（5）**秦贝母 F. glabra** (P. Y. Li) S. C. Chen

### （1）伊贝母

**Fritillaria pallidiflora** Schrenk ex Fisch. & C. A. Mey., Fisch. et Mey., Enum. Pl. Nov. 1: 5. 1841; 中国植物志 14: 101. 1980; Flora of China 24: 128. 2000.

植株高30-60厘米；鳞茎由2枚鳞片组成，直径1.5-3-5厘米，鳞片上端延伸为长的膜质物，鳞茎皮较厚。叶通常散生，有时近对生或近轮生，但最下面的绝非真正的对生或轮生，从下向上由狭卵形至披针形，长5-12厘米，宽1-3厘米，先端不卷曲。花1-4朵，淡黄色，内有暗红色斑点，每花有1-2(-3)片叶状苞片，苞片先端不卷曲；花被片匙状矩圆形，长3.7-4.5厘米，宽1.2-1.6厘米，外3片明显宽于内3片，蜜腺窝在背面明显凸出；雄蕊长约为花被片的2/3，花药近基着，花丝无乳突；柱头裂片长约2毫米。蒴果棱上有宽翅。花期5月。

本省有栽培；分布于新疆。哈萨克斯坦也产。

国家二级重点保护野生植物；易危（VU）。

### （2）浙贝母

**Fritillaria thunbergii** Miq., Ann. Mus. Bot. Lugd.-Bat. 3: 157. 1867; 中国植物志 14: 112. 1980; Flora of China 24: 130. 2000.

植株高50-80厘米；鳞茎由2-3枚鳞片组成，直径1.5-3厘米。叶在最下面的对生或散生，向上常兼有散生、对生和轮生的，近条形至披针形，长7-11厘米，宽1-2.5厘米，先端不卷曲或稍弯曲。花1-6朵，淡黄色，有时稍带淡紫色，顶端的花具3-4片叶状苞片，其余的具2片苞片；苞片先端卷曲；花被片长2.5-3.5厘米，宽约1厘米，内外轮的相似；雄蕊长约为花被片的2/5；花药近基着，花丝无小乳突；柱头裂片长1.5-2毫米。蒴果长2-2.2厘米，宽约2.5厘米，棱上有宽6-8毫米的翅。花期3-4月，果期 5 月。

本省有栽培；分布于江苏、安徽、浙江。鳞茎入药。

国家二级重点保护野生植物。

**（3）川贝母**

**Fritillaria cirrhosa** D. Don, Prodr. Fl. Nepal. 51. 1825; 中国植物志 14: 104. 1980; Flora of China 24: 128. 2000.

植株高 15-50 厘米；鳞茎由 2 枚鳞片组成，直径 1-1.5 厘米。叶通常对生，少数在中部兼有散生或 3-4 片轮生的，条形至条状披针形，长 4-12 厘米，宽 3-5(-10)毫米，先端稍卷曲或不卷曲。花通常单朵，极少 2-3 朵，紫色至黄绿色，通常有小方格，少数仅具斑点或条纹；每花有 3 片叶状苞片，苞片狭长，宽 2-4 毫米；花被片长 3-4 厘米，外 3 片宽 1-1.4 厘米，内 3 片宽可达 1.8 厘米，蜜腺窝在背面明显凸出；雄蕊长约为花被片的 3/5，花药近基着，花丝稍具或不具小乳突，柱头裂片长 3-5 毫米。蒴果长宽各约 1.6 厘米，棱上只有宽 1-1.5 毫米的狭翅。花期 5-7 月，果期 8-10 月。

本省有栽培；分布于甘肃、青海、四川、云南、西藏。印度、尼泊尔、不丹也产。

鳞茎入药。本种是药材“川贝”的主要来源之一。

国家二级重点保护野生植物。

**（4）太白贝母** 陕西贝母、凤县贝母、阔叶太白山贝母、镇巴贝母（彩图版 7）

**Fritillaria taipaiensis** P. Y. Li, 植物分类学报 11(3): 251. 1966; 秦岭植物志 1(1): 356. 1976; 中国植物志 14: 107. 1980; Flora of China 24: 129. 2000. ——*F. shaanxiica* Y. K. Yang, S. X. Zhang & D. K. Zhang, 武汉植物学研究 5(2): 133. 1987. ——*F. taipaiensis* P. Y. Li var. *fengxianensis* Y. K. Yang & J. K. Wu, 武汉植物学研究 5(2): 134. 1987. ——*F. taipaiensis* P. Y. Li f. *platyphylla* Y. K. Yang & S. X. Zhang, 武汉植物学研究 5(2): 134. 1987. ——*F. shennongjiaensis* Y. K. Yang & Z. Zheng var. *zhengbaensis* Y. K. Yang & J. X. Yang, 武汉植物学研究 5(2): 137. 1987.

植株高 30-40 厘米；鳞茎由 3-4 枚鳞片组成，直径 1-2.5 厘米。叶通常对生，有时中部兼有 3-4 片轮生或散生的，条形至条状披针形，长 5-10 厘米，宽 3-7(-12)毫米，先端通常不卷曲，有时稍弯曲。花单朵，黄绿色，无方格斑，仅上部边缘有紫色细点；每花有 3 片叶状苞片，苞片先端有时稍弯曲，但绝不卷曲；花被片长 3-4 厘米，外三片狭倒卵状矩圆形，宽 9-12 毫米，先端浑圆；内 3 片近匙形，上部宽 12-17 毫米，基部宽 3-5 毫米，基部蜜腺窝在背面不凸出或稍凸出，先端骤凸而钝，两侧边缘有紫褐色斑带；花药近基着，花丝疏生乳突状腺毛；花柱分裂部分长 3-4 毫米。蒴果长 1.8-2.5 厘米，棱上只有宽 0.5-2 毫米的狭翅。花期 5-6 月，果期 6-7 月。

产太白山、西太白山、洋县、佛坪、长安、平利、柞水、凤县、留坝、略阳等地，生于海拔 2000-3300 米的山地草丛或林下，太白县有栽培；分布于甘肃、湖北、四川。

国家二级重点保护野生植物；陕西省地方重点保护植物；濒危（EN）。

**（5）秦贝母**（图 142，照片 390）

**Fritillaria glabra** (P. Y. Li) S. C. Chen, 云南植物研究 5(4): 372. 1983. ——*F. cirrhosa* D. Don f. *glabra* P. Y. Li, 植物分类学报 11(3): 251. 1966; 秦岭植物志 1(1): 356. 1976. ——*F. cirrhosa* D. Don, pro parte quoad syn.: 中国植物志 14: 104. 1980. ——*F. chuanganensis* Y. K. Yang & J. K. Wu var. *glabra* (P. Y. Li) Y. K. Yang & J. K. Wu, 西北植物学报 5(1): 30. 1985. ——*F. taipaiensis* P. Y. Li, pro parte quoad syn.: Flora of China 24: 129. 2000.

茎高 30-40 厘米；鳞茎由 3-5 枚鳞片组成，卵球形，直径 0.7-1.8 厘米。叶 11-16 片，基部 2 片对生，向上则为对生或轮生，花下方的一般 3 片轮生；叶片线形到狭披针形，长 7-11 厘米，宽 4-6 毫米，先端伸直、微弯或卷曲。花 1-2 朵顶生；花下垂，钟状；花梗长 7-10 毫米；花被片红紫色，具有黄绿色方格状图案，长 4-4.5 厘米，宽 1-1.5 厘米；内花被片钟状，基部蜜腺窝在背面明显凸出，先端有紫色小方格或仅有少数纵条纹和斑点；雄蕊长 1.2-2.4 厘米，花丝无毛。花柱 3 浅裂，裂片长 2-4 毫米。蒴果具狭翅。

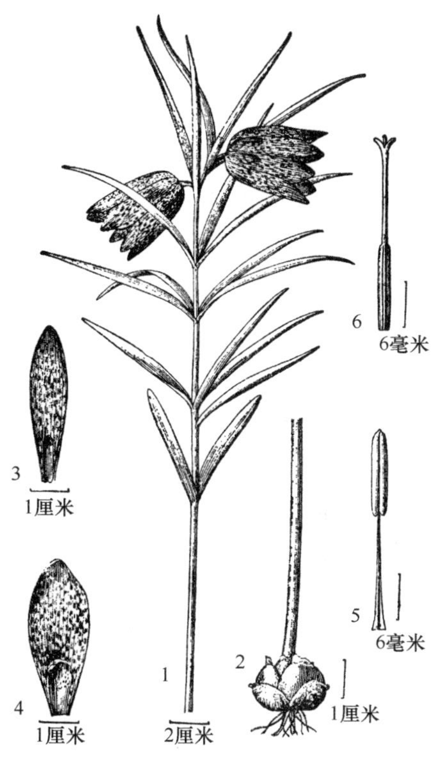


图 142. 秦贝母 **Fritillaria glabra**
1. 植株上部；2. 植株下部；3. 外轮花被裂片；4. 内轮花被裂片；5. 雄蕊；6. 雌蕊（引自《秦岭植物志》）。

产蓝田、长安、鄠邑、宁陕、佛坪、南郑，生于海拔 2000-2600 米的山坡疏林、山顶竹丛。陕西特有植物。

国家二级重点保护野生植物。

## 6. 假百合属 **Notholirion** Wall. ex Boiss.

Fl. Orient. 5: 190. 1882; 秦岭植物志 1(1): 361. 1976; 中国植物志 14: 164. 1980; Flora of China 24: 133. 2000.

多年生草本。鳞茎窄卵形或近圆筒形，由基生叶的基部增厚套叠而成，外具黑褐色的膜质鳞茎皮；须根较多，其上生有小鳞茎；小鳞茎卵形，几个至几十个，成熟后有稍硬的外壳，内有数片白色肉质的鳞片；茎高 20-150 厘米，无毛。叶基生和茎生，后者散生，条形或条状披针形，无柄。花序总状；苞片条形；花梗短，稍弯；花钟形，淡紫色、蓝紫色、红色至粉红色；花被片 6 片，离生；雄蕊 6 枚，花丝丝状，花药背部中央一点着生，呈丁字形着生；子房圆柱形或矩圆形；花柱细长，柱头 3 裂，裂片钻状，稍反卷。蒴果矩圆形或倒卵状矩圆形，有钝棱，顶端凹陷。种子多数，扁平，有窄翅。

本属有 4 种，分布于中国、尼泊尔、印度、不丹、斯里兰卡和缅甸。中国有 4 种，产西南和西北；陕西产 1 种。

（1）**假百合**　太白米（《秦岭植物志》）（彩图版 8）

**Notholirion bulbuliferum** (Lingelsh. ex H. Limpr.) Stearn, Kew Bull. 421. 1950; 中国植物志 14: 165. 1980; Flora of China 24: 133. 2000. ——*Paradisea bulbulifera* Lingelsh. ex H. Limpricht, Repert. Spec. Nov. Regni Veg. Beih. 12: 316. 1922. ——*Notholirion hyacinthinum* (Wilson.) Stapf, Kew Bull. 96. 1934; 秦岭植物志 1(1): 361. 1976. ——*Lilium hyacinthinum* Wilson, Lil. East. As. 100, t. 15. 1925.

多年生草本。小鳞茎多数，卵形，直径 3-5 毫米，淡褐色；茎高 60-150 厘米，近无毛。基生叶数枚，带形，长 10-25 厘米，宽 1.5-2 厘米；茎生叶条状披针形，长 10-18 厘米，宽 1-2 厘米。总状花序具 10-24 朵花；苞片叶状，条形，长 2-7.5 厘米，宽 3-4 毫米；花梗稍弯曲，长 5-7 毫米；花淡紫色或蓝紫色；花被片倒卵形或倒披针形，长 2.5-3.8 厘米，宽 0.8-1.2 厘米，先端绿色；雄蕊与花被片近等长；子房淡紫色，长 1-1.5 厘米；花柱长 1.5-2 厘米，柱头 3 裂，裂片稍反卷。蒴果矩圆形或倒卵状矩圆形，长 1.6-2 厘米，宽 1.5 厘米，有钝棱。花期 7 月，果期 8 月。

产太白山、西太白山、佛坪、洋县、留坝，生于海拔 2500-3600 米的山地草丛中；分布于甘肃、四川、云南、西藏等地。印度、尼泊尔、不丹也产。

陕西省地方重点保护植物。

## 7. 百合属　**Lilium** L.

Sp. Pl. 1: 302. 1753; 秦岭植物志 1(1): 362. 1976; 中国植物志 14: 116. 1980; Flora of China 24: 135. 2000.

鳞茎卵形或近球形；鳞片多数，肉质，卵形或披针形，无节或有节，白色，少有黄色；茎圆柱形，具小乳头状凸起或无，有的带紫色条纹。叶通常散生，较少轮生，披针形、矩圆状披针形、矩圆状倒披针形、椭圆形或条形，无柄或具短柄，全缘或边缘有小乳头状凸起。花单生或排成总状花序，少有近伞形或伞房状排列；苞片叶状，但较小；花常有鲜艳色彩，有时有香气；花被片 6 片，2 轮，离生，常多少靠合而呈喇叭形或钟形，较少强烈反卷，通常披针形或匙形，基部有蜜腺，蜜腺两边有乳头状凸起或无，有的还有鸡冠状凸起或流苏状凸起；雄蕊 6 枚，花丝钻形，有毛或无毛，花药椭圆形，背着，呈丁字形着生；子房圆柱形，花柱一般较细长；柱头膨大，3 裂。蒴果矩圆形，室背开裂。种子多数，扁平，周围有翅。

本属约 80 种，主要分布于北温带。中国有 39 种；陕西产 9 种。

本属植物鳞茎含淀粉，部分种类可供食用；有的种类作药用；有的种类花含芳香油，可提取作香料。

### 分种及种下等级检索表

1. 花喇叭形或钟形，前者花被片先端外弯，雄蕊上部向上弯；后者花被片先端稍弯或不弯，雄蕊向中心靠拢……2
1. 花不为喇叭形或钟形；花被片反卷或不反卷；雄蕊上端常向外张开……5
2. 花钟形，花被片不弯或先端稍弯，有斑点或无斑点；雄蕊向中心靠拢，蜜腺两边乳头状凸起非深紫红色……（1）**渥丹　L. concolor** Salisb.

2. 花喇叭形，无斑点；花被片先端外弯；雄蕊上部向上弯……3
3. 蜜腺两边无乳头状凸起……（2）**宜昌百合 L. leucanthum** (Baker) Baker
3. 蜜腺两边有乳头状凸起……4
4. 叶披针形、窄披针形至条形……（3a）**野百合 L. brownii** F. E. Br. ex Miellez var. **brownii**
4. 叶倒披针形至倒卵形……（3b）**百合 L. brownii** F. E. Br. ex Miellez var. **viridulum** Baker
5. 茎上部的叶腋间具珠芽，花橘红色，有紫黑色斑点……（4）**卷丹 L. tigrinum** Ker Gawl.
5. 茎上部的叶腋间无珠芽……6
6. 叶披针形至矩圆形，花红色，有紫色斑点，花被片有流苏状凸起……（5）**大花卷丹 L. leichtlinii** Hook. f. var. **maximowiczii** (Regel) Baker
6. 叶条形……7
7. 蜜腺两边有乳头状凸起，但无鸡冠状凸起……8
7. 蜜腺两边除有乳头状凸起外尚有鸡冠状凸起……9
8. 花紫红色或鲜红色，通常无斑点，有时偶见几个斑点……（6）**山丹 L. pumilum** Redouté
8. 花橘红色，有紫黑色斑点……（7）**川百合 L. davidii** Duch. ex Elwes
9. 花绿白色，有稠密的紫褐色斑点……（8）**绿花百合 L. fargesii** Franch.
9. 花紫红色……（9）**乳头百合 L. papilliferum** Franch.

## （1）渥丹

**Lilium concolor** Salisb., Hook. Parad. Lond. 1: t. 47. 1806; 中国植物志 14: 131. 1980; Flora of China 24: 139. 2000.

鳞茎卵球形，高 2-3.5 厘米，直径 2-3.5 厘米；鳞片卵形或卵状披针形，长 2-2.5(-3.5) 厘米，宽 1-1.5(-3)厘米，白色，鳞茎上方茎上有根；茎高 30-50 厘米，少数近基部带紫色，有小乳头状凸起。叶散生，条形，长 3.5-7 厘米，宽 3-6 毫米，脉 3-7 条，边缘有小乳头状凸起，两面无毛。花 1-5 朵排成近伞形或总状花序；花梗长 1.2-4.5 厘米；花直立，星状开展，深红色，无斑点，有光泽；花被片矩圆状披针形，长 2.2-4 厘米，宽 4-7 毫米，蜜腺两边具乳头状凸起；雄蕊向中心靠拢；花丝长 1.8-2 厘米，无毛，花药长矩圆形，长约 7 毫米；子房圆柱形，长 1-1.2 厘米，宽 2.5-3 毫米；花柱稍短于子房，柱头稍膨大。蒴果矩圆形，长 3-3.5 厘米，宽 2-2.2 厘米。花期 6-7 月，果期 8-9 月。

产太白山、商南，生于海拔 2000 米左右的山地林下；分布于吉林、河北、山西、山东、河南、湖北、云南。

## （2）宜昌百合 白花百合（《秦岭植物志》）（图 143，照片 391）

**Lilium leucanthum** (Baker) Baker., J. Roy. Hort. Soc. 26: 337. 1901; 中国植物志 14: 125. 1980; Flora of China 24: 148. 2000. ——*L. brownii* F. E. Brown ex Miellez var. *leucanthum* Baker, Gard. Chron., ser. 3, 16: 180. 1894; 秦岭植物志 1(1): 365. 1976.

鳞茎近球形，高 3.5-4 厘米，直径约 3 厘米；鳞片披针形，长 3.5 厘米，宽约 1 厘米，干时褐黄色或紫色；茎高 60-150 厘米，有小乳头状凸起。叶散生，披针形，长 8-17 厘米，宽 6-10 毫米，边缘无乳头状凸起，上部叶腋间无珠芽。花单生或 2-4 朵；苞片矩圆状披针形，长(4-)5-6 厘米，稍宽于叶，宽 1.2-1.6 厘米；花梗长可达 6 厘米，紫色；花喇叭形，有微香，白色，里面淡黄色，背脊及近脊处淡绿黄色，长 12-15 厘米；外轮花被片披针形，宽 1.6-2.8 厘米；内轮花被片匙形，宽 2.6-3.8 厘米，先端钝圆，蜜腺无乳头状凸起；花丝长 10-12 厘米，下部密被毛，花药椭圆形，长约 1 厘米；子房圆柱形，长 2.6-4.5 厘米，宽 4-5 毫米，淡黄色；花柱长可达 10 厘米，基部有毛；柱头膨大，直径约 8 毫米，3 裂。花期 6-7 月。

产佛坪、洋县、南郑、西乡、镇坪，生于海拔 1400-1500 米的山地林下；分布于湖北、重庆、四川。

图 143. 宜昌百合 **Lilium leucanthum**
1. 叶；2. 花正面和侧面（引自《秦岭植物志》）。

### （3）野百合

**Lilium brownii** F. E. Br. ex Miellez, Cat. Expos. Soc. 1841; 中国植物志 14: 121. 1980; Flora of China 24: 147. 2000.

鳞茎球形，直径 2-4.5 厘米；鳞片披针形，长 1.8-4 厘米，宽 0.8-1.4 厘米，无节，白色；茎高 0.7-2 米，有的有紫色条纹，有的下部有小乳头状凸起。叶散生，通常自下向上渐小，倒披针形、倒卵形、披针形、窄披针形至条形，长 7-15 厘米，宽(0.6-)1-2 厘米，先端渐尖，基部渐狭，具 5-7 条脉，全缘，两面无毛。花单生或几朵排成近伞形；花梗长 3-10 厘米，稍弯；苞片披针形，长 3-9 厘米，宽 0.6-1.8 厘米；花喇叭形，有香气，乳白色，外面稍带紫色，无斑点，向外张开或先端外弯而不卷，长 13-18 厘米；外轮花被片宽 2-4.3 厘米，先端尖；内轮花被片宽 3.4-5 厘米，蜜腺两边具小乳头状凸起；雄蕊向上弯，花丝长 10-13 厘米，中部以下密被柔毛，少有具稀疏的毛或无毛；花药长椭圆形，长 1.1-1.6 厘米；子房圆柱形，长 3.2-3.6 厘米，宽 4 毫米，花柱长 8.5-11 厘米，柱头 3 裂。蒴果矩圆形，长 4.5-6 厘米，宽约 3.5 厘米，有棱，具多数种子。花期 5-6 月，果期 9-10 月。

产秦巴山区，较普遍；分布于甘肃、安徽、浙江、福建、江西、河南、湖北、湖南、广东、广西、重庆、四川、贵州、云南。

鳞茎富含淀粉，供食用及药用。

### （3a）野百合（原变种）（照片 392）

**Lilium brownii** F. E. Br. ex Miellez var. **brownii**

叶披针形、窄披针形至条形。

产秦巴山区，较普遍，亦有栽培；分布于甘肃、安徽、浙江、福建、江西、河南、湖北、湖南、广东、广西、重庆、四川、贵州、云南。

### （3b）百合（变种）（图 144）

**Lilium brownii** F. E. Br. ex Miellez var. **viridulum** Baker, Gard. Chron. ser. 2, 24: 134. 1885; 中国植物志 14: 121. 1980; Flora of China 24: 147. 2000. ——*L. brownii* F. E. Brown ex Miellez var. *colchesteri* (Van Houtte) Wilson ex Elwes, Gard. Chron. ser. 3, 70: 101. 1921; 秦岭植物志 1(1): 364. 1976.

叶倒披针形至倒卵形。

产秦巴山区，较常见，亦有栽培；分布于河北、山西、甘肃、江苏、安徽、浙江、福建、江西、河南、湖北、湖南、广西、四川、贵州、云南。

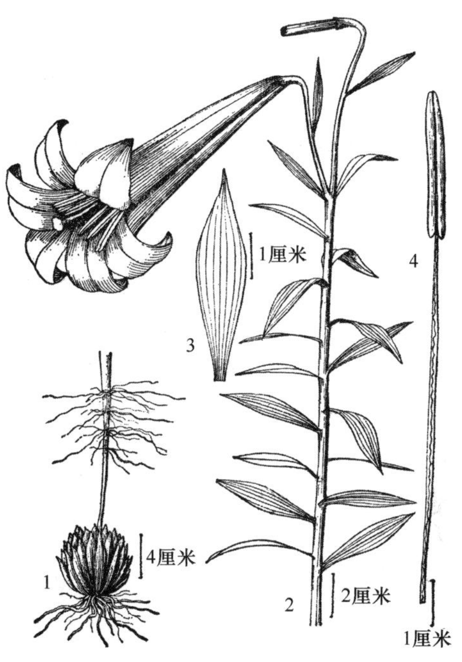


图 144. 百合 **Lilium brownii** var. **viridulum**
1. 鳞茎；2. 花枝；3. 叶片；4. 雄蕊（引自《秦岭植物志》）。

### （4）卷丹 药百合（《秦岭植物志》）（图 145，照片 393）

**Lilium tigrinum** Ker Gawl., Trans. Linn. Soc. 2: 333. 17. 1794; 秦岭植物志 1(1): 365. 1976; Flora of China 24: 146. 2000. ——*L. lancifolium* Thunb., Trans. Linn. Soc. 2: 333. 1794; 中国植物志 14: 152. 1978.

鳞茎近宽球形，高约 3.5 厘米，直径 4-8 厘米；鳞片宽卵形，长 2.5-3 厘米，宽 1.4-2.5 厘米，白色；茎高 0.8-1.5 米，带紫色条纹，具白色绵毛。叶散生，矩圆状披针形或披针形，长 6.5-9 厘米，宽 1-1.8 厘米，两面近无毛，先端有白毛，边缘有乳头状凸起，有 5-7 条脉，上部叶腋有珠芽。花 3-6 朵或更多；苞片叶状，卵状披针形，长 1.5-2 厘米，宽 2-5 毫米，先端钝，有白绵毛；花梗长 6.5-9 厘米，紫色，有白色绵毛；花下垂，花被片披针形，反卷，橘红色，有紫黑色斑点；外轮花被片长 6-10 厘米，宽 1-2 厘米；内轮花被片稍宽，蜜腺两边有乳头状凸起，尚有流苏状凸起；雄蕊四面张开；花丝长 5-7 厘米，淡红色，无毛，花药矩圆形，长约 2 厘米；子房圆柱形，长 1.5-2 厘米，宽 2-3 毫米；花柱长 4.5-6.5 厘米，柱头稍膨大，3 裂。蒴果狭长卵形，长 3-4 厘米。花期 7-8 月，果期 9-10 月。

产华阴、鄠邑、周至、眉县、太白、凤县、佛坪、洋县、汉中、西乡、宁陕、石泉、平利、岚皋、柞水、山阳、商洛，生于海拔 850-2100 米的

图 145. 卷丹 **Lilium tigrinum**
茎、叶、花和叶腋内的珠芽（引自《秦岭植物志》）。

山地林下或草丛；分布于吉林、河北、山西、甘肃、青海、山东、江苏、安徽、浙江、江西、河南、湖北、湖南、广西、四川、西藏。日本、朝鲜半岛也产。

鳞茎富含淀粉，供食用，亦可作药用；花含芳香油，可作香料。

**（5）大花卷丹**（变种）　山丹花（《秦岭植物志》）（图 146）

**Lilium leichtlinii** Hook. f. var. **maximowiczii** (Regel) Baker, Gand. Chron. 1422. 1871; 秦岭植物志 1(1): 366. 1976; 中国植物志 14: 145. 1980; Flora of China 24: 145. 2000. ——*L. maximowiczii* Regel, Gartenflora 17: 322. 1868.

鳞茎球形，高约 4 厘米，宽约 4 厘米，白色；茎高 0.5-2 米，有紫色斑点，具小乳头状凸起。叶散生，窄披针形，长 3-10 厘米，宽 0.6-1.2 厘米，边缘有小乳头状凸起，上部叶腋间不具珠芽。花 2-8 朵排成总状花序，少有单花；苞片叶状，披针形，长 5-7.5 厘米，宽约 8 毫米；花梗较长，长(3.5-)10-13 厘米；花下垂，花被片反卷，红色，具紫色斑点，长 4.5-6.5 厘米，宽 0.9-1.5 厘米，蜜腺两边有乳头状凸起，尚有流苏状凸起；雄蕊四面张开，花丝长 3.5-4 厘米，无毛，花药长约 1.1 厘米，橙红色；子房圆柱形，长 1.2-1.3 厘米，宽 2-3 毫米，花柱长 3 厘米。花期 7-8 月。

图 146. **大花卷丹**
**Lilium leichtlinii** var. **maximowiczii**
茎、叶和花（引自《秦岭植物志》）。

产长安、太白山、山阳、平利，生于海拔 1200-1950 米的山地林下；分布于吉林、辽宁、河北。日本、朝鲜半岛、俄罗斯也产。

大花卷丹与卷丹（**Lilium tigrinum** Ker Gawl.）相似，不同点在于大花卷丹上部叶腋间不具珠芽，花红色，有紫色斑点。

易危（VU）。

**（6）山丹**　细叶百合（《秦岭植物志》）（图 147，照片 394、395）

**Lilium pumilum** Redouté, Liliac. 7: t. 378. 1812; 中国植物志 14: 147. 1980; Flora of China 24: 145. 2000. ——*L. tenuifolium* Fisch., Cat. Jard. Pl. Gorenki ed. 2: 8. 1812, nom. nudum; 秦岭植物志 1(1): 367. 1976.

鳞茎卵形或圆锥形，高 2.5-4.5 厘米，直径 2-3 厘米；鳞片矩圆形或长卵形，长 2-3.5 厘米，宽 1-1.5 厘米，白色；茎高 15-60 厘米，有小乳头状凸起，有的带紫色条纹。叶散生于茎中部，条形，长 3.5-9 厘米，宽 1.5-3 毫米，中脉在下面凸起，边缘有乳头状凸起。花单生或数朵排成总状花序，鲜红色，通常无斑点，有时有少数斑点，下垂；花被片反卷，长 4-4.5 厘米，宽 0.8-1.1 厘米，蜜腺两边有乳头状凸起；花丝长 1.2-2.5 厘米，无毛，花药长椭圆形，长约 1 厘米，黄色，花粉近红色；子房圆柱形，长 0.8-1 厘米；花柱稍长于子房或长约 1 倍，长 1.2-1.6 厘米，柱头膨大，直径 5 毫米，3 裂。蒴果矩圆形，长 2 厘米，宽 1.2-1.8 厘米。花期 7-8 月，果期 9-10 月。

产黄土高原及秦巴山区，生于海拔 600-2100 米的草地、田边、灌丛或林缘；分布于东北、华北及山东、河南、宁夏、甘肃、青海。朝鲜半岛、蒙古国、俄罗斯也产。

鳞茎含淀粉，供食用，亦可入药；花美丽，可栽培供观赏；也含挥发油，可提取供香料用。

本种在花被片未卷时与渥丹（**Lilium concolor** Salisb.）难于区别，但本种花大，花被片长 4-4.5 厘米，花柱比子房稍长或长约 1 倍，而渥丹花小，花被片长 2.2-3.5 厘米，花柱比子房短或稍短。

图 147. 山丹 **Lilium pumilum**

1. 鳞茎；2. 茎、叶和花（引自《秦岭植物志》）。

## （7）川百合（图 148，照片 396、397）

**Lilium davidii** Duch. ex Elwes, Monogr. Lil. t. 24. 1877; 秦岭植物志 1(1): 367. 1976; 中国植物志 14: 148. 1980; Flora of China 24: 145. 2000.

鳞茎扁球形或宽卵形，高 2-4 厘米，直径 2-4.5 厘米；鳞片宽卵形至卵状披针形，长 2-3.5 厘米，宽 1-1.5 厘米，白色；茎高 50-100 厘米，有的带紫色，密被小乳头状凸起。叶多数，散生，在中部较密集，条形，长 7-12 厘米，宽 2-3(-6)毫米，先端急尖，边缘反卷并有明显的小乳头状凸起，中脉明显，往往在上面凹陷，在背面凸出，叶腋有白色绵毛。花单生或 2-8 朵排成总状花序；苞片叶状，长 4-7.5 厘米，宽 3-7 毫米；花梗长 4-8 厘米；花下垂，橙黄色，向基部约 2/3 有紫黑色斑点；外轮花被片长 5-6 厘米，宽 1.2-1.4 厘米；内轮花被片比外轮花被片稍宽；蜜腺两边有乳头状凸起，在其外

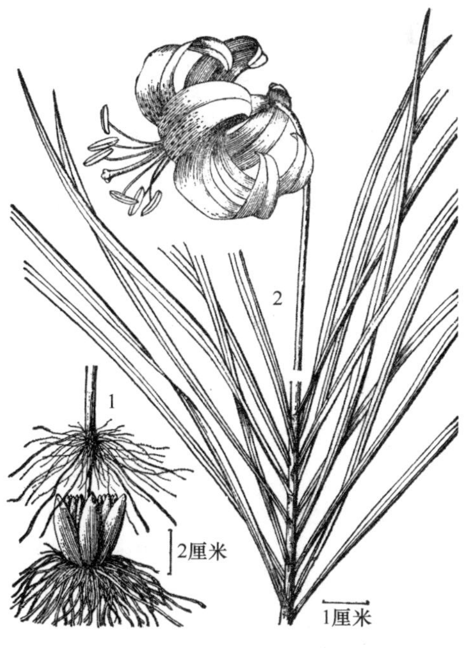


图 148 川百合 **Lilium davidii**

1. 鳞茎；2. 茎、叶和花（引自《秦岭植物志》）。

面的两边有少数流苏状的乳突；花丝长4-5.5厘米，无毛，花药长1.4-1.6厘米，花淡或深橘红色；子房圆柱形，长1-1.2厘米，宽2-3毫米；花柱长为子房的2倍以上，柱头膨大，3浅裂。蒴果长矩圆形，长3.5厘米，宽1.6-2厘米。花期7-8月，果期9月。

产华阴、渭南、柞水、周至、太白、凤县、留坝、佛坪、洋县、西乡、宁陕、岚皋、平利、镇坪，生于海拔1000-2150米的山地林下或草丛；分布于重庆、四川、贵州、云南。

鳞茎含淀粉，质量优，栽培产量高，可供食用。

### （8）**绿花百合**（图149，照片398）

**Lilium fargesii** Franch., Journ. de Bot. 6: 317. 1892; 秦岭植物志 1(1): 364. 1976; 中国植物志 14: 150. 1980; Flora of China 24: 146. 2000.

鳞茎卵形，高2厘米，直径1.5厘米；鳞片披针形，长1.5-2厘米，宽约6毫米，白色；茎高20-70厘米，粗2-4毫米，具小乳头状凸起。叶散生，条形，生于中上部，长10-14厘米，宽2.5-5毫米，先端渐尖，边缘反卷，两面无毛。花单生或数朵排成总状花序；苞片叶状，长2.3-2.5厘米，顶端不加厚；花梗长4-5.5厘米，先端稍弯；花下垂，绿白色，有稠密的紫褐色斑点；花被片披针形，长3-3.5厘米，宽7-10毫米，反卷，蜜腺两边有鸡冠状凸起；花丝长2-2.2厘米，无毛，花药长矩圆形，长7-9毫米，宽约2毫米，橙黄色；子房圆柱形，长1-1.5厘米，宽约2毫米；花柱长1.2-1.5厘米，柱头稍膨大，3裂。蒴果矩圆形，长约2厘米，宽约1.5厘米。花期7-8月，果期9-10月。

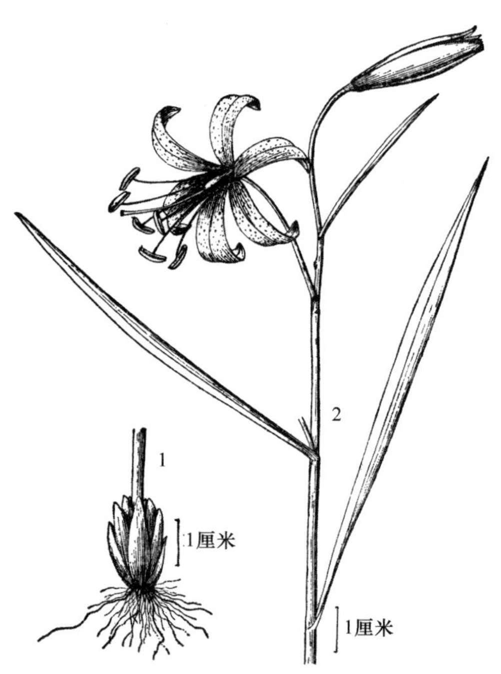

图149. **绿花百合 Lilium fargesii**
1. 鳞茎；2. 茎、叶和花（引自《秦岭植物志》）。

产太白山及凤县、鄠邑、佛坪、洋县、宁陕、岚皋、镇坪，生于海拔1200-2500米的山地林下；分布于甘肃、湖北、四川、云南。

国家二级重点保护野生植物。

### （9）**乳头百合** 乳突百合（《秦岭植物志》）

**Lilium papilliferum** Franch., J. Bot. (Morot) 6: 316. 1892; 秦岭植物志 1(1): 366. 1976; 中国植物志 14: 147. 1980; Flora of China 24: 146. 2000.

鳞茎卵圆形，高3厘米，直径2.5厘米；鳞片卵形或披针状卵形，白色；茎高约60厘米，带紫色，密生小乳头状凸起。叶多数，散生，着生于中上部，条形，先端急尖，长5.5-7厘米，宽2.5-4厘米，中脉明显。总状花序有花约5朵；苞片叶状，长4-5.5厘米，宽3-5毫米；花梗长4.5-5厘米；花芳香，下垂，紫红色，花被片矩圆形，先端急尖，基部稍狭，长 3.5-3.8 厘米，宽 1-1.3 厘米，蜜腺两边有乳头状凸起和鸡冠状凸起；花丝长约 2 厘米，无毛，花药淡褐色，花粉橙色；子房圆柱形，长约 1 厘米，宽约 4 毫米，花柱长 1.3 厘米。蒴果矩圆形，长 2-2.5 厘米，宽 1.5-2 厘米。花期 7 月，果期 9 月。

产商南、丹凤，生于海拔 1000-1200 米的山地灌丛中；分布于四川、云南。

国家二级重点保护野生植物。

## 8. 顶冰花属[①] **Gagea** Salisb.

in Koenig & Sims., Ann. Bot. 2: 555. 1806. ——*Lloydia* Salisb., Trans. Hort. Soc. 1: 828. 1812.

多年生草本。鳞茎通常卵球形；鳞茎皮不延伸或上端延伸成筒状，抱茎；茎通常不分枝。叶 1 至多片基生，有些种类具有数片互生的茎生叶，常较基生叶短。花单生或 2-4 朵排成伞房花序、伞形花序或总状花序；花序基部常有叶状总苞；花被片 6 片，黄色、黄绿色或白色，离生，2 轮；雄蕊 6 枚，3 枚长 3 枚短，或 6 枚等长；花丝有时具毛，着生于花被片基部；子房 3 室，每室具多数胚珠；花柱与子房近等长或较长，柱头近头状或 3 裂。蒴果倒卵形至宽矩圆形，室背或室背上部开裂。种子多数，卵形、狭椭圆形、三角形或狭卵状条形。

本属约 110 种，主要分布于北温带地区。中国有 25 种；陕西产 5 种。

### 分种检索表

1. 花被片在果期宿存，增大变厚，长为果实的一倍左右……2
1. 花被片在果期干缩，长度短于果实……4
2. 基生叶 1 片，无茎生叶……（1）**小顶冰花** ***G. terraccianoana*** Pasch.
2. 基生叶 1 片，茎生叶 1-4 片……3
3. 基生叶扁平；鳞茎外皮上部向上延伸成筒状……（2）**少花顶冰花** ***G. pauciflora*** Turcz.
3. 基生叶半圆管状，具 4 棱；鳞茎外皮上端不向上延伸……（3）**中国顶冰花** ***G. chinensis*** Y. Z. Zhao & L. Q. Zhao
4. 基生叶 1-2 片；花 1-2 朵，白色而有紫色斑点……（4）**洼瓣花** ***G. serotina*** (L.) Ker Gawl.
4. 基生叶 2-3 片；花 1-5 朵，黄色，有淡紫绿色脉……（5）**西藏洼瓣花** ***G. tibetica*** (Baker ex Oliv.) Y. Lu

#### （1）**小顶冰花**（照片 399）

**Gagea terraccianoana** Pasch., Repert. Spec. Nov. Regni Veg. 2: 58. 1906; Flora of China 24: 118. 2000. ——*Gagea hiensis* auct. non Pasch.: 中国植物志 14: 69. 1980.

植株高 8-15 厘米；鳞茎卵形，直径 4-7 毫米，鳞茎皮褐黄色，通常在鳞茎皮内基部具一团小鳞茎。基生叶 1 片，长 12-18 厘米，宽 1-3 毫米，扁平。总苞片狭披针形，约与花序等长，宽 2-2.5 毫米；花通常 3-5 朵，排成伞形花序；花梗略不等长，无毛；花被片条形或条状披针形，长 6-9 毫米，宽 1-2 毫米，先端锐尖或钝圆，内面淡黄色，外面黄绿色；雄蕊长为花被片的一半，花丝基部扁平，花药矩圆形；子房长倒卵形，花柱

① 包括洼瓣花属，又称萝蒂属（《秦岭植物志》）。

长为子房的一倍半。蒴果倒卵形，长为宿存花被的一半。花期 4 月，果期 5 月。

产长安、宁陕，生于海拔 1700-2300 米的森林中及山顶草甸；分布于东北、华北及甘肃、青海。蒙古国、俄罗斯及朝鲜半岛也有分布。

### （2）**少花顶冰花**（照片 400）

**Gagea pauciflora** Turcz., Bull. Soc. Nat. Mosc. 11: 102. 1838; 中国植物志 14: 72. 1980; Flora of China 24: 119. 2000.

植株高 8-28 厘米，全株多少有微柔毛，下部尤其明显；鳞茎狭卵形，上端延伸成圆筒状，多少撕裂，抱茎。基生叶 1 片，长 10-25 厘米，宽 1-1.5 毫米，通常脉上和边缘疏生微柔毛；茎生叶通常 1-3 片，下部 1 片长 6-7 厘米，披针状条形，比基生叶稍宽，上部的渐小而为苞片状，基部边缘具疏柔毛。花 1-3 朵，排成近似总状花序；花被片条形，绿黄色，长 9-20 毫米，宽 3-5 毫米，先端锐尖；雄蕊长为花被片的一半；子房矩圆形，长 2.5-3.5 毫米；花柱与子房近等长或略短，柱头 3 深裂，裂片长通常超过 1 毫米。蒴果近倒卵形，长为宿存花被的 1/2-3/5，长 7-16 毫米，宽 6-10 毫米。种子三角状，扁平，长宽各约 1 毫米。花期 4-6 月，果期 6-7 月。

产杨陵、长安，生于海拔 400-500 米的黄土坡及灌丛下，西安植物园有栽培；分布于黑龙江、内蒙古、河北、甘肃、青海、西藏。蒙古国、俄罗斯也产。

### （3）**中国顶冰花**（照片 401、402）

**Gagea chinensis** Y. Z. Zhao & L. Q. Zhao, Ann. Bot. Fennici. 41(4): 297. 2004; 广西植物 38(8): 1099. 2018.

多年生草本。鳞茎卵球形，直径 3-5 毫米；茎高 10-30 厘米，下部密被短柔毛。基生叶 1 片，半管状，近轴面具浅沟，远轴面具 4 棱角，长 9-20 厘米，宽约 1 毫米；茎生叶 2-4 片，线形或狭披针形，长 1-6 厘米，宽 1-3 毫米。花单生或 2-4 朵形成总状花序；花梗长 2-10 厘米，果期延长；花被片 6 片，长圆状披针形，边缘膜质，外轮 3 片长 15-17 毫米，内轮 3 片长 13-15 毫米；雄蕊 6 枚，长 6-8 毫米；花药长圆形，长约 2 毫米；柱头 3 裂，裂片长约 3 毫米；子房长圆形，长约 5 毫米。蒴果倒卵球形，长约 1 厘米，基部具宿存花被片。种子不规则的三角形，扁平，红褐色，长约 2 毫米。花期 4-5 月。

产府谷、洛川，生于海拔 900-1200 米的河谷阶地、山沟疏林下；分布于内蒙古。

### （4）**洼瓣花** 秃蕊萝蒂（《秦岭植物志》）（图 150，照片 403、404）

**Gagea serotina** (L.) Ker Gawl., J. Sci. Arts. 1: 180. 1816. ——*Bulbocodium serotinum* L., Sp. Pl. 1: 294. 1753. ——*Lloydia serotina* (L.) Salisb. ex Rchb., Fl. Germ. Exs. 102. 1830; 中国植物志 14: 81. 1980; Flora of China 24: 122. 2000. ——*Lloydia forrestii* Diels var. *psilostemon* auct. non Hand.-Mazz.: 秦岭植物志 1(1): 359. 1976.

植株高 10-20 厘米；鳞茎狭卵形，上端延伸，上部开裂。基生叶通常 2 片，很少仅 1 片，短于或有时高于花序，宽约 1 毫米；茎生叶狭披针形或近条形，长 1-3 厘米，宽 1-3 毫米。花 1-2 朵；内外花被片近相似，白色，有紫色或绿色条纹，长 1-1.5 厘米，宽 3.5-5 毫米，先端钝圆，内面近基部常有一凹穴，较少例外；雄蕊长为花被片的 1/2-3/5，花丝无毛；子房近矩圆形或狭椭圆形，长 3-4 毫米，宽 1-1.5 毫米；花柱与子房近等长，柱头 3 裂不明显。蒴果近倒卵形，略有三钝棱，长宽各 6-7 毫米，顶端有宿存花柱。种子近三角形，扁平。花期 6-8 月，果期 8-10 月。

产太白山、渭南、宝鸡、留坝等地，生于海拔 2000-3200 米的山坡岩石上；分布于东北、华北、西北及四川、云南、西藏。巴基斯坦、印度、尼泊尔、不丹、哈萨克斯坦、日本、朝鲜半岛、蒙古国、俄罗斯西伯利亚地区及欧洲、北美洲也产。

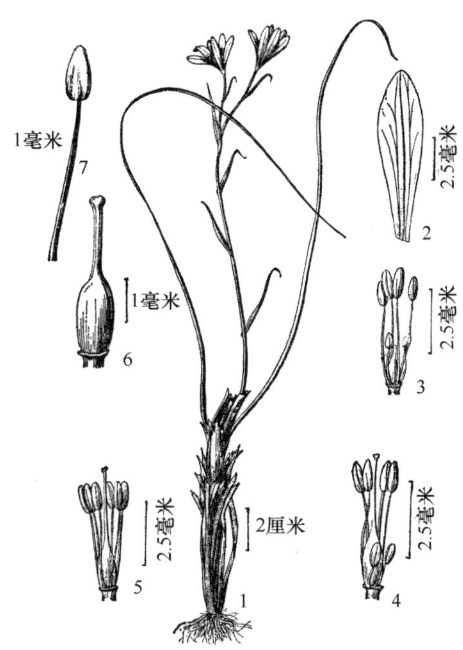


图 150. 洼瓣花 **Gagea serotina**
1. 植株；2. 花被片；3. 发育不良的雄蕊和雌蕊；4. 2 短 4 长的雄蕊和雌蕊；5. 发育良好的雄蕊和雌蕊；6. 雌蕊；7. 雄蕊（引自《秦岭植物志》）。

**（5）西藏洼瓣花** 高山萝蒂、兜瓣萝蒂（《秦岭植物志》）（图 151，照片 405、406）

**Gagea tibetica** (Baker ex Oliv.) Y. Lu, **comb. nov.** Basionym: *Lloydia tibetica* Baker ex Oliv., Hook. Ic. Pl. 23: t. 2216. 1892; 中国植物志 14: 82. 1980; Flora of China 24: 123. 2000. ——*Lloydia montana* (Dammer) P. C. Kuo, 秦岭植物志 1(1): 360. 1976. ——*Giraldiella montana* Dammer, Bot. Jahrb. 36, Beibl. 82: 21. 1905. ——*Lloydia ixiolirioides* auct. non Baker ex Oliv.: 秦岭植物志 1(1): 361. 1976.

植株高 10-30 厘米；鳞茎顶端延长、开裂。基生叶 3-10 片，宽 1.5-3 毫米，边缘通常无毛；茎生叶 2-3 片，向上逐渐过渡为苞片，通常无毛，极少在茎生叶和苞片的基部边缘有少量疏毛。花 1-5 朵；花被片长 13-20 毫米，黄色，有淡紫绿色脉；内花被片宽 6-8 毫米，内面下部或近基部两侧各有 1-4 个鸡冠状褶片，外花被片宽约为内花被片的 2/3；内外花被片内面下部通常有长柔毛，较少无毛；雄蕊长约为花被片的一半，花丝除上部外均密生长柔毛；子房长 3-5 毫米，花柱长 4-8 毫米；柱头近头状，稍 3 裂。花期 5-7 月。

产太白山、鄠邑光头山、宝鸡玉皇山、佛坪、洋县、化龙山，生于海拔 2500-3500 米的山地林缘或岩石上；分布于河北、山西、甘肃、湖北、西藏。尼泊尔也产。

本种鳞茎供药用。

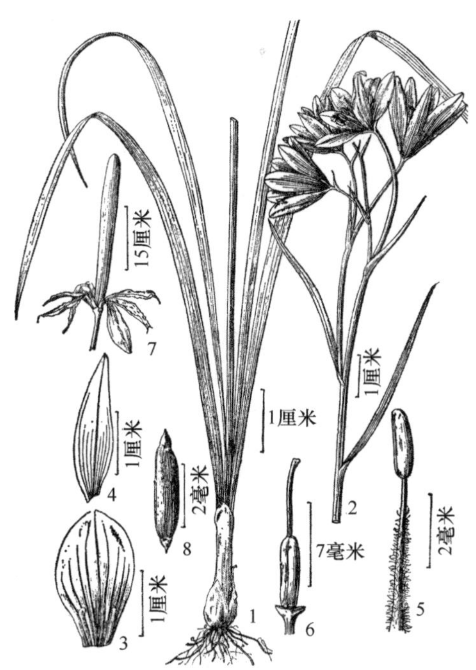


图 151. 西藏洼瓣花 **Gagea tibetica**
1. 植株下部；2. 花序；3. 内轮花被裂片；4. 外轮花被裂片；5. 雄蕊；6. 雌蕊；7. 果实和宿存花被片；8. 种子（引自《秦岭植物志》）。

据赵桦和杨培君（2006）记载，本省有紫斑洼瓣花（兜瓣萝蒂）**Gagea ixiolirioides** (Baker ex Oliv.) Y. Lu, **comb. nov.**（Basionym: *Lloydia ixiolirioides* Baker ex Oliv., Hook. Ic. Pl. ser. 4, 3: t. 2215. 1892.）和尖果洼瓣花 **Gagea oxycarpa** (Franch.) Y. Lu, **comb. nov.**（Basionym: *Lloydia oxycarpa* Franch., Journ. de Bot. 12: 192. 1898.）分布，见于留坝、洋县等地，作者未见标本，暂记于此，留待后续研究。本省过去文献记载的紫斑洼瓣花和尖果洼瓣花分别为西藏洼瓣花和洼瓣花的错误鉴定。

## 9. 郁金香属 **Tulipa** L.

Sp. Pl. 1: 305. 1753; 中国植物志 14: 86. 1980; Flora of China 24: 123. 2000.

多年生草本。鳞茎外有多层干的薄革质或纸质的鳞茎皮，外层的色深，褐色或暗褐色，内层色浅，淡褐色或褐色，上端有时上延抱茎，内面有伏贴毛或柔毛，较少无毛；茎极少分枝，直立，无毛或有毛，往往下部埋于地下。叶通常 2-4 片，少有 5-6 片，有的种最下面一枚基部有抱茎的鞘状长柄，其余的在茎上互生，彼此疏离或紧靠，极少 2 片叶对生，条形、长披针形或长卵形，伸展或反曲，边缘平展或波状。花较大，通常单朵顶生而多少呈花莛状，直立，少数花蕾俯垂，无苞片；花被钟状或漏斗形钟状；花被片 6 枚，离生，易脱落；雄蕊 6 枚，等长或 3 枚长 3 枚短，生于花被片基部；花药基着，内向开裂；花丝常在中部或基部扩大，无毛或有毛；子房长椭圆形，3 室；胚珠多数，排成两纵列生于胎座上；花柱明显或不明显，柱头 3 裂。蒴果椭圆形或近球形，室背开裂。种子扁平，近三角形。

本属约 150 种，主要分布于亚洲、欧洲及北非，以地中海至中亚地区最为丰富。中国有 14 种；陕西栽培 1 种。

### （1）**郁金香**（照片 407）

**Tulipa gesneriana** L., Sp. Pl. 1: 306. 1753; 中国植物志 14: 90. 1980.

鳞茎皮纸质，内面顶端和基部有少数伏毛。叶 3-5 片，条状披针形至卵状披针形。花单朵顶生，大型而艳丽；花被片红色或杂有白色和黄色，有时为白色或黄色，长 5-7 厘米，宽 2-4 厘米；雄蕊 6 枚，等长，花丝无毛；无花柱，柱头增大成鸡冠状。花期 4-5 月。

关中及陕南的公园、庭园常见栽培，供观赏；中国各地公园多有栽培。

本种现为栽培郁金香的统称，栽培郁金香亲本来自中亚地区，经过欧洲园艺学家培育，成为世界广泛栽培的花卉，陕西为国内最早引入栽培郁金香的省份之一，以郁金香作为春季花展已有 30 余年历史。

## 10. 老鸦瓣属 **Amana** Honda

Bull. Biogeogr. Soc. Japan 6: 20. 1935. ——*Tulipa* L., pro parte quoad syn.: 秦岭植物志 1(1): 358. 1976; 中国植物志 14: 86. 1980; Flora of China 24: 123. 2000.

多年生草本。具鳞茎，其外有多层干的鳞茎皮，外层的颜色较深，向内逐渐颜色减淡，内面具长柔毛；茎通常不分枝，无毛。叶常 2 片对生，条形、长披针形、长卵形或倒披针形，边缘平展或波状。花通常单朵顶生或 2-5 朵生于分枝的花梗上，直立，具 2-4

片对生或轮生的苞片；花被漏斗状；花被片6片，离生，易脱落，通常白色至粉红色，外面具暗红色条纹；雄蕊6枚，3枚长3枚短；花丝常在中部或基部扩大，无毛；子房三棱形，3室；花柱与子房近等长。蒴果椭球形或球形，具喙。种子多数，近三角形。

本属共6种，分布于亚洲东部。中国有5种；陕西产1种。

本属植物早春开花，花形美丽，可作为观赏花卉。

老鸦瓣属过去常置于郁金香属内；但是分子系统学研究结果表明，老鸦瓣属与猪牙花属（**Erythronium** L.）为姊妹群；从形态上看，老鸦瓣属靠近花基部具2-4片苞片也与郁金香属不同；地理分布上，老鸦瓣属集中分布于东亚，而郁金香属主要分布于中亚至西亚地区；因此，将老鸦瓣属从郁金香属独立出来的做法是合适的。

（1）**老鸦瓣**（图152，照片408）

**Amana edulis** (Miq.) Honda, Bull. Biogeogr. Soc. Japan 6: 20. 1935. ——*Orithyia edulis* Miq., Ann. Mus. Bot. Lugduno-Batavi 3: 158. 1867. ——*Tulipa edulis* (Miq.) Baker, Journ. Linn. Soc. Bot. 14: 295. 1874; 秦岭植物志 1(1): 358. 1976; 中国植物志 14: 89. 1980; Flora of China 24: 151. 2000.

鳞茎皮纸质，内面密被长柔毛；茎长10-25厘米，通常不分枝，无毛。叶2片，长条形，长10-25厘米，远比花长，通常宽5-9毫米，少数可窄到2毫米或宽达12毫米，上面无毛。花单朵顶生，靠近花的基部具2片对生的苞片，较少为3片轮生，苞片狭条形，长2-3厘米；花被片狭椭圆状披针形，长20-30毫米，宽4-7毫米，白色，背面有紫红色纵条纹；雄蕊6枚，3枚长3枚短，花丝无毛，中部稍扩大，向两端逐渐变窄或从基部向上逐渐变窄；子房长椭圆形；花柱长约4毫米。蒴果近球形，有长喙，长5-7毫米。花期3-4月，果期4-5月。

产太白山、周至、商南、城固、洋县，生于海拔500-1000米的山地草丛中；分布于辽宁、山东、江苏、安徽、浙江、江西、湖北、湖南。日本、朝鲜半岛也产。

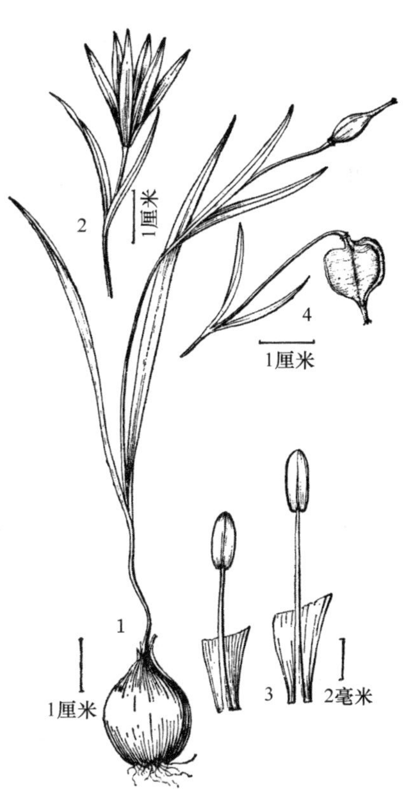


图152. **老鸦瓣 Amana edulis**
1. 植株；2. 花；3. 雄蕊；4. 果实（引自《秦岭植物志》）。

# 天门冬目 **Asparagales** Link

## 分科检索表①

1. 花明显两侧对称，部分种类近辐射对称；中央花瓣常特化为唇瓣，少数种类特化不明显，唇瓣常引子房等扭转而处于下方；雄蕊1枚，极少2-3枚；雌雄蕊融合成柱状体；子房1室，侧膜胎座，少数种类为3室，中轴胎座；种子极多，微小，粉尘状 ························· 三四 兰科 **Orchidaceae** Juss.

① 卢元（陕西省西安植物园）编写。

1. 花辐射对称，或两侧对称；花被无特化的唇瓣；雄蕊 3 或 6 枚，偶为 4 枚；雌雄蕊分离；子房 3 室，中轴胎座，稀 1 室，侧膜胎座；种子少数至多数，不为粉尘状……2
2. 雄蕊 3 枚，稀 2 枚；花药外向开裂……三五　**鸢尾科 Iridaceae** Juss.
2. 雄蕊 6 枚，2 轮，若为 3 枚，则花药内向开裂……3
3. 花单生或多花组成伞形花序，具 1-2 片佛焰苞状总苞……三七　**石蒜科 Amaryllidaceae** J. St.-Hil.
3. 花单生或组成各式花序，总苞常不呈佛焰苞状，若为佛焰苞状，则通常多于 2 片……4
4. 根状茎粗短或不明显，不具膨大的鳞茎；叶常线形；花序顶生；雄蕊 6 枚；通常为蒴果……三六　**阿福花科 Asphodelaceae** Juss.
4. 地下常具块根、鳞茎、球茎或根状茎；叶线形或其他形状，或退化为鳞片状；花序顶生或侧生，或单花腋生；雄蕊 3 或 6 枚，偶为 4 枚；蒴果或浆果；如果根状茎不明显，则或植株具 1-2 条匍匐茎，或叶质地厚硬，先端具一尖刺，或基生叶宽大，不呈线形，或果实为浆果，或果皮早裂脱落，种子浆果状……三八　**天门冬科 Asparagaceae** Juss.

# 三四　兰科 Orchidaceae Juss.

吴振海　赵　亮　李　琰　杨平厚（西北农林科技大学）
陈丽丽　田　涛　杨毅哲（陕西省耕地质量与农业环境保护工作站）
郭　明（陕西长青国家级自然保护区管理局）

多年生草本，通常地生或附生（树干上或岩石上）；自养植物或较少为异养植物（腐生植物或菌根营养植物），极少为攀援藤本。通常具有块茎或根状茎，附生种类常有假鳞茎。叶基生或茎生，全缘，通常互生，2 列或螺旋状排列，有时为簇生，罕对生，基部一般呈鞘状，并多少抱茎，在附生种类中叶常为肉质，而在腐生种类则退化为鳞片状或鞘状。花葶或花序顶生或侧生；花单生或排成总状或圆锥花序，极少为缩短的头状花序；花常为两性，单轴对称，花被片 6 片，排成 2 轮；外轮 3 片为萼片，通常离生或不同程度合生，上方 1 片常称为中萼片（背萼片），侧面 2 片常称为侧萼片；内轮 3 片为花瓣，侧面 2 片常称为花瓣，位于中央的 1 片变为各种奇特的形状，称唇瓣；唇瓣由于子房和子房柄作 180°扭转而位于下方，即远轴的位置，唇瓣基部通常囊状或有距；子房下位，通常 1 室，侧膜胎座，罕有 3 室而为中轴胎座；雄蕊与花柱通常合生成蕊柱（合蕊柱），位于唇瓣上方并与之相对；蕊柱顶端一般具药床和 1 枚花药，腹面有 1 个柱头穴，柱头与花药之间有 1 个舌状器官，称蕊喙，极少具 2-3 枚花药、2 个隆起的柱头或不具蕊喙的；蕊柱基部有时向前下方延伸长足状，称蕊柱足，此时 2 片侧萼片基部常着生于蕊柱足上，形成囊状结构，称萼囊；花粉通常黏合成团块，称花粉团，花粉团的一端常变成柄状，称花粉团柄；花粉团柄连接于由蕊喙的一部分变成固态黏块即黏盘上，有时黏盘还有柄状附属物，称黏盘柄；花粉团、花粉团柄、黏盘柄和黏盘连接在一起，称花粉块，但有时花粉块不具花粉团柄或黏盘柄，有的不具黏盘而只有黏质团。果实常为蒴果，较少荚果状，直立或下垂，具极多种子。种子细小，无胚乳，种皮常在两端延长成翅状。

全世界约 800 属 27 500 余种，广布于世界各地，主要产热带地区。中国有 208 属约

1650 种，南北均产，以西南、华南最多；陕西产 51 属 121 种。

兰科植物大多数种类是观赏植物和药用植物。观赏植物如山兰属、杓兰属各种；药用植物如天麻属、石斛属各种；许多种类既是观赏植物又是药用植物，如白及属、虾脊兰属、兰属、杜鹃兰属、手参属、独花兰属、独蒜兰属、盆距兰属、厚唇兰属、绶草属等各种。

## 分属检索表

1. 能育雄蕊 2 枚，与侧生花瓣对生；花粉不形成团块……1. **杓兰属 Cypripedium** L.
1. 能育雄蕊 1 枚，偶见 2 枚，与背萼片和唇瓣对生；花粉形成团块……2
2. 腐生植物；无绿叶……3
2. 自养植物；有绿叶……12
3. 花粉团蜡质，坚硬……4
3. 花粉团柔软……5
4. 根状茎珊瑚状……36. **珊瑚兰属 Corallorhiza** Gagnebin
4. 根状茎非珊瑚状……38. **兰属 Cymbidium** Sw.（部分种）
5. 果实为荚果状蒴果；种子具厚的外种皮，无翅或周围有狭翅或宽翅……6
5. 果实为蒴果；种子无厚的外种皮，两端具狭长翅……7
6. 果实肉质，不开裂；种子无翅或有狭翅……18. **肉果兰属 Cyrtosia** Blume
6. 果实干燥，开裂；种子具宽翅……19. **山珊瑚属 Galeola** Lour.
7. 萼片和花瓣多少合生成管状……25. **天麻属 Gastrodia** R. Br.
7. 萼片和花瓣离生……8
8. 根状茎圆柱状、珊瑚状或块状；无簇生肉质根；花粉团具花粉团柄和黏盘……9
8. 根状茎缩短坚硬；具簇生、肉质或纤维状根；花粉团无花粉团柄和黏盘……10
9. 根状茎圆柱形；蕊喙与花药等长……5. **叠鞘兰属 Chamaegastrodia** Makino & F. Maekawa
9. 根状茎珊瑚状或块状；蕊喙短于花药……26. **虎舌兰属 Epipogium** J. F. Gmel. ex Borkh.
10. 柱头顶生；无蕊喙……11
10. 柱头侧生或偶见近顶生；蕊喙存在……24. **鸟巢兰属 Neottia** Guett.（部分种）
11. 能育雄蕊 2 枚……22. **双蕊兰属 Diplandrorchis** S. C. Chen
11. 能育雄蕊 1 枚……23. **无喙兰属 Holopogon** Kom. & Nevski
12. 花粉团柔软；地生植物；叶不具关节……13
12. 花粉团蜡质或骨质，坚硬或较坚硬；大多为附生植物，很少为地生植物；叶基部具关节……31
13. 叶折扇状，纸质或薄革质……14
13. 叶非折扇状，草质或膜质……16
14. 叶聚生于植株下部到基部；花粉团 8 个，每 4 个一群……27. **白及属 Bletilla** Rchb. f.
14. 叶散生于茎中部至上部，罕有聚生于顶端；花粉团 4 或 2 个……15
15. 花白色或黄色；上部苞片小，短于花梗和子房；唇瓣 3 裂，基部具囊或距……20. **头蕊兰属 Cephalanthera** Rich.
15. 花绿色、棕色、紫色或黄色；上部苞片大，长于花梗和子房；唇瓣中部明显缢缩；形成下唇和上唇，基部无囊无距，有时下唇凹陷……21. **火烧兰属 Epipactis** Zinn
16. 叶 2 片，生于茎中部，对生或近对生……24. **鸟巢兰属 Neottia** Guett.（部分种）
16. 叶 1 片，或多于 2 片，若为 2 片，则常铺地，明显互生……17
17. 花粉团粒粉质，不由小团块组成……6. **绶草属 Spiranthes** Rich.

17. 花粉团纵裂，由许多小团块组成……………………………………………………………………18
18. 花药基部仅以狭窄的基部连接于蕊柱，不与蕊柱完全合生，顶端常变狭而延长，后期整个花药枯萎或脱落；花粉团柄从花药顶端伸出……………………………………………………………19
18. 花药以宽阔的基部或背部与蕊柱合生，向顶端不变狭，宿存；花粉团柄从花药基部伸出…………21
19. 柱头 1 枚……………………………………………………………………2. 斑叶兰属 **Goodyera** R. Br.
19. 柱头 2 枚…………………………………………………………………………………………20
20. 萼片多少合生成管状 ……………………………………………3. 旗唇兰属 **Kuhlhasseltia** J. J. Sm.
20. 萼片离生…………………………………………………………4. 全唇兰属 **Myrmechis** (Lindl.) Blume
21. 药隔宽阔兜状；药室 2 室，彼此远离……………………………17. 兜蕊兰属 **Androcorys** Schltr.
21. 药隔非兜状；药室 2 室，彼此相连…………………………………………………………………22
22. 柱头常 1 枚（舌唇兰属 **Platanthera** Rich. 部分种罕为 2 枚） …………………………………23
22. 柱头 2 枚，常分离 ……………………………………………………………………………………27
23. 黏盘埋藏于黏质球内 ……………………………………………………7. 盔花兰属 **Galearis** Raf.
23. 黏盘裸露或埋藏于 2 枚分离的黏质球内…………………………………………………………24
24. 块茎指状或掌状分裂 ……………………………11. 掌裂兰属 **Dactylorhiza** Neck. ex Nevski
24. 块茎卵球形、椭圆形或纺锤形 ……………………………………………………………………25
25. 唇瓣舌形；花白色、黄绿色或绿色……………………………………10. 舌唇兰属 **Platanthera** Rich.
25. 唇瓣具裂片，非舌形；花紫色或粉红色……………………………………………………………26
26. 药室平行；唇瓣在距口部无胼胝体……………………………8. 小红门兰属 **Ponerorchis** Rchb. f.
26. 药室叉开；唇瓣在距口部具 2 枚小胼胝体………………………………9. 舌喙兰属 **Hemipilia** Lindl.
27. 块茎指状或掌状分裂 ……………………………………………15. 手参属 **Gymnadenia** R. Br.
27. 块茎卵球形、椭圆形或圆柱形 ……………………………………………………………………28
28. 黏盘内卷成角状；唇瓣无距 ……………………………………12. 角盘兰属 **Herminium** L.
28. 黏盘不内卷，有时稍弯曲，但不为角状；唇瓣有距 ………………………………………………29
29. 蕊喙无臂，喙状或近方形或三角形…………………………………………………………………30
29. 蕊喙有臂，既不喙状，也不近方形或三角形……………………16. 玉凤花属 **Habenaria** Willd.
30. 总状花序不偏向一侧；萼片离生；叶 1 片……………………13. 无柱兰属 **Amitostigma** Schltr.
30. 总状花序偏向一侧；萼片合生成兜；叶 2 片，偶为 1 片…14. 兜被兰属 **Neottianthe** (Rchb.) Schltr.
31. 植物单轴生长，不具假鳞茎或肥厚根状茎、块茎等；花粉团十分坚硬，通常以黏盘柄连接于黏盘……………………………………………………………………………………………………32
31. 植物合轴生长，大多数具假鳞茎或肥厚根状茎、块茎等；花粉团不十分坚硬，通常不具黏盘柄……………………………………………………………………………………………………37
32. 花粉团 4 个，近球形，分开 ……………………………………46. 象鼻兰属 **Nothodoritis** Z. H. Tsi
32. 花粉团 2 个，有时每个分裂为 2 片，非球形…………………………………………………………33
33. 花粉团顶端具孔隙 …………………………………………………………………………………34
33. 花粉团半裂或劈裂，有时分裂为 2 片………………………………………………………………35
34. 唇瓣无囊……………………………………………………………50. 钗子股属 **Luisia** Gaud.
34. 唇瓣具囊………………………………………………………51. 盆距兰属 **Gastrochilus** D. Don
35. 花粉团半裂或劈裂 …………………………………………………………………………………36
35. 花粉团分裂为 2 片裂片，裂片非球形…………………………47. 钻柱兰属 **Pelatantheria** Ridley
36. 蕊柱足明显 …………………………………………………48. 蝴蝶兰属 **Phalaenopsis** Blume
36. 蕊柱足无或极不明显 ………………………………………………49. 风兰属 **Neofinetia** H. H. Hu
37. 花粉团 2 个，或 4 个形成不等大 2 对…………………………………………………………………38
37. 花粉团 4-8 个…………………………………………………………………………………………39

38. 唇瓣基部无距；叶基部无长叶柄，也不呈假茎状……38. 兰属 **Cymbidium** Sw.（部分种）
38. 唇瓣基部有距；叶基部有长叶柄，呈假茎状……37. 美冠兰属 **Eulophia** R. Br.
39. 花粉团 8 个……40
39. 花粉团 4-6 个……42
40. 蕊柱无明显的蕊柱足……39. 虾脊兰属 **Calanthe** R. Br.
40. 蕊柱有明显的蕊柱足……41
41. 花序从假鳞茎的顶部生出……42. 蛤兰属 **Conchidium** Griffith
41. 花序从假鳞茎的基部生出……39. 虾脊兰属 **Calanthe** R. Br.
42. 蕊柱具足；萼囊明显可见……43
42. 蕊柱无明显的足；无萼囊……45
43. 花序从假鳞茎基部生出……45. 石豆兰属 **Bulbophyllum** Thouars
43. 花序从假鳞茎或茎的上部生出……44
44. 假鳞茎具 1 节……44. 厚唇兰属 **Epigeneium** Gagnep.
44. 假鳞茎状的茎具多节……43. 石斛属 **Dendrobium** Sw.
45. 叶两侧压扁……30. 鸢尾兰属 **Oberonia** Lindl.
45. 叶扁平……46
46. 地生植物，无绿色裸露的假鳞茎……47
46. 附生植物，具绿色裸露的假鳞茎……54
47. 植物无地下假鳞茎，有时基部具肉质茎或茎状假鳞茎；花粉团无花粉团柄和黏盘……48
47. 植物具地下假鳞茎；花粉团具明显的花粉团柄和黏盘（筒距兰属 **Tipularia** Nutt.除外）……49
48. 蕊柱很长，弓曲；花倒置……28. 羊耳蒜属 **Liparis** Rich.（部分种）
48. 蕊柱短，直立；花不倒置……29. 原沼兰属 **Malaxis** Sol. ex Sw.
49. 植物具 1 朵花……50
49. 植物具多朵花……51
50. 萼片短于 2 厘米；唇瓣具水平伸展的囊……34. 布袋兰属 **Calypso** Salisb.
50. 萼片长于 2.5 厘米；唇瓣具内弯的距……35. 独花兰属 **Changnienia** S. S. Chien
51. 距圆柱形，明显长于花梗和子房……33. 筒距兰属 **Tipularia** Nutt.（部分种）
51. 无距或距明显短于花梗和子房……52
52. 花下垂；萼片长 1.7-3 厘米……32. 杜鹃兰属 **Cremastra** Lindl.
52. 花不下垂；萼片长 1.5-11 毫米……53
53. 唇瓣基部囊状或具短距；花粉块无明显黏盘柄……33. 筒距兰属 **Tipularia** Nutt.（部分种）
53. 唇瓣基部无囊无距；花粉块具纤细黏盘柄……31. 山兰属 **Oreorchis** Lindl.
54. 叶坚纸质；唇瓣不裂……28. 羊耳蒜属 **Liparis** Rich.（部分种）
54. 叶薄革质或纸质；唇瓣 3 裂……55
55. 叶薄革质；唇瓣 3 裂，有距……41. 瘦房兰属 **Ischnogyne** Schltr.
55. 叶纸质；唇瓣不明显 3 裂，无距……40. 独蒜兰属 **Pleione** D. Don

## 1. 杓兰属 **Cypripedium** L.

Sp. Pl. 2: 951. 1753; 秦岭植物志 1(1): 395. 1976; 中国植物志 17: 20. 1999; Flora of China 25: 22. 2009.

地生草本。根状茎粗短或伸长，纤维根粗厚；茎直立，基部具数枚鞘。叶 2 至数片，通常茎生，有时铺地；叶片椭圆形、卵形、心形或扇形，具折扇状脉、放射状脉或 3-5 条主脉。花序顶生，通常具 1 花，罕为 2 朵花或多朵花；花苞片叶状，少有不具苞片的；花较大，美丽；背萼片直立，侧萼片通常合生而为合萼片，仅顶端分离；花瓣呈多种形状；唇瓣呈囊状，球形、椭圆形或其他形状，一般有宽阔的囊口，口部具 1 对侧裂片，侧裂片常常内折，囊内常有毛；蕊柱短，两侧各具 1 枚能育雄蕊，上面中央具 1 枚退化雄蕊，柱头位于退化雄蕊的下面；退化雄蕊呈多种形状，通常位于唇瓣的口部；花药 2 室，具很短的花丝；花粉粉质或带黏性，但不黏合成花粉团块；柱头肥厚，表面有乳突；子房 1 室，侧膜胎座。果实为蒴果。

本属约 50 种，分布于北温带，东亚与北美洲种类最丰富。中国有 36 种；陕西产 8 种。

花形奇特，花色艳丽，可供观赏；部分种类供药用。

## 分种检索表

1. 叶 2 片……………………………………………………………………………………2
1. 叶 3 片或更多……………………………………………………………………………3
2. 叶片扇形，具辐射状脉…………………………（7）**扇脉杓兰 C. japonicum** Thunb.
2. 叶片椭圆形或卵形，具弧形脉……………………………（8）**紫点杓兰 C. guttatum** Sw.
3. 子房具短柔毛或无毛，不具腺毛；花粉红色、紫红色、红色或黑紫色，罕白色…………4
3. 子房具腺毛；花黄色或黄绿色……………………………………………………………7
4. 子房密被毛……………………………………………（6）**毛杓兰 C. franchetii** E. H. Wilson
4. 子房无毛或有稀疏毛，或仅在肋上有毛…………………………………………………5
5. 唇瓣长 2.5-3 厘米；花瓣长 2.5-3 厘米……………（4）**太白杓兰 C. taibaiense** G. H. Zhu & S. C. Chen
5. 唇瓣长 3.6-6 厘米；花瓣长 3.5-6.5 厘米…………………………………………………6
6. 花红色、粉红色，罕白色，干后不变黑紫色；花瓣具不明显的脉；退化雄蕊背面无龙骨状凸起……………………………………………………（3）**大花杓兰 C. macranthos** Sw.
6. 花黑紫色或深红色，干后变黑紫色；花瓣具明显的脉；退化雄蕊背面有龙骨状凸起……………………………………………………（5）**褐花杓兰 C. calcicola** Schltr.
7. 退化雄蕊基部无柄；花瓣与唇瓣等长，不扭转；花单生………（2）**大叶杓兰 C. fasciolatum** Franch.
7. 退化雄蕊基部具柄；花瓣比唇瓣长，扭转；花 1-4 朵…………………（1）**绿花杓兰 C. henryi** Rolfe

### （1）**绿花杓兰**（图 153，照片 409）

**Cypripedium henryi** Rolfe, Bull. Misc. Inform. Kew 1892: 211. 1892; 秦岭植物志 1(1): 396. 1976; 中国植物志 17: 30. 1999; 陕西野生兰科植物图鉴: 2. 2007; Flora of China 25: 25. 2009; 陕西省重点保护野生植物: 327. 2017.

植株高 30-55 厘米；根状茎粗厚；茎被短柔毛，基部具数枚鞘，鞘上方具 4-5 片叶。叶互生，宽椭圆形至椭圆形，长 9-18 厘米，宽 5-8 厘米，先端渐尖，边缘具白色细缘毛。花序具花 1-4 朵；花苞片椭圆形或披针形，长 5-10 厘米，宽 1-3 厘米，先端长渐尖，通常较花为长；花梗和子房长 2.5-4 厘米，密被白色腺毛；花黄绿色，开展；背萼片卵状披针形，长 3.5-4.5 厘米，宽 1-1.5 厘米，先端渐尖，背面被微柔毛；合萼片较短，先端 2 裂；花瓣狭披针形，长 4-5 厘米，宽 5-7 毫米；唇瓣深囊状，椭圆形，明显较花瓣短；退化雄蕊近椭圆形，基部具长 2-3 毫米的柄，背面有龙骨状凸起。蒴果椭圆形，长达 3.5 厘米，宽约 1.2 厘米，被毛，具喙。花期 4-5 月，果期 7-9 月。

见于黄龙、周至、商南、镇安、宁陕、平利、岚皋、镇坪、洋县，生于海拔 1000-2800 米的山地林下；分布于山西、宁夏、甘肃、湖北、重庆、贵州、四川、云南等地。

根入药。花美丽，供观赏。

国家二级重点保护野生植物；陕西省地方重点保护植物；CITES 附录Ⅱ收录物种。

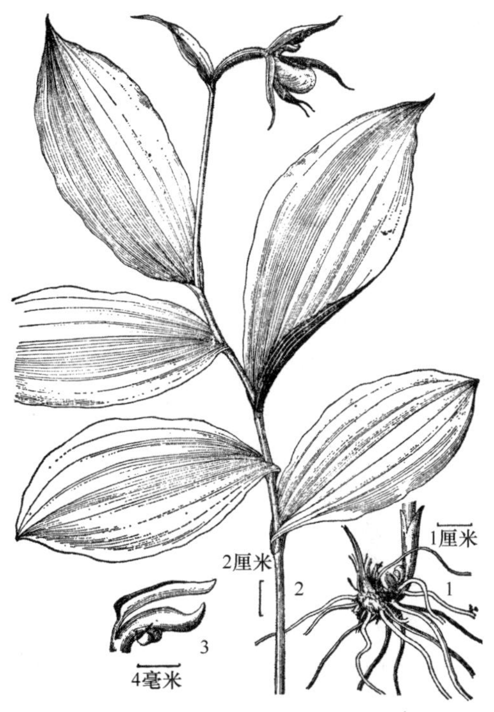


图 153. **绿花杓兰 Cypripedium henryi**

1. 根状茎和根；2. 茎上部和花；3. 合蕊柱侧面观（引自《秦岭植物志》）。

**（2）大叶杓兰**（照片 410）

**Cypripedium fasciolatum** Franch., J. Bot. (Morot) 8: 232. 1894; 中国植物志 17: 32. 1999; 陕西野生兰科植物图鉴: 4. 2007; Flora of China 25: 26. 2009; 陕西省重点保护野生植物: 322. 2017.

植株高 25-50 厘米；根状茎粗短；茎直立，无毛或在上部近关节处具短柔毛，基部具数枚鞘，鞘上方具 3-4 片叶。叶片椭圆形，长 13-20 厘米，宽 5-12 厘米，先端短渐尖，具缘毛。花序具 1 朵花，极少 2 朵花；花苞片椭圆形，长 6-10 厘米，宽 3-6.5 厘米；花梗和子房长 1.5-3 厘米，密被红褐色腺毛；花大，直径达 10 厘米，淡黄色，有香气，萼片与花瓣上具明显的栗色纵脉纹；背萼片卵状椭圆形，长 5-6 厘米，宽 2.8-3.5 厘米；合萼片与背萼片相似，但宽仅 2-2.5 厘米，先端 2 浅裂；花瓣线状披针形，长 5-8 厘米，宽 7-15 毫米；唇瓣深囊状，近球形，长 5-7 厘米，宽约 4 厘米；退化雄蕊卵状椭圆形，长 1.5-2 厘米，宽约 1 厘米，基部有耳并具短柄，背面有龙骨状凸起。花期 4-5 月。

见于佛坪、岚皋、平利、镇坪，生于海拔 2240-2880 米的林下河边或草地上；分布于湖北、重庆、四川。

花大，极美丽，优良的观赏植物。

国家二级重点保护野生植物；陕西省地方重点保护植物；濒危（EN）；CITES 附录Ⅱ收录物种。

**（3）大花杓兰**（图 154，照片 411、412、413）

**Cypripedium macranthos** Sw., Kongl. Vetensk. Acad. Nya Handl. 21: 251. 1800; 中国植物志 17: 34. 1999; 陕西野生兰科植物图鉴: 6. 2007; Flora of China 25: 26. 2009; 秦岭植物志增补: 33. 2013; 陕西省重点保护野生植物: 331. 2017.

植株高 25-45 厘米；根状茎粗短；茎基部具数枚鞘，鞘上方具 3-4 片叶。叶片椭圆形，长 9-15 厘米，宽 6-8 厘米，先端渐尖，边缘具细缘毛。花序具 1 朵花，极少 2 朵花；花苞片椭圆形，长 6-9 厘米，宽 4-6 厘米；花梗和子房长 3-3.5 厘米；花大，紫色、红色或粉红色，通常有暗色脉纹，极少白色；背萼片卵状椭圆形，长 4-5 厘米，宽 2.5-3 厘米；合萼片卵形，长 3-4 厘米，宽 1.5-2 厘米，先端 2 浅裂；花瓣披针形，长 4-6 厘米，宽 1.5-2.5 厘米；唇瓣深囊状，近球形，长 4.5-5.5 厘米，囊口较小，直径约 1.5 厘米；退化雄蕊卵状长圆形，长 1-1.5 厘米，宽 7-8 毫米，基部无柄，背面无龙骨状凸起。蒴果椭圆形，长约 4 厘米。花期 6-7 月，果期 8-9 月。

见于陇县、眉县、太白、佛坪、洋县、宁陕，生于海拔 2300-2880 米的山地林下、林缘或草坡；分布于东北及内蒙古、河北、山西、山东、台湾。日本、朝鲜半岛、俄罗斯也产。

根、根状茎和花入药。花大，美丽，供观赏。

国家二级重点保护野生植物；陕西省地方重点保护植物；濒危（EN）；CITES 附录Ⅱ收录物种。

图 154. **大花杓兰 Cypripedium macranthos**
1. 植株下部；2. 植株上部；3. 花中萼片、花瓣、合萼片和唇瓣（引自《秦岭植物志增补》）。

### （4）**太白杓兰**（彩图版 9）

**Cypripedium taibaiense** G. H. Zhu & S. C. Chen, Novon 9: 454. 1999; Flora of China 25: 27. 2009; 陕西省重点保护野生植物: 333. 2017. ——*Cypripedium tibeticum* auct. non King ex Rolfe: 陕西野生兰科植物图鉴: 10. 2007.

植株高 10-25 厘米；根状茎粗短，长 4-5 厘米，粗 4-5 毫米；茎基部具 2 或 3 枚鞘，鞘上方具 3 或 4 片叶。叶片椭圆形，长 4-11 厘米，宽 2.8-3.5 厘米，先端渐尖或钝，边缘具缘毛。花序具 1 朵花；花苞片狭椭圆形，长 6-6.5 厘米；花梗和子房长 1.5-2 厘米；花深紫红色，直径 4-4.5 厘米；背萼片椭圆状卵形，长 2.2-3 厘米，宽 1.3-1.5 厘米；合萼片卵状椭圆形，长 2.2-2.8 厘米，宽 1-1.2 厘米，先端 2 裂；花瓣披针形，长 2.5-3 厘米，宽 7-9 毫米，内面基部具长毛；唇瓣深囊状，倒卵球状或近球形，长 2.5-3 厘米，宽 1.5-2 厘米；退化雄蕊长圆形，长约 1 厘米，宽 5-6 毫米，中央具纵凹槽，背面有龙骨状凸起，先端尖。花期 6-7 月。

见于眉县、太白、留坝，生于海拔 2600-3300 米的山坡草地；分布于四川。

花大，美丽，供观赏。

国家二级重点保护野生植物；濒危（EN）；CITES 附录Ⅱ收录物种。

### （5）**褐花杓兰**（照片 414、415）

**Cypripedium calcicola** Schltr., Acta Hort. Gothob. 1: 129. 1924; Flora of China 25: 28. 2009. ——*Cypripedium smithii* Schltr., Acta Hort. Gothob. 1: 129. 1924; 中国植物志 17: 37. 1999.

植株高 10-45 厘米；根状茎粗短；茎基部具数枚鞘，鞘上方具 3-4 片叶。叶片椭圆形，长 5-16 厘米，宽 4-5.5 厘米，先端渐尖或急尖，边缘具细缘毛。花序具 1 朵花；花苞片卵状披针形，长约 9 厘米，宽 2-2.5 厘米；花梗和子房长 3-3.5 厘米；花深紫红色或紫褐色，仅唇瓣背侧有若干淡黄色的、质地较薄的透明“窗”；背萼片椭圆状卵形，长 3.5-5 厘米，宽 2-2.2 厘米；合萼片椭圆状披针形，长 3.2-4.2 厘米，宽 1.5-2 厘米，先端 2 浅裂；花瓣卵状披针形，长 4.4-5.2 厘米，宽 0.8-0.9 厘米，内面基部具短柔毛；唇瓣深囊状，椭圆形，长 3.5-4.2 厘米，宽 2.5-2.8 厘米，囊口与其他部分色泽一致；退化雄蕊近长圆形，长 1.3-1.5 厘米，宽约 10 毫米，基部近无柄。花期 6-7 月。

见于眉县、太白，生于海拔 2700-3300 米的林缘、灌丛和草坡；分布于四川、云南。

花大，美丽，供观赏。

国家二级重点保护野生植物；濒危（EN）；CITES 附录Ⅱ收录物种。

### （6）**毛杓兰**（照片 416）

**Cypripedium franchetii** E. H. Wilson, Horticulture 16: 145. 1912; 秦岭植物志 1(1): 396. 1976; 中国植物志 17: 38. 1999; 陕西野生兰科植物图鉴: 8. 2007; Flora of China 25: 28. 2009; 陕西省重点保护野生植物: 324. 2017.

植株高 15-35 厘米；根状茎粗短；茎密被长柔毛，基部具数枚鞘，鞘上方具 3-5 片叶。叶片椭圆形，长 9-16 厘米，宽 4-6.5 厘米，先端短渐尖或急尖，边缘具细缘毛。花序具 1 花；花序柄密被长柔毛；花苞片椭圆形，长 6-8(-12)厘米，宽 2-3.5 厘米；花梗和子房长 4-4.5 厘米，密被长柔毛；花淡紫红色至粉红色，有深色脉纹；背萼片椭圆状卵形，长 4-5.5 厘米，宽 2.5-3 厘米；合萼片椭圆状披针形，长 3.5-4 厘米，宽 1.5-2.5 厘米，先端 2 浅裂；花瓣披针形，长 5-6 厘米，宽 1-1.5 厘米，内面基部具长柔毛；唇瓣深囊状，椭圆形或近球形，长 4-5.5 厘米，宽 3-4 厘米；退化雄蕊卵状箭头形至卵形，长 1-1.5 厘米，宽 7-9 毫米，基部具短耳和很短的柄，背面略有龙骨状凸起。花期 5-7 月，果期 8-9 月。

见于甘泉、黄陵、黄龙、宜君、蓝田、长安、眉县、宝鸡、凤县、太白、商洛、山阳、镇安、柞水、宁陕、安康、镇坪、佛坪、西乡、洋县、留坝、略阳，生于海拔 1000-3300 米的山地林下或草丛；分布于山西、甘肃、河南、湖北、重庆、四川。

根、根状茎和花入药。花大，美丽，供观赏。

国家二级重点保护野生植物；陕西省地方重点保护植物；易危（VU）；CITES 附录Ⅱ收录物种。

### （7）**扇脉杓兰**　扇叶杓兰（《秦岭植物志》）、蓝花双叶草、扇子七（《陕西中草药》）（图 155，照片 417）

**Cypripedium japonicum** Thunb., Murray, Syst. Veg. ed. 14, 817. 1784; 秦岭植物志 1(1): 395. 1976; 中国植物志 17: 41. 1999; 陕西野生兰科植物图鉴: 12. 2007; Flora of China 25: 29. 2009; 陕西省重点保护野生植物: 329. 2017.

植株高 30-55 厘米；根状茎细长，横走，直径 3-4 毫米；茎被褐色长柔毛，基部具数枚鞘，顶端生叶。叶通常 2 片，近对生，极少有 3 片互生叶；叶片扇形，长 9-16 厘米，宽 10-20 厘米，上半部边缘呈钝波状，基部近楔形，边缘具细缘毛。花序具 1 朵花；

花序柄被褐色长柔毛；花苞片菱形或卵状披针形，长 2.5-5 厘米，宽 1-3 厘米；花梗和子房长 2-3 厘米，密被长柔毛；花俯垂，萼片和花瓣淡黄绿色，唇瓣淡黄绿色至淡紫白色；背萼片狭椭圆形，长 4.5-5.5 厘米，宽 1.5-2 厘米；合萼片与背萼片相似，长 4-5 厘米，宽 1.5-2.5 厘米，先端 2 浅裂；花瓣斜披针形，长 4-5 厘米，宽 1-1.2 厘米，内面基部具长柔毛；唇瓣下垂，囊状，椭圆形或倒卵形，长 4-5 厘米，宽 3-3.5 厘米，囊口略狭长并位于前方；退化雄蕊椭圆形，长约 1 厘米，宽 6-7 毫米，基部具短耳。蒴果近纺锤形，长 4.5-5 厘米，宽 1.2 厘米。花期 4-5 月，果期 6-10 月。

见于太白、宁陕、平利、镇坪、佛坪、洋县、西乡、留坝、略阳，生于海拔 1000-2800 米的山地林下和林缘；分布于甘肃、安徽、浙江、江西、湖北、湖南、重庆、四川、贵州。日本也产。

全草入药。花美丽，供观赏。

国家二级重点保护野生植物；陕西省地方重点保护植物；CITES 附录Ⅱ收录物种。

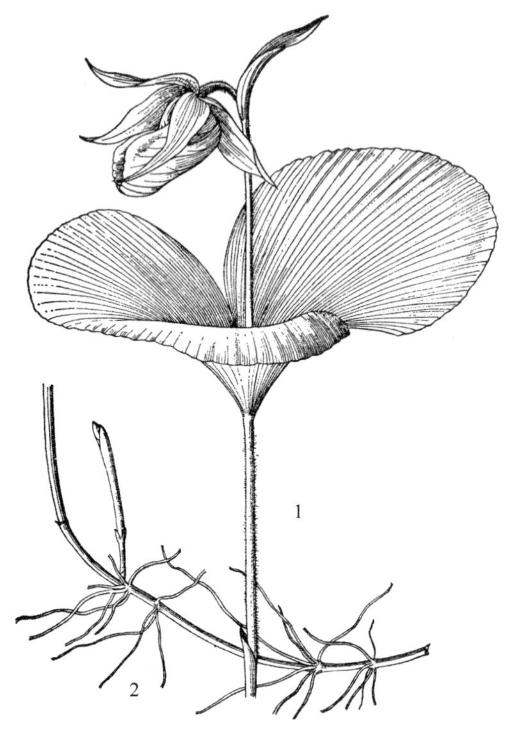


图 155. 扇脉杓兰 **Cypripedium japonicum**

1. 植株中上部；2. 根状茎和根（引自《陕西中草药》）。

### （8）紫点杓兰（图 156，照片 418、419）

**Cypripedium guttatum** Sw., Kongl. Vetensk. Acad. Nya Handl. 21: 251. 1800; 中国植物志 17: 30. 1999; 陕西野生兰科植物图鉴: 14. 2007; Flora of China 25: 29. 2009; 秦岭植物志增补: 34. 2013; 陕西省重点保护野生植物: 326. 2017.

植株高 10-25 厘米；根状茎细长，横走；茎被短柔毛和腺毛，基部具数枚鞘，鞘上方生叶。叶通常 2 片，极少 3 片，近对生，偶见互生；叶片椭圆形、卵形或卵状披针形，长 5-12 厘米，宽 2.5-4.5 厘米，先端急尖或渐尖。花序具 1 朵花；花序柄密被短柔毛和腺毛；花苞片卵状披针形，长 1.5-3 厘米；花梗和子房长 1-1.5 厘米，被腺毛；花紫红色，具白色斑；背萼片背面白色，卵状椭圆形，长 1.5-2.2 厘米，宽 1.2-1.6 厘米；合萼片狭椭圆形，长 1.2-1.8

图 156. 紫点杓兰 **Cypripedium guttatum**

1. 根状茎和根；2. 植株上部；3. 蕊柱（引自《秦岭植物志增补》）。

厘米，宽 5-6 毫米，先端 2 浅裂；花瓣常近匙形或提琴形，长 1.3-1.8 厘米，宽 5-7 毫米，内面基部具毛；唇瓣深囊状，钵形或深碗状，近球形，长与宽各 1.5 厘米，具宽阔的囊口；退化雄蕊卵状椭圆形，长 4-5 毫米，宽 2.5-3 毫米，先端微凹或近截形，背面有较宽的龙骨状凸起。蒴果狭椭圆形，下垂，长约 2.5 厘米，宽 8-10 毫米。花期 5-7 月，果期 8-9 月。

见于周至、柞水、佛坪、洋县、太白，生于海拔 2000-2800 米的山地林下、灌丛或草地上；分布于东北、华北及宁夏、山东、四川、云南、西藏。不丹、朝鲜半岛、俄罗斯西伯利亚及远东地区、欧洲、北美洲也产。

花美丽，供观赏。

国家二级重点保护野生植物；陕西省地方重点保护植物；濒危（EN）；CITES 附录 II 收录物种。

## 2. 斑叶兰属 **Goodyera** R. Br.

W. T. Aiton, Hortus Kew., ed. 2, 5: 197. 1813; 秦岭植物志 1(1): 419. 1976; 中国植物志 17: 128. 1999; Flora of China 25: 45. 2009.

地生草本。根状茎伸长；茎直立。叶互生，稍肉质，上面具有杂色斑纹。总状花序顶生，有少数花或多数花；花小，极少稍大，无距；萼片离生，近相似，背萼片通常和花瓣靠合成兜状；侧萼片直立或张开；花瓣较薄，膜质；唇瓣舟状，基部通常呈囊状，内面具毛；蕊柱短，基部无附属物；花药位于蕊喙的背面；花粉团 2 个，狭长，每个 2 纵裂，为具小团块的粒粉质，无花粉团柄，共同具 1 个黏盘；蕊喙通常较长，2 深裂；柱头 1 枚，较大，位于蕊喙下方。蒴果直立，无喙。

本属约 100 种，分布于除南美洲以外的全球热带至温带地区。中国约 29 种，主产于南部；陕西产 5 种。

### 分种检索表

1. 叶集生于茎的基部，呈莲座状或近莲座状……………………………………2
1. 叶不集生于茎的基部，不呈莲座状……………………………………3
2. 背萼片长 7-10 毫米……………（1）**斑叶兰 G. schlechtendaliana** Rchb. f.（部分个体）
2. 背萼片长 3-4 毫米……………………………（2）**小斑叶兰 G. repens** (L.) R. Br.
3. 叶表面具白色或浅绿色脉纹或不规则的点状斑纹……………………………………4
3. 叶表面无白色或浅绿色脉纹或不规则的点状斑纹…………（3）**卧龙斑叶兰 G. wolongensis** K. Y. Lang
4. 花序轴长约 0.5 厘米，极少更长；花 2 朵，极少 3 朵，偶尔 6 朵；背萼片长 20-25 毫米……………………………………………（4）**大花斑叶兰 G. biflora** (Lindl.) Hook. f.
4. 花序轴长 3-11 厘米，花 6 朵或更多；背萼片长 13-14 毫米……………………………5
5. 叶片深绿色，偶尔暗紫绿色，沿中肋具 1 条白色带，无白色网纹或不规则点状斑纹，花序梗深红棕色……………………………（5）**绒叶斑叶兰 G. velutina** Maxim.
5. 叶片绿色，具白色或浅绿色中脉和不规则的点状斑纹，花序梗浅灰绿色……………………………………………（1）**斑叶兰 G. schlechtendaliana** Rchb. f.（部分个体）

（1）**斑叶兰**（图 157，照片 420、421）

**Goodyera schlechtendaliana** Rchb. f., Linnaea 22: 861. 1849; 中国植物志 17: 133. 1999; 陕西野生兰科植物图鉴: 36. 2007; Flora of China 25: 47. 2009; 秦岭植物志增补: 38. 2013; 陕西省重点保护野生植物: 360. 2017.

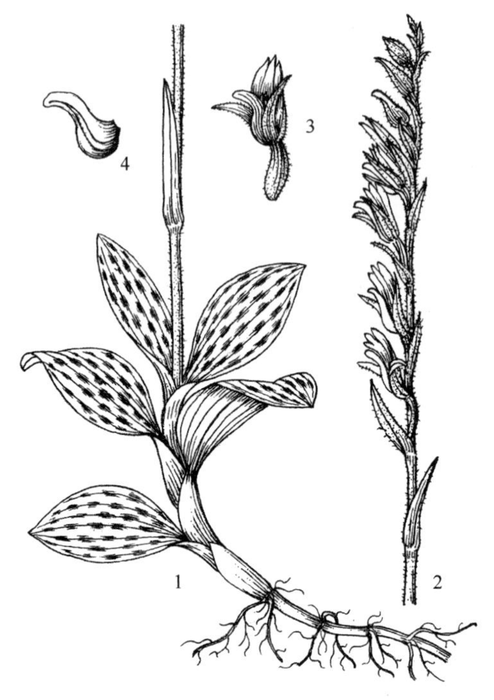


图 157. 斑叶兰
**Goodyera schlechtendaliana**
1. 植株下部；2. 花序；3. 花；4. 唇瓣
（引自《秦岭植物志增补》）。

植株高 10-35 厘米；根状茎匍匐；茎具 4-6 片叶。叶卵形，长 3-8 厘米，宽 0.8-2.5 厘米，上面绿色，有不规则的白色方格状斑纹，下面淡绿色，先端急尖，基部近圆形或宽楔形；叶柄长 4-10 毫米，基部扩大成抱茎的鞘。花茎直立，长 8-28 厘米，具 3-5 片鞘状苞片；总状花序长 8-20 厘米，具数朵至 20 余朵疏生近偏向一侧的花；花苞片披针形，长约 12 毫米，宽约 4 毫米；子房连花梗长 8-10 毫米；花小，淡绿色、苍白色或带粉红色，半张开；背萼片外面被柔毛，长 7-10 毫米，宽 3-3.5 毫米，与花瓣黏合成兜状；侧萼片卵状披针形，长 7-9 毫米，宽 3.5-4 毫米，先端急尖，具 1 条脉；花瓣菱状倒披针形，长 7-10 毫米，宽 2.5-3 毫米，先端钝或稍尖，具 1 条脉；唇瓣卵形，长 6-8 毫米，基部凹陷成囊状，宽 3-4 毫米，内面具多数腺毛，前部舌状；蕊柱短，长约 3 毫米；花药卵形；花粉团长约 3 毫米；蕊喙直立，长 2-3 毫米，叉状 2 裂；柱头 1 枚，位于蕊喙之下。花期 8-10 月。

见于华阴、洋县、平利、镇坪，生于海拔 1000-2800 米的山坡或沟谷林下；分布于华东、华中、华南、西南及甘肃南部。印度、尼泊尔、不丹、泰国、越南、印度尼西亚、日本、朝鲜半岛也产。

陕西省地方重点保护植物；CITES 附录 II 收录物种。

（2）**小斑叶兰**（图 158，照片 422、423）

**Goodyera repens** (L.) R. Br., W. T Aiton Hortus Kew., ed. 2, 5: 198. 1813; 秦岭植物志 1(1): 420. 1976; 中国植物志 17: 131. 1999; 陕西野生兰科植物图鉴: 34. 2007; Flora of China 25: 48. 2009; 陕西省重点保护野生植物: 359. 2017. ——*Satyrium repens* L., Sp. Pl. 2: 945. 1753.

植株高 7-25 厘米；根状茎匍匐；茎具 5-6 片叶。叶卵形或卵状椭圆形，长 1-2 厘米，宽 0.5-1.5 厘米，上面绿色具白色斑纹，下面淡绿色，先端急尖，基部钝或宽楔形；叶柄长 5-10 毫米，基部扩大成抱茎的鞘。花茎具 3-5 片鞘状苞片；总状花序长 4-15 厘米，具数朵至 10 余朵密生多少偏向一侧的花；花苞片披针形，长约 5 毫米；子房连花梗长约 4 毫米；花小，白色或带绿色或带粉红色，半张开；背萼片卵形或卵状长圆形，外面被腺毛，长 3-4 毫米，宽 1.2-1.5 毫米，与花瓣黏合成兜状；侧萼片斜卵形、卵状椭圆形，长 3-4 毫米，宽 1.5-2.5 毫米，具 1 条脉；花瓣斜匙形，长 3-4 毫米，宽 1-1.5 毫米，具 1 条脉；唇瓣卵形，长 3-3.5 毫米，基部凹陷成囊状，宽 2-2.5 毫米，前部短舌状；蕊柱短，长 1-1.5 毫米；蕊喙直立，长 1.5 毫米，叉状 2 裂；柱头 1 枚，较大，位于蕊喙之下。花期 7-8 月。

见于甘泉、宜君、富县、黄陵、华阴、眉县、太白、商洛、柞水、山阳、平利、镇坪、佛坪、洋县、西乡、宁强，生于海拔 980-1700 米的山地林下或岩石上；分布于东北、华北、华中及甘肃、青海、新疆、安徽、台湾、四川、云南、西藏。印度、克什米尔地区、尼泊尔、不丹、缅甸、日本、朝鲜半岛、俄罗斯西伯利亚地区及欧洲、北美洲也产。

全草入药。

陕西省地方重点保护植物；CITES 附录Ⅱ收录物种。

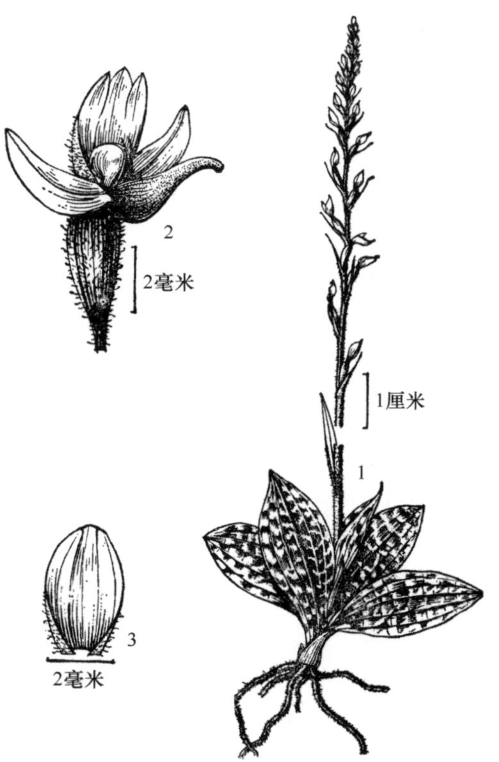


图 158. 小斑叶兰 **Goodyera repens**
1. 植株；2. 花；3. 背萼片与花瓣黏合
（引自《秦岭植物志》）。

### （3）**卧龙斑叶兰**（照片 424）

**Goodyera wolongensis** K. Y. Lang, 植物分类学报 22: 314. 1984; 中国植物志 17: 147. 1999; Flora of China 25: 49. 2009.

植株高 15-18 厘米；根状茎匍匐；茎具 3-4 片叶。叶卵形，长 1.5-2 厘米，宽 1-1.5 厘米，上面绿色，无白色斑纹，先端急尖，基部圆形，骤狭成柄；叶柄长 4-8 毫米，下部扩大成抱茎的鞘。花茎长 9-12 厘米，具 3-4 片鞘状苞片；总状花序具 12-18 朵花；花苞片披针形，较子房长；子房连花梗长 3-4 毫米；花小，白色，半张开；背萼片卵形，长约 3 毫米，宽约 2 毫米，与花瓣黏合成兜状；侧萼片斜椭圆形，长约 3.5 毫米，宽约 1.5 毫米，先端钝，具 1 条脉；花瓣近卵形，较背萼片短，具 1 条脉；唇瓣帽状半球形，前部短而钝，后部长，囊状，中部具 3 条脊状隆起；蕊柱长 2-2.5 毫米；花药卵形；蕊喙直立，2 裂；柱头 1 枚，椭圆形，位于蕊喙之下。花期 8 月。

见于眉县、太白，生于海拔 2470-2900 米的冷杉林下阴湿处；分布于四川。

易危（VU）；CITES 附录Ⅱ收录物种。

### （4）**大花斑叶兰**（图 159，照片 425、426）

**Goodyera biflora** (Lindl.) Hook. f., Brit. India 6: 114. 1890; 中国植物志 17: 135. 1999; 陕西野生兰科植物图鉴: 38. 2007; Flora of China 25: 52. 2009; 秦岭植物志增补: 39. 2013; 陕西省重点保护野生植物: 357. 2017.

植株高 5-18 厘米；根状茎匍匐；茎具 4-5 片叶。叶卵形或椭圆形，长 2-4 厘米，宽

1-2.5 厘米，上面绿色，有白色网状脉纹，下面淡绿色或紫红色；叶柄长 1-2.5 厘米，基部扩大成抱茎的鞘。花茎很短，被短柔毛；总状花序通常具 2 朵花，极少具 3-7 朵花，常偏向一侧；花苞片披针形，长 1.5-2.5 厘米，宽 6-7 毫米；子房连花梗长 5-8 毫米；花大，长管状，白色或带粉红色；萼片线状披针形，近等长，长约 2.5 厘米，宽 3-4 毫米；背萼片与花瓣黏合成兜状；花瓣稍斜菱状线形，长约 2.5 厘米，宽 3-4 毫米，先端急尖；唇瓣白色，线状披针形，长 1.8-2 厘米，基部凹陷成囊状，内面具多数腺毛，前部伸长，舌状，先端近急尖且向下卷曲；蕊柱短；花药三角状披针形，长 1-1.2 厘米；花粉团倒披针形，长 1.2-1.6 厘米；蕊喙细长，长 1-1.2 厘米，叉状 2 裂；柱头 1 枚，位于蕊喙之下。花期 2-7 月，果期 8-11 月。

图 159. **大花斑叶兰 Goodyera biflora**
1. 植株；2. 花和苞片；3. 唇瓣
（引自《秦岭植物志增补》）。

见于周至、眉县、太白、佛坪、城固、洋县、宁陕、平利、镇坪，生于海拔 1000-2000 米的山地林下阴湿处；分布于华中、西南及甘肃东南部、江苏、安徽、浙江、福建、台湾、广东。印度、尼泊尔、越南、日本、朝鲜半岛也产。

花大，供观赏。

陕西省地方重点保护植物；CITES 附录Ⅱ收录物种。

### （5）**绒叶斑叶兰**（照片 427）

**Goodyera velutina** Maxim., Regel. Gartenflora 16: 38. 1867; 中国植物志 17: 140. 1999; Flora of China 25: 52. 2009.

植株高 7-16 厘米；根状茎匍匐；茎暗红褐色，具 3-5 片叶。叶卵形或椭圆形，长 2-5 厘米，宽 1-2.5 厘米，上面深绿色或暗紫绿色，天鹅绒状，沿中肋具 1 条白带，背面紫红色；叶柄长 1-1.5 厘米。花茎长 4-8 厘米，被柔毛，具 2-3 片鞘状苞片；总状花序具 6-15 朵花，常偏向一侧；花苞片披针形，红褐色，长 1-1.2 厘米，宽 3-3.5 毫米；子房绿褐色，被柔毛，连花梗长 8-11 毫米；花中等大；萼片微张开，背面被柔毛，淡红褐色或白色，凹陷；背萼片长圆形，长 7-12 毫米，宽 2.2-4 毫米，具 1 条脉，与花瓣黏合成兜状；侧萼片斜卵状椭圆形，长 8-12 毫米，宽 3.5-5 毫米，具 1-3 条脉；花瓣斜长圆状菱形，长 7-12 毫米，宽 3.5-4.5 毫米，基部渐狭，上半部具 1 个红褐斑，具 1 条脉；唇瓣长 6.5-9 毫米，基部凹陷成囊状，内面具腺毛，前部舌状，舟形，先端向下弯；蕊柱长 2-3 毫米；花药卵状心形，先端渐尖；花粉团长 2-3 毫米；蕊喙直立，长 2.5 毫米，叉状 2 裂。花期 9-10 月。

见于镇坪、平利，生于海拔 1500 米左右的林下阴湿处；分布于浙江、福建、台湾、湖北、湖南、广东、海南、广西、四川、云南。朝鲜半岛、日本也有。

CITES 附录II收录物种。

## 3. 旗唇兰属 **Kuhlhasseltia** J. J. Sm.

Icon. Bogor. 4: 1, t. 301. 1910; Flora of China 25: 63. 2009. ——*Vexillabium* F. Maekawa, J. Jap. Bot. 11: 457. 1935; 中国植物志 17: 173. 1999.

地生小草本。根状茎匍匐，伸长，肉质；茎直立，圆柱形，具 3-6 片叶。叶小，互生，叶片卵状圆形、卵形至宽披针形；叶柄短，基部具抱茎的鞘。花茎顶生，圆柱形，绿色或带紫红色；总状花序具少数花；花苞片绿色或粉红色，膜质；花小，倒置，纯白色或萼片背面带紫红色，唇瓣与花瓣多为白色，萼片在中部以下或多或少合生，钟状；花瓣与背萼片等长且与背萼片紧贴，呈兜状；唇瓣较萼片长，呈“T”形或“Y”形，伸出萼片之外，中部爪细长，边缘全缘或在其前部具小齿，前部扩大，三角形、倒心状不等的四边形或长方形；距短，末端 2 浅裂；蕊柱直立，近圆柱形；花药生于蕊柱的背侧，2 室；花粉团 2 个，每个 2 纵裂，共同具有 1 个黏盘；蕊喙位于蕊柱的顶端，直立，叉状 2 裂；柱头 2 枚，位于蕊喙之下。

本属约 10 种，分布于东南亚至东亚。中国有 1 种；陕西也产。

### （1）**旗唇兰**（图 160，照片 428）

**Kuhlhasseltia yakushimensis** (Yamam.) Ormerod, Lindleyana 17: 209. 2002; Flora of China 25: 63. 2009; 陕西省重点保护野生植物: 376. 2017. ——*Vexillabium yakushimense* (Yamam.) F. Maekawa, J. Jap. Bot. 11: 459. 1935; 中国植物志 17: 174. 1999; 陕西野生兰科植物图鉴: 40. 2007; 秦岭植物志增补: 40. 2013.

植株高 8-13 厘米；根状茎肉质，匍匐；茎直立，具 4-5 片叶。叶卵形，肉质，长 8-20 毫米，宽 6-11 毫米，具 3 条脉；叶柄长 5-7 毫米，基部扩大成抱茎的鞘。花莛顶生，被白色柔毛，中部以下具 1-2 片粉红色鞘状苞片；总状花序具 3-7 朵花；花苞片宽披针形，粉红色，长 5-6 毫米，边缘具睫毛；子房圆柱状纺锤形，扭转，连花梗长 7-8 毫米；花小；萼片粉红色，背面基部被疏柔毛；背萼片长圆状卵形，凹陷，直立，长 3.5-4 毫米，先端钝，具 1 条脉；花瓣白色，具紫红色斑块，为偏斜的半卵形；唇瓣白色，呈“T”形，较萼片和花瓣厚而长，长约 8 毫米，从花被中伸出，前部扩大成倒三角形的片，中部爪细长，具 1 条脉，基部具长约 1.5 毫米的囊状距；蕊柱短；花药心形，先端渐尖，基部生于蕊柱的背侧；花粉团倒卵形，具短的花粉团柄，共同具 1 个黏盘；蕊喙直立，叉状 2 裂；柱头 2 枚，较

图 160. **旗唇兰**
**Kuhlhasseltia yakushimensis**
1. 植株；2. 花（引自《秦岭植物志增补》）。

靠近。花期8-9月。

见于洋县、佛坪、镇坪，生于海拔1000-1600米的山地林中树干上或岩壁上的苔藓丛中；分布于安徽、浙江、台湾、湖南、四川。菲律宾、日本也产。

易危（VU）；CITES附录Ⅱ收录物种。

## 4. 全唇兰属 **Myrmechis** (Lindl.) Blume

Coll. Orchid. 76. 1859; 中国植物志 17: 176. 1999; Flora of China 25: 63. 2009.

地生小草本。根状茎匍匐，伸长，肉质；茎直立，圆柱形，具数片叶。叶互生，小，叶片近圆形或卵形，稍肉质，长不及2厘米，具短柄。总状花序具2-3朵花；花小，不完全开放，倒置；萼片离生，背萼片与花瓣黏合成兜状；侧萼片基部斜歪而凹陷，围绕唇瓣基部；花瓣较狭；唇瓣基部扩大成球形的囊，与蕊柱基部贴生，囊内两侧各具1枚胼胝体，前部扩大且2裂；蕊柱很短，具浅的药床；花药卵形，2室；花粉团2个，有深裂隙，具极短的花粉团柄，共同具有1个黏盘；蕊喙短而直立，2裂；柱头2枚，具细乳突，位于蕊喙基部两侧。

本属约15种，分布于亚洲热带至亚热带。中国有5种；陕西产1种。

### （1）**全唇兰**（图161，照片429、430）

**Myrmechis chinensis** Rolfe, J. Linn. Soc. Bot. 33: 44. 1903; 中国植物志 17: 178. 1999; 陕西野生兰科植物图鉴: 42. 2007; Flora of China 25: 64. 2009; 秦岭植物志增补: 41. 2013; 陕西省重点保护野生植物: 383. 2017.

植株高8-10厘米；根状茎匍匐；茎纤细，圆柱形，具数片叶。叶圆形或卵圆形，长4-6毫米，宽4-5毫米，基部骤狭成柄；叶柄长3-5毫米，下部扩大成抱茎的鞘。花茎长1.5-2.5厘米，被细长柔毛；花序顶生，具1-3朵花；花苞片长圆状披针形，边缘具睫毛，短于子房；子房圆柱形，扭转，连花梗长6-7毫米；花白色，不甚张开；萼片卵状披针形，长5-6毫米，具1条脉，背萼片凹陷成舟状，宽2-2.2毫米，与花瓣下部的大半部分黏合成兜状，侧萼片稍偏斜，宽2.3-2.5毫米；花瓣卵形，不斜歪，长5-6毫米，宽约2.5毫米，先端钝，具1条脉；唇瓣白色，近卵状长圆形，长约5毫米，前部稍扩大，宽1-1.5毫米，中部收狭成爪，基部稍扩大，宽约4毫米，凹陷成囊状；囊内两侧各具1枚近四方形、肉质而顶部钝的胼胝体。花期7月。

图161. 全唇兰 **Myrmechis chinensis**
1. 植株；2. 中萼片、花瓣、侧萼片和唇瓣（引自《秦岭植物志增补》）。

见于佛坪，生于海拔 1700 米左右的山坡或沟谷林下阴湿处；分布于湖北、四川。

陕西省地方重点保护植物；易危（VU）；CITES 附录Ⅱ收录物种。

## 5. 叠鞘兰属 **Chamaegastrodia** Makino & F. Maekawa

Bot. Mag. (Tokyo) 49: 596. 1935; 中国植物志 17: 187. 1999; Flora of China 25: 69. 2009.

腐生小草本。根粗壮，短，肥厚，肉质，排生于根状茎上；根状茎长或短；茎直立，黄色、黄褐色、浅褐红色或带紫红色，具多数密集或稍疏离、与茎同色的鞘状膜质鳞片，鞘状鳞片彼此多少套叠。总状花序顶生，具几朵至 10 余朵花，花序轴无毛或被毛；花苞片与茎同色；子房不扭转；花较小，不倒置；萼片离生；花瓣与背萼片近等长，较萼片狭多，与背萼片黏合成兜状；唇瓣较萼片稍长，前部扩大，2 裂，呈“T”形，极少前部不扩大；蕊柱粗短，前面两侧各具 1 枚三角状镰形附属物；花药 2 室，基部着生于蕊柱的后缘；花粉团 2 个，每个 2 纵裂，具细长的花粉团柄，共同具 1 枚黏盘；蕊喙 2 裂；柱头 2 枚，离生，隆起，位于蕊柱前面蕊喙基部的两侧。

本属约 3 种，分布于中国、日本至亚洲热带地区。中国有 3 种；陕西产 1 种。

### （1）**戟唇叠鞘兰**（照片 431、432）

**Chamaegastrodia vaginata** (Hook. f.) Seidenfaden, Nordic J. Bot. 14: 294. 1994; 中国植物志 17: 189. 1999; Flora of China 25: 70. 2009. ——*Aphyllorchis vaginata* Hook. f., Fl. Brit. India 6: 117. 1890.

植株高 4-10 厘米；根粗壮，肉质，排生于短的根状茎上；茎较细，暗红色，具数枚暗红色的鞘状鳞片。总状花序长 2-3 厘米，具几朵较密集的花；花苞片暗红色，长圆状披针形，与子房近等长；子房圆柱形，褐红色，连花梗长 6-7 毫米；花小，暗红色；萼片背面无毛，背萼片卵形，凹陷，长约 3 毫米，宽约 1.6 毫米，具 1 条脉；侧萼片偏斜的卵形，长约 3.2 毫米，宽约 1.6 毫米，具 1 条脉；花瓣狭长圆形至长圆状披针形，长约 3 毫米，宽约 1 毫米，先端钝尖，具 1 条脉，与背萼片黏合成兜状；唇瓣楔形或近楔状长圆形，长 3-3.5 毫米，宽约 1.2 毫米，基部凹陷，其内具 2 枚隆起的椭圆形的胼胝体，前部不扩大，先端近急尖；蕊柱粗短，前面两侧各具 1 枚附属物；花药宽卵形；花粉团 2 个，共同具 1 枚黏盘；蕊喙钻状，先端 2 裂；柱头 2 枚，离生，位于蕊柱前面蕊喙基部的两侧。花期 8 月。

见于镇安、宁陕、镇坪、平利、西乡，生于海拔 1000-1710 米的山谷林下阴湿处；分布于湖北、四川。印度东北部也有。

CITES 附录Ⅱ收录物种。

## 6. 绶草属 **Spiranthes** Rich.

De Orchid. Eur. 20, 28, 36. 1817, nom. cons.; 秦岭植物志 1(1): 419. 1976; 中国植物志 17: 228. 1999; Flora of China 25: 84. 2009.

地生草本。根肉质，簇生。叶数片，一般基生，在茎的下部有时具 1-2 片较小的茎生叶，叶片线形、椭圆形或卵形。总状花序顶生，常常呈螺旋状扭转，具多数紧密排列的小花；花小，不完全开放，倒置；萼片离生，背萼片常与花瓣靠合成兜状；侧萼片基部常下延而胀大；唇瓣基部通常凹陷，一般两侧（基部）各有 1 枚胼胝体，或多或少抱蕊柱，边缘皱波状；蕊柱圆柱状；花药直立，2 室；花粉块 2 个，粒粉质，具花粉块柄和黏盘；蕊喙直立，2 裂；柱头 2 枚，位于蕊喙的下方两侧。蒴果直立，椭圆形、卵形或倒卵形，通常具 3 棱。

本属约 50 种，主要分布于北美洲，少数种分布于亚洲、非洲、大洋洲、中美洲及南美洲。中国有 3 种；陕西产 1 种。

（1）**绶草** 扭扭兰（陕西俗名）、盘龙箭（眉县）（图 162，照片 433、434）

**Spiranthes sinensis** (Pers.) Ames., Orchidaceae 2: 53. 1908; 秦岭植物志 1(1): 419. 1976; 中国植物志 17: 228. 1999; 陕西野生兰科植物图鉴: 44. 2007; Flora of China 25: 85. 2009; 陕西省重点保护野生植物: 408. 2017. ——*Neottia sinensis* Persoon, Syn. Pl. 2: 511. 1807.

植株高 8-35 厘米；根肉质，簇生；茎直立，基部具数片叶。叶线状披针形，长 3-10 厘米，宽约 1 厘米，向上渐小而成鞘。花茎长 7-25 厘米；总状花序具多数密生的花，长 4-10 厘米，螺旋状扭转；苞片卵状披针形；子房纺锤形，扭转，连花梗长 4-5 毫米；花小，淡红色，在花序轴上螺旋状排生；萼片披针形，下部靠合；背萼片狭长圆形，舟状，长约 4 毫米，宽约 1.5 毫米，与花瓣靠合成兜状；侧萼片偏斜，披针形，长约 5 毫米，宽约 2 毫米；花瓣斜菱状长圆形，先端钝，与背萼片等长但较薄；唇瓣宽长圆形，凹陷，长约 4 毫米，宽约 2.5 毫米，先端极钝，前半部边缘具强烈皱波状啮齿，唇瓣基部凹陷成浅囊状，囊内具 2 枚胼胝体。蒴果长约 5 毫米。花期 6-8 月。

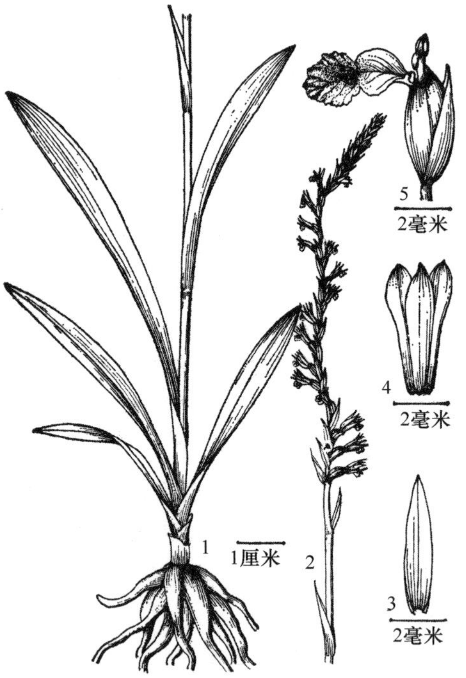

陕西各地均产，较常见，生于海拔 600-1300 米的山坡草地、河滩沼泽草甸或林下；分布几遍全国。阿富汗、印度、尼泊尔、克什米尔地区、不丹、缅甸、泰国、越南、马来西亚、菲律宾、日本、朝鲜半岛、俄罗斯、澳大利亚也产。



图 162. **绶草 Spiranthes sinensis**
1. 植株下部；2. 花序；3. 侧萼片；4. 背萼片与花瓣结合部；5. 花去萼片和花瓣后示唇瓣和蕊柱（引自《秦岭植物志》）。

全草入药；花美丽，供观赏。

陕西省地方重点保护植物；CITES 附录Ⅱ收录物种。

## 7. 盔花兰属 **Galearis** Raf.

Herb. Raf. 71. 1833; Flora of China 25: 90. 2009.

地生草本。根肉质，纤维状；根状茎短，匍匐；茎直立，圆柱形，基部具鞘。叶基生或茎生，1 或 2 片，互生，很少近对生，基部收缩成鞘。总状花序顶生，具 1 至数朵花；花苞片披针形或卵形；花倒置；子房扭转，光滑；萼片离生，光滑；背萼片直立，常凹陷；侧萼片和花瓣与背萼片靠合成兜状；唇瓣基部具距，罕无距；蕊柱直立；花药直立，位于蕊柱顶部，药室 2 室，平行；花粉团 2 个，为具小团块的粒粉质，具花粉团柄和黏盘；黏盘 2 枚，各埋藏于 1 个黏质球内，2 个黏质球一起被包藏于蕊喙的 1 个黏囊中，黏囊通常为近球形；柱头 1 枚，凹陷，位于蕊喙之下的凹穴内；蕊喙位于花药下部两药室之间；退化雄蕊 2 枚，位于花药基部两侧。蒴果直立。

本属约 10 种，分布于北温带，少数延伸至亚洲和北美洲的亚热带。中国有 5 种；陕西产 3 种。

## 分种检索表

1. 唇瓣与花瓣相似，基部无距……………………………………（1）**河北盔花兰 G. tschiliensis** (Schltr.) S. C. Chen, P. J. Cribb & S. W. Gale
1. 唇瓣与花瓣明显不同，基部具距……………………………………2
2. 距粗壮，直，长约 2 毫米，显著短于子房……………（2）**二叶盔花兰 G. spathulata** (Lindl.) P. F. Hunt
2. 距纤细，向前弯曲，长 6-10 毫米，与子房等长或稍长……………………………………（3）**北方盔花兰 G. roborowskyi** (Maxim.) S. C. Chen, P. J. Cribb & S. W. Gale

### （1）**河北盔花兰** 河北红门兰（《植物分类学报》）（照片 435、436）

**Galearis tschiliensis** (Schltr.) S. C. Chen, P. J. Cribb & S. W. Gale, Flora of China 25: 91. 2009; 陕西省重点保护野生植物: 350. 2017. ——*Aceratorchis tschiliensis* Schltr., Repert. Spec. Nov. Regni Veg. Beih. 12: 329. 1922. ——*Orchis tschiliensis* (Schltr.) Soó, Ann. Mus Nat. Hungar. 26: 351. 1929; 中国植物志 17: 246. 1999; 陕西野生兰科植物图鉴: 46. 2007; 秦岭植物志增补: 42. 2013.

植株高 6-15 厘米；根状茎肉质、指状、匍匐；茎圆柱形，基部具 2 枚筒状鞘，鞘之上具叶。叶 1 片，基生，直立，伸展，叶片长圆状匙形或匙形，长 3-5 厘米，宽 1.2-1.6 厘米。花茎直立，花序具 1-6 朵花，多偏向一侧；花苞片披针形；子房圆锥状纺锤形，连花梗长 10-13 毫米；花紫红色、淡紫色或白色；萼片长圆形，长 5-8 毫米，宽 2.5-4 毫米，具 3 条脉；背萼片直立，凹陷成舟状，与花瓣靠合成兜状；侧萼片直立伸展；花瓣直立，偏斜，长圆状披针形，长 4-7 毫米，宽 2-3.5 毫米，具 2 条脉；唇瓣向前伸展，卵状披针形或卵状长圆形，与花瓣近等长，无距，先端不裂，边缘全缘或稍波状。花期 6-8 月，果期 7-9 月。

产眉县、长安，生于海拔 1600-3200 米的山地草丛或林下；分布于河北、山西、甘肃、青海、四川、云南、西藏。

可作观赏植物。

陕西省地方重点保护植物；易危（VU）；CITES 附录Ⅱ收录物种。

**（2）二叶盔花兰** 二叶红门兰（《中国高等植物图鉴》）、双花红门兰（《秦岭植物志》）（图 163）

**Galearis spathulata** (Lindl.) P. F. Hunt, Kew Bull. 26: 172. 1971; Flora of China 25: 91. 2009; 陕西省重点保护野生植物: 349. 2017. ——*Gymnadenia spathulata* Lindl., Gen. Sp. Orchid. Pl. 280. 1835. ——*Orchis diantha* Schltr., Acta Hort. Gothob. 1: 131. 1924; 秦岭植物志 1(1): 398. 1976; 中国植物志 17: 247. 1999; 陕西野生兰科植物图鉴: 48. 2007.

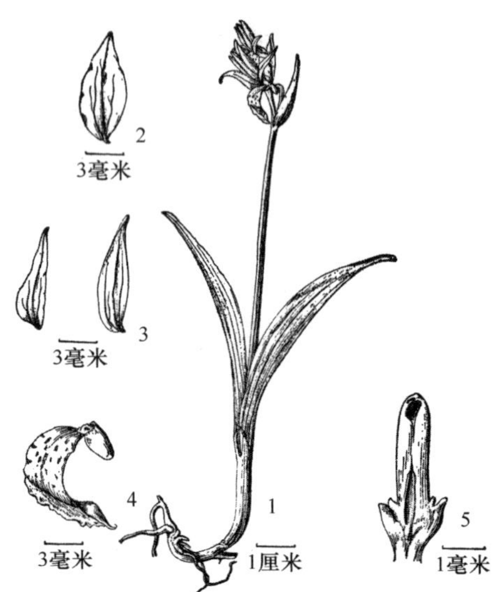

图 163. 二叶盔花兰 **Galearis spathulata**
1. 植株；2. 背萼片；3. 花瓣和侧萼片；4. 唇瓣；5. 蕊柱（引自《秦岭植物志》）。

植株高 8-15 厘米；根状茎细；茎圆柱形，基部具 1-2 枚筒状鞘，鞘之上具叶。叶通常 2 片，近对生，叶片狭匙状倒披针形、狭椭圆形，长 2.3-9 厘米，宽 0.5-3 厘米。花茎直立，花序具 1-5 朵花，多偏向一侧；花苞片狭椭圆状披针形或狭椭圆形，直立伸展；子房纺锤形，连花梗长 7-9 毫米；花紫红色；萼片近长圆形，长 7-10 毫米，宽 2.5-4 毫米；背萼片直立，凹陷成舟状，具 3(5)条脉，与花瓣靠合成兜状；侧萼片近直立伸展，稍偏斜，具 3 条脉；花瓣直立，卵状长圆形或近长圆形，长 6.5-8 毫米，宽 2.5-3.5 毫米，具 3 条脉；唇瓣长圆形、卵圆形、椭圆形或近四方形，与萼片等长，不裂，上面具乳头状凸起，先端圆钝，略波状，边缘近全缘，距短，长约 2 毫米，显著短于子房。花期 6-8 月，果期 7-9 月。

见于宝鸡、洋县，生于海拔 2800 米左右的山地石隙中；分布于甘肃东南部、青海东北部、四川、云南、西藏。印度、尼泊尔、不丹也产。

陕西省地方重点保护植物；CITES 附录II收录物种。

**（3）北方盔花兰** 北方红门兰（《中国高等植物图鉴》）（图 164，照片 437、438）

**Galearis roborowskyi** (Maxim.) S. C. Chen, P. J. Cribb & S. W. Gale, Flora of China 25: 92. 2009; 陕西省重点保护野生植物: 348. 2017. ——*Orchis roborowskyi* Maxim., Bull. Acad. Imp. Sci. Saint-Pétersbourg 31: 104. 1887; 中国植物志 17: 250. 1999; 陕西野生兰科植物图鉴: 50. 2007; 秦岭植物志增补: 43. 2013.

图 164. **北方盔花兰**
**Galearis roborowskyi**
1. 植株；2. 花（引自《秦岭植物志增补》）。

植株高 5-15 厘米；根状茎狭圆柱状；茎圆柱

形，基部具 2-3 枚筒状鞘，鞘之上具叶。叶 1 片，罕 2 片，基生，叶片卵形、卵圆形或狭长圆形，长 3-9 厘米，宽 1-2.5 厘米。花茎直立，花序具 1-5 朵花，多偏向一侧；花苞片卵状披针形至披针形；子房纺锤形，连花梗长 8-10 毫米；花紫红色；萼片长 6-7 毫米，宽约 4 毫米；背萼片直立，卵形或卵状长圆形，凹陷成舟状，与花瓣靠合成兜状，具 3 条脉；侧萼片直立或稍张开，偏斜，卵状长圆形，具 3 条脉；花瓣直立，较萼片稍短小，卵形，具 3 条脉；唇瓣向前伸展，宽卵形，长约 7 毫米，宽 8-9 毫米，前部 3 裂，侧裂片较中裂片短，三角形或钝三角形，边缘波状，中裂片长圆形或三角形，先端钝；距圆筒状，长 6-9 毫米，与子房等长或稍较长。花期 6-7 月，果期 7-9 月。

见于眉县，生于海拔 3000 米左右的山地草丛或林下；分布于河北、河南、甘肃、青海、新疆、四川、西藏。印度、不丹、尼泊尔也产。

陕西省地方重点保护植物；CITES 附录Ⅱ收录物种。

## 8. 小红门兰属 **Ponerorchis** Rchb. f.

Linnaea. 25: 227. 1852; Flora of China 25: 92. 2009.

地生草本。块茎近球形、卵形或椭圆形，不裂，肉质；茎直立，圆柱形，基部具 1-3 枚鞘，鞘之上具 1-5 片叶。叶基生或茎生，互生，很少近对生，基部收缩成鞘。总状花序顶生，具 1 至数朵花；花苞片披针形或卵形；花倒置；子房扭转，光滑；萼片离生，光滑；背萼片直立，常凹陷；侧萼片伸展；花瓣与背萼片靠合成兜状；唇瓣基部具距，罕无距；距与子房等长；蕊柱直立；花药直立，位于蕊柱顶部，药室 2 室，平行；花粉团 2 个，为具小团块的粒粉质，具花粉团柄和黏盘；黏盘 2 个，各埋藏于 1 个黏质球内，2 个黏质球一起被包藏于蕊喙的 1 个黏囊中；柱头 1 枚，凹陷，位于蕊喙之下；蕊喙位于花药下部两药室之间；退化雄蕊 2 枚，位于花药基部两侧。蒴果直立。

本属约 20 种，分布于喜马拉雅地区经华中、华东至朝鲜半岛、日本。中国有 13 种；陕西产 2 种。

### 分种检索表

1. 植物具 1 片叶；叶心形、卵圆形或椭圆状长圆形，表面具紫色斑点，背面紫红色……………………………………………………………………………………………（1）**华西小红门兰 P. limprichtii** (Schltr.) Soó
1. 植物具 2-5 片叶；叶长圆状披针形、披针形或线状披针形，绿色，无紫色斑点……………………………………………………………………………………………（2）**广布小红门兰 P. chusua** (D. Don) Soó

### （1）**华西小红门兰** 华西红门兰（《植物分类学报》）、单叶红门兰（《秦岭植物志》）（图 165）

**Ponerorchis limprichtii** (Schltr.) Soó, Acta Bot. Acad. Sci. Hung. 12: 353. 1966; Flora of China 25: 94. 2009; 陕西省重点保护野生植物: 408. 2017. ——*Orchis limprichtii* Schltr., Fedde. Repert. Sp. Nov. Beih. 12: 330. 1922; 秦岭植物志 1(1): 398. 1976; 中国植物志 17: 253. 1999.

植株高 5-23 厘米；块茎长圆形或卵圆形，长 1-2 厘米；茎圆柱形，基部具 1-3 枚筒状膜质鞘，鞘之上具 1 片叶。叶心形、卵圆形或椭圆状长圆形，长 2.8-6.5 厘米，宽 1.2-6 厘米，上面常具紫色斑点。花序常具几朵至 10 余朵花，长达 7 厘米；花苞片披针形至卵状披针形，短于子房；子房圆柱形，连花梗长 10-12 毫米；花紫红色或淡紫色；萼片与花瓣均具 1 条脉；背萼片直立，近长圆形，凹陷成舟状，与花瓣靠合成兜状，长 6-8 毫米，宽 3-3.5 毫米；侧萼片常张开，斜卵形，长 7-9 毫米，宽 3.5-4 毫米；花瓣直立，斜卵形，舟状，长 5-7 毫米，宽约 3 毫米；唇瓣长 10-11 毫米，宽 8-9 毫米，具距，中部 3 裂，近基部凹陷，侧裂片耳状，先端圆钝，中裂片近四方形，长约 5 毫米，宽约 4 毫米，较侧裂片宽而长，先端圆钝或具 1 枚小尖头；距细圆筒状，长 8-12 毫米，末端钝。花期 5-6 月。

见于太白、镇坪，生于海拔 1400-2000 米的山地林下潮湿岩石上或草地上；分布于河南、甘肃东南部、四川、云南。

全草入药。

CITES 附录Ⅱ收录物种。

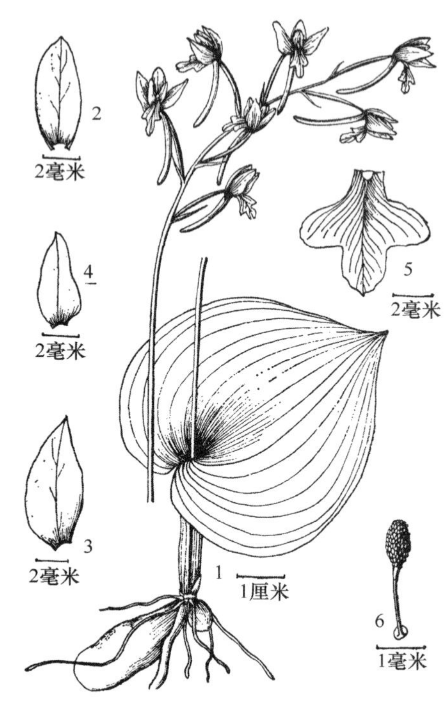


图 165. **华西小红门兰 Ponerorchis limprichtii**
1. 植株下部和花序；2. 背萼片；3. 侧萼片；4. 花瓣；5. 唇瓣；6. 花粉块（引自《秦岭植物志》）。

（2）**广布小红门兰** 广布红门兰（《中国高等植物图鉴》）、库莎红门兰（《秦岭植物志》）、白花广布红门兰（《西北植物学报》）（图 166，照片 439、440）

**Ponerorchis chusua** (D. Don) Soó, Acta Bot. Acad. Sci. Hung. 12: 352. 1966; Flora of China 25: 95. 2009; 陕西省重点保护野生植物: 406. 2017. ——*Orchis chusua* D. Don, Prodr. Fl. Nepal 23. 1825; 秦岭植物志 1(1): 397. 1976; 中国植物志 17: 259. 1999; 陕西野生兰科植物图鉴: 52. 2007. ——*Chusua nana* (King & Pantling) Pradhan f. *alba* Z. H. Wu & Q. H. Yang, 西北植物学报 27(4): 822. 2007.

植株高 5-35 厘米；块茎长圆形或圆球形，长 1-1.5 厘米，直径约 1 厘米；茎圆柱形，基部具 1-3 枚筒状鞘，鞘之上具 1-5 片叶。叶长圆状披针形、披针形、线状披针形或线形，长 3-15 厘米，宽 0.2-3 厘米。花序具 1-20 朵花，常偏向一侧；花苞片披针形至卵状披针形；子房圆柱形，连花梗长 7-15 毫米；花紫红色或淡紫色，

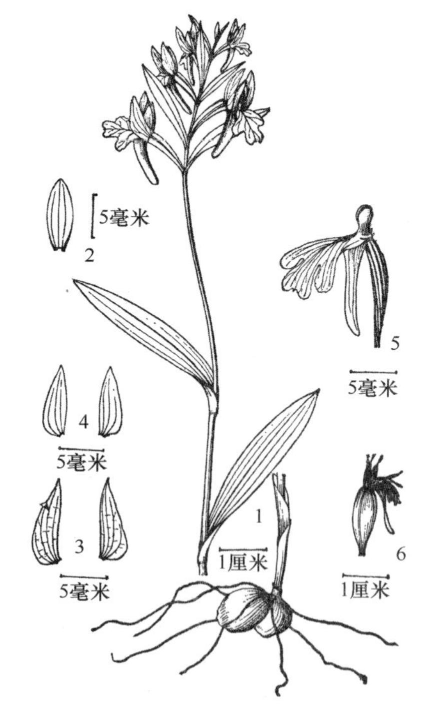


图 166. **广布小红门兰 Ponerorchis chusua**
1. 植株；2. 背萼片；3. 侧萼片；4. 花瓣；5. 花去萼片和花瓣后示唇瓣和蕊柱；6. 子房（引自《秦岭植物志》）。

罕白色；萼片与花瓣均具 1 条脉；背萼片长圆形或卵状长圆形，凹陷成舟状，具 3 条脉，与花瓣靠合成兜状，长 5-8 毫米，宽 2.5-5 毫米；侧萼片向后反折，卵状披针形，长 6-9 毫米，宽 3-5 毫米，具 3 条脉；花瓣直立，斜狭卵形或狭卵状长圆形，长 5-7 毫米，宽 3-4 毫米，具 3 条脉；唇瓣向前伸展，较萼片长和宽多，3 裂，中裂片长圆形、四方形或卵形，侧裂片镰状长圆形；距圆筒状，长 7-15 毫米，末端钝，长于子房。花期 6-8 月，果期 8-10 月。

产长安、鄠邑、周至、眉县、太白、凤县、柞水、宁陕、平利、佛坪、洋县，生于海拔 2300-3400 米的山地草丛或林下；分布于黑龙江、吉林、内蒙古、宁夏、甘肃、青海、河南、湖北、四川、云南、西藏。印度、尼泊尔、不丹、缅甸、日本、朝鲜半岛、俄罗斯西伯利亚及远东地区也产。

白花类型仅见于鄠邑涝峪秦岭梁和长安大峪河光头山。

可作观赏植物。

陕西省地方重点保护植物；CITES 附录Ⅱ收录物种。

## 9. 舌喙兰属 **Hemipilia** Lindl.

Gen. Sp. Orchid. Pl. 296. 1835; 秦岭植物志 1(1): 399. 1976; 中国植物志 17: 273. 1999; Flora of China 25: 98. 2009.

地生草本。块茎椭圆形，肉质；茎直立，圆柱形，基部具 1-3 枚鞘，鞘之上具 1 片叶。叶基生，常铺地，叶片心形或卵状心形，表面有紫斑，基部抱茎。总状花序顶生，具数朵至 10 余朵花；花苞片披针形，较子房短，宿存；花倒置，中等大；萼片离生；背萼片直立，与花瓣靠合成兜状；侧萼片歪斜；花瓣较萼片稍小；唇瓣不裂或 3-4 裂，基部近距口处具 2 枚胼胝体；距长或中等长；蕊柱明显；花药近兜状，药隔宽阔，药室叉开；蕊喙甚大，3 裂，中裂片舌状，长达 2 毫米，侧裂片三角形；花粉团 2 个，为具小团块的粒粉质，具花粉团柄和黏盘；黏盘着生于蕊喙的侧裂片顶端并被由侧裂片前部延伸出的膜片所包；柱头 1 枚，稍凹陷，位于蕊喙之下距口之上；退化雄蕊 2 枚，位于花药基部两侧。蒴果长椭圆状。

本属约 10 种，分布于喜马拉雅地区至中南半岛。中国有 7 种；陕西产 3 种。

### 分种检索表

1. 唇瓣 3 裂 ························ （1）**裂唇舌喙兰 H. henryi** Rolfe
1. 唇瓣不裂 ························ 2
2. 唇瓣长 8-10 毫米，扇形或圆形，基部具短爪；距圆锥状圆柱形，向末端渐狭，长 13-18 毫米 ························ （2）**扇唇舌喙兰 H. flabellata** Bureau & Franch.
2. 唇瓣长 13 毫米，近长圆形，基部无爪；距圆柱形，上下几等粗，长 10-12 毫米 ························ （3）**粗距舌喙兰 H. crassicalcarata** S. S. Chien

### （1）裂唇舌喙兰（照片 441、442）

**Hemipilia henryi** Rolfe, Bull. Misc. Inform. Kew 1896: 203. 1896; 中国植物志 17: 279. 1999; Flora of China 25: 98. 2009; 陕西省重点保护野生植物: 369. 2017.

植株高 20-32 厘米；块茎椭圆状，长约 2 厘米；茎基部具 1 枚筒状膜质鞘，鞘之上具1片叶，向上还具2-4片鞘状退化叶。叶卵形，长4-10厘米，宽3-7厘米，基部抱茎。总状花序长6-11厘米，具3-9朵花；花苞片披针形，下面的1片长1.2厘米，向上渐短；子房线形，连花梗长约2厘米；花紫红色，较大；背萼片卵状椭圆形，长6-7毫米，宽约3毫米，具3条脉；侧萼片明显较背萼片长，近宽卵形，长约8.5毫米，宽达5毫米，具3-5条脉；花瓣斜菱状卵形，长约6毫米，宽3.5-4毫米，具3条脉；唇瓣宽倒卵状楔形，3裂，长约12毫米，宽约10毫米，在基部近距口处具2枚胼胝体，侧裂片三角形或近长圆形，中裂片近方形或其他形状，变化较大，先端2裂并在中央具细尖；距狭圆锥形，长约18毫米，稍短于子房；蕊喙卵形，长约2毫米。花期7-8月。

见于镇坪、平利，生于海拔1088米左右的山坡林下；分布于湖北、重庆、四川。

花美丽，供观赏。

CITES附录II收录物种。

## （2）扇唇舌喙兰（照片443）

**Hemipilia flabellata** Bureau & Franch., J. Bot. (Morot) 5: 152. 1891; 中国植物志 17: 277. 1999; Flora of China 25: 99. 2009.

植株高15-28厘米；块茎狭椭圆状，长1.5-4.5厘米；茎基部具1枚膜质鞘，鞘之上具1片叶，向上还具1-4片鞘状退化叶。叶心形、卵状心形或宽卵形，长5-10厘米，宽5-9厘米，上面绿色并具紫色斑点，基部抱茎，退化叶鳞片状，卵状披针形或披针形。总状花序长5-9厘米，具3-15朵花；花苞片披针形，下面的1片长1.1厘米，向上渐短；花梗和子房线形，长1.5-1.8厘米；花紫红色或纯白色，颜色变化较大；背萼片长圆形或狭卵形，长8-9毫米，宽3.5-4毫米，具3-5条脉；侧萼片斜卵形或镰状长圆形，长9-10毫米，宽约5毫米，具3条脉；花瓣宽卵形，长约7毫米，宽约5毫米，具5条脉；唇瓣基部具明显的爪，爪长达2毫米；爪以上扩大成扇形或近圆形，有时五菱形，长9-10毫米，宽8-9毫米，近距口处具2枚胼胝体；距圆锥状圆柱形，长15-20毫米，粗3-4毫米；蕊喙舌状，肥厚，长约1毫米。蒴果圆柱形，长约3厘米。花期6-8月。

见于镇坪，生于海拔1300米左右的山地林下；分布于重庆、四川、贵州、云南。

花美丽，供观赏。

CITES附录II收录物种。

## （3）粗距舌喙兰

**Hemipilia crassicalcarata** S. S. Chien, Contr. Biol. Lab. Sci. Soc. China, Bot. Ser. 6: 80. 1931; 秦岭植物志 1(1): 400. 1976; 中国植物志 17: 278. 1999; 陕西野生兰科植物图鉴: 54. 2007; Flora of China 25: 99. 2009; 陕西省重点保护野生植物: 368. 2017.

植株高15-35厘米；块茎椭圆状，长1-2厘米；茎基部具1枚筒状膜质鞘，鞘之上具1-2片叶，向上还具1-4片鞘状退化叶。叶卵形或卵状心形，长5-12厘米，宽4-5.8厘米，基部抱茎，退化叶鳞片状，基部抱茎。总状花序长约6厘米，具7-15朵偏向一侧的花；花苞片披针形，下面的1片长1.1厘米，向上渐短；花梗和子房线形，长1.2-1.8厘米；花紫红色；背萼片直立，舟状，卵形，长6-6.5毫米，宽约3毫米，具3条脉；侧萼片斜卵形，长约 7 毫米，宽约 4 毫米，具 3 条脉；花瓣与侧萼片相似，但略小，具 3 条脉；唇瓣近长圆形，长约 13 毫米，下部宽 9-10 毫米，近距口处具 2 枚毗连的胼胝体；距圆筒状，白色，较粗，长 10-12 毫米；蕊喙长圆状椭圆形，长约 1.5 毫米，宽约 1 毫米。花期 7 月。

见于佛坪，生于海拔 1100 米的山地岩石上；分布于山西东南部、四川北部及西部。

花美丽，供观赏。

陕西省地方重点保护植物；CITES 附录 II 收录物种。

## 10. 舌唇兰属[①] **Platanthera** Rich.

De Orchid. Eur. 20, 26, 35. 1817, nom. cons.; 秦岭植物志 1(1): 400. 1976; 中国植物志 17: 285. 1999; Flora of China 25: 101. 2009. ——*Perularia* Lindl., Bot. Reg. 20: t. 1701. 1834; 秦岭植物志 1(1): 403. 1976. ——*Tulotis* Rafin. Herb. Rafin.70. 1833; 中国植物志 17: 329. 1999.

地生草本。根状茎或块茎肉质、肥厚；茎直立，具 1 至数片叶。叶互生，稀近对生，叶片椭圆形、卵状椭圆形或线状披针形。总状花序顶生；花苞片草质，披针形；花白色或黄绿色，倒置；背萼片短而宽，凹陷，常与花瓣靠合成兜状；侧萼片伸展或反折，较背萼片长；花瓣较萼片狭；唇瓣线形或舌状，不裂或在基部具 2 片小侧裂片，距甚长或较短；蕊柱粗短；花药直立，2 室，药室平行或多少叉开；药隔明显；花粉团 2 个，为具小团块的粒粉质，棒状，具明显的花粉团柄和裸露的黏盘；蕊喙基部具扩大而叉开的臂；柱头 1 枚，凹陷；退化雄蕊 2 枚，位于花药基部两侧。蒴果直立。

本属约 200 种，分布于北半球，向南达热带亚洲和中美洲。中国有 42 种，南北均产，以西南最多；陕西产 6 种。

### 分种检索表

1. 距甚短，长约 1 毫米，短于唇瓣……（6）**小花舌唇兰 P. minutiflora** Schltr.
1. 距较长，长于 4 毫米，长于或等长于唇瓣……2
2. 叶常 2 片，基生，近对生……（2）**二叶舌唇兰 P. chlorantha** (Custer) Rchb. f.
2. 叶为 1 片基生叶或 2-6 片互生茎生叶……3
3. 唇瓣基部具一对小裂片……4
3. 唇瓣不裂，无小裂片……5
4. 距长 4-5 毫米，短于子房……（4）**东亚舌唇兰 P. ussuriensis** (Regel & Maack) Maxim.
4. 距长 10-14 毫米，等长或长于子房……（3）**蜻蜓舌唇兰 P. souliei** Kraenzl.
5. 叶常 4-6 片，偶尔 3 片……（5）**舌唇兰 P. japonica** (Thunb.) Lindl.
5. 叶常 1 或 2 片……（1）**尾瓣舌唇兰 P. mandarinorum** Rchb. f.

### （1）**尾瓣舌唇兰**（图 167，照片 444、445）

**Platanthera mandarinorum** Rchb. f., Linnaea. 25: 226. 1852; 中国植物志 17: 298. 1999; 陕西野生兰科植物图鉴: 58. 2007; Flora of China 25: 105. 2009; 秦岭植物志增补: 44. 2013; 陕西省重点保护野生植物: 401. 2017.

植株高 18-45 厘米；根状茎指状或纺锤形，粗 5-6 毫米；茎下部具 1-2 片大叶，

① 包括蜻蛉兰属（《秦岭植物志》）和蜻蜓兰属（《中国植物志》）。

大叶之上具 2-4 片苞片状披针形小叶。大叶椭圆形、长圆形或线状披针形，长 5-10 厘米，宽 1.5-2.5 厘米，基部抱茎。总状花序通常具 7-20 朵疏生的花；花苞片披针形，长 10-16 毫米；子房圆柱状纺锤形，扭转，连花梗长 10-14 毫米；花黄绿色；背萼片宽卵形至心形，凹陷，长 4-4.5 毫米，宽 3-4 毫米，基部具 3 条脉，有时中部具 5 条脉；侧萼片反折，偏斜，长圆状披针形，长 6.5-7 毫米，宽 2-3 毫米，具 3 条脉；花瓣淡黄色，长 5-6 毫米，下半部斜卵形，宽 2.8-3.2 毫米，上半部骤狭成线形，基部具 3 条脉；唇瓣淡黄色，下垂，披针形或舌状披针形，长 7-8 毫米，宽约 1 毫米；距细圆筒状，长 2-3 厘米，向后斜伸；药室叉开，药隔宽，宽 2-3 毫米；花粉团椭圆形，具长柄和圆形黏盘；退化雄蕊 2 枚；蕊喙宽正三角形；柱头 1 枚，凹陷，位于蕊喙之下穴内。花期 4-6 月。

见于洋县、平利，生于海拔 1000-1400 米的山坡林下或草地上；分布于山东、江苏、安徽、福建、河南、湖北、湖南、广东、广西、四川、贵州、云南。日本、朝鲜半岛也产。

陕西省地方重点保护植物；CITES 附录 II 收录物种。

图 167. **尾瓣舌唇兰 Platanthera mandarinorum**
1. 植株下部；2. 花序；3. 花；4. 中萼片；5. 侧萼片；6. 花瓣；7. 合蕊柱和唇瓣（引自《秦岭植物志增补》）。

### （2）二叶舌唇兰（图 168，照片 446）

**Platanthera chlorantha** (Custer) Rchb. f., Mossler, Handb. Gewachs., ed 2, 2: 1565. 1829;秦岭植物志 1(1): 401. 1976; 中国植物志 17: 290. 1999; 陕西野生兰科植物图鉴: 56. 2007; Flora of China 25: 107. 2009; 陕西省重点保护野生植物: 398. 2017.

植株高 25-50 厘米；块茎卵状纺锤形，长 3-4 厘米，基部粗约 1 厘米；茎基部具 2 片近对生大叶，大叶之上具 2-4 片苞片状披针形小叶。大叶椭圆形或倒披针状椭圆形，长 10-20 厘米，宽 3-6 厘米，基部抱茎。总状花序具 12-32 朵花；花苞片披针形；子房圆柱

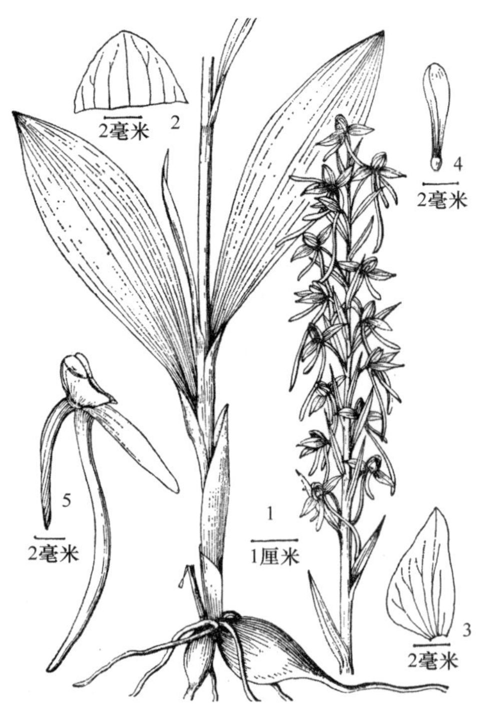


图 168. **二叶舌唇兰 Platanthera chlorantha**
1. 植株下部和花序；2. 背萼片；3. 侧萼片；4. 花瓣；5. 花去除萼片和花瓣后示唇瓣和蕊柱（引自《秦岭植物志》）。

状，连花梗长 16-18 毫米；花绿白色或白色；背萼片舟状，圆状心形，长 6-7 毫米，宽 5-6 毫米，基部具 5 条脉；侧萼片张开，斜卵形，长 7.5-8 毫米，宽 4-4.5 毫米，具 5 条脉；花瓣直立，偏斜，狭披针形，长 5-6 毫米，基部宽 2.5-3 毫米，具 1-3 条脉，与背萼片靠合成兜状；唇瓣向前伸，舌状，肉质，长 8-13 毫米，宽约 2 毫米；距棒状圆筒形，长 25-36 毫米，向末端增粗，为子房长的 1.5-2 倍；蕊柱粗；药室明显叉开，药隔颇宽，顶部宽约 1.5 毫米，下部宽约 4 毫米；花粉团椭圆形，具长柄和圆形黏盘；退化雄蕊显著；蕊喙宽，带状；柱头 1 枚，凹陷，位于蕊喙之下穴内。花期 6-8 月，果期 7-9 月。

产延安、甘泉、富县、黄龙、黄陵、陇县、韩城、华阴、眉县、太白、山阳、西乡，生于海拔 1000-2000 米的山地林下；分布于东北、华北及甘肃、青海、山东、河南、四川、云南、西藏。日本、朝鲜半岛、俄罗斯西伯利亚地区及西亚、欧洲也产。

块茎入药。

陕西省地方重点保护植物；CITES 附录Ⅱ收录物种。

（3）**蜻蜓舌唇兰** 蜻蜓兰（《秦岭植物志》）（图 169，照片 447、448）

**Platanthera souliei** Kraenzl., Repert. Spec. Nov. Regni Veg. 5: 199. 1908; Flora of China 25: 108. 2009; 陕西省重点保护野生植物: 402. 2017. ——*Orchis fuscescens* L., Sp. Pl. 2: 943. 1753. ——*Perularia fuscescens* (L.) Lindl., Gen. Sp. Orch. 281. 1835; 秦岭植物志 1(1): 404. 1976. ——*Tulotis fuscescens* (L.) Czer., Addit. & Collig., Fl. USSR 622. 1973; 中国植物志 17: 330. 1999; 陕西野生兰科植物图鉴: 66. 2007.

植株高 20-60 厘米；根状茎指状，细长；茎基部具 1-2 枚筒状鞘，鞘之上具叶；茎下部具 2-3 片大叶，大叶之上具 1 至数片苞片状小叶。大叶倒卵形或椭圆形，长 6-15 厘米，宽 3-7 厘米，基部抱茎。总状花序狭长，具多数密生的花；花苞片披针形，长于子房；子房圆柱状纺锤形，扭转，连花梗长约 10 毫米；花小，黄绿色；背萼片直立，凹陷成舟状，卵形，长约 4 毫米，宽约 3 毫米，具 3 条脉；侧萼片张开，斜椭圆形，较背萼片稍长而狭，具 3 条脉；花瓣直立，斜椭圆状披针形，与背萼片靠合且较窄，宽不及 2 毫米，具 1 条脉；唇瓣向前伸展，舌状披针形，肉质，长 4-5 毫米，基部两侧各具 1 片小的侧裂片，侧裂片三角状镰形，长达 1 毫米，中裂片舌状披针形，较侧裂片长很多，长 3-4 毫米，宽约 1.5 毫米；距细圆筒状，向末端微增粗，与子房等长或较长。花期 6-8 月，果期 9-10 月。

图 169. **蜻蜓舌唇兰 Platanthera souliei**
1. 植株基部和根；2. 茎和叶；3. 花序
（引自《秦岭植物志》）。

产志丹、延安、黄陵、长安、鄠邑、眉县、太白、凤县、宁陕、岚皋、南郑，生于海拔 1400-2800 米的山地草丛或林下；分布于东北、华北及甘肃、青海、山东、河南、四川、云南。日本、朝鲜半岛、俄罗斯也产。

陕西省地方重点保护植物；CITES 附录II收录物种。

**（4）东亚舌唇兰** 小花蜻蜓兰（《秦岭植物志》）（图 170）

**Platanthera ussuriensis** (Regel & Maack) Maxim., Bull. Acad. Imp. Sci. Saint-Pétersbourg 31: 107. 1887; Flora of China 25: 109. 2009. ——*Platanthera tipuloides* Lindl. var. *ussuriensis* Regel & Maack, Mém. Acad. Imp. Sci. Saint-Pétersbourg, Sér. 7. 4(4): 142. t. 10. figs. 7-9. 1887. ——*Perularia ussuriensis* (Maxim.) Schltr., Fedde Repert. Sp. Nov. Beih. 4: 99. 1919; 秦岭植物志 1(1): 405. 1976. ——*Tulotis ussuriensis* (Regel & Maack) H. Hara, J. Jap. Bot. 30: 72. 1955; 中国植物志 17: 331. 1999; 陕西野生兰科植物图鉴: 68. 2007.

植株高 20-55 厘米；根状茎指状，细长；茎基部具 1-2 枚筒状鞘，鞘之上具叶；下部具 2-3 片大叶，中部至上部具 1 片至数片苞片状小叶。大叶匙形或狭长圆形，长 6-10 厘米，宽 1.5-3 厘米，基部抱茎。总状花序通常具 10-20 朵疏生的花；花苞片狭披针形，最下部的长于子房；子房细圆柱形，扭转，连花梗长 8-9 毫米；花小，淡黄绿色；背萼片直立，凹陷成舟状，宽卵形，长 2.5-3 毫米，宽 2-2.5 毫米，具 3 条脉；侧萼片张开或反折，偏斜，狭椭圆形，较背萼片略长和狭很多，具 3 条脉；花瓣直立，狭长圆状披针形，与背萼片靠合且近等长和狭很多，宽约 1 毫米，具 1 条脉；唇瓣向前伸展，舌状披针形，肉质，长约 4 毫米，基部两侧各具 1 片近半圆形的小侧裂片，中裂片舌状披针形或舌状，宽约 1 毫米；距细圆筒状，与子房等长。花期 7-8 月，果期 9-10 月。

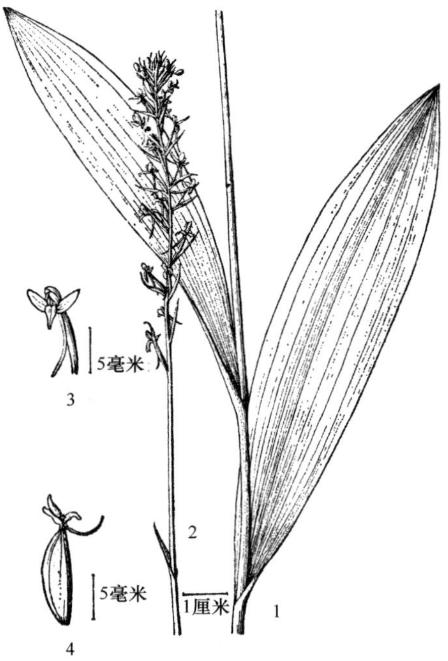

图 170. **东亚舌唇兰 Platanthera ussuriensis**
1. 茎和叶；2. 花序；3. 花；4. 果实
（引自《秦岭植物志》）。

产山阳、佛坪、洋县、镇坪，生于海拔 1100-1900 米的山地林下；分布于吉林、河北、江苏、安徽、浙江、福建、江西、河南、湖北、湖南、广西、重庆、四川。日本、朝鲜半岛、俄罗斯远东地区也产。

2017 年出版的《陕西省重点保护野生植物》收录本种，所附图片属于兜蕊兰（**Androcorys ophioglossoides** Schltr.）。

块茎入药。

陕西省地方重点保护植物；CITES 附录II收录物种。

**（5）舌唇兰**（图 171，照片 449、450）

**Platanthera japonica** (Thunb.) Lindl., Gen. Sp. Orchid. Pl. 290. 1835; 秦岭植物志 1(1): 402. 1976; 中国植物志 17: 293. 1999; 陕西野生兰科植物图鉴: 60. 2007; Flora of China 25: 111. 2009; 陕西省重点保护野生植物: 399. 2017. ——*Orchis japonica* Thunb., in Murray, Syst. Veg., ed. 14, 811. 1784.

植株高 30-75 厘米；根状茎指状；茎粗壮，具 4-6 片叶。下部叶椭圆形或长椭圆形，长8-18厘米，宽3-7厘米，基部抱茎，上部叶渐小，披针形。总状花序长10-18厘米，具10-28朵花；花苞片狭披针形，长2-4厘米，宽3-5毫米；子房细圆柱状，连花梗长20-25毫米；花大，白色；背萼片直立，舟状，卵形，长7-8毫米，宽5-6毫米，具3条脉；侧萼片反折，斜卵形，长8-9毫米，宽4-5毫米，具3条脉；花瓣直立，线形，长6-7毫米，宽约1.5毫米，具1条脉，与背萼片靠合成兜状；唇瓣线形，长13-15毫米，不分裂，肉质；距下垂，细长，细圆筒状至丝状，长3-6厘米，较子房长很多；药室平行，药隔较宽；花粉团倒卵形，具细长柄和线状椭圆形大黏盘；退化雄蕊显著；蕊喙宽三角形；柱头1枚，凹陷，位于蕊喙之下穴内。花期5-7月，果期5-9月。

产渭南、长安、山阳、宁陕、平利、岚皋、镇坪、镇巴、佛坪、洋县、宁强，生于海拔1100-2000米的山地林下或草丛；分布于甘肃、河南、江苏、安徽、浙江、湖北、湖南、广西、重庆、四川、贵州、云南。日本、朝鲜半岛也产。

全草入药。

陕西省地方重点保护植物；CITES附录II收录物种。

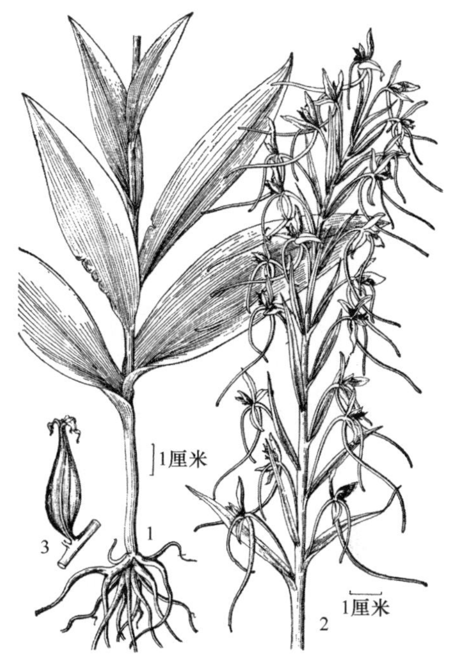


图171. **舌唇兰 Platanthera japonica**
1. 植株下部；2. 花序；3. 果实（引自《秦岭植物志》）。

### （6）**小花舌唇兰**（图172，照片451、452）

**Platanthera minutiflora** Schltr., Acta Horti Gothob. 1: 138. 1924; 秦岭植物志 1(1): 400. 1976; 中国植物志 17: 309. 1999; 陕西野生兰科植物图鉴: 62. 2007; Flora of China 25: 113. 2009; 陕西省重点保护野生植物: 402. 2017.

植株高10-30厘米；根状茎匍匐，圆柱形；茎圆柱形，中部具1-2片苞片状叶，基部具1片大叶，其下面具1-2枚筒状鞘。大叶匙形或椭圆状匙形，长5-10厘米，宽1-2.5厘米，基部收狭成长柄，抱茎，上部小叶披针形，长1.5-3厘米。总状花序长3-8厘米，具4-12朵花；花苞片披针形，几与花等长；子房圆柱形，扭转，连花梗长1厘米；花黄绿色或绿白色，较小；

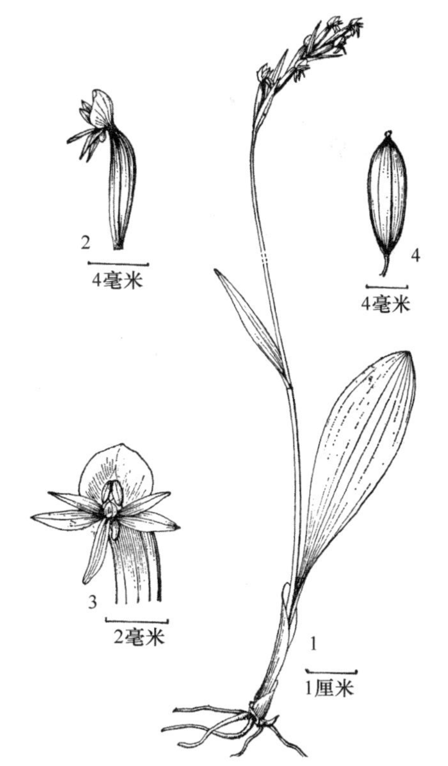


图172. **小花舌唇兰 Platanthera minutiflora**
1. 植株；2. 花侧面观；3. 花各部展开观；4. 幼果（引自《秦岭植物志》）。

萼片绿色；背萼片直立，舟状，极宽卵形或近圆形，长2-3毫米，宽2.5毫米，具1条脉；侧萼片张开，镰状卵形，长2.5-3.5毫米，宽1.2-1.8毫米，具1条脉；花瓣直立，黄色或近白色，卵形或卵状披针形，长2-3毫米，宽1-1.3毫米，具1条脉，与背萼片靠合成兜状；唇瓣黄色或白色，舌状或舌状披针形，长2.5-3毫米，基部宽约1毫米，不分裂，肉质；距下垂，圆锥形，长约1毫米；药室稍叉开，药隔较宽；花粉团倒卵形，具短柄和近圆形小黏盘；退化雄蕊小，近椭圆形；蕊喙宽三角形；柱头1枚，凹陷，位于蕊喙之下。花期6-7月。

见于眉县、太白，生于海拔2600-3200米的山地林下；分布于甘肃、新疆、四川、云南、西藏。哈萨克斯坦、吉尔吉斯斯坦也产。

陕西省地方重点保护植物；CITES附录II收录物种。

## 11. 掌裂兰属[①] **Dactylorhiza** Neck. ex Nevski

Fl. URSS 4: 697, 713. 1935, nom. cons.; Flora of China 25: 114. 2009. ——*Coeloglossum* Hartm., Handb. Skand. Fl. 323.1820; 秦岭植物志 1(1): 402. 1976; 中国植物志 17: 327. 1999.

地生草本。根数条，细长；块茎肉质，前部呈掌状分裂；茎直立，具数片叶。叶互生，向上渐小呈苞片状。总状花序顶生，具多数密集的花；花苞片直立伸展，较花长；花绿黄色或绿色，倒置；萼片基部合生，几等长，稍张开；花瓣线状披针形，较萼片狭很多，直立，与背萼片靠合成兜状；唇瓣下垂，倒披针形，前部常3裂，中裂片较侧裂片小很多，基部具短距；蕊柱粗短，直立，基部两侧各具1枚半圆形的退化雄蕊；花药生于蕊柱的顶部，2室，药室平行；花粉团2个，为具小团块的粒粉质，具短的花粉团柄和圆形黏盘；蕊喙宽阔，基部叉开，位于药室之下；柱头1枚，圆形，位于蕊喙下面中央。蒴果直立。

本属约50种，主要分布于欧洲及俄罗斯西伯利亚地区，向东延伸至日本、朝鲜半岛及北美洲，向南至亚洲亚热带高山地区和北非。中国有6种；陕西产1种。

（1）**凹舌掌裂兰** 凹舌兰（《秦岭植物志》）、手儿参（秦岭）（图173，照片453、454、455）

**Dactylorhiza viridis** (L.) R. M. Bateman, Pridgeon & M. W. Chase, Lindleyana 12: 129. 1997; Flora of China 25: 117. 2009; 陕西省重点保护野生植物: 335. 2017. ——*Coeloglossum viride* (L.) Hartm., Handb. Skand. Fl. 329. 1820; 中国植物志 17: 328. 1999; 陕西野生兰科植物图鉴: 64. 2007. ——*Coeloglossum viride* (L.) L. C. Rich., Fl. Europ. 1: 278. 1890; 秦岭植物志 1(1): 402. 1976.

植株高10-45厘米；块茎前部呈掌状分裂；茎基部具2-3枚筒状鞘，鞘之上具叶，叶之上常具1至数片苞片状小叶。叶3-5片，叶片狭倒卵状长圆形、椭圆形或椭圆状披针形，长5-12厘米，宽1.5-5厘米，基部收狭成抱茎的鞘。总状花序长3-15厘米，具多数花；花苞片线形或狭披针形，明显较花长；子房纺锤形，扭转，连花梗长约10毫米；花绿黄色或绿棕色；萼片基部稍合生，几等长；背萼片直立，凹陷成舟状，卵状椭圆形，长6-8毫米，具3条脉；侧萼片偏斜，卵状椭圆形，较背萼片稍长，具4-5条脉；花瓣

① 包括凹舌兰属（《秦岭植物志》《中国植物志》）。

直立，线状披针形，较背萼片稍短，宽约 1 毫米，具 1 条脉，与背萼片靠合成兜状；唇瓣下垂，暗红色或绿白色，肉质，倒披针形，较萼片长，基部具囊状距，前部 3 裂，侧裂片较中裂片长，长 1.5-2 毫米，中裂片小，长不及 1 毫米；距卵球形，长 2-4 毫米。蒴果椭圆形，直立。花期 6-8 月，果期 9-10 月。

见于黄龙、华阴、蓝田、长安、眉县、太白、商洛、柞水、宁陕、石泉、镇坪、平利、佛坪、留坝、凤县，生于海拔 1100-2950 米的山地林下或灌丛；分布于东北、华北、西北及河南、台湾、湖北、四川、云南、西藏。不丹、尼泊尔、克什米尔地区、朝鲜半岛、日本、俄罗斯西伯利亚地区及中亚、西亚、欧洲、北美洲也产。

块茎入药。

陕西省地方重点保护植物；CITES 附录II收录物种。

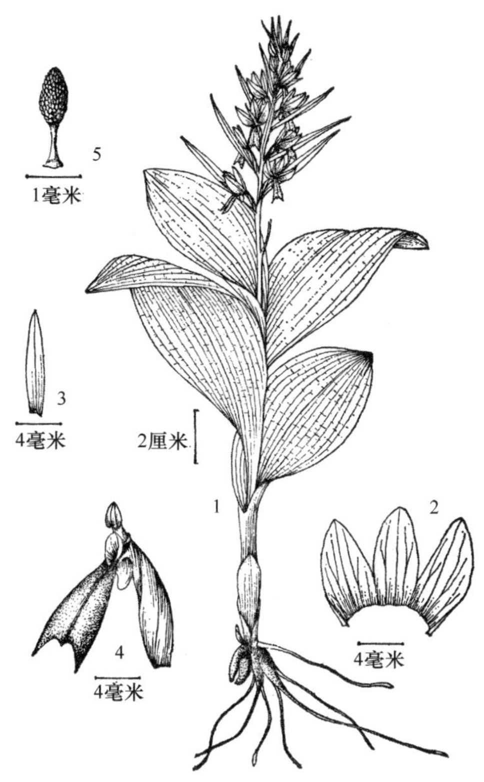


图 173. 凹舌掌裂兰 **Dactylorhiza viridis**

1. 植株；2. 萼片；3. 花瓣；4. 花去萼片和花瓣后示唇瓣和蕊柱；5. 花粉块（引自《秦岭植物志》）。

## 12. 角盘兰属 Herminium L.

Opera Var. 251. 1758; 秦岭植物志 1(1): 405. 1976; 中国植物志 17: 340. 1999; Flora of China 25: 119. 2009.

地生草本。根数条，细长；块茎球形或椭圆形，肉质；茎直立，具 1 至数片叶。叶基生或茎生，椭圆形或披针形，基部抱茎。总状花序顶生，具多数密集的花；花苞片叶状，1 至数片；花小，绿黄色，倒置；萼片离生，近等长；花瓣较萼片狭小，增厚而带肉质；唇瓣贴生于蕊柱基部，前部 3 裂或不裂，基部多少凹陷，通常无距；蕊柱极短；花药生于蕊柱的顶部，2 室，药室平行或基部稍叉开；花粉团 2 个，为具小团块的粒粉质，具极短的花粉团柄和黏盘，黏盘常卷成角状，裸露；蕊喙较小；柱头 2 枚，隆起而向外伸，分离，几为棍棒状；退化雄蕊 2 枚，较大，位于花药基部两侧。蒴果直立。

本属约 25 种，分布于亚洲及欧洲。中国有 18 种；陕西产 4 种。

### 分种检索表

1. 植物具 1 片叶，罕 2-3 片 ……………………（1）**长瓣角盘兰 H. ophioglossoides** Schltr.
1. 植物具 2-4 片叶 …………………………………………………………………… 2
2. 花瓣菱形；唇瓣中裂片长 1.5-3.2 毫米，长于侧裂片 ……………（2）**角盘兰 H. monorchis** (L.) R. Br.
2. 花瓣卵状披针形或线形；唇瓣中裂片 0.5-1.5 毫米，短于侧裂片 …………………………… 3
3. 花瓣卵状披针形，中部向上骤狭成尾状；唇瓣具短距 ·····（3）**裂瓣角盘兰 H. alaschanicum** Maxim.
3. 花瓣线形，先端圆钝或近急尖；唇瓣无距 ··········（4）**叉唇角盘兰 H. lanceum** (Thunb. ex Sw.) Vuijk

**（1）长瓣角盘兰**（图 174，照片 456）

**Herminium ophioglossoides** Schltr., Notes Roy. Bot. Gard. Edinburgh 5: 96. 1912; 中国植物志 17: 348. 1999; 陕西野生兰科植物图鉴: 72. 2007; Flora of China 25: 120. 2009; 秦岭植物志增补: 45. 2013; 陕西省重点保护野生植物: 373. 2017.

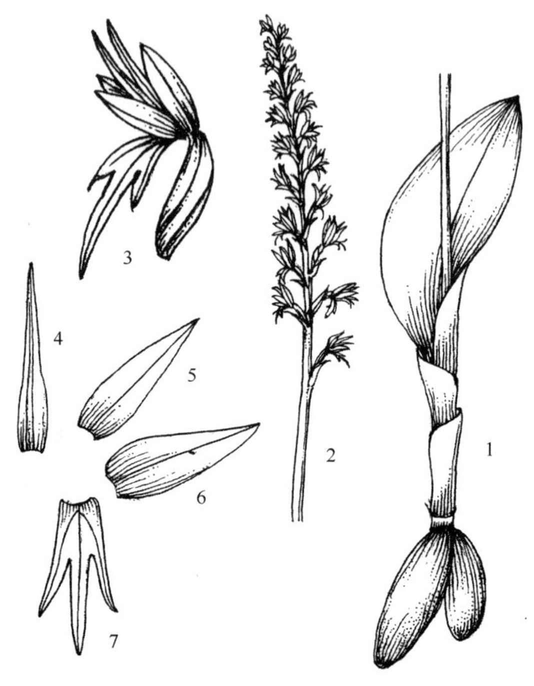

图 174. **长瓣角盘兰 Herminium ophioglossoides**
1. 植株下部；2. 花序；3. 花；4. 中萼片；5. 花瓣；6. 侧萼片；7. 唇瓣（引自《秦岭植物志增补》）。

植株高 6-26 厘米；块茎椭圆形或卵圆形，长 1-2 厘米，直径 1-1.5 厘米；茎粗壮，基部具 2-3 枚筒状鞘，近基部具叶，叶之上常具 1-2 片苞片状小叶。叶 1 片，罕 2-3 片，直立伸展，叶片椭圆状舌形或倒披针状椭圆形，长 2-9 厘米，宽 0.5-3 厘米，基部抱茎。总状花序具数朵至 40 余朵花，长 1-12.5 厘米；花苞片披针形，与子房等长或较长；子房圆柱形，扭转，顶部强烈钩曲，连花梗长约 7 毫米；花绿黄色；背萼片直立，长圆状披针形，长约 4 毫米，中部以下宽约 2 毫米，具 1 条脉；侧萼片向前伸展，斜披针状舌形，与背萼片等长，具 1 条脉；花瓣直立伸展，较萼片长很多，肉质增厚，狭披针形，长达 7 毫米，近基部宽约 0.8 毫米，具 2 条脉；唇瓣向前伸展，肉质增厚，长约 6 毫米，基部凹陷成极短的距，下部长圆形，在靠近基部 1/3 处 3 裂，裂片狭窄，线形，中裂片较侧裂片长很多，长达 4 毫米，距囊状，极短；蕊柱粗短；药室平行；花粉团圆球形，具极短的花粉团柄和黏盘；蕊喙小；柱头 2 枚，隆起，椭圆形；退化雄蕊 2 枚，椭圆形。花期 6-7 月。

产鄠邑、眉县、太白、佛坪、柞水，生于海拔 2100-3200 米的山地草丛中；分布于四川、云南。

陕西省地方重点保护植物；CITES 附录Ⅱ收录物种。

**（2）角盘兰**（图 175，照片 457、458）

**Herminium monorchis** (L.) R. Br., W. T. Aiton, Hortus Kew., ed 2, 5: 191. 1813; 秦岭植物志 1(1): 406. 1976; 中国植物志 17: 347. 1999; 陕西野生兰科植物图鉴: 70. 2007; Flora of China 25: 122. 2009; 陕西省重点保护野生植物: 372. 2017. ——*Ophrys monorchis* L., Sp. Pl. 2: 947. 1753.

植株高 5-35 厘米；块茎球形，直径 6-10 毫米；茎基部具 2 枚筒状鞘，下部具 2-3 片叶，叶之上常具 1-2 片苞片状小叶。叶片狭椭圆状披针形或狭椭圆形，长 2.8-10 厘米，宽 8-25 毫米，基部略抱茎。总状花序长达 15 厘米，具多朵花；花苞片线状披针形，长 2.5 毫米，宽约 1 毫米；子房圆柱状纺锤形，扭转，顶部明显钩曲，连花梗长 4-5 毫米；花黄绿色；萼片近等长，具 1 条脉，背萼片椭圆形或长圆状披针形，长约 2.2 毫米，宽约 1.2 毫米；侧萼片长圆状披针形，宽约 1 毫米，较背萼片稍狭；花瓣近菱形，上部肉质增厚，向先端渐狭或在中部多少3裂，具1条脉；唇瓣与花瓣等长，肉质增厚，基部凹陷成浅囊状，近中部3裂，中裂片线形，长约1.5毫米，侧裂片三角形，较中裂片短很多；蕊柱粗短，长不及1毫米；药室平行；花粉团近圆球形，具极短的花粉团柄和黏盘；蕊喙矮而阔；柱头2枚，隆起，叉开，位于蕊喙之下；退化雄蕊2枚，近三角形。花期7-8月。

见于靖边、安塞、志丹、延安、黄龙、富县、旬邑、宜君、韩城、陇县、鄠邑、周至、眉县、太白、佛坪、商洛、山阳、柞水、旬阳、平利、镇坪，生于海拔1200-2350米的山地草丛或林下；分布于东北、华北及宁夏、甘肃、青海、山东、河南、安徽、四川、云南、西藏。巴基斯坦、印度、尼泊尔、克什米尔地区、蒙古国、日本、朝鲜半岛、俄罗斯西伯利亚地区及中亚、西亚、欧洲也产。

全草入药。

陕西省地方重点保护植物；CITES附录Ⅱ收录物种。

图175. 角盘兰 **Herminium monorchis**

1. 植株；2. 花；3. 幼嫩果实（引自《秦岭植物志》）。

### （3）裂瓣角盘兰（图176）

**Herminium alaschanicum** Maxim., Bull. Acad. Imp. Sci. Saint-Pétersbourg 31: 105. 1887; 中国植物志 17: 350. 1999; 陕西野生兰科植物图鉴: 76. 2007; Flora of China 25: 122. 2009; 秦岭植物志增补: 46. 2013; 陕西省重点保护野生植物: 370. 2017.

植株高15-60厘米；块茎圆球形，直径10毫米；茎基部具2-3枚筒状鞘，其上具2-4片较密生的叶，叶之上常具3-5片苞片状小叶。叶片狭椭圆状披针形，长4-15厘米，宽5-18毫米，基部抱茎。总状花序具多数花，长4-27厘米；花苞片披针形；子房圆柱状纺锤形，扭转，连花梗长5-6毫米；花绿色；背萼片卵形，长约4毫米，宽约3毫米，具3条脉；侧萼片卵状披针形至披针形，长约4毫米，基部宽1.5-2毫米，具1条脉；花瓣直立，长5-5.5毫米，中部以下宽约1.5毫米，中部向上骤狭成尾状且肉质增厚，多少3裂，具3条脉；唇瓣近长圆形，基部凹陷具距，前部3裂，侧裂片线形，中裂片线状三角形，较侧裂片短而宽；距长圆状，

图176. 裂瓣角盘兰 **Herminium alaschanicum**

1. 植株下部；2. 花序；3. 花；4. 中萼片；5. 侧萼片；6. 花瓣；7. 唇瓣（引自《秦岭植物志增补》）。

长约 1.5 毫米；蕊柱粗短，长约 1 毫米；药室近平行；花粉团倒卵形，具极短的花粉团柄和黏盘；蕊喙小；柱头 2 枚，隆起，椭圆形，位于唇瓣基部两侧；退化雄蕊小，2 枚，椭圆形。花期 6-9 月。

产吴起、眉县、太白，生于海拔 1800-3000 米的山地草丛中；分布于内蒙古、河北、山西、宁夏、甘肃、青海、四川、云南。蒙古国也产。

陕西省地方重点保护植物；CITES 附录Ⅱ收录物种。

**（4）叉唇角盘兰**（图 177，照片 459）

**Herminium lanceum** (Thunb. ex Sw.) Vuijk, Blumea 11: 228. 1961; 中国植物志 17: 343. 1999; 陕西野生兰科植物图鉴: 74. 2007; Flora of China 25: 122. 2009; 陕西省重点保护野生植物: 370. 2017. ——*Ophrys lancea* Thunb. ex Sw., Kongl. Vetensk. Acad. Nya Handl. 21: 223. 1800. ——*Herminium angustifolium* (Lindl.) Benth. ex Hook. f. var. *longieruris* (C. H. Wright.) Makino, Bot. Mag. Tokyo 10: 109. 1896; 秦岭植物志 1(1): 405. 1976.

植株高 10-83 厘米；块茎圆球形或椭圆形，长 1-1.5 厘米，直径 8-12 毫米；茎细长，基部具 2 枚筒状鞘，中部具 3-4 片较疏生的叶。叶互生，叶片线状披针形，长达 15 厘米，宽约 10 毫米，基部抱茎。总状花序具多数密集的花，长达 43 厘米；花苞片披针形，短于子房；子房圆柱形，扭转，连花梗长 5-7 毫米；花黄绿色或绿色；背萼片卵状长圆形或长圆形，凹陷成舟状，长 2-4 毫米，宽 1-1.5 毫米，具 1 条脉；侧萼片张开，长圆形或卵状长圆形，长 2.2-4 毫米，宽 1-2 毫米，具 1 条脉；花瓣直立，线形，长 2-4 毫米，宽 0.2-1 毫米，较萼片狭很多，与背萼片相靠，具 1 条脉；唇瓣轮廓长圆形，长 3-7 毫米，宽 1-2 毫米，常下垂，基部凹陷，无距，中部以上叉状 3 裂，侧裂片线形或线状披针形，较中裂片长很多，中裂片披针形或齿状三角形；蕊柱粗短；药室平行；花粉团球形，具极短的花粉团柄和黏盘，黏盘圆形；蕊喙小；柱头 2 枚，隆起，横椭圆形；退化雄蕊 2 枚，长圆形。花期 6-8 月。

产鄠邑、周至、太白、略阳、宁强、洋县、宁陕、平利、岚皋、镇坪、柞水、山阳、商洛，生于海拔 1100-2000 米的山地林下；分布于安徽、浙江、福建、台湾、江西、湖北、湖南、广东、广西、重庆、四川、贵州、云南。印度、尼泊尔、克什米尔地区、缅甸、泰国、越南、马来西亚、菲律宾、印度尼西亚、日本、朝鲜半岛也产。

全草入药。

陕西省地方重点保护植物；CITES 附录Ⅱ收录物种。

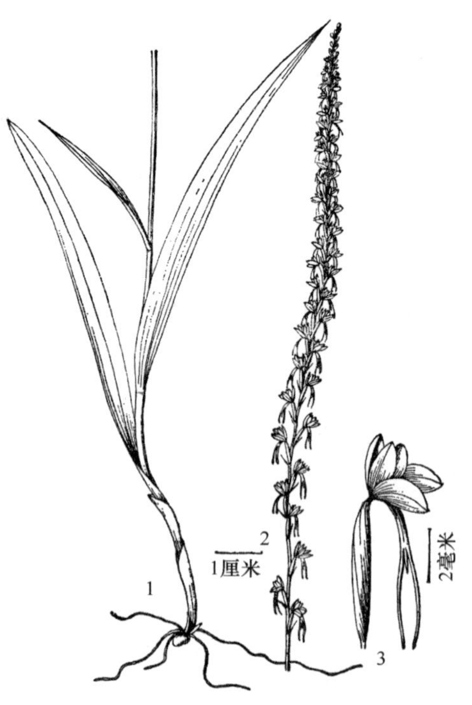


图 177. **叉唇角盘兰 Herminium lanceum**
1. 植株下部；2. 花序；3. 花（引自《秦岭植物志》）。

## 13. 无柱兰属 **Amitostigma** Schltr.

Repert. Spec. Nov. Regni Veg. Beih. 4: 91. 1919; 秦岭植物志 1(1): 407. 1976; 中国植物志 17: 355. 1999; Flora of China 25: 124. 2009.

地生草本。根数条；块茎肉质，圆球形或卵圆形；茎直立，具1片叶，罕2片叶。叶基生或茎生，长圆形、椭圆形、卵形或披针形，基部抱茎。总状花序顶生，具多数花，少为1-2朵花，多偏向一侧；花苞片披针形；花倒置，白色、紫色、粉红色，很少黄色；子房圆柱形或纺锤形，扭转；萼片离生，长圆形、椭圆形或卵形，具1条脉；花瓣直立，较宽；唇瓣较萼片和花瓣长而宽，向前伸展，基部具距，前部3裂，中裂片可再裂，形成2片小裂片；蕊柱极短；花药生于蕊柱的顶部，2室，药室平行；花粉团2个，为具小团块的粒粉质，具花粉团柄和黏盘，黏盘裸露；蕊喙较小；柱头2枚，隆起，分离，多为棒状；退化雄蕊2枚，位于花药基部两侧。蒴果近直立。

本属约30种，分布于东亚及其邻近地区。中国有22种，西南地区最多；陕西产2种。

### 分种检索表

1. 花序具1朵花；叶长2-3厘米……………………………………（1）**一花无柱兰 A. monanthum** (Finet) Schltr.
1. 花序具5-20朵花；叶长5-12厘米……………………………………（2）**无柱兰 A. gracile** (Blume) Schltr.

### （1）**一花无柱兰** 单花无柱兰（《秦岭植物志》）（图178，照片460）

**Amitostigma monanthum** (Finet) Schltr., Repert. Spec. Nov. Regni Veg. Beih. 4: 94. 1919; 秦岭植物志 1(1): 407. 1976; 中国植物志 17: 374. 1999; 陕西野生兰科植物图鉴: 80. 2007; Flora of China 25: 126. 2009; 陕西省重点保护野生植物: 286. 2017. ——*Peristylus monanthus* Finet, Rev. Gén. Bot. 13: 523. 1901.

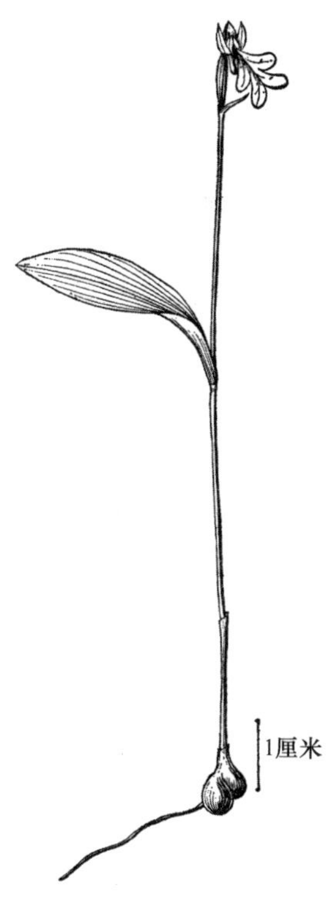

图178. 一花无柱兰
**Amitostigma monanthum**
植株（引自《秦岭植物志》）。

植株高6-10厘米。块茎圆球形或卵球形，长5毫米；茎纤细，基部具1-2枚筒状鞘，基部至中部具1片叶，顶生1朵花。叶片披针形、倒披针状匙形或狭长圆形，长2-3厘米，宽6-10毫米，基部抱茎。花苞片线状披针形，长于子房；子房纺锤形，扭转，连花梗长6-11毫米；花中等大，淡紫色、粉红色或白色，具紫色斑点；萼片先端钝，具1条脉；背萼片直立，狭卵形，凹陷成舟状，长约4毫米，下部宽约1.6毫米；侧萼片狭长圆状椭圆形，长约5毫米，宽约1.6毫米；花瓣直立，斜卵形，与背萼片相靠合；唇瓣向前伸展，张开，长宽均约8毫米，近基部收狭成短爪，基部具距，中部之下3裂，侧裂片楔状长圆形，中裂片倒卵形，较侧裂片宽，2浅裂；距圆筒状，下垂，长3-4毫米，长为子房的1/3或1/2；蕊柱短，直立；花药近球形，直立，药室基部靠近，顶部叉开；花粉团球形，具花粉团柄和黏盘，黏盘卵形；蕊喙小，三角形，直立；柱头 2 枚，隆起，近四方形；退化雄蕊 2 枚，小，圆形。花期 7-8 月。

见于眉县、周至、佛坪，生于海拔 2800-3100 米的山地草丛；分布于甘肃南部、四川、云南、西藏。

陕西省地方重点保护植物；CITES 附录Ⅱ收录物种。

（2）**无柱兰** 细葶无柱兰（《中国高等植物图鉴》）（图 179，照片 461）

**Amitostigma gracile** (Blume) Schltr., Repert. Spec. Nov. Regni Veg. Beih. 4: 93. 1919; 中国植物志 17: 358. 1999; 陕西野生兰科植物图鉴: 78. 2007; Flora of China 25: 128. 2009; 秦岭植物志增补: 47. 2013; 陕西省重点保护野生植物: 284. 2017. ——*Mitostigma gracile* Blume, Mus. Bot. 2: 190. 1856.

植株高 7-30 厘米；块茎长圆状椭圆形或卵形，长 1-2.5 厘米，直径约 1 厘米；茎纤细，基部具 1-2 枚筒状鞘，近基部具 1 片大叶，在叶之上具 1-2 片苞片状小叶。叶片狭长圆形、长圆形、椭圆状长圆形或卵状披针形，长 5-12 厘米，宽 1-3.5 厘米，基部抱茎。总状花序通常具 5-20 朵偏向一侧的花；花苞片卵状披针形或卵形，较子房短很多；子房圆柱形，稍扭转，连花梗长 7-10 毫米；花小，淡紫色或粉红色；背萼片直立，卵形，凹陷成舟状，长 2.5-3 毫米，宽 1.5-2 毫米，具 1 条脉；侧萼片斜卵形或倒卵形，长约 3 毫米，宽约 2 毫米，具 1 条脉；花瓣斜椭圆形或卵形，长 2.5-3 毫米，宽约 2 毫米，具 1 条脉；唇瓣较萼片和花瓣大，倒卵形，长 3.5-7 毫米，具 5-9 条细脉，基部具距，中部之上 3 裂，侧裂片镰状线形、长圆形或三角形，中裂片倒卵状楔形，较侧裂片大，先端截形、圆形或圆形而具短尖或中间凹缺；距圆筒状，下垂，长 2-5 毫米，较子房短很多；蕊柱极短，直立；花药稍向后倾，药室平行；花粉团球形，具花粉团柄和黏盘，黏盘小，椭圆形；蕊喙小，三角形，直立；柱头 2 枚，隆起，近棒状，从蕊喙之下伸出；退化雄蕊 2 枚，小，椭圆形。花期 6-7 月，果期 9-10 月。

产柞水、旬阳、安康、平利、镇坪、佛坪、宁强，生于海拔 1000-1300 米的山地林下潮湿处；分布于辽宁、河北、山东、江苏、安徽、浙江、福建、台湾、河南、湖北、湖南、广西、四川、贵州。日本、朝鲜半岛也产。

陕西省地方重点保护植物；CITES 附录Ⅱ收录物种。

Jin 等（2014）将本种组合到小红门兰属（**Ponerorchis** Rchb. f.），其名称为

图 179. 无柱兰 **Amitostigma gracile**
1. 植株下部和花序；2. 花（引自《秦岭植物志增补》）。

**Ponerorchis gracilis** (Blume) X. H. Jin, Schuit. & W. T. Jin。

## 14. 兜被兰属 **Neottianthe** (Rchb.) Schltr.

Repert. Spec. Nov. Regni Veg. 16: 290. 1919; 秦岭植物志 1(1): 408. 1976; 中国植物志 17: 376. 1999; Flora of China 25: 131. 2009.

地生草本。根数条；块茎肉质，圆球形或椭圆形；茎直立，具 1 或 2 片叶。叶基生或茎生，近对生，基部抱茎。总状花序顶生，具多数花，少为 1-2 朵花；花苞片直立伸展；花倒置，常偏向一侧，紫红色、粉红色或白色，很少淡黄色或黄绿色；子房圆柱形或纺锤形，稍扭转；萼片近等大，彼此紧密靠合成兜；花瓣线形、线状披针形或长圆形，较萼片稍短而狭，与背萼片贴生；唇瓣基部具距，从基部向下反折，3 裂，中裂片线形、线状舌形、长方形、披针形或卵形，侧裂片较中裂片短而窄；蕊柱短；花药直立，长圆形或椭圆形，2 室；花粉团 2 个，为具小团块的粒粉质，具短的花粉团柄和黏盘，黏盘卵形、近圆形或椭圆形，裸露；蕊喙隆起，三角形，位于药室基部之间；柱头 2 枚，隆起，多少棍棒状，位于蕊喙之下；退化雄蕊 2 枚，近圆形，位于花药基部两侧。蒴果直立。

本属有 7 种，分布于东欧、东亚及亚洲亚热带高山地区。中国 7 种均产；陕西产 2 种。

### 分种检索表

1. 植物具 2 片叶；距细圆筒状圆锥形，中部向前弯曲，呈“U”形……………………（1）二叶兜被兰 **N. cucullata** (L.) Schltr.
1. 植物具 1 片叶；距粗圆锥形，末端稍向前弯曲，不呈“U”形……………………（2）一叶兜被兰 **N. monophylla** (Ames & Schltr.) Schltr.

### （1）二叶兜被兰（照片 462、463）

**Neottianthe cucullata** (L.) Schltr., Repert. Spec. Nov. Regni Veg. 16: 292. 1919; 秦岭植物志 1(1): 409. 1976; 中国植物志 17: 378. 1999; 陕西野生兰科植物图鉴: 82. 2007; Flora of China 25: 131. 2009; 陕西省重点保护野生植物: 391. 2017. ——*Orchis cucullata* L., Sp. Pl. 2: 939. 1753.

植株高 4-24 厘米；块茎圆球形或卵形，长 1-2 厘米；茎基部具 1-2 枚筒状鞘，其上具 2 片近对生的叶，在叶之上具 1-4 片不育苞片；叶片卵形、椭圆形或卵状披针形，长 4-6 厘米，宽 1.5-3.5 厘米，叶上面有时具紫红色斑点，基部抱茎。总状花序具数朵至 10 余朵花，偏向一侧；花苞片披针形；子房圆柱状纺锤形，扭转，连花梗长 5-6 毫米；花紫红色或粉红色；萼片彼此紧密靠合成兜，兜长 5-7 毫米，宽 3-4 毫米，背萼片长 5-6 毫米，宽约 1.5 毫米，具 1 条脉；侧萼片斜镰状披针形，长 6-7 毫米，基部宽约 1.8 毫米，具 1 条脉；花瓣披针状线形，长约 5 毫米，宽约 0.5 毫米，具 1 条脉，与萼片贴生；唇瓣向前伸展，长 7-9 毫米，基部楔形，中部 3 裂，侧裂片线形，具 1 条脉，中裂片较侧裂片长而宽，具 3 条脉；距细圆筒状圆锥形，长 4-6 毫米，中部向前弯曲，呈“U”形。花期 7-10 月。

见于延安、富县、黄陵、黄龙、宜君、华州、华阴、眉县、凤县、山阳、柞水、洛南、丹凤、商洛、镇坪，生于海拔 1100-3000 米的山地草丛或林下；分布于东北、华北、西南及甘肃、青海、安徽、浙江、福建、江西、河南、湖北。印度、尼泊尔、不丹、日本、朝鲜半岛、俄罗斯西伯利亚地区及欧洲东部也产。

Jin 等（2014）将本种组合到小红门兰属（**Ponerorchis** Rchb. f.），其名称为 **Ponerorchis cucullata** (L.) X. H. Jin, Schuit. & W. T. Jin。

全草入药。

陕西省地方重点保护植物；易危（VU）；CITES 附录Ⅱ收录物种。

**（2）一叶兜被兰** 兜被兰（《秦岭植物志》）（图 180，照片 464、465）

**Neottianthe monophylla** (Ames & Schltr.) Schltr., Fedde Repert Sp. Nov. 16: 292.1919; 中国植物志 17: 382. 1999; 陕西野生兰科植物图鉴: 84. 2007; 秦岭植物志增补: 48. 2013. ——*Neottianthe pseudodiphylax* (Kraenzl.) Schltr., Fedde Repert. Sp. Nov. 16: 291. 1919; 秦岭植物志 1(1): 409. 1976; 中国植物志 17: 383. 1999.

植株高 5-21 厘米；块茎近球形，直径约 1 厘米；茎直立或近直立，无毛，基部具 1-2 枚圆筒状鞘，其上具 1 片叶，在中部以上具 1-2 片小的不育苞片。叶直立伸展，叶片倒披针状匙形、椭圆形或椭圆状披针形，长 2.5-10 厘米，宽 1-2.5 厘米，先端钝或急尖，基部收狭成抱茎的鞘，上面通常无紫斑，罕具紫斑。总状花序具几朵至多朵花，较密集，长 3-5 厘米；花序轴无毛；花苞片披针形，直立伸展，先端渐尖；子房圆柱状纺锤形，长 5-8 毫米，稍弧曲，扭转，无毛；花紫红色或粉红色，偏向一侧；萼片在 3/4 以上紧密靠合成兜，兜长 6.5-8 毫米，宽 5-6 毫米；中萼片披针形，凹陷，长 5-7 毫米，宽 1.6-2.5 毫米，先端急尖，具 1-3 条脉；侧萼片斜镰状披针形，长 6-8 毫米，基部宽 1.5-3 毫米，先端急尖，具 1-2 条脉；花瓣线状披针形，长 5-7 毫米，宽 0.6-1.7 毫米，先端急尖，具 1 条脉，与中萼片紧密贴生；唇瓣向前伸展，长 6-9 毫米，上面具密的细乳突，基部楔形，中部以下 3 裂，中裂片线状舌形，长 3.5-5.5 毫米，宽 0.8-2 毫米，先端急尖，具 3-5 条脉，侧裂片线形，先端急尖，不裂或罕较宽再 2 裂；距粗圆锥形，长 4-6 毫米，从膨大的基部向末端明显变狭，稍向前弯，末端稍尖。花期 8-9 月。

见于华阴、周至、眉县、镇坪，生于海拔 2100-3000 米的山坡林下或灌丛下；分布于西藏、云南、四川、湖北、甘肃、青海。

陕西省地方重点保护植物；CITES 附录Ⅱ收录物种。

*Flora of China* 将本种归并入二叶兜被兰 [**Neottianthe cucullata** (L.) Schltr.]，作者认为归并不妥。

图 180. 一叶兜被兰
**Neottianthe monophylla**
1. 植株；2. 花；3. 花药、唇瓣和距；4. 中萼片；5. 花瓣；6. 侧萼片（引自《秦岭植物志增补》）。

## 15. 手参属 **Gymnadenia** R. Br.

W. T. Aiton, Hortus Kew., ed. 2, 5: 191. 1813; 秦岭植物志 1(1): 409. 1976; 中国植物志 17: 388. 1999; Flora of China 25: 133. 2009.

地生草本。根肉质，细长，数条；块茎1或2个，肉质，下部呈掌状分裂，裂片细长；茎直立，具3-6片互生的叶。叶片线状舌形、长圆形或椭圆形，基部抱茎。总状花序顶生，具多数花；花较小，密生，红色、紫红色或白色，很少淡黄绿色，倒置；子房圆柱形或纺锤形，扭转；萼片离生，背萼片凹陷成舟状，侧萼片反折；花瓣直立，较萼片稍短，与背萼片多少靠合；唇瓣宽菱形或宽倒卵形，明显3裂或几乎不裂，基部凹陷，具距，距多少弯曲；蕊柱短；花药长圆形或卵形，2室；花粉团2个，为具小团块的粒粉质，具花粉团柄和黏盘，黏盘分离，条形或椭圆形，裸露；蕊喙小，无臂，位于两药室中间的下面；柱头2枚，贴生于唇瓣基部；退化雄蕊2枚，位于花药基部两侧，近球形。蒴果直立。

本属约16种，分布于亚洲中部和东部、欧洲。中国有5种；陕西产2种。

### 分种检索表

1. 叶片线状披针形、狭长圆形或带形，宽1-2(-2.5)厘米 ······················ （1）手参 **G. conopsea** (L.) R. Br.
1. 叶片椭圆形或椭圆状长圆形，宽(2.5-)3-4.5厘米 ······························ （2）西南手参 **G. orchidis** Lindl.

### （1）手参（图181，照片466、467、468）

**Gymnadenia conopsea** (L.) R. Br., W. T. Aiton, Hortus Kew., ed. 2, 5: 191. 1813; 秦岭植物志 1(1): 410. 1976; 中国植物志 17: 389. 1999; 陕西野生兰科植物图鉴: 88. 2007; Flora of China 25: 134. 2009; 陕西省重点保护野生植物: 362. 2017. ——*Orchis conopsea* L., Sp. Pl. 2: 942. 1753.

图181. 手参 **Gymnadenia conopsea**
1. 植株下部及上部；2. 花；3. 蕊柱上部示花药、柱头和蕊喙（引自《秦岭植物志》）。

植株高15-60厘米；块茎椭圆形，长1-3.5厘米；茎基部具2-3枚筒状鞘，其上具4-5片叶，上部具1至数片苞片状小叶。叶片线状披针形、狭长圆形或带形，长5.5-15厘米，宽1-2厘米，先端渐尖或稍钝，基部收狭成抱茎的鞘。总状花序具多数密生的花，长5.5-15厘米；花苞片披针形，先端长渐尖，呈尾状；子房纺锤形，顶部稍弧曲，连花梗长约8毫米；花粉红色，罕为粉白色；背萼片宽椭圆形或宽卵状椭圆形，长3.5-5毫米，宽3-4毫米，先端急尖，具3条脉；侧萼片斜卵形，反折，边缘向外卷，较背萼片稍长或几等长，先端急尖，具3条脉；花瓣直立，斜卵状三角形，与背萼片等长，与侧萼片近等宽，先端急尖，具

3 条脉，与背萼片相靠；唇瓣向前伸展，宽倒卵形，长 4-5 毫米，前部 3 裂，中裂片较侧裂片大，三角形，先端钝或急尖；距细而长，狭圆筒形，下垂，长约 1 厘米，稍向前弯，长于子房；花粉团卵球形，具细长的柄和黏盘，黏盘线状披针形。花期 6-8 月。

产眉县、太白、佛坪，生于海拔 2800-3000 米的山地草丛中；分布于东北、华北及甘肃东南部、四川、云南、西藏。日本、朝鲜半岛、俄罗斯西伯利亚地区及欧洲也产。

块茎入药。

国家二级重点保护野生植物；陕西省地方重点保护植物；濒危（EN）；CITES 附录 II 收录物种。

*Flora of China* 描述本种唇瓣的中裂片小于侧裂片，可能有误。

**（2）西南手参**（图 182，照片 469、470）

**Gymnadenia orchidis** Lindl., Gen. Sp. Orchid. Pl. 278. 1835; 中国植物志 17: 390. 1999; 陕西野生兰科植物图鉴: 90. 2007; Flora of China 25: 134. 2009; 秦岭植物志增补: 49. 2013; 陕西省重点保护野生植物: 364. 2017.

植株高 15-35 厘米；块茎卵状椭圆形，长 1-3 厘米；茎基部具 2-3 枚筒状鞘，其上具 3-5 片叶，上部具 1 至数片苞片状小叶。叶片椭圆形或椭圆状长圆形，长 4-16 厘米，宽 2.5-4.5 厘米，先端钝或急尖，基部收狭成抱茎的鞘。总状花序具多数密生的花，长 4-14 厘米；花苞片披针形，直立伸展，先端渐尖；子房纺锤形，顶部稍弧曲，连花梗长 7-8 毫米；花紫红色或粉红色，极罕为带白色；背萼片直立，卵形，长 3-5 毫米，宽 2-3.5 毫米，先端钝，具 3 条脉；侧萼片反折，斜卵形，较背萼片稍长和宽，边缘向外卷，先端钝，具 3 条脉；花瓣直立，斜宽卵状三角形，与背萼片等长且较宽，较侧萼片稍狭，先端钝，具 3 条脉；唇瓣向前伸展，宽倒卵形，长 3-5 毫米，前部 3 裂，中裂片较侧裂片稍大或等大，三角形，先端钝或稍尖；距细而长，狭圆筒形，长 7-10 毫米，稍向前弯；花粉团卵球形，具细长的柄和黏盘，黏盘披针形。花期 7-9 月。

图 182. **西南手参 Gymnadenia orchidis**

1. 植株下部；2. 植株上部和花序；3. 花；4. 中萼片、花瓣、侧萼片和唇瓣（引自《秦岭植物志增补》）。

产眉县，生于海拔 2880 米左右的山地草丛中；分布于甘肃东南部、青海南部、湖北西部、四川、云南、西藏。

块茎入药。

国家二级重点保护野生植物；陕西省地方重点保护植物；易危（VU）；CITES 附录 II 收录物种。

## 16. 玉凤花属 **Habenaria** Willd.

Sp. Pl. 4: 5, 44. 1805; 中国植物志 17: 422. 1999; Flora of China 25: 144. 2009.

地生草本。根肉质，细长，数条；块茎肉质，椭圆形或长圆形，不裂；茎直立，具2-4枚筒状鞘，鞘以上具1至数片叶。叶散生或聚生于茎的中部、下部或基部，稍肥厚，基部抱茎。总状花序顶生；花苞片直立伸展；子房扭转；花倒置；萼片离生，背萼片常与花瓣靠合成兜状，侧萼片伸展或反折；花瓣不裂或分裂；唇瓣一般3裂，基部具距，有时为囊状或无距；蕊柱短，两侧通常有耳（退化雄蕊）；花药直立，2室，药室叉开；花粉团2个，为具小团块的粒粉质，具长的花粉团柄和黏盘，黏盘裸露；蕊喙有臂，通常厚而大；柱头2枚，分离，位于蕊柱前方基部。

本属约600种，主要分布于热带和亚热带地区。中国有54种；陕西产3种。

### 分种检索表

1. 叶片表面有黄白色斑纹……………………………………（1）**雅致玉凤花 H. fargesii** Finet
1. 叶片表面无黄白色斑纹……………………………………………………………………2
2. 叶片上面粉绿色；总花梗基部密被短柔毛；背萼片长10-13毫米；距与花梗和子房等长………………………………………………（2）**粉叶玉凤花 H. glaucifolia** Bureau & Franch.
2. 叶片上面绿色；总花梗基部疏被短柔毛或无毛；背萼片长7-9毫米；距比花梗和子房长………………………………………………（3）**四川玉凤花 H. szechuanica** Schltr.

### （1）**雅致玉凤花**（照片471、472）

**Habenaria fargesii** Finet, Rev. Gen. Bot. 13: 528. 1901; 中国植物志 17: 436. 1999; Flora of China 25: 149. 2009; 陕西省重点保护野生植物: 365. 2017.

植株高10-24厘米；块茎卵形或长圆形，长1.5-3厘米，直径1-1.5厘米；茎细长，直径1-2毫米，基部具2片近对生的叶，其上具1-3片鞘状苞片。叶片卵圆形或近圆形，长4-4.5厘米，宽4-5厘米，先端急尖，基部骤狭抱茎，上面具黄白色斑纹。总状花序具4-9朵疏生的花；花苞片披针形，先端渐尖，较子房短很多；子房细圆柱形，扭转，连花梗长7-8毫米；花黄绿色；背萼片直立，凹陷成舟状，卵形，长3-3.5毫米，宽2毫米，先端急尖，具3条脉；侧萼片强烈反折，斜卵形，长5-5.5毫米，宽约4毫米，先端急尖，具4条脉；花瓣直立，与背萼片靠合，2深裂；唇瓣向前伸展，在基部之上3深裂，侧裂片丝状，叉开，长达1.5厘米，先端卷曲，中裂片线形，先端钝，较侧裂片短；距下垂，上部细圆筒形，中部以下向末端膨大成棒状，长于子房；蕊柱粗短；药隔明显，药室近平展，顶端突然直立，较蕊喙的侧裂片短；花粉团具细长的柄和黏盘，黏盘半圆球形；蕊喙的中裂片不明显，退化成水平的片，侧裂片细长，半圆柱形；柱头的凸起细长；退化雄蕊半圆形。花期8月。

见于太白、镇安，生于海拔1480米左右的山地林下岩石上；分布于甘肃东南部、重庆北部、四川。

易危（VU）；CITES附录Ⅱ收录物种。

### （2）粉叶玉凤花（图 183）

**Habenaria glaucifolia** Bureau & Franch., J. Bot. (Morot) 5: 152. 1891; 中国植物志 17: 440. 1999; 陕西野生兰科植物图鉴: 96. 2007; Flora of China 25: 150. 2009; 秦岭植物志增补: 51. 2013; 陕西省重点保护野生植物: 367. 2017.

植株高 15-50 厘米；块茎卵形或长圆形，长 1.5-3 厘米，直径 1-1.5 厘米；茎直径 3-5 毫米，基部具 2 片近对生的叶。叶片卵圆形或圆形，长 3.5-4.6 厘米，宽 3-4.7 厘米，上面粉绿色，先端骤狭具短尖，基部骤狭抱茎。总状花序具 3-10 朵花；花苞片直立伸展，披针形或卵形，先端渐尖，较子房短；子房细圆柱形，扭转，连花梗长 2.5-3 厘米；花白色或白绿色，较大；背萼片直立，凹陷成舟状，卵形或长圆形，长 10-13 毫米，宽 6-7 毫米，具 5 条脉，与花瓣靠合成兜状；侧萼片反折，斜卵形或长圆形，长 11-14 毫米，宽 7 毫米，先端急尖，具 5 条脉；花瓣直立，2 深裂；唇瓣反折，较萼片长很多，基部具短爪，基部之上 3 深裂，侧裂片线状披针形，叉开，长达 2.5 厘米，前部拳卷状，中裂片线形，长约 1.2 厘米，较侧裂片稍宽；距长 2.5-3 厘米，细圆筒形，末端稍膨大增粗，等长于子房；药隔极宽；柱头的凸起长，披针形。花期 7-8 月。

见于周至，生于海拔 2600 米左右的山地林下或草丛；分布于甘肃南部、四川、贵州、云南、西藏。

陕西省地方重点保护植物；易危（VU）；CITES 附录Ⅱ收录物种。

图 183. **粉叶玉凤花**
**Habenaria glaucifolia**
1. 植株下部；2. 花序；3. 花（引自《秦岭植物志增补》）。

### （3）四川玉凤花

**Habenaria szechuanica** Schltr., Acta Hort. Gothob. 1: 140. 1924; 中国植物志 17: 441. 1999; Flora of China 25: 150. 2009; 陕西省重点保护野生植物: 367. 2017.

植株高 20-30 厘米；块茎近球形或椭圆形，长 1-2 厘米，直径 1-1.5 厘米；茎直径 3-5 毫米，基部具 2 片近对生的叶。叶片宽卵形或近圆形，长 3-4.5 厘米，宽 3-5 厘米，上面绿色，先端短渐尖或急尖，基部骤狭抱茎。总状花序具 3-7 朵花；花苞片直立伸展，披针形或线形，先端极渐尖；子房纺锤形，扭转，连花梗长 1-1.5 厘米；花黄绿色，较大；背萼片直立，凹陷成舟状，卵形，长约 7.5 毫米，宽约 3.5 毫米，先端钝，具 3 条脉，与花瓣靠合成兜状；侧萼片反折，斜卵形，长约 8.5 毫米，宽约 3.5 毫米，先端稍钝，具 3 条脉；花瓣直立，2 浅裂；唇瓣反折，较萼片长，基部之上 3 深裂，中裂片线形，长 1.3-1.9 厘米，先端钝，侧裂片叉开或稍叉开，线状披针形，长 2.5-2.8 厘米，前部渐狭成丝状，近末端常卷曲，唇瓣上面在距口的前方具 1 枚圆锥状附属物，其长 5-7 毫米；距长 2-2.5 厘米，细圆筒状棒形，长于子房；花药矮，药隔较宽；柱头的凸起狭棒状，先端钝。花期 7-8 月。

见于眉县，生于海拔2900-3200米的林下；分布于四川、云南。

CITES附录Ⅱ收录物种。

## 17. 兜蕊兰属 **Androcorys** Schltr.

Repert. Spec. Nov. Regni Veg. Beih. 4: 52. 1919; 秦岭植物志 1(1): 410. 1976; 中国植物志 17: 487. 1999; Flora of China 25: 162. 2009.

矮小地生草本。块茎球形，小，肉质；茎纤细，具1片基生叶。叶较小，通常为匙形或椭圆形，具柄。总状花序顶生，具数朵至10余朵花；苞片通常鳞片状，极小；花小，黄绿色或绿色，排列疏松，倒置；萼片离生；背萼片直立，宽阔，凹陷，与花瓣靠合成兜状，盖住花药；侧萼片较背萼片长而狭；花瓣直立，凹陷成舟状；唇瓣舌状或线形，甚小，反折，无距；花药直立，具宽阔的兜状药隔；药室2室，位于花药左右两侧的下部；花粉团2个，为具小团块的粒粉质，具短的花粉团柄和黏盘，黏盘藏于蕊喙边缘之内；蕊喙三角形，位于两药室之间；柱头2枚，隆起，或多或少具柄，柄贴生于蕊喙基部；子房扭转。蒴果直立。

本属约6种，分布于喜马拉雅地区至日本。中国有5种；陕西产2种。

### 分种检索表

1. 侧萼片向前反折，与唇瓣平行，下部边缘彼此相靠……………（1）兜蕊兰 **A. ophioglossoides** Schltr.
1. 侧萼片向两侧反折，彼此远离，不与唇瓣平行………………………………………………………………（2）剑唇兜蕊兰 **A. pugioniformis** (Lindl. ex Hook. f.) K.Y. Lang

### （1）兜蕊兰（图184，照片473）

**Androcorys ophioglossoides** Schltr., Repert. Spec. Nov. Regni Veg. Beih. 4: 53. 1919; 秦岭植物志 1(1): 411. 1976; 中国植物志 17: 488. 1999; 陕西野生兰科植物图鉴: 92. 2007; Flora of China 25: 163. 2009; 陕西省重点保护野生植物: 287. 2017.

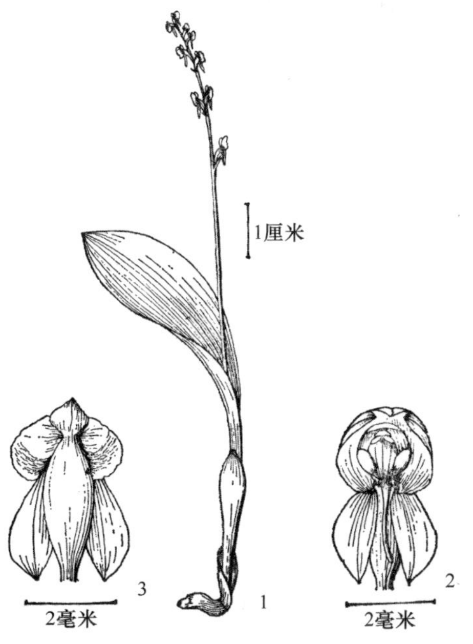


图184. 兜蕊兰 **Androcorys ophioglossoides**
1. 植株；2. 花正面观；3. 花背面观（引自《秦岭植物志》）。

植株高8-21厘米；块茎圆球形，直径5-8毫米；茎基部具2枚筒状鞘，近基部具1片叶。叶片长椭圆形至长椭圆状匙形，长3-9厘米，宽0.8-2厘米，先端钝，基部渐狭成抱茎的鞘状柄。总状花序具6-20朵花，长3-9厘米；花苞片鳞片状，长约1毫米，先端近截平；子房纺锤形，扭转，连花梗长4-4.5毫米；花小，黄绿色或绿色；背萼片宽卵形，直立，凹陷，长1-1.2毫米，宽0.9-1.1毫米，具1条脉，与花瓣靠合成兜状；侧萼片斜长椭圆形，长约2毫米，宽约1毫米，具1条脉，向前反折，平行，边缘彼此相靠；花瓣甚大，直立，斜宽卵形，凹陷且向内弧弯，呈斧头状，长约1.5毫米，展平后宽约1.3毫米；唇瓣反折，线状舌形，长1.2-1.8毫米，基部稍扩大，宽约0.7毫米；蕊柱短；花药直立，药隔宽达1毫米，呈兜状；蕊喙三角形，位于药室之间；柱头2枚，隆起，具柄。花期7-8月，果期9月。

见于眉县、洋县，生于海拔3000-3300米的山地草丛；分布于甘肃、青海、贵州。

陕西省地方重点保护植物；CITES附录Ⅱ收录物种。

Raskoti等（2017）认为本种的名称为 **Herminium gracile** King & Pantl.。

### （2）**剑唇兜蕊兰**（图185，照片474、475）

**Androcorys pugioniformis** (Lindl. ex Hook. f.) K. Y. Lang, 广西植物 16: 105. 1996; 中国植物志 17: 488. 1999; 陕西野生兰科植物图鉴: 94. 2007; Flora of China 25: 163. 2009; 秦岭植物志增补: 52. 2013; 陕西省重点保护野生植物: 288. 2017. ——*Herminium pugioniformis* Lindl. ex Hook. f., Fl. Brit. Ind. 6: 130. 1890.

植株高5-18厘米；块茎圆球形，直径6-10毫米；茎基部具1-2枚筒状鞘，近基部具1片叶。叶片长圆状倒披针形、长圆形、狭椭圆形至椭圆形，长2-4厘米，宽4-12毫米，先端钝或急尖，基部渐狭并抱茎。总状花序具3-10朵花，长0.8-2.5厘米；花苞片宽卵形，较子房短很多；子房纺锤形，扭转，连花梗长4-5毫米；花小，绿色；背萼片卵形或卵圆形，直立，凹陷，长约1.5毫米，宽1-1.2毫米，具1条脉，与花瓣靠合成兜状；侧萼片反折，斜卵状椭圆形至镰状长圆形，长1.7-2.2毫米，宽1-1.2毫米，具1条脉；花瓣直立，斜卵形至长圆状卵形，凹陷成舟状，长1.3-1.5毫米，宽0.5-0.8毫米，具1条脉；唇瓣反折，肉质，线状长圆形，先端钝，基部明显扩大，呈剑状或匕首状，长1.7-2.5毫米，基部宽约1毫米，无距；蕊柱短；花药直立，药隔宽0.6毫米，呈兜状；花粉团椭圆形，具短的花粉团柄，黏盘椭圆形；柱头2枚，隆起，具柄。花期8-9月。

图185. **剑唇兜蕊兰**
**Androcorys pugioniformis**
1. 植株；2. 花；3. 花的中萼片、花瓣、侧萼片和唇瓣（引自《秦岭植物志增补》）。

产眉县、太白，生于海拔3200-3500米的山地林下或草甸；分布于青海、四川、云南、西藏。印度、不丹、尼泊尔、克什米尔地区也产。

陕西省地方重点保护植物；CITES附录Ⅱ收录物种。

Raskoti 等（2017）认为本种的名称为

**Herminium pugioniforme** Lindl. ex Hook. f.。

## 18. 肉果兰属 **Cyrtosia** Blume

Bijdr. Fl. Ned. Ind. 8: 396. 1825; 中国植物志 18: 5. 1999; Flora of China 25: 168. 2009.

腐生草本。根为肉质或肉质膨大的块状；根状茎粗厚；茎直立，常数个发自同一根状茎上，肉质，黄褐色或红褐色，节上具鳞叶。总状花序或圆锥花序顶生或侧生，具数朵至多朵花；花序轴具毛；花苞片宿存；花不完全开放，中等大小；萼片与花瓣靠合；萼片背面多少被毛；花瓣无毛；唇瓣直立，不裂，无距，基部多少与蕊柱合生，两侧近围抱蕊柱；蕊柱中等长，上端扩大，无蕊柱足；花药生于蕊柱顶端背侧；花粉团 2 个，粒粉质。果实肉质，不开裂。种子具厚的外种皮，无翅或周围有狭翅。

本属约 5 种，分布于东亚和东南亚，西至斯里兰卡和印度。中国有 3 种；陕西产 1 种。

**（1）血红肉果兰**（照片 476）

**Cyrtosia septentrionalis** (Rchb. f.) Garay, Bot. Mus. Leafl. 30: 223. 1986; 中国植物志 18: 6. 1999; Flora of China 25: 169. 2009. ——*Galeola septentrionalis* Rchb. f., Xenia Orchid. 2: 78. 1865.

腐生植物。植株较高大；根状茎直径 1-2 厘米，疏被卵形鳞片；茎红褐色，高 30-170 厘米，上部被锈色短绒毛。花序顶生和侧生；侧生总状花序长 3-10 厘米，具 4-9 朵花；花序轴被锈色短绒毛；总状花序基部的不育苞片卵状披针形，长 1.5-2.5 厘米；花苞片卵形，长 2-3 毫米，背面被锈色毛；花梗和子房长 1.5-2 厘米，密被锈色短绒毛；花黄色，多少带红褐色；萼片椭圆状卵形，长达 2 厘米，背面密被锈色短绒毛；花瓣与萼片相似；唇瓣近宽卵形，短于萼片，边缘有不规则齿缺或呈啮蚀状，内面沿脉上有毛状乳突或偶见鸡冠状褶片；蕊柱长约 7 毫米。果实肉质，血红色，近长圆形，长 7-13 厘米，宽 1.5-2.5 厘米。种子周围有狭翅，连翅宽不到 1 毫米。花期 5-7 月，果期 9 月。

见于平利、镇坪，生于海拔 1000-1300 米的山坡林下；分布于浙江、安徽、河南、湖南。日本也有分布。

易危（VU）；CITES 附录Ⅱ收录物种。

## 19. 山珊瑚属 **Galeola** Lour.

Fl. Cochinch. 2: 520. 1790; 秦岭植物志 1(1): 416. 1976; 中国植物志 18: 8. 1999; Flora of China 25: 169. 2009.

腐生草本或半灌木状。根状茎较粗厚；茎黄褐色或红褐色，粗壮，攀援或直立，节上具鳞片。总状花序或圆锥花序顶生或侧生，具多数稍肉质的花；花苞片宿存；花黄色或棕色，中等大小；萼片离生，背面被毛；花瓣无毛，略小于萼片；唇瓣不裂，通常凹陷成杯状或囊状，基部多少抱蕊柱，明显大于萼片，基部无距；蕊柱粗短，上端扩大，向前弓曲；花药生于蕊柱顶端背侧；花粉团 2 个，每个具裂隙，粒粉质；柱头大，深凹陷；蕊喙短而宽，位于柱头上方。果实为荚果状蒴果，干燥，开裂。种子具厚的外种皮，周围有宽翅。

本属约 10 种，分布于亚洲热带地区及澳大利亚、马达加斯加。中国有 4 种；陕西产 1 种。

**（1）毛萼山珊瑚**（照片 477、478、479）

**Galeola lindleyana** (Hook. f. & Thoms.) Rchb. f., Xenia Orchid. 2: 78. 1865; 秦岭植物志 1(1): 416. 1976; 中国植物志 18: 9. 1999; 陕西野生兰科植物图鉴: 98. 2007; Flora of China 25: 170. 2009; 陕西省重点保护野生植物: 352. 2017. ——*Cyrtosia lindleyana* Hook. f. & Thoms., Hook. f, Ill. Himal. Pl. t. 22. 1855.

高大植物，半灌木状。根状茎直径 2-3 厘米，疏被卵形鳞片；茎红褐色，基部多少木质化，高 1-3 米，节上具宽卵形鳞片。圆锥花序由顶生与侧生总状花序组成；侧生总状花序一般较短，长 2-5(-10)厘米，具数朵至 10 余朵花，通常具很短的总花梗；总状花序基部的不育苞片卵状披针形，长 1.5-2.5 厘米；花苞片卵形，长 5-6 毫米，背面密被锈色短绒毛；花梗和子房长 1.5-2 厘米，密被锈色短绒毛；花黄色，开放后直径可达 3.5 厘米；萼片椭圆形至卵状椭圆形，长 1.6-2 厘米，宽 9-11 毫米，背面密被锈色短绒毛并具龙骨状凸起；侧萼片常比背萼片略长；花瓣宽卵形至近圆形，略短于背萼片，宽 12-14 毫米；唇瓣凹陷成杯状，近半球形，不裂，直径约 1.3 厘米，边缘具短流苏，近基部处有 1 枚平滑的胼胝体；蕊柱棒状，长约 7 毫米；药帽上有乳突状小刺。果实近长圆形，外形似厚的荚果，淡棕色，长 8-12(-20)厘米，宽 1.7-2.4 厘米；果梗长 1-1.5 厘米。种子周围有宽翅，连翅宽 1-1.3 毫米。花期 5-8 月，果期 9-10 月。

产周至、宁陕、平利、镇坪、佛坪、洋县、勉县、宁强，生于海拔 1600-1800 米的山地林下；分布于华南、西南及安徽、台湾、河南、湖南。印度、尼泊尔、不丹、印度尼西亚也产。

陕西省地方重点保护植物；CITES 附录Ⅱ收录物种。

## 20. 头蕊兰属 **Cephalanthera** Rich.

De Orchid. Eur. 21, 29, 38. 1817; 秦岭植物志 1(1): 414. 1976; 中国植物志 17: 74. 1999; Flora of China 25: 174. 2009.

地生或腐生草本。根簇生，肉质，纤维状；根状茎圆柱形；茎直立，中部以上具数片叶，下部有几个近舟状或圆筒状的鞘。叶互生，披针形至长椭圆形，基部抱茎。总状花序顶生，具数朵至 10 余朵花；苞片叶状、鳞片状或钻状，较小；花两侧对称，近直立或斜展，多少扭转，常不完全开放；萼片离生，相似；花瓣与萼片近同形，略短，有时与萼片多少靠合成筒状；唇瓣常近直立，3 裂，基部凹陷成囊状或为短距，侧裂片较小，多少围抱蕊柱，中裂片较大，上面有 3-5 条褶片；蕊柱直立，近半圆柱形；花药生于蕊柱顶端背侧，直立，2 室；退化雄蕊 2 枚；花粉团 2 个，每个稍 2 纵裂，粒粉质；柱头凹陷；蕊喙不明显。

本属约 15 种，分布于亚洲、欧洲、北非及北美洲。中国有 9 种；陕西产 3 种。

### 分种检索表

1. 花黄色……………………………………（1）**金兰 C. falcata** (Thunb.) Blume
1. 花白色……………………………………2

2. 唇瓣基部的距明显伸出侧萼片基部之外 ……………………………… （2）**银兰 C. erecta** (Thunb.) Blume
2. 唇瓣基部无距，但有浅囊，囊通常藏于基部萼片之内 ………… （3）**头蕊兰 C. longifolia** (L.) Fritsch

## （1）金兰（照片 480、481）

**Cephalanthera falcata** (Thunb.) Blume, Coll. Orchid. 187. 1859; 中国植物志 17: 79. 1999; Flora of China 25: 175. 2009; 陕西省重点保护野生植物: 310. 2017. ——*Serapias falcata* Thunb., in Murray, Syst. Veg., ed. 14, 816. 1784.

地生草本。高 15-50 厘米；茎下部具 3-5 枚鞘，中部以上具 4-7 片叶。叶片椭圆形至卵状披针形，长 5-11 厘米，宽 1.5-3.5 厘米，先端渐尖或钝，基部收狭并抱茎。总状花序长 3-8 厘米，具 3-12 朵花；花苞片很小，长 1-2 毫米；花黄色，直立，稍张开；萼片菱状椭圆形，长 1.2-1.5 厘米，宽 3.5-4.5 毫米，先端急尖或钝，具 5 条脉；花瓣与萼片相似，但稍短，长 1-1.2 厘米；唇瓣长 8-9 毫米，3 裂，基部有距；侧裂片三角形，多少围抱蕊柱；中裂片近扁圆形，长约 5 毫米，宽 8-9 毫米，上面有 5-7 条纵褶片，中央的 3 条较高；距圆锥形，长约 3 毫米，明显伸出侧萼片基部之外；蕊柱长 6-7 毫米。蒴果狭椭圆形，长 2-2.5 厘米，宽 5-6 毫米。花期 4-5 月，果期 8-9 月。

见于镇坪，生于海拔 823-1000 米的山坡林下；分布于山西、甘肃、河南、湖北、四川、云南、西藏。欧洲、中亚、北非至喜马拉雅地区也有分布。

CITES 附录Ⅱ收录物种。

## （2）银兰（图 186，照片 482、483）

**Cephalanthera erecta** (Thunb.) Blume, Coll. Orchid. 188. 1859; 秦岭植物志 1(1): 414. 1976; 中国植物志 17: 78. 1999; 陕西野生兰科植物图鉴: 18. 2007; Flora of China 25: 176. 2009; 陕西省重点保护野生植物: 309. 2017. ——*Serapias erecta* Thunb., in Murray, Syst. Veg., ed. 14, 816. 1784.

地生草本。高 10-35 厘米；茎下部具 2-4 枚鞘，中部以上具 2-5 片叶。叶片椭圆形至卵状披针形，长 2-8 厘米，宽 0.7-2.3 厘米，先端急尖或渐尖，基部收狭并抱茎。总状花序长 2-8 厘米，具 3-10 朵花；花序轴有棱；花苞片狭三角形至披针形，长 1-3 毫米，但最下面 1 片常为叶状，有时长可达花序的一半或与花序等长；花白色；萼片长圆状椭圆形，长 8-10 毫米，宽 2.5-3.5 毫米，先端急尖或钝，具 5 条脉；花瓣与萼片相似，但稍短；唇瓣长 5-6 毫米，3 裂，基部有距；侧裂片卵状三角形或披针形，多少围抱蕊柱；中裂片近心形或宽卵形，长约 3 毫米，宽 4-5

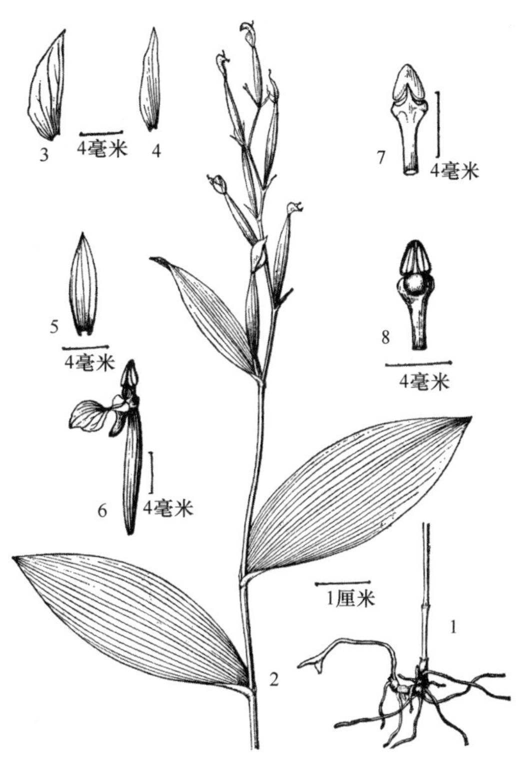


图 186. 银兰 **Cephalanthera erecta**

1. 茎基部和地下部分；2. 植株上部和花序；3. 侧萼片；4. 背萼片；5. 花瓣；6. 唇瓣；7. 蕊柱背面观；8. 蕊柱正面观（引自《秦岭植物志》）。

毫米，上面有 3 条纵褶片，纵褶片向前方逐渐为乳突所代替；距圆锥形，长约 3 毫米，伸出侧萼片基部之外；蕊柱长约 4 毫米。蒴果狭椭圆形或宽圆筒形，长约 1.5 厘米，宽 3.5-4.5 毫米。花期 4-6 月，果期 8-9 月。

产富县、黄陵、太白、商洛、柞水、山阳、宁陕、紫阳、岚皋、平利，生于海拔 700-2150 米的山地林下；分布于甘肃、安徽、浙江、福建、台湾、江西、湖北、广东、广西、重庆、四川、贵州。日本、朝鲜半岛也产。

全草入药。

陕西省地方重点保护植物；CITES 附录Ⅱ收录物种。

（3）**头蕊兰** 长叶头蕊兰（《秦岭植物志》）（图 187，照片 484）

**Cephalanthera longifolia** (L.) Fritsch, Oesterr. Bot. Z. 38: 81. 1888; 秦岭植物志 1(1): 415. 1976; 中国植物志 17: 76. 1999; 陕西野生兰科植物图鉴: 16. 2007; Flora of China 25: 177. 2009; 陕西省重点保护野生植物: 312. 2017. ——*Serapias helleborine* L. subsp. *longifolia* L., Sp. Pl. 2: 950. 1753.

地生草本。高 15-50 厘米；茎下部具 3-5 枚排列疏松的鞘。叶 4-7 片；叶片披针形、宽披针形或长圆状披针形，长 2.5-13 厘米，宽 0.5-2.5 厘米，先端长渐尖或渐尖，基部抱茎。总状花序长 1.5-6 厘米，具 2-13 朵花；花苞片线状披针形至狭三角形，长 2-6 毫米，但最下面 1-2 片叶状，长可达 7 厘米；花白色；萼片狭菱状椭圆形或狭椭圆状披针形，长 1.1-1.6 厘米，宽 3.5-4.5 毫米，先端渐尖或近急尖，具 5 条脉；花瓣近倒卵形，长约 8 毫米，宽约 4 毫米，先端急尖或具短尖；唇瓣长 5-6 毫米，3 裂，基部具囊；侧裂片近卵状三角形，多少围抱蕊柱；中裂片三角状心形，长 3-3.5 毫米，宽 5-6 毫米，上面具 3-4 条纵褶片，近顶端处密生乳突；唇瓣基部的囊短而钝，包藏于侧萼片基部之内；蕊柱长 4-5 毫米。蒴果椭圆形，长 1.7-2 厘米，宽 6-8 毫米。花期 5-6 月，果期 9-10 月。

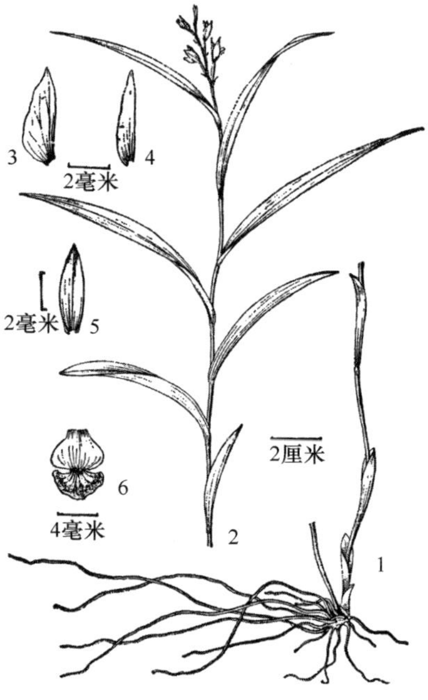

图 187. **头蕊兰**
**Cephalanthera longifolia**
1. 植株下部和根；2. 植株上部和花序；3. 背萼片；4. 侧萼片；5. 花瓣；6. 唇瓣（引自《秦岭植物志》）。

产富县、宜君、华阴、渭南、长安、鄠邑、周至、眉县、太白、山阳、宁陕、平利、南郑，生于海拔 850-2400 米的山地林下；分布于山西、甘肃、河南、湖北、四川、西藏。巴基斯坦、印度、不丹、尼泊尔、克什米尔地区及北非、西亚、欧洲也产。

陕西省地方重点保护植物；CITES 附录Ⅱ收录物种。

## 21. 火烧兰属 **Epipactis** Zinn

Cat. Pl. Hort. Gott. 85. 1757, nom. cons.; 秦岭植物志 1(1): 413. 1976; 中国植物志 17: 86. 1999; Flora of China 25: 179. 2009.

地生草本。根状茎缩短或伸长；茎直立，近基部具 2-3 枚鳞片状鞘，其上具 3-7 片叶。叶互生，下部叶基部抱茎，中部叶无叶鞘，上部叶苞片状。总状花序顶生，花平展或俯垂；花被片离生或稍靠合；花瓣与萼片相似，但较萼片短；唇瓣通常无距，分为上下两部分；基部的称下唇，通常为舟状或杯状，较少囊状；远轴的部分称上唇，常呈三角形，心形或其他形状；上下唇之间缢缩，常为一狭窄关节所连；蕊柱短；柱头隆起；蕊喙通常较大，有时无蕊喙；雄蕊无柄；花粉团4个，粒粉质；子房扭转。蒴果倒卵形或椭圆形，下垂或斜展。

本属约20种，主要分布于北温带，非洲和北美洲的热带地区也有分布。中国有10种；陕西产3种。

## 分种检索表

1. 唇瓣的下唇舟状，具侧裂片 ……………… （3）**大叶火烧兰 E. mairei** Schltr.
1. 唇瓣的下唇兜状，无侧裂片 ……………… 2
2. 叶无毛 ……………… （1）**火烧兰 E. helleborine** (L.) Crantz
2. 叶表面的叶脉和叶缘有白色乳头状短柔毛 ……………… （2）**细毛火烧兰 E. papillosa** Franch. & Sav.

### （1）**火烧兰** 小花火烧兰（《秦岭植物志》）（图188，照片485、486）

**Epipactis helleborine** (L.) Crantz, Stirp. Austr. Fasc. ed. 2, 2: 467. 1769; 秦岭植物志 1(1): 413. 1976; 中国植物志 17: 87. 1999; 陕西野生兰科植物图鉴: 20. 2007; Flora of China 25: 180. 2009; 陕西省重点保护野生植物: 340. 2017. ——*Serapias helleborine* L., Sp. Pl. 2: 949. 1753.

地生草本。高15-70厘米；根状茎粗短；茎上部被短柔毛，下部无毛，具2-3枚鳞片状鞘。叶4-7片，互生；叶片卵圆形、卵形至椭圆状披针形，长3-13厘米，宽1-6厘米，先端通常渐尖至长渐尖；茎上部的叶逐渐变窄而呈披针形或线状披针形。总状花序长10-30厘米，通常具3-40朵花；花苞片叶状，线状披针形，下部的长于花，向上逐渐变短；花梗和子房长1-1.5厘米，具黄褐色绒毛；花绿色或淡紫色，下垂；背萼片卵状披针形，较少椭圆形，舟状，长8-13毫米，宽4-5毫米，先端渐尖；侧萼片斜卵状披针形，长9-13毫米，宽约4毫米，先端渐尖；花瓣椭圆形，长6-8毫米，宽3-4毫米，先端急尖或钝；唇瓣长6-8毫米，中部明显缢缩；下唇兜状，长3-4毫米；上唇近三角形或近扁

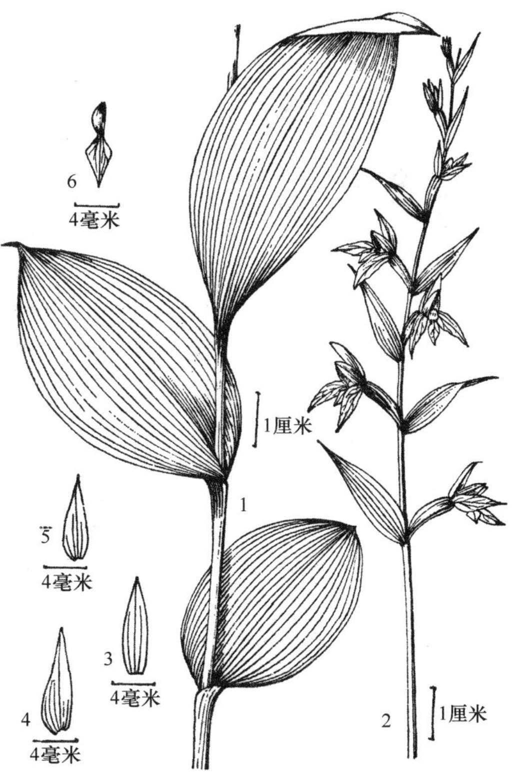


图188. **火烧兰 Epipactis helleborine**
1. 茎和叶；2. 花序；3. 背萼片；4. 侧萼片；5. 花瓣；6. 唇瓣（引自《秦岭植物志》）。

圆形，长约 3 毫米，宽 3-4 毫米，先端锐尖，在近基部两侧各有 1 枚长约 1 毫米的半圆形褶片；蕊柱长 2-5 毫米（不包括花药）。蒴果倒卵状椭圆形，长约 1 厘米。花期 7 月，果期 9 月。

见于靖边、延安、宜川、富县、黄陵、黄龙、宜君、淳化、旬邑、眉县、太白、商洛、山阳、宁陕、岚皋、镇巴、南郑，生于海拔 900-2900 米的山地草丛、灌丛或林缘；分布于辽宁、河北、山西、甘肃、青海、新疆、安徽、湖北、重庆、四川、贵州、云南、西藏。巴基斯坦、不丹、尼泊尔、俄罗斯西伯利亚地区及中亚、西亚、北非、欧洲也产，在北美洲已归化。

根可入药。

陕西省地方重点保护植物；CITES 附录Ⅱ收录物种。

（2）**细毛火烧兰**（照片 487）

**Epipactis papillosa** Franch. & Sav., Enum. Pl. Jap. 2: 519. 1878; 中国植物志 17: 89. 1999; Flora of China 25: 180. 2009.

地生草本。高 30-70 厘米；根状茎粗短；茎明显具柔毛和棕色乳头状凸起，基部具几枚鞘。叶 5-7 片，互生；叶片椭圆状卵圆形到宽椭圆形，长 7-12 厘米，宽 2-4 厘米，先端短渐尖，上面及边缘具白色的毛状乳突。总状花序长 10-20 厘米，具多花；花苞片较花长；花平展或下垂，青绿色；萼片窄卵圆形，先端急尖，长 9-12 毫米，宽 3-5 毫米；花瓣卵圆形，与萼片近等长，先端急尖；唇瓣淡绿色，与花瓣等长，中部明显缢缩；下唇圆形，呈兜状；上唇窄心形或三角形，先端急尖；蕊柱与唇瓣下唇近等长。蒴果椭圆状，长约 1 厘米。花期 8 月。

见于神木、洛川、黄龙等地，生于海拔 1000-1200 米的沟谷草甸、山坡林下；分布于辽宁。日本、朝鲜半岛也有分布。

CITES 附录Ⅱ收录物种。

（3）**大叶火烧兰** 火烧兰（《秦岭植物志》）（图 189，照片 488、489）

**Epipactis mairei** Schltr., Repert. Spec. Nov. Regni Veg. Beih. 4: 55. 1919; 秦岭植物志 1(1): 413. 1976; 中国植物志 17: 90. 1999; 陕西野生兰科植物图鉴: 22. 2007; Flora of China 25: 181. 2009; 陕西省重点保护野生植物: 341. 2017.

地生草本。高 30-130 厘米；根细长，多条，多少呈之字形曲折；根状茎粗短，有时不明显；茎上部和花序轴被锈色柔毛，下部无毛，

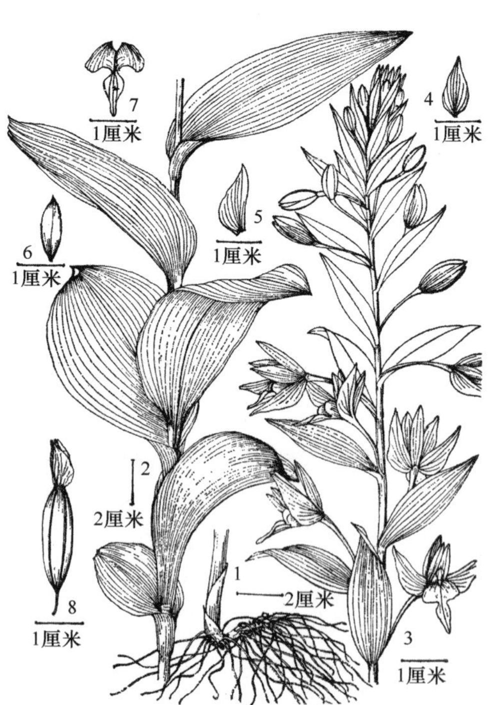

图 189. 大叶火烧兰 **Epipactis mairei**
1. 茎基部和根；2. 茎和叶；3. 花序；4. 背萼片；5. 侧萼片；6. 花瓣；7. 唇瓣；8. 幼果（引自《秦岭植物志》）。

基部具 2-3 枚鳞片状鞘。叶互生，5-8 片，中部叶较大；叶片卵圆形、卵形至椭圆形，长 7-16 厘米，宽 3-8 厘米，先端短渐尖至渐尖，基部延伸成鞘状，抱茎，茎上部的叶多为卵状披针形，向上逐渐过渡为花苞片。总状花序长 10-20 厘米，具 10-20 朵花；花苞片椭圆状披针形；子房和花梗长 1.2-1.5 厘米，被黄褐色或锈色柔毛；花黄绿带紫色、紫褐色或黄褐色，下垂；背萼片椭圆形或倒卵状椭圆形，舟形，长 13-17 毫米，宽 4-7.5 毫米，先端渐尖；侧萼片斜卵状披针形或斜卵形，长 14-20 毫米，宽 5-9 毫米，先端渐尖并具小尖头；花瓣长椭圆形或椭圆形，长 11-17 毫米，宽 5-9 毫米，先端渐尖；唇瓣中部稍缢缩而成上下唇；下唇长 6-9 毫米，两侧裂片近斜三角形，近直立，高 5-6 毫米，顶端钝圆，中央具 2-3 条鸡冠状褶片；上唇肥厚，卵状椭圆形、长椭圆形或椭圆形，长 5-9 毫米，宽 3-6 毫米，先端急尖；蕊柱连花药长 7-8 毫米；花药长 3-4 毫米。蒴果椭圆状，长约 2.5 厘米。花期 6-7 月，果期 9 月。

见于鄠邑、眉县、太白、凤县、商南、商洛、山阳、宁陕、石泉、平利、岚皋、镇坪、佛坪、洋县、镇巴、南郑，生于海拔 1400-2700 米的山地草丛、灌丛或林下；分布于甘肃、湖北、湖南、重庆、四川、贵州、云南、西藏。不丹、尼泊尔、缅甸也产。

陕西省地方重点保护植物；CITES 附录Ⅱ收录物种。

## 22. 双蕊兰属 **Diplandrorchis** S. C. Chen

植物分类学报 17(1): 2. 1979; 中国植物志 17: 94. 1999; Flora of China 25: 183. 2009; 西北植物学报 35(7): 1485-1487. 2015.

腐生小草本。根肉质，成簇，纤维状；根状茎粗短；茎直立，中下部具数枚圆筒状鞘，鞘向上逐渐变为苞片状。总状花序顶生，具多数小花；花苞片膜质；花梗较长，与子房有明显分界线；子房椭圆形；花直立，近辐射对称，几不扭转；花被由 3 片相似的萼片和 3 片相似的花瓣组成，无特化的唇瓣；蕊柱直立，圆柱形，腹背压扁；雄蕊 2 枚，相似，直立，位于近蕊柱顶端的前后两侧，分别与背萼片和中央花瓣对生，有时与背萼片对生的雄蕊无花药，变为条形附属物；花药 2 室，具极短的花丝；花粉团 2 个，粒粉质；柱头生于蕊柱顶端，近盘状。

本属 1 种，分布于辽宁，文献记载分布于陕西。

### （1）**双蕊兰**（图 190）

**Diplandrorchis sinica** S. C. Chen, 植物分类学报 17(1): 2. 1979; 中国植物志 17: 94. 1999; Flora of China 25: 183. 2009; 西北植物学报 35(7): 1485-1487. 2015.

植株高 17-24 厘米；根状茎稍弯曲，粗约 2.5 毫米；茎圆柱状，纤细，直径约 2 毫米，下部具数枚鞘，鞘长 2-3 厘米。总状花序长 6-8 厘米，具 13-17 朵花；花苞片披针形，长 7-8 毫米；花梗长 4-6 毫米；子房椭圆形，长约 4 毫米，宽约 2.5 毫米；花淡绿色或绿白色；萼片长圆状披针形，长约 3.5 毫米，宽约 1.5 毫米；侧萼片略歪斜；花瓣与唇瓣相似，近长圆形，较萼片略短而狭；蕊柱连花药长约 2.5 毫米；花药宽卵状长圆形，长约 0.6 毫米，直立；柱头顶生，近扁圆形，长盘状。花期 8 月。

据何毅等（2015）记载产黄陵，生于海拔1243-1599米的山坡林下，本志作者未见标本；分布于辽宁。

濒危（EN）；CITES附录Ⅱ收录物种。

本种于2015年在延安市黄陵县双龙镇大岔林场采集到标本［北师大队13-07，藏北京师范大学生命科学学院植物标本室（BNU）］，而作者于2019-2020年多次到该地及其附近，未能见到双蕊兰。

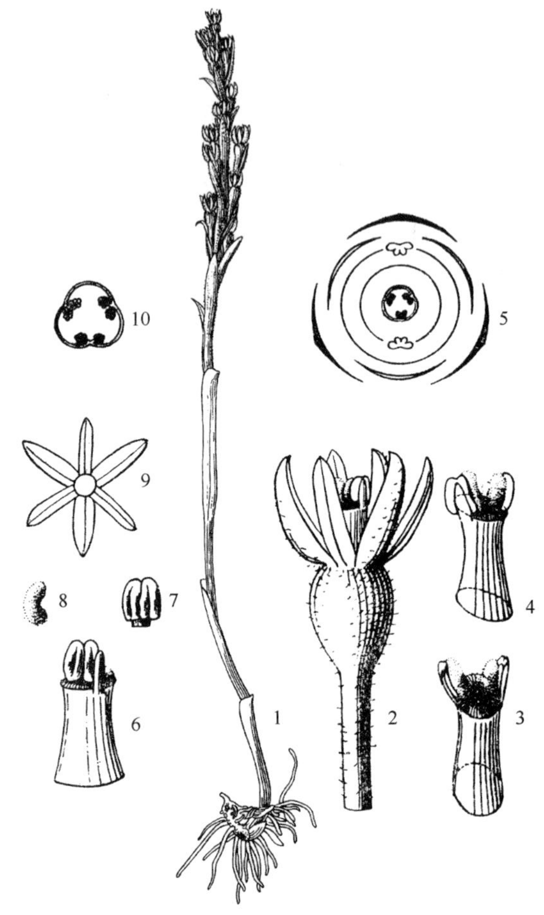

图190. 双蕊兰 **Diplandrorchis sinica**
1. 植株；2. 花；3、4. 蕊柱；5. 花图式；6. 不正常的蕊柱；7. 花药；8. 花粉团；9. 花被；10. 子房横切面（引自《植物分类学报》，刘春荣绘）。

## 23. 无喙兰属
## **Holopogon** Kom. & Nevski

Komarov, Fl. URSS 4: 750. 1935; 中国植物志 17: 96. 1999; Flora of China 25: 183. 2009.

腐生小草本。根肉质，成簇，纤维状；根状茎短缩；茎直立，中部以下具数枚圆筒状鞘。总状花序顶生，具多数小花；花苞片膜质；花梗较长；花直立或斜展；萼片相似，背面有毛；花瓣3片相似或中央1片变为特化的唇瓣，唇瓣明显大于花瓣且先端2裂；蕊柱较长，顶端稍扩大，背侧多少有龙骨状脊；脊一般粗厚，向上延伸成花丝；能育雄蕊1枚；花药通常以基部着生于花丝上，直立或近直立；花粉团2个，粒粉质，柔软；柱头顶生。

本属有6种，分布于中国、印度、日本及俄罗斯。中国有2种；陕西产2种。

### 分种检索表

1. 花被近辐射对称，3片花瓣相似，无特化唇瓣 ……………………………………………………（1）无喙兰 **H. gaudissartii** (Hand.-Mazz.) S. C. Chen
1. 花被两侧对称，唇瓣倒卵状楔形或长圆状倒卵形，先端2裂，明显不同于花瓣 ……………………………………………………（2）叉唇无喙兰 **H. smithianus** (Schltr.) S. C. Chen

### （1）**无喙兰**（照片490）

**Holopogon gaudissartii** (Hand.-Mazz.) S. C. Chen, 植物分类学报 35: 179. 1997; 中国植物志 17: 96. 1999; Flora of China 25: 184. 2009. ——*Neottia gaudissartii* Hand.-Mazz., Oesterr. Bot. Z. 86: 302. 1937.

植株高6-20厘米，丛生；根成簇；根状茎短；茎直立，灰褐色，上部多少被毛，中部以下具3-5枚鞘；鞘膜质，近圆筒状，长1-3厘米。总状花序顶生，长4-7厘米，具8-17朵花；花序轴被乳突状柔毛；花苞片披针形，膜质，长4-8毫米；花梗长8-10毫米，被乳突状柔毛；子房椭圆形，长3-4毫米，亦被乳突状短柔毛；花近辐射对称，直立，紫红色；萼片近直立，狭长圆形，长2.5-3毫米，宽0.8毫米，具1条脉；花瓣3片，相似，狭长圆形，长2.5-3毫米，宽约0.7毫米，无特化唇瓣；蕊柱直立，连花药长2-2.5毫米，背侧有明显的龙骨状脊；花药近卵状长圆形，长0.6-0.7毫米；花丝明显，但较短；花粉团近椭圆形，松散；顶生柱头略肥厚。花期9-10月。

仅见于耀州，生于海拔1380米的山坡林下；分布于辽宁、山西、河南。

濒危（EN）；CITES附录II收录物种。

**（2）叉唇无喙兰** 鸟巢兰（《秦岭植物志》）（照片491、492）

**Holopogon smithianus** (Schltr.) S. C. Chen, 植物分类学报 35: 179. 1997; 中国植物志 17: 97. 1999; 陕西野生兰科植物图鉴: 24. 2007; Flora of China 25: 184. 2009; 陕西省重点保护野生植物: 375. 2017. ——*Neottia smithiana* Schltr., Fedde Repert. Sp. Nov. 19: 375. 1924; 秦岭植物志 1(1): 412. 1976.

植株高10-30厘米，常成片生长；根成簇；根状茎短；茎灰褐色，上部多少被毛，中部以下具3-5枚鞘；鞘膜质，近圆筒状，长1-4厘米。总状花序顶生，长6-8厘米，具15-25朵花；花序轴被锈色乳突状短柔毛；花苞片卵形或卵状椭圆形，长6-7毫米，背面疏被乳突状短柔毛；花梗长3-5毫米，被乳突状短柔毛；子房椭圆形，长3-4毫米，亦被乳突状短柔毛；花斜展，扭转，绿色；萼片狭卵状椭圆形，长2.5-3毫米，宽0.8-1.5毫米，具1条脉；侧萼片略斜歪；花瓣线形，长2.5-3毫米，宽约0.5毫米，具1条脉；唇瓣明显不同于花瓣，近倒卵状楔形或长圆状倒卵形，长6-8毫米，中部宽约2.5毫米，先端2裂，基部收狭，边缘具细缘毛，上面近基部处有2条不甚明显的纵脊；先端2片裂片近平行，裂口深约1.5毫米，宽约1毫米，裂片近卵形或狭卵形；蕊柱长2-3毫米；花药近直立或稍俯倾；花丝明显，与花药近等长；顶生柱头稍向前倾斜。花期7-9月。

见于黄龙、黄陵、太白、佛坪、洋县，生于海拔1200-1500米的山地林下；分布于四川。

陕西省地方重点保护植物；濒危（EN）；CITES附录II收录物种。

## 24. 鸟巢兰属[①] **Neottia** Guett.

Hist. Acad. Roy. Sci. Mém. Math. Phys. (Paris, 4°) 1750: 374. 1754. nom. cons.; 秦岭植物志 1(1): 411. 1976; 中国植物志 17: 97. 1999; Flora of China 25: 184. 2009. ——*Listera* R. Br., W. Aiton & W. T. Aiton, Hort. Kew., ed. 2, 5: 201. 1813, nom. cons.; 中国植物志 17: 103. 1999.

自养或腐生小草本。根成簇，肉质，纤维状；根状茎短；茎直立，基部具几枚鞘，有或无绿叶。有叶时，叶2或3-4片，对生或近对生，生于茎中部，无柄或近无柄，卵形或心形。总状花序顶生，具多数花，罕1朵花；花苞片膜质，短于子房；花绿色、紫色、黄棕色或紫红色，倒置，罕不倒置；花梗细；子房椭圆形；萼片分离，相似，伸展；花瓣狭和短于萼片；唇瓣明显大于萼片和花瓣，有时基部具耳，无距，有时具浅囊，先端

① 包括对叶兰属（《中国植物志》）。

2 深裂，极少不裂；蕊柱近直立；花药生于蕊柱顶端后侧边缘，直立或俯倾；花丝极短或不明显；花粉团 2 个，每个又多少 2 纵裂，粒粉质；柱头近顶生，凹陷或呈唇形伸出；蕊喙大，平展或近直立，舌形或卵形。蒴果小。

本属约 70 种，分布于亚洲东部和北部、欧洲、北美洲，少数种分布到亚洲热带。中国有 35 种；陕西产 9 种。

## 分种及种下等级检索表

1. 腐生植物，无绿色叶……2
1. 自养植物，具 2 片对生或近对生绿叶……6
2. 唇瓣不裂；蕊柱（不包括花药和蕊喙）长不及 0.5 毫米……3
2. 唇瓣先端 2 裂；蕊柱（不包括花药和蕊喙）长 1.5-4 毫米……4
3. 花序轴光滑；花倒置……（4）**尖唇鸟巢兰 N. acuminata** Schltr.
3. 花序轴有毛；花不倒置……（5）**太白山鸟巢兰 N. taibaishanensis** P. H. Yang & K. Y. Lang
4. 唇瓣基部凹陷，先端 2 片裂片向左右两侧伸展，彼此交成钝角……（3）**凹唇鸟巢兰 N. papilligera** Schltr.
4. 唇瓣基部不凹陷，先端 2 片裂片向前叉开，彼此交成锐角……5
5. 唇瓣狭倒卵状长圆形，长 6-9 毫米，宽 3-4 毫米……（1）**高山鸟巢兰 N. listeroides** Lindl.
5. 唇瓣楔形，长 10-12 毫米，宽 1.5-2 毫米……（2）**北方鸟巢兰 N. camtschatea** (L.) Rchb. f.
6. 唇瓣基部明显具爪……（9）**圆唇对叶兰 N. oblata** (S. C. Chen) Szlach.
6. 唇瓣基部无爪……7
7. 唇瓣先端裂片长 5-7 毫米……8
7. 唇瓣先端裂片长约 3 毫米……9
8. 唇瓣基部具蜜穴……（7）**巨唇对叶兰 N. chenii** S. W. Gale & P. J. Cribb
8. 唇瓣基部无蜜穴……（8）**大花对叶兰 N. wardii** (Rolfe) Szlach.
9. 叶脉绿色，唇瓣裂片先端直……（6a）**对叶兰 N. puberula** (Maxim.) Szlach. var. **puberula**
9. 叶脉灰白色，唇瓣裂片先端稍向内弯曲……（6b）**花叶对叶兰 N. puberula** (Maxim.) Szlach. var. **maculata** (Tang & F. T. Wang) S. C. Chen, S. W. Gale & P. J. Cribb

### （1）高山鸟巢兰（照片 493、494）

**Neottia listeroides** Lindl., Royle, Ill. Bot. Himal. Mts. 368. 1939; 中国植物志 17: 98. 1999; Flora of China 25: 186. 2009.

腐生植物。植株高 15-35 厘米；茎上部疏被乳头状短柔毛，中部以下具 3-5 枚鞘，无绿叶；鞘膜质，长 1.5-3 厘米，下半部抱茎。总状花序顶生，长 6-15 厘米，通常具 10-20 朵花；花序轴有乳头状短柔毛；花苞片近长圆状披针形，花序基部的 1 片长 1.2-1.5 厘米，向上渐短，但均明显长于花梗；花梗长 6-8 毫米，被短柔毛；子房棒状，长 7-8 毫米，密被短柔毛；花小，淡绿色；萼片长圆状卵形，长约 5 毫米，宽约 1.5 毫米，先端钝，具 1 条脉；侧萼片斜歪；花瓣近线形或狭长圆形，长约 4.5 毫米，宽约 0.5 毫米；唇瓣狭倒卵状长圆形，长 6-9 毫米，上部宽 3-4 毫米，基部宽 1-2 毫米，先端 2 深裂，裂片近卵形或卵状披针形，长 1.5-2.5 毫米，向前伸展，彼此平行，2 片裂片间的凹缺具细尖；蕊柱长约 3 毫米，稍向前倾斜；花药俯倾，紧靠蕊喙，长约 0.7 毫米；柱头凹陷，近半圆形，有狭窄的边缘；蕊喙近宽卵状舌形，水平伸展，几与花药等长。花果期 7-8 月。

见于镇坪、平利，生于海拔 1600-1995 米的山坡林下；分布于甘肃、山西、四川、西藏、云南。尼泊尔、不丹、印度、巴基斯坦也有分布。

CITES 附录Ⅱ收录物种。

### （2）北方鸟巢兰

**Neottia camtschatea** (L.) Rchb. f., Icon. Fl. Germ. Helv. 13/14: 146. 1850-1851; 中国植物志 17: 99. 1999; Flora of China 25: 186. 2009; 陕西省重点保护野生植物: 386. 2017. ——*Ophrys camtschatea* L., Sp. Pl. 2: 948. 1753.

腐生植物。植株高 10-30 厘米；茎上部疏被短柔毛，中部以下具 2-4 枚鞘，无绿叶；鞘膜质，长 1-3 厘米，抱茎。总状花序顶生，长 5-15 厘米，通常具 12-25 朵花；花序轴有毛；花苞片狭卵状长圆形，花序基部的 1-2 片长 5-8 毫米，向上渐短；花梗长 3.5-5.5 毫米；子房椭圆形，长 2-3 毫米；花淡绿色至绿白色；背萼片舌状长圆形，长 5-6 毫米，宽约 1.5 毫米，先端钝，具 1 条脉；侧萼片稍斜歪；花瓣线形，长 3.5-4.5 毫米，宽约 0.5 毫米；唇瓣楔形，长 1-1.2 厘米，上部宽 1.2-2 毫米，基部极狭，先端 2 深裂，裂片披针形，长 3.5-5 毫米，稍叉开；蕊柱长约 3 毫米，向前弯曲；花药俯倾，长约 0.7 毫米；柱头凹陷，近半圆形；蕊喙大，卵状长圆形或宽长圆形，长约 0.7 毫米。蒴果椭圆形，长 8-9 毫米，宽 5-6 毫米。花果期 7-8 月。

见于宁陕，生于海拔 1600 米的林下或林缘；分布于河北、内蒙古、甘肃、青海、新疆。哈萨克斯坦、俄罗斯也有分布。

CITES 附录Ⅱ收录物种。

### （3）凹唇鸟巢兰（照片 495、496）

**Neottia papilligera** Schltr., Repert. Spec. Nov. Regni Veg. 16: 356. 1920; 中国植物志 17: 101. 1999; Flora of China 25: 187. 2009.

腐生植物。植株高达 30 厘米；茎中部以下具数枚鞘，无绿叶；鞘膜质，长 4.5 厘米，多少抱茎。总状花序顶生，长 10-12 厘米，上半部密生多朵花，下半部疏生 2-3 朵花；花序轴无毛或有毛；花苞片钻形，长 5-6 毫米；花梗长 5 毫米；子房近椭圆形，长 4-5 毫米；花肉色；萼片倒卵状匙形，长约 3.5 毫米，宽约 1.8 毫米，先端钝，具 1 条脉；花瓣近长圆形，与萼片近等长，宽约 1.5 毫米，具 1 条脉；唇瓣近倒卵形，长 5-5.5 毫米，基部明显凹陷，先端 2 深裂，裂片向左右两侧伸展，彼此交成钝角或几乎成为 180 度的直线，近长圆形，长 2.5-3 毫米，宽约 1.2 毫米，先端钝，稍扭转；蕊柱长 2-2.5 毫米，直立或稍向前倾斜；花药近长圆形，长约 1.2 毫米；柱头唇形，水平伸展，长约 1 毫米，先端 2 浅裂；蕊喙大，直立，近长圆形，长约 1.2 毫米。蒴果卵状椭圆形，长 7-8 毫米，宽 4-5 毫米。花果期 7-8 月。

见于宁陕、镇坪，生于海拔 1500 米左右的山坡林下；分布于黑龙江、吉林。俄罗斯、朝鲜半岛、日本也有分布。

濒危（EN）；CITES 附录Ⅱ收录物种。

（4）**尖唇鸟巢兰**（图 191，照片 497、498）

**Neottia acuminata** Schltr., Acta Hort. Gothob. 1: 141. 1924; 秦岭植物志 1(1): 411. 1976; 中国植物志 17: 102. 1999; 陕西野生兰科植物图鉴: 26. 2007; Flora of China 25: 188. 2009; 陕西省重点保护野生植物: 385. 2017.

腐生植物。植株高 10-35 厘米；茎中部以下具 3-5 枚鞘，无绿叶；鞘膜质，长 1-5 厘米，抱茎。总状花序顶生，长 4-8 厘米，通常具 20 余朵花；花序轴无毛；花苞片长圆状卵形，长 3-4 毫米，先端钝；花梗长 3-4 毫米；子房椭圆形，长 2.5-3 毫米；花小，黄褐色，常 3-4 朵聚生而呈轮生状；背萼片狭披针形，长 3-5 毫米，宽约 0.8 毫米，先端长渐尖，具 1 条脉；侧萼片与背萼片相似，但宽达 1 毫米；花瓣狭披针形，长 2-3.5 毫米，宽约 0.5 毫米；唇瓣形状变化较大，通常卵形、卵状披针形或披针形，长 2-3.5 毫米，宽 1-2 毫米，先端渐尖或钝，边缘稍内弯，具 1 或 3 条脉；蕊柱极短，明显短于着生于其上的花药或蕊喙；花药直立，近椭圆形，长约 1 毫米；柱头横长圆形，直立，左右两侧内弯，围抱蕊喙；蕊喙舌状，直立，长可达 1 毫米。蒴果椭圆形，长约 6 毫米，宽 3-4 毫米。花果期 6-8 月。

图 191. **尖唇鸟巢兰 Neottia acuminata**
植株（引自《秦岭植物志》）。

产眉县、柞水、佛坪、宁陕、镇坪，生于海拔 2300-3200 米的山地林下或草丛；分布于吉林、内蒙古、河北、山西、甘肃、青海、台湾、湖北、四川、云南、西藏。印度、尼泊尔、日本、朝鲜半岛、俄罗斯远东地区也产。

陕西省地方重点保护植物；CITES 附录Ⅱ收录物种。

（5）**太白山鸟巢兰**（彩图版 10）

**Neottia taibaishanensis** P. H. Yang & K. Y. Lang, 植物分类学报 44: 86. 2006; 陕西野生兰科植物图鉴: 28. 2007; Flora of China 25: 188. 2009; 秦岭植物志增补: 35. 2013; 陕西省重点保护野生植物: 389. 2017.

腐生植物。植株灰黑色，高 10-40 厘米；茎中部以下具 3-4 枚鞘，无绿叶；鞘膜质，抱茎。总状花序顶生，长 4-12 厘米，通常具 20-40 朵花；花序轴被伏贴银灰色长柔毛；花苞片卵形，长 2.5-3.5 毫米，宽 1-1.5 毫米，先端较钝；花梗长 3-4 毫米；子房倒卵形，长约 3 毫米，直径约 2 毫米；花不倒置，萼片、花瓣和唇瓣灰黑色而其边缘为灰白色；

背萼片线状披针形，长约 5 毫米，宽 0.5-0.6 毫米，先端渐尖，具 1 条脉；侧萼片与背萼片相似，但稍宽且略呈镰刀状，先端渐尖，具 1 条脉；花瓣狭披针形，长约 3 毫米，宽约 0.5 毫米，先端渐尖，具 1 条脉；唇瓣位于上方，宽倒卵形或近圆形，长约 3 毫米，宽 2-2.2 毫米，先端骤尖或钝尖，具 3-5 条脉；蕊柱极短，明显短于花药或蕊喙；花药直立。花期 8 月。

仅见于眉县太白山，生于海拔 2850 米左右的山地冷杉林下。陕西特有植物。

陕西省地方重点保护植物；CITES 附录Ⅱ收录物种。

## （6）对叶兰

**Neottia puberula** (Maxim.) Szlach., Fragm. Florist. Geobot., Suppl. 3: 118. 1995; Flora of China 25: 189. 2009; 陕西省重点保护野生植物: 388. 2017. ——*Listera puberula* Maxim., Bull. Acad. Imp. Sci. Saint-Pétersbourg 29: 204. 1884; 中国植物志 17: 107. 1999; 陕西野生兰科植物图鉴: 30. 2007; 秦岭植物志增补: 36. 2013.

地生草本。植株高 10-20 厘米；根状茎细长；茎近基部处具 2 枚膜质鞘，近中部处具 2 片对生叶，叶以上部分被短柔毛。叶片心形、宽卵形或宽卵状三角形，长 1.5-2.5 厘米，宽度通常稍超过长度，先端急尖或钝，基部宽楔形或近心形。总状花序长 2.5-7 厘米，被短柔毛，疏生 4-7 朵花；花苞片披针形，长 1.5-3.5 毫米，先端急尖；花梗长 3-4 毫米，具短柔毛；子房长约 6 毫米；花绿色；背萼片卵状披针形，长约 2.5 毫米，中部宽约 1.2 毫米，先端近急尖，具 1 条脉；侧萼片斜卵状披针形，与背萼片近等长；花瓣线形，长约 2.5 毫米，宽约 0.5 毫米，具 1 条脉；唇瓣窄倒卵状楔形或长圆状楔形，长 6-8 毫米，中部宽约 1.7 毫米，中脉较粗，先端 2 裂；裂片长圆形，长 2-2.5 毫米，宽约 1 毫米，2 片裂片叉开或几平行；蕊柱长 2-2.5 毫米，稍向前倾；花药向前俯倾；蕊喙大，宽卵形，短于花药。蒴果倒卵形，长约 6 毫米，粗约 3.5 毫米。花期 7-9 月，果期 9-10 月。

见于周至、太白、宁陕、佛坪、平利，生于山地林下阴湿处；分布于东北、华北及甘肃、青海、四川西北部、重庆。日本、朝鲜半岛、俄罗斯远东地区也产。

陕西省地方重点保护植物；CITES 附录Ⅱ收录物种。

图 192. 对叶兰 **Neottia puberula** var. **puberula**

1. 茎基部和根；2. 茎、叶和花序；3. 花（引自《秦岭植物志增补》）。

### （6a）对叶兰（原变种）（图 192，照片 499）

**Neottia puberula** (Maxim.) Szlach. var. **puberula**

叶脉绿色；唇瓣裂片先端直。

见于周至、太白、宁陕、佛坪，生于山地林下阴湿处；分布于东北、华北及甘肃、青海、四川西北部。日本、朝鲜半岛、俄罗斯远东地区也产。

陕西省地方重点保护植物；CITES 附录Ⅱ收录物种。

（6b）**花叶对叶兰**（变种）

**Neottia puberula** (Maxim.) Szlach. var. **maculata** (Tang & F. T. Wang) S. C. Chen, S. W. Gale & P. J. Cribb, Flora of China 25: 190. 2009; 陕西林业科技 46(5): 61. 2018.

叶脉（主脉和侧脉）灰白色；唇瓣裂片先端稍向内弯曲。

见于平利，生于海拔 2500 米的山坡林下；分布于甘肃、四川、重庆。

陕西省地方重点保护植物；易危（VU）；CITES 附录Ⅱ收录物种。

（7）**巨唇对叶兰**（照片 500）

**Neottia chenii** S. W. Gale & P. J. Cribb, Flora of China 25: 191. 2009; 陕西省重点保护野生植物: 387. 2017. ——*Listera grandiflora* Rolfe var. *megalochila* S. C. Chen, 植物分类学报 25: 473. 1987; 中国植物志 17: 115. 1999; 陕西野生兰科植物图鉴: 32. 2007; 秦岭植物志增补: 38. 2013.

地生草本。植株高 15-25 厘米；茎近基部处具 1 枚膜质鞘，通常在上部 2/3-3/4 处具 2 片对生叶，叶以上部分被短柔毛，并具 1-2 片苞片状小叶。叶片宽卵形或卵状心形，长宽各 2.5-4 厘米，先端近急尖或具短尖，基部宽楔形或浅心形，边缘有时具不整齐的细齿；苞片状小叶卵状披针形，有时长达 1 厘米，向上逐渐过渡为苞片。总状花序长 3-7 厘米，具 2-7 朵花；花序轴被短柔毛；花苞片卵状披针形，长可达 7 毫米；花梗长约 6 毫米；子房线形，长约 6 毫米；花较大，绿黄色；背萼片菱状椭圆形或椭圆形，长约 7 毫米，宽约 2.2 毫米，先端近急尖，具 1 条脉；侧萼片斜椭圆状披针形，与背萼片近等大；花瓣线形，与萼片等长，宽约 1 毫米；唇瓣倒卵状长圆形，长约 17 毫米，上部宽 6-8 毫米，基部具蜜穴，稍收狭，宽约 5 毫米，先端 2 裂，2 片裂片通常叉开，极少近平行；裂片近卵形，长 5-6 毫米，边缘具乳突状细缘毛；蕊柱长约 7 毫米，稍向前弯曲；花药位于药床之中，向前俯倾；蕊喙大，几与花药等长。花期 6-7 月。

见于佛坪，生于海拔 2700 米左右的山坡林下；分布于甘肃东南部、四川。

陕西省地方重点保护植物；CITES 附录Ⅱ收录物种。

（8）**大花对叶兰**（图 193）

**Neottia wardii** (Rolfe) Szlach., Fragm. Florist. Geobot., Suppl. 3: 119. 1995; Flora of China 25: 192. 2009; 陕西省重点保护野生植物: 389. 2017. ——*Listera wardii* Rolfe, Notes Roy. Bot. Gard. Edinburgh 8: 127. 1913. ——*Listera grandiflora* Rolfe, Kew Bull. 1896: 200. 1896; 中国植物志 17: 114. 1999; 秦岭植物志增补: 37. 2013.

地生草本。植株高 15-25 厘米；茎近基部处具 1 枚膜质鞘，通常在上部 2/3-3/4 处具 2 片对生叶，叶以上部分被短柔毛，并具 1-2 片苞片状小叶。叶片宽卵形或卵状心形，长宽各 2.5-4 厘米，先端近急尖或具短尖，基部宽楔形或浅心形，边缘有时具不整齐的细齿；苞片状小叶卵状披针形，有时长可达 1 厘米，向上逐渐过渡为苞片。总状花序长 3-7 厘米，具 2-7 朵花；花序轴被短柔毛；花苞片卵状披针形，长可达 7 毫米；花梗长约 6 毫米；子房线形，长约 6 毫米；花较大，绿黄色；背萼片椭圆形，长约 7 毫米，宽约 2.2 毫米，先端近急尖，具 1 条脉；侧萼片斜椭圆状披针形，与背萼片近等大；花瓣线形，与萼片等长，宽约 1 毫米；唇瓣倒卵状楔形，长约 17 毫米，上部宽 6-8 毫米，基部无蜜穴，明显变窄，宽 2-3.5 毫米，先端 2 裂；2 片裂片通常叉开，极少近平行；裂片近卵形，长 5-6 毫米，边缘具乳突状细缘毛；蕊柱长约 7 毫米，稍向前弯曲；花药位于药床之中，向前俯倾；蕊喙大，几与花药等长。花期 6-7 月。

见于佛坪，生于海拔 1600-2700 米的山坡林下阴湿处；分布于湖北、四川、云南、西藏。

陕西省地方重点保护植物；CITES 附录II收录物种。

图 193. **大花对叶兰 Neottia wardii**
1. 茎基部和根；2. 茎、叶和花序；3. 花
（引自《秦岭植物志增补》）。

**（9）圆唇对叶兰**（照片 501、502）

**Neottia oblata** (S. C. Chen) Szlach., Fragm. Florist. Geobot., Suppl. 3: 118. 1995; Flora of China 25: 192. 2009. ——*Listera oblata* S. C. Chen, Kew Bull. 35(4): 759. 1981; 中国植物志 17: 116. 1999.

地生草本。植株高约 23 厘米；根状茎缩短；茎近基部处具 1 枚鞘，通常在近中部具 2 片对生叶，叶以上部分被短柔毛，并具 3 片苞片状小叶。叶片近心形，长 2.8 厘米，宽 3-3.5 厘米，先端近急尖，基部稍心形；苞片状小叶卵状披针形，长 5-6 毫米，向上逐渐过渡为苞片。总状花序长 6.5 厘米，具 7 朵疏松排列的花；花序轴被短柔毛；花苞片卵状披针形，长约 5 毫米；花梗长约 4 毫米；子房棍棒状，长约 4 毫米；花中等大；背萼片狭椭圆形，长约 5 毫米，中部宽约 2 毫米，先端钝，具 1 条脉；侧萼片斜椭圆状披针形，长约 6.5 毫米，中部宽约 2.5 毫米，先端近渐尖；花瓣线形，与侧萼片等长，宽仅约 0.7 毫米；唇瓣甚大，近圆形或扁圆形，基部骤然收狭成柄，柄长约 2 毫米，宽约 1.5 毫米，唇瓣连柄长约 13 毫米，上部宽约 12 毫米，先端 2 裂，裂口深约 4.5 毫米，中脉较宽并呈深褐色，边缘具乳突状细缘毛，2 片裂片平行，边缘多少重叠；蕊柱长约 5.5 毫米，稍向前弯曲；花药位于药床之中；蕊喙大，伸出花药之外。

见于太白、平利，生于海拔 1765 米的沟谷杂木林下；分布于重庆。

濒危（EN）；CITES 附录II收录物种。

## 25. 天麻属 **Gastrodia** R. Br.

Prodr. 330. 1810; 秦岭植物志 1(1): 418. 1976; 中国植物志 18: 29. 1999; Flora of China 25: 201. 2009.

腐生直立草本。根状茎肥厚，块茎状，圆柱状，具短的节间；茎直立，黄褐色，中部以下具数节，节上被筒状或鳞片状鞘。总状花序顶生，具多数花，较少退化为单花；花近壶形、钟状或宽圆筒状；萼片和花瓣合生而成筒，仅上端分离；花被筒有时膨大成囊状；唇瓣贴生于蕊柱足末端，较小，几乎完全为筒所包；蕊柱长，具狭翅，具短的蕊柱足；花药较大，近顶生；花粉团 2 个，粒粉质，通常由可分的小团块组成；柱头隆起。蒴果直立。

本属约 20 种，分布于东亚、东南亚、非洲热带地区及大洋洲。中国有 15 种；陕西产 1 种。

## 种下等级检索表

1. 花散生于花序轴上；蒴果倒卵状椭圆形，长 1.4-1.8 厘米，宽 8-9 毫米……………………………………（1a）**天麻 G. elata** Blume var. **elata**
1. 花螺旋状生于花序轴上；果实倒卵形，长 1.2-1.5 厘米，宽 8-10 毫米……………………………………（1b）**卵果天麻 G. elata** Blume var. **obovata** Y. J. Zhang

### （1）天麻

**Gastrodia elata** Blume, Mus. Bot. 2: 174. 1856; 秦岭植物志 1(1): 418. 1976; 中国植物志 18: 31. 1999; 陕西野生兰科植物图鉴: 100. 2007; Flora of China 25: 203. 2009; 陕西省重点保护野生植物: 355. 2017.

植株高 15-180 厘米，有时可达 2 米；根状茎椭圆形至近哑铃形，肉质，长 8-12 厘米，直径 3-5(-7)厘米，有时更大，具较密的节，节上被许多三角状宽卵形的鞘；茎直立，橙黄色、黄色、灰棕色或蓝绿色，下部被数枚膜质鞘。总状花序长 5-30(-50)厘米，通常具 30-50 朵花；花苞片长圆状披针形，长 1-1.5 厘米；花梗和子房长 7-12 毫米；花扭转，橙黄色、淡黄色、蓝绿色或黄白色，近直立；萼片和花瓣合生成的花被筒长约 1 厘米，直径 5-7 毫米，顶端具 5 片裂片；外轮裂片（萼片离生部分）卵状三角形，先端钝；内轮裂片（花瓣离生部分）近长圆形，较小；唇瓣长圆状卵圆形，长 6-7 毫米，宽 3-4 毫米，3 裂，基部具爪，上部边缘有不规则短流苏；唇盘上面具乳突，具 1 对肉质胼胝体；蕊柱长 5-7 毫米，有短的蕊柱足。蒴果倒卵状椭圆形或倒卵形。花果期 5-7 月。

见于秦巴山区，生于海拔 1000-2200 米的山坡、山谷或山梁林下；分布于华中、西南及吉林、辽宁、河北、山西、甘肃、江苏、安徽、浙江、福建、台湾、江西。印度、不丹、尼泊尔、日本、朝鲜半岛、俄罗斯远东地区也产。

### （1a）天麻（原变种）（图 194，照片 503、504）

**Gastrodia elata** Blume var. **elata**

花散生于花序轴上；蒴果倒卵状椭圆形，长 1.4-1.8 厘米，宽 8-9 毫米。

见于秦巴山区，生于海拔 1000-2200 米的山坡、山谷或山梁林下；分布于华中、西南及吉林、辽宁、河北、山西、甘肃、江苏、安徽、浙江、福建、台湾、江西。印度、不丹、尼泊尔、日本、朝鲜半岛、俄罗斯远东地区也产。

块茎入药。

国家二级重点保护野生植物；陕西省地方重点保护植物；CITES 附录Ⅱ收录物种。

### (1b) 卵果天麻（变种）

**Gastrodia elata** Blume var. **obovata** Y. J. Zhang, 西北植物学报 30(6): 1277-1278. 2010.

花螺旋状着生于花序轴上；果实倒卵形，长 1.2-1.5 厘米，宽 8-10 毫米。

产略阳，生于海拔 950 米的山坡林下。陕西特有植物。

块茎入药。

国家二级重点保护野生植物；CITES 附录 II 收录物种。

## 26. 虎舌兰属
## **Epipogium** J. F. Gmel. ex Borkh.

Tent. Disp. Pl. German. 139. 1792; 中国植物志 18: 43. 1999; Flora of China 25: 207. 2009.

腐生草本。根状茎珊瑚状或肉质块茎状；茎直立，有节，肉质，黄褐色，疏被鳞片状鞘。总状花序顶生，具数朵或多数花；花苞片小；子房膨大；花常多少下垂；萼片和花瓣相似，离生；唇瓣较宽阔，肉质，凹陷，基部具宽大的距，唇盘上常有疣状凸起的纵脊或褶片；蕊柱短，无蕊柱足；花药向前俯倾；花粉团 2 个，有裂隙，松散的粒粉质，由小团块组成，各具 1 个纤细的花粉团柄和 1 个共同的黏盘；柱头生于蕊柱前方近基部处，蕊喙较小。蒴果椭圆形或卵形。

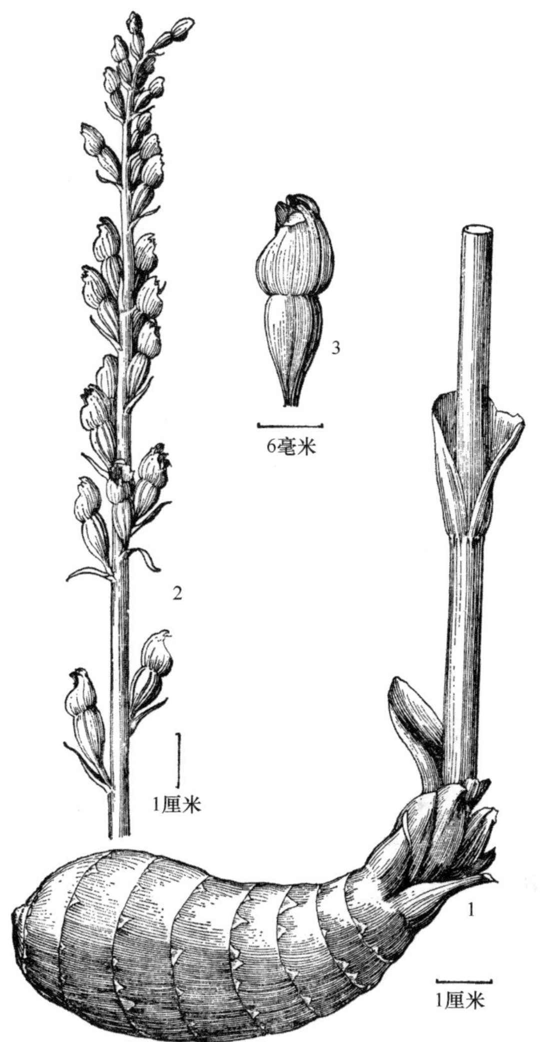


图 194. 天麻 **Gastrodia elata** var. **elata**

1. 根状茎和茎下部；2. 花序；3. 花（引自《秦岭植物志》）。

本属有 3 种，分布于亚洲、欧洲、非洲、澳大利亚及西太平洋岛屿。中国 3 种均产；陕西产 2 种。

### 分种检索表

1. 植物具珊瑚状的根状茎；花不倒置；唇瓣近基部 3 裂 ·························· （1）裂唇虎舌兰 **E. aphyllum** (F. W. Schmidt) Sw.
1. 植物具块茎；花倒置；唇瓣不裂 ························ （2）日本虎舌兰 **E. japonicum** Makino

## （1）裂唇虎舌兰（图 195，照片 505）

**Epipogium aphyllum** (F. W. Schmidt) Sw., Summa Veg. Scand. 32. 1814; 中国植物志 18: 44. 1999; 陕西野生兰科植物图鉴: 102. 2007; Flora of China 25: 208. 2009; 秦岭植物志增补: 53. 2013; 陕西省重点保护野生植物: 343. 2017. ——*Orchis aphylla* F. W. Schmidt, J. Mayer, Samml. Phys. Aufsätze Böhm. Naturgesch. 1: 240. 1791, non Forsskål, Fl. Aegypt.-Arab. 156 1775.

图 195. 裂唇虎舌兰
**Epipogium aphyllum**
1. 根状茎和茎下部；2. 花序；3. 花（引自《秦岭植物志增补》）。

植株高 10-30 厘米；根状茎珊瑚状；茎淡褐色，具数枚膜质鞘；鞘抱茎，长 5-9 毫米。总状花序具 2-6 朵花；花苞片狭卵状长圆形，长 6-8 毫米；花梗纤细，长 3-5 毫米；子房膨大，长 3-5 毫米；花黄色而带粉红色或淡紫色晕，多少下垂；萼片披针形或狭长圆状披针形，长 1.2-1.8 厘米，宽 2-3 毫米，先端钝；花瓣与萼片相似，常略宽于萼片；唇瓣近基部 3 裂；侧裂片直立，近长圆形或卵状长圆形，长 3-3.5 毫米，宽约 3 毫米；中裂片卵状椭圆形，凹陷，长 8-10 毫米，宽 6-7 毫米，先端急尖，边缘近全缘并多少内卷，内面常有 4-6 条紫红色的纵脊；距粗大，长 5-8 毫米，宽 4-5 毫米；蕊柱粗短，长 6-7 毫米。花期 8-9 月。

见于眉县、周至，生于海拔 2600-3200 米的山坡林下；分布于东北及内蒙古、山西、甘肃、新疆、四川、云南、西藏。印度、克什米尔地区、日本、朝鲜半岛、俄罗斯西伯利亚地区及欧洲也产。

陕西省地方重点保护植物；濒危（EN）；CITES 附录Ⅱ收录物种。

## （2）日本虎舌兰（图 196，照片 506）

**Epipogium japonicum** Makino, Bot. Mag. (Tokyo) 18: 131. 1904; 陕西野生兰科植物图鉴: 104. 2007; Flora of China 25: 208. 2009; 秦岭植物志增补: 54. 2013.

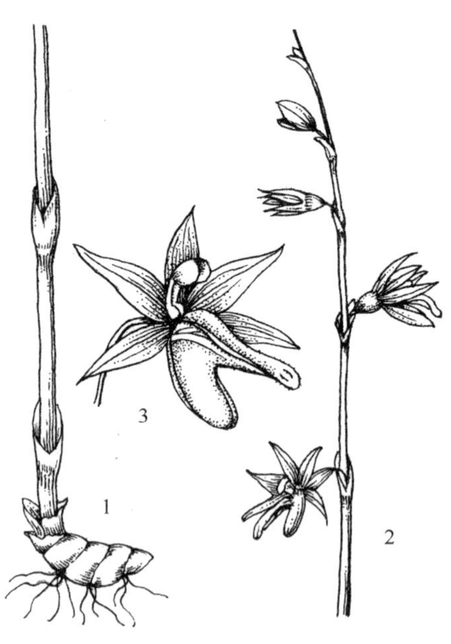


图 196. 日本虎舌兰
**Epipogium japonicum**
1. 根状茎和茎下部；2. 花序；3. 花（引自《秦岭植物志增补》）。

植株高 10-25 厘米；块茎近椭圆形，密生环状节，长 10-25 毫米，直径 4-6 毫米，横卧或斜下；茎黄褐色，遍布淡紫色斑点（鲜时），具 1-3 枚鞘；鞘膜质，黄褐色，抱茎，长 5-15 毫米。总状花序具 2-6 朵花；花苞片膜质，黄褐色，直立，卵形，长 8-10 毫米，宽 4-6 毫米；花梗扭曲，长 4-5 毫米，向下弯曲；子房长 4-6 毫米，不扭曲，下垂；花倒置，淡黄色，但唇瓣白色，具紫色条状斑，下垂；背萼片宽披针形，长 9-11 毫米，宽 3-4 毫米，具 3 条脉；侧萼片披针形，较背萼片稍窄，长 9-11 毫米，宽 2-3 毫米，中脉显著；花瓣卵状披针形，稍偏斜，长 8-10 毫米，宽 5-6 毫米，中脉显著；唇瓣位于下方，心形或宽卵形，不裂，具明显紫色斑点，两侧边缘向内反折近 1 毫米，仅唇瓣顶端不反折，除基部外，唇瓣上面具明显的乳状凸起，长宽近相等（完全展开后），长 8-11 毫米，宽 10-11 毫米，基部具距；距扁圆筒状，弯曲，与唇瓣平行向前伸展，长 7-9 毫米，宽 3-5 毫米，末端 2 浅裂；蕊柱宽扁，上部膨大成杯状，长 4-5 毫米，宽 1.5-2.5 毫米；花粉团近纺锤形，长约 1 毫米，花粉团柄纤细，长约 2 毫米；花药药帽近三角形，高约 2 毫米；花药窝漏斗状，深约 2 毫米；蕊喙小；柱头 2 枚，隆起，长约 1 毫米，位于蕊柱前方基部处。花期 8-10 月。

见于鄠邑、平利，生于海拔 1600 米左右的山谷林下；分布于台湾、四川。日本也产。

陕西省地方重点保护植物；CITES 附录Ⅱ收录物种。

2017 年出版的《陕西省重点保护野生植物》收录的日本虎舌兰，其文字描述属于日本虎舌兰，所附图片属于戟唇叠鞘兰[**Chamaegastrodia vaginata** (Hook. f.) Seidenfaden]。

## 27. 白及属 **Bletilla** Rchb. f.

Fl. Serres Jard. Eur. 8: 246. 1853, nom. cons.; 秦岭植物志 1(1): 416. 1976; 中国植物志 18: 46. 1999; Flora of China 25: 209. 2009.

地生草本。根数条；根状茎块茎状，肉质；茎直立，被叶鞘包裹。叶 3-6 片，互生，狭长圆状披针形或线状披针形，叶片与叶柄之间具关节。总状花序顶生，具数朵花，不分枝或罕分枝，花序轴曲折成之字形；花紫红色、粉红色、黄色或白色，倒置；萼片和花瓣相似，离生；唇瓣中部以上常 3 裂，侧裂片直立，或多或少抱蕊柱，唇瓣上面从基部至近先端具 5 条纵脊状褶片；基部无距；蕊柱细长，无蕊柱足，两侧具翅；花药着生于药床的齿状中裂片上，帽状，具或多或少分离的 2 室；花粉团 8 个，组成 2 群，每室 4 个，成对而生，粒粉质，具不明显的花粉团柄，无黏盘；柱头 1 枚，位于蕊喙之下。蒴果长圆状纺锤形，直立。

本属有 6 种，分布于亚洲东部和东南部。中国有 4 种；陕西产 3 种。

### 分种检索表

1. 萼片和花瓣浅黄绿色，罕近白色；唇瓣侧裂片先端钝……………（3）**黄花白及 B. ochracea** Schltr.
1. 萼片和花瓣浅紫色、紫红色或粉红色，罕近白色；唇瓣侧裂片先端急尖或近急尖……………2
2. 唇盘上面具 5 条纵脊状褶片，褶片从基部至中裂片上面均为波状……………………………（1）**小白及 B. formosana** (Hayata) Schltr.
2. 唇盘上面具 5 条纵褶片，从基部伸至中裂片近顶部，仅在中裂片上面为波状……………………………（2）**白及 B. striata** (Thunb.) Rchb. f.

### （1）小白及（图 197）

**Bletilla formosana** (Hayata) Schltr., Repert, Spec. Nov. Regni Veg. 10: 256. 1911; 中国植物志 18: 47. 1999; 陕西野生兰科植物图鉴: 106. 2007; Flora of China 25: 209. 2009; 秦岭植物志增补: 55. 2013; 陕西省重点保护野生植物: 288. 2017. ——*Bletia formosana* Hayata, J. Coll. Sci. Imp. Univ. Tokyo 30(1): 323. 1911.

植株高 15-50 厘米；根状茎扁卵球形，上面具荸荠似的环带，富黏性；茎纤细或较粗壮，具3-5片叶。叶一般较狭，通常线状披针形、狭披针形至狭长圆形，长6-20厘米，宽5-10毫米，先端渐尖，基部抱茎。总状花序具(1-)2-6朵花；花苞片长圆状披针形，长1-1.3厘米，先端渐尖，开花时凋落；子房圆柱形，扭转，长8-12毫米；花淡紫色或粉红色，罕白色；萼片和花瓣狭长圆形，长15-21毫米，宽4-6.5毫米；萼片先端近急尖；花瓣先端稍钝；唇瓣椭圆形，长15-18毫米，宽8-9毫米，中部以上3裂；侧裂片直立，斜的半圆形，围抱蕊柱，先端稍尖或急尖；中裂片近圆形或近倒卵形，长宽均4-5毫米，边缘微波状，先端钝圆；唇盘上面具5条纵脊状褶片；褶片从基部至中裂片上面均为波状；蕊柱长12-13毫米，柱状，具狭翅。花期4-6月。

图197. 小白及 **Bletilla formosana**
1. 植株；2. 唇瓣（引自《秦岭植物志增补》）。

见于宁陕、镇坪、洋县、勉县，生于海拔1000-1200米的山地林下；分布于甘肃、台湾、江西、广西、重庆、四川、贵州、云南、西藏。日本也产。

块茎入药。

陕西省地方重点保护植物；濒危（EN）；CITES附录II收录物种。

**（2）白及**（图198，照片507、508）

**Bletilla striata** (Thunb.) Rchb. f., Bot. Zeitung (Berlin) 36: 75. 1878; 秦岭植物志 1(1): 418. 1976; 中国植物志 18: 50. 1999; 陕西野生兰科植物图鉴: 108. 2007; Flora of China 25: 210. 2009; 陕西省重点保护野生植物: 291. 2017. ——*Limodorum striatum* Thunb., in Murray, Syst. Veg., ed. 14, 816. 1784.

图198. 白及 **Bletilla striata**
1. 植株下部；2. 花序；3. 唇瓣；4. 蕊柱（引自《秦岭植物志》）。

植株高18-60厘米；根状茎扁球形，上面具荸荠似的环带，富黏性；茎劲直。叶4-6片，狭长圆形或披针形，长8-30厘米，宽1.5-4厘米，先端渐尖，基部抱茎。花序具3-10朵花，常不分枝或极罕分枝；花苞片长圆状披针形，长2-2.5厘米，开花时常凋落；花大，紫红色或粉红色；萼片和花瓣近等长，狭长圆形，长25-30毫米，宽6-8毫米；花瓣较萼片稍宽；唇瓣较萼片和花瓣稍短，倒卵状椭圆形，长23-28毫米，白色带紫红色；唇盘上面具5条纵褶片，从基部伸至中裂片近顶部，仅在中裂片上面为波状；蕊柱长18-20毫米，柱状，具狭翅。花期4-5月。

见于商南、山阳、宁陕、岚皋、平利、镇坪、佛坪，生于海拔600-1350米的山地草丛或林下；分布于甘肃、江苏、安徽、浙江、福建、江西、湖北、湖南、广东、广西、重庆、四川、贵州。缅甸、日本、朝鲜半岛也产。

块茎入药。

国家二级重点保护野生植物；陕西省地方重点保护植物；濒危（EN）；CITES 附录Ⅱ收录物种。

（3）**黄花白及** 狭叶白及（《秦岭植物志》）（图 199，照片 509、510、511）

**Bletilla ochracea** Schltr., Repert, Spec. Nov. Regni Veg. 12: 105. 1913; 秦岭植物志 1(1): 417. 1976; 中国植物志 18: 50. 1999; 陕西野生兰科植物图鉴: 110. 2007; Flora of China 25: 210. 2009; 陕西省重点保护野生植物: 290. 2017.

植株高 25-55 厘米；根状茎扁斜卵形，较大，上面具荸荠似的环带，富黏性；茎较粗壮，常具 4 片叶。叶长圆状披针形，长 8-35 厘米，宽 1.5-2.5 厘米，先端渐尖或急尖，基部抱茎。花序具 3-8 朵花，通常不分枝或极罕分枝；花苞片长圆状披针形，长 1.8-2 厘米，先端急尖，开花时凋落；花中等大，黄色或萼片和花瓣外侧黄绿色，内面黄白色，罕近白色；萼片和花瓣近等长，长圆形，长 18-23 毫米，宽 5-7 毫米，先端钝或稍尖；唇瓣椭圆形，白色或淡黄色，长 15-20 毫米，宽 8-12 毫米，在中部以上 3 裂；侧裂片直立，斜的长圆形，围抱蕊柱，先端钝；中裂片近正方形，边缘微波状，先端微凹；唇盘上面具 5 条纵脊状褶片；褶片仅在中裂片上面为波状；蕊柱长 15-18 毫米，柱状，具狭翅。花期 6-7 月。

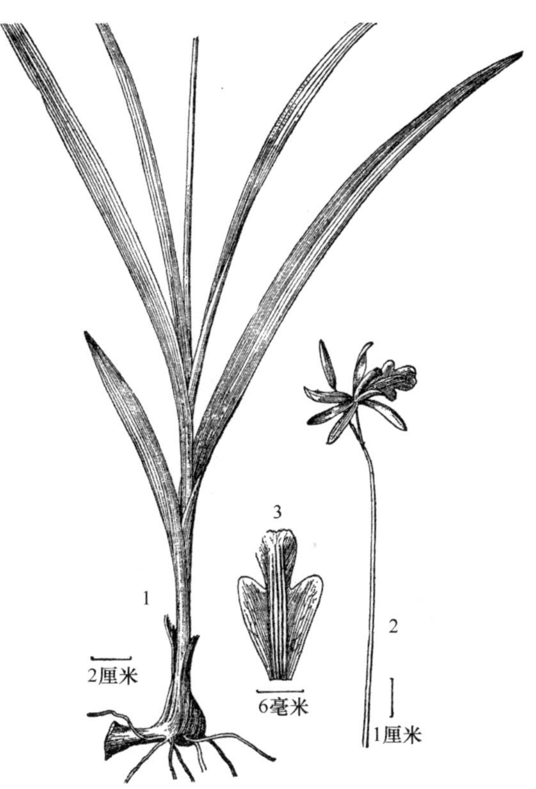

图 199. **黄花白及 Bletilla ochracea**
1. 植株下部；2. 花序；3. 唇瓣（引自《秦岭植物志》）。

见于山阳、宁陕、汉阴、石泉、紫阳、旬阳、岚皋、平利、镇坪、佛坪、洋县、宁强、留坝、略阳，生于海拔 1000-2000 米的山地林下；分布于甘肃东南部、河南、湖北、湖南、广西、重庆、四川、贵州、云南。越南也产。

块茎入药。

陕西省地方重点保护植物；濒危（EN）；CITES 附录Ⅱ收录物种。

## 28. 羊耳蒜属 **Liparis** Rich.

De Orchid. Eur. 21, 30, 38. 1817, nom. cons.; 秦岭植物志 1(1): 422. 1976; 中国植物志 18: 53. 1999; Flora of China 25: 211. 2009.

地生或附生草本。茎为假鳞茎或多节的肉质茎。叶 1 片或较多，卵形或椭圆形，草质、纸质或厚纸质，基生、茎生或生于假鳞茎顶端。总状花序顶生，直立、外弯或下垂，疏生或密生多花；花苞片宿存；花白色、绿黄色或红色；萼片相似，离生或极少2枚侧萼片合生，伸展、反折或外卷；花瓣较萼片狭，线形或丝形；唇瓣通常不裂，罕为3裂，在中部或中部以下缢缩，上部常反折，基部或中部具胼胝体，无距；蕊柱一般较长，多少向前弓曲，上部两侧多少具翅；花药俯倾，极少直立；花粉团4个，组成2对，蜡质，无明显的花粉团柄和黏盘。蒴果近球形或椭圆形。

本属约320种，广布于全球热带和亚热带地区，少数见于北温带。中国有64种，以西南和台湾最多；陕西产7种。

### 分种检索表

1. 叶坚纸质，基部具关节；附生植物……………………………………（7）**小羊耳蒜 L. fargesii** Finet
1. 叶草质或膜质，基部无关节；地生植物……………………………………………………………2
2. 植株具圆筒状、多节的肉质茎……………………（4）**见血青 L. nervosa** (Thunb. ex A. Murray) Lindl.
2. 植株不具圆筒状、多节的肉质茎，仅在基部具卵形或其他形状假鳞茎……………………………3
3. 唇瓣基部无胼胝体…………………………………………（1）**羊耳蒜 L. campylostalix** Rchb. f.
3. 唇瓣基部具胼胝体或褶片…………………………………………………………………………4
4. 唇瓣先端具长约1毫米的尾状长尖……………………（6）**吉氏羊耳蒜 L. tsii** H. Z. Tian & A. Q. Hu
4. 唇瓣先端钝或具短尖………………………………………………………………………………5
5. 花序具多数花，可达13朵…………………………………（2）**二褶羊耳蒜 L. cathcartii** Hook. f.
5. 花序具1-8朵花………………………………………………………………………………………6
6. 侧萼片基部合生；唇瓣狭长圆形，长14-15毫米，宽5-6毫米，基部的褶片明显，叉状分开…………
……………………………………………（5）**矩唇羊耳蒜 L. angustioblonga** P. H. Yang & X. H. Jin
6. 侧萼片基部不合生；唇瓣倒卵状椭圆形，长13-20毫米，宽8-12毫米，基部的褶片明显或不明显
………………………………………………………………（3）**长唇羊耳蒜 L. pauliana** Hand.-Mazz.

**（1）羊耳蒜** 齿唇羊耳蒜（《西藏植物志》）（图200，照片512、513）

**Liparis campylostalix** Rchb. f., Linnaea, 41: 45. 1877; 中国植物志 18: 64. 1999; Flora of China 25: 216. 2009; 陕西省重点保护野生植物: 378. 2017. ——*Liparis japonica* (Miq.) Maxim., Bull. Acad. Imp. Sci. Saint-Pétersbourg 31: 102. 1887; 秦岭植物志 1(1): 422. 1976; 中国植物志 18: 62. 1999; 陕西野生兰科植物图鉴: 112. 2007.

地生草本。假鳞茎卵形，长5-12毫米，直径3-8毫米。叶2片，卵形、卵状长圆形或近椭圆形，膜质或草质，长5-10厘米，宽2-4厘米，先端急尖或钝，边缘皱波状或近全缘，基部收狭成鞘状柄；鞘状柄长3-8厘米，初时抱花莛，果期则多少分离。花莛长12-50厘米；花序柄圆柱形；总状花序具数朵至10余朵花；花苞片狭卵形，长2-5毫米；花梗和子房长8-10毫米；花通常淡绿色，有时可变为粉红色或带紫红色；萼片线状披针形，长7-9毫米，宽1.5-2毫米，先端略钝，具3条脉；侧萼片稍斜歪；花瓣丝状，长7-9毫米，宽约0.5毫米；唇瓣近倒卵形，长6-8毫米，宽4-5毫米，先端具短尖，边缘稍有不明显的细齿或近全缘，基部逐渐变狭；蕊柱长2.5-3.5毫米，上端略有翅，基部扩大。蒴果倒卵状长圆形，长8-13毫米，宽4-6毫米；果梗长5-9毫米。花期6-8月，果期9-10月。

产延安、富县、黄陵、黄龙、宜君、眉县、太白、凤县、略阳、宁强、南郑、镇巴、洋县、佛坪、宁陕、紫阳、平利、镇坪、柞水、商洛，生于海拔1100-2000米的山地林下；分布于东北、华北、西南及台湾、河南、湖北。日本、朝鲜半岛、俄罗斯远东地区也产。

全草入药。

陕西省地方重点保护植物；易危（VU）；CITES附录II收录物种。

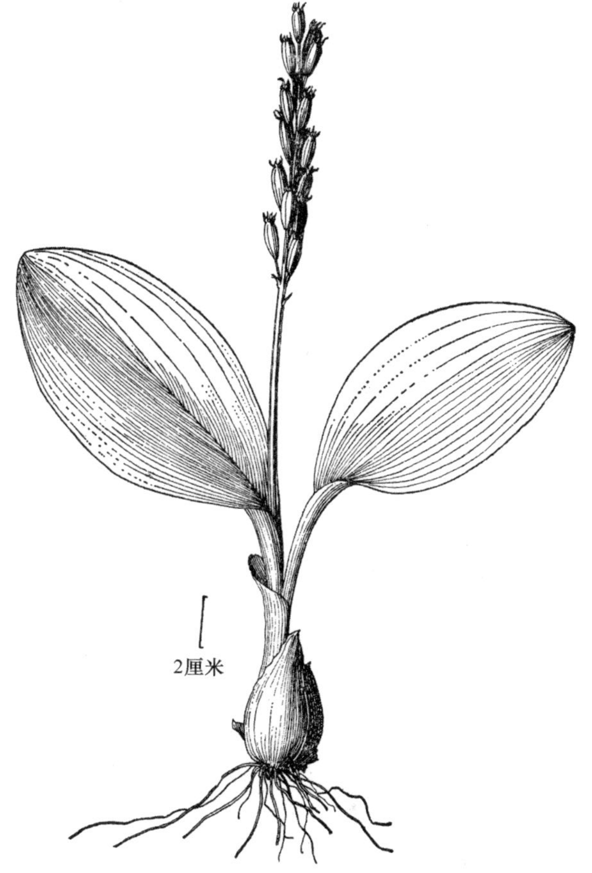


图200. 羊耳蒜 **Liparis campylostalix**
植株（引自《秦岭植物志》）。

### （2）二褶羊耳蒜（照片514、515）

**Liparis cathcartii** Hook. f., Hooker's Icon. Pl. 19: t. 1808. 1889; 中国植物志 18: 65. 1999; Flora of China 25: 216. 2009.

地生草本。假鳞茎卵形，长5-6毫米，宽4-5毫米。叶2片，椭圆形、卵形或卵状长圆形，长3.5-8厘米，宽1.7-4厘米，先端急尖或钝，边缘皱波状或近全缘，基部收狭成鞘状柄；鞘状柄长2-5.5厘米，多少围抱花莛基部和下部。花莛长7-25厘米；花序柄略呈扁圆柱形；总状花序具数朵至13朵花；花苞片长约1毫米；花梗和子房长7-8毫米；花粉红色，偶见绿色或紫色；萼片狭长圆形，长7-9毫米，宽约2.5毫米，先端钝；侧萼片稍斜歪；花瓣近丝状，长7-9毫米，宽约0.4毫米；唇瓣倒卵形或椭圆状倒卵形，长8-9毫米，宽7-8毫米，先端近截形并具短尖，边缘具不规则齿缺，基部逐渐变狭，通常有2条短的纵褶片；蕊柱长3-3.5毫米，向前弯曲，顶端有翅，基部扩大而肥厚。蒴果倒卵状长圆形，长11-13毫米，宽5毫米；果梗长6-9毫米。花期6-7月，果期10月。

见于眉县，生于海拔1260米的山谷河边林下；分布于四川、云南。尼泊尔、不丹、印度也有分布。

CITES附录II收录物种。

### （3）长唇羊耳蒜（图201，照片516、517）

**Liparis pauliana** Hand.-Mazz., Anz. Akad. Wiss. Wien, Math.-Naturwiss. Kl. 58: 65. 1921; 中国植物志 18: 65. 1999; 陕西野生兰科植物图鉴: 114. 2007; Flora of China 25: 216. 2009; 秦岭植物志增补: 56. 2013; 陕西省重点保护野生植物: 380. 2017.

地生草本。假鳞茎卵形或卵状长圆形，长1-2.5厘米，直径8-15毫米。叶通常2片，卵形至椭圆形，膜质或草质，长2.7-9厘米，宽1.5-5厘米，先端急尖或短渐尖，边缘皱波状并具不规则细齿，基部收狭成鞘状柄；鞘状柄长0.5-4厘米，多少围抱花莛基部。花莛长7-28厘米；花序柄扁圆柱形；总状花序通常疏生数朵花；花苞片卵形或卵状披针形，长1.5-3毫米；花梗和子房长1-1.8厘米；花淡紫色，但萼片常为淡黄绿色；萼片线状披针形，长1.6-1.8厘米，宽2-2.5毫米，先端渐尖，具3条脉；侧萼片稍斜歪；花瓣近丝状，长1.6-1.8厘米，宽约0.3毫米；唇瓣倒卵状椭圆形，长1.5-2厘米，宽1-1.2厘米，先端钝或有时具短尖，近基部常有2条短的纵褶片，有时纵褶片似皱褶而不甚明显；蕊柱长3.5-4.5毫米，顶端具翅，基部扩大，肥厚。蒴果倒卵形，长约1.7厘米，宽7-8毫米，上部有6条翅，翅宽可达1.5毫米，向下翅渐狭并逐渐消失。果梗长1-1.2厘米。花期5月，果期10-11月。

产商洛、佛坪、平利、镇坪，生于海拔1100米左右的山地林下；分布于浙江、江西、湖北、湖南、广东、广西、贵州、云南。

陕西省地方重点保护植物；CITES附录II收录物种。

图201. **长唇羊耳蒜 Liparis pauliana** 植株（引自《秦岭植物志增补》）。

**（4）见血青**（照片518、519、520）

**Liparis nervosa** (Thunb. ex A. Murray) Lindl., Gen. Sp. Orch. Pl. 26. 1830; 中国植物志 18: 71. 1999; Flora of China 25: 218. 2009.

地生草本。茎圆柱状，肥厚，肉质，有数节，长2-8厘米，直径5-7毫米。叶通常3-5片，卵形至卵状椭圆形，膜质或草质，长5-11厘米，宽3-5厘米，先端近渐尖，全缘，基部收狭并下延成鞘状柄，无关节；鞘状柄长2-3厘米，大部分抱茎。花莛发自茎顶端，长10-20厘米；总状花序通常具数朵至10余朵花；花序轴有时具很狭的翅；花苞片很小，三角形，长约1毫米；花梗和子房长0.8-1.6厘米；花紫色，中萼片线形或宽线形，长0.8-1厘米，宽1.5-2毫米，先端钝，边缘外卷，具不明显3条脉；侧萼片狭卵状长圆形，稍歪斜，长6-7毫米，宽3-3.5毫米，先端钝，具3条脉；花瓣丝状，长0.7-0.8厘米，宽约0.5毫米，具1条脉；唇瓣长圆状倒卵形，长约0.6厘米，宽约0.5厘米，先端截形并微凹，基部收狭并具2枚长圆形的胼胝体；蕊柱较粗壮，长4-5毫米，上部两侧有狭翅。蒴果倒卵状长圆形或狭椭圆形，长约1.5厘米，宽约6毫米。果梗长4-7毫米。花期3-7月，果期10月。

见于安康、勉县，生于海拔500-700米的山地林下；分布于浙江、江西、福建、台湾、湖南、广东、广西、四川、贵州、云南、西藏。广布于世界热带和亚热带地区。

CITES附录II收录物种。

### （5）**矩唇羊耳蒜**（照片 521、522）

**Liparis angustioblonga** P. H. Yang & X. H. Jin, Nordic J. Bot. 27: 348-350. 2009.

地生草本。植株高 10-23 厘米；假鳞茎卵形或椭圆形，直径 10-15 毫米，茎基部具数枚鞘。叶通常 2 片，极少为 1 片，卵形至披针形，长 2.5-7 厘米，宽 1.5-4 厘米，先端急尖，基部收狭成鞘状柄，鞘状柄长 2-6 厘米。花序柄扁圆柱形；总状花序具 3-8 朵花；花苞片三角状卵形，长 1.5-3 毫米；花梗和子房长 1-2 厘米；花淡紫色，但萼片常为淡黄绿色；背萼片线状披针形，直立，长 1.4-1.5 厘米，宽约 2 毫米，具 3 条脉；侧萼片斜歪，线状披针形，具 3 条脉，基部合生，长 1.4-1.5 厘米，宽约 2 毫米；花瓣线形，长 1.4-1.5 厘米，宽约 0.5 毫米；唇瓣矩状长圆形，长 1.4-1.5 厘米，宽 0.5-0.6 厘米，近基部 2 条褶片叉状伸出；蕊柱长 3-5 毫米，向前弯曲，具翅；花粉团 4 个，组成 2 对，黄色。花期 6 月。

见于佛坪、镇坪，生于海拔 1060 米的山谷河岸。陕西特有植物。

CITES 附录Ⅱ收录物种。

### （6）**吉氏羊耳蒜**（照片 523、524）

**Liparis tsii** H. Z. Tian & A. Q. Hu, Plant Biosystems 50(6): 1225-1232. 2016; 陕西林业科技 46(5): 62. 2018.

地生或石生草本。假鳞茎卵形，直径 5 毫米；新植株通常从前一年的假鳞茎侧边长出。叶通常 2 片，卵形，长 2.5-4 厘米，宽 2-3 厘米，先端急尖或钝，边缘皱波状，基部收狭成柄，柄长 1-1.5 厘米，粗约 0.7 厘米。花序长 4.5-6 厘米，具翅，具 4-10 朵花；花苞片宽披针形，长约 1.5 毫米，宽约 1 毫米，浅黄绿色；花梗和子房长约 8 毫米，紫红色；花深紫红色；背萼片线状披针形，长约 9 毫米，宽约 3 毫米，先端急尖；侧萼片镰状披针形，长约 8.5 毫米，宽约 2 毫米；花瓣线形，长约 8.5 毫米，宽约 1 毫米；唇瓣长圆状卵形，长约 6 毫米，宽约 4.5 毫米，紫色，中部纵向凹槽上具 5-7 条深紫色脉纹，表面具乳突，先端具长约 1 毫米的尾状长尖，基部具 1 枚胼胝体；蕊柱直立，上部绿色，下部紫红色，向基部变宽，长约 3 毫米，具翅；花药帽深紫红色，花粉团 4 个，组成 2 对，黄色，蜡质，卵球形，长约 0.5 毫米。蒴果椭圆形，长约 1.5 厘米。花期 4-6 月，果期 8 月。

见于镇坪，生于海拔 1028 米的山坡林下；分布于广东。

CITES 附录Ⅱ收录物种。

### （7）**小羊耳蒜** 金枣、石枣子（陕南）（照片 525）

**Liparis fargesii** Finet, Bull. Soc. Bot. France 55: 340. 1908; 中国植物志 18: 88. 1999; 陕西野生兰科植物图鉴: 116. 2007; Flora of China 25: 223. 2009; 陕西省重点保护野生植物: 379. 2017. ——*Bulbophyllum radiatum* auct. non Lindl.: 秦岭植物志 1(1): 429. 1976. ——*Epigeneium fargesii* auct. non (Finet) Gagnep.: 陕西维管植物名录. 440. 2016.

附生矮小草本，常成丛生长。假鳞茎近圆柱形，长 7-14 毫米，直径约 3 毫米，平卧，新假鳞茎发自老假鳞茎近顶端的下方，彼此相连接而匍匐于岩石上，顶端具 1 片叶。

叶椭圆形或长圆形，坚纸质，长1-2.5厘米，宽5-9毫米，先端浑圆或钝，基部骤然收狭成柄，有关节；叶柄长3-6毫米。花莛长2-4厘米；花序柄扁圆柱形；总状花序长1-2厘米，通常具2-3朵花；花苞片很小，狭披针形，长1-1.8毫米；花梗和子房长8-9毫米；花淡绿色；萼片线状披针形，长5-6毫米，宽1.2-1.4毫米，边缘常外卷；花瓣狭线形，长5-6毫米，宽约0.3毫米；唇瓣近长圆形，中部略缢缩成提琴形，长4-5毫米，上部宽2.5-3毫米，先端近截形并微凹，凹缺中央有时有细尖，基部无胼胝体但略增厚；蕊柱长3-3.5毫米，上端有狭翅。蒴果倒卵形，长6-7毫米，宽3-4毫米。果梗长6-7毫米。花期9-10月，果期翌年5-6月。

见于富县、黄陵、宜君、商洛、山阳、商南、旬阳、石泉、镇坪、佛坪、洋县、镇巴，生于海拔900-1400米的山地岩壁上；分布于甘肃、湖北、湖南、四川、贵州、云南。

全草入药。

陕西省地方重点保护植物；CITES附录II收录物种。

《陕西维管植物名录》遗漏本种，其所记载的单叶厚唇兰[**Epigeneium fargesii** (Finet) Gagnep.]的分布，实为本种的分布。

## 29. 原沼兰属[①] **Malaxis** Sol. ex Sw.

Prodr. 8, 119. 1788; 秦岭植物志 1(1): 420. 1976; 中国植物志 18: 104. 1999; Flora of China 25: 229. 2009.

地生草本。假鳞茎通常被干膜质的鞘。叶1片，极少2片，通常基生，具鞘状柄。总状花序顶生，具多数花；花苞片披针形；花小，不倒置，绿色、黄色、粉红色或紫色；背萼片离生，开展；侧萼片离生或合生，开展；花瓣常较狭，离生，开展；唇瓣直立，扁平，近基部处常凹陷，两侧通常具耳；蕊柱甚短，无蕊柱足；花药位于蕊柱背面；花粉块4个，组成2对，蜡质，无明显的花粉团柄和黏盘；柱头半圆形或卵形；蕊喙顶端钝。蒴果小，卵圆状。

本属约300种，主要分布于世界热带和亚热带地区，少数分布到亚洲、欧洲和美洲的温带地区。中国有1种；陕西也产。

### （1）**原沼兰** 沼兰（《秦岭植物志》）（图202，照片526、527）

**Malaxis monophyllos** (L.) Sw., Kongl. Vetensk. Acad. Nya Handl. 21: 234. 1800; 秦岭植物志 1(1): 421. 1976; 中国植物志 18: 110. 1999; 陕西野生兰科植物图鉴: 118. 2007; Flora of China 25: 229. 2009; 陕西省重点保护野生植物: 382. 2017. ——*Ophrys monophyllos* L., Sp. Pl. 2: 947. 1753.

地生草本。假鳞茎卵形，通常长6-8毫米，直径4-5毫米。叶卵形、长圆形或近椭圆形，长2.5-7.5厘米，宽1-3厘米，先端钝或近急尖，基部收狭成柄；叶柄长3-6.5厘米，抱茎或上部离生。花莛长15-40厘米，除花序轴外近无翅；总状花序长4-12厘米，具数十朵花；花苞片长2-2.5毫米；花梗和子房长2.5-4毫米；花较密集，淡黄绿色至淡绿色；背萼片披针形或狭卵状披针形，长2-4毫米，宽0.8-1.2毫米，先端长渐尖；侧萼片线状披针形，略狭于背萼片；花瓣近丝状或极狭的披针形，长1.5-3.5毫米，宽约

① 又称沼兰属（《秦岭植物志》）。

0.3 毫米；唇瓣长 3-4 毫米，先端骤然收狭成线状披针形的尾；唇盘近圆形、宽卵形或扁圆形，中央略凹陷，两侧边缘变为肥厚并具疣状凸起，基部两侧有一对钝圆的短耳；蕊柱极短。蒴果倒卵形或倒卵状椭圆形，长 6-7 毫米，宽约 4 毫米；果梗长 2.5-3 毫米。花果期 7-8 月。

见于眉县、太白、柞水、宁陕、镇坪、佛坪、洋县，生于海拔 1900-3300 米的山地林下阴湿处；分布于东北、华北及宁夏、甘肃、青海、台湾、河南、湖北、四川、云南、西藏。日本、朝鲜半岛、俄罗斯西伯利亚地区及欧洲、北美洲也产。

陕西省地方重点保护植物；CITES 附录Ⅱ收录物种。

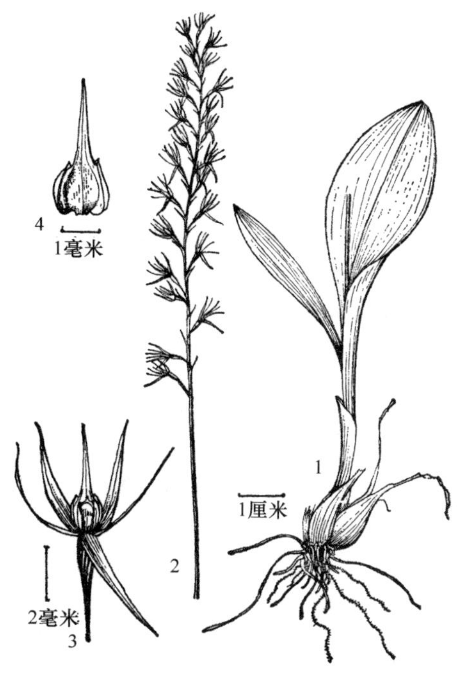


图 202. **原沼兰 Malaxis monophyllos**
1. 植株下部；2. 花序；3. 花；4. 唇瓣（引自《秦岭植物志》）。

## 30. 鸢尾兰属[①] **Oberonia** Lindl.

Gen. Sp. Orchid. Pl. 15. 1830. nom. cons.; 中国植物志 18: 123. 1999; Flora of China 25: 236. 2009. ——*Hippeophyllum* Schltr., K. M. Schumann & Lauterbach, Nachtr. Fl. Deutsch. Schutzgeb. Suedsee 107. Nov. 1905; 中国植物志 18: 150. 1999.

附生草本。根状茎匍匐，以一定距离着生叶簇；茎很短，包藏于叶基之内。叶数片，着生于短茎上，2 列，两侧压扁，肉质，基部彼此套叠。花莛从叶丛中央抽出；总状花序密生多花；花苞片很小；花不扭转，很小，直径 1-2 毫米；萼片与花瓣离生；花瓣比萼片狭或近等大，外弯或反卷；唇瓣比萼片大，通常 3 裂，较少 2 裂，基部凹陷；蕊柱短或中等长；花药顶生；花粉团 4 个，组成 2 对，蜡质，基部略有黏性物质；柱头凹陷，位于蕊柱前上方。

本属有 150-200 种，分布于亚洲、大洋洲及非洲热带地区。中国有 33 种，西南及台湾最多；陕西产 1 种。

### （1）**套叶鸢尾兰** 套叶兰（《植物分类学报》）（图 203，照片 528、529）

**Oberonia sinica** (S. C. Chen & K. Y. Lang) Ormerod, Taiwania 48: 91. 2003; Flora of China 25: 238. 2009. ——*Hippeophyllum sinicum* S. C. Chen & K. Y. Lang, 植物分类学报 36: 70. 1998; 中国植物志 18: 151. 1999; 陕西野生兰科植物图鉴: 120. 2007; 秦岭植物志增补 57. 2013; 陕西省重点保护野生植物: 374. 2017.

根状茎匍匐于悬崖上，长达 7 厘米或更长，直径 1-1.5 毫米，具节，常分枝，每相距 2-5 毫米着生叶簇；茎很短，具 3-4 片叶。叶剑形或狭长圆状披针形，长 6-11 毫米，宽 1.5-2 毫米，基部具 1 个关节。花莛稍弯曲，长约 3 厘米；总状花序长约 2.5 厘米，具多

① 包括套叶兰属（《中国植物志》）。

花；花苞片卵形，长约 1 毫米；花梗和子房长约 0.8 毫米；花单生或 2-3 朵簇生，浅黄褐色，直径约 2 毫米；萼片卵状椭圆形或椭圆形，长约 0.8 毫米；花瓣狭长圆形，稍弧曲，长约 0.7 毫米；唇瓣卵状椭圆形，先端叉状 2 深裂，小裂片狭披针形，长 0.3-0.4 毫米；蕊柱长约 0.2 毫米。花期 6 月。

见于宁陕、镇坪、佛坪、洋县，生于海拔 1200-1600 米的山地岩壁上；分布于甘肃东南部。

陕西省地方重点保护植物；濒危（EN）；CITES 附录 II 收录物种。

Li 等（2017）将 **Oberonia sinica** 作为 **Oberonia insularis** Hayata 的异名处理。

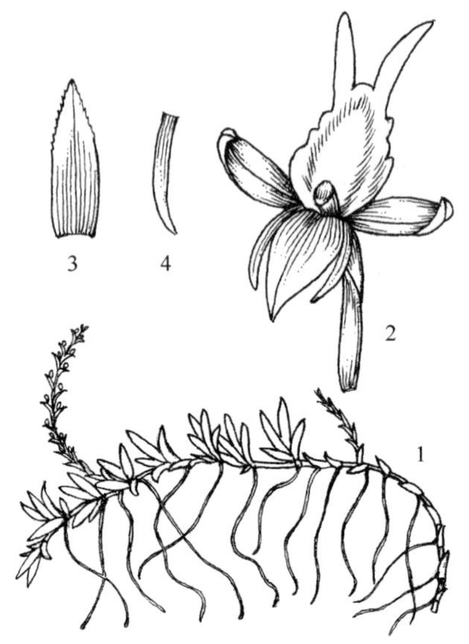

图 203. 套叶鸢尾兰 **Oberonia sinica**
1. 植株；2. 花；3. 花苞片；4. 花瓣
（引自《秦岭植物志增补》）。

## 31. 山兰属 **Oreorchis** Lindl.

J. Proc. Linn. Soc., Bot. 3: 26. 1858; 秦岭植物志 1(1): 429. 1976; 中国植物志 18: 154. 1999; Flora of China 25: 245. 2009.

地生草本。根状茎纤细，其上生有球茎状的假鳞茎；假鳞茎具节，基部疏生纤维根。叶 1-2 片，生于假鳞茎顶端，线形至狭椭圆状披针形。花莛从假鳞茎的侧面节上抽出，直立；总状花序顶生，具数花至多花；苞片膜质；花倒置，唇瓣位于下方；萼片与花瓣离生，相似或花瓣略狭小；2 枚侧萼片基部有时延伸成浅囊状；唇瓣 3 裂、不裂或中部两侧有凹缺，基部具爪，无距，上面常有纵褶片或胼胝体；蕊柱较长，略向前弓曲；花药俯倾；花粉团 4 个，近球形，蜡质，具共同的黏盘柄和较小的黏盘。

本属约 16 种，分布于亚洲温带至亚热带。中国有 11 种；陕西产 4 种。

### 分种及种下等级检索表

1. 叶长 2-4 厘米，长是宽的 2-4 倍 ………………（4）**硬叶山兰 O. nana** Schltr.
1. 叶长 12-30 厘米，长是宽的 5-15 倍 ………………2
2. 唇瓣无胼胝体，中部以上 3 裂或不裂 ………………
……………（3）**囊唇山兰 O. foliosa** (Lindl.) Lindl. var. **indica** (Lindl.) N. Pearce & P. J. Cribb
2. 唇瓣有 1 枚胼胝体或 1 对褶片，中部或中部以下 3 裂 ………………3
3. 花浅黄色或浅黄棕色，唇瓣白色具紫色斑点，唇盘具 1 对褶片…（2）**山兰 O. patens** (Lindl.) Lindl.
3. 花白色，唇瓣白色，中裂片上具红色或浅棕色斑点，唇盘上具 1 枚胼胝体，胼胝体上有纵槽 ………
………………（1）**长叶山兰 O. fargesii** Finet

### （1）**长叶山兰**（图 204，照片 530、531）

**Oreorchis fargesii** Finet, Bull. Soc. Bot. France 43: 697. 1897; 中国植物志 18: 158. 1999; 陕西野生兰科植物图鉴: 122. 2007; Flora of China 25: 246. 2009; 秦岭植物志增补: 62. 2013; 陕西省重点保护野生植物: 395. 2017.

假鳞茎椭圆形至近球形，长 1-2.5 厘米，直径 1-2 厘米，有 2-3 节。叶 2 片，偶有 1 片，生于假鳞茎顶端，线状披针形或线形，长 20-28 厘米，宽 0.8-1.8 厘米，纸质，先端渐尖，基部收狭成柄，有关节，关节下方由叶柄套叠成假茎状，长 3-5 厘米。花莛从假鳞茎侧面发出，长 20-30 厘米，中下部有 2-3 枚筒状鞘；总状花序长 2-6 厘米，具较密集的花；花苞片卵状披针形，长 3-5 毫米；花梗和子房长 7-12 毫米；花 10 余朵或更多，通常白色并有紫纹；萼片长圆状披针形，长 9-11 毫米，宽 2.5-3.5 毫米；侧萼片斜歪并宽于背萼片；花瓣狭卵形至卵状披针形，长 9-10 毫米，宽 3-3.5 毫米；唇瓣轮廓为长圆状倒卵形，长 7.5-9 毫米，近基部处 3 裂，基部有长约 1 毫米的爪；侧裂片线形，长 2-3 毫米，宽约 0.7 毫米；中裂片近椭圆状倒卵形或菱状倒卵形，上半部边缘多少皱波状，先端有不规则缺刻，下半部边缘多少具细缘毛；唇盘上在 2 片侧裂片之间具 1 枚短褶片状胼胝体，胼胝体中央有纵槽；蕊柱长约 3 毫米，基部肥厚并略扩大。蒴果狭椭圆形，长约 2 厘米，宽约 8 毫米。花期 5-6 月，果期 9-10 月。

见于周至、眉县、太白、佛坪、镇坪、平利，生于海拔 1610-1850 米的山地林下；分布于甘肃南部、浙江、福建、台湾、湖北、湖南、四川、云南。

花白色，密集，供观赏。

陕西省地方重点保护植物；CITES 附录Ⅱ收录物种。

图 204. 长叶山兰 **Oreorchis fargesii**

1. 植株；2. 花序；3. 花；4. 唇瓣（引自《秦岭植物志增补》）。

### （2）山兰　巴山山兰（《植物研究》）（图 205）

**Oreorchis patens** (Lindl.) Lindl., J. Proc. Linn. Soc. Bot. 3: 27. 1858; 秦岭植物志 1(1): 430. 1976; 中国植物志 18: 156. 1999; Flora of China 25: 246. 2009. ——*Corallorhiza patens* Lindl., Gen. Sp. Orchid. Pl. 535. 1840. ——*Oreorchis bashanensis* Yong Wang, 植物研究 41(2): 165. 2021.

假鳞茎近椭圆形至卵球形，长 1-3 厘米，直径 0.5-2.5 厘米，有 2-3 节，常以短的根状茎连接。叶 1-3 片，生于假鳞茎顶端，狭披

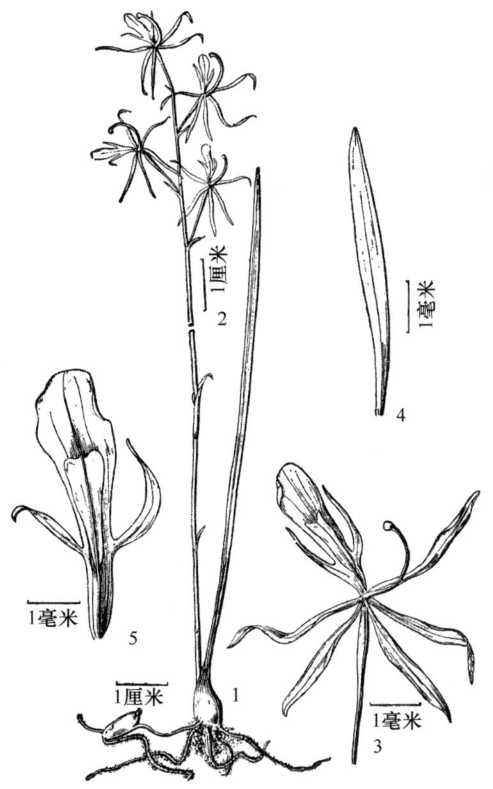


图 205. 山兰 **Oreorchis patens**

1. 植株下部和叶；2. 花序；3. 花；4. 萼片；5. 唇瓣（引自《秦岭植物志》）。

针形或线形，长13-40厘米，宽1-3.5厘米，先端渐尖，基部收狭成柄；叶柄长3-5厘米，先端具关节。花莛从假鳞茎侧面发出，长20-70厘米，中下部有2-3枚筒状鞘；总状花序长4.5-20厘米，疏生数朵至10余朵花，有时可达40朵；花苞片狭披针形，长2.5-5毫米；花梗和子房长8-15毫米；花黄褐色或淡黄色，唇瓣白色并有紫斑；萼片狭长圆形，长7-9毫米，宽1.5-2毫米；侧萼片稍镰形弯曲；花瓣狭长圆形，长7-8毫米，宽1.5-1.8毫米；唇瓣长6.5-8.5毫米，3裂，基部有短爪；侧裂片线形，长约3毫米，宽约0.7毫米；中裂片近倒卵形，长5.5-7毫米，上部宽5-5.5毫米；唇盘上具2条肥厚纵褶片，从近基部延伸到中部；蕊柱长4-5毫米。蒴果长圆形，长约1.5厘米，宽约7毫米。花期6-7月，果期9-10月。

见于紫阳、宁强，生于海拔1100-1800米的山地林下；分布于东北及甘肃、河南、江西、台湾、湖南、四川、贵州、云南。日本、朝鲜半岛、俄罗斯远东地区也产。

陕西省地方重点保护植物；CITES附录II收录物种。

### （3）**囊唇山兰**（变种）（照片532、533）

**Oreorchis foliosa** (Lindl.) Lindl. var. **indica** (Lindl.) N. Pearce & P. J. Cribb, J. Orchid Soc. India 10: 5. 1996; Flora of China 25: 248. 2009; 陕西省重点保护野生植物: 396. 2017. ——*Corallorhiza indica* Lindl., J. Proc. Linn. Soc., Bot. 3: 26. 1858. ——*Oreorchis indica* (Lindl.) Hook. f., Fl. Brit. Ind. 5: 709. 1890; 中国植物志 18: 163. 1999.

假鳞茎近椭圆形至卵球形，长7-10毫米，宽5-7毫米，有2-3节。叶1片，生于假鳞茎顶端，狭椭圆形或狭椭圆状披针形，长12-13厘米，宽1-2厘米；叶柄长2-2.5厘米。花莛从假鳞茎侧面发出，长20-36厘米，中下部有2-3枚筒状鞘；总状花序长5-9厘米，具4-9朵花；花苞片长圆状披针形，长2-3毫米；花梗和子房长5-7毫米；花直径约1.5厘米，萼片与花瓣暗黄色而有大量紫褐色脉纹和斑，唇瓣白色而有紫红色斑；背萼片狭长圆形，长8-9毫米，宽1-1.5毫米；侧萼片略斜歪；花瓣狭卵形至狭卵状披针形，长6-7毫米，下部宽约2毫米；唇瓣轮廓为倒卵状长圆形或宽长圆形，长6-7毫米，宽约4毫米，中上部略3裂或两侧有裂缺，基部有爪并有明显的囊状短距，上半部边缘波状，先端多少有不规则缺刻，唇盘上无褶片；蕊柱细长，长5-6毫米。花期9月。

产宁陕、佛坪，生于海拔2200米左右的山地草丛或林下；分布于台湾、四川、云南、西藏。印度、尼泊尔、不丹、日本也产。

原变种产印度和尼泊尔。

CITES附录II收录物种。

### （4）**硬叶山兰**　小山兰（《秦岭植物志》）（图206，照片534、535）

**Oreorchis nana** Schltr., Acta Horti Gothob. 1: 151. 1924; 秦岭植物志 1(1): 429. 1976; 中国植物志 18: 162. 1999; 陕西野生兰科植物图鉴: 124. 2007; Flora of China 25: 248. 2009; 陕西省重点保护野生植物: 397. 2017.

假鳞茎长圆形或近卵球形，长6-9毫米，宽5-6毫米，具2-3节，以根状茎相连接；

根状茎纤细，直径1-2毫米。叶1片，生于假鳞茎顶端，卵形至狭椭圆形，长2-4厘米，宽0.8-1.5厘米，先端渐尖，基部近圆形或宽楔形；叶柄长1-3厘米。花莛从假鳞茎侧面发出，长10-20厘米，中下部具2-3枚筒状鞘；总状花序长2.5-6厘米，通常具5-14朵花；花苞片卵状披针形，长约1毫米；花梗和子房长3-5毫米；花直径约1厘米；萼片与花瓣上面暗黄色，背面栗色，唇瓣白色而有紫色斑；萼片近狭长圆形，长6-7毫米，宽1.5-2毫米；侧萼片略斜歪；花瓣镰状长圆形，长5.5-6.5毫米，宽约2毫米；唇瓣轮廓近倒卵状长圆形，长5-7毫米，下部约1/3处3裂；侧裂片近狭长圆形或狭卵形，稍内弯，长约0.8毫米，宽约0.5毫米；中裂片近倒卵状椭圆形，长约4.5毫米，边缘稍波状，有黑色或紫色斑点；唇盘基部有2条短的纵褶片；蕊柱长2-2.5毫米。花期6-7月。

见于鄠邑、宝鸡、太白、眉县、柞水、佛坪，生于海拔2500-2800米的山地林下或岩石上；分布于湖北西部、四川、云南。

陕西省地方重点保护植物；CITES附录II收录物种。

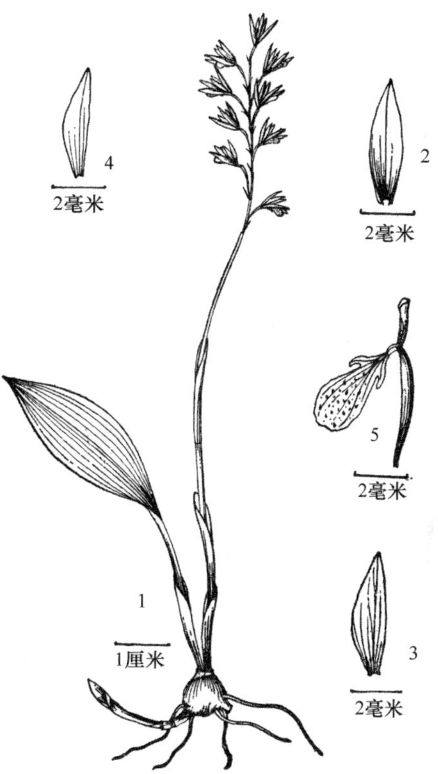


图206. 硬叶山兰 **Oreorchis nana**
1. 植株；2. 背萼片；3. 侧萼片；4. 花瓣；5. 唇瓣、蕊柱和子房（引自《秦岭植物志》）。

## 32. 杜鹃兰属 **Cremastra** Lindl.

Gen. Sp. Orchid. Pl. 172. 1833; 秦岭植物志 1(1): 431. 1976; 中国植物志 18: 164. 1999; Flora of China 25: 249. 2009.

地生草本。地下具短的根状茎及假鳞茎；假鳞茎球茎状或块茎状，基部密生多数纤维根。叶1-2片，生于假鳞茎顶端，通常狭椭圆形，有时有紫色粗斑点，基部收狭成长叶柄。花莛由假鳞茎上部一侧的节上抽出，较长，直立或稍外弯，中下部具2-3枚筒状鞘；花序总状，具偏于一侧的多数花；花苞片较小，宿存；花中等大小，不完全开放，倒置；萼片与花瓣离生，近相似；唇瓣下部或上部3裂，基部有爪并有浅囊；侧裂片较狭，呈线形或狭长圆形，中裂片基部具肉质凸起；蕊柱细长，顶端略扩大；花粉团4个，组成2对，两侧稍压扁，蜡质，共同附着于黏盘上。

本属有4种，分布于东亚。中国有3种；陕西产1种。

### （1）**翅柱杜鹃兰**（变种）杜鹃兰（《秦岭植物志》）（图207，照片536、537）

**Cremastra appendiculata** (D. Don) Makino var. **variabilis** (Blume) I. D. Lund, Nordic J. Bot. 8: 201. 1988; Flora of China 25: 249. 2009. ——*Hyacinthorchis variabilis* Blume, Mus. Bot. 1: 48. 1849. ——*Cremastra mitrata* A. Gray, Mem. Amer. Acad. n. s., 6: 411. 1858; 秦岭植物志 1(1): 431. 1976.

假鳞茎卵球形或近球形，长1.5-3厘米，直径1-3厘米，密接，有关节，外被撕裂成纤维状的残存鞘。叶通常1片，生于假鳞茎顶端，狭椭圆形、近椭圆形或倒披针状狭椭圆形，长18-34厘米，宽4-8厘米，先端渐尖，基部收狭，上面有时具淡黄色斑点；叶柄长7-17厘米，下半部常为残存的鞘所包被。花莛从假鳞茎上部节上发出，近直立，长27-70厘米；总状花序长10-25厘米，具5-22朵花；花苞片披针形至卵状披针形，长5-12毫米；花梗和子房长5-9毫米；花常偏向花序一侧，多少下垂，有香气，狭钟形，淡紫褐色；萼片倒披针形，从中部向基部骤然收狭成近狭线形，全长2-3厘米，上部宽3.5-5毫米，先端急尖或渐尖；侧萼片略斜歪；花瓣倒披针形或狭披针形，向基部收狭成狭线形，长1.8-2.6厘米，上部宽3-3.5毫米，先端渐尖；唇瓣与花瓣近等长，线形，上部3裂；侧裂片近线形，长4-5毫米，宽约1毫米；中裂片卵形至狭长圆形，长6-8毫米，宽3-5毫米，基部在2片侧裂片之间具1枚肉质凸起；肉质凸起呈线状皱褶，高1-2毫米；蕊柱细长，长1.8-2.5厘米，顶端略扩大，腹面具很狭的翅。蒴果近椭圆形，下垂，长2.5-3厘米，宽1-1.3厘米。花期5-6月，果期9-12月。

图207. **翅柱杜鹃兰**
**Cremastra appendiculata** var. **variabilis**
植株（引自《秦岭植物志》）。

见于陇县、华阴、周至、眉县、太白、柞水、宁陕、旬阳、平利、镇坪，生于海拔700-2300米的山地林下阴湿处；分布于华中、华南、西南及山西、江苏、安徽、浙江、台湾、甘肃。泰国、越南、日本、朝鲜半岛也产。

假鳞茎入药；花美丽，可作观赏植物。

国家二级重点保护野生植物；陕西省地方重点保护植物；CITES附录Ⅱ收录物种。

杜鹃兰原变种[**Cremastra appendiculata** (D. Don) Makino var. **appendiculata**]与变种翅柱杜鹃兰的主要区别在于：原变种的唇瓣基部的凸起呈棍棒状疣形，高4-5毫米，蕊柱无翅；变种翅柱杜鹃兰的唇瓣基部的凸起呈线状皱褶，高1-2毫米，蕊柱腹面具狭翅。原变种见于中国的台湾、西藏、云南，也见于不丹、印度、尼泊尔。

## 33. 筒距兰属 **Tipularia** Nutt.

Gen. N. Amer. Pl. 2: 195. 1818; 秦岭植物志 1(1): 423. 1976; 中国植物志 18: 167. 1999; Flora of China 25: 250. 2009.

地生草本。地下具假鳞茎；假鳞茎球茎状或圆筒状，后者貌似肉质根状茎。叶1片，生于假鳞茎顶端，通常卵形或卵状椭圆形，具长柄。花莛也由假鳞茎顶端抽出，直立，明显长于叶；总状花序顶生，具多朵花；花苞片通常早落；花较小；萼片与花瓣离生，相似或花瓣略小，展开；唇瓣从下部或近基部3裂，基部有距；距圆筒状或囊状圆锥形；蕊柱直立；花粉团4个，蜡质，有明显的黏盘柄和不甚明显的黏盘。蒴果下垂，短长圆形或球形。

本属约7种，分布于中国、印度、尼泊尔、不丹、缅甸、日本及北美洲。中国有4种；陕西产2种。

### 分种检索表

1. 唇瓣具圆柱形的距，距长12-15毫米；假鳞茎圆筒状，长1.5-3厘米，粗2-4毫米…………………………………………………………………………………………（1）**筒距兰 T. szechuanica** Schltr.
1. 唇瓣基部具囊状距，距长0.3毫米；假鳞茎卵球形，长1-2厘米，粗5-8毫米……………………………………（2）**软叶筒距兰 T. cunninghamii** (King & Prain) S. C. Chen, S. W. Gale & P. J. Gribb

### （1）筒距兰（照片538、539）

**Tipularia szechuanica** Schltr., Acta Horti Gothob. 1: 153. 1924; 秦岭植物志 1(1): 423. 1976; 中国植物志 18: 167. 1999; 陕西野生兰科植物图鉴: 128. 2007; Flora of China 25: 250. 2009.

植株高15-25厘米；假鳞茎圆筒状，长1.5-3厘米，粗2-4毫米，彼此以近末端处相连接，横走，貌似根状茎，通常中部有1节，较少无节，连接处生1-2条肉质根。叶1片，卵形，长2.5-4厘米，宽1.4-2.4厘米，先端渐尖或钝，基部圆形或近截形；叶柄长1.3-2厘米。花莛长12-20厘米；总状花序长3-6厘米，疏生5-9朵花；花梗和子房长5-7毫米；花淡紫灰色；萼片狭长圆状披针形或近狭长圆形，长5.5-6.5毫米，宽约1.8毫米，先端近短渐尖；花瓣狭椭圆形，与萼片近等长，宽约2毫米，先端钝；唇瓣略短于萼片，近基部处3裂；侧裂片宽卵形，长约1.5毫米，宽达2毫米；中裂片舌状，长4-5毫米；距细长，平展或向上斜展，长1.2-1.5厘米，粗约0.7毫米，先端钝；蕊柱长约3毫米。花期6-7月。

见于眉县、太白，生于海拔2700米左右的山地林下；分布于甘肃东南部、四川、云南。

陕西省地方重点保护植物；易危（VU）；CITES附录Ⅱ收录物种。

在《陕西省重点保护野生植物》中，筒距兰的所附图片为软叶筒距兰[**Tipularia cunninghamii** (King & Prain) S. C. Chen, S. W. Gale & P. J. Gribb]。

### （2）软叶筒距兰（照片540、541）

**Tipularia cunninghamii** (King & Prain) S. C. Chen, S. W. Gale & P. J. Gribb, Flora of China 25: 251. 2009. ——*Didiciea cunninghamii* King & Prain, J. Asiat. Soc. Bengal, Pt. 2, Nat. Hist. 65: 119. 1896.

植株高10-20厘米；假鳞茎卵球形，长1-2厘米，粗5-8毫米，彼此以纤细的或珊瑚状的根状茎相连接，具2-4节。叶背面棕红色，表面绿色，宽卵形或心形，长2.5-4厘米，宽1.7-3.5厘米，先端急尖；叶柄长2-3.5厘米。花莛长12-25厘米；总状花序长2-10厘米，疏生8-15朵花；花梗和子房长3.5-4毫米；花黄绿色；萼片狭长圆形，长1.8-2毫米，宽

0.5-0.6 毫米，先端钝；花瓣线状披针形，长约 2 毫米，宽约 0.6 毫米，先端钝；唇瓣阔长圆状倒卵形，舟状，不裂，肉质，长 1.5-1.8 毫米，宽 1.6-1.9 毫米，先端钝；距囊状圆锥形，短于 0.3 毫米；蕊柱长约 1 毫米。花期 5-7 月。

见于眉县、太白，生于海拔 2700-2800 米的山地林下；分布于台湾、四川。印度也有分布。

易危（VU）；CITES 附录Ⅱ收录物种。

## 34. 布袋兰属 **Calypso** Salisb.

Parad. Lond. ad t. 89. 1807, nom. cons.; 中国植物志 18: 169. 1999; Flora of China 25: 251. 2009.

地生草本。地下具假鳞茎和珊瑚状根状茎；假鳞茎通常球茎状，基部生少数肉质根。叶 1 片，生于假鳞茎顶端，通常卵形，具长柄。花莛生于假鳞茎近顶端处，长于叶，中下部有筒状鞘；花单朵，中等大，生于花莛顶端；萼片与花瓣离生，相似，展开；唇瓣长于萼片，深凹陷成囊状，多少 3 裂，中裂片扩大，多少呈铲状，囊的先端伸凸成双角状；蕊柱宽阔，有翅，多少呈花瓣状，倾覆于囊口之上；花粉团 4 个，组成 2 对，蜡质，黏盘柄很小，黏盘方形。蒴果椭圆形。

本属 1 种，分布于北温带。中国有 1 种；陕西也产。

### （1）**长角布袋兰**（变种）（图 208，照片 542、543）

**Calypso bulbosa** (L.) Oakes var. **speciosa** (Schltr.) Makino, J. Jap. Bot. 3: 25. 1926; Flora of China 25: 252. 2009. ——*Calypso speciosa* Schltr., Repert. Spec. Nov. Regni Veg. Beih. 4: 228. 1919. ——*Calypso bulbosa* (L.) Oakes, pro sp.: 西北林学院学报 23(5): 44-45. 2008.

假鳞茎近椭圆形、狭长圆形或近圆筒状，长 1-2 厘米，宽 5-9 毫米，有节，常有细长的根状茎。叶 1 片，卵形或卵状椭圆形，长 3.4-4.5 厘米，宽 1.8-2.8 厘米，先端近急尖，基部近截形，背面常紫红色；叶柄长 2-3 厘米。花莛长 10-12 厘米，明显长于叶，中上部通常赭红色，中下部有 2-3 枚筒状鞘；花苞片膜质，披针形，长 1.5-1.8 厘米，下部圆筒状并围抱花梗和子房；花梗和子房长 1.7-2 厘米；花单朵，直径 3-4 厘米；萼片与花瓣相似，向后伸展，线状披针形，长 1.4-1.8 厘米，宽 1.5-2 毫米，先端渐尖；唇瓣扁囊状，3 裂；侧裂片半圆形，长 3-4 毫米，宽 5-6 毫米；中裂片扩大，向前延伸，呈铲状，长 8-10 毫米，基部有髯毛 3 束或更多，囊向前延伸，长 1.4-2.3 厘米，宽 0.6-1 厘米，淡黄色且带赭棕色条纹，末端呈双角状，超过中裂片先端；蕊柱长 8-10 毫米，两侧有宽翅，宽约 1 厘米。花期 4-6 月。

图 208. **长角布袋兰**
**Calypso bulbosa** var. **speciosa**
植株（引自《秦岭植物志增补》）。

见于眉县、太白、宁陕、佛坪，生于海拔 1800-2745 米的山地林下；分布于吉林、内蒙古、甘肃、四川、云南、西藏。日本也产。

本种早春开花，美丽，供观赏。

陕西省地方重点保护植物；易危（VU）；CITES 附录II收录物种。

经考证，布袋兰[**Calypso bulbosa** (L.) Oakes]有 4 变种，分别为原变种[**C. bulbosa** (L.) Oakes var. **bulbosa**]、北美布袋兰[**C. bulbosa** (L.) Oakes var. **americana** (R. Br.) Luer]、西美布袋兰[**C. bulbosa** (L.) Oakes var. **occidentalis** (Holz.) Cockerell]、长角布袋兰[**C. bulbosa** (L.) Oakes var. **speciosa** (Schltr.) Makino]。陕西所产的布袋兰属植物，其唇瓣上的囊末端超过中裂片先端，颜色较淡；而原变种的唇瓣上的囊末端不超过中裂片先端，颜色较深，常为紫色。因此，陕西所产的布袋兰属植物应为长角布袋兰。

## 35. 独花兰属 **Changnienia** S. S. Chien

Contr. Biol. Lab. Sci. Soc. China, Bot. Ser. 10: 89. 1935; 中国植物志 18: 171. 1999; Flora of China 25: 252. 2009.

地生草本。地下具假鳞茎；假鳞茎球茎状，有节。叶 1 片，生于假鳞茎顶端，椭圆形至宽卵形，具长柄。花莛生于假鳞茎顶端，有 2 枚鞘；花单朵，较大，生于花莛顶端；萼片与花瓣离生，展开；3 片萼片相似；花瓣较萼片宽而短；唇瓣较大，3 裂，基部有距；距较粗大，向末端渐狭；蕊柱近直立，两侧有翅，多少呈花瓣状，倾覆于囊口之上；花粉团 4 个，组成 2 对，蜡质，黏着于近方形黏盘上。

本属 1 种，特产于中国；陕西也产。

### （1）**独花兰**（图 209，照片 544、545、546）

**Changnienia amoena** S. S. Chien, Contr. Biol. Lab. Sci. Soc. China, Bot. Ser. 10: 90. 1935; 中国植物志 18: 171. 1999; 陕西野生兰科植物图鉴: 130. 2007; Flora of China 25: 252. 2009; 秦岭植物志增补: 59. 2013; 陕西省重点保护野生植物: 313. 2017.

图 209. 独花兰 **Changnienia amoena**
1. 植株；2. 唇瓣和蕊柱
（引自《秦岭植物志增补》）。

假鳞茎近椭圆形或宽卵球形，长 1.5-2.5 厘米，宽 1-2 厘米，肉质，有 2 节，被膜质鞘。叶 1 片，宽卵状椭圆形至宽椭圆形，长 6.5-11.5 厘米，宽 5-7 厘米，先端急尖或短渐尖，基部圆形或近截形，背面紫红色；叶柄长 3.5-7 厘米。花莛长 10-15 厘米，紫色，具 2 枚鞘；鞘膜质，下部抱茎，长 3-4 厘米；花苞片小，凋落；花梗和子房长 7-9 毫米；花大，白色而带肉红色或淡紫色晕，唇瓣有紫红色斑点；萼片长圆状披针形，长 2.7-3.3 厘米，宽 7-9 毫米，先端钝，有 5-7 条脉；侧萼片稍斜歪；花瓣狭倒卵状披针形，略斜歪，长 2.5-3 厘米，宽 1.2-1.4 厘米，先端钝，具 7

条脉；唇瓣略短于花瓣，3 裂，基部有距；侧裂片直立，斜卵状三角形，宽 1-1.3 厘米；中裂片平展，宽倒卵状方形，先端和上部边缘具不规则波状缺刻；唇盘上在 2 片侧裂片之间具 5 枚褶片状附属物；距角状，长 2-2.3 厘米，基部宽 7-10 毫米，向末端渐狭；蕊柱长 1.8-2.1 厘米，两侧有宽翅。花期 4 月。

见于镇安、平利、镇坪、南郑、宁强，生于海拔 1000-1346 米的山地林下；分布于江苏、安徽、浙江、江西、湖北、湖南、重庆、四川。

早春开花，美丽，供观赏。

国家二级重点保护野生植物；陕西省地方重点保护植物；濒危（EN）；CITES 附录Ⅱ收录物种。

## 36. 珊瑚兰属 **Corallorhiza** Gagnebin

Acta Helv. Phys.-Math. 2: 61. 1755, as "*Corallorrhiza*", nom. cons.; 秦岭植物志 1(1): 425. 1976; 中国植物志 18: 172. 1999; Flora of China 25: 252. 2009.

腐生草本。根状茎肉质，分枝，呈珊瑚状；茎直立，圆柱形，黄褐色或淡紫色，具 3-5 枚筒状鞘。总状花序顶生，具少数花；苞片很小；花小；萼片相似，离生或有时靠合；侧萼片稍斜歪，基部合生而形成短的萼囊；花瓣与萼片同形或稍小；唇瓣贴生于蕊柱基部，不裂或 3 裂，上面中部至基部通常具 2 个肉质褶片，无距；蕊柱中等长，略压扁，无蕊柱足；花药顶生；花粉块 4 个，离生，蜡质，近球形，无明显的花粉团柄，附着于 1 个黏质物或黏盘上。蒴果下垂。

本属约 11 种，主产于北美洲。中国有 1 种；陕西也产。

### （1）**珊瑚兰**（图 210，照片 547、548）

**Corallorhiza trifida** Châtel., Spec. Inaug. Corallorhiza 8. 1760; 秦岭植物志 1(1): 425. 1976; 中国植物志 18: 172. 1999; 陕西野生兰科植物图鉴: 132. 2007; Flora of China 25: 253. 2009; 陕西省重点保护野生植物: 315. 2017. ——*Ophrys corallorhiza* L., Sp. Pl. 2: 945. 1753.

腐生草本。高 10-28 厘米；根状茎肉质，多分枝，珊瑚状；茎直立，圆柱形，红褐色，被 3-5 枚鞘；鞘膜质，红褐色，长 1-6 厘米。总状花序长 1-3 厘米，具 3-7 朵花；花苞片通常近长圆形，长约 1 毫米；花梗和子房长 3.5-5 毫米；花淡黄色或白色；背萼片狭长圆形或狭椭圆形，长 4-6 毫米，宽 1.2-1.5 毫米，具 1 条脉；侧萼片与背萼片相似，

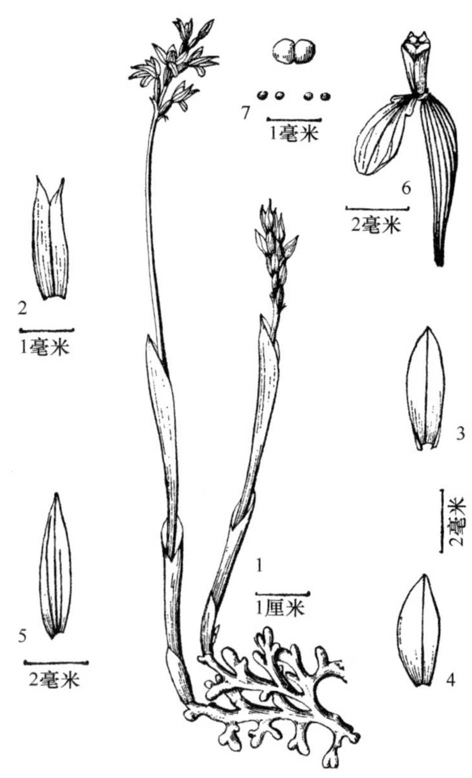


图 210. **珊瑚兰 Corallorhiza trifida**
1. 植株；2. 苞片；3. 背萼片；4. 侧萼片；5. 花瓣；6. 花去除萼片和花瓣后示子房、唇瓣和花柱；7. 脱掉的花药和 4 个花粉块（引自《秦岭植物志》）。

略斜歪，基部合生而成的萼囊很浅或不甚显著；花瓣近长圆形，常较萼片略短而宽，多少与背萼片靠合成盔状；唇瓣近长圆形或宽长圆形，长 2.5-3.5 毫米，3 裂；侧裂片较小，直立；中裂片近椭圆形或长圆形，长 1-1.5 毫米，宽约 0.8 毫米，先端浑圆并在中央常微凹；唇盘上有 2 条肥厚的纵褶片从下部延伸到中裂片基部；蕊柱长 2.5-3 毫米，两侧具翅。蒴果下垂，椭圆形，长 7-9 毫米，宽约 5 毫米。花果期 6-8 月。

见于眉县、太白、佛坪，生于海拔 2900 米左右的山地林下或灌丛中；分布于吉林、内蒙古、河北、甘肃、青海、新疆、四川、贵州。印度、尼泊尔、克什米尔地区、日本、朝鲜半岛、俄罗斯西伯利亚地区及欧洲、北美洲也产。

陕西省地方重点保护植物；CITES 附录Ⅱ收录物种。

## 37. 美冠兰属 **Eulophia** R. Br.

Bot. Reg. 7: ad t. 573[“578”]. 1821, as *Eulophus*, nom. cons.; 中国植物志 18: 175. 1999; Flora of China 25: 253. 2009.

地生草本，极罕腐生。茎膨大成球茎状、块状或其他形状的假鳞茎，位于地下或地上，具数节，疏生少数根。叶数片，基生，具长柄，叶柄常互相套叠成假茎状，有关节。花莛生于假鳞茎侧面节上，直立；总状花序有时有分枝而形成圆锥花序，极少减退为单花；萼片离生，相似；侧萼片稍歪斜；花瓣与背萼片相似或略宽；唇瓣通常 3 裂并以侧裂片围抱蕊柱，少有不裂，唇盘上常有褶片、鸡冠状脊、流苏状毛等附属物，基部大多有距或囊；蕊柱常有翅；蕊柱足有或无；花药顶生，向前俯倾，药帽上常有 2 个暗色凸起；花粉团 2 个，多少有裂隙，蜡质，具短而宽阔的黏盘柄和圆形黏盘。

本属约 200 种，主要分布于非洲，其次是亚洲热带和亚热带地区，美洲和澳大利亚也有分布。中国有 13 种；陕西产 1 种。

### （1）**长距美冠兰**（照片 549）

**Eulophia dabia** (D. Don) Hochr., Bull. New York Bot. Gard. 6: 270. 1910; Flora of China 25: 255. 2009; 秦岭植物志增补: 60. 2013; 陕西省重点保护野生植物: 348. 2017. ——*Bletia dabia* D. Don, Prodr. Fl. Nepal. 30. 1825. ——*Eulophia faberi* Rolfe, Kew Bull. 198. 1896; 中国植物志 18: 184. 1999.

假鳞茎鸡头状或近不规则三角形，多个连接，横卧地下，直径 1-1.5 厘米。叶 2-3 片，于花后长出，线形，长 15-20 厘米，宽 4-8 毫米，先端渐尖，基部逐渐收狭成柄；叶柄套叠成长约 10 厘米的假茎。花莛从横卧的假鳞茎中部发出，高 16-26 厘米，中部以下有数枚鞘；鞘长 3-4 厘米，抱茎；总状花序长 7-12 厘米，疏生 6-10 朵花；花苞片膜质，卵状披针形，长 6-12 毫米，宽 3-5 毫米，先端长渐尖或芒状；花梗和子房长 1.1-1.8 厘米；花红色，略张开；萼片长圆形，长 1.2-1.5 厘米，宽 3-4 毫米；侧萼片略斜歪；花瓣近狭倒卵状长圆形，略短于萼片；唇瓣宽长圆状倒卵形，长 1.1-1.5 厘米，上部宽 8-12 毫米，3 裂；侧裂片宽卵形，多少围抱蕊柱；中裂片扁圆形或近横长圆形，长约 2 毫米，宽约 4 毫米，唇盘上有 3 条纵褶片，从基部延伸至中裂片上，从唇盘上部至中裂片上褶片均分裂成流苏状；基部的圆筒状距长 5-7 毫米，宽 1.5-2 毫米；蕊柱长 7-9 毫米（连花药），无蕊柱足。蒴果下垂，椭圆形，长约 1.8 厘米，宽约 1 厘米；果梗长约 1 厘米。花期 4-5 月，果期 5-6 月。

见于山阳，生于海拔 470 米的山坡灌丛下；分布于江苏、湖北、贵州、四川、云南。阿富汗、孟加拉国、不丹、印度、克什米尔地区、尼泊尔、巴基斯坦、塔吉克斯坦、土库曼斯坦、乌兹别克斯坦也有分布。

易危（VU）；CITES 附录Ⅱ收录物种。

## 38. 兰属 **Cymbidium** Sw.

Nova Acta. Regiae Soc. Sci. Upsal., ser. 2, 6: 70. 1799; 秦岭植物志 1(1): 432. 1976; 中国植物志 18: 191. 1999; Flora of China 25: 260. 2009.

地生或附生草本，罕腐生。通常具假鳞茎；假鳞茎卵球形、椭圆形或梭形，较少不存在或延长成茎状，通常包藏于叶基部的鞘之内。叶数片至多片，通常生于假鳞茎基部或下部节上，2 列，带状或罕有倒披针形或狭椭圆形，基部一般有宽阔的鞘并包围假鳞茎。花莛侧生或发自假鳞茎基部；花序总状，具多数花，很少减退为单花；花苞片在花期不落；花大或中等大；萼片和花瓣相似，离生；唇瓣 3 裂，基部有时与蕊柱合生达 3-6 毫米；侧裂片常多少围抱蕊柱，中裂片一般外弯；唇盘上有 2 条纵褶片，从基部延伸到中裂片基部；蕊柱较长，两侧有翅；花粉团 2 个，有深裂隙，或 4 个而形成不等大的 2 对，蜡质，花粉团柄极短，具弹性，黏盘三角形。

本属约 55 种，主产于亚洲热带和亚热带地区，少数见于大洋洲及非洲。中国有 49 种；陕西产 4 种。

### 分种检索表

1. 腐生植物，无绿色叶……………………………（4）**大根兰 C. macrorhizon** Lindl.
1. 自养植物，有绿色叶……………………………………………………………2
2. 叶基部具关节………………………………（1）**春兰 C. goeringii** (Rchb. f.) Rchb. f.
2. 叶基部无关节……………………………………………………………………3
3. 假鳞茎明显；叶脉不透亮；花苞片长于花梗和子房…………（2）**豆瓣兰 C. serratum** Schltr.
3. 假鳞茎不明显；叶脉透亮；花苞片长约为花梗和子房长的 1/2…………（3）**蕙兰 C. faberi** Rolfe

（1）**春兰**（图 211，照片 550、551、552）

**Cymbidium goeringii** (Rchb. f.) Rchb. f., Ann. Bot. Syst. 3: 547. 1852; 中国植物志 18: 220. 1999; 陕西野生兰科植物图鉴: 136. 2007; Flora of China 25: 276. 2009; 秦岭植物志增补: 61. 2013; 陕西省重点保护野生植物: 320. 2017. ——*Maxillaria goeringii* Rchb. f., Bot. Zeitung (Berlin) 3: 334. 1845.

地生植物。假鳞茎卵球形，长 1-2.5 厘米，宽 1-1.5 厘米，包藏于叶基之内。叶 4-7 片，带形，通常较短小，长 20-40 厘米，宽 5-9 毫米，基部具节，下部常多少对折而呈“V”形。花莛从假鳞茎基部外侧叶腋中抽出，长 2-5 厘米，明显短于叶；花序具单朵花，极罕 2 朵；花苞片一般长 4-5 厘米，多少围抱子房；花梗和子房长 2-4 厘米；花色泽变化较大，通常为绿色或淡褐黄色而有紫褐色脉纹，有香气；萼片近长圆形至长圆状倒卵形，长 2.5-4 厘米，宽 8-12 毫米；花瓣倒卵状椭圆形至长圆状卵形，长 1.7-3 厘米，与萼片近等宽，展开或多少围抱蕊柱；唇瓣近卵形，长 1.4-2.8 厘米，不明显 3 裂；侧裂片直立，具小乳突，在内侧靠近纵褶片处各有 1 个肥厚的皱褶状物；中裂片较大，强烈外弯，上面亦有乳突，边缘略呈波状；唇盘上 2 条纵褶片从基部上方延伸中裂片基部以上，上部向内倾斜并靠合，多少形成短管状；蕊柱长 1.2-1.8 厘米，两侧有较宽的翅；花粉团 4 个，组成 2 对。蒴果狭椭圆形，长 6-8 厘米，宽 2-3 厘米。花期 2-3 月。

产宁陕、石泉、汉阴、平利、镇坪、佛坪、西乡、城固、洋县，生于海拔 500-1500 米的山地林下；分布于华中、华南及甘肃、江苏、安徽、浙江、福建、台湾、江西、四川、贵州、云南。印度、不丹、日本、朝鲜半岛也产。

本种早春开花，花素雅，香气悠长，可供观赏，在中国有上千年的栽培历史。

图 211. **春兰 Cymbidium goeringii**
1. 植株；2. 唇瓣（引自《秦岭植物志增补》）。

国家二级重点保护野生植物；陕西省地方重点保护植物；易危（VU）；CITES 附录 II 收录物种。

（2）**豆瓣兰** 线叶春兰（《植物分类学报》）（照片 553、554）

**Cymbidium serratum** Schltr., Repert. Spec. Nov. Regni Veg. Beih. 4: 73. 1919; Flora of China 25: 276. 2009. ——*Cymbidium goeringii* (Rchb. f.) Rchb. f. var. *serratum* (Schltr.) Y. S. Wu & S. C. Chen, 植物分类学报 18(3): 300. 1980; 中国植物志 18: 223. 1999.

地生植物。假鳞茎卵球形，长 0.8-1.2 厘米，宽 0.7-1 厘米，包藏于叶基之内。叶 3-5 片，带形，长 23-38 厘米，宽 5-7 毫米，基部无节，下部常多少对折而呈"V"形。花莛从假鳞茎基部外侧叶腋中抽出，长 20-30 厘米；花序具单朵花，极罕 2 朵；花苞片一般长 4-5 厘米，多少围抱子房；花梗和子房长 3-3.5 厘米；花无香气；萼片绿色，近长圆状卵形，长 3.6-3.8 厘米，宽 1.1-1.3 厘米；花瓣绿色，倒卵状椭圆形至长圆状卵形，长 2-2.8 厘米，宽 0.9-1.3 厘米，展开或多少围抱蕊柱；唇瓣白色，具紫红色斑点，卵形，长 2-2.5 厘米，3 裂；侧裂片直立；中裂片外弯，长圆状卵形，长 1-1.4 厘米，宽 0.8-1.0 厘米；唇盘上 2 条纵褶片从基部延伸至中裂片基部，上部向内倾斜并靠合，多少形成管状；蕊柱浅绿色，具紫红色斑点，长 1.2-1.8 厘米，两侧有狭翅；花粉团 4 个，组成 2 对。花期 2-3 月。

见于勉县，生于海拔 1300 米左右的山地林下；分布于台湾、湖北、四川、贵州、云南。

国家二级重点保护野生植物；CITES 附录 II 收录物种。

(3) **蕙兰** 线兰(《秦岭植物志》)(图 212,照片 555、556)

**Cymbidium faberi** Rolfe, Bull. Misc. Inform. Kew 1896: 198. 1896; 秦岭植物志 1(1): 432. 1976; 中国植物志 18: 219. 1999; 陕西野生兰科植物图鉴: 134. 2007; Flora of China 25: 277. 2009; 陕西省重点保护野生植物: 318. 2017.

地生草本。假鳞茎不明显。叶 5-8 片,带形,直立性强,长 25-100 厘米,宽 7-12 毫米,基部常对折而呈“V”形,叶脉透亮,边缘常有粗锯齿。花莛从叶丛基部最外面的叶腋抽出,近直立或稍外弯,长 35-50 厘米,被多枚长鞘;总状花序具 5-11 朵或更多的花;花苞片线状披针形;花梗和子房长 2-2.6 厘米;花常为浅黄绿色,唇瓣有紫红色斑,有香气;萼片近披针状长圆形或狭倒卵形,长 2.5-3.5 厘米,宽 6-8 毫米;花瓣与萼片相似,常略短而宽;唇瓣长圆状卵形,长 2-2.5 厘米,3 裂;侧裂片直立,具小乳突或细毛;中裂片较长,强烈外弯,有明显、发亮的乳突,边缘常皱波状;唇盘上 2 条纵褶片从基部上方延伸至中裂片基部,上端向内倾斜并汇合,多少形成短管;蕊柱长 1.2-1.6 厘米,两侧有狭翅;花粉团 4 个,组成 2 对,宽卵形。蒴果近狭椭圆形,长 5-5.5 厘米,宽约 2 厘米。花期 3-5 月。

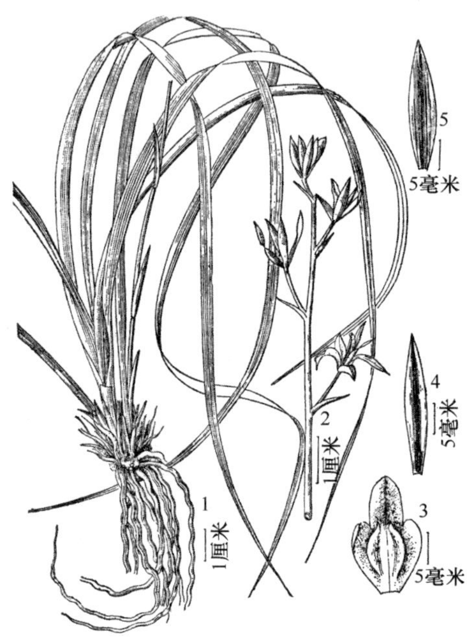

图 212. **蕙兰 Cymbidium faberi**
1. 植株下部;2. 花序;3. 唇瓣;4. 花瓣;5. 萼片(引自《秦岭植物志》)。

见于周至、商南、山阳、宁陕、旬阳、平利、镇坪、佛坪、洋县、宁强,生于海拔 600-1350 米的山地林下;分布于华中、华南、西南及安徽、浙江、福建、台湾、江西、甘肃。印度、尼泊尔也产。

本种花美味香,可供观赏。根皮入药。

国家二级重点保护野生植物;陕西省地方重点保护植物;CITES 附录II收录物种。

(4) **大根兰**(照片 557)

**Cymbidium macrorhizon** Lindl., Gen. Sp. Orch. Pl. 162. 1833; 中国植物志 18: 226. 1999; Flora of China 25: 279. 2009.

腐生植物。短根 1-2 条,长约 1 厘米。根状茎肉质,白色,长 5-10 厘米,直径 3-7 毫米,常分枝,具节,具不规则疣状凸起。花莛直立,紫红色,长 11-18 厘米,中部以下具数枚圆筒状鞘,鞘长 1-2.5 厘米;总状花序具 2-5 朵花;花苞片线状披针形,长 6-11 毫米;花梗和子房长 2-2.5 厘米,后期可继续延长;花白色带黄色至淡黄色,直径 3-4 厘米;萼片与花瓣常有 1 条紫红色纵带,唇瓣上有紫红色斑;萼片狭倒卵状长圆形,长 2-2.2 厘米,宽 4-5 毫米;花瓣狭椭圆形,长 1.5-1.8 厘米,宽 5-6 毫米;唇瓣近卵形,长 1.3-1.6 厘米,略 3 裂;侧裂片直立,具小乳突;中裂片较大,稍下弯;唇盘上 2 条纵褶片从基部延伸至中裂片基部，上端向内倾斜并汇合，多少形成短管；蕊柱长约 1 厘米，两侧有狭翅；花粉团 4 个，组成 2 对，宽卵形。蒴果绿色，直立。花期 6-8 月。

见于安康，生于海拔 380 米的山坡林下；分布于重庆、四川、贵州、云南。尼泊尔、巴基斯坦、印度、缅甸、越南、老挝、泰国、日本也有分布。

国家二级重点保护野生植物；CITES 附录Ⅱ收录物种。

## 39. 虾脊兰属 **Calanthe** R. Br.

Bot. Reg. 7: ad t. 573["578"]. 1821. nom. cons.; 秦岭植物志 1(1): 426. 1976; 中国植物志 18: 267. 1999; Flora of China 25: 292. 2009.

地生草本。根细长；假鳞茎通常粗短，圆锥状。叶通常数片，较大，少有剑形或带状，幼时席卷，具长柄或近无柄，叶柄与鞘连接处具关节或无。花莛出自假茎上端叶丛中或侧生于茎的基部，下部具鞘或鳞状苞片。总状花序顶生，具少数花或多数花；苞片较小而宿存，或为较大而脱落；花通常中等大小，张开；萼片离生，近相似；花瓣比萼片小；唇瓣比萼片大而短，分裂或不裂，有距或无距；唇盘具或无附属物；蕊柱短，无足或具短足，两侧具翅，与唇瓣基部边缘合生而呈管状；蕊喙分裂或不分裂；柱头侧生；花粉团 8 个，蜡质，4 个为一群；花粉团柄明显或不明显，共同附着于 1 个黏质物上。

本属有 150-220 种，分布于世界热带和亚热带地区。中国有 51 种，分布于长江流域及其以南地区；陕西产 8 种。

### 分种检索表

1. 唇瓣无距 ························ （1）**三棱虾脊兰 C. tricarinata** Lindl.
1. 唇瓣有距 ························ 2
2. 唇瓣不裂 ························ （2）**流苏虾脊兰 C. alpina** Hook. f. ex Lindl.
2. 唇瓣 3 裂 ························ 3
3. 唇瓣具疣状胼胝体 ························ （3）**剑叶虾脊兰 C. davidii** Franch.
3. 唇瓣具脊或褶片 ························ 4
4. 叶片宽 0.7-3.5 厘米 ························ 5
4. 叶片宽 5-12 厘米 ························ 7
5. 唇瓣具 3 条褶片 ························ （8）**戟形虾脊兰 C. nipponica** Makino
5. 唇瓣具 3-5 条脊 ························ 6
6. 花内面浅黄色或白色，有时带紫红色；唇瓣侧裂片长约 1 毫米 ························ （7）**太白山虾脊兰 C. taibaishanensis** M. Guo, J. W. Zhai & L. J. Chen
6. 花内面红褐色；唇瓣侧裂片长约 3 毫米 ························ （6）**弧距虾脊兰 C. arcuata** Rolfe
7. 唇瓣上具 3 条高褶片；蕊柱有毛 ························ （4）**肾唇虾脊兰 C. brevicornu** Lindl.
7. 唇瓣上具 3 枚三角形褶片；蕊柱无毛 ························ （5）**药山虾脊兰 C. yaoshanensis** Z. X. Ren & H. Wang

**（1）三棱虾脊兰** 三肋虾脊兰（《秦岭植物志》）（照片 558、559）

**Calanthe tricarinata** Lindl., Gen. Sp. Orchid. Pl. 252. 1833; 秦岭植物志 1(1): 427. 1976; 中国植物志 18: 282. 1999; 陕西野生兰科植物图鉴: 138. 2007; Flora of China 25: 297. 2009; 陕西省重点保护野生植物: 304. 2017.

植株高 35-50 厘米；根状茎不明显；假鳞茎圆球状，粗约 2 厘米，具 3 枚鞘和 3-4

片叶；假茎粗壮，长4-15厘米，粗1-2.5厘米；鞘大型，先端钝，最下1枚最小，长约2厘米，向上逐渐变长。叶在花期时尚未展开，薄纸质，椭圆形或倒卵状披针形，通常长20-30厘米，宽5-11厘米，先端锐尖或渐尖，基部收狭为鞘状柄，边缘波状，具4-5条两面隆起的主脉，背面密被短毛。花莛从假茎顶端的叶间发出，高出叶层外，长达60厘米，粗达1.5厘米，花序之下具1至多片膜质、卵状披针形的苞片状叶；总状花序长3-20厘米，疏生少数至多数花；花苞片卵状披针形，长5-10毫米，基部上方宽约3毫米，先端渐尖；花梗和子房长1-2厘米，密被短毛，子房棒状；花张开，质地薄，萼片和花瓣浅黄色；萼片相似，长圆状披针形，长16-18毫米，中部宽5-8毫米，先端渐尖或有时稍钝，基部收狭，具5-8条脉；花瓣倒卵状披针形，长11-15毫米，中部宽3-5毫米，先端锐尖或稍钝，基部收狭为爪，具3条脉；唇瓣红褐色，基部合生于整个蕊柱翅上，3裂；侧裂片小，耳状或近半圆形，长约4毫米，宽4-5毫米；中裂片肾形，长8-10毫米，宽10-18毫米，先端微凹并具短尖，边缘强烈波状；唇盘上具3-5条鸡冠状褶片，无距；蕊柱长约6毫米，腹面疏生毛；蕊喙2裂，裂片三角形，长约1毫米，先端急尖；药帽在前端收狭，呈喙状；花粉团狭倒卵状球形，长约2毫米，具明显的柄；黏盘椭圆形，长约1毫米。花期5-6月。

产眉县、柞水、平利、岚皋、镇坪、佛坪、洋县、略阳、南郑，生于海拔1100-2200米的山地林下；分布于甘肃、台湾、湖北、重庆、四川、贵州、云南。印度、不丹、尼泊尔、克什米尔地区也产。

根入药。花美丽，供观赏。

陕西省地方重点保护植物；CITES附录Ⅱ收录物种。

**（2）流苏虾脊兰**（图213，照片560、561）

**Calanthe alpina** Hook. f. ex Lindl., Fol. Orchid. 6-7(Calanthe): 4. 1855; 中国植物志 18: 285. 1999; 陕西野生兰科植物图鉴: 140. 2007; Flora of China 25: 298. 2009; 陕西省重点保护野生植物: 295. 2017. ——*Calanthe fimbriata* Franch., Nouv. Arch. Mus. Hist. Nat. Paris II 10: 86. 1888; 秦岭植物志 1(1): 428. 1976.

植株高达50厘米；假鳞茎短小，狭圆锥状，粗约7毫米，去年生的假鳞茎密被残留纤维；假茎不明显或有时长达7厘米。叶3片，在花期全部展开，椭圆形或倒卵状椭圆形，长11-26厘米，宽3-6厘米，先端圆钝并具短尖或锐尖，基部收狭为鞘状短柄。花莛从叶间抽出，通常1个，偶尔2个，高出叶层之外；总状花序

图213. 流苏虾脊兰 **Calanthe alpina**
1. 植株；2. 花（引自《秦岭植物志》）。

长3-12厘米，通常疏生3-10朵花；花苞片宿存，狭披针形，比花梗和子房短，长约1.5厘米；花梗和子房长约2厘米，子房稍粗并多少弧曲；花被全体无毛；萼片和花瓣白色带绿色先端或浅紫堇色，先端急尖或渐尖，呈芒状；背萼片近椭圆形，长1.5-2厘米，中部宽5-6毫米，具5条脉；侧萼片卵状披针形，等长于背萼片，但较宽，具5条脉；花瓣狭长圆形至卵状披针形，长12-13毫米，中部宽4-4.5毫米，具3条脉；唇瓣浅白色，后部黄色，前部具紫红色条纹，与蕊柱中部以下的蕊柱翅合生，半圆状扇形，长约8毫米，基部宽截形，宽约1.5厘米，前端边缘具流苏；距浅黄色或浅紫堇色，圆筒形，劲直，长1.5-3.5厘米，中部粗3-4毫米，末端钝；蕊柱白色，长约8毫米；蕊喙2裂；药帽在前端收狭，先端稍钝；花粉团倒卵球形，长约1.3毫米，具短的花粉团柄；黏盘小，近长圆形。蒴果倒卵状椭圆形，长约2厘米，粗约1.5厘米。花期6-9月，果期11月。

产鄠邑、眉县、宝鸡、凤县、太白、佛坪、柞水、宁陕、岚皋、平利、镇坪，生于海拔1100-2850米的山地林下；分布于甘肃、台湾、重庆、四川、云南、西藏。印度、尼泊尔、不丹、日本也产。

假鳞茎入药。花美丽，供观赏。

陕西省地方重点保护植物；CITES附录II收录物种。

### （3）**剑叶虾脊兰**（图214，照片562、563）

**Calanthe davidii** Franch., Nouv. Arch. Mus. Hist. Nat., ser. 2, 10: 85. 1888; 中国植物志 18: 299. 1999; 陕西野生兰科植物图鉴: 146. 2007; Flora of China 25: 301. 2009; 陕西省重点保护野生植物: 301. 2017. ——*Calanthe ensifolia* Rolfe, Kew Bull. 1896: 197. 1896; 秦岭植物志 1(1): 427. 1976.

植株高30-70厘米，紧密聚生，无明显的根状茎；假鳞茎被叶鞘包裹；假茎通常长4-10厘米，具3-4片叶。叶在花期全部展开，剑形或带状，长达65厘米，宽1-2厘米，先端急尖，基部收窄，具3条主脉；叶柄不明显。花莛出自叶腋，长达120厘米，密被细毛；花序之下疏生数枚紧贴花序柄的筒状鞘；鞘膜质，下面的长达10厘米；总状花序长8-20厘米，密生许多小花；花苞片宿存，狭披针形，长1-1.5厘米，基部宽1.5-2毫米，先端渐尖；花黄绿色、白色或有时带紫色；萼片和花瓣反折；萼片相似，近椭圆形，长6-9毫米，中部宽约4毫米，先端锐尖或稍钝，具5条脉；花瓣狭长圆状倒披针形，与萼片等长，中部以上宽1.8-2.2毫米，先端钝或锐尖，具3条脉；唇瓣的轮廓为宽三角形，基部无爪，与整个蕊柱翅合生，3裂；侧裂片长圆形、镰状长圆形至卵状三角形，先

图214. 剑叶虾脊兰 **Calanthe davidii**
1. 植株；2. 花（引自《秦岭植物志》）。

端斜截形或钝，两侧裂片先端之间相距达 9 毫米；中裂片先端 2 裂，在裂口中央具 1 个短尖；唇盘在两侧裂片之间具 3 条等长或中间 1 条较长的鸡冠状褶片；距圆筒形，镰刀状弯曲，长 5-12 毫米，内面密生毛；蕊柱长约 3 毫米；蕊喙 2 裂；药帽在前端不收窄，先端圆形；花粉团近梨形或倒卵形，具短的花粉团柄；黏盘小，颗粒状。蒴果卵球形，长约 13 毫米，粗 7 毫米。花期 6-7 月，果期 9-10 月。

产宁陕、平利、岚皋、镇坪、西乡、勉县、宁强，生于海拔 720-1800 米的山地林下；分布于甘肃、台湾、湖北、湖南、重庆、四川、贵州、云南、西藏。印度、尼泊尔、越南、日本也产。

全草入药。

陕西省地方重点保护植物；CITES 附录 II 收录物种。

### （4）**肾唇虾脊兰**（照片 564、565）

**Calanthe brevicornu** Lindl., Gen. Sp. Orchid. Pl. 251. 1833; 中国植物志 18: 298. 1999; Flora of China 25: 303. 2009; 陕西省重点保护野生植物: 299. 2017.

植株高 30-45 厘米；假鳞茎圆锥形，粗约 2 厘米，具 3 枚鞘和 3-4 片叶；假茎粗壮，长 5-8 厘米，粗 1-2 厘米。叶椭圆形或倒卵状披针形，通常长约 30 厘米，宽 5-11 厘米，先端锐尖或短急尖，基部收狭为长约 10 厘米的鞘状柄，具 4-5 条主脉。花莛从假茎顶端的叶间发出，高出叶层外，密被短毛，中部以下具 1 枚膜质鞘；鞘鳞片状，卵状披针形，长 5-17 毫米；总状花序长约 30 厘米，疏生多数花；花苞片披针形，长 5-13 毫米，先端渐尖；花梗和子房长 16-23 毫米；萼片和花瓣黄绿色；背萼片长圆形，长 12-23 毫米，中部宽 3-8 毫米，先端锐尖，具 5 条脉；侧萼片斜长圆形或披针形，与背萼片近等大，先端急尖或锐尖，具 5 条脉；花瓣长圆状披针形，比萼片短，宽 4-5 毫米，先端锐尖，基部具爪，具 3 条脉；唇瓣基部具短爪，与蕊柱中部以下的蕊柱翅合生，约等长于花瓣，3 裂；侧裂片镰刀状长圆形，先端斜截形，两侧裂片先端之间的距离等于或小于中裂片的宽；中裂片近肾形或圆形，基部具短爪，先端通常具宽凹缺并在凹处具 1 个短尖，或有时先端圆形并且细尖；唇盘粉红色，具 3 条黄色的高褶片，距很短，长约 2 毫米；蕊柱长约 4 毫米，正面被长毛；蕊喙 2 裂；药帽在前端收狭，呈喙状；花粉团稍扁的倒卵球形，长约 1.5 毫米。花期 5-6 月。

见于平利、佛坪，生于海拔 1571 米的山谷阔叶林下；分布于湖北、四川、广西、云南、西藏。

花美丽，供观赏。

CITES 附录 II 收录物种。

### （5）**药山虾脊兰**（照片 566、567）

**Calanthe yaoshanensis** Z. X. Ren & H. Wang, Nordic J. Bot. 29(1): 54-56. 2011.

地生草本。植株高 18-45 厘米；假鳞茎圆锥形，长 1.5-3 厘米，直径 1.3-2.1 厘米。叶 4-6 片，椭圆状披针形，长 18-33 厘米，宽 5-10 厘米，先端锐尖。花莛出自叶腋，长 10-18 厘米，密被短毛；总状花序疏生 4-15 朵花；花苞片披针形；萼片和花瓣黄绿色；花梗和子房长1.5-2.5厘米，被短毛；萼片近等长，窄椭圆形，长约1.7厘米，宽约0.8厘米，先端锐尖，具5条脉；侧萼片比背萼片稍窄；花瓣披针形，长约1.4厘米，宽约3毫米，具3条脉，先端锐尖；唇瓣3裂，与蕊柱中部以下蕊柱翅合生；中裂片椭圆形，先端微凹并在凹处有1个短尖，长约0.7厘米，宽约1厘米，黄绿色，开花时向后反卷，中央具3枚三角形褶片；侧裂片近匙形，先端微凹，长约7毫米，宽约3毫米；距很短，长0.1-0.3厘米；蕊柱长约8毫米。花期4-6月。

见于平利，生于海拔1570-2700米的山谷溪边或山坡林下；分布于云南。

濒危（EN）；CITES附录Ⅱ收录物种。

### （6）弧距虾脊兰（图215，照片568、569）

**Calanthe arcuata** Rolfe, Bull. Misc. Inform. Kew 1896: 196. 1896; 秦岭植物志 1(1): 427. 1976; 中国植物志 18: 295. 1999; 陕西野生兰科植物图鉴: 142. 2007; Flora of China 25: 305. 2009; 陕西省重点保护野生植物: 297. 2017.

植株高30-50厘米；根状茎不明显；假鳞茎短，圆锥形，粗约1厘米，具2-3枚鞘和3-4片叶；假茎长2-3厘米或有时不明显。叶在花期全部展开，狭椭圆状披针形或狭披针形，长达28厘米，中部宽7-30毫米，先端急尖或渐尖，基部收狭成鞘状柄，边缘常波状。花莛出自叶丛中间，1-2个，高出叶层外，长30-50厘米，密被短毛，花序之下具1枚紧贴花序柄的筒状鞘和数片披针形的不育苞片；总状花序长约10厘米，疏生约10朵花；花苞片狭披针形，长1-1.8厘米，基部宽2-3毫米；花梗和子房长约2厘米，呈弧形弯曲，密被短毛，子房棒状；萼片和花瓣的背面黄绿色，内面红褐色；背萼片狭披针形，长1.7-2.2厘米，基部上方宽4毫米，具5条脉；侧萼片斜披针形，与背萼片等大，具5条脉；花瓣线形，与萼片近等长，宽2-3毫米，具3条脉；唇瓣白色带紫色先端，后来转变为黄色，基部与整个蕊柱翅合生，长11-18毫米，3裂；侧裂片斜卵状三角形或近长圆形，两侧裂片先端之间相距约7毫米；中裂片椭圆状菱形，长8-10毫米，宽6-7毫米，先端急尖，呈芒状，基部楔形或收狭成爪；唇盘上具3-5条龙骨状脊；距圆筒形，细小，长约5毫米；蕊柱粗短，长4-5毫米；蕊柱翅在上端扩大成三角形并围抱柱头，下端延伸到唇瓣基部；蕊喙2叉裂；花药较小，药帽在前端收狭，先端朝上翘起；花粉团稍扁的狭卵球形，等大，长约1.2毫米；黏盘小，近长圆形。蒴果近椭圆形，长2厘米，粗约8毫米。花期5-9月。

图215. 弧距虾脊兰 **Calanthe arcuata**
1. 植株下部；2. 花序；3. 唇瓣
（引自《秦岭植物志》）。

产长安、眉县、宁陕、镇坪、佛坪、宁强，生于海拔1100-1900米的山地林下；分布于甘肃、台湾、湖北、湖南、重庆、四川、贵州、云南。

花美丽，供观赏。

陕西省地方重点保护植物；易危（VU）；CITES 附录 II 收录物种。

（7）**太白山虾脊兰**（彩图版 11）

**Calanthe taibaishanensis** M. Guo, J. W. Zhai & L. J. Chen, Phytotaxa 327(2): 189. 2017.

地生草本。植株高达 24 厘米；假鳞茎圆锥形或卵形，粗 0.4-0.9 厘米。叶 5-6 片，狭椭圆状披针形或狭披针形，长 5-16 厘米，先端渐尖。花莛 1 个，出自叶腋，直立，长约 22 厘米；总状花序长 8-10 厘米，疏生 5-7 朵花；花苞片长圆状披针形，长 0.8-1.0 厘米；花浅黄色或白色，有时带紫红色，直径 2-3 厘米；花梗和子房长 1.2-1.5 厘米；萼片近等长，卵形或长圆状卵形，长 1.2-1.4 厘米，宽 0.5-0.6 厘米；背萼片凹陷，舟状；花瓣近匙形，宽 4-5 毫米；唇瓣稍 3 裂，中裂片卵形或菱形，先端渐尖，唇盘上具 3-5 条脊；侧裂片小，角状，长约 1 毫米；距白色，长 0.8-1.2 厘米；蕊柱白色，长 3-4 毫米；花粉团 8 个，组成 2 群。花期 7 月。

见于眉县太白山，生于海拔 1775 米的山谷林下。陕西特有植物。

CITES 附录 II 收录物种。

（8）**戟形虾脊兰**（照片 570、571）

**Calanthe nipponica** Makino, Bot. Mag. Tokyo 13: 128. 1899; 中国植物志 18: 309. 1999; Flora of China 25: 305. 2009.

植株高 25-38 厘米；根状茎不明显；假鳞茎很小，具 3-4 枚鞘和 4 片叶。叶在花期全部展开，狭披针形或狭椭圆形，长 12-16 厘米，宽 1.5-2 厘米，先端渐尖，基部收狭，边缘波状。花莛出自叶丛中间，高出叶层外，长 24-34 厘米，花序之下具 1 片苞片状叶；总状花序长约 12 厘米，疏生 3-7 朵花；花苞片草质，卵状披针形，长 1.3-1.5 厘米，基部宽 3-4 毫米，先端渐尖；花梗和子房长 1.5-2 厘米，呈弧形弯曲，密被毛，子房棒状；花淡黄色，俯垂；背萼片椭圆状披针形，长约 1.4 厘米，中部宽约 5 毫米，具 5 条脉；侧萼片斜卵状披针形，与背萼片等大，基部上方宽约 4.5 毫米，具 5 条脉；花瓣线形，稍比萼片短，中部宽约 2 毫米，具 3 条脉；唇瓣基部紫褐色，与整个蕊柱翅合生，近卵状三角形，稍 3 裂；侧裂片近半圆形，长约 8 毫米，两侧裂片先端之间相距约 8 毫米；中裂片近长圆形，长约 4 毫米，宽约 3.5 毫米，先端骤尖；唇盘上具 3 条褶片，中央 1 条从基部上方延伸到近中裂片先端；距圆筒形，长 4-5 毫米；蕊柱粗短，长约 5 毫米；蕊喙 2 裂；裂片长约 1.2 毫米；药帽在前端稍收狭，先端钝；药床宽大，上缘截形；花粉团压扁的倒卵形，长约 14 毫米；黏盘近圆形。花期 6 月。

产眉县、佛坪，生于海拔 2400-2800 米的山地林下；分布于西藏。日本也产。

濒危（EN）；CITES 附录 II 收录物种。

## 40. 独蒜兰属 **Pleione** D. Don

Prodr. Fl. Nepal. 36. 1825; 秦岭植物志 1(1): 424. 1976; 中国植物志 18: 364. 1999; Flora of China 25: 325. 2009.

矮小草本，地生、附生或半附生。假鳞茎一年生，卵形、圆锥形、梨形至陀螺形，向顶端逐渐收狭成长颈或短颈，叶脱落后顶端常有皿状或浅杯状的环。叶 1-2 片，生于假鳞茎顶端，通常纸质，具短柄。花莛从老鳞茎基部发出，直立，与叶同时或不同时出现，通常具 1-2 朵花；花苞片宿存；花美丽；萼片离生；花瓣与萼片等长；唇瓣明显大于萼片，3 裂或几不裂，基部贴生于蕊柱基部形成浅囊，上部边缘啮蚀状或撕裂状，上面具 2 至数条纵褶片；蕊柱细长，稍向前弯曲，两侧具狭翅；翅在顶端扩大；花粉团 4 个，蜡质，每两个组成一对，每对常有一个花粉团较大，倒卵形或其他形状。蒴果纺锤状，具 3 条纵棱。

本属约 26 种，分布于尼泊尔、不丹、缅甸、泰国、越南。中国有 23 种；陕西产 1 种。

（1）**独蒜兰** 朱兰状独蒜兰（《秦岭植物志》）、石仙桃（眉县）（图 216，照片 572、573）

**Pleione bulbocodioides** (Franch.) Rolfe, Orchid Rev. 11: 291. 1903; 秦岭植物志 1(1): 424. 1976; 中国植物志 18: 377. 1999; 陕西野生兰科植物图鉴: 148. 2007; Flora of China 25: 331. 2009; 陕西省重点保护野生植物: 404. 2017. ——*Coelogyne bulbocodioides* Franch., Nouv. Arch. Mus. Hist. Nat., sér. 2, 10: 84. 1888.

半附生草本。假鳞茎卵形至卵状圆锥形，上端有明显的颈，全长 1-2.5 厘米，直径 1-2 厘米，顶端具 1 片叶。叶在花期尚幼嫩，成熟时狭椭圆状披针形或近倒披针形，纸质，长 7-25 厘米，宽 1.5-5.8 厘米，先端通常渐尖，基部渐狭成柄；叶柄长 2-6.5 厘米。花莛从无叶的老假鳞茎基部发出，长 7-20 厘米，下半部包藏在 3 枚膜质的圆筒状鞘内，顶端具 1(-2)朵花；花苞片线状长圆形，长 3-4 厘米；花梗和子房长 1-2.5

图 216. 独蒜兰 **Pleione bulbocodioides**
植株（引自《秦岭植物志》）。

厘米；花粉红色至淡紫色，唇瓣上有深色斑；背萼片近倒披针形，长 3.5-5 厘米，宽 7-9 毫米，先端急尖或钝；侧萼片稍斜歪，狭椭圆形或长圆状倒披针形，与背萼片等长；花瓣倒披针形，稍斜歪，长 3.5-5 厘米，宽 4-7 毫米；唇瓣轮廓为倒卵形或宽倒卵形，长 3.5-4.5 厘米，宽 3-4 厘米，不明显 3 裂，上部边缘撕裂状，基部楔形并多少贴生于蕊柱上，通常具 4-5 条褶片；褶片啮蚀状，高 1-1.5 毫米；中央褶片常较短而宽，有时不存在；蕊柱长 2.7-4 厘米，两侧具翅；翅自中部以下甚狭，向上渐宽，在顶端围绕蕊柱，宽 6-7 毫米，有不规则齿缺。蒴果近长圆形，长 2.7-3.5 厘米。花期 4-6 月。

见于长安、周至、眉县、太白、柞水、宁陕、平利、镇坪、佛坪、洋县，生于海拔 1400-2400 米的山地林下；分布于甘肃、安徽、福建、湖北、湖南、广东、广西、四川、贵州、云南、西藏。

假鳞茎入药；花美丽，供观赏。

国家二级重点保护野生植物；陕西省地方重点保护植物；CITES 附录Ⅱ收录物种。

## 41. 瘦房兰属 **Ischnogyne** Schltr.

Repert. Spec. Nov. Regni Veg. 12: 106. 1913; 中国植物志 18: 409. 1999; Flora of China 25: 342. 2009.

附生草本。假鳞茎较小，弯曲，下部平卧，上部直立，彼此以短的根状茎相连接，在根状茎着生处具数条纤维根，顶端生 1 片叶。叶明显具柄。花莛与叶生于同一假鳞茎顶端或不同的假鳞茎顶端，仅着生 1 朵花；花较大，白色；萼片离生；侧萼片基部延伸成囊状；花瓣与萼片相似，略狭于萼片；唇瓣狭倒卵形，近顶端 3 裂，基部有短距；距一部分包藏于 2 枚侧萼片基部之内；蕊柱细长，无蕊柱足，两侧边缘具翅；翅自下而上渐宽；花药向前倾，花丝不明显；花粉团 4 个，蜡质，基部黏合；柱头凹陷，位于蕊柱前上方；蕊喙较大，宽舌状。

本属 1 种，中国特有；陕西也产。

### （1）**瘦房兰**（图 217，照片 574）

**Ischnogyne mandarinorum** (Kraenzl.) Schltr., Repert. Spec. Nov. Regni Veg. 12: 107. 1913; 中国植物志 18: 409. 1999; 陕西野生兰科植物图鉴: 150. 2007; Flora of China 25: 342. 2009; 秦岭植物志增补: 63. 2013; 陕西省重点保护野生植物: 375. 2017. ——*Coelogyne mandarinorum* Kraenzl., Bot. Jahrb. Syst. 29: 269. 1901.

假鳞茎近圆柱形，长 1.5-3 厘米，粗 2.5-3.5 毫米，上部 1/3 弯曲成钩状，干后褐色，有许多纵皱纹。叶近直立，狭椭圆形，

图 217. **瘦房兰 Ischnogyne mandarinorum**
1. 带花的植株；2. 花（引自《秦岭植物志增补》）。

薄革质，长 4-7 厘米，宽 1.2-1.5 厘米；叶柄长 1-2 厘米。花莛（连花）长 5-7 厘米，抽出时其所着生的假鳞茎尚幼嫩，顶端具 1 朵花；花苞片膜质，卵形，长 5-7 毫米；花梗和子房长 1-2 厘米；花白色，较大；萼片线状披针形，长 2.8-3.2 厘米，宽 3-3.5 毫米；侧萼片基部延伸的囊长约 3 毫米；花瓣与萼片相似，宽约 2.5 毫米；唇瓣长约 3 厘米，上部宽约 8 毫米，向基部渐狭，顶端 3 裂而略似肩状；侧裂片小；中裂片近方形，先端截形而略有凹缺和细尖，基部有 2 个紫色小斑块；唇瓣基部的距长约 3 毫米，宽约 1.5 毫米；蕊柱长约 2.5 厘米，下部的翅宽不到 0.5 毫米，上部的翅一侧宽可达 2.5 毫米。蒴果椭圆形，长 1.6-2 厘米，粗 7-9 毫米。花期 5-6 月，果期 7-8 月。

见于宁陕、安康、镇坪、宁强，生于海拔 1600 米左右的山地林下岩石上；分布于甘肃东南部、湖北西部、重庆、四川、贵州。

陕西省地方重点保护植物；CITES 附录Ⅱ收录物种。

## 42. 蛤兰属 **Conchidium** Griffith

Not, Pl. Asiat. 3: 321. 1851; Flora of China 25: 346. 2009.

附生草本。具根状茎；假鳞茎球形，具 1 节间。叶 1-4 片，生于假鳞茎顶端，倒卵状披针形，近无柄。花序顶生，单生，着生 1 朵花或少数几朵花；花苞片膜质；花白色、浅绿色或黄色；背萼片三角形，渐尖；侧萼片斜三角形或披针形，渐尖，与蕊柱足合生成萼囊；花瓣倒卵状披针形或长圆形，先端渐尖或钝；唇瓣全缘或 3 裂，具爪；蕊柱具弯曲的蕊柱足；花粉团 8 个，卵球形；蕊喙近方形，先端截形。

本属约 10 种，分布于不丹、印度、日本、老挝、缅甸、尼泊尔、泰国、越南。中国有 4 种；陕西产 1 种。

### （1）**高山蛤兰** 高山毛兰（《中国植物志》）（照片 575、576）

**Conchidium japonicum** (Maxim.) S. C. Chen & J. J. Wood, Flora of China 25: 348. 2009; 陕西省重点保护野生植物: 346. 2017. ——*Eria japonica* Maxim., Bull. Acad. Imp. Sci. Saint-Pétersbourg 31: 103. 1887. ——*Eria reptans* (Franch. & Sav.) Makino, Bot. Mag. Tokyo 15: 128. 1905; 中国植物志 19: 37. 1999.

假鳞茎长卵形，密集，长 1-1.5 厘米，粗 3-4 毫米，具 1-2 枚膜质叶鞘，顶端具 2 片叶。叶长椭圆形，长 4-10 厘米，宽 0.5-1.6 厘米，先端渐尖，基部收狭，具 4-5 条主脉。花序 1 个，长约 5 厘米，纤细，具 1-4 朵花；花序柄长约 1 厘米；花苞片卵形，长约 3 毫米，宽近 2 毫米，先端锐尖；花梗和子房长约 8 毫米，被毛；花白色，背萼片窄椭圆形，长约 8 毫米，宽约 3 毫米，先端钝，侧萼片卵形，偏斜，长约 6 毫米，基部宽约 5 毫米，先端锐尖，基部与蕊柱足合生成萼囊；花瓣椭圆状披针形，近等长于背萼片，宽约 2 毫米，先端圆钝；唇瓣轮廓近倒卵形，基部收狭成爪状，3 裂，侧裂片直立，三角形，中裂片近方形，肉质，长宽约 3 毫米，先端近截形而略有凹缺，唇盘基部发出 3 条褶片，中间 1 条延伸到中裂片近先端处，侧生的褶片延伸到中裂片近基部；蕊柱长约 3 毫米，蕊柱足长约 5 毫米；花粉团倒卵形，黄色。花期 6 月。

见于镇坪，生于海拔 760-1100 米的山谷林地悬崖上，喜生阳坡；分布于安徽、浙江、福建、台湾、贵州。日本也有分布。

CITES附录Ⅱ收录物种。

## 43. 石斛属 **Dendrobium** Sw.

Nova Acta. Regiae Soc. Sci. Upsal., ser. 2,6: 82. 1799, nom. cons.; 秦岭植物志 1(1): 425. 1976; 中国植物志 19: 67. 1999; Flora of China 25: 367. 2009.

附生草本，罕为地生，落叶或常绿。茎丛生，少有疏生在匍匐茎上的，直立或下垂，圆柱形或扁三棱形，具少数或多数节，有时节间膨大，肉质或质地较硬，干燥时呈黄色，具少数或多数叶。叶互生，扁平，圆柱状或两侧压扁，先端不裂或2浅裂，基部有关节和抱茎的鞘。总状花序或有时伞形花序，直立，斜出或下垂，生于茎的中部以上节上，具少数或多数花，极少为单朵花。花小至大，通常开展；萼片近相似；侧萼片宽阔的基部着生在蕊柱足上，与唇瓣基部共同形成萼囊；花瓣比萼片狭或宽；唇瓣3裂或不裂，基部收狭为短爪或无爪，有时具距；蕊柱粗短，基部具蕊柱足；蕊喙很小；花粉团4个，蜡质，卵形或长圆形，离生，每两个为一对。

本属约1100种，分布于热带亚洲及大洋洲。中国有78种，以西南和台湾最多；陕西产4种。

### 分种检索表

1. 花金黄色……………………………………（4）**细叶石斛 D. hancockii** Rolfe
1. 花白色，或白色带淡紫红色，或黄绿色……………………………………2
2. 花苞片无红褐色斑块；茎长6-11厘米；花萼和花瓣黄白色带浅粉色顶端……………………………………（3）**曲茎石斛 D. flexicaule** Z. H. Tsi, S. C. Chen & L. C. Xu
2. 花苞片有红褐色斑块；茎长达35厘米；花萼和花瓣白色或黄绿色……………………………………3
3. 花白色，唇瓣白色带浅黄色斑块；茎节间长2-4厘米…………（1）**细茎石斛 D. moniliforme** (L.) Sw.
3. 花黄绿色，唇瓣白色带紫红色斑块；茎节间长1.3-1.7厘米…………（2）**黄石斛 D. catenatum** Lindl.

### （1）**细茎石斛**（图218，照片577）

**Dendrobium moniliforme** (L.) Sw., Nova Acta Regiae Soc. Sci. Upsal., ser. 2, 6: 85. 1799; 中国植物志 19: 114. 1999; 陕西野生兰科植物图鉴: 154. 2007; Flora of China 25: 381. 2009; 秦岭植物志增补: 64. 2013; 陕西省重点保护野生植物: 338. 2017. ——*Epidendrum moniliforme* L., Sp. Pl. 2: 954. 1753.

附生草本。茎长10-20厘米，粗3-5毫米，细圆柱形，具多节，节间长2-4厘米，干后金黄色或黄色带深灰色。叶2列，数片，常互生于茎的中部以上，披针形或长圆形，长3-4.5厘米，宽5-10毫米，先端钝并且稍不等侧2裂，基部下延为抱茎的鞘；总状花序2至数个，生于茎中部以上具叶和落了叶的老茎上，通常具1-3朵花；花序柄长3-5毫米；花苞片干膜质，浅白色带褐色斑块，卵形，长3-4毫米，宽2-3毫米，先端钝；花梗和子房纤细，长1-2.5厘米；花白色，有时芳香；萼片和花瓣相似，卵状长圆形或卵状披针形，长1.3-1.7厘米，宽3-4毫米，先端锐尖或钝，具5条脉；侧萼片基部歪斜而贴生于蕊柱足；萼囊圆锥形，长4-5毫米，宽约5毫米，末端钝；花瓣通常比萼片稍宽；唇瓣白色，带浅黄色斑块，整体轮廓卵状披针形，比萼片稍短，基部楔形，3 裂；侧裂片半圆形，直立，围抱蕊柱；中裂片卵状披针形，先端锐尖或稍钝，全缘；唇盘在两侧裂片之间密布短柔毛，基部常具 1 枚椭圆形胼胝体，近中裂片基部通常具 1 个紫红色、淡褐色或浅黄色的斑块；蕊柱白色，长约 3 毫米；药帽白色或淡黄色，圆锥形，顶端不裂；蕊柱足基部常具紫红色条纹。花期 3-5 月。

见于山阳、旬阳、宁陕、佛坪，生于海拔 1000-1500 米的山地岩壁上或树干上；分布于甘肃南部、河南、安徽、浙江、福建、台湾、江西、湖南、广东、广西、四川、贵州、云南。印度、不丹、尼泊尔、缅甸、越南、日本、朝鲜半岛也产。

国家二级重点保护野生植物；陕西省地方重点保护植物；CITES 附录Ⅱ收录物种。

图 218. **细茎石斛**

**Dendrobium moniliforme**

1. 植株；2. 花；3. 唇瓣

（引自《秦岭植物志增补》）。

（2）**黄石斛** 铁皮石斛（《中国植物志》）（图 219，照片 578、579）

**Dendrobium catenatum** Lindl., Gen. Sp. Orchid. Pl. 84. 1830; Flora of China 25: 382. 2009; 陕西省重点保护野生植物: 338. 2017. ——*Dendrobium officinale* Kimura & Migo, J. Shanghai Sci. Inst. III. 3: 122. 1936; 中国植物志 19: 117. 1999; 陕西野生兰科植物图鉴: 156. 2007; 秦岭植物志增补: 66. 2013.

附生草本。茎长 9-35 厘米，粗 2-4 毫米，圆柱形，具多节，节间长 1.3-1.7 厘米，常在中部以上互生 3-5 片叶。叶 2 列，纸质，长圆状披针形，长 3-4 厘米，宽 9-11 毫米，先端钝并且多少钩转，基部下延为抱茎的鞘；叶鞘常具紫斑，老时其上缘与茎松离而张开，并且与节留下 1 个环状铁青的间隙。总状花序常从落了叶的老茎上部发出，具 2-3 朵花；花序柄长 5-10 毫米，基部具 2-3 枚短鞘；花序轴回折状弯曲，长 2-4 厘米；花苞片长 5-7 毫米，先端稍钝；花梗和子房长 2-2.5 厘米；萼片和花瓣黄绿色，长圆状披针形，长约 1.8 厘米，宽 4-5 毫米，先端锐尖，具 5 条脉；侧萼片基部宽约 1 厘米；萼囊圆锥形，长约 5 毫米；唇瓣白色，基部具 1 枚绿色或黄色的胼胝体，卵状披针形，比萼片稍短，中部反折，先端急尖，中部以下两侧具紫红色条纹；唇盘

图 219. **黄石斛**

**Dendrobium catenatum**

1. 花枝；2. 唇瓣正面

（引自《秦岭植物志增补》）。

密布细乳突状毛，并且在中部以上具 1 个紫红斑块；蕊柱长 2-4 毫米，先端两侧各具 1 个紫点；蕊柱足黄绿色带紫红色条纹；药帽长卵状三角形，长 1.5-3 毫米，顶端近锐尖并且 2 裂。花期 3-6 月。

见于佛坪、镇坪，生于海拔 700-1700 米的山地阴湿岩石上；分布于安徽、浙江、福建、台湾、广西、四川、云南。日本也产。

茎入药。

国家二级重点保护野生植物；陕西省地方重点保护植物；极危（CR）；CITES 附录Ⅱ收录物种。

有学者建议，铁皮石斛名称 *Dendrobium officinale* Kimura & Migo 继续使用，不必更改。

### （3）曲茎石斛（照片 580、581）

**Dendrobium flexicaule** Z. H. Tsi, S. C. Chen & L. C. Xu, 植物研究 6(2): 113. 1986; 中国植物志 19: 119. 1999; Flora of China 25: 383. 2009; 陕西省重点保护野生植物: 336. 2017.

附生草本。茎长 6-11 厘米，粗 2-3 毫米，圆柱形，稍回折状弯曲，具数节，节间长 1-1.5 厘米，干后淡棕黄色。叶 2 列，2-4 片，互生于茎的上部，近革质，长圆状披针形，长约 3 厘米，宽 7-10 毫米，先端钝并且稍钩转，基部下延为抱茎的鞘。花序常从落了叶的老茎上部发出，具 1-2 朵花；花序柄长 10-20 毫米，粗约 1 毫米，基部具 3-4 枚膜质鞘；花苞片长约 3 毫米，先端急尖；花梗和子房黄绿色带淡紫色，长 3-4.5 厘米；花开展，背萼片背面黄绿色，上端稍带淡紫色，长圆形，长约 2.8 厘米，中部宽约 8 毫米，先端钝，具 5 条脉；侧萼片背面黄绿色，上端边缘稍带淡紫色，斜卵状披针形，与背萼片等长而较宽，先端钝，具 5 条脉；萼囊圆锥形，长约 8 毫米，宽约 10 毫米；花瓣下部黄绿色或浅白色，上部近淡紫色，椭圆形，长约 25 毫米，中部宽约 13 毫米，先端钝，具 5 条脉；唇瓣淡黄色，先端边缘淡紫色，中部以下边缘紫色，宽卵形，长约 17 毫米，宽约 14 毫米. 先端锐尖，基部楔形，上面密布短绒毛，唇盘中部前方有 1 个大的紫色扇形斑块，其后有 1 枚黄色的马鞍形胼胝体；蕊柱长约 3 毫米，蕊柱足长约 10 毫米，中部具 2 个圆形紫色斑块，末端紫色，与唇瓣结合而形成强烈增厚的关节，蕊柱齿 2 个，三角形，基部外侧紫色；药帽近菱形，长约 2.5 毫米，顶端 2 深裂。花期 5 月。

见于镇坪、佛坪，生于海拔 1000 米左右的峡谷旁悬崖上；分布于河南、湖北、湖南、四川。

国家一级重点保护野生植物；极危（CR）；CITES 附录Ⅱ收录物种。

### （4）细叶石斛（照片 582）

**Dendrobium hancockii** Rolfe, J. Linn. Soc. Bot. 36: 11. 1903; 秦岭植物志 1(1): 425. 1976; 中国植物志 19: 84. 1999; 陕西野生兰科植物图鉴: 152. 2007; Flora of China 25: 384. 2009; 陕西省重点保护野生植物: 337. 2017.

附生草本。茎长约 80 厘米，粗 2-20 毫米，质地较硬，圆柱形或有时基部上方有数个节间膨大而形成纺锤形，通常分枝，干后深黄色或橙黄色，有光泽，节间长达 4.7 厘米。叶通常 3-6 片，互生于主茎和分枝的上部，狭长圆形，长 3-10 厘米，宽 3-6 毫米，先端钝并且不等侧 2 裂，基部具革质鞘。总状花序长 1-2.5 厘米，具 1-2 朵花，花序柄长 5-10 毫米；花苞片长约 2 毫米，先端急尖；花梗和子房长 12-15 毫米，子房稍扩大；花质地厚，稍具香气，金黄色；背萼片卵状椭圆形，长 1.8-2.4 厘米，宽 5-8 毫米，先端急尖，具 7 条脉；侧萼片卵状披针形，与背萼片等长，先端急尖，具 7 条脉；萼囊短圆锥形，长约 5 毫米；花瓣斜倒卵形或近椭圆形，与背萼片等长而较宽，先端锐尖，具 7 条脉；唇瓣长宽相等，1-2 厘米，基部具 1 枚胼胝体，中部 3 裂；侧裂片围抱蕊柱，近半圆形；中裂片近扁圆形或肾状圆形，先端锐尖；唇盘通常浅绿色；蕊柱长约 5 毫米，具长约 6 毫米的蕊柱足；蕊柱齿近三角形，先端短而钝；药帽斜圆锥形，表面光滑，前面具 3 条脊。花期 5-6 月。

见于山阳、宁陕、旬阳、镇坪、佛坪，生于海拔 900-1500 米的山地岩壁阴湿处或林中树干上；分布于甘肃、河南、湖北、湖南、广西、四川、贵州、云南。越南北部也产。

茎入药。

国家二级重点保护野生植物；陕西省地方重点保护植物；濒危（EN）；CITES 附录 II 收录物种。

## 44. 厚唇兰属 **Epigeneium** Gagnep.

Bull. Mus. Natl. Hist. Nat., sér. 2, 4: 593. 1932; 中国植物志 19: 156. 1999; Flora of China 25: 400. 2009.

附生或地生草本。根状茎质地坚硬，匍匐，密被栗色或淡褐色鞘；假鳞茎疏生或密生于根状茎上，基部被 2-3 枚鞘，单节间，顶生 1-2 片叶，偶尔具 3 片叶。叶革质，椭圆形至卵形，先端急尖或钝而微凹，基部收狭，具短柄或几无柄，具关节。花单生于假鳞茎顶端或总状花序具少数至多数花；花苞片膜质，栗色，远比花梗和子房短；萼片离生；侧萼片基部歪斜，贴生于蕊柱足，与唇瓣形成明显的萼囊；花瓣与萼片等长；唇瓣贴生于蕊柱足末端，中部缢缩而形成前后唇或 3 裂，侧裂片直立，中裂片延伸，唇盘上面常有纵褶片；蕊柱短，具蕊柱足，两侧具翅；蕊喙半圆形；花粉团 4 个，每两个为一对，蜡质，无黏盘和黏盘柄。

本属约 35 种，分布于东南亚。中国有 11 种；陕西产 1 种。

**（1）单叶厚唇兰**（照片 583、584）

**Epigeneium fargesii** (Finet) Gagnep., Bull. Mus. Natl. Hist. Nat., ser. 2, 4: 595. 1932; 中国植物志 19: 157. 1999; Flora of China 25: 401. 2009. ——*Dendrobium fargesii* Finet, Bull. Soc. Bot. France 50: 374. 1903.

附生草本。根状茎粗 2-3 毫米，匍匐，密被栗色筒状鞘，在每相距 1 厘米处生 1 个假鳞茎；假鳞茎斜立，一侧多少偏臌，中部以下贴伏于根状茎，近卵形，长约 1 厘米，粗 3-5 毫米，顶端具 1 片叶，基部具膜质栗色鞘。叶厚革质，干后栗色，卵形或宽卵状椭圆形，长 1-2.3 厘米，宽 0.7-1.1 厘米，先端圆形而中央凹入，基部收狭。花单朵，生假鳞茎顶端；花序柄长约 1 厘米，基部具 2-3 枚膜质鞘；花苞片长约 3 毫米；花梗和子房长约 7 毫米；花不甚张开；萼片和花瓣淡粉红色；背萼片卵形，长约 10 毫米，宽约 6 毫米，先端急尖，具 5 条脉；侧萼片斜卵状披针形，长约 15 毫米，宽约 6 毫米，先端急尖，基部贴生于蕊柱足上形成明显的萼囊，萼囊长约 5 毫米；花瓣卵状披针形，比侧萼片小，先端急尖，具 5 条脉；唇瓣几乎白色，提琴状，长约 2 厘米，前后唇等宽，宽约 11 毫米，后唇两侧直立；前唇伸展，近肾形，先端深凹，唇盘具 2 条纵向的龙骨脊；蕊柱粗壮，长约 5 毫米，蕊柱足长约 1.5 毫米。花期 4-5 月。

见于山阳、岚皋、镇坪、平利，生于海拔 1400 米左右的山地岩壁上；分布于甘肃东南部、安徽、浙江、福建、台湾、江西、湖北、湖南、广东、广西、重庆、四川、云南。不丹、泰国、越南也产。

陕西省地方重点保护植物；CITES 附录Ⅱ收录物种。

《陕西维管植物名录》记载的本种在陕西的分布点，实为小羊耳蒜（**Liparis fargesii** Finet）在陕西的分布点。

## 45. 石豆兰属 **Bulbophyllum** Thouars

Hist., Orchid., Tabl. Esp. 3. 1822, nom. cons.; 中国植物志 19: 164. 1999; Flora of China 25: 404. 2009.

附生草本。根状茎匍匐，具或不具假鳞茎；假鳞茎疏生或密生，大小和形状变化很大，具 1 个节间。叶常 1 片，偶尔 2-3 片，顶生于假鳞茎，无假鳞茎的直接从根状茎上生出；叶肉质或革质，先端微凹或锐尖、圆钝，基部具柄或无柄。花莛侧生于假鳞茎基部或从根状茎节上抽出，具单花或少数至多数花组成的总状或近伞形花序；花苞片通常小；花小至大；萼片近相等或侧萼片远比背萼片长；侧萼片离生或下侧边缘彼此黏合，或由于其基部扭转而使上下侧边缘彼此有不同程度的黏合或靠合，基部贴生于蕊柱足两侧而形成萼囊；花瓣比萼片小；唇瓣肉质，比花瓣小，向外下弯，基部与蕊柱足末端连接而形成活动或不动的关节；蕊柱短，具翅，基部延伸为足；花药俯倾，2 室，或由于隔膜消失而为 1 室；花粉团 4 个，每两个为一对，蜡质。

本属约 1900 种，主要分布于世界热带地区。中国有 103 种；陕西产 2 种。

### 分种检索表

1. 背萼片和花瓣边缘密生疣状颗粒……………（1）**城口卷瓣兰 B. chondriophorum** (Gagnep.) Seidenf.
1. 背萼片和花瓣边缘具长柔毛……………………………………………（2）**河南卷瓣兰 B. henanense** J. L. Lu

### （1）**城口卷瓣兰**（照片 585、586）

**Bulbophyllum chondriophorum** (Gagnep.) Seidenf., Dansk Bot. Ark. 29(1): 53. 1974; 中国植物志 19: 228. 1999; 陕西野生兰科植物图鉴: 158. 2007; Flora of China 25: 429. 2009; 秦岭植物志增补: 67. 2013; 陕西省重点保护野生植物: 293. 2017. ——*Cirrhopetalum chondriophorum* Gagnep., Bull. Soc. Bot. France 78: 4. 1931.

根状茎粗约 1.2 毫米，匍匐，被膜质杯状鞘，在每相距约 1 厘米处生 1 个假鳞茎；根出自生有假鳞茎的根状茎节上；假鳞茎卵形，长 6-8 毫米，中部粗约 4 毫米，顶生 1 片叶，干后淡黄色，具棱角和纵皱纹。叶革质，长圆形或倒卵状长圆形，长 1.5-3.5 厘米，中部宽 5-7 毫米，先端钝并且稍凹入，基部收窄为长约 2 毫米的柄。花莛从假鳞茎基部抽出，长 2.5-3 厘米；总状花序缩短成伞状，常具 2-3 朵花；花序柄下部具 2 枚鞘；鞘长约 2.5 毫米；花苞片披针形，长约 3 毫米，先端急尖；花梗和子房长约 5 毫米；花黄色；背萼片卵状长圆形，凹，长 4-5 毫米，中部宽约 2 毫米，先端稍钝，具 3-5 条脉，边缘除基部以外密生疣状的颗粒；侧萼片斜卵形，长 7-8 毫米，中部宽约 2 毫米，先端急尖，基部稍收窄并且贴生在蕊柱足上，具 4-5 条脉，两侧萼片的下侧边缘彼此黏合；花瓣卵状长圆形，长 3-4 毫米，中部宽约 1.2 毫米，先端稍钝，具 3 条脉，边缘密生疣状的颗粒；唇瓣肉质，舌状，向外下弯，长约 2.5 毫米，基部具凹槽，先端钝；蕊柱长约 1.5 毫米；蕊柱足长约 2 毫米，其分离部分长约 1 毫米；蕊柱齿长约 0.8 毫米，高出药帽之上；药帽前缘先端圆形。花期 6 月。

见于宁陕、平利、镇坪、洋县、宁强，生于海拔 1200 米的山地林中树干上；分布于浙江、福建、重庆、四川。

陕西省地方重点保护植物；易危（VU）；CITES 附录Ⅱ收录物种。

### （2）**河南卷瓣兰**（照片 587）

**Bulbophyllum henanense** J. L. Lu, 植物研究 12: 331. 1992; 中国植物志 19: 230. 1999; 陕西野生兰科植物图鉴: 160. 2007; Flora of China 25: 432. 2009; 秦岭植物志增补: 67. 2013; 陕西省重点保护野生植物: 294. 2017.

根状茎细长，匍匐；假鳞茎在根状茎上彼此相距 4-10 毫米，卵球形，长约 5 毫米，粗 2-4 毫米，具纵条棱，顶生 1 片叶。叶革质，卵状长圆形，长 8-12 毫米，宽 5-8 毫米，先端稍钝或凹入，基部收狭为短柄。花莛从假鳞茎基部发出，长约 4 毫米；伞形花序具 2 朵花；花小，萼片黄色；背萼片卵形，凹，长约 3.5 毫米，宽约 2.5 毫米，先端稍钝，具 3 条脉，背面基部和边缘具长柔毛；侧萼片狭长圆形，长约 1 厘米，宽约 1.5 毫米，具 1 条脉，边缘全缘，先端稍钝，基部贴生在蕊柱足上，基部上方扭转而两侧萼片的下侧边缘除先端外彼此黏合；花瓣紫红色，倒卵状长圆形，长约 2 毫米，中上部宽约 1 毫米，先端圆钝，具 3 条脉，边缘具长柔毛；唇瓣紫红色，肉质，三角状披针形，长约 3.5 毫米，近基部宽约 1.5 毫米，中下部两侧对折，向先端渐尖，基部与蕊柱足末端连接而形成关节；蕊柱长约 1.2 毫米；蕊柱翅在蕊柱中部扩大成三角形，蕊柱足长约 2 毫米；蕊柱齿狭而尖，药帽近半球形。花期 5-6 月。

见于宁陕、镇坪、平利、洋县，生于海拔 800-1100 米的山地林中树干上或岩壁上；分布于河南。

陕西省地方重点保护植物；易危（VU）；CITES 附录Ⅱ收录物种。

## 46. 象鼻兰属 **Nothodoritis** Z. H. Tsi

植物分类学报 27: 58. 1989; 中国植物志 19: 278. 1999; Flora of China 25: 446. 2009.

附生草本。根稍扁平，多数；茎很短，被叶鞘所包。叶基生，数片，背面具紫斑，基部与叶鞘连接处具 1 个关节。花序侧生于茎的基部，斜出或下垂。总状花序具多数小花；花苞片披针形；花质地薄，开放；背萼片卵状椭圆形，凹，向前倾并且围抱蕊柱；

侧萼片斜倒卵形，基部具爪；花瓣倒卵形，基部收狭为爪；唇瓣 3 裂；侧裂片狭长，除上部分开外，合生而下延成凹槽状；中裂片狭舟形，向前伸展，与侧裂片成直角，基部具囊；囊近半球形，在囊口处具 1 枚直立的附属物；蕊柱短，近圆柱形，前面近基部处具 1 枚钻状附属物，具很短的蕊柱足；柱头位于蕊柱基部；蕊喙狭长；花粉团蜡质，4 个，近球形，分开，近等大；黏盘柄狭长；黏盘近圆形。

本属 1 种，中国特有；陕西也产。

也有观点认为象鼻兰属应归并入蝴蝶兰属（**Phalaenopsis** Blume）。

（1）**象鼻兰**（照片 588、589）

**Nothodoritis zhejiangensis** Z. H. Tsi, 植物分类学报 27: 59. 1989; 中国植物志 19: 279. 1999; Flora of China 25: 446. 2009; 陕西省重点保护野生植物: 393. 2017.

茎被叶鞘所包，长约 3 毫米，具多数粗 1.2-1.5 毫米、稍扁的气根。叶 1-3 片，扁平，倒卵形或倒卵状长圆形，长 2-6.8 厘米，宽 1.2-2.1 厘米，先端钝并且一侧稍钩转，基部收狭并且具 1 个关节，两面绿色，背面或边缘通常具细密的暗紫色斑点，叶脉明显。花序单生于茎的基部，长 8-13 厘米，花序柄与花序轴粗约 1 毫米，基部具 1-2 枚膜质鞘；总状花序长 5-8 厘米，具 8-19 朵花；花苞片狭披针形，长 2-3 毫米；花质地薄；花梗和子房长约 1 厘米；萼片和花瓣白色，内面具紫色横纹，具 3 条脉；背萼片卵状椭圆形，凹，围抱蕊柱，长约 6 毫米，宽约 3 毫米，先端钝，基部稍收狭；侧萼片歪斜，宽倒卵形，长宽均约 6 毫米，先端斜截形，基部收狭为短爪；花瓣倒卵形，长约 5 毫米，宽约 2.5 毫米，先端钝，基部具爪；唇瓣 3 裂，侧裂片狭长，直立，长约 7 毫米，除先端紫色外，其余白色，上部分离，其余部分合生而下延成凹槽状，中裂片狭长，舟状，长约 8 毫米，宽约 1.2 毫米，先端尖并且稍下弯，两侧面白色，内面深紫色，基部具囊，囊白色，近半球形，长约 2 毫米，在囊口处具 1 枚白色附属物，附属物直立，长方形，凹槽状，长约 2.5 毫米，宽约 1.2 毫米；蕊柱长约 5 毫米，粗约 1.2 毫米，两侧淡黄色，近基部具 1 枚长约 1.2 毫米的黄绿色附属物；柱头位于蕊柱基部上方；蕊喙狭长，似象鼻，几乎平伸，先端钩转而稍 2 裂，上面浅白色，背面浅紫色；药帽淡黄色，前端收狭为三角形；黏盘柄狭长，长约 5.5 毫米，宽约 0.5 毫米，向基部收狭，黏盘近圆形。蒴果椭圆形，长约 8 毫米，粗约 4 毫米。花期 6 月，果期 7-8 月。

见于洋县、镇坪，生于海拔 1530 米左右的陡峭悬崖旁刺叶栎大树的树干上；分布于甘肃、浙江。

国家一级重点保护野生植物；濒危（EN）；CITES 附录Ⅱ收录物种。

## 47. 钻柱兰属 **Pelatantheria** Ridley

J. Linn. Soc., Bot. 32: 371. 1896; Flora of China 25: 456. 2009.

附生草本。茎匍匐，伸长，多少为扁的三棱形，节上生根，多节，质地硬，被宿存叶鞘所包。叶多数，紧密排列，扁平，罕为近圆柱形，革质或稍肉质，基部具叶鞘和关节，先端不等侧 2 裂，罕圆钝。总状花序腋生，具少数花；花小或中等大，肉质；萼片离生，相似；花瓣较小；唇瓣 3 裂，基部具距；侧裂片小，直立；中裂片大，上面中央加厚，呈垫状，距狭圆锥形，内面具 1 条纵向隔膜或脊，而在背壁上方具 1 个骨质附属物；蕊柱短，顶端具 2 条长而向内弯曲的蕊柱齿；蕊喙短小；花粉团蜡质，4 个组成 2 对，近球形；黏盘柄短而宽；黏盘新月状。

本属约 5 种，分布于东亚和东南亚，南至苏门答腊岛，北至朝鲜半岛和日本。中国有 4 种；陕西产 1 种。

**（1）蜈蚣兰**（照片 590、591）

**Pelatantheria scolopendrifolia** (Makino) Aver., Bot. Zhurn, (Moscow & Leningrad) 73: 432. 1988; Flora of China 25: 456. 2009. ——*Cleisostoma scolopendrifolium* (Makino) Garay, Bot. Mus. Leafl. Harvard Univ. 23(4): 174. 1972; 中国植物志 19: 313. 1999.

匍匐植物。茎粗约 1.5 毫米，细长，具分枝。叶革质，2 列互生，彼此疏离，多少两侧对折为半圆柱形，长 5-8 毫米，粗约 1.5 毫米，先端钝，基部具长约 5 毫米的叶鞘。花序侧生，常比叶短；花序柄长 2-4 毫米，基部被 1 枚宽卵形的膜质鞘；总状花序具 1-2 朵花；花苞片长约 0.5 毫米；花梗和子房长约 3 毫米；花质地薄，开展，萼片和花瓣浅肉色；背萼片卵状长圆形，长约 3 毫米，宽约 1.5 毫米，先端钝，具 3 条脉；侧萼片狭卵状长圆形，与背萼片等长而较宽，具 3 条脉；花瓣近长圆形，比背萼片小，具 1 条脉；唇瓣白色带黄色斑点，3 裂；侧裂片直立，近三角形；中裂片多少肉质，舌状三角形或箭头状三角形，长约 3 毫米，先端长急尖，基部中央具 1 条通向距内的褶脊；距近球形，粗约 0.8 毫米，末端凹入，内面背壁上方的胼胝体 3 裂；距内隔膜不发达，远离 3 裂的胼胝体；蕊柱长约 1.5 毫米，上端扩大，基部具短的蕊柱足；蕊喙 2 裂，裂片近方形；药帽前端收窄，先端截形并且凹缺；黏盘柄宽卵形，基部折叠，黏盘马鞍形。花期 4-8 月。

见于旬阳、白河，生于海拔 400-1000 米的山谷悬崖峭壁上；分布于安徽、福建、江苏、山东、浙江、四川。日本、朝鲜半岛也有分布。

CITES 附录Ⅱ收录物种。

## 48. 蝴蝶兰属 **Phalaenopsis** Blume

Bijdr. 294. 1825; 中国植物志 19: 373. 1999; Flora of China 25: 478. 2009.

附生草本。根发达，肉质，从茎的基部或下部的节上发出；茎短，具少数近基生叶。叶质地厚，扁平，椭圆形、长圆状披针形或倒卵状披针形，通常较宽，基部多少收狭，具关节和抱茎的鞘，花时宿存或花期在旱季时凋落。花序侧生于茎的基部；花苞片小，比子房和花梗短；花小至大，十分美丽，花期长，开放；萼片近等大，离生；花瓣通常近似萼片而宽阔；唇瓣基部具爪，贴生于蕊柱足末端，3 裂；侧裂片直立，与蕊柱平行；中裂片较厚，伸展；唇盘在两侧裂片之间或在中裂片基部常有肉突或附属物；蕊柱较长，中部收窄，通常具翅，基部具蕊柱足；蕊喙狭长，2 裂；药床浅，药帽半球形；花粉团蜡质，2 个，近球形，每个半裂或劈裂为不等大的 2 爿；黏盘柄近匙形，上部扩大，向基部变狭；黏盘片状。

本属有 40-45 种，分布于热带亚洲。中国有 12 种，主产于华南；陕西产 1 种。

（1）**华西蝴蝶兰**（图 220）

**Phalaenopsis wilsonii** Rolfe, Bull. Misc. Inform. Kew 1909: 65. 1909; 中国植物志 19: 376. 1999; 陕西野生兰科植物图鉴: 162. 2007; Flora of China 25: 480. 2009; 秦岭植物志增补: 68. 2013; 陕西省重点保护野生植物: 398. 2017.

图 220. **华西蝴蝶兰 Phalaenopsis wilsonii**
1. 植株；2. 花粉块；3. 唇瓣正面观（引自《中国植物志》，肖溶绘）。

气根发达，长而弯曲，簇生，表面密生疣状凸起；茎被叶鞘所包，长约 1 厘米，通常具 4-5 片叶。叶稍肉质，两面绿色或幼时背面紫红色，长圆形或近椭圆形，长 6.5-8 厘米，宽 2.6-3 厘米，先端钝并且一侧稍钩转，基部收狭并且扩大为抱茎的鞘，在旱季常落叶，花时无叶或具 1-2 片存留的小叶。花序从茎的基部发出，1-2 个，长 4-8.5 厘米，花序轴疏生 2-5 朵花；花序柄被 1-2 枚膜质鞘；花苞片长 4-5 毫米；花梗和子房长 3-3.8 厘米；花开放，萼片和花瓣白色带淡粉红色的中肋或全体淡粉红色；背萼片长圆状椭圆形，长 1.5-2 厘米，宽 6-7 毫米，具 5 条脉；侧萼片与背萼片相似而等大；花瓣匙形或椭圆状倒卵形，长 1.4-1.5 厘米，宽 6-10 毫米，先端圆形，基部楔形；唇瓣基部具长 2-3 毫米的爪，3 裂，侧裂片上半部紫色，下半部黄色，长约 6 毫米，中部缢缩；中裂片肉质，深紫色，摊平后呈宽倒卵形或倒卵状椭圆形，长 8-13 毫米，上部宽 6-9 毫米；蕊柱淡紫色，长约 6 毫米，具长约 3 毫米的蕊柱足；药帽白色，前端稍伸长，呈卵状三角形；花粉团 2 个，近球形，每个劈裂为不等大的 2 爿。蒴果狭长，长达 7 厘米，粗约 6 毫米，具长约 3 厘米的柄。花期 4-7 月，果期 8-9 月。

见于佛坪，生于海拔 1300-1700 米的山地林中树干上；分布于广西、四川、贵州、云南、西藏。越南北部也产。

国家二级重点保护野生植物；陕西省地方重点保护植物；易危（VU）；CITES 附录 II 收录物种。

## 49. 风兰属 **Neofinetia** H. H. Hu

Rhodora 27: 107. 1925; 中国植物志 19: 380. 1999; Flora of China 25: 483. 2009.

附生草本。气生根长，弯曲；茎很短，直立，被多数密集而 2 列互生的叶。叶斜立，外弯，呈镰刀状，多少呈“V”形对折，先端尖，基部具关节和鞘，背面中肋隆起成龙骨状。总状花序腋生，很短，疏生少数花；花中等大，开放；萼片和花瓣近似，背萼片和花瓣稍反折，侧萼片向前叉开，稍扭转，而内面朝下，背面朝上；唇瓣3裂，侧裂片直立，中裂片向前伸展而稍下弯，基部具附属物；距纤细；蕊柱粗短，具翅；蕊喙2叉裂；药帽前端收狭成三角形；花粉团蜡质，2个，球形，具裂隙；黏盘柄狭卵状楔形，膝曲状；黏盘宽卵形。

本属约3种，分布于东亚。中国3种均产；陕西产1种。

（1）**短距风兰**（照片592、593）

**Neofinetia richardsiana** Christenson, Lindleyana 11: 220. 1996; 中国植物志 19: 381. 1999; Flora of China 25: 484. 2009; 西北植物学报 34(6): 1286-1287. 2014.

附生草本。植株簇生；茎长约1.5厘米，被宿存而对折的叶鞘所包。叶长约6.5厘米，宽约6毫米，"V"形对折，先端稍斜2裂，基部彼此套叠。总状花序密生少数花，具长约8毫米的花序柄；花苞片长3-4毫米；花梗和子房长约5厘米；花白色，无香气，萼片和花瓣基部及子房顶端淡粉红色；背萼片长圆形，长约6毫米，宽约2毫米；侧萼片斜长圆状倒披针形，长约7毫米，宽约2毫米，基部具短爪，先端翘起，背面中肋隆起；花瓣斜长圆形，长约6.5毫米，宽约1.5毫米，先端钝；唇瓣3裂，侧裂片斜倒披针形，中裂片舌形，长约6.5毫米，宽约3毫米，基部具1枚胼胝体，距弧曲，长约1.1厘米，粗约1毫米；蕊柱粗短，长约1.5毫米。蒴果具6个肋。花期5月。

见于安康、旬阳、镇坪，生于海拔1000米左右的山顶崖壁上；分布于重庆、湖北。

极危（CR）；CITES附录Ⅱ收录物种。

2017年出版的《陕西省重点保护野生植物》收录的是风兰（短距风兰）［**Neofinetia falcata** (Thunb. ex Murray) H. H. Hu］。Gardiner（2012）将本种组合到万代兰属（**Vanda** Jones ex R. Br.），其名称为 **Vanda richardsiana** (Christenson) L. M. Gardiner。

## 50. 钗子股属 **Luisia** Gaud.

Voy. Uranie, Bot. 426. 1829; 中国植物志 19: 390. 1999; Flora of China 25: 488. 2009.

附生草本。茎坚挺，簇生，圆柱形，木质化，具多节，疏生多数叶。叶肉质，细圆柱形，基部具关节和鞘。总状花序侧生，远比叶短，花序轴粗短，密生少数至多数花；花较小，多少肉质；萼片和花瓣离生，相似或花瓣较狭而长，侧萼片与唇瓣前唇并列而向前伸，在背面中肋常增厚或向先端变成翅，有时翅伸出先端之外又收狭成细尖或变为钻状；唇瓣肉质，牢固地着生于蕊柱基部，中部常缢缩成前后唇，后唇常凹陷，基部常具围抱蕊柱的侧裂片，前唇常向前伸展，上面常具纵皱纹或纵沟；蕊柱粗短，半圆柱形，无蕊柱足；蕊喙短而宽，先端近截形；花粉团蜡质，2个，球形，具孔隙；黏盘柄短而宽；黏盘与黏盘柄等宽或更宽。

本属约40种，分布于热带亚洲和大洋洲。中国有11种；陕西产1种。

（1）**纤叶钗子股**（照片594、595、596、597）

**Luisia hancockii** Rolfe, Bull. Misc. Inform. Kew 1896: 199. 1896; 中国植物志 19: 393. 1999; Flora of China 25: 489. 2009.

附生草本。茎直立或斜立，质地坚硬，长达25厘米，粗3-4毫米，节间长1.5-2厘米。

叶肉质，疏生而斜立，圆柱形，长 5-9 厘米，粗 2-2.5 毫米，先端钝，基部具 1 个关节和抱茎的鞘。总状花序与叶对生，近直立或斜立，长 1-1.5 厘米，花序柄基部具 2-4 枚宽卵状的鳞片鞘；花序轴粗壮，具 2-3 朵花；花苞片肉质，宽卵形，长 1.5-2 厘米，先端钝；花梗和子房长 1-1.2 厘米；花肉质，开展，萼片和花瓣黄绿色；背萼片倒卵状长圆形，长约 6 毫米，宽约 3 毫米，先端钝，具 3 条脉；侧萼片长圆形，对折，长约 7 毫米，宽约 3 毫米，先端钝，具 3 条脉，在背面龙骨状的中肋近先端处呈翅状；花瓣稍斜长圆形，长约 6 毫米，宽约 3 毫米，先端钝，具 3 条脉；唇瓣近卵状长圆形，长约 7 毫米，基部宽约 4 毫米，前后唇无明显的界线；后唇稍凹，基部具长约 0.5 毫米的圆耳，前唇紫色，先端凹缺，上面具 4 条带疣状凸起的纵脊；蕊柱长约 2 毫米；药帽前端稍伸长成翘起的三角形；花粉团近球形；黏盘质厚，横长圆形，长约 1.6 毫米；黏盘柄倒卵形，长约 1 毫米。蒴果椭圆状圆柱形，长 1.5-2 厘米。花期 5-6 月，果期 8 月。

见于镇坪，生于海拔 750 米的悬崖峭壁上；分布于湖北、福建、浙江。

CITES 附录Ⅱ收录物种。

## 51. 盆距兰属 **Gastrochilus** D. Don

Prodr. Fl. Nepal. 32. 1825; 中国植物志 19: 399. 1999; Flora of China 25: 491. 2009.

附生草本。茎具少数或多数节，节上长出长而弯曲的根。叶多数，稍肉质或革质，通常 2 列互生，扁平，基部具关节和抱茎的鞘。花序侧生，比叶短；总状花序或由于花序轴缩短而呈伞形花序，具少数至多数花；花多少肉质；萼片和花瓣相似，多少伸展成扇状；唇瓣分为前唇和后唇，前唇垂直于后唇而向前伸展，后唇牢固地贴生于蕊柱两侧，盔状、半球形或近圆锥形；蕊柱粗短；蕊喙 2 裂；花药俯倾，药帽半球形；花粉团蜡质，2 个，近球形，具 1 个孔隙；黏盘厚，一端 2 叉裂；黏盘柄扁而狭长。

本属约 47 种，分布于亚洲热带地区。中国有 29 种；陕西产 1 种。

### （1）**台湾盆距兰**（照片 598、599）

**Gastrochilus formosanus** (Hayata) Hayata, Icon. Pl. Formosan. 6(Suppl): 78. 1917; 中国植物志 19: 418. 1999; 陕西野生兰科植物图鉴: 164. 2007; Flora of China 25: 498. 2009; 秦岭植物志增补: 69. 2013; 陕西省重点保护野生植物: 353. 2017. ——*Saccolabium formosanum* Hayata, J. Coll. Sci. Imp. Univ. Tokyo 30(1): 336. 1911.

茎常匍匐、细长，长达 40 厘米，粗约 2 毫米，常分枝，节间长约 5 毫米。叶绿色，常两面带紫红色斑点，2 列互生，稍肉质，长圆形或椭圆形，长 0.7-2.5 厘米，宽 3-7 毫米，先端急尖。总状花序缩短，呈伞状，具 1-3 朵花；花序柄通常长 0.4-1.5 厘米；花苞片长 2-3 毫米，先端急尖；花梗连同子房淡黄色带紫红色斑点；花淡黄色带紫红色斑点；背萼片凹，椭圆形，长 4.8-5.5 毫米，宽 2.5-3.2 毫米，先端钝；侧萼片与背萼片等大，斜长圆形，先端钝；花瓣倒卵形，长 4-5 毫米，宽 2.8-3 毫米，先端圆形；前唇白色，宽三角形或近半圆形，长 2.2-3.2 毫米，宽 7-9 毫米，先端近截形或圆钝，边缘全缘或稍波状，上面中央的垫状物黄色并且密布乳突状毛；后唇近杯状，长约 5 毫米，宽约 4 毫米，上端的口缘截形并且与前唇几乎在同一水平面上；蕊柱长约 1.5 毫米；药帽前端收狭。蒴果倒卵状椭圆形，长约 1.3 厘米，粗约 0.7 厘米，果梗明显，长约 0.5 厘米。花果期不定期。

见于山阳、宁陕、旬阳、镇坪、平利、洋县，生于海拔 1000-1200 米的山地林中树干上或岩壁上；分布于湖北西部、福建、台湾。

陕西省地方重点保护植物；CITES 附录Ⅱ收录物种。

本志首次描述了本种的果实特征。

# 三五　鸢尾科 **Iridaceae** Juss.

卢　元（陕西省西安植物园）　孙明洲（东北师范大学）

多年生草本，稀一年生，偶见灌木状或真菌异养型。地下部分通常具根状茎、球茎或鳞茎；大多数种类只有花茎，少数种类有地上茎。叶多基生，条形、剑形或丝状，基部鞘状，互相套叠或不套叠而丛生，平行脉。花两性，色泽鲜艳美丽，辐射对称，少数种类左右对称，单生、数朵簇生或多花排成聚伞花序、圆锥花序或穗状花序；花或花序下有 1 至多片草质或膜质的苞片；花被裂片 6 片，离生或合生，2 轮排列，内轮裂片与外轮裂片同形或不同形，有时缺如，花被管通常为丝状或喇叭形；雄蕊 3 枚，稀 2 枚［双雄鸢尾属（**Diplarrena** Labill.）］，花药多外向开裂；花柱 1 枚，上部多有 3 个分枝，分枝圆柱形或扁平，呈花瓣状，柱头 3-6 枚，子房下位，稀上位，3 室，中轴胎座，稀 1 室，侧膜胎座，胚珠 1 至多枚。蒴果，成熟时室背开裂或不裂；种子多数，圆形、半圆形或不规则的多面体，表面光滑或皱缩，常有附属物或小翅。

本科有 70-80 属 2200 余种，广布于热带、亚热带及温带地区，非洲南部及美洲热带尤多。中国有 2 属 60 多种。陕西产 5 属 20 种，其中 3 属 7 种仅见栽培。

本科植物经济价值较高，应用范围非常广泛，如唐菖蒲属（**Gladiolus** L.）、庭菖蒲属（**Sisyrinchium** L.）、鸢尾属（**Iris** L.）、雄黄兰属（**Crocosmia** Planch.）的诸多种类花大、艳丽，栽培历史悠久，有非常丰富的园艺品种；另外射干、鸢尾及番红花等是传统的药用植物；马蔺可用于水土保持、造纸和编织；番红花的花柱可提取食用色素。

## 分属检索表

1. 地下部分具根状茎或根状茎不明显……2
1. 地下部分具球茎……3
2. 多年生草本；根状茎明显；花直径通常 2 厘米以上；蒴果长大于宽……1. **鸢尾属 Iris** L.
2. 一年生或多年生草本；根状茎不明显或仅见须根；花直径不超过 1 厘米；蒴果近球形……2. **庭菖蒲属 Sisyrinchium** L.
3. 叶不互相套叠；花茎短，不伸出地面……3. **番红花属 Crocus** L.
3. 叶互相套叠；花茎明显，伸出地面……4
4. 花茎通常不分枝；花直径常大于 5 厘米，花被裂片不等大……4. **唐菖蒲属 Gladiolus** L.
4. 花茎上部通常有 2-4 个分枝；花直径常小于 4 厘米，花被裂片近等大……5. **雄黄兰属 Crocosmia** Planch.

## 1. 鸢尾属[1] Iris L.

Sp. Pl. 1: 38. 1753; 秦岭植物志 1(1): 385. 1976; 中国植物志 16(1): 133. 1985; Flora of China 24: 297. 2000. ——*Belamcanda* Adans., Fam. Pl. 2: 60, 524. 1763; 秦岭植物志 1(1): 384. 1976; 中国植物志 16(1): 131. 1985; Flora of China 24: 312. 2000. ——*Pardanthopsis* (Hance) L. W. Lenz, Aliso 7(4): 403. 1972.

多年生草本。根状茎长条形或块状，横走或斜伸；大多数的种类只有花茎，而无明显的地上茎。叶多基生相互套叠，排成 2 列，叶剑形、条形或丝状，基部鞘状，顶端渐尖。花在花茎顶端单生或形成花序；花及花序基部着生多数苞片；花较大，色彩多样；花被管各形，花被裂片 6 片，2 轮排列，外轮花被裂片 3 片，常较内轮的大，上部平展或反折下垂，基部爪状，多数呈沟状，平滑，无附属物或者具有鸡冠状或髯毛状的附属物，内轮花被裂片 3 片，直立或展开；雄蕊 3 枚，着生于外轮花被裂片的基部，花药外向开裂；雌蕊的花柱单一，上部 3 分枝，长度很短或较长而拱形弯曲，有鲜艳的色彩，呈花瓣状，顶端 2 裂，裂片半圆形、三角形或狭披针形，柱头生于花柱顶端裂片的基部，多为半圆形、舌状，子房下位，3 室，中轴胎座，胚珠多数。蒴果，成熟时室背开裂。种子球形、梨形、扁平半圆形或为不规则的多面体，有附属物或无，着生或不着生在中轴上。

本属约 300 种。中国有 60 余种；陕西产 16 种，其中 4 种仅见栽培。

传统系统常将射干[**Iris domestica** (L.) Goldblatt & Mabb.]置于射干属（*Belamcanda* Adans.），亦有学者将野鸢尾（**Iris dichotoma** Pall.）置于野鸢尾属[*Pardanthopsis* (Hance) Lenz]。分子系统学的结果表明，射干为鸢尾属成员，其与野鸢尾亲缘关系较近，如果承认射干属和野鸢尾属的独立，则使鸢尾属为并系类群。此外射干与野鸢尾差异较小，主要以柱头是否扁平的花瓣状，外轮花被片和内轮花被片是否同形，根状茎的色泽等相区别，而园艺学上也将野鸢尾和射干杂交培育出了糖果鸢尾（Candy Lily），因此多方面证据均支持将射干和野鸢尾置于鸢尾属，本志也采纳这一观点。

本属植物花色多样，花形奇特，是著名的观赏植物，栽培品种很多。

### 分种检索表

1. 根状茎为不规则的块状；花橙红色，花柱圆柱形，柱头 3 浅裂，不为花瓣状；种子球形，着生在果实的中轴上……（1）**射干 I. domestica** (L.) Goldblatt & Mabb.
1. 根状茎圆柱形，很少为块状；花紫色、蓝紫色、黄色或白色，花柱分枝扁平，花瓣状；种子不为球形，不着生在中轴上……2
2. 花茎二歧状分枝……（2）**野鸢尾 I. dichotoma** Pall.
2. 花茎非二歧状分枝或无明显的花茎……3
3. 外花被裂片中脉上无任何附属物，少数种只生有单细胞纤毛……4
3. 外花被裂片的中脉上有附属物……11
4. 外花被裂片提琴形……5

[1] 包括射干属（《秦岭植物志》《中国植物志》和 *Flora of China*）。

4. 外花被裂片非提琴形……………………………………………………………………………………………………6
5. 花茎具 1-2 片茎生叶；花淡黄色…………………………………………………（3）**喜盐鸢尾 I. halophila** Pall.
5. 花茎具 3-4 片茎生叶；花蓝紫色…………（4）**准噶尔鸢尾 I. songarica** Schrenk ex Fisch. & C. A. Mey.
6. 花茎有数个细长的分枝；叶宽 1.2 厘米以上；水生栽培植物……………（5）**黄菖蒲 I. pseudacorus** L.
6. 花茎不分枝或有 1-2 个短的侧枝，或无明显的花茎；叶宽 1.2 厘米以下；陆生野生植物………………7
7. 植株形成密丛；根状茎木质………………………………………………………………………………………8
7. 植株不形成密丛；根状茎不为木质………………………………………………………………………………9
8. 叶宽 4 毫米以上；花被管长约 3 毫米………………………………………………………（6）**马蔺 I. lactea** Pall.
8. 叶宽 1-2 毫米；花被管长于 4 厘米………………………………………………（7）**细叶鸢尾 I. tenuifolia** Pall.
9. 每个花茎顶端生有 1 朵花……………………………………………………（8）**紫苞鸢尾 I. ruthenica** Ker Gawl.
9. 每个花茎顶端生有 2 朵花………………………………………………………………………………………10
10. 根状茎较粗壮；花直径 6 厘米以上；苞片披针形；花黄色…（9）**黄花鸢尾 I. wilsonii** C. H. Wright
10. 根状茎纤细；花直径 2.5-3 厘米；苞片狭披针形；花淡蓝紫色……（10）**长柄鸢尾 I. henryi** Baker
11. 外花被裂片中脉上有鸡冠状的附属物……………………………………………………………………………12
11. 外花被裂片中脉上有须毛状的附属物……………………………………………………………………………13
12. 花茎不分枝或有 1-2 个侧枝；花直径约 10 厘米………………………（11）**鸢尾 I. tectorum** Maxim.
12. 花茎有 5-12 个分枝；花直径 4.5-5.5 厘米…………………………………（12）**蝴蝶花 I. Japonica** Thunb.
13. 植株高达 1 米；内轮花被裂片倒卵形或圆形，宽约 5 厘米………………………………………………14
13. 植株高 60 厘米以下；内轮花被裂片狭卵形或倒披针形…………………………………………………15
14. 苞片绿色，草质，边缘膜质…………………………………………………（13）**德国鸢尾 I. germanica** L.
14. 苞片银白色，全部膜质………………………………………………………（14）**香根鸢尾 I. pallida** Lam.
15. 根纤细，多分枝；苞片 2 片，顶端略反折；外花被裂片长一般不超过 3 厘米……………………………
………………………………………………………………………………（15）**锐果鸢尾 I. goniocarpa** Baker
15. 根粗壮，近肉质，生有细小的侧根；苞片 2-3 片，顶端不反折；外花被裂片长通常 4 厘米以上
………………………………………………………………………………（16）**甘肃鸢尾 I. pandurata** Maxim.

## （1）**射干** 野萱花（西北）（图 221，照片 600）

**Iris domestica** (L.) Goldblatt & Mabb., Novon 15(1): 129. 2005. ——*Epidendrum domesticum* L., Sp. Pl. 2: 952. 1753. ——*Belamcanda chinensis* (L.) Redouté, Liliac. 3: t. 121. 1805; 秦岭植物志 1(1): 384. 1976; 中国植物志 16(1): 131. 1985; Flora of China 24: 312. 2000. ——*Ixia chinensis* L., Sp. Pl. 1: 36. 1753.

多年生草本。根状茎为不规则的块状，黄色；须根多数，带黄色；茎高 1-1.5 米，实心。叶互生，剑形，长 20-60 厘米，宽 2-4 厘米。花序叉状分枝，每分枝的顶端聚生有数朵花；花梗及花序的分枝处均包有膜质的苞片，苞片披针形或卵圆形；花橙红色，散生紫红色斑点，直径 4-5 厘米；花被裂片 6 片，2 轮排列，外轮花被裂片倒卵形或长椭圆形，长约 2.5 厘米，宽约 1 厘米，顶端钝圆或微凹，基部楔形，内轮较外轮花被裂片略短而狭；雄蕊 3 枚，着生于外花被裂片的基部，花药条形，外向开裂，花丝近圆柱形，基部稍扁而宽；花柱上部稍扁，顶端 3 裂，裂片边缘略向外卷，有细而短的毛；子房 3 室，中轴胎座，胚珠多数。蒴果倒卵形或长椭球形，长 2.5-3 厘米，直径 1.5-2.5 厘米，顶端无喙，常残存有凋萎的花被，成熟时室背开裂，果瓣外翻，中央果轴直立。种子圆球形，黑紫色，有光泽，着生在果轴上。花期 6-8 月，果期 7-9 月。

产秦巴山区和黄土高原南部各地，较常见，生于海拔 400-1800 米的山坡草地、灌丛、田边或沟岸，各大城镇公园及庭园绿化常用；中国大部分地区有分布。东亚和东南

亚也有。

本种是药材“射干”的基源植物；花供观赏，栽培广泛。

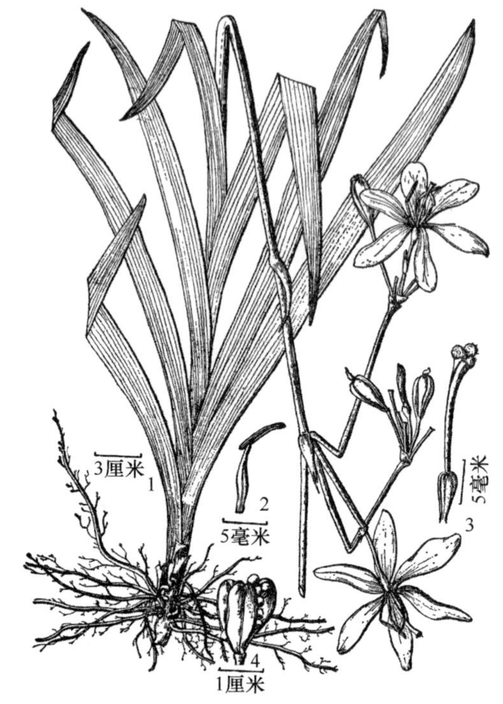

图 221. 射干 **Iris domestica**
1. 植株；2. 雄蕊；3. 雌蕊；4. 开裂的果实（引自《秦岭植物志》）。

**（2）野鸢尾** 白射干（《秦岭植物志》）、扁蒲扇（陕西）（照片 601）

**Iris dichotoma** Pall., Reise Russ. Reich. 3: 712. 1776; 秦岭植物志 1(1): 387. 1976; 中国植物志 16(1): 172. 1985; Flora of China 24: 307. 2000. ——*Pardanthopsis dichotoma* (Pall.) L. W. Lenz, Aliso 7(4): 403. 1972.

多年生草本。根状茎为不规则的块状，棕褐色或黑褐色；须根发达，粗而长，黄白色，分枝少；叶基生或在花茎基部互生，剑形，长 15-35 厘米，宽 1.5-3 厘米，顶端多弯曲。花茎实心，高 40-60 厘米，上部二歧状分枝，分枝处生有披针形的茎生叶，下部有 1-2 片抱茎的茎生叶；苞片 4-5 片，膜质，绿色，边缘白色，披针形，内包含 3-4 朵花；花淡黄色至白色，有紫褐色斑纹，直径 4-4.5 厘米；花梗细，长 2-3.5 厘米；花被管甚短，外花被裂片宽倒披针形，长 3-3.5 厘米，宽约 1 厘米，上部向外反折，无附属物，内花被裂片狭倒卵形，较小，顶端微凹；雄蕊花药与花丝等长；花柱分枝扁平，花瓣状，长约 2.5 厘米，顶端 2 裂，子房长约 1 厘米。蒴果圆柱形或略弯曲，长 3.5-5 厘米，直径 1-1.2 厘米，成熟时自顶端向下开裂至 1/3 处。种子暗褐色，椭圆形，有小翅。花期 7-8 月，果期 8-9 月。

见于长安、蓝田、眉县、华阴、宝鸡、三原、泾阳、山阳、铜川、黄龙、耀州、甘泉、宜川、延安、清涧、靖边、绥德、榆林，生于海拔 800-1400 米的沙质草地和山坡石隙等干燥处；分布于东北、华北、华中及甘肃、青海、宁夏、山东、安徽、江西等地。朝鲜半岛、蒙古国和俄罗斯也有。

**（3）喜盐鸢尾**（照片 602）

**Iris halophila** Pall., Reise Russ. Reich. 3: 713, t. B. f. 2. 1776; 中国植物志 16(1): 167. 1985; Flora of China 24: 304. 2000.

多年生草本。根状茎紫褐色，粗壮而肥厚，斜伸，有环形纹，表面残存有老叶叶鞘；须根粗壮，黄棕色。叶剑形，长 20-60 厘米，宽 1-2 厘米，略弯曲。花茎粗壮，高 20-40 厘米，比叶短，中下部有 1-2 片茎生叶；在花茎分枝处生有 3 片苞片，草质，长 5.5-9 厘米，宽约 2 厘米，边缘膜质，内包含 2 朵花；花黄色，直径 5-6 厘米；花梗长 1.5-3 厘米；花被管长约 1 厘米，外花被裂片提琴形，长约 4 厘米，宽约 1 厘米，内花被裂片倒披针形；雄蕊长约 3 厘米，花药黄色；花柱分枝扁平，长约 3.5 厘米，宽约 6 毫米，呈拱形弯曲，子房狭纺锤形。蒴果椭圆状柱形，长 6-9 厘米，直径 2-2.5 厘米，具 6 条翅状的棱，每两个棱成对靠近，顶端有长喙，成熟时室背开裂。种子近梨形，黄棕色，有光泽。花期 5-6 月，果期 7-8 月。

西安、杨陵等地绿化栽培较多；分布于甘肃和新疆。阿富汗、吉尔吉斯斯坦、乌兹别克斯坦、俄罗斯、蒙古国、巴基斯坦、罗马尼亚、乌克兰也有分布。

绿化中也有种植本种的变种蓝花喜盐鸢尾[**Iris halophila** Pall. var. **sogdiana** (Bunge) Grubov]的，其与原变种的区别在于花蓝紫色或者外轮花被片爪部黄色，其余部位蓝色。

### （4）准噶尔鸢尾（照片 603）

**Iris songarica** Schrenk ex Fisch. & C. A. Mey., Enum. Pl. Nov. 1: 3. 1841; 中国植物志 16(1): 162. 1985; Flora of China 24: 305. 2000.

多年生密丛草本。植株基部围有棕褐色折断的老叶叶鞘；地下生有不明显的木质、块状的根状茎，棕黑色；须根棕褐色。叶灰绿色，条形，花期叶较花茎短，长 15-23 厘米，宽 2-3 毫米，果期叶继续生长，长可达 60 厘米，宽 0.7-1 厘米。花茎高 25-50 厘米，生有 3-4 片茎生叶；花下苞片 3 片；花梗长约 4.5 厘米；花蓝色，直径 8-9 厘米；花被管长 5-7 毫米，外花被裂片提琴形，长 5-5.5 厘米，宽约 1 厘米，内花被裂片倒披针形，长约 3.5 厘米，宽约 5 毫米，直立；雄蕊长约 2.5 厘米，花药褐色；花柱分枝长约 3.5 厘米，顶端裂片狭三角形，子房纺锤形。蒴果三棱状卵圆形，长 4-6.5 厘米，直径 1.5-2 厘米，顶端有长喙，果皮网脉明显，成熟时自顶端沿室背开裂至 1/3 处。种子棕褐色，梨形，无附属物，表面略皱缩。花期 6-7 月，果期 8-9 月。

产眉县太白山，生于海拔 1200 米的山坡林缘；甘肃、宁夏、青海、新疆、四川有分布。巴基斯坦、俄罗斯及中亚、西亚也产。

### （5）黄菖蒲（照片 604）

**Iris pseudacorus** L., Sp. Pl. 1: 38. 1753; 中国植物志 16(1): 151. 1985.

多年生草本。植株基部围有少量老叶残留的纤维；根状茎粗壮，直径可达 2.5 厘米，斜伸，节明显，黄褐色；须根黄白色，有皱缩的横纹。基生叶灰绿色，宽剑形，长 40-70 厘米，宽 1.5-3 厘米，顶端渐尖，基部鞘状，中脉较明显。花茎粗壮，高 60-80 厘米，有明显的纵棱，上部分枝，茎生叶比基生叶短而窄；苞片 3-4 片，膜质，披针形，长 6.5-8.5 厘米，宽 1.5-2 厘米；花黄色，直径 10-11 厘米；花梗长 5-5.5 厘米；花被管长约 1.5 厘米，外花被裂片卵圆形或倒卵形，长约 7 厘米，宽 4.5-5 厘米，爪部狭楔形，中央下陷成沟状，有黑褐色的条纹，内花被裂片较小，倒披针形，直立；雄蕊长约 3 厘米，花丝黄白色，花药黑紫色；花柱分枝淡黄色，顶端 2 裂，边缘有疏牙齿，子房三棱状柱形。花期 5-8 月，果期 6-9 月。

关中和陕南的人工水域内多有栽培，供观赏；中国各地引种栽培。原产于欧洲。

### （6）马蔺 白花马蔺（《中国植物志》）（图 222，照片 605）

**Iris lactea** Pall., Reise Russ. Reich. 3: 713. 1776; 中国植物志 16(1): 156. 1985; Flora of China 24: 304. 2000. ——*I. lactea* Pall. var. *chinensis* (Fisch.) Koidz., Bot. Mag. (Tokyo) 39: 300. 1925; 秦岭植物志 1(1): 389. 1976; 中国植物志 16(1): 157. 1985.

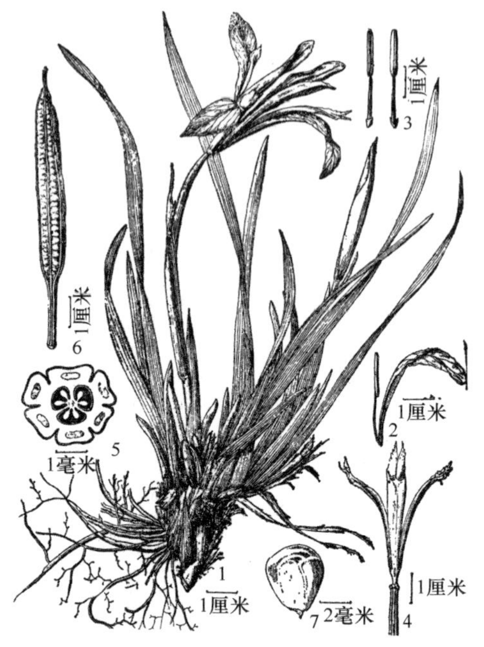


图 222. **马蔺 Iris lactea**

1. 植株；2. 花被片和雄蕊；3. 雄蕊正面观和背面观；4. 花柱；5. 子房横切；6. 果实；7. 种子（引自《秦岭植物志》）。

多年生密丛草本。根状茎粗壮，木质，斜伸，外包有大量致密的红紫色折断的老叶残留叶鞘及毛发状的纤维；须根粗而长，黄白色。叶基生，坚韧，灰绿色，条形或狭剑形，长约 50 厘米，宽 4-6 毫米，顶端渐尖，基部鞘状，带红紫色。花茎光滑，高 3-10 厘米；苞片 3-5 片，草质，绿色，边缘白色，披针形，内包含 2-4 朵花；花蓝色、乳白色或稍带黄色，直径 5-6 厘米；花梗长 4-6 厘米；花被管长约 4 毫米，外花被裂片倒披针形，长 4.5-6 厘米，宽约 1 厘米，顶端钝或急尖，内花被裂片狭倒披针形，略小；雄蕊长 2.5-3.2 厘米，花药黄色，花丝白色；子房纺锤形。蒴果长椭圆状柱形，长 4-6 厘米，直径 1-1.4 厘米，有 6 条纵肋，顶端有短喙。种子为不规则的多面体，棕褐色。花期 5-6 月，果期 6-9 月。

本省各地均产，较为普遍，生于海拔 550-1600 米的荒地、草丛，城市绿化中普遍栽培；分布于东北、华北、西北、华东及河南、西藏等地。阿富汗、哈萨克斯坦、印度半岛、朝鲜半岛、蒙古国和俄罗斯也有。

本种根系发达，耐盐碱，耐踩踏，可用于水土保持和改良土壤，亦可作观赏植物栽培。

### （7）细叶鸢尾（照片 606）

**Iris tenuifolia** Pall., Reise Russ. Reich. 3: 714. 1776; 中国植物志 16(1): 157. 1985; Flora of China 24: 305. 2000.

多年生密丛草本。植株基部存留有红褐色或黄棕色折断的老叶叶鞘；根状茎块状，短而硬，木质，黑褐色；根坚硬，细长。叶质地坚韧，丝状或狭条形，叶片常纵卷，长 18-65 厘米，宽 1.5-2 毫米，无明显的中脉。花茎长度随埋入沙深度不同而不同，通常不伸出地面；苞片 4 片，披针形，长 5-10 厘米，宽 8-10 毫米，顶端长渐尖，边缘膜质，中肋明显，内包有 2-3 朵花；花淡蓝紫色，直径约 7 厘米；花梗细，长 3-4 毫米；花被管长 4.5-6 厘米，外花被裂片匙形，长 4.5-5 厘米，宽约 1.5 厘米，爪部较长，中央下陷成沟状，中脉上常生有纤毛，内花被裂片倒披针形，较小，直立；雄蕊长约 3 厘米，花丝与花药近等长；花柱分枝长约 4 厘米，子房细圆柱形。蒴果倒卵形，长 3-5 厘米，直径 1-2 厘米，顶端有短喙，成熟时沿室背自上而下开裂。花期 4-5 月，果期 8-9 月。

产神木、吴堡、绥德、清涧、横山、靖边、吴起等地，生于海拔 600-1100 米的沙质草地或水边沙滩上；分布于东北、华北、西北及西藏。阿富汗、巴基斯坦、哈萨克斯坦、蒙古国和俄罗斯也有。

（8）**紫苞鸢尾** 苏联鸢尾（《秦岭植物志》）、矮紫苞鸢尾（《中国植物志》）（图 223，照片 607）

**Iris ruthenica** Ker Gawl., Bot. Mag. 28: t. 1123. 1808; 秦岭植物志 1(1): 389. 1976; 中国植物志 16(1): 165. 1985; Flora of China 24: 303. 2000. ——*Iris ruthenica* Ker Gawl. var. *nana* Maxim., Bull. Acad. Imp. Sci. Saint-Pétersbourg 26: 516. 1880; 中国植物志 16(1): 166. 1985.

多年生草本。植株基部围有短的鞘状叶；根状茎斜伸，节明显；须根粗，暗褐色。叶条形，灰绿色，长 8-20 厘米，宽 1.5-5 毫米，顶端长渐尖，基部鞘状，有 3-5 条纵脉。花茎纤细，高 5-20 厘米，有 2-3 片茎生叶；苞片 2 片，膜质，绿色，边缘带红紫色，披针形或宽披针形，中脉明显，内包含 1 朵花；花淡蓝色至蓝紫色；花被管长约 1 厘米，外花被裂片倒披针形，长约 4 厘米，宽约 1 厘米，有白色及深紫色的斑纹，内花被裂片直立，狭倒披针形；雄蕊长 2-3 厘米，花药乳白色；花柱分枝扁平，子房狭纺锤形。蒴果球形或卵圆形，直径 1-1.5 厘米，具 6 条纵肋，成熟时自顶端向下开裂至 1/2 处。种子球形或梨形，有附属物。花期 5-6 月，果期 7-8 月。

产耀州、华阴、宝鸡、陇县，生于海拔 1500-2000 米的山坡草地或林缘；分布于东北、华北、西北、华中、西南及山东、安徽、江西。哈萨克斯坦、蒙古国、朝鲜半岛、俄罗斯西伯利亚地区和东欧也产。

图 223. **紫苞鸢尾 Iris ruthenica**
植株（引自《秦岭植物志》）。

（9）**黄花鸢尾**（图 224，照片 608）

**Iris wilsonii** C. H. Wright, Bull. Misc. Inform. Kew. 1907: 321. 1907; 秦岭植物志 1(1): 390. 1976; 中国植物志 16(1): 138. 1985; Flora of China 24: 300. 2000.

多年生草本。植株基部有老叶残留的纤维；根状茎粗壮，斜伸；须根黄白色，少分枝，有皱缩的横纹。叶基生，灰绿色，宽条形，长 25-55 厘米，宽 5-8 毫米，顶端渐尖，有 3-5 条不明显的纵脉。花茎中空，高 50-60 厘米，有 1-2 片茎生叶；苞片 3 片，草质，绿色，披针形，长 6-12 厘米，宽 0.8-1 厘米，顶端长渐尖，中脉明显，内包含 2 朵花；

花黄色，直径 6-7 厘米；花梗细，长 3-11 厘米；花被管长 0.5-1.2 厘米，外花被裂片倒卵形，长 6-6.5 厘米，宽约 1.5 厘米，具紫褐色的条纹及斑点，爪部狭楔形，两侧边缘有紫褐色的耳状凸起物，中间下陷成沟状，内花被裂片倒披针形，长 4.5-5 厘米，宽约 7 毫米，花盛开时向外倾斜；雄蕊长约 3.5 厘米，花药与花丝近等长；花柱分枝深黄色，长 4.5-6 厘米，顶端裂片钝三角形或半圆形，有疏牙齿，子房绿色，长 1.2-1.8 厘米。蒴果椭圆状柱形，长 3-4 厘米，直径 1.5-2 厘米，6 条肋明显，顶端无喙，成熟时自顶端开裂至中部。种子棕褐色，扁平，半圆形。花期 5-6 月，果期 7-8 月。

产黄龙、宝鸡、凤县、留坝、太白、佛坪、平利、镇坪，生于海拔 1600-2800 米的山地草丛、溪边湿地或林缘；分布于甘肃、湖北、四川、云南。

图 224. **黄花鸢尾 Iris wilsonii**
1. 植株；2. 雄蕊（引自《秦岭植物志》）。

**（10）长柄鸢尾**（照片 609、610）

**Iris henryi** Baker, Handb. Irid. 6. 1892; 中国植物志 16(1): 176. 1985; Flora of China 24: 307. 2000.

多年生疏丛草本植物。植株基部围有老叶残留的纤维；根状茎纤细而长，横走，棕褐色；须根纤细。叶淡绿色，狭条形，长 10-40 厘米，宽约 2 毫米，有 1-2 条纵脉。花茎纤细，高 15-30 厘米，基部包有 1-2 片茎生叶；苞片 2-3 片，草质，绿色，中间的一片膜质，淡绿色，较外侧的两片略短，狭披针形，内多包含 2 朵花；花淡蓝色至蓝紫色；花梗细长，长 2-5 厘米；花被管较短，喇叭形，长 3-5 毫米，外花被裂片倒卵形，长约 2 厘米，宽约 7 毫米，中间有纵向褶皱，中下部有黄色斑纹，内花被裂片较小；雄蕊长约 1 厘米；花柱分枝扁平，花瓣状，子房狭纺锤形，长 5-7 毫米。花期 4-5 月，果期 6-8 月。

陕西省新记录种，产柞水（卢元 y0001，XBGH）、石泉（寻路路 01452，XBGH），以及镇安、宁陕、宁强等地，生于海拔 1000-2200 米的山坡林下；分布于安徽、湖北、湖南、四川、甘肃。

**（11）鸢尾** 扁竹花（陕西）（图 225，照片 611）

**Iris tectorum** Maxim., Bull. Acad. Imp. Sci. Saint-Pétersbourg. 15: 380. 1871; 秦岭植物志 1(1): 387. 1976; 中国植物志 16(1): 180. 1985; Flora of China 24: 308. 2000.

多年生草本。植株基部围有老叶残留的膜质叶鞘及纤维；根状茎粗壮，二歧分枝；须根较细而短。叶基生，黄绿色，稍弯曲，中部略宽，宽剑形，长 15-60 厘米，宽 1.5-4 厘米。花茎光滑，高 20-40 厘米，顶部常有 1-2 个短侧枝，中下部有 1-2 片茎生叶；苞片 2-3 片，绿色，草质，边缘膜质，披针形或长卵圆形，长 5-7 厘米，宽 2-3 厘米，内包含 1-2 朵花；花蓝紫色；花梗甚短；花被管细长，长约 3 厘米，外花被裂片圆形或宽卵形，长 5-6 厘米，宽约 4 厘米，顶端微凹，中脉上有不规则的鸡冠状附属物，内花被裂片椭圆形，略小，花盛开时向外平展；雄蕊长约 2.5 厘米，花药鲜黄色；花柱分枝扁平，淡蓝色，顶端裂片近四方形，有疏齿。蒴果长椭圆形或倒卵形，长约 5 厘米，直径 2-3 厘米，有 6 条明显的肋，成熟时自上而下 3 瓣裂。种子黑褐色，梨形。花期 4-5 月，果期 6-8 月。

产秦巴山区，较常见，生于海拔 700-2100 米的山地草丛或林缘；分布于华南、西南及山西、安徽、江苏、浙江、福建、湖北、湖南、江西、甘肃。缅甸、日本、朝鲜半岛也产。

本种是鸢尾属中栽培最广泛的种类之一，是春季重要的观赏植物。

图 225. **鸢尾 Iris tectorum**

1. 植株上部；2. 果实（引自《秦岭植物志》）。

### （12）**蝴蝶花**（照片 612）

**Iris japonica** Thunb., Trans. Linn. Soc. London, Bot. 2: 327. 1794; 秦岭植物志 1(1): 387. 1976; 中国植物志 16(1): 176. 1985; Flora of China 24: 307. 2000.

多年生草本。根状茎有两种，直立根状茎较粗，横走根状茎略纤细；须根生于根状茎的节上，分枝多。叶基生，暗绿色，有光泽，剑形，长 20-60 厘米，宽约 2 厘米。花茎直立，高于叶片，花序顶生，分枝较多；苞片叶状，3-5 片，宽披针形或卵圆形，长 0.8-1.5 厘米，其中包含 2-4 朵花，花淡蓝色或蓝紫色；花被管明显，外花被裂片倒卵形或椭圆形，长 2.5-3 厘米，宽 1.5-2 厘米，顶端微凹，基部楔形，边缘波状，有细齿裂，中脉上有鸡冠状附属物，内花被裂片椭圆形或狭倒卵形，顶端微凹，边缘细齿裂，花盛开时向外展开；雄蕊花药长椭圆形，白色；花柱分枝较内花被裂片略短，中肋处淡蓝色，顶端裂片缝状丝裂，子房纺锤形。蒴果椭圆状柱形，长 2.5-3 厘米，直径 1.2-1.5 厘米，顶端微尖，无喙，具 6 条纵肋，成熟时自顶端开裂至中部。种子黑褐色，不规则的多面体状。花期 3-4 月，果期 5-6 月。

产秦巴山区，生于海拔 600-1500 米的山坡草地或林下；分布于华东、华中、华南、西南及甘肃、青海、山西等地。缅甸、日本也有。

本种在园林绿化中多有种植，是优良的观赏花卉。

### （13）**德国鸢尾**

**Iris germanica** L., Sp. Pl. 1: 38. 1753; 中国植物志 16(1): 184. 1985.

多年生草本。根状茎粗壮而肥厚，常分枝，扁圆形，斜伸，具环纹，黄褐色；须根肉质。叶直立或略弯曲，绿色，常具白粉，剑形，长 20-60 厘米，宽 2-4 厘米，顶端渐尖，基部鞘状。花茎光滑，高可达1米，上部有1-3个侧枝，中下部有1-3片茎生叶；苞片3片，草质，绿色，边缘膜质，有时略带红紫色，内包含1-2朵花；花大，鲜艳，直径可超过10厘米；花色多为紫色、黄色、白色或各色间杂，有香味；花被管长约2厘米，外花被裂片椭圆形或倒卵形，长6-8厘米，宽约4厘米，顶端下垂，中脉上密生黄色的须毛状附属物，内花被裂片倒卵形或圆形，直立，顶端向内拱曲，中脉宽，并向外隆起；雄蕊花药乳白色；花柱分枝淡蓝色、蓝紫色或白色。蒴果三棱状圆柱形，顶端钝，无喙，成熟时自顶端向下开裂为三瓣。种子梨形，黄棕色，表面有皱纹，顶端生有黄白色的附属物。花期4-6月，果期6-8月。

关中和陕南地区园林绿化中常见栽培；中国各地多有栽培。原产于欧洲。

本种是鸢尾属中观赏价值较高的一类，栽培较为广泛，园艺品种众多，花色极为丰富（照片613、614、615、616）。

（14）**香根鸢尾**（照片617）

**Iris pallida** Lam., Encycl. 3: 294. 1789; 中国植物志 16(1): 176. 1985.

多年生草本。根状茎粗壮而肥厚，扁圆形，斜伸，有环纹，黄褐色或棕色；须根粗壮，黄白色。叶灰绿色，外被有白粉，剑形，长40-80厘米，宽3-5厘米。花茎光滑，绿色，有白粉，高可达100厘米，上部有1-3个侧枝，中下部有1-3片茎生叶；苞片3片，膜质，银白色，其中包含1-2朵花；花蓝紫色、淡紫色或紫红色，直径可超过10厘米；花被管喇叭形，长约2厘米，外花被裂片椭圆形或倒卵形，长约6厘米，宽约4.5厘米，顶端下垂，中脉上密生黄色的须毛状附属物，内花被裂片圆形或倒卵形，长、宽各约5厘米，直立，顶端向内拱曲，中脉宽并向外隆起；雄蕊花药乳白色；花柱分枝花瓣状。蒴果卵圆状圆柱形，顶端钝，无喙，成熟时自顶端向下开裂为三瓣。种子梨形，棕褐色。花期5月，果期6-9月。

关中和陕南地区园林绿化中有栽培，也有栽培用于提取香料；中国各地多有栽培。原产于欧洲。

本种根状茎经过加工可提取香料，用于生产化妆品等。

图226. **锐果鸢尾 Iris goniocarpa**
1. 植株下部；2. 花茎上部和花；3. 果实（引自《秦岭植物志》）。

（15）**锐果鸢尾**（图226，照片618）

**Iris goniocarpa** Baker, Gard. Chron., n. s., 6: 710. 1876; 中国植物志 16(1): 162. 1985; Flora of China 24: 305. 2000.

多年生草本。根状茎短，棕褐色；须根细，黄白色，多分枝。叶柔软，黄绿色，条形，长8-35厘米，宽 1.5-4 毫米，顶端钝。花茎高 10-40 厘米，无茎生叶；苞片 2 片，膜质，绿色，略带淡红色，披针形，长 2.8-3.5 厘米，宽 6-8 毫米，顶端渐尖，向外反折，内包含 1 朵花；花蓝紫色；花梗短或无；花被管长约 2 厘米，外花被裂片倒卵形或椭圆形，长约 3 厘米，宽约 1 厘米，有深紫色的斑点，顶端微凹，中脉上的须毛状附属物基部白色，顶端黄色，内花被裂片狭椭圆形或倒披针形，直立；雄蕊长约 1.5 厘米，花药黄色；花柱分枝花瓣状。蒴果黄棕色，三棱状圆柱形或椭圆形，长约 3.5 厘米，直径约 1.5 厘米，顶端有短喙。花期 5-6 月，果期 6-8 月。

产长安、宝鸡、凤县、太白、佛坪、柞水、眉县、留坝等地，生于海拔 2000-3450 米的山地草丛或林缘；分布于甘肃、青海、湖北、四川、云南、西藏。印度、尼泊尔、不丹、缅甸也有。

### （16）**甘肃鸢尾**（照片 619、620）

**Iris pandurata** Maxim., Bull. Acad. Imp. Sci. Saint-Pétersbourg 26: 529. 1880; 中国植物志 16(1): 190. 1985. ——*Iris tigridia* Bunge, pro parte quoad syn.: Flora of China 24: 311. 2000.

多年生草本。植株基部围有大量毛发状黄褐色的老叶残留纤维；根状茎块状，很短；根粗壮，近肉质，上、下近等粗，旁有细小的侧根，黄褐色。叶灰绿色，条形，长 15-27 厘米，宽 2-4 毫米，顶端长渐尖，有 3-5 条纵脉。花茎实心，高 8-14 厘米，基部有数片鳞片叶，膜质，披针形；苞片 2-3 片，膜质，披针形，长 4-5 厘米，宽 1-1.5 厘米，顶端渐尖，内包含 1-2 朵花；花红紫色，直径约 5 厘米；无花梗或略具短梗；花被管细，长 2-3 厘米，上部略粗，外花被裂片长约 4.5 厘米，宽约 1.5 厘米，狭倒卵形，上部向外反折，爪部狭楔形，中脉上生有黄色的须毛状附属物，内花被裂片直立，倒披针形；雄蕊长约 2.5 厘米，花药紫色，与花丝近等长。蒴果卵圆形，长约 3.5 厘米，直径约 1.5 厘米，6 条肋明显，顶端尖，有短喙，成熟时沿室背开裂。种子梨形，红褐色，表面皱缩，无附属物。花期 4-5 月，果期 6-8 月。

陕西省新记录种，仅见于耀州区庙湾镇（刘培亮 222、241，WNU），生于海拔 1100 米左右的山坡林缘及草地；分布于甘肃、青海。

*Flora of China* 认为甘肃鸢尾应与粗根鸢尾（**Iris tigridia** Bunge）合并，但作者查阅了相关标本发现甘肃鸢尾的根上下近等粗，长可达 15 厘米，且有细小的侧根，苞片内通常包含 2 朵花，可以与粗根鸢尾相区别；基于内转录间隔区（ITS）序列和 *matK* 等叶绿体片段的分子系统学研究结果也表明此二者为独立的物种；因此本志采纳了《中国植物志》承认甘肃鸢尾为独立物种的观点。《中国植物志》指出，甘肃鸢尾苞片内通常生长 2 朵花，少有 1 朵花的；作者所见陕西产的甘肃鸢尾的标本，苞片内均只生长 1 朵花，与其他省份的个体略有不同。

## 2. 庭菖蒲属 **Sisyrinchium** L.

Sp. Pl. 2: 954. 1753; 中国植物志 16(1): 198. 1985; Flora of North America 26: 351. 2003.

一年生或多年生草本。具不明显的根状茎或仅见须根；茎直立或基部斜上，圆柱形或有狭翅，节明显，上部多分枝。叶基生或兼有茎生，条形、剑形或圆柱形。疏散的聚伞花序顶生；基部通常具数片叶状苞片，外面有时具紫色；花梗细长，丝状；花直径通常小于 1 厘米，辐射对称，蓝紫色、淡蓝色、淡黄色、粉红色或白色；花被裂片 6 片，开展或反折，同形，近等大，2 轮排列，基部常联合成短的花被管；雄蕊 3 枚，花丝基部联合或全部联合成管状；花柱 1 枚，细丝状，不分枝或上部 3 裂，或呈沟形；子房下位，圆球形，3 室，胚珠多数。蒴果近球形，室背开裂。种子多数，球形、圆锥形或半球形。

本属约 80 种，分布于美洲至大洋洲。中国引种若干种，其中 1 种在南方逸为野生。陕西产 1 种逸为野生，亦常见栽培。

### （1）**庭菖蒲**（照片 621、622）

**Sisyrinchium rosulatum** Bickn., Bull. Torrey Bot. Club. 26: 228. 1899; 中国植物志 16(1): 198. 1985; Flora of North America 26: 358. 2003; 安徽大学学报（自然科学版）44(4): 88. 2020.

一年生草本。莲座状丛生；根状茎不明显，须根纤细；茎纤细，高可达 30 厘米，中下部有少数分枝，节常屈膝状，沿茎的两侧生有狭翅。叶基生或兼有茎生，互生，狭条形，长 6-9 厘米，宽 2-3 毫米，基部鞘状抱茎，顶端渐尖，无明显的中脉。花序顶生；苞片 5-7 片，外侧 2 片狭披针形，边缘膜质，绿色，长 2-2.5 厘米，内侧 3-5 片膜质，无色透明，内包含 4-6 朵花；花淡紫色、粉色、白色或黄色，具紫色脉纹，直径约 1 厘米；花梗丝状，长约 2.5 厘米；花被管甚短，有纤毛，花被裂片，倒卵形至倒披针形，长约 1.2 厘米，宽 4-5 毫米，顶端突尖，基部具黄色的爪；雄蕊 3 枚，花丝上部分离，下部合成管状，包住花柱，外围有大量的腺毛，花药鲜黄色；花柱丝状，上部 3 裂，子房圆球形，绿色，生有纤毛。蒴果近球形，直径 3-4 毫米，黄褐色或棕褐色，成熟时室背开裂。种子多数，近球形，黑褐色。花期 4-6 月，果期 6-8 月。

南郑、城固等地已归化，形成稳定种群，西安等地的公园有栽培，供观赏；中国各地引种栽培，在南方常逸为野生。原产于北美洲。

## 3. 番红花属 **Crocus** L.

Sp. Pl. 1: 36. 1753; 中国植物志 16(1): 121. 1985; Flora of China 24: 313. 2000.

多年生草本。球茎圆球形或扁圆形，外具膜质的包被。叶条形，丛生，与花同时生长或于花后伸长，不互相套叠，叶基部包有膜质的鞘状叶。花茎甚短，不伸出地面；苞片舌状或无；花白色、粉红色、黄色、淡蓝色或蓝紫色；花被管细长，花被裂片 6 片，2 轮排列，内、外轮花被裂片近同形等大；雄蕊 3 枚，着生于花被管上；花柱 1 枚，上部 3 分枝，柱头楔形或略膨大，子房下位，3 室，中轴胎座，胚珠多数。蒴果小，卵圆形，成熟时室背开裂。

本属约 75 种，主要分布于欧洲、地中海地区、中亚等地。中国有 2 种；陕西栽培 1 种。

番红花属植物常用作栽培观赏，部分种类因是常用药材而种植较多。

（1）**番红花** 藏红花（药材名）（照片 623）

**Crocus sativus** L., Sp. Pl. 1: 36. 1753; 中国植物志 16(1): 122. 1985; Flora of China 24: 313. 2000; 陕西维管植物名录: 435. 2016.

球茎扁圆球形，直径约 3 厘米，外有黄褐色的膜质包被。叶基生，9-15 片，条形，灰绿色，长 15-20 厘米，宽 2-3 毫米，边缘反卷；叶丛基部包有 4-5 片膜质的鞘状叶。花茎甚短，不伸出地面；花 1-2 朵，淡蓝色、红紫色或白色，有香味，直径 2.5-3 厘米；花被裂片 6 片，2 轮，裂片倒卵形，顶端钝，长 4-5 厘米；雄蕊直立，长约 2.5 厘米，花药黄色，顶端尖；花柱橙红色，长约 4 厘米，上部 3 分枝，子房狭纺锤形。蒴果椭圆形。

西安等地的公园及药材种植场多有栽培；中国各地有栽培。原产于欧洲南部。

本种干燥花柱供药用，称藏红花，花柱可提取食用色素。

## 4. 唐菖蒲属 **Gladiolus** L.

Sp. Pl. 1: 36. 1753; Gen. Pl. ed. 5, 23. 1754; 中国植物志 16(1): 124. 1985.

多年生草本。具球茎，外有薄膜质的包被。叶剑形或条形，2 列，互相套叠。花茎不分枝，直立向上，下部常具数片茎生叶；花无梗，每朵花基部具草质或膜质的苞片；花两侧对称，多为红、橙、紫、黄、白、粉红等较为鲜艳的颜色，直径通常 5-8 厘米；花被管较短而弯曲，花被裂片 6 片，2 轮，椭圆形或卵圆形，顶端钝或有短尖，上面 3 片较宽大；雄蕊 3 枚，偏向花的一侧，花丝着生在花被管上；花柱细长，顶端 3 裂，子房下位，3 室，中轴胎座，胚珠多数。蒴果长圆形或倒卵形，成熟时室背开裂；种子扁平，边缘有翅。

本属约 250 种，主要分布于亚洲中部至地中海地区和非洲的热带地区。中国引种数种。陕西栽培 1 种。

本属植物花大而颜色艳丽，国内除了引入的原生种类，另引进了众多的品种用于观赏和制作鲜切花。

（1）**唐菖蒲**（照片 624）

**Gladiolus × gandavensis** Van Houtte, Fl. Serres Jard. Eur. 2(3): Pl. 1. 1846; 中国植物志 16(1): 124. 1985.

多年生草本。球茎扁圆球形，直径 2-5 厘米，外面有棕色的膜质包被。叶基生或在花茎基部互生，剑形，长 40-60 厘米，宽 2-4 厘米，基部鞘状，顶端渐尖，灰绿色，有数条纵脉及 1 条明显而凸起的中脉。花茎直立，高 50-80 厘米，不分枝，花茎下部生有数片互生的叶；穗状花序顶生每朵花下有苞片 2 片，膜质，黄绿色，卵形或宽披针形，长 4-5 厘米，宽 1.8-3 厘米，中脉明显；无花梗；花两侧对称，有红、橙、黄、白或粉红等色，直径 6-8 厘米；花被管长约 2.5 厘米，基部弯曲，花被裂片 6 片，2 轮排列，卵圆形或椭圆形，位于上面的 3 片，即 2 片外花被裂片和 1 片内花被裂片略大，最上面的 1 片内花被裂片特别宽大，弯曲成盔状；雄蕊 3 枚，直立，贴生于盔状的内花被裂片内，花药条形，红紫色或深紫色，花丝白色，着生在花被管上；花柱长约 6 厘米，顶端 3 裂，柱头略扁宽而膨大，具短绒毛，子房 3 室，中轴胎座，胚珠多数。蒴果椭圆形或倒卵形，成熟时室背开裂。种子扁而有翅。花期 6-9 月，果期 7-10 月。

西安、杨陵等地的公园有栽培；中国各地有栽培。本种由多个来自非洲的原生种杂交而成，在世界各地广泛栽培。

本种花大，且颜色多样，是优良的观赏花卉，同时也作鲜切花使用。

### 5. 雄黄兰属 **Crocosmia** Planch.

Fl. Serres Jard. Eur. 7: 161. 1851; 中国植物志 16(1): 125. 1985.

多年生草本。地下具球茎，外包有网状的膜质包被。花茎直立，上部有 2-4 个分枝。叶剑形或条形，排成 2 列，互相套叠。圆锥花序；花下苞片膜质，绿色，常带橙红色，顶端有缺刻；花两侧对称，有橙黄、红、紫、黄、白等色；花被基部合生成漏斗状的花被管，花被裂片 6 片，长圆形或倒卵形，近等大，某些种的外花被裂片上常生有胼胝体或隆起；雄蕊 3 枚，常偏生于花的一侧，花丝着生于花被管上；子房下位，3 室，中轴胎座，柱头 3 裂，丝状。蒴果近球形，室背开裂，每室有 2-4 枚种子。种子球形，黑色，坚硬。

本属约 9 种，分布于撒哈拉以南非洲及马达加斯加岛。中国引种 1 种，在南部各地有逸为野生的。陕西亦有栽培。

本属植物花色艳丽，常作为观赏植物而广泛栽培。

（1）**雄黄兰**（照片 625）

**Crocosmia** × **crocosmiiflora** (Lemoine) N. E. Br., Trans. Roy. Soc. South Africa. 20: 264. 1932; 中国植物志 16(1): 125. 1985, as "*crocosmiflora*". ——*Montbretia* × *crocosmiiflora* Lemoine, Garden (London) 18: 188. 1880.

多年生草本。高可达 1 米；球茎扁圆球形。叶多基生，剑形，长 40-60 厘米，基部鞘状，顶端渐尖，具 1 条明显的中脉；茎生叶较短而狭，披针形。花茎常 2-4 分枝，花排列较疏散；无花梗，每朵花基部有 2 片绿色的苞片，边缘常深红色；花两侧对称，橙红色至橙黄色，直径约 4 厘米；花被管略弯曲，花被裂片 6 片，2 轮排列，披针形或倒卵形，长约 2 厘米，宽约 5 毫米，内轮花被裂片较外轮的略宽而长；雄蕊 3 枚，长 1.5-1.8 厘米，偏向花的一侧，花丝着生在花被管上，花药丁字形着生；花柱长 2.8-3 厘米，顶端 3 裂，柱头略膨大。蒴果三棱状球形。花期 7-10 月，果期 8-11 月。

西安等地的公园、庭园有栽培；中国各地有栽培，在南方常有逸生。

本种是由原产于非洲的 **Crocosmia pottsii** (Baker) N. E. Br.和 **C. aurea** (Pappe ex Hook.) Planch.杂交而成，在世界各地广泛栽培，在北美洲等地区常逸为野生。

## 三六　阿福花科[①] **Asphodelaceae** Juss.

卢　元（陕西省西安植物园）

多年生草本或木本。茎有时木质化，茎高度变化极大，从不露出地面到大树状。叶

① 又称独尾草科（《中国维管植物科属志》）。

长线条状，纸质到肉质，从生在茎的顶端或两列基生，叶鞘闭合。花序具明显花莛，有时粗柱状并木质化，顶生圆锥花序、总状花序、穗状花序或聚伞花序，花梗具关节；花被片 6 片，离生或多少合生；雄蕊 6 枚，稀 3 枚，分离，花药背着或近基着；花柱细长，柱头较小；雌蕊心皮合生，常 3 室。果实为蒴果或浆果。种子几颗至多数，外种皮黑色。

本科有 41 属 900 余种，主要分布于大洋洲、欧亚大陆、非洲和南美洲西部。中国有 6 属 22 种；陕西产 4 属 8 种，其中 2 属 2 种仅见栽培。

自 APG（2016）系统开始，本科用阿福花科（**Asphodelaceae** Juss.），不再用黄脂木科（*Xanthorrhoeaceae* Dumort.），因为黄脂木科的使用远较阿福花科少，且其拉丁名发音困难，也容易出现拼写错误。《国际藻类、菌物和植物命名法规（深圳法规）》（Turland et al.，2018）已接受了 **Asphodelaceae** Juss.列为保留科名。

阿福花科的范围变动较大，如萱草属（**Hemerocallis** L.）和独尾草属（**Eremurus** M. Bieb.）在《中国植物志》等著作中被置于百合科（**Liliaceae** Juss.）中。阿福花科的不少物种是观赏植物，如萱草属、独尾草属及引进的芦荟属（**Aloe** L.）、火把莲属（**Kniphofia** Moench）和阿福花属（**Asphodelus** L.）等；萱草属的一些种类是著名的蔬菜。

### 分属检索表

1. 花莛高度与叶近似或稍高，顶端具总状或假二歧状的圆锥花序，少数为单花或者花序缩短；花较大，直径通常大于 4 厘米……………………………………………………………………1. **萱草属 Hemerocallis** L.
1. 花莛显著高大，花序为总状、穗状或圆锥花序，花极多；花较小，直径通常小于 2 厘米……………2
2. 花序近穗状，近无花梗；花被收窄成筒状……………………………………2. **火把莲属 Kniphofia** Moench
2. 花序总状或圆锥状，花梗明显；花被钟形……………………………………………………………………3
3. 根状茎短粗；花丝基部不扩大或稍扩大，不包裹子房，不形成蜜腔；果实球形或近球形，几无棱……………………………………………………………………………………3. **独尾草属 Eremurus** M. Bieb.
3. 根状茎长而发达；花丝基部扩大，边缘具腺毛，彼此靠合，在子房外围成蜜腔；果实通常椭球形、倒卵形或近球形，呈较明显的三棱状……………………………………………4. **阿福花属 Asphodelus** L.

## 1. 萱草属 **Hemerocallis** L.

Sp. Pl. 1: 324. 1753; 秦岭植物志 1(1): 330. 1976; 中国植物志 14: 52. 1980; Flora of China 24: 161. 2000.

多年生草本。具很短的根状茎；根常多少肉质，中下部有时有纺锤状膨大。叶基生，2 列，带状。花莛从叶丛中央抽出，顶端具总状或假二歧状的圆锥花序，较少花序缩短或只具单花；苞片存在，花梗一般较短；花直立或平展，近漏斗状，下部具花被管；花被裂片 6 片，2 轮，明显长于花被管，内三片常比外三片宽大；雄蕊 6 枚，着生于花被管上端；花药背着或近基着；子房 3 室，每室具多数胚珠；花柱细长，柱头小。蒴果钝三棱状椭圆形或倒卵形，表面常略具横皱纹，室背开裂。种子黑色，有棱角。

本属约 15 种，主要分布于亚洲东部，少数种类分布区可达欧洲中部。中国有 11 种；陕西产 5 种。

本属植物花色艳丽，观赏价值较高，培育有众多品种，如‘金娃娃’萱草（**Hemerocallis** ‘Stella de Oro’）（照片 626）、‘日落’萱草（**Hemerocallis** ‘Bright Sunset’）（照片 627）和‘宽恕’萱草（**Hemerocallis** ‘Pardon Me’）（照片 628）等。另有黄花菜、萱草等种类

可作蔬菜，在国内外均有较长的栽培历史。需要注意的是，本属植物常含有有毒的生物碱等物质，食用时必须经过加工，切不可鲜食。

## 分种检索表

1. 苞片宽卵形，宽通常大于 7 毫米，花序内花排列较密集 ……………… （1）**北萱草 H. esculenta** Koidz.
1. 苞片披针形，宽 2-7 毫米，花序内花较疏离 ……………………………………………… 2
2. 花橙色至暗金黄色 …………………………………………………………… （2）**萱草 H. fulva** (L.) L.
2. 花淡黄色 …………………………………………………………………………………………… 3
3. 花被管长 3-5 厘米 ………………………………………………………… （3）**黄花菜 H. citrina** Baroni
3. 花被管长不超过 3 厘米 ………………………………………………………………………… 4
4. 花序分枝明显，具花 4 朵或更多 …………………………………… （4）**北黄花菜 H. lilioasphodelus** L.
4. 花序几无分枝，花通常 1-2 朵，少数可达 3 朵 …………………………… （5）**小黄花菜 H. minor** Mill.

### （1）北萱草（图 227）

**Hemerocallis esculenta** Koidz., Bot. Mag. Tokyo 39: 28. 1925; 中国植物志 14: 60. 1980; Flora of China 24: 164. 2000. ——*H. dumortieri* auct. non Morr.: 秦岭植物志 1(1): 333. 1976.

植株高可达 1 米；根稍肉质，通常在中下部具一纺锤状膨大。叶线形，长 40-80 厘米，宽 6-18 毫米，柔软。花莛直立，通常稍短于叶；不育的苞片无。花序稍缩短，具花 1-6 朵，排列较为密集；苞片宽卵形至卵状披针形，宽 0.8-1.5 厘米，长度较短，仅能包住花被管的基部；花梗长 3-6 毫米。花稍芳香；花被金黄色；花被管长 1.5-2.5 厘米；花被裂片平展，长 5-6.5 厘米，宽 1-2 厘米。花丝长约 5 厘米；花药略带紫黑色，长约 6 毫米。蒴果近椭球形。花果期 5-8 月。

产陇县、眉县、周至、长安等地，生于海拔 800-1500 米的山坡上，省内各城市公园及农田常见栽培；分布于辽宁、河北、河南、山东、山西、宁夏、湖北等地，全国大部分地区亦有栽培。日本和俄罗斯萨哈林岛（库页岛）也有分布。

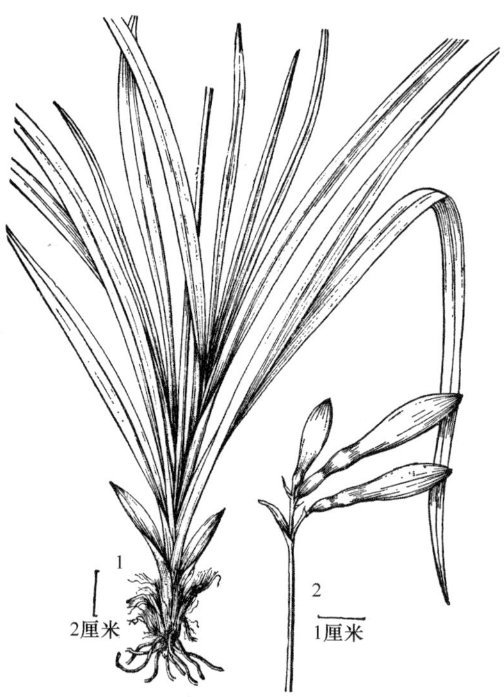


图 227. **北萱草 Hemerocallis esculenta**
1. 植株下部；2. 花序（引自《秦岭植物志》）。

### （2）萱草（图 228，照片 629）

**Hemerocallis fulva** (L.) L., Sp. Pl. ed. 2, 1: 462. 1762; 秦岭植物志 1(1): 331. 1976; 中国植物志 14: 57. 1980; Flora of China 24: 163. 2000. ——*H. lilioasphodelus* L. var. *fulva* L., Sp. Pl. 1: 324. 1753.

植株高可达 1.5 米；常冬季落叶而成宿根植物；根肉质，常在根先端具一椭球状膨大。叶宽线形，长 30-60 厘米，宽 6-23 毫米。花序具花可达 10 朵。苞片披针形或鳞片状；花梗长约 5 毫米。花无香味。花被单瓣，有些栽培类群重瓣，橙黄色至橙红色，花被裂片中间常具一道浅色条纹，基部有倒“V”形的斑纹；花被管长 2-4 厘米，较粗短；花被裂片较平展，边缘有时波状，长 5-10 厘米，宽 2-3 厘米。花丝长 4-5 厘米；花药紫黑色，长 7-8 毫米。蒴果椭球形。花果期 5-11 月。

产秦巴山区及耀州、陇县、宜君，较常见，生于海拔 500-2100 米的山地林下或草丛，全省农田及绿地常见栽培；分布于华北、华东、华中、华南、西南。印度、日本、朝鲜半岛、俄罗斯也产。

本种在历史上长期栽培，形成了很多的形态上的变化，不同的栽培环境对其形态的影响也有不同。在很多文献中依据花被管的长短、花的色泽、花被裂片的数量、是否常绿等特性对本种进行种下等级的划分，本志不进行详细的区分。

图 228. **萱草 Hemerocallis fulva**
1. 花序和叶的上部；2. 雄蕊；3. 雌蕊（引自《秦岭植物志》）。

**（3）黄花菜** 金针菜（《秦岭植物志》）（图 229，照片 630、631）

**Hemerocallis citrina** Baroni, Nouv. Giorn. Bot. Ita, n. s., 4: 305. 1897; 秦岭植物志 1(1): 332. 1976; 中国植物志 14: 54. 1980; Flora of China 24: 162. 2000.

植株高可达 1 米；根近肉质，中下部常有纺锤状膨大。叶可多达 10 余片，长 30-100 厘米，宽 4-25 毫米。花莛一般稍长于叶，基部三棱形，上部多少圆柱形，有分枝；苞片披针形，下面的长 3-10 厘米，自下向上渐短，宽 3-6 毫米；花梗较短，通常长不到 1 厘米；花多朵；花被淡黄色；花被管长 3-5 厘米，花被裂片长 7-12 厘米，内三片宽 2-3 厘米。蒴果钝三棱状椭圆形。种子多个，黑色。花果期 5-9 月。

产鄠邑、眉县、太白、商洛、宁陕、岚皋、化龙山、佛坪、洋县、南郑、汉中、西

图 229. **黄花菜 Hemerocallis citrina**
1. 叶；2. 花序；3. 花；4. 雄蕊正面观；5. 雄蕊背面观（引自《秦岭植物志》）。

乡，生于海拔 800-1700 米的山地草丛或林缘，全省农田亦常见栽培；分布于内蒙古、河北、山东、江苏、安徽、浙江、江西、河南、湖北、湖南、四川。日本、朝鲜半岛也产。

本种有悠久的栽培历史，花蕾是著名的蔬菜，陕西是主要产区之一。

（4）**北黄花菜** 野黄花菜（《秦岭植物志》）（照片 632、633）

**Hemerocallis lilioasphodelus** L., Sp. Pl. 1: 324. 1753; 中国植物志 14: 55. 1980; Flora of China 24: 162. 2000. ——*H. falva* (L.) L., Sp. Pl. ed. 2, 1: 462. 1762; 秦岭植物志 1(1): 332. 1976.

根大小变化较大，但一般稍肉质，多少绳索状，粗 2-4 毫米。叶长 20-70 厘米，宽 3-12 毫米。花莛长于或稍短于叶；花序分枝明显，具 4 至多朵花；苞片披针形，在花序基部的长 3-6 厘米，上部的长度缩短，宽 3-5 毫米；花梗明显，长短不一，一般长 1-2 厘米；花被淡黄色，花被管一般长 1.5-2.5 厘米，绝不超过 3 厘米；花被裂片长 5-7 厘米，内三片宽约 1.5 厘米。蒴果卵状球形。花果期 6-9 月。

产宁陕、镇坪、佛坪、平利、太白、凤县，生于海拔 1200-1900 米的山地疏林下；分布于东北、华北及山东、江苏、江西、河南、甘肃。日本、朝鲜半岛、蒙古国、俄罗斯西伯利亚地区及欧洲也产。

干制的花蕾亦作为黄花菜供食用。

（5）**小黄花菜** 红萱（《秦岭植物志》）（图 230）

**Hemerocallis minor** Mill., Gard. Dict., ed. 8. n. 2. 1768; 秦岭植物志 1(1): 332. 1976; 中国植物志 14: 56. 1980; Flora of China 24: 162. 2000.

根一般较细，绳索状，粗 2.5 毫米左右，通常不膨大。叶长 30-60 厘米，宽 5-15 毫米。花莛稍短于叶或近等长，分枝较少，顶端具 1-2 朵花，少有具 3 朵花；花梗很短或近无梗，苞片近披针形，长 7-24 毫米，宽约 4 毫米；花被淡黄色；花被管通常长 1-2.5 厘米，极少能近 3 厘米；花被裂片长 4.5-7 厘米，内三片宽 1.5-2.3 厘米。蒴果椭球形或矩圆形。花果期 5-9 月。

图 230. **小黄花菜 Hemerocallis minor**
1. 植株下部；2. 花序；3. 果枝（引自《秦岭植物志》）。

产长安、周至、宁陕、太白、洋县、南郑、汉中，生于海拔 840-1600 米的山地草丛或林下，秦岭低山地区亦有栽培；分布于东北、华北及山东、甘肃。朝鲜半岛、蒙古国、俄罗斯西伯利亚地区也产。

干制的花蕾常作为黄花菜供食用。

小黄花菜与北黄花菜形态相似，易于混淆。根据标本观察和文献记载，此二者的形态特征常有交互，导致鉴定困难，因此有学者将小黄花菜处理为北黄花菜的种下等级，如 **H. lilioasphodelus** L. subsp. **minor** (Mill.) Z. T. Xiong 或 **H. lilioasphodelus** L. var. **minor** (Mill.) M. N. Tamura 等。但是此二种在陕西的标本形态特征差异较为明显，所以本志暂时延续《中国植物志》及 *Flora of China* 的观点，认为它们是不同的物种，待后续深入研究后再做处理。

## 2. 火把莲属 **Kniphofia** Moench

Methodus: 631. 1794; 陕西维管植物名录: 426. 2016.

多年生常绿草本。植株禾草状，高可达 1 米。叶剑形或长舌形。穗状花序直立，顶生。 花色艳丽，红色、橙色或黄色，花常二色；花内花蜜丰富，以吸引蜂类和某些鸟类为其传粉。

本属有 70 余种，主产于南非。中国引种 1 种及若干杂种；陕西栽培 1 种。

### (1) **火把莲** 火炬花（商品名）（照片 634）

**Kniphofia uvaria** (L.) Oken, Allg. Naturgesch. 3(1): 566. 1841; 陕西维管植物名录: 426. 2016. ——*Aloe uvaria* L., Sp. Pl. 1: 323. 1753.

多年生草本。植株高可达 130 厘米；茎直立。叶丛生，草质，剑形，长 60-100 厘米，宽约 2 厘米；通常在叶片中部或中上部开始向下弯曲下垂，很少有直立；叶片的基部常内折，抱合成假茎，假茎横断面呈菱形。花序穗状呈火炬形，密生数百朵筒状的小花。花冠收窄成筒状，橘红色，开花后，先端逐渐向基部变黄；雄蕊 6 枚，开花时伸出花冠。蒴果黄褐色。种子棕黑色，不规则三角形。花期 6-10 月，花后果实渐次成熟。

西安、杨陵等地的公园、庭园有栽培；中国较温暖区域的各大城市常见栽培。原产于南非，生长在中高海拔的高山及沿海岸浸润线的岩石泥炭层上。

本种是优良的观赏花卉，通过属内种间杂交还培育有多个杂交种和品种，近年来在省内外的园林造景中广为应用，在较寒冷的地区植物体地上部分会冻死，来年重新发芽生长，由常绿植物转变为宿根植物。

## 3. 独尾草属 **Eremurus** M. Bieb.

Fl. Taur.-Caucas. 3: 269. 1819; 秦岭植物志 1(1): 328. 1976; 中国植物志 14: 35. 1980; Flora of China 24: 159. 2000; 西北植物学报 27(10): 2116. 2007.

多年生草本。具垂直而粗短的根状茎，颈部被鞘状叶基包围，有时老叶分解而留下的纤维状基部亦包围于最外侧；根多数，粗长而肉质。叶数片，全部基生，线形。花茎单一，直立，长度超过叶，上部具不育苞片；总状花序顶生，密集多花，通常在果期伸长；苞片膜质，边缘通常微小有细锯齿，流苏状，或具缘毛，先端通常渐尖。花两性，每苞片腋生 1 朵花，有花梗；花梗顶端有关节或关节不明显。花被钟状，管状，或杯状，基部合生或几乎完全离生；花被裂片 6 片，具 1、3 或 5 条脉。雄蕊 6 枚，通常外露；花丝丝状，基部常稍扩大；花药近基部背着，基部具明显的 2 个裂片。子房 3 室，每室数枚种子；花柱丝状，果期宿存，柱头很小。蒴果，球形或近球形，室背开裂。种子不规则的三棱形，有时边缘有翅。

本属有45种，主要分布于亚洲中部和西部，向东可达中国中部，向西可达乌克兰、土耳其等地。中国有4种；陕西产1种。

本属植物花序高大，部分种类颜色艳丽，是非常美丽的观赏植物；部分种类亦作为蔬菜而栽培。

（1）**独尾草** 中华独尾草（《秦岭植物志》）（图231，照片635、636）

**Eremurus chinensis** Fedtsch., Gard. Chron. ser. 3, 41: 199. 1907; 秦岭植物志 1(1): 328. 1976; 中国植物志 14: 38. 1980; Flora of China 24: 162. 2000; 西北植物学报 27(10): 2116. 2007.

植株高60-120厘米。花极多，在花莛上形成稠密的长达40厘米的总状花序；苞片长8-10毫米，极少数更长，比花梗短，先端有长芒，有1条暗褐色脉；花被窄钟状；花梗长可达5厘米，上端有关节，倾斜开展；花被片长1-1.3厘米，白色，长椭圆形，中间有1条脉，常具红棕色条纹；雄蕊短于花被，花展开后外露。蒴果直径7-9毫米，表面常有皱纹，带绿黄色，熟时果柄近平展。种子三棱形，有窄翅。花期6月，果期7月。

产略阳、镇坪（化龙山），生于海拔1200-1600米的石山坡及悬崖石缝中、草地上；分布于甘肃、四川、云南、西藏。

本种可作观赏植物栽培；在略阳被作为传统蔬菜采食，野生资源受到严重破坏，近些年当地开发了独尾草的人工栽培技术，逐渐用栽培个体取代了野生个体，野生资源得以恢复。

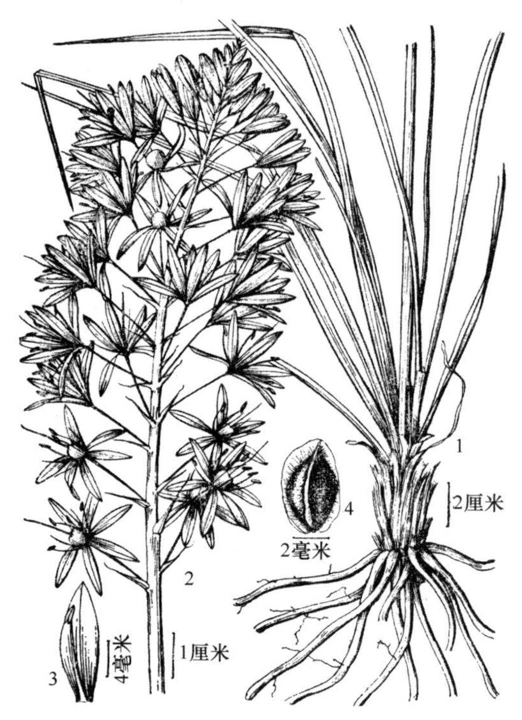


图231. **独尾草 Eremurus chinensis**
1. 植株下部；2. 花序；3. 花被片和雄蕊；4. 种子（引自《秦岭植物志》）。

## 4. 阿福花属[①] **Asphodelus** L.

Sp. Pl. 1: 309. 1753; Flora of North America 26: 218. 2003; Flora Iberica 20: 276. 2013.

一年生、二年生或多年生草本。根状茎发达，水平，倾斜或垂直，有时有老叶的纤维状残余；须根，稍肉质，常在中部具纺锤形的膨大；一个莲座叶丛具一鳞茎，罕见多于1个的，分枝或不分枝，直立，近球形，实心或中空。叶全基生，线形、钻形或剑形、圆柱形到半圆柱形，叶脉平行，无柄，最外面的具鞘，最里面的仅部分具鞘或完全无鞘。

① 又称日影兰属（商品名）。

总状花序或圆锥花序，直立顶生，多花，疏松或密集；每花梗具 1 片苞片，线状披针形到卵状披针形，渐尖，膜质，白色，具一深棕色到近黑色的中脉，基部具不规则的齿，耳状，半环抱；花梗具关节，或有时关节不太明显。两性花，辐射对称，具蜜腺。花被基部联合，裂片 6 片，星芒状开展，大小近相等，外轮 3 片略窄于内轮 3 片，椭圆形到长圆形，白色、粉红色或粉色，具一红棕色的中脉纹。雄蕊 6 枚，分离，内侧 3 枚略长或者等长于外侧 3 枚，花丝基部膨大、凸出，边缘或背面具乳突，在子房上方及周围共同围成 1 个含花蜜腔，上部钻形或梭形；花药长圆形，背着，纵向开裂。雌蕊 3 枚心皮合生，3 室，上位子房，花柱 1 枚，丝状，柱头 3 裂或头状。蒴果，室背开裂，椭球形、倒卵球形或近球形，多少呈三棱状，每室 1-2 枚种子。种子三棱形，基部锐尖，先端较钝，灰褐色或黑色。

本属约 16 种，主要分布于亚洲西南部至欧洲西南部及非洲北部等地，世界其他区域多有栽培。中国栽培 3-4 种；陕西栽培 1 种。

本属植物花序高大，颜色艳丽，是常见的观赏花卉。

（1）**小果阿福花** 小果日影兰（商品名）、夏阿福花（照片 637、638）

**Asphodelus aestivus** Brot., Fl. Lusit. 1: 525. 1804; Flora Iberica 20: 285. 2013.

多年生草本。无毛，高可超过 1 米；根状茎水平或斜生，伸长，有时具薄的纤维状凸起；根靠近茎基部的比远端粗，中部具纺锤形块根。基生叶长条形，扁平或“V”形而呈龙骨状，长可达 80 厘米，宽约 3 厘米，螺旋状排列，边缘有微小的齿，最外面的叶的基部常有宽的膜质边缘，多少呈鞘状。圆锥花序，有 5-10 个分枝；苞片卵形，中央带棕色，边缘浅棕色至白色；花梗在花期长约 1 厘米，果期稍伸长而长于苞片。花被片长圆形，长 14-19 毫米，宽 2-7 毫米，在果期落叶。雄蕊等长或稍长于花被片；花丝基部长圆形，向上突然收窄，背面有宽纵沟，边缘具长乳突；花药长约 3 毫米；子房被雄蕊基部形成的蜜腔包裹。蒴果近球形，多少呈三棱状。种子深灰色，无光泽，有微小的点。

西安等地的植物园、公园有栽培；中国各地的植物园及公园常有引种栽培。原产于地中海地区，常作为观赏花卉而广泛栽培。

# 三七　石蒜科 Amaryllidaceae J. St.-Hil.

葱属、石蒜属：寻路路（陕西省西安植物园）

君子兰属、水仙属、朱顶红属、葱莲属：王玛丽（西北大学）

多年生草本。通常具鳞茎。叶近基生，互生，通常排成 2 列，下部或基部具鞘。单花或多花排成花序，通常具佛焰苞状总苞，总苞片 1 至数片；花通常两性，颜色多样；花被片 6 片，辐射对称或两侧对称，覆瓦状排列，2 轮，有时具副花冠；雄蕊 6 枚，花丝有时贴生于花被，附属物有或无；子房上位或下位，柱头头状或 3 裂，子房 3 室，中轴胎座。蒴果，稀浆果。种子通常黑色或蓝色。

本科有 68 属约 1616 种，主要分布于北半球温带、南非及南美洲。中国有 6 属约 161 种；陕西产 6 属 39 种，其中 4 属 12 种仅见栽培。

本科植物很多具有重要的经济和观赏价值，如葱属植物里很多是重要的蔬菜或调料；其他像水仙、朱顶红、石蒜等由于花大、花色艳丽，广为栽培。

传统分类系统中，石蒜科为百合目的成员，APG（2016）系统把本科置于天门冬目。传统的石蒜科包含龙舌兰属（**Agave** L.）、仙茅属（**Curculigo** Caern.）、小金梅草属（**Hypoxis** L.）等，在分子系统中这些类群被置于其他的科中。葱属（**Allium** L.）因为子房上位的形态特征被置于广义百合科（**Liliaceae** Juss.）中，而分子系统研究结果证明其为石蒜科成员，本志采用这一观点。

## 分属检索表

1. 植物体通常具葱蒜味；花小；子房上位……1. **葱属 Allium** L.
1. 植物体通常无葱蒜味；花大；子房下位……2
2. 花具副花冠……4. **水仙属 Narcissus** L.
2. 花无副花冠……3
3. 根肉质，无地下鳞茎，叶基鳞茎状；浆果……2. **君子兰属 Clivia** Lindl.
3. 具地下鳞茎；蒴果……4
4. 花单生花莛顶端，花丝完全分离……6. **葱莲属 Zephyranthes** Herb.
4. 花组成伞形花序，花丝基部合生成一杯状体或至少花丝间有离生的鳞片……5
5. 花期无叶；花莛实心……3. **石蒜属 Lycoris** Herb.
5. 花期至少具幼叶；花莛空心……5. **朱顶红属 Hippeastrum** Herb.

## 1. 葱属① Allium L.

Sp. Pl. 1: 294. 1753; 秦岭植物志 1(1): 369. 1976; 中国植物志 14: 170. 1980; Flora of China 24: 165. 2000; 秦岭植物志增补: 31. 2013.

多年生草本。通常具葱蒜味；须根细长或增粗，少呈块根状；地下鳞茎圆柱状到球状，鳞茎外皮为膜质、革质或纤维质，根状茎有或不明显。叶线形、线状披针形、带状到卵圆形，无柄，稀基部狭缩成叶柄，基部叶鞘闭合；叶横截面扁平、具角、半圆柱形或圆柱形，中空或实心。花莛顶生或侧生，被叶鞘或无；伞形花序生花莛顶端，开放之前被闭合的总苞包裹，开放时总苞 1 裂或多裂，总苞脱落或宿存，伞形花序上有时具小鳞茎，甚至只有小鳞茎而无花；小花梗基部小苞片有或无；花通常两性；花被片 6 片，离生或基部合生；花丝基部通常合生并与花被片贴生，全缘或具齿；子房 3 室，每室具 1 至数枚胚珠，子房基部具蜜腺；花柱单一，全缘或 3 裂。蒴果，室背开裂。种子黑色，多棱形或近球形。

本属约 660 种，分布于北半球。中国有 138 种；陕西产 27 种，其中 4 种仅见栽培。

葱属为重要的经济植物，在蔬菜、调料、药用和观赏等方面均有重要作用，陕西常见栽培的有韭、葱、蒜、洋葱等。除此之外，陕西省内，尤其是城市园林中，还少量引种有大花葱（**A. giganteum** Regel）、北葱（**A. schoenoprasum** L.）等供观赏。

① 又称葱蒜属（《秦岭植物志》）。

## 分种及种下等级检索表

1. 鳞茎外皮网状；叶 1-3 片，条状到卵圆状，扁平，通常具柄；子房基部狭缩成 1 短柄；胚珠每室 1 枚……2
1. 鳞茎外皮网状、纤维状或不破裂；叶数片，带状或条状，通常无柄；胚珠每室 2 至数枚，1 枚时鳞茎外皮不为网状……6
2. 叶 1 片，宽大，具长柄，卵形到阔椭圆状卵形，基部心形……（4）玉簪叶韭 **A. funckiifolium** Hand.-Mazz.
2. 叶通常 2-3 片，具柄或不显著……3
3. 外轮花被片较内轮窄……4
3. 外轮花被片较内轮宽或等宽……5
4. 叶基部楔形，基部沿叶柄下延……（1）茖韭 **A. victorialis** L.
4. 叶基部圆形或心形，不下延……（2）对叶韭 **A. listera** Stearn
5. 鳞茎单生，叶较宽，披针状矩圆形到卵状矩圆形，基部心形，叶柄明显；花白色……（3）卵叶韭 **A. ovalifolium** Hand.-Mazz.
5. 鳞茎单生或丛生，叶较狭，披针形或倒披针形，稀狭椭圆形，基部渐狭，叶柄不明显；花淡红色到紫红色……（5）太白韭 **A. prattii** C. H. Wright
6. 根肉质或稍肉质；叶具明显中脉；花序稀疏，小花梗先端下弯，花长 8-12 毫米；胚珠每室 2 枚……（6）大花韭 **A. macranthum** Baker
6. 根非肉质；叶无明显中脉；花序稀疏或稠密，小花梗先端非下弯；胚珠每室 2 至数枚……7
7. 鳞茎通常簇生，圆柱状、圆锥状或狭卵状圆柱状……8
7. 鳞茎通常单生，稀对生或簇生，卵状、卵球状、球状，或为圆柱状、卵状圆柱形……20
8. 鳞茎外皮网状或近网状、纤维状……9
8. 鳞茎外皮不破裂，或近先端呈纤维状……16
9. 花通常蓝色……10
9. 花非蓝色……11
10. 小花梗短于或近等长于花被片；雄蕊内藏，短于花被片……（7）高山韭 **A. sikkimense** Baker
10. 小花梗长于或近等长于花被片；雄蕊外露，长于花被片……（8）天蓝韭 **A. cyaneum** Regel
11. 花丝长为花被片的 1.3 倍以上……12
11. 花丝长为花被片的 1.3 倍以下……13
12. 鳞茎外皮黑褐色到黄褐色，纤维状，有时近网状；叶两面异色，宽 2-6 毫米；伞形花序稀疏，小花 2-7 朵，稀具多朵花；内轮花丝 1/3 扩大……（10）多叶韭 **A. plurifoliatum** Rendle
12. 鳞茎外皮红色，显著网状；叶同色，宽 0.5-1 毫米；伞形花序密生多朵花；内轮花丝的 1/3-1/2 扩大……（13）青甘韭 **A. przewalskianum** Regel
13. 花莛较高；叶宽 1 毫米以上，扁平或三棱状条形；花白色，稀淡红色……14
13. 花莛较矮；叶宽 1 毫米以下，半圆柱状到圆柱状；花淡红色、淡红紫色到紫红色，稀白色……15
14. 叶扁平；花白色，中脉通常绿色……（11）韭 **A. tuberosum** Rottler ex Spreng.
14. 叶三棱状条形；花白色，稀淡红色，中脉通常淡红色……（12）野韭 **A. ramosum** L.
15. 鳞茎外皮纤维状；小花梗无小苞片；花被片长 6-9 毫米；内轮花丝全缘；花柱内藏……（14）蒙古韭 **A. mongolicum** Regel
15. 鳞茎外皮网状；小花梗通常具小苞片；花被片长 3-5 毫米；内轮花丝具齿；花柱外伸……（15）碱韭 **A. polyrhizum** Turcz. ex Regel
16. 叶条形，宽 2 毫米以上；花丝较花被片长……（19）山韭 **A. senescens** L.
16. 叶半圆柱状到近圆柱状，宽 2 毫米以下；花丝较花被片短或等长……17

17. 内轮花被片先端通常不规则齿状；花序密生多花；花丝等长于花被片或稍短……………………………………（16）**短齿韭 A. dentigerum** Prokh.
17. 内轮花被片先端非齿状；花序疏生多花；花丝长约为花被片的2/3……………………18
18. 小花梗近等长，长0.5-1.5厘米；花被片长2.8-4.2毫米……………（17）**细叶韭 A. tenuissimum** L.
18. 小花梗不等长，长1.5-3.5厘米；花被片长3.9-5毫米……………………………19
19. 叶、花莛和小花梗的纵棱通常无细糙齿……（18a）**矮韭 A. anisopodium** Ledeb. var. **anisopodium**
19. 叶、花莛和小花梗的纵棱具明显细糙齿……………………………………………（18b）**糙莛韭 A. anisopodium** Ledeb. var. **zimmermannianum** (Gilg) F. T. Wang & Tang
20. 叶较宽，通常5毫米以上；栽培植物……………………………………………21
20. 叶较窄，通常5毫米以下（天蒜 **A. paepalanthoides** Airy Shaw除外）；野生植物……………24
21. 鳞茎由多个小鳞茎组成，外包裹共同鳞茎外皮；叶扁平………………（26）**蒜 A. sativum** L.
21. 鳞茎非上述情况；叶圆柱形……………………………………………………22
22. 鳞茎圆柱状；花莛下部逐渐增粗，下部1/3被叶鞘……………………（22）**葱 A. fistulosum** L.
22. 鳞茎卵形、卵状矩圆形到球形；花莛下部显著膨大，基部被叶鞘……………………23
23. 鳞茎扁球形到球形；花序正常，无珠芽……………………（23a）**洋葱 A. cepa** L. var. **cepa**
23. 鳞茎卵形、卵状矩圆形；花序具珠芽，间杂少量小花，珠芽上常具幼叶……………………………………………………（23b）**楼子葱 A. cepa** L. var. **proliferum** Regel
24. 植株细弱；鳞茎卵球形到球形；伞形花序花稀疏，小花梗不等长；花紫色到红色；花被片下部1/3靠合成管状……………………………………（27）**合被韭 A. tubiflorum** Rendle
24. 植株较粗壮；鳞茎圆柱状、狭卵状或球状；伞形花序通常密具多花，小花梗通常等长，若不等长则花为白色；花色多样；花被片非上述情况……………………………………25
25. 叶宽0.5厘米以上，扁平；花莛中部及以下被叶鞘；小花梗不等长或近等长，总苞具长喙；花白色……………………………………………（9）**天蒜 A. paepalanthoides** Airy Shaw
25. 叶宽0.5厘米以下；花莛下部1/3或以下被叶鞘；小花梗等长或近等长……………………26
26. 鳞茎近球状，基部常具小鳞茎，外皮不破裂；伞形花序有时具小鳞茎；花期早，5-7月……………………………………………（25）**薤白 A. macrostemon** Bunge
26. 鳞茎圆柱状到狭卵形，外皮纤维状、条裂或先端纤维状；伞形花序无小鳞茎；花期较晚，7-9月……………………………………………………27
27. 鳞茎外皮红褐色或褐色；花黄色、淡黄色或白色…………………………………28
27. 鳞茎外皮污灰色、污黑色到黑褐色；花白色、淡红色或绿色……………………………………………（24）**白花薤 A. yanchiense** J. M. Xu
28. 小花梗为花被片的2-4倍；花淡黄色到白色；生北部黄土高原沙土上……………………………………………（20）**黄花葱 A. condensatum** Turcz.
28. 小花梗为花被片的1.3-2倍；花亮黄色；生南部秦岭、巴山高海拔的山顶或林缘……………………………………………（21）**野葱 A. chrysanthum** Regel

### （1）**茖韭** 茖葱（*Flora of China*）（图232，照片639、640）

**Allium victorialis** L., Sp. Pl. 1: 295. 1753; 秦岭植物志1(1): 370. 1976; 中国植物志14: 203. 1980; Flora of China 24: 172. 2000.

鳞茎单生或簇生，近圆柱形；外皮灰褐色到黑褐色，网状。叶2-3片，叶柄长2-11厘米；叶片椭圆状披针形到椭圆形，长10-23厘米，宽2.3-11厘米，基部楔形到宽楔形，沿叶柄下延，先端急尖到渐尖。花莛高28-75厘米，圆柱形，下部1/4-1/2被叶鞘；总苞宿存，2裂；伞形花序球形，疏生到密生多花；小花梗无小苞片，长0.8-1.8厘米；

花白色或淡紫色，先端钝；外花被片舟形，长4-5毫米，宽1.5-2毫米；内花被片椭圆状卵形，长5-6毫米，宽2-3毫米；雄蕊外露，1.3-2倍于花被片，花丝基部扁平，无齿；子房基部收缩成长约1毫米的短柄，每室具胚珠1枚。花期6-8月，果期8-9月。

产黄陵及秦巴山区，通常生于海拔1100-2300米的路边、山坡及灌丛等的林下阴湿处或岩石上；分布于东北、华北及甘肃、安徽、浙江、河南、湖北、重庆、四川等地。印度、哈萨克斯坦、日本、朝鲜半岛、俄罗斯西伯利亚地区及欧洲、北美洲也有分布。

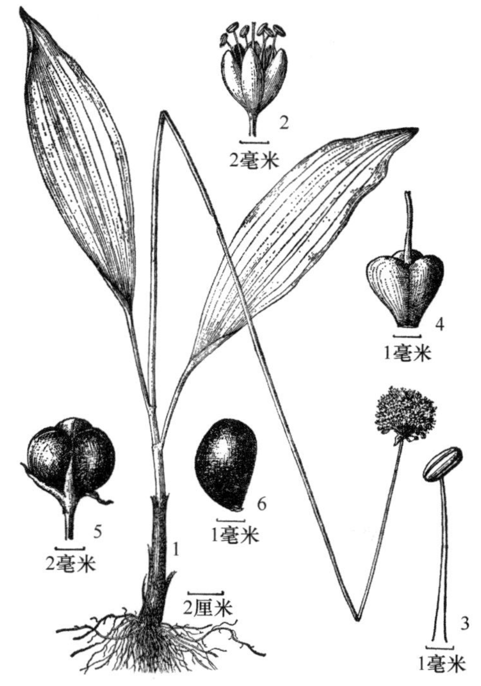

图232. **茖韭 Allium victorialis**
1. 植株；2. 花；3. 雄蕊；4. 雌蕊；5. 果实；6. 种子（引自《秦岭植物志》）。

（2）**对叶韭** 对叶山葱（*Flora of China*）

**Allium listera** Stearn, Bull. Fan Mem. Inst. Biol., Bot. 5: 326. 1934; 中国植物志 14: 204. 1980; Flora of China 24: 172. 2000.

鳞茎单生或簇生，近圆柱形，外皮淡灰褐色到黑褐色，网状。叶2片，叶柄长4-8厘米，叶片椭圆形到卵圆形，长10-15厘米，宽5-12厘米，基部心形到圆形，不下延，先端急尖到渐尖。花莛高50-70厘米，圆柱形，下部1/4-1/2被叶鞘。总苞宿存，2裂；伞形花序球形，小花梗长为花被片的2-4倍，无小苞片；花白色或稍带绿色，先端钝；外轮花被片舟形，长4-5毫米，宽1.5-2毫米；内轮花被片椭圆状卵形，长5-6毫米，宽2-3毫米；雄蕊外露，1.3-2倍于花被片；子房基部狭缩成长约1毫米的短柄；每室具1枚胚珠。花期6-7月，果期8-9月。

产华阴、长安、眉县、宁陕、凤县等地，生于海拔1300-2400米的山坡林下岩石缝或灌丛中；分布于吉林、河北、山西、河南。

（3）**卵叶韭** 卵叶山葱（*Flora of China*）（图233，照片641、642）

**Allium ovalifolium** Hand.-Mazz., Anz. Akad. Wiss. Wien, Math.-Naturwiss. Kl. 1923, lx. 101. 1924; 秦岭植物志 1(1): 371. 1976; 中国植物志 14: 204. 1980; Flora of China 24: 173. 2000. ——*Allium funckiifolium* auct. non Hand.-Mazz.: 秦岭植物志 1(1): 371. 1976, as "*funckiaefolium*".

鳞茎单生或簇生，近圆柱形，外皮淡灰褐色到黑褐色，网状。叶通常2片，稀1或3片，叶柄长2-8.5厘米，叶片披针形到卵状椭圆形，长7.5-13厘米，宽2.5-5厘米，基部圆形到心形，先端短尾状或渐尖。花莛高28-60厘米，仅基部被叶鞘。总苞宿存或脱落，2裂。伞形花序球形，小花梗近等长，为花被片的1.5-4倍，无小苞片；花白色，稀淡红色；外轮花被片窄卵形到卵状椭圆形，先端微凹或钝，有时齿状；内轮花被片披针状椭圆形到窄椭圆形，较外轮窄，先端微凹、钝或尖，有时不规则齿状；花丝外露，为花被片的 1-1.5 倍；子房基部狭缩成长约 0.5 毫米的短柄，每室具 1 枚胚珠。花期 6-7 月，果期 7-9 月。

产黄陵及秦巴山区，生于海拔 1200-2500 米的山坡、沟边、灌丛的林下岩石或腐殖土上；分布于甘肃、青海、湖北、四川、贵州、云南。

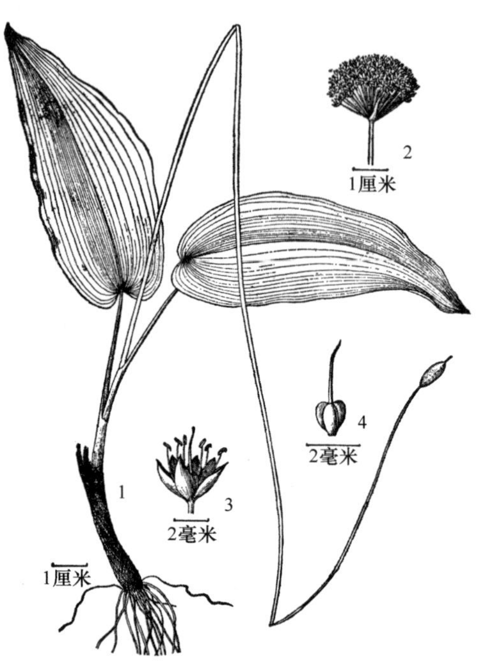


图 233. 卵叶韭 **Allium ovalifolium**

1. 植株；2. 花序；3. 花；4. 雌蕊（引自《秦岭植物志》）。

### （4）**玉簪叶韭** 玉簪叶山葱（*Flora of China*）

**Allium funckiifolium** Hand.-Mazz., Anz. Akad. Wiss. Wien, Math.-Naturwiss. Kl. 57: 175. 1920; 中国植物志 14: 205. 1980; Flora of China 24: 173. 2000.

鳞茎单生，近圆柱形，外皮淡棕褐色，网状。叶 1 片，叶柄长 8.5-15 厘米；叶片卵形至宽卵状椭圆形，长 15-22 厘米，宽 8-13 厘米，基部心形到深心形，边缘皱波状，先端急尖。花莛高 35-72 厘米，圆柱状，仅基部被叶鞘；总苞 2 裂，宿存；伞形花序球状，具多而密集的花；花白色；小花梗近相等，为花被片的 2-4 倍，无小苞片；花被片椭圆形至狭椭圆形，长 3-4.5 厘米，宽 1.2-1.5 厘米；外轮舟状；花丝长为花被片的 1.5-2 倍，外轮锥状，内轮狭三角形，基部宽约 1 毫米；子房基部收缩成长约 1 毫米的短柄；每室具 1 枚胚珠。花期 7 月。

产平利，生于海拔 1700 米左右的山坡林下；分布于甘肃、湖北、重庆、四川。

《秦岭植物志》记载秦岭太白山及佛坪等地有本种分布，但根据其描述及相关凭证标本，应为卵叶韭（**Allium ovalifolium** Hand.-Mazz.）的错误鉴定，本省除平利之外其他区域是否有本种分布尚需进一步研究确认。

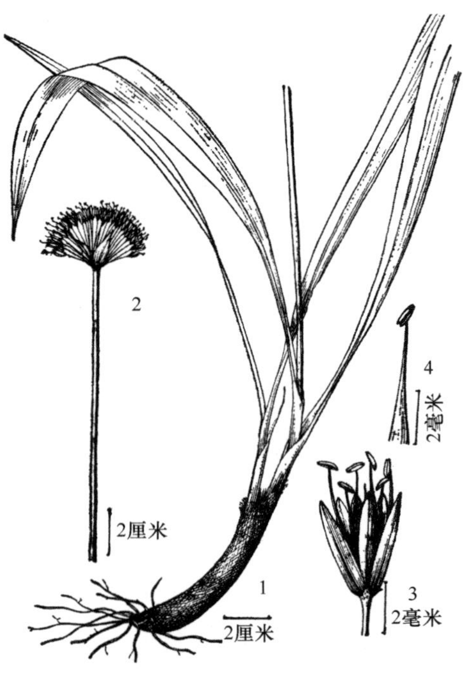


图 234. 太白韭 **Allium prattii**

1. 植株下部；2. 花序；3. 花；4. 雄蕊（引自《秦岭植物志》）。

### （5）**太白韭** 太白山葱（*Flora of China*）（图 234，照片 643、644）

**Allium prattii** C. H. Wright, J. Linn. Soc., Bot. 36: 124. 1903; 秦岭植物志 1(1): 375. 1976; 中国植物志 14: 207. 1980; Flora of China 24: 174. 2000.

鳞茎单生或丛生，近圆柱状，外皮灰褐色至黑褐色，网状。叶 2 片，稀 3 片，线形至披针形，稀狭椭圆形，长可达 23 厘米，宽 0.6-4.4 厘米，基部渐狭成不明显的柄，先端渐尖。花莛高 23-52 厘米，圆柱状，仅基部被叶鞘；总苞宿存，阔卵形，1 或 2 裂；伞形花序半球形；小花梗近等长，长 1.3-1.5 厘米；花淡红色到紫红色，稀近白色；外轮花被片狭卵形、椭圆状卵形到椭圆形，长 3.2-5.5 毫米，宽 1.4-2 毫米，先端钝、微凹或齿状；内轮花被片披针状长圆形到狭椭圆形，长 4-7 毫米。雄蕊稍长于花被片。子房基部狭缩成短柄；每室具 1 枚胚珠。花期 7-8 月，果期 8-9 月。

产鄠邑、眉县、太白、宝鸡、凤县、柞水、平利，生于海拔 1800-3500 米的山坡、草地、灌丛、岩石缝或林下；分布于甘肃、青海、安徽、河南、四川、云南。印度、不丹、尼泊尔也有分布。

### （6）大花韭（图 235，照片 645、646）

**Allium macranthum** Baker, J. Bot. 12: 293. 1874; 秦岭植物志 1(1): 375. 1976; 中国植物志 14: 212. 1980; Flora of China 24: 176. 2000.

鳞茎单生，圆柱状，外皮膜质，不破裂，稀纤维状，须根多数，稍肉质，基部略膨大。叶 3-5 片，条形，扁平，长 16-32 厘米，宽 2-5 毫米，中脉显著。花莛高 13-50 厘米，具棱，下部约 1/3 被叶鞘；总苞早落，2-3 裂；伞形花序松散，具较少花；小花梗近等长，长 1-2.5 厘米，先端弯曲；花钟状开展，蓝紫色、紫色或紫红色；外轮花被片椭圆形，舟状，长 8-12 毫米，宽 5-8 毫米，较内轮宽短，先端截形或微凹；内轮窄卵状长圆形，长 10-12 毫米，宽 4-6 毫米；花丝等长或稍长于花被片；花柱伸出花被片，柱头头状；子房倒卵状球形，每室具 2 枚胚珠。花期 7-8 月，果期 9-10 月。

产太白山、凤县、镇巴、平利等地，生于海拔 2400-3600 米的草地、林缘或林下；分布于甘肃、青海、四川、云南、西藏。印度、不丹也有分布。

图 235. 大花韭 **Allium macranthum**

1. 植株；2. 花（引自《秦岭植物志》）。

### （7）高山韭（图 236，照片 647、648）

**Allium sikkimense** Baker, J. Bot. 12: 292. 1874; 秦岭植物志 1(1): 375. 1976; 中国植物志 14: 229. 1980; Flora of China 24: 178. 2000.

鳞茎簇生，圆柱状，外皮暗棕色，纤维状，下面近网状，稀条状破裂。叶条形，扁平，较花莛短，长 14-27 厘米，宽 0.2-0.5 厘米。花莛高 22-35 厘米，圆柱状，仅基部被叶鞘；总苞早落；伞形花序半球形；花蓝色；小花梗近等长，短或近等长于花被片，无小苞片；花被片卵形或卵状矩圆形，长 6-10 毫米，宽 3-4.5 毫米，先端钝；内轮通常稍较外轮宽长，边缘疏生不规则小齿；花丝等长，为花被片的 1/2-2/3，通常基部扩大，有时每侧各具 1 齿；柱头短于或近等长于子房；子房近球形，基部具蜜穴。花期 7-8 月，果期 9 月。

产太白山，生于海拔 3200-3600 的山坡草地；分布于宁夏、甘肃、青海、四川、云南、西藏。印度、尼泊尔、不丹也有分布。

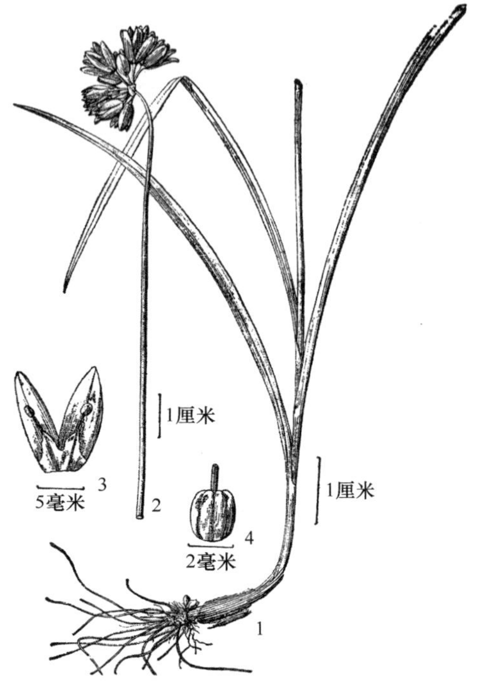


图 236. 高山韭 **Allium sikkimense**
1. 植株下部；2. 花莛上部和花序；3. 内轮、外轮花被片和雄蕊；4. 雌蕊（引自《秦岭植物志》）。

**（8）天蓝韭**（照片 649、650）

**Allium cyaneum** Regel, Trudy Imp. S.-Peterburgsk. Bot. Sada 3(2): 174. 1875; 秦岭植物志 1(1): 375. 1976; 中国植物志 14: 229. 1980; Flora of China 24: 178. 2000.

鳞茎簇生，圆柱状，直径 0.2-0.5 厘米，外皮暗棕色，通常呈不明显网状。叶半圆柱状，上面具沟槽，长 6-37 厘米，宽 1.5-3 毫米。花莛高 10-39 厘米，圆柱状，基部被叶鞘；总苞 1 或 2 裂，早落；伞形花序帚状，有时半球形，小花梗近等长，为花被片的 1-2 倍；花蓝色，极稀白色；花被片卵形到矩圆状卵形，长 4-6.5 毫米，宽 2-3 毫米，内轮较外轮长；花丝外露，等长，为花被片的 1.3-2 倍，外轮锥形，内轮基部扩大；花柱伸出花被外；子房近球形，具蜜穴。花果期 8-10 月。

产蓝田、长安、鄠邑、太白、佛坪、宁陕、商南及大巴山，生于海拔 2000-3400 米的林下、沟边、岩石缝或山坡草地；分布于宁夏、甘肃、青海、湖北西部、四川、西藏。朝鲜半岛也有分布。

**（9）天蒜**（图 237，照片 651、652）

**Allium paepalanthoides** Airy Shaw, Notes Roy. Bot. Gard. Edinburgh 16: 142. 1931; 秦岭植物志 1(1): 372. 1976; 中国植物志 14: 232. 1980; Flora of China 24: 179. 2000.

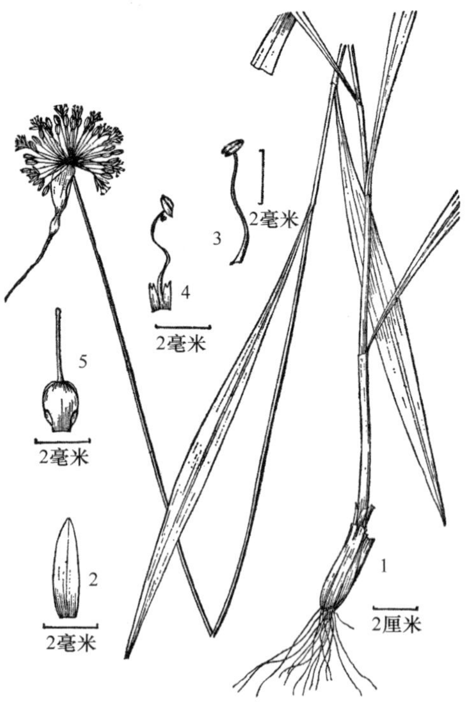


图 237. 天蒜 **Allium paepalanthoides**
1. 植株；2. 花被片；3. 外轮雄蕊；4. 内轮雄蕊；5. 雌蕊（引自《秦岭植物志》）。

鳞茎单生，狭卵状圆柱形，下部膨大，外皮黄褐色至黑褐色，条裂或近纤维状。叶 4-6 片，宽条形或条状披针形，短或近等长于花莛，长 15-25 厘米，宽 0.5-2.6 厘米，先端尖。花莛高

30-57 厘米，圆柱状，中部及以下被叶鞘；总苞 1 裂，宿存或早落，具长喙；伞形花序具稀疏多花；小花梗不等长或近等长，长为花被片的 2-4 倍，无小苞片；花白色；花被片常具绿色中脉；外轮卵形或宽舟状，长 3-4.5 毫米，宽 1.5-2.5 毫米；内轮卵状椭圆形，长 3.2-5 毫米，宽 1.5-2.5 毫米，先端截形或圆钝；花丝等长，为花被片的 1.5-2 倍，外轮锥状，内轮基部扩大，每侧具 1 齿，先端具不规则小齿；花柱外伸；子房倒卵形，具蜜穴。花果期 8-9 月。

产华阴、蓝田、周至、鄠邑、凤县、柞水、镇安、佛坪、洋县、宁陕、镇坪，生于海拔 1500-2250 米的山坡、沟边的林下岩石或腐殖土上；分布于内蒙古、山西、河南、重庆、四川。

（10）**多叶韭**（图 238，照片 653、654）

**Allium plurifoliatum** Rendle, J. Bot. 44: 43. 1906; 秦岭植物志 1(1): 373. 1976; 中国植物志 14: 233. 1980; Flora of China 24: 179. 2000.

鳞茎通常簇生，圆柱状，基部稍增粗，外皮黑褐色到黄褐色，纤维状，有时近网状。叶条形，扁平，长 10-15 厘米，宽 2-6 毫米，近等长于花莛，背面颜色较正面淡，先端长渐尖。花莛高 15-42 厘米，圆柱状，下部 1/4-1/2 被叶鞘；总苞 1 裂，宿存或早落，具短喙；伞形花序稀疏，小花 2-7 朵，稀具多朵花；花淡红色、淡紫色或紫色；外轮花被片卵形，舟状，长 3.5-4.5 毫米，宽 1.5-2.4 毫米；内轮卵状矩圆形，长 4-5 毫米，宽 1.5-2.4 毫米，先端截形或圆钝；花丝外露，等长，为花被片的 1.5-2 倍，外轮锥形，内轮锥形，基部全缘或扩大，扩大部分每侧具 1 齿，先端具不规则齿；花柱外伸；子房倒卵形，具蜜穴。花期 8-9 月，果期 10 月。

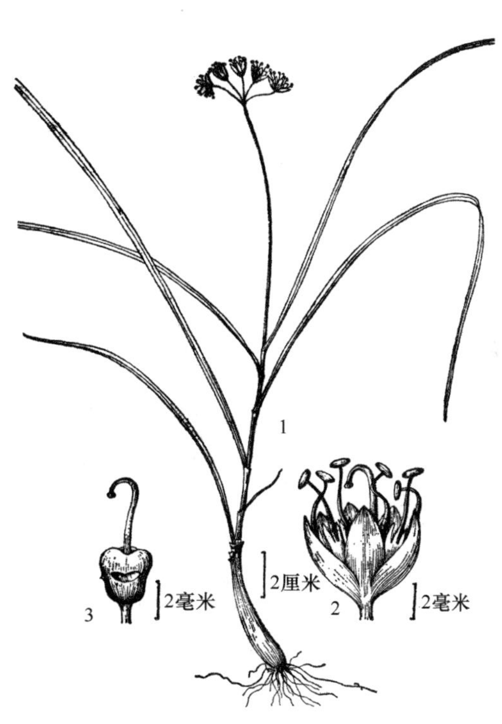

图 238. 多叶韭 **Allium plurifoliatum**
1. 植株；2. 花；3. 雌蕊（引自《秦岭植物志》）。

产华阴、太白、镇安、周至、鄠邑、洋县、佛坪、留坝、西乡、化龙山，生于海拔 1800-3200 米的山坡、灌丛、林下、岩石上或草地上；分布于甘肃、安徽、湖北、四川。

（11）**韭** 韭菜（通称）（照片 655、656）

**Allium tuberosum** Rottler ex Spreng., Syst. Veg. 2: 38. 1825; 秦岭植物志 1(1): 373. 1976; 中国植物志 14: 221. 1980; Flora of China 24: 179. 2000.

鳞茎簇生，圆柱状，外皮暗黄色至黄褐色，纤维状、网状或近网状。叶条形，扁平，实心，边缘平滑，长 15-28 厘米，宽 1.5-8 毫米，较花莛短。花莛高 25-50 厘米，圆柱状，通常具2棱，基部被叶鞘；总苞2-3裂，宿存；伞形花序半球形到近球形，疏生多花；小花梗近等长，为花被片的2-4倍长，具小苞片，且基部为1片共同苞片包围；花白色；花被片通常带绿色或黄绿色中脉；外轮矩圆状卵形至矩圆状披针形，长4-7毫米；内轮距圆状倒卵形，长4-7毫米，宽2.1-3.5毫米；花丝狭三角形，等长，为花被片的2/3-4/5；内轮基部较外轮稍宽；子房倒圆锥状球形，具疣状凸起，基部具蜜穴。花果期7-9月。

陕西各地广泛栽培，并在很多地方野化；中国各地广泛栽培。世界各地广泛栽培。

栽培作蔬菜。

（12）**野韭**（图239，照片657、658）

**Allium ramosum** L., Sp. Pl. 1: 296. 1753; 中国植物志 14: 222. 1980; Flora of China 24: 180. 2000; 秦岭植物志增补: 31. 2013.

鳞茎簇生，近圆柱状，外皮暗黄色至黄褐色，网状到近网状。叶三棱状条形，背面具龙骨状纵棱，中空，较花莛短，长20-40厘米，宽1.5-7毫米，叶缘和纵棱光滑或具糙齿。花莛高30-62厘米，圆柱状，具不明显棱；总苞1-2裂；伞形花序半球形到近球形，具多花；小花梗近等长，为花被片的2-4倍，具小苞片，基部为1片共同苞片包围；花白色或淡红色；花被片具淡红色中脉；外轮距圆状卵形到距圆状披针形，长5.5-9毫米，宽1.5-2.9毫米；内轮距圆状倒卵形，长5.5-9毫米，宽1.8-3.1毫米；花丝等长，狭三角形，为花被片的1/2-3/4，内轮基部较外轮稍窄；子房倒圆锥状球形，具疣状凸起。花果期6-9月。

图239. **野韭 Allium ramosum**
1. 植株；2. 花莛；3. 花被片和雄蕊；4. 雌蕊（引自《秦岭植物志增补》）。

产横山、延川、铜川、周至、宝鸡、商洛、宁陕、太白、凤县、佛坪、洋县、略阳、西乡，生于海拔600-1400米的路边、山坡或河滩的土壤或岩石上；分布于东北、华北、西北及山东。哈萨克斯坦、蒙古国、俄罗斯也有分布。

本种和韭（**Allium tuberosum** Rottler ex Spreng.）极为相似，主要区别在于本种的叶为三棱状条形，背面呈龙骨状，中空；花被片中脉通常为红色。

（13）**青甘韭**　青甘野韭（《秦岭植物志》）（图240，照片659、660）

**Allium przewalskianum** Regel, Trudy Imp. S.-Peterburgsk. Bot. Sada 3(2): 164. 1875; 秦岭植物志 1(1): 374. 1976; 中国植物志 14: 216. 1980; Flora of China 24: 183. 2000.

鳞茎簇生，狭卵状圆柱形，直径0.4-0.8厘米，外皮红色，稀淡褐色，网状，有时被共同的外皮。叶半圆柱状至圆柱状，具4-5棱，长10-35厘米，宽0.5-1.5毫米，较花葶短。花葶高 20-59 厘米，圆柱状，仅基部被叶鞘；总苞 1 裂，宿存，裂片与喙等长；伞形花序半球形到球形，密生多花；小花梗近等长，为花被片的 2-6 倍，无小苞片，稀具很少小苞片；花淡红色到深红色；外轮花被片卵形到狭卵形，长 3-5 毫米，宽 1.5-2.5 毫米；内轮矩圆形至矩圆状披针形，长 4-6.5 毫米，宽 1.5-2.5 毫米；花丝为花被片的 1.5-2 倍，外轮锥形，内轮基部扩大，每侧具 1 齿；花柱外露；子房球形，无蜜穴。花期 8-9 月，果期 9-10 月。

产延川、长安、周至、眉县、鄠邑、太白、凤县、山阳，生于海拔 600-1900 米的河畔或山坡的岩石上、路边等；分布于内蒙古、宁夏、甘肃、青海、新疆、四川、云南、西藏。巴基斯坦、印度、尼泊尔也有分布。

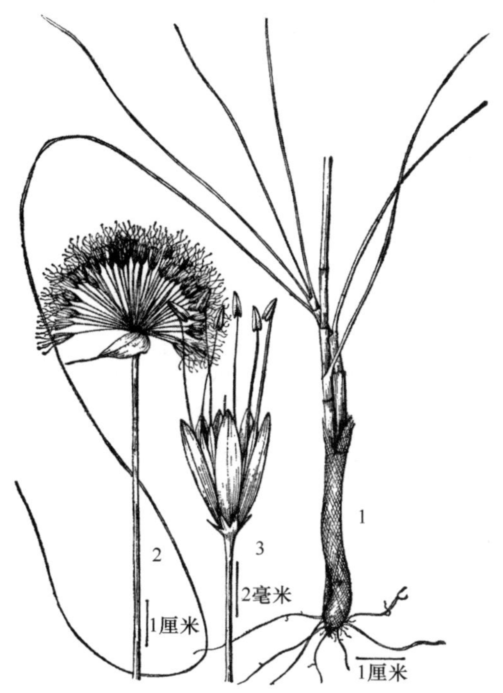


图 240. 青甘韭 **Allium przewalskianum**
1. 植株下部；2. 花序；3. 花（引自《秦岭植物志》）。

### （14）**蒙古韭**（照片 661、662）

**Allium mongolicum** Regel, Trudy Imp. S.-Peterburgsk. Bot. Sada 3(2): 160. 1875; 中国植物志 14: 224. 1980; Flora of China 24: 183. 2000.

鳞茎密簇生，圆柱状，直径 0.3-0.6 厘米，外皮褐黄色，纤维状。叶半圆柱状至圆柱状，宽 0.5-1 毫米，较花葶短。花葶高 9-37 厘米，圆柱状，仅基部被叶鞘；总苞 1 裂，宿存；伞形花序半球形到球形，密生多花；小花梗为花被片的 1-2 倍，无小苞片；花淡红色、淡紫红色到紫红色，稀白色；花被片卵状矩圆形，长 6-9 毫米，宽 3-5 毫米，先端钝；内轮通常稍长于外轮；花丝近等长，为花被片的 1/2-2/3，外轮锥状，内轮基部约 1/2 扩大成卵形；花柱内藏；子房倒卵状球形，基部无蜜穴。花期 8-9 月。

产榆林、神木、横山、靖边、定边，生于海拔 900-1400 米的田边、沙质黄土坡或沙丘上；分布于辽宁、内蒙古、宁夏、甘肃、青海、新疆。哈萨克斯坦、蒙古国、俄罗斯也有分布。

### （15）**碱韭**

**Allium polyrhizum** Turcz. ex Regel, Trudy Imp. S.-Peterburgsk. Bot. Sada 3(2): 162. 1875; Flora of China 24: 184. 2000.

鳞茎簇生，圆柱状，直径 0.5-1 厘米，外皮黄褐色到栗褐色，近网状到网状。叶半圆柱状，宽 0.3-1 毫米，叶缘具细糙齿，稀光滑，较花葶短。花葶高 7-30 厘米，圆柱状，仅基部被叶鞘；总苞 2-3 裂，宿存；伞形花序半球形，密生多花；小花梗为花被片的 1-2 倍，具小苞片，稀无小苞片；花淡紫红色到紫红色，稀白色；花被片具红色中脉；外轮狭卵形到卵形，长 3-5 毫米，宽 1.5-2.5 毫米；内轮矩圆形到狭距圆状卵形，长 4-5 毫米，宽 1.5-2 毫米；花丝等长，稍长于花被片或等长，外轮锥状，内轮基部扩大，每侧具 1 齿；花柱外伸；子房卵形，基部无蜜穴。花果期 6-8 月。

据 *Flora of China* 记载陕西北部有分布，本志作者未见标本；分布于东北、华北、西北。哈萨克斯坦、蒙古国、俄罗斯也有分布。

**（16）短齿韭**

**Allium dentigerum** Prokh., Izv. Glavn. Bot. Sada S. S. S. R. 29: 563. 1930; 中国植物志 14: 227. 1980; Flora of China 24: 184. 2000.

鳞茎簇生，圆柱状，直径 0.4-0.8 厘米，外皮灰白色，有时稍带红色，纸质条裂，先端有时纤维状。叶半圆柱状，宽 0.5-1 毫米，较花莛短。花莛高 17-33 厘米，圆柱状，仅基部被叶鞘；总苞 2 裂，宿存；伞形花序半球形到球形，密生多花；花梗近等长，为花被片的 2-3 倍，无小苞片；花紫红色；外轮花被片卵形，长 3-3.5 毫米，宽约 1.8 毫米；内轮卵状矩圆形，长 3.8-4.2 毫米，宽 1.8-2.2 毫米，先端钝，通常不规则齿状；花丝等长，较花被片短或等长，外轮锥状，内轮基部宽卵形，每侧具 1 齿，稀全缘；花柱内藏，较子房稍长；子房倒卵球状，具疣状凸起，无蜜穴。花期 8 月。

产靖边、吴起、黄陵、宜君，生于海拔 800-1650 米的山坡；分布于宁夏、甘肃、青海。

**（17）细叶韭** 线叶韭（《秦岭植物志》）、扎蒙（陕北）（照片 663、664）

**Allium tenuissimum** L., Sp. Pl. 1: 301. 1753; 秦岭植物志 1(1): 376. 1976; 中国植物志 14: 237. 1980; Flora of China 24: 185. 2000.

鳞茎簇生，近圆柱状，直径 0.4-0.6 厘米，外皮紫褐色、灰褐色至黑褐色，膜质，先端撕裂，内皮通常紫红色。叶半圆柱形或近圆柱形，光滑，稀粗糙，长 10-30 厘米，宽 0.5-1 毫米。花莛高 12-33 厘米，圆柱状，具细纵棱，光滑，下部 1/4-1/3 被叶鞘；伞形花序半球形到帚状，花松散；小花梗近等长，为花被片的 1.5-3 倍，光滑，稀粗糙，无小苞片；花白色至淡红色，稀紫红色；花被片具紫红色细中脉；外轮卵状矩圆形至宽卵状矩圆形，长 2.8-4 毫米，宽 1.5-2 毫米，先端钝；内轮倒卵状矩圆形，长 3-4.2 毫米，宽 1.8-2.7 毫米，先端截形至钝圆状截形；花丝长为花被片的 2/3，外轮多少锥状，内轮基部扩大成卵圆形；花柱内藏；子房卵球状，无蜜穴。花果期 7-9 月。

产榆林、神木、绥德、横山、靖边、洛川、延川、宜君、黄龙、华阴、丹凤、商洛、佛坪、石泉、洋县、凤县，生于海拔 800-1400 米的干旱沙地、草丛、山坡或岩石上；分布于东北、华北及山东、浙江、河南、宁夏、甘肃、新疆。哈萨克斯坦、蒙古国、俄罗斯也有分布。

本种的花序在陕北地区常作调味品食用。

**（18）矮韭**

**Allium anisopodium** Ledeb., Fl. Ross. (Ledeb.) 4(12): 183. 1852; 中国植物志 14: 237. 1980; Flora of China 24: 185. 2000.

鳞茎簇生，近圆柱状，直径 0.6-0.8 厘米，外皮褐色，膜质，不规则破裂，先端有时近纤维状。叶宽 1-2 毫米，光滑或沿棱粗糙，近等长于花莛。花莛高 30-50 厘米，圆柱状，具细纵棱，光滑或粗糙，仅基部被叶鞘；总苞 1 裂，宿存；伞形花序近帚状，疏生多花；小花梗不等长，果期尤明显，长 1.5-4 厘米，沿纵棱光滑或具糙齿，无小苞片；花淡紫色到紫红色；外轮花被片卵状矩圆形到阔卵状矩圆形，长 4-5 毫米，宽 2-3 毫米，先端钝；内轮倒卵状矩圆形，长 4-5 毫米，宽 2.2-3.2 毫米，先端平截到钝圆状平截；花丝长约为花被片的 2/3，外轮锥状，有时基部稍扩大，较内轮稍短，内轮下部扩大成卵圆形，稀两侧各具 1 齿；花柱内藏；子房卵球状，无蜜穴。花果期 7-9 月。

产榆林、宜君、黄陵、甘泉、延川等地，生于海拔 532-1100 米的农田、山坡等处；分布于河北、黑龙江、吉林、辽宁、内蒙古、山东、宁夏、甘肃等地。哈萨克斯坦、韩国、蒙古国、俄罗斯等也有分布。

（18a）**矮韭**（原变种）

**Allium anisopodium** Ledeb. var. **anisopodium**

叶和小花梗通常光滑，稀粗糙；花莛光滑。

陕西省新记录，产榆林（鱼河镇），生于海拔 930 米的丘陵风积沙土上（凭证标本：傅坤俊 6944，WUK）；分布于河北、黑龙江、吉林、辽宁、内蒙古、山东、新疆等地。哈萨克斯坦、韩国、蒙古国、俄罗斯也有分布。

（18b）**糙莛韭**（变种）糙葶韭（《中国植物志》）

**Allium anisopodium** Ledeb. var. **zimmermannianum** (Gilg) F. T. Wang & Tang, Contr. Inst. Bot. Natl. Acad. Peiping 2-8: 260. 1934; 中国植物志 14: 239. 1980; Flora of China 24: 185. 2000. ——*Allium zimmermannianum* Gilg, Bot. Jahrb. 34, Beibl 75: 23. 1904.

叶、花莛和小花梗的纵棱具明显细糙齿。

产榆林、宜君、黄陵、甘泉、延川等，生于海拔 532-1100 米的农田、山坡等处；分布于黑龙江、吉林、辽宁、河北、山西、山东、甘肃等地。

（19）**山韭** 山葱（《秦岭植物志》）、岩韭、扭叶韭（*Flora of China*）（图 241，照片 665、666）

**Allium senescens** L., Sp. Pl. 1: 299. 1753; 秦岭植物志 1(1): 377. 1976; 中国植物志 14: 241. 1980; Flora of China 24: 187. 2000. ——*A. spurium* G. Don, Mem. Wern. Nat. Hist. Soc. 6: 59. 1827; Flora of China 24: 187. 2000. ——*A. spirale* Willdenow, Enum. Pl., Suppl. 17. 1814; Flora of China 24: 187. 2000.

鳞茎单生或簇生，近圆柱状，直径 0.5-1 厘米，外皮灰白色、灰黑色至黑色，膜质。叶条形，先端钝，长 7-27 厘米，宽 1-3 毫米。花莛高 13-40 厘米，圆柱状，具 2 条纵棱或 2 个窄翅，基部被叶鞘；总苞 2 裂，宿存；伞形花序半球形至近球形，密生多花；小花梗近等长，为花被片 2-3 倍，具小苞片，稀缺；花淡紫红色至紫红色；花被片长 3.2-6 毫米，宽 1.6-2.5 毫米，外轮卵形；内轮距圆状卵形至卵形，先端钝圆，常具不规则小齿；花丝等长，比花被片略长或为其长的 1.5 倍，外轮锥状，内轮扩大成狭三角形；花柱外伸；子房近球状。花期 7-9 月，果期 9-10 月。

产神木、韩城、宜君、华阴、周至、鄠邑、太白、洋县，生于海拔 600-2000 米的沙地草丛、路边岩石上；分布于内蒙古、宁夏及东北。朝鲜半岛、蒙古国、俄罗斯等也有分布。

据 *Flora of China* 观点，岩韭（*Allium spurium* G. Don）和扭叶韭（*A. spirale* Willdenow）与山韭是相近似的分类群，而《中国植物志》将前两种与山韭归并；据《内蒙古植物志》（第三版）（赵一之等，2020）观点，叶宽及是否扭曲这个性状并不稳定，归并处理是合适的，这里作者也采用归并的处理。

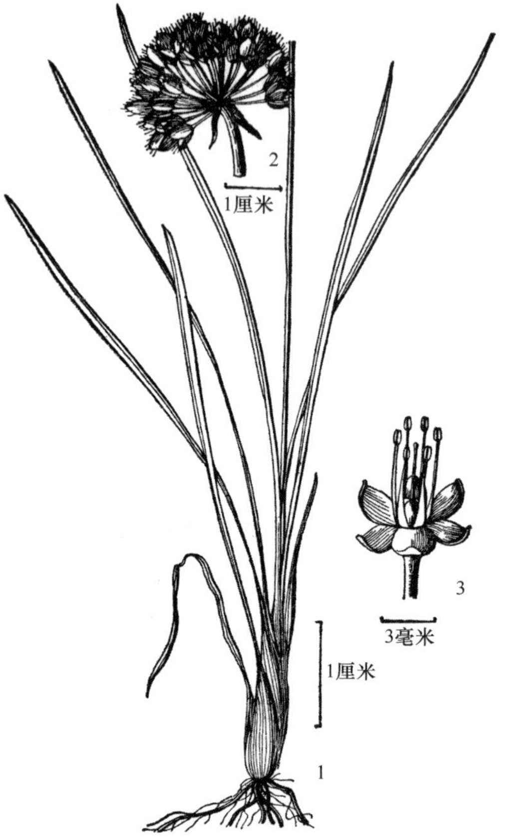

图 241. 山韭 **Allium senescens**
1. 植株下部；2. 花序；3. 花（引自《秦岭植物志》）。

## （20）黄花葱

**Allium condensatum** Turcz., Bull. Soc. Imp. Naturalistes Moscou 27(2): 121. 1854; 中国植物志 14: 248. 1980; Flora of China 24: 192. 2000.

鳞茎通常单生，稀成对，圆柱形至狭卵状圆柱形，直径约 1.3 厘米，外皮红褐色，条裂。叶半圆柱状至圆柱状，上面具沟槽，中空，长 21-47 厘米，粗 1-2.5 毫米，较花莛短或长。花莛高 50-60 厘米，圆柱状，实心，下部 1/3 或以下被叶鞘；总苞 2 裂，宿存；伞形花序球状，密生多花；小花梗近等长，为花被片 2-4 倍，无小苞片；花淡黄色到白色；花被片卵状矩圆形，长 4-5 毫米，宽 1.8-2.2 毫米；内轮稍长；花丝等长，为花被片的 1.3-1.5 倍；花柱外伸；子房倒卵球状，具蜜穴。花果期 7-9 月。

产靖边，生于海拔 1580 米的沙质土壤上；分布于黑龙江、吉林、辽宁、内蒙古、河北、山西、山东、甘肃。朝鲜半岛、蒙古国、俄罗斯也有分布。

## （21）野葱 黄花韭（《秦岭植物志》）（图 242，照片 667、668）

**Allium chrysanthum** Regel, Trudy Imp. S.-Peterburgsk. Bot. Sada 3(2): 91. 1875; 秦岭植物志 1(1): 372. 1976; 中国植物志 14: 255. 1980; Flora of China 24: 192. 2000.

鳞茎通常单生，圆柱形至狭卵状圆柱形，直径 0.7-1.2 厘米，外皮红褐色至褐色，通常条裂。叶圆柱状，中空，长 24-47 厘米，粗 1.5-4 毫米，较花莛短。花莛高 20-80 厘米，圆柱状，中空，下部 1/3 或以下被叶鞘；总苞 2 裂，宿存；伞形花序球形，密生多花；花梗近等长，为花被片的 1.3-2 倍，无小苞片；花亮黄色；花被片长圆状卵形或近卵形，长 4-6 毫米；雄蕊较花被片长；花柱外伸；子房囊状球形，无蜜穴。花果期 7-9 月。

产眉县、鄠邑、柞水、宁陕、太白、陇县、凤县、佛坪、洋县、镇巴、岚皋，生于海拔 2100-3400 米的山顶草地或林缘；分布于甘肃、青海、湖北、四川、云南、西藏等地。

### （22）葱（照片 669、670）

**Allium fistulosum** L., Sp. Pl. 1: 301. 1753; 秦岭植物志 1(1): 373. 1976; 中国植物志 14: 256. 1980; Flora of China 24: 193. 2000.

鳞茎单生或簇生，圆柱状，稀卵状圆柱状，直径 1-2 厘米，外皮白色，稀淡红褐色，膜质至薄革质，不破裂。叶圆柱状，中空，粗 0.5-1.5 厘米，较花莛短。花莛高 30 厘米以上，圆柱状，中空，下部 1/3 被叶鞘；总苞 2 裂，宿存；伞形花序球状，密生多花；小花梗近等长，为花被片 1-3 倍，无小苞片；花白色；花被片卵形，长 6-8.5 毫米，宽 2.5-3 毫米，先端渐尖，具反折的尖头；内轮较外轮稍长；花丝等长，为花被片的 1.5-2 倍；花柱外伸；子房倒卵状，具不明显蜜穴。花果期 4-7 月。

陕西各地常见栽培；中国各地常见栽培。世界各地广泛栽培。

栽培作蔬菜或调料，也可入药。

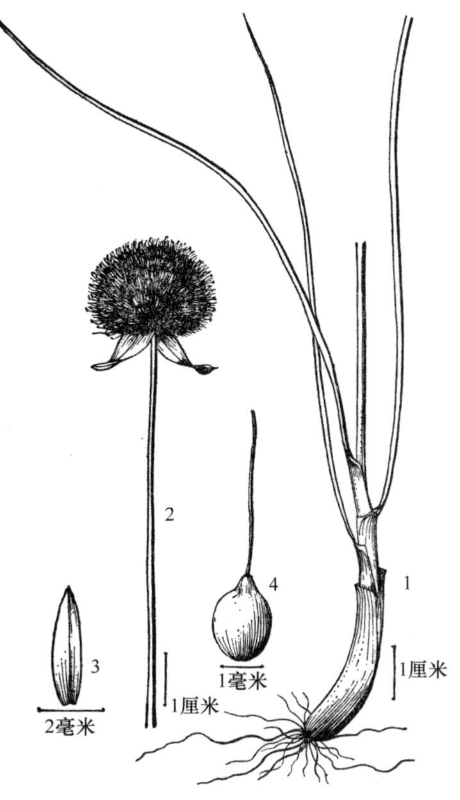


图 242. **野葱 Allium chrysanthum**
1. 植株下部；2. 花序；3. 花被片；4. 雌蕊
（引自《秦岭植物志》）。

### （23）洋葱

**Allium cepa** L., Sp. Pl. 1: 300. 1753; 秦岭植物志 1(1): 378. 1976; 中国植物志 14: 257. 1980; Flora of China 24: 193. 2000.

鳞茎单生，扁球状、近球状、卵状或矩圆状，外紫红色、褐红色、淡褐红色或黄色至淡黄色，纸质至薄革质，不破裂。叶圆柱状，中空，粗 0.5-2 厘米，较花莛短。花莛高可达 1 米，圆柱状，中空，中部以下膨大，仅基部被叶鞘；总苞 2-3 裂，宿存；伞形花序球状，密生多花或具珠芽；花梗等长，约为花被片的 5 倍，具小苞片；花白色或粉白色；花被片具绿色或淡红色中脉，矩圆状卵形，长 4-5 毫米，宽约 2 毫米；花丝等长，较花被片稍长，外轮锥状，内轮基部扩大，每侧具 1 齿；花柱稍外伸；子房近球状，具蜜穴。花果期 5-7 月。

陕西各地常见栽培；中国各地常见栽培。原产于亚洲西部，世界各地广泛栽培。

鳞茎作蔬菜用，凉拌或熟食均可。

### （23a）洋葱（原变种）（照片 671、672）

**Allium cepa** L. var. **cepa**

鳞茎较大，扁球形至近球形；伞形花序无珠芽；花被片粉白色，具绿色中脉。

陕西各地常见栽培；中国各省常见栽培。

（23b）**楼子葱**（变种）红葱（陕北）（照片 673、674）

**Allium cepa** L. var. **proliferum** Regel, Trudy Imp. S.-Peterburgsk. Bot. Sada 3(2): 93. 1875; 中国植物志 14: 258. 1980; Flora of China 24: 193. 2000.

鳞茎较小，卵形至卵状矩圆形；伞形花序具多数珠芽状的小鳞茎，间杂有少量花，小鳞茎上常具幼叶；花白色，花被片具淡红色中脉。

榆林、绥德、延川、韩城、石泉等地有栽培；西北、华北多有栽培。北半球广泛栽培。

（24）**白花薤** 白花葱（《中国植物志》）

**Allium yanchiense** J. M. Xu, 中国植物志 14: 260. 286. 1980; Flora of China 24: 196. 2000.

鳞茎单生或簇生，圆柱状至狭卵形，直径 0.5-2 厘米，外皮污灰色，纸质，先端纤维状。叶半圆柱状，中空，长 18-31 厘米，宽 1-2 毫米，光滑或具细糙齿，较花葶短。花葶高 20-40 厘米，圆柱状，光滑或具细糙齿，下部 1/3 或以下被叶鞘；总苞 2 裂，宿存；伞形花序球状，密生多花；小花梗为花被片 1-2 倍，具小苞片；花白色至淡红色，有时呈绿色；花被片通常具淡红色中脉；外轮距圆状卵形，长 4-5.2 毫米，宽 1.8-2.7 毫米，先端钝；内轮矩圆形至卵状矩圆形，长 4-6 毫米，宽 2-2.9 毫米，先端钝或浅凹；花丝锥状，等长，为花被片的 1.2-1.5 倍；花柱外伸；子房卵球状，具蜜穴。花期 8-9 月。

产靖边、定边，生于海拔 1400 米左右的山坡草地；分布于内蒙古、河北、山西、宁夏、甘肃、青海。

（25）**薤白** 野蒜（《秦岭植物志》）（图 243，照片 675、676）

**Allium macrostemon** Bunge, Enum. Pl. China Bor. 65. 1833; 秦岭植物志 1(1): 378. 1976; 中国植物志 14: 265. 1980; Flora of China 24: 199. 2000.

鳞茎单生，近球状，直径 1-1.7 厘米，外皮带黑色，纸质或膜质，不破裂，基部具小鳞茎。叶半圆柱状或三棱状半圆柱状，中空，长约 30 厘米，宽 1.5-7 毫米，较花葶短。花葶高 28-90 厘米，圆柱状，下部 1/4-1/3 被叶鞘；总苞 2 裂，宿存；伞形花序半球形到球形，密生

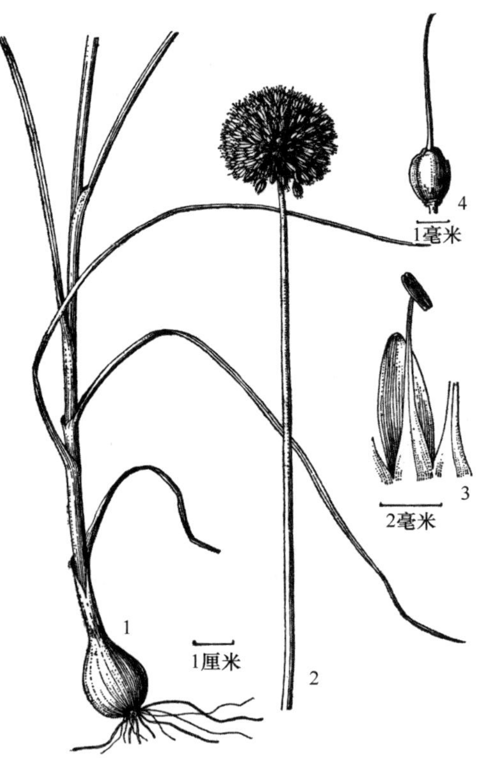

图 243. **薤白 Allium macrostemon**
1. 植株下部；2. 花序；3. 花被裂片和雄蕊；4. 雌蕊（引自《秦岭植物志》）。

多花，或小花和珠芽共生，或仅有珠芽；小花梗近等长，为花被片 3-5 倍，具小苞片；花淡紫色至淡红色；花被片矩圆状卵形至矩圆状披针形，长 4-5.5 毫米，宽 1.2-2 毫米；内轮通常较外轮短；花丝等长，比花被片稍短到比其长 1/3；内轮基部为外轮的 1.5 倍；花柱外伸；子房近球状，具蜜穴。花果期 5-7 月。

陕西各地常见分布，生于海拔 340-2300 米的路边、山坡、草丛、田边、河道、林缘或疏林下；全国除新疆、青海、海南外均有分布。日本、朝鲜半岛、蒙古国、俄罗斯远东地区也有分布。

鳞茎供食用和药用。

（26）**蒜** 大蒜（通称）（照片 677、678）

**Allium sativum** L., Sp. Pl. 1: 296. 1753; 秦岭植物志 1(1): 372. 1976; 中国植物志 14: 268. 1980; Flora of China 24: 200. 2000.

鳞茎单生，球状到扁球状，由数个肉质瓣状的小鳞茎组成，外面包裹着共同的鳞茎外皮，有时仅 1 个小鳞茎，外皮白色至紫色，膜质，不破裂。叶扁平，线状披针形，较花莛短，宽可达 2.5 厘米，先端长渐尖。花莛高 25-60 厘米，圆柱状，下部约 1/2 被叶鞘；总苞具长喙，早落；伞形花序具多数珠芽状小鳞茎和少量小花；小花梗较花被片长，小苞片大，膜质；花通常淡红色；外轮花被片卵状披针形；内轮卵形；花丝较花被片短，外轮锥状，内轮基部扩大，每侧各具 1 齿，齿先端丝状，较花被片长；花柱内藏；子房球状。花期 5-6 月。

陕西各地普遍栽培；中国各地广泛栽培。世界各地广泛栽培。

幼苗（蒜苗）、花莛（蒜薹）作蔬菜食用，鳞茎（大蒜）为重要调味品，亦供药用。

（27）**合被韭**（图 244，照片 679、680）

**Allium tubiflorum** Rendle, J. Bot. 44: 44. 1906; 秦岭植物志 1(1): 377. 1976; 中国植物志 14: 271. 1980; Flora of China 24: 201. 2000.

植株柔弱，无葱蒜味，鳞茎单生，稀对生，卵球形到近球形，直径 1-2 厘米，外皮灰黑色，膜质，不破裂。叶圆柱状，中空，长 20-27 厘米，宽 1-2.5 毫米，等长到长于花莛。花莛高 13-31 厘米，圆柱状，仅基部被叶鞘；总苞 1 裂，宿存；伞形花序具稀疏花；小花梗不等长，长 0.8-4.8 厘米，具小苞片；花紫色至红色；

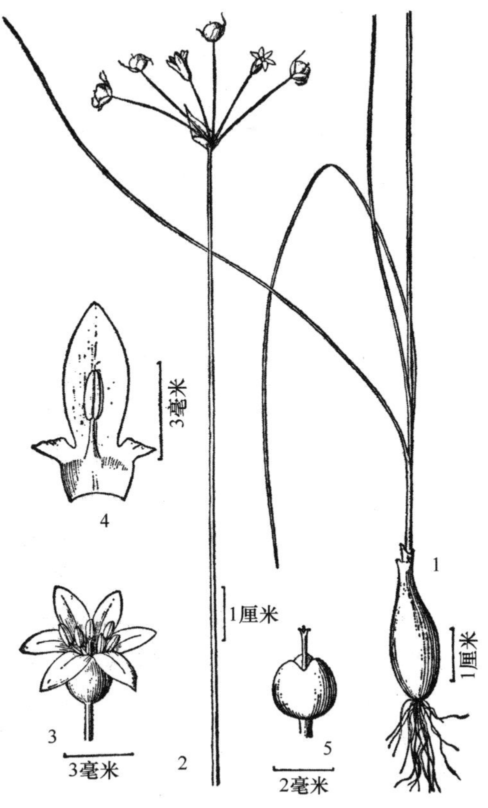


图 244. **合被韭 Allium tubiflorum**
1. 植株下部；2. 花莛上部和花序；3. 花；4. 花被裂片和雄蕊；5. 雌蕊（引自《秦岭植物志》）。

花被片卵状矩圆形，长 5-7 毫米，宽 1.5-2 毫米，基部合生成长约 2 毫米的管，先端钝或急尖；内轮等长到稍长于外轮；花丝锥状，较花被片短；花柱内藏；子房圆锥状球形，无蜜穴；通常每室具 4 枚胚珠。花果期 7-10 月。

产宜君、华阴、长安、蓝田、鄠邑、周至、眉县、太白、宝鸡，生于海拔 600-2000 米的沟边、山坡或岩石上；分布于河北、山西、甘肃、河南、湖北、四川等地。

## 2. 君子兰属 **Clivia** Lindl.

Bot. Reg. 14: t. 1182. 1828; 中国植物志 16(1): 3. 1985.

多年生具肉质根草本，基部叶基呈鳞茎状。叶带状，排成 2 列。花茎实心，肉质，扁平；伞形花序具数朵至多朵花；总苞膜质，佛焰苞状，总苞片覆瓦状排列；花被向上或稍下垂，漏斗状；花被管短，花被裂片 6 片，2 轮，外轮裂片较狭，内轮较宽而长；雄蕊近与花被裂片等长，着生于花被管喉部，花丝丝状，花药丁字形着生，长圆形；子房下位，球形，胚珠每室 5-6 枚，花柱细长，先端柱头 3 裂。浆果红色。种子球形。

本属约 3 种，主产于非洲南部。中国常见栽培 2 种；陕西栽培 2 种。

### 分种检索表

1. 花直立向上，花被宽漏斗形……………………………………（1）君子兰 **C. miniata** Regel
1. 花稍下垂，花被狭漏斗形……………………………………（2）垂笑君子兰 **C. nobilis** Lindl.

### （1）**君子兰**（照片 681）

**Clivia miniata** Regel, Gartenfl. 13: t. 434. 1864; 陕西维管植物名录: 433. 2016; 中国植物志 16(1): 3. 1985.

多年生草本。基部宿存的叶基鳞茎状。叶厚，长 30-50 厘米，宽 3-5 厘米，深绿色，带状，表面具光泽，下部渐狭。花茎宽约 2 厘米；伞形花序通常具花 10 朵以上；花梗长 2.5-5 厘米；花直立向上，花鲜红色，内面略带黄色，宽漏斗形；花被管长约 5 毫米，外轮花被裂片顶端有微凸头，内轮顶端微凹，略长于雄蕊；花柱稍伸出于花被外。浆果，宽卵形。花期春夏季，有时冬季也可开花。

关中、陕南的公园、庭园常见栽培，供观赏；中国各地多有栽培。原产于非洲南部。

### （2）**垂笑君子兰**（照片 682）

**Clivia nobilis** Lindl., Bot. Reg. 14: t. 1182. 1828; 陕西维管植物名录: 433. 2016; 中国植物志 16(1): 4. 1985.

多年生草本。基部宿存的叶基鳞茎状。叶质厚，带状，长 25-40 厘米，宽 3-3.5 厘米，深绿色，具光泽，边缘粗糙。花茎自叶丛中抽出，较叶稍短；伞形花序具多花，顶生，开花时花稍下垂；花橘红色，内轮花被裂片色较浅，狭漏斗形；雄蕊近等长于花被片；花柱长，稍伸出花被外。花期夏季。

关中、陕南的公园、庭园常见栽培，供观赏；中国各地多有栽培。原产于非洲南部。

## 3. 石蒜属 **Lycoris** Herb.

Bot. Mag. 47: 5 sub t. 2113. 1819; 秦岭植物志 1(1): 379. 1976; 中国植物志 16(1): 16. 1985; Flora of China 24: 266. 2000; 秦岭植物志增补: 31. 2013.

多年生草本。具球形或卵形鳞茎。叶条带状，于花前或花后抽出。花莛实心，顶端生伞形花序，具 4-8 朵花；总苞膜质，2 片；花色多，黄色、白色、粉红色、橘红色或鲜红色等；花被裂片 6 片，倒披针形或长椭圆形，边缘皱缩或否，基部合生；雄蕊 6 枚，较花被片短或长，花丝丝状，花药丁字形着生；雌蕊 1 枚，花柱细长，子房 3 室。蒴果通常具 3 棱，背面开裂；种子黑色，球形。

本属约 20 种，分布于亚洲。中国有 15 种；陕西产 5 种，其中 1 种仅见栽培。

本属植物花大而美丽，颜色各异，是优良的观赏花卉。鳞茎含石蒜碱，可供药用。

### 分种检索表

1. 秋季出叶；花鲜红色或黄色；雄蕊明显伸出花被外……2
1. 春季出叶；花黄色、橘黄色、白色或淡紫色；雄蕊不伸出或稍伸出花被外……3
2. 叶狭带状，宽约 0.5 厘米；花鲜红色……（1）**石蒜 L. radiata** (L'Hér.) Herb.
2. 叶剑形，宽 1.7-2.6 厘米；花黄色……（2）**忽地笑 L. aurea** (L'Hér.) Herb.
3. 花黄色或橘黄色……（3）**中国石蒜 L. chinensis** Traub
3. 花白色或淡紫色……4
4. 花白色，花被片皱缩和反卷……（4）**陕西石蒜 L. shaanxiensis** Y. Hsu & Z. B. Hu
4. 花淡紫色，花被片不皱缩和稍反卷……（5）**换锦花 L. sprengeri** Comes ex Baker

### （1）**石蒜** 老鸦蒜（秦岭）（图 245，照片 683、684）

**Lycoris radiata** (L'Hér.) Herb., Bot. Mag. 47: ad t. 2113, p. 5. 1819; 秦岭植物志 1(1): 379. 1976; 中国植物志 16(1): 18. 1985; Flora of China 24: 267. 2000. ——*Amaryllis radiata* L'Hér., Sert. Angl.: 15. 1789.

多年生草本。鳞茎近球形，直径 2-4 厘米。秋季花后出叶，叶狭带状，深绿色，长 20-38 厘米，宽约 0.7 厘米，先端钝。花莛高 32-37 厘米，实心；伞形花序具花 4-8 朵，总苞 2 片，披针形，长 2.5-5 厘米；花鲜红色；花被裂片 6 片，狭长条形，花开后强烈反卷，边缘具不规则波浪状皱缩，长 3 厘米左右，宽 4-5 毫米，花被管浅黄绿色，长 0.4-0.6 厘米；雄蕊 6 枚，远伸出花被片外，长为花被的 2 倍左右；花丝丝状，弧形弯曲，红色，基部着生花被管喉部；花药长椭圆形，丁字形着生，2 室；雌蕊 1 枚，弧形弯曲，稍长于雄蕊；子房下位，3 室。蒴果，种子少数。花期 8-9 月，果期 9-10 月。

产商南、石泉、洋县、平利、镇巴、南郑、略阳、西乡等地，生于海拔 1300 米以下的山地草丛、灌丛或水边，关中和陕南亦常见栽培；分布于山东、江苏、安徽、浙江、福建、江西、河南、湖北、湖南、广东、广西、四川、贵州、云南。日本、朝鲜半岛、尼泊尔等也有分布。

本种花色艳丽，具极好的观赏性，园林上通常栽培供观赏。

据《秦岭植物志》记载，本种在秦岭南北坡均有分布，但根据作者观察，在秦岭北坡常见分布者应该为中国石蒜（**Lycoris chinensis** Traub），而石蒜野生分布于秦岭南坡及以南地区。

图 245. 石蒜 **Lycoris radiata**

1. 植株下部；2. 花序；3. 果实（引自《秦岭植物志》）。

（2）**忽地笑** 龙爪花（秦岭）（照片 685、686）

**Lycoris aurea** (L'Hér.) Herb., Bot. Mag. 47: ad t. 2113, p. 5. 1819; 秦岭植物志 1(1): 379. 1976; 中国植物志 16(1): 20. 1985; Flora of China 24: 267. 2000. ——*Amaryllis aurea* L'Hér., Sert. Angl.: 14. 1789.

多年生草本。鳞茎卵形，直径 5 厘米左右。秋季花后出叶，剑形，长 18-42 厘米，宽 1.7-2.6 厘米，下部渐狭，先端渐尖或钝尖。花莛高 40-60 厘米；伞形花序具花 4-7 朵，总苞膜质，披针形，长 3-5 厘米；花黄色；花被裂片 6 片，狭长披针形，开花后强烈反卷，边缘具明显不规则波浪状皱缩，长 5-7 厘米，宽 0.5-1 厘米，花被管黄色，长 1.3-1.5 厘米；雄蕊 6 枚，黄色，弧状弯曲，稍伸出花被外；花药黄色或稍呈玫瑰红色，丁字形着生；花柱 1 枚，弧状弯曲，长于雄蕊，上部玫瑰红色；子房 3 室。蒴果，种子少数，黑色。花期 8-9 月，果期 10 月。

产旬阳、石泉、岚皋、平利、紫阳、镇坪、汉中、镇巴、勉县、城固等地，生于海拔 1500 米以下的潮湿的山坡、路边、沟边或林下等，关中地区有栽培；分布于甘肃、江苏、浙江、福建、台湾、江西、河南、湖北、湖南、广东、广西、四川、贵州、云南。巴基斯坦、印度、缅甸、老挝、泰国、越南、印度尼西亚、日本也产。

本种园林上常栽培供观赏用。

（3）**中国石蒜** 秦岭石蒜（照片 687、688）

**Lycoris chinensis** Traub, Pl. Life 14: 44. 1958; 中国植物志 16(1): 22. 1985; Flora of China 24: 267. 2000. ——*Lycoris tsinlingensis* P. C. Zhang, Y. J. Lu & T. Wang, Ann. Bot. Fennici 57: 193. 2020.

鳞茎卵球形。直径 3-4 厘米。早春出叶，中脉显著灰白色，先端圆形，长 25-40 厘米，宽 0.8-1.2 厘米。花莛高 35-70 厘米；伞形花序具花 3-5 朵，总苞 2 片，倒披针形，长约 2.5 厘米，宽约 0.8 厘米；花黄色或橘黄色，花被管长 1.7-2.5 厘米，花被片倒披针形，强烈反卷和皱缩，背面具淡黄色中肋，长 5-6 厘米，宽约 0.9 厘米；雄蕊 6 枚，与花被片等长或稍长于花被片，花丝黄色，花药玫瑰红色；雌蕊 1 枚，长于雄蕊，玫瑰红色；子房 3 室。花期 7-8 月，果期 8-9 月。

产华阴、长安、周至、眉县、太白、宝鸡等地，生于海拔 1000 米以下的林下阴湿处，可见成片生长的群体；分布于河南、江苏、浙江。

本种的花被片色泽常有变化，野生个体会有橘红色、黄色等色泽，而据观察，本种引种至西安植物园的栽培个体第一年开花为橘红色，下一年花色变为黄色，其原因尚需进一步研究。另外，本种在花期与忽地笑[**Lycoris aurea** (L'Hér.) Herb.]极为相似，忽地笑的叶较为宽大，秋季出叶，而本种的叶较窄，早春出叶可以相区别。

**（4）陕西石蒜**（照片 689）

**Lycoris shaanxiensis** Y. Hsu & Z. B. Hu, 植物分类学报 20(2): 196. 1982; 中国植物志 16(1): 24. 1985; Flora of China 24: 268. 2000; 秦岭植物志增补: 31. 2013.

鳞茎近球形，直径约 5 厘米。早春出叶，长约 50 厘米，宽达 1.8 厘米，中脉不明显，先端钝。花莛高约 50 厘米；伞形花序具花 5-8 朵；总苞淡粉红色，2 片，披针形或阔披针形，长 5-7 厘米，宽约 1.2 厘米；花白色；花被管长约 2 厘米，花被片反卷，裂片腹面散生稀疏淡红色条纹，背面具红色中脉，边缘稍皱缩；雄蕊较花被片短，花丝淡紫色；雌蕊较花被片长，先端紫色。花期 8-9 月。

产长安、鄠邑、太白等地，生于海拔 1500-1800 米的山坡林下；四川也有分布。

**（5）换锦花**（照片 690）

**Lycoris sprengeri** Comes ex Baker, Gard. Chron. ser. 3, 32: 469. 1902; 中国植物志 16(1): 25. 1985; Flora of China 24: 268. 2000.

鳞茎卵形，直径约 3.5 厘米。早春出叶，带状，长约 30 厘米，宽约 1 厘米，先端钝。花莛高约 60 厘米；伞形花序具花 4-6 朵，总苞 2 片，长约 3.5 厘米，宽约 1.2 厘米；花淡紫色；花被片倒披针形，先端常带蓝色，边缘不皱缩；花被管长 1-1.5 厘米；雄蕊 6 枚，近等长于花被片；雌蕊稍长于花被片。蒴果，具 3 棱。种子黑色，近球形，直径约 0.5 厘米。花期 8-9 月。

关中地区有栽培；分布于安徽、湖北、江苏、浙江等地，生长在阴湿山坡或竹林中。

## 4. 水仙属 Narcissus L.

Sp. Pl. 1: 289. 1753; 中国植物志 16(1): 27. 1985.

多年生草本。鳞茎外皮膜质。叶基生，线形或圆筒形，与花莛同时抽出。花莛实心；伞形花序，具花数朵或有时仅 1 朵；总苞膜质，佛焰苞状，下部管状；花通常直立或下垂；花被高脚碟状；花被裂片 6 片，几相等，直立或反卷，花被管较短，圆筒状或漏斗状；副花冠长管状或短缩成浅杯状；雄蕊着生于花被管内，花药基部着生；胚珠每室多数，花柱丝状，柱头 3 裂，小。蒴果，室背开裂。种子近球形。

本属约 60 种，分布于地中海地区、中欧及亚洲。中国常见栽培 3 种；陕西常见栽培 2 种。

### 分种及种下等级检索表

1\. 花被淡黄色，副花冠略短于花被或两者近相等 ························ （1）**黄水仙 N. pseudonarcissus** L.
1\. 花被白色，副花冠短小，长不及花被的一半 ················ （2）**水仙 N. tazetta** L. var. **chinensis** Roem.

### （1）**黄水仙** 洋水仙（俗名）（照片 691）

**Narcissus pseudonarcissus** L., Sp. Pl. 1: 289. 1753; 陕西维管植物名录: 433. 2016; 中国植物志 16(1): 28. 1985.

多年生草本。鳞茎直径 2.5-3.5 厘米，球形。叶基生，直立向上，宽线形，长 25-40 厘米，宽 8-15 毫米，先端钝。花莛高约 30 厘米，先端具 1 朵花；总苞佛焰苞状，长 3.5-5 厘米；花梗长 12-18 毫米；花被管倒圆锥形，长 1.2-1.5 厘米，花被裂片淡黄色，长圆形，长 2.5-3.5 厘米；副花冠近等长于花被或稍短。花期春季。

西安及各地庭园有栽培，供观赏；中国各大城市公园、苗圃有栽培。原产于欧洲，世界各地广泛栽培。

### （2）**水仙**（变种）（照片 692）

**Narcissus tazetta** L. var. **chinensis** Roem., Fam. Nat. Syn. Monogr. 4: 223. 1847; 陕西维管植物名录: 433. 2016; 中国植物志 16(1): 28. 1985.

多年生草本。鳞茎卵球形。叶基生，扁平，宽线形，长 20-40 厘米，宽 8-15 毫米，先端钝。花莛几与叶等长；伞形花序，具花 4-8 朵；总苞膜质，佛焰苞状；花梗不等长；花被管细，近三棱形，灰绿色，长约 2 厘米，花被裂片 6 片，白色，开展，卵圆形至阔椭圆形，先端具短尖头；副花冠淡黄色，浅杯状，长为花被片一半以下；雄蕊 6 枚，着生于花被管内，花药基着；子房 3 室，胚珠每室多数，花柱细长，柱头 3 裂。蒴果，室背开裂。花期春季。

西安等地有栽培，供观赏；分布于浙江东部、上海、福建东南部，栽培或逸为野生，中国各地常见栽培，为历史悠久的观赏花卉。

鳞茎多液汁，有毒，含有石蒜碱、多花水仙碱等多种生物碱。

## 5. 朱顶红属 **Hippeastrum** Herb.

App. Bot. Reg. 31. 1821; 中国植物志 16(1): 14. 1985.

多年生草本。具鳞茎。叶基生，线形或带形。花茎中空；伞形花序，具花 2 至多朵，稀 1 朵，总苞片佛焰苞状，2 片；花下具 1 片小苞片；花漏斗状，红色、白色或带有白色条纹，开展或稍下垂；花被管通常较短，稀较长，喉部常有小鳞片，花被裂片几相等或内轮较狭；雄蕊稍下弯，着生于花被管喉部，花丝丝状，花药丁字形着生，线形或线状长圆形；子房 3 室，每室具多枚胚珠，花柱长。蒴果，球形，室背 3 瓣开裂。种子通常扁平。

本属约 75 种，分布于美洲和亚洲的热带。中国常见栽培 2 种；陕西常见栽培 1 种。

### （1）**花朱顶红**（照片 693）

**Hippeastrum vittatum** (L'Her.) Herb., Appendix: 31. 1821; 中国植物志 16(1): 15. 1985. ——*Amaryllis vittata* L'Her., Sert. Angl. 13. 1789.

多年生草本。鳞茎球形。叶基生，带形。总苞披针形，佛焰苞状，长 5-7.5 厘米；

伞形花序，具花 3-6 朵；花梗近等长于总苞；花红色，中心及边缘有白色条纹，漏斗状；花被管长约 3 厘米，花被裂片长 9-15 厘米，宽 2.5-4 厘米，倒卵形至长圆形，先端急尖；喉部具不显著的鳞片；雄蕊 6 枚，着生于花被管喉部，较花被裂片短；子房具胚珠多数；花柱近等长或稍长于花被片，柱头 3 裂。蒴果，球形，3 瓣裂。种子扁平。花期春夏。

关中及陕南庭园常见栽培，供观赏；中国各地常见栽培。原产于南美洲，世界各地广泛栽培。

## 6. 葱莲属 **Zephyranthes** Herb.

App. Bot. Reg. 36. 1821; 中国植物志 16(1): 5. 1985.

多年生草本。具鳞茎。叶基生，线形，常与花同时开放。花茎中空，纤细；花单生于花茎顶端，佛焰苞状总苞片下部管状，顶端 2 裂；花漏斗状，直立或略下垂；花被管长或短；花被裂片 6 片，裂片近等长；雄蕊着生于花被管喉部或管内，6 枚，3 枚长 3 枚短，花药背着；胚珠每室多数，柱头先端 3 裂或凹陷。蒴果，近球形，3 瓣开裂。种子多少扁平，黑色。

本属约 40 种，分布于西半球温暖地区；中国常见栽培 2 种；陕西常见栽培 2 种。

### 分种检索表

1. 花白色，几无花被管；叶宽 2-4 毫米……………………………………（1）**葱莲 Z. candida** (Lindl.) Herb.
1. 花玫瑰红色或粉红色，花被管长 1-2.5 厘米；叶宽 6-8 毫米………………（2）**韭莲 Z. carinata** Herb.

### （1）**葱莲**（照片 694、695）

**Zephyranthes candida** (Lindl.) Herb., Curtis's Bot. Mag. 53: t. 2607. 1826; 陕西维管植物名录: 434. 2016; 中国植物志 16(1): 5. 1985. ——*Amaryllis candida* Lindl. in Bot. Reg. 9: t. 724. 1823.

多年生草本。鳞茎直径约 2.5 厘米。叶狭线形，亮绿色，长 20-30 厘米，宽 2-4 毫米。花茎顶端具花 1 朵，总苞佛焰苞状，带褐红色，先端 2 裂；花梗长约 1 厘米；花白色，常带淡红色；花被管很短，花被片 6 片，长 3-5 厘米，先端钝或具短尖头，近喉部常有不明显的鳞片；雄蕊 6 枚，约为花被长的 1/2；花柱细长，柱头 3 裂，不明显。蒴果，近球形，3 瓣裂。种子扁平，黑色。花期秋季。

关中及陕南的庭园、公园及绿化带有栽培；中国广泛引种栽培。原产于南美洲。

### （2）**韭莲**（照片 696、697）

**Zephyranthes carinata** Herb., Curtis's Bot. Mag. 52: t. 2594. 1825. ——*Zephyranthes grandiflora* Lindl., Bot. Reg. 11: t. 902. 1825; 中国植物志 16(1): 7. 1985.

多年生草本。鳞茎直径 2-3 厘米。叶基生，线形，扁平，长 15-30 厘米，宽 6-8 毫米。花茎顶端具花 1 朵，总苞佛焰苞状，常带淡紫红色，长 4-5 厘米；花梗长 2-3 厘米；花玫瑰红色或粉红色；下部花被管长 1-2.5 厘米，花被裂片 6 片，倒卵形，先端略尖，长 3-6 厘米；雄蕊 6 枚，为花被长的 2/3-4/5，花药丁字形着生；子房 3 室，胚珠多数，花柱细长，柱头3裂。蒴果，近球形。种子黑色。花期夏秋。

关中及陕南的庭园、公园及绿化带有栽培，但不如葱莲耐寒；中国广泛引种栽培。原产于南美洲。

# 三八 天门冬科 Asparagaceae Juss.

黎 斌（陕西省西安植物园）

多年生草本，有时为乔木状或灌木状。全株常含甾体皂苷和精油；地下常具块根、鳞茎、球茎或根状茎；茎直立，有时攀援状，木质或每年枯萎，常绿色，少数呈叶状茎或退化。单叶，互生或螺旋状排列，全缘，基部有时具刺，稀叶片退化成鳞片状。花序总状、穗状、圆锥状或聚伞状，有时退化成单花，常腋生；花被片6片，稀4片，通常分离，花瓣状，覆瓦状排列；雄蕊6枚，稀4或3枚，花粉粒单沟型，具顶盖或缺，表面纹饰为穿孔型、皱波状、瘤棒状、颗粒状或网状；心皮3枚，合生；子房上位，稀下位，3室，中轴胎座，每室有1至数枚胚珠；柱头1枚，头状或3裂。浆果或蒴果，或果皮早裂而种子呈浆果状。种皮含种皮黑素；胚乳为沼生目型。

本科有153属约2500种，除南北极外世界广布。中国有25属约258种，全国各地均有分布；陕西产15属52种，其中2属5种仅见栽培。

本科的龙舌兰（**Agave americana** L.）、蜘蛛抱蛋（一叶兰）（**Aspidistra elatior** Blume）、朱蕉[**Cordyline fruticosa** (L.) A. Chev.]、富贵竹（**Dracaena sanderiana** Sander ex Mast.）、假叶树（**Ruscus aculeatus** L.）、虎尾兰（**Sansevieria trifasciata** Prain）、风信子（**Hyacinthus orientalis** L.）、葡萄风信子（**Muscari botryoides** Mill.）等，在陕西也有引种栽培，因其通常为盆栽观赏植物，本志不予收录。

## 分属检索表

1. 植株为常绿灌木，通常栽培；叶片质地坚硬……6. **丝兰属 Yucca** L.
1. 植株通常为草本，稀半灌木；如为半灌木，则为野生；叶片较柔软……2
2. 植株具卵球形或球形的鳞茎……1. **绵枣儿属 Barnardia** Lindl.
2. 植株不具鳞茎……3
3. 植株具叶状枝，叶状枝针状或线形，细小；叶退化成鳞片状……7. **天门冬属 Asparagus** L.
3. 植株不具叶状枝；叶不退化为鳞片状，较大……4
4. 花柱三棱柱形；花药基着……5
4. 花柱不为三棱柱形；花药背着……6
5. 花直立或近直立；子房上位；花丝长于或等长于花药……8. **山麦冬属 Liriope** Lour.
5. 花多少下垂；子房半下位；花丝远短于花药……9. **沿阶草属 Ophiopogon** Ker Gawl.
6. 果实为蒴果……7
6. 果实为浆果……10
7. 雄蕊3枚……2. **知母属 Anemarrhena** Bunge
7. 雄蕊6枚……8
8. 基生叶具宽大的叶片，基部渐狭成叶柄；花被近漏斗状，下半部窄管状……5. **玉簪属 Hosta** Tratt.

8. 基生叶条形或披针形，无明显的叶柄；花被片离生……9
9. 花药在开花时呈弓形上弯，基部具2条平行的尾状附属物……3. **鹭鸶兰属 Diuranthera** Hemsl.
9. 花药在开花时不呈弓形上弯，基部无附属物……4. **吊兰属 Chlorophytum** Ker Gawl.
10. 花序顶生，具短柔毛；花药着生于花被片基部……13. **舞鹤草属 Maianthemum** F. H. Wigg.
10. 花序顶生或腋生，无毛；花药不着生于花被片基部……11
11. 茎短缩；叶基生或集生于茎基部……12
11. 茎明显拉长；叶茎生，在茎的上下多少均匀分布……14
12. 花序总状；花下垂；叶基部形成一假茎……10. **铃兰属 Convallaria** L.
12. 花序穗状；花直立或斜上；叶基部无假茎……13
13. 根状茎纤细；花被裂片反折，花药披针形……11. **吉祥草属 Reineckea** Kunth
13. 根状茎通常粗壮；花被裂片开展至内折，花药卵形至近圆形……12. **万年青属 Rohdea** Roth
14. 副花冠宿存，雄蕊着生于副花冠上……14. **竹根七属 Disporopsis** Hance
14. 副花冠不存在，雄蕊贴生于花被筒上……15. **黄精属 Polygonatum** Mill.

## 1. 绵枣儿属 **Barnardia** Lindl.

Bot. Reg. 12: t. 1029. 1826; Flora of China 24: 203. 2000. ——*Scilla* L., Sp. Pl. 1: 308. 1753; 秦岭植物志 1(1): 368. 1976; 中国植物志 1: 166. 1980.

多年生草本。鳞茎具数层膜质鳞茎皮和多数鳞（茎）瓣。叶基生，条形或卵形。花莛单一，直立，总状花序顶生；花小，蓝色、紫红色或近白色，星状或钟状；花梗具关节；苞片小，线形；花被片6片，离生或基部稍合生；雄蕊6枚，花丝扁，着生于花被片基部或中部，花药卵形至长圆形，背着，内向开裂；子房上位，3室，每室具1-2枚胚珠，稀8-10枚胚珠，花柱丝状，柱头细小。蒴果室背开裂，近球形或倒卵形。种子少数，黑褐色，圆柱形。

本属有2种，分布于东亚及俄罗斯远东地区、非洲西北部、欧洲西南部等。中国有1种；陕西产1种。

### （1）绵枣儿（图246，照片698、699）

**Barnardia japonica** (Thunb.) Schult. & Schult. f., in Roemer & Schultes, Syst. Veg. 7: 555. 1829; Flora of China 24: 203. 2000. ——*Ornithogalum japonicum* Thunb., Nov. Act. Reg. Soc. Sci. Ups. 3: 209. 1780. ——*Scilla scilloides* (Lindl.) Druce, Bot. Exch. Club Brit. Isl. 4: 646. 1917; 中国植物志 14: 166. 1980. ——*S. scilloides* (Lindl.) Druce var. *alboviridis* (Hand.-Mazz.) F. T. Wang & Y. C. Tang, 中国植物志 14: 167. 1980. ——*Scilla alboviridis* Hand.-Mazz., Symb. Sinic. 7: 1203, Abb. 33, f. 1-2. 1936. ——*S. sinensis* (Lour.) Merr., Philip. Journ. Sci. 15: 229. 1919; 秦岭植物志 1(1): 368. 1976. ——*Ornithogalum sinense* Lour., Fl. Cochinch. 206. 1790.

多年生草本。鳞茎卵圆形或椭圆状卵球形，高2-5厘米，直径1-3厘米，有黏液，鳞茎皮黑褐色或褐色。基生叶常2-5片，线形或倒披针状线形，长10-30厘米，宽3-6毫米，柔软。花莛高20-50厘米；总状花序顶生，长2-20厘米，具多数花；花淡紫红色、粉红色至白色，直径4-5毫米；花梗长5-12毫米，具关节，基部有狭披针形的膜质苞片；花被片近椭圆形、倒卵形或狭椭圆形，长2.5-4毫米，宽约1.2毫米，开展，基部稍合生成盘状，先端钝而且增厚，有时具1条深紫红色的中脉；雄蕊生于花被片基部，几等长于花被片；花丝近披针形，边缘和背面常具小乳突，基部稍合生，中部以上骤然变窄，变窄部分长约1毫米；子房长1.5-2毫米，基部有短柄，表面有小乳突，3室，每室具1枚胚珠；花柱长为子房的1/2-2/3。蒴果倒卵球形，直立，长3-6毫米，直径2-4毫米。种子1-3枚，黑色，长圆状狭倒卵形，长2.5-5毫米。花果期7-11月。

产华山、商洛、柞水、汉中、勉县、宁强、略阳、佛坪、镇巴、紫阳等地，生于海拔450-1200米的山地草丛或林下；分布于东北、华北、华中、华南及江苏、浙江、台湾、江西、四川、云南等地。日本、朝鲜半岛、俄罗斯远东等也有。

本种供药用及食用。

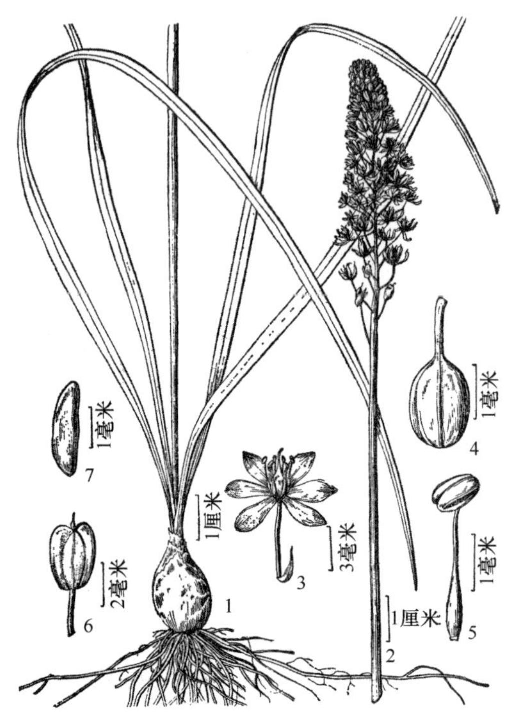


图246. 绵枣儿 **Barnardia japonica**
1. 植株下部；2. 花序；3. 花；4. 雌蕊；5. 雄蕊；6. 果实；7. 种子（引自《秦岭植物志》）。

## 2. 知母属 **Anemarrhena** Bunge

Mém. Acad. Imp. Sci. Saint-Pétersbourg Divers Savans 2: 140. 1833; 中国植物志 14: 38. 1980; Flora of China 24: 207. 2000.

多年生草本。根状茎横走，较粗壮；根从根状茎的下部发出，厚且肉质。叶基生，禾叶状。花莛单一，从叶丛中或一侧抽出，直立，通常长于叶。花2-3朵簇生，排成总状花序；每花簇具1片总苞片，小，膜质。花两性；花梗短至近无；花被片6片，在基部稍合生；雄蕊3枚，生于内花被片近中部，花丝短，扁平，花药近基着，内向纵裂；子房3室，每室具2枚胚珠，花柱与子房近等长，柱头小。蒴果室背开裂，每室具1-2枚种子。种子黑色，具3-4条纵狭翅。

本属仅1种，产中国、蒙古国、朝鲜半岛。陕西产1种。

（1）**知母**（图247，照片700、701、702）

**Anemarrhena asphodeloides** Bunge, Mém. Acad. Imp. Sci. Saint-Pétersbourg Divers Savans 2: 140. 1833; 中国植物志 14: 39. 1980; Flora of China 24: 208. 2000.

多年生草本。根状茎直径0.5-1.5厘米，具多数须根，顶端被残存的、黄褐色的纤维状叶鞘所覆盖。叶基生，线形，长15-40厘米，宽3-6毫米，无毛，边缘粗糙，向先端渐尖成近丝状，基部渐宽成鞘状，具多条平行脉，无明显的中脉。花莛圆柱状线形，明显长于叶，高30-60厘米，由下部至花序下散生多片苞片状退化叶，下部的卵状三角形，先端长渐尖，向上渐短，卵形或卵圆形，先端锐尖；总状花序顶生，长15-30厘米，花2-3朵成一簇，散生在花序轴上，每簇花下具1片苞片；花梗长短不等；花粉红色、淡紫色至白色；花被片条形，长5-10毫米，宽1-1.5毫米，中央具3条脉，宿存；雄蕊

3 枚，与内轮花被片对生，花丝长为花被片的 3/5-2/3，与内轮花被片贴生，仅顶端极短部分分离；子房卵形，长约 1.5 毫米，向上渐狭成花柱。蒴果狭椭圆状，长 8-13 毫米，宽 5-6 毫米，先端具短喙，有 6 条纵棱。种子黑色，长椭圆状，稍弯曲，长 7-10 毫米，宽 2.5-3 毫米。花果期 6-8 月。

产神木、绥德、横山、靖边、吴起、子长、宜君、洛川等地，生于海拔 1200 米以下的干旱山坡、草地、路旁较干燥处或向阳处，关中、陕南偶见栽培，供药用；分布于东北、华北及甘肃、宁夏、江苏、四川、贵州等地，台湾等其他地区有栽培。朝鲜半岛、蒙古国也有。

干燥根状茎为重要中药。

图 247. 知母 **Anemarrhena asphodeloides**
1. 植株；2. 花序；3. 花；4. 雄蕊和花被片；5. 果实；6. 种子
（引自《中国高等植物图鉴》）。

## 3. 鹭鸶兰属[①] **Diuranthera** Hemsl.

Hooker's Icon. Pl. 28: t. 2734. 1902; 中国植物志 14: 45. 1980; Flora of China 24: 206. 2000; 秦岭植物志增补: 25. 2013.

多年生草本。根状茎较短，圆柱形；根多数，圆柱形，有时肥大呈纺锤形。叶基生，多数，条形或舌状，草质而稍带肉质。花莛从叶丛中央抽出，直立，通常长于叶，下面有 1-2 片苞片状叶，向上逐渐过渡为苞片；总状花序或圆锥花序，顶生，具稀疏的花；花两性，白色，常 2-3 朵簇生，具梗；花梗具或不具关节；花被片 6 片，离生，具 3-5 条脉，近相似，内轮较狭，条形，常外弯，枯存；雄蕊 6 枚，稍短于花被片；花丝丝状，花药在近基部的背面着生，较长，弯曲，基部具 2 个平行的尾状附属物；子房无柄，上位，具 3 棱，3 室，花柱线形，先端下弯，柱头小，中轴胎座，胚珠多数。蒴果三棱形，每室有 2-5 枚种子。种子黑色，圆形，压扁，基部有 2 个小耳。

本属共 4 种，主要分布于中国的西南地区。陕西产 1 种。

### （1）**秦岭鹭鸶兰** 秦岭鹭鸶草（《西北植物学报》）（图 248）

**Diuranthera chinglingensis** J. Q. Xing & T. C. Cui, 西北植物学报 7(3): 203. 1987; Flora of China 24: 207. 2000; 秦岭植物志增补: 25. 2013.

多年生草本。高 40-65 厘米；根较粗壮，圆柱形，多少肉质。叶基生，稍密集，线状带形，长 40-60 厘米，宽 1.5-2.6 厘米，先端长渐尖，基部略窄，边缘具细锯齿，背面密被白粉。花莛直立，高 70-85 厘米，直径约 5 毫米；花序总状，长 25-30 厘米，疏生多花；苞片三角状披针形或披针形，短于花，长 8-20 毫米，先端渐尖；花梗长 1.5-2 厘米，无关节；花黄色，钟状，无毛，直径 3.5-4.5 厘米，单生或双生；花被片 6 片，每裂片具多条脉纹；外轮花被片 3 片，三角状披针形，长约 1.7 厘米，宽约 4 毫米，先端渐尖，内轮花被片 3 片，条形，膜质，外弯，长约 4 厘米，宽约 5 毫米，先端渐尖；雄

① 又称鹭鸶草属（《中国植物志》）。

蕊 6 枚，花丝长 3.5 厘米，淡黄色，花药长约 8 毫米，基部的尾状附属物长约 1.5 毫米，先端锐尖；花柱丝状，长于雄蕊；子房 3 室，胚珠多数。蒴果革质，室背开裂。花期 6 月，果期 7-8 月。

仅见于宁陕，生于海拔 1100-1300 米的山坡上或林下草地。陕西特有植物。

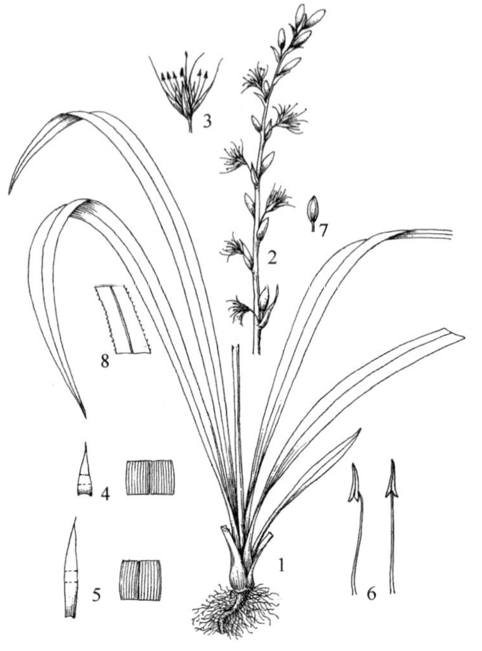

图 248. **秦岭鹭鸶兰**
**Diuranthera chinglingensis**
1. 植株下部；2. 花序；3. 花；4. 外花被片和多条脉；5. 内花被片和多条脉；6. 雄蕊；7. 蒴果；8. 叶缘细锯齿（引自《秦岭植物志增补》）。

## 4. 吊兰属 **Chlorophytum** Ker Gawl.

Bot. Mag. 27: t. 1071. 1807; 中国植物志 14: 40. 1980; Flora of China 24: 206. 2000.

多年生草本。根状茎粗短或伸长；根圆柱形，常稍肥厚，有时膨大为长纺锤形或为块状。叶基生成丛，或在直立茎上散生，长条形、条状披针形至披针形，无柄或有柄。花莛直立或弧曲，常从叶丛中或茎上部的叶腋中抽出；花常白色，单生或几朵簇生于一枚苞片内，排成总状花序或圆锥花序；小苞片小，披针形或卵形；花梗具关节；花被片 6 片，离生，常宿存，具 3-7 条脉；雄蕊 6 枚，花药近基着，内向纵裂，基部常 2 裂；花丝丝状；子房顶端 3 浅裂，具 3 棱，3 室，每室具 1 至数枚胚珠；花柱细长，柱头小。蒴果倒卵形或锐三棱形，室背开裂。种子扁平，倒卵形或近圆形，基部具 1 对内曲的钝耳，种皮黑色，密布细小的疣凸。

本属有 100-150 种，主要分布于非洲、亚洲及澳大利亚的热带地区，少数也见于南美洲。中国有 4 种，另有数个栽培种；陕西栽培 1 种。

### （1）**吊兰**（照片 703、704）

**Chlorophytum comosum** (Thunb.) Jacques, J. Soc. Imp. Centr. Hort. 8: 345. 1862; 中国植物志 14: 41. 1980. ——*Anthericum comosum* Thunb., Prodr. Pl. Cap. 63. 1794.

多年生常绿草本。根状茎短；根稍肥厚，圆柱形，中部常膨大成纺锤形，直径 4-5 毫米。叶丛生，剑形，绿色，或有黄色或白色条纹，长 10-30 厘米，宽 1-2 厘米，向两端稍变狭，无明显的柄。花莛长于叶，有时长可达 50 厘米，常变为匍匐枝，下弯，有时于近顶部的苞片腋内生叶簇或新的植株；花白色，常 2-4 朵簇生，排成疏散的总状花序或圆锥花序；花梗长 7-12 毫米，关节位于中部至上部；花被片长 7-12 毫米，3 条脉；雄蕊稍短于花被片；花药长圆形，长 1-1.5 毫米，明显短于花丝，开裂后常卷曲。蒴果三棱状扁球形，长约 5 毫米，宽约 8 毫米，每室具种子 3-5 枚。花期 5 月，果期 8 月。

关中、陕南常见栽培。中国各地广泛栽培，供观赏。原产于非洲南部，世界各地广泛栽培。

## 5. 玉簪属 **Hosta** Tratt.

Arch. Gewächsk. 1: 55. 1812, nom. cons.; 秦岭植物志 1(1): 329. 1976; 中国植物志 14: 49. 1980; Flora of China 24: 204. 2000.

多年生草本。常具粗短的根状茎，有时具横走茎。基生叶宽大，成簇，明显具弧形脉；叶柄长。花莛单一，直立，长于叶；花序总状，顶生，下部具叶状苞片；在花序轴上花常单生，罕 2-3 朵簇生，多少偏向一侧，白色或淡蓝紫色；苞片内有时具小苞片；花被近漏斗状，下半部窄管状，上半部 6 裂，呈近钟状，裂片 2 轮，覆瓦状；雄蕊 6 枚，等长或稍长于花被；花丝丝状，离生或下部贴生于花被管上；花药丁字形着生，2 室；子房 3 室，每室具多数胚珠；花柱细长，柱头伸出雄蕊之外。蒴果近圆柱状，常有棱，室背开裂。种子多数，黑色，扁平，长圆形，具翅。

本属约 45 种，主产于日本，少数分布于中国、朝鲜半岛、俄罗斯远东地区等。中国有 4 种，多数见于长江流域诸省，还有一些种类从国外引入栽培；陕西产 2 种。

大多数种类供观赏，各地常见栽种。

### 分种检索表

1. 苞片内具小苞片；花白色；果实长可达 6.5 厘米 ………………（1）**玉簪 H. plantaginea** (Lam.) Asch.
1. 苞片单一；花淡蓝紫色；果实长约 3.5 厘米 ……………………（2）**紫萼 H. ventricosa** (Salisb.) Stearn

### （1）玉簪（图 249，照片 705、706、707）

**Hosta plantaginea** (Lam.) Asch., Bot. Zeitung (Berlin) 21: 53. 1863; 秦岭植物志 1(1): 329. 1976; 中国植物志 14: 49. 1980; Flora of China 24: 205. 2000. ——*Hemerocallis plantaginea* Lam., Encycl. 3(1): 103. 1789.

多年生草本。根状茎粗厚，直径 1.5-3 厘米，其上具多数肉质须根。叶常基生，卵状心形、卵形或卵圆形，长 13-25 厘米，宽 8-15 厘米，先端急尖，基部心形，具 6-10 对侧脉；叶柄长 15-18 厘米。花莛高 40-70 厘米，具几朵至十几朵花；花梗长约 1 厘米，基部具苞片和小苞片各 1 片；苞片卵形或披针形，长 2.5-5 厘米，宽 1-1.5 厘米；小苞片很小；花单生，有时 2-3 朵簇生，长 10-13 厘米，白色，芳香，平展或稍下倾，下部管状，上部 6 裂，裂片长椭圆形，长 3-6 厘米，宽 1.2-1.6 厘米；雄蕊近等长或略短于花被，花丝基部 15-20 毫米贴生于花被管上。蒴果圆柱状，有

图 249. 玉簪 **Hosta plantaginea**
1. 花莛；2. 片；3. 花纵剖（引自《陕西中草药》）。

时具3棱，长4.5-7厘米，直径约1厘米。花期8-9月，果期9-10月。

产镇坪县化龙山（上竹、浪河等地），生于海拔1600-1800米的林下，关中、陕南等地常见栽培；分布于江苏、安徽、福建、湖北、湖南、广东、广西、四川，其他地区亦常有栽培。日本也有栽培。

本种为美丽的观赏植物；全草可供药用；亦可供蔬食或作甜菜，但必须去除雄蕊。

（2）**紫萼** 紫玉簪（《秦岭植物志》）（图250，照片708、709）

**Hosta ventricosa** (Salisb.) Stearn, Gard. Chron. ser. 3, 90: 27. 1931; 秦岭植物志 1(1): 330. 1976; 中国植物志 14: 50. 1980; Flora of China 24: 205. 2000. ——*Bryocles ventricosa* Salisb., Trans. Hort. Soc. London 1: 335. 1812.

多年生草本。根状茎直径0.3-1厘米。叶基生，卵状心形、卵形至卵圆形，长8-19厘米，宽4-17厘米，先端通常近短尾状或骤尖，基部心形或近截形，罕见基部下延而略呈楔形，具7-11对侧脉；叶柄长6-30厘米。花莛高60-100厘米，具10-30朵花；花梗长7-10毫米，基部具1片苞片；苞片长圆状披针形，长1-2厘米，白色，膜质；花单生，长4-6厘米，盛开时从花被管向上骤然作近漏斗状扩大，淡蓝紫色；雄蕊伸出花被之外，完全离生。蒴果圆柱状，具3棱，长2.5-4.5厘米，直径6-7毫米。花期6-7月，果期7-9月。

产宁陕、佛坪、洋县、南郑、西乡、平利、岚皋、镇坪等地，生于海拔960-2000米的山地林下，关中、陕南地区的庭园、公园也有栽培；分布于江苏、安徽、福建、江西、湖北、湖南、广东、广西、重庆、四川等地，各地常见栽培。

供观赏；全草入药。

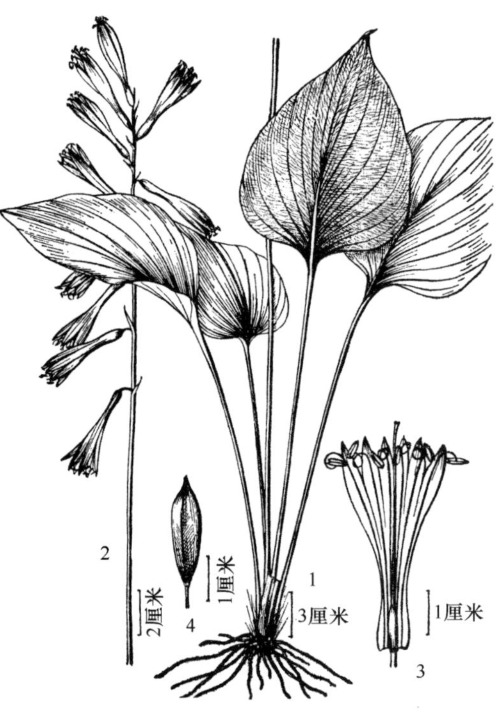


图250. **紫萼 Hosta ventricosa**

1. 植株下部；2. 花序；3. 花的纵剖；4. 蒴果（引自《秦岭植物志》）。

## 6. 丝兰属 Yucca L.

Sp. Pl. 1: 319. 1753; 中国植物志 14: 272. 1980.

常绿灌木。茎很短或长而木质化，常有分枝。叶近簇生于茎或枝的顶端，条状披针形至长条形，常厚实、坚挺而具刺状顶端，边缘有细齿或作丝裂。花序总状或圆锥状，从叶丛抽出；花近钟形，常白色；花被片6片，离生或基部合生；雄蕊6枚，短于花被片；花丝肉质，上部常外弯；花药较小，箭形，丁字形着生；子房上位，近短圆形，3室；花柱短或不明显，柱头3裂。果实为不裂或开裂的蒴果，或为浆果。种子多数，扁平，薄，常具黑色种皮。

本属约 40 种，主要分布于美国中部至墨西哥和加勒比海群岛。中国引种栽培 4 种；陕西引种栽培 2 种。

### 分种检索表

1. 叶片坚硬，全缘，老时偶具丝状纤维；花被片边缘带紫红色；果实不开裂…………………………………………（1）**凤尾丝兰 Y. gloriosa** L.

1. 叶片稍硬，边缘具多数稍弯曲的白色丝状纤维；花被片全为白色；果实开裂…………………………………………（2）**丝兰 Y. flaccida** Haw.

#### （1）凤尾丝兰（照片 710、711）

**Yucca gloriosa** L., Sp. Pl. 1: 319. 1753.

常绿灌木。高 50-150 厘米；茎稍明显，有时分枝。叶密集，螺旋状排列于茎顶端，近簇生；叶片浅灰绿色，具白粉，坚硬，近剑形，长 40-70 厘米，宽 2.5-3 厘米，无毛，中部背侧稍外凸，顶端具短尖头，边缘全缘，老时有少量丝状纤维。花莛高大而粗壮；圆锥花序大型，高可达 1 米余；花多数，杯状，下垂，乳白色；花被片宽卵形，长 4-5 厘米，边缘带紫红色；花丝肉质，上部约 1/3 反曲。蒴果下垂，椭圆状卵球形，长 5-6 厘米，不开裂。秋季开花。

陕南及关中的公园、庭园有栽培；中国常见栽培，供观赏。原产于北美洲东部和东南部。

本种常绿，株型奇特，叶形如剑，花序高大，花白且繁多，是优良的园林植物；叶纤维韧性强，可制绳索；花序亦可作优良的鲜切花材料。

#### （2）丝兰（照片 712）

**Yucca flaccida** Haw., Suppl. Pl. Succ. 34. 1819. ——*Yucca smalliana* Fernald, Rhodora 46: 8. 1944; 中国植物志 14: 273. 1980.

常绿灌木。茎很短或不明显。叶近莲座状簇生，坚硬，近剑形或长条状披针形，长 25-60 厘米，宽 2.5-3 厘米，顶端具一硬刺，边缘有许多稍弯曲的丝状纤维。花莛高大而粗壮；花近白色，下垂，排成狭长的圆锥花序，花序轴有乳突状毛；花被片长 3-4 厘米；花丝有疏柔毛；花柱长 5-6 毫米。果实开裂。秋季开花。

陕南及关中的公园、庭园有栽培；中国偶见栽培，供观赏。原产于北美洲东南部。

本种是园林绿化的重要植物；叶纤维可制作绳索。

## 7. 天门冬属 **Asparagus** L.

Sp. Pl. 1: 313. 1753; 秦岭植物志 1(1): 322. 1976; 中国植物志 15: 98. 1978; Flora of China 24: 208. 2000.

多年生草本，稀半灌木，直立或攀援。根状茎常较粗厚；根稍肉质，有时在中部或基部膨大成纺锤形的块根。小枝近叶状（特称叶状枝），扁平，锐三棱形或近圆柱形而具棱或槽，常多枚成簇，在茎、分枝和叶状枝上有时具透明的乳突状细齿（特称软骨质齿）。叶退化成鳞片状，基部多少延伸成距或刺。花小，1-4 朵成束腋生或多朵排成总状花序或伞形花序，两性或单性，有时杂性，在单性花中雄花具退化雌蕊，雌花具 6 枚退化雄蕊；花梗通常有关节；花被钟形、宽圆筒形或近球形；花被片离生或基部稍合生；雄蕊着生于花被片基部，通常内藏，花丝全部离生或部分贴生于花被片上；花药长圆形、卵形或圆形，基部 2 裂，背着或近背着，内向纵裂；花柱明显，柱头 3 裂；子房 3 室，每室具 2 至多枚胚珠。浆果球形，基部有宿存的花被片，有 1 至数枚种子。

本属约 300 种，除美洲外，全世界温带至热带地区均有分布。中国有 24 种和一些外来栽培种，广布于全国各地；陕西产 11 种，其中 2 种仅见栽培。

## 分种检索表

1. 栽培植物；花两性……（1）**文竹 A. setaceus** (Kunth) Jessop
1. 野生或栽培植物；花单性，雌雄异株……2
2. 叶状枝扁平，明显具中脉，有腹背之分，有时因中脉龙骨状而使叶状枝多少呈锐三棱形……3
2. 叶状枝近圆柱形或稍压扁，常具数个槽或棱，不具中脉，无腹背之分……6
3. 花梗长 10-20 毫米……（2）**羊齿天门冬 A. filicinus** Buch.-Ham. ex D. Don
3. 花梗长 1-6 毫米……4
4. 植株攀援或披散状；茎上具硬刺……（5）**天门冬 A. cochinchinensis** (Lour.) Merr.
4. 植株直立；茎上无硬刺……5
5. 叶状枝扁平，宽 1-3 毫米；雄蕊 6 枚，不等长，花丝中部以下贴生于花被片上；根下部呈纺锤状膨大……（3）**短梗天门冬 A. lycopodineus** (Baker) F. T. Wang & Tang
5. 叶状枝基部近锐三棱形，宽 0.7-1 毫米；雄蕊 6 枚，等长，花丝不贴生于花被片上；根细长，不膨大……（4）**龙须菜 A. schoberioides** Kunth
6. 植株攀援；根肉质，粗 7-15 毫米……（8）**攀援天门冬 A. brachyphyllus** Turcz.
6. 植株直立或近直立；根细长，粗 1.5-4 毫米，或下部呈纺锤状膨大……7
7. 花梗长 3-5 毫米或更短……8
7. 花梗长 5 毫米以上……9
8. 植株为多年生草本，较高而稍柔软；茎伸直或稍弯曲，不具白色薄膜；叶状枝稍弧曲，不为刺状，通常斜立或近斜立……（6）**兴安天门冬 A. dauricus** Fisch. ex Link
8. 植株为半灌木，坚挺；茎的中上部呈之字形弯曲，中部以下具纵向剥离的白色薄膜；叶状枝稍刚硬，有时多少作刺状，一般平展或下倾……（7）**戈壁天门冬 A. gobicus** N. A. Ivanova ex Grubov
9. 小枝不具软骨质齿……（11）**石刁柏 A. officinalis** L.
9. 小枝疏生或密生软骨质齿……10
10. 分枝平展或斜升，有时略弧曲；花梗长 6-12 毫米；果实较大，直径约 1 厘米……（9）**长花天门冬 A. longiflorus** Franch.
10. 分枝先强烈下弯而后上升，呈半圆形或弧曲；花梗长 12-16 毫米；果实较小，直径在 1 厘米以下……（10）**曲枝天门冬 A. trichophyllus** Bunge

### （1）文竹（照片 713）

**Asparagus setaceus** (Kunth) Jessop, Bothalia 9: 51. 1966; 中国植物志 15: 104. 1978; Flora of China 24: 210. 2000. ——*Asparagopsis setacea* Kunth, Enum. Pl. 5: 82. 1850.

攀援植物。高可达 3 米；根稍肉质，细长；茎多分枝，幼时直立，无毛，近基部稍木质；枝和叶状枝排列较密集且扁平，轮廓外形近三角形。叶状枝丝状，通常每 10-13 枚成簇，长 3-5 毫米。鳞片状叶基部稍具刺状距或距不明显。花两性，单生于小枝顶端或

2-4 朵成簇腋生，白色；花梗短，有时中部具关节；花被片倒卵状披针形，长约 7 毫米，开展；雄蕊几等长于雌蕊；子房倒卵形。浆果球形，直径 6-7 毫米，熟时紫黑色，具 1-3 枚种子。花期 9-10 月。

陕西各地常见栽培，供观赏；中国各地常见栽培。原产于非洲南部。

本种为优良的观赏植物，常栽培于室内或庭园中；根入药。

**（2）羊齿天门冬** 千年老鼠屎（陕南）、蕨叶天门冬、大蕨叶天门冬（《秦岭植物志》）（图 251，照片 714、715）

**Asparagus filicinus** Buch.-Ham. ex D. Don, Prodr. Fl. Nepal. 49. 1825; 秦岭植物志 1(1): 322. 1976; 中国植物志 15: 104. 1978; Flora of China 24: 210. 2000. ——*A. filicinus* Buch.-Ham. ex D. Don var. *megaphyllus* F. T. Wang & Tang, Bull. Fan Mem. Inst. Biol. 7: 290. 1937; 秦岭植物志 1(1): 323. 1976.

多年生草本。高 30-80 厘米；根 10-30 条，较密集成簇，从基部膨大成纺锤状，膨大部分长短不一，长 2-4 厘米，直径 5-10 毫米；茎直立，光滑，上部多开展的分枝，分枝通常有条棱，有时稍具软骨质齿。叶状枝扁平，2-5 个簇生，绿色，镰刀状，长 5-15 毫米，宽 1-1.3 毫米，明显具 1 条中脉。鳞片状叶卵状三角形，膜质，白色，基部无刺。花单性，雌雄异株，1-2 朵腋生，淡绿色，有时稍带紫色；花梗纤细，长 12-20 毫米，中部具关节；雄花的花被长约 2.5 毫米，花丝不贴生于花被片上，花药卵形，长约 0.8 毫米；雌花和雄花近等大或略小。浆果圆球形，直径 5-6 毫米，成熟时黑色，有 2-3 枚种子。花期 6-7 月，果期 8-9 月。

图 251. 羊齿天门冬 **Asparagus filicinus**
1. 块根；2. 果枝（引自《秦岭植物志》）。

产黄龙、宜君、耀州、旬邑及秦巴山区，生于海拔 600-2700 米的山地草丛或林下；分布于山西、甘肃、浙江、河南、湖北、湖南、四川、贵州、云南等地。印度、不丹、缅甸、泰国等也产。

块根药用。

**（3）短梗天门冬**（照片 716、717）

**Asparagus lycopodineus** (Baker) F. T. Wang & Tang, Bull. Fan Mem. Inst. Biol. 7: 291. 1937; 中国植物志 15: 105. 1978; Flora of China 24: 210. 2000. ——*A. filicinus* Buch.-Ham. ex D. Don var. *lycopodineus* Baker, J. Linn. Soc. Bot. 14: 605. 1875.

多年生草本。高 45-100 厘米；根多数，通常在距基部 1-4 厘米处膨大成纺锤状，膨大部分长 1.5-3.5 厘米，直径 5-8 毫米，稀几不膨大；茎丛生，直立，暗绿色，光滑或略有条纹，上部具狭翅，分枝和小枝全部具 4-5 条翅。叶状枝绿色，常 3 枚成簇，扁平，镰刀状，长 5-7 毫米，宽 1-3 毫米，明显有中脉。鳞片状叶基部几无距，无刺。花单性，雌雄异株，1-4 朵腋生，白色；花梗很短，长仅 2-3 毫米；雄花的花被长 3-4 毫米，雄蕊不等长，花丝大部分贴生于花被片下部，内弯，花药小，卵形；雌花的花被片披针形，长 2-3 毫米，子房卵形，3 室，每室具 1 枚倒生胚珠，花柱几等长于子房，柱头 3 裂。浆果成熟时紫黑色，直径 5-6 毫米，通常有 2 枚种子。花期 5-6 月，果期 8-9 月。

产宜君、南郑、西乡、镇巴、平利等地，生于海拔 550-1000 米的山地林下；分布于甘肃、湖北、湖南、广西、四川、贵州、云南等地。印度、不丹、缅甸也有。

块根入药。

**（4）龙须菜** 雉隐天冬（《秦岭植物志》）（图 252，照片 718、719、720）

**Asparagus schoberioides** Kunth, Enum. Pl. 5: 70. 1850; 秦岭植物志 1(1): 323. 1976; 中国植物志 15: 106. 1978; Flora of China 24: 211. 2000.

多年生草本。高近 1 米；根细长，粗 2-3 毫米；茎直立，上部和分枝有纵棱，分枝有时有狭翅。叶状枝常 3-4 枚簇生，狭条形，镰刀状，基部近三棱形，上部扁平，长 1-4 厘米，宽 0.7-1 毫米。鳞片状叶披针形，基部无刺。花单性，雌雄异株，黄绿色，2-4 朵腋生；花梗短，长 0.5-1 毫米；雄花的花被长 2-2.5 毫米，花丝不贴生于花被片上；雌花近等长于雄花。浆果熟时红色，直径约 6 毫米，具 1-2 枚种子。花期 5-6 月，果期 8-9 月。

产宜君、旬邑、渭南、蓝田、周至、太白、凤县、平利等地，生于海拔 900-1500 米的山地草丛或林下；分布于东北、华北及山东、河南、甘肃等地。日本、朝鲜半岛、蒙古国、俄罗斯远东地区也产。

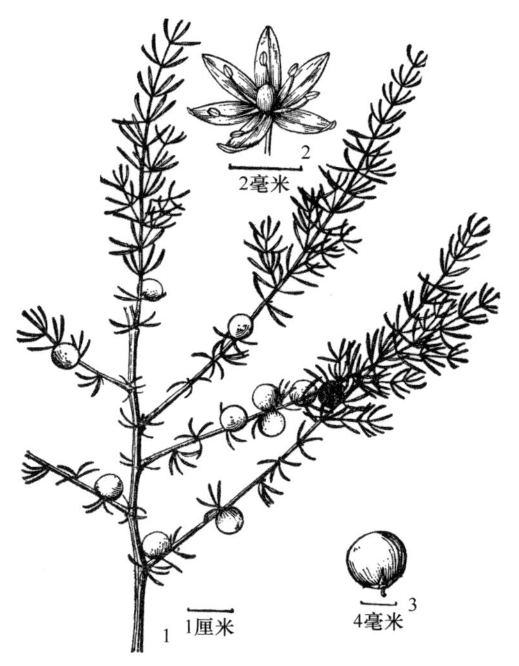

图 252. **龙须菜 Asparagus schoberioides**
1. 果枝；2. 雄花；3. 果实（引自《秦岭植物志》）。

**（5）天门冬**（图 253，照片 721、722）

**Asparagus cochinchinensis** (Lour.) Merr., Philipp. J. Sci. 15(3): 230. 1919; 秦岭植物志 1(1): 324. 1976; 中国植物志 15: 106. 1978; Flora of China 24: 211. 2000. ——*Melanthium cochinchinense* Lour., Fl. Cochinch. 1: 216. 1790.

多年生攀援植物。根多数，近肉质，在中部或近末端膨大成纺锤状，膨大部分长 3-5 厘米，粗 1-2 厘米；茎圆柱形，光滑，弯曲或缠绕，长可达 1 米以上，分枝具棱或狭翅。叶状枝通常 3 枚成簇，扁平或由于中脉隆起而略呈锐三棱形，稍镰刀状，长 0.5-8 厘米，宽 1-2 毫米。茎上的鳞片状叶膜质，白色，基部延伸为长 2.5-3.5 毫米的硬刺，在分枝上的刺较短或不明显。花单性，雌雄异株，在叶状枝展开后开放，通常 2 朵腋生，淡绿色；花梗长 2-6 毫米，中上部具关节；雄花的花被长 2.5-3 毫米，花丝不贴生于花被片上；雌花大小和雄花相似。浆果近球形，直径 6-7 毫米，熟时红色，有 1 枚种子。花期 5-6 月，果期 8-10 月。

产长安、周至、眉县、凤县、商南、丹凤、商洛、山阳、柞水、宁陕、石泉、平利、镇巴、勉县、汉中、洋县、佛坪等地，生于海拔 300-1800 米的山地草丛或林下，也有栽培；分布于华东、华中、华南及河北、山西、甘肃、四川、云南、西藏等地。老挝、越南、日本、朝鲜半岛也产。

肉质块根是常用的中药，为中药“天门冬”的基源。

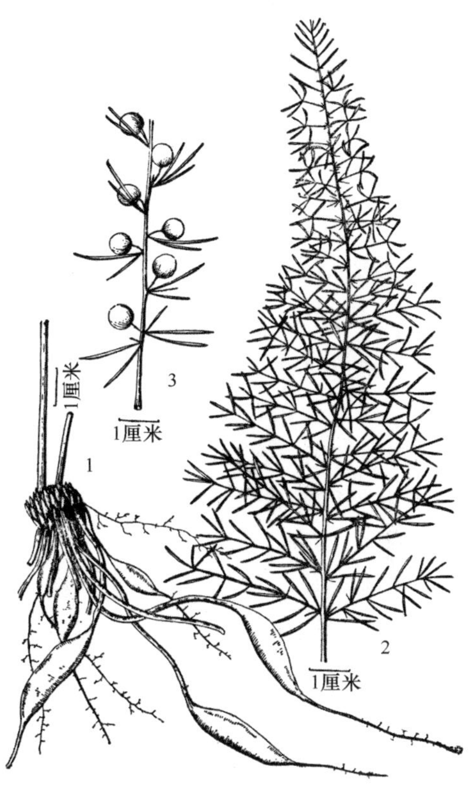


图 253. 天门冬 **Asparagus cochinchinensis**
1. 根和植株基部；2. 枝和叶状枝；3. 果枝
（引自《秦岭植物志》）。

## （6）兴安天门冬（照片 723、724）

**Asparagus dauricus** Fisch. ex Link, Enum. Hort. Berol. Alt. 1: 340. 1821; 中国植物志 15: 112. 1978; Flora of China 24: 212. 2000.

多年生直立草本。高 25-100 厘米；根细长，粗约 2 毫米；茎伸直或稍弯曲，茎和分枝有纵条纹，幼枝有时具软骨质齿。叶状枝 1-6 枚成簇，通常斜立，扁圆柱形，略有数条不明显的纵棱，长 1-5 厘米，粗约 0.6 毫米，伸直或稍弧曲，有时具软骨质齿。鳞片状叶基部无刺。花单性，雌雄异株，黄绿色，常 2 朵腋生；花梗长 3-5 毫米，中上部具关节；雄花的花被长 4-5 毫米，花丝大部分贴生于花被片上；雌花极小，花被长约 1.5 毫米。浆果球形，直径 6-7 毫米，成熟时红色，有 2-6 枚种子。花期 5-6 月，果期 7-8 月。

产榆林、横山、定边、宜君等地，生于海拔 1000-1400 米的草地；分布于东北、华北及山东、宁夏等地。朝鲜半岛、蒙古国及俄罗斯西伯利亚和远东地区也产。

## （7）戈壁天门冬（照片 725、726）

**Asparagus gobicus** N. A. Ivanova ex Grubov, Bot. Mater. Gerb. Bot. Inst. Komarova Akad. Nauk S. S. S. R. 17: 9. 1955; 中国植物志 15: 112. 1978; Flora of China 24: 212. 2000.

半灌木。植株坚挺，高 20-40 厘米；根状茎粗壮，横走；根多数，圆柱状，细长，直径 1.5-2 毫米；茎直立，灰白色，中部以下具纵向剥离的白色薄膜，中上部常呈之字形强烈弯曲，略具纵条棱，棱上疏具软骨质齿。叶状枝 3-8 枚成簇，近圆柱形，长 0.5-2.5 厘米，直径约 1 毫米，较刚硬，具纵棱，微具软骨质齿。鳞片状叶卵状披针形，基部具短距，无硬刺。花 1-2 朵腋生；花梗长 2-4 毫米，近中部或上部有关节；雄花的花被长 5-7 毫米，花丝中部以下贴生于花被片上；雌花略小于雄花。浆果球形，直径 5-7 毫米，成熟时红色，有 3-5 枚种子。花期 5 月，果期 6-7 月。

仅见于神木，生于固定沙丘上；分布于内蒙古、宁夏、甘肃、青海、新疆等地。蒙古国也产。

### （8）攀援天门冬（照片 727、728）

**Asparagus brachyphyllus** Turcz., Bull. Soc. Imp. Naturalistes Moscou 13: 78. 1840; 中国植物志 15: 116. 1978; Flora of China 24: 213. 2000.

多年生攀援草本。块根数个成簇，肉质，圆柱状，长 10-35 厘米，直径 7-15 毫米；茎近平滑，长 20-100 厘米，常呈之字形弯曲，分枝具纵棱，棱上通常有软骨质齿。叶状枝 4-10 枚成簇，扁圆柱形，长 4-12 毫米，直径约 0.5 毫米，直伸或稍弧曲，略具条棱，棱上具软骨质齿。鳞片状叶膜质，卵形或披针形，基部有长 1-2 毫米的刺状短距，有时距不明显。花单性，雌雄异株，通常 2-4 朵腋生，淡紫褐色；花梗长 3-6 毫米，近中部有关节；雄花的花被长约 7 毫米，花丝长约 2.5 毫米，中部以下贴生于花被片上，花药黄色；雌花较小，花被长约 3 毫米。浆果球形，直径 6-7 毫米，成熟时红色，通常有 4-5 枚种子。花期 5-6 月，果期 7-8 月。

产绥德、靖边、延川、宜君、韩城、咸阳、华阴、临潼、周至等地，生于山坡草地中；分布于吉林、辽宁、河北、山西、宁夏、甘肃等地。中亚及蒙古国、朝鲜半岛也产。

### （9）长花天门冬（图 254，照片 729、730、731）

**Asparagus longiflorus** Franch., Nouv. Arch. Mus. Hist. Nat. ser. 2, 7: 110. 1884; 秦岭植物志 1(1): 323. 1976; 中国植物志 15: 117. 1978; Flora of China 24: 213. 2000.

多年生草本。近直立，高 40-100 厘米；根较细，粗约 3 毫米；茎通常中部以下平滑，上部有纵棱，稍具软骨质齿；分枝平展或斜升，具纵棱和软骨质齿，嫩枝更为明显。叶状枝 4-12 枚成簇，扁圆柱形，略具棱，常伸直，长 6-15 毫米，通常具软骨质齿。茎上的鳞片状叶卵状三角形，膜质，基部常具长 1-5 毫米的刺状距，稀距不明显或具硬刺。花单性，雌雄异株，通常 2 朵腋生，淡紫色；花梗长 6-12 毫米，有时长达 15 毫米，在中部以上有关节；雄花的花被长 6-7 毫米，花丝中部以下贴生于花被片上；雌花较小，花被长约 3 毫米。浆果圆球

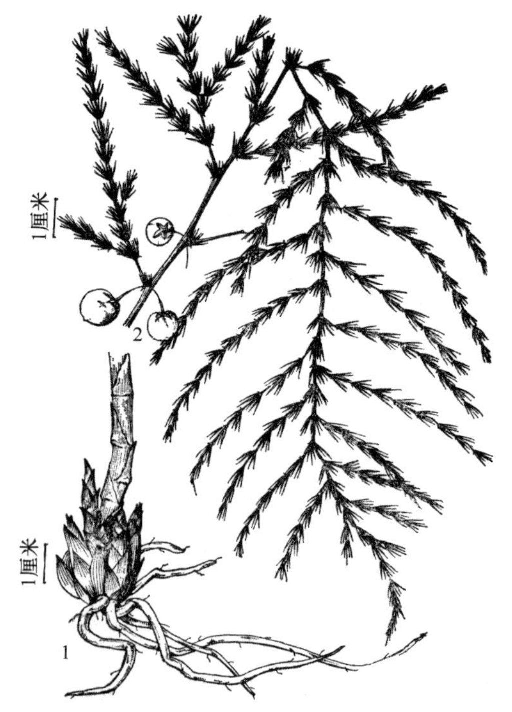

图 254. 长花天门冬 **Asparagus longiflorus**
1. 根和植株基部；2. 果枝（引自《秦岭植物志》）。

形，直径约 1 厘米，成熟时红色，通常有 4 枚种子。花期 5-6 月，果期 7-8 月。

产神木、延川、延安、甘泉、黄龙、耀州、华阴、临潼、眉县等地，生于海拔 620-1400 米的山丘灌丛、草地或林下；分布于河北、山西、山东、河南、宁夏、甘肃、青海、四川等地。

（10）**曲枝天门冬**（照片 732、733、734）

**Asparagus trichophyllus** Bunge, Enum. Pl. China Bor. 65. 1833; 中国植物志 15: 117. 1978; Flora of China 24: 214. 2000.

多年生草本。高 40-80 厘米；根较细，直径 2-3 毫米；茎平滑，近直立，中部至上部呈之字形强烈弯曲，有时上部疏生软骨质齿；分枝先下弯而后上升，靠近基部这一段形成强烈弧曲，有时近半圆形，上部之字形，小枝具软骨质齿。叶状枝通常 5-8 枚成簇，稠密，刚毛状，略具 4-5 棱，稍弧曲，长 5-15 毫米，粗 0.2-0.4 毫米，常伏贴于小枝上，有时稍具软骨质齿。茎上的鳞片状叶基部有长 1-2 毫米的刺状距，分枝上的距不明显。花单性，雌雄异株，常 1-2 朵腋生，绿黄色而稍带紫色；花梗长 12-16 毫米，近中部有关节；雄花的花被长 6-8 毫米，花丝中部以下贴生于花被片上；雌花较小，花被长 2.5-3.5 毫米。浆果球形，直径 5-7 毫米，成熟时红色，有 3-5 枚种子。花期 5-6 月，果期 7-9 月。

产绥德、靖边、宜君、合阳、长安等地，生于海拔 800-1000 米的草地、山坡林下或灌丛中；分布于辽宁、河北、山西等地。蒙古国、俄罗斯东西伯利亚地区也产。

（11）**石刁柏**（照片 735、736、737）

**Asparagus officinalis** L., Sp. Pl. 1: 313. 1753; 秦岭植物志 1(1): 324. 1976; 中国植物志 15: 118. 1978; Flora of China 24: 214. 2000.

多年生草本。高可达 1 米；根稍肉质，直径 2-3 毫米；茎直立，平滑，稍柔软，上部在后期常下垂，分枝较柔弱，有不明显的纵棱。叶状枝常 3-6 枚成簇，扁圆柱形，稍具钝棱，纤细，常稍弧曲，长 5-30 毫米，直径约 0.4 毫米。鳞片状叶膜质，基部有刺状短距或近无距。花单性，雌雄异株，黄绿色，1-4 朵腋生；花梗长 5-12 毫米，中部以上有关节；雄花的花被长圆形，长 5-6 毫米，花丝中部以下贴生于花被片上；雌花较小，花被长约 3 毫米。浆果圆球形，直径 7-8 毫米，成熟时红色，有 2-3 枚种子。花期 5-6 月，果期 9-10 月。

陕西有栽培；中国各地多有栽培，新疆有野生。中亚、西亚、欧洲、非洲有分布，现世界各地多有栽培。

初生的嫩株可作蔬菜食用，通常称为芦笋。

## 8. 山麦冬属[①] **Liriope** Lour.

Fl. Cochinch. 1: 200. 1790; 秦岭植物志 1(1): 333. 1976; 中国植物志 15: 123. 1978; Flora of China 24: 250. 2000.

多年生常绿草本。根状茎短，有时具地下的横走茎；根细长，近末端常具纺锤状的

① 又称土麦冬属（《秦岭植物志》）。

肉质小块根；茎短。叶基生，密集成丛，禾叶状，基部边缘具膜质叶鞘。花葶从叶丛中抽出，通常较长；花序总状，具多数花；花小，数朵簇生于苞片腋内；苞片小，干膜质；小苞片很小，位于花梗基部；花梗直立，有关节；花被片 6 片，分离，排成 2 轮，淡紫色或白色；雄蕊 6 枚，着生于花被片基部；花丝狭条形，等长于或长于花药；花药基着，2 室，近内向开裂；子房上位，3 室，每室具 2 枚胚珠；花柱三棱柱形，柱头小，略具 3 齿裂。果实在发育的早期外果皮即破裂，露出种子。种子浆果状，球形或椭圆形，早期绿色，成熟后常呈暗蓝色。

本属约 8 种，分布于中国、日本、越南、菲律宾。中国有 6 种；陕西产 6 种。

## 分种检索表

1. 花丝长为花药的近 2 倍；花通常单生，稀 2 朵簇生于苞片腋内；叶宽 1-1.5 毫米；植株具地下横走茎 ……（1）**甘肃山麦冬 L. kansuensis** (Batalin) C. H. Wright
1. 花丝几等长于花药；花通常 2-8 朵簇生于苞片腋内，稀单生；叶宽 2-22 毫米；植株具地下横走茎或无……2
2. 花药近长圆形，较短，长约 1 毫米，通常短于花丝……3
2. 花药狭长圆形或近长圆状披针形，长 1.5-2 毫米，几等长于花丝……5
3. 叶宽 4-5 毫米；花梗长 5-8 毫米，植株无地下横走茎……（4）**长梗山麦冬 L. longipedicellata** F. T. Wang & Tang
3. 叶宽 2-4 毫米；花梗长 3-4 毫米，植株具地下横走茎……4
4. 花序长 1-3 厘米；花通常单生于苞片腋内，稀 2-3 朵簇生……（2）**矮小山麦冬 L. minor** (Maxim.) Makino
4. 花序通常长 6-15 厘米；花常数朵簇生于苞片腋内……（3）**禾叶山麦冬 L. graminifolia** (L.) Baker
5. 植株具地下横走茎；叶宽 5-8 毫米；花药狭长圆形……（5）**山麦冬 L. spicata** Lour.
5. 植株不具地下横走茎；叶宽 8-22 毫米；花药近长圆状披针形……（6）**阔叶山麦冬 L. muscari** (Decne.) L. H. Bailey

### （1）甘肃山麦冬（图 255，照片 738、739）

**Liriope kansuensis** (Batalin) C. H. Wright, J. Linn. Soc. Bot. 36: 79. 1903; 中国植物志 15: 124. 1978; Flora of China 24: 250. 2000. ——*Ophiopogon kansuensis* Batal., Acta Hort. Petrop. 13: 103. 1893.

多年生草本。须根较多，细长；根状茎很短，具地下横走茎。叶基生，成丛，长 15-25 厘米，宽 1-1.5 毫米，具 3 条纵脉，边缘具疏锯齿且向背反卷，基部无膜质的鞘。花葶长约 25 厘米；总状花序长约 5.5 厘米，具 10-20 朵花；花通常单生，稀 2 朵簇生于苞片腋内；苞片狭披针形，膜质，长 2-3 毫米；花梗长 5-6 毫米，近顶端有关节；花被片长圆状披针形，淡紫色，长约 5 毫米，先端钝圆；花丝细，长约 2 毫米；花药长圆形，长约 1 毫米；子房近球形，花柱细，长约 2.8 毫米，柱头稍膨大，微 3 裂。种子近球形，成熟时暗蓝色。花期 6 月，果期 7-9 月。

仅见于宁陕，生于海拔 1200 米左右的山谷岩石上；分布于甘肃、四川等地。

### （2）矮小山麦冬

**Liriope minor** (Maxim.) Makino, Bot. Mag. Tokyo 7: 323. 1893; 中国植物志 15: 124. 1978; Flora of China 24: 250. 2000. ——*Ophiopogon spicatus* (Lour.) Ker Gawl. var. *minor* Maxim., Bull. Acad. Imp. Sci. Saint-Pétersbourg 15: 85. 1871.

多年生草本。根细，分枝较多，具纺锤形的小块根；根状茎不明显，具细长的地下横走茎。叶狭线形，长 7-20 厘米，宽 2-4 毫米，近全缘，具 5 条脉，先端急尖，基部常为具干膜质边缘的鞘所包裹。花莛明显短于叶，长 6-7 厘米；总状花序长 1-3 厘米，具 5-10 朵花；花通常单生于苞片腋内，稀 2-3 朵簇生；苞片卵状披针形，先端具短尖，长 2-4 毫米，边缘膜质；花梗长 3-4 毫米，近顶端有关节；花被片淡紫色，披针状长圆形，长 3.5-4 毫米，先端钝；花丝圆柱形，长约 1.5 毫米；花药长圆形，长约 1.5 毫米；子房近球形，花柱稍粗短，长约 2 毫米，宽约 1 毫米，柱头很短，稍细于花柱。种子近球形，直径 4-5 毫米，成熟时暗蓝色。花期 6-7 月，果期 8-9 月。

产佛坪、洋县等地，生于海拔 1300 米左右的山地林下；分布于辽宁、河南、江苏、浙江、福建、台湾、湖北、广西、四川等地。日本也产。

小块根也作麦冬用。

图 255. **甘肃山麦冬 Liriope kansuensis**
1. 植株；2. 花（引自《中国植物志》）。

### （3）禾叶山麦冬（图 256，照片 740、741）

**Liriope graminifolia** (L.) Baker, J. Linn. Soc. Bot. 14: 538. 1875; 中国植物志 15: 126. 1978; Flora of China 24: 251. 2000. ——*Asparagus graminifofius* L., Sp. Pl. ed. 2, 450. 1762.

多年生草本。根细或稍粗，分枝多，有时末端具纺锤形小块根；根状茎短或稍长，具地下横走茎。叶狭线形，长 30-60 厘米，宽 2-4 毫米，具 5 条脉，近全缘，但先端边缘具细齿，先端钝或渐尖，基部常有残存的枯叶或有时撕裂成纤维状。花莛通常稍短于叶，长 20-45 厘米，总状花序长 6-13 厘米；花多数，通常 3-5 朵簇生于苞片腋内；苞片卵形，干膜质，先端具长尖，最下面的长 5-6 毫米；花梗

图 256. **禾叶山麦冬 Liriope graminifolia**
1. 植株；2. 花（引自《中国植物志》）。

长约 4 毫米，近顶端有关节；花被片白色或淡紫色，狭长圆形或长圆形，长 3.5-4 毫米，先端钝圆；花丝长 1-1.5 毫米，扁而稍宽，花药近长圆形，长约 1 毫米；子房近球形，花柱长约 2 毫米，稍粗，柱头等宽于花柱。种子卵圆形或近球形，直径 4-5 毫米，初期绿色，成熟时蓝黑色。花期 6-8 月，果期 9-11 月。

产黄龙、铜川、耀州、华阴、鄠邑、周至、眉县、太白、宝鸡、凤县、留坝、略阳、南郑、宁陕、岚皋、平利、西乡、旬阳、山阳等地，生于海拔 500-1950 米的山地草丛或林下；分布于华北及甘肃、江苏、安徽、浙江、福建、台湾、江西、河南、湖北、广西、四川、贵州等地。

小块根有时也作麦冬用。

(4) **长梗山麦冬**（图 257，照片 742、743）

**Liriope longipedicellata** F. T. Wang & Tang, 中国植物志 15: 251. 1978; Flora of China 24: 251. 2000; 秦岭植物志增补: 27. 2013.

多年生草本。具粗短的木质根状茎，无地下走茎。叶基生，密集成丛，线状带形，长 30-50 厘米，宽 4-5 毫米，表面绿色，脉不明显，背面粉绿色，具 5 条明显的脉，边缘具细锯齿，基部常被褐色、膜质的鞘。花莛稍长于或等长于叶，长 30-60 厘米；总状花序长 7-12 厘米，具多花；花常 2-4 朵簇生于苞片腋内，少数单生；苞片小，长 1-2 毫米，干膜质；花梗长 5-8 毫米，关节位于中部以上或近中部；花被片倒卵形或倒披针形，长约 3 毫米，紫红色或紫色，先端急尖或稍钝；花丝扁，长约 1.2 毫米；花药卵形，开裂后近长圆形，长约 1 毫米；子房扁圆形；花柱稍粗，长约 2 毫米，柱头不明显。种子近球形或稍呈椭圆形，直径 5-6 毫米，初期绿色，成熟后黑紫色。花期 7 月，果期 8-9 月。

图 257. **长梗山麦冬 Liriope longipedicellata**
1. 植株；2. 花序；3. 花和苞片
（引自《秦岭植物志增补》）。

产佛坪、洋县等地，生于海拔 1000-1100 米的山坡林下；分布于重庆、四川等地。

(5) **山麦冬** 土麦冬（《秦岭植物志》）（图 258，照片 744、745、746）

**Liriope spicata** Lour., Fl. Cochinch. 1: 201. 1790; 秦岭植物志 1(1): 333. 1976; 中国植物志 15: 128. 1978; Flora of China 24: 251. 2000.

多年生草本。植株有时丛生；须根多数，纤维质，直径 1-2 毫米，有时分枝多，近末端处常膨大成长圆形、椭圆形或纺锤形的肉质小块根；根状茎短，木质，具地下横走茎。叶长 15-55 厘米，宽 2-5 毫米，先端急尖或钝，基部常被褐色的叶鞘所包裹，表面深绿色，背面粉绿色，具5条脉，中脉较明显，边缘具细锯齿。花莛通常长于或几等长于叶，少数稍短于叶，通常高15-60厘米；总状花序长6-15厘米或更长；花多数，常2-5朵簇生于苞片腋内；苞片小，披针形，最下面的长4-5毫米，膜质；花梗长约4毫米，中部以上或近顶端有关节；花被片淡紫色或淡蓝色，偶见白色，长圆形或长圆状披针形，长约4毫米，先端钝圆；花丝长约2毫米；花药狭长圆形，长约2毫米；子房近球形，花柱长约2毫米，稍弯，柱头不明显。种子球形，直径约5毫米，成熟时黑色。花期6-8月，果期9-10月。

秦巴山区常见分布，生于海拔300-2000米的山地草丛或林下，喜荫蔽，关中、陕南常见栽培；分布于华北及甘肃、江苏、安徽、浙江、福建、台湾、江西、河南、湖北、广西、四川、贵州等地。越南、日本、朝鲜半岛也产。

块根可入药；亦可作为地被栽培为观赏植物。

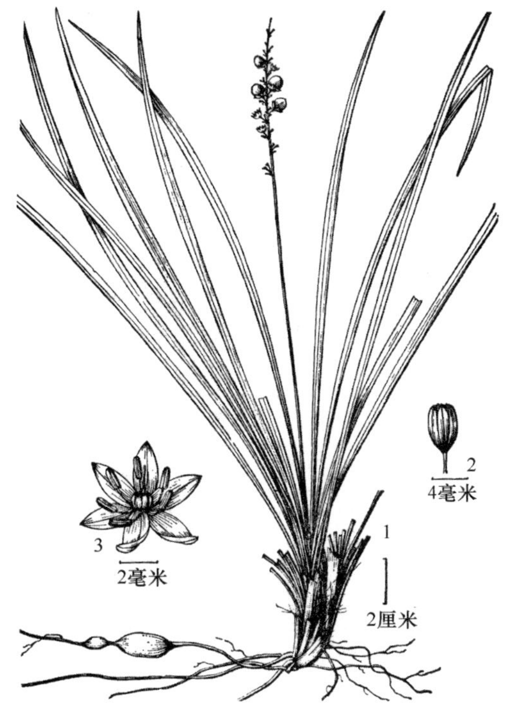


图258. 山麦冬 **Liriope spicata**

1. 植株；2. 花蕾；3. 花（引自《秦岭植物志》）。

**（6）阔叶山麦冬** 阔叶土麦冬（《秦岭植物志》）（照片747、748）

**Liriope muscari** (Decne.) L. H. Bailey, Gentes Herb. 2: 35. 1929; Flora of China 24: 251. 2000. ——*Ophiopogon muscari* Decne., Ann. Gén. Hort. 17: 181. 1867-1868. ——*Liriope platyphylla* F. T. Wang &Tang, 植物分类学报 1(3): 332. 1951; 秦岭植物志 1(1): 333. 1976; 中国植物志 15: 128. 1978.

多年生草本。根细长，分枝多，有时局部膨大成纺锤形的小块根；小块根长2.5-4厘米，宽7-8毫米，肉质；根状茎短，木质。叶密集成丛，叶片革质，宽线形，不同程度镰刀状，长18-60厘米，宽0.7-2厘米，先端急尖或钝，基部渐狭，具9-11条脉，有明显的横脉，边缘几不粗糙。花莛通常长于叶，长25-80厘米；总状花序长10-30厘米，密生多花；花3-8朵簇生于苞片腋内；苞片小，近刚毛状，长3-4毫米，有时不明显；小苞片卵形，膜质；花梗长4-5毫米，中部以上有关节；花被片长圆状披针形或近长圆形，长约3.5毫米，先端钝，紫色或紫红色；花丝长约1.5毫米，花药近长圆状披针形，长1.5-2毫米；子房近球形，花柱长约2毫米，柱头3齿裂。种子球形，直径6-7毫米，初期绿色，成熟时变紫黑色。花期7-8月，果期9-10月。

产眉县、汉中、洋县、佛坪、西乡、平利（化龙山）、镇坪等地，生于海拔1000-2200米的山地林下、草地上，西安等地有栽培；分布于江苏、安徽、浙江、福建、台湾、江西、河南、湖北、湖南、广东、广西、四川、贵州、西藏等地。日本也产。

## 9. 沿阶草属 **Ophiopogon** Ker Gawl.

Curtis's Bot. Mag. 27: t. 1063. 1807, non. cons.; 秦岭植物志 1(1): 334. 1976; 中国植物志 15: 130. 1978; Flora of China 24: 252. 2000.

多年生常绿草本。根或细而分枝多，近末端有时膨大成小块根，或粗壮而分枝少，常木质、坚硬；根状茎通常很短，不明显，少数较长，多为木质，罕肉质；部分种类具细长的地下匍匐茎，每年长短不等地延伸，上部生出新叶，下部叶脱落后，直立或平卧地面，并生根，形如根状茎；茎或长或短，不分枝，匍匐或直立，常为叶鞘所包裹。基生叶成丛，或散生于茎上，或为禾叶状，无明显的叶柄，下部常具膜质叶鞘，或呈长圆形、披针形及其他形状，有明显的叶柄；叶片表面绿色，背面常为粉绿色或具粉白色条纹，有时边缘具细锯齿。花序总状，生于花莛顶端或茎的先端；花小，钟状，单生或 2-7 朵簇生于苞片腋内；苞片膜质；小苞片很小，位于花梗基部；花梗常下弯，具关节；花被片 6 片，分离，2 轮排列；雄蕊 6 枚，着生于花被片基部，通常分离，少数花药连合成圆锥形；花丝很短，有时不明显；花药箭形，锐头，基着，长于花丝，2 室，近内向开裂；子房半下位，3 室，每室具 2 枚胚珠；花柱三棱柱状或细圆柱状，或基部粗，向上渐细，柱头 3 齿裂。果实在发育早期外果皮即破裂而露出种子。种子常 1 或几枚同时发育，浆果状，球形或椭圆形，早期绿色，成熟后常呈暗蓝色。

本属有 50 多种，分布于东亚各国。中国有 33 种，以西南地区种类较多；陕西产 4 种。

部分种类小块根入药；部分种类可作常绿地被植物，用以观赏。

### 分种检索表

1. 植株明显有茎；花药连合成短圆锥状……………………………………（1）**短药沿阶草 O. angustifoliatus** (F. T. Wang & Tang) S. C. Chen
1. 植株茎极短而不明显；花药不连合……………………………………2
2. 植株不具横生的、细长的地下匍匐茎……………………（2）**间型沿阶草 O. intermedius** D. Don
2. 植株具横生的、细长的地下匍匐茎……………………………………3
3. 花柱细长，圆柱形，基部不宽阔；花被片在花盛开时多少展开；花莛通常稍短于或近等长于叶……………………………………（3）**沿阶草 O. bodinieri** H. Lév.
3. 花柱较粗短，基部宽阔，略呈长圆锥形；花被片不展开；花莛明显短于叶……………………………………（4）**麦冬 O. japonicus** (L. f.) Ker Gawl.

### （1）短药沿阶草

**Ophiopogon angustifoliatus** (F. T. Wang & Tang) S. C. Chen, 植物分类学报 26(2): 141. 1988; Flora of China 24: 256. 2000. ——*Ophiopogon bockianus* Diels var. *angustifoliatus* F. T. Wang & Tang, 中国植物志 15: 152. 1978.

多年生草本。根稍粗，直径 1-3 毫米，密被白色根毛，末端有时膨大成长 1-3 厘米的、纺锤形的肉质小块根；根状茎较细长，有时在地下横走；茎较短，粗壮，形如根状茎，近圆柱状，直径 4-6 毫米，节间紧密。叶近簇生于茎顶，长线形，长 15-25 厘米，宽 3-7 毫米，先端急尖，基部具膜质叶鞘。花莛高 5-15 厘米；花序总状，长 3-10 厘米，常具 3-6 朵花；花单生于苞片腋内；苞片披针形，长 6-9 毫米；花梗长 8-10 毫米，近中部有关节；花被片淡紫色，近卵形，长 7-8 毫米，宽 3-3.5 毫米，先端常外卷；花丝短，花药卵形，长 3.5-4 毫米，连合成短圆锥形；花柱细，长 6-7.5 毫米。种子球状，直径 5-7 毫米，成熟时蓝黑色。花期 7-8 月，果期 9-10 月。

仅见于宁强，生于海拔 1000-1200 米的山坡林下或山谷潮湿处；分布于广西、贵州、湖北、四川、云南等地。

### （2）间型沿阶草（图 259）

**Ophiopogon intermedius** D. Don, Prodr. Fl. Nepal. 48. 1825; 中国植物志 15: 158. 1978; Flora of China 24: 260. 2000.

多年生草本。植株常丛生，有粗短、块状的根状茎；根细长，多分枝，末端处有椭圆形或纺锤形的小块根；茎很短。叶基生成丛，线形，长 15-50 厘米，宽 2-6 毫米，具 5-9 条脉，中脉明显，边缘具细齿，基部常包以褐色膜质的鞘及其枯萎后撕裂成的纤维，表面绿色，背面淡绿色。花莛长 20-40 厘米；总状花序长 3-5 厘米，具 10 余朵花，有时下垂；花常单生，少有 2-3 朵簇生于苞片腋内；苞片钻形或披针形，最下面的长可达 15 毫米；花梗长 4-6 毫米，中部有关节；花被片长圆形，先端钝圆，长 4-6 毫米，白色或淡紫色；花丝不明显；花药条状狭卵形，长 2-4 毫米；花柱细，长 3-4 毫米。种子椭圆形，成熟时暗蓝色。花期 5-8 月，果期 8-10 月。

图 259. 间型沿阶草 **Ophiopogon intermedius**
1. 植株；2. 花序；3. 花（引自《中国植物志》）。

仅见于镇坪，生于海拔 1500 米左右的山谷疏林下；分布于安徽、台湾、河南、湖北、湖南、广东、广西、四川、贵州、云南、西藏等地。斯里兰卡、孟加拉国、印度、尼泊尔、不丹、缅甸、泰国、越南也产。

### （3）沿阶草（图 260，照片 749、750）

**Ophiopogon bodinieri** H. Lév., Liliac. & C. Chine 15. 1905; 中国植物志 15: 162. 1978; Flora of China 24: 261. 2000; 秦岭植物志增补: 28. 2013.

多年生草本。须根纤细，先端或中部具纺锤形的小块根；地下横走茎较长，直径 1-2 毫米，节上有白色膜质的叶鞘；直立茎短缩。叶基生，密集成丛，线状带形，长 20-40 厘米，宽 2-4 毫米，具 3-5 条脉，先端渐尖，边缘具细锯齿。花莛稍短于或几等长于叶；

总状花序长达 7 厘米，具数朵至 10 余朵花；花常单生或 2 朵簇生于苞片腋内；苞片条形或披针形，少数呈针形，稍带黄色，半透明，最下面的长约 7 毫米或更长；花梗长 5-8 毫米，中部具关节；花被片卵状披针形、披针形或近长圆形，长 4-6 毫米，内轮 3 片宽于外轮 3 片，白色或稍带紫色；花丝很短，长不及 1 毫米；花药狭披针形，长约 2.5 毫米，常呈黄绿色；花柱细，长 4-5 毫米。种子近球形或椭圆形，直径 5-6 毫米。花期 6-8 月，果期 8-10 月。

见于太白、宁陕、佛坪、洋县、南郑、西乡、镇巴、平利、岚皋等地，生于海拔 760-2100 米的山地林下；分布于甘肃、河南、湖北、台湾、四川、贵州、云南、西藏等地。

小块根也作中药麦冬用。

图 260. 沿阶草 **Ophiopogon bodinieri**
1. 花期植株；2. 花（引自《秦岭植物志增补》）。

（4）**麦冬** 麦冬沿阶草（《秦岭植物志》）（图 261，照片 751、752）

**Ophiopogon japonicus** (L. f.) Ker Gawl., Curtis's Bot. Mag. 27: t. 1063. 1807; 秦岭植物志 1(1): 334. 1976; 中国植物志 15: 162. 1978; Flora of China 24: 261. 2000.

多年生草本。根较粗，分枝较少，中间或近末端常膨大成椭圆形或纺锤形的小块根；小块根长 0.5-1.8 厘米，宽 3-5 毫米，淡褐黄色；地下横走茎细长，直径 1-2 毫米，节上具膜质的鞘；茎很短。叶基生成丛，线形，长 10-40 厘米，宽 1.5-4 毫米，先端渐尖，基部渐狭成不明显的柄，具 3-7 条脉，边缘具细锯齿。花莛长 6.5-15 厘米，常短于叶；总状花序长 2-5 厘米，具几朵至 10 余朵花；花 1-2 朵着生于苞片腋内；苞片披针形，白色，膜质，先端渐尖，最下面的长 7-8 毫米；花梗长 3-4 毫米，中部以上有关节；花被片常稍下垂而不展开，披针形，长约 5 毫米，白色、淡紫色或紫色；花丝很短，花药披针形，长 2-3 毫米；花柱长

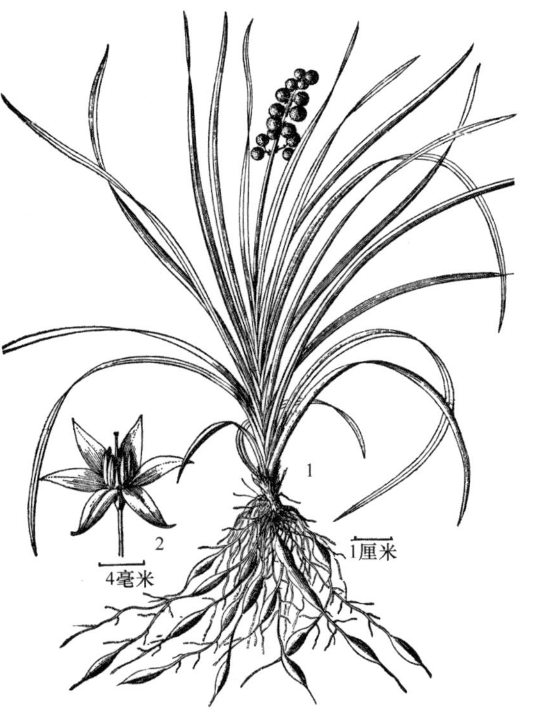

图 261. 麦冬 **Ophiopogon japonicus**
1. 植株；2. 花（引自《秦岭植物志》）。

约4毫米，较粗，宽约1毫米，向上渐狭，顶端钝。种子球形，直径7-8毫米，成熟时蓝黑色。花期7月，果期9-10月。

产秦巴山区，生于海拔 500-1900 米的山坡阴湿处、林下或溪旁，陕南、关中等地有栽培；分布于华东、华中、华南、西南及河北、甘肃等地。日本、朝鲜半岛也产。

本种的小块根入药，栽培很广，历史悠久；叶常绿，多栽植作绿化环境之用。

## 10. 铃兰属 **Convallaria** L.

Sp. Pl. 1: 314. 1753; 秦岭植物志 1(1): 336. 1976; 中国植物志 15: 2. 1978; Flora of China 24: 234. 2000.

多年生草本。根状茎粗短，具1-2条细长的匍匐茎；须根较细。叶基生，常2片，具弧形脉，长的叶柄和鞘互相套叠成茎状，外面有几枚膜质鞘状鳞片。花莛侧生于鞘状鳞片的腋部，长20-25厘米；总状花序顶生；苞片膜质；花多数，俯垂，偏向一侧，短钟状，具短梗；花被顶端6浅裂；雄蕊6枚，着生于花被筒基部，内藏；花丝短，花药基着，内向纵裂；子房上位，3室，卵状球形，每室有胚珠数枚。浆果球形，肉质，成熟时红色，具数枚种子。

本属仅1种，广布于北温带。中国有1种，分布于东北、华北、西北及浙江、河南、湖南等地；陕西也产。

### (1) **铃兰**（图262，照片753、754）

**Convallaria majalis** L., Sp. P1. 1: 314. 1753; 中国植物志 15: 2. 1978; Flora of China 24: 235. 2000. ——*C. keiskei* Miq., Ann. Mus. Bot. Lugduno-Batavi 3: 148. 1867; 秦岭植物志 1(1): 336. 1976.

多年生草本。植株全部无毛，高20-30厘米，常成片生长；根状茎细弱，横走。叶2片，叶片椭圆形或倒卵状长圆形，长12-18厘米，宽3-7厘米，先端急尖，基部楔形，全缘，两面无毛；叶柄长15-22厘米，互相套叠，基部被4-5枚鞘状鳞叶所包裹。花莛直立，高20-30厘米，短于叶，稍外弯；总状花序顶生，长5-12厘米，约具10朵花；苞片膜质，披针形，短于花梗；花梗长6-12毫米，下弯，近顶端有关节，果熟时从关节处脱落；花白色，有香气，长宽各5-7毫米，下部结合，中部以上分离，裂片卵状三角形，先端锐尖，有1条脉；花丝长约2毫米，花药近长圆形，长1.5-1.8毫米；子房卵形，长2-3毫米，花柱长约3毫米。浆果球形，

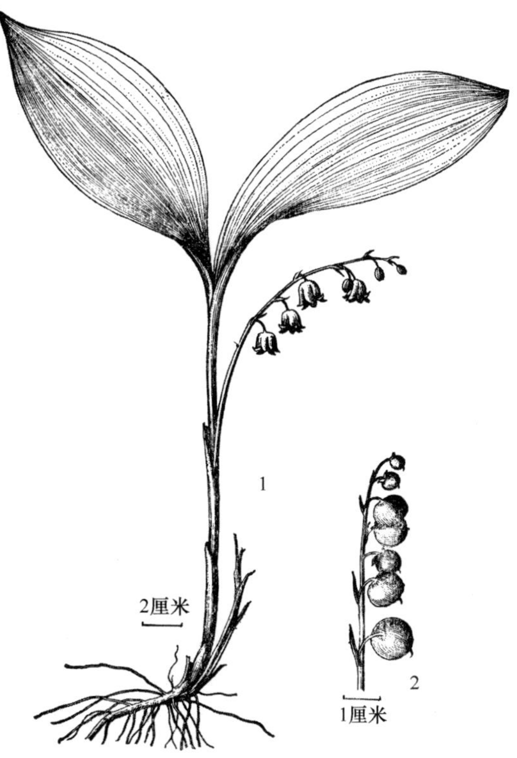


图262. **铃兰 Convallaria majalis**
1. 开花植株；2. 果序（引自《秦岭植物志》）。

直径约 6 毫米，成熟后红色，稍下垂。种子扁圆形或双凸状，直径 3 毫米。花期 5-6 月，果期 7-8 月。

产黄龙、华阴、蓝田、眉县、宝鸡、陇县、太白、佛坪、柞水等地，生于海拔 1200-2400 米的山地林下或草丛中；分布于华北、东北及宁夏、甘肃、山东、浙江、河南、湖南等地。东亚、欧洲、北美洲也产。

带花全草供药用，有毒；亦可作为观赏植物栽培。

## 11. 吉祥草属 **Reineckea** Kunth

Abh. Königl. Akad. Wiss. Berlin 1842: 29. 1844, nom. cons.; 秦岭植物志 1(1): 337. 1976; 中国植物志 15: 4. 1978; Flora of China 24: 235.

多年生常绿草本。根状茎匍匐，绿色，多节，顶端具叶簇；根聚生于叶簇的下面。叶基生，披针形或线状披针形，顶端渐尖。花莛单一，从叶丛基部抽出，直立，常短于叶；花序穗状，顶生，具多花；苞片卵状三角形，膜质，淡褐色或带紫色；花漏斗状，花被片下部合生成短管状，上部 6 裂；裂片反卷，近等长于花被管；雄蕊 6 枚，着生于花被管喉部，伸出花被外，花丝丝状，花药背着，内向纵裂；子房上位，3 室，每室有胚珠 2 枚，花柱细长，柱头头状，3 裂。浆果球形，有数枚种子。

本属仅 1 种，分布于东亚。中国有 1 种；陕西产 1 种。

### （1）**吉祥草**（图 263，照片 755、756、757）

**Reineckea carnea** (Andrews) Kunth, Abh. Königl. Akad. Wiss. Berlin 1842: 29. 1844; 秦岭植物志 1(1): 337. 1976; 中国植物志 15: 4. 1978; Flora of China 24: 235. 2000. ——*Sansevieria carnea* Andrews, Bot. Repos. 6: t. 361. 1804.

多年生常绿草本。根状茎粗 2-3 毫米，蔓延于地面，逐年向前延长或发出新枝，每节上有一残存的叶鞘，节处着生有须根。叶常簇生于匍匐根状茎的顶端，披针形或线状披针形，长 10-30 厘米，宽 0.5-2 厘米，顶端渐尖，向下渐狭成柄，深绿色。花莛常紫红色，连花序高 5-12 厘米；穗状花序长 3-8 厘米，上部的花有时仅具雄蕊；苞片膜质，卵状三角形，长 5-7 毫米，淡褐色或带紫色；花芳香，淡紫红色，花被管长约 4 毫米，裂片 6 片，长圆形，长约 5 毫米，反卷，先端钝，稍肉质；雄蕊直立，外露于花被外，花丝丝状，花药近长圆形，两端微凹，长 2-2.5 毫米；子房长约 3 毫米，花柱丝状。浆果球

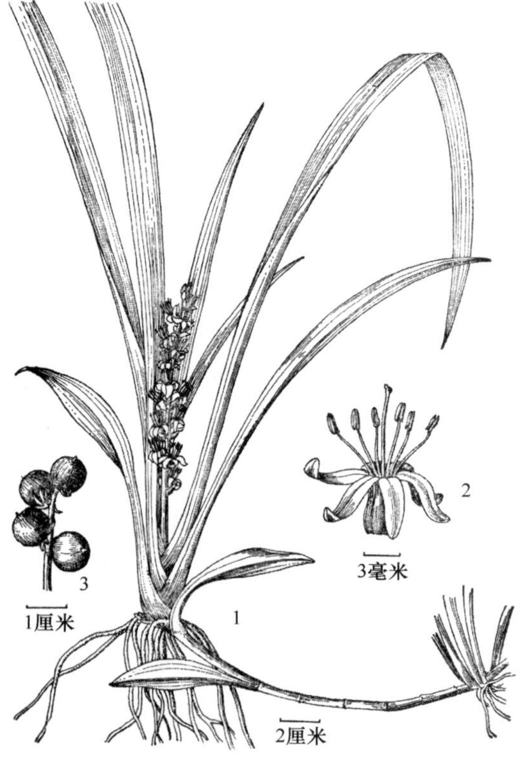


图 263. 吉祥草 **Reineckea carnea**
1. 植株；2. 花；3. 果序（引自《秦岭植物志》）。

形，直径 6-10 毫米，成熟时鲜红色。花果期 7-11 月。

产眉县、周至、宁陕、西乡、佛坪、留坝、洋县、汉阴、宁强、商洛、平利、岚皋等地，生于海拔 550-2200 米的山地林下潮湿处，西安、宝鸡等地有栽培；分布于河南、江苏、安徽、浙江、江西、湖北、湖南、广东、广西、重庆、四川、贵州、云南等地。日本也产。

全株入药；叶色青翠，生长迅速，喜湿耐阴，或栽培于室内用于家庭装饰，或栽培于林下、林缘作地被观赏。

## 12. 万年青属[①] **Rohdea** Roth

Nov. Pl. Sp. 196. 1821; 中国植物志 15: 16. 1978; Flora of China 24: 239. 2000; Makinoa n. s. 9: 3. 2010. ——*Campylandra* Baker, J. Linn. Soc. Bot. 14: 582. 1875; Flora of China 24: 235. 2000.

多年生常绿草本。根状茎粗厚，通常近直生；根纤维状，较粗，密生白色绵毛。叶通常基生或聚生于短茎上，少有生于延长的茎上，窄椭圆形、披针形至带形，下部渐狭成柄，或柄不明显，基部稍扩大。花莛由叶丛中抽出，侧生，直立或外弯，基部有时具鞘状叶；穗状花序，有时肉质，密生多花；苞片膜质，卵形，全缘或为流苏状；花被钟状或圆筒状，中部或上部 6 裂，裂片开展或短，稀合生，有时增厚，或呈肉质；花被喉部有时具向内扩展的鸡冠状附属物，或无；雄蕊 6 枚，由于花丝大部分贴生于花被筒上，离生部分很短，故似着生于花被筒上端；花药卵形，背着，内向纵裂，位置等高或高于柱头；子房 3 室，每室具 2-4 枚胚珠；花柱短或近无花柱，明显比子房窄；柱头小，顶端多少 3 裂。浆果球形，表面光滑，成熟时橘红色或红色，具 1-3 枚种子。

本属有 17 种，分布于亚洲，从印度、尼泊尔、不丹、缅甸、老挝、越南至中国、日本。中国有 15 种，主要产于长江以南地区；陕西产 2 种。

本志采纳广义的万年青属的概念，即包含了开口箭属（*Campylandra* Baker）。狭义的万年青属仅含万年青[**Rohdea japonica** (Thunb.) Roth]1 种，与开口箭属的主要区别是花被增厚成肉质，花被裂片极短，而开口箭属花被不为肉质，花被裂片较长，但它们的花、果器官的其他特征是相似的，因而合并此二属。广义的万年青属也接近长柱开口箭属（**Tupistra** Ker Gawl.），主要区别是后者的花药的位置低于柱头，花柱明显较长，与子房近等宽，柱头膨大成盾状或蘑菇状，浆果表面稍粗糙，成熟时常为棕色。

### 分种及种下等级检索表

1. 花被显著增厚，肉质；花被裂片极短，通常合生，顶端截形……（1）**万年青 R. japonica** (Thunb.) Roth
1. 花被适度增厚；花被裂片占花筒部的 1/3-1/2，不合生，顶端渐尖……2
2. 花被管喉部无鸡冠状附属物；花被裂片通常平滑，稀具乳突；雄蕊通常有花丝……（2a）**开口箭 R. fargesii** (Baill.) Y. F. Deng var. **fargesii**
2. 花被管喉部具有向内扩展的、高 0.2-0.5 毫米的鸡冠状附属物；花被裂片具乳突；雄蕊几无花丝……（2b）**秦岭开口箭 R. fargesii** (Baill.) Y. F. Deng var. **tsinlingensis** (N. Tanaka) Y. F. Deng

---

① 包含开口箭属（*Flora of China*）。

### (1) **万年青**(照片 758、759)

**Rohdea japonica** (Thunb.) Roth, Nov. Pl. Sp. 197. 1821; 中国植物志 15: 16. 1978; Flora of China 24: 239. 2000. ——*Orontium japonicum* Thunb., Nova Acta Regiae Soc. Sci. Upsal. 4: 38. 1783; Fl. Jap. 144. 1784.

多年生常绿草本。根状茎粗，直径 1.5-2.5 厘米。基生叶 3-6 片，厚纸质，宽带状、披针形或倒披针形，长 15-40 厘米，宽 2.5-5.5 厘米，先端急尖，基部稍狭，边缘波状，背面中脉凸出。花葶粗短，常短于叶，连花序长 4-8 厘米；穗状花序长椭圆形，长 2-3.5 厘米，粗 1.2-1.7 厘米，密生数十朵花；苞片卵形，膜质，短于花，长 2.5-6 毫米，宽 2-4 毫米；花无柄，淡黄色，半球形，花被长 4-5 毫米，宽约 6 毫米，显著增厚，肉质，顶端有 6 片裂片；裂片极短，通常合生，顶端平截、内曲；花药卵形，长 1.4-1.5 毫米。浆果球状，直径约 1 厘米，成熟时朱红色。花期 5-6 月，果期 9-11 月。

产旬阳、岚皋、镇坪等地，生于海拔 550-2200 米的山地林下潮湿处，陕南、关中等地区的庭园、公园也有栽培；分布于山东、江苏、浙江、江西、湖北、湖南、广西、重庆、四川、贵州等地。日本也产。

根状茎及叶可药用；果实有毒；常有盆栽供观赏。

### (2) **开口箭**

**Rohdea fargesii** (Baill.) Y. F. Deng, Phytotaxa 302(3): 298. 2017. ——*Tupistra fargesii* Baill., Bull. Mens. Soc. Linn. Paris 2: 1114. 1893. ——*T. chinensis* Baker, Hooker's Icon. Pl. 19: t. 1867. 1889; 秦岭植物志 1(1): 338. 1976; 中国植物志 15: 12. 1978. ——*Campylandra chinensis* (Baker) M. N. Tamura, S. Yun Liang & Turland, Novon 10(2): 159. 2000; Flora of China 24: 237. 2000. ——*Rohdea chinensis* (Baker) N. Tanaka, Novon 13(3): 331. 2003; Makinoa n. s. 9: 7. 2010, nom. Illeg., non *Rohdea sinensis* H. Lév., Bull. Soc. Bot. France 54: 371. 1907. ——*R. henryi* N. Tanaka, Phytotaxa 400(1): 48. 2019, nom. illeg., nom. superfl.

多年生常绿草本。根状茎长，暗绿色，圆柱形，具半球形的芽眼，节上着生纤维质的须根。叶基生，倒披针形或线状披针形，4-10 片，排成 2 列，近革质或厚纸质，长 10-25 厘米，上部中间宽 2-3.5 厘米，渐尖，基部渐狭，无毛。花葶由叶丛中抽出，直立，连穗状花序长不过 5 厘米；穗状花序密生多花，苞片卵状披针形，上部者披针形；花被黄色或黄绿色，长约 5 毫米，花被筒短钟状；裂片 6 片，宽卵形，长和宽均为 3-4 毫米，先端锐尖且反折或反卷，全缘；雄蕊在花被筒口部排成 1 轮；花药宽卵形，黄色；花丝下部贴生于花被筒上，在花被裂片基部分离，长 1-1.5 毫米，内弯，或花丝极短；子房球形，3 室，每室有 2 枚胚珠，花柱极短，柱头 3 浅裂。浆果球形，成熟时红色，直径 9-11 毫米。种子近圆形，稍压扁，深褐色。花期 4-6 月，果期 9-11 月。

产鄠邑、周至、眉县、太白、佛坪、洋县、西乡、镇巴、勉县、略阳、宁陕、平利、岚皋、镇坪、山阳等地，生于海拔 950-2350 米的山地林下潮湿处；分布于华中、华南及安徽、福建、台湾、江西、四川、云南等地。

根状茎入药。

### （2a）开口箭（原变种）（照片 760）

**Rohdea fargesii** (Baill.) Y. F. Deng var. **fargesii**

花被管喉部无鸡冠状附属物，花被裂片通常平滑，稀具乳突，雄蕊有花丝。

产鄠邑、太白、佛坪、洋县、西乡、镇巴、勉县、平利、岚皋、镇坪、山阳等地，生于海拔 950-2350 米的山地林下潮湿处；分布于华中、华南及安徽、福建、台湾、江西、四川、云南等地。

### （2b）秦岭开口箭（变种）（彩图版 12）

**Rohdea fargesii** (Baill.) Y. F. Deng var. **tsinlingensis** (N. Tanaka) Y. F. Deng, Phytotaxa 411(2): 127. 2019. ——*R. chinensis* (Baker) N. Tanaka var. *tsinlingensis* N. Tanaka, Makinoan. s. 9: 11. 2010. ——*R. henryi* N. Tanaka var. *tsinlingensis* (N. Tanaka) N. Tanaka, Phytotaxa 400(1): 48. 2019.

花被管喉部具有向内扩展的、高 0.2-0.5 毫米的鸡冠状附属物，花被裂片具乳突，雄蕊几无花丝。

产周至、眉县、宁陕、略阳等地，生于海拔 1300-1600 米的山地林下潮湿处。陕西特有植物。

## 13. 舞鹤草属[①] **Maianthemum** F. H. Wigg.

Prim. Fl. Holsat. 14. 1780; 秦岭植物志 1(1): 347. 1976; 中国植物志 15: 40. 1978; Flora of China 24: 217. 2000. ——*Smilacina* Desf., Ann. Mus. Natl. Hist. Nat. 9: 51. 1807; 秦岭植物志 1(1): 348. 1976; 中国植物志 15: 26. 1978.

多年生草本。根状茎短，直立或匍匐状；茎直立，不分枝，下部有膜质鞘。叶互生，通常长圆形、椭圆形至卵形，有弧形脉，具柄或缺；基生叶有时存在，单生，早凋萎。总状或圆锥花序顶生；花小，两性，或有时单性异株；花被片 4 或 6 片，排成 2 轮，离生或基部稍合生，稀下部合生成管状；雄蕊 4 或 6 枚；花丝丝状，基部与花被片合生或贴生于花被筒上；花药小，背着，内向纵裂；子房近球状，2 或 3 室，每室有 1 或 2 枚胚珠；花柱粗短，柱头不裂，或 2-3 浅裂。浆果球形或近球形，成熟时常为红黑色，有种子 1-3 枚。

本属约 35 种，分布于北半球温带地区。中国有 19 种；陕西产 5 种。

### 分种检索表

1. 植株具 1 枚基生叶；叶基心形；花被片 4 片；雄蕊 4 枚；子房 2 室……………………………………（1）**舞鹤草 M. bifolium** (L.) F. W. Schmidt
1. 植株不具基生叶；叶基楔形或圆形；花被片 6 片；雄蕊 6 枚；子房 3 室……………………2
2. 花被结合成高脚碟形……………………（3）**管花鹿药 M. henryi** (Baker) LaFrankie
2. 花被分离或基部稍合生，不结合为高脚碟形……………………3

① 包括鹿药属（《秦岭植物志》《中国植物志》）。

3. 植株较大，高 30 厘米以上；叶 4-9 片；圆锥花序，具多花 ……………………………………（2）**鹿药 M. japonicum** (A. Gray) LaFrankie

3. 植株较小，高不及 30 厘米；叶 2-5 片；总状花序，具少花 ……………………………… 4

4. 叶近无柄或具短柄；茎上部和花序轴具短柔毛；花被裂片长圆形，先端急尖或钝圆 ……………………………………（4）**合瓣鹿药 M. tubiferum** (Batalin) LaFrankie

4. 叶柄明显，长 2-5 毫米；茎和花序轴均无毛；花被裂片狭披针形，先端渐尖 ……………………………………（5）**少叶鹿药 M. stenolobum** (Franch.) S. C. Chen & Kawano

（1）**舞鹤草** 二叶舞鹤草（《秦岭植物志》）（图 264，照片 761、762）

**Maianthemum bifolium** (L.) F. W. Schmidt, Fl. Boëm. Cent. 4: 55. 1794; 秦岭植物志 1(1): 348. 1976; 中国植物志 15: 41. 1978; Flora of China 24: 218. 2000. ——*Convallaria bifolia* L., Sp. Pl. 1: 316. 1753.

多年生矮小草本。根状茎细长，匍匐，直径 1-2 毫米，节上有少数根，节间长 1-3 厘米；茎直立，细瘦，高 10-20 厘米，无毛或有毛，基部有 1-2 枚管状鞘。基生叶具长达 10 厘米的叶柄，到花期已凋萎；茎生叶通常 2 片，生于茎的上部，三角状心形或三角状长圆形，长 3-5 厘米，宽 2-4.5 厘米，先端急尖至渐尖，基部心形，背面沿叶脉被有柔毛；叶柄长 0.5-2 厘米。总状花序小型，长 3-5 厘米，被短毛，通常具 10-25 朵花，每 2 或 3 朵从小苞片腋内抽出；花梗细，长约 5 毫米；花白色；花被片长椭圆形，长 1.5-2.5 毫米，顶端钝，具 1 条脉；雄蕊 4 枚，稀 5 枚；花丝短于花被片；花药卵形，长约 0.5 毫米，淡黄色；子房球形；花柱长约 1 毫米。浆果球形，直径 4-5 毫米，成熟时红色。种子卵圆形，直径 2-3 毫米，种皮黄色，有颗粒状皱纹。花期 6-7 月，果期 8 月。

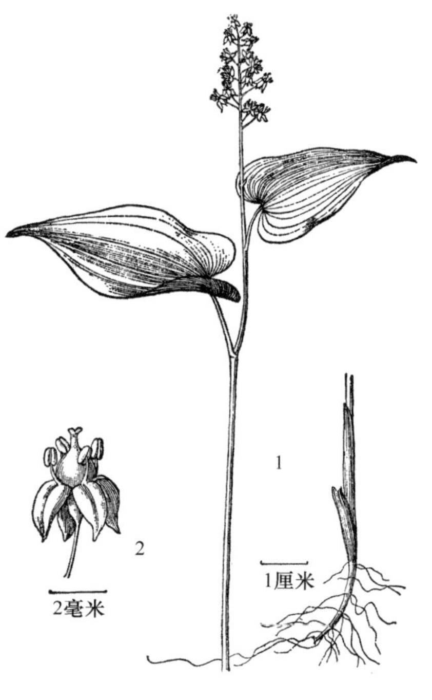


图 264. **舞鹤草**
**Maianthemum bifolium**
1. 植株；2. 花（引自《秦岭植物志》）。

产陇县、华山、眉县、太白、宝鸡、凤县、佛坪、洋县、西乡、化龙山等地，生于海拔 1600-2950 米的山地林下；分布于东北、华北及甘肃、青海、新疆、四川等地。日本、朝鲜半岛、蒙古国、俄罗斯西伯利亚地区及欧洲、北美洲也产。

（2）**鹿药**（图 265，照片 763、764）

**Maianthemum japonicum** (A. Gray) LaFrankie, Taxon 35(3): 588. 1986; Flora of China 24: 219. 2000. ——*Smilacina japonica* A. Gray, in Perry, Jap. Exped. 2: 321. 1856; 秦岭植物志 1(1): 349. 1976; 中国植物志 15: 34. 1978.

多年生草本。高 30-60 厘米；根状茎横走，圆柱状，粗 6-10 毫米，有时具膨大结节；茎单生，具 4-9 片叶，中部以上或仅上部密被粗毛。叶互生，纸质，卵状椭圆形、椭圆形或长圆形，长 6-15 厘米，宽 2-5 厘米，先端短急尖，两面疏生粗毛，背面毛更密，具短柄。圆锥花序长3-6厘米，有粗毛，具10-25朵花；花白色；花梗长2-6毫米；花被片分离或仅基部稍合生，长圆形或长圆状倒卵形，长约3毫米，具1条脉；雄蕊6枚，长2-2.5毫米，基部贴生于花被片上，花药小；花柱长0.5-1毫米，与子房近等长，柱头几不裂。浆果近球形，直径5-6毫米，成熟时红色，具1-2枚种子。花期5-6月，果期8月。

产陇县和秦巴山区，生于海拔1000-2400米的山地林下阴湿腐殖土中；分布于东北、华北、华东、华中及甘肃、广西、四川、贵州等地。日本、朝鲜半岛、俄罗斯也产。

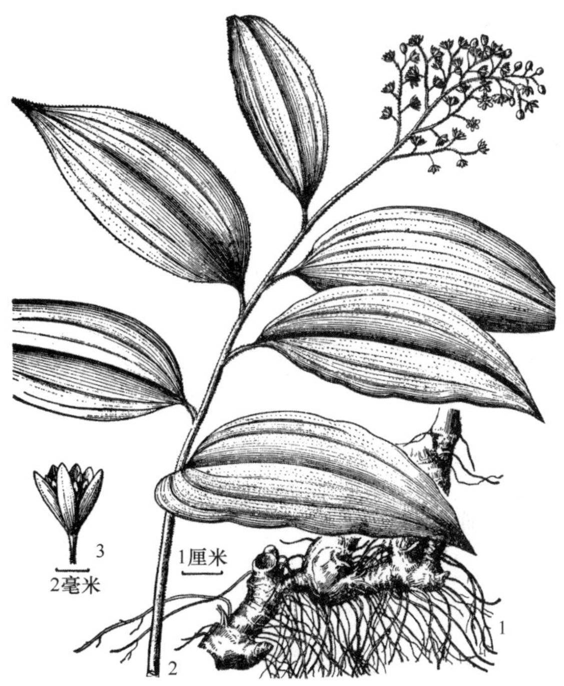


图265. 鹿药 **Maianthemum japonicum**

1. 根状茎；2. 植株上部；3. 花（引自《秦岭植物志》）。

**（3）管花鹿药** 少穗花（《秦岭植物志》）

（图266，照片765、766、767）

**Maianthemum henryi** (Baker) LaFrankie, Taxon 35(3): 588. 1986; Flora of China 24: 220. 2000. ——*Oligobotrya henryi* Baker, Hooker's Icon. Pl. 16: t. 1537. 1886. ——*Smilacina henryi* (Baker) F. T. Wang & Tang, 植物分类学报 2(4): 452. 1954; 秦岭植物志 1(1): 348. 1976; 中国植物志 15: 35. 1978.

多年生草本。高50-80厘米；根状茎圆柱状，粗1-2厘米；茎单生，具6-9片叶，中部以上有稀疏粗毛，稀无毛。叶纸质，卵状长椭圆形，稀卵圆形或长椭圆形，长7-15.5厘米，宽5-8厘米，先端短急尖或长渐尖，基部圆形，两面微有粗毛，叶缘有粗毛，无柄。花白色或淡黄色，单生，通常排成顶生、疏散、不分枝或二叉状的总状花序，有时分枝较多而近圆锥状；花序长10-30厘米，具粗毛；花梗长1-5毫米，有毛，基部具1片长约1.5毫米的苞片；花被高脚碟状，筒部长6-10毫米，为花被全长的2/3-3/4，裂片开展，长2-3毫米；雄蕊6枚，生于

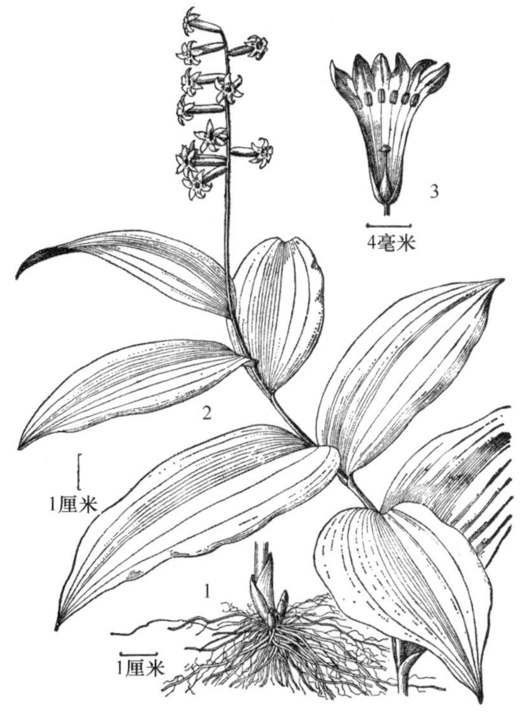


图266. 管花鹿药 **Maianthemum henryi**

1. 根状茎；2. 植株上部；3. 花纵剖（引自《秦岭植物志》）。

花被筒喉部，排成 1 轮，花丝通常极短，罕长达 1.5 毫米，花药长约 0.7 毫米；花柱长 2-3 毫米，稍长于子房，柱头 3 裂。浆果球形，直径 7-9 毫米，未成熟时为绿色而带紫斑点，成熟时红色，具 2-4 枚种子。花期 6-7 月，果期 9-10 月。

产渭南、蓝田、鄠邑、眉县、宝鸡、陇县、凤县、太白、佛坪、西乡、略阳、宁强、南郑、镇巴、洋县、宁陕、平利、岚皋、镇坪、柞水、镇安等地，生于海拔 1100-2500 米的山地林下；分布于山西、甘肃、河南、湖北、湖南、四川、云南、西藏等地。缅甸、越南也产。

**（4）合瓣鹿药** 管花鹿药（《秦岭植物志》）（图 267，照片 768、769）

**Maianthemum tubiferum** (Batalin) LaFrankie, Taxon 35(3): 589. 1986; Flora of China 24: 221. 2000. ——*Smilacina tubifera* Batalin, Acta Hort. Petrop. 13: 104. 1893; 秦岭植物志 1(1): 349. 1976; 中国植物志 15: 40. 1978.

多年生草本。高 10-30 厘米；根状茎匍匐，细长，通常粗约 1 毫米，稀粗 3-6 毫米；茎下部无毛，中部以上有短粗毛，具 2-5 片叶，基部具膜质、管状的鞘。叶纸质，卵形或长圆状卵形，长 3-5 厘米，宽 2-4 厘米，先端急尖或渐尖，基部圆形至稍心形，近无柄或具短柄，两面疏生短毛，老叶有时近无毛。总状花序有毛，具 2-3 朵花，有时多达 10 朵花，长 3-5 厘米；花梗长 1-5 毫米，果期稍延长；花单生或 2-3 朵，白色，有时带紫色，直径 5-6 毫米，稀达 10 毫米；花被片下部合生成杯状花被筒，筒高 1-2 毫米；裂片长圆形，先端急尖或钝圆，长 2.5-3 毫米，具 1 条脉；雄蕊 6 枚，长约 0.5 毫米，着生于花冠筒喉部，花丝与花药近等长；花柱长 0.5-1 毫米，与子房近等长，稍高出筒外。浆果球形，直径 6-7 毫米，具 2-3 枚种子。花期 5-7 月，果期 9 月。

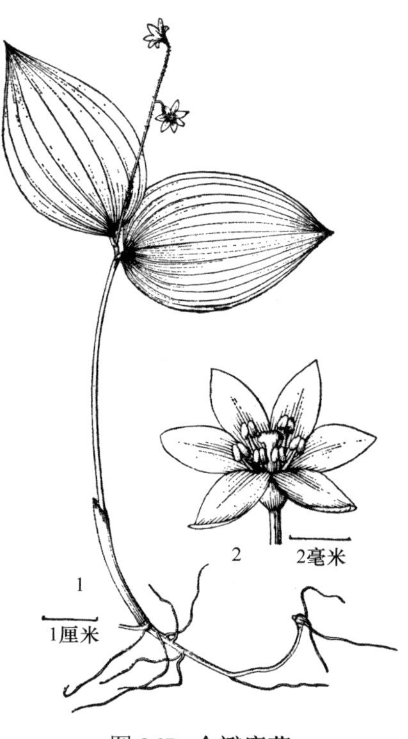

图 267. **合瓣鹿药**
**Maianthemum tubiferum**
1. 植株；2. 花（引自《秦岭植物志》）。

产眉县、宝鸡、凤县、太白、佛坪、洋县、镇安、化龙山等地，生于海拔 1800-2850 米的山地林下或草地上；分布于甘肃、青海、湖北、四川等地。

**（5）少叶鹿药**（图 268，照片 770、771）

**Maianthemum stenolobum** (Franch.) S. C. Chen & Kawano, Novon 10(2): 113. 2000; Flora of China 24: 221. 2000; 中国野生植物资源 39(12): 57. 2020. ——*Tovaria stenoloba* Franch., Bull. Soc. Bot. France 43: 47. 1896. ——*Smilacina paniculata* (Baker) F. T. Wang & Tang var. *stenoloba* (Franch.) F. T. Wang & Tang, 中国植物志 15: 32. 1978. ——*Smilacina lichiangensis* auct. non (W. W. Sm.) W. W. Sm.: 秦岭植物志 1(1): 350. 1976.

多年生草本。高 10-15 厘米；根状茎纤细，粗 2-3 毫米；茎无毛，具 3-5 片叶。叶纸质，卵形或卵状椭圆形，长 3-4.5 厘米，宽 1.8-2.6 厘米，先端渐尖，基部圆形；叶柄长 2-5 毫米。花序通常为总状，长 1.5-4 厘米，具 3-11 朵花，花序轴无毛；花单生；花梗长 2-3 毫米；花被片狭披针形，先端渐尖，淡绿色，长 5-7 毫米，宽约 1 毫米，基部合生；花丝扁平，长约 1 毫米，花药小；花柱极短，柱头 3 深裂。浆果球形，直径 4-5 毫米。花期 5-6 月，果期 7 月。

产凤县、蓝田、佛坪、平利（化龙山三岔河）、南郑（龙头山）等地，生于海拔 1800-2200 米的山地林下；分布于甘肃、湖北、四川等地。

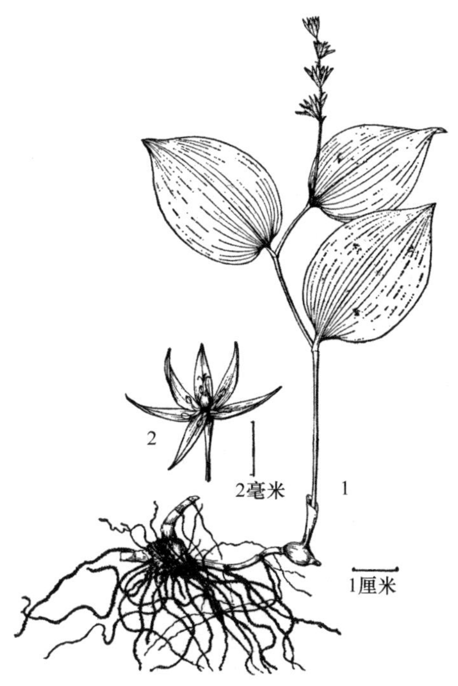

图 268. **少叶鹿药**
**Maianthemum stenolobum**
1. 植株；2. 花（引自《秦岭植物志》）。

从《秦岭植物志》对丽江鹿药[*Smilacina lichiangensis* (W. W. Sm.) W. W. Sm.]的形态描述、插图，以及对应的标本（甘肃武都洛塘，张志英 1453，WUK）可知，实为少叶鹿药的错误鉴定。《陕西维管植物名录》记载丽江鹿药分布于陕西凤县，作者查阅了对应的标本（傅坤俊 17328，WUK），实为少叶鹿药。目前陕西尚无丽江鹿药的确切记录。丽江鹿药花序轴具毛，花被基部合生为长 2.5-3 毫米的花冠筒，花柱长 2.5-3 毫米，可与少叶鹿药、合瓣鹿药区别。

## 14. 竹根七属 **Disporopsis** Hance

J. Bot. 21: 278. 1883; 中国植物志 15: 80. 1978; Flora of China 24: 232. 2000.

多年生草本。根状茎肉质，圆柱状或连珠状，横走；茎直立，无毛。叶互生，具弧形脉，有短柄，通常下延。花两性，单朵或几朵簇生于叶腋，通常俯垂；花梗在顶端具 1 个关节；花被片下部合生成筒状，上部离生，通常合生部分占花被全长的 1/3-2/5；近花被筒口部具副花冠，副花冠裂片 6 片，与花被裂片对生或互生，肉质或膜质，线形、披针形或近卵形，先端 2 裂；雄蕊 6 枚，与花被裂片对生；花药线形或基部稍宽，背着，内向纵裂；花丝极短，生于副花冠裂片先端凹缺上或位于 2 片裂片之间；子房圆锥形、卵形或近球形，3 室；花柱短，具头状柱头。浆果，具数枚种子。

本属约 4 种，分布于东亚至东南亚。中国有 4 种，主要分布于长江流域及其以南地区；陕西产 1 种。

### (1) **深裂竹根七**（图 269，照片 772、773）

**Disporopsis pernyi** (Hua) Diels, Bot. Jahrb. Syst. 29(2): 249. 1900; 中国植物志 15: 84. 1978; Flora of China 24: 233. 2000. ——*Aulisconema pernyi* Hua, J. Bot. (Morot) 6: 472. 1892.

多年生草本。高 20-40 厘米；根状茎圆柱状，粗 5-10 毫米，淡黄色；茎直立，圆柱形，绿色且具紫斑，光滑，上部稍呈之字形曲折，具 7-9 片叶。叶纸质，互生，多少排成 2 列，披针形、椭圆形或近卵形，长 7-10 厘米，宽 2-3.5 厘米，先端渐尖，基部圆形，全缘，两面无毛；叶柄很短，长约 0.5 毫米。花 1-2 朵生于叶腋，白色，多少俯垂；花梗长 1-1.5 厘米，下弯；花被钟形，长 12-15 毫米；花被筒长约为花被的 1/3 或略长，口部稍张开，裂片近长圆形，先端急尖；副花冠白色，与花被裂片对生，下部与花被片合生，上部分离，裂片膜质，披针形，长 3-5 毫米，先端 2 深裂；花药近长圆状披针形，白色，长 1.5-2 毫米，背部以极短的花丝着生于副花冠裂片先端凹缺处；雌蕊长 6-8 毫米；子房卵球形；花柱稍短于子房，长约 3 毫米；柱头全缘。浆果近球形或稍扁，直径 7-10 毫米，成熟时暗紫色，具 1-3 枚种子。花期 6 月，果期 11-12 月。

图 269. **深裂竹根七 Disporopsis pernyi**
1. 根状茎；2. 植株上部；3. 花纵剖
（引自《中国植物志》）。

陕西省新记录种，仅见于宁强（陕西省中草药普查队 11756，WUK），生于海拔 800-1000 米的山坡林下阴湿处或沟边，西安植物园有引种栽培；分布于广东、广西、贵州、湖南、江西、四川、台湾、云南、浙江等地。

根状茎入药。

## 15. 黄精属 **Polygonatum** Mill.

Gard. Dict. Abr. ed. 4. 1754; 秦岭植物志 1(1): 339. 1976; 中国植物志 15: 52. 1978; Flora of China 24: 223. 2000.

多年生草本。根状茎匍匐，圆柱状、串珠状、结节状或块状；茎直立，有时上部弯曲或作攀援状，不分枝，基部具膜质的鞘。叶互生、对生或轮生，纸质、近革质或革质，先端尖、弯曲或钩状，全缘，通常有弧形脉，具短柄或近无柄。花通常生于叶腋，单生或排成伞形、伞房或总状花序；苞片常小且膜质，稀大而呈叶状；花被片 6 片，下部常合生成筒状，裂片 6 片；雄蕊 6 枚，内藏；花丝下部贴生于花被筒，上部分离，丝状或两侧扁，花药长圆形或条形，基部 2 裂，内向开裂；子房上位，3 室，每室具 2-6 枚胚珠，花柱丝状，柱头小。浆果球形，成熟时橘红色、红色或黑紫色，具几枚至 10 余枚种子；种子球形，淡红褐色或黄褐色。

本属约 60 种，广布于北温带，主要分布于中国及日本等。中国有 39 种；陕西产 13 种。

### 分种检索表

1. 叶互生，稀簇生于茎顶……………………………………………………………2
1. 叶大部分轮生或对生………………………………………………………………8
2. 苞片大型，叶状……………………………………………………………………3

2. 苞片小型，不呈叶状，或无苞片……4
3. 植株无毛；叶状苞片 2 片……（1）**二苞黄精 P. involucratum** (Franch. & Sav.) Maxim.
3. 植株有短柔毛；叶状苞片 3-4 片……（2）**大苞黄精 P. megaphyllum** P. Y. Li
4. 根状茎圆柱状（即“节”不粗大，“节间”延伸较长）……5
4. 根状茎结节状、串珠状或块状（即“节”粗大，“节间”较短缩）……6
5. 花下无苞片；花被长 15 毫米以上……（3）**玉竹 P. odoratum** (Mill.) Druce
5. 花下有线形苞片；花被长不足 15 毫米……（7）**点花黄精 P. punctatum** Royle ex Kunth
6. 花梗基部有 1 片与之等长的苞片；花丝顶端具距……（4）**距药黄精 P. franchetii** Hua
6. 花梗无苞片或有 1 片微小的苞片；花丝顶端不具距……7
7. 植株较高大，高 50-100 厘米；根状茎肥粗，直径 1-2 厘米；叶 10-15 片；花序通常具 2-7 朵花……（5）**多花黄精 P. cyrtonema** Hua
7. 植株较矮小，高不及 10 厘米；根状茎细长，直径 0.5-0.7 厘米；叶 5-9 片；花序通常具 1-2 朵花……（6）**节根黄精 P. nodosum** Hua
8. 叶先端伸直……9
8. 叶先端弯曲或拳卷……11
9. 叶在现花后向下俯垂……（9）**垂叶黄精 P. curvistylum** Hua
9. 叶平展或斜上……10
10. 植株较高大，高 30-80 厘米，具多轮叶……（8）**轮叶黄精 P. verticillatum** (L.) All.
10. 植株矮小，高 10-30 厘米，仅具 2-3 轮叶，稀具 1 轮叶……（10）**细根茎黄精 P. gracile** P. Y. Li
11. 花柱长为子房的 1.5-2 倍……（11）**黄精 P. sibiricum** Redouté
11. 花柱稍长于或稍短于子房……12
12. 花序通常具 2 朵花；苞片不存在，或存在时仅长 1-2 毫米，无脉，位于花梗上或花基部……（12）**卷叶黄精 P. cirrhifolium** (Wall.) Royle
12. 花序近伞状，通常具 2-6(-11)朵花；苞片长 2-6 毫米，有 1 条脉，位于花梗基部……（13）**湖北黄精 P. zanlanscianense** Pamp.

## （1）二苞黄精（图 270，照片 774、775、776）

**Polygonatum involucratum** (Franch. & Sav.) Maxim., Mélanges Biol. Bull. Phys.-Math. Acad. Imp. Sci. Saint-Pétersbourg 11: 844. 1883; Bull. Acad. Imp. Sci. Saint-Pétersbourg 29: 205. 1883; 秦岭植物志 1(1): 340. 1976; 中国植物志 15: 58. 1978; Flora of China 24: 225. 2000. ——*Periballanthus involucratus* Franch. & Sav., Enum. Pl. Jap. 2: 524. 1878.

多年生草本。根状茎细长，圆柱形，直径 3-5 毫米；茎高 20-50 厘米，光滑，具 4-7 片叶。叶互生，卵形、卵状椭圆形至长圆状椭圆形，长 5-10 厘米，先端短渐尖，两面无毛，近无柄或具短柄。花序具 2 朵花；总花梗单生于茎下部的叶腋，长 1-2 厘米，顶端具 2 片叶状苞片；苞片卵形至宽卵形，长 2-3.5 厘米，宽 1-3 厘米，宿存，无毛，具多条脉；花梗极短，仅长 1-2 毫

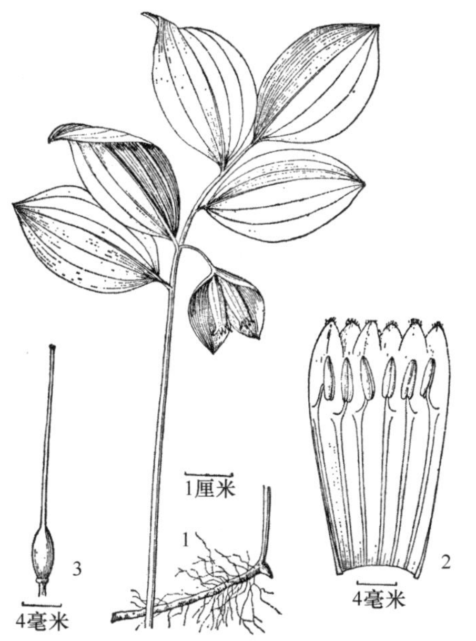


图 270. 二苞黄精 **Polygonatum involucratum**
1. 植株；2. 花纵剖；3. 雌蕊（引自《秦岭植物志》）。

米；花被绿白色至淡黄绿色，圆筒形，全长约 2.4 厘米，无毛，花被裂片长约 3 毫米；花丝长 2-3 毫米，向上略弯，两侧扁，具乳头状凸起，花药长 4-5 毫米；子房长约 5 毫米，花柱长 18-20 毫米，等长于或稍伸出花被。浆果直径约 1 厘米，成熟时深蓝色，具 7-8 枚种子。花期 5-6 月，果期 8-9 月。

产太白山、华州、蓝田、商南、西乡等地，生于海拔 1300-2000 米的山地灌丛、山谷林缘中；分布于东北、华北及河南等地。日本、朝鲜半岛、俄罗斯远东地区也产。

根状茎供药用。

### （2）大苞黄精（图 271，照片 777、778）

**Polygonatum megaphyllum** P. Y. Li, 植物分类学报 11(3): 252. 1966; 秦岭植物志 1(1): 341. 1976; 中国植物志 15: 58. 1978; Flora of China 24: 225. 2000.

多年生草本。根状茎通常具瘤状结节而呈不规则的连珠状或为圆柱形，直径 3-6 毫米，有时具圆盘状芽痕；茎直立，高 15-30 厘米，除花和茎的下部外，其他部分疏生短柔毛，下部具膜质的鞘状叶，上部 1/4 以上生叶。叶互生，狭卵形、卵形或卵状椭圆形，长 3.5-8 厘米，宽 2.3-3.8 厘米，先端渐尖，基部圆形，两面尤其是脉上和边缘有柔毛，近无柄或具短柄。花序通常具 2 朵花；总花梗长 4-6 毫米，顶端有 3-4 片叶状苞片；花梗长 1-2 毫米，有柔毛；苞片卵形或卵状披针形，长 1-3 厘米，先端钝尖，有柔毛；花被淡绿色，全长 11-19 毫米，花被筒圆柱状，花被裂片长约 3 毫米；花丝长约 4 毫米，稍两侧扁，近平滑，花药线形，近等长于花丝；子房长 3-4 毫米，花柱长 6-11 毫米。浆果球形，成熟时暗蓝色。花期 5-6 月，果期 8-9 月。

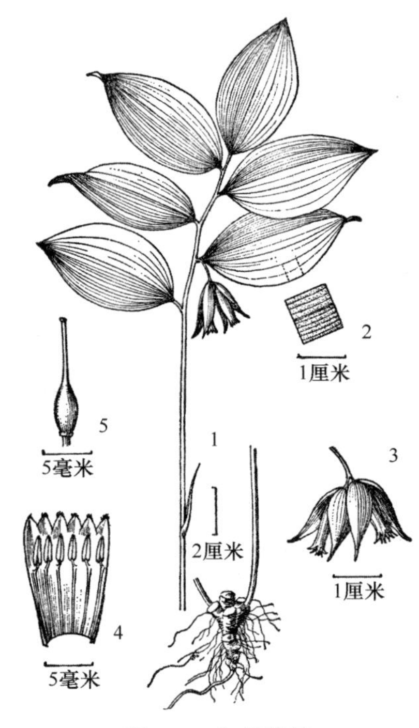

图 271. **大苞黄精**
**Polygonatum megaphyllum**
1. 根状茎和植株；2. 叶片局部；3. 总苞和花；4. 花纵剖；5. 雌蕊（引自《秦岭植物志》）。

产耀州、韩城、太白山等地，生于海拔 1200-1800 米的山地林下；分布于河北、山西、甘肃、四川等地。

### （3）玉竹（图 272，照片 779、780、781、782）

**Polygonatum odoratum** (Mill.) Druce, Ann. Scott. Nat. Hist. 226. 1906; 秦岭植物志 1(1): 343. 1976; 中国植物志 15: 61. 1978; Flora of China 24: 226. 2000. ——*Convallaria odorata* Mill., Gard. Dict., ed. 8, Convallaria no. 4. 1768.

多年生草本。根状茎肉质，圆柱形，直径 5-14 毫米，节痕明显，散生细弱须根；茎直立或稍倾斜，高 20-50 厘米，无毛，有时稍带紫斑，具 7-12 片叶。叶互生，椭圆形至卵状长圆形，长 5-12 厘米，宽 3-6 厘米，先端尖，背面带灰白色，背面脉上光滑至呈乳头状粗糙。花序具 1-4 朵花（在栽培情况下，可多至 8 朵）；总花梗（单花时为花梗）长1-1.5厘米，无苞片，稀具条状披针形的苞片；花被黄绿色至白色，全长13-20毫米，花被筒较直，花被裂片长3-4毫米；花丝丝状，近光滑至具乳头状凸起，花药长约4毫米；子房长3-4毫米，花柱长10-14毫米。浆果球形，成熟时蓝黑色，直径7-10毫米，具2至数枚种子。花期5-6月，果期7-9月。

产安塞、延安、甘泉、黄陵、黄龙、宜君、耀州、旬邑、陇县及秦巴山区，生于海拔700-2850米的山地灌丛、草丛或林下，也有栽培；分布于华北、华中及黑龙江、辽宁、甘肃、青海、山东、江苏、安徽、台湾、江西、广西等地。

根状茎药用，系中药“玉竹”；亦可作为林下地被观赏植物。

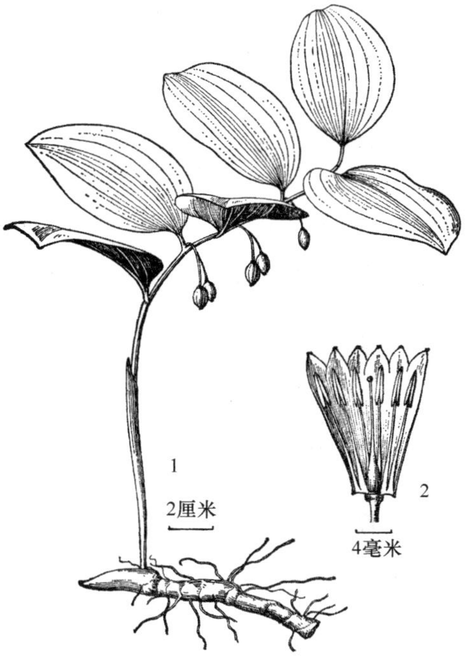

1
2
2厘米
4毫米

图272. 玉竹 **Polygonatum odoratum**
1. 植株；2. 花纵剖（引自《秦岭植物志》）。

（4）**距药黄精** 簇叶黄精（《秦岭植物志》）（照片783、784）

**Polygonatum franchetii** Hua, J. Bot. (Morot) 6: 392. 1892; 秦岭植物志 1(1): 344. 1976; 中国植物志 15: 62. 1978; Flora of China 24: 227. 2000.

多年生草本。根状茎连珠状，直径7-10毫米，乳白色；茎圆柱形，高40-80厘米，光滑。叶互生，有时簇生于茎顶，长圆状披针形，长6-12厘米，宽2.7-3.6厘米，先端渐尖，基部渐狭，两面无毛。花序具2朵花，稀具3朵花；总花梗着生于最下部的叶腋处，长2-6厘米；花梗长约5毫米，基部具1片长约5毫米的膜质苞片；苞片在花芽时特别明显；花被淡绿色，全长约20毫米，花被筒脉上带紫色，花被裂片长圆状三角形，长约2毫米；花丝长约3毫米，略弯曲，两侧扁，具乳头状凸起，顶端在药背处有长约1.5毫米的距，花药长2.5-3毫米，黄色；子房球形，长约5毫米，花柱长约15毫米。浆果球形，成熟时紫色，直径7-8毫米，具4-6枚种子。花期5-6月，果期9-10月。

产鄠邑、宁陕、石泉、眉县、太白、略阳、南郑等地，生于海拔1200-1900米的山地疏林下；分布于湖北、湖南、重庆、四川等地。

（5）**多花黄精** 城口黄精（《秦岭植物志》）（图273，照片785、786、787）

**Polygonatum cyrtonema** Hua, J. Bot. (Morot) 6: 393. 1892; 秦岭植物志 1(1): 342. 1976; 中国植物志 15: 64. 1978; Flora of China 24: 227. 2000.

多年生草本。根状茎肥厚，通常连珠状或结节成块，稀近圆柱形，直径1-2厘米；茎圆柱形，弓弯，高50-100厘米，通常具10-15片叶，光滑，有时具紫斑。叶互生，椭圆形、卵状披针形至长圆状披针形，稀镰状弯曲，长8.5-11厘米，宽2-5厘米，先端常渐尖，两面无毛。花序伞形，具2-7朵花，稀仅具1朵花；总花梗长1-4厘米，半圆柱状；花梗长0.5-2厘米；苞片微小，位于花梗中部以下，或不存在；花被黄绿色，全长

18-25 毫米，具 6 条脉，花被裂片长约 3 毫米，卵形；花丝长 3-4 毫米，两侧扁或稍扁，具乳头状凸起或短绵毛，顶端稍膨大乃至具囊状凸起，花药长 3.5-4 毫米，黄色；子房椭圆状球形，长 3-6 毫米，花柱长 12-15 毫米。浆果球形，初为蓝绿色，后变为黑色，直径约 1 厘米，具 3-9 枚种子。花期 5-6 月，果期 8-10 月。

产太白山、宁陕、洋县、西乡、商南、平利、镇坪、镇巴、南郑等地，生于海拔 1000-2200 米的山地草丛或疏林下；分布于江苏、安徽、浙江、福建、江西、河南、湖北、湖南、广东、广西、重庆、四川、贵州等地。

根状茎入药，作黄精用。

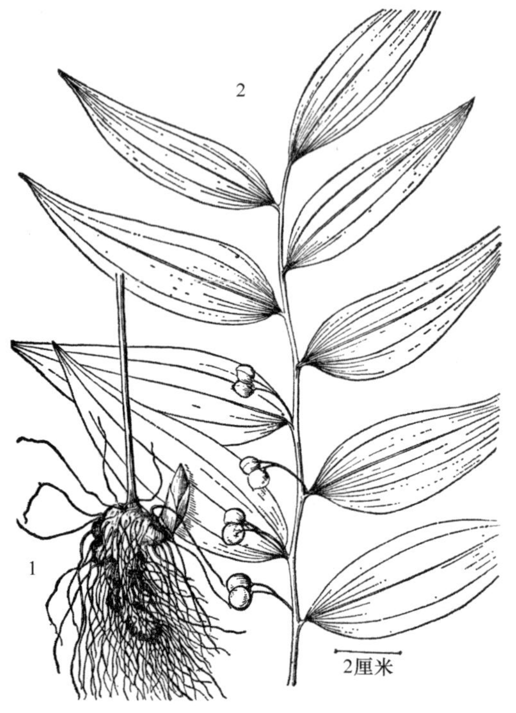


图 273. **多花黄精 Polygonatum cyrtonema**
1. 根状茎和根；2. 茎、叶和果实（引自《秦岭植物志》）。

### （6）节根黄精（照片 788、789）

**Polygonatum nodosum** Hua, J. Bot. (Morot) 6: 394. 1892; 秦岭植物志 1(1): 344. 1976; 中国植物志 15: 65. 1978; Flora of China 24: 227. 2000.

多年生草本。根状茎较细，淡黄色，节膨大，呈连珠状或多少呈连珠状，直径 5-7 毫米，肉质；茎直立或稍斜展，高 15-40 厘米，光滑，具 5-9 片叶。叶互生，纸质，卵状椭圆形或椭圆形，长 5-7 厘米，宽 2-3 厘米，先端尖，基部圆形，两面无毛，背面有白粉。花序腋生，具 1-2 朵花；总花梗长 1-2 厘米，光滑；花被淡黄绿色，全长 2-3 厘米，花被筒里面花丝贴生部分粗糙至具短绵毛，口部稍缢缩，花被裂片长约 3 毫米；花丝长 2-4 毫米，两侧扁，稍弯曲，具乳头状凸起至具短绵毛，花药长约 4 毫米；子房长 4-5 毫米，花柱长 17-20 毫米。浆果球形，直径约 7 毫米，具 4-7 枚种子。

产太白、佛坪、略阳、西乡等地，生于海拔 1600-2200 米的山地林下；分布于甘肃、湖北、广西、四川、云南等地。

### （7）点花黄精

**Polygonatum punctatum** Royle ex Kunth, Enum. Pl. 5: 142. 1850; 秦岭植物志 1(1): 344. 1976; 中国植物志 15: 66. 1978; Flora of China 24: 228. 2000.

多年生草本。根状茎多少呈连珠状，直径 1-1.5 厘米，淡黄色，密生肉质须根；茎直立，高 30-70 厘米，稀高仅 10 厘米，通常具紫红色斑点，有时上部生乳头状凸起。叶互生，有时 2 片叶可较接近，幼时稍肉质而横脉不显，老时厚纸质或近革质而横脉较显，常有光泽，卵形、卵状矩圆形至长圆状披针形，长 6-14 厘米，宽 1.5-5 厘米，先端尖至渐尖，基部楔形，具短柄。花序具 2-6 朵花，常呈总状；总花梗长 5-12 毫米，上举而花后平展，花梗长 2-10 毫米，苞片早落或不存在；花被白色，全长 7-10 毫米，花被筒在口部稍缢缩而略呈坛状，花被裂片长 1.5-2 毫米；花丝长 0.5-1 毫米，花药长 1.5-2 毫米；子房卵形，长 2-3 毫米，花柱长 1.5-2.5 毫米，柱头稍膨大。浆果球形，成熟时红色，直径约 7 毫米，具 8-10 枚种子。花期 6-7 月，果期 8 月。

产太白、佛坪等地，生于海拔 1500-2000 米的山谷阴处或石隙中；分布于海南、广西、四川、贵州、云南、西藏等地。印度、不丹、尼泊尔、缅甸、泰国、越南也产。

（8）**轮叶黄精** 羊角参（太白山）（图 274，照片 790、791）

**Polygonatum verticillatum** (L.) All., Fl. Pedem. 1: 131. 1785; 秦岭植物志 1(1): 345. 1976; 中国植物志 15: 72. 1978; Flora of China 24: 230. 2000. ——*Convallaria verticillata* L., Sp. Pl. 1: 315. 1753.

多年生草本。根状茎的节间长 2-3 厘米，下部增厚变粗，上部变狭，稀连珠状；茎直立，高 30-70 厘米，有白色乳突状毛，基部具白色膜质鞘，具多轮叶。叶常 3 片轮生，有时最下部的 1-3 片叶对生或互生，长圆状披针形至线状披针形，长 3-8 厘米，宽 0.5-2 厘米，先端急尖至渐尖，基部渐狭，背面脉上有乳突状毛。花单朵或 2-4 朵排成花序；总花梗长 1-2 厘米，花梗长 3-10 毫米，俯垂；苞片不存在，或微小而生于花梗上；花被淡黄色或淡紫色，全长 8-12 毫米，花被裂片长 2-3 毫米，先端钝，有乳突状毛；花丝长 0.5-1 毫米，花药长约 2.5 毫米，黄色；子房卵状球形，长约 3 毫米，花柱近等长于子房。浆果球形，成熟时红色，直径 6-9 毫米，具 6-12 枚种子。花期 5-6 月，果期 8-10 月。

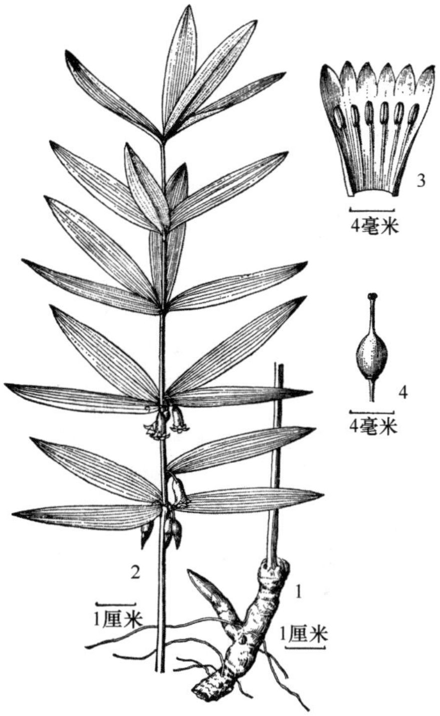

图 274. **轮叶黄精**
**Polygonatum verticillatum**
1. 根状茎；2. 植株上部；3. 花纵剖；4. 雌蕊（引自《秦岭植物志》）。

产鄠邑、眉县、太白、凤县、佛坪、洋县、平利等地，生于海拔 1700-3000 米的山地草丛或林下；分布于内蒙古、山西、甘肃、青海、四川、云南、西藏等地。巴基斯坦、印度、尼泊尔、不丹及西亚、欧洲也产。

根状茎也作黄精用。

（9）**垂叶黄精**

**Polygonatum curvistylum** Hua, J. Bot. (Morot) 6: 424. 1892; 中国植物志 15: 74. 1978; Flora of China 24: 230. 2000.

多年生草本。根状茎圆柱状，常具较短的分枝，有时呈连珠状，直径 5-10 毫米；茎直立，高 15-35 厘米，具多轮叶。叶通常 3-6 片轮生，稀单生或对生，线状披针形至线形，长 3-7 厘米，宽 1-5 毫米，先端渐尖，先斜上，现花后向下俯垂。花序具 1-2 朵花；

总花梗（连同花梗）近等长于花；花被淡紫色，全长6-8毫米，花被裂片长1.5-2毫米；花丝长约 0.7毫米，稍粗糙，花药长约1.5毫米；子房长约2毫米，花柱约与子房等长。浆果成熟时红色，直径6-8毫米，有3-7枚种子。花期6月，果期8-9月。

产鄠邑、眉县、宁陕、旬阳、平利、镇坪、岚皋、镇巴、南郑等地，生于海拔1350-2100米的山地草丛或林下；分布于甘肃、江苏、安徽、浙江、福建、江西、河南、湖北、重庆、四川、云南、西藏等地。

（10）**细根茎黄精**（图275，照片792、793）

**Polygonatum gracile** P. Y. Li, 植物分类学报 11(3): 252. 1966; 秦岭植物志 1(1): 345. 1976; 中国植物志 15: 76. 1978; Flora of China 24: 231. 2000.

多年生草本。根状茎纤细，圆柱状线形，直径2-3毫米，淡黄褐色；茎细弱，高10-20厘米，下部有环痕和鞘。叶通常排成2轮，稀1或3轮叶，下部1轮常为3片，顶生1轮为3-6片；叶片长圆形至长圆状披针形，长3-6厘米，宽 1-2 厘米，先端尖，基部渐狭，两面无毛。花序通常具2朵花；总花梗腋生，细长，长1-2厘米；花梗短，长1-2毫米；苞片膜质，线状披针形，长于花梗；花被淡黄色，全长6-8毫米，花被裂片长约1.5毫米；花丝极短，长约0.5毫米，花药长约1.5毫米；子房卵圆形，长约1.5毫米，花柱稍短于子房。浆果直径5-7毫米，未成熟时绿色，具2-4枚种子。花期6月，果期8月。

产华山、太白山、宝鸡（玉皇山）、陇县（关山）、凤县、佛坪、洋县、宁陕等地，生于海拔 2100-2800 米的山地林下；分布于山西、宁夏、甘肃等地。

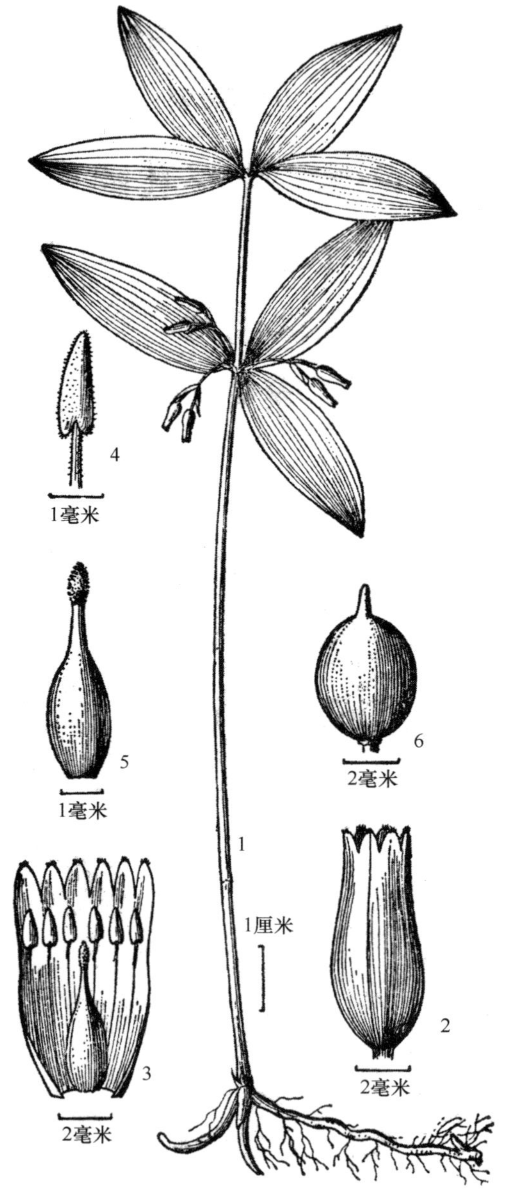

图275. **细根茎黄精 Polygonatum gracile**
1. 植株；2. 花外观；3. 花纵剖；4. 雄蕊；5. 雌蕊；6. 果实（引自《秦岭植物志》）。

（11）**黄精**　鸡头黄精、鸡头参、爪子参（图276，照片794、795、796、797、798）

**Polygonatum sibiricum** Redouté, Liliac. 6: t. 315. 1812; 秦岭植物志 1(1): 346. 1976; 中国植物志 15: 78. 1978; Flora of China 24: 231. 2000.

多年生草本。根状茎横走，圆柱状，呈结节状膨大，节间长3-10厘米，一端粗且另一端细，在粗的一端常有短分枝，直径1-2厘米；

茎直立或稍屈曲，高可达 120 厘米，有时呈攀援状，长达 2 米。叶每轮 2-7 片，多为 4 片轮生，无柄，披针形或线状披针形，长 6-15 厘米，宽 5-15 毫米，先端拳卷或弯曲成钩，两面无毛，背面常具白粉。花序通常具 2-4 朵花，似伞状；总花梗长 1-2.5 厘米，花梗长 4-10 毫米，俯垂；苞片位于花梗基部，膜质，钻形或线状披针形，长 3-5 毫米，具 1 条脉；花被乳白色至淡黄色，全长 9-12 毫米，花被筒中部稍缢缩，花被裂片长约 4 毫米；花丝长 0.5-1 毫米，花药长 2-3 毫米；子房长约 3 毫米，花柱长 5-7 毫米。浆果球形，直径 7-10 毫米，成熟时黑色，具 4-7 枚种子。花期 5-6 月，果期 7-9 月。

产神木、甘泉、洛川、黄龙、耀州、宜君、陇县及秦巴山区，生于海拔 700-2500 米的山地草丛或林下，作为中药材也有少量栽培；分布于东北、华北及宁夏、甘肃、山东、河南、安徽、浙江等地。朝鲜半岛、蒙古国、俄罗斯西伯利亚地区也产。

根状茎入药，为常用中药“黄精”。

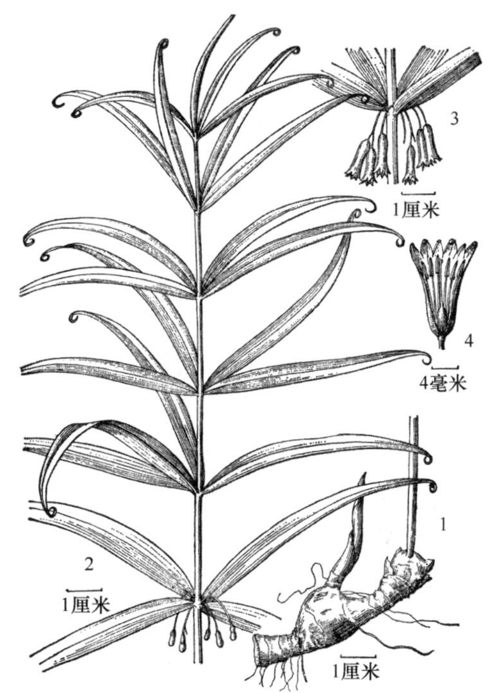


图 276. **黄精 Polygonatum sibiricum**
1. 根状茎；2. 植株上部；3. 花序；
4. 花纵剖（引自《秦岭植物志》）。

### （12）卷叶黄精（图 277，照片 799、800、801）

**Polygonatum cirrhifolium** (Wall.) Royle, Ill. Bot. Himal. Mts. 380. 1839; 秦岭植物志 1(1): 347. 1976; 中国植物志 15: 78. 1978; Flora of China 24: 231. 2000. —— *Convallaria cirrhifolia* Wall., Asiat. Res. 13: 382. 1820.

多年生草本。根状茎肉质肥大，淡黄色，圆柱状，直径 1-1.5 厘米，或根状茎连珠状，结节直径 1-2 厘米；茎高 30-90 厘米。叶通常每 3-6 片轮生或更多，稀茎下部散生少数叶，无柄，线形至线状披针形，稀长圆状披针形，长 4-10 厘米，宽 2-5 毫米，先端拳卷或弯曲成钩状，背面疏生短柔毛，边缘常外卷或具细齿。花序轮生，常具 2 朵花或更多；总花梗长 4-10 毫米，花梗长 3-8 毫米，俯垂；苞片白色，膜质，无脉，长 1-2 毫米，位于花梗上或花基部，或苞片不存在；花被淡紫色或白色，全长 8-11 毫米，花被筒中部稍缢狭，

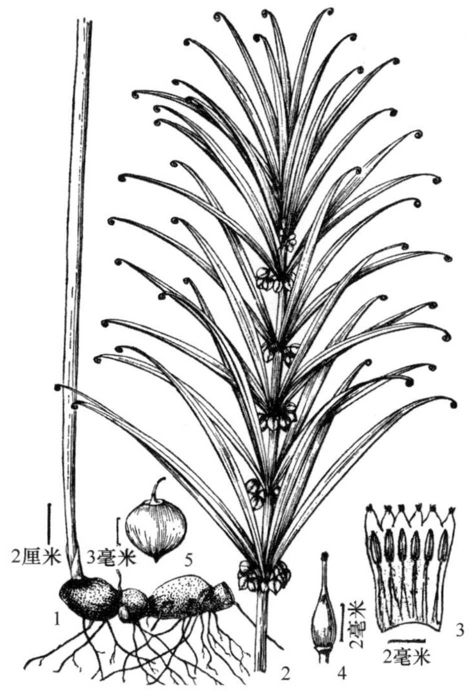


图 277. **卷叶黄精 Polygonatum cirrhifolium**
1. 根状茎和茎下部；2. 茎上部；3. 花纵剖；
4. 雌蕊；5. 果实（引自《秦岭植物志》）。

花被裂片长约 2 毫米；花丝长约 0.8 毫米，花药长 2-2.5 毫米；子房长约 2.5 毫米，花柱长约 2 毫米。浆果球形，成熟时红色或紫红色，直径 8-9 毫米，具 4-9 枚种子。花期 5-7 月，果期 9-10 月。

产耀州、合阳、旬邑及秦巴山区，生于海拔 760-2850 米的山地草丛或疏林下；分布于宁夏、甘肃、青海、广西、四川、云南、西藏等地。印度、不丹、尼泊尔也产。

根状茎也作“黄精”药用。

（13）**湖北黄精**（照片 802、803、804）

**Polygonatum zanlanscianense** Pamp., Nuovo Giorn. Bot. Ital. n. s. 22: 267. 1915; 秦岭植物志 1(1): 347. 1976; 中国植物志 15: 80. 1978; Flora of China 24: 232. 2000.

多年生草本。根状茎连珠状或块状，肥厚，直径 1-2.5 厘米；茎直立或上部多少攀援状，高可达 100 厘米以上。叶 3-6 片轮生，无柄或具极短的柄，椭圆形、长圆状披针形、披针形至条形，长 5-15 厘米，宽 1-2.5 厘米，先端拳卷至稍弯曲，两面无毛。花序具 2-6 朵花，稀多达 11 朵花，近伞形；总花梗长 5-20 毫米，花梗长 4-7 毫米；苞片位于花梗基部，膜质或中间略带草质，具 1 条脉，长 2-6 毫米；花被白色、淡黄绿色或淡紫色，全长 6-9 毫米，花被筒近喉部稍缢缩，花被裂片长圆形，长约 1.5 毫米；花丝长 0.7-1 毫米，花药长 2-2.5 毫米；子房长约 2.5 毫米，花柱长 1.5-2 毫米。浆果球形，直径 6-7 毫米，成熟时紫红色或黑色，具 2-4 枚种子。花期 6-7 月，果期 8-10 月。

产黄龙、宜君、旬邑及秦巴山区，生于海拔 950-2600 米的山地草丛或林下；分布于山西、甘肃、河南、江苏、江西、湖北、湖南、广西、重庆、四川、贵州等地。

# 参 考 文 献

白重炎, 贾茜. 2019. 陕西子午岭植物图鉴. 北京: 科学出版社.

蔡靖, 刘培亮, 杜诚, 等. 2013. 秦岭野生植物图鉴. 北京: 科学出版社.

陈彦生. 2016. 陕西维管植物名录. 北京: 高等教育出版社.

陈之端, 路安民, 刘冰, 等. 2020. 中国维管植物生命之树. 北京: 科学出版社.

程积民, 朱仁斌. 2012. 中国黄土高原常见植物图鉴. 北京: 科学出版社.

傅坤俊. 1989. 黄土高原植物志. 第五卷. 北京: 科学技术文献出版社.

傅坤俊. 1992. 黄土高原植物志. 第二卷. 北京: 中国林业出版社.

傅坤俊. 2000. 黄土高原植物志. 第一卷. 北京: 科学出版社.

高学斌, 任毅. 2018. 陕西神木臭柏县级自然保护区综合科学考察报告. 西安: 陕西科学技术出版社.

郭晓思, 徐养鹏. 2013. 秦岭植物志. 第二卷. 第二版. 北京: 科学出版社.

胡理乐, 李俊生, 肖亮, 等. 2013. 秦岭太白山常见植物彩色图鉴. 北京: 科学出版社.

何毅, 刘全儒, 王宇航. 2015. 珍稀濒危植物双蕊兰——黄土高原兰科一新分布种. 西北植物学报, 35(7): 1485-1487.

贾渝, 何强, 吴鹏程, 等. 2021. 秦岭地区苔类和角苔类植物志. 北京: 科学出版社.

贾渝, 马欣堂, 班勤, 等. 2014. 大巴山地区高等植物名录. 北京: 科学出版社.

姜在民, 刘培亮. 2018. 秦岭火地塘植物图鉴. 北京: 高等教育出版社.

康冰, 周健. 2017. 陕西米仓山国家级自然保护区维管植物图鉴. 杨凌: 西北农林科技大学出版社.

康冰, 周健, 王开锋. 2017. 陕西米仓山国家级自然保护区生物多样性研究. 杨凌: 西北农林科技大学出版社.

乐天宇, 徐纬英. 1957. 陕甘宁盆地植物志. 北京: 中国林业出版社.

黎斌, 郭晓思, 陈彦生, 等. 2006. 陕西省被子植物分布新资料. 西北植物学报, 26(9): 1938-1939.

李保国, 高存劳, 王开锋, 等. 2013. 陕西周至国家级自然保护区生物多样性研究与保护. 西安: 陕西科学技术出版社.

李德铢. 2020. 中国维管植物科属志. 全 3 卷. 北京: 科学出版社.

李朗, 李捷, 李锡文. 2011. 国产樟科楠属五种植物之分类修订. 植物分类与资源学报, 33(2): 157-160.

李思锋, 黎斌. 2009. 秦巴山区野生观赏植物图谱. 西安: 陕西科学技术出版社.

李思锋, 黎斌. 2013. 秦岭植物志增补(种子植物). 北京: 科学出版社.

李战刚, 任毅, 王学杰. 2006. 陕西长青国家级自然保护区综合科学考察报告. 西安: 陕西科学技术出版社.

刘冰, 叶建飞, 刘夙, 等. 2015. 中国被子植物科属概览: 依据 APGIII系统. 生物多样性, 23(2): 225-231.

刘文哲. 2019. 中国秦岭经济植物图鉴. 全 2 册. 西安: 世界图书出版社西安有限公司.

马金双, 李慧茹. 2018. 中国外来入侵植物名录. 北京: 高等教育出版社.

牛春山. 1990. 陕西树木志. 北京: 中国林业出版社.

覃海宁, 杨永, 董仕勇, 等. 2017. 中国高等植物受威胁物种名录. 生物多样性, 25(7): 696-744.

任毅, 刘明时, 田联会, 等. 2006. 太白山自然保护区生物多样性研究与管理. 北京: 中国林业出版社.

任毅, 王开锋, 黄凯道, 等. 2014. 陕西太安自然保护区综合科学考察报告. 杨凌: 西北农林科技大学出版社.

任毅, 王玛丽, 岳明, 等. 1998. 秦岭大熊猫栖息地植物. 西安: 陕西科学技术出版社.

任毅, 温战强, 李刚. 2008. 陕西米仓山自然保护区综合科学考察报告. 北京: 科学出版社.
任毅, 杨兴中, 王学杰, 等. 2002. 长青国家级自然保护区动植物资源. 西安: 西北大学出版社.
任毅, 张继成, 陈庆. 2013. 陕西化龙山国家级自然保护区植物资源及保护. 杨凌: 西北农林科技大学出版社.
任毅, 张宜平, 周灵国, 等. 2010. 陕西太安自然保护区生物多样性与保护. 西安: 西北大学出版社.
任毅, 周灵国, 李智军, 等. 2017. 陕西省重点保护野生植物. 西安: 陕西科学技术出版社.
陕西省地方志编纂委员会. 2012. 太白山志. 西安: 三秦出版社.
深圳市仙湖植物园. 2010. 深圳植物志. 第 2 卷. 北京: 中国林业出版社.
深圳市中国科学院仙湖植物园. 2012. 深圳植物志. 第 3 卷. 北京: 中国林业出版社.
深圳市中国科学院仙湖植物园. 2016. 深圳植物志. 第 4 卷. 北京: 中国林业出版社.
深圳市中国科学院仙湖植物园. 2017. 深圳植物志. 第 1 卷. 北京: 中国林业出版社.
王华青, 吴振海. 2006. 陕西黄河湿地自然保护区综合科学考察与研究. 西安: 陕西科学技术出版社.
王民柱, 唐臻. 1997. 汉中植物名录. 西安: 陕西科学技术出版社.
吴振海, 马西寅, 王俊波. 2019. 秦岭常见药用植物图鉴. 西安: 陕西科学技术出版社.
西安地图出版社. 2019. 陕西省地图册. 西安: 西安地图出版社.
谢寅堂, 王玛丽, 赵桂仿. 2007. 西安植物志. 西安: 陕西科学技术出版社.
徐养鹏, 王克制. 1996. 中国滩羊区植物志. 第三卷. 银川: 宁夏人民出版社.
徐养鹏, 王克制. 1996. 中国滩羊区植物志. 第四卷. 银川: 宁夏人民出版社.
徐养鹏, 王克制, 于兆英. 1993. 中国滩羊区植物志. 第二卷. 银川: 宁夏人民出版社.
杨平厚, 孙承骞. 2007. 陕西野生兰科植物图鉴. 西安: 陕西科学技术出版社.
杨永. 2021. 中国裸子植物红色名录评估(2021 版). 生物多样性, 29(12): 1599-1606.
杨永, 王志恒, 徐晓婷. 2017. 世界裸子植物的分类和地理分布. 上海: 上海科学技术出版社.
于兆英, 徐养鹏. 1988. 中国滩羊区植物志. 第一卷. 银川: 宁夏人民出版社.
詹姆斯·吉·哈里斯, 米琳达·沃尔芙·哈里斯. 2001. 图解植物学词典. 王宇飞, 赵良成, 冯广平, 等译. 北京: 科学出版社.
张志英, 李继瓒, 陈彦生. 2000. 陕西种子植物名录. 西安: 陕西旅游出版社.
赵桦, 杨培君. 2006. 陕西汉中地区百合科植物资源研究. 陕西理工学院学报, 22(2): 46-52.
赵一之, 赵利清, 曹瑞. 2020. 内蒙古植物志. 全 6 卷. 第三版. 呼和浩特: 内蒙古人民出版社.
中国科学院西北植物研究所. 1974. 秦岭植物志. 第一卷(第二册). 北京: 科学出版社.
中国科学院西北植物研究所. 1976. 秦岭植物志. 第一卷(第一册). 北京: 科学出版社.
中国科学院西北植物研究所. 1978. 秦岭植物志. 第三卷(第一册). 北京: 科学出版社.
中国科学院西北植物研究所. 1981. 秦岭植物志. 第一卷(第三册). 北京: 科学出版社.
中国科学院西北植物研究所. 1983. 秦岭植物志. 第一卷(第四册). 北京: 科学出版社.
中国科学院西北植物研究所. 1985. 秦岭植物志. 第一卷(第五册). 北京: 科学出版社.
中国科学院植物研究所. 1972-1983. 中国高等植物图鉴. 1-5 册, 补编 1-2. 北京: 科学出版社.
中国科学院植物研究所, 中国科学院西北植物研究所. 1974. 秦岭植物志. 第二卷. 北京: 科学出版社.
中国科学院中国孢子植物志编辑委员会. 1994-2011. 中国苔藓志. 第 1-10 卷. 北京: 科学出版社.
中国科学院中国植物志编辑委员会. 1959-2004. 中国植物志. 第 1-80 卷. 北京: 科学出版社.
朱志诚. 1987. 柴松——少脂油松生态型形成的初步分析. 陕西林业科技, 1987(4): 1-2.
APG. 2016. An update of the Angiosperm Phylogeny Group classification for the orders and families of flowering plants: APG Ⅳ. Botanical Journal of the Linnean Society, 181: 1-20.
Byng J W. 2014. The Flowering Plants Handbook: A Practical Guide to Families and Genera of the World. Hertford: Plant Gateway.
Chen C-G, Anton F, Walter H, et al. 2007. Flora of the Loess Plateau in Central China, A Field Guide. Eching bei München: IHW-Verlag.

Christenhusz M J M, Reveal J L, Farjon A, et al. 2011. A new classification and linear sequence of extant gymnosperms. Phytotaxa, 19: 55-70.

Du C, Ma J-S. 2019. Chinese Plant Names Index 2000-2009. Beijing: Science Press.

Du C, Ma J-S. 2019. Chinese Plant Names Index 2010-2017. Beijing: Science Press.

Frey W. 2009. Syllabus of Plant Families 3 Bryophytes and seedless Vascular Plants. Berlin, Stuttgart: Gebrüder Borntraeger.

Gao C, Crosby M R, He S. 1999, 2003. Moss Flora of China. Vols. 1, 3. Beijing: Science Press, St. Louis: Missouri Botanical Garden.

Gardiner L M. 2012. New combinations in the genus *Vanda* (Orchidaceae). Phytotaxa, 61: 47-54.

Hu R-L, Wang Y-F, Crosby M R, et al. 2008. Moss Flora of China. Vol. 7. Beijing: Science Press, St. Louis: Missouri Botanical Garden.

Hu S-Y. 1964. Notes on the Flora of China IV. Taiwania, 10: 13-62.

Jin W-T, Jin X-H, Schuiteman A, et al. 2014. Molecular systematics of subtribe Orchidinae and Asian taxa of Habenariinae (Orchideae, Orchidaceae) based on plastid *matK*, *rbcL* and nuclear ITS. Molecular Phylogenetics and Evolution, 77: 41-53.

Kang Y-X, Ejder E. 2011. *Magnolia sprengeri* Pamp.: Morphological variation and geographical distribution. Plant Biosystems, 145(4): 906-923.

Li J-L, Milne R I, Ru D-F, et al. 2020. Allopatric divergence and hybridization within *Cupressus chengiana* (Cupressaceae), a threatened conifer in the northern Hengduan Mountains of western China. Molecular Ecology, 29(7): 1250-1266.

Li X-J, Crosby M R, He S. 2001, 2007. Moss Flora of China. Vols. 2, 4. Beijing: Science Press, St. Louis: Missouri Botanical Garden.

Li Y-L, Tong Y, Ye W, et al. 2017. *Oberonia sinica* and *O. pumilum* var. *rotundum* are new synonyms of *O. insularis* (Orchidaceae, Malaxideae). Phytotaxa, 321(2): 213-218.

Liu Z-H, Xie Q, Li Z-Q. 2015. Genetic diversity and taxonomic status of *Pinus tabulaeformis* f. *shekanensis* revealed by ISSR markers. Genetics and Molecular Research, 14(1): 1034-1043.

PPG. 2016. A community-derived classification for extant lycophytes and ferns. Journal of Systematics and Evolution, 54(6): 563-603.

Raskoti B B, Schuiteman A, Jin W-T, et al. 2017. A taxonomic revision of *Herminium* L. (Orchidoideae, Orchidaceae). PhytoKeys, 79: 1-74.

Turland N J, Wiersema J H, Barrie F R, et al. 2018. International Code of Nomenclature for algae, fungi, and plants (Shenzhen Code) adopted by the Nineteenth International Botanical Congress Shenzhen, China, July 2017. Regnum Vegetabile. 159. Glashütten: Koeltz Botanical Books.

Wu P-C, Crosby M R, He S. 2002, 2005, 2011. Moss Flora of China. Vols. 6, 8, 5. Beijing: Science Press, St. Louis: Missouri Botanical Garden.

Wu Z-Y, Raven P H, Hong D-Y. 2001, 2003, 2003, 2005, 2006, 2007, 2007, 2008, 2008, 2009, 2010, 2010, 2011, 2011, 2013, 2013. Flora of China. Vols. 6, 9, 5, 14, 22, 13, 12, 11, 7, 25, 10, 23, 19, 20-21, 2-3, 1. Beijing: Science Press; St. Louis: Missouri Botanical Garden Press.

Wu Z-Y, Raven P H. 1994, 1995, 1996, 1998, 1999, 2000, 2001. Flora of China. Vols. 17, 16, 15, 18, 4, 24, 8. Beijing: Science Press; St. Louis: Missouri Botanical Garden Press.

# 新组合索引

# 中文名索引[①]



① 按中文名汉语拼音排序，多音字按其在植物名中的读音排序；出现在多个页码的中文名，其形态描述所在的页码加粗。

## E



## F



## G

## H

## Y

# 拉丁名索引[①]

## A



① 按拉丁字母排序；出现在多个页码的拉丁名，其形态描述所在的页码加粗。

## B



## C

## D



## E

## F



## G

## I



## J



## K



## L

## M

## N

## O

## P

## R



## S

## T

**U**



**V**



**W**



**X**



**Y**

## Z

# 摄影师索引

**杨　颖：** 照片 24
**岳　明：** 照片 82、167、168、350、355、384、763
**张　莹：** 照片 184、186、187、193
**周天华：** 照片 292、293、354
**朱仁斌：** 照片 88、149、150、219、220、278、287、288、383、422、499、624、630、632、681、689、700、701、702、703、712、713、753、774、775、776、785、786、787、788、789、802、803、804

照片1　苏铁 Cycas revoluta

照片2　苏铁 Cycas revoluta

照片3　苏铁 Cycas revoluta

照片4　银杏 Ginkgo biloba

照片5　银杏 Ginkgo biloba

照片6　银杏 Ginkgo biloba

照片7　草麻黄 Ephedra sinica

照片8　草麻黄 Ephedra sinica

照片9　木贼麻黄 **Ephedra equisetina**

照片10　木贼麻黄 **Ephedra equisetina**

照片11　白皮松 **Pinus bungeana**

照片12　白皮松 **Pinus bungeana**

照片13　白皮松 **Pinus bungeana**

照片14　日本五针松 **Pinus parviflora**

照片15　日本五针松 **Pinus parviflora**

照片16　华山松 **Pinus armandii**

照片17　华山松 Pinus armandii

照片18　马尾松 Pinus massoniana

照片19　马尾松 Pinus massoniana

照片20　赤松 Pinus densiflora

照片21　赤松 Pinus densiflora

照片22　西黄松 Pinus ponderosa

照片23　西黄松 Pinus ponderosa

照片24　湿地松 Pinus elliottii

照片25 湿地松 **Pinus elliottii**

照片26 樟子松 **Pinus sylvestris** var. **mongolica**

照片27 樟子松 **Pinus sylvestris** var. **mongolica**

照片28 油松 **Pinus tabuliformis** var. **tabuliformis**

照片29 油松 **Pinus tabuliformis** var. **tabuliformis**

照片30 巴山松 **Pinus tabuliformis** var. **henryi**

照片31 黑松 **Pinus thunbergii**

照片32 黑松 **Pinus thunbergii**

照片33　欧洲黑松 **Pinus nigra**

照片34　欧洲黑松 **Pinus nigra**

照片35　雪松 **Cedrus deodara**

照片36　雪松 **Cedrus deodara**

照片37　日本落叶松 **Larix kaempferi**

照片38　黄花落叶松 **Larix olgensis**

照片39　华北落叶松 **Larix gmelinii** var. **principis-rupprechtii**

照片40　华北落叶松 **Larix gmelinii** var. **principis-rupprechtii**

照片41　金钱松 Pseudolarix amabilis

照片42　巴山冷杉 Abies fargesii

照片43　巴山冷杉 Abies fargesii

照片44　铁坚油杉 Keteleeria davidiana

照片45　铁坚油杉 Keteleeria davidiana

照片46　麦吊云杉 Picea brachytyla

照片47　云杉 Picea asperata

照片48　云杉 Picea asperata

照片49　白杆 *Picea meyeri*

照片51　青杆 *Picea wilsonii*

照片53　大果青杆 *Picea neoveitchii*

照片50　白杆 *Picea meyeri*

照片52　青杆 *Picea wilsonii*

照片54　黄杉 *Pseudotsuga sinensis*

照片55　黄杉 *Pseudotsuga sinensis*

照片56 花旗松 **Pseudotsuga menziesii**

照片57 花旗松 **Pseudotsuga menziesii**

照片58 铁杉 **Tsuga chinensis**

照片59 铁杉 **Tsuga chinensis**

照片60 罗汉松 **Podocarpus macrophyllus** var. **macrophyllus**

照片61 短叶罗汉松 **Podocarpus macrophyllus** var. **maki**

照片62 短叶罗汉松 **Podocarpus macrophyllus** var. **maki**

照片63 杉木 **Cunninghamia lanceolata**

照片64　杉木 **Cunninghamia lanceolata**

照片65　日本柳杉 **Cryptomeria japonica** var. **japonica**

照片66　日本柳杉 **Cryptomeria japonica** var. **japonica**

照片67　柳杉 **Cryptomeria japonica** var. **sinensis**

照片68　柳杉 **Cryptomeria japonica** var. **sinensis**

照片69　落羽杉 **Taxodium distichum** var. **distichum**

照片70　池杉 **Taxodium distichum** var. **imbricatum**

照片71　池杉 **Taxodium distichum** var. **imbricatum**

照片72　水杉 **Metasequoia glyptostroboides**

照片73　水杉 **Metasequoia glyptostroboides**

照片74　水杉 **Metasequoia glyptostroboides**

照片75　叉子圆柏 **Juniperus sabina**

照片76　叉子圆柏 **Juniperus sabina**

照片77　圆柏 **Juniperus chinensis**

照片78　圆柏 **Juniperus chinensis**

照片79　铺地柏 **Juniperus procumbens**

照片80　铺地柏 **Juniperus procumbens**

照片81　香柏 **Juniperus pingii** var. **wilsonii**

照片82　香柏 **Juniperus pingii** var. **wilsonii**

照片83　长叶高山柏 **Juniperus squamata** var. **fargesii**

照片84　长叶高山柏 **Juniperus squamata** var. **fargesii**

照片85　刺柏 **Juniperus formosana**

照片86　刺柏 **Juniperus formosana**

照片87　杜松 **Juniperus rigida**

照片88　杜松 **Juniperus rigida**

照片89　日本花柏 **Chamaecyparis pisifera**

照片90　日本花柏 **Chamaecyparis pisifera**

照片91　柏木 **Cupressus funebris**

照片92　柏木 **Cupressus funebris**

照片93　侧柏 **Platycladus orientalis**

照片94　侧柏 **Platycladus orientalis**

照片95　崖柏 **Thuja sutchuenensis**

照片96　崖柏 **Thuja sutchuenensis**

照片97　北美香柏 **Thuja occidentalis**

照片98　北美香柏 **Thuja occidentalis**

照片99　三尖杉 **Cephalotaxus fortunei**

照片100　三尖杉 **Cephalotaxus fortunei**

照片101　粗榧 **Cephalotaxus sinensis**

照片102　粗榧 **Cephalotaxus sinensis**

照片103　巴山榧树 **Torreya fargesii**

照片104　巴山榧树 **Torreya fargesii**

照片105　红豆杉 **Taxus wallichiana** var. **chinensis**

照片106　红豆杉 **Taxus wallichiana** var. **chinensis**

照片107　红豆杉 **Taxus wallichiana** var. **chinensis**

照片108　南方红豆杉 **Taxus wallichiana** var. **mairei**

照片109　南方红豆杉 **Taxus wallichiana** var. **mairei**

照片110　南方红豆杉 **Taxus wallichiana** var. **mairei**

照片111　矮紫杉 **Taxus cuspidata** var. **nana**

照片112 矮紫杉 **Taxus cuspidata** var. **nana**

照片113 曼地亚红豆杉 **Taxus** × **media**

照片114 曼地亚红豆杉 **Taxus** × **media**

照片115 水盾草 **Cabomba caroliniana**

照片116 水盾草 **Cabomba caroliniana**

照片117 王莲属杂交种**Victoria amazonica** × **V. cruziana**

照片118 芡实 **Euryale ferox**

照片119 芡实 **Euryale ferox**

照片**120**　印度红水莲 **Nymphaea rubra**

照片**121**　'诱惑'睡莲 **Nymphaea** 'Attraction'

照片**122**　'阿肯赛'睡莲 **Nymphaea** 'Arc-en-ciel'

照片**123**　'日出'睡莲 **Nymphaea** 'Sunrise'

照片**124**　'万维莎'睡莲 **Nymphaea** 'Wanvisa'

照片**125**　'桑给巴尔之星'睡莲 **Nymphaea** 'Star of Zanzibar'

照片**126**　睡莲 **Nymphaea tetragona**

照片**127**　白睡莲 **Nymphaea alba**

照片128　中华萍蓬草 **Nuphar pumila** subsp. **sinensis**

照片129　中华萍蓬草 **Nuphar pumila** subsp. **sinensis**

照片130　合蕊五味子 **Schisandra propinqua**

照片131　合蕊五味子 **Schisandra propinqua**

照片132　大花五味子 **Schisandra grandiflora**

照片133　大花五味子 **Schisandra grandiflora**

照片134　大花五味子 **Schisandra grandiflora**

照片135　东亚五味子 **Schisandra elongata**

照片136 东亚五味子 **Schisandra elongata**

照片137 东亚五味子 **Schisandra elongata**

照片138 异形南五味子 **Kadsura heteroclita**

照片139 异形南五味子 **Kadsura heteroclita**

照片140 异形南五味子 **Kadsura heteroclita**

照片141 八角 **Illicium verum**

照片142 红茴香 **Illicium henryi**

照片143 红茴香 **Illicium henryi**

照片144　红毒茴 Illicium lanceolatum

照片145　三白草 Saururus chinensis

照片146　三白草 Saururus chinensis

照片147　蕺菜 Houttuynia cordata

照片148　蕺菜 Houttuynia cordata

照片149　石南藤 Piper wallichii

照片150　石南藤 Piper wallichii

照片151 竹

照片153 豆

照片155

照片157

照片165 北马兜铃 **Aristolochia contorta**

照片166 北马兜铃 **Aristolochia contorta**

照片167 马兜铃 **Aristolochia debilis**

照片168 马兜铃 **Aristolochia debilis**

照片169 鹅掌楸 **Liriodendron chinense**

照片170 鹅掌楸 **Liriodendron chinense**

照片171 北美鹅掌楸 **Liriodendron tulipifera**

照片172 杂交鹅掌楸 **Liriodendron chinense × L. tulipifera**

照片173 乐东拟单性木兰 **Parakmeria lotungensis**

照片174 乐东拟单性木兰 **Parakmeria lotungensis**

照片175 红花木莲 **Manglietia insignis**

照片176 厚朴 **Houpoëa officinalis**

照片177 厚朴 **Houpoëa officinalis**

照片178 荷花木兰 **Magnolia grandiflora**

照片179 荷花木兰 **Magnolia grandiflora**

照片180 山玉兰 **Lirianthe delavayi**

照片181　山玉兰 **Lirianthe delavayi**

照片182　紫玉兰 **Yulania liliiflora**

照片183　'红元宝'紫玉兰 **Yulania liliiflora** 'Hong Yuanbao'

照片184　玉兰 **Yulania denudata**

照片185　玉兰 **Yulania denudata**

照片186　'玉灯'玉兰 **Yulania denudata** 'Yudeng'

照片187　'长春'二乔玉兰 **Yulania** 'Changchun'

照片188　武当玉兰 **Yulania sprengeri**

照片189 武当玉兰 **Yulania sprengeri**

照片190 星花玉兰 **Yulania stellata**

照片191 望春玉兰 **Yulania biondii** var. **biondii**

照片192 望春玉兰 **Yulania biondii** var. **biondii**

照片193 紫望春玉兰 **Yulania biondii** var. **purpurascens**

照片194 ‘长安玉盏’含笑 **Michelia** ‘Changan Yuzhan’

照片195 云南含笑 **Michelia yunnanensis**

照片196 云南含笑 **Michelia yunnanensis**

照片197 含笑花 **Michelia figo**

照片198 含笑花 **Michelia figo**

照片199 黄心含笑 **Michelia martini**

照片200 深山含笑 **Michelia maudiae** var. **maudiae**

照片201 深山含笑 **Michelia maudiae** var. **maudiae**

照片202 ‘丹玉’深山含笑 **Michelia maudiae** ‘Danyu’

照片203 阔瓣含笑 **Michelia maudiae** var. **platypetala**

照片204 ‘新含笑’阔瓣含笑 **Michelia maudiae** var. **platypetala** ‘Xin Hanxiao’

照片205　夏蜡梅 **Calycanthus chinensis**

照片206　夏蜡梅 **Calycanthus chinensis**

照片207　山蜡梅 **Chimonanthus nitens**

照片208　山蜡梅 **Chimonanthus nitens**

照片209　蜡梅 **Chimonanthus praecox**

照片210　蜡梅 **Chimonanthus praecox**

照片211　川桂 **Cinnamomum wilsonii**

照片212　川桂 **Cinnamomum wilsonii**

照片213　银木 **Cinnamomum septentrionale**

照片214　银木 **Cinnamomum septentrionale**

照片215　樟 **Cinnamomum camphora**

照片216　樟 **Cinnamomum camphora**

照片217　宜昌润楠 **Machilus ichangensis**

照片218　宜昌润楠 **Machilus ichangensis**

照片219　白楠 **Phoebe neurantha**

照片220　白楠 **Phoebe neurantha**

照片221　竹叶楠 **Phoebe faberi**

照片222　竹叶楠 **Phoebe faberi**

照片223　湘楠 **Phoebe hunanensis**

照片224　湘楠 **Phoebe hunanensis**

照片225　月桂 **Laurus nobilis**

照片226　簇叶新木姜子 **Neolitsea confertifolia**

照片227　簇叶新木姜子 **Neolitsea confertifolia**

照片228　簇叶新木姜子 **Neolitsea confertifolia**

照片229　檫木 **Sassafras tzumu**

照片230　毛豹皮樟 **Litsea coreana** var. **lanuginosa**

照片231　毛豹皮樟 **Litsea coreana** var. **lanuginosa**

照片232　山鸡椒 **Litsea cubeba**

照片233　秦岭木姜子 **Litsea tsinlingensis**

照片234　秦岭木姜子 **Litsea tsinlingensis**

照片235　秦岭木姜子 **Litsea tsinlingensis**

照片236　毛叶木姜子 **Litsea mollis**

照片237　毛叶木姜子 **Litsea mollis**

照片238　木姜子 **Litsea pungens**

照片239　木姜子 **Litsea pungens**

照片240　木姜子 **Litsea pungens**

照片241　香叶树 **Lindera communis**

照片242　香叶树 **Lindera communis**

照片243　黑壳楠 **Lindera megaphylla**

照片244　黑壳楠 **Lindera megaphylla**

照片245　山胡椒 **Lindera glauca**

照片246　山胡椒 **Lindera glauca**

照片247　山胡椒 **Lindera glauca**

照片248　狭叶山胡椒 **Lindera angustifolia**

照片249　狭叶山胡椒 **Lindera angustifolia**

照片250　绿叶甘橿 **Lindera neesiana**

照片251　三桠乌药 **Lindera obtusiloba**

照片252　三桠乌药 **Lindera obtusiloba**

照片253　香叶子 Lindera fragrans

照片254　香叶子 Lindera fragrans

照片255　川钓樟 Lindera pulcherrima var. hemsleyana

照片256　川钓樟 Lindera pulcherrima var. hemsleyana

照片257　银线草 Chloranthus japonicus

照片258　银线草 Chloranthus japonicus

照片259　宽叶金粟兰 Chloranthus henryi

照片260　宽叶金粟兰 Chloranthus henryi

照片261 菖蒲 **Acorus calamus**

照片262 菖蒲 **Acorus calamus**

照片263 金钱蒲 **Acorus gramineus**

照片264 金钱蒲 **Acorus gramineus**

照片265 芋 **Colocasia esculenta**

照片266 刺柄南星 **Arisaema asperatum**

照片267 刺柄南星 **Arisaema asperatum**

照片268 一把伞南星 **Arisaema erubescens**

照片269 一把伞南星 **Arisaema erubescens**

照片270 螃蟹七 **Arisaema fargesii**

照片271 螃蟹七 **Arisaema fargesii**

照片272 天南星 **Arisaema heterophyllum**

照片273 天南星 **Arisaema heterophyllum**

照片274 花南星 **Arisaema lobatum**

照片275 花南星 **Arisaema lobatum**

照片276 云台南星 **Arisaema silvestrii**

照片277 云台南星 **Arisaema silvestrii**

照片278 灯台莲 **Arisaema bockii**

照片279 灯台莲 **Arisaema bockii**

照片280 花蘑芋 **Amorphophallus konjac**

照片281　花蘑芋 Amorphophallus konjac

照片282　虎掌 Pinellia pedatisecta

照片285　独角莲 Sauromatum giganteum

照片283　半夏 Pinellia ternata

照片284　半夏 Pinellia ternata

照片286　独角莲 Sauromatum giganteum

照片287　大薸 **Pistia stratiotes**

照片288　大薸 **Pistia stratiotes**

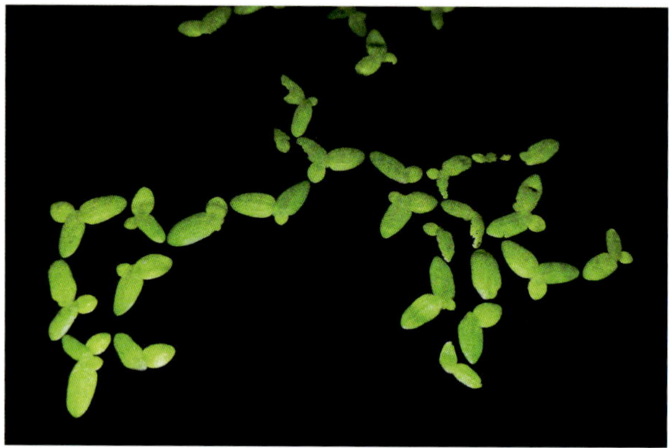

照片289　稀脉浮萍 **Lemna aequinoctialis**

照片290　紫萍 **Spirodela polyrhiza**

照片291　紫萍 **Spirodela polyrhiza**

照片292　岩菖蒲 **Tofieldia thibetica**

照片293　岩菖蒲 **Tofieldia thibetica**

照片294　水金英 **Hydrocleys nymphoides**

照片295 水金英 **Hydrocleys nymphoides**

照片297 华夏慈姑 **Sagittaria trifolia** subsp. **leucopetala**

照片296 野慈姑 **Sagittaria trifolia** subsp. **trifolia**

照片298 华夏慈姑 **Sagittaria trifolia** subsp. **leucopetala**

照片300 东方泽泻 **Alisma orientale**

照片299 东方泽泻 **Alisma orientale**

照片301　花蔺 Butomus umbellatus

照片302　花蔺 Butomus umbellatus

照片303　小茨藻 Najas minor

照片304　水鳖 Hydrocharis dubia

照片305　水鳖 Hydrocharis dubia

照片306　水麦冬 Triglochin palustris

照片307　水麦冬 **Triglochin palustris**

照片308　海韭菜 **Triglochin maritima**

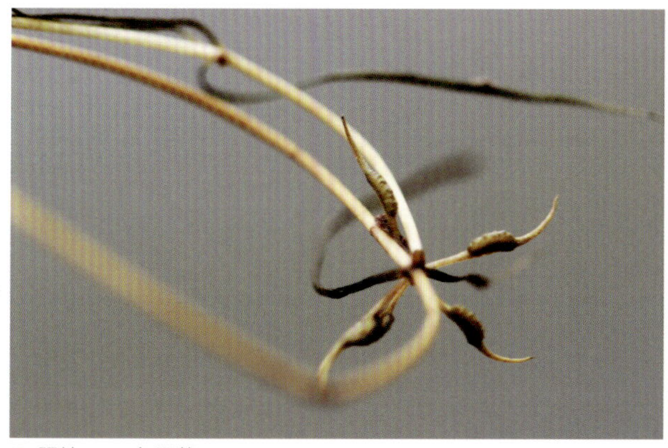
照片309　角果藻 **Zannichellia palustris**

照片310　角果藻 **Zannichellia palustris**

照片311　篦齿眼子菜 **Stuckenia pectinata**

照片312　菹草 **Potamogeton crispus**

照片313　菹草 **Potamogeton crispus**

照片314　穿叶眼子菜 **Potamogeton perfoliatus**

照片315　穿叶眼子菜 **Potamogeton perfoliatus**

照片316　穿叶眼子菜 **Potamogeton perfoliatus**

照片317　眼子菜 **Potamogeton distinctus**

照片318　眼子菜 **Potamogeton distinctus**

照片319　眼子菜 **Potamogeton distinctus**

照片320　高山粉条儿菜 **Aletris alpestris**

照片321　高山粉条儿菜 **Aletris alpestris**

照片322 无毛粉条儿菜 **Aletris glabra**

照片323 无毛粉条儿菜 **Aletris glabra**

照片324 粉条儿菜 **Aletris spicata**

照片325 粉条儿菜 **Aletris spicata**

照片326 蜀葵叶薯蓣 **Dioscorea althaeoides**

照片327 蜀葵叶薯蓣 **Dioscorea althaeoides**

照片328 黄独 **Dioscorea bulbifera**

照片329　毛芋头薯蓣 **Dioscorea kamoonensis**

照片330　毛芋头薯蓣 **Dioscorea kamoonensis**

照片331　穿龙薯蓣 **Dioscorea nipponica** subsp. **nipponica**

照片332　穿龙薯蓣 **Dioscorea nipponica** subsp. **nipponica**

照片333　薯蓣 **Dioscorea polystachya**

照片334　薯蓣 **Dioscorea polystachya**

照片335　薯蓣 **Dioscorea polystachya**

照片336　盾叶薯蓣 **Dioscorea zingiberensis**

照片337　盾叶薯蓣 **Dioscorea zingiberensis**

照片338　直立百部 **Stemona sessilifolia**

照片339　直立百部 **Stemona sessilifolia**

照片340　具柄重楼 **Paris fargesii** var. **petiolata**

照片341　具柄重楼 **Paris fargesii** var. **petiolata**

照片342　七叶一枝花 **Paris polyphylla** var. **polyphylla**

照片343　七叶一枝花 **Paris polyphylla** var. **polyphylla**

照片344　七叶一枝花 **Paris polyphylla** var. **polyphylla**

照片345　宽叶重楼 **Paris polyphylla** var. **latifolia**

照片346　宽叶重楼 **Paris polyphylla** var. **latifolia**

照片347　狭叶重楼 **Paris polyphylla** var. **stenophylla**

照片348　北重楼 **Paris verticillata**

照片349　北重楼 **Paris verticillata**

照片350　北重楼 **Paris verticillata**

照片351　藜芦 **Veratrum nigrum** var. **nigrum**

照片352　藜芦 **Veratrum nigrum** var. **nigrum**

照片353　藜芦 **Veratrum nigrum** var. **nigrum**

照片354　丫蕊花 **Ypsilandra thibetica**

照片355　万寿竹 **Disporum cantoniense**

照片356　万寿竹 **Disporum cantoniense**

照片357　大花万寿竹 **Disporum megalanthum**

照片358　大花万寿竹 **Disporum megalanthum**

照片359　长蕊万寿竹 **Disporum longistylum**

照片360　长蕊万寿竹 **Disporum longistylum**

照片361　少花万寿竹 **Disporum uniflorum**

照片362　尖叶牛尾菜 **Smilax riparia** var. **acuminata**

照片363　尖叶牛尾菜 **Smilax riparia** var. **acuminata**

照片364　银叶菝葜 **Smilax cocculoides**

照片365　鞘柄菝葜 **Smilax stans**

照片366　防己叶菝葜 **Smilax menispermoidea**

照片367　肖菝葜 **Smilax bockii**

照片368　肖菝葜 Smilax bockii

照片369　托柄菝葜 Smilax discotis

照片370　小叶菝葜 Smilax microphylla

照片371　小叶菝葜 Smilax microphylla

照片372　短梗菝葜 Smilax scobinicaulis

照片373　短梗菝葜 Smilax scobinicaulis

照片374　武当菝葜 Smilax outanscianensis

照片375　武当菝葜 Smilax outanscianensis

照片376　黑叶菝葜 Smilax nigrescens

照片377　黑叶菝葜 Smilax nigrescens

照片378　黑果菝葜 Smilax glaucochina

照片379　黑果菝葜 Smilax glaucochina

照片380　大花菝葜 Smilax megalantha

照片381　大花菝葜 Smilax megalantha

照片382　菝葜 Smilax china

照片383　七筋姑 Clintonia udensis

照片384　七筋姑 **Clintonia udensis**

照片385　扭柄花 **Streptopus obtusatus**

照片386　黄花油点草 **Tricyrtis maculata**

照片387　黄花油点草 **Tricyrtis maculata**

照片388　云南大百合 **Cardiocrinum giganteum** var. **yunnanense**

照片389　云南大百合 **Cardiocrinum giganteum** var. **yunnanense**

照片390　秦贝母 **Fritillaria glabra**

照片391　宜昌百合 **Lilium leucanthum**

照片392　野百合 **Lilium brownii** var. **brownii**

照片393　卷丹 **Lilium tigrinum**

照片394　山丹 **Lilium pumilum**

照片395　山丹 **Lilium pumilum**

照片396　川百合 **Lilium davidii**

照片397　川百合 **Lilium davidii**

照片398　绿花百合 **Lilium fargesii**

照片399　小顶冰花 **Gagea terraccianoana**

照片400　少花顶冰花 **Gagea pauciflora**

照片403　洼瓣花 **Gagea serotina**

照片401　中国顶冰花 **Gagea chinensis**

照片402　中国顶冰花 **Gagea chinensis**

照片404　洼瓣花 **Gagea serotina**

照片405　西藏洼瓣花 **Gagea tibetica**

照片406　西藏洼瓣花 **Gagea tibetica**

照片407　郁金香 **Tulipa gesneriana**

照片408　老鸦瓣 **Amana edulis**

照片409　绿花杓兰 **Cypripedium henryi**

照片410　大叶杓兰 **Cypripedium fasciolatum**

照片411　大花杓兰 **Cypripedium macranthos**

照片412　大花杓兰 *Cypripedium macranthos*

照片413　大花杓兰 *Cypripedium macranthos*

照片414　褐花杓兰 *Cypripedium calcicola*

照片415　褐花杓兰 *Cypripedium calcicola*

照片416　毛杓兰 *Cypripedium franchetii*

照片417　扇脉杓兰 *Cypripedium japonicum*

照片418　紫点杓兰 *Cypripedium guttatum*

照片419　紫点杓兰 *Cypripedium guttatum*

照片420　斑叶兰 Goodyera schlechtendaliana

照片421　斑叶兰 Goodyera schlechtendaliana

照片422　小斑叶兰 Goodyera repens

照片423　小斑叶兰 Goodyera repens

照片424　卧龙斑叶兰 Goodyera wolongensis

照片425　大花斑叶兰 Goodyera biflora

照片426　大花斑叶兰 **Goodyera biflora**

照片427　绒叶斑叶兰 **Goodyera velutina**

照片428　旗唇兰 **Kuhlhasseltia yakushimensis**

照片429　全唇兰 **Myrmechis chinensis**

照片430　全唇兰 **Myrmechis chinensis**

照片431　戟唇叠鞘兰 **Chamaegastrodia vaginata**

照片432　戟唇叠鞘兰 **Chamaegastrodia vaginata**

照片433　绶草 **Spiranthes sinensis**

照片434　绶草 **Spiranthes sinensis**

照片435　河北盔花兰 **Galearis tschiliensis**

照片436　河北盔花兰 **Galearis tschiliensis**

照片437　北方盔花兰 **Galearis roborowskyi**

照片438　北方盔花兰 **Galearis roborowskyi**

照片439　广布小红门兰 **Ponerorchis chusua**

照片440　广布小红门兰 **Ponerorchis chusua**

照片441　裂唇舌喙兰 **Hemipilia henryi**

照片442　裂唇舌喙兰 **Hemipilia henryi**

照片444　尾瓣舌唇兰 **Platanthera mandarinorum**

照片443　扇唇舌喙兰 **Hemipilia flabellata**

照片445　尾瓣舌唇兰 **Platanthera mandarinorum**

照片446　二叶舌唇兰 **Platanthera chlorantha**

照片447　蜻蜓舌唇兰 **Platanthera souliei**

照片448　蜻蜓舌唇兰 **Platanthera souliei**

照片450　舌唇兰 **Platanthera japonica**

照片449　舌唇兰 **Platanthera japonica**

照片451　小花舌唇兰 **Platanthera minutiflora**

照片452　小花舌唇兰 **Platanthera minutiflora**

照片453　凹舌掌裂兰 **Dactylorhiza viridis**

照片454　凹舌掌裂兰 **Dactylorhiza viridis**

照片455　凹舌掌裂兰 **Dactylorhiza viridis**

照片456　长瓣角盘兰 **Herminium ophioglossoides**

照片457　角盘兰 **Herminium monorchis**

照片458　角盘兰 **Herminium monorchis**

照片460　一花无柱兰 **Amitostigma monanthum**

照片459　叉唇角盘兰 **Herminium lanceum**

照片461　无柱兰 **Amitostigma gracile**

照片462　二叶兜被兰 **Neottianthe cucullata**

照片464　一叶兜被兰 **Neottianthe monophylla**

照片463　二叶兜被兰 **Neottianthe cucullata**

照片465　一叶兜被兰 **Neottianthe monophylla**

照片466　手参 **Gymnadenia conopsea**

照片467　手参 **Gymnadenia conopsea**

照片468　手参 **Gymnadenia conopsea**

照片469　西南手参 **Gymnadenia orchidis**

照片470　西南手参 **Gymnadenia orchidis**

照片471　雅致玉凤花 **Habenaria fargesii**

照片472　雅致玉凤花 **Habenaria fargesii**

照片473　兜蕊兰 **Androcorys ophioglossoides**

照片474　剑唇兜蕊兰 **Androcorys pugioniformis**

照片475　剑唇兜蕊兰 **Androcorys pugioniformis**

照片477　毛萼山珊瑚 **Galeola lindleyana**

照片476　血红肉果兰 **Cyrtosia septentrionalis**

照片478　毛萼山珊瑚 **Galeola lindleyana**

照片479　毛萼山珊瑚 **Galeola lindleyana**

照片481　金兰 **Cephalanthera falcata**

照片480　金兰 **Cephalanthera falcata**

照片482　银兰 **Cephalanthera erecta**

照片483 银兰 **Cephalanthera erecta**

照片485 火烧兰 **Epipactis helleborine**

照片486 火烧兰 **Epipactis helleborine**

照片484 头蕊兰 **Cephalanthera longifolia**

照片487 细毛火烧兰 **Epipactis papillosa**

照片**488**　大叶火烧兰 **Epipactis mairei**

照片**489**　大叶火烧兰 **Epipactis mairei**

照片**492**　叉唇无喙兰 **Holopogon smithianus**

照片**490**　无喙兰 **Holopogon gaudissartii**

照片**491**　叉唇无喙兰 **Holopogon smithianus**

照片493　高山鸟巢兰 **Neottia listeroides**

照片495　凹唇鸟巢兰 **Neottia papilligera**

照片494　高山鸟巢兰 **Neottia listeroides**

照片496　凹唇鸟巢兰 **Neottia papilligera**

照片497　尖唇鸟巢兰 **Neottia acuminata**

照片498　尖唇鸟巢兰 **Neottia acuminata**

照片500　巨唇对叶兰 **Neottia chenii**

照片502　圆唇对叶兰 **Neottia oblata**

照片499　对叶兰 **Neottia puberula** var. **puberula**

照片501　圆唇对叶兰 **Neottia oblata**

照片503　天麻 **Gastrodia elata** var. **elata**

照片505　裂唇虎舌兰 **Epipogium aphyllum**

照片504　天麻 **Gastrodia elata** var. **elata**

照片507　白及 **Bletilla striata**

照片506　日本虎舌兰 **Epipogium japonicum**

照片508　白及 Bletilla striata

照片509　黄花白及 Bletilla ochracea

照片510　黄花白及 Bletilla ochracea

照片511　黄花白及 Bletilla ochracea

照片512　羊耳蒜 Liparis campylostalix

照片513　羊耳蒜 Liparis campylostalix

照片514　二褶羊耳蒜 Liparis cathcartii

照片515　二褶羊耳蒜 **Liparis cathcartii**

照片516　长唇羊耳蒜 **Liparis pauliana**

照片517　长唇羊耳蒜 **Liparis pauliana**

照片518　见血青 **Liparis nervosa**

照片519　见血青 **Liparis nervosa**

照片520　见血青 **Liparis nervosa**

照片521　矩唇羊耳蒜 **Liparis angustioblonga**

照片522　矩唇羊耳蒜 **Liparis angustioblonga**

照片523　吉氏羊耳蒜 **Liparis tsii**

照片524　吉氏羊耳蒜 **Liparis tsii**

照片525　小羊耳蒜 **Liparis fargesii**

照片526　原沼兰 **Malaxis monophyllos**

照片527　原沼兰 **Malaxis monophyllos**

照片528　套叶鸢尾兰 **Oberonia sinica**

照片529　套叶鸢尾兰 **Oberonia sinica**

照片530　长叶山兰 **Oreorchis fargesii**

照片531　长叶山兰 **Oreorchis fargesii**

照片532　囊唇山兰 **Oreorchis foliosa** var. **indica**

照片533　囊唇山兰 **Oreorchis foliosa** var. **indica**

照片534　硬叶山兰 **Oreorchis nana**

照片535　硬叶山兰 **Oreorchis nana**

照片537　翅柱杜鹃兰 **Cremastra appendiculata** var. **variabilis**

照片536　翅柱杜鹃兰 **Cremastra appendiculata** var. **variabilis**

照片538　筒距兰 **Tipularia szechuanica**

照片539　筒距兰 **Tipularia szechuanica**

照片541　软叶筒距兰 **Tipularia cunninghamii**

照片540　软叶筒距兰 **Tipularia cunninghamii**

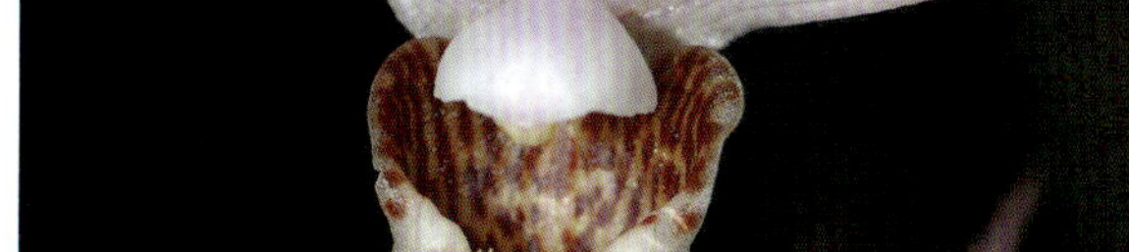

照片542　长角布袋兰 **Calypso bulbosa** var. **speciosa**

照片543　长角布袋兰 **Calypso bulbosa** var. **speciosa**

照片544　独花兰 **Changnienia amoena**

照片545　独花兰 **Changnienia amoena**

照片546　独花兰 **Changnienia amoena**

照片547　珊瑚兰 **Corallorhiza trifida**

照片548　珊瑚兰 **Corallorhiza trifida**

照片549　长距美冠兰 **Eulophia dabia**

照片550　春兰 **Cymbidium goeringii**

照片551　春兰 **Cymbidium goeringii**

照片552　春兰 **Cymbidium goeringii**

照片553　豆瓣兰 Cymbidium serratum

照片554　豆瓣兰 Cymbidium serratum

照片555　蕙兰 Cymbidium faberi

照片556　蕙兰 Cymbidium faberi

照片557　大根兰 Cymbidium macrorhizon

照片559　三棱虾脊兰 Calanthe tricarinata

照片558　三棱虾脊兰 Calanthe tricarinata

照片560　流苏虾脊兰 Calanthe alpina

照片561　流苏虾脊兰 Calanthe alpina

照片562　剑叶虾脊兰 Calanthe davidii

照片563　剑叶虾脊兰 Calanthe davidii

照片565　肾唇虾脊兰 Calanthe brevicornu

照片564　肾唇虾脊兰 Calanthe brevicornu

照片566 药山虾脊兰 **Calanthe yaoshanensis**

照片567 药山虾脊兰 **Calanthe yaoshanensis**

照片568 弧距虾脊兰 **Calanthe arcuata**

照片569 弧距虾脊兰 **Calanthe arcuata**

照片570 戟形虾脊兰 **Calanthe nipponica**

照片571 戟形虾脊兰 **Calanthe nipponica**

照片572 独蒜兰 **Pleione bulbocodioides**

照片573 独蒜兰 **Pleione bulbocodioides**

照片574 瘦房兰 **Ischnogyne mandarinorum**

照片575 高山蛤兰 **Conchidium japonicum**

照片576 高山蛤兰 **Conchidium japonicum**

照片577 细茎石斛 **Dendrobium moniliforme**

照片578 黄石斛 **Dendrobium catenatum**

照片579 黄石斛 **Dendrobium catenatum**

照片580 曲茎石斛 **Dendrobium flexicaule**

照片581 曲茎石斛 **Dendrobium flexicaule**

照片582 细叶石斛 **Dendrobium hancockii**

照片583 单叶厚唇兰 **Epigeneium fargesii**

照片584 单叶厚唇兰 **Epigeneium fargesii**

照片585 城口卷瓣兰 **Bulbophyllum chondriophorum**

照片586 城口卷瓣兰 **Bulbophyllum chondriophorum**

照片587 河南卷瓣兰 **Bulbophyllum henanense**

照片588　象鼻兰 **Nothodoritis zhejiangensis**

照片589　象鼻兰 **Nothodoritis zhejiangensis**

照片590　蜈蚣兰 **Pelatantheria scolopendrifolia**

照片591　蜈蚣兰 **Pelatantheria scolopendrifolia**

照片592　短距风兰 **Neofinetia richardsiana**

照片593　短距风兰 **Neofinetia richardsiana**

照片594　纤叶钗子股 **Luisia hancockii**

照片595　纤叶钗子股 **Luisia hancockii**

照片596 纤叶钗子股 **Luisia hancockii**

照片597 纤叶钗子股 **Luisia hancockii**

照片598 台湾盆距兰 **Gastrochilus formosanus**

照片599 台湾盆距兰 **Gastrochilus formosanus**

照片600 射干 **Iris domestica**

照片601 野鸢尾 **Iris dichotoma**

照片602 喜盐鸢尾 **Iris halophila**

照片603 准噶尔鸢尾 **Iris songarica**

照片604 黄菖蒲 Iris pseudacorus

照片605 马蔺 Iris lactea

照片606 细叶鸢尾 Iris tenuifolia

照片607 紫苞鸢尾 Iris ruthenica

照片608 黄花鸢尾 Iris wilsonii

照片609 长柄鸢尾 Iris henryi

照片610 长柄鸢尾 Iris henryi

照片611 鸢尾 Iris tectorum

照片612　蝴蝶花 **Iris japonica**

照片613　德国鸢尾 **Iris germanica**

照片614　德国鸢尾 **Iris germanica**

照片615　德国鸢尾 **Iris germanica**

照片616　德国鸢尾 **Iris germanica**

照片617　香根鸢尾 **Iris pallida**

照片618　锐果鸢尾 **Iris goniocarpa**

照片619　甘肃鸢尾 **Iris pandurata**

照片620　甘肃鸢尾 **Iris pandurata**

照片621　庭菖蒲 **Sisyrinchium rosulatum**

照片622　庭菖蒲 **Sisyrinchium rosulatum**

照片623　番红花 **Crocus sativus**

照片624　唐菖蒲 **Gladiolus** × **gandavensis**

照片625　雄黄兰 **Crocosmia** × **crocosmiiflora**

照片626　‘金娃娃’萱草 **Hemerocallis** ‘Stella de Oro’

照片627　‘日落’萱草 **Hemerocallis** ‘Bright Sunset’

照片628　‘宽恕’萱草 **Hemerocallis** ‘Pardon Me’

照片629　萱草 **Hemerocallis fulva**

照片630　黄花菜 **Hemerocallis citrina**

照片631　黄花菜 **Hemerocallis citrina**

照片632　北黄花菜 **Hemerocallis lilioasphodelus**

照片633　北黄花菜 **Hemerocallis lilioasphodelus**

照片634　火把莲 **Kniphofia uvaria**

照片635　独尾草 **Eremurus chinensis**

照片636　独尾草 **Eremurus chinensis**

照片637　小果阿福花 **Asphodelus aestivus**

照片638　小果阿福花 **Asphodelus aestivus**

照片639　茖韭 **Allium victorialis**

照片640　茖韭 **Allium victorialis**

照片641　卵叶韭 **Allium ovalifolium**

照片642　卵叶韭 **Allium ovalifolium**

照片643　太白韭 **Allium prattii**

照片644　太白韭 **Allium prattii**

照片645　大花韭 **Allium macranthum**

照片646　大花韭 **Allium macranthum**

照片647　高山韭 **Allium sikkimense**

照片648　高山韭 **Allium sikkimense**

照片649　天蓝韭 **Allium cyaneum**

照片650　天蓝韭 **Allium cyaneum**

照片651　天蒜 **Allium paepalanthoides**

照片652　天蒜 **Allium paepalanthoides**

照片653　多叶韭 **Allium plurifoliatum**

照片654　多叶韭 **Allium plurifoliatum**

照片655　韭 **Allium tuberosum**

照片656　韭 **Allium tuberosum**

照片657　野韭 **Allium ramosum**

照片658　野韭 **Allium ramosum**

照片659　青甘韭 **Allium przewalskianum**

照片660　青甘韭 **Allium przewalskianum**

照片661　蒙古韭 **Allium mongolicum**

照片662　蒙古韭 **Allium mongolicum**

照片663　细叶韭 **Allium tenuissimum**

照片664　细叶韭 **Allium tenuissimum**

照片665　山韭 **Allium senescens**

照片666　山韭 **Allium senescens**

照片667　野葱 **Allium chrysanthum**

照片668　野葱 **Allium chrysanthum**

照片669　葱 **Allium fistulosum**

照片670　葱 **Allium fistulosum**

照片671　洋葱 **Allium cepa** var. **cepa**

照片672　洋葱 **Allium cepa** var. **cepa**

照片673　楼子葱 **Allium cepa** var. **proliferum**

照片674　楼子葱 **Allium cepa** var. **proliferum**

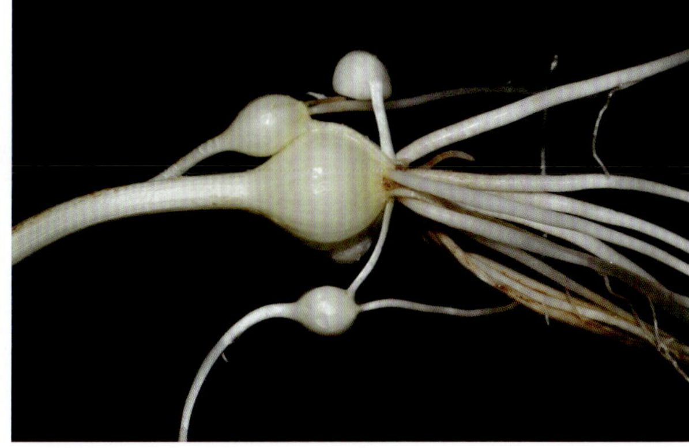

照片675　薤白 **Allium macrostemon**

照片676　薤白 **Allium macrostemon**

照片677　蒜 **Allium sativum**

照片678　蒜 **Allium sativum**

照片679　合被韭 **Allium tubiflorum**

照片680　合被韭 **Allium tubiflorum**

照片681　君子兰 **Clivia miniata**

照片682　垂笑君子兰 Clivia nobilis

照片683　石蒜 Lycoris radiata

照片684　石蒜 Lycoris radiata

照片685　忽地笑 Lycoris aurea

照片686　忽地笑 Lycoris aurea

照片687　中国石蒜 Lycoris chinensis

照片688　中国石蒜 Lycoris chinensis

照片689　陕西石蒜 Lycoris shaanxiensis

照片690　换锦花 **Lycoris sprengeri**

照片691　黄水仙 **Narcissus pseudonarcissus**

照片692　水仙 **Narcissus tazetta** var. **chinensis**

照片693　花朱顶红 **Hippeastrum vittatum**

照片694　葱莲 **Zephyranthes candida**

照片695　葱莲 **Zephyranthes candida**

照片696　韭莲 **Zephyranthes carinata**

照片697　韭莲 **Zephyranthes carinata**

照片698 绵枣儿 **Barnardia japonica**

照片699 绵枣儿 **Barnardia japonica**

照片700 知母 **Anemarrhena asphodeloides**

照片701 知母 **Anemarrhena asphodeloides**

照片702 知母 **Anemarrhena asphodeloides**

照片703 吊兰 **Chlorophytum comosum**

照片704 吊兰 **Chlorophytum comosum**

照片705　玉簪 **Hosta plantaginea**

照片706　玉簪 **Hosta plantaginea**

照片707　玉簪 **Hosta plantaginea**

照片708　紫萼 **Hosta ventricosa**

照片709　紫萼 **Hosta ventricosa**

照片710　凤尾丝兰 **Yucca gloriosa**

照片711　凤尾丝兰 **Yucca gloriosa**

照片712　丝兰 **Yucca flaccida**

照片713　文竹 **Asparagus setaceus**

照片714　羊齿天门冬 **Asparagus filicinus**

照片715　羊齿天门冬 **Asparagus filicinus**

照片716　短梗天门冬 **Asparagus lycopodineus**

照片717　短梗天门冬 **Asparagus lycopodineus**

照片718　龙须菜 **Asparagus schoberioides**

照片719　龙须菜 **Asparagus schoberioides**

照片720　龙须菜 **Asparagus schoberioides**

照片721　天门冬 **Asparagus cochinchinensis**

照片722　天门冬 **Asparagus cochinchinensis**

照片723　兴安天门冬 **Asparagus dauricus**

照片724　兴安天门冬 **Asparagus dauricus**

照片725　戈壁天门冬 **Asparagus gobicus**

照片726　戈壁天门冬 **Asparagus gobicus**

照片727　攀援天门冬 **Asparagus brachyphyllus**

照片728　攀援天门冬 **Asparagus brachyphyllus**

照片729　长花天门冬 **Asparagus longiflorus**

照片730　长花天门冬 **Asparagus longiflorus**

照片731　长花天门冬 **Asparagus longiflorus**

照片732　曲枝天门冬 **Asparagus trichophyllus**

照片733　曲枝天门冬 **Asparagus trichophyllus**

照片734　曲枝天门冬 **Asparagus trichophyllus**

照片735　石刁柏 **Asparagus officinalis**

照片736　石刁柏 **Asparagus officinalis**

照片737　石刁柏 **Asparagus officinalis**

照片738　甘肃山麦冬 **Liriope kansuensis**

照片739　甘肃山麦冬 **Liriope kansuensis**

照片740　禾叶山麦冬 **Liriope graminifolia**

照片741　禾叶山麦冬 **Liriope graminifolia**

照片742　长梗山麦冬 **Liriope longipedicellata**

照片743　长梗山麦冬 **Liriope longipedicellata**

照片744　山麦冬 **Liriope spicata**

照片745　山麦冬 **Liriope spicata**

照片746　山麦冬 **Liriope spicata**

照片747　阔叶山麦冬 **Liriope muscari**

照片748　阔叶山麦冬 **Liriope muscari**

照片750　沿阶草 **Ophiopogon bodinieri**

照片749　沿阶草 **Ophiopogon bodinieri**

照片751　麦冬 **Ophiopogon japonicus**

照片752　麦冬 **Ophiopogon japonicus**

照片753　铃兰 **Convallaria majalis**

照片754　铃兰 **Convallaria majalis**

照片755　吉祥草 **Reineckea carnea**

照片756　吉祥草 **Reineckea carnea**

照片757　吉祥草 **Reineckea carnea**

照片758　万年青 **Rohdea japonica**

照片759　万年青 **Rohdea japonica**

照片760　开口箭 **Rohdea fargesii** var. **fargesii**

照片761　舞鹤草 **Maianthemum bifolium**

照片762　舞鹤草 **Maianthemum bifolium**

照片763　鹿药 **Maianthemum japonicum**

照片764　鹿药 **Maianthemum japonicum**

照片765　管花鹿药 **Maianthemum henryi**

照片766　管花鹿药 **Maianthemum henryi**

照片767　管花鹿药 **Maianthemum henryi**

照片768　合瓣鹿药 **Maianthemum tubiferum**

照片769　合瓣鹿药 **Maianthemum tubiferum**

照片770　少叶鹿药 **Maianthemum stenolobum**

照片771　少叶鹿药 **Maianthemum stenolobum**

照片773　深裂竹根七 **Disporopsis pernyi**

照片772　深裂竹根七 **Disporopsis pernyi**

照片774　二苞黄精 Polygonatum involucratum

照片775　二苞黄精 Polygonatum involucratum

照片776　二苞黄精 Polygonatum involucratum

照片777　大苞黄精 Polygonatum megaphyllum

照片778　大苞黄精 Polygonatum megaphyllum

照片779　玉竹 Polygonatum odoratum

照片780　玉竹 Polygonatum odoratum

照片781　玉竹 Polygonatum odoratum

照片782　玉竹 **Polygonatum odoratum**

照片783　距药黄精 **Polygonatum franchetii**

照片784　距药黄精 **Polygonatum franchetii**

照片785　多花黄精 **Polygonatum cyrtonema**

照片786　多花黄精 **Polygonatum cyrtonema**

照片787　多花黄精 **Polygonatum cyrtonema**

照片788　节根黄精 **Polygonatum nodosum**

照片789　节根黄精 **Polygonatum nodosum**

照片790　轮叶黄精 **Polygonatum verticillatum**

照片791　轮叶黄精 **Polygonatum verticillatum**

照片792　细根茎黄精 **Polygonatum gracile**

照片793　细根茎黄精 **Polygonatum gracile**

照片794　黄精 **Polygonatum sibiricum**

照片795　黄精 **Polygonatum sibiricum**

照片796　黄精 **Polygonatum sibiricum**

照片797　黄精 Polygonatum sibiricum

照片798　黄精 Polygonatum sibiricum

照片799　卷叶黄精 Polygonatum cirrhifolium

照片800　卷叶黄精 Polygonatum cirrhifolium

照片801　卷叶黄精 Polygonatum cirrhifolium

照片802　湖北黄精 Polygonatum zanlanscianense

照片803　湖北黄精 Polygonatum zanlanscianense

照片804　湖北黄精 Polygonatum zanlanscianense

www.sciencep.com

（Q-4884.01）

ISBN 978-7-03-072403-8

9 787030 724038 >

定 价：468.00元